Oldenbourgs

Technische Handbibliothek

Band V:

Heepke, W., Die Warmwasserbereitungs- und Versorgungsanlagen

München und Berlin 1921
Druck und Verlag von R. Oldenbourg

Die Warmwasserbereitungs- und Versorgungsanlagen

Ein Hand- und Lehrbuch für Ingenieure, Architekten und Studierende

von

Wilhelm Heepke
Gewerbe-Studienrat
behördl. verpfl. Sachverständiger und berat. Ingenieur
für gesundheitstechnische und Feuerungsanlagen

Zweite, umgeänderte und erweiterte Auflage

Mit 411 Textabbildungen

München und Berlin 1921
Druck und Verlag von R. Oldenbourg

Seinem einstigen Lehrer

Herrn Geheimen Baurat Otto Berndt

ordentl. Professor an der Technischen Hochschule zu Darmstadt

in Dankbarkeit und Verehrung

zugeeignet.

Vorwort zur 1. Auflage.

Mit dem Ausbau der Gesundheitstechnik hat sich im Laufe der Zeit eine so große Zahl von Systemen der Warmwasserbereitungs- und -versorgungsanlagen herausgebildet, daß es weniger eingeweihten Interessenten schwer werden kann, sich in diesem Gebiete zurecht zu finden oder sich einen Gesamtüberblick zu verschaffen. Es kann daher jedem Fachmann und Laien, der ein ständiges wie auch nur vorübergehendes Interesse für diesen Zweig der Gesundheitstechnik hegt, willkommen sein, die Warmwasseranlagen in ihren Systemen und Einzelheiten gesammelt, geordnet und scharf gegliedert vor sich zu sehen. In mir selbst als praktischem und beratendem Ingenieur der Gesundheitstechnik bestand schon seit langem ein derartiger Wunsch. So habe ich denn seit einigen Jahren all die Erfahrungen und das Material gesammelt, die ich mir selbst in meiner Tätigkeit erworben habe und die mir gesundheitstechnische und Firmen anderer Branchen in liebenswürdigster Weise zur Verfügung stellten; ich spreche diesen Firmen an dieser Stelle hierfür nochmals meinen verbindlichsten Dank aus. Auch dazu angeregt von verschiedenen Seiten, übergebe ich das Gesammelte in diesem Werke der Öffentlichkeit in der Hoffnung, viele Wünsche damit erfüllt und der vornehmsten technischen Wissenschaft, der Gesundheitstechnik, einen Dienst erwiesen zu haben.

Das Werk behandelt ausschließlich die Anlagen, welche warmes Wasser zu Genußzwecken und für wirtschaftliche und gewerbliche Zwecke erzeugen. Gänzlich unbeachtet gelassen sind die Speisewasser-Vorwärmanlagen der Kraftdampfkessel, da selbige ja mit der Gesundheitstechnik an sich nichts zu tun und in Büchern über Dampfkessel schon hinreichend Beachtung gefunden haben. Übrigens ist auch diesem Werke sehr viel Zutreffendes für die Speisewasser-Vorwärmer zu entnehmen; die hierin besprochenen Gegenstromapparate sind ja mehr oder weniger ebenfalls als Speisewasser-Vorwärmer von den ausführenden Firmen vorgesehen und unmittelbar dafür zu benutzen.

Des weiteren finden die Badeanlagen, die bisher meist üblich den Warmwasserversorgungsanlagen direkt zugerechnet werden (oder auch umgekehrt diese jenen), nur die Beachtung, welche sie aus irgendeinem Grunde besonderer Warmwassererzeugung bzw. -Versorgung erheischen, und welche ihnen als passendes oder abwechslungsreiches Beispiel für ein bestimmtes Warmwassererzeugungssystem geschenkt werden kann. Eine Abhandlung über Badeanlagen darf sich meines Erachtens nicht nur allein mit den Warmwasserbädern befassen, wenn diese auch wohl den größten Prozentsatz aller Badeanlagen ausmachen, sondern es müßten auch all die vielen hochwichtigen Ausführungen berücksichtigt werden, die ihre Bedeutung in anderen Badestoffen als in warmem Wasser tragen.

Schließlich sei auch noch vermerkt, daß nach obigen einleitenden Worten dieses Werk keine allgemeine wie kritische Abhandlung über Warmwasserheizungen geben soll; dafür kommen die guten Bücher der speziellen Heiztechnik in Betracht.

Leider war es mir nicht möglich, die Berechnungen der einzelnen Teile in deren einzelne Abschnitte gleich mit aufzunehmen. Der Hauptgrund liegt darin, daß sich z. B. die Berechnung, der Kessel Öfen usw. einerseits und die der Heizeinsätze der Warmwasserbehälter anderseits nicht trennen lassen, ohne sich nicht unnötigerweise zu wiederholen; ebenso verhält es sich mit der Berechnung der Blechstärken usw. Aus diesem Grunde ist die Berechnung für Heizkörper aller Art in besonderem Kapitel für sich zusammengefaßt, welchem dann die Berechnungen der übrigen Konstruktionsteile als weitere Kapitel angeschlossen sind.

Mittweida i. S., Oktober 1909.

Wilhelm Heepke.

Vorwort zur 2. Auflage.

Schon während der Kriegszeit, im Jahre 1916, war der Verlag wegen Herausgabe einer Neuauflage an mich herangetreten. Der Krieg, eine schwere Verwundung gegen Schluß desselben, die Umwälzung der politischen Zustände ließen mich erst jetzt zu dieser Herausgabe kommen. Die lange Zeit, die zwischen der 1. und 2. Auflage liegt, verlangte eine vollständige Durcharbeitung des Stoffes; der Rahmen, die Disposition, ist zur Hauptsache beibehalten worden.

Eine gewisse Schwierigkeit bereiten zur Jetztzeit die Angaben von Preisen, da die meisten Materialien und Handelsartikel überhaupt keine festen Werte haben. Soweit als zulässig und möglich, sind die Preise, wo es angängig erschien, darauf einzugehen, den jetzigen Zeitverhältnissen angepaßt; dagegen habe ich auch wiederum keine Bedenken gehabt, Preisangaben aus der 1. Auflage und vor dem Kriege ohne weiteres beizubehalten und neu einzuführen, dabei sind, wo es nötig war, die Preise von 1914 und vorher durch die Angabe »v. d. K.« (vor dem Kriege) gekennzeichnet. Alle Preisangaben, ganz gleichgültig, aus welchen Zeiten sie stammen, behalten ja ihre Bedeutung und ihren vollen Wert für eine vergleichende Beurteilung eines Gegenstandes — und mehr sollen sie in den Lehrbüchern ja meist nicht besagen.

Aus verlagstechnischen Gründen konnten, wie es eigentlich in meiner Absicht lag, in dieser »teueren Zeit« nicht alle Abbildungen ein gleichmäßiges Gesicht erhalten; es mußte vielfach auf die leihweise Überlassung von Druckstöcken der Firmen zurückgegriffen werden.

Die einheitlichen Formel- und Einheitszeichen gemäß den neuesten Vereinbarungen habe ich nach Möglichkeit zu benutzen und einzuhalten gesucht. Überall ist das aber nicht möglich gewesen, da die allgemein üblichen und praktischen Bezeichnungen der Gesundheitstechnik mit denen der Elektrotechnik vor allem wenig glücklich zusammenfallen. Formelzeichen wie W bzw. w für Wärme und Q bzw. q für Flüssigkeitsmengen kann die Gesundheitstechnik nicht entbehren. Ebenso können

Temperatur- und Zeitzeichen, beide als t aufgenommen, zu unangenehmen Verwechslungen führen.

Allen Herren Fachgenossen, die mir durch Hinweis auf Fehler in der 1. Auflage und durch Verbesserungsvorschläge entgegengekommen sind, wie auch den Firmen und der Verlagsbuchhandlung, die mich in liebenswürdigster und weitgehendster Weise unterstützt haben, sei an dieser Stelle nochmals mein Dank zum Ausdruck gebracht!

Mittweida b. Chemnitz, Juli 1921.

Wilhelm Heepke.

Inhaltsverzeichnis.

Die Warmwasserbereitungs- und Versorgungsanlagen.

Einleitung.

Langjährige Statistiken haben nachgewiesen, daß der tägliche Wasserbedarf auf den Kopf der Bevölkerung ∾100 l beträgt; davon entfallen auf die Haushaltungen allein ∾70%. Das übrige Wasser dient gewerblichen und öffentlichen Zwecken, zur Straßenreinigung usw. Von dem Haushaltswasser kommt wieder der geringste Teil im kalten Zustande zur Ausnutzung. Die größte Menge wird als Warmwasser gebraucht. Es liegt daher im Haushalte, Wirtschafts- und Gewerbebetriebe, im Privathause, in öffentlichen Gebäuden und Fabriken ein unabweisbares stetiges Bedürfnis vor, des öfteren oder sogar zu jeder Zeit warmes Wasser reichlich zur Verfügung zu haben. Der Verwendungszweck des warmen Wassers ist dabei ein äußerst mannigfacher: sei es zur Speisenbereitung im einfachen Haushalte, in Kaffee- und Gasthäusern, zum Spülen und Reinigen von Geschirr und Wirtschaftsgegenständen, zum Waschen von Körperteilen und Bekleidungsstücken, sei es für Hausbäder und Badeanstalten, in Fabriken der chemischen und Textilbranche, in Brauereien, Schlachthäusern, Fleischereien, Bäckereien, Destillationen, Raffinerien usw., in Friseur- und anderen Geschäften, oder sei es schließlich in Stallungen und landwirtschaftlichen Gehöften. Gemäß eines derart großen Absatzgebietes und wegen der hohen wirtschaftlichen Bedeutung für den Haushalt, das Gewerbe und die Technik ergibt sich ohne weiteres, daß die Warmwasserbereitung eine Wohlfahrtseinrichtung erster Ordnung ist und sich als ein weiterer besonderer Zweig der Gesundheitstechnik hat ausbilden müssen.

Auf den ersten Blick hin mag ja für manchen eine Warmwasserbereitungsanlage neuzeitlicher Ausführung höchst überflüssig erscheinen. Jedoch ebenso wie jetzt eine moderne Wohnung mit Kaltwasserzapfstellen bis in die obersten Stockwerke hinein und zu den entlegensten Plätzen hin als selbstverständlich gefordert wird, ebenso wie die Räume eine vorzüglich arbeitende Heizanlage besitzen sollen, so mußte sich auch das Verlangen nach einer regelrechten Warmwasserversorgungsanlage mit ausreichender Anzahl Zapfstellen immer fühlbarer machen. Die Gründe hierfür sind zu suchen einmal in dem Wunsche nach einem sparsameren Betriebe und in dem Verlangen, jederzeit eine genügend große Warmwassermenge zur Verfügung zu haben, und dann allgemein in dem allmählich erweckten Verständnisse für solche Wohlfahrtseinrichtungen. Heutzutage werden fast alle Gebäude mit neuzeitlichen Einrichtungen, wie Zentralbeleuchtung, Zentralheizung, Lüftung, Be- und Entwässerung usw., ausgestattet, weshalb sollte man da nicht die Bereitung von warmem Wasser besser und bequemer gestalten, als es der einfache Kochtopf vermag, und um so mehr, als deren Bedienung in der Regel sehr einfach und leicht ist und selbst durch ein ungeschultes Dienstpersonal nebenbei mit besorgt werden kann; abgesehen von den großzügig angelegten Betrieben, die gegebenenfalls eine besondere fachmännische Bedienung erheischen.

Dem Bedürfnis und den allgemeinen Anforderungen entsprechend hat sich denn auch im Laufe der Zeit eine große Zahl von Systemen zur Warmwasserbereitung und -versorgung herausgebildet, von denen jedes die Bedingungen für bestimmte Verhältnisse, Anforderungen und Voraussetzungen zu erreichen sucht. Letztere können sich beziehen auf die Größe und Durchführbarkeit der Anlage, die zur Verfügung stehenden Heizmittel, die Wärmequelle, die Art des Betriebes, die Wasserquelle und auf andere Punkte.

I. Allgemeines vom Wasser und von der Wärme.

Das Wasser ist, chemisch betrachtet, eine Verbindung zwischen Wasserstoff H und Sauerstoff O zu H_2O. Das Wasser findet sich auf der Erde in drei Aggregatzuständen: im flüssigen als Wasser, im festen als Schnee und Eis und im gasförmigen als Dampf. Man nennt die Temperatur, bei der das Wasser unter natürlichem Drucke in Eis übergeht, den Gefrierpunkt und diejenige, bei der das Wasser unter natürlichem Drucke zu Dampf wird, den Siedepunkt. Der Unterschied zwischen beiden Punkten ist in 100 gleiche Teile eingeteilt, und es sind diese Teile als Temperaturskala, sog. Celsiusskala (°C), festgelegt, wobei 0° als Gefrierpunkt angenommen ist.

Bei 4° C besitzt das Wasser seine größte Dichtigkeit. Der Druck, den dabei 1 kg Wasser auf 1 cm^2 ausübt, ist mit 1 Atmosphäre (1 Atm.) festgelegt, welche dem Drucke einer Wassersäule von 10 m gleichkommt. Das Gewicht des Wassers bei 4° nimmt man weiter als Einheitsgewicht an und bezeichnet das Gewicht von 1 cm^3 als 1 Gramm (1 g) und von 1 dm^3 als 1 Kilogramm (1 kg) = 1 Liter (1 l).

Im Gegensatz zu der Intensitätsmessung nach Graden erfolgt die quantitative Messung der Wärme nach Wärmeeinheiten (WE), auch wohl kurz Kalorien (cal) genannt. Genau genommen ist 1 WE = 1 Kilogramm-Kalorie und die Wärmemenge, durch welche 1 kg Wasser von 14,5° C auf 15,5° C erwärmt wird, oder allgemein die Wärmemenge, welche zur Temperaturerhöhung von 1 kg Wasser um 1° C[1]) nötig ist. Es ist

[1]) Die Temperaturangaben beziehen sich in diesem Buche stets auf die 100teilige Skala Celsius, weshalb die Bezeichnung »C« hinter der Gradangabe ° in der Folge fortgelassen wird.

dann 1 Grammkalorie = 0,001 WE. Die spezifische Wärme c des Wassers ist die Wärmemenge in WE, die nötig ist, um die Temperatur t von 1 kg Wasser um 1° zu erhöhen; sie ist technisch genau genug ~ 1. Es besitzt also Wasser, das von 0° auf 80° erwärmt ist, eine Wärme von 80 WE. Sind ferner z. B. 2000 l Wasser von 10° auf 50° in 5 h zu erwärmen, so sind dazu 2000 (50 — 10) = 80000 WE erforderlich, mithin in der Stunde als Zeiteinheit $\frac{80\,000}{5} = 16000$ WE.

Mit der Eigentümlichkeit des Wassers, die größte Dichte bei 4° zu haben, besitzt es auch bei dieser Temperatur sein größtes Gewicht, das sich bei Zunahme und Abnahme der Temperatur von 4° aus vermindert, aber nicht proportional der Temperaturänderung. So findet man:

bei	0°	das Volumen	zu	1,000126	und das	spez.	Gewicht	zu	0,999873
»	4°	»	»	» 1,000000	»	»	»	»	1,000000
»	10°	»	»	» 1,000268	»	»	»	»	0,999731
»	80°	»	»	» 1,028850	»	»	»	»	0,971959
»	100°	»	»	» 1,043150	»	»	»	»	0,958634

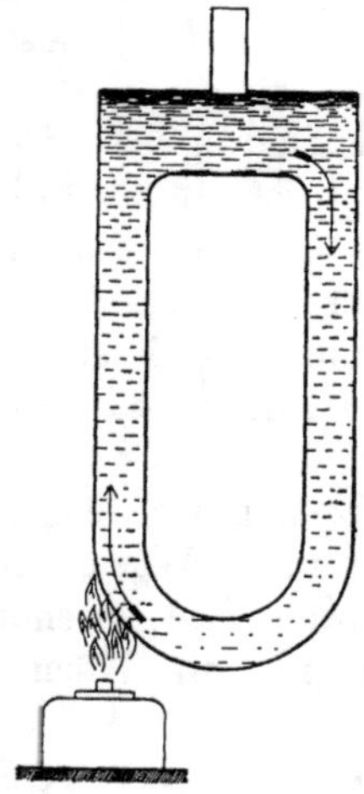

Abb. 1.

Wird somit Wasser über 4° hinaus erwärmt, so steigen die wärmeren Wasserteilchen empor, um an ihre Stelle kältere, schwerere Teilchen treten zu lassen. Man hat es also mit einer Zirkulation im Wasser selbst zu tun. Dieser Vorgang läßt sich in einfachster Weise mit einer Glasröhre nach Abb. 1 klar machen. Die Röhre muß oben offen sein, damit das durch die Erwämung vergrößerte Wasservolumen Platz findet.

In gleicher Weise, wie die allmähliche Erwärmung des Wassers vor sich geht, findet auch dessen Abkühlung statt. Fällt schließlich die Temperatur unter 4°, so sinken die wärmeren Wasserteilchen nach unten und die kälteren steigen empor. Dies ist der Grund, weshalb Wasser zuerst an seiner Oberfläche zu Eis erstarrt.

Gemäß solch natürlichen Vorganges ist es nun ganz gleichgültig, an welcher Stelle das Wasser zuerst erwärmt wird, so daß man also technisch in der Lage ist, das Wasser fern von einer Zapfstelle erwärmen zu können; es muß nur die erforderliche Zirkulation vorhanden sein. In erster Linie hat man daher bei Einrichtung einer Warmwasseranlage dafür Sorge zu tragen, daß dem natürlichen Auftriebe des Wassers möglichst wenig Hindernisse in den Weg gestellt werden.

Je weniger die Wasserzirkulation gehemmt wird, um so rascher erfolgt die Erwärmung, gleichmäßige Wärmezufuhr vorausgesetzt. Es ist daher vorteilhaft, die Wärmeleitung möglichst kurz und geraden Weges vorzunehmen. Je länger die Rohrleitung zwischen Warmwassererzeuger und Zapfstelle ist und je mehr Richtungs- und Querschnittsänderungen auf dieser Strecke bestehen, um so größer sind die Wärmeverluste infolge der Bewegungs- und Reibungswiderstände und der Transmission. Unter letzterer ist hier die Wärmetransmission zu verstehen, d. i. die Wärmemenge, welche aus dem warmen Wasser durch die Kessel-, Rohr-, Behälterwand u. dgl. in die Außenluft übertritt. Bezieht man die Transmissionswärme ganz allgemein und gleichgültig, ob sie Verlust oder Gewinn für eine Anlage bedeutet, auf die Einheiten, so hat man die Wärmemenge, welche durch 1 m^2 Umschließungsfläche (Heizfläche) bei 1^0 Temperaturunterschied in 1 h senkrecht hindurchgeht. Diesen Einheitswert bezeichnet man als Transmissionskoeffizienten (k).

In langen wagerechten Kanälen, insbesondere mit zu geringen Querschnitten, kann nun infolge der verschiedenen Wärmeverluste ein vollständiger Stillstand des Wassers eintreten, da die Wärmetriebkraft im Wasser fehlt, so daß an der Heizstelle schließlich eine Überhitzung stattfindet, während die Zapfstellen Wasser von viel zu niedriger Temperatur abgeben. Solcher Zustand kann dann weiter zur Folge haben, daß das System zersprengt wird oder doch zum mindesten äußerst lästige starke Schläge in selbigem hervorgerufen werden. Aus gleichen Gründen ist Sackbildungen vorzubeugen. Das ganze System muß, abgesehen von dem Ausdehnungsraume, vollkommen mit Wasser gefüllt sein, damit nicht Dampfbildung eintritt oder die Zirkulation durch Lufträume gehemmt wird. Durch Steigern der Wassertemperatur hat man es aber bis zu gewissen Grenzen in der Hand, den erforderlichen Auftrieb den Widerständen, die sich nicht umgehen lassen, anzupassen.

Eine wichtige Eigenschaft des Wassers für Warmwasserbereitungsanlagen ist sein Wärmeaufspeicherungsvermögen, d. h. das Wasser ist imstande, die aufgenommene Wärme über eine gewisse Zeit hin festzuhalten und sie nach Aufhören des Wärmezuflusses langsam, nach und nach wieder abzugeben auf Grund des Ausgleichsgesetzes des Weltalls. Maßgebend für den Grad und die Schnelligkeit der Abkühlung sind die Größen der Wasserumschließungsflächen, der Stärke und Beschaffenheit derselben und des Unterschiedes zwischen der Wassertemperatur und der Außenluft. Eine günstige Verlangsamung des Wärmeausgleiches läßt sich durch richtige Benutzung von Wärmeschutzmitteln erzwingen. Eine vollkommene Wärmeisolierung ist jedoch nicht möglich. Um so mehr hat man daher Grund, auf eine möglichst genaue Berechnung und gute Disponierung der Anlage hinzuarbeiten.

II. Die Heizmittel.

Die Heizmittel, mit denen Warmwasser erzeugt werden kann, sind die festen, flüssigen, gasförmigen Brennstoffe, die Elektrizität, der Dampf und das warme und heiße Wasser. Je nach der Durchführung der Anlage läßt sich mit ihnen das Wasser direkt oder indirekt erwärmen. Die festen Brennstoffe, wie Holz, Torf, Braunkohle, Steinkohle und deren Kunstprodukte, und das Gas können für Lokal- und Zentralbetrieb Verwendung finden, während die flüssigen Brennstoffe und die Elektrizität meist nur dem Lokalbetrieb dienen und der Dampf und das warme Wasser als Heizmittel vorzugsweise in Zentralanlagen sich günstig ausnutzen lassen.

A. Die Brennstoffe.

Sie finden sich als feste, flüssige und gasförmige Brennstoffe.

a) Die festen Brennstoffe.

Die festen Brennstoffe sind augenblicklich immer noch die wichtigsten Heizmittel. Sie werden als Anthrazit, Steinkohle, Braunkohle, Torf, Holz, Brikett, Koks und Abfälle aller Art in den häuslichen Lokalfeuerungen und den Zentralfeuerungen benutzt. Für letztere mit besonderer Feuerstelle ist in erster Linie der Koks maßgebend, dessen rauchschwache Verbrennung und gleichmäßige Wärmeentwicklung für die Anlage von besonderem Vorteile sind. Wo er preiswert zu haben ist, ist dem Hüttenkoks vor dem Gaskoks der Vorzug zu geben. Jedoch muß meist der Brennstoff, der am billigsten und in genügender Menge zu erhalten ist, gewählt werden, wenn die Feuerung eine nicht zu teure Sonderkonstruktion und eine nicht zu umständliche und kostspielige Bedienung erfordert. Stehen für eine Feuerung mehrere Brennstoffe zur Wahl, so sollte für letztere nicht der Handelspreis, sondern der Wärmepreis entscheidend sein. Darunter ist der Preis für 1 WE zu verstehen. Praktischer rechnet man mit 1000 WE als Einheit, dann ist aber auch der Handelspreis auf 1000 kg = 1 t Brennmaterial zu beziehen. Ist:

p_H = Handelspreis in M./t Brennmaterial frei Haus,
H_a = absoluter kalorimetrischer Heizeffekt des Brennmateriales in WE/kg (siehe S. 9),
η = Wirkungsgrad der Feuerung, also:
ηH_a = wirklicher Heizwert,

so ist der Wärmepreis eines Brennmateriales:

$$P_w = \frac{p_H}{\eta H_a} \text{ in M./1000 WE} \quad . \quad . \quad . \quad . \quad . \quad (1)$$

Dient die Feuerung einer Dampfentwicklung, so rechnet man besser weiter auf den Dampfpreis hin. Da 1 kg Dampf zur Erzeugung $\sim$ 600 WE verlangt, so ist für D kg Dampf der Dampfpreis:

$$p_D = \frac{600}{1000} P_w D \text{ in M.}/D \text{ kg Dampf.}$$

Zum richtigen Vergleich bezieht man günstig D auf 1000 kg, dann wird mit $D = 1000$:

$$p_D = 600\, P_w \text{ in M./1000 kg Dampf.} \quad . \quad . \quad . \quad (2)$$

In der heutigen Zeit der mißlichen und leidigen Brennmaterialbelieferung wird man jedoch vielfach von diesen Erwägungen und Rechnungen ganz absehen und auf den Brennstoff zukommen müssen, der gerade zur Zeit und am Ort zu haben ist. Und so sieht man sich häufig ohne Rücksicht auf die Heizleistung gezwungen, die minderwertigsten oder kostspieligsten Materialien wie Holz, Torf, Briketts, Sägespäne, erdige Braunkohle und Abfälle aller Art in dazu passenden und unpassenden Feuerungen auszunutzen. Für größere Anlagen wird sich ein dem Brennstoff angepaßter Umbau der Feuerung bezahlt machen, wenn jener über einen längeren Zeitabschnitt hinweg voraussichtlich zur Verfügung steht. Wahrscheinlich wird Deutschland noch jahrelang unter der Steinkohlennot zu leiden haben, so daß die Zentralheizungsindustrie ernstlich darauf bedacht sein muß, die Kesselfeuerungen der häuslichen zentralen Heizungs- und Warmwasserversorgungsanlagen auf minderwertige Brennstoffe umzustellen; denn die Steinkohlennot hat einen empfindlichen Koksmangel im Gefolge. An den bisher sog. minderwertigen Brennstoffen wie Rohbraunkohle, Torf usw. hat Deutschland ja auch eine gute Reserve. Und man hat sich jetzt schon mit diesen ganz gut abgefunden. In der Regel sind für kleine und häusliche Lokalfeuerungen neben Steinkohle Braunkohle, Torf und Briketts zu empfehlen. Jedoch auch selbst das teure Holz findet in besonders dafür konstruierten Öfen, Badeöfen, eine wirtschaftliche Ausnutzung bei einem sauberen Betriebe. Schwefelhaltige Kohlen und Koks sind möglichst zu vermeiden, da selbige das Metall der Feuerung angreifen.

Bezüglich der Wirtschaftlichkeit sei bemerkt, daß in der Heiztechnik eine Anlage kaum schlechter arbeitet als ein gewöhnlicher Küchenherd, wie er gerade vielfach zur Warmwassererzeugung benutzt wird. Man kann annehmen, daß in solchem Herde $\sim 90 \div 80\%$ des absoluten Heizwertes der aufgewandten Kohle nutzlos durch den Schornstein usw. verloren gehen. Bei schlechtem Brennstoffe und mangelhafter Bedienung kann der Nutzeffekt sogar bis auf 5% sinken. Eine gewisse Verbesserung des Heizeffektes wird jetzt allerdings vielfach durch Einbau von Herdflaschen, Schlangen u. dgl. erreicht. Die Hauptgründe für einen schlechten Heizeffekt liegen meist weniger in der Konstruktion der Feuerstelle als vielmehr an der laienhaften Bedienung und an der Beschaffenheit des Brennstoffes selbst. Der zur Verbrennung nötige Sauerstoff läßt sich nicht genau in erforderlicher Menge zuführen und mit jedem Kohlenstoff des Brennmaterials zu CO_2 verbinden; ferner müssen die in der Luft enthaltenen 79% Stickstoffteile nutzlos miterwärmt werden und schließlich besteht der Brennstoff nicht nur aus C. Ein weiterer großer Nachteil ist darin zu suchen, daß das Feuer stets länger brennt, als es gebraucht wird. Man muß daher obige niedrige Zahlen von 12÷10÷5% richtig zu beurteilen verstehen.

Eine wesentliche Erhöhung des Wirkungsgrades η bis zu 0,5÷0,6 und somit eine bessere Ausnutzung des Brennstoffes im Küchenherd läßt sich durch den Einbau von sog. Heizeinsätzen für eine zentrale Warmwasserbereitung erreichen, Ausführungen, wie sie in folgenden Abschnitten zur Besprechung kommen. Die Zentralfeuerungen können dagegen der Gesamtanlage vollkommener angepaßt und so eingestellt werden, daß selbst bei unfachmännischer Bedienung ein gewisser Effekt nicht unterschritten werden kann.

Über den Verbrennungsvorgang sei kurz folgendes gesagt[1]):

Die restlose Ausnutzung eines festen Brennstoffes, d. h. der höchste Heizeffekt wird bei vollkommener Verbrennung desselben erreicht. Auf Grund der Brennstoffanalyse berechnet sich dieser absolute kalorimetrische Heizeffekt zu:

$$H_a = 81\,\mathrm{C} + 290\left(\mathrm{H} - \frac{\mathrm{O}}{8}\right) + 25\,\mathrm{S} - 6\,\mathrm{W} \text{ in WE/kg} \quad . \quad (3)$$

Darin sind C, H, O, S und W (hygroskopisches Wasser) die Analysenwerte des Brennstoffes in Prozent.

Als theoretischen oder absoluten Heizeffekt H_a, d. h. also als die Wärmemenge, die bei vollkommener Verbrennung von 1 kg Brennstoff erzeugt wird, findet man im Mittel:

für	Holz, lufttrocken	H_a =	3000 WE
»	Torf, »	=	3500 »
»	Braunkohle, böhmische .	=	4500 »
»	» sächsische .	=	2400 »
»	Steinkohle	=	7000 »
»	Anthrazit	=	7500 »
»	Holzkohle	=	8000 »
»	Preßtorf	=	3800 »

[1]) Die Betrachtungen über den Verbrennungsvorgang sind hier nur soweit ausgeführt, als es zum Verständnis nachfolgender Berechnungen nötig ist. Auf genauere Entwicklungen der Gleichungen kann hier nicht eingegangen werden.

für Briketts (Braunkohlen) .	= 4800 WE	
» Koks	= 7000	»
» Lohe, mit 50% Wasser .	= 2000	»
» Sägespäne	= 2800	»

Die Zahlen stellen den unteren Heizwert dar, mit dem man für die Brennstoffe (auch gasförmige) allgemein üblich rechnet und bei dem die Verbrennung des Brennstoffwassers zu Wasserdampf vorausgesetzt wird. Im Gegensatz dazu legt man für den oberen Heizwert nur die Erhitzung des Brennstoffwassers bis zum Siedepunkt zu Grunde, so daß er um die Verdampfungswärme des Verbrennungswassers höher als der untere ist. Man kann annehmen, daß der untere Heizwert um $\sim 10\%$ niedriger ist als der obere Heizwert. Wenn nichts weiter angegeben ist, ist stets der erstere vorauszusetzen.

In geeigneten Feuerungsanlagen ist es möglich, die wirkliche Verbrennung der Vollkommenheit nahezubringen. Um diesen Zustand zu erreichen, ist die Verbrennungsluft in der gerade für einen Brennstoff erforderlichen Menge zuzuführen, damit möglichst viel C sich zu CO_2 zu verbinden vermag. Ferner ist die Temperatur im Feuerraum möglichst hoch zu halten, den Wärmeverlust durch Asche, Schlacke und unverbrannt in den Aschfall fallende Brennstoffteile zu beschränken, eine hohe Vorwärmung und innige Vermischung der Luft mit dem Brennstoff anzustreben und schließlich dem Eintritt falscher Luft durch Undichtigkeiten, Türöffnen usw. vorzubeugen.

Als wichtiger Faktor im Verbrennungsvorgang tritt also die Verbrennungsluft bzw. dessen Sauerstoff auf. Die theoretische Verbrennungsluftmenge L bestimmt sich mit Hilfe der Brennstoffanalysenwerte C, H, S, O in % zu:

$$L = \frac{2{,}667\,C + 8\,H + S - O}{23} \text{ kg/kg Brennstoff} \quad . \quad (4\,a)$$

und, da 1 m³ Luft bei 0° und mittlerem Barometerstand (760 mm QS) 1,29 kg wiegt:

$$L = \frac{2{,}667\,C + 8\,H + S - O}{30} \text{ m}^3\text{/kg Brennstoff von } 0^0 \quad (4\,b)$$

Man findet:

$L = 10{,}0 \div 11{,}0$ kg für Anthrazit	$L = 9{,}6 \div 10{,}3$ kg für Koks
$= 9{,}0 \div 10{,}5$ » » Steinkohle	$= 10{,}0 \div 10{,}5$ » » Preßsteine
$= 5{,}3 \div 7{,}4$ » » Braunkohle	$= 6{,}5 \div 7{,}0$ » » Brk. Brik.
$= 4{,}8 \div 5{,}5$ » » Torf	$= 5{,}0 \div 5{,}5$ » » Preßtorf
$= 4{,}5 \div 5{,}0$ » » Holz	$= 4{,}5 \div 5{,}0$ » » Sägespäne.

Da aber nicht aller Sauerstoff der Luft nutzbar gemacht werden kann, so hat man praktisch mit einer um einen Wert m größeren Luftmenge zu rechnen. Natürlich muß der sog. Luftüberschußkoeffizient m von dem Kohlensäuregehalt (CO_2) der Heizgase abhängen. So ist:

$$m = \frac{CO_{2\,max}}{CO_2} \quad \ldots \ldots \quad (5\,a)$$

$CO_{2\,max} = 20{,}5$ für Koks	$CO_{2\,max} = 18{,}3$ für Braunkohle
$= 19{,}8$ » Anthrazit	$= 19{,}4$ » Torf
$= 18{,}9$ » Steinkohle	$= 20{,}1$ » Holz.

CO_2 = Kohlensäuregehalt der Gase im Fuchs in Vol.-%, durch Heizversuche festzustellen.

Ist durch diese Versuche neben CO_2 auch der Sauerstoffgehalt o der trockenen Heizgase bestimmt, dann ist bei vollkommener Verbrennung der Stickstoffgehalt:

$$n = 100 - (CO_2 + o)$$

und

$$m = \frac{21}{21 - 79\,\frac{o}{n}} \quad \ldots \ldots \quad (5\,b)$$

Für Steinkohlen und Koks liegt die ökonomische Grenze des CO_2-Gehaltes bei ∾15 Vol.-%. Je größer der CO_2-Gehalt in den Gasen ist, desto geringer fällt m aus, desto besser ist die Verbrennung. Für feste Brennstoffe wird man zu rechnen haben mit:

$m = 1{,}2 \div 1{,}3$ bei sehr guter Wartung,
$= 1{,}4 \div 2{,}0$ bei weniger guter Wartung,
$= 1{,}3 \div 1{,}6$ bei Schüttfeuerung.

Die wirkliche Verbrennungsluftmenge ist dann mL, wodurch ferner die Rauchgasmenge durch $1 + mL$ mitgegeben ist.

Bei unsachgemäßer Bedienung kann der CO_2-Gehalt der Gase bis auf 7% und darunter sinken, und dann hat man eine schlechte Verbrennung. Die richtige Beurteilung einer Feuerung bedingt die stetige Untersuchung der Rauchgase auf ihren CO_2-Gehalt, der ein Maßstab für die Wärmeverluste und den Brennverbrauch bildet. Mittels guter Rauchgasprüfer lassen sich diese Größen ständig und einwandfrei kontrollieren und eine solche Kontrolle ist bei größeren und dauernd in Betrieb stehenden Anlagen stets ratsam. Mit einem Eckardt-Prüfapparat wurden an einer Feuerung mit Steinkohle festgestellt:

4% CO_2 = 45% Kohlenverlust, d. i. eine sehr schlechte Verbr.,
8% » = 23% » » » » schlechte Verbr.,
12% » = 15% » » » » gute Verbrennung.

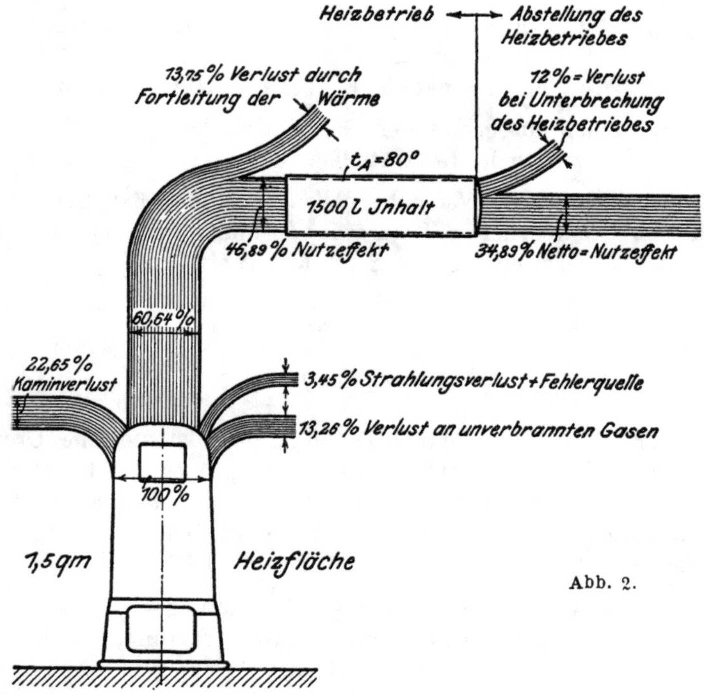

Abb. 2.

Durch die Heizversuche können, wie gesagt, die Wärmeverluste einer Feuerungsanlage mit ausreichender Genauigkeit bestimmt werden. Rechnerisch auf dieselben einzugehen, ist hier nicht der Platz. In jedem allgemeinen Maschinenbauhandbuch und in diesbezüglicher Fachliteratur sind dafür Unterlagen genügend gegeben. Die Verluste entstehen durch die abziehenden Gase, unvollkommene Verbrennung, das Unverbrannte in den Verbrennungsrückständen, Entfernen der heißen Asche und Schlacke und durch Strahlung und Leitung. Der erstere Verlust durch die abziehenden Gase, der sog. *Schornsteinverlust*, bestimmt sich mit der Fuchstemperatur T_F, der Temperatur t_l der umgebenden Raumluft und dem Kohlensäuregehalt CO_2 der Gase in %, angenähert zu:

$$\mathfrak{V} = \sim 0{,}65 \frac{T_F - t_l}{CO_2} \text{ in } \% \quad . \; . \; . \; . \; . \; . \quad (6)$$

und schwankt zwischen ~ 8 und 20%.

Anschaulich lassen sich alle die Verluste in *Wärmediagrammen* darstellen. Abb. 2 zeigt ein derartiges Diagramm von einem gußeisernen Kleinkessel, der auf einen Warmwasserbehälter hinarbeitet. Vergleicht man dasselbe, insbesondere den darin eingetragenen Nutzeffekt mit dem weiteren der Abb. 3[1]), die das Wärmediagramm eines Loewenstein-Rolandkessels mit direkter Erwärmung darstellt, so kann man sich ein sehr klares Bild über die Leistungsfähigkeit und Güte einer Anlage gegenüber einer anderen verschaffen, die gleichen Grundlagen vorausgesetzt. Vorläufig nur nach diesen Betrachtungen hin geurteilt, erkennt man aus den vorliegenden Diagrammen ohne weiteres die Überlegenheit des Loewensteinkessels, sobald die Beschaffenheit des Wassers und die ganze Anlage eine unmittelbare Erwärmung gestatten.

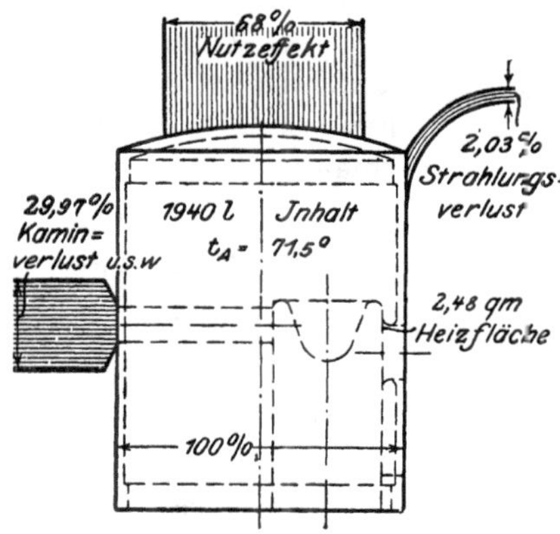

Abb. 3.

[1]) Abb. 2 und 3 aus »Wirtschaftliche Verwertung der Brennstoffe« von Baurat *de Grahl*, Verlag Oldenbourg 1915, und mit Genehmigung des Verfassers.

Von Einfluß auf die Güte der Verbrennung muß natürlich die Zugstärke des Schornsteins sein, denn dieser hat ja die Verbrennungsluft dem Feuerraum zuzuführen und die Gase abzuleiten. Es ist der Pressungsunterschied, mit dem die Luft durch den Rost gezogen wird:

$$Z_s = \sim 340 \left(\frac{1}{273 + t_l} - \frac{1}{273 + T_F} \right) \cdot H \text{ in mm WS} . \quad (7)$$

Darin ist:

H = Schornsteinhöhe von Rost bis Mündung in m;
T_F = Fuchstemperatur,
= $\sim 120 \div 350^0$, auf jeden Fall: $\geqq 100^0$;
t_l = Außenlufttemperatur als äußerster Wert,
= -20^0 im Winter,
= $+30^0$ im Sommer.

Für Warmwasserbereitung, die Winter und Sommer zu arbeiten hat, ist der Sommerwert $+30^0$ maßgebend.

Diese Größe Z_s stellt den wirklichen Schornsteinzug dar. Vielfach wird das Vakuum im Fuchs fälschlich als Schornsteinzug angegeben, was zu falschen Schlüssen und Vergleichen führt. Zwischen Feuerraum und Fuchs tritt ein Verlust an Zug ein, der bei normalen Anlagen:

$$\sim 25 \div 40\%$$

beträgt. Damit ergibt sich das Vakuum im Fuchs zu:

$$Z_s' = (0{,}75 \div 0{,}60) \cdot Z_s \text{ in mm WS} \quad . \quad . \quad . \quad . \quad (8)$$

Es schwankt Z_s zwischen $\sim 0{,}2$ und 20 mm WS.

Für Warmwasserbereitungen genügt meist:

$Z_s \geqq 3$ mm WS für Küchenherde, Zimmeröfen, Niederdruckkessel
$Z_s \geqq 12$ mm WS für größere industrielle Feuerungen und Hochdruckkessel.

Zum Anheizen wird eine größere Zugstärke als während des Beharrungszustandes nötig sein.

Die Schornsteinhöhe, welche in erster Linie Z_s beeinflußt und vom ganzen Gebäude mehr oder weniger abhängig ist, ergibt sich für den ungünstigen Fall mit $T_F = 120^0$, $t_l = +30^0$ und $Z_s = 3$ mm zu:

$$H = \frac{Z_s}{0{,}254} = \frac{3}{0{,}254} = 11{,}63 \text{ m}.$$

Es ist daher eine Kaminhöhe von ∾ 10 m nur unter sehr günstigen Verhältnissen zu unterschreiten. Als letztere sind anzusehen: geschützte Lage des Schornsteines bezüglich der Abkühlung und des Windanfalles, gute innere und äußere Verfugung, glatte Innenfläche, kurzer, gerader und aufsteigender Fuchs, richtige Ausführung der Feuerzüge und ein der Höhe H richtig entsprechender Schornsteinquerschnitt. Die Annahme, ein möglichst weiter Schornstein sei stets vorteilhaft, ist eine irrige.

Der Schornsteinquerschnitt kann für häusliche Warmwasserbereitungsanlagen ermittelt werden zu:

$$q = \frac{0{,}03\, W_0}{\sqrt{H}} \text{ in cm}^2 \quad \dots\dots \quad (9)$$

Darin ist:

W_0 = die vom Brennstoff stündlich zu erzeugende Wärmemenge in WE;

H = Schornsteinhöhe über Rost in m.

Der Wichtigkeit wegen seien die Schornsteintabellen 1 und 2 angefügt.

Tabelle 1.

Schornsteinquerschnitte, nach Heizfläche bestimmt.

Kesselheizfläche in m²	Lichtes Ausmaß des Schornsteines in cm bei einer Höhe in m							
	5	6	7	8	9	10	12,5	15
3	20×20	14×20	14×20	14×20	14×20	14×20	14×14	14×14
4	20×20	20×20	20×20	20×20	20×20	20×20	14×20	14×20
5	20×27	20×27	20×27	20×20	20×20	20×20	20×20	20×20
6	20×33	20×33	20×27	20×27	20×27	20×27	20×27	20×20
7	27×27	20×33	20×33	20×33	20×27	20×27	20×27	20×20
8	27×33	27×27	27×27	20×33	20×33	20×33	20×27	20×27
9	27×33	27×33	27×27	27×27	27×27	20×33	20×33	20×27
10	—	27×33	27×33	27×33	27×33	27×33	20×33	20×33
11	—	33×33	27×33	27×33	27×33	27×33	27×27	20×33
12	—	33×33	27×33	27×33	27×33	27×33	27×33	27×27
13	—	—	33×33	33×33	33×33	33×33	27×33	27×33
14	—	—	—	33×33	33×33	33×33	33×33	27×33

Tabelle 2.

Schornsteinquerschnitte, nach nutzbaren Wärmemengen bestimmt, für Steinkohlen- und Koksfeuerung.

Schornstein			Wärmeeinheiten pro Stunde bei einer Schornsteinhöhe in m					
Querschnitt cm²	□ cm	○ cm	5	10	15	20	25	30
169	13×13	15	12 000	17 000	22 000	25 000	28 000	30 000
325	13×25	20	24 000	34 000	42 000	48 500	54 000	60 000
500	20×25	25	—	52 000	65 000	74 000	83 000	91 000
625	25×25	28	—	66 000	81 000	93 000	104 000	114 000
950	25×38	35	—	100 000	123 000	140 000	158 000	170 000
1275	25×51	40	—	130 000	165 000	190 000	212 000	234 000
1444	38×38	43	—	150 000	187 000	216 000	240 000	265 000
1938	38×51	50	—	—	251 000	288 000	323 000	355 000
2601	51×51	58	—	—	336 000	388 000	433 000	477 000
3264	51×64	65	—	—	423 000	486 000	544 000	598 000
4096	64×64	72	—	—	—	610 000	680 000	750 000
4928	64×67	80	—	—	—	735 000	820 000	900 000
5929	77×77	87	—	—	—	—	988 000	1 000 000
6930	77×90	95	—	—	—	—	1 150 000	1 270 000
8100	90×90	102	—	—	—	—	1 350 000	1 480 000

Es sind die Werte WE der Tab. 2 zu multiplizieren:

für Braunkohlen, Briketts mit 1,60,
» Holz, Torf u. dgl. » 2,15.

Für gußeiserne Gliederkessel können bis ∾ 30% geringere Querschnitte genommen werden.

Der zur Deckung von W_0 erforderliche Brennstoffaufwand ergibt sich zu:

$$B = \frac{W_0}{\eta H_a} \text{ kg/h allgemein} \quad \ldots\ldots \quad (10)$$

und

$$B = 0{,}55 \frac{W_0}{\eta H_a} \text{ kg/h f. Schütt- u. Gußgliederkessel} \quad . \quad (10\,\text{a})$$

Der jährliche Brennstoffverbrauch richtet sich nach der Anzahl der täglichen Heizstunden und danach, ob die Warmwasserbereitung gänzlich für sich besteht oder während des ganzen Jahres oder eines Teiles desselben von einer andern Heizquelle mitversorgt wird. Mit Hilfe der Gl. (10) läßt sich der jährliche Brennstoffbedarf dann ohne weiteres bestimmen. Man erhält den Brennstoff im großen in Waggons. Es faßt 1 Waggon ∾10000 kg. Zum Unterbringen einer Waggonladung Brennstoff ist ein Rauminhalt nötig von:

∾12 m^3 für	Steinkohle,	∾18 m^3 für	Briketts,
25 » »	Hüttenkoks,	25 » »	Torf,
30 » »	Gaskoks,	30 » »	Holz,
13 » »	Braunkohle,	15 » »	Sägespäne.

Aus vorstehendem ist zu ersehen, daß die Leistung eines Brennstoffes mit der gesamten Feuerungsanlage in engstem Zusammenhange steht. So läßt sich auch der Wirkungsgrad des Brennstoffes von der Feuerung bzw. von der ganzen Kessel- und Ofenanlage nicht trennen. Praktisch ist er durch Heizversuche, durch die an das Wasser abgegebene Wärmemenge, geteilt durch die vom Brennstoff in derselben Zeit entwickelte Wärmemenge, festzulegen. Ist dementsprechend:

B = stündlich verbrannte Brennstoffmenge in kg,
H_a = absoluter Heizeffekt des Brennstoffes,
H = Gesamtheizfläche des Kessels od. dgl. in m^2,
w_s = die durch 1 m^2 Heizfläche stündlich übertragene Wärmemenge,

so bestimmt sich der Wirkungsgrad zu:

$$\eta = \frac{w_s \cdot H}{H_a \cdot B} \quad \ldots\ldots\ldots \quad (11)$$

Man kann annehmen:

η = 0,85 ÷ 0,65 für Zentralkesselfeuerung bei regelrechter Bedienung,
= 0,70 ÷ 0,55 für Zentralkesselfeuerung bei mangelhafter Bedienung,
= 0,55 ÷ 0,35 für lokale und häusliche Feuerung von guter Konstruktion und bei aufmerksamer Bedienung,
= 0,25 ÷ 0,15 ÷ 0,05 für Herdfeuerung von gewöhnlicher Konstruktion und bei mangelhafter Bedienung.

Es muß der Gesamtwirkungsgrad einer Kesselanlage auch sein:

$$\eta = \eta_1 \eta_2 \quad \ldots\ldots\ldots \quad (12)$$

wenn η_1 = Wirkungsgrad der Feuerung,
η_2 = » » Heizfläche ist.

Für die Berechnung und den Entwurf ist schließlich noch das Bekanntsein der Gastemperaturen, vor allem der Feuer- und Fuchstemperatur, erforderlich. An bestehenden Anlagen werden sie durch die Heizversuche gleich mitermittelt oder ständig durch Einbau von Pyrometern beobachtet.

Der pyrometrische Heizeffekt ist die theoretische Grundlage der wirklichen Feuertemperatur, also die Temperatur, welche ein Brennstoff, bezogen auf 0° Anfangstemperatur, bei vollkommener Verbrennung und ohne Wärmeentziehung entwickelt. Diese Größe ist praktisch von unwesentlicher Bedeutung.

Die wirkliche Feuertemperatur, die natürlich kleiner als der pyrometrische Effekt ist, kann für den Entwurf berechnet werden zu:

$$T = \eta_1 \frac{H_a - \sigma H_a}{(1 + mL)c} + t_l \text{ in } {}^0\text{C} \quad . \; . \; . \; . \quad (13)$$

Darin ist:

η_1 = Wirkungsgrad der Feuerung, $= 0{,}80 \div 0{,}93$;
σ = Ausstrahlungsverhältnis,
σ = $0{,}25 \div 0{,}30$ bei Innen- und Kontaktfeuerung,
= $0{,}20 \div 0{,}25$ bei Unterfeuerung,
= $0{,}20 \div 0{,}15$ bei Vorfeuerung;
σH_a = die durch Strahlung an die direkte Heizfläche abgegebene Wärme;
$1 + mL$ = Gasmenge in kg/kg (Gl. 4a u. 5);
t_l = Raumlufttemperatur (Kesselhaustemp.);
c = mittlere spezifische Wärme für 1 kg Gase, $= 0{,}24$.

Mit $\sigma = 0{,}25$, $\eta_1 = 0{,}9$ und $c = 0{,}24$ wird:

$$T = \sim 2{,}8 \frac{H_a}{1 + mL} + t_l \text{ in } {}^0\text{C} \quad . \; . \; . \; . \quad (13\text{a})$$

Bezüglich der Fuchstemperatur geht man für den Entwurf im allgemeinen von einer Annahme aus. Mit Rücksicht auf genügenden Zug soll sein:

$T_F \geqq 100^0$, und zwar ausreichend:
$T_F = 120 \div 250^0$ für Warmwasserbereiter.

Man findet jedoch T_F bis zu 350° und mehr. Je höher T_F ist, um so größer ist der Wärmeverlust durch den Schornstein;

je kleiner T_F, um so größer die Heizfläche und um so teurer die Anlage.

Rechnerisch läßt sich T_F annähernd ermitteln zu

$$T_F = T\left(1 - \frac{\eta_2 - \sigma}{1 - \sigma}\right) \text{ in } {}^0\text{C} \quad . \quad . \quad . \quad . \quad . \quad (14)$$

η_2 = Wirkungsgrad der Heizfläche $\left(\frac{\eta}{\eta_1}\right.$ nach Gl. (12) ausschl. der Strahlungsverluste ($\sim 0{,}04$), somit:

$$= \frac{\eta}{\eta_1} + 0{,}04.$$

An bestehender Anlage ist T_F sicher mit Hilfe von Pyrometern zu bestimmen. Diese Messung sollte aber stets an der Eintrittsstelle des letzten Feuerzuges in den Fuchs vorgenommen werden. Man hat mit $\sim 2{,}5\%$ Temperaturverlust auf 1 lfd. m Fuchslänge zu rechnen.

Zum Durchzug der Verbrennungsluft durch den Rost erhält dieser Spalten, deren Gesamtquerschnitt R_1 die freie Rostfläche darstellt. Für diese besteht die Bedingungsgleichung:

$$BmL = R_1 \cdot v \cdot 3600,$$

somit

$$R_1 = \frac{B\,m\,L}{v \cdot 3600} \text{ m}^2 \quad . \quad . \quad . \quad . \quad . \quad . \quad . \quad (15)$$

Man nimmt die Luftgeschwindigkeit:

$$v = 0{,}5 \div 1{,}6 \text{ m/s.}$$

Es ist in Gl. (15) die Luftmenge L in m^3 nach Gl. (4b) einzusetzen.

Die Gesamtrostfläche rechnet man dann zu:

$$R = \frac{R_1}{\beta} \text{ m}^2 \quad . \quad . \quad . \quad . \quad . \quad . \quad . \quad . \quad (16)$$

Man nimmt:

$\beta = 0{,}30 \div 0{,}50$ für Koks und Anthrazit,
$= 0{,}25 \div 0{,}50$ für Steinkohle,
$= 0{,}20 \div 0{,}40$ für Braunkohle,
$= 0{,}15 \div 0{,}20$ für Torf und Holz.

Für Warmwasserkessel, Niederdruckdampfkessel mit Schüttfeuerung und ohne Feuerbrücke kann man mit 0,77 R rechnen.

Gewöhnliche Feuerzüge erhalten einen Querschnitt:

$$\left.\begin{array}{ll} f & \geqq 0{,}15\,R \text{ über der Feuerbrücke,} \\ f_1 & \geqq 0{,}38\,R \text{ im I. Zuge,} \\ f_2 & \geqq 0{,}33\,R \text{ im II. Zuge,} \\ f_3 & \geqq 0{,}25\,R \text{ im III. Zuge,} \\ f_F & \geqq 0{,}25\,R \div 0{,}20\,R \text{ im Fuchs, jedoch:} \\ f_F & \geqq 200 \times 200 \text{ mm.} \end{array}\right\} \quad \ldots\ldots\ldots \quad (17)$$

Wird ein Zug aus ständig (täglich) gereinigten Heizröhren gebildet, so soll der Gesamtquerschnitt des Röhrenbündels sein:

$$\left.\begin{array}{ll} f_1 & \geqq 0{,}20\,R, \text{ wenn es den I. Zug bildet,} \\ f_2 & \geqq 0{,}17\,R, \text{ wenn es den II. Zug bildet.} \end{array}\right\} \quad \ldots\ldots \quad (17\,a)$$

Die Gesamt-Feuerzuglänge soll sein:

$$f + f_1 + f_2 + f_3 \leqq \sim 30 \text{ m.}$$

Eine vollkommenere Ausnutzung der festen Brennstoffe erreicht man in neuester Zeit dadurch, daß man die Rauchgase größerer Feuerungsanlagen in Ekonomisern od. dgl. zur Warmwassererzeugung nochmals verwertet. Für diesen Zweck hat man sowohl besondere Apparate gebaut als auch die regelrechten Ekonomiseranlagen benutzt, wie selbige in Großdampfzentralen zur Speisewassererwärmung Verwendung finden.

Mit welch erheblichen Abgasverlusten man zu rechnen hat, darüber gibt die graphische Darstellung der Abb. 4[1]) einen Überblick und zugleich auch über die Ausnutzungsmöglichkeit unter den verschiedenen Verhältnissen. Die untere Grenze dieser Ausnutzungsmöglichkeit ist bei natürlichem Zuge, d. h. bei Schornsteinen, durch die Bedingung ausreichender Betriebszugstärke gegeben; diese liegt bei $\sim 150 \div 180^0$, vielleicht noch bis 120^0. Unter 120^0 fällt die Zugkraft rasch ab, anderseits ist eine Erhöhung der Abgastemperatur über 150^0 hinaus ohne erhebliche zugerhöhende Wirkung. Die Ursache liegt in der Ausdehnung der Rauchgase bei höherer Temperatur, wodurch die geförderte Gasmenge für einen bestimmten Schornstein begrenzt wird. Es kann und sollte daher auch die über 150^0 liegende Abgaswärme voll ausgenutzt werden (Abb. 4). Bei künstlichem Zuge ist man dagegen völlig unabhängig und kann die Abkühlung der Rauchgase soweit treiben, als es die Aufwendungen für

[1]) Nach Föge-Hannover.

Beschaffung des immer größer werdenden Warmwasserbedarfes berechtigt erscheinen lassen.

Außer von der Temperatur T der Abgase ist die Abgaswärme noch von dem Kohlensäuregehalt CO_2 abhängig und bestimmt sich hinreichend genau nach Gl. (6). Daß man der Rauchgaswärme schon seit längerem die ihr zukommende Bedeutung beimißt, mögen einige Beispiele andeuten.

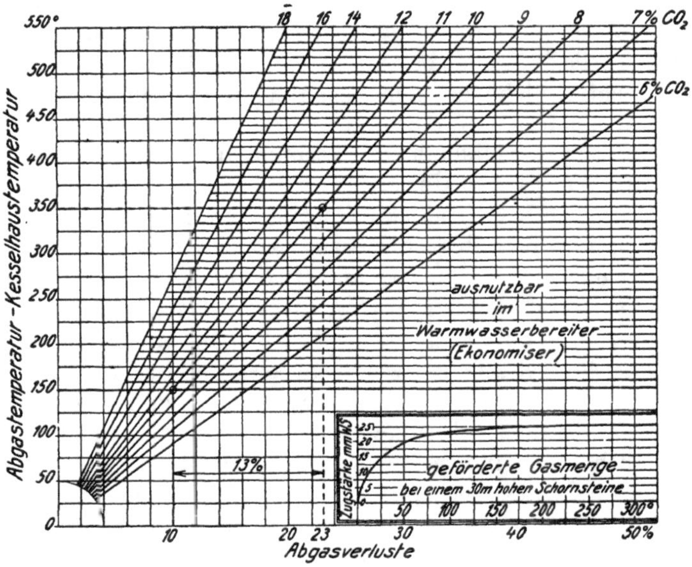

Abb. 4.

In der Fernanlage des städtischen Krankenhauses Ludwigshafen, die von Gebr. Sulzer, Ludwigshafen, ausgeführt ist, werden die Rauchgase zweier eingemauerter Zweiflammrohrkessel zu je 105 m² Heizfläche in Ekonomisern zur Warmwasserbereitung mit Erfolg ausgenutzt. Auf diese Weise werden monatlich 450 m³ Warmwasser zu 70° erzeugt. Als Brennmaterial dient Gaskoks, dessen Beschaffung wegen der nahen Lage des Gaswerkes sehr leicht ist, und der wegen seiner rauchschwachen Verbrennung für eine Spitalanlage von besonderem gesundheitlichem Werte ist. (Siehe auch unten »Fernwarmwasserversorgung«.) Anlagen gleicher Art haben Gebr. Sulzer schon bei mehreren anderen Großbetrieben erfolgreich durchgeführt.

In einer Großbäckerei dienen die Rauchgase der 10 Backöfen, die mit 30 kg Braunkohlenbriketts pro Ofen und Stunde beheizt werden, zum Erwärmen des für den Backbetrieb, die Personenreinigung und die Waschanstalt benötigten Warmwassers.

Die hier angeführten Beispiele dürfen nun nicht zu der Annahme verleiten, daß solche wertvolle Rauchgasausnutzung schon eine so allgemeine geworden ist, wie man es bei der von Tag zu Tag größer werdenden Kohlennot erwarten sollte. Will man auf eine Verminderung der Kohlennot durch richtige Wärmewirtschaft hinarbeiten, so ist es natürlich in allererster Linie richtig, nicht auf eine Ausnutzung der Rauchgase bedacht zu sein, sondern auf einen geringsten Brennstoffaufwand und eine möglichst vollkommene Verbrennung hinzuwirken. Dort liegt die Wurzel des Übels.

Aber viele Betriebe sind trotz einwandfreier neuester Ofenbauarten aus betriebstechnischen Gründen gezwungen, Wärme aus Brennstoffen im Überschuß zu erzeugen. Hierher zählen vor allem die Hüttenwerke, deren verschiedenartige Öfen noch genügende Rauchgasmengen in den Schornstein entsenden, daß eine weitgehende Verwertung deren Abhitze für die Erzeugung warmen Wassers für Badezwecke u. dgl. wirtschaftlich erscheint. In den Hüttenwerken legt man diesem Umstande jetzt auch schon immer höhere Bedeutung bei.

In einem nicht erheblich geringerem Umfange können aber auch die Öfen der Gasanstalten zur Verminderung der Kohlennot herangezogen werden. Und hier tut es noch sehr not mit der richtigen Erkennung der Sachlage. Natürlich muß es auch hier wiederum das erste Bemühen sein, mit möglichst wenig Kohlen und Koks möglichst viel Gas zu gewinnen; daher ist schon seit Jahren das Bestreben wohl aller Gaswerke und Ofenbaufirmen auf eine Vervollkommnung der Öfen gerichtet. Besonders hat man auf eine möglichste Verminderung des Kokses, der zum Beheizen der Retorten dient, hingewirkt. Mit einem Koksverbrauch von 10% der zu vergasenden Kohle in bestens konstruierten neuesten Retortenöfen scheint man aber vorläufig auf die unterste Grenze angelangt zu sein. Will man trotzdem die Wärmewirtschaft noch weiter heben, so hat man den Hebel dort anzusetzen, wo der an sich bereits wirtschaftlichst betriebene Ofen ein noch verwertbares Abfallprodukt zur Verfügung stellt, nämlich die in den Schornstein entweichenden, in den Ofenabgasen enthaltenen Wärmemengen. Die Größe der letzteren kann aus betriebstechnischen Gründen nicht weiter verkleinert werden; in den Schornstein entweichende Wärmemengen sind aber stets ein Verlust.

Dieser Erkenntnis folgend, hat die auf dem Gebiete der Wärmewirtschaft tätige Firma Gaab, Düsseldorf-Oberkassel, bereits Ende 1919 auf einem Gaswerk eine diesbezügliche Anlage in Betrieb gesetzt und in mehrmonatigem, ständigem, ungestörtem Betriebe die günstigsten Erfolge erzielt. Es handelt sich dabei um die Verwertung der Abhitze eines 8er wagerechten Retortenofens Bauart Klönne. Der Koksverbrauch der Unterfeuerung beträgt bei 16,5% vom Gewicht der vergasten Kohle ∾ 33,333 kg Koks. Die Einrichtung besteht darin, daß in einem Abhitzekessel hochgespannter Dampf erzeugt wird. Letzterer gibt in einer besonderen Kraftstation Kraft für beliebige Zwecke, der gesamte hierbei entfallende Abdampf seine Wärme in Heizungen und Heißwasserbereitern ab. Es werden dabei mit 1 kg Koks ∾ 3,3 kg Sattdampf von 8 Atm. und 1670 WE in Form von 95° warmem Wasser erzeugt. Auf 360 Jahrestage zu je 24 h bezogen, können demnach aus der Abhitze von 1 kg Koks ∾ 7250 kWh und 14,5 Mill. WE für Warmwasserbereitung gewonnen werden. Bevor die Anlage für alle Öfen durchgeführt ist, wird der Dampf im Abhitzekessel auf ∾ 1,5 Atm. Überdruck gehalten und direkt zur Erwärmung von Wasser in einem Vorwärmer ausgenutzt. Erwärmt werden stündlich ∾ 645 l Wasser von durchschnittlich 8,9° auf 95,4°, so daß im Warmwasser stündlich ∾ 56600 WE gewonnen werden.

Es ist nun sehr leicht gefragt, warum nicht sofort alle Gaswerke diesen Weg beschreiten, um ihre Überschußwärme in der vorbeschriebenen Weise nutzbar zu machen und sie an andere Betriebe zu verkaufen. Die Schwierigkeit liegt darin, daß nicht immer die Verhältnisse einer dauernden Abnahme der des Ofenbetriebes wegen ununterbrochen erzeugten Überschußwärme so günstig liegen, wie in dem geschilderten Falle. Deshalb muß die weitere Forderung erhoben werden, daß wärmeverbrauchende Großbetriebe wie Bäckereien, Schlachthöfe, Färbereien, Waschanstalten u. dgl. in die möglichste Nähe von Überschußwärme erzeugenden Werken, wie Gasfabriken, Hüttenwerke u. dgl.

gelegt werden. Es würde einen Stillstand der Technik bedeuten, wenn aus einem an sich nicht mehr zu verbessernden Ofenbetriebe gefolgert würde, daß eine weitergehende Verbesserung der Wärmewirtschaft ausgeschlossen sei. Rauchgase, die mit einer über $\sim 120^0$ liegenden Temperatur in den Schornstein entweichen, müssen als weggeworfene Werte betrachtet werden.

Beispiel 1. Es sind rein rechnerisch die Verbrennungswerte und die Größe der zugehörigen Feuerungsanlage für einen Koks zu bestimmen, dessen chemische Analyse C = 85,3%, H = 0,8%, O = 3,3%, S = 0,9%, W = 1,7% und Asche 6,5% ergeben hat und der in einem Niederdruckdampfkessel mit einer effektiven stündlichen Leistung von 80000 WE zur Verfeuerung gelangt. Ermittelt sind in den den Kessel verlassenden Gasen: 14,2 Vol.-% CO_2 und 5,5 Vol.-% O.

Es berechnen sich nach Gl. (3) der absolute kalorimetrische Heizeffekt zu:

$$H_a = 81 \cdot 85,3 + 290 \left(0,8 - \frac{3,3}{8}\right) + 25 \cdot 0,9 - 6 \cdot 1,7,$$
$$H_a = 6953 \text{ WE/kg};$$

die theoretische Verbrennungsluftmenge nach Gl. (4a) zu:

$$L = \frac{2,667 \cdot 85,3 + 8 \cdot 0,8 + 0,9 - 3,3}{23} = 10,07 \text{ kg/kg}$$

und nach Gl. (4b) zu:

$$L = \frac{2,667 \cdot 85,3 + 8 \cdot 0,8 + 0,9 - 3,3}{30} = 7,72 \text{ m}^3\text{/kg}.$$

Der Luftüberschußkoeffizient m ergibt sich nach (5a) zu:

$$m = \frac{CO_{2\,max}}{CO_2} = \frac{20,5}{14,2} = 1,44$$

und mit $n = 100 - (CO_2 + O) = 100 - (14,2 + 5,5) = 80,3$ nach Gl. (5b) zu:

$$m = \frac{21}{21 - 79\,\frac{o}{n}} = \frac{21}{21 - 79\,\frac{5,5}{80,3}} = 1,35,$$

so daß die wirkliche Verbrennungsluftmenge mit $m = 1,4$ $m \cdot L = 1,4 \cdot 10,07 = 14,1$ kg/kg beträgt.

Die wirkliche Feuertemperatur ist nach Gl. (13a) bei 20^0 Raumtemperatur:

$$T = 2{,}8 \frac{H_a}{1 + m L} + t_l = 2{,}8 \frac{6953}{1 + 14{,}1} + 20$$

$$T = \sim 1300^0$$

und die Fuchstemperatur mit $\eta = 0{,}75$ und

$$\eta_2 = \frac{\eta}{\eta_1} + 0{,}04 = \frac{0{,}75}{0{,}9} + 0{,}04 = 0{,}87 \text{ nach Gl. 14 zu:}$$

$$T_F = T\left(1 - \frac{\eta_2 - \sigma}{1 - \sigma}\right) = 1300\left(1 - \frac{0{,}87 - 0{,}25}{0{,}75}\right)$$

$$T_F = 234^0.$$

Der stündliche Brennstoffaufwand beträgt nach Gl. (10):

$$B = \frac{W_0}{\eta H_a} = \frac{80\,000}{0{,}75 \cdot 6953} = \sim 15{,}5 \text{ kg/h}.$$

Kommen 300 Heiztage und an jedem Tage 10 h Betriebszeit in Frage, so ist der jährliche Brennstoffaufwand:

$$15{,}5 \cdot 10 \cdot 300 = 46\,500 \text{ kg} = 46{,}5 \text{ t}$$

oder $\sim$ 5 Waggons zu je 10000 kg.

Bei $v = 0{,}5$ m/s Luftgeschwindigkeit wird die freie Rostfläche nach Gl. (15):

$$R_1 = \frac{B \cdot m \cdot L}{v \cdot 3600} = \frac{15{,}5 \cdot 1{,}4 \cdot 7{,}72}{0{,}5 \cdot 3600} = 0{,}095 \text{ m}^2$$

und die Gesamtrostfläche nach Gl. (16) mit $\beta = 0{,}30$:

$$R = \frac{R_1}{\beta} = \frac{0{,}095}{0{,}30} = 0{,}32 \text{ m}^2,$$

welche Werte sich mit denen eines Gliederkessels entsprechender Größe decken. Unter Umständen kann man noch bis auf $0{,}77\,R = 0{,}77 \cdot 0{,}32 = 0{,}25$ m² heruntergehen. Der Querschnitt der Feuerzüge ist nach Gl. (17) zu nehmen mit:

$$f_1 \geqq 0{,}38 \cdot R \geqq 0{,}38 \cdot 0{,}32 = \sim 0{,}123 \text{ m}^2,$$
$$f_2 \geqq 0{,}33 \cdot R \geqq 0{,}33 \cdot 0{,}32 = \sim 0{,}106 \text{ m}^2,$$
$$f_3 \geqq 0{,}25 \cdot R \geqq 0{,}25 \cdot 0{,}32 = \sim 0{,}080 \text{ m}^2.$$

Der Fuchs erhält einen Querschnitt:

$$f_F = 0{,}25\,R = 0{,}25 \cdot 0{,}32 = \sim 0{,}080 \text{ m}^2,$$

welcher Wert der Bedingung $200 \cdot 200$ mm $= 0{,}04$ m² genügt, und auf Grund baulicher Verhältnisse eine Länge von 2 m.

Bei 16 m wirksamer Schornsteinhöhe erhält man nach Gl. (9) und Tabelle 2 einen Schornsteinquerschnitt von 25 · 25 cm = 625 cm². Die Zugstärke wird dann nach Gl. (7):

$$Z_s = 340\left(\frac{1}{273+30} - \frac{1}{273+234}\right) \cdot 16 = \backsim 5{,}5 \text{ mm WS.}$$

Beispiel 2. An einem Strebel-Brico-Kessel mit 7,14 m² Heizfläche sind 3 Heizversuche mit Braunkohlenbriketts durchgeführt, deren Ergebnisse in nachstehender tabellarischer Aufzeichnung enthalten sind. Die Briketts der Grube Ilse-Senftenberg hatten bei 9,0 cm Länge, 7,0 cm Breite und 4,5 cm Dicke einen genauen Heizwert von 4736 WE. Es sind der Wirkungsgrad und die Wärmebilanz festzulegen.

	Versuchsausführung am		
	10. VII. 12	11. VII. 12	12. VII. 12
Heizfläche des Kessels . . . . . m²	7,14	7,14	7,14
Dauer des Versuchs . . . . . min.	440	440	240
Heizwert (kalorimetrisch bestimmt) .	4736	4736	4736
Rauchzusammensetzung			
Kohlensäure CO_2 . . . . %	13,87	13,12	11,00
Sauerstoff O_2 . . . . %	6,19	7,13	9,10
Kohlenoxyd CO . . . . %	0	0	0
Angewendete Zugstärke in mm Wassersäule	3,02	3,05	3,00
Temperatur der abgehenden Rauchgase	182,79	181,71	180,24
Brennstoffverbrauch während des Versuchs . . . . kg	122,5	106,6	55,4
Leistung in WE			
in 1 h auf 1,0 m² Heizfläche . . .	8973	7913	7574
für 1 kg Briketts	3835,1	3975,2	3904,8

Der stündliche Brennstoffverbrauch ergibt sich

im 1. Versuch zu: $B = \frac{122{,}5 \cdot 60}{440} = 16{,}23 \text{ kg}$

im 2. Versuch zu: $B = \frac{106{,}6 \cdot 60}{440} = 14{,}53 \text{ kg}$

im 3. Versuch zu: $B = \frac{55{,}4 \cdot 60}{240} = 13{,}85 \text{ kg.}$

Da der Füllschacht $\sim$ 100 kg Fassungsvermögen hat, so kann der Kessel

$$\frac{100}{1/_3 \cdot (16{,}23 + 14{,}53 + 13{,}85)} = \sim 7 \text{ h}$$

in Dauerbetrieb stehen.

Der Wirkungsgrad ermittelt sich nun weiter gemäß Gl. (11)

$$\eta = \frac{w_s \cdot H}{H_a \cdot B}:$$

im 1. Versuch zu: $\eta = \frac{8973 \cdot 7{,}14}{4736 \cdot 16{,}23} = 0{,}8098$

im 2. Versuch zu: $\eta = \frac{7913 \cdot 7{,}14}{4736 \cdot 14{,}53} = 0{,}8393$

im 3. Versuch zu: $\eta = \frac{7574 \cdot 7{,}14}{4736 \cdot 13{,}85} = 0{,}8245$

Hiernach erhält man folgende Wärmebilanz:

	1. Versuch	2. Versuch	3. Versuch	im Mittel
Gewinne an Wärme in % . .	80,98	83,93	82,45	82,45
Verluste » » » % . .				
durch Abgase	8,34	8,69	9,78	8,95
» Herdrückstände . .	0,33	0,44	0,44	0,40
» Strahlung usw. . .	10,35	6,94	7,33	8,20
				100,00

Beispiel 3. Für eine Feuerungsanlage stehen zur Verfügung:

Ölsnitzer Nuß-Steinkohlen mit 7200 WE Heizwert für 130 M./t,
Sächsische Braunkohlenbriketts mit 4700 WE Heizwert für 90 M./t.

Welcher Brennstoff ist für einen Dampfkesselbetrieb am günstigsten?

Mit einem Wirkungsgrad $\eta = 0{,}65$ erhält man nach den Gl. (1) und (2) in Mark:

	für die Steinkohle	für die Briketts
den Wärmepreis zu: $P_w = \frac{P_H}{\eta H_a}$	$= \frac{130}{0{,}65 \cdot 7200} = 0{,}0278$	$= \frac{90}{0{,}65 \cdot 4700} = 0{,}0292$
den Dampfpreis zu: $P_D = 600\, P_w$	$= 600 \cdot 0{,}0278 = 16{,}68$	$= 600 \cdot 0{,}0292 = 17{,}52$

Abgesehen von wahrscheinlich höheren Anlagekosten für die Brikettfeuerung ist den handelsteueren Steinkohlen, die eine um $\frac{(17,52-16,68)\,100}{16,68} = 5,4\%$ billigere Dampfentwicklung hervorrufen, der Vorzug zu geben.

b) Die flüssigen Brennstoffe.

Bisher waren die flüssigen Brennstoffe für Warmwasserbereitungszwecke von ganz untergeordneter Bedeutung. In der jetzigen Zeit der Kohlennot finden jedoch neben der Verwendung aller minderwertigen festen Brennstoffe, die einen ungeahnten Umfang angenommen hat, auch die flüssigen Brennstoffe die Beachtung, die ihnen bei ihrem hohen Heizwerte zukommen kann. Vor allem treten die schweren Öle in den Vordergrund. Man unterscheidet dünn- und dickflüssige Stoffe; mit allen erhält man bei gedrängten Konstruktionseinrichtungen, leichter Bedienung und hohem Heizeffekt eine rauchschwache Verbrennung.

Die dünnflüssigen Brennstoffe, wie Petroleum und Spiritus eignen sich nur für nebensächliche und Aushilfszwecke und sind, solange sie nicht gänzlich freigegeben werden und in ausreichender Menge preiswert auf den Markt kommen, von um so geringerer heiztechnischer Bedeutung. Als Zusatzheizung möchte man sie jedoch im Haushalt und Kleingewerbebetrieben auch jetzt nicht entbehren.

Das Wasser wird zum Erwärmen auf die bekannten Kochapparate gestellt. Sind auch an letzteren neuzeitliche und durchgreifende Verbesserungen vorgenommen, so besitzen sie immerhin doch die Nachteile einer umständlichen Bedienung und eines unsauberen und nicht ungefährlichen Betriebes. Die Gefährlichkeit ist einmal in einer Explosions- und Brandgefahr und dann in einer starken Verunreinigung der Raumluft durch die Abgase zu suchen. Neuerdings hat man zwar Ofenkonstruktionen durchgeführt, in denen Wasser sogar zu Badezwecken durch Spiritus erwärmt wird. Man rechnet dabei, um 75 l Wasser, die auf Grund der Bauart der Wanne für ein Vollbad genügen, in 30 min auf Badetemperatur zu erwärmen, einen Spiritusverbrauch von $\sim 0,6$ l $= 20$ Pf. Kosten, während dieselbe Wirkung z. B. durch Gas mit 0,4 m^3, entsprechend 5 Pf. Kosten, erreicht wird. Sofern es sich um Erzeugung größerer Warmwassermengen handelt, erfordern die Spiritus- und Petroleumheizungen, für die zwar der Brennstoff fast überall zu erhalten ist, ziemlich hohe Betriebskosten und besonders sorgfältige Behandlung und können als allen Anforderungen entsprechende nicht bezeichnet werden.

Kleinere Spiritus-Schnellwassererwärmer werden modern für Friseure, Ärzte, Chemiker hergestellt und leisten dort, wo Gas nicht zur Verfügung steht, gute Dienste.

Von den dickflüssigen Brennstoffen sind zur Zeit der Brennstoffkalamität die Öle als Nebenprodukte der Petroleum- und Steinkohlenteerdestillation besonders beachtenswert ge-

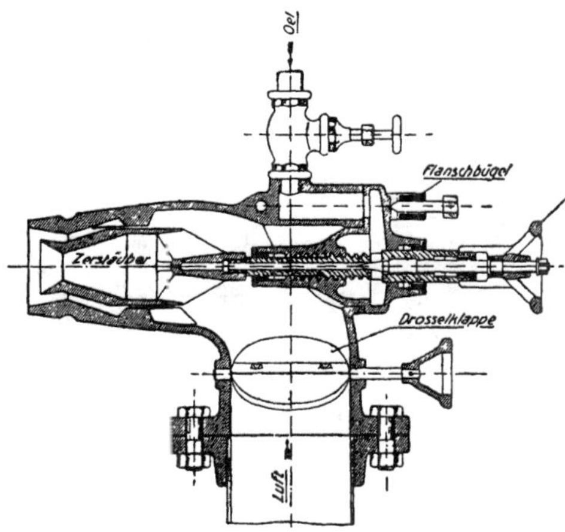

Abb. 5.

worden. In kleinen wie in großen Anlagen finden sie für sich wie auch als Zusatz neben festen Brennstoffen günstige Ausnutzung. Man hat das rohe Erdöl, Rohnaphtha und seine Destillate, wie besonders Masut und Solaröl; ferner den Steinkohlenteer und dessen Destillate als Benzol, Naphthalin, Autin und schließlich die Braunkohlendestillate als Solaröl, Paraffinöl u. a.

Das Naphthalin bereitet trotz seines hohen Heizwertes insofern Verwendungsschwierigkeit, da es als fester Stoff zuvor geschmolzen werden muß. Die leichter flüssigen Stoffe wie Roherdöl, Masut, Astatki, Pakura usw. werden am besten auf 125^0 und höher erwärmt und durch Pumpe mit $2 \div 5$ Atm. Druck einem Zentrifugalzerstäuber (Abb. 5) zugeführt, der das

Öl fein zerstäubt in den Feuerraum einwirft. Der Zerstäuber ist eine Konstruktion der Feuerungstechnik, G. m. b. H., Ludwigshafen. Zum Erreichen innigen Vermischens und vollkommener Verbrennung wird dem austretenden Ölluftgemisch infolge Zentrifugalwirkung eine drehende Bewegung erteilt. Bei Niederdruckbrennern genügt für die zugeführte Luft eine Pressung von 300÷400 mm WS.

Für kleine Feuerungsanlagen, für schwerflüssige Brennstoffe wie Teer und Teeröl und bei abwechselnder Verwendung von festem und flüssigem Material dient auch das mit Dampf oder Dampfluftgemisch betriebene Dampfstrahlgebläse, von denen Abb. 6 die weltbekannte und vorzügliche Körtingausführung zeigt. Auch hier muß das Öl zuvor in einem Behälter mittels Heizschlange auf 60÷70° vorgewärmt werden. Diese geringe

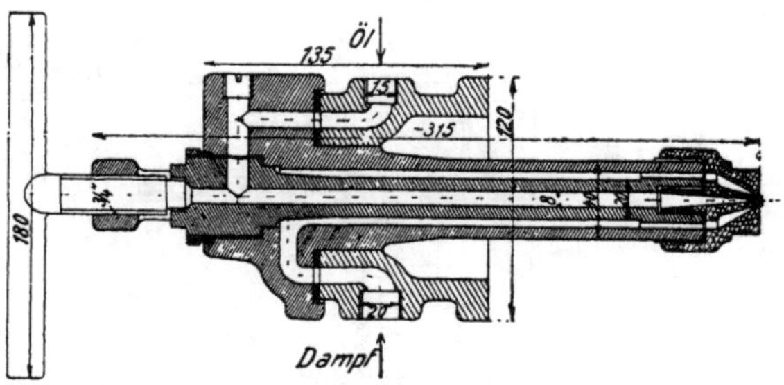

Abb. 6.

Anwärmung und der natürliche Druck, mit der das Öl dem Brenner zuzufließen braucht, ist ein Vorzug vor den Zentrifugalzerstäubern, welche aber wieder keinen Effektverlust des Heizwertes infolge des Miteinführens von Dampf hervorrufen. So ergeben sich die Verwendungsgebiete für beide Brennerarten ganz von selbst. Beide Ausführungen besitzen gemeinsam den Vorteil, daß der Feuerraum ohne große Änderung an sich bestehen bleiben kann, es ist nur die erforderliche Rohrarmatur mit herausschwenkbaren Brennern am Feuergeschränke anzuordnen. Soll für eine schon bestehende Planrostfeuerung Teeröl od. dgl. als einziges Heizmittel zur Anwendung kommen, so ist die Rostfläche einfach mit einer losen Lage Schamottesteinen ganz oder nur teilweise an der Aufprallstelle des Brennstrahles abzudecken.

Viel von sich reden macht zurzeit der Irinyi-Ölbrenner der Hamburger Ölfeuerungs-Gesellschaft, der vielleicht berufen erscheint, eine brauchbare Ölfeuerung für Kleinkessel, Heizungs-

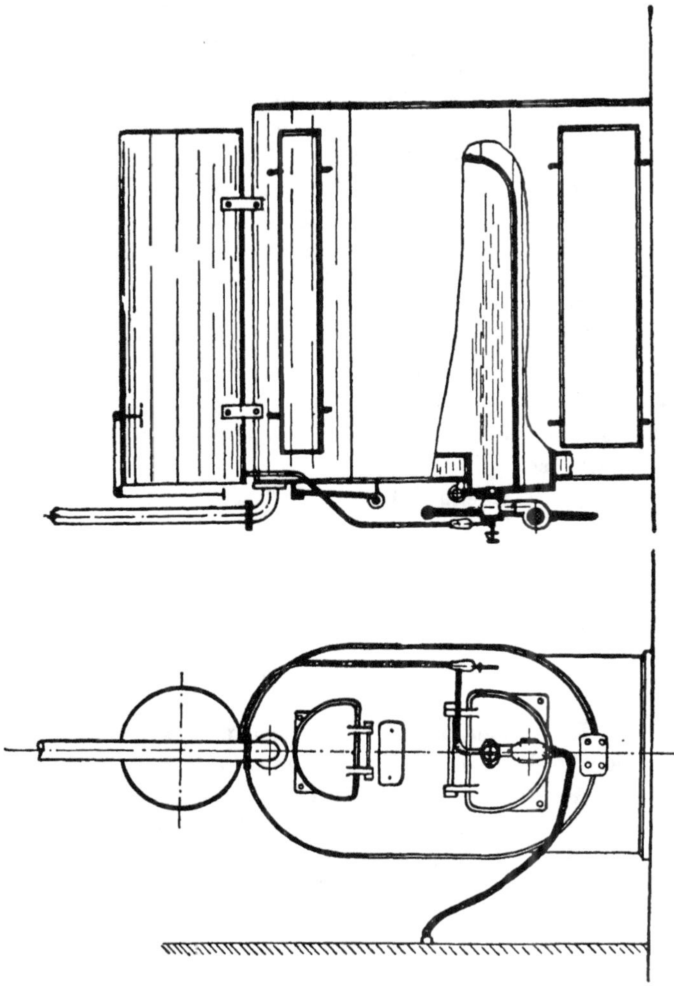

Abb. 7.

kessel, abzugeben. Bei diesem wird zum Herbeiführen der nötigen großen Verbrennungsluftmenge ($\sim 20\,m^3$ Luft auf $1\,m^3$ Öldampf) und zum Vermischen der Öldämpfe mit dieser Luftmenge der bestehende Schornsteinzug verwendet, welcher bei einem Unterdruck von 3÷5 mm WS, gemessen unmittelbar hinter dem Brenner im Feuerraum, den zulässig geringsten Grad an Luftgeschwindigkeit hergibt. Man hat es hier also mit einer Saugzuganlage zu tun. Der Iringibrenner erscheint sehr zweckmäßig, da bei ihm das Öl vor dem Verbrennen verdampft wird. Benutzt werden können alle verdampfbaren Öle, die keine unverdampfbaren Rückstände enthalten, wie solche den bestehenden Vorschriften für Dieselmotoren entsprechen.

Eine Anordnung einer Ölfeuerung an einem Heizkessel zeigt nach dem Ölfeuerungswerk Oemco, Frankfurt a. M. die Abb. 7. Hier ist direkt dem Kessel der Tank aufmontiert, in welchem das zähe Teeröl durch Gegenstromvorwärmer dünnflüssig gehalten wird. Das Öl fließt unter natürlichem Drucke durch die Ölleitung, in welcher noch ein Reiniger eingeschaltet ist, dem Brenner zu. Die Verbrennungsluft wird durch einen kleinen Elektroventilator zugeführt. Eingehende Versuche haben eine Anfangspressung von 350 mm WS als praktisch und ausreichend erwiesen. Es genügen somit an Stelle teuerer Kompressoranlagen einfache billige Ventilatoren. Die Einrichtung kann an jedem Kessel, die Bedienung auch durch ungeübte Arbeiter vorgenommen werden.

Der Brennstoffverbrauch ist wieder wie bei den festen Brennstoffen von der Gleichung:

$$B = \frac{W_0}{\eta \cdot H_a} \text{ in kg/h} \quad . \quad . \quad . \quad . \quad . \quad . \quad . \quad (18)$$

abhängig. Es ist hier nur die Analysierung des flüssigen Brennstoffes nicht so bequem, sicher und einwandfrei. Man geht daher von einer Annahme für den absoluten kalorimetrischen Heizeffekt H_a und auch für die theoretische Verbrennungsluftmenge L aus. Hiergegen liegen um so weniger Bedenken vor, als die Veränderlichkeit von H_a und L keine große ist. So kann man wählen:

für Spiritus, 90 Vol.-%	H_a =	5700	WE/kg	— L	= 8,3	kg/kg
» Petroleum, gereinigt	=	10500	»	—	= 14,5	»
» Naphtha (rohes Erdöl)	=	10000	»	—	= 14,0	»
» Masut, Solaröl	=	10000	»	—	= 14,5	»
» Paraffinöl	=	9800	»	—	= 14,0	»

für Teer (Steinkohlenteer) H_a = 8400 WE/kg — L = 12,0 kg/kg
» Teeröl (Naphthalin) . = 9500 » — = 13,0 »
» Benzol, Autin . . . . = 10000 » — = 13,5 »

Der Luftüberschußkoeffizient kann genommen werden zu

$$m = 1,1 \div 1,4;$$

der Wirkungsgrad, der bei guter Anlage ein hoher ist, zu:

$$\eta = 0,85 \div 0,95.$$

Der Brennstoffverbrauch ist bei den Zentrifugalzerstäubern sehr gering, je nach Brennergröße: $B = \sim 5 \div 50 \div 100$ kg/h. Für Dampfstrahl- bzw. Druckluftzerstäubern gibt Körting nachstehende Leistung (Tab. 3) an.

Tabelle 3.
Körtings Zerstäuber für Ölfeuerungen.

Zerstäuberart	Brennstoff-verbrauch in l/h	Ger. Rohr-ϕ in mm			Ausrüstung der ganzen Anlage mit:
		Dampf	Preßluft	Brenn-stoff	
Zerstäuber für leichtflüssige Brennstoffe	bis 50	6,5	15	10	1÷8 Zerstäuber mit Stahlmundstück; Vorstellplatte mit Zylinder-Schieberring; einfache Dampfpumpe zum Füllen des Behälters: Schmiedeeisen-Behälter 2 m³ Inhalt mit Ölstand, Sieb, Heizschlange zum Ölanwärmen um 50°, 2 Absperrventile in Zuleitungen für Öl und Dampf.
	50 ÷ 100	6,5	20	15	
	100 ÷ 200	10	30	20	
Zerstäuber für Teer	bis 75	10	—	15	
	75 ÷ 150	15	—	20	
	150 ÷ 240	15	—	25	
Zerstäuber für leichtflüssige Brennstoffe und Teer	bis 50	10	15	10	
	50 ÷ 100	15	20	15	
	100 ÷ 200	20	30	20	

Abgesehen von größeren Warmwasserbereitungsanlagen, in denen man mit gleichem Brennstoffmangel wie bei Kraftanlagen usw. zu kämpfen hat und einer Betriebseinstellung durch Ausnutzen aller möglichen Brennstoffe zu begegnen sucht, finden Ölfeuerungen für rohes Erdöl, Masut, selbst Teeröl, sogar bis zu den Kleinkesseln und Backöfen herab Anwendung. Löwenstein, Berlin, hat eine Ölfeuerung für Rohnaphtha und Masut in seinem vorzüglichen Rolandkessel hier und da mit Erfolg durchgeführt. Die Konstruktion des Zerstäubers als des wichtigsten Teiles der Anlage bleibt zur Hauptsache dieselbe.

Aber selbst diese bisher preiswerten und ausreichenden Aushilfsheizmittel sind im Laufe weniger Monate selten und sehr teuer geworden. Für den hierzulande an sich in genügender Menge als Nebenprodukt erzeugten flüssigen Brennstoff, das Teeröl, ist infolge der großen Nachfrage der Preis in kurzer Zeit von 150 M./t auf 600 M. und im »freien« Handel sogar auf 1000 M./t gestiegen, wenn er überhaupt zu erhalten war. Nimmt man günstig $\eta = 0{,}9$ und den Handelspreis nur mit 400 M./t an, so bestimmt sich der Wärmepreis zu:

$$P_w = \frac{400}{0{,}9 \cdot 9000} = 0{,}0494 \text{ M.}$$

und der Dampfpreis zu

$$P_D = 600 \cdot 0{,}0494 = 29{,}64 \text{ M.}$$

für 1000 kg Dampf. Diese Zahlen sagen im Vergleich zu den festen Brennstoffen, daß ein Betrieb mit Teeröl nur dann zu rechtfertigen ist, wenn es zur Aufrechterhaltung eines Betriebes (öffentliche Badeanstalten, gewerbliche und industrielle Betriebe) statt anderer Brennstoffe in genügender Menge zu beschaffen ist.

Die Vorteile, welche eine gute Ölfeuerung bietet, sind:

1. die Regelung der Luftzufuhr ist besser, die nutzbare Wärme trotz des hohen Ölpreises billiger als bei Zechen- und Gaskoks;
2. die Kosten der Bedienung sind gering, Koksanlieferung, Asche- und Schlackeabführung mit deren schmutzigen Begleiterscheinungen fallen fort;
3. schnelles Anheizen und Abstellen, rasche Inbetriebnahme der Anlage sind ermöglicht;
4. die Anlieferung des Brennstoffes, des Öles, in Tankwagen erfolgt in sauberster, bequemster Weise, die Lagerbestände verlangen geringen Raumbedarf.

Bedingung für ein sicheres Arbeiten ist ein guter Brenner.

c) Die gasförmigen Brennstoffe.

Schon längere Zeit vor dem Kriege traten die gasförmigen Brennstoffe als scharfe Konkurrenten der festen auf. Insbesondere war es das Steinkohlengas, das sich gerade zwecks

Warmwassererzeugung einer täglich zunehmenden Beliebtheit erfreute und in ziemlich großem Umfange Ausnutzung fand. Infolge der jetzigen ungünstigen Kohlenverhältnisse wird jedoch reines Steinkohlengas wohl kaum noch in den Gasanstalten erzeugt. An seine Stelle ist ein Mischgas getreten, das außer aus Steinkohlen aus allen möglichen Brennstoffen und Abfällen (Torfmull, Sägespäne, Lederreste u. dgl.) hergestellt und dann noch mit Wassergas »gestreckt« wird. Nach Vereinbarung der Gasfachmänner ist dabei der Normalheizwert von 5500 WE (reines Steinkohlengas) auf 4300 WE (Mischgas) gesunken. Man muß sich mit dem Gedanken vertraut machen, daß man in absehbarer Zeit oder vielleicht für immer reines Steinkohlengas nicht mehr erhalten wird. Das mag ja an sich auch kein großer Schaden sein, denn kohlenstoffarmes Gas ist noch immer kein schlechtes Gas. Die Gasofenindustrie muß sich demgemäß nur etwas umstellen und dem geringeren Heizwerte und veränderten Gasdrucke Rechnung tragen, wie es vielfach auch schon geschehen ist.

Die bekannten Vorteile der Gasheizung liegen in der schnellen Wärmeentwicklung, dem hohen Heizeffekte des Gases, der gleichmäßigen Wärmeabgabe, stetigen Betriebsfertigkeit, sofortigen In- und Außerbetriebsetzung, einfachen, bequemen Bedienung, guten Wärmeregelung, Reinlichkeit, Zeit- und Raumersparnis und in der sicheren und einfachen Kontrolle des Gasverbrauches. Alle diese Vorzüge haben bewirkt, daß jetzt die Gasheizung gerade zur Erzeugung von warmem Wasser in hohem Maße bevorzugt wird; fast für alle Anlagen, vom kleinsten Wassererhitzer an, wie er sich etwa in einem Toilettenzimmer vorfindet, bis zu dem Massenbrausebad in einer Kaserne, Schule oder sonstigen Anstalt wird als Heizmittel das Gas gebraucht.

Die Nachteile, welche der allgemeinen Verwendung des Gases hinderlich sein können, sind die Giftigkeit und der hohe Preis. Die Anschauung jedoch, das Leuchtgas sei durch seine Verbrennungsprodukte zu gesundheitschädigend, als daß es als Heizmittel überall verwandt werden könnte, verliert immer mehr an Boden. Einmal werden die Gasfeuerungen jetzt nach dieser Richtung hin vorzüglicher und einwandfreier durchgeführt; dann bringt auch der konsumierende Laie der Gasfeuerung an sich und der Lüftung der Räume, in denen ein Gasofen sich befindet, ein größeres Interesse und Verständnis entgegen. Die Kosten des Gases sind augenblicklich zwar noch höher als die der festen Brennstoffe, jedoch ist dieser Nachteil mehr ein augenscheinlicher, denn man bekommt für einen, wenn auch höheren Betrag eine weitaus größere nutzbare Brennstoffmenge. Es beträgt die Wärmeausnutzung einer guten Gasfeuerung $\sim 75\%$, welcher Effekt unter Umständen sogar bis auf 90% gesteigert werden kann. Der Preis für 1 m^3 Gas mit 4300 WE/m^3 Heizwert beträgt zurzeit $\sim 70 \div 200$ Pf., wofür z. B. das Wasser eines Wannenbades, zu 160 l gerechnet, von 10^0 auf 35^0 erwärmt werden kann. Allgemein kann man zur Erwärmung von 100 l Wasser um 1^0 bei 30 mm Gasdruck für ein Gas mit:

5000 WE Heizwert einen Verbrauch von $\sim 0{,}030$ m^3,
4300 » » » » » $\sim 0{,}035$ »

rechnen. Durch aufmerksame Bedienung lassen sich die Kosten infolge der leichten und bequemen Regelung an den Öfen nicht unwesentlich vermindern.

Sehr gute Dienste leisten in dieser Hinsicht die Gasautomaten, deren Gasverbrauch sich nach dem jeweiligen Wasserverbrauche selbsttätig regelt.

Der Gasverbrauch spielt ja für die Beurteilung und Güte der Heizkörper eine große Rolle. Man begegnet in Katalogen und Prospekten nicht selten Angaben über den Gasverbrauch, die beim Vergleich mit der angegebenen Leistung nur mit einem Gase möglich sind, welches in städtischen Leitungen überhaupt nicht vorkommt. Wenn z. B. angegeben wird, daß zur Erwärmung von 160 l Wasser (ausreichend für 1 Bad) von 10^0 auf 40^0, d. h. zur Erzeugung von $160\,(40 - 10) = 4800$ WE nur 750 l Gas verbraucht werden, so ist dies selbst bei einem Nutzeffekt des Ofens von 90% nur mit einem Gase möglich, welches mehr als $\frac{4800 \cdot 1000}{750 \cdot 0{,}9} = 7100$ WE/m^3 enthält, während ein reines Leuchtgas von 5500 WE Heizeffekt schon ein besonders gutes ist. Es ist daher dringend wünschenswert, bemerkt Prof. Junkers in einer seiner Broschüren über Warmwassererzeuger sehr richtig, daß die Prüfung der Gasapparate auf ihre Leistung und ihren Nutzeffekt hin von autoritativer amtlicher Seite aus geschehe, und daß hier feste Normen unter den Interessenten vereinbart und befolgt würden.

Für die Norm der Leistungsangabe muß eine einheitliche Menge Wasser, in Liter bemessen, angegeben werden, die bei einer Temperaturerhöhung von etwa 30° durch so und so viel Liter Gas mit ∾ 4000 WE unterem Heizwert in einer bestimmten Zeit erwärmt werden kann unter Erreichung eines Nutzeffektes von so und so groß des Heizkörpers. Es sollte dann aber der Wirkungsgrad wegen Konkurrenzbestrebungen nicht zu hoch getrieben werden, damit eine sichere Gewähr für die Abführung der Gase gegeben ist. Es ist η von dem Temperaturunterschiede des Wassers abhängig; er sinkt mit steigender Temperatur des Nutzwassers. Für die Güte des Gasofens ist ferner dann auch noch dessen Aufstellungsort von Bedeutung. Ein im Obergeschoß stehender Heizkörper wird unter geringerer Zugstärke besser arbeiten als ein im Untergeschoß sich befindender. Man kann rechnen bei einer Zugstärke von:

0,1 mm WS mit $\eta = \sim 0{,}80$,
0,5 » » » $\eta = \sim 0{,}75$,
1,0 » » » $\eta = \sim 0{,}68$.

Besonders ungünstig liegende Räume können Zugstärken bis zu 5,0 mm WS aufweisen.

Die Schaulinien der Abb. 8 sind für die qualitativen Leistungen der gebräuchlichen geschlossenen Gasbadeofen-Modelle und -Größen aufgestellt. Als qualitative Leistung hat man hier die Anzahl Liter Wasser (h in Abb. 8) zu verstehen, welche in einem Ofen in 1 min um 25° (von ∾10÷35°) erwärmt werden kann.

Es bedeuten:

Linie I: den Gasverbrauch in Liter für die Erwärmung von h l Wasser um 25°, abzulesen auf der Ordinate g;

Linie II: die dabei erzeugte Wärmemenge in WE, abzulesen auf der Ordinate w;

Linie III_1: die Zeit in min, in der 160 l Wasser von einem Ofen mit der Leistung h um 25° erwärmt werden können, abzulesen auf der Ordinate z;

Linie III_2: dasselbe für 200 l Wasser.

160 und 200 l Wasser sind als die gebräuchlichen Badewannenfüllungen angenommen.

Aus g und h ergibt sich der Anstrengungskoeffizient k des Gases. d. h. die Gasmenge in l, die bei einem normalen Gas-

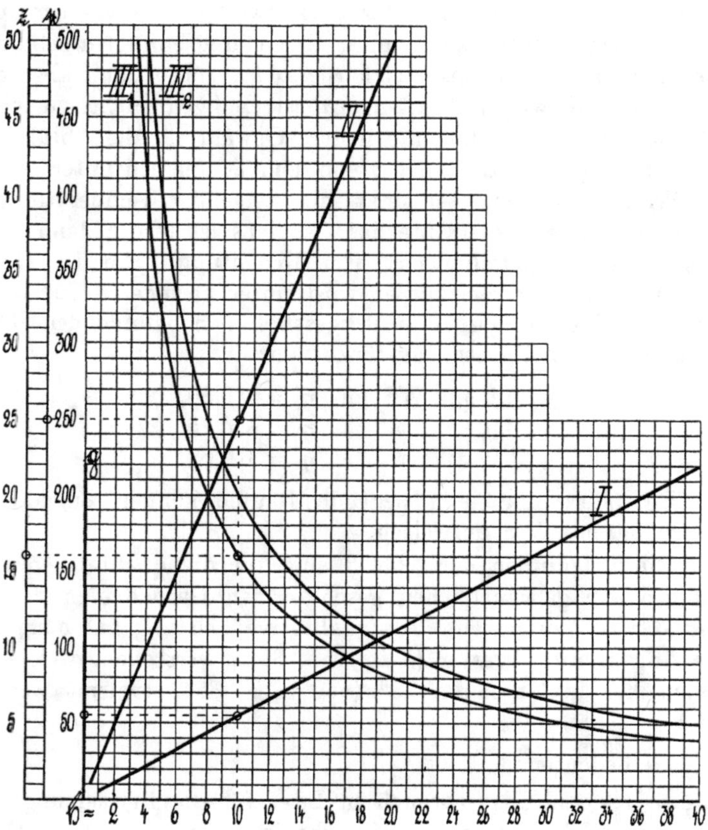

Abb. 8.

druck von $\sim$ 30 mm, am Brenner gemessen, nötig ist, um 1 l Wasser um eine bestimmte Temperatur zu erhöhen. Somit folgt:

$$k = \frac{g}{h}.$$

Man findet:

für Gasbadeöfen mit 25⁰ Temperaturerhöhung:
aus den Schaulinien:

$k = 5{,}5$ allgemein und normal,
$k = \div 7{,}5$ für besonders kurze Anheizdauer;

Zahlen von $5{,}5 \div 7{,}5$ sind für gewöhnlich nicht empfehlenswert, eher soll man noch unter 5,5 bleiben, die Anheizdauer fällt immer noch kurz genug aus;

für Gaskochöfen mit 90^0 Temperaturerhöhung:

$k = 50 \div 60$ für gewöhnliche Gasplatte,
$k = 22$ zum Anheizen
$k = 2{,}5$ zum Warmhalten } für geschlossene Zylinder-Kochöfen (nach Prof. Junkers Modell aufgestellt).

Die Gesamtgasmenge zur Erwärmung von Q l Wasser bestimmt sich dann zu:

$$B = kQ \text{ in l} \quad \text{(19)}$$

und die dafür aufgewandte Zeit zu:

$$Z = \frac{Q}{h} \text{ min} \quad \text{(20)}$$

Der Wirkungsgrad des Gases hängt natürlich wieder von der Güte des Gasofens ab und ergibt sich aus der nutzbar gemachten Wärme, geteilt durch die aufgewendete Wärme, also zu:

$$\eta = \frac{Q\,(t - t_1)}{B\,H_a}, \quad \text{(21)}$$

wenn Q l Wasser von $t_1{}^0$ auf t^0 erhitzt sind und H_a den absoluten unteren Heizwert des Gases darstellt. Man kann mit $\eta = 0{,}85 \div 0{,}92$ praktisch rechnen. Bei der gasförmigen Gestaltung des Brennstoffes ist die theoretische Verbrennungsluftmenge L fast gleich der wirklichen, daher der Luftüberschußkoeffizient $m = 1{,}0 \div 1{,}1$ zu setzen ist. Bei solch vorzüglicher Leistung kann der Ausbreitung der Gasheizung für Warmwasserbereitung weniger der hohe Preis — denn alle Lebensbedürfnisse und Einkünfte sind ja in gleicher Weise im Preise gestiegen — hinderlich sein als vielmehr der Umstand, daß das Gas städtischer Anstalten an vielen Orten nur in beschränkter Stundenzahl abgegeben wird, daß also das Heizmittel nicht zu jeder Zeit wie früher zu haben ist.

Das Steinkohlengas kommt in leuchtenden und entleuchteten Flammen zur Ausnutzung. In neuerer Zeit verwendet man gern die letzteren wegen ihrer Eigenschaft des Nichtrußens. Es ist

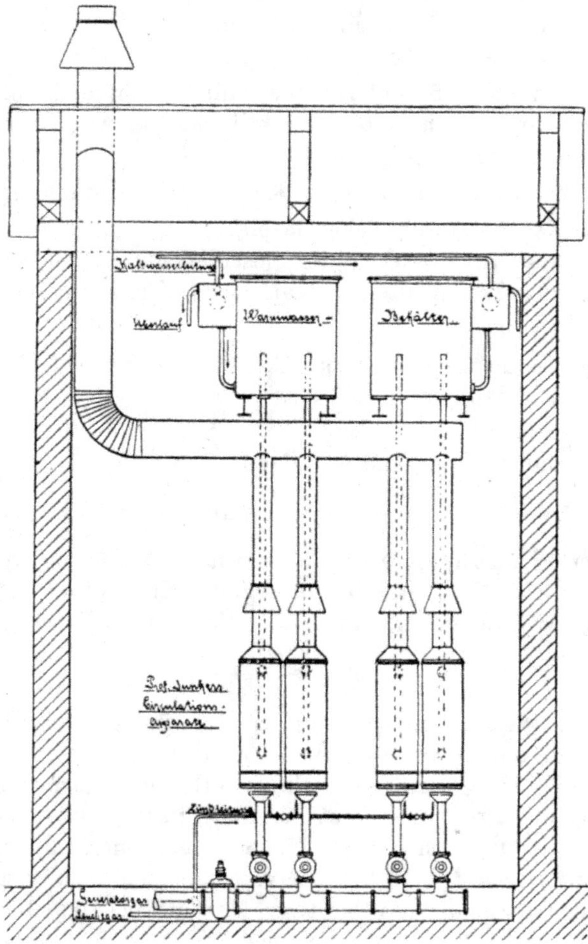

Abb. 9.

jedoch nicht zu übersehen, daß die leuchtenden Flammen bei weitem nicht so leicht zurückschlagen, und daß infolgedessen weiterhin ein Ausströmen halb oder gar nicht verbrannter Gase eher vermieden wird als bei den entleuchteten Flammen.

Neben dem reinen Steinkohlengas und dem Mischgas der städtischen und privaten Gasanstalten finden sich für vorliegende Zwecke ausgenutzt noch: das Generatorgas, das reine Wassergas, das Luftgas und für besondere Fälle das Azetylengas, das Gichtgas und die Fettgase.

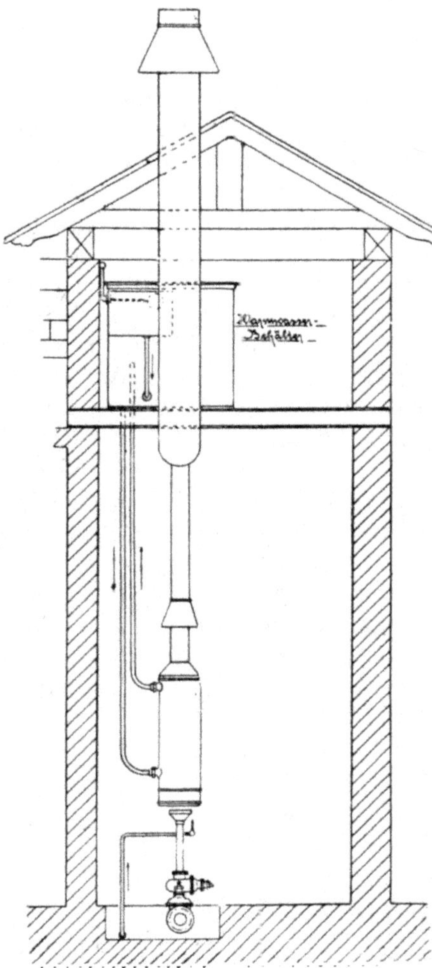

Abb. 9a.

Eine sehr interessante Anlage größeren Umfanges ist die Warmwasserbereitungs-Anlage des städtischen Schlachthofes Waldheim i. S., deren Warmwasserapparate mit Generatorgas betrieben werden[1]). Die Anlage ist nach Abb. 9 u. 9a von Junkers & Cie., Dessau, im Jahre 1906 ausgeführt und arbeitete in den ersten Zeiten zur vollen Zufriedenheit der Besitzerin, ohne daß wesentliche Ausbesserungen vorgenommen werden mußten.

Die Anlage, welche in einem besonderen angebauten Gebäude von 4,5 m Länge, 2,5 m Breite und 6,5 m Höhe untergebracht ist, besteht aus zwei Systemen, von denen jedes zwei Junkers-Heißwasserapparate und einen direkt betriebenen Warmwasserbehälter mit daran befestigtem Kaltwasserschwimmergefäß umfaßt. Die Warmwasser-

[1]) Gesundheits-Ingenieur XXX. Jahrg., Nr. 23.

behälter besitzen je einen Nutzinhalt von ∾ 1250 l und liegen zwecks Erreichung einer genügenden Druckhöhe ∾ 5 m über den Zapfstellen. Die Speisung erfolgt von der städtischen Wasserleitung aus, das warme Wasser wird von den Behältern aus einer gemeinschaftlichen Gebrauchsleitung zugeführt, so daß je nach Bedürfnis warmes Wasser aus beiden oder nur einem entnommen werden kann. Elektrische Alarmvorrichtungen geben dem Bedienenden rechtzeitig das Steigen und Sinken der Wassertemperaturen in den zulässigen Grenzwerten an. Schwimmer-Wasserstandsanzeiger zeigen an einer Latte hinter den Gasapparaten die jeweilige Wasserstandshöhe in den Behältern an. Jeder Gasapparat kann getrennt für sich an- und abgestellt und in seiner Heizleistung nach Belieben geregelt werden. Die Anlage ist für eine stündliche Leistung von 180000 WE vorgesehen, d. h. es können stündlich 3000 l Wasser von 10° auf 70° erwärmt werden. Die Größe des Raumes gestattet, ohne bauliche Änderungen und Erweiterungen vornehmen zu brauchen, eine Vergrößerung der Anlage. Benutzt wurde die Anlage vorläufig für die ausreichende Leistung von $2 \cdot 1250\ (70 - 10) = 150000$ WE.

Dieser Anlage dient nun als Heizmittel ein Generatorgas, welches in der dem Schlachthofe anliegenden Deutzer Generatorgasanlage des städtischen Elektrizitätswerkes erzeugt wird. Als Rohstoff kamen Braunkohlen-Würfelbriketts der Gewerkschaft Bockwitz zur Ausnutzung, die sich in erster Linie durch ihren geringen Teergehalt auszeichnen und einen Heizeffekt von 4600 WE besitzen. Das gewonnene Gas mit einem Heizeffekte von ∾ 1000 WE/m^3 wurde als Überschußgas von der elektrischen Zentrale abgegeben und mittels eines 3 PS-Kapselgebläses durch eine mehrfach und stark gekrümmte ∾ 60 m lange Leitung von 200 mm Durchmesser der Warmwasserbereitungsanlage des Schlachthofes zugeführt. Die Zündung in den Gasapparaten erfolgte durch Steinkohlengas (Leuchtgas).

Das Generatorgas besaß sehr geringen Teergehalt und erschien daher, da man es auch für trocken genug hielt, in derartigen Heizapparaten gut geeignet. Ein erheblicher Wassergehalt machte sich jedoch bald in einem unbeabsichtigten Wassersack der im Erdreich verlegten Gaszuleitung bemerkbar, so daß an dieser Stelle eine Wassergrube eingebaut werden mußte, die täglich durch Handpumpe zu leeren war, andernfalls das Gebläse das Gas bis zu den Warmwasserbereitern nicht durchzudrücken vermochte. Um den durch den Teergehalt hervorgerufenen Übelständen von vornherein entgegenzutreten, ist vor dem Hauptschieber ein kleiner Kiesfilter als Sicherheitsreiniger (in Abb. 9 nicht mit eingezeichnet) eingebaut, welcher aber nur selten, etwa jeden Monat einmal, gereinigt zu werden braucht.

Neben den üblen Eigenschaften eines hohen Wasser- und Teergehaltes besitzen diese Gase meist auch starken Schwefelgehalt, der in seiner leichten Neigung zu Kupfer- und Zinnverbindungen meist bald auf eine Zerstörung der verzinnten kupfernen Gasapparate hinwirkt. Wohl infolge der soliden Ausführung der Heizkörper und deren vorbedachten Konstruktion als leicht zerlegbare Öfen zwecks Reinigens machte sich in der ersten Betriebszeit ein solcher Übelstand nicht besonders geltend. Die lockeren Rückstände des Gases ließen sich von Zeit zu Zeit aus dem einfachen Zylinderofen durch eingeführten Wasserstrahl herausschwemmen; während des nachdrücklicheren Reinigens eines Ofens trat ein Reserveofen in Tätigkeit. Im Laufe der Jahre jedoch vermochten selbst die soliden Ausführungen der Firma Junkers der ständigen starken Schwefeleinwirkung nicht standzuhalten. Es ergaben sich schließlich fortlaufende störende und kostspielige Ausbesserungen, die jährlich 1200 M. (v. d. Kr.) und mehr hervorriefen, so daß man ernsten Sinnes an eine bessere Warmwasserbereitung dachte. Eine Aushilfe bot zwar immer noch das reine Steinkohlengas der ebenfalls in unmittelbarer Nähe liegenden Gasanstalt, für welchen Zweck von vornherein auswechselbare Spiralröhrenbrenner (anstatt der Düsenbrenner) vorgesehen waren. Damit erreichte man auch, abgesehen von den Betriebskosten, äußerst zufriedenstellende Resultate. Da kam der Krieg und mit in seinem Gefolge die häufige Stillegung der Sauggasanlage des städtischen Elektrizitätswerkes, welches für den teuren und schwer zu beschaffenden Brikettbrennstoff den Anschluß an die Überlandzentrale vorzog. Damit traten dann auch die Gasöfen außer Betrieb, und es wurde die Warmwasserbereitung unter Belassung der ganzen Anlage in der Weise bewirkt, daß man in die beiden Warmwasserbehälter Frischdampf aus den Dampfkesseln der Gasanstalt direkt einleitet. Die Gasöfen bilden jetzt die Reserveheizung für die Wasserbehälter.

wenn die Sauggasanlage nur entsprechend der unterbrochenen Lieferung von Briketts in Tätigkeit tritt.

Man ersieht hieraus, daß die Brauchbarkeit eines jeden Gases für Gasöfen nicht ohne weiteres gegeben ist. Es müssen vielmehr an ein Gas die Bedingungen geknüpft werden, daß es wie das reine Kohlengas möglichst geringen Teer- und Wassergehalt besitzt und fast völlig schwefelfrei ist.

Bezüglich der Betriebskosten und Wirtschaftlichkeit mag nachstehende Durchrechnung das Nötige besagen. Zugrunde gelegt sind die Preise vor dem Kriege (v. d. Kr.), wie solche ja auch die Anlage beeinflußt haben.

Bei Vollbetrieb wurden stündlich ~ 200 m³ Gas benötigt, wenn 1 kg Brikett ~ 4 m³ Gas erzeugt. Gemäß der bisherigen Betriebsergebnisse wurden von der Verwaltung des Elektrizitätswerkes der Schlachthofverwaltung für den vollen Betrieb der Warmwasserbereitungsanlage für die Betriebsstunde aufgerechnet: 50 kg Briketts, 75 l Wasser und 3 kW (für das elektrisch betriebene Kapselgebläse). Dabei stellten sich die Kosten damals für 10000 kg Briketts ab Werk auf 80,50 M., für 1 m³ Wasser auf 20 Pf. und für 1 kW auf 20 Pf. Rechnet man für Transport der Briketts ~ 20 M., somit insgesamt mit ~ 100 M., so ergeben sich für die Erwärmung von 2500 l Wasser von 10° auf 70° die stündlichen Kosten zu:

$$\frac{100 \cdot 50}{10000} = 50 \text{ Pf. für 50 kg Briketts,}$$

$$\frac{20 \cdot 75}{1000} = 1{,}5 \text{ » » 75 l Wasser,}$$

$$20 \cdot 3 = 60 \text{ » » 3 kW}$$

$$\text{Sa. } 111{,}5 \text{ Pf.,}$$

oder unter Zurechnung des Leuchtgases für die Zündung zu:

$$K = \sim 1{,}12 \text{ M.}$$

Dieser Preis deckt sich mit den Abrechnungen im Haushaltsplan der Stadt, die für die Jahre 1910 ÷ 1914 die Beträge von 2250 ÷ 1230 M. für Sauggas- und Gebläsestromlieferung enthalten. Mit 1,12 M. bei 7stündiger Betriebszeit und 6 Arbeitstagen in der Woche ergeben sich im Jahre:

$$7 \cdot 6 \cdot 52 \cdot 1{,}12 = 2334 \text{ M.}$$

Wurde Steinkohlen-Leuchtgas als Brennstoff benutzt, für welchen Betrieb die Anlage auch vorgesehen ist, so waren bei einem Heizeffekte von 5000 WE/m³ und einem Wirkungsgrade von 0,9:

$$B = \frac{2500\,(70 - 10)}{5000 \cdot 0{,}9} = 33{,}33 \text{ m}^3 \text{ Gas}$$

stündlich erforderlich. 1 m³ Steinkohlengas zu 12 Pf. gerechnet, ergibt einen Kostenaufwand von $33{,}33 \cdot 12 = 399{,}96$ Pf. oder mit Berücksichtigung des Zündgases von:

$$K = \sim 4{,}00 \text{ M.}$$

Die dann später eingerichtete Warmwasserbereitung mittels direkten Frischdampfes, in welcher Weise ja viele Schlachthöfe ihr Warmwasser erzeugen, benutzt direkten Frischdampf von 6 Atm. Überdruck. Für $6 + 1 = 7$ Atm. abs. findet sich in Tabelle IV (am Schluß des Buches) eine Dampfwärme $i = 611{,}51$ WE/kg und eine Gesamtdampfwärme $\lambda = 656{,}53$ WE/kg oder bei 10° Speisewassertemperatur für Kessel und Warmwasserbehälter von $656{,}53 - 10 = \sim 647$ WE/kg. Die $2 \cdot 1250 = 2500$ l Behälterwasser verlangen, um von 10° auf 70° erwärmt zu werden, $2500\,(70 - 10) = 150000$ WE/h. Dafür sind bei 20% Leitungsverlust stündlich:

$$D = \frac{1{,}2 \cdot 150000}{611{,}51 - 10} = 300 \text{ kg Dampf}$$

erforderlich, die gemäß Gl. (10) durch

$$B = \frac{647 \cdot 300}{0{,}6 \cdot 7000} = \sim 46 \text{ kg Kohle}$$

zu erzeugen sind. Setzt man den Preis für 1 Doppelwagen Steinkohlen = 10000 kg zu 200 M. (Abschlußpreis 1914) an, so stellen sich die Kosten zur Erwärmung der 2500 l von 10° auf 70° auf:

$$K = \frac{200 \cdot 46}{10000} = 0{,}92 \text{ M.}$$

Man wäre also von vornherein am billigsten und zweckmäßigsten mit Dampf als Heizmittel gefahren. Jedoch nicht immer liegen die örtlichen Verhältnisse derart günstig, daß man sich Dampf auf kurzem Wege ohne bedeutende Leitungsverluste kaufen kann. Ist eine Großfeuerstelle zu dem Zweck einzurichten, so gibt man damit auch den Vorteil hin, einen sauberen, staub- und rußfreien Betrieb zu haben, der ja gerade für Schlachthöfe seine bestechende Bedeutung hat und der auch bei der Einrichtung der Gasanlage im Schlachthof Waldheim mit ausschlaggebend gewesen war.

Die Verwendung von Steinkohlengas (Leuchtgas), einem städtischen Rohrnetze entnommen, ruft dagegen zu große Betriebskosten für derartige größere Warmwasserbereitungsanlagen hervor, so daß nach alledem das Generatorgas unter Umständen gute Dienste zu leisten vermag.

Als ein Nachteil muß jedoch der Umstand erachtet werden, daß die Menge des verbrauchten Gases, wenn es von einem anderen Betriebe käuflich erworben wird, oberschläglich und empirisch nach den benutzten Rohstoffen berechnet wird. Die gewöhnlichen Gasmesser sind für die Messung von Generatorgas ungeeignet, einesteils, weil sie durch den unvermeidlichen, wenn auch nur geringfügigen Teergehalt des Gases nach zu kurzer Zeit ihre Beweglichkeit verlieren, andernteils, weil der ebenfalls unvermeidliche geringe Schwefelgehalt des Generatorgases, wenigstens wenn nicht eine besondere Schwefelreinigung vorgenommen worden ist, die empfindlichen Teile des Gasmessers schnell angreift. Zuweilen benutzt man zur Messung von Generatorgas kleinere Gasbehälter zu ∾10 m³ Inhalt mit 2 Dreiweghähnen (von ∾125 mm Lichtweite).

Ähnliche ungünstige Verhältnisse lagen bisher vor, wenn der Dampf gekauft werden mußte und solange man gebrauchsfähige neuzeitliche Dampfmesser nicht zur Verfügung hatte. Befinden sich wie in Waldheim die gesamten Dampferzeugungs- und verbrauchsstellen in ein und derselben Hand (städtische Verwaltung), so spielt solche Verrechnung zwar keine so wichtige Rolle. Auch scheint dort diese Frage insofern ganz günstig gelöst zu sein, daß der Schlachthof den Dampf zur Warmwasserbereitung der Zentrale wie einzelner Zapfstellen nach der Anzahl der Schlachtungen berechnet. Zuerst (1914) waren für 1 Schlachttier 30 Pf. dafür eingesetzt, jetzt kommt man mit 15 Pf. aus. Die Stadt mit ∾12000 Einwohnern hat jährlich ∾6000 Schlachtungen in den letzten Jahren gehabt, so daß die Dampfausgaben für die Warmwasserbereitung im Haushaltsplane sicher genug mit 800÷1000 M. im Jahr festgesetzt werden konnten. Gemäß obiger Berechnung würden dementsprechend bei 860 M. Jahresausgabe $\frac{860}{K} = \frac{860}{0,92} = 935$ h Warmwasserbereitung vorliegen oder $\frac{935}{52} = \sim 18$ h in einer Woche.

Im allgemeinen wird technisch richtig der untere Heizwert zugrunde gelegt, so auch in diesen Abhandlungen. Es ist aber darauf zu achten, da in der Gastechnik zuweilen auch mit dem oberen gerechnet wird. Der untere Heizwert, der die Verbrennung des im Brennstoff enthaltenen Wassers zu Wasserdampf, nicht zu flüssigem Wasser voraussetzt, ist also um die Verdampfungswärme des Verbrennungswassers niedriger als der obere, das macht $\sim 10\%$ aus.

Für die jetzt gebräuchlichen Gase ist mit folgenden Werten des unteren Heizwertes H_a und der theoretischen Luftmenge L zu rechnen:

Für reines Steinkohlengas	$H_a =$	4 500 ÷ 5 500	WE/m³	— $L =$	5,4 m³/m³
für Mischgas (50 ÷ 20% Wassergas)	» =	4 000 ÷ 4 300	»	— =	4,5 »
für Generatorgas (Brk., Torf)	» =	1 150 ÷ 1 250	»	— =	1,0 »
für reines Wassergas .	» =	2 000 ÷ 2 400	»	— =	2,2 »
» Wassergas, mit Teeröl karburiert ...	» =	3 000 ÷ 4 000	»	— =	3,5 »
für Luftgas (Aërogen)	» =	3 000 ÷ 3 500	»	— =	2,6 »
» » (Gasolingas)	=	2 500 ÷ 3 000	»	— =	2,0 »
» Fettgas (Paraffin, Masut-)	» =	9 000 ÷ 9 500	»	— =	9,7 »
für Ölgas (Benzol-, Autin-)	» =	2 200 ÷ 2 300	»	— =	2,0 »
für Azetylengas (C_2H_2)	» =	11 000 ÷ 13 000	»	— =	11,9 »
» Gichtgas (Hochofengas)	» =	900 ÷ 1 100	»	— =	0,7 »

Das die ganze Gastechnik zurzeit beherrschende Mischgas darf nach den Vereinbarungen mit einem unteren Heizwert von 4300 WE in Rechnung gezogen werden. Es ist jedoch damit zu rechnen, daß der Heizwert noch unter 4000 WE sinkt und damit die Leistung eines Gasofens unter angegebenen Listenwerten herabdrückt.

Für die Leistung eines Gasofens spricht weiter der Gasdruck mit. Dieser ist nicht nur in den einzelnen Städten sehr verschieden, sondern er unterliegt auch an der gleichen Entnahmestelle Schwankungen, die mit der je nach der Tageszeit stärkeren oder schwächeren Belastung des Netzes zusammenhängen. Daher ist sorgfältigste Einregulierung der Gasapparate an Ort und Stelle unter Berücksichtigung des vorhandenen Gasdruckes, insbesondere des Höchstdruckes am Abend, unerläßlich.

Es ist ferner damit zu rechnen, daß im Laufe der Zeit starke Veränderungen von Gasdruck und Heizwert eintreten. Wird der Heizwert, was zu erwarten ist, mit der Zeit von den Gaswerken wieder erhöht, so kann Verrußungsgefahr des Ofens eintreten. Ebenso muß mit Erhöhung des Gasdruckes in mehreren Orten in kommender Zeit gerechnet werden.

Die **Abgase** der Verbrennungskraftmaschinen besitzen eine so hohe Wärme, daß es sich wohl lohnt, sie ebenfalls zur Warmwasserbereitung auszunutzen. Die Lösung dieser Aufgabe ist jedoch technisch nicht so einfach. Die Gase entweichen mit einer Temperatur von 300÷500° C, das ist eine Temperatur, die für einen Betrieb, wie er hier in Frage kommt, eine Feuersgefahr in sich trägt. Eine unvollkommene Verbrennung im Motor hat sogar eine Erhöhung der Auspufftemperatur zur Folge. Zudem darf man den Gegendruck im Auspuff nicht steigern und hat mit sehr stark unreinen Gasen zu rechnen, die gewöhnliche Anwärmeapparate bald verstopfen und auf den Gang der Maschine nachteilig einwirken würden. Schließlich ist auch noch das geringe spezifische Gewicht der Abgase von Nachteil, so daß in einer längeren Kanalleitung, wie sie für Anwärmeapparate gewöhnlicher Art nicht zu umgehen sein wird, eine rasche Abkühlung der Gase eintreten und ihr Niederschlagswasser das Leitungsmaterial energisch angreifen wird.

In dem Abschnitt IV »Warmwasserbereitungssysteme« sind einige Konstruktionen angeführt, in denen alle diese Nachteile nicht wirksam werden sollen. Die Deutzer Abgastöpfe sollen noch 40% der sonst verlorengehenden Wärmeenergie gewinnen. Rechnet man hierzu die in nutzbare Arbeit verwandelten 24% der im Gas zugeführten Wärmeenergie, so beträgt deren gesamte Ausnutzung $24 + 40 = 64\%$. Im allgemeinen lassen sich ∾ 350÷600 WE auf 1 PS_eh rechnen und in Form von heißem Wasser gewinnen; dabei soll eine Mehrbelastung des Motors und eine Erhöhung des Verbrauches nicht eintreten. Versuche, die der Verfasser in dem Elektrizitätswerk Hartha i. S. mit einem Schuseilschen Apparate angestellt hat, ergaben ebenfalls äußerst günstige Resultate.

In der neuzeitlichen Abwärmeverwertung spielt diese Abgaswärme ebenfalls eine bedeutsame Rolle. Wirtschaftlich läßt sich jedoch nur die Abgaswärme der Großgasmaschinen, insbesondere des Dieselmotors ausnutzen. In der Zeitschrift des Ver. d. Ing. geben Hottinger und Cochand folgende Versuchsergebnisse an einem 300-PS-Dieselmotor an.

Belastung: 291,4 PS.
Heizwert des galizischen Öles: 10088 WE/kg.
Stündlicher Brennölverbrauch: 0,187 kg/PS.
Stündlicher Kühlwasserverbrauch: 14,9 l/PS bei 21° Zulauftemperatur und 55,5° Ablauftemperatur.
Anfangstemperatur des Abgases: 497°.
Stündliche Wassererwärmung: 4665 l von 50,9 auf 75,4°.
Endtemperatur des Abgases (ins Freie): 150°.

Von der Abwärme sind stündlich nutzbar gemacht:

im Kühlwasser:	516 WE
aus den Abgasen:	399 WE
Sa.:	915 WE,

also im ganzen von 291,4 PS:

$$291{,}4 \cdot 915 = 266631 \text{ WE/h},$$

durch die Abgaswärme allein:

$$291{,}4 \cdot 399 = 116269 \text{ WE/h}.$$

Das sind wohl bedeutungsvolle und vielsagende Zahlen. Über weiteres siehe unten unter »Heizquelle« und »Berechnung der Heizkörper«.

B. Die Elektrizität.

Die Elektrizität als Heizmittel wurde bis vor gar nicht weit zurückliegender Zeit nur als annehmbare Zusatzheizung miterwähnt und selbst von Fachgenossen als Konkurrent anderer Heizmittel nicht sehr ernst genommen. Heutzutage haben sich

Lage und Ansichten jedoch ganz wesentlich zugunsten der Elektrizität verschoben.

Steinkohle, Koks und vollwertiges Brenngas stehen in Deutschland für unabsehbare Zeit nur in ganz geringem Maße zur Verfügung. Es mußten daher notgezwungen andere Kraft- und Wärmequellen ausfindig gemacht, erschlossen, und die schon bestehenden dieser Art restloser erfaßt werden. Da dies wirtschaftlich nur in Großbetrieben zu erreichen ist, so entstanden und entstehen ständig umfangreicher die elektrischen Großkraftstationen in Ausbeutung der Wasserkräfte und der minderwertigen Brennstofflager, des Torfes und der Rohbraunkohle. Bekannt sind u. a. zurzeit die Wasserkraftzentrale Bayern und die Brandenburger Torfkraftwerke. Hier wird elektrischer Strom im großen erzeugt und über weite Gebiete verteilt. Elektrischer Strom wird also bald überall in ausreichender Menge zur Verfügung stehen, der Mangel an Brennstoff in den einzelnen Kleinverbrauchsstellen wird sich aber wahrscheinlich stets fühlbarer machen. Da eröffnet sich für die elektrische Heiztechnik, die ihre Versuchs- und Entwicklungsjahre längst hinter sich hat, ein weites ergiebiges Absatzgebiet. Ein Hemmnis sind augenblicklich aber immer noch die hohen Betriebskosten, wenn diese auch nicht in dem Maße gestiegen sind, wie es für feste Brennstoffe und Gas der Fall ist.

Vorläufig ist daher die Elektrizität, abgesehen von einigen bestimmten beschränkten Gebieten, zur Hauptsache immer noch ein Zusatz- und Aushilfsmittel geblieben und kommt in größerem Verbrauche nur dort zur ernstlichen Erwägung, wo elektrischer Strom preiswert und in genügender Menge und Stärke zur Verfügung steht. Trotz alledem hat die elektrische Industrie es sich angelegen sein lassen, diesbezügliche Apparate und Kessel für kleinere und auch größere Anlagen zu erstellen und in den Handel zu bringen. Für letztere können sich die Betriebskosten allerdings noch ganz bedeutend hoch belaufen.

Soll z. B. eine Wannenbad-Wassermenge von 200 l durch Elektrizität von 10^0 auf 35^0 erwärmt werden, so sind dem Wasser $200\,(35 - 10) = 5000$ WE zuzuführen. Diese 5000 WE können stündlich durch $\frac{5000}{0{,}24 \cdot 3600 \cdot 0{,}9} = 6{,}43$ kW erzeugt werden, worin der Wirkungsgrad mit 0,9 eingesetzt ist. Hierfür sind in der

Zentrale $\frac{6{,}43 \cdot 1000}{736} = 8{,}89$ PS aufzubringen. Wird der Strompreis möglichst niedrig mit 150 Pf. für die kWh zugrunde gelegt, so ergibt sich ein Kostenaufwand von $6{,}43 \cdot 1{,}50 = 9{,}65$ M. Wollte man die 200 l in kürzerer Zeit als 1 h erwärmen, etwa wie durch andere Heizmittel in 15 min, so würden sich

$$6{,}43 \cdot \frac{60}{15} = \backsim 25\,\text{kW} \quad \text{und} \quad 8{,}89 \cdot \frac{60}{15} = \backsim 36\,\text{PS}$$

ergeben. Die aufzuwendende Energiemenge, in kWh in dem Zähler gemessen, bleibt bei gleichem Effekte immer dieselbe. Der hohe Preis läßt die Unwirtschaftlichkeit der elektrischen Heizung erkennen, sobald zu solchem Zwecke elektrischer Strom zu so hohem Preise gekauft werden muß.

Im Gegensatz dazu ruft eine Gasheizung mit 70% Nutzeffekt des Gasbadeofens, 4000 WE Heizwert des Gases und 1,80 M. Gaspreis pro m³: $\frac{5000}{4000 \cdot 0{,}7} \cdot 180 = 3{,}21$ M. Heizkosten hervor. Es stellen sich somit ungefähr die Heizkosten der Gasheizung : elektrischen Heizung = 3,21 : 9,65 oder = 1 : 3.

Fällt der Kostenpunkt in keiner Weise ins Gewicht, so kann auch eine Großanlage am Platze sein, soweit andere Faktoren nicht dagegen sprechen. So hat z. B. die Elektra-Wädensweil (Schweiz) für ein Hotel eine Warmwasserbereitungsanlage für 1600 l Leistung gebaut. Die Anlage ist mit den anderen elektrischen Einrichtungen derart verbunden, daß der jeweilig freiwerdende Strom dem Warmwasserbehälter zugeführt werden kann. Ferner können die 1600 l während der Nachtzeit durch ein Minimum von Strom auf $80 \div 90^0$ gebracht werden. Der Behälter dient somit gleichzeitig als Regler für eine gleichmäßige Belastung der elektrischen Anlage und zur Ausnutzung der überschüssigen Kraft in der normalen Betriebszeit. Solche Wärmespeicher werden in Zukunft noch große Bedeutung gewinnen. Die beste Rentabilität ergibt sich für eine elektrische Zentrale, wenn sie stets gleichmäßig belastet wird, und für eine Wasserkraftanlage, wenn die Wasserkraft auch in den Zeiten der Arbeitsruhe, d. h. an Feiertagen, nachts und während der Arbeitspausen über Mittag usw. zur Ausnutzung kommen kann. Da bieten die elektrische Heizung und die Wärmeaufspeicherung im Warmwasser, also die Warmwassererzeugung auf elektrischem

Wege eine höchst willkommene und die einzig richtige Lösung der Frage. Solche Anlagen sind denn auch schon von maßgebenden Firmen, wie von den Ottowerken-München, der AEG., Kummler-Aarau, Prometheus u. a., in großzügigster Weise erbaut und haben sich bis jetzt meist glänzend bewährt.

Eine Warmwassererzeugung im kleinen auf elektrischem Wege hat immer ihre Berechtigung, da sie die großen Vorteile der elektrischen Heizung in sich schließt, die vor allem in der Reinerhaltung der Luft und dem sauberen, einfachen Betriebe zu suchen sind. Die elektrische Heizung ist aber dort nicht zu gebrauchen, wo plötzlich und rasch eine größere Menge warmen Wassers, etwa für ein Bad und mehr, benötigt wird. Je rascher die Erwärmung gefordert wird, um so mehr Strom ist nötig, und es wird sich dann ein Stromaufwand erforderlich machen, wie er an den wenigsten Orten zur Verfügung stehen dürfte.

C. Das Warmwasser und der Dampf.

Warmwasser oder Dampf können eigens zu dem Heizzwecke frisch erzeugt werden oder als Nebenprodukte von Kraftanlagen u. a. zur Ausnutzung kommen. Letztere Heizmittel umfassen dann mit den Abgasen das Gebiet der neuzeitlichen Abwärmeverwertung.

a) Das Frischwarmwasser und der Frischdampf.

Das Warmwasser und der Dampf liefern in neuerer Zeit sehr beliebte Heizmittel zur Warmwassererzeugung. Für die Entscheidung für eines derselben kommt in erster Linie in Betracht, ob Warmwasser oder Dampf schon für andere Zwecke, etwa für eine Kraft- oder Heizungsanlage, zur Verfügung steht oder mitbenötigt wird. Eine Erzeugung dieser Heizmittel lediglich zum Zwecke des Betreibens einer Warmwasserbereitungsanlage ist, abgesehen von größten Anlagen, meist nicht zu empfehlen; der Zweck läßt sich mit anderen billigeren Heizmitteln und diesbezüglich einfacheren Einrichtungen weit günstiger durchführen. Bei Verbindung mit einer Heizungsanlage ist zu beachten, daß diese nur während der kalten Jahreszeit in Betrieb steht; für die Sommerszeit müßte also die Warmwassererzeugungsstelle mit einer selbständigen Feuerung versehen werden.

Als Heizmittel werden in der Regel Warmwasser unter 100°, seltener vorläufig noch Heißwasser bis 150°, ferner Dampf im Niederdruck und Hochdruck zu jeder gebräuchlichen und bestehenden Spannung oder Hochdruck, auf 3 Atm. und weniger reduziert, benutzt. Die Grenze zwischen Niederdruck- und Hochdruckdampf liegt bei 0,5 Atm. Überdruck = 1,5 Atm. abs.

In neuester Zeit bringt man für Fernanlagen dem bis auf ∾ 120° überhitzten Wasser als Wärmeträger besonderes Interesse entgegen. Praktische Bedeutung hat solch hochtemperiertes Heizwasser in der Neuköllner Fernwarmwasseranlage erhalten. Der Vorteil des überhitzten Wassers liegt darin, daß die im Fernrohrnetz umzuwälzende Wassermenge bedeutend kleiner sein kann als bei Warmwasser. Hierdurch werden ein wesentlich geringerer Kraftverbrauch für die Umwälzpumpen und entsprechend engere Rohrleitungen benötigt. Während 1 l warmes Heizwasser ∾ 20 WE abgibt, liefert 1 l überhitztes Wasser ∾ 50 WE, so daß dann die umzuwälzende Wassermenge 2,5mal kleiner ausfällt.

Das Warmwasser besitzt eine Wärme, die man Flüssigkeitswärme nennt. Auf 1 kg Wasser bezogen, ist diese Flüssigkeitswärme q diejenige, die nötig ist, um 1 kg Wasser von 0° ohne Änderung des Aggregatzustandes bis auf die geforderte Höchstwassertemperatur T zu erwärmen. Die spezifische Wärme c ist die, welche nötig ist, um 1 kg des Stoffes von 0° auf 1° zu erhöhen.

Bei einer spezifischen Wärme c des Wassers, die zur Erhöhung der Temperatur von 0° auf 1° von 1 kg erforderlich ist, wird:

$$q = \int_0^T c \cdot dT.$$

Der Wert c für Wasser ist nach Regnault festgelegt mit

$$c = 1 + 0{,}00004\,T + 0{,}0000009\,T^2$$

unterliegt jedoch nach neuzeitlichen Ansichten Versuchswerten, die in Tabellen festgelegt sind. Für technische Rechnung genügt es in der Regel, $c = \sim 1$ zu setzen und damit auch:

$$q = \sim T \text{ in WE/kg} \quad \ldots\ldots \quad (22)$$

Besitzen M l Heizwasser $T_1{}^0$ Anfangstemperatur, so ist bei der Erwärmung auf T^0 die ganze Heizwasserwärme:

$$q_w = M\,(T - T_1) \text{ in WE}^{1)} \quad . \quad . \quad . \quad . \quad . \quad (23)$$

Ist M auf Stunde bezogen, so gibt q_w auch die Wärmemenge in der Stunde an.

Das natürliche Warmwasser, das Thermalwasser, kann ebenfalls dort, wo es auftritt, unter Umständen mit Vorteil als Heizmittel Verwendung finden. So dient z. B. in der neuen Badeanlage Aachen ein nicht unwesentlicher Teil der Wärme, welche dem 42° Thermalwasser, das kalt zur Mischung von Duschen benötigt wird, entzogen ist, zur Erzeugung warmen Wassers.

Um gesättigten Dampf von bestimmter Spannung aus 1 kg Wasser erzeugen zu können, sind aufzubringen:

eine Flüssigkeitswärme q, welche nötig ist, um 1 kg Wasser von 0° ohne Änderung des Aggregatzustandes bis auf die Siedetemperatur T (Dampftemperatur entspr. der Spannung) zu erwärmen, und

eine Verdampfungswärme r, welche nötig ist, um 1 kg Wasser in Dampf von derselben Temperatur zu verwandeln.

Es ist r zusammengesetzt aus: der inneren Verdampfungswärme ϱ, welche zur Änderung des Aggregatzustandes dient, und der äußeren Verdampfungswärme $\psi = J p u$ [2]), welche den auf dem Wasser lastenden Druck überwindet.

Somit ist die Wärme des Sattdampfes:

$$\lambda = q + \varrho + \psi \text{ in WE/kg}, \quad . \quad . \quad . \quad . \quad . \quad (24)$$

die auch nach Regnault bestimmt werden kann mit:

$$\lambda = 606{,}5 + 0{,}305\,T \text{ in WE/kg} \quad . \quad . \quad . \quad (24\text{a})$$

---

[1]) Entsprechend der weiteren Darlegungen im Abschnitt XII wird sein:

$T = $ Vorlauftemp. T_s im Steigrohr zum Warmwasserbereiter,

$T_1 = $ Rücklauftemp. T_r im Rücklaufrohr vom Warmwasserbereiter.

[2]) Wird in einem Zylinder 1 kg Wasser durch einen reibungslosen Kolben vom Gewicht p kg belastet, so wird bei Erwärmen und Verdampfen des Wassers der Kolben um u m gehoben. also eine Arbeit $p u$ geleistet. Zur Arbeitsleistung von 1 mkg sind $J = \frac{1}{427}$ WE nötig, also von $p u$ mkg: $J p u$ WE.

Man faßt zusammen:

$q + \varrho = i$ als Dampfwärme und
$\varrho + \psi = r$ als Verdampfungswärme,

so daß man nachstehendes Schema erhält:

$$\overbrace{q \quad \varrho \quad \psi}^{\lambda} \qquad \underbrace{q \quad \varrho}_{i} \qquad \underbrace{\varrho \quad \psi}_{r}$$

Strömt gesättigter Dampf aus, so wird sofort die äußere Verdampfungswärme ψ durch die Arbeitsleistung des Ausströmens verbraucht; alsdann hat man nur noch die Dampfwärme i zur nutzbaren Verfügung. Somit ist in Warmwasserbereitern wie Strahlgebläsen, Mischapparaten u. dgl. nur mit i zu rechnen. Wird dafür λ eingesetzt, so ist das inkorrekt, der technische Fehler zwar nicht von bedeutendem Einfluß, da ψ nur einen geringen Teil der Gesamtwärme λ ausmacht, $\backsim 5 \div 7\%$ für Dampf von $0{,}01 \div 20$ Atm. abs. Zur Erzeugung des Sattdampfes in Dampfkesseln oder bei Verwendung als Heizmittel in geschlossenen Gefäßen wie in Gegenstromapparaten u. dgl. hat natürlich λ in Rechnung zu treten.

Die Werte q, ϱ und ψ sind für eine bestimmte, gegebene Dampfspannung aus Tabellen zu entnehmen, wie eine solche in Abschnitt XIII als Tab. IV angeführt ist. Zur Benutzung der Tabelle ist zu beachten, daß sie für die absoluten Dampfspannungen p in Atm. abs. aufgestellt ist. Ist also der Überdruck oder Betriebsdruck p_u in Atm. gegeben, so hat man q, ϱ und ψ zu entnehmen für:

$$p = p_u + 1 \text{ Atm. abs.} \qquad (25)$$

Man benutzt den Frischdampf (im Gegensatz zum Abdampf) mit:

$p = 1{,}001 \div 1{,}5$ Atm. abs. als Niederdruckdampf,
$p = 1{,}05 \div 3{,}0$ » » » reduzierten Hochdruckdampf,
$p = 4{,}0 \div 16{,}0$ » » » Hochdruckdampf.

Dampfanlagen mit $p < 1{,}5$ Atm. abs., also $< 0{,}5$ Atm. Überdruck sind konzessionsfrei und können überall, auch unter bewohnten Räumen vorgesehen werden.

Bisher war eine Anfangstemperatur des Wassers von 0°

vorausgesetzt. In Wirklichkeit besitzt aber das Speisewasser eine höhere Temperatur T_1, und zwar:

$$T_1 = \backsim\ 8 \div 20^0 \text{ ohne besondere Vorwärmung,}$$
$$T_1 = \backsim 40 \div 95^0 \text{ mit besonderer Vorwärmung.}$$

Sind nun D kg Sattdampf von p Atm. abs. aus Speisewasser von $T_1{}^0$ stündlich zu erzeugen, so ist zu dieser Erzeugung eine Wärmemenge erforderlich von:

$$\lambda_D = D\,(\lambda - T_1) \text{ in WE/h} \quad . \; . \; . \; . \; . \quad (26)$$

Bei allen Verdampfungsversuchen bezieht man aber das von 1 kg Brennstoff oder 1 m² Heizfläche erzeugte Dampfgewicht auf Wasser von 0° und Sattdampf von 100°, also auf eine Wärmemenge:

$$\lambda = 606{,}5 + 0{,}305 \cdot 100 = 637 \text{ WE.}$$

Dadurch macht man die Angaben nicht nur unabhängig von T_1, sondern auch von p und T, was zu Vergleichen unbedingt nötig ist.

Nach den Gesetzen für gesättigte Wasserdämpfe ergibt sich, daß die Verdampfungswärme, die zur Ausnutzung kommt, mit zunehmender Dampfspannung nicht mitsteigt, sondern sogar abnimmt, wenn auch unbedeutend. Da Dampf von höherer Spannung die ganze Anlage verteuert, so empfiehlt es sich dort, wo andere Gründe nicht mitsprechen, bei einer Wahl zwischen Hochdruckdampf und Niederdruckdampf letzterem den Vorzug zu geben, infolgedessen die Anlage auch konzessionslos bleibt. Hochdruckdampf dient vielfach als Überschußdampf von Kraftanlagen u. dgl. zur direkten und indirekten Warmwassererzeugung. Es ist stets zu empfehlen, vor der Warmwasserbereitungsstelle ein Verminderungsventil einzuschalten, durch das die Dampfspannung auf mindestens 3 Atm. herabgedrückt wird. Bis zu dieser Spannung lassen sich Apparate und Dichtungen noch ohne besonderen Kostenaufwand bequem durchführen und lebensfähig erhalten. Bei der indirekten Erwärmung mittels Heizschlangen und anderen Hilfsmitteln muß bei Hochdruckdampf an der Austrittsstelle ein Kondenswasserableiter eingeschaltet werden, um ein Durchschlagen des Dampfes zu verhindern. Beim Niederdruckdampf läßt sich das Kondenswasser zur Erreichung eines wirtschaftlicheren Betriebes dem Dampfkessel als Speisewasser direkt wieder zuführen; es muß dann aber der Kondenswassereintritt mindestens in Höhe des niedrigsten Wasserstandes des Kessels liegen, so daß dadurch eine gewisse Vorbedingung für die Disposition der Gesamtanlage und für die Verwendung von Niederdruckdampf gegeben ist.

Überhitzter Dampf bietet, abgesehen von Fernanlagen, für Warmwasserbereitungen keine erheblichen Vorteile, da die Überhitzungswärme nicht so bedeutend ist, daß ihre besondere Erzeugung gerechtfertigt erscheint.

Besteht in irgendeinem Betriebe überhitzter Dampf, so wird man ihn unter Umständen auch zur Warmwasserbereitung auszunutzen wissen, wenn man auch mit Sattdampf stets vorteilhaftere Größen für die Gegenstromapparate u. dgl. erhalten wird als mit Heißdampf. Zur Erzeugung des überhitzten oder Heißdampfes müssen dem Sattdampfe eine Überhitzungswärme und eine Trocknungswärme zugeführt werden. Es berechnen sich: die Überhitzungswärme zu:

$$r_1 = c_p \, (T_{ü} - T) \text{ in WE/kg} \quad \ldots\ldots \quad (27)$$

und die Trocknungswärme zu:

$$r_2 = (606{,}5 - 0{,}717\, T) \frac{n}{100} \text{ in WE/kg} \quad \ldots \quad (28)$$

Hierin ist:

T = Sattdampftemperatur bei p Atm. abs.;

$T_{ü}$ = Überhitzungstemperatur, $= \sim 200 \div 400^0$ C;

c_p = spezifische Überhitzungswärme, also die Wärme, die nötig ist, um 1 kg überhitzten Dampfes um 1^0 zu erhöhen, aus den bekannten Tabellen von Mollier, Knoblauch, Lorenz u. a. zu entnehmen, allgemein bei niedrigerer Überhitzung $= \sim 0{,}48$;

n = Dampfnässe in Prozenten bei einer bestimmten Kesselbauart, also die Menge des mitgerissenen Wassers in Prozenten der wirklich verdampften Wassermenge,

= 1% bei Zylinderkesseln ohne Unterkessel,

= 2% bei Zylinderkesseln mit Unterkesseln und bei Flammrohrkesseln,

= 4% bei liegenden Heizröhrenkesseln,

= 6% bei Wasserröhrenkesseln und stehenden Kesseln.

Es bestimmt sich dann die Wärmemenge, die ein Überhitzer zur stündlichen Erzeugung von D kg überhitzten Dampfes zu leisten hat, zu:

$$\lambda_{D\ddot{u}} = D\,(r_1 + r_2) \text{ in WE/h} \quad . \quad . \quad . \quad . \quad . \quad (29)$$

und die in diesem Dampf enthaltene Gesamtwärme gemäß Gl. (26) zu:

$$\lambda'_{D\ddot{u}} = D\,[(\lambda - T_1) + r_1 + r_2] \text{ in WE/h} \quad . \quad . \quad . \quad (30)$$

b) Der Abdampf.

Der Abdampf einer Maschine kann vorteilhaft zur direkten und indirekten Warmwassererzeugung ausgenutzt werden. Die Unterbringung der Abdampfwärme erfolgt am günstigsten in dem gut Wärme aufspeichernden Wasser. Warmwasser wird in jedem Betriebe gebraucht oder läßt sich als sekundäres Heizmittel weiter verwenden. Es ist darum nichts vorteilhafterer, als die Erzeugung warmen Wassers selbst durch die kleinste Abdampfmenge zu bewirken, nicht nur der großen Dampfmaschinen, sondern auch schon durch kleine Kraftanlagen der Dampfpumpen, Dampfhämmer, Dampfkrane usw. Schon die bestehende Kohlenknappheit und die hohen Preise für alle Brennstoffe bedingen ohne weiteres eine restlose Erfassung und Rückgewinnung aller Abwärme, um so mehr, als sich bei geringen Anlagekosten einer Abdampfverwertung die Betriebskosten auf ein Minimum und zwar meist nur für Ausbesserungen beschränken. Die Wärmemenge, die im Abdampf enthalten ist, hat solch beträchtliche Größe, daß es wohl gerade zur Jetztzeit zu verstehen ist, wenn die Abwärmeverwertung in der Technik eine große Rolle spielt und weite Gebiete der Industrie geradezu mitbeherrscht.

Zur Erzeugung der Expansionskraft wird von der Maschine eine erhebliche Menge Dampf für 1 PS_i (indizierte PS) verlangt, die nach dem Bau der Maschine verschieden ist. Z. B. sind für eine Einzylindermaschine $\backsim$ 20 kg/PS_i erforderlich. Das mechanische Wärmeäquivalent der Arbeitseinheit ist $J = \frac{1}{427}$ (siehe Fußnote S. 54), d. h. es entspricht 1 WE einer Arbeitsleistung von 427 mkg. Für 1 PS_i werden daher theoretisch $\frac{60 \cdot 60 \cdot 75}{427}$ $= 632$ WE/h verbraucht. Eine 100-PS-Maschine verlangt also theoretisch $100 \cdot 632 = 63200$ WE/h, als deren Träger $100 \cdot 20 = 2000$ kg Dampf dienen. Es besitzt 1 kg Dampf eine von der Spannung abhängige Eigenwärme, die z. B. bei 7 Atm. abs. nach Tab. IV: $165{,}89 + 445{,}62 = \sim 612$ WE/kg beträgt. Mithin bringen 2000 kg Dampf $2000 \cdot 612 = 1224000$ WE mit, von denen nur 63200 WE in der Maschine zum Verbrauch kommen und der Rest einer Abdampfverwertung zur Verfügung steht.

So günstig für die Abdampfverwertung liegen nun zwar praktisch die Verhältnisse nicht ganz. Man hat vielmehr in Wirklichkeit damit zu rechnen, daß in der Kolbenmaschine $\sim 15\%$ der zugeführten Wärme in Arbeit umgesetzt werden, $\sim 25\%$ in der Maschine durch Leitungsverluste usw. verloren gehen und somit $\sim 60\%$ einer Abdampfverwertung vorbehalten bleiben. Oder man rechnet mit $15 \div 25\%$ Dampfverlust durch die Maschine. Theoretisch müßte man ja eigentlich genau dieselbe Menge Abdampf auf der einen Seite der Maschine vorfinden, die auf der anderen Seite als Frischdampf zugeführt wurde. Natürlich muß der Abdampf von geringerer Spannung sein als der Frischdampf, aus dem er entstanden ist; denn auf dem Wege durch die Maschine ist ja Wärme in Arbeit umgesetzt und verlustig gegangen, so daß die ganze Dampfmenge beim Austritt aus der Maschine weniger Wärme besitzt, also auch geringere Spannung hat. Man darf die absolute Dampfaustrittsspannung annehmen mit:

$p_a = 1{,}10 \div 1{,}25$ Atm. abs. bei Auspuffmaschinen,
$p_a = 0{,}15 \div 0{,}35$ » » » Kondensationsmaschinen.

In der weiteren Verwertung hat der Abdampf als Heizmittel für Warmwasserbereitungszwecke nun weitere Arbeit zu leisten. Dabei ist aber darauf zu achten, ob nicht durch die hierbei geleistete Arbeit des Abdampfes auf den Kolben der Maschine ein Rückdruck ausgeübt wird, der zu seiner Überwindung mehr direkten Dampf erfordert, als zur Erzeugung des warmen Wassers durch diesen direkt nötig gewesen wäre. Es muß daher stets ein Absaugen des Abdampfes von der Maschine stattfinden. Diese Bedingung ist jedoch bei der geringen Spannung des Abdampfes von $0{,}1 \div 0{,}2$ Atm., höchstens 0,7 Atm., nicht immer leicht zu erreichen.

Der theoretische Vorgang bei der Auspuffmaschine liegt allerdings einwandfrei fest. Der in dem Warmwasserapparat eingeströmte Abdampf kondensiert, das hierdurch entstehende Vakuum saugt weiteren Dampf an, verringert den Gegendruck desselben vor dem Kolben der Maschine und bewirkt dadurch einen geringeren Dampfverbrauch bzw. bei demselben Dampfverbrauch eine größere Leistung der Maschine. Der Warmwasserbereiter wirkt also ähnlich wie ein Kondensator, wobei das zu erwärmende Nutzwasser der Warmwasserbereitung als Kühlwasser dient. An sich erfolgt die Wassererwärmung in der gleichen Weise wie durch den Frischdampf, dessen höhere Spannung ihm zwar eine entsprechend hohe Heiztemperatur sichert. Trotzdem ermöglicht der Abdampf der Auspuffmaschine eine Wassererwärmung bis ∾ 95°.

Aber auch der Abdampf und Zwischendampf[1]) der Kondensationsmaschine gewährt dort eine vorzügliche ergiebige Wärmequelle, wo Wasser nur auf 40÷50° erwärmt zu werden braucht. Die vielfach vertretene Ansicht, daß durch Einbau eines Warmwasserbereiters eine Verschlechterung des Vakuums und damit ein erhöhter Dampfverbrauch der Maschine eintritt, ist nur dann berechtigt, wenn dadurch eine erhöhte Anzahl Dichtungsstellen geschaffen und der Dampfweg verengt und erheblich verlängert wird. Da das Dampfluftgemisch eine dem Vakuum entsprechende Temperatur besitzt, die meistens zwischen 50 und 60° liegt, so läßt sich ein 40÷50° temperiertes Wasser ganz gut erzielen. Mit Sicherheit kann man rechnen, daß mittels 1 kg Abdampf von Kondensationsmaschinen 10÷13 l Wasser auf 40÷50° erwärmt werden. An kalten Tagen kann man aber unbedenklich das Wasser weit höher, etwa bis auf ∾ 70° erwärmen, da erfahrungsgemäß der Dampfverbrauch erst bei einem Vakuum unter 550 mm nachteilig und erheblich steigt. Ein weiterer Vorteil bei Einschaltung eines Warmwasserbereiters liegt in dem geringen Verbrauch des für die Kondensierung des Abdampfes erforderlichen Kühlwassers, dessen Menge dann nur so groß zu sein braucht, um noch den letzten Rest an Abdampfwärme zu vernichten.

Auf jeden Fall darf wohl behauptet werden, daß das Hauptgebiet der Abdampfverwertung neben Koch-, Heiz- und Trocken-

[1]) Zwischen den Zylindern einer Verbundmaschine entnommen.

zwecken in der Warmwasserbereitung liegt; daß also Abdampfverwertung für Badeanstalten, Brauereien, Brennereien, Färbereien, Waschanstalten, Schlachthöfen, Papierfabriken, chemische Fabriken usw. zur Erreichung eines wirtschaftlichen Betriebes selbstverständlich sein sollten.

Was die Wärmemenge anbetrifft, die durch Verwertung des Abdampfes gewonnen werden kann, bzw. sonst verloren geht, dafür seien einige Beispiele angeführt.

Eine Auspuffdampfmaschine von 150 PS verbraucht stündlich ∾ 12 kg/PS. Damit erhält man 150 · 12 = 1800 kg Abdampf von ∾ 0,1 Atm. Überdruck = 1,1 Atm. abs. Es besitzt 1 kg

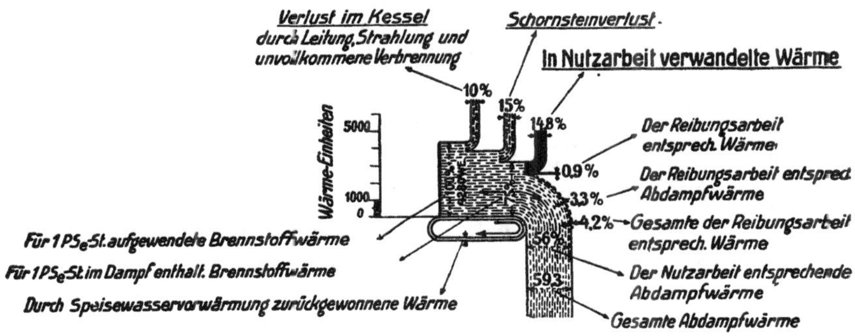

Abb. 10.

Dampf von 1,1 Atm. abs. eine Wärme von ∾ 637 WE, mithin gestattet der Abdampf dieser Maschine eine Ausnutzung von 1800 · 637 = 1146600 WE. Natürlich ist diese ganze Wärme praktisch nicht restlos nutzbar zu machen, sondern nur ∾ 60%, welcher Gewinn von 0,6 · 1146600 = ∾ 688000 WE aber auch nicht zu verachten ist. — In der Abdampf-Badewasserbereitungsanlage auf der staatlichen Zeche Waltrop wird das Wasser für die Mannschaftskaue, 62000 m^3 jährlich, dem Kaminkühler-Zulaufrohr entnommen; dasjenige für Wannenbäder, 7600 m^3 jährlich, ist Leitungswasser, das durch einen Teil des Abdampfes der Fördermaschine in 3 Gegenstromapparaten von je 100 m^2 Heizfläche erwärmt wird.

Welch große Wärmemenge ohne Abdampfverwertung verloren gehen, zeigen die graphischen Darstellungen der Wärmeverteilung bei der Wolffschen Heißdampf-Lokomobile in Abb. 10

und einer Kesselanlage mit Kondensationsmaschine in Abb. 11, letztere eine Darstellung der Maschinenfabrik Augsburg-Nürnberg, die ja auf diesem Gebiete mit an führender Stelle steht. Nach dem oberen Bilde liefert die Kesselanlage Frischdampf für Maschine

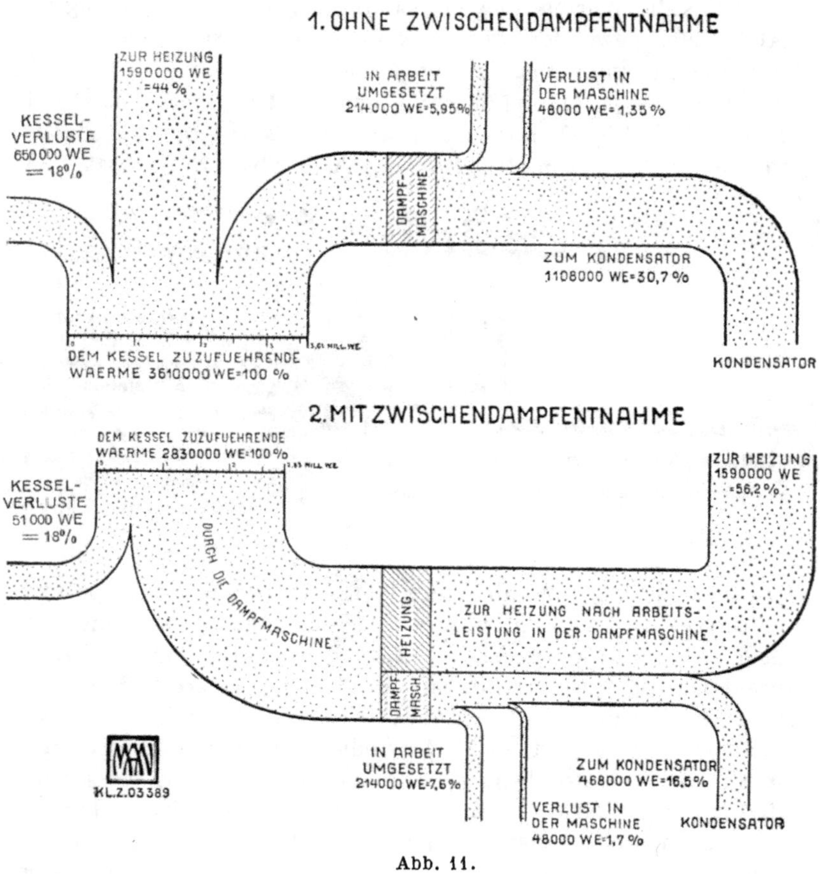

Abb. 11.

und Heizung (letztere mit 1 590 000 WE) und bedarf dazu einer Wärmezuführung von 3 610 000 WE, während nach dem unteren Bilde dieselbe Menge Wärme von 1 590 000 WE für Heizung, Warmwasserbereitung usw. von dem Zwischendampf der Maschine geleistet wird und die Kesselanlage dann nur noch 2830000 WE von der Feuerung verlangt. Es steht also der Wirkungsgrad $\eta = 0{,}562$ dem von 0,440 gegenüber!

Der Hauptzweck einer Abwärmeverwertung im Abdampf liegt in erster Linie in einer Brennstoffersparnis; daran schließen sich aber noch die Vorteile geringer Anlagekosten, bedeutenden Raumgewichtes und einfacher billigerer Bedienung. Manchmal ist der Umstand für die Abdampfausnutzung zu deren Nachteil ausschlaggebend, daß eine Abdampfanlage weit größere Rohrquerschnitte erfordert als eine Hochdruckdampfanlage. Bei gut

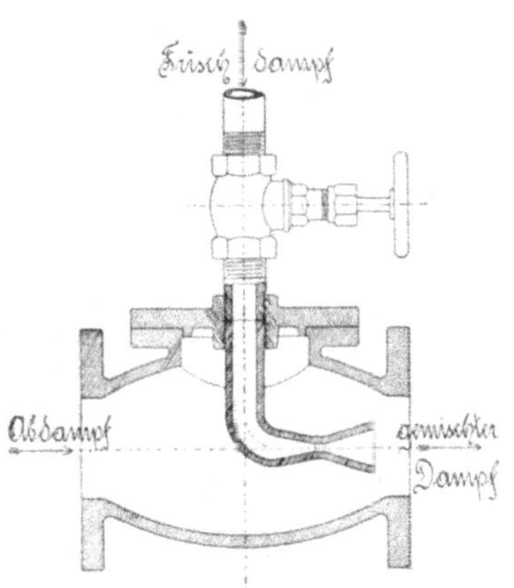

Abb. 12.

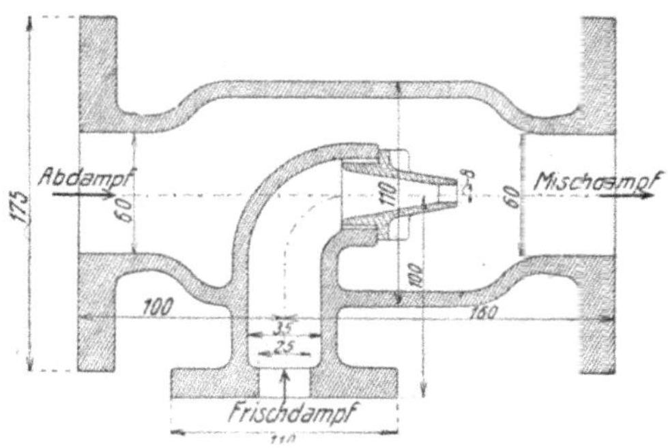

Abb. 13.

verlegten, hinreichend weiten Abdampfröhren macht sich eine schädliche Rückwirkung auf den Kolben nicht bemerkbar, selbst wenn die Auspuffleitung eine erhebliche Länge hat. Unter »gute Verlegung« ist eine Verlegung der Rohre ohne scharfe Knie, Querschnittsverengungen usw. zu verstehen.

Reicht der Abdampf nicht aus oder ist die Maschine nicht dauernd in Betrieb, so muß Frischdampf mitbenutzt werden, der behufs Ansaugens des Abdampfes in die Abdampfleitung gleichgerichtet wie dieser einzuführen ist. Um auch hierbei einen Gegendruck auf die Maschine durch den Frischdampf zu vermeiden, ist an der Mischstelle ein Dampfstrahlsauger (Abb. 12) oder Mischapparat einzubauen. Diese Armatur ist aber so zu bemessen, daß eine Drosselung des Abdampfes nicht eintritt, wenn kein Frischdampf eingeführt wird. Daher ist die Ausführung von Körting nach Abb. 13 der nach Abb. 12 vorzuziehen. Die Tabelle 4 gibt die einzuhaltenden Rohrmaße an.

Tabelle 4.

Mischapparate für Frisch-Abdampf.

Abdampfrohr-ϕ . . . mm	32	38	45	51	60	70	80	90	100
Frischdampfrohr-ϕ . mm	15	15	20	20	25	25	30	30	35
Baulänge . . . . . . mm	170	200	230	250	260	300	330	360	400

Statt dieser Organe könnte man den Frischdampf auch mit Hilfe eines Druckverminderers auf die Spannung des Abdampfes

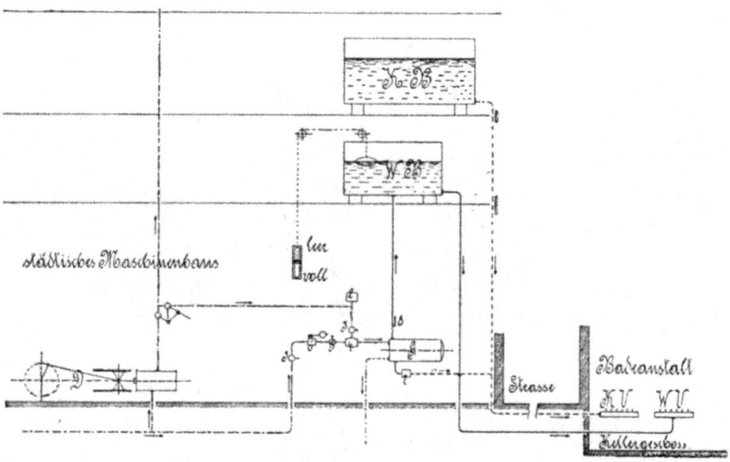

Abb. 14.

herabdrücken. Bei zu großer Menge Abdampf wird nur dieser allein benutzt und der Überschuß durch die Auspuffleitung abgeführt. Zur Einregelung des Dampfverbrauches dienen ein Sicherheitsventil, Reduzierventil, Absperrventil und zwei durch einen Gelenkhebel zwangsläufig verbundene Drosselklappen oder ein Dreiweghahn u. dgl. Das Sicherheitsventil hat den Zweck, einen Gegendruck auf den Kolben der Maschine zu verhindern, indem es bei Abschluß der Heizkörper den Überschußdampf durch das Auspuffrohr entweichen läßt. Eine Anordnung aller dieser Teile gibt nach Abb. 14[1]) die Anlage einer Badeanstalt, betrieben von einem in der Nähe liegenden städtischen Maschinenhause, nach einem Entwurf des Stadtbaumeisters Arnoldt, Kiel[2]).

Anstatt dieser umfangreichen und umständlichen Anhäufung der vielen Organe, wendet man jetzt gedrängtere Konstruktionen

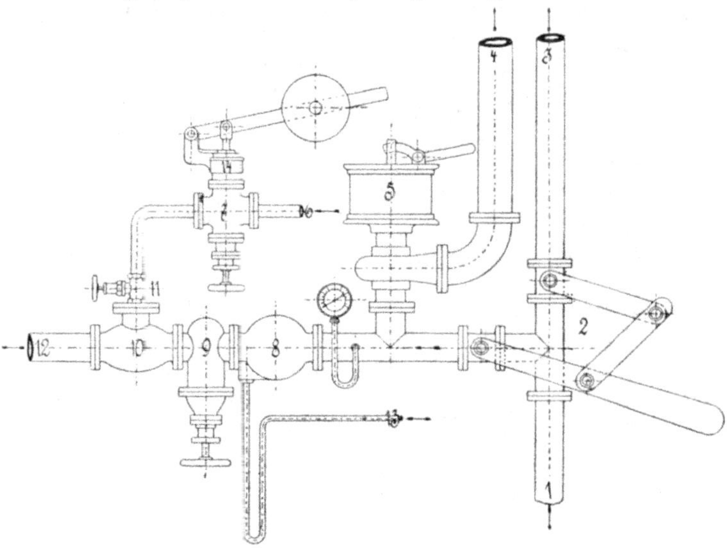

Abb. 15.

nach Abb. 15[3]) an. Die zwangsläufig verbundenen Drosselklappen bei *2* in Auspuff *3* und Heizleitung *12* ersetzt Buderus durch

[1]) Es bedeuten in Abb. 14: *1* = 2 Drosselklappen als Wechselklappe, *2* = Sicherheitsventil, *3*, *5* = Absperrventile, *4* = Mischapparat, *6* = Reduzierventil, *7* = Regulierventil zur Einstellung der Warmwassertemperatur, *8* = Thermometer, *G* = Gegenstromapp.

[2]) Arnoldt: Über die Einrichtung und den Betrieb von Volksbadeanstalten und ihre Rentabilität. Selbstverlag 1906.

[3]) Es bedeuten in Abb. 15: *1* = Abdampf von der Maschine, *2* = Wechselklappe, *3* = Auspuff, *4* = Dampf ins Freie, *5* = Sicherheitsventil, *6* = Frischdampf vom Kessel, *7* = Absperrventil, *8* = Wasserabscheider, *9* = Absperrschieber, *10* = Dampfmischapparat, *11* = Absperrventil, *12* = zur Heizung, *13* = Entwässerung, *14* = Reduzierventil.

die Umschaltvorrichtung der Abb. 16, die in dem Kugelkreuzstück *e* einen inneren Rotguß-Drehschieber *f* enthält. Das Organ wird in den Kreuzpunkt der Frischdampfleitung *a* — Heizleitung *b* und Maschinenabdampfleitung *c* — Auspuff *d* eingebaut. Ist nicht genug Abdampf vorhanden, so wird durch das in Leitung *a* eingeschaltete Reduzierventil Frischdampf in die Heizleitung eingelassen. Steigt in letzterer der Druck über 0,12 Atm., dann öffnet sich das Sicherheitsventil *S V* und läßt den Überschußdampf durch *d* ins Freie. Eine weitere vorteilhafte Zusammendrängung der Apparatur in Sicherheits-, Reduzierventil und Entwässerung bietet schließlich noch der Universal-Regulierapparat von C. F. Scheer & Cie., Feuerbach - Stuttgart (Abb. 17).

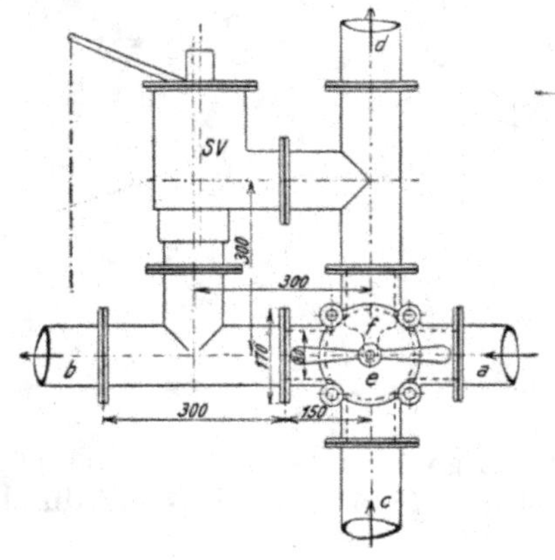

Abb. 16.

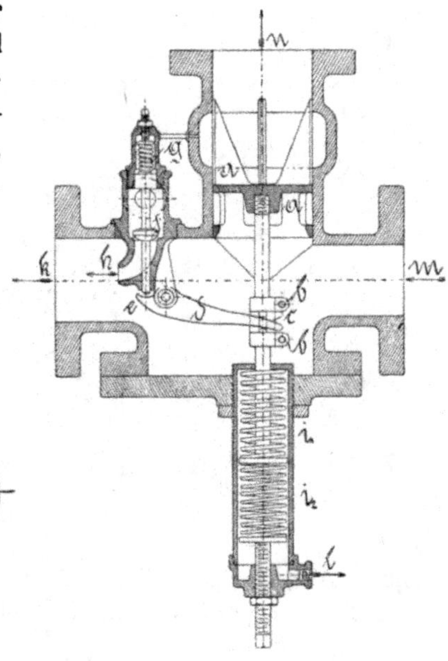

Abb. 17.

Der durch *m* eintretende Abdampf hebt bei Überdruck den Kolben *a* so hoch, daß der überschüssige Abdampf durch *n* ins Freie treten kann. Es wird *a* durch zwei einstellbare Federn i_1 und i_2, von welchen die stärkere nach unten und die schwächere nach oben wirkt, in Schwebe gehalten. Sobald infolge großen Dampfverbrauches in der Anlage oder bei geringer Belastung der Maschine zu wenig Abdampf vorhanden ist, fällt *a*, so daß vermittelst *b*, *b* und *c* Hebel *d* heruntergedrückt wird. Die Nase *e* von *d* drückt dadurch das Ventil *f* auf, infolgedessen der Frischdampf, durch *g* reduziert, durch *h* eintreten kann und saugend auf den Abdampf einwirkt. Die Menge des eintretenden Frischdampfes richtet sich genau nach dem in der Leitung vorhandenen Abdampfdruck. Die Abnahme des gemischten Dampfes erfolgt bei *k*, die Entwässerung bei *l*.

Bei der direkten oder unmittelbaren Erwärmung strömt der Abdampf direkt in das zu erwärmende Wasser, sich mit diesem vermischend. Wegen des Ölgehaltes wird aber wohl überall dort, wo es eben angängig ist, die indirekte Erwärmung unter Einschaltung eines Heizkörpers vorzuziehen sein, dessen Platz möglichst nahe der Maschine zu wählen ist. Bei der Kondensationsmaschine wird der Platz zwischen Motor und Kondensator liegen, so daß der Warmwasserbereiter einen primären Kondensator darstellt, während der eigentliche Kondensator als sekundärer Verdichter des Dampfes anzusehen ist.

Immerhin wird in vielen Betrieben wie in Färbereien, chemischen Fabriken, selbst Schlachthöfen direkte Erwärmung gern bevorzugt. Anlage und Betrieb stellen sich äußerst einfach, der Abdampf wird restlos ausgenutzt. Aber immer wieder muß als ein wichtiger Faktor, der für Benutzung des Abdampfes zur Erwärmung von Gebrauchswasser mitzusprechen und ausschlaggebend zu sein hat, der Ölgehalt erachtet werden. Und dieser ist in der Regel ein hoher.

Viele Betriebsstörungen und Unannehmlichkeiten sind auf das Öl im Abdampf zurückzuführen. Steht auch einer indirekten Erwärmung des Wassers mittels Abdampf, z. B. in den Gegenstromapparaten, nichts im Wege, so ist aber für direkte Erwärmung unbedingt eine Entölung vorzunehmen, auch wenn das Wasser nicht für Genußzwecke Verwendung findet und es auf Kosten der Dampfmenge geht. Man erreicht dafür den Vorteil eines nicht unbedeutenden Ölgewinnstes; je nach der Größe der Maschine lassen sich täglich ∾ 1,5 ÷ 8 l Öl wieder gewinnen. Sogar Frischdampf kann unter Umständen eine Ölreinigung bedingen, ehe er zur direkten Erwärmung eines Gebrauchswassers herangezogen wird.

Die Konstruktion der Abdampfentöler ist eine sehr große. Zur Hauptsache hat man die Zentrifugal-Entöler, die Siebflächenentöler und die Winkelflächen- oder Stoßkraftentöler.

Es kann hier nicht der Platz sein, eine kritische und umfangreiche Betrachtung über diese Apparate zu geben. Einige wenige Beispiele mögen genügen, den Leser mit dem Gegenstand bekannt zu machen.

Ein Apparat mit der jetzt meist beliebten Stoßkraftwirkung ist der Entöler Patent Bartl nach Abb. 18 im Längsschnitt und durch die Fangzellen, die im Hauptkörper gegeneinander unverrückbar versetzt reihenweise eingebaut sind. Zu derselben Gattung gehört der Entöler mit Stabeinsatz. Ein Zentrifugalentöler *A* in Verbindung mit

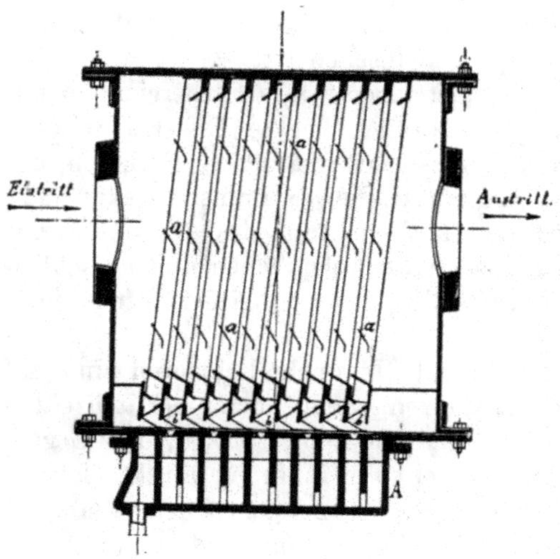

Abb. 18.

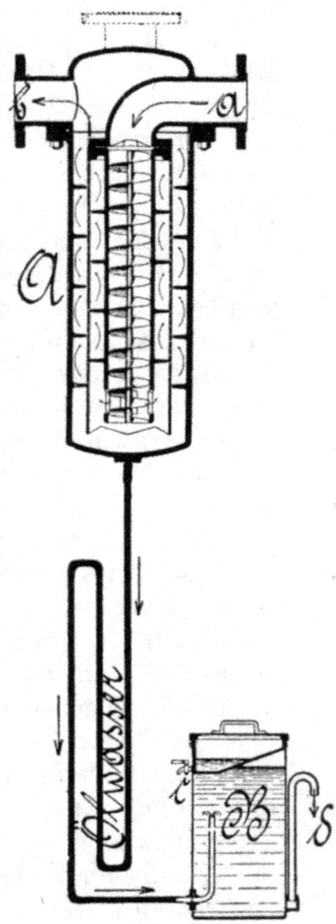

Abb. 19.

einem Ölscheider *B* ist in Abb. 19 dargestellt. Der Dampf tritt bei *a* ein und entölt bei *b* aus; das Öl wird bei *c* abgezapft. Um einen Gegendruck auf die Maschine auszuschließen, muß der lichte Querschnitt des Entölers größer als der des Auspuffrohres sein.

Eine Ölreinigung auf modernem, elektrischem Wege erbringt sehr klares Wasser.

Die Anlage einer Groß-Warmwasserbereitung mit vereinigtem Turbinenabdampf- und Frischdampfbetrieb beschreibt im Prinzip Provinzial-Ingenieur Tilly im »Gesundheits-Ingenieur«[1]), um in erster Linie die Rentabilität einer Niederdruck-Dampfturbinenanlage gegenüber einer Dampfmaschinen- und Gasmotorenanlage festzustellen. Die Anlage, wie sie in schematischer Weise in Abb. 20 dargestellt ist, ist für eine Krankenanstalt zu 800 Köpfen mit ∾ 900 l Wasserverbrauch für Kopf und Woche gedacht. Außer der Warmwasserbereitung dient die Zentrale dem Kraftbetrieb, der Heizung und Beleuchtung.

Der Dampf wird nach Abb. 20 in drei Koksschüttkesseln für ∾ 0,4 Atm. Überdruck erzeugt, von denen einer zur Reserve aufgestellt ist. Die Sammlung und Verteilung des Dampfes erfolgt mittels des Dampfsammlers, des Ventilstockes, dessen Stutzen die Bezeichnungen tragen: Kessel I, II, III, Turbine I, II, Heizung, Wäscherei, Küche, Schwimmerpumpe I, II, Nachwärmer und Reservestutzen.

Der Abdampf der als Niederdruck-Dampfturbinen (A.E.G.-Curtis-Turbinen) ausgebildeten Arbeitsmaschinen strömt zum Kondensator. Dieser wird vom Hochbehälter *1* mit Kühlwasser versorgt, das nach erfolgter Erwärmung unter einer dem Wasserstandsunterschiede des Hochbehälters *1* und des Überlaufgefäßes *2* entsprechenden Druckhöhe in das Überlaufrohr des letzteren abfließt, wenn es nicht vorher der Warmwasserbereitungsanlage entnommen wird. Da das Kühlwasser des Turbinenkondensators im allgemeinen nicht die für seine Benutzung zu Bade- und Spülzwecken erforderliche hohe Temperatur besitzt, dient ein mit Heizrohrbündel versehener Nachwärmer zur Erreichung der gewünschten Wärmewirkung. Letzterer hat gleichzeitig die Aufgabe, bei Außerbetriebsetzung der Turbinenanlage die Bereitung des warmen Wassers mittels unmittelbar aus dem Kessel übergeleiteten Dampfes zu übernehmen. In diesem Falle besorgt, zur Erhaltung einer gleichmäßigen Wassertemperatur, die elektrisch angetriebene Zentrifugalpumpe die Umwälzung der im Rohrnetz befindlichen Wassermenge. Das Überlaufrohr des Behälters *2* wird dann durch entsprechende Stellung der Ventile in den anschließenden Leitungen außer Betrieb gesetzt.

In jeder Gebäudegruppe ist eine Erweiterung der Warmwasserzuleitung in Form eines geschlossenen Warmwasser-

---

[1]) Gesundheits-Ingenieur, 32. Jahrgang, Nr. 35, 1909.

Abb. 20.

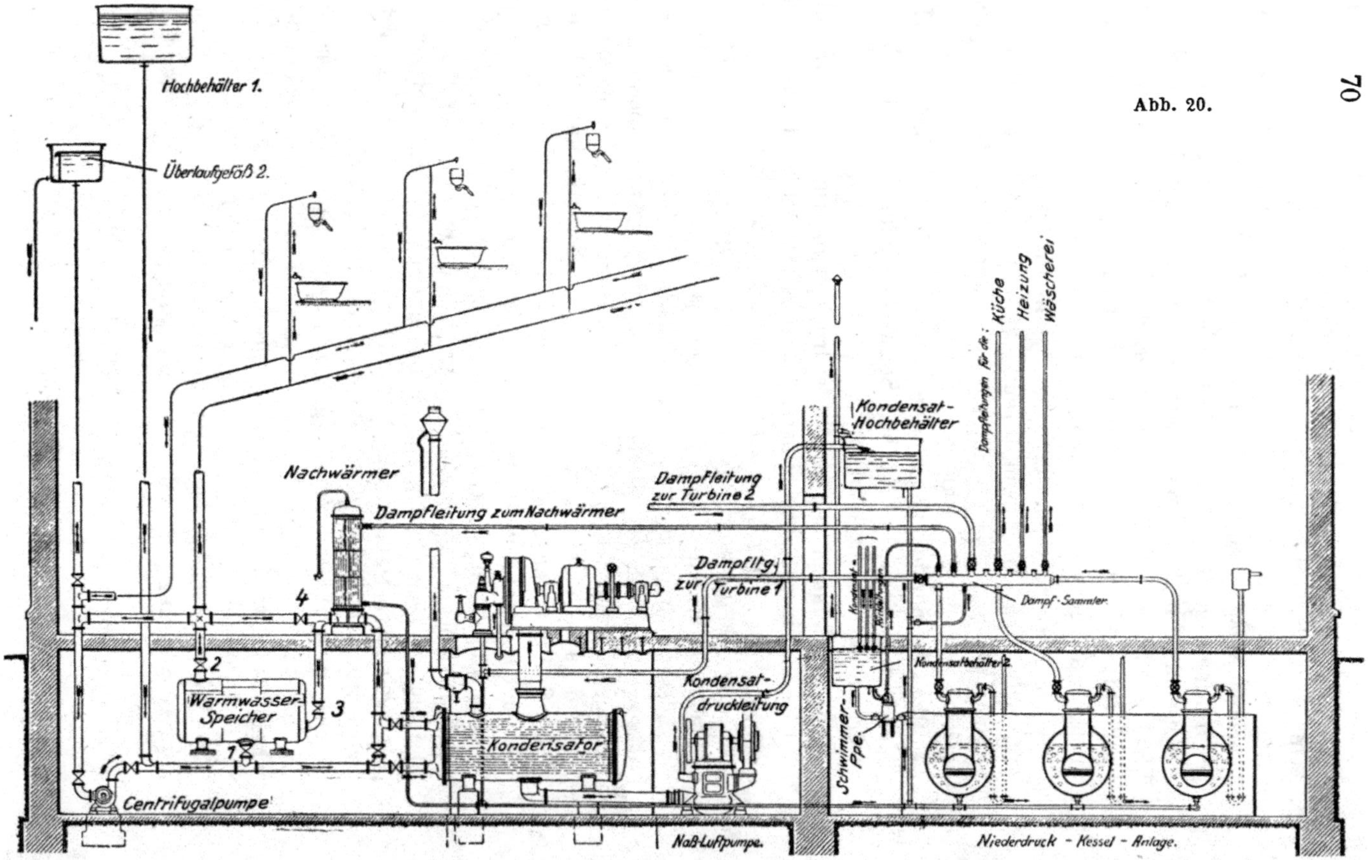
Hochbehälter 1.
Überlaufgefäß 2.
Nachwärmer
Dampfleitung zum Nachwärmer
Dampfleitung zur Turbine 2
Dampfltg. zur Turbine 1
Kondensat-Hochbehälter
Dampfleitungen für die:
Küche
Heizung
Wäscherei
Dampf-Sammler
Kondensatbehälter 2
Kondensat-druckleitung
Schwimmer-Ppe.
4
2
3
1
Warmwasser-Speicher
Kondensator
Centrifugalpumpe
Naß-Luftpumpe.
Niederdruck - Kessel - Anlage.

speichers angeordnet, dessen Inhalt bei Außerbetriebsetzung des Nachwärmers oder des Kondensators nach Öffnen von Ventil *1* und Schließen der Ventile *3* und *4* für die Warmwasserversorgung des in Frage kommenden Häuserblocks nutzbar gemacht werden kann. In der Regel sind die Ventile *1* und *4* geschlossen und *2* und *3* geöffnet, so daß der Umlauf des Wassers in den Hausverteilungsleitungen in Richtung der Pfeile entweder unter dem Einfluß des Gewichtsunterschiedes zwischen dem wärmeren Steigrohr- und dem kälteren Fallrohrwasser oder unter der Einwirkung der Zirkulationspumpe stattfindet.

Das Niederschlagswasser von Heizung, Küche und Wäscherei wird aus dem offenen Kondensatbehälter *2* mittels Dampfschwimmerpumpen in den Kessel gespeist, während die Überleitung des Niederschlagswassers des Nachwärmers in die Kessel wegen genügender Höhenlage des ersteren über Kesselwasserspiegel ohne Einschaltung einer Hebevorrichtung erfolgt. Das Niederschlagswasser und die Luft des Kondensators werden durch die elektrisch betriebene Naßluftpumpe nach dem Kondensathochbehälter gefördert, von wo aus das ölfreie Kondensat mit natürlichem Gefälle ohne erhebliche Wärmeverluste den Betriebskesseln wieder zufließt.

Über die Rentabilitätsberechnung der drei in Betracht gezogenen Betriebsmittel auf ein Jahr sagt die Tabelle 5 das Nähere.

Aus der Zusammenstellung Tab. 5 ist zu entnehmen, daß die Dampfturbinenanlage ebenso rentabel ist wie die Dampfmaschinenanlage, welche beide ferner um ∾ 30% rentabler arbeiten als die Gasmotorenanlage.

Natürlich können alle möglichen Abdämpfe, nicht nur von Dampfmotoren, zur wirtschaftlichen Ausnutzung kommen, wenn jene auch manchmal ganz eigens zu durchdenkende Einrichtungen bedingen. Gewöhnlich führen Kohlenmangel und Einschränkung des Frischdampfverbrauches zu solchen Maßnahmen.

Über eine interessante Ausnutzung des Schwadendampfes der A m s t e l - B r a u e r e i in Amsterdam bringt die »Feuerungstechnik« in Heft 16 des VIII. Jahrganges eine Abhandlung, auf welche hingewiesen wird. Aus Versuchen ging hervor, daß im ganzen 41870 l von 8,5° auf 65° erwärmt wurden, wofür ∾ 2356500 WE erforderlich waren. Außerdem wurden 4378 kg

Tabelle 5.

Die Rentabilitätsberechnung der drei in Betracht gezogenen Betriebsmittel auf ein Jahr (v. d. Kr.).

Betriebsart	2 Gasmotoren zu je 16 PS (nur für Kraftbetrieb)	2 Auspuff-Dampfmaschinen zu je 100 PS (für Kraft und Licht	2 Niederdruck-Dampfturbinen zu je 60 kW (für Kraft und Licht)
Brennstoffe für Maschinenbetrieb und Heizung — Betriebsdampf bzw. und Heizdampf	Leuchtgas und Koks	Steinkohlen und Koks	Gaskoks oder Zechenkoks
Anlagekosten . . . . M.	55 000	171 000	151 000
Amortisation und Verzinsung M. (für Bauanlage 7%, sonst 10%)	5 470	16 620	15 070
Kosten für die Warmwassererzeugung . . . . M.	9 360[1])	800[2])	—[3])
Gas-, Kohlen- bzw. Koksverbrauch . . . . M.	15 600	8 700	26 170
Jährliche Gesamtunkosten . M.	30 430	26 120	11 100

[1]) Es berechnet sich:

$$9360\text{ M.} = \frac{900\text{ l Wasser} \cdot 800\text{ Personen} \cdot 52\text{ Wochen}}{4000\text{ WE Gasheizeffekt}} \cdot (50^0\text{ Warm-}$$
wassertemp. — 10^0 Zulaufwassertemp.) · 0,025 M. für 1 kg Koks.

[2]) Für Erzeugung derselben Menge warmen Wassers dient einmal die gesamte Abdampfmenge und eine besondere Koksfeuerung, die 800 M. jährliche Betriebskosten erfordert.

[3]) Die zur Warmwasserversorgung benutzte Kühlwassermenge der Turbinen ist größer als dem Bedarfe der Anstalt an warmem Gebrauchswasser entspricht, so daß sogar noch ein Teil des Kühlwassers ungenutzt abfließen wird.

Kondensat von 41,5° aufgefangen, die einen Wärmewert von ∾ 181500 WE darstellen, im ganzen also 2547000 WE. Am Versuchstage wurden 24 hl/h Wasser verdampft = 2300 kg bei einer Dichtigkeit des Wassers von 0,955 bei 100°, so daß 1472000 WE freigekommen sind, da 1 kg Wasserdampf von 100° einen Wärmewert von ∾ 640 WE hat. Davon haben zur Wassererwärmung gedient:

21700 · 60	=	1302000 WE
an Kondenswasser wurde aufgefangen 2200 · 42,5	=	93500 »
zusammen:		1395500 WE

Somit beträgt der Wirkungsgrad: $\eta = \frac{1395,5}{1472} = 0,95$ oder der Nutzeffekt 95%.

Von großer Wichtigkeit ist die Ersparnis an Kohlen durch diese Einrichtung. Für jeden Sud werden 2,3 Mill. WE zur Wassererwärmung gebraucht, zu deren Gewinnung mit Hilfe von Frischdampf von 6 Atm. abs. $\frac{2300000}{600} = 3800$ kg Dampf erforderlich wären, d. h. bei achtfacher Verdampfung 475 kg Kohlen. Für je 100000 hl Bier beträgt die Ersparnis 90 t Kohlen. Die ganze Einrichtung mit Elektromotor, Schwaden- und Wasserleitungen nebst Zubehör kostete 12750 M.; diese werden innerhalb eines Jahres durch die Ersparnis abgezahlt.

c) Die warmen Abwässer.

Von den warmen Abwässern, wie sie sich in Industrie und Gewerbe vielfach vorfinden, können als Heizmittel für Erwärmung von Gebrauchswässern das Kühlwasser und das Kondenswasser in Frage kommen.

Das Kühlwasser der Dampfturbinen und insbesondere der Verbrennungskraftmaschinen kann zur direkten oder indirekten Erwärmung von Wasser dienen. Da das Kühlwasser im Motor nicht verunreinigt wird, so steht einer direkten Verwendung zwar nichts im Wege, trotzdem sollte es zur Bereitung warmen Genußwassers auf diesem Wege nicht benutzt werden, dagegen läßt es sich lediglich für Reinigungszwecke in der Weise gut verwenden. Braucht es Kaltwasser nicht erst zu erwärmen, um eine bestimmte Warmwassermenge zu ergeben, sondern genügt seine Menge, die unmittelbar für Reinigungs- und Badezwecke usw. Verwendung findet, so ist es an solcher Stelle kein Heizmittel mehr, sondern das direkte warme Nutzwasser. Solche einfache Ausnutzung ist natürlich stets vorzuziehen.

Die Menge und der Wärmegehalt des Maschinenkühlwassers ist nicht unbedeutend. Unter Voraussetzung direkter Kühlung und bei 10÷15° Zuflußtemperatur des Kühlwassers betragen je nach der Motorbelastung:

Abflußtemp.	Menge des Kühlwassers
bis 70°	35÷40 l/PSh für kleine Gaskraftmaschinen,
40°	15÷35 » » Groß-Gaskraftmaschinen,
70°	10÷16 » » Dieselmotor.

Es werden also durch einen Explosionsmotor ∾ 500÷2500 WE für jede PSh durch das Kühlwasser abgeführt und einer Warmwasserversorgung zur Verfügung stehen. Das Kühlwasser besitzt dabei noch die vorteilhafte Eigenschaft, daß es, wie es die Motoren bedingen, rein und kalkfrei ist.

Die Verwendung des Kühlwassers als regelrechtes Heizmittel wird einzutreten haben, sobald seine Menge der Nutzwasseranforderung nicht genügt, eine Aufspeicherung von Warmwasser über die Motorbetriebszeit hinaus nötig ist oder andere wirtschaftliche oder technische Gründe maßgebend werden. Da für das am niedrigst temperierte Gebrauchswasser ∾ 25÷35° verlangt werden, so wird sich vielfach eine Zusatzheizung nicht umgehen lassen, d. h. das Kühlwasser und gegebenenfalls kaltes frisches Zuschußwasser müssen mit Hilfe eines anderen Heizmittels auf die geforderte Höchsttemperatur gebracht werden. Dafür können Dampf, Abdampf oder Brennstoffe dienen.

Da das Kühlwasser keine erhebliche Auftriebskraft mehr besitzt, so müßte der Durchlauf etwa durch einen Gegenstromapparat, falls dieser nicht unterhalb des Kondensators gelegt werden könnte, mittels einer Kreiselpumpe gehoben und in Umlauf gesetzt werden. Durch solche Einrichtung ist ferner die Möglichkeit geschaffen, sogar Dampf zu erzeugen, indem man das Kühlwasser zur Vorwärmung und die hoch temperierten Abgase zur Dampferzeugung benutzt.

Außer bei den Explosionsmotoren und Dampfturbinen findet sich temperiertes Kühlwasser noch im Hüttenbetriebe und anderen Plätzen zur ständigen Kühlung der Schachtofenwände, der Wind- und Schlackenformen usw. Für eine Form rechnet man allein schon 60÷100 l/min Kühlwasser, das sind 3600÷6000 l/h Warmwasser von ∾ 80°. Beim älteren Puddelofenbetrieb ist der gesamte stündliche Anfall an Ofenkühlwasser noch grösser. Dieses Warmwasser findet jetzt auch fast restlos seine Verwendung. Eine ganz neuzeitliche Ofenkühlwasser-Verwendung findet sich nach Abb. 21 bei den Didier-Müllverbrennungsschachtöfen. Der Wasserverbrauch für den Ofenschachtmantel beträgt ∾ 1500 l/h. Diese mit ∾ 65° vom Kühlmantel kommende Wassermenge wird in einem Warmwasserbehälter mit Frischwasser vermischt und durch den Abdampf der Maschine auf ∾ 90° nacherwärmt. Das so gewonnene Warmwasser dient zum Spülen der Müllgefäße, für Wasch- und Badezwecke. Ein weiteres Ausbeutungsgebiet von warmem Abwasser findet sich dann noch in den Gasanstalten, in denen zurzeit noch größere Mengen Wärme in Gestalt von Warmwasser verlorengehen. Allerdings ist solches Gaskühlwasser, das sich bis auf ∾ 70° erwärmt,

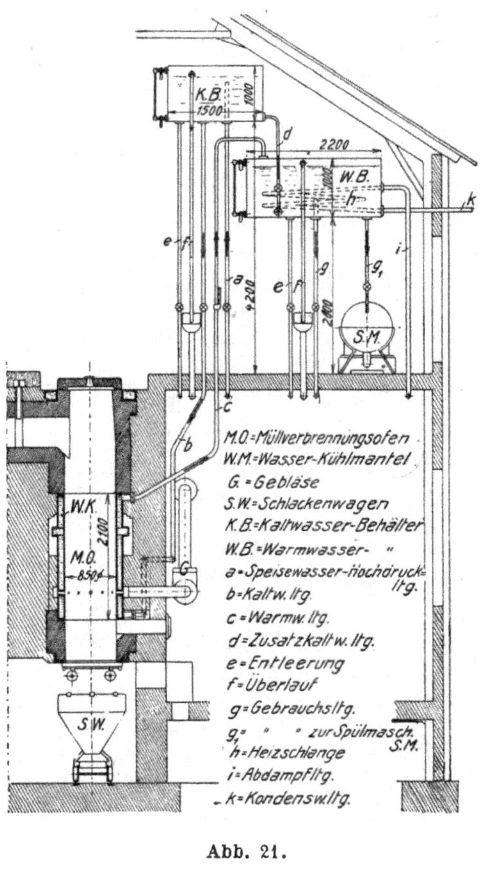

Abb. 21.

nicht überall und nur in beschränkter Weise als Heizmittel zu verwerten. In vielen Werken wird das Gasnachkühlwasser nur mit ∾ 30° abfließen und dann zum Kokslöschen benutzt. Der große Schwefelgehalt im Wasser macht es dann für andere Zwecke noch wenig verwertbar.

Das Kondenswasser der Dampfanlagen sucht man jetzt auch zur Warmwasserbereitung auszunutzen. Kann dies mit Hilfe der Oberflächenkondensatoren, die als indirekt wirkende Gegenstromapparate arbeiten, ohne weiteres geschehen, so hat man bei Einspritzkondensation entweder eine Ölreinigung des Kondenswassers vorzunehmen oder entsprechend der Abb. 103 zwischen Dampfzylinder und Luftpumpe einen Gegenstromapparat einzuschalten. Letzteres ist meist einer Ölreinigung vorzuziehen, da durch selbige dem Kondenswasser eine nicht unerhebliche Wärmemenge entzogen wird. Die Einspritz- oder Mischkondensatoren, die ein Gemisch von Dampf, Kondenswasser und Kühlwasser ergeben, sind schon wegen der starken Luftzuführung (100 kg Kühlwasser ∾ 7 l Luft) hier nicht empfehlenswert. Dort, wo eine direkte Benutzung des Kondenswassers vorgesehen wird, ist eine Reinigung desselben nicht zu umgehen; trotzdem kann sich diese bezahlt machen. So wird z. B. im Breslauer Schwimmbad das Kondenswasser der Dampfanlage des städtischen Elektrizitätswerkes von seinem Ölgehalt befreit, um darauf als Badewasser dem Schwimmbassin zugeführt zu werden. Obgleich sich die Kosten für die Reinigung des Kondenswassers vom Öl und Schlamm jährlich auf ∾ 3500 M. (v. d. Kr.) belaufen, so wird trotzdem eine jährliche Ersparnis von ∾ 20000 M. (v. d. Kr.) erzielt. Noch günstiger liegen die Verhältnisse beim Kondensat der Dampfturbinen, das als völlig ölfrei angesehen wird (s. oben Kühlwasser).

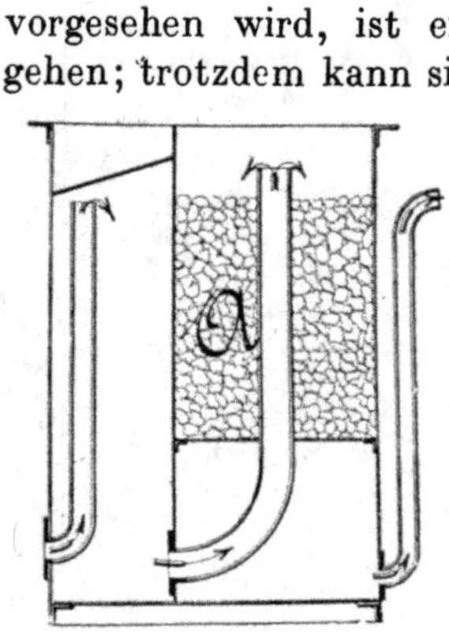

Abb. 22.

Häufig nutzt man Frischdampf zu Koch- und ähnlichen Zwecken bis zur vollständigen Kondensation aus, so daß man als Nebenprodukt ungemischtes temperiertes Kondenswasser erhält, das wegen seiner hohen Temperatur von 99° und weniger auch noch ausnutzungsfähig ist. Jedoch auch dieses Wasser ist mit fettigen und schmutzigen Bestandteilen derart stark durchschwängert, daß es vor seinem Weitergebrauch zuvor gereinigt werden muß.

Einen Kondenswasserreiniger vom Hoffmannswerk zeigt Abb. 22. Als Filtermaterial für *a* können Kies, Koks, Schlackenwolle, Holzwolle u. dgl. dienen.

III. Die Warmwasseranlagen bezüglich des Umfanges und der Zapfstellenzahl. Die Lokal- und Zentralanlagen.

Die Anlagen sind als lokale und zentrale zu unterscheiden. Bei ersteren ist die ganze Anlage zur Hauptsache in einem einzigen Apparat vereinigt, der zugleich Bereiter und Versorger ist und eine einzige oder einige wenige Zapfstellen an sich trägt; ein Rohrnetz fällt hier fort. Bei den Zentralanlagen, die meist mehr als eine Zapfstelle besitzen, liegen diese getrennt von dem Warmwassererzeuger und sind mit ihm durch Rohrleitungen verbunden, so daß man hier ein weniger oder mehr ausgedehntes und verzweigtes Rohrnetz vorfindet.

Die einfachste Ausführung einer Lokalanlage wird durch den gewöhnlichen Kochtopf dargestellt, der durch die direkten Feuergase, durch das Gas einer Gasanstalt, durch Elektrizität, Petroleum oder Spiritus geheizt wird. Eine vorteilhaftere Wärmeausnutzung ergibt sich schon durch Anordnung einer sog. Wasserblase, die einem Kochherde eingebaut ist. Eine weitere allgemeine häusliche Lokalanlage ist der Waschkessel, wie er für Wasch-, Bade- und sonstige Zwecke Verwendung findet (Abb. 90 u. 91).

Daß man wohl jemals auf eine derartige Lokalanlage selbst in einfachster Form im Haushalte verzichten kann, ist kaum anzunehmen. In besseren Haushaltungen macht sich jedoch jetzt immer mehr das Bedürfnis fühlbar, Warmwasser an mehreren Stellen zu gleicher Zeit abnehmen zu können, nicht nur am Küchenherd, sondern auch über dem Aufwaschtisch, im Toilettenzimmer, an der Badewanne usw. Ist die Anlegung mehrerer Zapfstellen nötig oder wünschenswert, so sind diese, soweit deren Wassertemperaturen die gleiche Höhe besitzen dürfen oder müssen, zur Erreichung eines wirtschaftlichen Betriebes möglichst von einer Zentralstelle abhängig zu machen. Letztere kann ja in mannigfachster Form zur Ausführung gelangen. Die Zapfstellen können dabei in einem oder in mehreren Stockwerken liegen. Die Zentralwärmequelle läßt sich je nach dem System unterhalb, in gleicher Höhe oder oberhalb der Verbrauchsstellen anordnen.

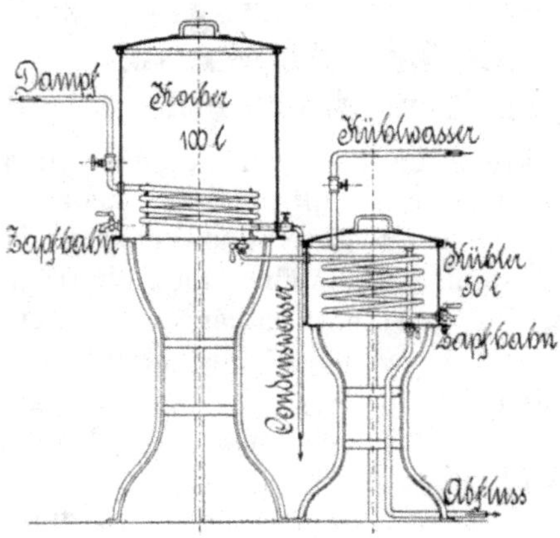

Abb. 23.

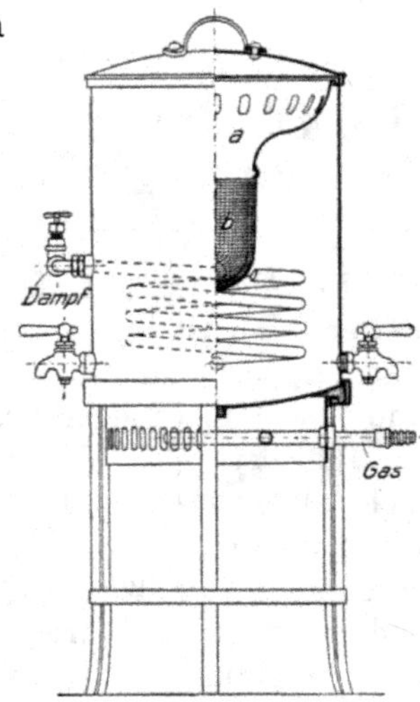

Abb. 24.

Die lokalen Anlagen können mit direkter oder indirekter Erwärmung des Wassers durchgeführt werden und eignen sich für unterbrochenen und dauernden Betrieb; ein geringer Wasserverbrauch wird im allgemeinen dabei vorausgesetzt werden müssen. Eine derartige Ausführung mit Dampf als Heizmittel und für Dauerbetrieb ist nach Abb. 23 der Kaffee- oder Teekocher von Lubinus Stein & Cie, Kattowitz, der in Fabriken, Warenhäusern usw. und in sonstigen Betrieben mit vielen Arbeitern und mit Bedürfnis nach warmem Getränk geeignete Verwendung findet. Der eingebaute Kühler gestattet jederzeit temperiertes Wasser zu entnehmen. Eine ähnliche Ausführung zeigt nach Abb. 24 der Kochapparat mit mehreren Zapfstellen von Schaffstaedt, Gießen. Mantel, Boden und Deckel sind aus innen und außen verzinntem Schmiedeeisen oder aus innen verzinntem Kupfer hergestellt. Die 2÷6 Zapfhähne besitzen, um Verbrennen der Hände zu vermeiden, Holzgriffe. Ein eingehängter Trichtereinsatz *a* mit Drahtsieb *b* dient zur Aufnahme des Tees oder gemahlenen Kaffees. Der Apparat ist für Dampfheizung, Gasheizung oder für beide Heizmittel (wie in Abbildung 24) benutzbar. Die verzinnte kupferne Dampfheizschlange ist leicht herausnehmbar. Der nach unten gewölbte Boden paßt sich zwar der Wärmeeinwirkung, guter Reinigung und völligen Entleerung gut an, jedoch kann der am tiefsten Punkt des Bodens eingedichtete Entleerungshahn infolge leichten Leckens durch die Gashitze zu Klagen Anlaß geben. Ein eingeschweißtes längeres Ablaßrohr ist besser am Platze.

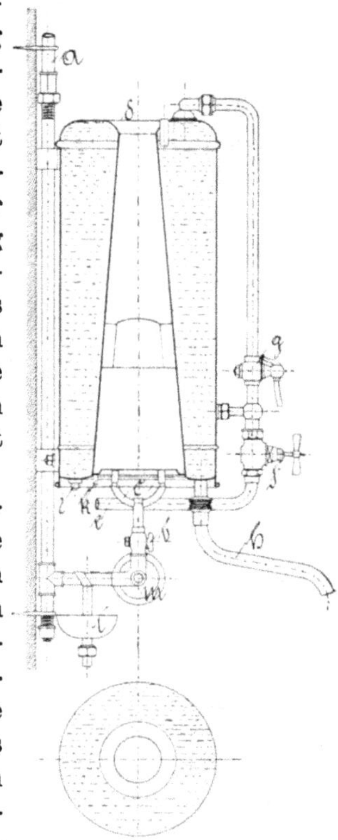

Abb. 25.

Eine moderne lokale Warmwasserbereitungsanlage ist weiter durch die Schnellwassererwärmer mit Hilfe von Gas zu erreichen, wie diese von ersten Firmen in den Handel gebracht werden. Heizgas steht in fast allen besseren Wohnungen zur Verfügung. Die Apparate werden in der Regel als Durchlaufapparate und Automaten durchgeführt, infolgedessen die Bedienung äußerst einfach und der Betrieb gesichert ist; als Wandkörper konstruiert, beanspruchen sie geringen Raum. Ein Kleinapparat dieser Gattung für schwache Gasleitung, kleine Gasuhren und geringen Gasdruck sind nach Abbildung 25 die Automaten Prof. Junker s»Heißquell« und »Kochbrunn«, ersterer geeignet für Ärzte, Apotheker, Laboratorien, Friseure usw., letzterer für Cafés, Wirtshäuser, Geschäftsräume usw. Eine neuzeitlichere Apparatur kommt unter »Gasöfen« zur Erwähnung. Das Gas strömt von Rohr *a* durch

Hahn *b* zum Brenner *c*, das Kaltwasser tritt durch *e*, *f*, *g* in den Ofen, das Warmwasser durch Schwenkrohr *h* aus. Einen besonderen Gasabzug bei *d* bedarf es nicht; das Schwitzwasser wird durch die Tropfschale *l* aufgefangen.

Tabelle 6.

Leistung und Größe der Schaffstaedt Kaffeewasser-Kochapparate.

Behälterinhalt in l		20	40	60	80	100	140	180	200	250	300
Behältermaße in mm	Höhe	350	450	550	650	650	750	780	780	920	920
	Durchmesser	300	350	380	400	450	500	550	580	600	650
Dampfanschluß in Zoll bei Hochdruck . . .		1/2	1/2	1/2	3/4	3/4	3/4	3/4	1	1	1
bei Niederdruck $\geqq$ 0,25 Atm. Überdruck		3/4	3/4	1	1	5/4	5/4	5/4	5/4	1 1/2	1 1/2
Anzahl der Zapfstellen . . .		2	2	2	3	3	4	5	5	5	6
Gewicht mit Untergestell in kg		20	30	40	50	60	90	115	130	150	180

Die elektrische Industrie bringt ebenfalls derartige brauchbare Kleinapparate in den Handel, die sowohl für ein bestimmtes Wasserquantum als auch zur Verbindung mit der Wasserleitung als Durchlaufapparate gebaut werden.

Für einen großen Wasserverbrauch mit nur einer für sich bestehenden Zapfstelle ist die Anlage dem Zentralbetrieb entsprechend großzügiger, womöglich mit einem Warmwasserbehälter, anzulegen. In vielen Haushaltungen finden sich derartige Anlagen zum Betriebe der Badeeinrichtung, wo $\sim$ 200 l Warmwasser auf einmal und in kurzer Zeit zu liefern sind. Liegen die örtlichen Verhältnisse günstig, so kann es sich sehr häufig empfehlen, die Warmwasserzapfstellen für das Bad, für Spül-, Wasch- und sonstige Gebrauchszwecke von einer Zentralstelle abhängig zu machen. Soll für letztere der Küchenherd durch Einbau von Schlangen oder Flaschen in Frage kommen, so ist zu bedenken, daß solche Anordnung besonders bei unregelmäßigem Betriebe des Herdes leicht dem Nachteile einer ebenso schwankenden Wassertemperatur an den Verbrauchsstellen unterliegt. Auch ist zu beachten, daß das Badewasser in der Regel abends und morgens gebraucht wird, zu einer Zeit, zu welcher der Küchenherd noch nicht oder noch nicht lange genug in Betrieb ist. Ein vorhandener Warmwasserbehälter könnte über Nacht eine zu große Abkühlung erfahren. Für solche Fälle ist es dann besser, das Badewasser in einem besonderen Erzeuger, etwa in einem Gasofen, für sich zu erwärmen, wozu sehr häufig auch die örtlichen Verhältnisse zwingen. Kaltwasserleitung und Gasleitung lassen sich einfacher und bequemer auf längere Strecken verlegen als die Warmwasserleitung.

Tabelle 7.

Leistungen und Abmessungen von Junkers Heißwasser-Klein-Vorratsautomaten.

Bezeichnung		Heiß-quell		Heiß-quell		Heiß-quell	Koch-brunn.
Wasserinhalt . . . . in l		3		6		15	20
Bei einem Gasdruck . . . . in mm		30	45	30	45	—	—
Wärmeleistung . . . . . in WE/min		20	24	30	36	—	—
Anheizdauer in Minuten	von 15 auf 50°	7	6	8	7	5	25 auf 100°
	» 15 » 65°	11	9	12	10	8	
Gasverbrauch bei Kleinbrennen der Flammen . . . . in l/h		—	18	—	30	90	—
Erford. Gasuhr für Flammen		3		3		5 ÷ 10	5 ÷ 10
Gasleitung . . . . in Zoll		$^3/_8$		$^3/_8$		$^1/_2$	$^1/_2$
Ganze Höhe des Apparates . in mm		440		536		1150	1250
Manteldurchmesser . . . . . in mm		140		180		280	260
Gewicht (Netto) . . . . in kg		4,5		5,5		25	18,5

Steht Dampf oder heißes Wasser sowieso als Heizmittel zur Verfügung, so läßt sich die ganze Anlage durch Einbau entsprechender Apparate zur direkten Erwärmung des Wassers bequem für jede Zapfstelle lokalisieren; für andere Fälle kann auch indirekte Erwärmung am Platze sein. Ist die Wahl für lokale oder zentrale Anlage mit gesonderter Heizquelle offen, so ist meist letzterer unter Benutzung eines passenden Systems wegen eines wirtschaftlichen Betriebes der Vorzug zu geben.

Es lassen sich aber auch, sobald örtliche Verhältnisse oder besondere Bedürfnisse es erfordern, lokale und zentrale Warmwasserbereitung ganz gut miteinander vereinen. Der lokale Warmwasserbereiter Abb. 26 im Anschluß an die Zusatz-Hochdruckdampfleitung einer Abdampf-Zentralheizung eines grossen industriellen Betriebes macht die Zapfstelle unabhängig von der zentralen Warmwasserversorgung. Durch Öffnen der Hähne in den Kaltwasser- und Dampfleitungen tritt der Apparat in Tätigkeit, um auf Grund seiner großen Heizschlangenheizfläche in wenigen Minuten Warmwasser für Reinigungs-, Wasch- und Genußzwecke zu liefern. Sollte vergessen werden, den Wasserhahn zu öffnen, so arbeitet der Apparat ohne Gefahr einfach als Raumheizkörper.

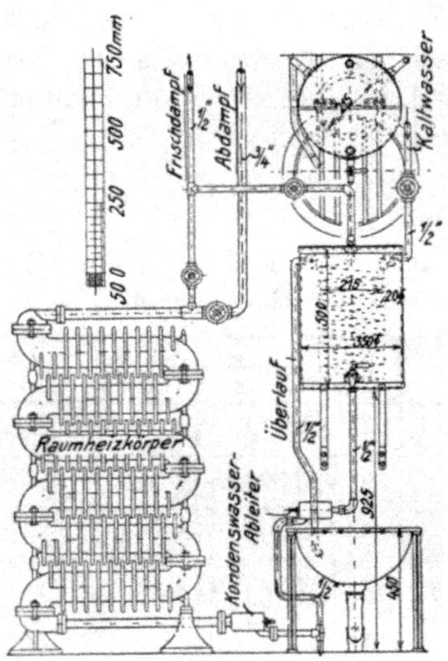

Abb. 26.

Eine **Zentralanlage** kann nun für ein ganzes mehrgeschossiges Gebäude, wie aber auch für jedes einzelne Geschoß für sich als **Etagen-Warmwasseranlage** vorgesehen werden. (Siehe Abschnitt IV: Die Systeme.) Bei dieser Überlegung wirft sich die Frage auf, welche der beiden Ausführungsarten die zweckmäßigere ist. Wie bei den Heizungsanlagen ist es auch hier ein bestechender Gedanke, nur eine Feuerstelle, nur einen Warmwasserbereiter etwa im Untergeschoß des Gebäudes zu haben. Aber auch hier machen sich die bekannten Mängel einer **Haus-Zentralanlage** für Mietshäuser geltend. Alle Mieter sind abhängig von der Tüchtigkeit, dem Verständnis und dem Interesse des die Zentralstelle, den Kessel, Gasofen od. dgl. Bedienenden; von dem guten Willen, der Persönlichkeit und der Kreditfähigkeit des Hauswirtes. Tritt eine Störung im Betriebe, an der Zentralstelle ein, so haben alle Mieter des Hauses darunter zu leiden. Ein ungleicher Wasserverbrauch seitens der Mieter mit ihren verschiedenen Lebensgewohnheiten fällt zwar nicht ins Gewicht, da der Verbrauch durch Einbau von Warmwassermessern den einzelnen Verbrauchern nachgewiesen werden kann. Kommen obige Bedenken ohne weiteres nicht ganz in Fortfall, so erscheint es also ratsam, in großen Mietshäusern mit vielen Wohnungen und Parteien den allerdings teureren Etagen-Warmwasseranlagen gegenüber der einzigen Hauszentrale den Vorzug zu geben. Bei ersteren hat man aber bei ungünstiger Lage der Zentralstelle zwar unter Vermeidung der nachteiligen Erwärmung der Kellerräume gegebenenfalls eine lästige Erwärmung der Wohnräume mit in Kauf zu nehmen. Die gegebenste Zentralstelle der Etagenanlage ist ein Gasofen oder der Küchenherd, der zur Erhöhung seines Nutzeffektes einen Gliederkesseleinbau oder Herdeinsatz erhält. Wird mit der Etagen-Warmwasserbereitung eine Etagen-Zentralheizung verbunden (oder umgekehrt), so wird dem Küchenherd, der sich äußerlich von einem gewöhnlichen Herde kaum unterscheidet, sowohl ein Gußzylinderkessel für die Heizung und darüber ein niedriger Einsatz als Warmwasserbereiter eingebaut und mit einem unteren Rost für Winterheizung und einem oberen sog. Sommerrost, der nur dem Speisekochen und der Warmwasserbereitung dient, versehen. Ein Behälter an der Decke der Küche oder eines daneben liegenden Nebenraumes dient als Warmwasserspeicher. Für kleinere Haushaltungen kann ein Behälter von 150 l Inhalt (∾ 150 l = Wasserfassung eines Bades) unter Umständen schon genügen, dessen Wasser in ∾ 20 min von 10° auf 70° ohne Anstrengung der Feuerung erwärmt werden kann.

Für eine diesbezügliche Etagen-Warmwasseranlage mit Zentralheizung, wie eine solche Abb. 27 nach einer Ausführung von Dörhöfer & Frensdorf, München, zeigt, erhält der Küchenherd als Zentralstelle:

eine äußere Länge von	∾ 1,3	1,1 m
eine äußere Breite von	∾ 0,7÷1,2	0,7÷1,2 m
eine Höhe bis Kochplatte von .	∾ 0,8	0,8 m
und genügt zur Heizung von .	6÷18	3÷6 Räumen

und zur Warmwasserbereitung für 1 Bad und häusliche Zwecke.

Aus vorstehenden Worten darf aber nun nicht für jeden Fall ein völliges Überflüssigsein des Haus-Zentralsystemes gefolgert werden. Je größer der Zentralbereich einer Anlage ist, um so wirtschaftlicher wird sie bei richtiger Ausführung und

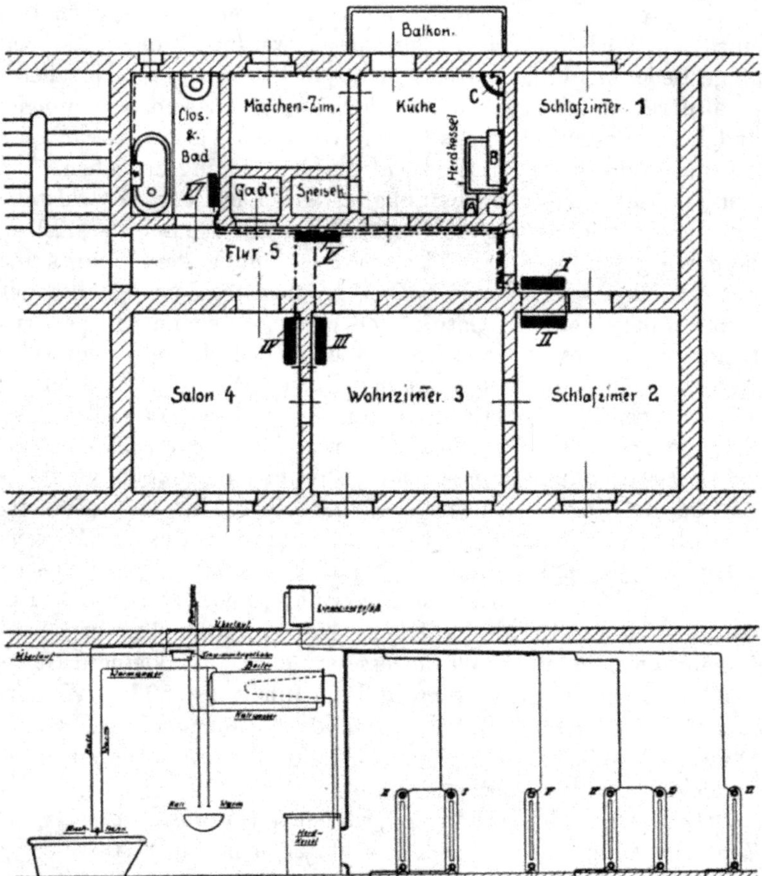

Abb. 27.

Bedienung arbeiten und um so mehr werden sich die Vorteile der Bequemlichkeit, Reinlichkeit und ständigen Bereitschaft geltend machen. Liegen die örtlichen und sonstigen Verhältnisse günstig, so wird man immer wieder auf Hauszentralen zurückkommen. Vor allem sind derartige Großanlagen dort am Platze, wo das Gebäude in Händen einer Verwaltung liegt und die meisten Räume gleichen Zwecken dienen wie in Lazaretten, Krankenhäusern, Heilanstalten, Geschäftshäusern, Fabriken usw. So hat man in neuerer Zeit auch nicht gezögert, neben den Fernheizungen ebenfalls Fern-Warmwasserversorgungen durchzuführen. Das ganze System, das unter Druck steht, wird von einer Kesselanlage betrieben. Um das Warmwasser bei den großen Entfernungen und bei geschlossenen Zapfstellen in den toten Strängen nicht einer nachteiligen Abkühlung auszusetzen, ist es mittels besonders zu verlegenden Zirkulationsleitungen und einer Pumpe in stetem Umlauf zu halten. Hauptsächlich kamen bis jetzt die Fernanlagen für zusammengehörige Gebäude staatlicher und städtischer Hospitäler, Krankenhäuser, Genesungsheime u. dgl. zur Anwendung.

In der neuen Krankenhausanlage Ludwigshafen, nach dem modernen Pavillonsystem durchgeführt, ist von Gebr. Sulzer, Ludwigshafen, eine Fernwarmwasserversorgung[1]) geschaffen, bei der das Wasser in zwei Hauptwarmwasserapparaten auf 70° erwärmt wird, und zwar bisher in genügendem Maße nur durch Ekonomiser (s. S. 265). Nach Angabe der Anstaltsverwaltung werden zurzeit monatlich ∾ 213 m³ Warmwasser für die Waschküche und ∾ 233 m³ für die übrigen Zapfstellen der Anstalt benötigt. Es sind in den Boilern aber auch Dampfschlangen eingebaut, in welche direkter Frischdampf eintritt, was bei Unterschreitung der normalen Wassertemperatur automatisch erfolgt. In jedem mit Warmwasser zu versorgenden Gebäude endigt die Verteilungsleitung in einem Warmwasserapparat, der für den Bedarfsfall mit Dampfschlange versehen und an die städtische Kaltwasserleitung angeschlossen ist. Trotz der großen Anlagekosten zog man diese Anordnung einer einfacheren vor, weil dadurch die Möglichkeit, Warmwasser liefern zu können, auch bei zufälligem Defektwerden der Fern-Warmwasserleitung gesichert ist und vor allem, um für die Nachtzeit eine ständige Warmwasserreserve zu besitzen. Dies ist erforderlich, da das Heizerpersonal im Sommer nur von morgens ½6^h bis abends 7^h und im Winter von morgens 4^h bis abends 9^h anwesend,

[1]) Gesundheits-Ingenieur, Festnummer, 10. Juni 1909.

der Betrieb also ein unterbrochener ist. Um Stagnieren und Abkalten des Leitungswassers zu verhindern, sorgt eine in die Umlaufleitung eingeschaltete Sulzersche Zentrifugalpumpe als Umlaufpumpe, die mit einem 2-PS-Elektromotor direkt gekuppelt

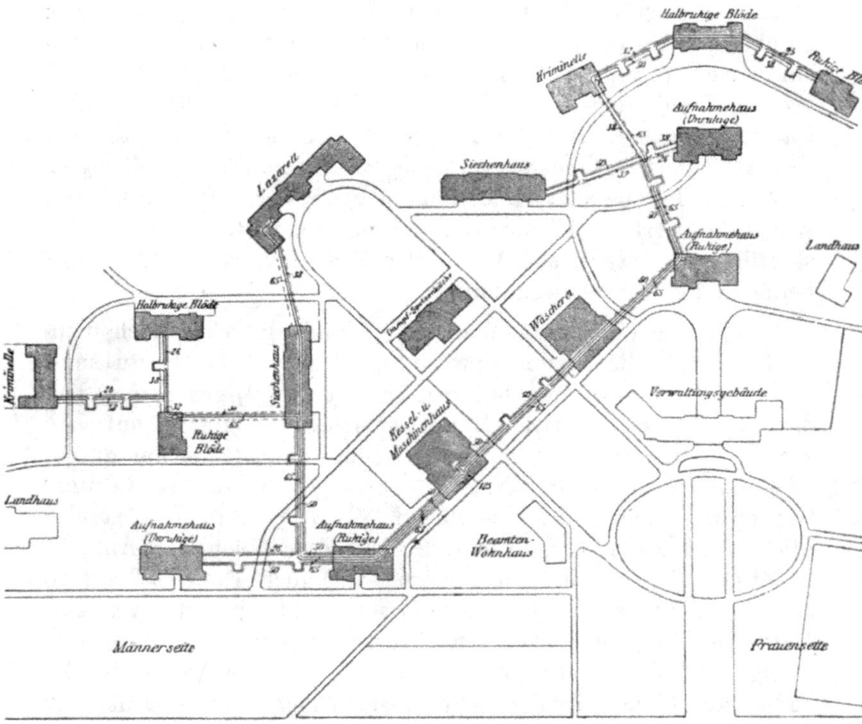

Abb. 28.

ist, für ständigen Wasserumlauf. Der zur Verfügung stehende Drehstrom hat 110 V und 10 A. Zur Sicherheit sind zwei solcher Pumpen aufgestellt, von denen jede für sich ausschaltbar und mit Umführung versehen ist. Das Zirkulationswasser besitzt vor seinem Eintritt in die Hauptwarmwasserapparate noch 60°, so daß es sich auf seinem Wege infolge der vorzüglichen Isolierung nur auf 10° abkühlt. Um ein etwaiges Versagen der Zirkulationspumpe dem Heizer gleich zur Kenntnis zu bringen, ist für diesen bis jetzt noch nicht eingetretenen Fall im Regulierraum eine Alarmglocke vorgesehen. Die ganze Anlage ist in zwei für sich absperrbare Gruppen, nämlich zu je einer Hälfte rechts und links, vom Kesselhaus geteilt.

Für die Landesirrenanstalt Teupitz in der Mark Brandenburg ist durch die Firma Joseph Junk, Berlin, eine umfangreiche Fern-Warmwasserbereitungsanlage nach den Plänen des Provinzial-Ingenieurs Tilly, Tempelhof-Berlin, ausgeführt worden[1]).

Die Anlage hat insgesamt 126 Badewannen und 102 sonstige Zapfstellen mit warmem Wasser zu versorgen. Die horizontale Ausdehnung des Rohrnetzes und die Führung der Leitungen sind aus dem Bauplane Abb. 28 (Maßstab 1 : ∾ 1500) zu ersehen. Jede Gebäudegruppe (3 Pflegerhäuser) ist durch eine Sonderleitung mit der Warmwasserzentrale verbunden, das gleiche gilt vom Lazarettgebäude. Alle zusammenlaufenden Leitungen sind so geschaltet, daß sie eine gegenseitige Reserve bilden und wechselseitig benutzt werden können. Über eine derartige Schaltung gibt Abb. 293 Aufschluß. Damit auch bei etwaigen Betriebsstörungen in der Zentrale und in den Fernleitungen noch Warmwasser zur Verfügung steht, sind die Hauptstränge an ihren Enden zu Boilern von je 5 m^3 erweitert, welche unmittelbar mit der Kaltwasserleitung verbunden sind. Es kann also im Bedarfsfalle der Warmwasserinhalt des Boilers unter Ausschaltung der Zentrale nutzbar gemacht werden. Die Anordnung des Boilers mit den Fern-Warmwasser- und Kaltwasserleitungen geht ebenfalls aus Abb. 293 hervor.

Vom Boiler aus erfolgt die Verteilung des warmen Wassers für jede der angegebenen Gebäudegruppen derart, daß neben der zu den Zapfsträngen führenden Zuleitung eine Umlaufleitung angeordnet ist. Die letztere ist in der in Abbildung 293 angegebenen Weise mit den Strängen, und wie durch Abb. 29 dargestellt, mit der Warmwasserzentrale verbunden.

Die Warmwassererzeugungsanlage (Abb. 29) besteht aus drei Vorwärmern System Schaffstaedt mit einer Leistungsfähigkeit von je 500000 WE. Die Wärmeversorgung erfolgt je nach

[1]) Gesundheits-Ingenieur, 32. Jahrg., Nr. 10, 1909.

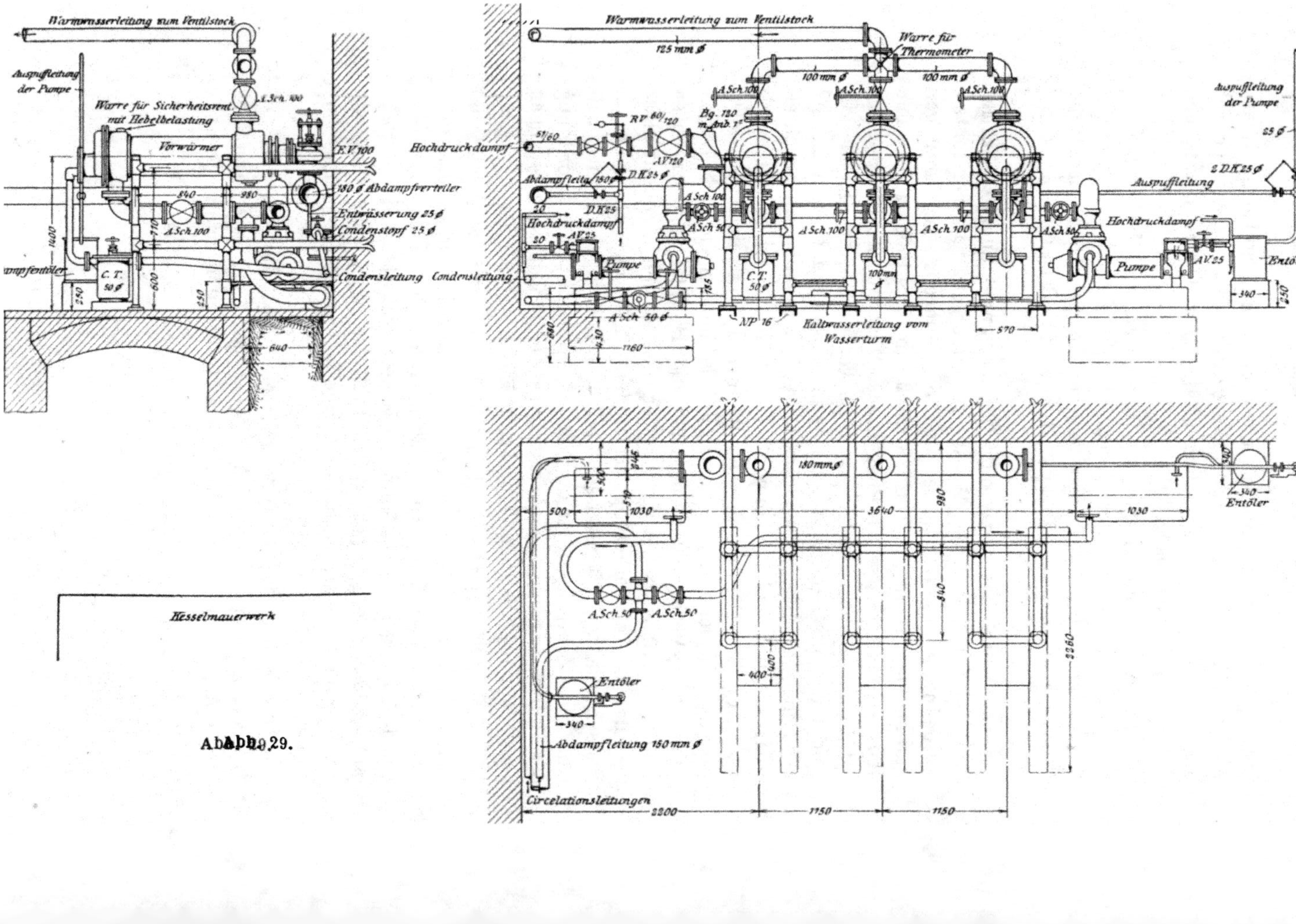
Warmwasserleitung zum Ventilstock
Auspuffleitung der Pumpe
Warre für Sicherheitsvent. mit Hebelbelastung
A.Sch. 100
Vorwärmer
E.V. 100
180 ø Abdampfverteiler
Entwässerung 25 ø
Condenstopf 25 ø
Condensleitung
C.T. 50 ø
A.Sch.100
Kesselmauerwerk
Warmwasserleitung zum Ventilstock
125 mm ø
Warre für Thermometer
100 mm ø
A.Sch.100
Bg. 120
RV 60/120
AV 120
Hochdruckdampf
Abdampfleitg. 180 ø
D.H.25 ø
D.H.25
Hochdruckdampf
AV 25
Pumpe
A.Sch.50
A.Sch 100
A.Sch 50 ø
NP 16
Kaltwasserleitung vom Wasserturm
Auspuffleitung der Pumpe
25 ø
2 D.K.25 ø
Auspuffleitung
Hochdruckdampf
Pumpe
AV.25
Entöler
180 mm ø
A.Sch.50
Entöler
Abdampfleitung 150 mm ø
Circulationsleitungen

Abb. 29.

Bedarf mittels Abdampf oder reduziertem Frischdampf. Das Kondenswasser wird zur Kesselspeisung verwandt, da es fast klar der Sonderzisterne zuläuft. Von Zeit zu Zeit werden die Vorwärmer mittels Dampfstrahls von anhaftendem Schmutze gesäubert. Das warme Wasser wird nach seinem Austritt aus den Vorwärmern einem Verteiler mit fünf Abzweigstutzen zugeführt, welch letztere an die den fünf Gruppen zuführenden Hauptleitungen unmittelbar angeschlossen sind.

Zur Umwälzung der im System befindlichen Wassermenge dienen zwei Duplexdampfpumpen von je 15 m^3/h Leistungsfähigkeit, welche eine gegenseitige Reserve bilden. Die Umlaufleitungen der Gebäude münden in einen mit den Umwälzpumpen verbundenen Sammelstrang.

Die Leitungsrohre sind teils in begehbaren Kanälen nach Abb. 290, teils in Tonschalen nach Abb. 288 gelagert. Als Material wurde verzinktes schmiedeeisernes Muffenrohr gewählt. Die Kaltwasserzuleitung erfolgt von einem Schwimmergefäß von 5 m^3 Inhalt aus.

Der Betrieb der Anlage ist ein ruhiger und gleichmäßiger, die Temperaturunterschiede betrugen nicht mehr als 10^0.

In der heutigen Zeit der Kohlennot macht sich noch stärker als vor dem Kriege das Bestreben fühlbar, die Wärme aller Betriebe bis zur denkbar höchsten Grenze nutzbar zu machen. Natürlich liegt kein Gedanke näher, als die mit großen Wärmeverlusten arbeitenden Dampfmotoren in ihren Betrieben rationeller zu betreiben, d. h. die große Abwärme in irgendeiner Weise noch zu verwerten (siehe oben: Heizmittel). Die beste und weitgehendste Möglichkeit dazu bieten die Warmwasseranlagen. Warmwasser wird in jedem Haushalt, selbst in dem allereinfachsten und bescheidensten, ebenso nötig und ständig gebraucht als Kaltwasser, Licht, Kochgas. Im Laufe der Zeit ist eine Fernversorgung der Städte mit elektrischem Strom, Gas und Kaltwasser eine Selbstverständlichkeit geworden. Weshalb sollten da nicht auch Fern-Warmwasserversorgungen ebenso nötig erscheinen und willkommen sein, um so mehr, weil diese ja meist keine eigene Zentrale verlangen, sondern nur eine Zusatzanlage zu dem Elektrizitätswerk einer Stadt, einer Überlandzentrale oder sonstiger Großwärmestation zu bilden brauchen und, abgesehen von dem Rohrnetz, sogar noch rationelle ökonomische Abwärmeverwertung hervorrufen! Warmwassererzeugung kann also billig erfolgen, die Warmwasserverteilung ist allerdings von der Ausdehnung und den Kosten des Rohrnetzes abhängig. Auf jeden Fall könnten solche Fern-Warmwasserversorgungen zur Wohlfahrt der Allgemeinheit und zur Erreichung eines rationellen und ökonomischen Wärmebetriebes ganz wesentlich beitragen.

Nun brauchen die Fernanlagen nicht nur für derartig ausgedehnte Gebiete und umfangreiche Gebäudegruppen in Frage kommen, auch sollten sie sich nicht nur auf behördliche Wohlfahrts- und Verwaltungsbezirke, für die zwar das Baugeld in der Regel leichter und bequemer zur Verfügung steht als für Privatbauten, beschränken; sie können vielmehr jedem industriellen und gewerblichen Betrieb mit mehreren Gebäuden schon einen größeren Vorteil bieten, als wenn jedes Haus, das Warmwasser verlangt, mit eigenen Bereitern ausgerüstet wird. Natürlich muß vorausgesetzt werden, daß die Menge der zur Verfügung stehenden Wärme als Abwärme, Nebenwärme oder Überschußwärme ausreicht.

Aus vorstehenden Darlegungen ersieht man also, daß die Fernwarmwasserversorgung mit der Wärmewirtschaft, der Kohlennot und der Verwertung der Abwärme in engstem Zusammenhange steht und zu bringen ist. Der Verfasser bekennt sich demgemäß auch desselben Sinnes mit den Ausführungen des Ing. Pakusa, Hannover, in der Zeitschrift »Bauamt und Gemeindebau« 1920, Heft 5÷8, welche in das Schlußergebnis zusammengefaßt sind:

In den Abgasen und Abdämpfen der Kraft- und Wärmebetriebe ist eine erhebliche Wärme enthalten, die bei geeigneter Verbindung des Kraft- und Wärmebetriebes mit einer zentralen Heizanlage oder Warmwasserversorgung für letztere gewonnen werden kann und dadurch auf der anderen Seite die Verfeuerung besonderer Brennstoffe vermeidet, wodurch der allgemeine Kohlenverbrauch eine Verringerung erfährt. Die Ausführung der Verwertungsanlagen kann aber nur wirkliche Erfolge zeitigen, wenn die Anlagen in großzügiger Weise durchgeführt werden. Es wird daher in erster Linie Aufgabe der Stadtverwaltungen sein müssen, derartige Anlagen mit allen zu Gebote stehenden Mitteln zu fördern und auszubauen. Alle wärmewirtschaftlichen Betriebe sind daraufhin zu prüfen, ob eine Verbindung derselben mit Heiz- oder Warmwasserversorgungsanlagen durchführbar ist.

Bei der Projektierung von Siedelungen, Stadtvierteln sollte auf etwaige in der Nähe befindliche Kraft- oder Wärmezentralen Rücksicht genommen und von vornherein eine zentrale Heiz- oder Warmwasserversorgung des neuen Baublocks ins Auge gefaßt werden. Bei günstiger Lage vorhandener Betriebe sollten auch schon bestehende Stadtviertel nachträglich mit zentralen Heiz- und Warmwasserversorgungen ausgebaut werden. Auch wenn diese Anlagen heute nicht immer eine rechnerisch nachzuweisende Wirtschaftlichkeit besitzen sollten, wenn sie also nicht die übliche Verzinsung und Tilgung des Anlagekapitals gewährleisten, so ist dennoch die Ausführung von Wärmeverwertungsanlagen ernstlich zu erwägen, weil es sich hier nicht mehr nur um die Möglichkeit, mit Geld wieder Geld zu verdienen, handeln darf.

Mit Rücksicht auf die mit einer Wärmeübertragung verbundenen Abkühlungsverluste können die Versorgungsentfernungen bei Warmwasseranlagen unbedenklich bis über 1000 m von der Wärmequelle gewählt werden. Zur Umwälzung der wärmeliefernden Wassermengen ist jedoch eine besondere Bewegungskraft, also Pumpenbetrieb, erforderlich.

IV. Die Systeme der Warmwasserbereitungs- und Versorgungsanlagen.

Wegen leichteren Zurechtfindens und größerer Klarheit sind die Rohrleitungen in nachstehenden Abbildungen, soweit es zweckdienlich erschien und besondere Erklärungen den Leitungen nicht andere Bedeutung zuweisen, der Abb. 30 entsprechend ihrer Bedeutung gemäß kenntlich gemacht.

Die Anlagen können mit direkter und indirekter Erwärmung des Wassers, mit Hochdruck und Niederdruck und in beiden Fällen unter Fortlassung und Einschaltung eines besonderen Warmwasserbehälters durchgeführt werden.

Bei der direkten Erwärmung wird die Wärme einer Heizquelle auf kürzestem Wege ohne Einschaltung eines Zwischengliedes (Heizschlange) dem zu erwärmenden Wasser zugeführt. Das indirekt erwärmte Wasser befindet sich örtlich getrennt von der Heizquelle, die sich als Wärmeträger eines Heizmittels bedient, welches durch ein Rohr, Heizschlange od. dgl. zugeführt wird und seine Wärme durch deren Scheidewände in das zu erwärmende Wasser transmittiert. Als Wärmeträger können Dampf, Heißwasser, Gase, Luft und Elektriztät in Betracht kommen.

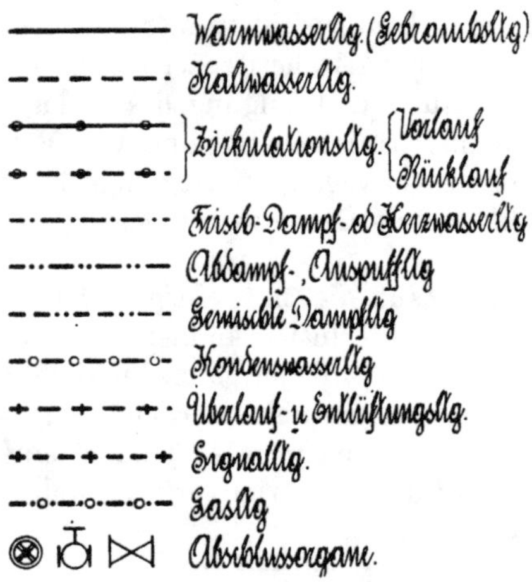

Abb. 30.

Die Vorteile der direkten Erwärmung gegenüber der indirekten liegen einmal in der größeren Einfachheit der Anlagen und dann auch wohl in einer größeren Wärmeausnutzung. Letzterer Vorteil ist jedoch häufig ein illusorischer, da das zur indirekten Erwärmung des Wassers dienende Mittel, wie Dampf und Heißwasser, als Kondensat und abgekühltes, aber noch warmes Wasser immer wieder benutzt werden kann und somit hierdurch ein empfindlicher Wärmeverlust kaum entstehen dürfte. Ein Vorteil der indirekten Erwärmung liegt aber darin, daß die Kessel, Apparate, Leitungen wenig unter den Niederschlägen fester Wasserbestandteile zu leiden haben, weil als Heizmittel zur Hauptsache immer wieder dasselbe, einmal von den Niederschlägen befreite Wasser benutzt wird. Die direkte Erwärmung eignet sich demgemäß besonders dort, wo kalk- und salzfreies Wasser zur Verfügung steht, die indirekte an den Plätzen, wo neben einer Warmwasserbereitung eine Heizung zu betreiben ist. Bei beiden Systemen kann das sehr nachteilige und schädliche Ablagern von Kesselstein und Salzen in den Konstruktionsteilen durch Einhaltung niedrigerer Temperaturen erheblich vermindert werden. Wo es auf ein vollkommenes Reinerhalten des Wassers ankommt, welche Anforderung an die Gebrauchswässer zu Speisen, Getränken, in Brauereien, Brennereien, Bäckereien, Fleischereien usw. unbedingt gestellt werden muß, ist die indirekte Erwärmung am Platze.

Beide Systeme mit direkter oder indirekter Erwärmung können mit Niederdruck oder Hochdruck durchgeführt werden. Die äußerste Hochdruckgrenze liegt nicht genau fest; man findet Hochdruckanlagen mit $\backsim 3 \div 6$ Atm. und auch wohl mehr ausgeführt. Die direkte Erwärmung mit Hochdruck ohne besonderen Warmwasserbehälter verlangt besondere Apparate, wie selbige weiter unten Erwähnung finden. Im allgemeinen beziehen sich diese Unterschiede auf die Systeme mit besonderen Warmwasserbehältern, die als offene und geschlossene (Boiler) benutzt werden. Nur in Ausnahmefällen läßt sich ein offener Behälter so hoch anordnen, daß ein Hochdruck erzielt wird, so daß dieser meist von vornherein einen geschlossenen bedingt. Der Niederdruck kann jedoch für Anlagen mit offenem oder geschlossenem Warmwasserbehälter in Betracht kommen. Die Höhenlage des offenen Behälters, der mit der Kaltwasserzuleitung bzw. unter Zwischenschaltung eines Füllbehälters verbunden ist, bestimmt den Druck für die ganze Anlage; alle Zapfstellen müssen also unterhalb des Behälters sich befinden. Beim geschlossenen Behälter für Niederdruck liegt oberhalb der höchsten Zapfstelle, möglichst noch $\backsim 1.5$ m höher, ein Kaltwasserfüllbehälter, dessen Lage den Druck bedingt. Liegen sonst keine besonderen Bedingungen vor, so ist zur Vereinfachung der ganzen Anlage der Niederdruckbetrieb vorzuziehen. Werden besonders hohe Drücke an den Zapfstellen und möglichst enge Röhren verlangt, ist mit Hochdruck zu arbeiten. Häufig empfiehlt es sich, die Wassererwärmung indirekt mit Einschaltung eines Behälters vorzunehmen, da dann nur dieser mit der Verbrauchsleitung unter Hochdruck zu stehen braucht, während der Heizapparat, der Kessel usw., auf den Heizeinsatz im Behälter mit Niederdruck arbeiten kann.

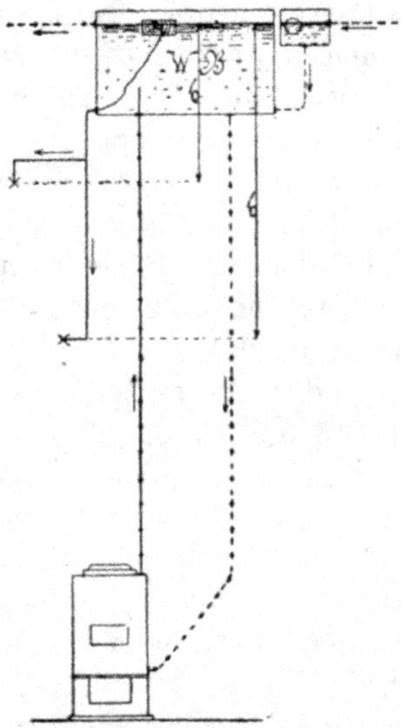

Abb. 31.

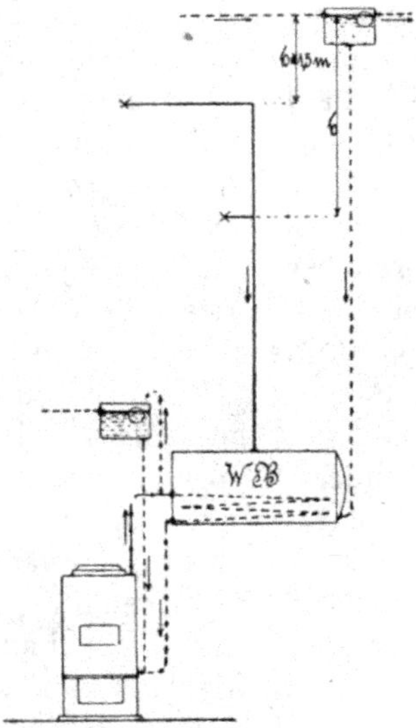

Abb. 32.

In den Abb. 31, 32, 33 sind diesbezügliche schematische Anordnungen getroffen, in denen die nutzbaren Druckhöhen einiger Zapfstellen mit *h* bezeichnet sind. Beim Hochdruck (Abb. 33) entspricht die Druckhöhe dem Wasserdruck im System, in m oder mm Wassersäule gemessen.

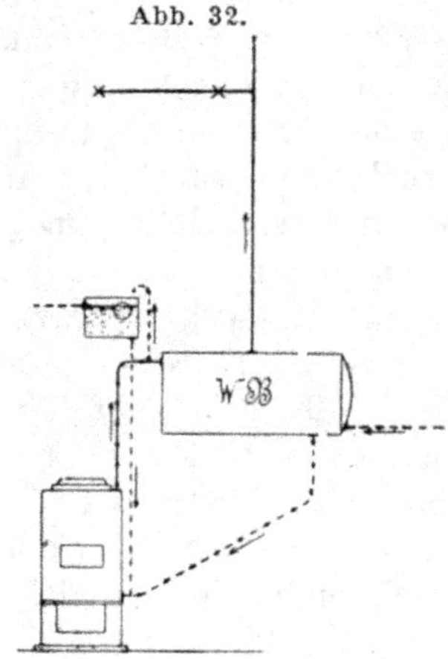

Abb. 33.

Anlagen, die zeitweilig oder dauernd eine größere Warmwassermenge und womöglich in kurzer Zeit zu liefern haben, und bei denen der Warmwasserverbrauch ein schwankender ist, werden vorteilhaft mit einem Sammelbehälter, dem Warmwasserbehälter, ausgerüstet, der dann so groß bemessen sein muß, daß stets den größten Anforderungen genügt werden kann. Man gewinnt dadurch auch den Vorteil, daß infolge der größeren Anheizdauer die erforderliche Leistung mit Hilfe eines kleineren Wärmeerzeugers unter Aufwendung geringerer Menge Brennstoff erreicht werden kann. Der Behälter beansprucht aber zu seiner Aufstellung einen besonderen, in der Regel nicht unbedeutend großen Raum und eine gegen Kälteeinwirkung geschützte Konstruktion und Lage, um ihn als Wärmespeicher zu jeder Zeit ausnutzen zu können. Es sind daher an manchen Plätzen Anlagen ohne Warmwasserbehälter empfehlenswerter, insbesondere dort, wo Dampf oder Heißwasser als Heizmittel eine direkte Erwärmung ermöglicht.

Nach obigen Darlegungen kann man nun unterscheiden:

A. eine direkte Erwärmung des Wassers:

a) ohne Einschaltung eines besonderen Warmwasserbehälters,
b) mit » » » »

B. eine indirekte Erwärmung des Wassers:

a) ohne Einschaltung eines besonderen Warmwasserbehälters,
b) mit » » » »

Aa) Die direkte Erwärmung des Wassers ohne Einschaltung eines besonderen Warmwasserbehälters.

Das zu erwärmende Wasser kann in einem offenen oder geschlossenen Apparate[1]) erwärmt werden, von denen letzterer außer oder unter Druck der Kaltwasserzuleitung stehen kann. Die erforderliche Wärme wird entweder den Brennstoffen, der Elektrizität oder dem Dampfe und Heißwasser entzogen. Hiernach läßt sich die Unterteilung treffen:

1. die Warmwassererzeugung durch die Brennstoffe und die Elektrizität in einem offenen Apparate,
2. die gleiche wie 1, aber in einem geschlossenen Apparate (Gasöfen),
3. die Warmwassererzeugung durch Dampf oder Heißwasser in einem offenen Apparate (Strahlgebläse),

[1]) Unter »Apparat« ist hier der Teil zu verstehen, in dem sich das Wasser zum Erwärmen befindet, also der Kochtopf, der Kessel- und Ofenzylinderraum, eventuell die Badewanne, das Schwimmbassin usw.

4. die gleiche wie 3. aber in einem geschlossenen Apparate (Mischapparate, Dampfautomaten),
5. die gleiche wie 3 oder 4, aber im Gegenstromprinzip (Kaskadenapparate).

1. Die Warmwassererzeugung durch die Brennstoffe und die Elektrizität in einem offenen Apparate.

Die einfachste Ausführung dieser Art stellt der Kochtopf dar, dessen Wasserinhalt durch ein Herdfeuer, Gas oder sogar auch Elektrizität erwärmt wird. Ist auch dies System sicherlich noch das verbreitetste, so ist es jedoch hier zu eingehenderer Besprechung bedeutungslos. Eine vollkommenere Anlage liegt schon in dem Einbau von Wasserblasen oder -schiffen in den Herd, wodurch eine gewisse, wenn

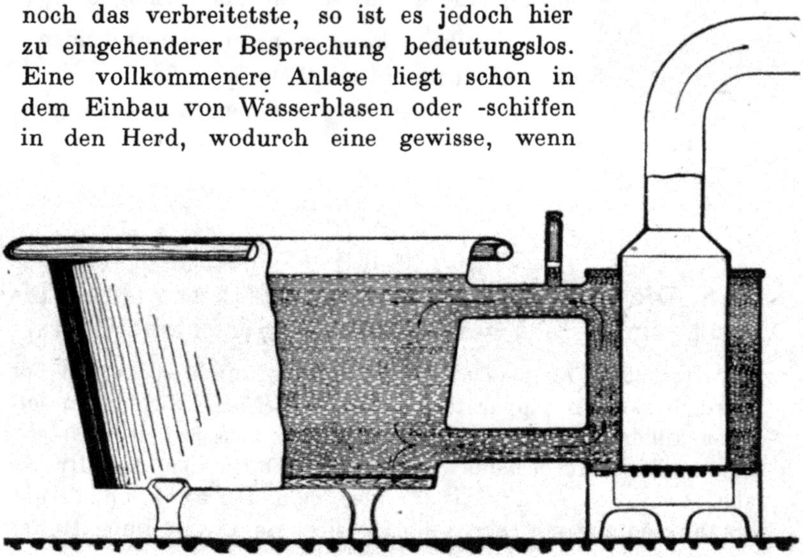

Abb. 34.

auch geringe Warmwasseraufspeicherung erzielt wird. Eine weitere Ausbildung ist die Konstruktion, bei der die Wasserverbrauchsstelle mit einem seitlich stehenden kleinen offenen Kessel durch eine kurze Zirkulationsleitung verbunden ist. Diese Ausführung ist dort am Platze, wo eine Wasserleitung fehlt und hat, mag sie auch noch so behelfsmäßig erscheinen, als regelrechter Handelsartikel Eingang in die Technik gefunden. Abb. 34 zeigt eine diesbezügliche Zirkulationsbadeanlage von

Eschebach, Dresden. Die obere Steigleitung trägt ein Entlüftungsrohr. Ist das Badewasser warm genug, so müßte das Feuer herausgenommen werden, was einen umständlichen, lästigen und unsauberen Betrieb ergibt. Abgesehen davon, daß der Ofen kaum mehr Brennmaterial faßt, als das Bade- und Ofenwasser zu seiner Erwärmung benötigt, wird man nach wenigen Feuerungen ein gutes Beurteilungsvermögen darüber haben, wieviel Heizmaterial man für das

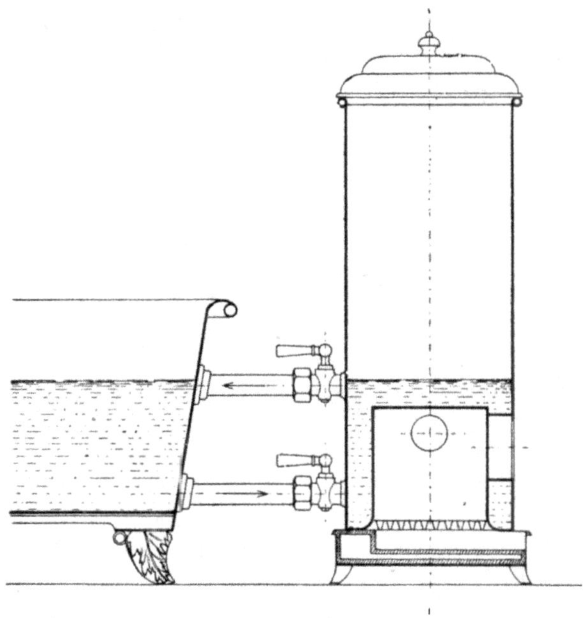

Abb. 35.

Bad braucht. Soll sich ein Bad an das erstere anschließen, so empfiehlt sich die Einrichtung nach Abb. 35 zu treffen, bei der in Vorlauf und Rücklauf Abstellhähne eingeschaltet sind und ein vergrößerter Ofenraum zum Weitererwärmen von Wasser für ein nachfolgendes Bad vorgesehen ist. Während des ersten Badens brennt das Feuer weiter und dient zum Erwärmen der Raumluft und des nach Hahnabstellung in den Ofen eingefüllten Wassers.

2. Die Warmwassererzeugung durch die Brennstoffe und die Elektrizität in einem geschlossenen Apparate. (Die Gasöfen, elektr. Öfen).

Jede Kesselanlage, bei der Heißwasser zu irgendeinem Zwecke aus dem Kessel gezapft wird, gehört zu dieser Gattung. Jedoch ist eine Heißwasserentnahme aus einem Kraftdampfkessel wegen der damit für die Gesamtanlage verbundenen hohen Gefahren an sich unzulässig. Wird trotzdem so verfahren, so muß wenigstens jede der beiden Speisevorrichtungen so groß gewählt werden, daß sie in der Zeiteinheit doppelt soviel Wasser in den Kessel zu fördern imstande sind, als im äußersten Falle in Form von Dampf und Wasser zusammengenommen aus dem Kessel entweichen kann.

Die besonders für Warmwasserbereitungen durchgeführten Anlagen dieser Gattung stehen allerdings auf Grund der Eigentümlichkeit des Systemes und der Erfordernis, das erzeugte Warmwasser an Stelle oberhalb des Warmwassererzeugungsortes abzapfen zu können, meist ebenfalls unter Hochdruck, und zwar unter Druck der Kaltwasserleitung. Neben einigen besonderen Kesselausführungen für feste Brennstoffe wird dies System vorzugsweise durch die Gasöfen, Gasbadeöfen, charakterisiert, die zu einem sachgemäßen Funktionieren in der Regel einen Wasserdruck von mindestens 1 Atm. = 10 m WS, außergewöhnlich wohl auch nur $^1/_{10}$ Atm. = 1 m WS über der höchsten Zapfstelle bedingen. Diese Drucke, auch noch bis zu ∾ 2,5 Atm., sind für vorliegende Zwecke bedeutungslos. Höhere Drucke können jedoch gefahrvoll für die Anlage und die bedienenden und nutznießenden Personen werden, indem sie Explosionen und Verbrühungen hervorrufen. Dies beruht darauf, daß bei starker Erwärmung des Wassers im Kessel oder Ofen zu hohe Spannung entwickelt wird, welche sich nicht so schnell im ganzen System fortzupflanzen vermag und welche die Kessel allein nicht aushalten können, wenn selbige nicht ungünstig stark und teuer hergestellt werden. Ferner können beim plötzlichen Schließen großer Zapfhähne oder mehrerer kleiner zu gleicher Zeit in der Leitung Wasserdrücke, sog. Wasserschläge, auftreten, die das Mehrfache, Vierfache des normalen Wasserdruckes erreichen können und Zerstörungen in der Anlage hervorrufen würden. Außerdem hat der direkte Hochdruckanschluß noch den Übelstand an sich, daß nicht die Möglichkeit vorhanden ist, die sich aus dem Wasser ausscheidende Luft abzuführen, die sich alsdann mit Wasserdampf sättigt, durch den Druck des Leitungswassers aus der Brause herausgeschleudert wird und so zu Verbrühungen der Badenden führen kann.

Aus allen diesen Gründen sind derartige Anlagen mit direktem Anschluß an Kaltwasser-Hochdruckleitungen mit Sicherheitsvorrichtungen auszurüsten, welche das System gegen etwaige

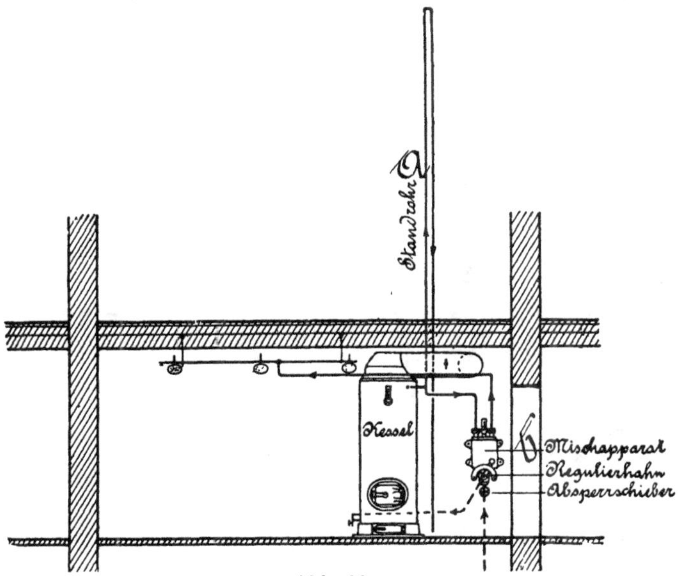

Abb. 36a.

auftretende Druckerhöhungen, hervorgerufen durch Dampfbildung oder Wasserschläge, zu schützen haben. Am einfachsten dient dafür ein Sicherheitsventil, dessen Feder oder Belastungsgewicht so einzustellen ist, daß es einen Druck von ~ 5 Atm. widersteht. Bei einem Leitungsdrucke $> 2,5$ Atm. ist für Kessel und Gasöfen schon von vornherein die Einschaltung eines Reduzierventiles bedingt. Anstatt der Ventile ist nach Abb. 36a $\div$ c, einer Ausführung von Warns- Gaye & Block, Hamburg, ein einfaches Standrohr *a* angeordnet, das zur Entlüftung des Systems mit dient, jedoch in seiner Verlegung und Wirkung lästig werden kann. Die Höhe des Standrohrs *a* muß ja natür-

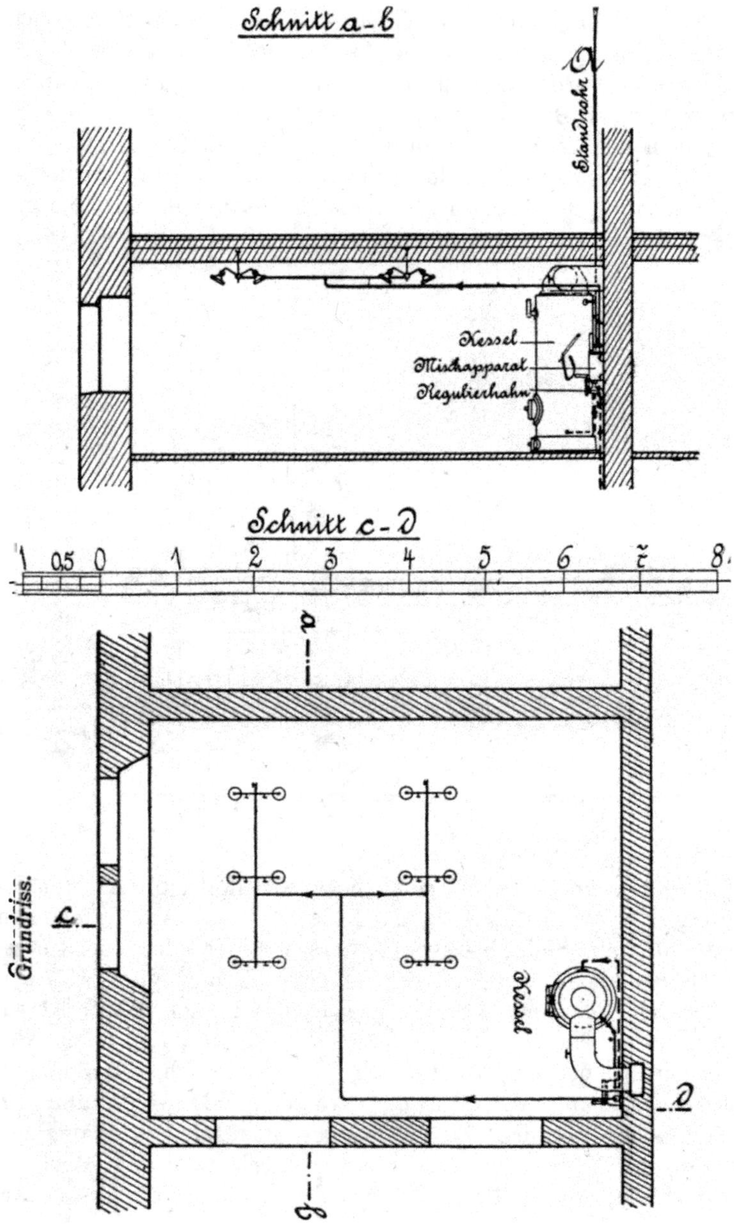
Schnitt a-b
Standrohr
Kessel
Mischapparat
Regulierhahn
Schnitt c-d
Grundriss.
Kessel

lich dem erforderlichen Druck entsprechen, also bei nur 0,5 Atm. schon 5 m betragen. Einfacher kommt man dann wohl meist zum Ziel durch Einbau eines Schwimmerkastens oder Kaltwasserbehälters in die Kaltwasserzuleitung gemäß Abb. 37. Man hat dann eine Anlage außer Druck der Kaltwasserleitung. Solches System wird dort überall genügen, wo das warme Wasser nicht hoch zu fördern ist, wie z. B. in Badeanstalten. In der Brausebadanlage nach Abb. 37 wird das

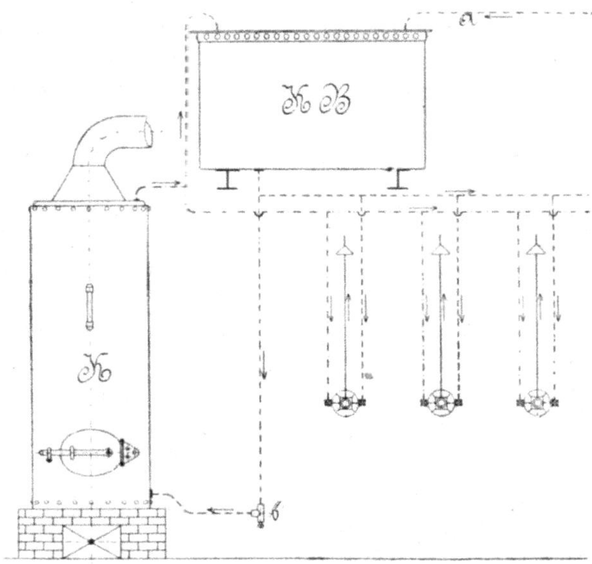

Abb. 37.

Kaltwasser durch *a* dem Kaltbehälter *KB* zugeleitet oder zugepumpt und in dem Kessel *K* bis auf 80° erwärmt. Es ist *K* so bemessen, daß 30 Bäder zu je 50 l sofort oder bei Dauerbetrieb 10 Bäder stündlich verabreicht werden können. Die Entleerung von *KB* und *K* erfolgt durch *b*. Der Vorteil dieser Ausführung ist der, daß *K* sowohl Warmwassererzeuger wie auch Warmwasseraufspeicherer ist, daß ein besonderer Warmwasserbehälter in Fortfall kommt, Anlage und Betrieb dadurch einfach und wirtschaftlich ausfallen. Die Temperierung des Gebrauchswassers verlangt aber die Einschaltung von Mischapparaten (siehe diese unten). Ist der Wasserbedarf nicht nur für Brausen, sondern auch für Wannen zu decken, so wird man einen Warmwasserbehälter nicht umgehen können.

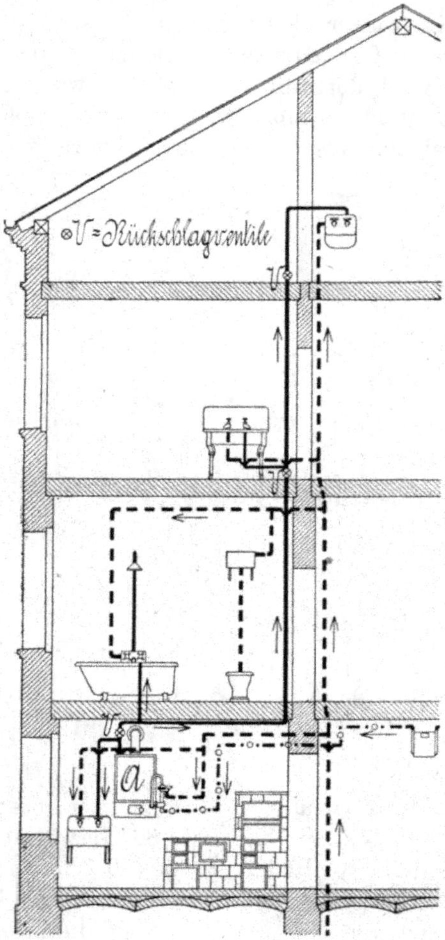

Abb. 38.

Daß gerade die Gasöfen dieses System »unter Druck« beherrschen, hat seinen Grund darin, daß man den vorhandenen Wasserleitungsdruck zur Regelung der Gaszufuhr ausnutzt. Zwar finden sich auch unter diesen Öfen einzelne Konstruktionen mit einer Zapfstelle, außer Druck der Kaltwasserleitung stehend.

Im allgemeinen stehen die Gasöfen unter Druck des Wasserleitungsnetzes. Zum sachgemäßen Funktionieren ist in der Regel ein Mindestwasserdruck von 1 ÷1,5 Atm. über höchster Zapfstelle bedingt. Die allgemeine Ausführung dieser Gasöfen ist derart, daß der Druck, mit welchem das Wasser in die Brennerapparatur eintritt, mittels einer Feder, Membrane od. dgl. zwangsläufig auf die Gaszuführung einwirkt. Dabei ist die Einrichtung so getroffen, daß zunächst das Wasser in den Ofen, danach erst das Gas ausströmen kann; ferner daß durch Öffnen oder Schließen irgendeines Zapfhahnes im System das am Ofen sitzende Gasventil selbsttätig geöffnet bzw. geschlossen wird und der Hauptbrenner an der brennenden Zündflamme angezündet oder gelöscht wird. Solche Gasöfen bezeichnet man allgemein als Gasautomaten[1]. Sie eignen sich für lokale wie zentrale Anlage großen Umfanges und haben sich wegen des selbsttätigen Arbeitens, das nur geringe Beaufsichtigung verlangt, wegen reinlichen Betriebes, steter Bereitschaft, leichter Bedienung, geringer Rauminanspruchnahme, Verwendung an fast allen Orten und nicht zuletzt wegen des hohen Heizeffektes in weiten Kreisen beliebt gemacht und bestens bewährt. Ihre Konstruktion kann hier und da etwas kompliziert sein und zu leichten Ausbesserungen Anlaß geben, wenn die Bedienung interesselos erfolgt.

Über die konstruktive Ausführung der Gasöfen im allgemeinen und der Automaten im besonderen wird auf Abschnitt: Wärmequelle (S. 212 u. ff.) verwiesen. Eine beliebte Anordnung ohne Warmwasserbehälter zeigt Abb. 38. Die charakteristische Eigentümlichkeit liegt natürlich in dem Gasautomaten *A*. Die Rückschlagventile *V* sollen verhindern, daß sich beim Öffnen eines Hahnes die überstehenden Rohrstränge der Warmwasserleitung entleeren. Der Aufstellungsort der Automaten ist an keine bestimmte Stelle des Systemes gebunden. Bei Hausanlagen kommt hierfür wohl meist der Küchenraum wie in Abb. 38 oder ein Kellerraum in Frage. Bei letzterer Anordnung kann man die Gasleitung zweckmäßig für sich gesondert kurz hinter dem Gasmesser von der Hauptleitung abzweigen. Gleich nebenbei bemerkt sei hier: die Gasautomaten können ohne Umstände auch mit einem besonderen Warmwasserbehälter verbunden werden, in welchem Falle dann die Anlage der anderen Hauptsystemgruppe (mit Warmwasserbehälter) zuzurechnen ist. Einen gewissen Übergang zwischen beiden Hauptsystemen bildet als Beispiel das Schwimmbassin, das als Verbrauchsstelle (entspr. einer Zapfstelle) und als Warmwasserbehälter (Warmwasserspeicher) angesehen werden kann. Mithin kann die Anlage zur Erwärmung des Bassinwassers auch diesem System zugerechnet werden, wenn sie nach Abb. 39 mit Hilfe von Großgasautomaten erfolgt. In neuerer Zeit wird vielfach das Kühlwasser der Gas- und Dieselmotoren zum Erwärmen des Schwimmbassinwassers nutzbar gemacht. Reicht diese Wärmequelle nicht aus oder besteht

[1]) Nicht zu verwechseln mit den automatischen Gasuhren.

sie nicht während der ganzen Badezeit, so kann eine Gasautomatenbatterie eine gute Hilfs- und Ergänzungswärmequelle ergeben. Einen solchen Fall zeigt Abb. 39, nach der dem Schwimmbad 4 Ruudapparate (siehe unten: Gasöfen) als Hilfsheizer angebaut sind. Das Schwimmbassin hat bei einer Durchschnittstiefe von 1,5 m eine Wasserfläche von 6,1 · 14,25 m; die Wasserfüllung beträgt ∾ 143 m³, die auf 30⁰ zu erwärmen und einschließlich der Auffrischung auf dieser Temperatur zu erhalten

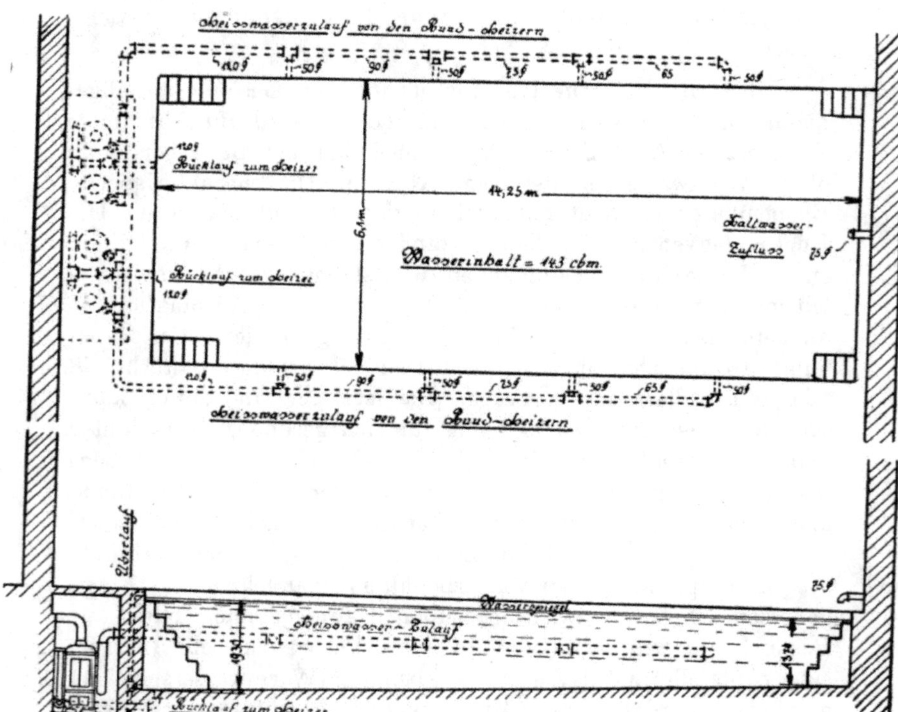

Abb. 39.

ist. Bei Neufüllung vermögen die 4 Gasapparate die Temperatur nach 8stündiger Anheizdauer zu erreichen. Der Gasverbrauch eines Ofens beläuft sich zum Erwärmen des Bassinwassers von 8⁰ auf 30⁰ bei 5000 WE/m³ Heizwert des Gases und mindestens

30 mm Gasdruck auf $\sim 10\ m^3/h$, also insgesamt für ein Aufheizen auf $4 \cdot 8 \cdot 10 = 320\ m^3$.

Schließlich können auch die elektrischen Heizapparate für dieses System passende Verwendung finden. Über elektrische Heizkörper an sich siehe unten Abschnitt V: Wärmequelle.

Eine elektrisch betriebene Anlage für ein Wannenbad wird nach Abb. 40 von H. Helberger, München, außer Druck

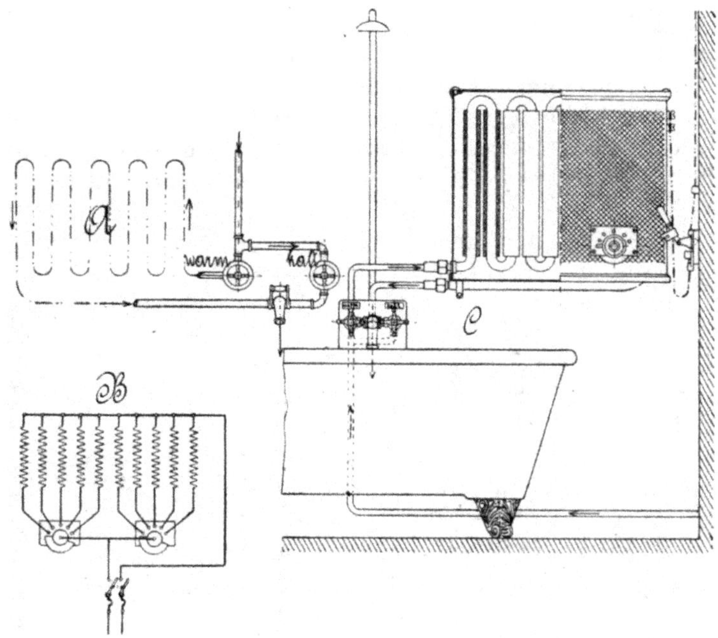

Abb. 40.

der Wasserleitung stehend, gebaut. In dem vernickelten Vorsetzer befindet sich der Wärmeerzeuger, der aus einem schlangenartig gebogenen Kupferrohre von 50 mm l. W. besteht, auf welchem der eigentliche Heizkörper aufgebracht ist, durch Handradschalter regelbar, und zwar in der Weise, wie Schaltungsschema Abb. 40 *B* zeigt. Das Wasser zirkuliert durch die Schlange (Abb. 40 *A*). Der Warmwasserhahn liegt im Sinne des Wasserlaufes vor dem Heizapparate, so daß durch etwaiges unachtsames Einschalten eine Druckerzeugung im Apparate ausgeschlossen ist.

3. Die Warmwassererzeugung durch Dampf oder Heißwasser in einem offenen Apparate (die Strahlgebläse).

Die Systeme dieser Gruppe besitzen Dampfstrahl- oder Rührgebläse, mit deren Hilfe das Gebrauchswasser durch unmittelbares Einführen von Dampf in kurzer Zeit auf eine bestimmte Temperatur gebracht wird. Wegen der einfachen Wirkung und Ausführung werden die Strahlgebläse vielfach zur Erwärmung des Wassers in den Schwimmbassins, in Waschanstalten, Textilfabriken und überall dort benutzt, wo der nötige Dampf zur Verfügung steht, und es sich darum handelt, größere Mengen kalten Wassers in kurzer Zeit auf hohe Temperaturen zu bringen. Sollen aber diese Apparate dieser Gruppe zugerechnet werden können, so muß die Voraussetzung bestehen, daß die Gebläse offene sind und die Erwärmung direkt in dem Gebrauchswasser vor sich geht, also wie in dem Schwimmbassin einer Badeanstalt. Die Gebläse lassen sich auch ebensogut in einem Warmwasserbehälter zwecks Aufspeicherung warmen Wassers anordnen. In einfachen Betrieben, z. B. in den Bottichen der Schlachthäuser wird häufig der Dampf ohne Einschaltung eines regelrechten Strahlapparates in das Wasser eingeführt, indem man das Dampfrohr bis ~ 100 mm über Boden des Bottichs leitet, die Mündung kurz umbiegt und etwas aufbördelt.

Die Rührgebläse dienen weniger der Warmwassererzeugung als vielmehr der Mischung von irgendwelchen Flüssigkeiten miteinander oder mit festen Bestandteilen.

Bei den Rührgebläsen[1]) tritt der zur Wassererwärmung dienende Dampf durch eine Anzahl Löcher aus, die in den im Behälter starr verlegten Röhren vorgesehen sind. Je nach Bedürfnis werden ein oder mehrere Röhren nebeneinander gabelartig verlegt. Der Gesamtquerschnitt der Löcher muß dem Rohrquerschnitte entsprechen. Man findet diese Durchführung

[1]) Die Bezeichnung »Rührgebläse« ist den ähnlichen Apparaten entnommen, welche das Wasser mit Chemikalien oder Luft durchzumischen, durchzurühren haben.

in den Flottentrögen der Jigger der Baumwollfärbereien. In den Wollfärbereien erwärmt man das Wasser zu gleichem Zwecke indirekt durch Heizschlangen, da der frei austretende Dampf ein Zusammenziehen und Verfilzen der Wolle hervorrufen würde. — Zur Vermeidung des Geräusches werden anstatt des einfachen durchlochten Rohres verschiedentlich andere Konstruktionen benutzt, wie z. B. mit Messingspänen umhüllte Rohrstücke.

Über Ausführung und Anordnung der Strahlgebläse siehe VDb.

Die Durchführung dieses Systems, Wasser mit Hilfe von Strahl- oder Rührgebläsen zu erwärmen, beschränkt sich hauptsächlich auf industrielle und größere gewerbliche Betriebe. In häuslichen Anlagen fehlt das erforderliche Heizmittel, in Badeanstalten, in denen Dampf ja wohl zur Verfügung stehen kann, kommt man mit anderen Systemen, z. B. mit Mischapparaten, besser zum Ziel.

4. Die Warmwassererzeugung durch Dampf oder Heißwasser in einem geschlossenen Apparate (die Mischapparate, Dampfautomaten).

In vielen Fällen stehen zur Warmwasserbereitung Dampf oder Heißwasser als fertiges Heizmittel zur Verfügung. Ist nun mit diesen das kalte Zuflußwasser in bestimmter Höhe auf kürzestem und billigstem Wege zu temperieren und dabei die Temperatur des warmen Gebrauchswassers in bestimmten Grenzen veränderlich und regelbar zu halten, Bedingungen, wie sie z. B. für Volks-, Fabrikbäder vor allem bestehen, so erreicht man den Zweck sehr gut mit Hilfe der Mischapparate. Dieselben müssen dann aber noch der Anforderung genügen, daß ein zu frühzeitiges Durchtreten des heißen Heizwassers bzw. Heizdampfes verhindert, also ein Verbrühen des Badenden ausgeschlossen ist.

Die Mischung zwischen Kaltwasser einerseits und Heißwasser oder Dampf anderseits erfolgt in dem geschlossenen Gehäuse des Mischapparates, welcher dann das Gebrauchswasser von bestimmter Temperatur abgibt. Ein Hauptnachteil dieser Apparate liegt aber darin, daß sie aus Zweckdienlichkeits- und Schönheitsgründen klein bemessen werden, und daß stets frisches Wasser als Speisewasser zufließt, welches den Apparat in engen und vielfach stark gewundenen Kanälen zu durchziehen hat.

Man muß also mit leichtem Festsetzen von Kesselstein, also mit gewisser Betriebsunsicherheit rechnen. Daher ist, besonders bei Einhaltung höherer Temperaturen, kalk- und salzfreies Wasser, sog. weiches Wasser, vorauszusetzen. Regenwasser wäre also ein recht brauchbares Speisewasser für einen Mischapparat.

Ein weiterer Nachteil kann sich durch das Übertreten des Dampfes oder Heißwassers in die Kaltleitung oder umgekehrt ergeben. Ist auch dieser Mißstand bei den neueren Konstruktionen selbst unter Umgehung der wenig beliebten Rückschlagventile wohl beseitigt, so ist es trotz alledem erwünscht, daß bei Mischung von heißem und kaltem Wasser beide mit annähernd gleichem Drucke dem Apparate zufließen.

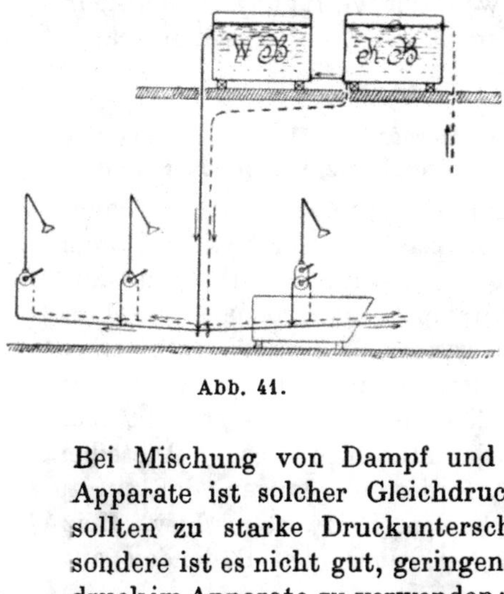

Abb. 41.

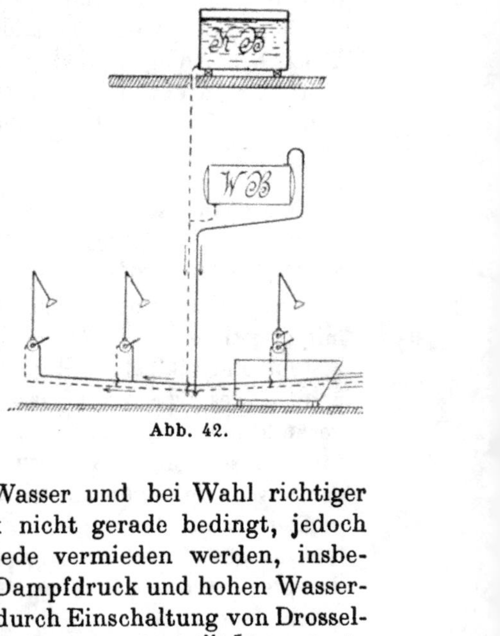

Abb. 42.

Bei Mischung von Dampf und Wasser und bei Wahl richtiger Apparate ist solcher Gleichdruck nicht gerade bedingt, jedoch sollten zu starke Druckunterschiede vermieden werden, insbesondere ist es nicht gut, geringen Dampfdruck und hohen Wasserdruck im Apparate zu verwenden; durch Einschaltung von Drosselklappen in der Wasserzuleitung kann zwar dem Übelstande in solchen Fällen abgeholfen werden.

Wird der Mischapparat, wie sehr häufig, für Brausebäder benutzt, so darf der Wasserdruck nicht so groß sein, daß die Wasserstrahlen auf den Körper des Badenden stechen. Es ist daher der direkte Anschluß einer städtischen Hochdruckwasserleitung hier möglichst zu vermeiden und ein Kaltwasserbehälter *KB* (Abb. 41 u. 42) einzuschalten. Wird außerdem noch, wie in Abb. 41 u. 42, ein Warmwasserbehälter *WB* vorgesehen, so können diese Anordnungen zu den Systemen A b 2 und 6 gerechnet werden. An sich haben die Behälter mit diesem System nichts zu tun. Man erreicht aber, daß in der Kalt- und Warmwasserleitung der gleiche Druck herrscht, was für eine gute Wassermischung nötig ist. Soll trotzdem die städtische Wasserleitung direkt angeschlossen werden, so ist der Druck dadurch herabzumindern, daß man für jeden Mischapparat in die Rohrmuffe der Kalt- und Warmwasserzuleitung eine Kupferscheibe mit engem Loche einschaltet.

Die Anforderungen, die an eine Anlage mit Mischapparaten gestellt werden, haben teilweise zu etwas komplizierten Apparaten geführt, deren Bedienung deshalb nicht weniger einfach geblieben ist. Die ganze Anlage stellt sich im übrigen sehr einfach und übersichtlich. Sie besteht aus der heißen Heizleitung, der kalten Speisewasserleitung und der warmen Gebrauchswasserleitung, an deren Sternpunkte sich der handlich kleine und leicht bedienbare Mischapparat befindet. Der Sternpunkt kann dabei kurz vor jeder Zapfstelle für sich oder vor allen Zapfstellen gemeinsam an einer Zentralstelle vorgesehen werden oder man teilt schließlich das ganze System durch verschiedene Sternpunkte in entsprechend viele Gruppen ein, je nach dem man die Bedienung und Temperaturregelung in Händen des Nutznießenden oder eines Angestellten legen will. Die Mischapparate müssen auf jeden Fall so beschaffen sein, daß ein Verbrühen an den Zapfstellen ausgeschlossen und ein lästiges, laut knatterndes Geräusch fast vollkommen aufgehoben ist.

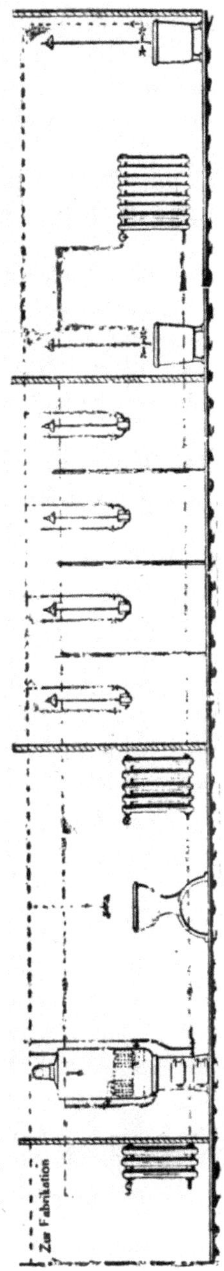

Abb. 43.

Über Konstruktion der Mischapparate siehe V D c.

Das System A a 4, soweit es nur die Mischapparate od. dgl. mit anschließenden Rohrleitungen umfaßt, setzt ein vorhandenes Heizmittel als Dampf oder Heißwasser voraus. In vielen Fällen, in häuslichen wie Badeanstaltsbetrieben usw., muß jedoch das Heizmittel erst zu dem Zwecke erzeugt werden, so daß dann die Anlage zu einem dementsprechenden anderen Systeme zu rechnen ist. Die Mischapparate bilden dann nur einen kleinen Konstruktionsteil der ganzen Anlage. So ist z. B. die Anlage Abb. 43 betreffs der Bade- und Waschräume für sich als hierher gehörig anzusehen, während sie unter Berücksichtigung der Warmwassererzeugung in dem Patent-Voggi-Kessel (siehe V B b) zu dem Systeme IV B b 3 zu rechnen ist.

5. Die Warmwassererzeugung durch Dampf im Gegenstromprinzip (die Kaskadenapparate).

Dort, wo große Mengen Warmwasser von hoher Temperatur bis 100° während einer längeren Betriebszeit ständig benötigt werden, wo Dampf in genügender Menge billig zur Verfügung steht, und es auf geringe Anschaffungskosten, Einfachheit, leichte Bedienung und unbedingte Betriebssicherheit ankommt, sind die Kaskadenapparate am Platze. Solche Anforderungen finden sich in der chemischen Industrie, in Färbereien, Brauereien, Schlachthöfen, Wäschereien, Badeanstalten u. dgl.

Ab) Die direkte Erwärmung des Wassers mit Einschaltung eines besonderen Warmwasserbehälters.

Eine derartige Anlage besteht zur Hauptsache aus der Heizquelle, dem Warmwasserbehälter als Aufspeicherer des erzeugten warmen Wassers, der Rohrleitung und gegebenenfalls aus einem Kaltwasserspeisegefäß mit Schwimmkugelhahn zur selbsttätigen Nachfüllung. Letzteres ist für die Anlage nicht unbedingt erforderlich.

Die Warmwasserbehälter, liegend oder stehend angeordnet, können für konstanten oder veränderlichen Inhalt und als offene oder geschlossene (Boiler genannt) vorgesehen werden. Den Behältern mit konstantem Inhalt wird stets genau dieselbe Wassermenge zugeführt, welche abgezapft wird, während sich in den anderen eine bestimmte Menge Wasser ansammelt, das erwärmt abgenommen wird, ohne sofort durch Frischwasser ersetzt zu werden. Die Warmwasserbehälter mit veränderlichem Inhalt eignen sich daher dort, wo eine größere Wassermenge zu bestimmter Zeit benötigt wird. Bei den offenen Behältern fließt das Wasser frei ein, steht darin unter dem gew. Atmosphärendruck und tritt mit einem Drucke aus, der durch die Höhenlage des Behälters bedingt ist[1]. Die geschlossenen Behälter stehen in der Regel mit dem ganzen Systeme unter dem Drucke der Kaltwasserleitung oder des Kessels. Der Wasserleitungsdruck kann durch Zwischenschaltung eines Schwimmkugel-Speisegefäßes auf einem Niederdruck gehalten werden, welcher der Höhenlage des Speisegefäßes entsprechen würde. Die offenen Behälter sind somit an den höchsten Punkt der Anlage gebunden, wogegen die geschlossenen, die Boiler, überall, natürlich unter Beachtung der Druckhöhe, am besten möglichst nahe der Heizquelle, aufgestellt werden können.

Die Warmwasserbehälter lassen sich mit oder ohne Rückleitung (Zirkulationsleitung) zur Heizquelle hin durchführen. Die Behälter mit Rückleitung sind dort am Platze, wo das Warmwasser im Behälter nicht sofort und ständig benutzt wird und einer starken Abkühlung unterworfen ist.

Es sind nun folgende Anordnungen zu treffen möglich:

1. Anlage mit offenem Warmwasserbehälter von konstantem Inhalt und mit Rückleitung;
2. wie 1, aber ohne Rückleitung;
3. Anlage mit offenem Warmwasserbehälter von veränderlichem Inhalt und mit Rückleitung;
4. wie 3., aber ohne Rückleitung;
5. Anlage mit geschlossenem Warmwasserbehälter von konstantem Inhalt und mit Rückleitung;
6. wie 5, aber ohne Rückleitung;
7. Anlage mit geschlossenem Warmwasserbehälter von veränderlichem Inhalt und mit Rückleitung;
8. wie 7, aber ohne Rückleitung.

[1]) Manche offenen Behälter werden zwar an sich als geschlossene Hohlkörper ausgeführt; durch ein offenes Überlaufrohr, Füllgefäß und dergl. ist aber der gew. Atmosphärendruck im Behälter gesichert.

Die beiden letzten Systeme finden kaum praktische Verwertung; für die übrigen sind nachstehend einige Beispiele angeführt.

1. Die Anlagen mit offenem Warmwasserbehälter von konstantem Inhalt und mit Rückleitung.

In Abb. 44 ist eine Anlage nach Lubinus Stein & Cie., Kattowitz, dargestellt, wie sie für kleinere Badeanstalten, Hotels Kantinen usw. zur Ausführung kommt. Der Warmwasserkessel *K* steht mit dem Warmwasserbehälter *WB* durch die schmiedeeiserne verzinkte Zirkulationsleitung *a* in Verbindung. In dem Kaltwasserbehälter *KB* ist ein selbsttätig arbeitendes Rotguß-Füllventil eingebaut, das bei Wasserentnahme sofort automatisch in Tätigkeit tritt und das entnommene Quantum wieder zufließen läßt. Beide Behälter sind mit einem gemeinsamen Überlaufe *b* versehen, durch den bei etwaiger Störung im Füllventile das einströmende überflüssige Wasser abläuft. Außerdem ist die Anlage mit einem Mischgefäße *c* ausgestattet. Mittels der Absperr- und Reduzierventile *vv* läßt sich die Temperatur des Gebrauchswassers genau regeln und am Thermometer *d* ablesen. Wenn nicht gewünscht, kann natürlich das Mischgefäß fortfallen, so daß dann die Ableitung *e* von *WB* gleich die Gebrauchsleitung ist, welch letztere im vorliegenden Falle *f* für gemischtes Warm- und Kaltwasser ist.

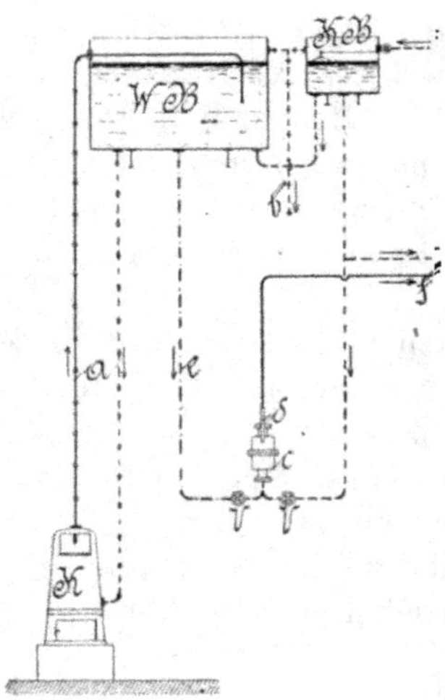

Abb. 44.

Die Anlage Abb. 45 derselben Firma arbeitet mit direktem Kesseldampf von beliebigem Drucke unter Verwendung eines Mischapparates *a* und eignet sich für Arbeiter- und Mannschaftsbäder, Waschanstalten und industrielle Werke. Entsprechend der Abbildung kann das Warmwasser einem Verteiler, Ventilstock *v*, zugeführt werden, von dem es durch einzelne Rohrstränge den verschiedenen Zapfstellen zugeleitet wird. Es ist *b* ein Thermometer, *c* ein Kondenstopf.

Die Ausführung Abb. 46 nach Butzke & Cie., Berlin, zeigt eine vereinigte Wannen- und Brausebadanlage für Fabriken und Anstalten.

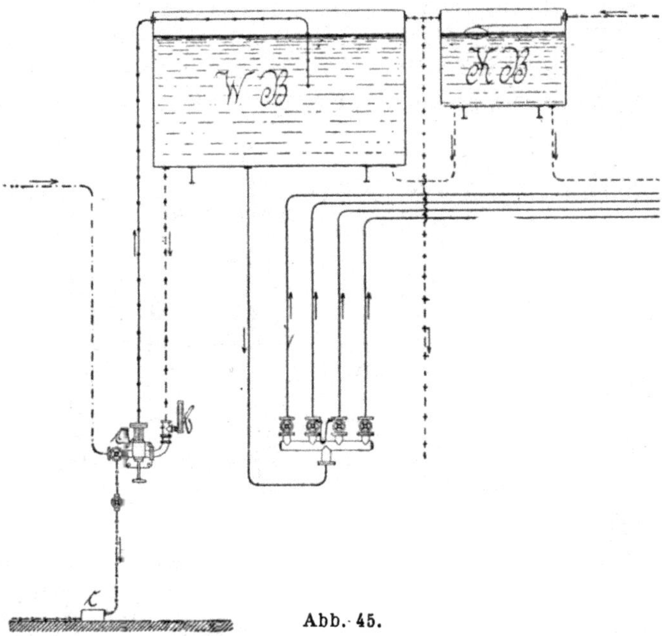

Abb. 45.

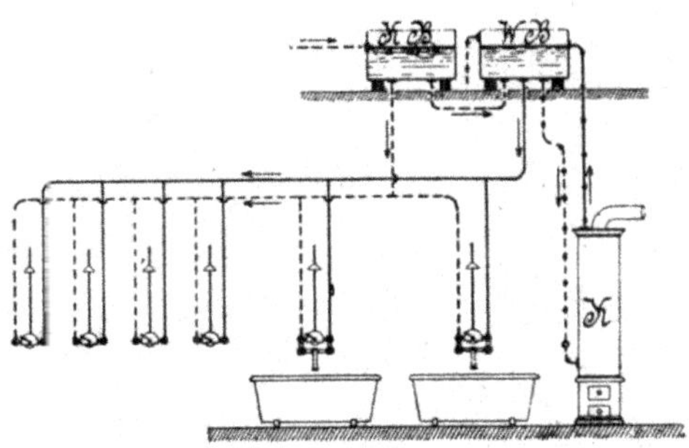

Abb. 46.

2. Die Anlagen mit offenem Warmwasserbehälter von konstantem Inhalt ohne Rückleitung.

Anlagen dieser Art kommen seltener zur Ausführung. Es können hierher die schon oben besprochenen Strahl- und Rührgebläse gerechnet werden, wenn diese Apparate das Wasser eines besonderen Sammelbehälters erwärmen, von dem die Verteilung zu den einzelnen Zapfstellen erfolgt, und dem mittels

Abb. 47.

eines Füllventiles das entnommene Warmwasserquantum durch eine gleiche Kaltwassermenge stets sofort wieder ersetzt wird. Können Mischapparate keine Verwendung finden, so erhält man bestimmte Temperaturhöhe durch Einbau von Reglern in den Behälter.

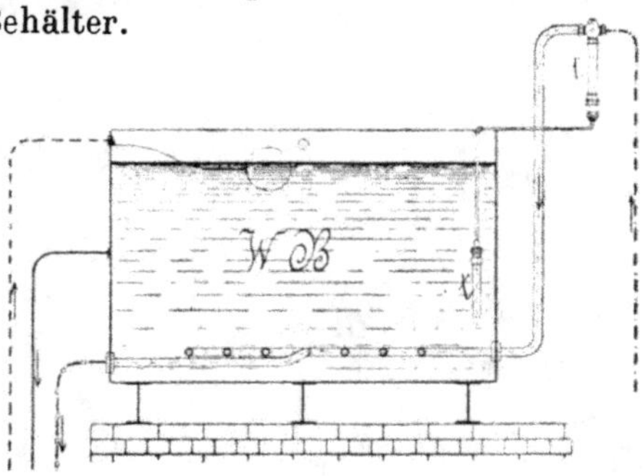

Abb. 48.

Eine derartige Anlage mit Rührgebläse zeigt Abb. 47. Durch den charakteristischsten Teil, den Temperaturregler *r* nach Prof. Gronoelle, ist die Ausführung eine passende Warmwasserbereitungsanlage für Waschanstalten, Färbereien und dort, wo ständig reichlich Warmwasser benötigt wird und direkter Dampf oder Abdampf in genügender Menge zur Verfügung steht. Es werden alle Nebenapparate umgangen.

Eine Anlage gleicher Art veranschaulicht Abb. 48; hier wird die Wassertemperatur durch den Temperator *t* von G. A. Schultze, Charlottenburg, auf der gewünschten Höhe gehalten. Im allgemeinen ist es gemäß der Abbildung nicht zweckmäßig, den Schwimmkugelhahn in den Warmwasserbehälter zu legen.

Über die Konstruktion und Wirkung der Temperaturregler siehe unten.

3. Die Anlagen mit offenem Warmwasserbehälter von veränderlichem Inhalt und mit Rückleitung.

Die Anordnung (Abb. 49) nach J. G. Houben-Werke Aachen, besitzt innen verzinkten, außen isolierten Warmwasserbehälter *WB*, der mit einem geschlossenen Gasheizofen *G* verbunden ist. Nach Öffnen des Wasserhahnes *v* am Ofen tritt das Kaltwasser in denselben und von diesem in den Behälter *WB*, in welchem es nach Schließen des Wasserhahnes *v* durch die Zirkulationsleitung *a* warm gehalten wird. Die Höhe des Wasserstandes

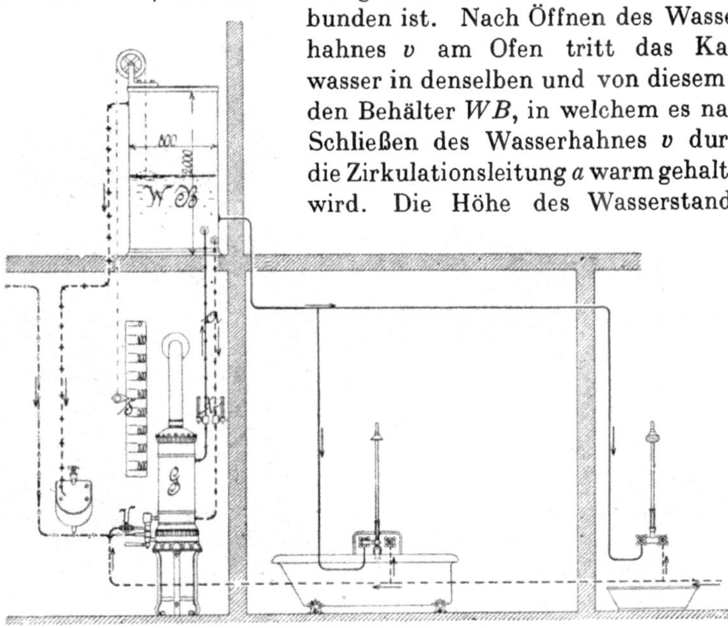

Abb. 49.

in *WB* kann an einer Skala *s*, die Temperatur des Wassers in *WB* an den im Steigrohr und Rücklaufrohr von *a* angebrachten Thermometern *t* abgelesen werden. Die minutliche Leistung beträgt 26 l von 12° auf 35° bei einem Gasverbrauche von 120 l/min. Demgemäß dauert das Füllen des Behälters von 1200 l Inhalt mit warmem Wasser unter Berücksichtigung der

Abkühlung ∾ 1 h. Eine gewisse Anheizdauer ist hier also immerhin Vorbedingung. Die 1200 l reichen für 7 Bäder zu je 160 l oder für 5 Bäder und 10 Brausen zu je 30 l aus.

4. Die Anlagen mit offenem Warmwasserbehälter von veränderlichem Inhalt ohne Rückleitung.

Solche Anlagen werden meist mit Gasöfen durchgeführt, die auf dem Warmwasserbehälter als Untersatz zu stehen kommen. Das Kaltwasser fließt dem Gasofen zu und sammelt sich erwärmt in dem darunterliegenden Behälter, von dem es den Verbrauchsstellen, meist Baderäumen, zugeführt wird. Zur Erreichung einer gewissen Druckhöhe müssen mithin

Abb. 50.

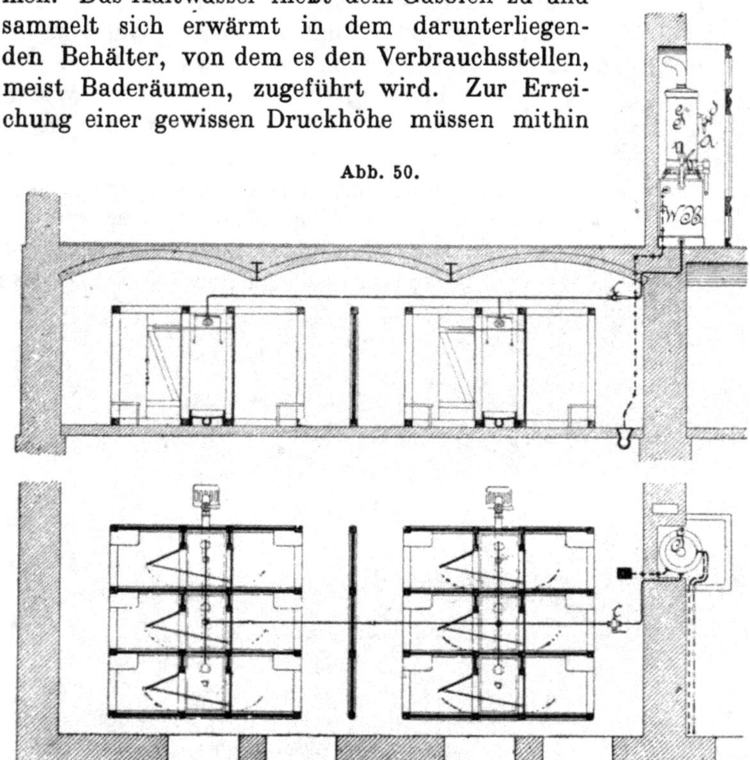

Ofen und Behälter oberhalb der Verbrauchsstellen liegen. Derartige Verhältnisse finden sich ja vielfach in Kasernen, Volksschulen und anderen kommunalen Gebäuden, in deren Kellergeschossen Brausebäder vorgesehen werden sollen, und wo der

Ofen mit Behälter im Erdgeschoß, etwa neben den Wohnräumen des Hausverwalters, Aufstellung finden kann. Geeignete Gasöfen offenen Systemes (siehe unten) vermögen in dieser Weise große Wassermengen schnellstens zu erwärmen, ein Umstand, der z. B. in Feuerwehrkasernen, wo zu ganz unvorhergesehenen Zeiten Wasserbäder verlangt werden können, nicht zu unterschätzen ist.

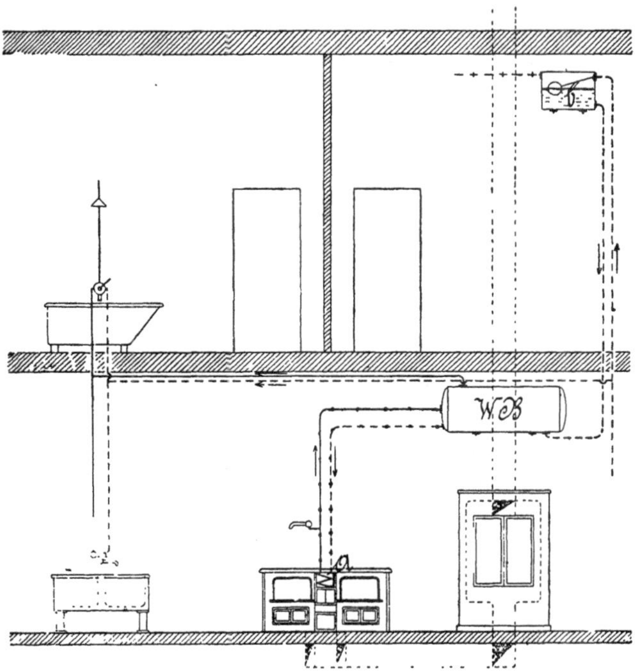

Abb. 51.

Die Abb. 50 stellt die Brause-Badeanlage der Volksschule im Bongard zu Aachen dar, die von den Houben-Werken ausgeführt ist. Der Badeofen *G* steht auf dem Sammelbehälter *WB* von 0,3 m³ Inhalt, von welchem die Warmwasserleitung und der Überlauf abzweigen. Das Kaltwasser strömt bei *a* in den Gasofen und von da erwärmt durch *b* in *WB*. Mittels des Hahnes *c* können sämtliche 6 Brausen in und außer Betrieb gesetzt werden. Ein auf *b* angebrachtes Thermometer *t* zeigt die Temperatur des ausfließenden Wassers an; letztere kann dadurch leicht reguliert werden, daß man den Hahn *d* mehr oder weniger öffnet.

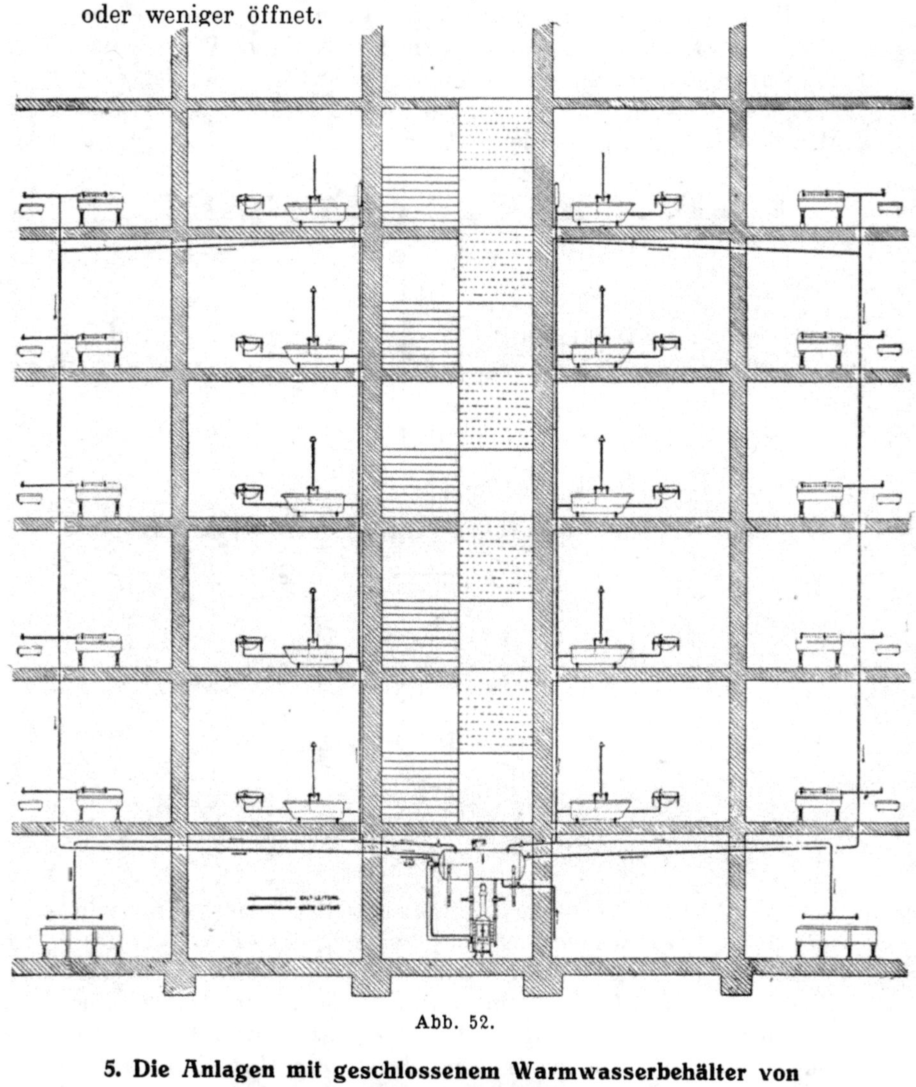

Abb. 52.

5. Die Anlagen mit geschlossenem Warmwasserbehälter von konstantem Inhalt und mit Rückleitung.

Für häusliche und sonstige kleinere Anlagen, die ständig Warmwasser zu liefern haben, sind Systeme dieser Art am Platze.

Mit Feuerschlangen, Heizkesseln und besonders mit den effektreichen Gasautomaten können diese Systeme durchgeführt werden.

In Abb. 51 ist eine Ausführung nach F. Küpperbusch & Söhne, Schalke, dargestellt. Die Wassererwärmung erfolgt durch eine Feuerschlange *a* vom Küchenherd aus, die Speisung vom Kaltwasser-Schwimmkugelgefäße *b* aus in den Warmwasserbehälter *WB*.

Die Anlage eines großstädtischen Mietshauses mit einem Ruud-Vorrats-Wassererwärmer (siehe unten: Gasöfen) zeigt Abb. 52. Der Vorteil liegt in der einfachen geringen Bedienung und Wartung.

6. Die Anlagen mit geschlossenem Warmwasserbehälter von konstantem Inhalt ohne Rückleitung.

Wenn dies System auch seltener praktisch verwertet wird, so läßt es sich jedoch mit Hilfe eines Mischapparates oder Dampfstrahlapparates ganz einfach durchführen. Eine derartige Ausführung vom Eisenwerk Kaiserslautern zeigt Abb. 42.

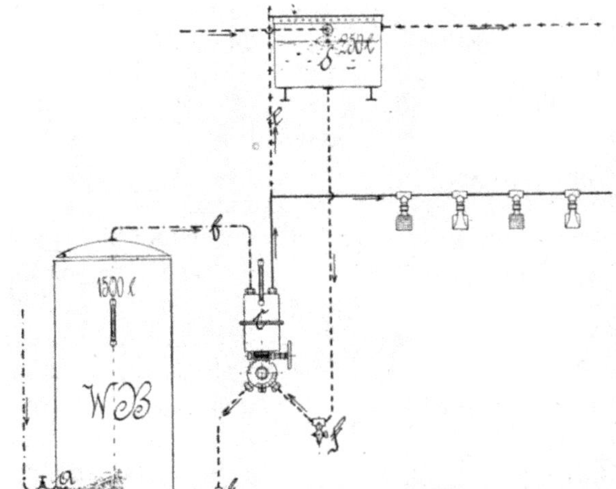

Abb. 53.

Die Abb. 53 gibt eine diesbezügliche Anlage von Moosdorf & Hochhäusler, Berlin, für Hochdruckdampf von mindestens 2 Atm. Der Dampfstrahlwasseranwärmer *a* ist an Stelle einer sonst üblichen Heizschlange (indirekte Erwärmung) in den Behälter *WB* eingebaut. Das Heiß- und somit Heizwasser der Leitung *b* wird in einem Mischapparate *c* auf Gebrauchstemperatur gebracht. Die Speisung erfolgt vom Schwimmkugelgefässe *d* aus. Die Leitung *e* dient als Überkochrohr; bei *f* befinden sich Entleerungsstellen. Das Wasser in *WB* wird auf 60° erwärmt. Es können 60 Bäder zu je 50 l sofort und bei Dauerbetrieb je nach dem Dampfdrucke 20÷30 Bäder stündlich verabreicht werden.

Ba) Die indirekte Erwärmung des Wassers ohne Einschaltung eines besonderen Warmwasserbehälters.

Die Systeme dieser Gruppe zeigen keine große Mannigfaltigkeit, wenn auch eine ganze Anzahl diesbezüglicher Anlagen von verschiedenen Firmen durchgeführt wird. Die verfügbaren Heizmittel sind Abgase, Elektrizität, Dampf und Heißwasser, von denen die beiden letzteren, besonders der Dampf und Abdampf, in den Gegenstromapparaten ausgenutzt, einen nicht zu unterschätzenden Vorzug, der in der Umgehung eines Warmwasserbehälters liegt, in sich tragen. Vor allem macht sich dieser Vorteil gegenüber den gewöhnlichen Anlagen mit Warmwasserbehälter, abgesehen von den automatisch geregelten, geltend. Bei einem unregelmäßigen und schwankenden Warmwasserverbrauche ist eine gleichmäßige Wassertemperatur im Behälter kaum einhaltbar. Bei einer plötzlich großen Entnahme wird das Wasser nicht rasch genug nachgewärmt werden können, wenn nicht das Heizmittel in verstärktem Maße eingesetzt wird, wozu wieder ein ständiges, aber umständliches und zeitraubendes Beobachten der Wassertemperatur erforderlich ist. Im anderen Falle ist leicht eine Überhitzung des Wassers die Folge. Eine Verwendung stark kalk- und salzhaltiger Wässer für Gegenstromapparate ist allerdings nicht ratsam, wenn auch meist auf eine Temperatur, die eine leichte Kesselsteinbildung hervorrufen könnte, nicht hingearbeitet zu werden braucht.

Eine Untereinteilung läßt sich treffen in:

1. Anlagen, betrieben mit Abgasen und Elektrizität;
2. Anlagen, betrieben mit Dampf oder Heißwasser in Gegenstromapparaten u. dgl.

1. Die Anlagen, betrieben mit Abgasen und Elektrizität.

Derartige Anlagen finden sich in wenigen, aber beachtenswerten Ausführungen als patentierte oder mustergeschützte Konstruktionen einiger Firmen. Sie sind nicht immer sehr scharf von denen mit direkter Wassererwärmung zu trennen. In der Regel ist aber der Behälter kein Sammler und Aufspeicherer, sondern lediglich der Wärmerzeuger auf indirektem Wege.

In Abb. 54 ist eine Warmwasserversorgung eines landwirtschaftlichen Gehöftes mit Hilfe eines Reimers-Rauchgaskessels (siehe VC) dargebracht. Das Haus hat einen durch Windmotor

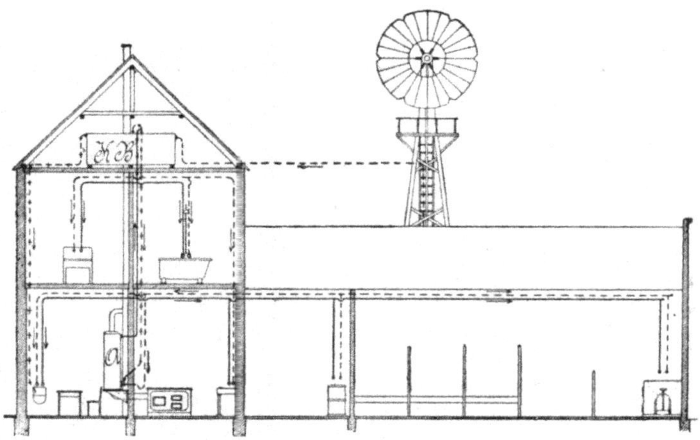

Abb. 54.

zu füllenden Druckbehälter *KB* im Dachgeschoß, wodurch ein Schwimmerkasten überflüssig wird. Der Apparat *A* dient hier zugleich als Hilfs-Raumheizkörper.

Eine ebenso einfache wie großzügige Anlage mit Ausnutzung der Backofenhitze zeigt Abb. 55. Es besitzt jeder der 12 Backöfen hinter dem ersten aufsteigenden Feuerzuge einen liegenden Druckkessel WB_1 von 300 l Inhalt. Das in WB_1 erzeugte Warmwasser dient in erster Linie Bäckereizwecken zur Herstellung von Teigen, dessen günstigste Gärungstemperatur bei 23° liegt. Die Höchstwassertemperatur in WB_1 war somit vorbedingt. Alle 10 Behälter sind durch die 4 Hauptleitungen *a*, *b*, *c* und *d* (Abb. 55b) zu einem System verbunden, wobei jeder Behälter

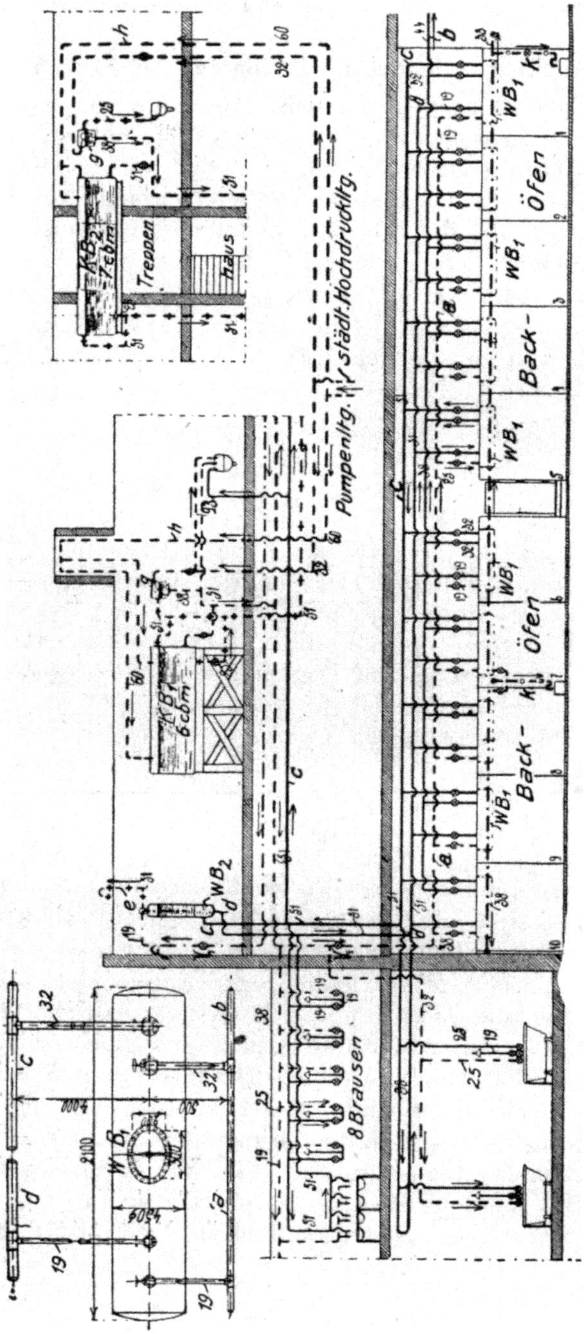
Pumpenltg.
städt. Hochdruckltg.
Treppen
Haus
KB1 6 cbm
KB2 7 cbm
WB1
WB2
Back-
Öfen
8 Brausen

Abb. 55.

für sich ausschaltbar ist. Die Speisung des ganzen Systems erfolgt durch Leitung *a* von KB_1 bzw. KB_2 aus. Das Warmwasser wird durch Leitung *b* der Bäckerei zugeführt. Für Großwie auch Kleinbäckereien sind derartige einfache und billige Anlagen bei der erforderlich geringen Wassertemperatur zu empfehlen und am Platze.

Der Gedanke, die in den Abgasen noch enthaltene Wärme bis zur äußersten Grenze auszunutzen, ist in neuerer Zeit bei dem berechtigten Bestreben, eine wirkliche richtige Wärmewirtschaft im Erfassen der Wärme bis zur Restlosigkeit hin zu erreichen, von immer mehr Seiten aufgegriffen und zur praktischen Ausführung gebracht worden. So liegen jetzt auch im Heizungsfach verschiedene regelrechte Kesselkonstruktionen für Abgasausnützung vor, die großen Leistungsanforderungen zu genügen vermögen. In der Regel werden sie als Zusatzaggregat zu einem Heizungskessel vorgesehen und während der warmen Jahreszeit, wenn letzterer außer Betrieb steht, mit eigenem sog. Sommerrost ausgerüstet. Auf diese und ähnliche Konstruktionen wird unten unter »Heizquelle, Rauchgaskessel« näher eingegangen. Hier mag aber schon vorausgeschickt werden, daß man mit dem Einbau solcher Abgaskessel vorsichtig sein muß, wenn nicht der Hauptkessel infolge ungenügenden Schornsteinzuges unter seiner garantierten Leistung bleiben soll, wozu sinnlos große Abgasheizflächen und ungenügende Kanalquerschnitte führen können.

Zu diesem Systeme sind ferner all die zahlreichen Ekonomiser-Ausführungen zu rechnen, in denen zwar vorzugsweise temperiertes Speisewasser für die Kraftdampfkessel erzeugt wird. Diese Anlagen finden jedoch jetzt bereits vielfach in ausgedehntem Maße für allgemeine Warmwasserversorgung Verwendung. Viele Systeme müssen zwar zu denen mit direkter Erwärmung des Wassers gerechnet werden. Eine tatsächlich indirekte Erwärmung erfolgt trotz Einschaltung eines besonderen Behälters mit dem Schmidt-Ekonomiser von R. Wolf, Magdeburg (siehe »Ekonomiser« V C).

Außer durch die Rauchgase der Feuerungen kann eine Wassererwärmung mit Hilfe eines jeden Abgases vorgenommen werden, wie sich solche weiterhin bei Explosionsmaschinen finden.

Eine ebenso betriebsbillige und beachtenswerte Anlage veranschaulicht Abb. 56, bei der die Abgase eines 100 PS-Dieselmotors nach dem System von O. Schuseil, Gera, ausgenutzt werden. Das Gasabzugsrohr *a* wird auf eine Länge von 1,5 m von einem zylindrischen kupfernen Mantel *b* umgeben, in welchem die Erwärmung stattfindet. Zur Erhöhung des Effektes wird das Gasabzugsrohr an dieser Stelle durch Querröhren *c*, ∾20 Stück auf das Meter, durchsetzt. Durch Aufstellung eines Ausgleichsgefäßes *d* über dem höchsten Punkte der Wasserentnahme, in welches als Ergänzungswasser das abfließende Kühlwasser des Motors durch die Leitung *e* gedrückt wird, ist der Betrieb automatisch und auch für größeren Wasserbedarf regulierbar. Die günstigste Leistung ergibt sich natürlich, wenn der Apparat möglichst nahe an den Motor herangebracht wird. In ähnlicher Weise lassen sich die Abgase einer Sauggasanlage ausnutzen. — Nach den bisherigen Erfahrungen an schon mehrfach ausgeführten Anlagen sind durch den Apparat 350 WE/PS an Dieselmotoren und 520 WE/PS in Sauggasanlagen aus den abziehenden Gasen nutzbar zu machen. Das benutzte Rohrmaterial hat dabei vollkommen genügenden Widerstand gegen die Einwirkung der schwefligen Gase gezeigt.

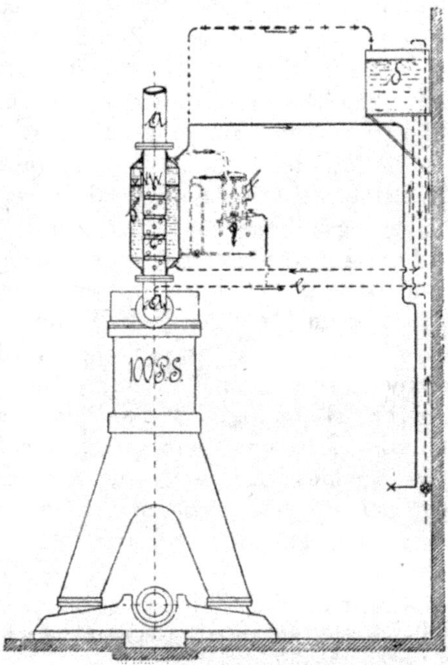

Abb. 56.

Die durch · · — angegebene Ausführung dient zur Erzeugung von destilliertem Wasser in dem Behälter *f*. Das Destillat wird bei *g* abgenommen. Die Speisung von *f* erfolgt ebenfalls selbsttätig.

Eine neuzeitlichere Anlage größeren Stiles ist nach Abbildung 57 der Abwärmeverwerter der Gasmotorenfabrik Deutz, auf welche Ausführung weiter hinten (VD) noch des Näheren eingegangen wird.

Abb. 57.

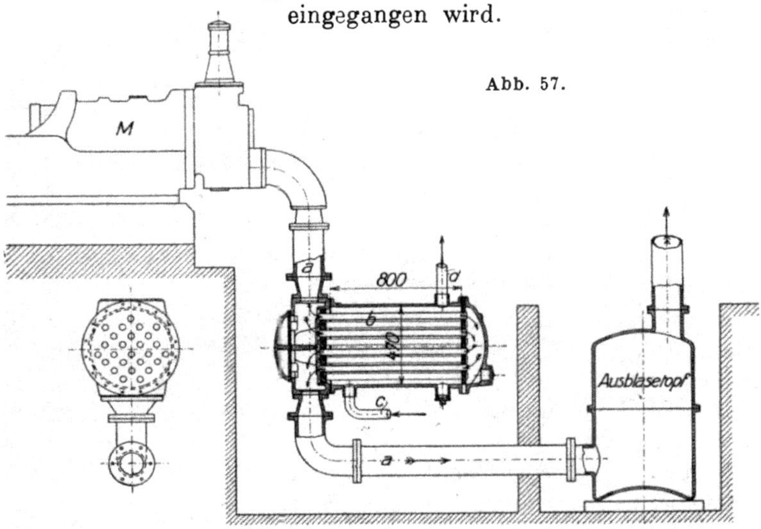

Eine Warmwassererzeugung durch Elektrizität wird von Elektra-Wädensweil gemäß Abb. 58 nach System Schindler-Jenny durchgeführt. Der Apparat ist als Eintauchsieder gebaut,

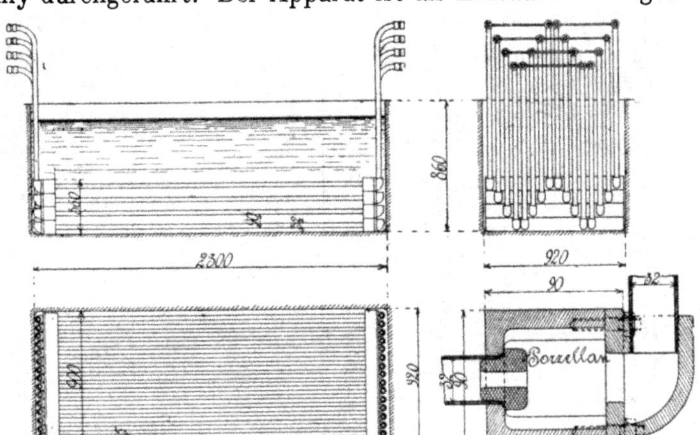

Abb. 58.

der in ein schon bestehendes Bassin gesetzt wird und in Färbereien, Bleichereien usw. Verwendung findet. Eine Anzahl Stahlröhren von 32 mm Weite durchsetzen den Wasserraum. In jeder Röhre ist ein elektrischer Heizkörper, Drahtspirale, in einem hochfeuerfesten Isoliermateriale satt gelagert. Durch Einzel- oder Parallelschaltung einiger oder mehrerer Röhren zusammen entsteht eine weitgehende Regulierung entsprechend verschieden angeforderten Wassertemperaturen. Die Anlage ist für eine einmalige Erwärmung von 1200 l Wasser bei 170 Kilowattverbrauch bemessen, also eine regelrechte Großanlage.

2. Die Anlagen, betrieben mit Dampf oder Heißwasser (die Gegenstromapparate).

Abgesehen von dem Rohrnetz, das in jeder beliebigen Weise durchgeführt und fast allen örtlichen Verhältnissen angepaßt werden kann, erhält das System seine Eigentümlichkeit und sein Gepräge vorzugsweise durch den eigentlichen Warmwasserbereiter, durch die Zentralstelle selbst. Als letztere treten die beliebten und weitverbreiteten Gegenstromapparate auf. Dem Namen entsprechend beruhen Konstruktion und Wirkungsweise auf dem Gegenstromprinzip, d. h. das Heizmittel durchströmt den Apparat entgegengesetzt zu der Durchflußrichtung des zu erwärmenden Wassers, und zwar in getrennten Kanälen. Der Effekt wird noch durch die Wahl enger dünnwandiger Kanäle gesteigert, wodurch das Heizmittel zu einer energischen Wärmeabgabe gezwungen wird. Als Heizmittel kommen hauptsächlich Heißwasser, Hochdruck-, Niederdruck- und Abdampf in Frage.

Die heutige Wärmewirtschaft und somit auch das restlose Erfassen der Wärme des Abdampfes macht die Gegenstromapparate zu einem unentbehrlichen Konstruktionsteile und dadurch dies System zu einem der wichtigsten der Warmwasserbereitung, um so mehr als mit ihnen allen Leistungen, von der kleinsten bis zur größten, und fast allen Anforderungen betr. Aufstellung, Anordnung, Bedienung, Betrieb und Lebensdauer entsprochen werden kann. Vorausgesetzt werden als Heizmittel muß zwar Warm- oder Heißwasser bzw. Frischdampf oder Abdampf. Das billigste Heizmittel ist das richtigste und wird in den meisten Fällen Abdampf sein; Frischdampf für diesen Zweck zu erzeugen, ist nur unter ganz besonderen Verhältnissen zu rechtfertigen.

In welchem Umfange dieses System in der Praxis Verwendung findet, darüber mag nachstehendes Verzeichnis einigen Aufschluß mitgeben. So wurden bis zum Jahre 1913 Schaffstaedts Gegenstromapparate benutzt:

In den Reinigungs- und Badeanstalten	Anzahl an		
	Brausen	Wannen	Waschbecken
der Kruppschen Werke	2100	—	—
der deutschen Marine.	3500	800	—
des Norddeutschen Lloyds . . .	600	600	—
der Farbenfabriken Beyer & Cie.	650	70	—
des Eschweiler Bergwerksvereins	250	30	—
der Gewerkschaft »deutscher Kaiser« Bruckhausen a. Rh. . .	300	50	400

Betreffs der Ausführung der Gegenstromapparate wird auf VE a) hingewiesen.

Bb) Die indirekte Erwärmung des Wassers mit Einschaltung eines besonderen Warmwasserbehälters.

Diese Systeme lassen sich für die umfangreichsten Anlagen ausnutzen, indem sie den größten Anforderungen zu genügen vermögen. Als Heizmittel kommen fast ausschließlich Dampf und Heißwasser in Frage, die von einer schon bestehenden Anlage abgenommen oder in einer für vorliegenden Zweck besonders vorgesehenen Feuerung erzeugt werden. Ausnahmsweise wird Elektrizität benutzt. Die Erwärmung des eigentlichen Gebrauchswassers erfolgt in der Weise, daß das Heizmittel durch ein Röhrensystem, Schlange oder Bündel (Gegenstromapparat) geleitet wird, welches mit dem zu erwärmenden Wasser in unmittelbarer Berührung steht. Je nach Anordnung des Röhrensystems kann die Erwärmung des Gebrauchswassers innerhalb oder außerhalb des Warmwasserbehälters erfolgen. Letzterer läßt sich unter Berücksichtigung obiger Gesichtspunkte als offener oder geschlossener benutzen. Ob die Behälter mit konstantem oder veränderlichem Inhalt vorgesehen und ohne eine oder mit einer Rückleitung für eine Zirkulation ausgerüstet werden, kann für die Unterteilung dieser Systeme belanglos sein. Man hat:

1. Anlagen mit offenem Warmwasserbehälter und mit Erwärmung des Verbrauchswassers innerhalb des Behälters;
2. wie 1, aber mit Erwärmung außerhalb des Behälters;
3. Anlagen mit geschlossenem Warmwasserbehälter und mit Erwärmung des Verbrauchswassers innerhalb des Behälters;
4. wie 3, aber mit Erwärmung außerhalb des Behälters.

Einige Beispiele sollen hierfür nachstehend zur Erläuterung angeführt werden.

1. Die Anlagen mit offenem Warmwasserbehälter und mit Erwärmung des Verbrauchswassers innerhalb des Behälters.

Die Heizschlange *a* von 2 bis 2,3 m² Heizfläche des offenen Warmwasserbehälters *WB* der Abb. 59 nach Lubinus Stein

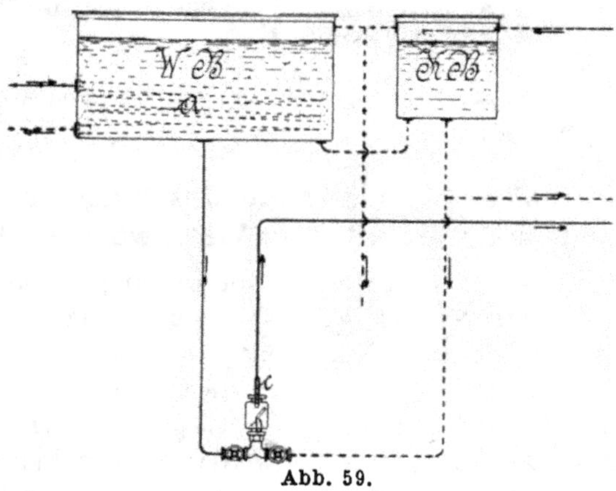

Abb. 59.

& Cie., Kattowitz, wird durch das Heißwasser eines Ekonomisers betrieben. Bei Erwärmung durch Dampf tritt dieser in gleicher Weise oben ein, sein Kondenswasser unten aus. Bei Hochdruck müßte, um ein Durchschlagen des Dampfes zu verhindern, an der Austrittstelle ein Kondenstopf eingeschaltet werden; bei Niederdruck fließt das Kondensat in den Kessel zurück. Die Temperatur des Verbrauchswassers kann an dem am Mischgefäß *b* befindlichen Thermometer *c* abgelesen werden.

Eine Warmwasserbereitung mit Rückleitung des Verbrauchswassers zum Behälter wird nach Abb. 60 für große Anlagen durchgeführt. Vom Dampfverteiler *V* aus wird durch die Dampfleitung *a* die im Warmwasserbehälter *WB* liegende Schlange betrieben, deren Kondenswasser durch *b* abgeleitet wird. Die tiefsten Punkte der Verbrauchsleitung *d* sind mit einer Zirkulationsrückleitung *c* verbunden, die das Wasser zu dem sog. Motorrohr *M* leitet, in welchem es so hoch erwärmt wird, daß

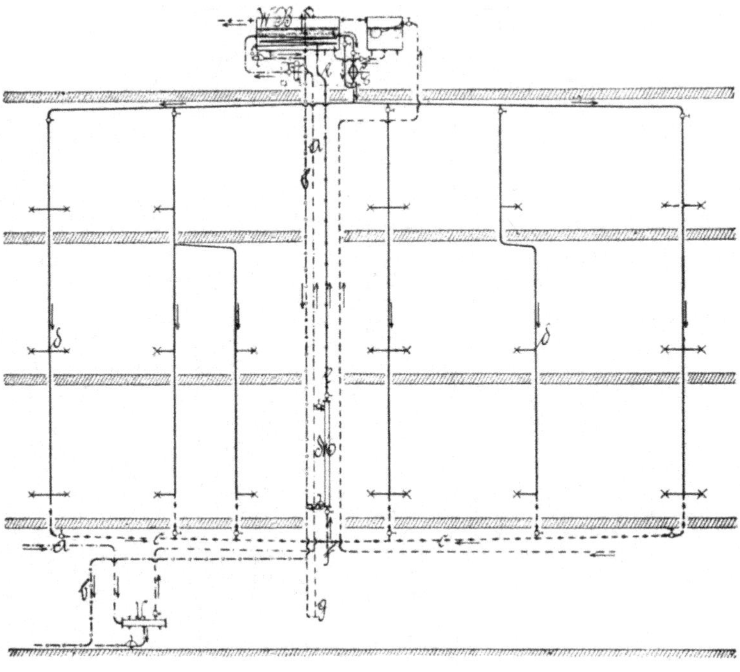

Abb. 60.

es durch *e* nach *WB* steigen kann. In Nähe von *WB* ist in die Warmwasserableitung ein Regulator *r* eingeschaltet, durch den mittels des Regulierventils v_1 der Dampfzufluß zur Heizschlange auf Grund einer bestimmten Wassertemperatur geregelt wird. In *b* ist ein Entwässerungsrohr *g* für Leitung *a* eingesetzt.

Eine Entleerung des Systems kann bei *f* vorgenommen werden. Es sind *i* Kondenswasserableiter. Das Motorrohr ist ein Gegenstromapparat. Wegen der geringen Rauminanspruchnahme, bequemen und leichten Montierung und guten Wirkung kann ein derartiger Apparat zur Sicherung der Wasserzirkulation und Erhaltung einer bestimmten Temperatur des Gebrauchswassers in umfangreiche Anlagen einzuschalten empfehlenswert sein.

2. Die Anlagen mit offenem Warmwasserbehälter und mit Erwärmung des Verbrauchswassers außerhalb des Behälters.

Größere Anlagen, die über eigene Dampfkessel und genügenden Abdampf verfügen, können unter Verwendung eines Gegenstrom- und Mischapparates dies System wirtschaftlich ausnutzen.

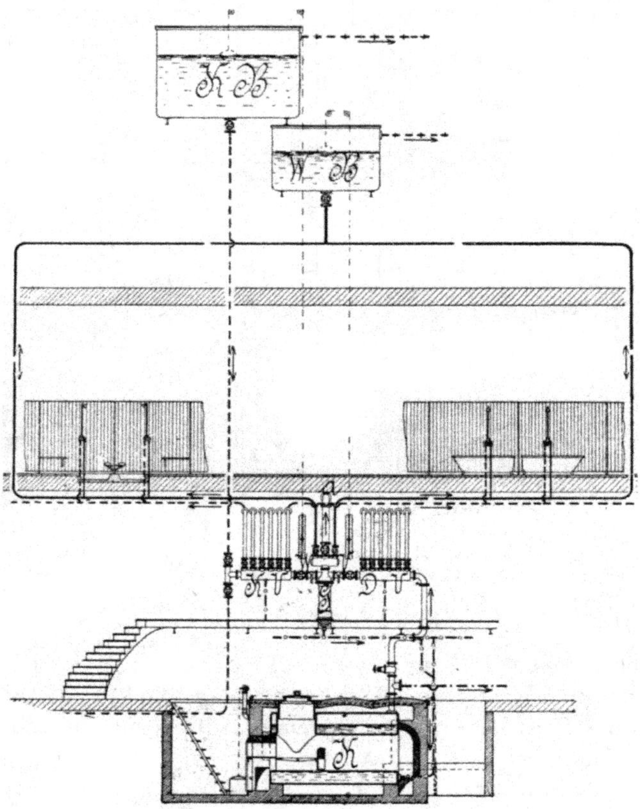

Abb. 61.

Abgesehen von Reglern und Verteilern ergibt es meist eine einfache übersichtliche Rohrverlegung. Durch Einbau von Verteilern läßt sich das Warmwasser an vielen Großverbrauchsstellen für verschiedene Zwecke verwerten. Unbequem und lästig können nur die häufig umfangreiche Reglerapparatur und die Aufstellung des offenen Warmwasserbehälters am höchsten Punkt der Anlage werden.

Eine Großanlage für Dauerbetrieb zeigt die Abb. 61, wie selbige von H. Schaffstaedt, Gießen, für Badeanstalten durchgeführt ist. Als Heizmittel dient Niederdruckdampf, der in einem Schüttkessel *K* erzeugt wird. Das temperierte Gebrauchswasser, vom Verteiler *WV* abgenommen, wird in den Gegenstromapparaten *G* erzeugt. Die Verbrauchsleitungen zu den Brause- und Wannenbädern führen das warme Wasser nach und von dem Warmwasserbehälter *WB*, so daß er zugleich als Ausdehnungsgefäß und Druckregler dient. Zur Speisung des Schwimmbassins dient die Leitung *a*. Der noch für sich benötigte Dampf für Dampfbäder usw. und das Kaltwasser werden von den Verteilern *DV* (Dampf) und *KV* (Kaltwasser), den sog. Ventilstöcken, aus in einzelnen Rohrsträngen ihren Verbrauchsstellen zugeführt.

Hierher gehört auch die Anlage Abb. 14, bei der nur eine Steigleitung und ein veränderlicher Wasserstand im Behälter vorgesehen ist.

Alle die bekannten Strahlgebläse in geschlossener Form können hier zur Anwendung kommen. Der Betrieb des Gebläses erfolgt, wenn die Gesamtanlage danach beschaffen ist, morgens und abends durch reduzierten Hochdruckdampf und tagsüber, solange die Maschine läuft, durch deren Abdampf. Ein Ventilstock verteilt das Warmwasser auf die einzelnen Verbrauchsstellen. Da es nach den Darlegungen über Strahlgebläse (siehe V. Eb) nicht zweckdienlich ist, das Strahlgebläse unterhalb des Behälters anzuordnen, so muß die Lage des letzteren so beschaffen sein, daß eine Belästigung der Nutznießenden durch das ständige surrende Geräusch des Strahlapparates nicht besteht.

3. Die Anlagen mit geschlossenem Warmwasserbehälter und mit Erwärmung des Verbrauchswassers innerhalb des Behälters.

Dies System ist das gebräuchlichste und beliebteste für häusliche zentrale Warmwasserbereitungen in Einzelgeschossen, in Villen wie auch in vielgeschossigen Mietshäusern. Frischwärme und Abwärme von festen und gasförmigen Brennstoffen findet

Ausnutzung im Haupt- oder Nebenbetrieb von Kesseln, Öfen und Herden. Sogar der elektrische Strom wird als Heizmittel herangezogen. Sehr beliebt ist die Ausbeutung der Küchenherdwärme. Die Anlage an sich kann sehr Gutes leisten, wenn die Installation und die Wahl des Materials richtig erfolgt. Von der Wärmemenge einer häuslichen Feuerung soll man aber nie mehr verlangen, als sie zu leisten vermag. Für größere Anlagen wird man wohl meist auf einen besonderen Heizungskessel oder Gasofen als Zentralstelle zukommen müssen. Der geschlossene

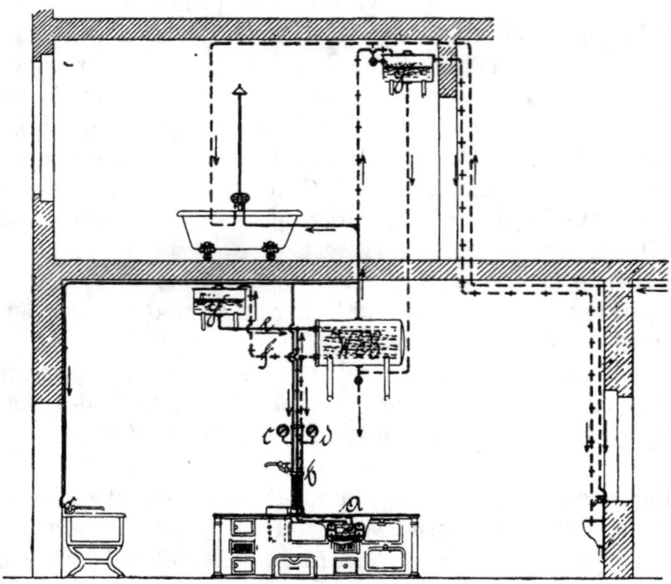

Abb. 62.

Warmwasserbehälter findet in unmittelbarer Nähe des Warmwasserbereiters seinen Einbau, damit die Zirkulationsleitung zwischen beiden möglichst kurz ausfällt (siehe: Boilerkessel). Im übrigen hat die Rohrverlegung so einfach wie angängig zu erfolgen. Bei größeren Anlagen mit verzweigterem Rohrnetz wird man um einen Umlauf des Gebrauchswassers, um einer zu starken Abkühlung desselben vorzubeugen, selten herumkommen. Die Gebrauchsleitung mit Umlaufleitung stellt dann die zweite Zirkulation der Anlage dar. Zum Vorzug dieses

Systemes können Ventile, Meß-, Anzeigeinstrumente und Regler in ihrer Zahl auf das Knappste bemessen werden.

In der Anlage Abb. 62 nach den Ver. Eschebachschen Werken, A.-G., Dresden, findet die Küchenherdwärme mittels einer Herdflasche a Ausnutzung. Über dem Herde ist in einer Säule b eine Zapfstelle untergebracht, in die Verbrauchsleitung ein Temperaturanzeiger c und in den Rücklauf der Zirkulationsleitung ein Spannungsanzeiger d eingeschaltet.

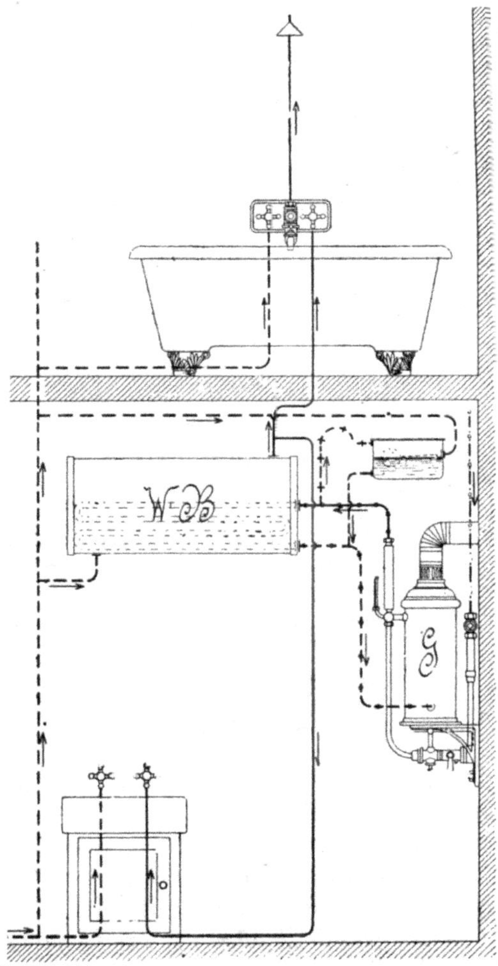

Abb. 63.

Das Ausdehnungsgefäß g, das zugleich zum Nachspeisen der Zirkulationsleitung dient, steht mit dieser durch die Füll- und Expansionsleitung e und durch das Entlüftungsrohr f in Verbindung. Zum Füllen für g wird destilliertes Wasser, Regenwasser, genommen. Das Füllgefäß g_1 dient zum ständigen Ersatze des Gebrauchswassers.

Ein großes Absatzgebiet öffnet dies System den Gas- und elektrischen Heizkörpern, die ja bei äußerst reinlichem Betriebe den Vorzug großer Beweglichkeit in der Wahl des Aufstellungsortes ergeben. Die Gasöfen dürften jedoch nicht als Automaten zu wählen sein, die elektrischen Heizkörper müßten sich für indirekte Erwärmung eignen.

Abb. 63 stellt ein Schema mit Gasofen nach den Ausführungen der **Zentralwerkstatt Dessau** dar. In der Hausbadeeinrichtung Abb. 64 dient Elektrizität als Heizquelle. Die Kon-

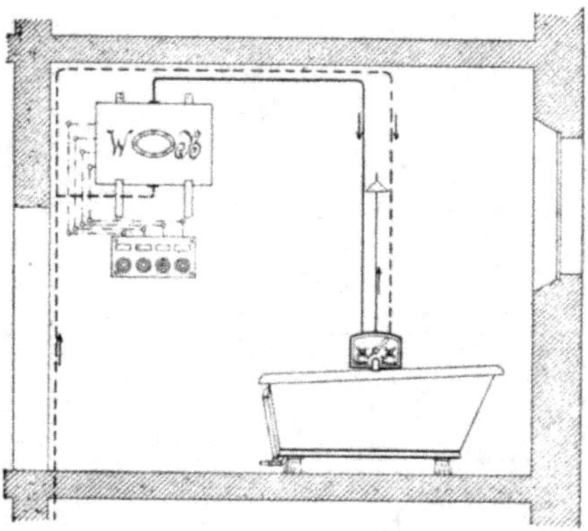

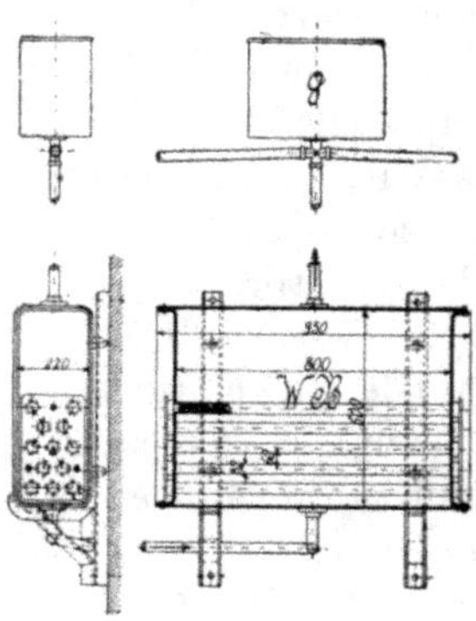

Abb. 64.

struktion der Heizkörper, die in dem Warmwasserbehälter *WB* liegen, ist dieselbe, wie sie schon oben unter selbiger Firma angegeben wurde. Der Behälter *WB* (Abb. 64) faßt 100 l Wasser, die bei einem Stromverbrauche von 9 kW in einer Stunde auf 60÷65° erwärmt werden können. Der Behälter steht unter dem Drucke der Kaltwasserleitung; empfehlenswert ist es aber, den Behälter *WB* nach Abb. 64, Nebenbild, mit einem Ausdehnungsgefäße *g* zu verbinden. Mittels vier Ausschaltern lassen sich gemäß dem Stern- und Schaltungsschema vier Wärmeabstufungen erzielen.

Die Anlage der Abb. 65 unterscheidet sich von den vorstehenden dadurch, daß an dem Behälter *WB* eine Rücklauf-Warmwasserleitung *a* angeschlossen ist. Solche Zirkulations-Umlaufleitung *a* ist bei sehr verzweigtem und ausgedehntem Rohrnetze zur Vermeidung zu starken Abkühlens an den entferntesten Zapfstellen der Verbrauchsleitung höchst empfehlenswert. Die Abbildung zeigt die schematische Anordnung, wie sie

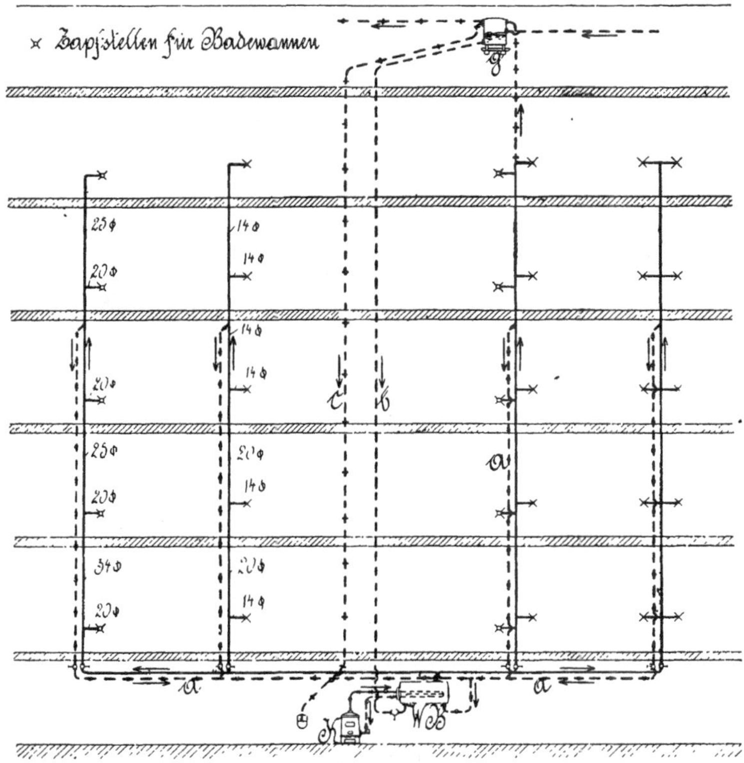

Abb. 65.

in großen Mietshäusern vorgesehen wird. In *WB* befindet sich die vom Koksschüttkessel *K* betriebene Patent-Zirkulationsschlange (s. unten), welche die Aufstellung eines Ausdehnungsgefäßes unnötig macht. Die Speisung erfolgt von der städtischen Wasserleitung vom Dachboden aus durch das Schwimmkugelgefäß *g* und die Speiseleitung *b*.

4. Die Anlagen mit geschlossenem Warmwasserbehälter und mit Erwärmung des Verbrauchswassers außerhalb des Behälters.

Dies System findet geringere Ausnutzung, da man meist unter Umgehung des Warmwasserbehälters bequemer zum Ziele kommt.

Die Abb. 66 veranschaulicht eine Anlage unter Verwendung eines Gegenstromapparates *G* und eines Umschaltventiles *V*.

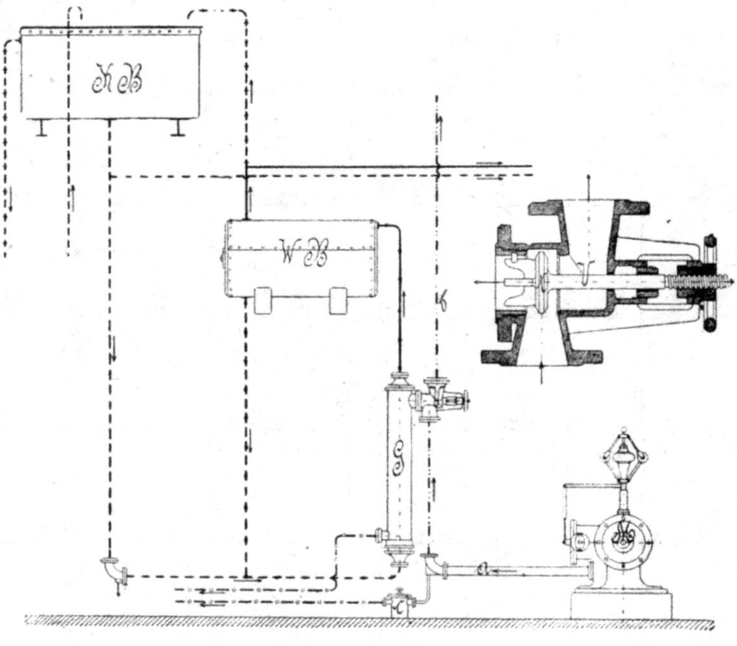

Abb. 66.

Der Abdampf der Maschine *M* wird durch Rohr *a* zum Ventil *V* geführt. Je nach der Stellung des Ventiltellers *t* dient der Abdampf zur Warmwasserbereitung in *G* oder er wird in die Auspuffleitung *b* geführt, welche auch als Steigleitung einer Heizanlage vorgesehen werden kann. Es ist *c* ein Kondenstopf.

V. Die Wärmequellen. Die Wärmeentwickler und Warmwassererzeuger.

Die Quelle, der eine Warmwasserbereitungsanlage die Wärme entnimmt, kann eine schon vorhandene oder eine zwecks der Warmwassererzeugung eigens eingerichtete und für sich bestehende, eine sog. Extrafeuerung, oder schließlich eine aus diesen beiden vereinigte sein. Als vorhandene Wärmequelle können zur Ausnutzung kommen: die Feuerung eines Küchenherdes, Raumheizkörpers, Waschkessels u. dgl. oder die einer Zentralheizung wie auch das Wärmemittel einer Kraftanlage. Demgemäß kann man unterscheiden:

A. die vorhandene Wärmequelle:
   a) der Küchenherd, Waschkessel, Raumheizkörper usw.,
   b) die Zentralheizung,
   c) die Kraftanlage;

B. die besonders eingerichtete und für sich bestehende Wärmequelle, die Extrafeuerung:
   a) die Öfen für feste, flüssige Brennstoffe, Dampf oder Warmwasser,
   b) die Kessel für feste Brennstoffe, Dampf oder Warmwasser,
   c) die Gasöfen,
   d) die elektrischen Öfen;

C. die Abwärmeverwertung in Rauchgasapparaten:
   a) die Ekonomiser,
   b) die Rauchgaskessel,
   c) die Rauchgasboiler und Kleinapparate;

D. die Abwärmeverwerter der Verbrennungs-Kraftmaschinen;

E. die Apparate für die Heizmittel Dampf und Warmwasser:
   a) die Gegenstromapparate,
   b) die Strahlgebläse,
   c) die Mischapparate als Mischventile, Mischhähne und Mischgefäße,

d) die Kaskadenapparate,
e) die Dampfautomaten;

F. die Vereinigung der Wärmequellen, die Zusatzheizung.

A. Die vorhandene Wärmequelle.

a) Der Küchenherd, Waschkessel. Raumheizkörper und sonstige zu irgendeinem Betriebe dienende Feuerung.

1. Der Küchenherd, betrieben durch die festen Brennstoffe.

Der Küchenherd ist zur Warmwassererzeugung immer noch die am meisten gebräuchliche Wärmequelle, obwohl er in seiner einfachen Form und mit dem auf die Herdplatte aufgestellten Kochtopfe, wie schon oben bemerkt, nicht gerade sparsam und wirtschaftlich arbeitet. Auf die allgemeine konstruktive Durchführung und Kritisierung des Herdes kann hier nicht näher eingegangen werden, er soll vielmehr nur in seiner Eigenschaft als regelrechter Warmwassererzeuger beleuchtet werden. Dadurch, daß man ihm eine derartige Eigenschaft verleiht, ergibt er auch eine größere Wirtschaftlichkeit des Betriebes.

Abgesehen von dem Kochtopfe, erfolgt die einfachste Warmwasserbereitung vermittelst Wasserblase, Wasserpfanne oder Wasserschiffs, des Gußeisenbehälters, der auf oder noch besser unter der Herdplatte liegt. Ist der Betrieb auch nur ein lokaler und beschränkter, so vermag man bei einiger Aufmerksamkeit stets einen gewissen Warmwasservorrat zur Verfügung zu haben. Solchen Vorzug wissen die Hausfrauen vollauf zu würdigen, und es kommen daher Küchenherde ohne Wasserblasen nur noch in den gedrängtesten Verhältnissen zur Aufstellung. In Abb. 67 ist ein freistehender eiserner Wirtschaftsofen des Eisenwerkes Schönheider Hammer dargestellt. Der Ofen ist, wenn auch nicht neuesten Modelles, wegen des großen Inhaltes der Winkelpfanne von 120 l beachtenswert. Im Handel findet man Pfannen bis zu 200 l und mehr. Solch große Behälter sind in landwirtschaftlichen Gehöften verschiedener Gegenden zur Futterbereitung, selbst zu Badezwecken äußerst beliebt. Da die Feuerzüge des Kochherdes seines Baues wegen dem Wasserschiff eine so große Heizfläche nicht darbieten können, wie sie für eine Wassererwärmung von $\sim 10 \div 15^0$ auf $80 \div 95^0$

erforderlich ist, so muß eine Zusatzheizung vorgesehen werden. Diese läßt sich in direkter Erwärmung mittels einer in den Feuer-

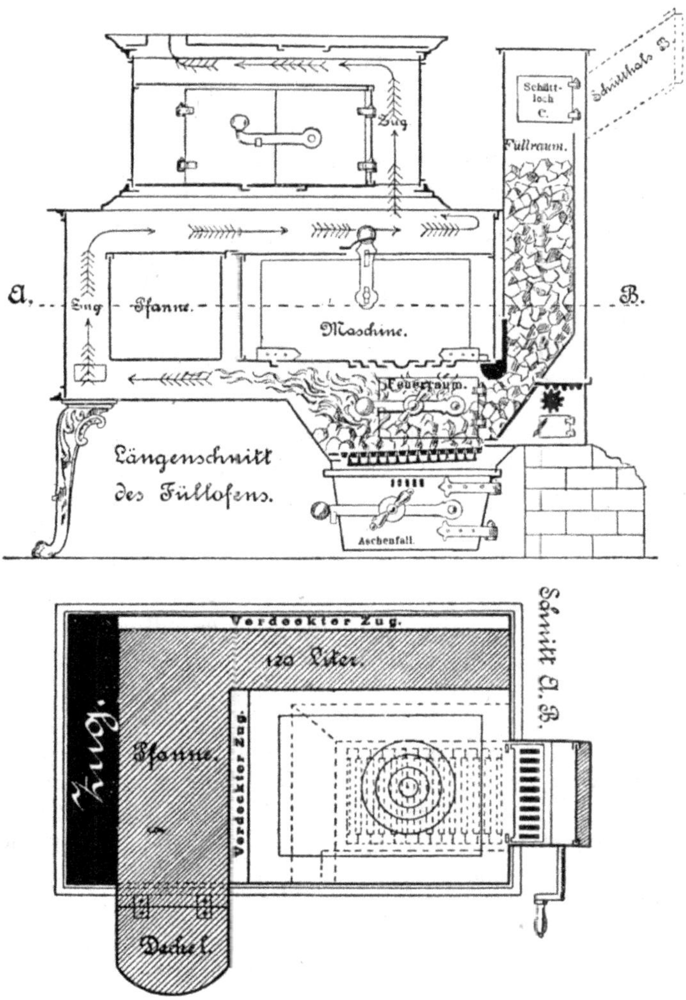

Abb. 67.

raum verlegten Heizschlange nach Abb. 68 sehr gut bewirken. Die Anheizdauer beträgt dabei höchstens $^3/_4 \div 1$ h. Man hat nur darauf zu achten, daß man in den sowieso gedrängten Herdverhältnissen das nötige, wenn auch noch so schwache Gefälle zwischen Pfanne und Schlange erzwingt. Vielfach verlegt man gleich einen Rohrstrang zum Futtertrog im Viehstall oder pumpt das warme Pfannenwasser einer Badewanne zu, falls diese mit natürlichem Gefälle des Gebrauchswassers nicht zu füllen ist.

Eine Anlage im großen, und auch für Zentralbetrieb geeignet, läßt sich mit Hilfe des Küchenherdes durch Einbau einer Heizschlange oder einer Heizflasche erreichen, die auf einen Warmwasserbehälter hinarbeiten. Sehr vielfach finden sich in Büchern und Katalogen Angaben über die Wertlosigkeit dieser Konstruktionen im Vergleich zu anderen Anlagen. Muß auch zugegeben werden, daß sich die Warmwasserbereitung nicht, wie von anderer Seite angeführt, auf diese Weise umsonst erreichen läßt, so kann doch damit ohne besondere Rauminanspruchnahme eine bessere Wärmeausnutzung des so wie so zum Kochen erforderlichen Brennstoffes erreicht werden. Bei großem Warmwasserverbrauche wird allerdings eine bestimmte und vielleicht sogar nicht unbedeutende Brennstoffmenge auf Kosten der Warmwassererzeugung in den Schlangen in Anrechnung zu bringen sein. Trotzdem finden sich diese beliebten Anlagen für großen Verbrauch, wie z. B. nach H. Koloseus, Aschaffenburg, Abb. 69 als eine Niederdruckanlage für Hotels, Gasthäuser usw. und Abb. 70 als eine Hochdruckanlage für Mietshäuser zeigen. Daß sich trotzdem wieder an anderen Plätzen viel Mängel im Laufe der Zeit ergeben haben, liegt einmal an einer fehlerhaften Disposition und Montage und dann an schlecht gewähltem Materiale.

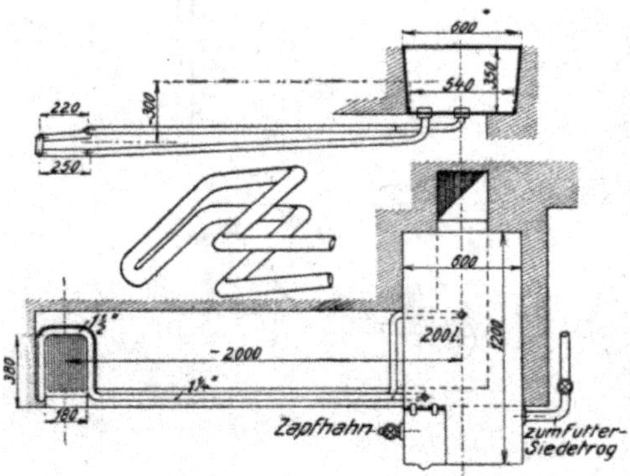

Abb. 68.

Der Einbau der Schlangen und Flaschen erfolgt derart, daß diese den Feuerraum mit Ausnahme der Stirnfläche umschließen und den Platz der sonst einzubauenden Schamottesteine einnehmen. Eine Verengung des Feuerraumes durch die Apparate ist zu vermeiden; das Feuer muß regelrecht geschürt, der Kochtopf ordnungsmäßig eingesetzt werden können. Um die Wärmetransmission möglichst zu begünstigen, sind die Apparate nur so tief in die Seitenwandungen des Feuerraumes

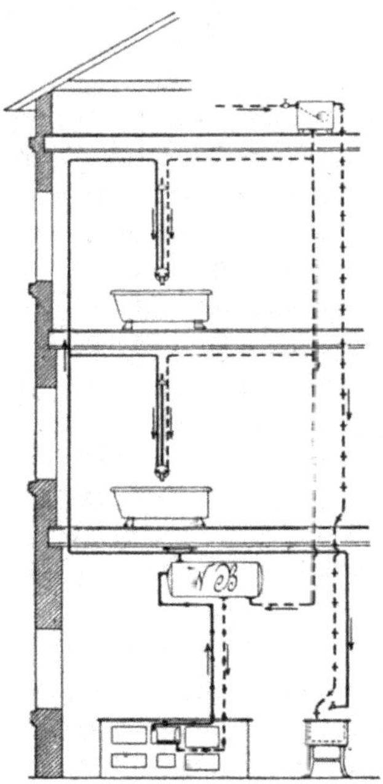

Abb. 69.

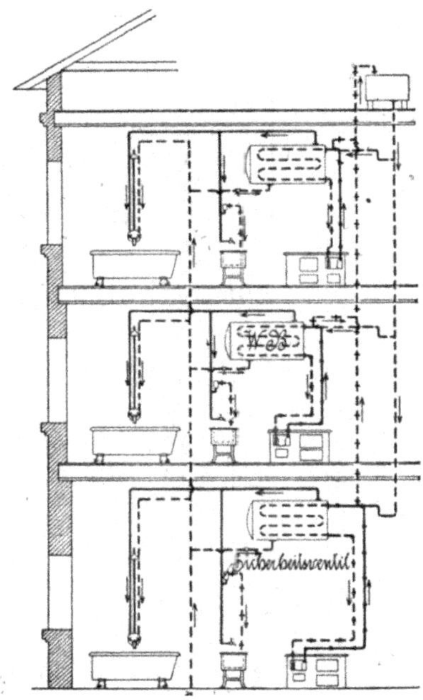

Abb. 70.

einzulegen, als die Befestigung es erfordert. Liegt ein Bratherd direkt daneben, so ist ein Durchbrennen des Bratofenbleches kaum zu befürchten, da das in dem Apparate zirkulierende Wasser den besten Schutz bietet. Um ein Erwärmen des Bratofens nicht auszuschließen, sollen die Apparate ∾ 10 mm von jenem abstehen. Die Anschlußleitungen, die Zirkulationszu- und -ableitungen, können durch die Herdplatte, besser noch durch die Seiten- oder Rückwände des Herdes geführt werden.

In Häusern mit übereinanderliegenden Feuerstellen in verschiedenen Geschossen lassen sich Schlangen oder Flaschen an eine Zirkulationsleitung kuppeln, die das warme Wasser in einem im Dachgeschoß aufgestellten Behälter zur Aufspeicherung bringt (Abb. 71). Es muß dann aber jede Schlange für sich ausschaltbar sein.

Von beiden Herdeinsätzen sind die Heizschlangen im allgemeinen die beliebteren, effektreicheren und billigeren. Jeder Installateur kann sie sich bequem selbst herstellen, während Heizflaschen als Handelsware erst bezogen werden müssen. Zudem kann die Wahl einer richtigen Flaschenkonstruktion nicht leicht fallen oder die beschränkte Modellzahl den Einbau in eine Feuerung ausschließen.

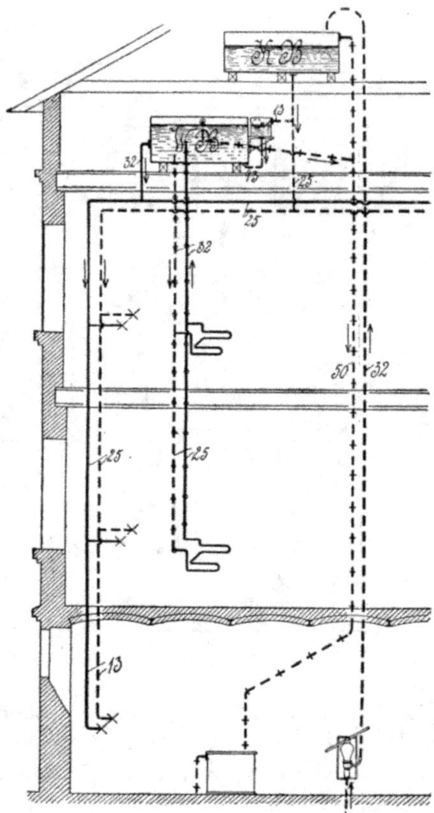

Abb. 71.

Die Heizschlangen lassen sich leicht jedem Feuerraum anpassen, werden aber auch am häufigsten und leichtesten falsch ausgeführt und montiert, in welchem Falle eine ständige Ausbesserung und ein ungenügender Effekt dem Besitzer solche Anlagen nicht als eine Wohlfahrtseinrichtung erscheinen lassen.

Die Schlangen umgeben in 2 ÷ 4 Windungen auf drei Seiten den Feuerraum (Abb. 72). Zuweilen werden auch noch ein oder mehrere Windungsstränge an die Feuertürseite gelegt (Abbildung 73), wodurch sich jedoch eine nachteilige Verengung der Türöffnung ergeben kann. Jedenfalls bieten die Mannigfaltigkeit in der Anordnung und die große Schmiegsamkeit beachtenswerte Vorzüge der Heizschlangen. Das Hauptaugenmerk ist stets auf Erreichung einer günstigsten und wirksamsten Wasserzirkulation zu legen. Demgemäß ist die Kaltwasserzuleitung am tiefsten Punkte der Schlange anzuschließen und es muß diese Stelle mit daranhängendem Verbindungsstrange der geringsten Wärmeeinwirkung ausgesetzt sein, d. h. der oberste

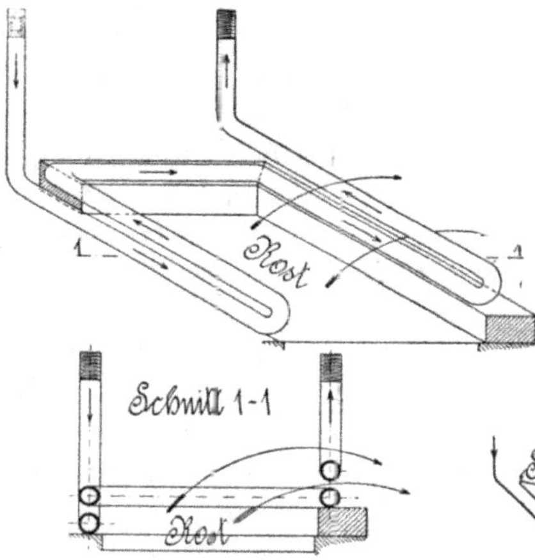

Abb. 72.

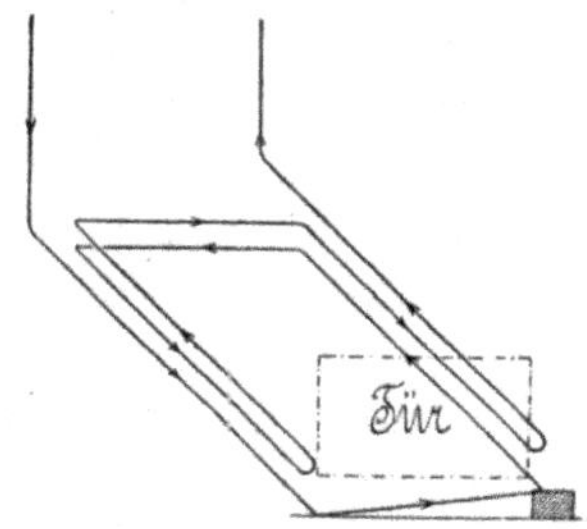

Abb. 73.

Abb. 75.

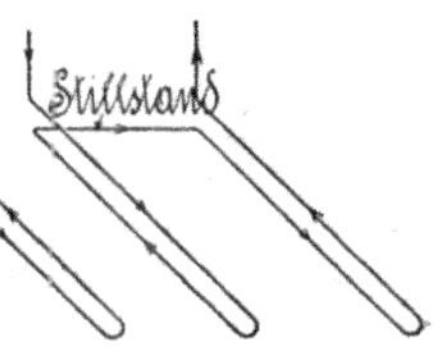

Abb. 76.

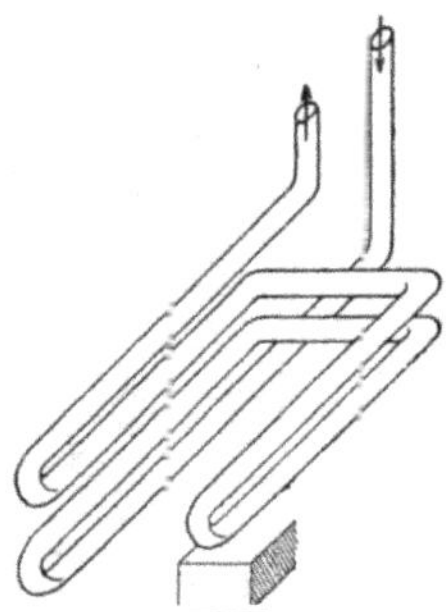

Abb. 74.

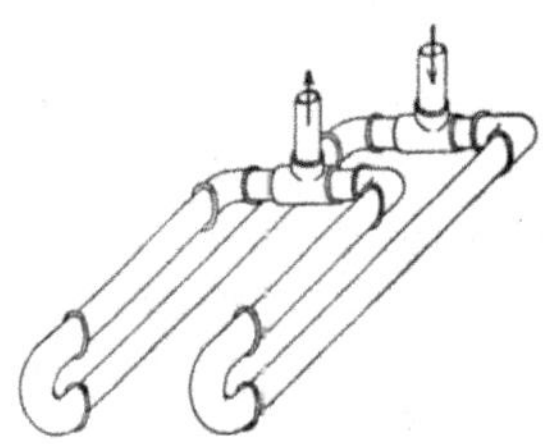

Abb. 77.

Teil mit der Warmwasserableitung ist nach Abb. 72 an die Seite des Gasabzuges zu legen. Bei vielgängigen Schlangen (Abb. 74) ist solche Bedingung bedeutungsloser; bei ihnen können wegen des größeren Höhenunterschiedes Zu- und Ableitung an derselben Seite, der Gasabzugsseite, liegen. Der Bildung von Säcken und dem Stillstehen des Wassers (Abb. 75, 76) in den Windungen kann man dadurch begegnen, daß man nach Abb. 72, 73 unter die unterste Windung der Abflußseite einen Schamottestein in Stärke einer Rohrdicke plus Windungsabstand unterlegt. Auf jeden Fall hat man dafür zu sorgen, daß die Windungen wenigstens horizontal, noch besser in Richtung des Zirkulationsweges regelmäßig ein wenig ansteigen. Was die Zahl der Windungen anbetrifft, so soll man lieber auf eine Windung mehr verzichten, damit dieselben so weit voneinander abstehen können (∾ 10 mm), daß die Gase mit genügendem Zuge durch die Spalten abzuziehen vermögen und leichte Reinigung vorgenommen werden kann. Ein Herumführen der Schlange um den Bratherd sollte vermieden werden. Die beabsichtigte Vergrößerung der Heizfläche ist in der Regel illusorisch.

Die Heizschlangen werden aus 5÷8 mm starkem nahtlosem Eisenrohr, Perkinsrohr, oder aus 2,5÷4 mm starkem Kupferrohr hergestellt; für kleine Herdfeuerungen genügt auch das gewöhnliche Schmiedeeisenrohr. Müller, Wernigerode liefert sogar gußeiserne Herdschlangen bis 0,9 m^2 Heizfläche, die unempfindlicher gegen äußere Beschädigungen beim Schüren, dafür aber leichterem Zerspringen ausgesetzt sind. Das dünnwandige Kupferrohr ist wenig zweckmäßig, da es durch das Schüren mit der Schaufel oder dem Haken leicht beschädigt wird. Selbst der Vorteil des Kupferrohres, sich sauberer und leichter als Schmiedeeisenrohr biegen zu lassen, ist jetzt nicht mehr stichhaltig. In den modernen Rohrbiegern, die handlich und leicht zu bedienen sind, lassen sich Schmiedeeisenröhren ohne Füllung bis 1″ kalt, stärkere rotwarm (in einer Hitze) sauber biegen. Kupferrohr ist dagegen dort am Platze, wo eisen- oder säurehaltiges Wasser vorhanden ist. Solches Wasser scheidet beim Erwärmen Oxyde und Luft aus, die das Eisenmaterial der Schlangen stark angreifen, während Kupfer davon weniger in Mitleidenschaft gezogen wird. Zur Erhöhung der Dichtigkeit und Lebensdauer sind die Schlangen möglichst aus einem einzigen Rohrstück zu biegen und die Anschlüsse außerhalb des Feuerraumes zu legen. Man findet jedoch auch Schlangen aus Formstücken nach Abb. 77 zusammengesetzt, die sich hier und da gut bewährt haben sollen. Der lichte Durchmesser der Schlangen schwankt zwischen 20 und 45 mm.

Einen Übergang von den Schlangen zu den Flaschen bildet der Herdeinsatz nach Abb. 78 von Barckmann, Hamburg. Kupfer- oder Eisenrohrstücke werden zu 2 oder 3 Lagen übereinander angeordnet und durch Formstücke aus Messing oder Eisen verschraubt. Dabei ist bei 3 Rohrlagen ein einheitliches Formstück für alle 3 Windungen vorgesehen. Verhütet auch das letztere ein Einschieben von Brennstoff zwischen die Rohrlagen, so kann jedoch die mittelere Windung als überflüssig erachtet werden, da sie an der Wasserzirkulation nur geringen Teil haben wird. Deswegen wird auch die Heizfläche, welche $\sim 0{,}5\ m^2$ betragen soll, zu hoch bemessen. Der Heizkörper mit 2 Windungen wird dieselben Dienste leisten und eine Beengung des Feuerraums vermeiden. Bei Einsätzen dieser Art ist es ratsam,

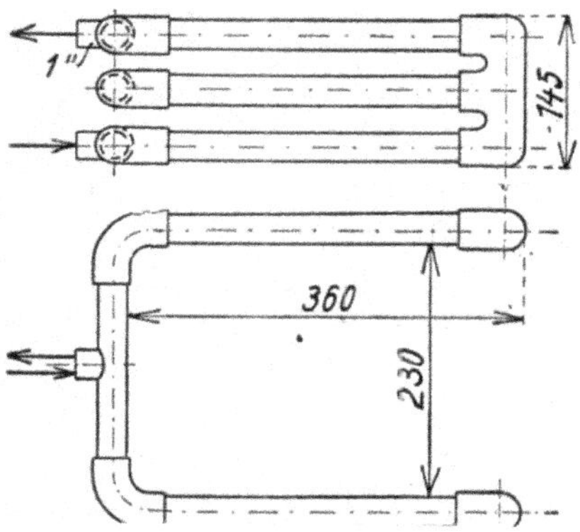

Abb. 78.

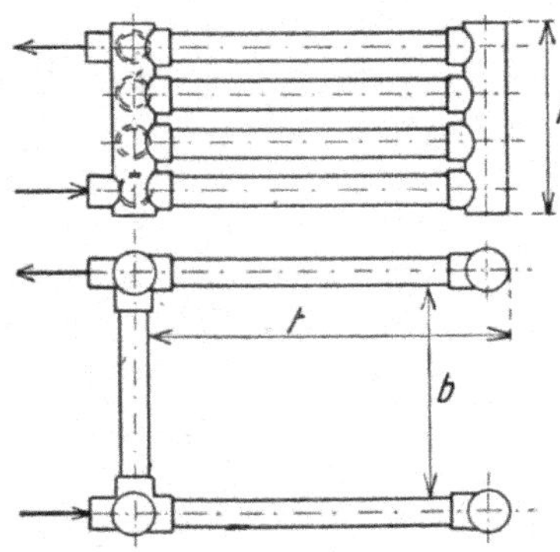

Abb. 79.

die Zu- und Ableitungen in die Mitte der Querrohre zu wählen und nicht, wie man es häufig sieht, versetzt an den hinteren Ecken, welch erstere Ausführung nur störend auf die Wasserzirkulation wirkt.

Günstiger liegen die Verhältnisse bezüglich letzterer Bemerkung, wenn die Röhrenlagen nach Abb. 79, einer Konstruktion von Schammer u. a., durch Zusammenfassung auch der hinteren Ecken ein einheitliches System bilden. Alsdann werden vorteilhaft Zu- und Ableitung, versetzt an den hinteren Ecken, angeschlossen. Bedingungen für eine vollkommene Leistung sind aber auch hier, daß die lichte Weite des Einsatzes genau der äußeren Rostgröße des Feuerraumes entspricht, daß von Oberkante Einsatz bis Unterfläche Herdplatte mindestens 50 mm Raumhöhe für den Zug besteht und daß rings um den Einsatz 20÷25 mm Spielraum zum Umspülen der Feuergase vorhanden sind. Die Schammereinsätze werden in 2÷4 Rohrlagen zu 80, 130 und 170 mm Höhe aus 1″ hartem Kupferrohr und Rotgußecken ausgeführt.

Tabelle 8.

Schammer-Herdeinsatz, 4 Rohrlagen übereinander. (Abb. 79.)

Stdl. Leistung von 10° auf 60° l		82	100	125	170	200	250	300	375
Heizfläche . . . . m²		0,41	0,50	0,56	0,63	0,70	0,76	0,81	0,90
Lichte Maße in mm	*b*	200	250	300	310	320	330	350	400
	t	250	300	350	420	500	550	620	700
	h	170	170	170	170	170	170	170	170

Bei flottem Feuer sollen die Leistungen bis zu 40% höher sein.

Die Heizflaschen, auch Herdflaschen, Kasten, Taschen genannt, besitzen gegenüber den Schlangen den Vorteil einer Massenherstellung als Guß- oder Schmiedestück, einer größeren Mannigfaltigkeit in der Konstruktion und unter Umständen auch einer größeren Heizfläche. Die Wärmeübertragung wird aber vielfach der durch die dünnwandigen Schlangenröhren nachstehen. Die große Schmiegsamkeit der Schlangen, die allgemein als ein großer Vorzug derselben angesehen werden muß, ist hier bedeutungsloser, da die Schlangenwindungen an die meist kleine Herdrostfläche nicht so genau angepaßt werden können als es die Flaschengußstücke gestatten, solange man es mit gebräuchlichen Handelsgrößen zu tun hat. Besondere Einzelgußstücke werden zu teuer ausfallen. Die gebräuchlichste Gestaltung ist die Hufeisenform. Jedoch nicht alle erfüllen den Zweck, durch ihre gesamte Heizfläche an der Wasserzirkulation fördernd beizutragen. In erster Linie ist darauf zu achten, die Zirkulationszuleitung an den tiefsten Punkt, die Ableitung an den höchsten Punkt der Flasche zu legen und in den Flaschen tote Räume zu vermeiden. Ferner hat man darauf zu sehen, daß nicht durch eine einheitliche hohe Seitenfläche dem angrenzenden Brat- oder Backofen zu viel Wärme ferngehalten wird. Gerade letzterem

Umstande sollte beim Bau und Einbau der Flaschen mehr Bedeutung beigelegt werden. Erhalten die Einsätze zu hohe Seitenwände — und ein Maß von 150÷170 mm muß schon als hoch bezeichnet werden —, so bleiben die anliegenden Bratöfen kühl, da die Flaschenwandung eine viel höhere Temperatur als die des durchströmenden Wassers nicht annehmen kann. Ist die Warmwaserbereitung für 60° berechnet und danach auch richtig installiert, so kann dann ebenfalls im Bratofen keine höhere Temperatur herrschen, wenn nicht die übrigen Bratofenwände den Mangel infolge günstiger Feuerzuganordnung durch die andern Wände ausgleichen. Meist soll aber gerade die der Flasche zugekehrte Bratofenwand die wirksamste Transmissionsfläche bilden. Ferner ermangeln die Flaschenwände des strahlenden Wärmespeichers der Schamottesteine, welche den Feuerraum bei gewöhnlichen Feuerungen und auch zum Teil bei Heizschlangen umgeben. Die Folge davon ist eine niedrige Feuertemperatur und noch unvollkommenere Verbrennung und demgemäß ein größerer Brennstoffverbrauch. Auf jeden Fall besteht die Wahrheit, die auch von vielen Besitzern solcher Anlagen erkannt ist, daß eine kostenlose Warmwasserbereitung mit Herdeinsätzen durchaus nicht überall erzielt wird. Bei erstmaliger richtig durchdachter und ausgeführter Grundkonstruktion können mit Heizflaschen aber weniger schwere Installationsfehler begangen werden als bei Verlegung der Schlangen, die von Fall zu Fall nach Faustregeln und Handwerksgewohnheiten herzustellen sind.

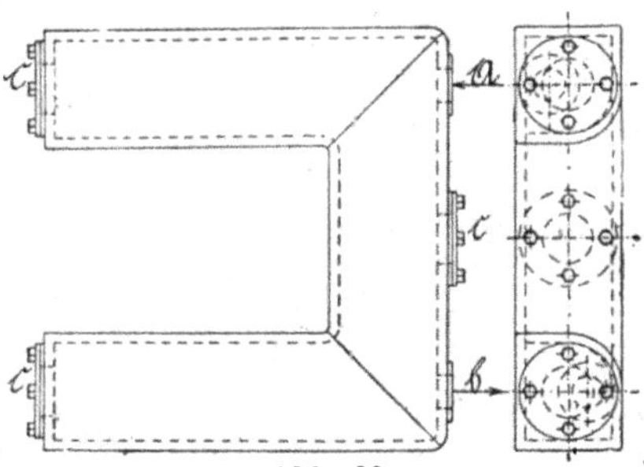

Abb. 80.

Die aus Gußeisen oder Weichmetall hergestellten Heizflaschen sind für hohe Wasserdrücke nicht geeignet und entbehren durch ihre Starrheit und scharfkantige Form der Elastizität und Ausdehnungsfähigkeit der Schlangen. Werden die Flaschen druckfest aus starkem Material hergestellt, so leidet der Heizeffekt in erheblicher Weise.

In Abb. 80 ist ein Normalmodell einer gußeisernen Heizflasche von Lubinus Stein & Cie., Kattowitz, dargestellt.

Es ist mit einem hinteren und zwei vorderen Blindflanschen *c* zum Reinigen versehen und besitzt in der Rückfläche die beiden Rohranschlüsse *a* und *b* von 1¼″ lichter Weite. Wenn die Gesamtanordnung des Küchenherdes es zuläßt, ist es ratsamer, zur Erhöhung der Wasserzirkulation die Rohranschlüsse in die beiden vorderen Stirnflächen *c* der Schenkel zu legen. Die Leitungen sind dann längs der Schenkel nach rückwärts zu führen. Wenn sie auch etwas umständlicher und platzraubender ist, so ist diese Art Rohranschluß stets vorzuziehen. Diesen Nachteil besitzen alle derartigen einfachen Konstruktionen, die aber wieder gerade infolge der Einfachheit und hohen Widerstandsfähigkeit für die meist roh behandelten Küchenherde beliebt sind. Nur das hintere Querrohr zu jenem Zwecke in zwei getrennte Kanäle zu zerlegen, wie man es hier und da ausgeführt findet, bringt keine Verbesserung herbei. Besser ist es dann schon, den Wasserraum, d. h. den freien Querschnitt der Flaschen nicht zu klein zu nehmen, damit sich wirksame Wasserzirkulationsströme in oberen und unteren Zonen bilden können. Dieser Anschauung trägt der gußeiserne Warmwasserbereiter von Nestler & Breitfeld, Erla i. E. in schmaler, hochgebauter Form nach Abb. 81 mehr Rechnung.

Tabelle 9.

Heizflasche von Nestler & Breitfeld, Erla i. E. (Abb. 81.)

Maße in mm					Heizfläche	Stdl. Leistung	Rohranschluß	Gewicht
B	*H*	*L*	*b*	*l*	m^2	WE	Zoll	kg
440	150	420	200	300	0,271	2710	1	53
540	150	520	300	400	0,373	3730	5/4	70
335	110	500	180	420	0,213	2130	1	35
335	110	380	180	300	0,175	1750	1	29
250	90	350	160	300	0,130	1300	1	16
380	180	380	220	300	0,251	2510	5/4	44

Die große Veränderlichkeit der Rostflächen bzw. der ganzen Herde verlangt natürlich für weiteste Verwendungsmöglichkeit der Herdflaschen als Handelsartikel eine große Anzahl Modelle, welche natürlich nicht zur Verbilligung der Massenartikel beiträgt. Koloseus, Aschaffenburg, führt seine Heizkasten in 16 Größen in den Grenzwerten nach Tab. 10 und Abb. 82 aus. Die größten Modelle kommen für die Großherde der Speisewirtschaften, Fabriken und gewerbliche Feuerung in Betracht. Die inneren Flächen des Heizkastens besitzen Längsleisten als Rostträger.

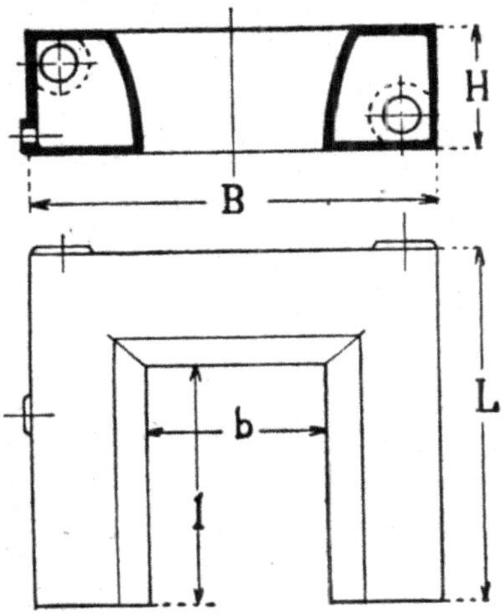

Abb. 81.

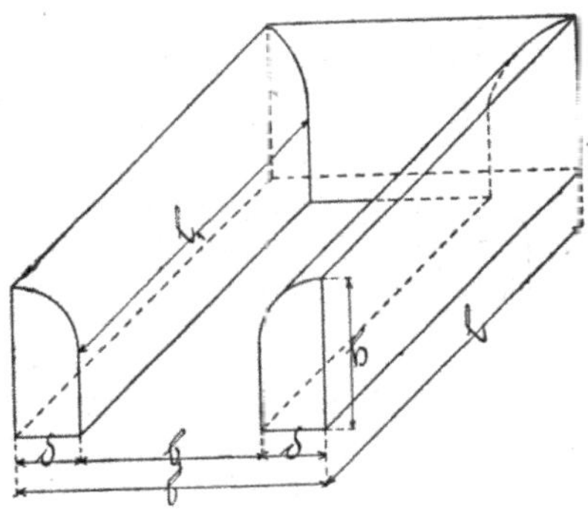

Abb. 82.

Tabelle 10.

Heizkasten von Koloseus, Aschaffenburg. (Abb. 82).

Maße in mm						Rohranschlüsse	Heizt Warmwasserbehälter von	Gewicht
l	b	h	c	Rostgröße l_1	Rostgröße b_1	Zoll	Inhalt in l	kg
400	270	150	50	355	170	1	150	30
980	830	250	120	860	590	2	1500	226

Findet man nicht genügend Platz im Küchenherd zum Einbau oder soll dem anliegenden Bratofen die Hitze nicht entzogen werden, so läßt man nach Abb. 83 einen Seitenschenkel fort oder nimmt überhaupt nur eine einseitige Tasche, deren Wirkung aber nicht zu hoch eingeschätzt werden darf. Zur Erhöhung des Effektes und der Lebensdauer des Rostes kann letzterer als wassergekühlter Rost

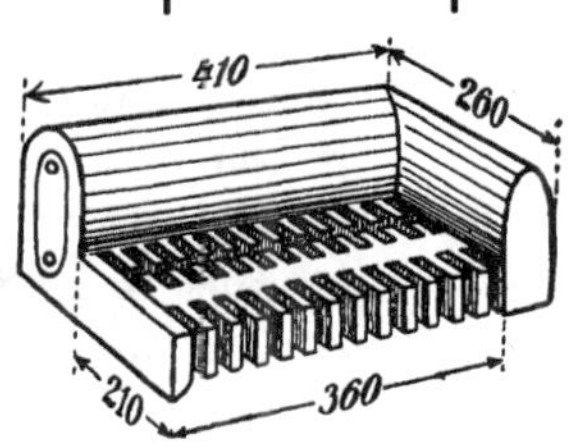

Abb. 83.

mit dem Einsatz aus einem Stück hergestellt werden. Eine derartig ausgebildete Konstruktion ist nach Abb. 83 die Heizflasche der National Radiator-Gesellschaft, Berlin, welche bei 1″-Anschluß und 0,26 m² Heizfläche eine stündliche maximale Leistung von 4700 WE ergibt.

Bei der Heizflasche in starkwandigem Rotguß mit doppelter Zirkulationskammer, wie sie von vielen Firmen ausgeführt wird und neben den Schlangen wohl zu den beliebtesten Heizeinsätzen gehört, zeigt Abb. 84. Hier tritt wieder eine Annäherung an

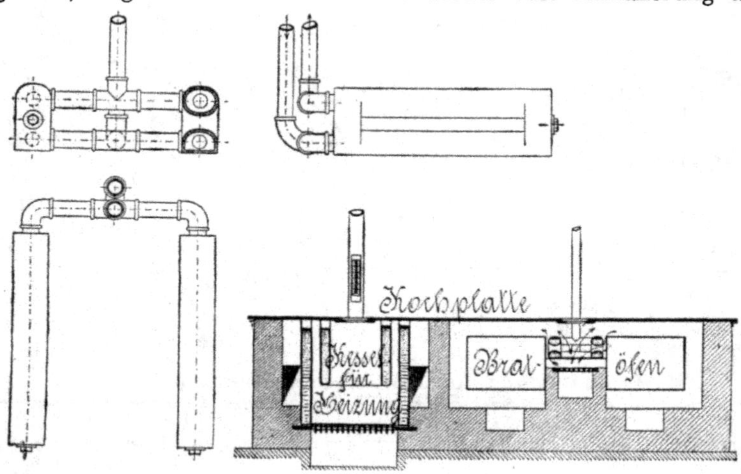

Abb. 84. Abb. 85.

die Schlangen hervor, wodurch die Vorteile beider Einsätze miteinander vereint werden. Die Trennung in eine obere und untere Zirkulationskammer vergrößert die Heizfläche, die Wasserbewegung und somit den Effekt; die Erwärmung der Bratöfen wird wenig beeinträchtigt. Zwei vordere Verschraubungen gestatten eine Reinigung von Schlamm. Der Einbau des Heizeinsatzes ist aus Abb. 85 ersichtlich, die Leistung und Größe der gangbarsten Modelle aus Tabelle 11.

Ist vorstehend auch stillschweigend und als selbstverständlich mit dem Herdeinsatz ein Warmwasserbehälter verbunden gedacht, so mag hier nicht unerwähnt bleiben, daß ein Herdeinsatz auch unmittelbar, ohne Zwischenschaltung eines Behälters, auf die Zapfstellen hinarbeiten kann. Es ist dies die älteste, allerdings auch einfachste, jedoch unpraktische und in ihrer Anwendung beschränkte Ausführung. Über der höchsten Zapfstelle ist dabei ein Überkochgefäß vorzusehen, das die Anlage stark wärmeverlustreich und daher für neuzeitliche Anforderungen unstatthaft macht. Das Überkochgefäß ist mit dem Schwimmergefäß für den Kaltwasserzufluß in unmittelbare Verbindung zu bringen.

Tabelle 11.

Rotgußheizflasche mit doppelter Zirkulationskammer.

(Abb. 84.)

Flaschen-			Heizfläche des Paares	Stdl. Erwärmung auf 60°	Gewicht des Paares
Länge mm	Breite mm	Höhe mm	m^2	l	kg
335	65	125	0,20	160	18
400	65	125	0,25	200	20

Zur Erreichung einer sicheren Wasserzirkulation und eines guten Effektes ist der Rohrplan möglichst einfach und kurz durchzuführen. Der größte Horizontalabstand einer solchen einfachen Küchenanlage von Herdeinsatz bis äußerster Zapfstelle soll unter 25 m bleiben. Der senkrechte Abstand zwischen Feuerstelle und höchster Zapfstelle ist durch die Gebäudehöhe bedingt und wird für gewöhnliche Verhältnisse 20 m = 2 Atm. kaum überschreiten. Städtische Wasserleitungen haben in der Regel 2,5÷5,0 Atm. Wasserdruck, somit könnte die Anlage einem städtischen Rohrleitungsnetz direkt angeschlossen werden. Aus Betriebssicherheits- und Günstigkeitsgründen, wie auch auf Grund bestehender städtischer Bestimmungen wird man aber wohl häufig auf ein Niederdrucksystem zukommen müssen, indem man ein Schwimmergefäß in die Kaltwasserleitung einschaltet. Das Gefäß ist, um den Druck für die höchste Zapfstelle zu erhalten, über dieser, etwa im Dachboden anzuordnen.

Der Umstand, daß der Küchenherd Winter wie Sommer in Betrieb steht, daß mit der Küche als warmer Raum und mit einer ständigen Feuerung des Herdes während eines großen Teiles des Tages so wie so sich abgefunden werden muß, führten dazu, den Herd mit Anbau besonderer Feuerstellen auch für größere Warmwasserleistungen heranzuziehen. Aus den Heizflaschen entstanden die Wasserkästen mit besonderer Feuerung, deren Anbau infolge Verwendung eines Füllschachtes kaum eine nennenswerte Vergrößerung des Küchenherdes her-

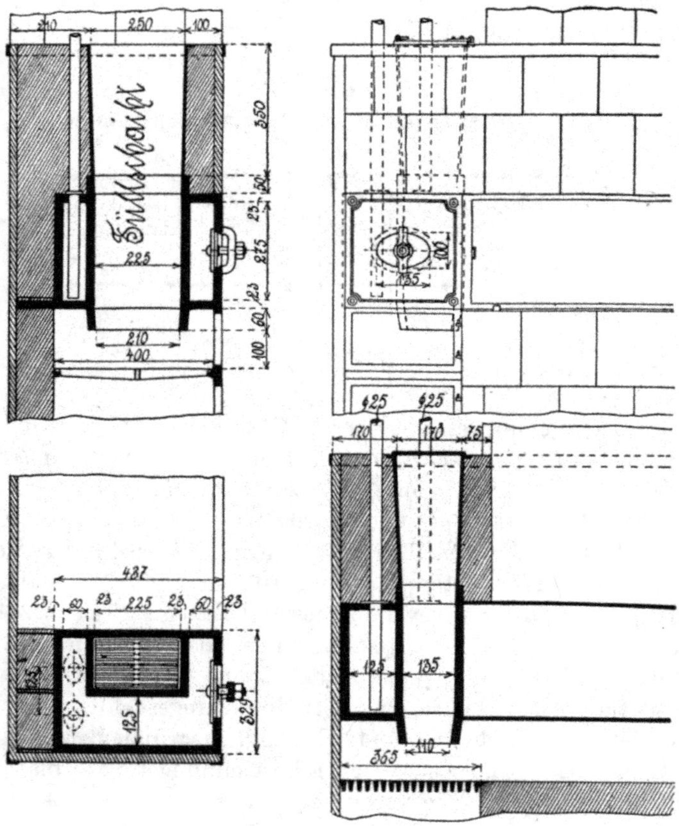

vorrufen, höchstens 0,4÷0,5 m in der Länge. Die Wasserkasten werden aus 7÷12 mm starkem Schmiedeeisen geschweißt oder aus Gußeisen von 20÷23 mm Stärke gegossen. Eine derartige Ausführung von Clajus, Mittweida, zeigt Abb. 86. Der gußeiserne Wasserkasten umgibt ⊔förmig einen besonderen Füllschacht des Küchenherdes. Die Konstruktion hat sich vielfach bewährt, sobald Hausbrand-Nußkohle, die allerdings zurzeit schwer zu erhalten ist, zur Verfeuerung kommt.

Mit dem Ausbau der Heizungskessel entstanden dann auch bald weiter regelrechte Küchenherdkessel, die den größten Anforderungen an eine häusliche Warmwasserbereitung zu genügen vermochten. Die Kessel sind der Eigentümlichkeit der Küchenherde angepaßt und werden entweder in die Hauptfeuerung eingesetzt (Abb. 88) oder mit eigener Feuerung versehen, in welch letzterem Falle man einen unbeschränkteren

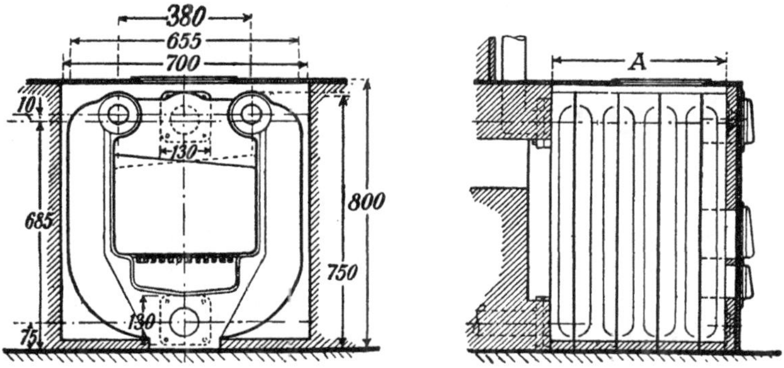

Abb. 87.

und getrennten Koch- und Heizbetrieb, aber auch eine entsprechend größere Herdlänge erhält. Neben den schmiedeeisernen Zylinderkesseln (Abb. 85) und den Rohrregisterkesseln (ähnlich wie Abb. 95) erwiesen sich vor allem die gußeisernen Gliederkessel brauchbar und erfreuten sich bald großer Beliebtheit. Auf Grund vorzüglich durchdachter Konstruktion können damit in dem beschränkt bemessenen Raume des Herdes beträchtliche Heizflächen untergebracht werden.

Je nach der Größe und Beschaffenheit des Herdes werden die gußeisernen Kesselelemente symmetrisch nach Abb. 87 von der Nat. Rad. Ges., Berlin, und Abb. 88 von der Haus- und gesundheitstechn. Ges., Hamburg, ausgeführt oder auch nur mit halben und dann paarweis zusammengesetzten Gliedern (ähnlich wie in Abb. 96) eingebaut. Im Gegensatz zu diesen Bauarten mit senkrechten, nebeneinander aufgestellten Gliedern benutzt Strebel für seinen Küchenherdkessel Domo nach Abb. 89

wagrecht übereinander geordnete Glieder, welche Zusammenstellung für kleine Verhältnisse Raumgewinn bringt. In Abb. 89 liegt die Feuertür beim Maß 95 und die Aschfalltür beim Maß 92.

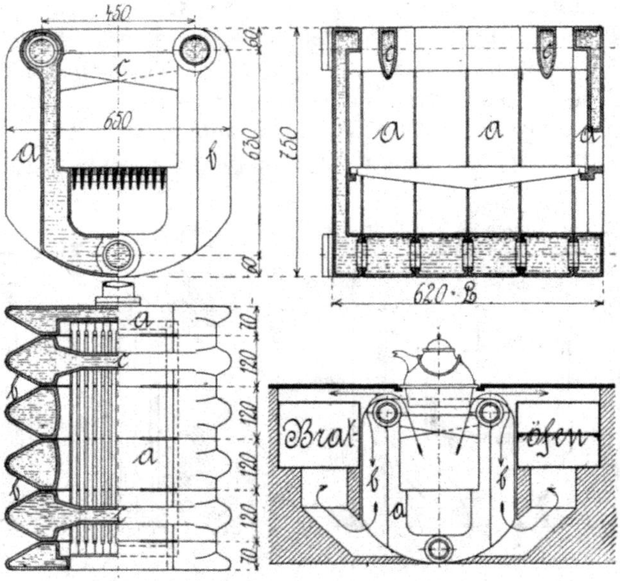

Abb. 88.

Im Falle des Nichtbetreibens der Hauptfeuerung können die Kessel einen Einhängerost, Sommerrost, erhalten, eine Einrichtung, die nur dann Zweck hat, wenn der Kessel vorzugsweise einer Zentralheizung angehört und die Warmwasserbereitung von dieser nebenbei miterfolgt. Legt man nicht besonderen Wert auf eine Feuerstelle in der Wohnung, so ist ein Küchenherdkessel nur dort am Platze, wo das Feuer nicht um die Warmwassererzeugung selbst willen ständig geschürt, sondern während der meisten Tagesstunden wie in Gasthäusern so wie so unterhalten werden muß.

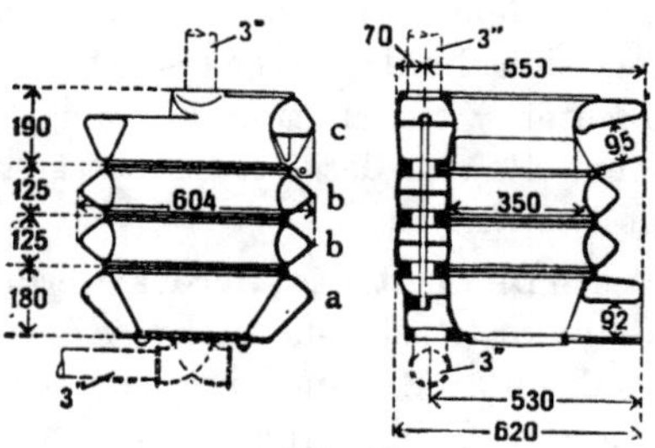

Abb. 89.

Tabelle 12.

Leistungen und Maße von Küchenherdkesseln.

Ausführung	Gliederzahl	Heizfläche m²	Stündl. Wärmeleistung WE	Wasserinhalt l	Herd-Außenmaße für Kessel in mm Höhe	Breite	Länge
Strebel (Abb. 89)	1	0,7	7 000	17,5	800	750	800
	2	1,4	14 000	35,0	800	750	800
	3	1,95	19 500	42,5	800	750	800
	4	2,5	28 500	50,0	825	750	800
Nat.-Rad.-Ges., Berlin (Abb. 87)	3	2,1	21 000	35	800	700	330
	4	2,5	25 000	48	800	700	376
	5	3,2	32 000	65	800	700	494
	6	3,9	39 000	82	800	700	612
	7	4,6	46 000	98	800	700	730
	8	5,3	53 000	114	800	700	848
	9	6,0	60 000	131	800	700	966
Nestler & Breitfeld, Erla i/E.	4	1,39	9 730		450	575	280
	bis	bis	bis		450	575	bis
	13	4,35	30 450		450	575	910
	4	2,46	17 220		490	640	407
	bis	bis	bis		490	640	bis
	13	7,87	49 420		490	640	1064

Für Kessel mit Sommerrosteinsatz hat man die nächsthöhere Kesselnummer zu wählen, da der Einsatz einen Teil der Kesselheizfläche unwirksam macht. Die Gliederzahl beim Erlakessel bezieht sich auf Gliederpaare.

2. Der Waschkessel.

Der Kessel der Haushaltungswaschküchen bildet in sich schon eine abgeschlossene, regelrechte Warmwasserbereitungsanlage. Der gußeisenemaillierte oder kupferne Behälter von zylindrischer oder parabolischer Form hängt nach Abb. 90 frei in den gemauerten Feuerraum hinein, so daß seine Metallwände die einen Flächen der Heizzüge bilden. Man nimmt in der Regel den runden Feuerraum gleich als Unterzug und dazu einen ringförmigen Seitenzug.

Zuweilen findet man zur Aushilfe und in Mietshäusern, dort, wo keine Badezimmer in den Etagen von vornherein vorgesehen sind, den Waschkessel nach Abb. 90 mit einer Badeeinrichtung verbunden. Solche Anlage ist immer besser als gar keine. Ein Übelstand besteht zwar darin, daß die Wanne wegen des erforderlichen Gefälles des Warmwassers unter Geschoßsohle aufgestellt werden muß, will man nicht die bequeme Handhabung am Kessel infolge Höherlegung desselben behindern. Der Kessel mit ∾ 150÷175 l Inhalt reicht für ein Bad aus. Andernfalls könnte man genügend Warmwasser durch Anordnen eines Schwimmkugelgefäßes in Höhe des Kessels leicht gewinnen.

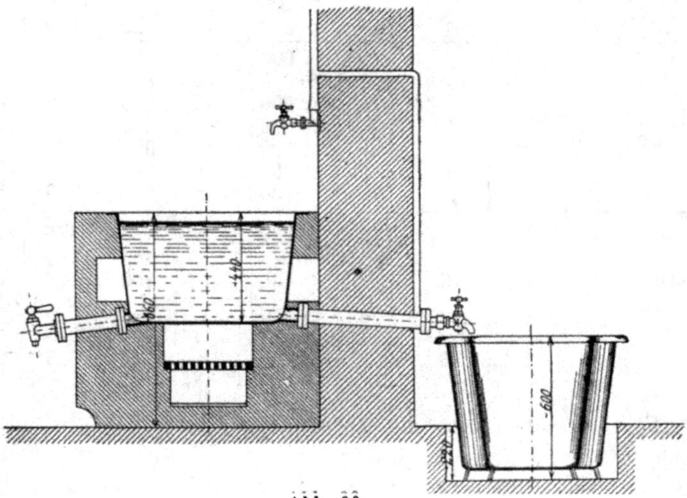

Abb. 90.

Eine beachtenswerte Konstruktion zur Ausnutzung einer Waschkesselanlage zeigt der Brausebad-Mischapparat (Abb. 91) von Theodor Keil, Halle a. S. Der Apparat ist vor allem beachtenswert durch seine große Einfachheit, geringe Anlage- und Betriebskosten, kleinste Raumbeanspruchung und einfachste Bedienung; er ist so recht für den Hausgebrauch geeignet, dort, wo in einfachen Mietshäusern kein Baderaum von vornherein vorgesehen ist. Als Brausebadapparat läßt er bei gemeinschaftlicher Benutzung einer Badeanlage seitens mehrerer Mietparteien die Badewanne mit den in solchem Falle unappetitlichen Nebenerscheinungen in Fortfall kommen. Der eigentliche Apparat *A* (Abb. 91), zu dem sich auch manche andere Konstruktion eignen würde, wird durch Schlauch- oder Rohrleitung *a* mit dem Hahn *V* einer Kaltwasserzuleitung *b* von mindestens 2 Atm. Druck zu verbinden sein; ein zweiter Schlauch- oder Rohranschluß *c* mündet in den Warmwasserbehälter, den Waschkessel *W*, von wo aus das zuvor erwärmte Wasser angesaugt

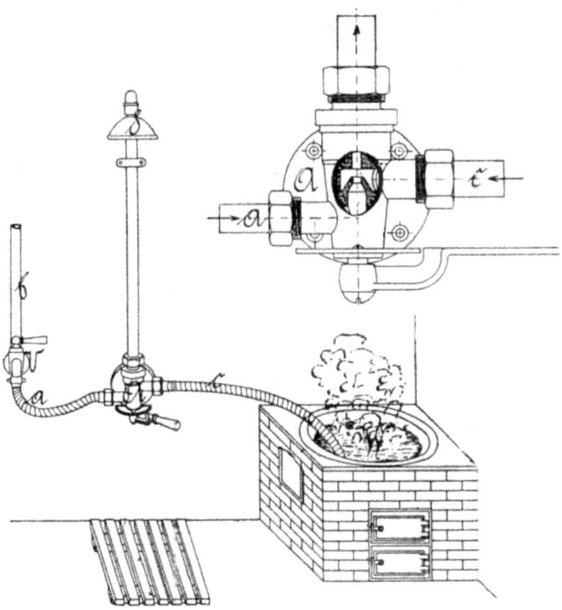

Abb. 91.

wird und mit dem kalten Wasser vermischt in einer beliebig regulierbaren Temperatur der Brause *d* entströmt. Als Warmwasserbehälter kann auch ein Topf, Eimer von ∾ 10 l und mehr Inhalt verwandt werden. Um den Effekt der Anlage nicht herabzudrücken, wird es sich empfehlen, einmal den Brausearm halbkreisförmig zu biegen, nicht scharf zu knicken, und dann dem Brausekopf nicht mehr Öffnungen zu geben, als zur Lieferung des vorgesehenen Wasserquantums, ∾ 4÷5 l/min, nötig ist (∾ 45 Löcher zu 1 mm Durchmesser).

Solchen behelfsmäßigen Kleinanlagen bringt die Industrie durch Einführung aller möglichen Sonderkonstruktionen immer mehr berechtigtes Interesse entgegen und sucht dadurch die unökonomische Behelfsmäßigkeit, die ihr ja stets anhaftet, wirtschaftlicher zu gestalten. Einen transportablen Warmwasserkessel baut das Eisenwerk Kaiserslautern nach Abb. 92. Junkers, Dessau, hat einen neuzeitlichen Bade-Waschkessel aus Stahlblech mit Kohlen- oder Gasheizung konstruiert, der für Wasch- wie Badezwecke mit Vorteil und bequem zu gebrauchen ist. Für Kessel mit Gasfeuerung nach Abb. 93 beträgt bei 70 l Wasserfassung der stündliche Gasverbrauch ∾ 800 l, die Anheizdauer zur Erwärmung des Wassers von 10° auf 90° ∾ 55 min und für eine Badbereitung ∾ 20 min. Der Bunsenbrenner ist mit einer einfachen, aber sicheren Zündvorrichtung versehen und als Sparbrenner nach dem Vorbilde des modernen Gasherdes ausgebildet. In Abb. 93 bedeuten: a = Gasanschluß, b = Gashahn, c = Luftregulierung, d = Bunsenbrenner, e = Abgasstutzen, f = Wasserablauf-Schwenkhahn, g = Einlaßhahn, h = Lamellenheizkranz, i = Luftisolation, k = Schauloch und l = Kondenswasserschale.

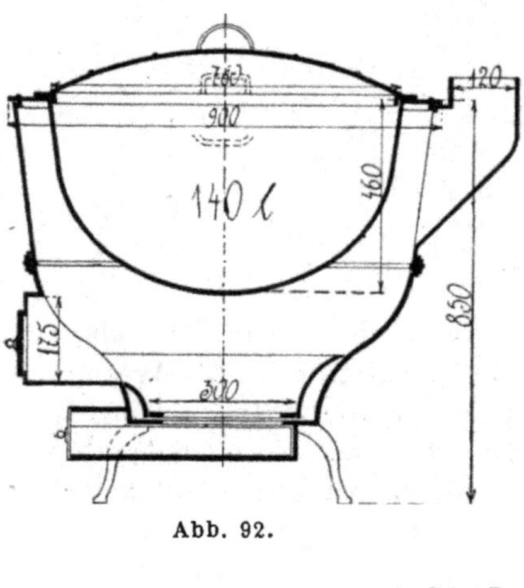

Abb. 92.

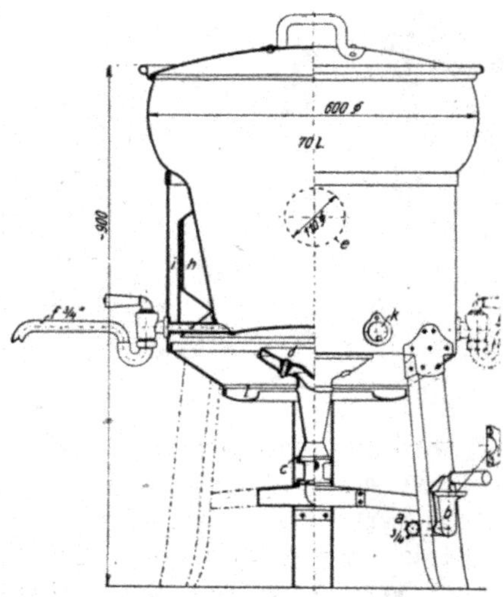

Abb. 93.

3. Die Raumheizkörper.

Die Raumheizkörper werden seltener mit zur Warmwasserbereitung größeren Umfanges ausgenutzt, da ihre Abmessungen für den von ihnen zu leistenden Heizungseffekt schon groß genug ausfallen. Eine Warmwasserbereitung im kleinen wird dagegen in einfachen Wohnungen mit Hilfe des Stubenofens noch häufig vorgenommen. Zu diesem Zwecke ist der Ofen mit einem zwischen den Heizzügen liegenden Raume zur Aufnahme eines Kochtopfes oder einer Kasserole versehen oder auch mit einem festen Wasserschiffe ausgerüstet.

Eine Ausführung letzterer Art des Eisenhüttenwerkes Schönheider Hammer zeigt die Abb. 94. Der moderne Aufsatzofen mit Stirnfeuerung besitzt einen Unterofen U mit einem für 28 l bemessenen Wasserkasten a direkt über der Feuerung b. Auf U ruht der Oberofen O mit den weiteren Heizzügen. Neben der Raumerwärmung können die 28 l in einer Stunde auf 80⁰ erwärmt werden.

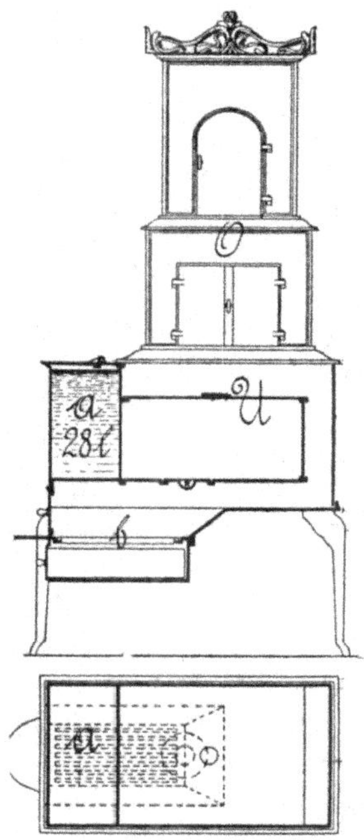

Abb. 94.

O. Winter, Hannover, baut einen Heiz- und Kochofen mit Sommer- und Winterfeuerung, der vorzugsweise für Arbeiterwohnungen, Ökonomien, Speiseräume vorgesehen ist. Diese Öfen bieten besonders dort wertvollen Ersatz, wo es darauf ankommt, Wasser oder Speisen in beliebigen Gefäßen anwärmen oder kochen zu können, und zwar im Winter auch neben einer kräftigen Heizung des Raumes. Es wird alsdann der obere Feuerkorb mit dem Sommerrost herausgenommen und auf dem unteren Roste gefeuert. Mit der Sommerfeuerung des oberen Rostes zwecks Warmwasserbereitung ergibt sich nur eine geringe Erwärmung der Raumluft. Der Ofen ist mit Phönixsteinen ausgesetzt.

Mit dem Ausbau der Küchenherd- und Etagenheizung machte sich das Bedürfnis fühlbar, auch mittleren und kleinen Wohnungen den Genuß einer zentralen Heizung und Warmwasserbereitung zukommen zu lassen. Die Anlage eines vom Küchenherd aus betriebenen Warmwasserbereiters wird in solchen Wohnungen, wo der Küchenherd nur kurze Zeit im Betriebe ist, nicht immer angebracht sein. Dieser Umstand gab dann

Veranlassung, den Raumheizkörper, den lokalen Zimmerofen, als Dauerbrenner für diesen Zweck nutzbar zu machen. So entstanden zwecks zentraler Heizung und Warmwasserbereitung **die lokalen Dauerbrandöfen mit Kesseleinsatz**, die in jedem Zimmer oder Vorplatz aufgestellt werden können. Für die Warmwasserbereitung an sich liegen natürlich die Verhältnisse bezüglich der Außerbetriebsetzung während der Sommerszeit ungünstig. Es müßte für diese Periode immer wieder der Küchenherd oder ein Gasofen als Zusatzquelle mit herangezogen werden.

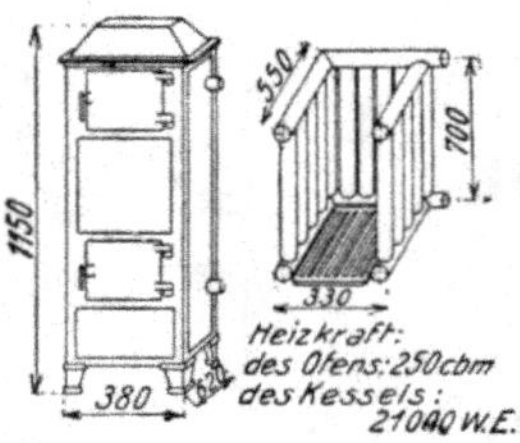

Abb. 95.

Äußerlich unterscheiden sich diese Öfen in ihrer vornehmen stilvollen Form und Größe mit Glasur-Emailleanstrich in keiner Weise von den gewöhnlichen Zimmeröfen. Der Kesseleinsatz besteht entweder nach Abb. 95 aus einem schmiedeeisernen Rohrregistersystem oder nach Abb. 96 aus gußeisernen Gliedern, ähnlich den Küchenherdkesseln. Der Ofen mit Rohrkessel nach Abb. 95 stammt von **Dörhöfer**, München, und ist für Heizleistungen entsprechend Tabelle 13 bemessen.

Tabelle 13.

Zimmerofen mit Rohrkessel von Dörhöfer (Abb. 95).

Außenmaß des Ofens			Rohranschluß S	Stdl. Heizkraft		Außenmaß des Kessels		
				des Ofens	des Kessels			
H mm	*B* mm	*T* mm	Zoll	m^3 Raum	WE	*b* mm	*h* mm	*t* mm
1050	320	350	1	130	4 400	260	600	
		bis		bis	bis			bis
bis	bis	410	$1^1/_2$	150	12 000	bis	bis	340
		bis		bis	bis			bis
1150	380	550	2	200	18 000	330	700	480
,,	,,	620	,,	250	21 000	,,	,,	550

Die Heizkraft ist für Koksfeuerung bemessen, bei Verwendung minderwertigen Brennstoffes beträgt sie $^2/_3$ der Werte. Die Kessel eignen sich auch zum Einbau in Kachelöfen. Der

Dauerbrandofen mit Einsatz gußeiserner Glieder Abb. 96 von Nestler & Breitfeld, Erla i. E., ist ebenfalls konstruktiv auf

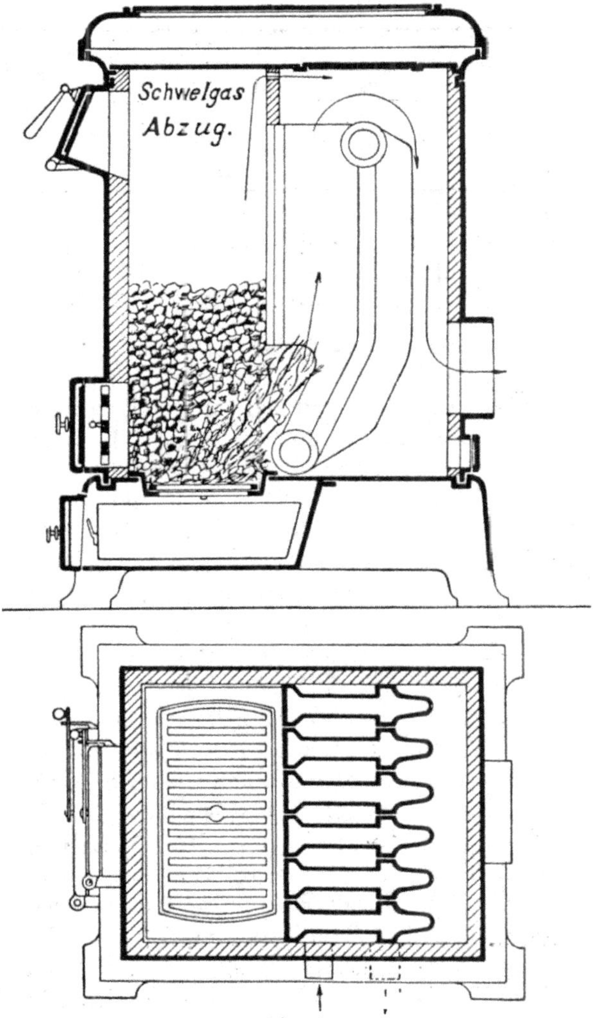

Abb. 96.

das Vollkommenste durchgebildet. Infolge des großen Fassungsvermögens und des Schwelgasabzuges ist der Ofen für Dauerbetrieb und Verwendung eines jeden festen Brennstoffes geeignet.

Tabelle 14.

Dauerbrandöfen mit Gliederkessel von Nestler & Breitfeld, Erla i/E. (Abb. 96).

Ofen-Außenmaß			Abstand vom Boden bis Mitte Rohranschluß		Stdl. Heizkraft in m³ Raum bei		Gliederkessel	
Höhe mm	Breite mm	Tiefe mm	unten mm	oben mm	voller Haube m³	durchbrochener Haube m³	Heizfläche m²	Leistung WE/h
950	520	660	250	615	190	205	1,25	10 000
950	590	660	250	615	210	225	1,49	11 920
950	660	660	250	615	230	250	1,73	13 840
950	735	660	250	615	250	270	1,97	15 760

Waren die bisher angeführten Raumheizkörper in erster Linie für die Raumerwärmung bestimmt, so findet man umgekehrt auch Öfen, deren Hauptbedingung in einer Warmwassererzeugung liegt, aber ohne ihre Eigenschaft als Raumheizkörper während der kalten Jahreszeit zu verlieren. Solche Heizkörper finden sich vorzugsweise als Badeöfen für Holz- oder Kohlenfeuerung mit einem oberen, herausnehmbaren Sommerroste und einer unteren Winterfeuerung. Der Inhalt faßt $\sim 75 \div 200$ l Wasser. Eine Sicherung gegen Überdruck ist nötig.

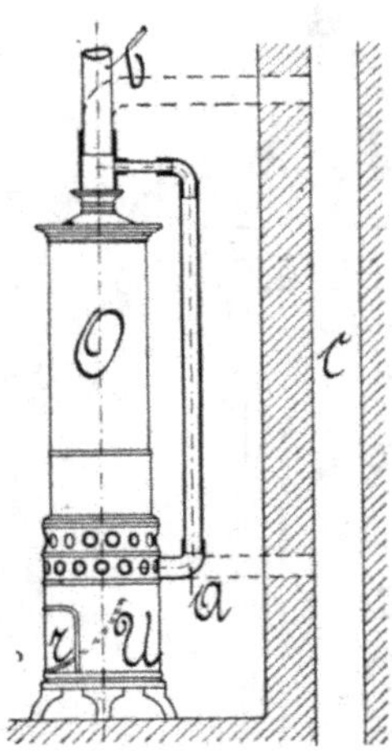

Abb. 97.

Die Gasbadeöfen kommen ebenfalls nach Eschebach, Vaillant und anderen Firmen, entsprechend Abb. 97, als regelrechte Raumheizkörper zur Verwendung, indem letztere den für sich bestehenden Untersatz *U* des Badeofens *O* bilden. Der Ofen *U* mit Reflektor *r* besitzt eine Heizkraft von $\sim 40 \div 100$ m³ und mehr. Das Abzugsrohr *a* von *U* kann entweder für sich dem Kamine *c* zugeleitet oder in das Abzugsrohr *b* des Badeofens eingeführt werden.

Für die Größenbestimmung des unterzusetzenden Reflektors als Raumheizkörper für einen Baderaum u. dgl. kann Tab. 15 nach Houben, Aachen, einen Anhalt geben.

Tabelle 15.

Leistung und Größe der Reflektoruntersätze.

Man benötigt zur Beheizung von 20° bei 30 mm Gasdruck						
für einen Raum mit		40	50	75	90	130 m^3
eine Reflektorbreite von		220	250	350	450	600 mm
einen stündl. Gasverbrauch	zum Anheizen	0,5	0,7	0,9	1,0	1,2 m^3
	nach err. Temp.	0,2	0,3	0,3	0,4	0,5 m^3

4. Die Feuerung eines gewerblichen und industriellen Betriebes.

An vielen Orten finden sich im Gewerbe und Industriebetriebe Großfeuerungen, die neben dem Hauptzwecke zum Teil beträchtliche Wärmemengen für weitere Ausnutzung freigeben. Die Warmwasserbereitung bietet auch hierfür die günstigste Verwendung, um so mehr, als in der Regel gerade diese Betriebe ständigen Bedarf an Warmwasser haben. In erster Linie kommen hier die Backöfen in Frage, dann aber weiter die Großfeuerungen der Ziegeleien, Hüttenwerke usw. Im allgemeinen wird ja jetzt auch in diesen Betrieben auf eine restlose Erfassung der Überschuß- und Abwärme zur Warmwasserbereitung und für andere Zwecke hingewirkt Bisher fand in den Gaswerken bedeutende Wärmevergeudung statt. Die letzte Zeit der Kohlennot hat hier sehr viel Gutes erzwungen. Bis auf das heiße Kokslöschwasser bleibt nicht mehr viel Wärme zur weiteren Ausnutzung übrig, und das Löschwasser ist wegen seines hohen Schwefelgehaltes nicht gut mehr anderweitig zu gebrauchen. (Siehe auch S. 22).

Die Ausnutzung der Abwärme eines Backofens einer kleineren Bäckerei ist in Abb. 98 veranschaulicht. Zwischen Backofen *B* und Schornstein *s* ist ein Heißwasserapparat *A* (s. Abb. 183) eingeschaltet, der Warmwasser für Back- und Reinigungszwecke in genügender Menge liefern kann. Der für den Durchgang der Heizgase im Apparatinnern vorgesehene Raum entspricht der Schornsteinweite von 21 × 21 cm. Ähnliche Anlagen lassen sich an den Wurstkesseln der Fleischereien vorsehen. — In ausgiebiger Weise sind die 12 Backofen der Großbäckerei des Konsumvereins Chemnitz mit Warmwasserbereitern zu je 300 l Inhalt, hinter dem ersten Feuerzuge angeordnet, ausgestattet. Der Einbau an dieser Stelle ist zulässig, da die erforderliche Temperaturerhöhung von 15 auf 23° nur gering und somit die

Heizfläche nicht bedeutend zu sein braucht. Die Boiler WB_1 sind nach Abb. 55 als Quereinlage über dem Ofenschacht eingebaut und führen ihr Warmwasser einer gemeinschaftlichen Gebrauchsleitung zu.

Ein Beispiel für die Ausnutzung einer besonderen industriellen Großfeuerung ganz anderer Art sei der in Abb. 21 dargestellte Müllverbrennungsofen der Stettiner Chamottewerke vorm.

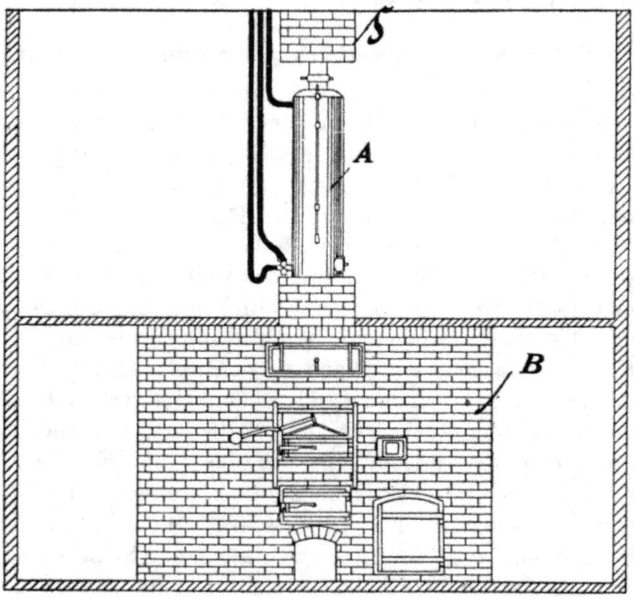

Abb. 98.

Didier. Der Schachtofen besitzt zur Erhöhung seiner Lebensdauer bis über Höhe des eigentlichen Müllofens *MO* einen Wasserkühlmantel *WM*, der vom Behälter *KB* mit Kaltwasser in ständigem Durchlauf durch Leitung *a* gespeist wird. Das mit 65° aus *WM* durch *c* abfließende Wasser gelangt in den Warmwasserbehälter *WB*, in welchem es samt Zusatzwasser durch Abdampf der Maschine indirekt auf 90° nacherhitzt wird. Von *WB* werden der Dampfkessel, die Mülltonnen-Spülmaschine *SM*, Waschraum, Badezellen usw. mit Warmwasser versorgt. Der Wasserverbrauch beträgt in der Davoser Müllverbrennungsanlage

$\sim$ 1500 l/h. Das der Hochdruckleitung l entnommene Kaltwasser wird unter Einschaltung eines Regulierventiles und Wassermessers nach KB geleitet.

b) Die Zentralheizung.

Da die Zentralheizungen noch immer nicht genügende Ausbreitung gefunden haben, und da sie ja nur während der kalten Jahreszeit in Betrieb stehen, so ist eine Zentralheizung als Heizquelle für eine Warmwasserbereitungsanlage nur in beschränktem Maße ausnutzbar. Ein einziger Kessel, der für die Leistung der Heizung und Warmwasserbereitung bemessen ist und letzterer während der warmen Jahreszeit allein dienen sollte, würde zu unwirtschaftlich arbeiten. Für die Warmwasserbereitung macht sich also eine besondere Sommerfeuerung nötig, die sich allerdings in einfacher Weise mit Hilfe eines Lokalofens, Gasofens oder eines zweiten kleinen Hilfskessels erreichen läßt. Im allgemeinen sind daher solche Anlagen auf den Kleinbetrieb beschränkt. So kann man z. B. das Wasser einer Badewanne mittels einer Heizschlange, die in der Wanne selbst oder in einem Behälter liegt und der Heizanlage angeschlossen ist, erwärmen; oder, will man eine Warmwasserbereitung auch zur Sommerszeit haben, legt man die Schlange in einen Badeofen, der ebenfalls durch Kohle, Koks, Holz oder Gas beheizt werden kann. Bei allen diesen nicht zu umgehenden Erweiterungen in der Anlage erhält man aber den Vorteil, während der Heizperiode nur eine einzige Feuerstelle zu haben. Es ist jedoch dabei zu beachten, daß das Bedürfnis nach einem Bade im Sommer größer ist als im Winter. (Siehe Abb. 104).

Im Gegensatz zu letzten Darlegungen hat man jedoch an anderen Plätzen auch wieder den Wunsch, warmes Wasser, etwa für Wasch- und Spülzwecke, hauptsächlich zur Winterszeit stets zur Verfügung zu haben. Derartige Verhältnisse finden sich z. B. in Gasthäusern und Pensionen. In solchem Falle kann die Zentralheizung auf kupferne Heizschlangen hinarbeiten, die sich in einem im Dachboden gelagerten Warmwasserbehälter oder in kleinen, auf den einzelnen Korridoren aufgestellten Zylindern untergebracht sind. Letztere Ausführung hat sich in verschiedenen Hotels zur vollen Zufriedenheit der Besitzer bewährt. Die senkrecht stehenden vernickelten Zylinder werden als Speicher- oder Durchlaufapparate von $\sim 100 \div 25$ l Inhalt ausgeführt und gereichen in ihrer ganzen Aufmachung den Räumen, Korridoren zur Zierde. Durch die Umgehung besonderer Rohrleitungen zeichnet sich dies System vor dem mit im Dachgeschoß liegenden zentralen Warmwasserbehälter aus. (Siehe auch Abb. 26.)

Bei großem Warmwasserverbrauch in Gebäuden, die eine Zentralheizung erhalten sollen, führt man die Anlage vielfach derart durch, daß man für den Winterbetrieb einen eingemauerten Kessel für Heizung und Warmwasserbereitung und zur warmen Jahreszeit für letztere allein einen freistehenden Kleinkessel betreibt. Sind beide Kessel in einem Raume untergebracht, so ist ein nennenswerter Vorteil aus der Verbindung der Heizungsanlage mit dem Warmwasserbereitungssysteme nicht zu gewinnen. Allein die Bedienung einer einzigen Feuerung statt zweier kann nicht ausschlaggebend sein. An Rohrleitung wird nicht gespart. Der Kleinkessel bedarf sowieso eines besonderen Steigrohrs, da die für gemeinschaftlichen Betrieb bestimmte Steigleitung des Großkessels einen zu ungünstig großen Querschnitt für den Alleinbetrieb der Warmwasserbereitungsanlage besitzen wird. Eine Verbindung des Großkessels mit dem Steigrohre des Kleinkessels ist in jedem Falle zu empfehlen, um die Warmwasserbereitung gleich an der Zentralstelle von der Heizungsanlage unabhängig zu machen. Günstiger liegen die Verhältnisse, sobald der Kleinkessel in unmittelbarer Nähe des Warmwasserbehälters oder inmitten des Bereiches der Zapfstellen aufgestellt werden kann.

Als Heizsysteme können die Dampf- und Wasserheizungen, am besten deren Niederdrucksysteme, ausgenutzt werden. Die Warmwasserbereitung kann damit direkt oder indirekt erfolgen. Letztere ist meist vorzuziehen, bei kesselsteinhaltigem Wasser sogar ohne weiteres bedingt. Vielfach wird jetzt die indirekte Erwärmung des Badewassers in einem Zirkulationsofen mittels der so beliebt gewordenen Etagenheizung, für welche die Niederdruck-Warmwasserheizung mit Schnellumlauf zur Verwendung kommt, vorgenommen. Die generelle Regelung der Warmwasserheizung ermöglicht es ja, das Gebrauchswasser der Warmwasserbereitungsanlage zur Sommerszeit durch ein niedriger temperiertes Heizwasser zu erwärmen, als es sonst die Heizungsanlage bedingt. Erfolgt die Warmwasserbereitung stets von der Zentralstelle der Heizungsanlage aus, so ist, um zur Sommerszeit nicht zu erhebliche Erwärmung der Räume durch die Transmission der Leitungsrohre zu haben, vorauszusetzen, daß die Zapfstellen möglichst nahe der Zentralstelle liegen und die Leitungsrohre vorzüglich isoliert sind.

Die Anlage (Abb. 99) nach Käuffer & Cie., Mainz, zeigt Etagen-Warmwasserheizungen, von denen die Kessel des Erdgeschosses und I. Stockes im Küchenherd H eingebaut sind. Das warme Wasser wird dem Boiler WB und dem offenen Behälter W_1B_1 entnommen. Für letzteres System ist das Ausdehnungsgefäß G zur Erreichung einer genügenden Druckhöhe in den II. Stock gelegt. Die Signalleitungen a und die Überläufe b münden in den Abflußtrichter der Küche. Die Zu- und Ableitungen des Verbrauchswassers sind in bekannter Weise von WB und W_1B_1 abzunehmen. — Die Abb. 100 stellt nach Käuffer die Verbindung einer Niederdruckdampfheizung mit einem geschlossenen (WB) und einem offenen (W_1B_1) Warmwasserbehälter und mit einem Badeofen dar, welch letzterer auch durch Gas beheizt werden kann.

Das Ausdehnungsgefäß dient bei der Niederdruck-Warmwasserheizung zugleich als Speisegefäß und kann daher mit einem Schwimmkugel-Abschlußorgan ausgerüstet werden.

Die Fülleitung muß mit der Rückleitung kurz vor Eintritt derselben in den Kessel verbunden werden, damit keine umgekehrte, falsche Wasserzirkulation eintritt. Besonders ist bei direkter Warmwasserentnahme aus der Heizungsleitung, die jedoch nur eine ausnahmsweise sein soll, in erster Linie auf Einhaltung einer richtigen Wasserzirkulation Obacht zu geben. Das kalte Füllwasser muß stets saugend auf die Rückleitung wirken. Für Fernanlagen sind Heizung und Warmwasserversorgung in sich voneinander zu trennen; wohl können beide von einer gemeinschaftlichen Zentralstelle aus betrieben werden, welche eine Hochdruck-, Niederdruckdampf-, Warmwasser- oder Heißwasseranlage sein kann. Soll die Fern-Zentralstation auch, wie meist, Kraft- und Lichtzwecken dienen, so käme dann nur der Dampf als Wärmequelle in Betracht.

Umgekehrt liegt ferner die Möglichkeit vor, eine Warmwasserleitungsanlage zur Raumheizung mitbenutzen zu können.

Natürlich muß dazu die Warmwassererzeugung ausreichend sein. Wird ein Raumheizkörper eingeschaltet, so ist er im Nebenschluß mit einer Umlaufleitung zu versehen, um ihn ohne Hemmung der Wasserzirkulation ausschalten zu können. Sehr praktisch hat es sich erwiesen, den Heizkörper des Baderaumes eines

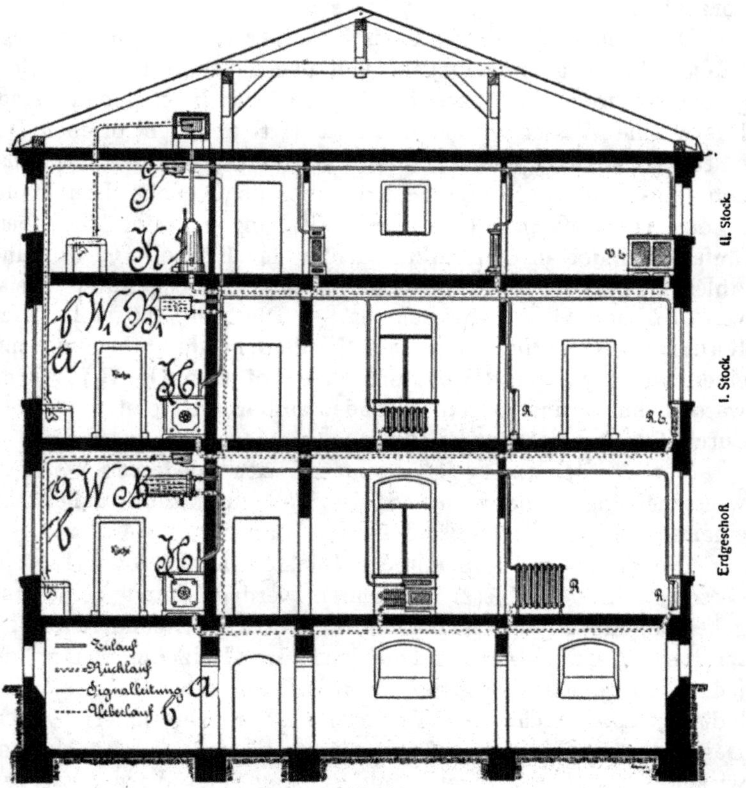

Abb. 99.

Wohnhauses nicht an die Zentralheizung, sondern an die Gebrauchsleitung der Warmwasserbereitung anzuschließen. Man erhält dadurch den Vorteil, daß auch an kälteren Sommertagen, wenn gebadet werden soll und die Heizung außer Betrieb steht, die Baderaumluft auf genügende Temperatur ($\sim 25^0$) erwärmt werden kann. Man hat aber eine besondere Rückleitung vom Raumheizkörper zum Warmwasserkessel zu verlegen. Eine

Erhöhung der Anlagekosten, selbst bei längerer Leitung, wird durch den Gewinn, den Baderaum zu jeder Jahreszeit erwärmen zu können, vollkommen aufgehoben.

In größeren Anlagen, Badeanstalten, können ebenfalls Raumheizkörper ohne Bedenken angeschlossen werden, da

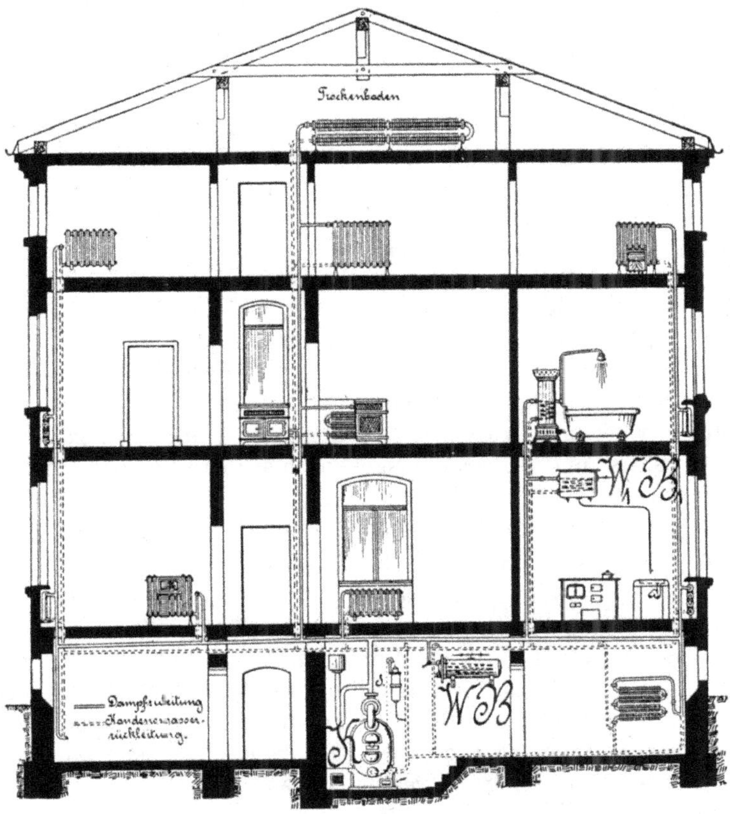

Abb. 100.

das Wärmeerfordernis durch die Heizung kein bedeutendes sein wird, und da das Badebedürfnis während der kälteren Jahreszeit, wenn die Heizkörper zu arbeiten haben, kein so großes ist. Trotz alledem empfiehlt es sich, bei derartigen Großanlagen den Heizeffekt der Raumheizkörper mit in Rechnung zu stellen.

c) Die Kraftanlagen.

Die Wärmequellen, welche bestehenden Kraftanlagen für eine Warmwasserbereitung entnommen werden können, liegen einmal in der Kraftmittel-Entwicklungsstation selbst, in den Frischkraftprodukten und dann in den von den Maschinen abgestoßenen Abprodukten. Hierfür kommen natürlich nur die Wärmekraftmotoren wie Dampfmaschine, Dampfturbine, Gasmotor, Kleinmotor, Pumpe usw. in Frage.

Die Kraftmittel-Entwickler dieser Maschinen sind entweder die Dampfkesselanlagen mit ihren Feuerungen oder die Gas-Generatoranlagen. Hiervon wären die Dampfkesselfeuerungen für vorliegenden Zweck ausnutzbar. Für einen Großbetrieb kann es zweckmäßig sein, die Dampfkesselfeuerung gleich für unmittelbare Warmwasserbereitung durch Einbau von Zylindern (Vorwärmern) in die Heizzüge auszunutzen. Das auf diese Weise erzeugte warme Wasser wird aber wohl fast ausschließlich als Speisewasser der Kessel Verwendung finden. Es kann hier nun nicht der Platz sein, auf die Kraftdampfkesselanlage wie auch auf die Gas-Generator-, die Sauggasanlage konstruktiv und näher einzugehen, hierüber mag die Spezialliteratur das Weitere besagen.

Die Frischkraftprodukte dieser Stationen sind der Frischdampf und das Generatorgas, die sich ohne weiteres für Warmwasserbereitungszwecke verwerten lassen; in welcher Weise und in welchem Umfange ist oben hinreichend in Wort und Bild gezeigt. Man hat hier nicht nötig, den etwa durch die Kraftmaschine bedingten Hochdruckdampf wie bei den Heizanlagen in seiner Spannung auf 3 Atm. und weniger herabzudrücken; es bestehen ja Systeme genug, welche hochgespannten Dampf zur Warmwasserbereitung verwenden lassen, vorausgesetzt, daß die Verwertung des warmen Wassers es gestattet.

Ein besonderes Interesse ist zwecks Warmwasserbereitung den Abprodukten der Kraftmaschinen entgegenzubringen, wie sich selbige als Abdampf, Abgase, Kondenswasser und Kühlwasser vorfinden. Schon seit langem ist man bestrebt, den großen Kostenaufwand, den die Krafterzeugung erfordert, durch gesteigerte Wirtschaftlichkeit niedriger zu halten. Von der zugeführten Wärme verwandelt z. B. ein 50 PS-Gasmotor nur

∾ 24% und eine gleich große Verbunddampfmaschine sogar nur 10% in nutzbare, an der Transmissionsscheibe zu entnehmende Arbeit. Bei einem Dieselmotor wird rund ein Drittel der frei werdenden Wärme in mechanische Arbeit umgesetzt, die übrigen zwei Drittel werden durch Transmission, in den Abgasen und dem Kühlwasser abgeleitet. Selbst bei der wirtschaftlichen Kondensationsdampfmaschine nimmt das Kondensatorkühlwasser noch eine Wärmemenge mit fort, die weit größer ist als die in der Maschine in Bewegung umgesetzte Wärmemenge (siehe oben: Heizmittel, Abdampf, Abgase usw.).

Unter Würdigung dieser Zustände hat man denn auch zuerst eine Ausnutzung des Auspuffabdampfes durch Betreiben von Heizungs- und Trockenanlagen vorgenommen, welcher Vor-

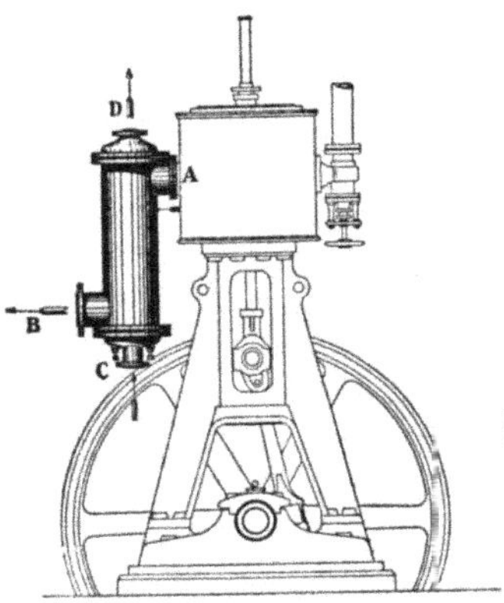

Abb. 101.

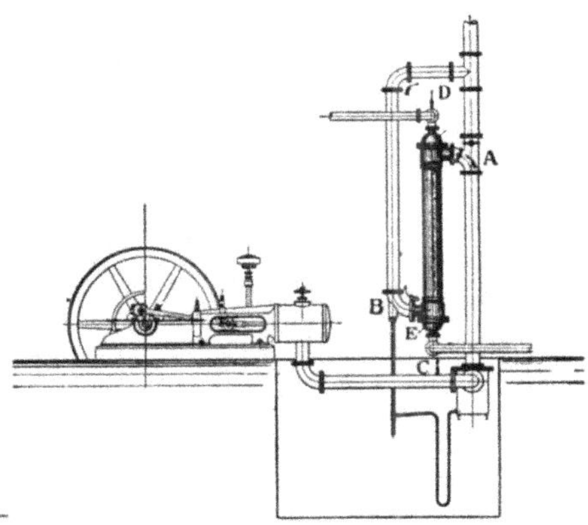

Abb. 102.

teil weiterhin der Warmwasserbereitung zunutze gemacht ist. Anlagen dieser Art werden weiter unten durch die bewährten Gegenstromapparate von Schaffstaedt, Mattick u. a. noch hinreichend beleuchtet werden. Es wird dabei mit 25÷30% Kohlenersparnis gerechnet. So einfach und billig, wie sich eine Abdampf anlage in Einrichtung und Betrieb ansieht, so schlechte Erfahrungen und wirtschaftliche Mißerfolge können sich damit aber auch zeitigen. Nicht immer stellt sich die so sehr gepriesene »kostenlose« Abdampfheizung so kostenlos, unter Umständen ist eine Erhöhung des Brennstoffverbrauches für die Feuerung durch eine Abdampfanlage nicht ausgeschlossen. Die beste Gewähr für eine gute Funktion gibt auch hier eine gute solide Firma, die derartige Einrichtungen als Spezialität betreibt.

Die Konstruktion selbst und die Freizügigkeit in der Montage gestatten die Anordnung der Gegenstromapparate, die als Warmwasserbereiter dieses Gebiet beherrschen, an stehenden und liegenden Maschinen mit Auspuff und Kondensation. Es veranschaulicht Abb. 101 den direkten stehenden Einbau eines Schaffstaedt-Apparates in die Abdampfleitung einer Vertikaldampfmaschine mit Auspuffbetrieb; Abb. 102 den stehenden Einbau des Warmwasserbereiters parallel zur Abdampfleitung einer liegenden Auspuffmaschine unter Verwendung eines T-Stückes

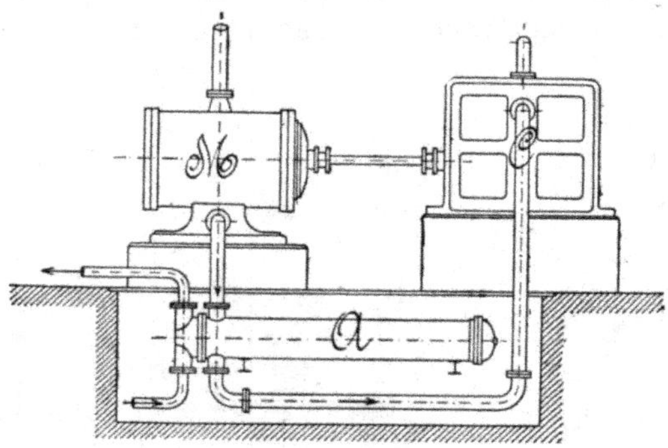

Abb. 103.

mit Drosselklappe und Abb. 103 eine Anordnung des Gegenstromapparates *A* in Zwischenschaltung zwischen der einfachen Kondensationsmaschine *M* und dem Kondensator *C*.

Ist das Wasser in eigener Wasserversorgungsanlage durch eine Dampfpumpe zu heben, so läßt sich durch Einbau eines Gegenstromapparates in die Druckleitung der Pumpe die ganze Wärme des zum Betriebe der Pumpe aufgewendeten Dampfes in dessen Abdampf fast restlos zurückgewinnen und der Pumpenbetrieb beinahe kostenlos gestalten. Der Anwärmer kann stehend oder liegend entweder direkt an den Druckstutzen der Pumpe angeschlossen oder an beliebiger Stelle der Druckleitung eingebaut werden. Die Anschaffungskosten solcher Anlagen machen sich in kurzer Zeit bezahlt.

Betreffs der Verwendungsfähigkeit des Kühlwassers, Kondenswassers und der Abgase zur Warmwasserbereitung sei auf obige Abschnitte »II. Heizmittel« und »IV. Systeme« verwiesen.

B. Die besonders eingerichtete und für sich bestehende Wärmequelle, die Extrafeuerung.

a) Die Öfen für feste, flüssige Brennstoffe, Dampf oder Warmwasser.

Die Öfen für feste Brennstoffe, wie Holz, Braunkohle oder Steinkohle, kommen fast ausschließlich nur als Badeöfen in

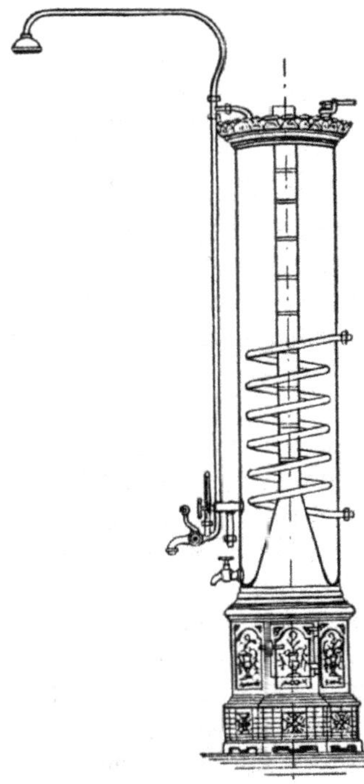

Abb. 104.

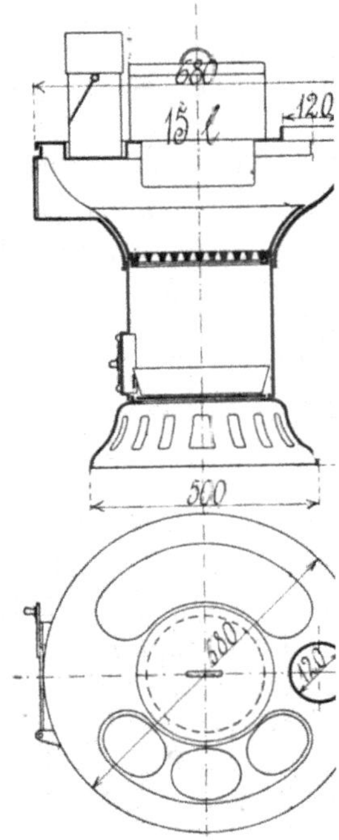

Abb. 105.

Betracht. Es sind dies die bekannten stehenden Zylinder aus Zink oder Kupfer, durch deren Wasserraum ein Rauchrohr führt, das den Abzug für den in dem gußeisernen Fuße liegenden Feuerraum bildet.

Besitzt ein Haus eine Zentralheizung, so erfolgt die Erwärmung des Badewassers, wenn nicht eine zentrale Warmwasserversorgung vorgezogen wird, während der Winterszeit am zweckmäßigsten vermittelst einer Heizschlange nach Abb. 104, eine Normalausführung der Centralheizungswerke, Hannover. Badeöfen einfachster Ausführung können auch mit Spiritus geheizt werden. Zu diesem Zwecke tritt an Stelle des Rostes eine Schale, die mit einer Anzahl senkrechter Luftröhren durchsetzt ist. Man rechnet für ein Wannenbad 1÷1,5 l Spiritus.

Ein Ofen besonderer Art ist nach Abb. 105 der Militär-Kasemattenofen vom Eisenwerk Kaiserslautern, welcher in der Mitte der Herdplatte einen eisenverzinnten Wasserkessel von 15 l Inhalt besitzt, um den sich zur Aufnahme von Militärkochgeschirren entsprechende Vertiefungen befinden.

b) Die Kessel für feste Brennstoffe, Dampf oder Warmwasser.

Die Kessel sind im großen und ganzen dieselben wie die für Zentralheizungen benutzten, wenn auch diese oder jene Konstruktion besonders für Warmwasserversorgungsanlagen vorgesehen ist. Kessel mit Schüttfeuerung nehmen auch hier den ersten Platz ein, um die Anlage von einem ständigen Heizer unabhängig zu machen.

Ihrer Gestaltung und Herstellung nach sind die Kessel Kasten-, Zylinder-(Rund-) und Röhrenkessel, freistehende und eingemauerte; ihrem Betriebe nach Niederdruck- und Hochdruckkessel und auf eine direkte oder indirekte Wassererwärmung hinwirkende. In letzterem Falle können sie also außer als Warmwasserkessel ebenfalls als Dampferzeuger benutzt werden. Eine Entscheidung zwischen mehreren Kesselbauarten ist nicht immer leicht zu treffen. Seit Bestehen der Gußeisenkessel ist die Frage über die Wahl, ob Gußeisen oder Schmiedeeisen, wohl die brennendste geworden. Für diese Beurteilung muß von vornherein Niederdruck, also bei Wasser eine Temperatur kleiner als 100°, bei Dampf eine Spannung kleiner als 1,5 Atm. abs. vorausgesetzt werden. Bei Einhaltung dieses Grenzdruckes sind die Kessel konzessionsfrei und sind zum Aufstellen unter bewohnten Räumen zugelassen.

Im allgemeinen sind die Gußkessel äußerst beliebt geworden und haben sich in kurzer Zeit ein großes Absatzgebiet erworben und gesichert. Ihren glänzenden Erfolg haben sie aber nicht allein dem guten Heizeffekt zu verdanken, sondern in erster Linie ihrer Eigentümlichkeit als Gliederkessel. Solche Gußeisen-Gliederkessel werden aus Elementen zusammengesetzt, die als Massenartikel also möglichst billig und in ihrer Konstruktion den theoretischen Anforderungen und Grundsätzen gemäß der Vollkommenheit nahegebracht hergestellt, bequem verschickt, leicht aufgebaut und ausgewechselt werden können. In gegenwärtiger Zeit sind jedoch Gußstücke schwierig zu beschaffen, Schmiedeeisenbleche dagegen leichter zu haben. Viele Installationsfirmen sehen sich daher genötigt, um überhaupt Kessel zu bekommen, dieselben von Fall zu Fall aus Schmiedeeisenblechen in eigener Werkstätte zu nieten oder zu schweißen. Die langjährigen Erfahrungen und der Anhalt an bewährten Modellen erster Spezialfirmen setzen selbst kleine Firmen in die Lage, etwas Gutes zu erzeugen. Größere Firmen haben sich im Gegensatz zu den hervorragenden Gußeisen-Gliederkesseln von Strebel, National, Buderus, Hilden, Dülken, Kaeferle u. a. ganz auf den Bau von Sondertypen der Schmiedeeisenkessel geworfen. Letztere lassen sich ja ebenfalls in gewissem Umfange als Handelsmassenartikel, also möglichst preiswert herstellen, da sich bestimmte Heizflächengrößen dem Bedarf entsprechend im Laufe der Zeit herausgebildet haben. Die Preise eines gußeisernen Handels-Gliederkessels und eines eigens hergestellten Schmiedeeisenkessels sind annähernd die gleichen.

Sind auch die Gußkessel für Heizungsanlagen von einzig allein dastehendem hohen Werte, der nicht zum letzten in der geringen Rostbildung während der langen Zeit der sommerlichen Betriebsunterbrechung zu suchen ist[1]), so kann dieser Umstand für die Wahl eines Kessels für eine Warmwasserversorgung nicht ins Gewicht fallen, da für letztere Dauerbetrieb über das ganze Jahr hin besteht. Gegen Rostangriff ist Gußeisen widerstandsfähiger als Schmiedeeisen, von dem sich der Rost abblättert, im Wasser auflöst, dasselbe rot färbt und unappetitlich und

---

[1]) Bei Warmwasserheizungen verbleibt meist das Wasser im System auch während der sommerlichen Betriebsunterbrechung.

unbrauchbar für die meisten Verwendungszwecke macht. Daher sollte für die Wahl eines Kesselmodelles (bzw. des ganzen Systems) in erster Linie die Beschaffenheit des Wassers maßgebend sein, und zwar nicht allein sein Kalkgehalt (Härte), sondern auch die im Wasser gelöste Luft und Kohlensäure (siehe unten: Wasserquelle). Die daraus sich ergebende Rostbildung, die elektrolytische Zerstörung, die Zersetzung des Lötmateriales können in verhältnismäßig kurzer Zeit eine wirksame Zerstörung selbst eines Schmiedeeisenkessels mit indirekter Erwärmung herbeiführen. Lötstellen wie auch Nietstellen sollten sich daher im Innern eines Kessels, welcher derartig beschaffenem Wasser ausgesetzt ist, überhaupt nicht vorfinden. Die besten Gegenmittel sind, da eine Abschwächung der Härte und des Rostangriffes mit Hilfe von Chemikalien für Genußwasser nicht in Frage kommen kann, den Rostüberzug der Eisenflächen periodisch durch Metallbürsten abzukratzen und hinterher mit Eisenglasur, Granitemaille oder Asphaltlack zweimal zu streichen; ferner indirekte Erwärmung zu wählen und Regen- oder abgekochtes Wasser zum Füllen des Zirkulationssystemes zu benutzen. Solche etwas umständlichen Maßnahmen werden der Mühe wert sein zugunsten der Lebensdauer der Anlage. Innenanstriche werden meist schwer auszuführen sein.

Erfolgt die Warmwasserbereitung durch direkte Erwärmung des Behälterwassers vom Kessel aus, so wird ein Gußeisenkessel nicht am Platze sein, wenn nicht kesselsteinarmes Wasser vorhanden ist, was seltener der Fall ist. Der ständige Durchlauf von Frischwasser durch den Kessel wird dann bald zur Ablagerung von Schlamm, zum Versetzen des Zirkulationsweges in Kessel und Rohrleitungen und Platzen derselben führen. Daher sind für harte Wässer und direkte Erwärmung schmiedeeiserne Kessel vorzuziehen. Soll trotzdem ein Gußkessel unter solchen Verhältnissen Verwendung finden, so erhält er zweckmäßig nach der Bauart der Gliederkessel einen wassergefüllten Boden, damit der abgesetzte Schlamm unterhalb der feuerberührten Heizfläche bleibt, die Wärmetransmission nicht hindert und die Gefahr des Durchbrennens der Kesselwandung verringert wird.

Aber nicht allein die Wasserbeschaffenheit ist ausschlaggebend für die Wahl des Kesselmaterials, sondern auch der im System herrschende Druck. Gerade bei Warmwasserbereitungen kann der Wasserdruck in der Anlage bei plötzlichem Schließen mehrerer Zapfstellen zu gleicher Zeit infolge der dann auftretenden Stöße und Wasserschläge auf ein Vielfaches (Vierfaches und mehr) steigen, wodurch die Festigkeit der Wandungen der Rohrleitungen, Behälter und Kessel außerordentlich beansprucht werden. Daß solchen Überspannungen das Schmiedeeisen eher als das Gußeisen widerstehen kann, bedarf keiner weiteren Erklärung. Die weltbekannten Firmen Strebel, National Rad. Ges., Buderus benutzen zwar zur Herstellung ihrer Kessel einen vorzüglichen Grauguß, das Hämatiteisen, das in geringer Wandstärke (3÷4 mm) schon imstande ist, hohen Festigkeitsanforderungen zu genügen.

Faßt man vorstehende Betrachtungen zusammen, so ersieht man, daß die direkte Wassererwärmung die billigste ist, aber mit Kesselstein-, Kohlensäure- und freiem sauerstoffhaltigen Wasser in der Regel zu rechnen hat; ferner daß eine größere Widerstandsfähigkeit gegen die schädlichen Einwirkungen der im Wasser gelösten chemischen Bestandteile beim Gußeisen besteht, während das Schmiedeeisen größere Festigkeit gegen innere und äußere Druckbeanspruchungen besitzt. Weiter folgt hieraus, bei direkter Erwärmung ist ein Schmiedeeisenkessel vorzuziehen, in anderen Fällen bietet der Guß-Gliederkessel infolge seiner Bauart in der Regel größere Vorteile.

Bei mittelbarer Erwärmung des Gebrauchswassers können Dampf, Heißwasser oder Warmwasser als Heizmittel zur Verwendung kommen. Damit erhält man Dampfkessel und Wasserkessel. Der Dampf kann unter Niederdruck (bis 1,5 Atm. abs.) oder Hochdruck stehen, von denen letzterer seltener auftritt. Bei Dampf stellen sich der Heizeffekt höher, die Anlagekosten niedriger als bei Warmwasser. Zur Erzeugung von Niederdruckdampf eignen sich ebenfalls Gußkessel vorzüglich. Da der Dampf zu seiner Bildung einen Dampfraum über Wasserspiegel verlangt, erhalten die meisten Konstruktionen einen besonderen runden Dampfsammler aufgebaut. Die hierdurch vergrößerte Kesselhöhe, die lichte Höhe des Kesselraumes und der Grundwasserstand des Geländes können von vornherein für die Ausscheidung eines Dampfkessels sein. In vielen Fällen wird aber der Faktor für die Wahl zwischen Dampf- und Wasserkessel ausschlaggebend sein, ob Dampf etwa noch für andere Zwecke benötigt wird.

In mittleren Anlagen der Wohngebäude, Badeanstalten (bis zu ∾ 30 Wannen) wird sich der Dampfkessel der Raumheizung während der Heizperiode zur Warmwasserbereitung mit ausnutzen lassen. Für den Sommerbetrieb muß dann ein besonderer kleinerer Warmwasserkessel, etwa Rundkessel, aufgestellt werden.

Ist dabei das Wasser in einem Behälter indirekt zu erwärmen, so erhält zweckmäßig jeder Kessel seine Heizschlange im Behälter, so daß man zwei vollkommen getrennte Systeme hat, die eine gewisse Vereinigung in dem gemeinsamen Behälter finden. Bei solcher Anlage stellen sich die Anlagekosten für einen Wasserkessel mit Ausdehnungsgefäß und für eine zweite Heizschlange im Behälter zum Anschluß an den Heizungskessel nicht höher als für einen besonderen Niederdruckdampfkessel entsprechender Größe mit den erforderlichen Armaturen. Außerdem ist die Bedienung des Wasserkessels weit einfacher als beim Dampfkessel. Bei ersterem ist einzig und allein auf die Wassertemperatur zu achten, während beim Dampfkessel Druck und Wasserstand im Auge zu behalten sind. Dieser Umstand spricht dort mit, wo das Personal ohnehin schon mit anderen Arbeiten zeitweise überhäuft ist (Badeanstalten). Die Einrichtungen für zwei verschiedenartige Wärmeträger, wie Warmwasser und Dampf, machen dagegen die Durchführung des Betriebes für Laien nicht bequemer und klarer. Wird besonders hoher Druck im Heizmittel nicht gefordert und Dampf für andere Zwecke nicht benötigt, so ist für Hausanlagen der Warmwasserkessel dem Dampfkessel vorzuziehen, selbst auf Kosten höherer Anlagekosten; eine gedrängtere Konstruktion ergibt dagegen der letztere.

Für größere Anlagen in Anstalten, Fabriken usw. haben sich auch die Warmwasser-Röhrenkessel gut bewährt, jedoch sind dort ebenfalls die Dampfkessel mit indirekter Erwärmung im Gebrauch, wenn Dampf zu Wasch-, Koch-, Desinfektions-, Trocken- und allen anderen Zwecken benötigt wird. Außer diesen Bauarten finden für sehr große und Fernanlagen schließlich noch die im Kraftbetrieb gebräuchlichen Flammrohr- und Heizröhrenkessel Verwendung, deren weitere Betrachtung sich für diese Abhandlung erübrigt.

Für gewöhnlich sucht man zur Vereinfachung der ganzen Anlage mit dem freistehenden Kessel auszukommen, obgleich die Einmauerung einen wirksamen Wärmeschutz ergibt. Eingemauerte Niederdruckkessel finden sich eigentlich nur als Herdkessel.

Schließlich kann für die Wahl einer Kesselbauart noch die Brennstofffrage von Bedeutung sein und in dieser Zeit der Brennstoffknappheit vielleicht nicht unberechtigt. In der Regel werden die Niederdruckkessel für Koks oder Anthrazit vorgesehen. Jetzt muß man mit allen möglichen Brennstoffen fürlieb nehmen, welchem Zwange die Kesselindustrie auch Rechnung getragen hat. So sind die Gußgliederkessel wie der Brico-Strebelkessel, der Lollar-Brikettkessel, der National-Füllschachtkessel u. a. entstanden. Soll mit gasreichen Brennstoffen wie Braunkohle, Briketts, Torf oder Holz gefeuert werden, so haben die Kessel wenigstens einen Schieber, eine Rosette für sekundäre Luftzuführung zu erhalten, wenn sich auch solche Vorrichtung vielfach wenig wirksam erwies. Bei dem Lollarkessel (Abb. 130) wird besondere Vorkehrung zur Erreichung einer Explosionssicherheit durch Einbau eines Schutzsiebes hinter der Fülltür getroffen. Die bei der Verfeuerung von Braunkohlenbriketts stets auftretenden Schwelgase verursachen nämlich erfahrungsgemäß bei plötzlichem Luftzutritt, z. B. durch Öffnen der Beschickungstür, Explosionen, die für die Bedienung leicht gefährlich werden können. Die Einrichtung besteht nach Art der Darcyschen Sicherheitslampe aus einem in Eisenrahmen befestigten feinmaschigen Drahtsieb, welches erst vor die Fülltüröffnung geschoben werden muß, ehe die Tür geöffnet werden kann. Etwa ∾ 30 s nach Öffnen der Tür ist das Sieb zur Aufgabe von frischem Brennstoffe wieder seitlich zurückzuziehen, damit die Schwelgase, welche durch den Schornsteinzug noch nicht abgesogen sind, sich infolge plötzlichen Luftzutritts nicht entzünden können.

Bereits seit längerer Zeit vor dem Kriege sind solche Hilfskonstruktionen und Bestrebungen bekannt geworden, minderwertige Brennstoffe, insbesondere die Braunkohlenbriketts, für die Gegenden zur Benutzung in Heizkesseln heranzuziehen, wo jene leicht und billig zu beschaffen waren. Heutzutage ist man direkt angewiesen auch auf minderwertige Brennstoffe mit ihren vielen flüchtigen Bestandteilen. Schwelgase, Ruß und Teer machen die Kessel mit oberem Abbrand für die Verwendung dieser Brennstoffe unbrauchbar. Ebenso haben sich auch die Kessel mit unterem Abbrand selbst unter Beachtung von Sicherheitsmaßregeln (Gazeschieber, Sekundärluft) für Dauer-

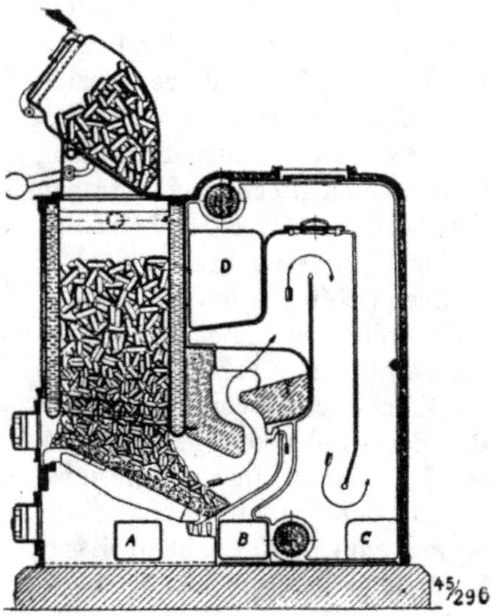

Abb. 106.

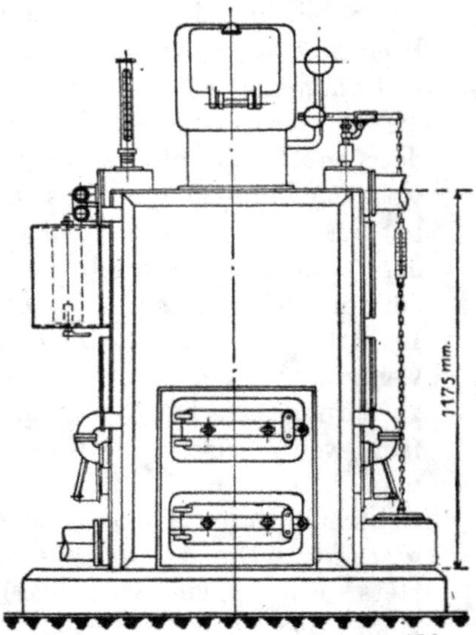

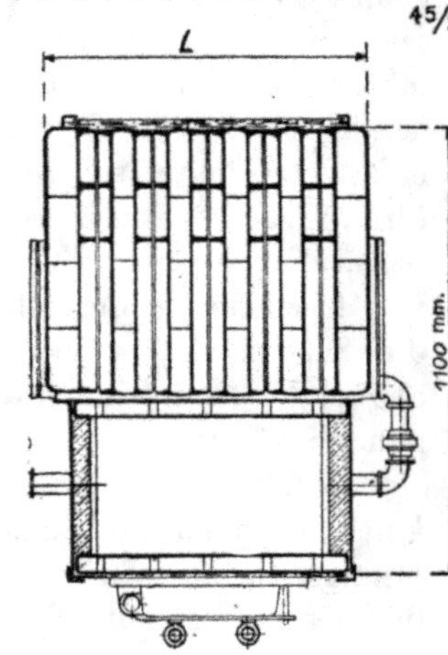

betrieb mit Briketts, Rohbraunkohle, Torf usw. wenig bewährt. Nötig ist dafür neben der Zuführung von Nachverbrennungsluft (Sekundärluft) ein genügender Raum für die bei der Verbrennung erforderliche freie Flammenentfaltung. Die Sekundärluft ist oberhalb der Brennstoffschicht einzuführen und in ihrer richtigen Menge zu bemessen, also regelbar zu halten. Ferner darf nicht zu frühzeitig eine Abkühlung der Heizgase eintreten. Alle diese Vorbedingungen haben dann schließlich zur Konstruktion von Kesseln für minderwertige Brennstoffe geführt. Besonders hat sich mit diesen nicht leicht zu lösenden Fragen die Firma Gebr. Körting, A.-G., beschäftigt.

Der Körting-Kessel (Abb. 106) gehört zu der Klasse der gußeisernen Gliederkessel. Im Gegensatz zu den bisher gebräuchlichen Ausführungen sind die Glieder nicht hintereinander, sondern nebeneinander gestellt. Der Füllschacht für den Brennstoff ist quer vor diese Kesselglieder gesetzt. Vor- und Rückwand des Schachtes sind kastenartig aus Schmiedeeisen hergestellt, mit Wasser gefüllt und mit dem Kesselinhalt verbunden.

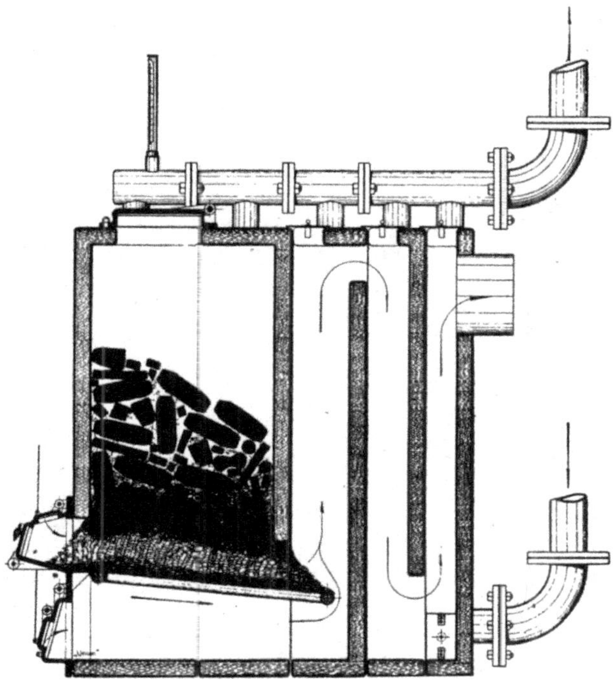

Abb. 107.

Sie wirken dadurch der Vorwärmung des nachgeschütteten Brennstoffes entgegen, vermindern also die Neigung zur Schwelgasbildung. Bemerkenswert sind ferner der herausstehende Füllrumpf mit Schleusenverschluß, der Schrägrost und Schamottekörper über der Zone der Flammenentfaltung und des Eintritts der Feuergase in die Kesselzüge. Der Eintritt der Hauptverbrennungsluft (Primärluft) erfolgt bei A, der Eintritt der Nachverbrennungsluft (Sekundärluft) bei B. Die Öffnungen C dienen

Tabelle 16.

Leistungs-Versuche an einem Körting-Warmwasserkessel von 8 m² Heizfläche mit Torf, Holz und Braunkohlen. (Abb. 106).

Art des Brennmaterials		Torf	Holz	Braunkohle
Dauer der Versuche	in h	4	5	5
Heizfläche des Kessels	in m²	8	8	8
Rostfläche „ „	in m²	0,3	0,3	0,3
Verfeuertes Brennmaterial	in kg	90	113	138
„ „ je Stunde	in kg	22,5	22,6	27,6
Erwärmtes Wasser	in l	4200	5000	6000
Temperatur des erwärmten Wassers	in °C	78	78	54
„ „ Speisewassers	in °C	12	12	12
Erzeugte Wärmemenge	in WE	277 200	330 000	252 000
„ „ je m² Heizfläche	in WE	8350	8250	6300
Heizwert des Brennmaterials	in WE	4100	3880	2335
Feuchtigkeit des Brennmaterials	in %	16,38	13,8	54
1 kg Brennmaterial erzeugte	in WE	3080	2910	1800
Ausnutzung des Heizwertes des Brennmaterials	in %	75	75	77
Temperatur der Heizgase im Durchschnitt	in °C	150÷190	170÷200	140÷150
Zugstärke im Durchschnitt in mm Wassersäule		2÷3	3	2÷3
Kohlensäuregehalt der Rauchgase	in %	11÷12,5	11÷13	10÷11
Sauerstoffgehalt „ „	in %	6÷7	6÷7	7

zum Reinigen, der Raum D zum Sammeln der abziehenden Gase. Die Kessel werden in Größen von $4{,}1 \div 20{,}0\ m^2$ Heizfläche hergestellt. Bei Versuchen, die seitens der Firma an einem $8\ m^2$ Warmwasserkessel auf dem Versuchsstand angestellt wurden, sind die Leistungen der Tabelle 16 ermittelt worden. Natürlich ist die Leistung des Kessels von der jeweiligen Beschaffenheit des Brennstoffes, vor allem seines Wassergehaltes abhängig. Bei normaler Beanspruchung darf man wohl mit $\sim 6000\ WE/m^2$ und h rechnen.

Hager & Weidmann, Bergisch-Gladbach, stellen als Dauerbrenner mit unterem Abbrande einen schmiedeeisernen Gliederkessel für Briketts u. dgl. nach Abb. 107 her, bei dem die Heizgase nach dem Gegenstromprinzip durch die von den Kesselgliedern gebildeten Kanäle streichen. Beachtenswert ist der aus wassergekühlten Rohrbündeln erstellte Rost, wodurch die Schlackenbildung vermindert und die Reinigung erleichtert werden.

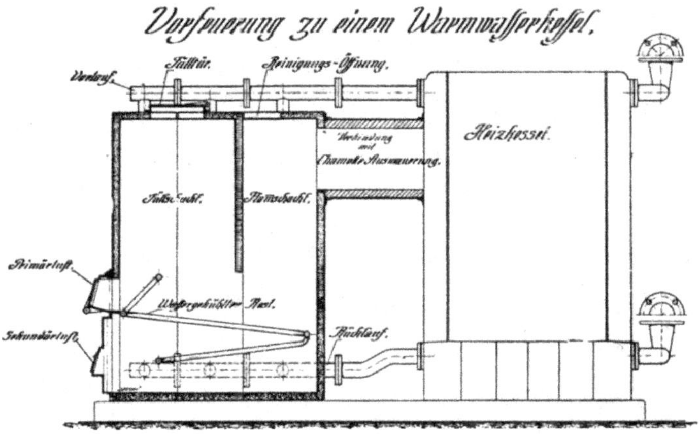

Abb. 108.

Um vorhandene Heizungskessel, welche nur zur Verfeuerung von Koks bestimmt sind, auch mit Briketts, Rohbraunkohle, Torf, Holz usw. befeuern zu können, baut die Firma nach dem gleichen Prinzip wie Abb. 107 eine besondere Vorfeuerung gemäß Abb. 108. Eine bedeutende Rauminanspruchnahme für solche gesamte Kesselanlage ist natürlich nicht zu vermeiden. Man gewinnt aber den Vorteil, bei dem jetzigen Koksmangel die

Anlage mit jedem Brennstoff überhaupt richtig betreiben und dieselbe Heizwirkung wie mit Koks erzielen zu können. Der Mehrverbranch an minderwertigem Brennstoff macht sich trotzdem bezahlt. Gegenüber bestem westfälischen Zechenkoks mit 7000 WE Heizwert hat man mit einem Mehrverbrauch gemäß der Tab. 17 zu rechnen.

Tabelle 17.

Mehrverbrauch an minderwertigen Brennstoffen gegenüber westfälischem Zechenkoks mit 7000 WE Heizwert.

Brennstoff	Heizwert WE/kg	Mehrverbrauch	
		in Prozenten	in Tonnen entspr. 10 t Koks
Braunkohlenbriketts . . .	5000	30 %	13 t
Rohbraunkohle	2000	300 ÷ 350 %	30 ÷ 35 t
Torf, Holz	3500	80 ÷ 100 %	16 ÷ 20 t

Vor Einbau einer solchen Vorfeuerung hat man sich zu vergewissern, ob der Schornsteinzng ausreicht. Der mit Schamottefutter versehene Verbindungsstutzen zwischen Vorfeuerung und eigentlichem Kessel führt die Gase durch dessen Feuertür ein. Für Kessel unter ∾ 13 m² Heizfläche wie auch für Neuanlagen nimmt man besser gleich Kesselbauarten nach Abb. 106 oder 107. Die getrennte Vorfeuerung soll und darf ja immer nur ein Behelf sein, bleibt dabei aber doch eine anerkennenswerte Neuerung der Firma und ist ein weiterer Beitrag zur Erreichnng einer sparsamen Wärmewirtschaft und zur Vermeidung einer Unterbrechung und Lahmlegung von Heizbetrieben.

Den Kesseln, welche trotz aller dieser Neuerungen weiterhin durch Koks befeuert werden sollen oder müssen, bietet sich durch sog. Kokssparer die Möglichkeit, in diesen kohlen- und koksarmen Zeiten mit möglichst wenig Kohlen auszukommen. Bekannt ist solche Einrichtung durch den Zuppinger-Kokssparer, über dessen Vorzüge und Wert die Meinungen seitens der Praktiker noch weit auseinander gehen. Das eine ist wohl richtig, daß die gußeisernen Gliederkessel auf Grund ihrer Bauart eine etwas reichlich bemessene Koks-Rostfläche aufweisen, die sich durch den Einbau von Kokssparern auf ein zulässiges Maß beschränken läßt. Anderseits scheint ein allgemeiner Koksgewinn von 20÷30% durch den Sparer unter Einhaltung einer wirtschaftlichen Feuerleistung trotz mehrfacher günstiger Versuche doch wohl zu hoch bewertet zu sein.

Der Koksparer an sich ist nichts Besonderes. Er besteht aus einem Block feuerfester Steine, der frei im rückwärtigen Teile des Kessel-Füllraumes so eingesetzt wird, daß er einen Teil der Rostfläche abdeckt, aber nicht unmittelbar den seitlichen Kesselwänden anliegt. Bei der Zuppinger Bauart werden besonders geformte Schamottesteine ohne Bindemittel benutzt und mit Zangen durch die Fülltür in den Kessel eingesetzt. Diese mörtellose, einfache, bewegliche Bauart ist der Hauptvorzug des Zuppinger Sparers. Im übrigen läßt sich der Zweck mit gewöhnlichen Steinen auch erreichen. Da kein großer Zeitverlust zum Einbau und keine hohen Anlagekosten erwachsen, dagegen eine gewisse Koksersparnis stets erreicht werden wird, ist der Einbau eines Koksparers fast überall für größere, reichlich bemessene Gliederkessel von $\sim 6\,m^2$ Heizfläche an zu empfehlen.

Lange Zeit bestand eine große Meinungsverschiedenheit in der Art des Abbrandes, d. h. in der Frage, was besser sei: Oberbrand oder Unterbrand. Unter ersterem versteht man die Art der Verbrennung, bei der die Gase von der unten im Füllraum liegenden Verbrennungszone durch die ganze Schichthöhe hindurchziehen, um oben in die Feuerzüge abzustreichen. Beim Unterbrand dagegen ziehen die Gase gleich von der unteren Verbrennungszone in die Feuerzüge. Heutzutage neigt man für gasarme Brennstoffe (Koks, Anthrazit) allgemein zum Oberbrand hin. So sind National- und Strebelkessel gebaut, während Hilden den Unterbrand bevorzugt. Der Dülken-Rapidkessel (Abb. 127) ist für Halbunterbrand eingerichtet und hat damit gute Erfolge erzielt. Für gasreiche Brennstoffe wie Briketts, Torf u. dgl. wird fast ausschließlich Unterbrand gewählt. Die Art des Abbrandes ist natürlich durch die Konstruktion des Feuerraumes und der Feuerzüge bedingt. Für die Beschickung von Laienhänden hat dies allerdings keine Bedeutung, da der Kessel selbständig so arbeitet, wie er gebaut ist. Das ist gerade ein Hauptvorzug der Niederdruckkessel, daß jeder damit umgehen kann. Verständnislose und interessenlose Bedienung braucht im großen und ganzen nur den Brennstoff rechtzeitig aufzugeben, im übrigen regelt sich der Kessel in sich selbst. Es ist daher eine

Selbstverständlichkeit geworden, jeden Kessel mit Selbstreglern auszurüsten, wodurch eine bestimmte Wassertemperatur gesichert und die Kessel aus wirtschaftlichen Gründen mit ihrer Minimalleistung beansprucht werden, also einer Brennstoffvergeudung vorgebeugt wird.

Das Material der Schmiedeeisenkessel ist Siemens-Martin-Blech, die gußeisernen sollten aus bestem Grauguß, dem feinkörnigen Hämatiteisen gegossen sein. Die einzelnen Glieder müssen sehr sorgfältig aufeinander gepaßt sein, worin sich die Leistungsfähigkeit einer Firma äußert. Nichts Unangenehmeres gibt es für eine Installationsfirma, wie sie beim Auswechseln schadhafter Glieder, die sich bei bester Ausführung ergeben können, Schwierigkeiten mit Ersatzgliedern hat.

Eine weitere, oftmals bedeutungsvolle Beurteilung erfährt ein Kesselerbauer oder ein Installateur von seiten des Laienbesitzers auf Grund der Reinigungsmöglichkeit. Die durch vordere Klappen oder Türen sich ermöglichende Reinigung während des Betriebes hat sich praktisch am beliebtesten erwiesen. Die Reinigung von oben, bei der die Klappen aus der Dichtung herausgenommen und hinterher wieder mit Lehm oder Kieselgur eingedichtet werden müssen, erscheint den meisten Kesselbesitzern beschwerlich und umständlich. Ein Vorteil letzterer Ausführung liegt aber darin, daß ein unnötiges, überflüssiges Öffnen der Reinigungstüren und damit ein falscher Zug vermieden wird. — Die Zusammensetzung der einzelnen Kesselglieder bei Neuaufstellung und Einfügen von Ersatzgliedern hat von fachkundiger Hand mittels besonderen Kesselkittes und Verschraubungen zu erfolgen. Nach dem Einbau wird der ganze Kessel in der Regel isoliert und ummantelt.

Der Aufstellungsort des Kessels muß sich natürlich nach der ganzen Anlage richten. Für größere mit Niederdruck wird er sich meist im Kellergeschosse finden lassen. Die Kleinkessel können jedoch in den Wohnungsgeschossen, in Vorräumen, Treppenhäusern, aufgestellt werden und sind dann schon eines reinlicheren Betriebes wegen mit Schüttfeuerung auszurüsten. Sehr beliebt ist die Verbindung des Kessels mit dem Küchenherde. Der Aufstellungsort des Kessels soll möglichst in der Mitte der ganzen Anlage liegen.

Für die Einteilung und Betrachtung der wichtigeren Kesselbauarten mögen das Heizmittel und das Kesselmaterial maßgebend sein.

Die Kessel, betrieben mit festen Brennstoffen. Die schmiedeeisernen Zylinderkessel kommen als genietete oder geschweißte in Einzelherstellung oder als Massenartikel[1]) zur Ausführung. Eine der führenden Firmen auf diesem Gebiete ist Loewenstein, Berlin. Charakteristisch ist bei dessen Erzeugnissen die große Feuerbüchse und der darin einhängende Wassersack. Dieser und der enge Wassermantel der

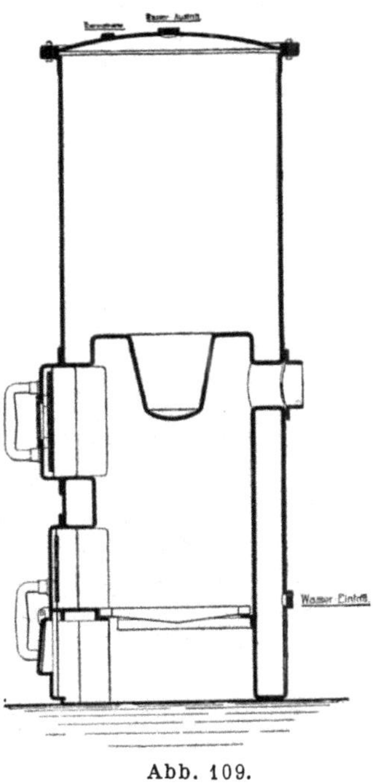

Abb. 109.

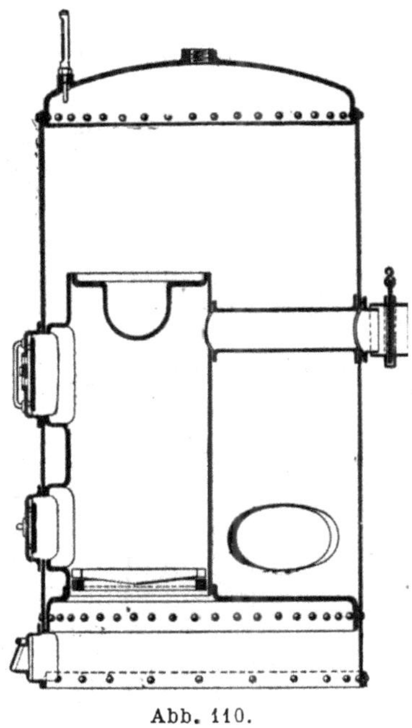

Abb. 110.

geschweißten Kessel gemäß Abb. 109 bieten eine große Kontaktheizfläche auf kleinem Raume und mithin eine schnelle Wassererhitzung. Der Kessel nach Abb. 109 ist für direkte Warmwasserbereitung mit Druckkessel ohne Heizschlange vor-

[1]) Massenartikel und Massenware haben an sich mit »Schundware« garnichts gemein!

Tabelle 18.

Schmiedeeiserne Rolandkessel von Löwenstein-Berlin.

Inhalt	Heizfläche in m²		Koksfassung in l	Kesselmaße in mm			Blechstärken in mm				Gewicht in kg	Modellzahl und Anwendung
	Kessel	Mantel		Durchmesser	Höhe	Rauchrohr	Buchse	Mantel	oberer Boden	unterer Boden		
Autogen geschweißter Küchenkessel (Abb. 109).												
200	0,7	0,8	30	500	1500	100	7	5	6	—	250	Modell 1÷3.
350	1,1	1,4	65	600	1800	125	7	5	7	—	325	Wohnhäuser, Gasthöfe, Anstalten.
500	1,5	1,5	100	750	1675	125	7	5	7	—	425	
Genieteter Badekessel (Abb. 110).												
250	0,6	—	20	750	1050	100	8	5	7	10	400	Modell 1÷12.
bis 1350	1,6	—	110	1250	1850	150	8	7	9	13	950	Wohnhäuser, Landhäuser, Fabriken.
bis 3000	3,6	—	210	1500	2500	175	8	8	10	15	1450	
2500	5,0	—	180	1500	2200	200	8	8	10	15	1500	Modell 13÷18.
bis 3000	7,0	—	210	1500	2500	200	8	8	10	15	1750	Schulen, Kasernen, Krankenhäuser.

gesehen und gestattet unter Benutzung von hartem Wasser eine vollkommene und bequeme Reinigung. Vorteilhaft zeichnen sie sich gegenüber anderen Konstruktionen durch die weiten 175 mm hohen Schüröffnungen aus, die ein leichtes Entschlacken gestatten. Noch höhere Bedeutung für Warmwasserbereitung hat das Modell Abb. 109 dadurch, daß es eine unmittelbare Vereinigung eines Kessels mit einem Warmwasserbehälter bildet. Man erhält hierdurch einen sog. Boilerkessel, der in kurzer

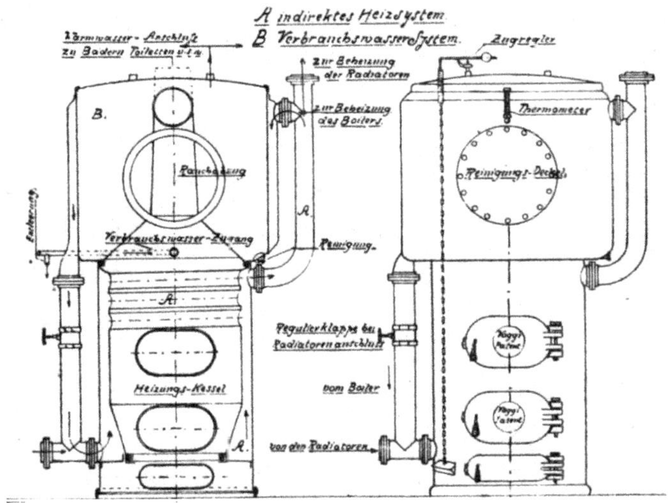

Abb. 111.

Zeit sehr viel Anklang gefunden hat. Ein außerhalb des Oberteiles, des eigentlichen Wasserbehälters, angeschweißter Dampfmantel gestattet einen Dampf als Hilfs- oder Zusatzheizmittel heranzuziehen. Wegen des hochwirtschaftlichen Betriebes, der sich um ∾ 25% günstiger als bei getrennten Boileranlagen stellt, sind diese Kessel dort am Platze, wo eine Wassermenge bis zu 500 l schnell zu erwärmen und an Ort und Stelle gleich abzuzapfen ist. Für große Leistungen und unmittelbare Erwärmung des Wassers baut Loewenstein nach Abb. 110 genietete Badekessel, bei denen die Feuerbuchse der Beschickung wegen seitlich zu liegen kommt. Ein Mannloch gestattet die Reinigung des nebenliegenden großen Wasserraumes. Trotz dieser exzentrischen, einseitigen Lage der Feuerbuchse ist laut Versuchen von de Grahl bei schlechtem Gaskoks eine mittlere Leistung von 21000 WE/m² und ein Nutzeffekt von 68% festgestellt (Abb. 3). Letztere Zahl besagt mindestens so viel als ein hoher Wirkungsgrad mit sehr gutem Brennstoff, der selten in gleichbleibender Güte dauernd zur Verfügung stehen wird.

Ein schmiedeeiserner geschweißter Boilerkessel mit direkter und indirekter Erwärmung des Boilerwassers ist der Patent-Voggi-Kessel der Voggi-Kessel-Gesellschaft, München (Abb. 111 u. 112. Die direkte Erwärmung erfolgt durch Ausnutzung der

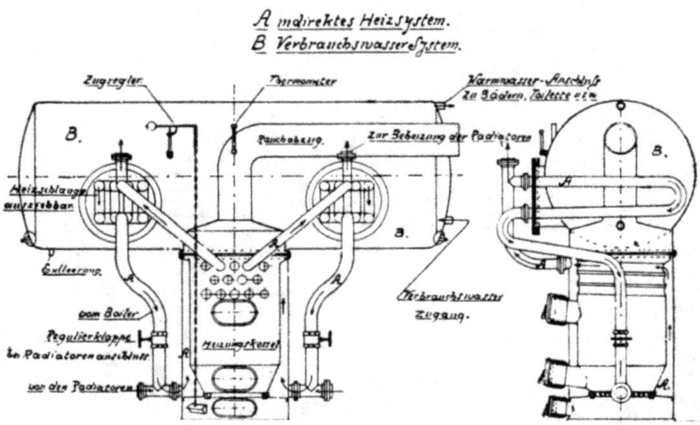

Abb. 112.

Rauchgase, indem das Gasabzugsrohr mitten durch den aufgesetzten Wasserbehälter gesetzt ist; die indirekte durch ein Heizelement, das vom eigentlichen Kessel aus mit Heizwasser beschickt wird. Hat man bei dieser Bauart auch mit der nach teiligen Wärmetransmission der Kesselwandungen zu rechnen, so wird dieser Wärmeverlust durch die Abwärmeverwertung der Rauchgase wieder gut gemacht. Erschwert das eingesetzte Heizelement die Behälterreinigung nicht, so erscheint der Patent-Voggi-Kessel für Warmwasserbereitung aus harten Wässern sehr brauchbar und ist ohne weiteres geeignet für eine Verbindung einer Warmwasserbereitung mit Heizungsanlage, auch wenn diese während der Sommerzeit auszuschalten ist. Natürlich liegt nichts im Wege, eine Verbindung zwischen gußeisernem Heizkessel und schmiedeeisernem Boiler zu schaffen.

Tabelle 19.

Leistungen und Abmessungen des Patent-Voggi-Kessels. (Abb. 111.)

Gesamt-Heizfläche m²	Maximale Leistung WE/h	Maße in mm Gesamthöhe	Maße in mm Boilerdurchm.	Nutzinhalt l	Warmwasser von 40° l/h
3,40	61 200	1775	860	330	1750
3,55	63 900	2025	860	450	1800
3,70	66 600	2275	860	570	1850
3,85	69 300	2525	860	690	1950

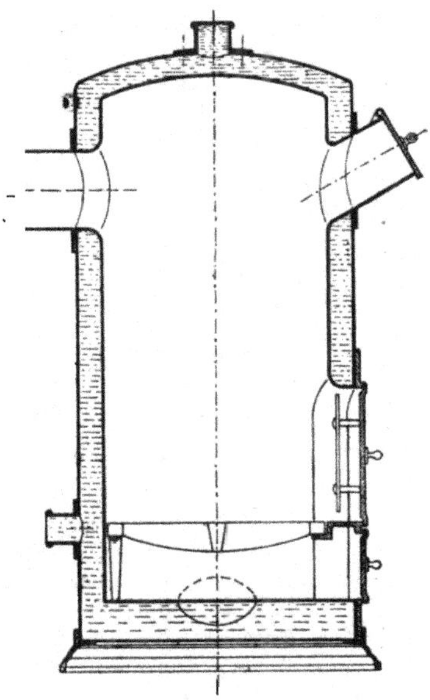

Abb. 113.

Ähnliche glatte Innenform mit engem Wassermantel besitzen die Dom- und Kofferkessel, die nach Warns-Gaye & Block, Hamburg, entsprechend Abb. 113 und Tabelle 20 eine Leistung von 18000 WE/m² bei 30° Wassererwärmung aufweisen, ein Effekt, der als oberste zulässige Grenze angesehen werden muß. Der Domkessel wird in 18 Größen ausgeführt.

Um eine möglichst energische Wassererwärmung mit großer Heizfläche auf kleinstem Raume zu erreichen, ist nach Abb. 114 der wagrechte Einbau von mehreren (3÷6) Wassertaschen, die in den Heizraum des Kessels hineinragen und den Gasen einen Zickzackweg vorschreiben, vielfach beliebt. Der Zweck wird damit schon erreicht, aber auf Kosten der Lebensdauer des Kessels, wenn nicht die Spitze der untersten Tasche, die Hauptgefahrstelle zum Durchbrennen, völlig aus dem Bereich der Stichflammen gelegt wird. Das kann aber nur wieder zum Schaden der Schichthöhe sein oder durch Verwenden kurzflammigen Brennstoffes und durch Vergrößerung der Kesselhöhe erreicht werden. Dann gehen aber zum Teil die beabsichtigten Vorteile wieder verloren. Auf jeden Fall sind an der Hauptgefahrstelle Vernietungen und Stehbolzen zu vermeiden, an allen Beugungsstellen der Heizzüge sind Reinigungsöffnungen ein unbedingtes Erfordernis, was zu vielen nachteiligen Durchbrechungen der Mantelbleche führt. Dienen solche Wassertaschenkessel als Dampferzeuger, so hat der Dampfraum über höchster Tasche zu liegen. Die Ausnutzung der Heizgase ist allerdings eine gute.

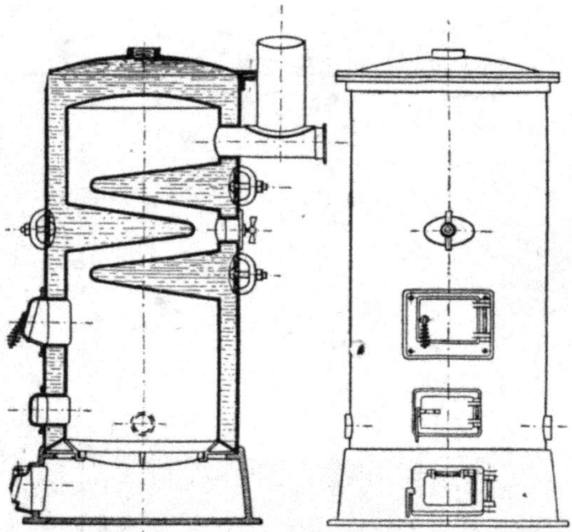

Abb. 114.

Eine weitere, wenn auch etwas veraltete Konstruktion ist der liegende Niederdruck-Einflammrohrkessel mit Schüttfeuerung (Abb. 61), wie er sich hie und da noch findet und gute Dienste leistet.

Tabelle 20.

Schmiedeeiserner geschweißter Domkessel. (Abb. 113).

Kesselnummer		1	6	12	18
Stündl. Leistung . . . . l bei Erwärmung um 80° . . . . . WE		240 7200	540 16 200	1140 34 200	1890 56 700
Heizfläche . . . . m²		0,4	0,9	1,9	3,15
Maße in mm	Äußerer Durchmesser . .	330	460	530	760
	ganze Höhe	760	1020	1630	1830
	Rauchrohrdurchmesser .	130	180	180	200
Gewicht bei 8 mm Blech in kg		130	258	380	515

Schmiedeeiserne Röhrenkessel sind zurzeit durch die Zylinder- und gußeisernen Gliederkessel mehr in den Hintergrund getreten. Die Gründe dafür mögen wohl in der schwierigen Beschaffung von Röhren und in der kostspieligeren Herstellung, die einen Wettbewerb mit anderen Bauarten nicht auszuhalten vermögen, zu suchen sein. Für sehr große und sehr kleine Leistungen eignen sich die Röhrenkessel gleich gut. Röhrenbündel wie auch engliegende Schlangen vereinen auf kleinstem Raume eine beträchtliche Gesamtheizfläche und ermöglichen jede gewünschte Kesselform, stehende wie liegende, breite und schmale, niedrige und hohe. Man nimmt aber bei allen diesen Vorzügen die be-

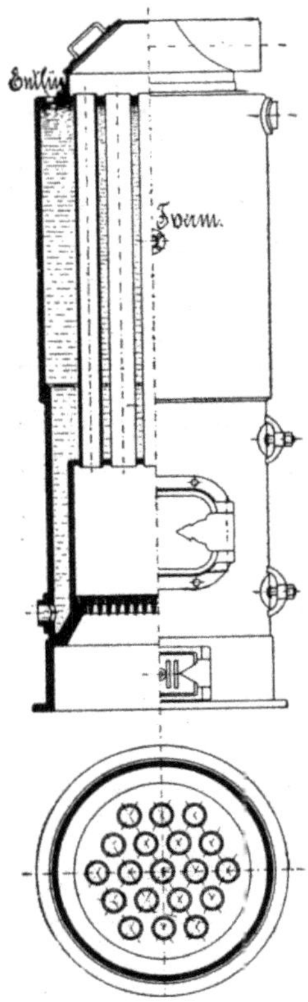

Abb. 115.

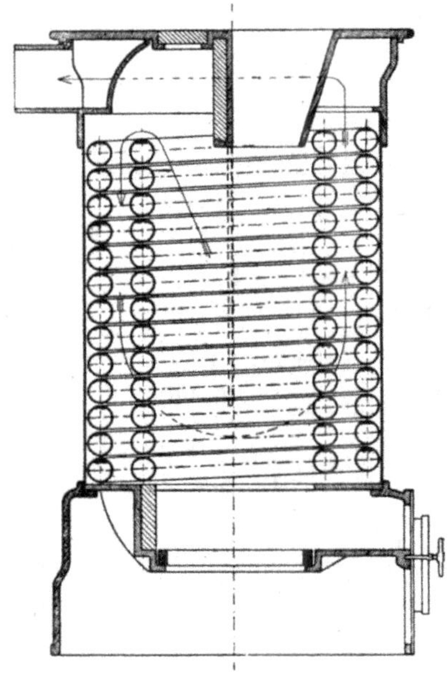

Abb. 116.

kannten Nachteile aller Röhrenkessel bezüglich der Reinigung usw. mit in Kauf. Die geraden Röhren des Heizbündels (Abb. 115) bilden in ihrem Gesamtquerschnitt den Feuerzug, d. h. die Gase ziehen durch die Röhren, während die Schlangenröhren (Abb. 116) das Wasser enthalten und von den Heizgasen von außen bestrichen werden. Der umschließende schmiedeeiserne Mantel ruht auf einem Gußsockel. Beim Kleinkessel (Abb. 116) von Grove, Berlin, für

Villen, Hotels, gewerbliche Betriebe bestimmt, bilden die Innenwindungen der Kupferschlangen den Füllraum für die Schüttfeuerung.

Der große Wasserinhalt des Kessels (Abb. 115) von Warns-Gaye & Block macht einen besonderen Warmwasserspeicher überflüssig. Der Kessel wird in 13 Größen gebaut.

Tabelle 21.

Schmiedeeiserne Röhrenkessel.

Wasserschlangenröhrenkessel von Grove (Abb. 116).			
Stdl. Leistung in l von 0° auf Siedehitze	220	300	400
Kesselmaße in mm: Durchmesser	600	600	600
Kesselmaße in mm: Höhe	900	1050	1250
Kesselmaße in mm: Rohranschluß	38	51	57

Heizröhrenkessel von Warns-Gaye & Block. (Abb. 115.)					
Wasserinhalt l	170	bis	810	bis	1 935
Heizfläche . . . . m²	2,25	bis	10,75	bis	20,40
Stdl. Leistung bei Erwärmung um 30° l	875	bis	4 658	bis	8 840
Stdl. Leistung bei Erwärmung um 30° WE	30 000	»	140 000	»	250 000
Maße in mm:					
Kesselmantel: Durchmesser	550	bis	900	bis	1 250
Kesselmantel: Höhe	1 300	»	2 100	»	2 500
Feuerbuchse: Durchmesser	450	»	780	»	1 100
Feuerbuchse: Höhe	650	»	750	»	850
Gesamthöhe	1 820	»	2 760	»	3 350
Anzahl der Siederöhren	11	»	31	»	50
Rauchrohranschluß	180	»	330	»	420
Gewicht in kg	390	bis	1 275	bis	2 220

Als gußeiserne Kessel hat man Eingußstückkessel und Gliederkessel.

Die Eingußstückkessel treten meist als Klein- und Rundkessel mit einer stündlichen Leistung von 6000 ÷ 60 000 WE auf. Sie eignen sich gut zur Warmwasserbereitung im Haushalte, Gewerbebetrieben und sonstigen kleineren Anlagen. Vor allem als Zusatzaggregat für Sommerbetrieb zu einem größeren Heizkessel, der während der Heizperiode die Warmwasserbereitung mit übernimmt. Im Gegensatz zu den älteren Bauarten nach Abb. 117 und 118 ist die Konstruktion des Lollar-Kleinkessels

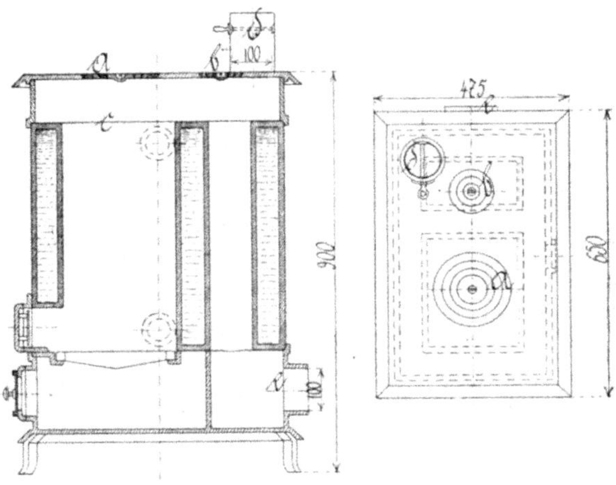

Abb. 117.

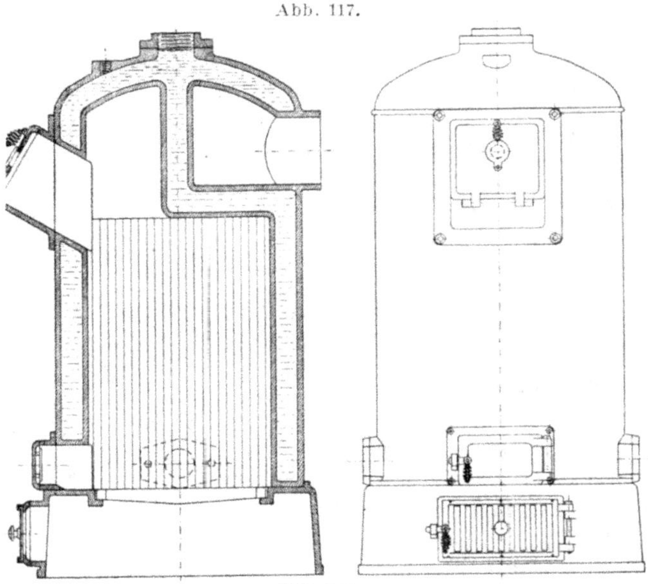

Abb. 118.

(Abb. 119) den jetzigen praktischen Verhältnissen angepaßt und vereinigt in sich unter Vermeidung der jenen anhaftenden

Mängel die Vorzüge einfacher Bauart und Aufstellung, bester Ausnutzung des Brennstoffes, großer Heizleistung, schnellen Hochheizens, langer Brenndauer, bequemer Reinigung und größter Dauerhaftigkeit. Ein mit einem Lollar-Kleinkessel von

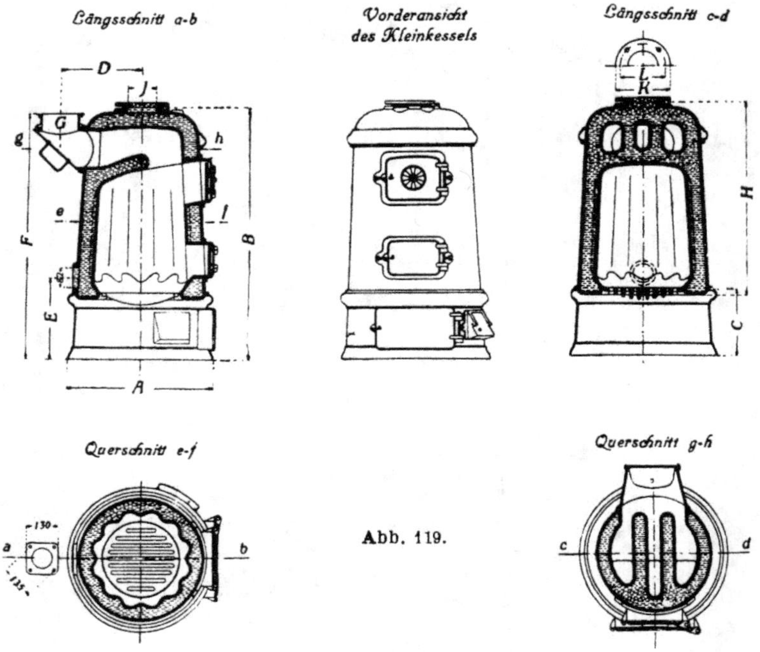

Abb. 119.

Prof. von Roeßler von der Techn. Hochschule Darmstadt ausgeführter Heizversuch hatte nachstehende Ergebnisse:

Versuchsdauer	8 h
Temperatur im Vorlauf . . . . im Mittel	77,50°
Temperatur im Rücklauf	60,00°
Gewicht des zu erwärmenden Wassers . .	4843 kg
Temperaturerhöhung desselben	36,13°
An das Wasser abgegebene Wärme	21872,20 WE
Leistung des Kessels in der Stunde pro 1 m² Heizfläche	13670,00 WE
Verfeuerter Koks	32,80 kg
Heizwert desselben	6550,00 WE

Entwickelte Wärme i. d. Stunde			26855,00 WE
Abgastemperatur		im Mittel	224°
Kohlensäuregehalt		im Mittel	16,20%
Abgasverluste			11,90%
Schornsteinzug		im Mittel	0,26 mm WS

Nach diesen Ergebnissen stellt sich der Wirkungsgrad des Kessels auf:

$$\eta = \frac{21872,20}{26855} = 0,814$$

Das ist ein außerordentlich hoher, der nur bei vorzüglichem Koks hat erreicht werden können. Die normale Belastung dürfte mit $\sim$12000 WE/m² und h (statt 13670) als angemessen erscheinen. Bei weniger gutem und minderwertigem Brennstoff wird man entsprechend geringere Leistungen vorauszusetzen und etwas größere Heizfläche anzunehmen haben. Zu diesem Zwecke sieht die Firma auch eine in der Fülltür angebrachte Luftrosette vor, durch welche Sekundärluft zur Nachverbrennung oberhalb der Verbrennungszone eingeführt werden kann. Gasreiche Brennstoffe sollen auch nicht zu hoch geschichtet werden, damit die hierbei entstehenden längeren Flammen gut ausgenutzt werden.

Tabelle 22.

Gußeiserner Warmwasser-Lollar-Kleinkessel. (Abb. 119).

Heizfläche	Wärmeleistung	Inhalt		Rohranschluß		Maße (Abb. 119) in mm											Gewicht (m. V.)	
		Wasser	Koks	Vorlauf	Rücklauf	*A*	*B*	*C*	*D*	*E*	*F*	*G*	*H*	*I*	*K*	*L*	mit Isolierung	ohne Isolierung
m²	WE/h	l	l	mm	mm												kg	kg
0,6	7 200	30	32	82	82	495	950	275	280	345	935	135	690	82	169	132	220	205
0,8	9 600	38	41	82	82	535	980	275	300	345	970	135	730	82	169	132	260	245
1,1	13 200	50	55	119	82	590	1050	275	335	345	1020	160	790	119	226	179	310	290
1,6	19 200	70	75	119	82	665	1150	275	360	345	1110	160	890	119	226	179	400	375
2,1	25 200	90	100	119	82	700	1250	275	385	345	1185	160	990	119	226	179	460	430
2,6	31 200	110	125	119	82	720	1350	275	410	345	1270	190	1090	119	226	179	535	500

Die gußeisernen Gliederkessel werden als Rundkessel oder in Kastenform gebaut. Es sind dies all die weltberühmten Marken, die kurz als Heizkessel bekannt sind und ihre gleiche

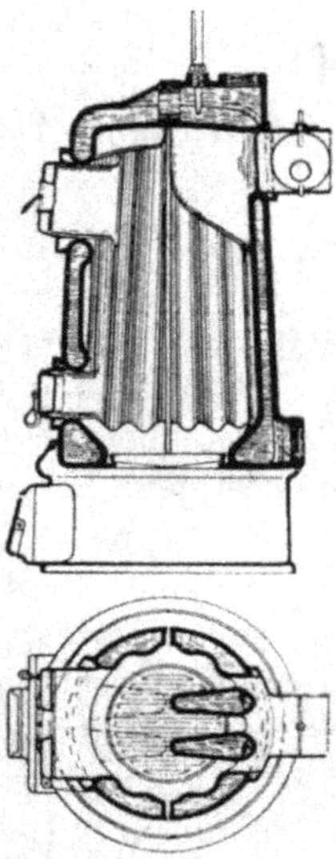

Abb. 120.

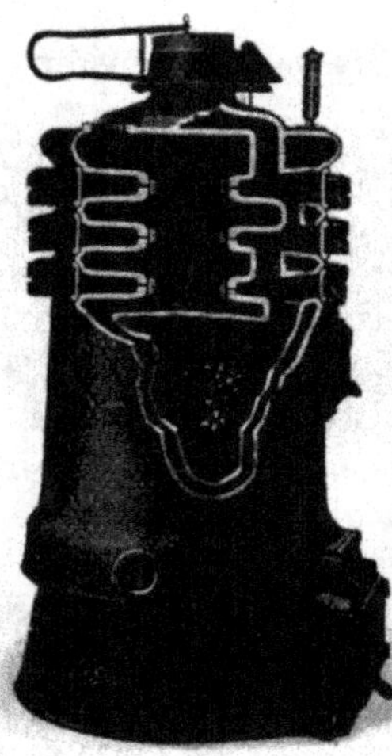

Abb. 122.

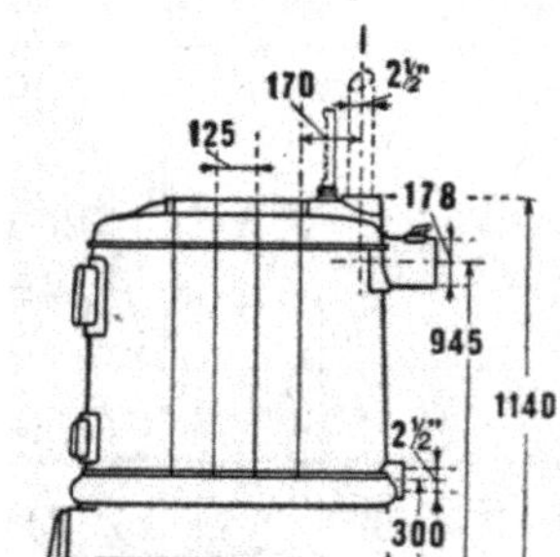

Abb. 121.

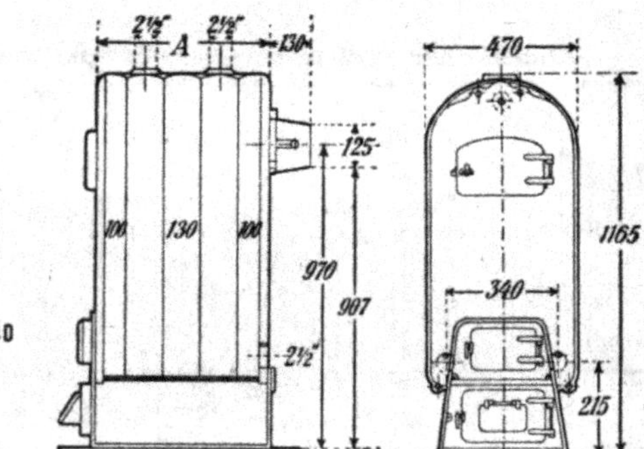

Abb. 123.

Bedeutung für Heizungs- und Warmwasserbereitungsanlagen haben. In letzterem Falle wird man sie gemäß obiger Darlegungen vorzugsweise für indirekte Wassererwärmung oder zur Erzeugung von Dampf als Heizmittel ausnutzen.

Die Gliederrundkessel sind in der Grundform geteilt und gestatten je nach dem Erfordernis der Heizflächengröße den Einschub von Zwischengliedern in senkrechter oder wagrechter Ebene. Ein Beispiel mit senkrechten Gliedern gibt der bekannte Rovakessel des Strebelwerkes nach Abb. 120. In Abb. 121 sind 3 Zwischenglieder angegeben. Das letzte Glied besitzt die vor dem Rauchrohrstutzen liegenden charakteristischen Wassertaschen, die zur Erhöhung des Heizeffektes wesentlich beitragen.

Ein Rundkessel mit wagrechten Gliedern ist der National-Premierkessel (Abb. 122). Das Aufbauen in die Höhe kann an vielen Orten bequem und wünschenswert sein. Die konstruktive Durchführung kann aber den feuertechnischen Anforderungen nicht so nahegebracht werden wie bei den Kesseln mit senkrechten Gliedern. Es finden sich dieselben Vor- und Nachteile wie bei den Schmiedeeisenkesseln mit wagrechten Wassertaschen. Bei den gleichen Größen und Leistungen besitzen die Kessel mit wagrechten Gliedern größeren Wasserinhalt, welcher sie speziell für Warmwasserbereitung, besonders bei wassergefülltem Boden, brauchbarer macht.

Tabelle 23.

Gußeiserne Rundgliederkessel.

Heizfläche . . . m² / Wärmeleistung WE/h	0,6 / 7200	0,8 / 9600	1,1 / 13 200	1,6 / 19 200	2,1 / 25 200	2,6 / 31 200	3,1 / 37 200
Strebelkessel Rova mit senkrechten Gliedern. (Abb. 120, 121.)							
Inhalt in l Wasser	24	34	47	57	67	77	87
Inhalt in l Koks	30	40	55	80	105	130	155
Zwischengliederzahl	—	—	—	1	2	3	4
Neuhütter Islandkessel mit wagrechten Gliedern.							
Inhalt in l Wasser	33	42	50	60	70	95	110
Inhalt in l Koks	35	40	40	57	57	100	100
Zwischengliederzahl	—	—	2	2	3	2	3

Der Vollkommenheit wegen soll noch auf die durch die Heizungstechnik allbekannten kastenförmigen Gliederkessel, welche ja auch für die Warmwasserbereitung höchste Bedeutung haben, in ihren neuesten Konstruktionen eingegangen werden. Schmale, 120÷175 mm breite Glieder, die in sich die Wasser-

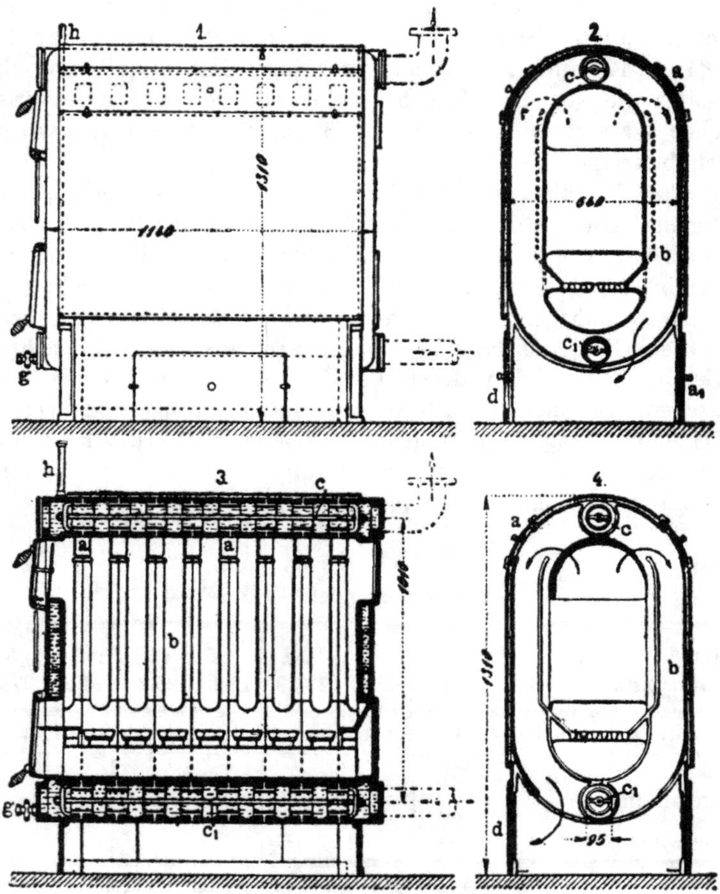

Abb. 124.

zirkulationskanäle besitzen und an den oberen und unteren Enden untereinander in Verbindung stehen, tragen außerhalb Rippen, welche aneinander gefügt die Rauchgaszüge ergeben. Alle Modelle besitzen große Kontaktheizfläche und wassergekühlten Rost, der den Gliedern angegossen ist. Eine gewisse

Verschiedenheit in der Konstruktion findet sich nach der Verwendbarkeit des Brennstoffes, so hat man besondere Kessel für Anthrazit und Koks und ferner für die gasreichen geringeren Brennstoffe wie Braunkohlen, Briketts, Torf, selbst Sägemehl usw.

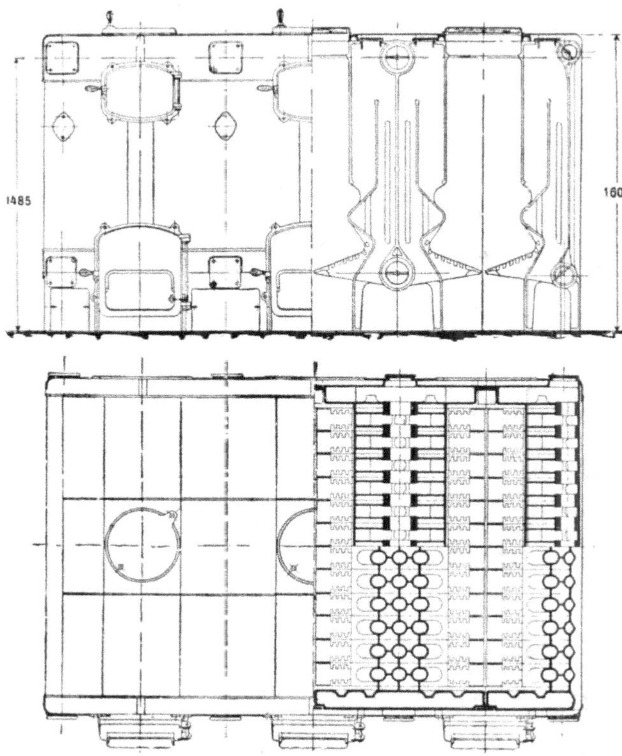

Abb. 125.

In erster Linie sind hier die Kessel von Strebel, Mannheim, der National-Rad.-Ges., Berlin, und von Buderus, Wetzlar, die sich zu einer Kesselverständigung, Sitz Mannheim, zusammengefunden haben, zu nennen.

Von den Koks- und Anthrazit-Oberbrandkesseln zeigen als Warmwasserkessel Abb. 123 den National-Kleinkessel, Abb. 124 den Normal-Strebelkessel, Abb. 125 den Hochleistungs-Catena-Strebelkessel und als Niederdruckdampfkessel Abb. 126 den

Lollarkessel. Weitere bekannte Bauarten sind der Hildenkessel mit Ganzunterbrand und der Dülken-Rapidkessel (Abb. 127)

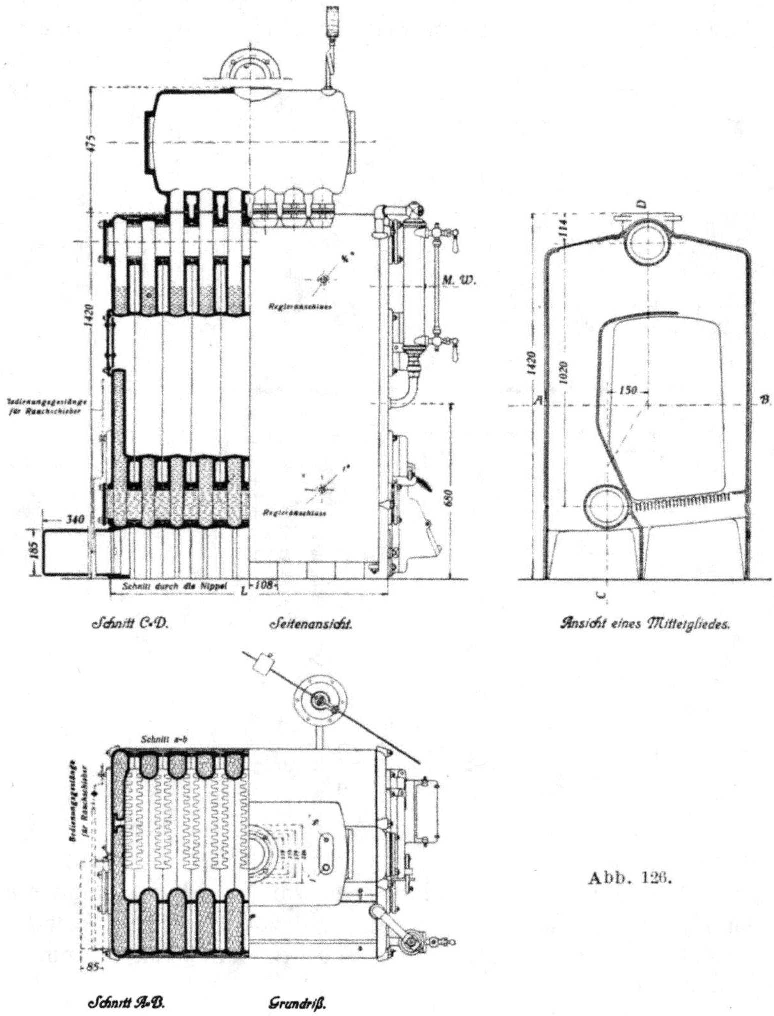

Abb. 126.

mit Halbunterbrand. Letztere Kessel arbeiten daher im Gegensatz zu den Oberbrand- oder Gegenstromkesseln mit Gleichstrom. Ein Hauptunterschied des Dülkenkessels zu den übrigen liegt darin, daß er am Feuerraum anders geformte Glieder als am hinteren Kesselteile besitzt. Solche Verschiedenheit der Elemente kann bei Nachbestellung, Ausbesserung und Umbau zu Schwierigkeiten und Umständlichkeiten führen.

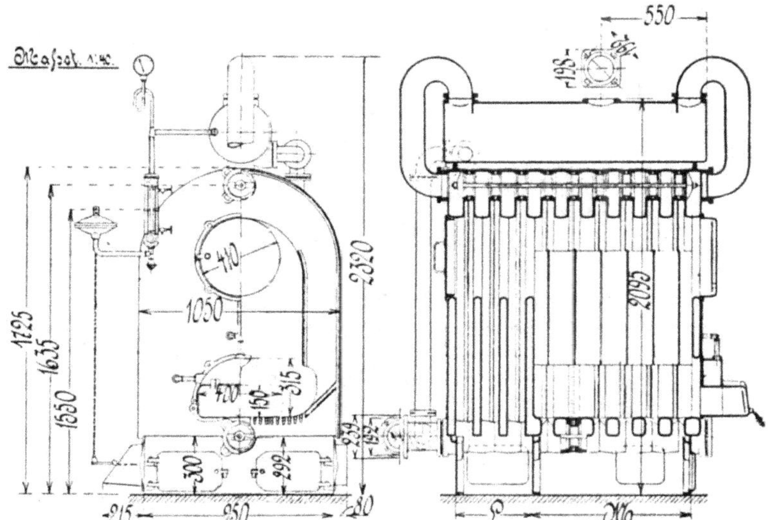

Heizfl.	16,28	17,98	19,43	20,88	22,58	24,03	25,48	27,18	28,63	30,08	31,75	33,23
L	264	400	400	400	536	536	536	672	672	672	808	808
M	830	694	830	966	830	966	1102	966	1102	1238	1102	1238
Heizfl.	34,68	36,38	37,83	39,28	40,98	42,43	43,88	45,58	47,03	48,48	50,18	m²
L	808	944	944	944	1080	1080	1080	1216	1216	1216	1352	mm
M	1374	1238	1374	1510	1374	1510	1646	1510	1646	1782	1646	mm

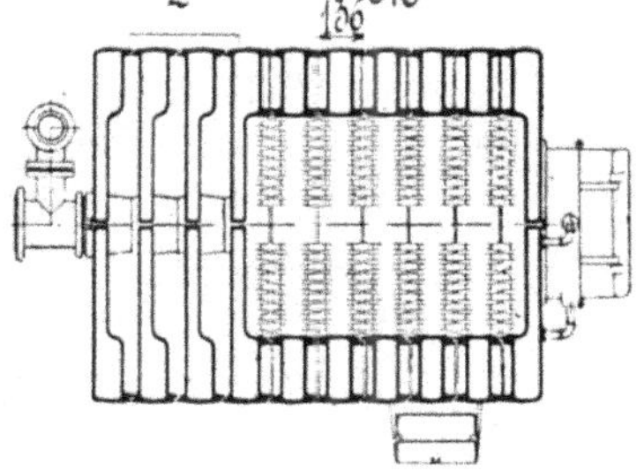

Abb. 127.

Die Kessel werden von kleinster Heizfläche an bis zu 50 m² und mehr ausgeführt. Der größte Gliederkesseltyp ist der Catenakessel, der in einem System bei 14 Gliedern und 12 Feuerungen 286,75 m² aufweist und stündlich 2294000 WE leistet. Sieht man von letzterem ab, so sind, wenn ein Modell mit größter Gliederzahl nicht genügt, mehrere Einheiten in offener (Abb. 128) oder

Tabelle 24.

Gußeiserne Warmwasser-Koks-Gliederkessel.

	Bauart	Heizfläche[1]) m²	Wärmeleistung[2]) WE/h	Wasserinhalt l	Koksfassung l	Gliederzahl
Strebel	Ser. II	3÷11	24 000÷ 88 000	85÷ 225	90÷ 290	4÷12
	ECA II U	9,5÷25,5	76 000÷204 000	310÷ 630	270÷ 750	6÷14
	ECA III	22÷40	176000÷320000	650÷1040	630÷1230	8÷14
National	Ser. 1 D	1,6 ÷ 3,2	19 200÷ 38 400	63÷ 95	90÷ 170	2÷ 4
	» 2 D	3,4 ÷ 8,4	34 000÷ 84 000	75÷ 175	85÷ 210	4÷ 9
	» 1 F	4,5 ÷ 9,5	36 000÷ 76 000	110÷ 210	120÷ 245	5÷10
	» 2 F	10,25÷20,75	82 000÷116 000	260÷ 500	270÷ 510	7÷13
	» 3 F	11,00÷33,50	88 000÷268 000	380÷1100	320÷1040	5÷14

Gußeiserner Niederdruckdampf-Koks-Gliederkessel.

	Bauart	Heizfläche[1]) m²	Wärmeleistung[2]) WE/h	Wasserinhalt l	Koksfassung l	Gliederzahl
Buderus	Reihe LD Ia	5,5 ÷15,5	38 500÷108 500	119÷ 287	128÷ 384	5÷13

[1]) Bei Niederdruckdampfkesseln: einschl. dampfberührter Heizfläche.

[2]) Bei Niederdruckdampfkesseln: um 12,5 % geringer.

geschlossener (Abb. 129) Bauweise zu einem System zusammenzuschließen. Bei Aufstellung mehrerer Dampfkessel ist im Interesse einer gleichmäßigen Betriebsweise und einer einwandfreien Dampfentwicklung ein ordnungsmäßiger Druckausgleich in der Dampfleitung durch Verlegen eines möglichst weiten Druckausgleichsrohres, wie aus Abb. 128 bei den 3 Lollarkesseln ersichtlich, zu schaffen. — An dieser Stelle mag gleich auf eine Maßnahme hingewiesen werden, die, mag sie auch nicht ganz korrekt erscheinen, doch praktisch und nachahmenswert ist. Steht von mehreren Dampfkesseln einer Gruppe nur ein Teil derselben in Betrieb, so soll man, wenn sich die ausgeschalteten nicht gerade in Reinigung oder Ausbesserung befinden, diese nicht ganz absperren. Die Rohrquerschnitte sind der Größe der ganzen Anlage angepaßt. Arbeitet nur ein Kessel auf das ganze System hin, so kann es trotz aller Sicherheitsvorrichtungen leicht vorkommen, daß aus dem einen betriebenen Kessel alles Wasser herausgerissen wird und er leer brennt. Umgekehrt wird der Übertritt von Dampf in die aus dem Rohrsystem ausgeschalteten

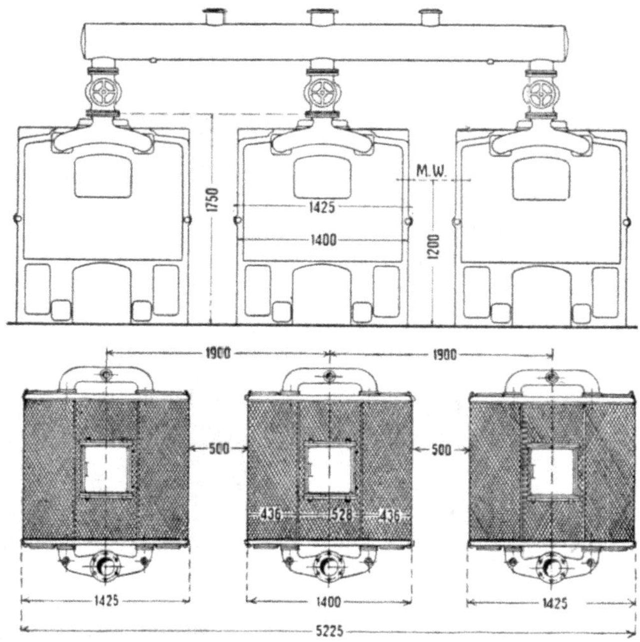

Abb. 128.

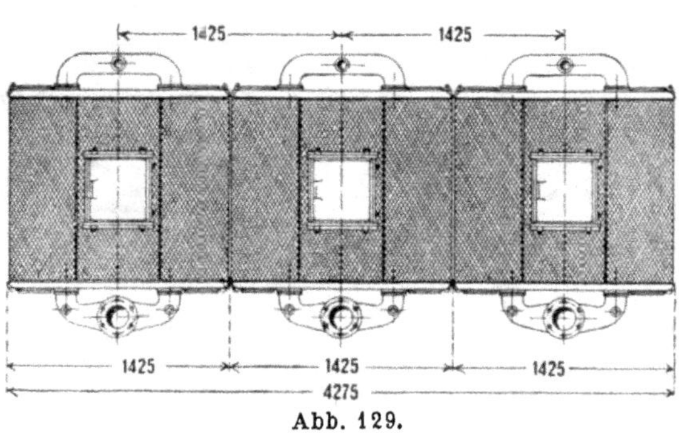

Abb. 129.

Kessel kaum nennenswerte Wärmeverluste hervorrufen. Ein findiger Installateur sichert sich gegen besagte Übelstände meist so, indem er die Hauptabsperrventile derart einregelt, daß sie von Laienhänden nie ganz geschlossen werden können. Weiter ist es sehr empfehlenswert, bei Warmwasser, wie auch bei

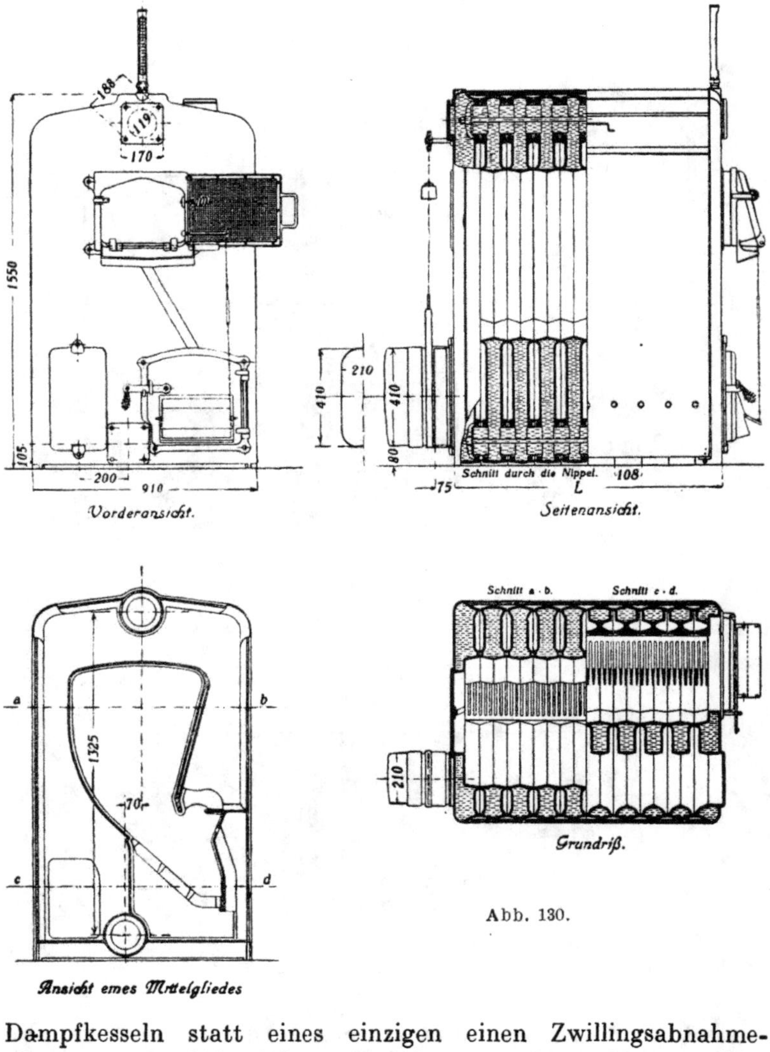

Abb. 130.

Dampfkesseln statt eines einzigen einen Zwillingsabnahmestutzen nach Abb. 123 und 128 vorzusehen. Man erreicht dadurch eine sichere Abnahme des Wärmeträgers, einen besseren Ausgleich der Wärme im Kessel und verhindert ein leichtes Überkochen.

Das in den letzten Jahren in den Vordergrund getretene Bestreben der wirtschaftlichen Ausnutzung der Braunkohle, Briketts, des Torfes und anderer gasreichen Brennstoffe führte dazu, auch die Heizungskessel hierfür brauchbar zu gestalten. Neben den eigentlichen neueren Brikett-Torfkesseln (Abb. 106 und 107) hatte man schon vorher versucht, die Grundbauart der Kokskessel für solche minderwertige Brennstoffe beizubehalten; zwar nicht immer mit Erfolg. Wohl bekannt sind u. a. der Strebel-Brico-Kessel, der Lollar-Brikett-Normalkessel (Abb. 130) und der National-Füllschachtkessel (Abb. 131). Sie alle arbeiten mit unterem Abbrand und besitzen großen Füllraum; sie tragen der Eigenart des Brennstoffes Rechnung. Um Gasexplosionen zu vermeiden, muß vor allem die Zuführung von Sekundärluft gesichert sein, welche wenigstens eine Verminderung der Schwelgase herbeiführt (siehe oben). Der Lollarkessel besitzt zu diesem Zwecke das Sicherheitssieb vor der Einwurföffnung. Ein hoher Wirkungsgrad kommt hier weniger in Betracht als eine wirtschaftliche volle Ausnutzung des Brennstoffes selbst bei verschiedenen

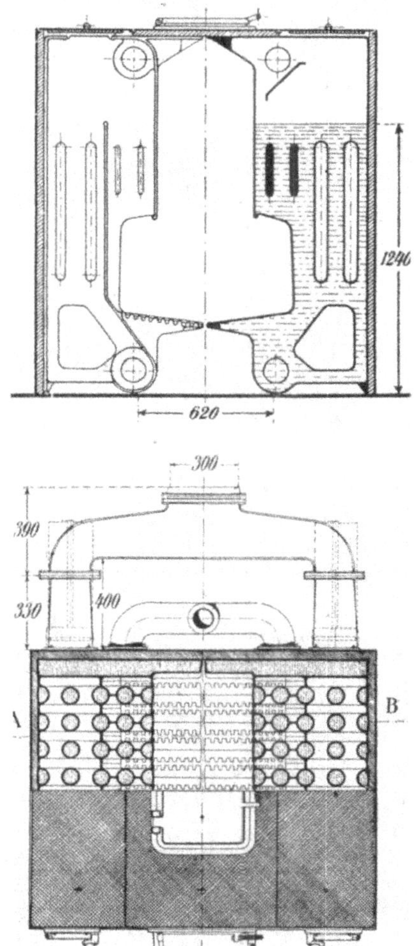

Abb. 131.

und schwankenden Belastungen, wie sie der praktische Betrieb ergibt. Es sollte daher die Kesselbeanspruchung über 7000 ÷ 8000 WE pro m² und h nicht getrieben werden.

Trotzdem ergeben diese Braunkohlen-Brikettkessel ganz beachtenswerte Nutzeffekte, wie sie das Schaulinienbild Abb. 132 zeigt.

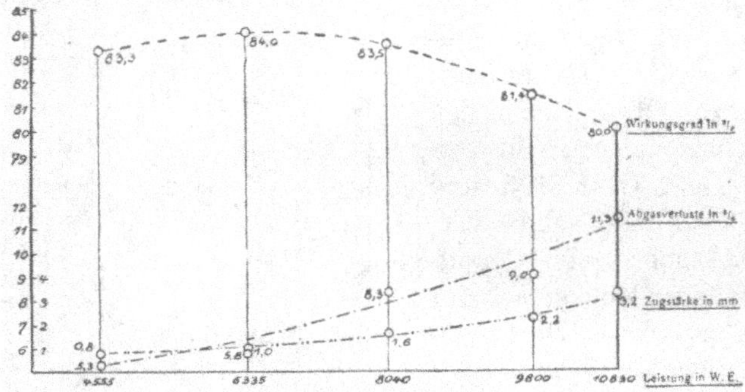

Abb. 132.

Das Diagramm ist auf Grund der Ergebnisse von Heizversuchen, ausgeführt von der Dampfkesselinspektion Darmstadt an einem Lollar-Normalkessel von 9,3 m² Heizfläche und 8 Gliedern, zusammengestellt. Die verfeuerten Braunkohlenbriketts hatten einen genauen Heizwert von 4897 WE. Die Ergebnisse der fünf Versuche sind:

Versuch Nr.	Versuchsdauer in h	Gesamt-Brikett-Verfeuerung kg	Durch den Brennstoff dem Kessel zugeführte Wärmemenge WE	Pro m² Heizfläche an das Kühlwasser abgegebene Wärmemenge WE	Wirkungsgrad %	Zugstärke mm WS
1	8 h 45 m	89,8	439 677	4 555	83,3	0,8
2	13 h — m	185,0	905 682	6 335	84,3	1,0
3	13 h 10 m	239,5	1 171 595	8 040	83,5	1,6
4	8 h 30 m	193,7	947 806	9 800	81,4	2,2
5	9 h — m	231,3	1 132 102	10 830	80,0	3,2

Der Wirkungsgrad ergibt sich somit z. B. für den 2. Versuch bei einer stündlichen Brennstoffmenge

$$B = \frac{185}{13} = 14{,}23 \text{ kg nach Gl. (11) zu:}$$

$$\eta = \frac{w_s H}{H_a B} = \frac{6335 \cdot 9{,}3}{4897 \cdot 14{,}23} = 0{,}843.$$

Tabelle 25.

Gußeiserne Braunkohlenbrikett-Gliederkessel.

Bauart	Heizfläche m²	Wärmeleistung WE/m²	Wasserinhalt l	Koksfassung l	Gliederzahl
Buderus-Lollar	5,4÷18,4	37 800÷128 800	180÷480	145÷495	5÷15
National	22÷52	154 000÷364 000	500÷1330	580÷1380	8÷18

Solche günstige Werte von η konnten nur mit vorzüglichem Brennstoff erreicht werden. Im allgemeinen wird man mit leistungsschwächeren Briketts und minderwertigen Brennstoffen von schwankender Zusammensetzung zu rechnen haben. Man darf sich auch mit $\eta < 0,8$ schon zufrieden geben.

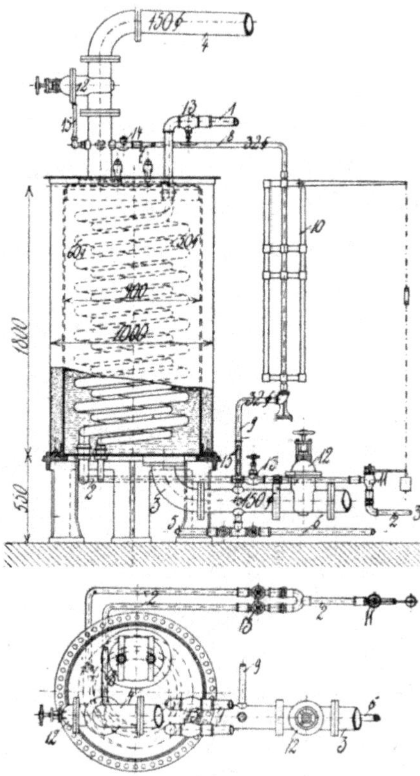

Abb. 133.

Die Kessel, betrieben mit Dampf oder Heizwasser. Diese Kessel treten als solche nicht so stark in die Erscheinung, da sie den unmittelbaren Übergang vom Kessel zum Druckbehälter (Boiler) darstellen und die Grenze zwischen letzteren beiden nicht so scharf zu ziehen ist. Eine Bedeutung haben sie als Kessel nur dann, wenn das Heizmittel, vor allem Hochdruckdampf und Abdampf, in genügender Menge zur Verfügung steht und das erzeugte Warmwasser womöglich erst wieder in einem besonderen Warmwasserbehälter zur Aufspeicherung kommt. Man kann sie auch dann nur als Kessel ansprechen, wenn sie eine regelrechte Kessellagerung und vollständige Kesselarmatur erhalten. Es können unter solchen Voraussetzungen alle Gegenstromkessel (siehe diese) hierher gerechnet werden. Einige weitere Beispiele mögen folgen.

Der Dampfwarmwasserkessel von Joh. Haag, A.-G., Augsburg, Abb. 133[1]), wird in allen Größen bis zu 5÷6 m² Schlangenheizfläche hergestellt, wobei in Anwendung von Hochdruckdampf bis zu 250000 WE in der Stunde erzielt werden können.

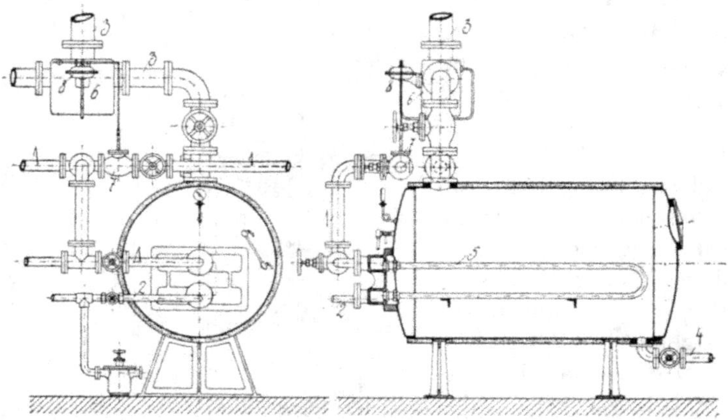

Abb. 134.

— Der liegende Niederdruckdampfkessel mit Röhrenbündel, das mit Hochdruckdampf beheizt wird, von Jos. Junk, Berlin, Abb. 134[2]), ist z. B. als Zwischenstation in der Lungenheilanstalt Beelitz zur Anwendung gekommen, wo Hochdruckdampf in einer über 500 m entfernten Zentrale erzeugt wird.

[1]) In Abb. 133 bedeuten: *1* = Dampfleitung, *2* = Kondensleitung, *3* = Rücklaufleitung, *4* = Steigleitung, *5* = Entleerungsleitung, *6* = Fülleitung, *7* = Rückschlagleitung, *8* = Leitung zum Regler, *9* = Leitung vom Regler, *10* = Regler, *11* = Regulierventile, *12* = Absperrschieber, *13* = Absperrventile, *14* = Rückschlagventil, *15* = Thermometer.

[2]) In Abb. 134 bedeuten: *1* = Hochdruckdampfleitung, *2* = Kondensleitung, *3* = Niederdruckdampfleitung, *4* = Speisewasserleitung, *5* = Röhrenbündel, *6* = Niederdruck-Wasserabscheider, *7*, *8* = Regler.

Die kupfernen Kessel. In der ersten Zeit der Heiztechnik, damals als Kupfer noch in ausreichender Menge zu haben und billig war, spielten Kupferkessel eine große Rolle. Heutzutage verschwinden sie wegen des hohen Materialpreises immer mehr aus dem Handel. Sie werden jetzt nur noch für Sonderzwecke meist von Fall zu Fall hergestellt. Das Kupfer an sich ist ja sonst in Anbetracht seines großen Wärmeübertragungsvermögens, seiner leichten Bearbeitungsmöglichkeit und großen Ausdehnungsfähigkeit ein ganz vorzügliches Kesselmaterial. Dort, wo die Beschaffenheit des Wassers durch Eisen leidet und an seinem Charakter verliert, sind Kupferkessel nicht zu entbehren; so für die Erwärmung bzw. Nachwärmung von Thermal- und sonstigen Heilquellenwässern. Vielfach benutzt man dann einen ganz einfachen stehenden Kupferkessel mit Unterfeuerung. Zur Erhöhung der quantitativen Leistung baut Kaeferle, Hannover, derartige Kessel nach Abb. 135 als Querrohrkessel mit eisernem Untersatz. Eine vorsichtige Behandlung seitens des Heizers ist bei der Empfindlichkeit des Materiales geboten.

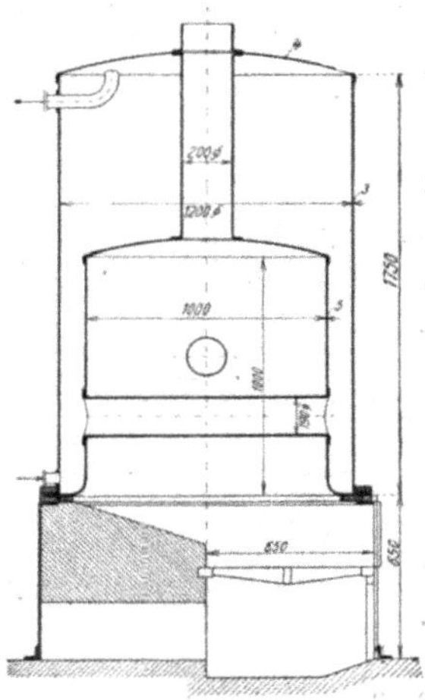

Abb. 135.

Anschließend an diese Kesselbetrachtungen mag schon an dieser Stelle auf den neuesten preußischen Ministerialerlaß bezüglich der Sicherheits-, Umgehungsleitungen und Wechselventile hingewiesen sein, wie dieser unter einem besonderen Punkte (Rohrleitung) eingehende Erwähnung findet. Die Warmwasserbereitungskessel sind danach genau wie die Heizungskessel zu behandeln und fallen unter die preußischen Gesetze vom 10. Februar 1914 mit Zusatz vom 8. Juli 1915. Ähnliche Bestimmungen bestehen für Sachsen und Braunschweig. Alle übrigen Regierungen der deutschen Bundesstaaten haben in dieser Richtung hin noch keine behördlichen Vorschriften erlassen, dagegen bestehen außerdem noch in einigen Großstädten baupolizeiliche Verordnungen.

c) Die Gasöfen.

Der Gasofen bzw. die Gasheizung hat für die Warmwasserbereitung eine sehr große Bedeutung, wenn auch zurzeit die Beschaffung billigen Gases auf Grund der mißlichen Kohlenwirtschaft auf Schwierigkeiten stößt. Das Gas ist im Laufe der Jahre für kleinsten Haushalt wie größte Betriebe ein zu selbstverständliches Heizmittel geworden, so daß sogar die augenblickliche üble Lage des Kohlenmarktes der weiteren Ausbreitung nicht ernstlich hindernd im Wege stehen kann. Die Gasheizung wirft ja auch als Gegenwerte zu bedeutsame wichtige Vorteile in die Wagschale.

Die Zahl der Gasofenkonstruktionen ist eine sehr große. Eine klare, scharfe Unterscheidung und Einteilung läßt sich für jeden Ofen nicht immer leicht vornehmen. Zur Hauptsache kann man zwischen offenen und geschlossenen Öfen, dann auch zwischen Klein- und Großapparaten unterscheiden. Der Unterschied zwischen offenen und geschlossenen Öfen besteht darin, ob die Heizgase sich mit dem zu erwärmenden Nutzwasser vermischen oder nicht. Es muß daher diese Unterscheidung die wichtigste bleiben, da sie durch die Hygiene bedingt ist.

Zur guten Ausnutzung der Gase und zur Erhöhung der Leistung gibt man Wasser und Gas alle möglichen Wege im Ofen, häufig aber nicht zum Vorteil. Absteigende und rückkehrende Heizzüge sind unzulässig. Bei den offenen Öfen sind der Wasserverteilerkopf und das Drahtsieb sehr beliebt. Junkers, Houben u. a. verzichten bei ihren geschlossenen Öfen auf ein sonst gern benutztes inneres System von Wasserzirkulationskörpern, sie benutzen dafür einen einfachen Ringzylinder mit innenliegendem Lamellenblechkranz. Andere geschlossene Ofenkonstruktionen sind wieder nach dem Röhrensystem durchgeführt. Durch den Einbau von Lamellen oder auch von Drahtspiralen sucht man die Heizfläche mittelbar zu vergrößern. Einwandfreie Versuche haben jedoch gezeigt, daß es vorteilhafter ist, die mittelbare Heizfläche ganz fortzulassen, die wasserberührte Heizfläche dagegen zu vergrößern und eine innige Berührung der heißen Gase mit der Heizfläche durch Einbau von wasserberührten Widerständen, Taschen, Querrohren u. dgl. zu erreichen. Richtig angeordnete, innenliegende Zirkulationskörper erhöhen die Wasserzirkulation, also den Effekt, können aber auch unter Umständen die Lebensdauer des Ofens bedeutend verkürzen oder wenigstens zu unangenehmen Ausbesserungen Anlaß geben. Bestes Material und sorgfältigste Herstellung müssen daher vorausgesetzt werden, die Anzahl der Lötstellen auf geringstes Maß beschränkt sein. Auf jeden Fall muß bei allen Gasöfen dem leichten und vollkommenen Ablaufen bzw. Abfangen und womöglich Wiederverdampfen des das Ofenmaterial stark angreifenden Schwitzwassers die größte Beachtung geschenkt werden. Aus diesem Grunde sind die Öfen mit Schwitzwasserrinnen zu versehen, deren Eisenbleche zu verbleien oder zu verzinken sind. Der lästigen Wasserabscheidung kann auch dadurch entgegengewirkt werden, daß man die Abgase mit möglichst hoher Temperatur (möglichst mit $\sim 100^0$ oder mehr) in das Abzugsrohr entweichen läßt.

Die offenen Gasöfen.

Das Wasser wird in feinverteilter Form den heißen Gasen entgegengeführt und dabei erwärmt. Für kalkhaltiges Wasser ist das offene System dem geschlossenen vorzuziehen, da bei jenem Kesselsteinansatz weder den Heizeffekt beeinträchtigt noch zu Durchbrennen, Ausbesserungen usw. Anlaß gibt und Wasserdruck und Frost der Konstruktion keinen besonders erheblichen Schaden anrichten können. Die Haltbarkeit und Lebensdauer der offenen Öfen sind daher größer. Die Erwärmung des Wassers in den offenen Öfen erfolgt durch die direkte Berührung des Wassers mit den heißen Gasen. Infolgedessen nimmt das Wasser Geruch, sogar Ruß an, weshalb der offene Ofen zur Erzeugung warmen Genußwassers nicht benutzt werden kann. Wegen seiner einfacheren Konstruktion ist aber dieser Ofen weit billiger als geschlossene. Im Gegensatz zu letzteren erwärmen die offenen Öfen das Wasser nur auf höchstens 60^0 und arbeiten mit Niederdruck. Liegt eine Zapfstelle über dem niedrigsten Wasserstande im Ofen, so läßt sich unter Umständen, falls der Höhenunterschied nicht zu bedeutend ist, der offene Ofen durch Einbau eines Druck- oder Strahlapparates zwischen Ofen und Zapfstelle noch verwerten. Eine derartige bemerkenswerte Ausgestaltung zeigt der offene Badeofen der Houbenwerke, Aachen, durch seine Injektorbrause. Oberhalb des Kaltwasserhahnes ist eine einfache Düsenvorrichtung angebracht, wodurch das Hochdruckkaltwasser das heiße Ofenwasser bis zum Brausekopf mitreißt.

Die Konstruktion eines offenen Ofens, der jetzt keine große Bedeutung mehr hat, ist aus Abb. 136 ersichtlich. Es ist ein meist gebräuchliches Modell von Vaillant, Remscheid, Houbenwerke, Aachen, u. a., das wenigstens die Bedingung, nur aufsteigende Gaswege zu besitzen, erfüllt. Das bei *a* eintretende

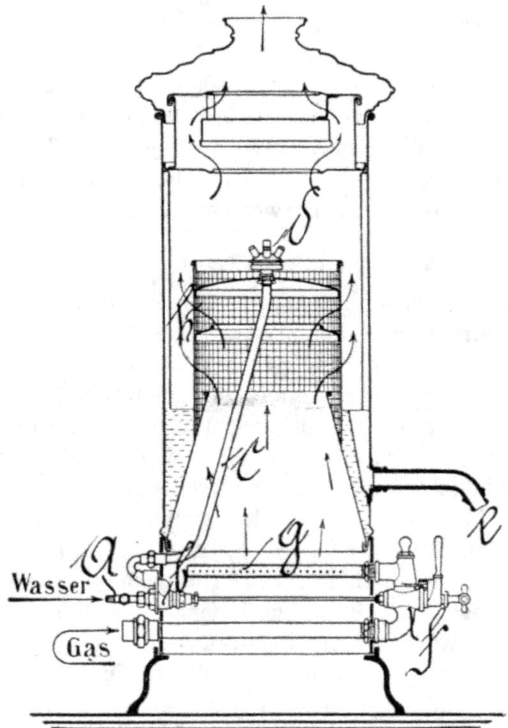

Abb. 136.

Wasser läuft durch Ventil *b* und Rohr *c*, gelangt durch den Verbreiter *d* in Form feinen Staubregens in den Ofen und rieselt den vom Brenner *g* aus aufsteigenden heißen Gasen entgegen und an dem Innenzylinder *h* mit seinen Drahtgeweben abwärts. Erwärmt sammelt sich das Wasser in der unteren Rinne, um bei *e* abgezapft zu werden. Das Ventil *b* wird durch den Gashahn *f* zwangsläufig mitbetätigt.

Die Öfen werden mit ausziehbarem Leuchtflammenbrenner und eingriffigem gekuppelten Gaswasserventil ausgerüstet.

Tabelle 26.
Offener Houben-Gasofen (ähnlich Abb. 136).

Minutliche Wassererwärmung von 12° auf 35° in l	13	18	22	27	60	90	160
Minutlicher Gasverbrauch in l	70	85	100	170	270	405	720
Maße in mm Manteldurchmesser Mantelhöhe	270	320	350	390	500 1750	650 2500	800 2500
Verwendung	als Zimmerbadeofen				für Massenbäder		

Die geschlossenen Gasöfen.

Bei dem geschlossenen Ofen ist das Wasser von den Heizgasen vollkommen getrennt, so daß ersteres ohne weiteres zum Genusse und Zubereiten von Speisen verwandt werden kann, Die Lage der Zapfstellen ist unabhängig von der Stellung des geschlossenen Ofens und nur durch die Höhe des Druckes bedingt, unter dem das Wasser im Ofen steht. Der Wärmeverlust ist hier etwas größer als beim offenen Systeme, daher der Gasverbrauch entsprechend höher; anderseits kann dieser Verlust in manchen Fällen zur Verbesserung des Zuges von Vorteil sein. Um eine möglichst große Heizfläche zu gewinnen, werden die geschlossenen Öfen mit Doppelmäntel ausgeführt und erhalten im Innenzylinder, durch den die Heizgase ziehen, einen Heizlamelleneinsatz zwecks vollkommenerer Ausnutzung der Gase. Enge Wasserräume des Doppelmantels gestatten es, den geschlossenen Ofen als Durchlaufofen durchzuführen, d. h. der Ofen arbeitet nicht auf Warmwasseraufspeicherung hin, sondern erwärmt das bei Öffnen einer Zapfstelle durch ihn hindurchfließende Druckwasser während des Durchflusses auf eine bestimmte Temperatur.

Der geschlossene Vaillantofen, Abb. 137, besitzt statt des viel gebräuchlichen Lamellenkranzes blasenförmige Pfannen *d*, welche den vom Brenner *g* kommenden Heizgasen den Weg vorschreiben. Der Wasserraum wird also durch die beiden Mäntel *b* und *c* und die Pfannen *d* gebildet. Das Kaltwasser tritt bei *a* ein, das Warmwasser fließt bei *e* ab. Gas- und Wasserhahn sind wieder zu einem eingriffigen Ventil *f* vereinigt. Die Ausführung ergibt hohe Ausnutzung der Gaswärme, große wasserberührte

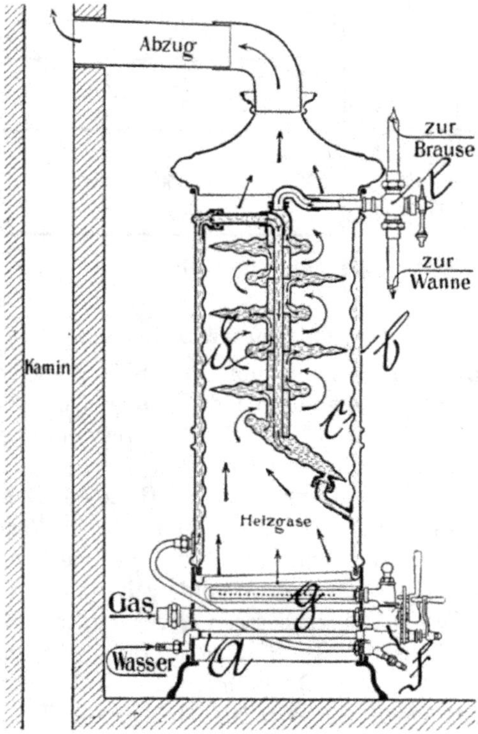

Abb. 137.

Heizfläche und lebhafte Wasserzirkulation im Ofen selbst, sie leidet jedoch an dem Übelstand, viele Lötstellen im Ofeninnern zu haben. Je einfacher ein Gasofen im Innern und Äußern konstruiert ist, um so größere Dienste wird er leisten, selbst wenn die Einfachheit auf Kosten eines etwas geringeren Effektes geht.

Die geschlossenen Öfen werden als Durchlaufapparate und Vorratserwärmer mit und ohne automatische Wirkung hergestellt, je nachdem sie außer oder unter Druck der Kaltwasserleitung stehen.

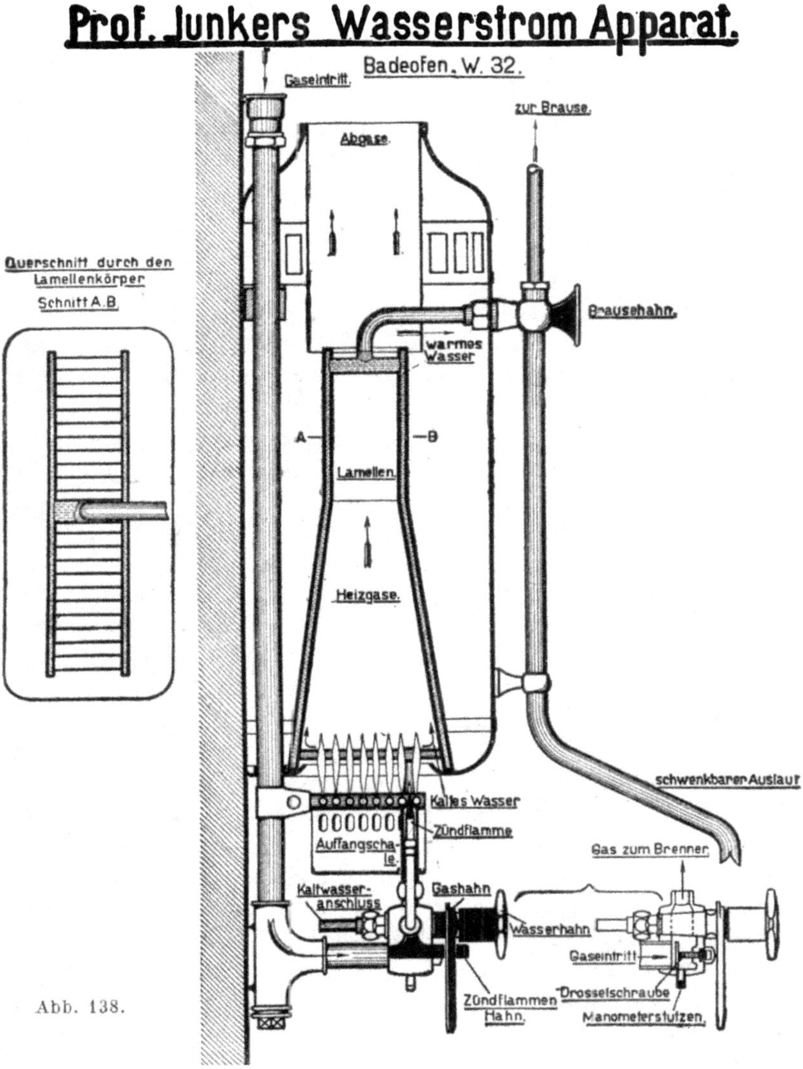

Abb. 138.

Bei den Durchlaufapparaten, als Schnellwassererhitzer und Druckautomaten ausgeführt, wird das im Ofen befindliche

Wasser nicht aufgespeichert über eine gewisse Zeit hin, sondern während des Durchfließens durch den Apparat erwärmt. Um in solch kurzer Zeit die nötige Wassertemperatur zu erreichen, muß der Zirkulationsraum möglichst kleine Querschnitte und große Heizflächen erhalten. Es gehören hierher die meisten Arten der gewöhnlichen Gasbadeöfen. Anstatt der vielfach angewandten Ringzylinder und Schlangenröhren benutzt Junkers, Dessau, nach Abb. 138 zwei schmale geneigte Wasserkammern, die unten durch die Kaltwasserzuführung, oben durch die Warmwasserabnahme verbunden sind und zwischen ihren senkrechten Oberteilen die charakteristischen Heizlamellen besitzen. Eine zwangsläufige Gas-, Wasser- und Zündflammenhahnverbindung sichert einen gefahrlosen Betrieb. Der Gashahn läßt sich nicht eher öffnen, als bis Wasser- und Zündflammenhahn geöffnet sind, und umgekehrt nach Gebrauch zuerst der Gashahn und dann der Wasser- und Zündflammenhahn geschlossen werden können.

Die unter Druck der Kaltwasserzuleitung stehenden geschlossenen Gasöfen haben für die Warmwasserversorgung jetzt um so höhere Bedeutung erlangt, nachdem sie mit automatischer Regelung des Gas- und Wasserzuflusses ausgerüstet sind. In den mannigfachsten Konstruktionen durchgeführt, werden sie allgemein als Gasautomaten[1]) bezeichnet. Sie arbeiten durch Druck- oder Temperaturunterschied. Bei ihnen dürfen wirksame Druckschwankungen in der Leitung nicht auftreten, andernfalls werden Störungen und Beschädigungen nicht ausbleiben. Sie können mit dem Hochdruck des Wasserrohrnetzes wie auch mit dem Niederdruck eines Kaltwasser-Schwimmergefäßes betrieben werden. In letzterem Falle kann ein Gefäß von 15 l Inhalt schon ausreichen, das aber mindestens ∾ 1 m über höchster Zapfstelle liegen muß. Die automatische Arbeit im Apparat wird mit Hilfe von Membranen oder federnden Körpern bewirkt. Diese Elemente werden ja wegen ihrer Empfindlichkeit sonst in der Technik gern vermieden; sie erfüllen jedoch hier ihren Zweck vollkommen und machen den ganzen Ofen nicht nachteilig »diffizil«.

Zu den Automaten mit der häufig benutzten Membranwirkung gehört der Ofen Abb. 139 von Vaillant, Remscheid. Der Apparat besteht aus dem in einem rechteckigen Blechgehäuse befindlichen

[1]) Nicht zu verwechseln mit den automatischen Gasuhren.

Tabelle 27.

Junkers Durchlauf-Gasöfen (Stromapparat) bei Wassererwärmung um 25° und 30÷45 mm Gasdruck.

Erwärmte Wassermenge . . . . . l/min	2,5÷3	5÷6	10÷12	6÷8,5	12÷16	18÷22	26÷36
Gasverbrauch . . . . l/min	17÷21	27÷34	57÷69	34÷47	84÷105	125÷156	145÷200
Ofenmaße in mm: Höhe	570	650	820	660	1000	1100	1200
Durchmesser	120	165	210	—	—	—	—
Breite	—	—	—	280	400	450	490
Tiefe	—	—	—	180	250	300	320
Gasanschluß . . . . Zoll	$^3/_8$	$^1/_2$	$^3/_4$	$^1/_2$	$1\div1^1/_4$	$1\div1^1/_4$	$1^1/_4$
Gasuhr . . . . Flammen	5	10	20	10	30÷40	30÷40	40÷50
Verwendung für	Küchen, Toiletten, Ärzte, Friseure,			Wohnhäuser, Gewerbebetriebe mit mehreren Zapfstellen.			

Erwärmte Wassermenge . . . . . l/min	26÷31	48÷58	95÷115	145÷175	190÷230	240÷300
Gasverbrauch . . . . l/min	145÷174	270÷330	530÷650	750÷980	1100÷1300	1350÷1630
Ofenmaße in mm: Höhe	1350	1300	1300	1700	1700	1800
Breite	520	750	750	850	1050	1300
Tiefe	320	420	650	750	750	750
Rohranschluß in Zoll: Kaltwasser	$^3/_4$	1	$1^1/_4$	$1^1/_2$	$1^3/_4$	2
» » » Warmwasser . . .	1	$1^1/_4$	$1^1/_2$	2	$2^1/_2$	3
Gasanschluß . . . . Zoll	$1^1/_4$	$1^1/_2$	2	$2^1/_2$	3	3
Gasuhr . . . . Flammen	40÷50	80÷100	150÷200	250÷300	300÷400	400÷500
Verwendung für	Massen-Wasch- und Brause-Anlagen; gewerbliche und industrielle Zwecke.					

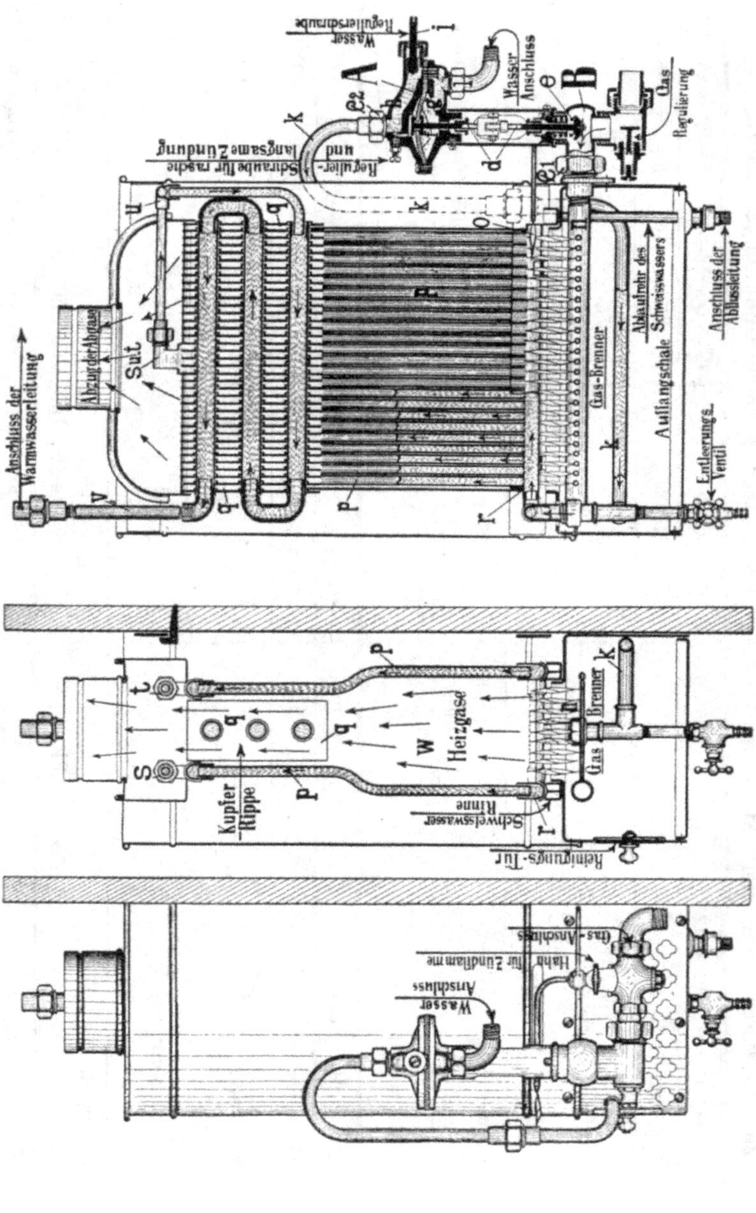
Anschluss der Warmwasserleitung
Abzug der Abgase
Regulierschraube
Wasser
Wasser Anschluss
Gas Regulierung
Regulier- Schraube für rasche und langsame Zündung
Gas-Brenner
Ablaufrohr des Schweisswassers
Auffangschale
Anschluss der Ablaufleitung
Entleerungs-Ventil
Kupfer-Rippe
Heizgase
Gas Brenner
Schweisswasser Rinne
Reinigungs-Tür
Gas-Anschluss
Hahn für Zündflamme
Wasser Anschluss

Abb. 139.

Wasserzirkulationssystem und dem außerhalb angebrachten eigentlichen Automaten $A\,B$. Letzterer, eine ältere, aber grundlegende Konstruktion, setzt sich zur Hauptsache aus dem Membrangehäuse A und dem Gasventile B zusammen. Die Verbindung des Automaten mit dem Heißwasserapparate wird durch die Verschraubungen c_1 und c_2 hergestellt. Es wird A durch die Membrane f in zwei mit Wasser gefüllte Kammern b und h getrennt, die bei Regulierschraube i eine Verbindung haben. Kammer g ist mit der Druckwasserleitung, Kammer h durch die Rohrverbindung k mit dem Heißwasserofen verbunden. Im Ruhezustande ist das Gasventil B stets geschlossen, das in Abb. 139 geöffnet dargestellt ist.

Wenn bei Inbetriebsetzung des Apparates, d. h. bei Öffnen eines Hahnes der Gebrauchsleitung, das Kaltwasser bei l mit vollem Druck in g eindringt und bei 3 Atm. etwa 40÷50 l Wasser in 1 min zuführt, so wird die Regulierschraube i meist so eingestellt, daß ∾ 10÷15 l Wasser in 1 min durch m passieren können, um durch k zum Ofen zu fließen. Weil nun das mit 50 l Geschwindigkeit nach m strömende Wasser nur mit höchstens 25 l Geschwindigkeit weiterkommt, so bildet sich sofort in g ein Überdruck, welcher die Membrane f und die an dieser befindliche Führungsstange d zurückdrückt, damit das Gasventil B öffnet und Gas zum Brenner n gelangen läßt, wo es sich an der stets brennenden Zündflamme o entzündet. Sobald durch Außerbetriebsetzung des Apparates der Wasserdurchfluß durch A aufhört, tritt ein Ausgleich der Wassermengen in g und h ein, hebt den Überdruck auf, die in B befindliche Spiralfeder e gewinnt ihre Kraft zurück und drückt das Gasventil wieder zu. Damit verlöscht der Gasbrenner und der Apparat ist in Ruhe.

Der eigentliche Heißwasserofen besteht aus den beiden Rohrkörpern p und dem damit verbundenen Rippenkörper q, welch letzterer aus drei übereinander liegenden Rippenrohren gebildet ist. Es sind p und q aus verzinntem schweren nahtlosen Kupferrohr hergestellt. Das vom Automaten herkommende Wasser fließt durch k nach r, verteilt sich in p, tritt bei s und t aus und strömt wieder vereinigt durch die Rohrverbindung u zum Rippenkörper q, den es in der angegebenen Pfeilrichtung durchläuft, um bei v den Ofen erwärmt zu verlassen und in die Gebrauchsleitung einzutreten. Die Heizgase steigen im Innern von W empor.

Die neuere Ausführung des eigentlichen Automaten beruht nach Abb. 140[1]) ebenfalls auf demselben Prinzip, besitzt jedoch die erheblichen Vorteile, daß der Automat sich auf der Vorderseite des Ofens befindet, wodurch freiere Anschlußmöglichkeit an Gas- und Wasserleitung besteht, daß die Spiralfeder frei liegt und daß das Wasserventil in den unteren Teil und das Gasventil in den oberen Teil des Gehäuses gelegt ist. Letztere Änderung ist besonders beachtenswert, denn dadurch wird die Möglichkeit beseitigt, daß selbst bei sorgfältigster Abdichtung der Ventilspindelführung Wasser in das Gasventilgehäuse hineingezogen wird und dort seinen nachteiligen Einfluß auf die Feder geltend machen kann; die Regulierschraube (WR in Abb. 140) für langsame Zündung soll verhindern, daß sich das Gas unter puffartigem Geräusch plötzlich entzündet. Die Schraube muß daher nach dem Wasserdruck so eingestellt werden, daß die Flammen sich stufenweise auf dem Brennerrost entzünden, d. h. zuerst klein brennen und erst allmählich, wenn das Wasser eine kurze Zeit an den Zapfstellen läuft, sich zur vollen Höhe entwickeln. Bei hohem Wasserleitungsdruck über 2,5 Atm. ist es zweckmäßig, in die Kaltwasserleitung ein Regulierorgan einzuschalten und dadurch den Betriebsdruck soweit herabzumindern, daß die Wasserregulierschraube nur noch wenig zugedreht werden braucht, um eine Bewegung der Membrane hervorzurufen. Ein solches Reduzierventil zeigt nach der Ausführung der Centralwerkstatt Dessau, Abbildung 319 mit Manometeranordnung. Statt dessen kann man auch die Hochdruckwasserleitung durch einen Schwimmerkasten unterbrechen oder einen auf ∾ 15 Atm. geprüften Apparat wählen.

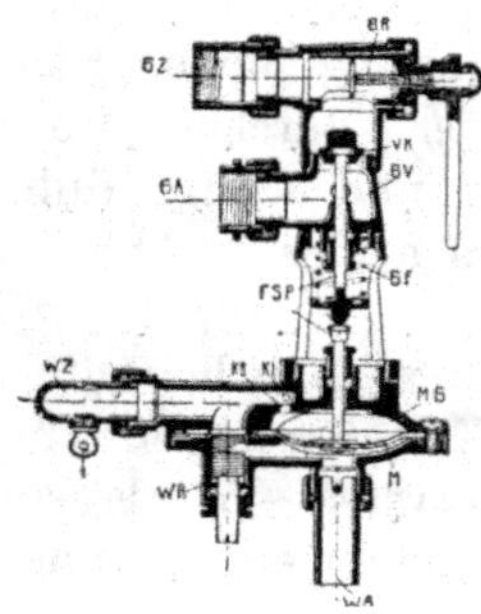

Abb. 140.

[1]) Es bedeuten: *GR* = Gas-Regulierschraube, *GZ* = Gaszuführung zum Apparat, *GA* = Gasanschluß. *GV* = Gasventil, *VK* = Ventilkegel, *GF* = Gegenfeder, *FSp* = Führungsspindel, *WZ* = Wasserzuführung zum Apparat, *WR* = Wasser-Regulierschraube, *WA* = Wasseranschluß, *MG* = Membrane-Gehäuse, *M* = Membrane, *KL* = Kanal für Langsamzündung.

In Abb. 141[1]) ist ein Schnitt durch die Membranarmatur von Junkers-Stromautomat für mehrere Zapfstellen dargebracht. Das Organ erklärt sich durch die Fußnotenbemerkung.

Die Centralwerkstatt Dessau benutzt in ihrer Askaniatherme nach Abb. 142 anstatt einer Membrane eine Federdose,

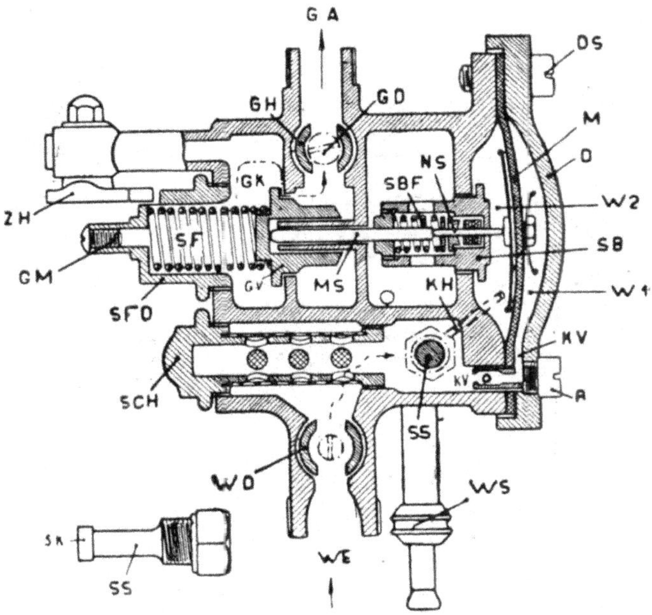

Abb. 141.

die oberhalb des Wasseranschlußstutzens *G* die Regelung des Wasser- und Gaszuflusses regelt. Für sachgemäßes Funktionieren der selbsttätigen Zündvorrichtung, die ein Verbrennen des

---

1) In Abb. 141 bedeuten: *D* = Deckel, *SD* = Deckel-Schraube, *GA* = Gas-Austritt, *GD* = Gas-Drosselschraube, *GH* = Gashahn, *GK* = Gaskammer, *GM* = Gas-Manometerstutzen, *GV* = Gas-Ventil, *KV* = Kanal vorn, *KH* = Kanal hinten, *M* = Membran, *MS* = Messingstift, *NS* = Nickelstift, *R* = Rückschlagventil, *SB* = Stopfbüchse, *SBF* = Stopfbüchsenfeder, *SCH* = Schmutzfänger, *SF* = Spannfeder, *SFD* = Spannfederdeckel, *SK* = Staukegel, *SS* = Stauschraube, W_1 = Wasserkammer 1, W_2 = Wasserkammer 2, *WC* = Wasserkondensablauf, *WD* = Wasserdrosselküken, *WE* = Wassereintritt.

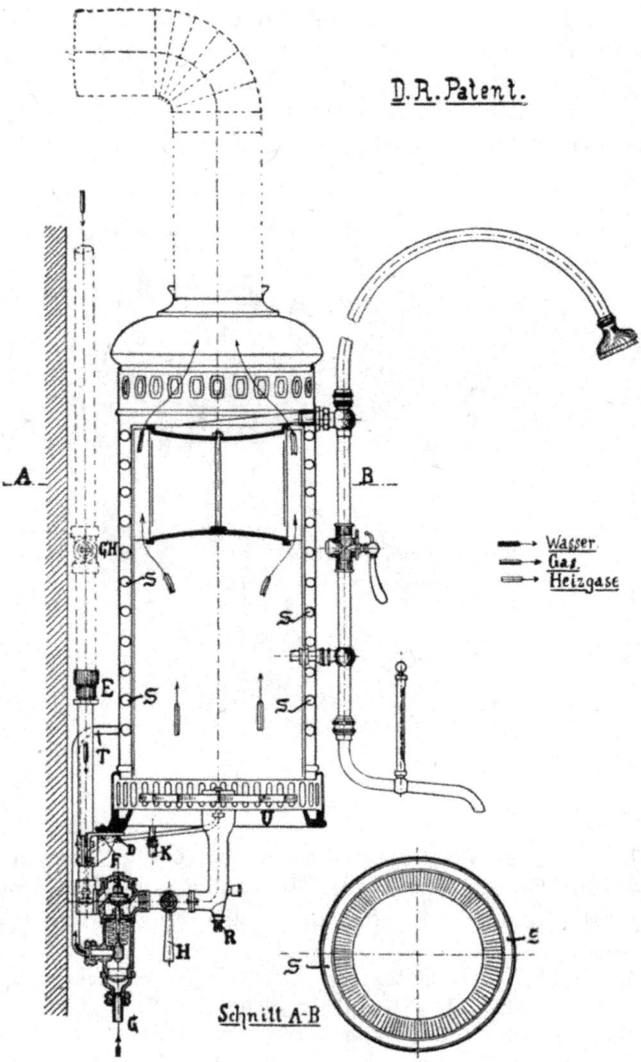

Abb. 142.

Apparates zu verhüten hat, ist ein Wasserdruck von mindestens 1 Atm. erforderlich. Die automatische Zündung besteht in der Hauptsache aus einem kleinen Gehäuse, das die Federdose und den mit dieser verbundenen Gasventilkegel enthält. Entnimmt man Warmwasser, so bewirkt der Wasserzutritt bei G ein Zusammendrücken der Federdose und dadurch ein Heben des Kegels, infolgedessen den Gasen der Weg zum Brenner geöffnet wird, während gleichzeitig Kaltwasser durch das Verbindungsrohr T in den Apparat gelangt. Wenn durch irgendwelchen

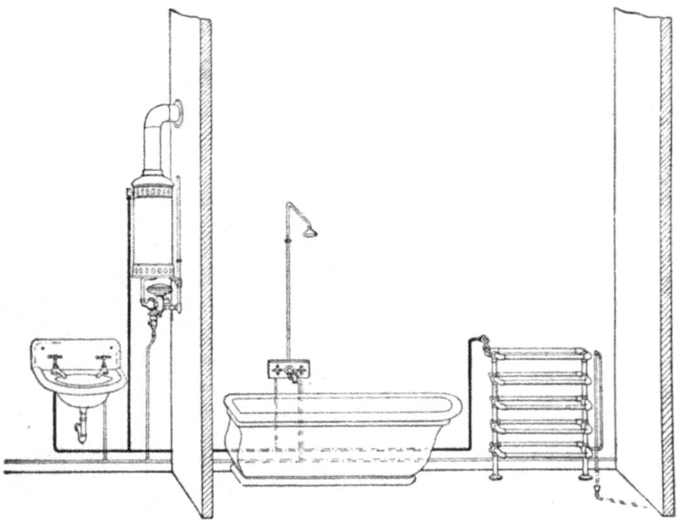

Abb. 143.

Umstand das Wasser ausbleibt, während der Apparat in Tätigkeit ist, erlischt der Brenner, es bleibt jedoch die Zündflamme brennen. Durch diese wird sofort wieder angezündet, sobald das Wasser von neuem fließt. Der Ofen enthält die Wasserrohrschlange S und im oberen Teil den Rippen- oder Lamellenheizkörper. Durch beliebige Einregelung des Gashahnes und Wasserzapfhahnes lassen sich innerhalb der gegebenen Grenzleistungen sowohl große Wassermengen von niedriger Temperatur als auch kleine Wassermengen von hoher Temperatur abzapfen. Die Gasregulierschraube R soll ein Rußen der Brennerflammen verhindern. Bei geringem Gasdruck bzw. Gasverbrauch ist R herauszudrehen und umgekehrt hineinzuschrauben.

Mit Hinweis auf Tabelle 28 sind die Thermen System A mit Heizschlange (Abb. 142) für eine Zapfstelle vorgesehen.

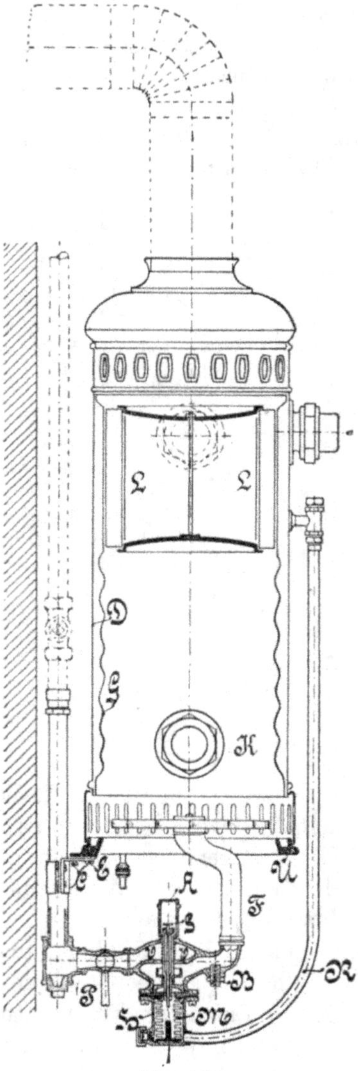

Abb. 144.

Die ähnlichen Ausführungen nach System *B* für mehrere Zapfstellen werden vorteilhaft für solche Anlagen verwandt, bei denen eine Aufspeicherung von warmem Wasser nicht nötig ist, sondern eine gleichmäßige, der Leistung des Apparates entsprechende Warmwassererzeugung genügt, also für Zentralversorgungen ohne besondere Warmwasserbehälter wie nach Abb. 143. Der gleich mit angeschlossene Raumheizkörper dient zur Raumerwärmung und als Wäschetrockner. Die Apparate System C schließlich sind für solche Zentralanlagen bestimmt, bei denen zeitweise große Mengen Warmwasser gebraucht werden wie in Hotels, Krankenhäusern, öffentlichen Badeanstalten, Wäschereien usw., und zwar unter Einschaltung eines besonderen Behälters. Diese Öfen dürfen jedoch nur dann unter Druck der Wasserleitung stehen, wenn dieser 2,5 Atm. nicht übersteigt, da beim plötzlichen Abschließen großer Zapfhähne starke Wasserschläge in der Leitung auftreten. Hier ist dann das Reduzierventil am Platze. Bei direktem Anschluß des Ofens an einen Warmwasserbehälter besitzt der Apparat System C statt der Heizschlange nach Abbildung 144 einen Doppelmantel, dessen Wasser auf einen Temperaturregler *R* hinwirkt.

Eine beachtenswerte Neuerung bringt die Centralwerk-

Tabelle 28.

Gasautomaten Askania-Therme (Abb. 142, 144) **der Centralwerkstatt, Dessau.**

Nr. der Therme	$1/2$	1	$1^1/_2$	2	3	4	5	6	7	$8^1/_2$	10
Wassererwärmung in l/min:											
von 10° auf 30°	3	4	6	8	—	—	—	—	—	—	—
» 10° » 35°	—	—	—	—	10	12	15	18	20	24	28
Wärmeübertragung . . WE	57	76	114	152	250	300	368	450	494	600	700
Anheizdauer in min:											
für 1 Bad von 160 l . . .	—	—	—		16	13,5	11	9	8	6,33	5,75
» 1 » » 200 l . . .	—	—	—	—	20	16,5	14	11,5	10,25	8,5	7,5
Maße { Manteldurchmesser mm	140	155	180	210	240	260	280	320	355	400	480
Maße { ganze Höhe . . mm	650	810	900	1070	1180	1240	1320	1360	1445	1475	1515
Anschluß { Kaltwasser . . Zoll	$3/8$	$3/8$	$3/8$	$3/8$	$1/2$	$1/2$	$1/2$	$1/2 \div 3/4$	$3/4 \div 1$	$3/4 \div 1$	$3/4 \div 1$
Anschluß { Warmwasser . Zoll	$3/8$	$3/8$	$3/8$	$3/8$	$1/2$	$1/2$	$1/2$	$1/2 \div 3/4$	$3/4 \div 1$	$3/4 \div 1$	$3/4 \div 1$
Gas { Stündl. Gasverbrauch m³	0,75	1,0	1,5	2,0	3,45	4,0	5,0	6,0	7,0	8,5	10,0
Gas { Gasuhr . . . Flammen	5	5	10	10	20	30	30	30	50	50	$50 \div 60$
Gas { Gasanschluß . . . Zoll	$3/8$	$3/8 \div 1/2$	$3/8 \div 1/2$	$1/2$	$3/4$	$3/4$	1	1	$1 \div 1^1/_4$	$1^1/_4$	$1^1/_4$
Gas { Durchm. Gasabzugsrohr mm	60	70	90	100	110	125	140	150	160	175	195
Brauchbar für eine Zapfstellenzahl { System A (Abb. 142)	1	1	1	1	—	—	—	—	—	—	—
» B	—	2	2	2	3	3	3	3	mehr als 3		
» C (Abb. 144)	—	—	—	—	3	3	3	mehr als 3			

statt Dessau mit ihrer Langsamzündung. Hierauf wird neuerdings von allen einschlägigen Firmen berechtigter Wert gelegt. Der Zweck der Vorrichtung liegt in dem Namen. Eine weitere Erklärung wird überdies durch nachstehende Beschreibung der Dessauer Vorrichtung mit Bezug auf Abb. 145 gegeben.

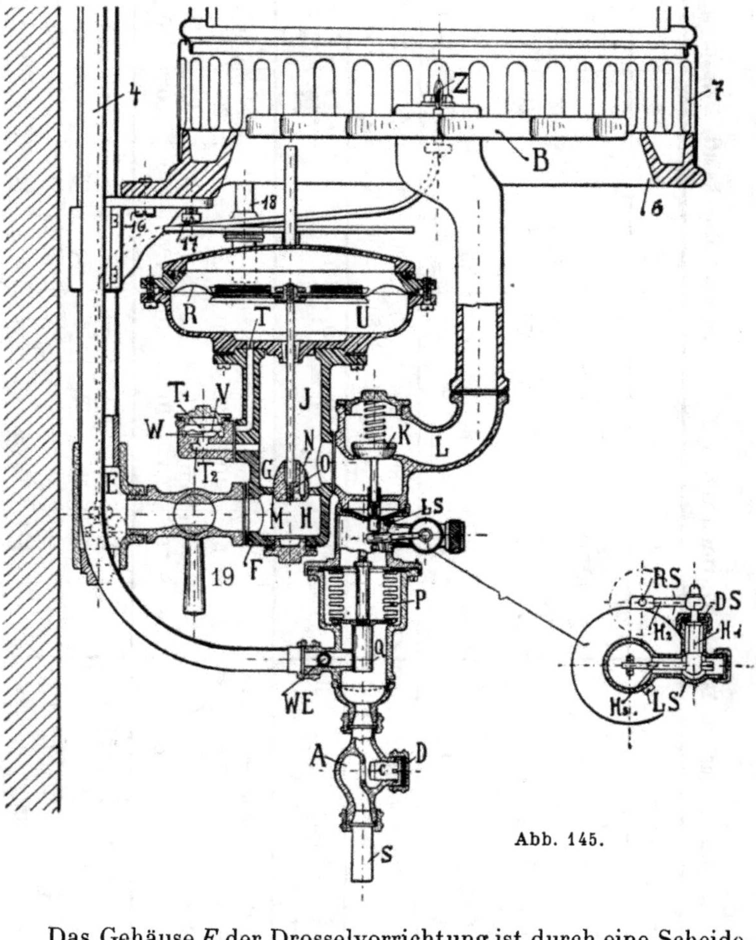

Abb. 145.

Das Gehäuse F der Drosselvorrichtung ist durch eine Scheidewand G in zwei Räume H und J geteilt. Der Raum H steht mit der Gaszuflußleitung E in Verbindung, während der Raum J mit der nach dem Hauptbrenner B führenden Leitung L verbunden ist. Die Öffnung M in der Scheidewand G ist durch das als Drosselorgan wirkende Ventil O bedeckt. Die verzögerte Öffnung des Ventils wird durch die besondere Ventilgestaltung erreicht. Das im oberen Teil in Form einer Parabel gestaltete Ventil ist im unteren Teil etwa auf ein Drittel seiner Länge zylindrisch, so daß während der Zeit des Niederganges dieses Teiles keine Zunahme der Gaszufuhr zu den Brennerflämmchen stattfinden kann. In die Verbindung T nach dem Raum unterhalb der Membrane, die von dem Raum J aus erfolgt, ist ein Ventil eingeschaltet. Dieses Ventil besteht bei dem dargestellten Ausführungsbeispiel aus einem Aluminiumplättchen V, das die beiden Räume T_1 und T_2 trennt. Dieses Plättchen ist mit einer Bohrung W versehen. Die Membrane R ist dem Gasdruck entsprechend belastet.

Die Vorrichtung wirkt in folgender Weise:

Das durch die Leitung E eintretende Gas füllt zunächst den Kanal bzw. Raum H des Apparates, strömt dann durch die Bohrung N des Drosselventils O in den Raum J und durch die Leitung L nach dem Brenner B, um sich an der Zündflamme Z zu entzünden. Die Menge des durch die Bohrung N strömenden Gases ist derart bemessen, daß die Flämmchen des Brenners eine Höhe von $8 \div 10$ mm erreichen, wobei die Entzündung ruhig und ohne Rußbildung erfolgt. Die Flämmchen brennen in der angegebenen Höhe etwa 5 s. In dieser Zeit wird die kalte Luftsäule im Innern des Apparates oder im Abzugsrohr verdrängt, die später allmählich größer werdenden Flammen finden keinen Widerstand mehr und können sich daher vollkommen rußfrei entwickeln. Das Gas in dem Raum U unterhalb der Membrane R strömt langsam durch den Kanal T in die Kammer T_1 und von hier aus durch die Bohrung W des Aluminiumplättchens V in die Kammer bzw. den Kanal T_2 und dann weiter in den Raum J und die nach dem Brenner führende Leitung L. Während dieses Vorganges senkt sich die dem Gasdruck entsprechend belastete Membrane R und gleichzeitig auch der Ventilkörper O. Durch die im unteren Teil des Ventilkörpers vorgesehene zylindrische Gestaltung wird erreicht, daß im Anfang der Ventilsenkung eine Zunahme der Gaszufuhr zu den Brennerflämmchen nicht stattfinden kann. Erst wenn der Ventilkörper soweit sich gesenkt hat, daß der parabelförmige Teil in die Öffnung des Sitzes tritt, strömt allmählich den Brennerflämmchen mehr Gas zu, bis sie sich zur vollen Höhe entwickelt haben. Die Gesamthöhe der Flammen ist abhängig von der Belastung der Membrane *R*, die Vorrichtung wirkt also nunmehr als Druckregler. Beim Schließen des Wasserhahnes, wodurch auch gleichzeitig die Gaszufuhr zum Brenner abgesperrt wird, steigt die Membrane *R*

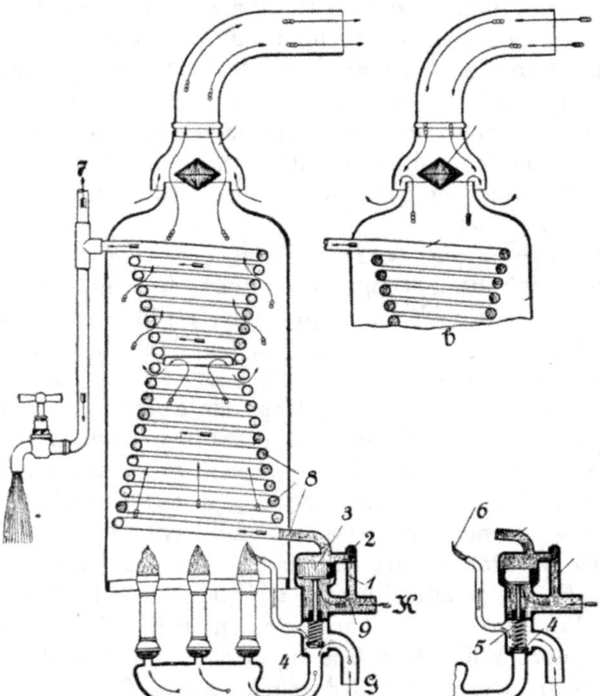

Abb. 146.

und damit auch der Ventilkörper *O* schnell nach oben in die ursprüngliche Stellung, da in diesem Falle sich das Aluminiumplättchen *V* von seinem Sitz abhebt und den freien Zutritt des Gases durch die Kanäle bzw. Räume T_1, T_2 und *T* in den Raum *U* unterhalb der Membrane gestattet. Wenn sich der Ventilkörper *O* nur ebenso langsam heben würde, wie er sich senkt, so würde bei zwei oder mehreren kurz aufeinander folgenden Wasserentnahmen, ein Fall, der besonders bei einer Zentral-Warmwasserversorgungsanlage mit verschiedenen Zapfstellen leicht vorkommt, eine ruß- und geräuschfreie Zündung nicht erfolgen, weil in der Tiefstellung des Ventilkörpers *O* das Gas mit voller Kraft und unbehindert zu dem Brenner gelangen kann.

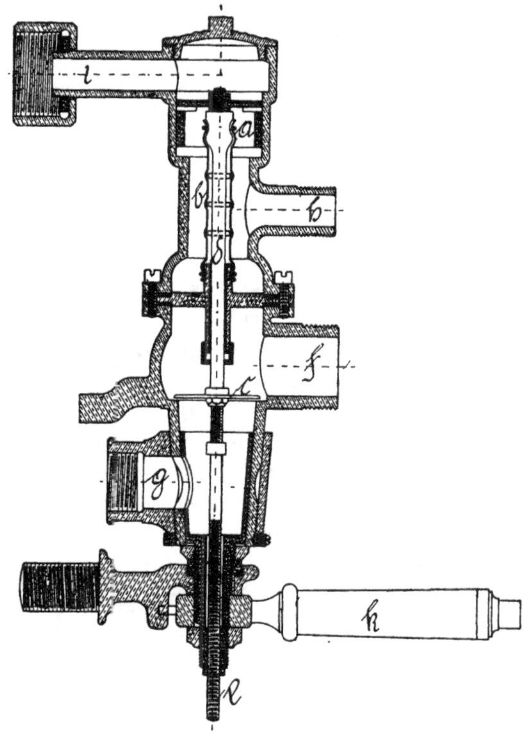

Abb. 147.

Der Eschebachsche Druckautomat für mehrere Zapfstellen (Abb. 146) besitzt zum Wasserdurchlauf eine Doppelkegelheizschlange *8*, wie sie ebenfalls beim Ruudapparat in etwas anderer Form benutzt wird. Das automatische Gas- und Wasserventil wird durch Feder- und Wasserdruck betätigt, entbehrt also die bei den bisherigen Automaten benutzte Membrane und vereinfacht sich dadurch wesentlich. Bei geschlossenem Zapfhahn wird das Gasventil *4* durch den Druck der Feder *5* geschlossen (wie in Nebenbild *a* angegeben), da oberhalb des Kolbens *3* und in der Kaltwasserzuleitung *K* mit der Umgehungsleitung *1* gleichmäßiger Druck herrscht. Das bei *G* eintretende Gas findet dann nur einen Weg zur Zündflamme *6*. Bei geöffnetem Zapfhahn wird das Ventil *4* infolge Überdruck bei *9* geöffnet, so daß das Gas zu den Hauptbrennern strömt. Die Schraube *2* dient zur Drosselung des Wasserzuflusses. Weitere Zapfstellen lassen sich bei *7* anschließen.

Der Houben-Druckautomat besitzt, nicht zum Nachteil seiner Konstruktion, in der eigentlichen automatischen Apparatur überhaupt keine Stopfbuchse, Feder und Membrane, die dem Verschleiß unterworfen sind. Die Wirkung wird einfach durch Kolben und Kegel erreicht. Dafür verlangt aber die Kolbenstange an der Durchbruchstelle durch die Scheidewand zwischen Wasser- und Gasraum des Gehäuses besonders vorsichtige, peinliche Abdichtung, um ein Durchtreten von Gas in Wasser zu verhindern, auch darf eine große Feinfühligkeit nicht vorausgesetzt werden. Die einfache, grundlegende, zwar ältere Konstruktion der Houbenwerke, Aachen, zeigt Abb. 147. Das bei *h* eintretende, bei *i* zum Ofen strömende Wasser hebt den Wasserkolben *a* und öffnet gleichzeitig das durch die Spindel *d* mit *a* verbundene Gasventil *c*. Hört der Wasserzufluß auf, so schließt sich infolge Senkens von *a* das Gasventil *c* so weit, bis es auf Stellschraube *e* aufliegt. Letztere ist so einzustellen, daß die Flammen bei geschlossenem Wasserkolben ganz klein brennen. Die Abdichtung für *d* erfolgt durch die elastische Hülse *b*. Der Gasdurchfluß von *f* nach *g* und dem Brennerrost kann mittels des Griffes *k* und des Ventilhohlkegels bei *g* ganz gehemmt werden. Der Apparat läßt sich an irgendeiner beliebigen Stelle des Rohrnetzes einschalten, gegebenenfalls allerdings auf Kosten einer einfachen Rohrverlegung. Man ist aber dadurch in die Lage gesetzt, den Gasofen nicht in einem bewohnten Raume aufstellen zu müssen.

Im Gegensatz zu den Durchlaufautomaten, die weite Gasleitungen und große Gasuhren erfordern, kann man bei den Vorratserwärmern, welche einen ständigen Vorrat an Warmwasser von 70^0 und mehr halten, mit kleinen Leitungen und Gasmessern auskommen. Die Wasserräume im Ofen sind entsprechend größer als bei den Augenblickserwärmern ausgebildet, können natürlich den ganzen Umfang des Ofens nicht nachteilig beeinflussen, so daß der Wasservorrat an gewisse Grenzen gebunden

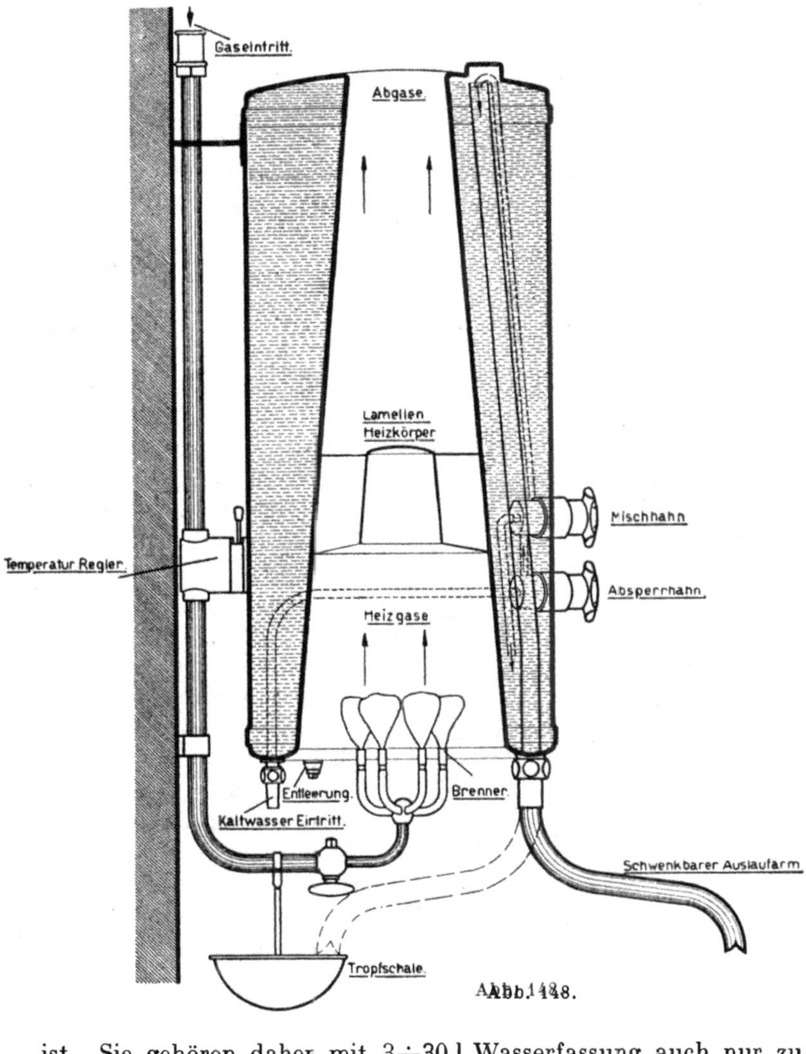

Abb. 148.

ist. Sie gehören daher mit 3÷30 l Wasserfassung auch nur zu den Kleinapparaten, können jedoch für ein oder mehrere Zapfstellen vorgesehen werden. Dadurch, daß die Hahn- und Zündarmatur derart ausgebildet ist, daß beim Abzapfen von Warmwasser Kaltwasser selbsttätig nachfließt und die Gaszündung sich selbsttätig regelt, gehören die Vorratserwärmer auch wieder zu der Gattung der Automaten.

Bei dem Heißwasser-Vorratsautomat von Junkers, Dessau, Abb. 148, ist der zylindrische Wasserbehälter mit einer vertikalen, kegelförmigen Verbrennungskammer durchsetzt, die in der unteren Hälfte den Lamellenheizkörper enthält. Zur Bedienung ist der Ofen mit einem Absperrhahn (Zapfhahn) und Mischhahn versehen. Eine bemerkenswerte Eigenheit besitzt der Ofen durch seinen Wassertemperaturregler (Abb. 149), welcher bei Erreichen einer bestimmten Höchsttemperatur (∾ 60 bis 70°) die Brennerflammen selbsttätig so weit klein stellt, daß diese Höchsttemperatur dauernd erhalten bleibt und nur so viel Gas zugeführt wird, wie zur Deckung der unvermeidlichen Wärmeverluste infolge Strahlung erforderlich ist. Wird Warmwasser abgezapft und strömt demgemäß Kaltwasser selbsttätig nach, so bewirkt der Regler wieder ein Großstellen der Flammen. Man hat es also mit einem Druckautomaten im kleinen zu tun. Die Wärmeübertragung auf die Reglerkapsel (Abb. 149) erfolgt durch die Wandung des Wärmebehälters. Die Membrane der wärmeempfindlichen Kapsel arbeitet durch Vermittlung von Membranteller und Führungsstift auf den Ventilteller der Gasleitung.

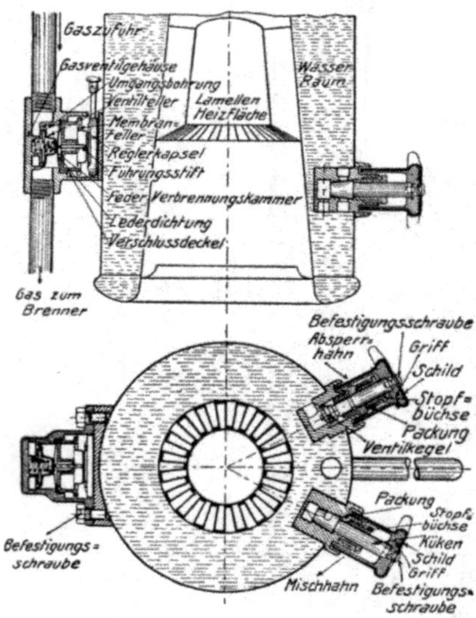

Abb. 149.

Diese Öfen eignen sich dort, wo auf einmal eine kleinere Wassermenge entnommen werden soll, wie in Küchen, für Waschbecken usw.

Tabelle 29.

Junkers Vorratswassererwärmer. (Abb. 148.)

Wasserinhalt l	1	3	6	10	24
Anheizdauer auf 65° . in min	6÷7	8÷9	9÷11	10÷12	14÷16
Manteldurchmesser . . . . mm	100	140	180	200	270
Höhe . . . . mm	360	440	480	570	820
Gasanschluß . . . . Zoll	1/4	3/8	3/8	3/8	1/2

Ein mit allen Sicherheitsvorrichtungen ausgestatteter Vorratsautomat ist der Ofen (Abb. 150) der Eschebachschen Werke,

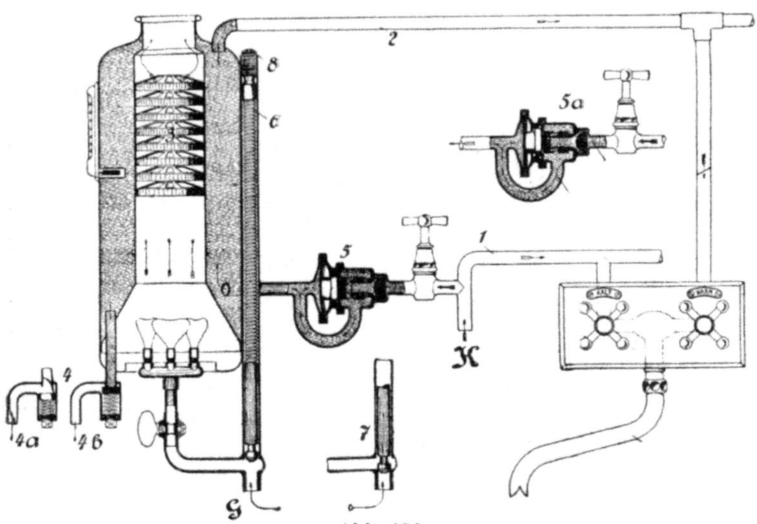

Abb. 150.

Dresden. Derselbe ist für Wasserfassungen von 5, 10 und 20 l zu 70° vorgesehen. Will man den Wasservorrat nicht so warm haben, z. B. nur zu 60°, so erwärmt man das Wasser nur bis zu dem gewünschten Wärmegrad (also 60°) und schraubt in dem Augenblick, in welchem dieser erreicht ist, die Hubregulierschraube *8* des Federrohrthermostaten *6* so tief ein, daß die Hauptflammen auf eine Höhe von ∾ 7 mm zurückgehen und als ebenso hohe Dauerflammen weiterbrennen. Der Thermostat regelt die Zufuhr des bei *G* eintretenden Gases bis zum völligen Abschluß (*7* in Abb. 150). Bei Druckwasserleitungen, deren Wasserdruck stärker als 1 Atm. ist, muß zwischen Absperrhahn und Ofen in die Kaltwasserleitung *1* ein Reduzierventil *5* eingeschaltet werden. Dies ist unbedingt nötig, da sonst ungleicher Druck in der Kaltwasserleitung *1* und Warmwasserleitung *2* herrscht, wodurch ein Beschädigen des Ofens eintreten könnte. Das Ventil, durch Membrane wirkend, ist in *5* geöffnet und in *5a* geschlossen gezeigt. Die Regelung des Gasdruckes erfolgt durch zwei zwischen *G* und Gasbrennerhahn eingesetzte einfache Regulierschrauben. Zur vollkommenen Wärmeausnutzung besitzt der innere Gaskanal Lamellenheizroste *3*. Ein weiterer beachtenswerter Armaturteil des Ofens ist das Sicherheitsventil *4*, das, sobald ein Überdruck durch Volumvergrößerung oder Dampfspannung entstanden ist, in Tätigkeit tritt. In *4a* ist das Ventil geöffnet, in *4b* geschlossen dargestellt. Das Überdruckwasser fließt durch die Anschlußleitung ab.

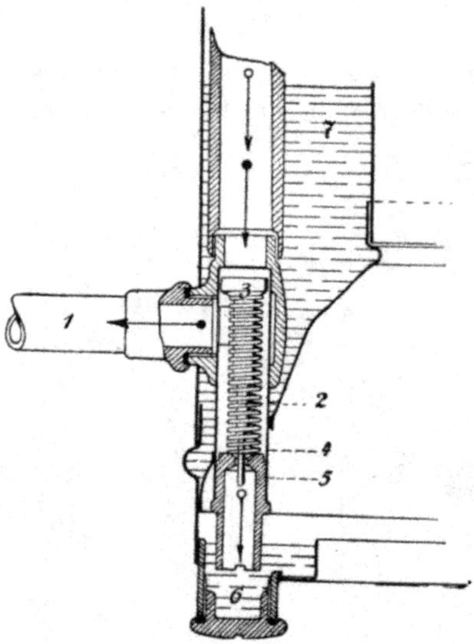

Abb. 151.

Eine neueste Konstruktion eines Ausdehnungsventiles der Eschebach-Werke für das Gebrauchswasser des Wassererwärmers zeigt Abb. 151. Es hat den Zweck, das Ablaufen des durch die Erwärmung überschüssig gewordenen Wassers auf den Fußboden zu verhindern, vielmehr dasselbe durch den Ventilkörper *5* in das Becken *6* zu leiten, von wo es mit dem Schwitzwasser regelrecht abgeleitet wird. Der lose, in seiner Führung sitzende Ventilkegel *3* besitzt zwei Querschnitte *2* und *4*. Das bei Erwärmung überlaufende Wasser kann ungehindert an der Wand des Ventiles herabfließen und in das Becken *6* laufen. Beim Öffnen des Zapfhahnes wird der Kegel durch den Wasserdruck mit seinem Querschnitt *2* auf den Ventilsitz gepreßt, so daß das Wasser den Weg durch die Gebrauchsleitung *1* nehmen muß. Das Ventil ist im unteren Teile des Vorratsbehälters *7* zwischen Ablaufrohr, das bis zum höchsten Wasserstand im Ofen reicht, und Zapfleitung *1* einzubauen.

Die großen Vorzüge der Vorratserwärmer haben, dem Bedürfnis der Praxis entsprechend, zu weiterem Ausbau der Gasöfen auch nach dieser Richtung hin geführt, wodurch der Nachteil einer geringen oder beschränkten Warmwasseraufspeicherung behoben wird. So sind die Warmwasser-Vorratszentralen mit den Zirkulationsöfen entstanden. Ein hochleistungsfähiger Gasofen wird in so kurze direkte Verbindung mit einem Warmwasserbehälter gebracht, daß letzterer einen unmittelbaren Bestandteil der Gasofenzentrale darstellt. Die kurzen Zirkulationsrohre sind dabei ebenfalls als ein direkter Konstruktionsteil des Warmwasserbereiters anzusehen. Jeder Hochleistungsofen läßt sich dazu verwenden. Eine Teilung der Heizquelle im System der Vorratswassererwärmung wird dabei vielfach dann von Vorteil sein, wenn z. B. große Schwankungen im Wasserverbrauch nach Tagen und Jahreszeiten oder großer Unterschied im Fassungsraum der verschiedenen Verbrauchsstellen (Wannen- und Vollbäder nebeneinander in Badeanstalten) bestehen. Solche Zentralen zeigen

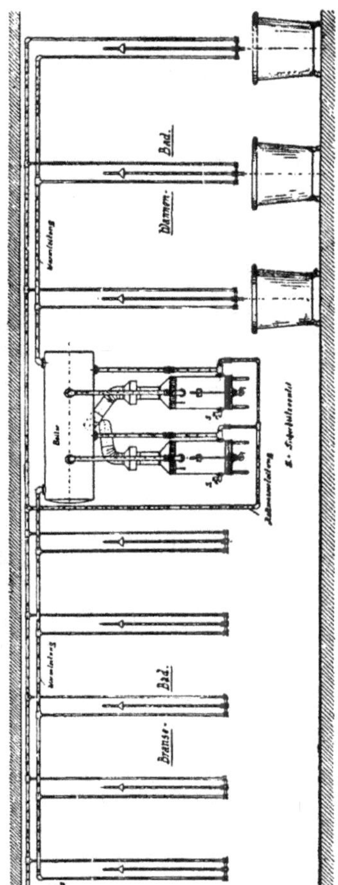

Abb. 152.

Abb. 152 mit Askania-Thermen von der Centralwerkstatt Dessau und Abb. 154 der Ruud-Heißwasser-Apparatebau-Ges., Hamburg. Ferner gehört hierher die Niederdruck-Warmwasservorratszentrale »Nostra« der Eschebachschen Werke,

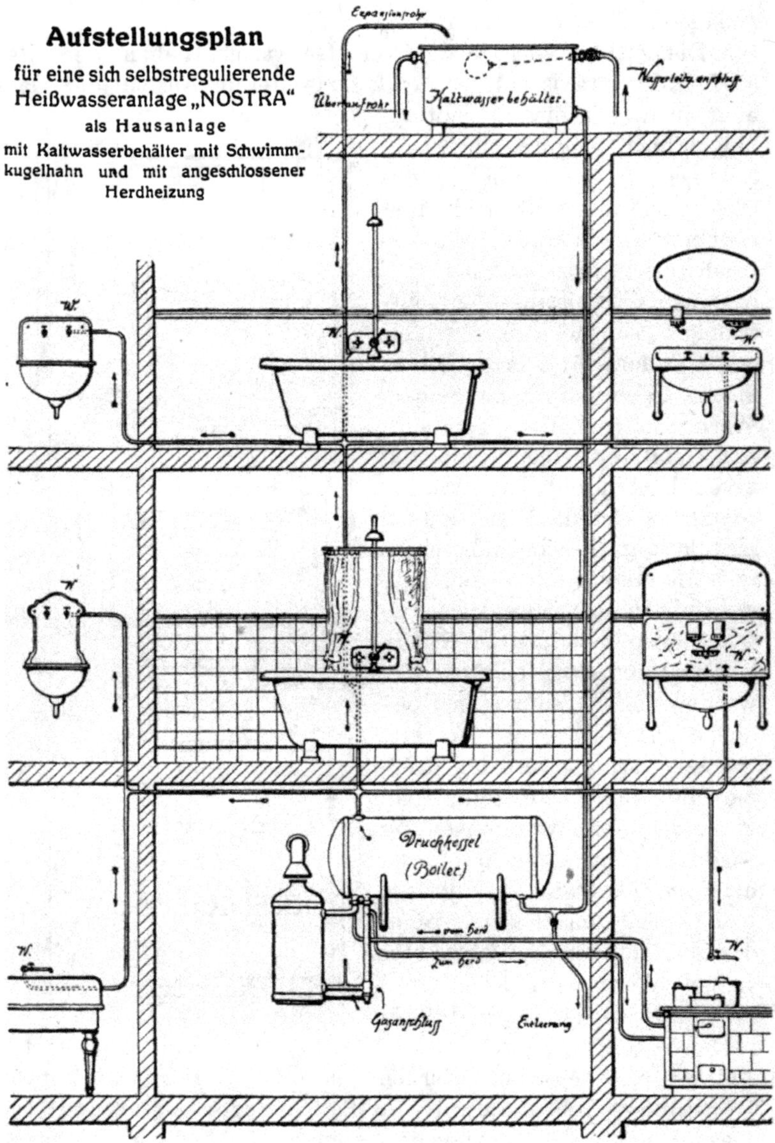
Aufstellungsplan
für eine sich selbstregulierende
Heißwasseranlage „NOSTRA“
als Hausanlage
mit Kaltwasserbehälter mit Schwimmkugelhahn und mit angeschlossener
Herdheizung
Kaltwasserbehälter
Druckkessel
(Boiler)
vom Herd
zum Herd
Gasanschluss
Entleerung

Abb. 153.

Dresden (Abb. 153). Bei allen diesen ist die Leistung und die Gewichtsbelastung so groß, daß eine Lagerung der ganzen Apparatur fußbodenfrei auf Konsolen an der Wand noch möglich ist. Für allergrößte Anforderungen haben sich besondere Hochleistungsöfen der Ruud-Ges. mit Lagerung auf Füßen und Ständern nach Abb. 154 bewährt. Der eigentliche Warmwasserbereiter, der Gasofen, kann dabei wegen des im Behälter vorhandenen Warmwasservorrates verhältnismäßig klein gewählt werden. Die Öfen werden für Hochdruck bis 10 Atm. und für Niederdruck bis herab zu 0,1 Atm. wie auch für direkte und indirekte Heizung des Behälters gebaut; letztere Art für harte Wässer. Diese Zentralen lassen sich auch zur Ergänzung unbefriedigender Versorgungsanlagen vorteilhaft einschalten, sie springen dann selbsttätig ein, sobald die alte Einrichtung versagt. Unbeschadet der Gasöfen können ferner andere Heizquellen herangezogen werden, z. B. während der Wintermonate die Zentralheizung, deren System dann mit einer im Boiler befindlichen Heizschlange (Abb. 154) in bekannter Weise verbunden wird. Einer allgemeinen Verwendung dieser Hochleistungsanlagen werden zurzeit der hohe Gaspreis und die Möglichkeit, überhaupt genügende Gasmenge zu erhalten, im Wege stehen.

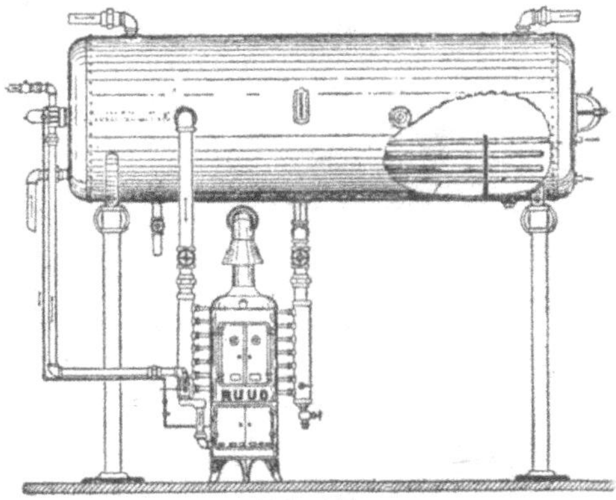

Abb. 154.

Der bewährte Hochleistungs-Ruudofen, der durch seine selbsttätige Doppelregulierung nach Menge und Temperatur des Heißwassers zu den Automaten zu zählen ist, benutzt am Wassereintritt einen Ventilkolben, welcher durch den Wasserdruck das Gasventil betätigt, dazu dann noch einen Thermostaten, welcher die Temperaturregelung auf sich nimmt. Charakteristischer als diese Reglerarmatur ist die Konstruktion des Ofens selbst. In dem zweiteiligen, gußeisernen Doppelmantel liegt ein Schlangeneinsatz aus starkem, nahtlosem Kupferrohr, welches eigenartig aus ab- und zunehmenden Spiralen gewunden ist, so daß mehrere Doppelkegel übereinander liegen. Gußeiserne Teller zwischen den Kegelspitzen verhindern, daß die Heizgase durch die Öffnungen der Kernwindungen entweichen, ohne jedoch den natürlichen Auftrieb der Gase durch eine Umlenkung in fallender Richtung zu stören.

Bei den Augenblickswassererwärmern gehören die verschiedenen Schlangenkegel, ∾ 10 an der Zahl, nach Abb. 155 einer einzigen Schlange an, während bei dem Vorratswassererwärmer nach Abb. 156 jeder Doppelschlangenkegel für sich

Abb. 155.

Abb. 156.

an den außerhalb des Ofens senkrechten Sammelrohren angeschlossen ist. Die Heizfläche der einzelnen Spiralen ist verschieden nach der Temperatur der Heizgase, wie sie mit deren Aufstieg abnimmt. Diese Unabhängigkeit der Spiralen gegeneinander, verbunden mit der Anordnung verschiedener Heizflächengrößen und Rohrdurchmesser, ist die hauptsächlichste beachtenswerte Eigenheit der Ruud-Spiralrohrheizer. Die Teilung der Ofenschlangen in Einzelschlangen bei den Vorratswassererwärmern hat seinen Grund darin, daß diese wie bei den Durchlaufapparaten unter dem Hochdruck der Kaltwasserleitung stehen. Sie haben als Durchlaufsdruck (Zirkulation) nur die schwache Kraftquelle, welche aus dem Gewichtsunterschiede der zirkulierenden Wassersäulen mal der Auftriebshöhe zwischen Druckkessel und Ofenmitte resultiert. Die Spiralrohrzerteilung soll also die

Bewegungswiderstände des Wassers gering halten. Es sind daher weiter Anzahl und Rohrstärke der Spiralen von der Heizleistung des Ofens und dem zur Verfügung stehenden Wasserdruck abhängig. Es finden sich 5÷8 Doppelschlangenkegel, von denen jeder für sich herausnehmbar ist.

Aus Tabelle 30 ergibt sich, daß zur Erwärmung von 100 l Wasser um 1⁰ nur 28,5 l Gas (z. B. für 1. Modell $\frac{3{,}5 \cdot 100 \cdot 100}{300 \cdot 40} = 28{,}5$) erforderlich sind. Der Gasverbrauch ist auf das Anheizen bezogen. Zum Warmhalten sind nur 9÷10% dieser Gasmenge nötig bei einer Raumtemperatur von ∾ 15⁰. So werden z. B. beim Eschebachschen Vorratsofen gebraucht:

2200 l Gas stündlich zum Erwärmen von 150 l Wasser von 10⁰ auf 60⁰,
200 l Gas stündlich zum Warmhalten von 150 l Wasser von 60⁰ und bei 15⁰ Raumtemperatur.

Zum Heizen der Gasöfen benutzt man leuchtende und entleuchtete Flammen. Die Brenner finden sich als Bunsenbrenner, Röhren-, Stangen- und Ringbrenner in vielfältiger Form. Jeder Brenner ist aus dem Ofen herausziehbar bzw. herausdrehbar und derart anzubringen, daß er jederzeit beobachtet und gereinigt werden kann. Vorteilhaft werden Gas- und Wasserzuflußventil zwangsgriffig verkuppelt, welche Verbindung bei großer Einfachheit und Billigkeit den Zweck der Automaten erfüllen kann. Hierher gehören die bekannten Sicherheits-Gas- und Wasserkombinationen. Eine beachtenswerte Konstruktion ist das eingriffige Ventil der Houben-Werke, Aachen (Abb. 157), das bei schwankendem oder ganz versagendem Wasserdrucke Verwendung findet, um das Abschmelzen des Ofens zu verhüten. Es ermöglicht ferner den Anschluß einer weiteren Wasserentnahmestelle, von welcher aus der in einem anderen Raume stehende Ofen in Tätigkeit gesetzt werden kann. Ein Versagen des Wasserdruckes kann eintreten bei starker Wasserentnahme an den übrigen Zapfstellen, beim Schließen eines Zwischenhahnes, bei Druckabnahme in der Zuleitung und aus anderen Gründen.

Das Houben-Ventil (Abb. 157) ist durch *a* und *b* an dem Ofen *O* befestigt, das Gehäuse *c* mit dem Brennerroste *d* verbunden und mit *d* um seine Achse drehbar angeordnet. Das

Heizgas strömt von *e* durch *c* nach *d* hin, das Wasser von *f* durch das Wasserabschlußorgan *g* und den Stutzen *h* zum Badeofen. Die Spindel *i* trägt an dem einen Ende das Ventil *g*, an dem anderen das in *c* liegende Gasabschlußorgan und ist durch den Griff *k* drehbar. Bei eingeschobenem Brennerroste *d* kann *k* aus der einen Endlage, bei welchem beide Abschlußorgane geschlossen sind, nur so weit verschoben werden, daß der Ventilkörper *g* etwas gesenkt wird und ein wenig kaltes Wasser ausströmen kann, während das Gasabschlußorgan noch geschlossen ist. Eine weitere Verstellung von *k* hindert der Ansatz *m* des Sperrstückes *n*, der gegen die Nase *q* des Griffes stößt. Nur wenn *d* herausgedreht und infolgedessen *n* durch den Ausrücker *p* verschoben worden ist, kann durch Weiterdrehen von *k* das Gasabschlußorgan etwas geöffnet und das einströmende Gas entzündet werden. Wird jetzt *d* wieder hineingedreht, so gelangt infolge der Wirkung der Feder *l* das Sperrstück *n* wieder in die Sperrlage, allein die Nase *q* hat *m* passiert und *k* kann zwecks Weiteröffnens des Gasabschlußorgans verstellt werden. Je mehr letzteres geöffnet wird, um so mehr wird auch *g* und mit diesem der Drosselkörper *r* gesenkt. Infolgedessen wird der Wasserdurchfluß durch den Ofen geringer, d. h. das Wasser wird höher temperiert. Wird *k* wieder zurückgestellt, so schiebt die Nase *q* das Sperrstück *n* selbst so weit zurück, um an ihm vorbeizugelangen, in welchem Augenblicke die Gaszufuhr abgesperrt wird. Der Ansatz verhindert nun wiederum ein Öffnen der Gaszuleitung durch Verstellen von *k*, es muß vorerst *d* zum Zwecke des Anzündens herausgedreht und dadurch das Sperrstück *n* verschoben werden.

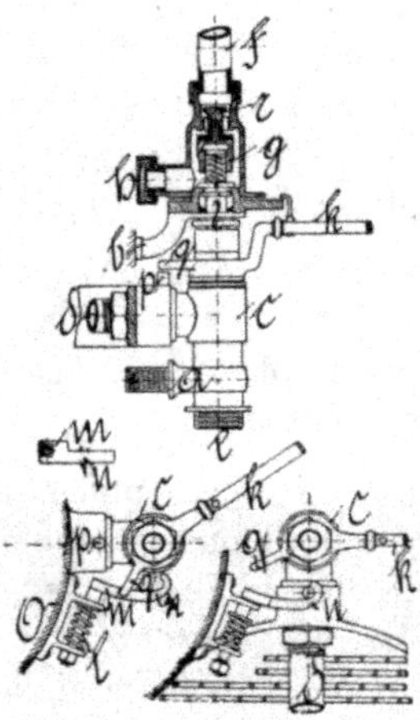

Abb. 157.

Ein wichtiger Faktor für ein gutes Funktionieren des Gasofens ist ein geregelter Abzug der Abgase. Mit diesem steht der gesundheitliche Betrieb in engster Verbindung. Stets soll man ein regelrecht angeordnetes Abzugsrohr möglichst kurz vorsehen. Die vielfach verbreitete Ansicht, Gasöfen mit Bunsen-

Tabelle 30.

Ruud-Vorrats-Wassererwärmer mit Druckkessel für Wasservorratszentralen.

Stündl. Leistung	Wassererwärmung um 40°	l	300	500	750	1 500
	max. Wärmeleistung	WE	12 000	20 000	30 000	60 000
Gas	Gasverbrauch[1])	m³/h	3,5	5,5	8,0	16,0
	Gasmesser	Flammen	25	35	50	100
Maße in mm	Manteldurchmesser		325	360	410	525
	Höhe		1 140	1 260	1 340	1 630
	Breite einschl. Sammelrohre		600	700	750	080
Anschlüsse in mm und Zoll	Zirkulationsrohr zwischen Gasofen und Boiler	mm	40	50	50	65
	Gasleitung zum Steuerventil	Zoll	3/4	1	1	1½
	Schornsteindurchmesser	mm	100	125	150	200
Inhalt des Druckkessels (Boilers)		l	200÷500	500÷1000	800÷2000	1500÷3000

Abmessungen der Druckkessel

Inhalt	l	200	250	300	350	400	500	600	700
Manteldurchmesser	mm	400	450	450	500	550	600	600	650
Mantellänge	mm	1 600	1 600	1 900	1 800	1 700	1 800	2 150	2 150
Inhalt	l	800	900	1 000	1 250	1 500	2 000	2 500	3 000
Manteldurchmesser	mm	700	700	750	800	900	1 000	1 100	1 200
Mantellänge	mm	2 100	2 350	2 300	2 500	2 400	2 500	2 640	2 700

[1]) Der Gasverbrauch ist bezogen auf ein Gas mit 5000 WE/m³ Heizwert bei mindestens 30 mm Gasdruck, dicht vor dem Apparat während des Brennens gemessen, und für eine Wassererwärmung um 40°.

brenner erforderten keinen Abzug, ist durchaus irrig. Dagegen kann ein Abzugsrohr bei Kleinöfen mit unterbrochenem Betriebe und geringem Gasverbrauch (bis ∾ 60, sogar 100 l/min) unnötig sein. Die Abzugsrohre müssen in ihrer ganzen Länge die gleiche Weite wie die Deckelöffnung des Apparates haben. Wenn eben möglich, sind die Rohre ohne scharfe Knie stets aufsteigend in einen warmen, gut ziehenden und weiten Kamin einzuführen, an dem ein Kohlenofen nicht hängt. Andernfalls ist außerhalb des Gebäudes ein senkrechtes Rohrstück nach Abb. 158 anzusetzen. Bei Neuanlagen empfiehlt sich die Verwendung glasierter Tonrohre mit den Muffen nach oben und mit geringer Luftschicht gegen das umgebende Mauerwerk.

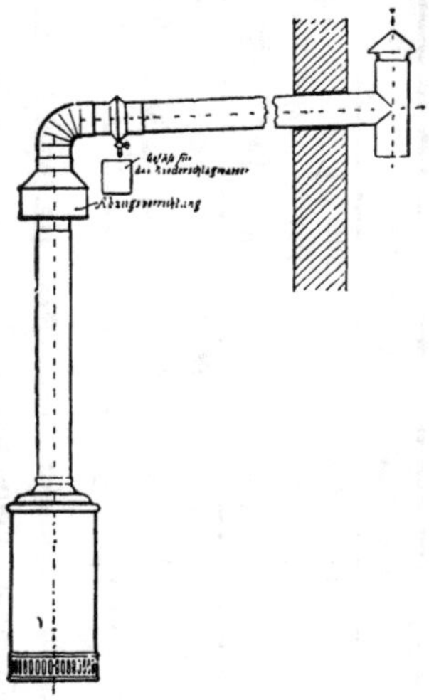

Abb. 158.

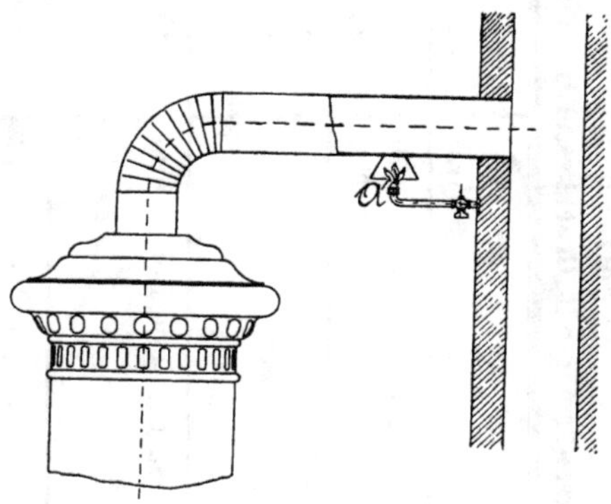

Abb. 159.

Der Schornstein für die Abgase darf weder übermäßigen Zug haben, noch unter Stauwind leiden. Ist ein genügender sicherer Zug nicht vorhanden, so hat man auf dem Kamine einen Rauchsauger anzubringen, der 1÷1,5 m über Dachfirst, bzw. über den eines anliegenden höheren Gebäudes ragen muß (Abb. 9). Der Deflektor ist wegen einer doch leicht auftretenden Eisbildung am besten nicht drehbar. Ist das außen liegende Rohr ganz von Blech, so ist es bei großer Höhe zu isolieren; besser für diesen Zweck eignen sich daher Tonrohre. Ein in das Abzugsrohr vor Eintritt in den Kamin eingebauter Wasserstrahlapparat oder Ventilator kann zur Zugerhöhung gegebenenfalls gute Dienste leisten. Bei kalt liegenden Kaminen kann sich nach Abb. 159

das Anordnen einer Lockflamme *a* empfehlen. Auf alle diese Nebenorgane ist kein unbedingter Verlaß, daher nicht zu viel Wert zu legen. Von größerer Bedeutung sind die Rohrunterbrecher mit Windschutzhauben und Rauchkappen, die störenden Witterungseinflüssen auf den Ofen selbst entgegenwirken. Kurz oberhalb des Ofens wird das Abzugsrohr unterbrochen und mit erweiterter Haube frei angesetzt und dann weitergeführt (Abb. 158). Die Innenausrüstung der Hauben ist konstruktiv verschiedenartig, im Prinzip stets dieselbe. Bei Windstößen werden die Abgase aus dem Ofen in den Raum gedrückt, bei

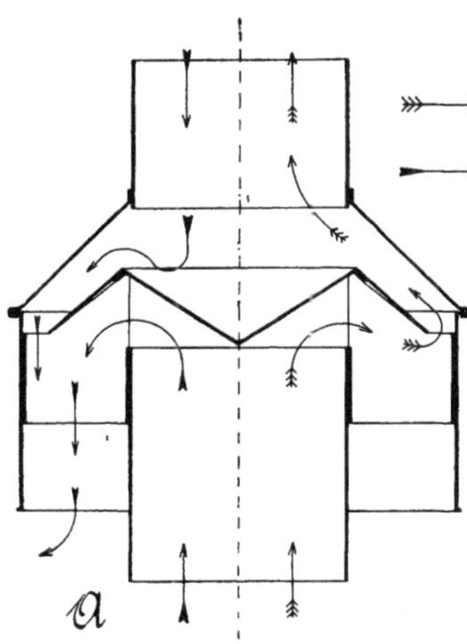

Abb. 160.

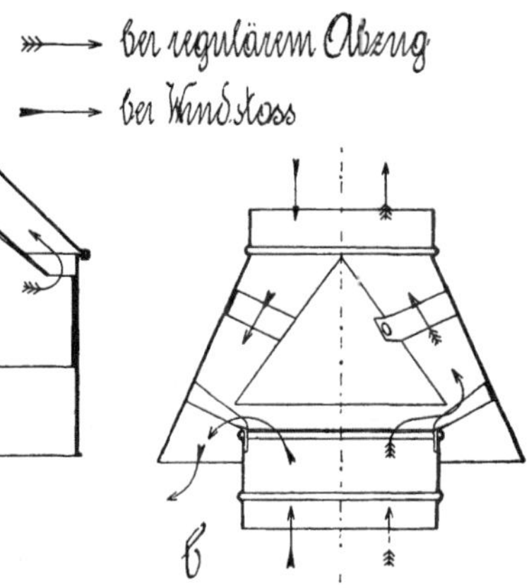

Abb. 161.

sehr starkem Schornsteinzug wird Frischluft mitgerissen, so daß in beiden Fällen die Brennerflammen ungestört weiter brennen. Bekannte bewährte Ausführungen zeigen Abb. 160 der Centralwerkstatt Dessau, Abb. 161 von Junkers, Dessau. Neuerdings benutzen viele Firmen mit Vorteil den Doppelkegel, wie ihn der Eschebach-Ofen (Abb. 146) besitzt. In dem Nebenbilde *b* ist der Zug der Gase und Luft bei Windstoß angegeben. Bei größerer Länge ($> \backsim 0{,}5$ m) des anschließenden, wagrechten, schwach aufsteigenden Abzugsrohrteiles ist hinter dem Rohrbogen nach Abb. 158 eine Niederschlagswasserableitung mit Auffanggefäß anzuordnen. Eine stärkere Rohrrille mit kleinem Hahn genügt dazu. Für diese Rohre und Organe ist verbleites oder verzinktes Eisen am geeignetsten. Gewöhnliches Schwarzblech ist nicht zu empfehlen, da es leicht rostet, wobei die abblätternden Rostteile in das Innere des Ofens fallen, den Lamellenheizkörper zusetzen und die Verbrennung stören. Vorstehende Angaben können jedoch niemals eine bestimmte Norm für alle Verhältnisse sein, vielmehr ist die Anordnung eines Abzugschlotes von Fall zu Fall zu beurteilen und zu treffen. Dabei sind die Zugverhältnisse des Aufstellungsortes, die bestehen und entstehen können, die widrigen Windanfälle usw. zu berücksichtigen. Eine künstliche Lüftung des betreffenden Raumes ist stets sehr zu empfehlen.

Für die Wahl eines Gasofens kommt es ganz darauf an, was für und wieviel Zapfstellen zu versorgen sind, und in welchem Raume der Ofen Aufstellung finden kann. Auf diese und andere Fragen einzugehen, ist hier nicht Raum. Gute Firmen sind dafür die besten Ratgeber. Auf jeden Fall ist für die Bestimmung eines Gasofens der maximale Wasserbedarf bei gleichzeitiger Benutzung sämtlicher Zapfstellen in erster Linie maßgebend. Es empfiehlt sich dringend, den Apparat nie zu klein zu nehmen, da nichts lästiger empfunden wird als das Warten auf Warmwasser. Zur Schonung der Gasöfen ist es ferner ratsam, wenn angängig, möglichst kleine Zapfhähne zu verwenden, die bei feinem Spindelgewinde sich langsam schließen. Die Kaltwasserzuführung ist in besonderer Leitung vom Wassermesser abzunehmen, damit Rückschläge in dem übrigen Kaltwasserrohrsystem nicht unmittelbar auf den Gasofen einwirken können. Kommen Gasöfen in den meisten Fällen auch mehr für kleine und mittlere Leistungen in Frage, so kann man doch allgemein annehmen, daß mit ihnen fast jeder gewünschte Effekt erreicht werden kann. So hatte z. B. die Firma Prof. Junkers, Dessau, auf der Düsseldorfer Ausstellung 1902 einen Riesengasbadeofen ausgestellt, der im Betrieb vorgeführt, die erstaunliche Leistung von 150000 WE in der Stunde ergab, also stündlich 6000 l Wasser um 25° zu erwärmen vermochte.

Es muß jedoch an dieser Stelle nochmals auf die Worte unter »Heizmittel, Gas« (Abschnitt II) hingewiesen werden. Die Ofenleistungen der verschiedenen Firmen dürfen nicht ohne weiteres miteinander verglichen werden. Richtig wäre es, wenn alle Ofenleistungen auf ein Gas von bestimmtem Heizwert bezogen würden, und das wäre zurzeit das Mischgas mit 4000 WE/m³ unterem Heizwert. Infolge der Veränderlichkeit der Zusammensetzung unterliegt aber der Heizwert des Mischgases in den einzelnen Orten größeren Schwankungen, ebenso verhält es sich mit dem Gasdruck. Es ist daher eine sorgfältige Einregulierung der Gasöfen an Ort und Stelle unter Berücksichtigung des vorhandenen Gasdruckes, insbesondere des Höchstdruckes am Abend, unerläßlich. Starke Veränderungen von Druck und Heizwert werden im Laufe der Zeit nicht ausbleiben. Eine Erhöhung des Heizwertes, die vielleicht bald wieder eintritt, bringt die Gefahr des Verrußens der Öfen mit sich. Deshalb ist eine Prüfung der installierten Apparate von Zeit zu Zeit und Fühlungnahme mit den Gaswerken dringend zu empfehlen, wenn nicht die von der Firma garantierte Ofenleistung unterschritten und der Ofen nicht Veranlassung zu Beanstandungen geben soll.

Für den Aufstellungsort gilt dasselbe Grundgesetz wie für jede Wärmequelle: Dieselbe ist möglichst nahe an die Zapfstellen und möglichst zentral zu wählen. Im Privathaushalt wird dieser Ort wohl meist in der Küche zu suchen sein, wo der Ofen auch ständig unter Aufsicht steht. Handelt es sich um große, weitverzweigte Anlagen, so ist es in der Regel zweckmäßiger, statt eines einzigen großen Gasofens die Anlage in Teilsysteme, jede mit einem besonderen Ofen, zu zerlegen. Natürlich ist der Aufstellungsraum an einen vorhandenen Schornstein gebunden. Ist auch der geordnete Gasbetrieb nicht unbedingt gesundheitsschädigend, so ist es trotzdem vom hygienischen Standpunkt erwünscht, den Gasofen aus dem Wohnbereiche zu legen, wobei aber eine Aufsicht selbst für Automaten ermöglicht sein muß. Der Automat verlangt eine ganz besondere Sorgfalt in der Installation und eine genaue Befolgung der Firmenanweisung.

d) Die elektrischen Heizapparate.

In welchem Umfange die elektrischen Heizapparate zu einer Warmwassererzeugung ausgenutzt und in welcher Weise sie durchgeführt werden, ist oben verschiedentlich gezeigt. Die Warmwassererzeugung auf elektrischem Wege hat trotz der hohen Betriebskosten schon eine weit größere Ausdehnung gewonnen, als vielfach angenommen wird.

Im Prinzip besteht ein elektrischer Heizkörper aus einem Leiter, in dem sich eine elektromotorische Kraft nicht geltend machen kann und dann der elektrische Strom in Wärme bis fast zur Schmelztemperatur umgesetzt wird. Die Übertragung der Wärme an das Wasser kann mittelbar und unmittelbar erfolgen. In ersterem Falle wird die Wärme von dem erhitzten Leiter durch eine Metall- oder Glimmerunterlage in das Wasser übergeleitet, während bei der unmittelbaren Erwärmung das Wasser selbst den Verbindungsleiter zwischen den beiden Elektroden bildet. Da Gleichstrom Wasser zersetzt, so ist die Stromart für die letztere Ausführung auf Drehstrom und Wechselstrom beschränkt. Ob trotzdem nicht eine Zerstörung oder nachteilige Veränderung des Wassers (Heilwässer) eintritt und somit das System unanwendbar macht, muß von Fall zu Fall entschieden werden.

Bei den dünnen elektrischen Leitern wird schon bei geringem Effekt eine große Leiterlänge auf kleinem Raume unterzubringen sein. Der Leiterdraht von erforderlicher Länge wird daher in engen Spiralen um Stäbe oder Rohre gewickelt oder auf Flächen schlangenförmig in Isolierkitt eingebettet. Zur Verhütung eines Kurzschlusses in den Leiterwicklungen werden diese mit Isolierkitt, Asbest, Tonerde u. dgl. umgeben oder durch Glasperlen gezogen. Solche Ausführungen besitzen die Elemente von Elektra, Lindau (Abb. 58), Helberger, München (Abb. 40), AEG u. a. Prometheus, Frankfurt a. M., benutzt weiterhin als Leiter ein blattdünnes Metallband, das um einen Glimmerstreifen gewickelt ist. Äußere dünne Glimmer- und Blechstreifen geben dem Heizelement die nötige elektrische Isolierung und Festigkeit. Im Gegensatz zu all diesen isolierten Leitern benutzt Prometheus noch die allbekannten, bewährten eingebrannten Heizwiderstände, bei denen auf ∾ 0,5 mm starke Glimmerblattstreifen eine Edelmetallösung in keramischer Weise mit einem Pinsel aufgestrichen und eingebrannt ist.

Nach der Größe der Leistung und den Ausführungen kann man unterscheiden:

Die lokalen Kleinapparate wie Augenblicks-Warmwasserbereiter, Kaffeekocher, Teekessel usw., die meist nach Bedarf von Hand gefüllt werden;

die Eintauchsieder;

die Durchlauf- oder Zirkulationserhitzer;
die Warmwasseraufspeicherer und
die Großapparate als Warmwasser- und Dampfkessel.

Die elektrischen Heizkörper werden für Gleichstrom, Wechselstrom zu den üblichen Spannungen von 110÷220 V und mehr, wie auch für Drehstrom vorgesehen. Zur Erhöhung der Lebensdauer wird es sich für die elektrische Industrie empfehlen, alle Heizkörper mit zwangsläufigen Ventilen und Schaltern auszurüsten, damit stets erst Wasser eingelassen werden muß, ehe der elektrische Strom eingeschaltet wird und umgekehrt zuerst der Strom auszuschalten ist, bevor das Wasserventil geschlossen wird. Zum Ein- und Ausschalten dienen Schalter und Stöpselkontakte mit 2- und 3facher Regelung.

Auf die mannigfachen lokalen Kleinapparate kann hier nicht näher eingegangen werden. Eine solche Betrachtung erübrigt sich auch, da sich die Ausführung als Wasser-, Tee-, Kaffeekocher u. dgl. mehr auf die äußere Ausstattung als auf den Heizkörper selbst bezieht. Abgesehen von den Luxusgegenständen haben die einfachen Wandkastenapparate für Laboratorien, Ärzte, Friseure, die Wärmetische mit Wasserbad zum Speisenwärmen in Fabriken, Kantinen allgemeine und weitgehende Bedeutung erlangt. Zur Heizung dienen Widerstandsleiter.

Tabelle 31.

Prometheus lokaler Wandkasten mit elektrischer Bodenheizung.

Wasserinhalt l	Wassererwärmung um °C	Wattverbrauch W	Kontaktzahl	Abmessungen in mm			Verwendung
				Höhe	Breite	Tiefe	
2,5	25÷30	550	2	230	180	110	Waschwasser usw. für Ärzte, Friseure, Toiletten, Laboratorien
5,0	25÷30	1000	2	260	240	130	
10,0	25÷30	1750	3	340	280	150	

AEG-Wärmetisch mit Wasserbad und elektrischer Bodenheizung.

Tisch- bzw. Heizflächengröße mm	Wassererwärmung um °C	Wattverbrauch		
		stark	mittel	schwach
300 × 1000 bis 2000 × 1000	20÷60	1200 bis 4800	800 bis 3200	400 bis 1600

Die Prometheus-Wandkastenapparate mit abnehmbarem Deckel zur Wasserfüllung sind Augenblicks-Warmwasserbereiter mit Bodenheizung nach dem bekannten Prometheus-Verfahren mit keramisch eingebrannten Leitern.

Den Übergang von den Klein- zu den Großapparaten geben die Kochkessel, die als transportable wie ortsfeste Warmwasserbereiter in Kantinen, Küchen, Speise- und Kaffeehäusern sehr beliebt sind. Äußerlich zeigen sie die gewöhnliche Zylinderform mit Zapfhahn und Schalterdose. In dem äußeren Eisenblechmantel befindet sich ein verzinkter Kupferkessel mit Boden- und Mantelheizung. Sie erfordern bei 25÷600 l Inhalt und einer Wassererwärmung bis auf ∾ 100° in 60÷180 min einen Stromverbrauch von 3,0÷25,5 kW (Kilowatt).

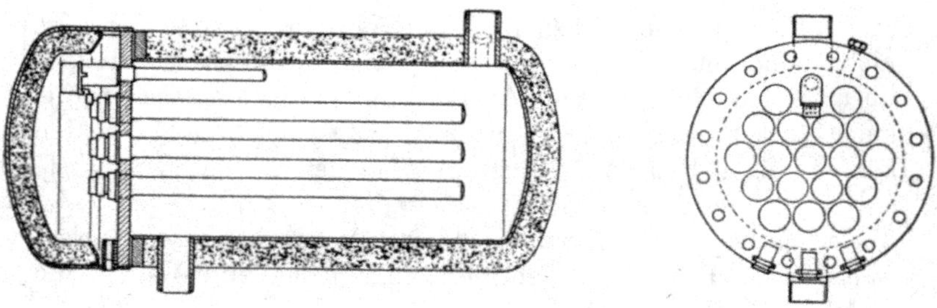

Abb. 162.

Bei den Eintauchsiedern werden ein oder mehrere geschlossene elektrische Heizkörper je nach der Heizleistung in den Warmwasserapparat oder -behälter fest oder lose eingesetzt. Sie finden für kleinste Handapparate, wie sie mit einer Zapfstelle Ärzten, Friseuren usw. gute Dienste leisten können, wie auch für größte Anlagen in Speichern (Behältern) Verwendung. Sie können mit automatischer Temperaturschaltung ausgerüstet werden und kommen auch wohl als elektrische Automaten in den Handel.

In Abb. 162 ist ein Behälter mit einem System von Eintauchsiedern nach Kummler & Matter, Aarau (Schweiz), dargestellt. Der Behälter ist autogen geschweißt, feuerverzinkt und mit Korkschrot stark isoliert. Als Widerstandsmaterial wird Chromnickeldraht verwendet, dessen Enden mit den Anschlußklemmen hart verlötet sind. Die Drähte sind in eine Isolations-

Spezialmasse von zylindrischer Stabform nahe der Oberfläche luftdicht eingebettet. Der so gebildete Heizkörper ist mit weiterer Glimmerisolation in ein Stahlrohr eingebaut, das mit seinem Kopfe in die Gefäß- oder Behälterwandung eingeschraubt wird. Die Heizstäbe sind leicht auswechselbar. Soll die Bedienung des Warmwasserbereiters selbsttätig erfolgen, so wird ein automatischer Schalter in Verbindung mit einem Temperaturregler vorgesehen, der die Stromzufuhr bei einer beliebig einstellbaren Wassertemperatur automatisch unterbricht bzw. einschaltet. Die maximal zulässige Spannung beträgt

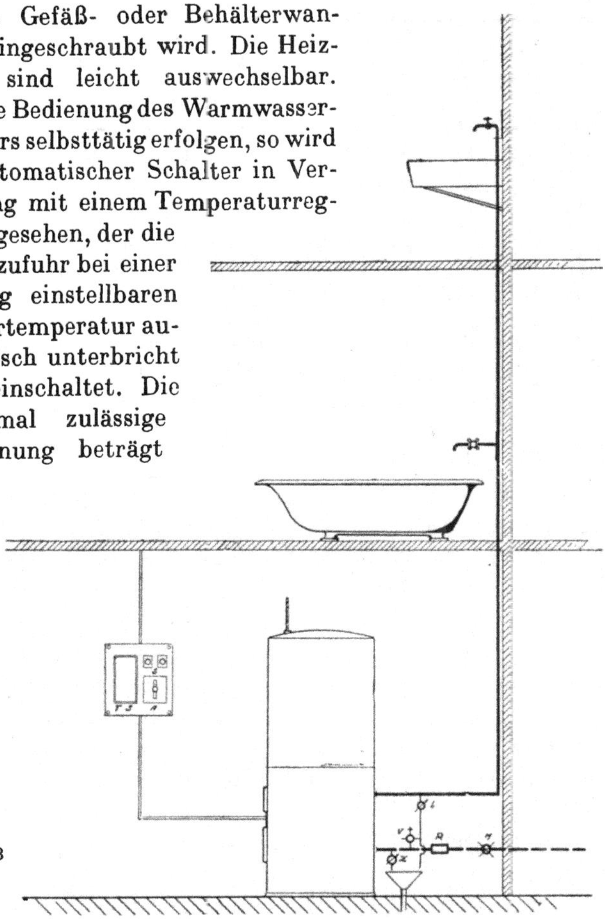

Abb. 163

500 V. Die Leistungen für eine Ausführung nach Abb. 162 sind aus Tab. 32 zu entnehmen. Anwendungen dieses Sieders, des sog. Elektrocalors, zeigen Abb. 163[1]) und 233.

[1]) In Abb. 163 bedeuten: *TS* = Temp.-Schalter, *A* = Handschalter, *S* = Sicherung, *Z* = Entleerungshahn, *R* = Reduzierventil, *V* = Sicherheitsventil, *H* = Absperrhahn, *L* = Entlüftungshahn.

Tabelle 32.

Elektrischer Eintauchsieder (liegend) von Kummler & Matter-Aarau.
(Abb. 162.)

Leistung kW	Anzahl der Heizstäbe	Behälter-Abmessungen in mm		Stdl. erwärmte Wassermenge in l bei einer Temperaturerhöhung von		
		Durchmesser	Länge	50°	70°	80°
3,3÷ 10	3÷ 9	345	950	44÷ 130	37÷ 110	33÷ 100
13÷ 20	12÷ 18	420	950	173÷ 270	150÷ 230	130÷ 200
23÷ 40	21÷ 36	520	950	310÷ 530	260÷ 460	230÷ 400
43÷ 60	39÷ 54	595.	950	570÷ 800	490÷ 680	430÷ 600
65÷120	60÷108	595	1700	870÷1600	740÷1370	650÷1200

Kleine Wandapparate derselben Firma werden für eine Stromaufnahme von 150÷750 W gebaut und zeigen bei 24stündigem Betrieb eine Maximalleistung von 18÷140 l siedendes Wasser.

Die Durchlaufapparate oder Zirkulationserhitzer bilden eine zweite wichtige Gruppe der elektrischen Warmwasserbereiter. Ihr Anwendungsgebiet ist ebenfalls ein ausgedehntes, ihr Effektverbrauch bleibt in wirtschaftlichen Grenzen. Im allgemeinen wird man die Leistung dieser Erhitzer so bemessen wollen, daß die Erwärmung in kürzester Zeit erzielt wird.

Dies Bestreben nach Schnellerhitzung, wofür diese Durchlaufapparate sehr geeignet sind, findet aber seine Grenze in der verfügbaren Strommenge. Ist auch die Konstruktion der einzelnen Firmen verschieden, so besitzen sie alle doch das nämliche Prinzip, indem sich das zu erwärmende Wasser durch Röhren bewegt und dabei erwärmt. Die Röhren sind mit dem elektrischen Widerstand bewehrt.

Zu dieser Gattung gehört der Helberger-Ofen (Abb. 40), bei dem das Wasser durch Kupferschlangen von ∾ 50 mm l. W. strömt, welche den eigentlichen Heizkörper tragen. Die Heizdrähte desselben, durch schwer schmelzbare Glasperlen isoliert, sind unten in engeren, oben in weiteren Windungen um das Rohr gewickelt, mit einem erhärtenden Isolierkitt umgeben und luftdicht abgeschlossen. Die Heizkörper sind für Badezwecke bestimmt.

Tabelle 33.

Helberger elektrischer Durchlaufapparat. (Abb. 40.)

Mantel-Außenmaße in mm			Erwärmung von 200 l um 20°				Wärmeabstufung zu je 50 A	Gewicht in kg
			in Minuten	Strom-				
Länge	Höhe	Tiefe		Stärke A	Spannung V	Verbr. kW		
600	800	140	25	100	110	1,1	2 mal	40
1000	800	140	12	200	110	2,2	4 mal	70

Prometheus, Frankfurt a. M., benutzt nach Abb. 164 Durchlaufröhren, die mit Ringelementen ausgerüstet sind. Als Badewasserapparat sind die Röhren in eckigen, schmalen Wandblechkasten untergebracht. Angesichts der beträchtlichen Stromstärken der größeren Modelle ist der feste Anschluß der Zuleitung durch Anschlußschrauben statt Kontaktstifte zu bevorzugen. Die Leistungsangaben der Tab. 34 sind dahin zu verstehen, daß z. B. die dritte Größe mit 300 × 750 × 250 mm bei 10° Anfangstemperatur 200 l Wasser in 25 min auf 25 + 10 = 35° oder in 60 min 600 l auf 20 + 10 = 30° erwärmt.

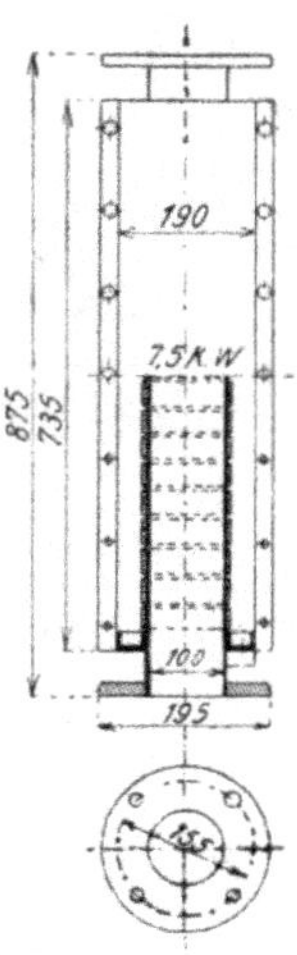

Abb. 164.

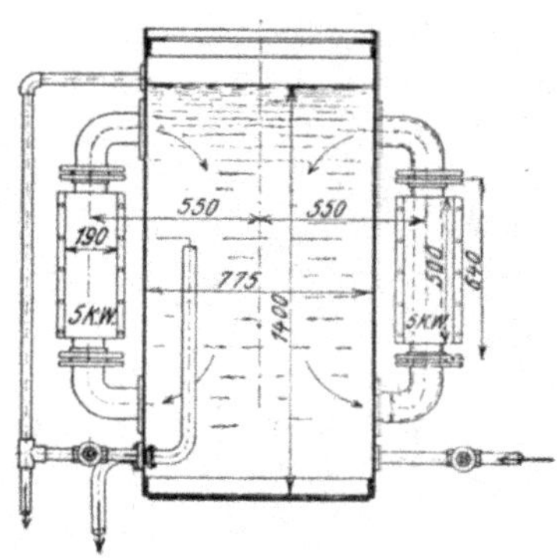

Abb. 165.

Bei diesen Apparaten sind Wasserabsperrventil und Schalter zwangsläufig verbunden, so daß mit einem Hebelgriff beide betätigt und beim Abstellen des Wasserdurchflusses auch die elektrischen Stromleitungen unterbrochen werden. Die Anwendbarkeit dieser Zirkulations-Umlaufrohre ist eine sehr große, wofür Abb. 165 ein Beispiel gibt.

Tabelle 34.

Prometheus elektrischer Durchlaufapparat. (Abb. 164.)

Mantel-Außenmaße			Erwärmung			Strom			Gewicht
Länge mm	Höhe mm	Tiefe mm	von l	um °C	in min	Stärke A	Spannung V	Verbrauch kW	kg
210	550	250	180	20	60	45,5	110	5,0	15
210	550	250	160	25	60	45,5	110	5,0	15
210	750	250	300	20	60	68,2	110	7,5	20
210	750	250	200	25	50	68,2	110	7,5	20
300	750	250	600	20	60	136,4	110	15,0	30
300	750	250	200	25	25	136,4	110	15,0	30
400	750	250	900	20	60	200,0	110	22,0	40
400	750	250	200	25	17	200,0	110	22,0	40

In dem Heizsystem der AEG - Zirkulationserhitzer bildet das durchfließende Wasser selbst den Widerstand für den elektrischen Strom. Der Apparat bedarf also zu seinem Betriebe Wechselstrom oder Drehstrom. Nach Abb. 166 ist in das Zirkulationsrohr, das zwei Flanschstutzen für Wasserein- und -austritt besitzt, eine Elektrode (bei Drehstrom ein System von 3 Elektroden), im oberen Deckel isoliert, axial eingeführt. Jede ist von einem beiderseits offenen Metallzylinder umgeben, der als Gegenelektrode wirkt. Der ringförmige Raum zwischen beiden Elektrodezylindern ist von der Wassersäule ausgefüllt, welche den Stromübergang von der inneren Vollzylinderelektrode zu der äußeren Röhrenelektrode vermittelt. Letztere können mit Hilfe einer mittleren Spindel und eines äußeren Handgriffes gehoben oder gesenkt werden, wodurch die wirksame Fläche der Gegenelektroden vergrößert bzw. verringert wird, also die aufgenommene Leistung steigt bzw. fällt.

Wenn das Wasser die elektrische Stromleitung verträgt, so läßt dies System infolge seiner einfachen Bauart und Fehlens jedweden Drahtwiderstandes auf eine lange Lebensdauer der Apparate hoffen. Bei der Montage muß der Apparat gut geerdet werden. Bei Drehstrom werden die 3 Vollzylinderelektroden als Sternsystem an die 3 Phasen des Netzes angeschlossen. Die Röhrenelektroden sind untereinander und mit dem Außenmantel verbunden und bilden den zu erdenden Nullpunkt; bei Einphasenstrom ist der Zylinder mit dem Außenrohr leitend

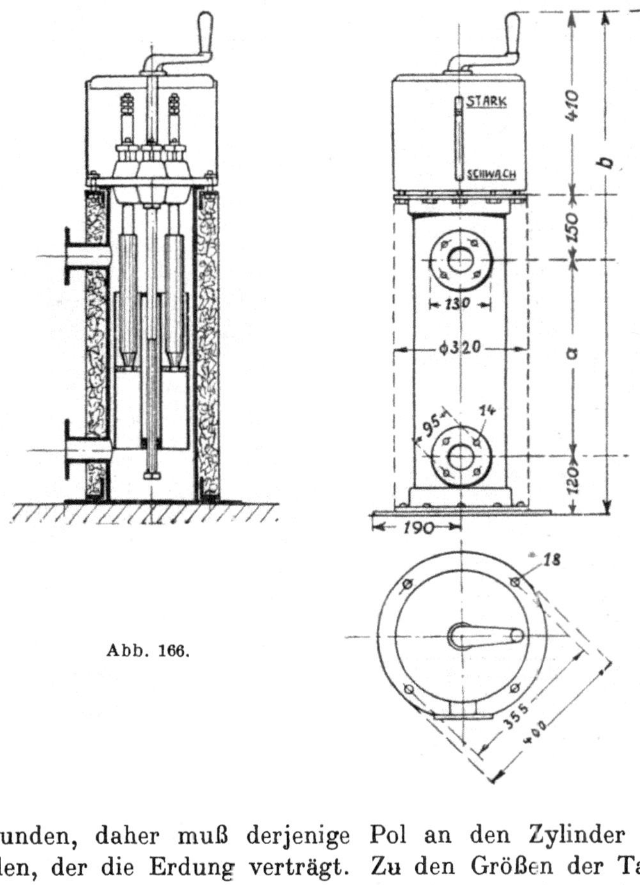

Abb. 166.

verbunden, daher muß derjenige Pol an den Zylinder gelegt werden, der die Erdung verträgt. Zu den Größen der Tab. 35, die normal für Spannungen bis 500 V gebaut werden, tritt noch ein Modell für Hochspannung vorläufig bis zu 10000 V (s. elektrische Hochdruckkessel). Die Anordnung dieser Erhitzer an Wasserbehältern gestattet weitgehendste Möglichkeiten, wofür Abb. 167a und b Beispiele gibt.

Tabelle 35.

AEG-Durchlauferhitzer für Wechsel- oder Drehstrom und für Spannungen bis 500 V. (Abb. 166 und 167.)

Stromverbrauch kW	Abmessungen in mm			Rohranschluß	Regulierung
	Rohrstutzenabstand *a*	ganze Höhe *b*	äußerer Durchm. mit Isolierung		
1	375	500	70	$^3/_4$ Zoll	—
2	375	500	70	$^3/_4$ »	—
5	375	500	70	$^3/_4$ »	—
10	475	600	110	$^3/_4$ »	2 fach
15	475	600	110	$^3/_4$ »	»
20	675	800	110	1 »	»
25	675	800	110	1 »	»
50	520	1400	320	40 mm	mit mechanischer Regulierung
100	520	1400	320	40 »	
150	820	1700	320	50 »	
200	820	1700	320	50 »	

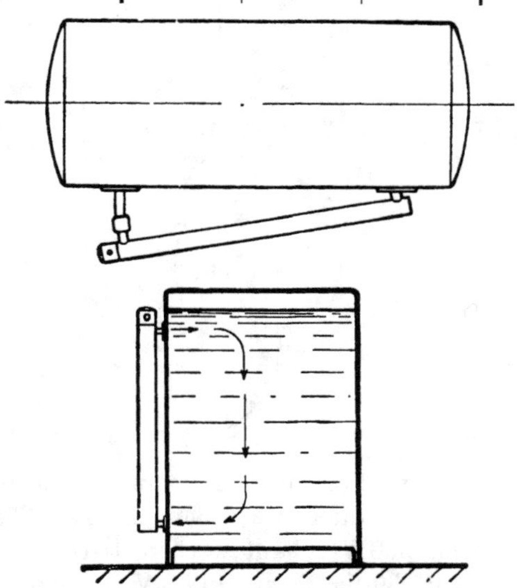

Abb. 167a und b.

Während die Warmwasserbereitung durch Durchlaufapparate und Zirkulationserhitzer verhältnismäßig große Strommengen innerhalb kurzer Zeiträume bei kurzer Anheizdauer erfordert stellen die elektrischen Warmwasserspeicher, auch wohl Warmwasserakkumulatoren genannt, die Modelle elektrischer Wassererwärmer dar, bei denen die Anheizdauer lang ist, aber nur eine ziemlich geringe, annähernd gleichmäßige Energie erfordert und die allmählich erzeugte Wärme durch Aufspeicherung im Wasserinhalt angereichert wird.

Diese Bauarten sind dann am Platze, wenn die zur Schnellerhitzung erforderliche starke Strommenge nicht zur Verfügung steht, oder wenn zwar zu gewissen Stunden, vornehmlich zur Nachtzeit, größere Energiemengen aufgewandt werden dürfen, aber der Bedarf zu anderer Zeit besteht; ferner wenn die Rücksicht auf billigere Stromtarife es wünschenswert macht, die Ladung des Warmwasserspeichers während der Nachtstunden bzw. außerhalb von Sperrstunden vorzunehmen. Für die Elektrizitätszentralen, mit Wasserkraft betrieben, sind die Speicher eine willkommene Erscheinung zur gleichmäßigen Belastung des Werkes und völligen Ausnutzung der Wasserkraft während 24 Tagesstunden. Für den Betrieb ist es wesentlich, daß sich sowohl die Stromaufnahme als auch die Auffüllung der Speicher vollkommen selbsttätig regelt, so daß keine Bedienung oder Aufsicht erforderlich ist.

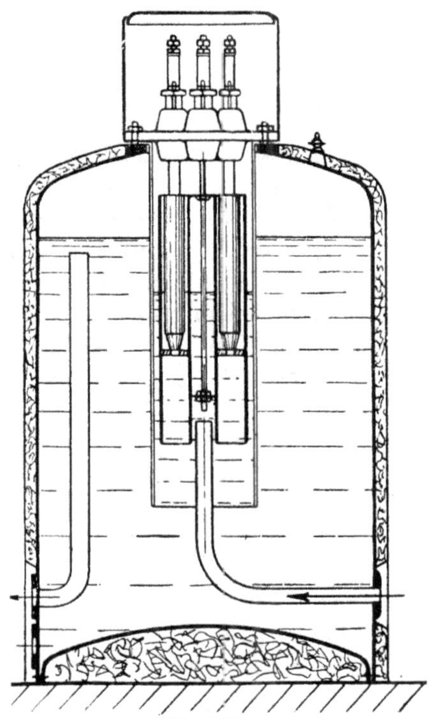

Abb. 168.

Ein elektrischer Warmwasserspeicher besteht aus einem geschlossenen oder mit guter Deckelabdichtung versehenen offenen Wasserbehälter, in dessen Innern die Heizvorrichtung angeordnet ist. Als Boiler kann der Behälter unter Druck der Kaltwasserleitung stehen. Ein Temperaturregler hat dafür zu sorgen, daß, sobald die Höchsttemperatur erreicht ist, die Stromzufuhr selbsttätig auf den Betrag herabgesetzt wird, der nur zur Deckung der Wärmeverluste eben genügt. Bei Abzapfen warmen Wassers muß eine automatische Wiedereinschaltung des Stromes eintreten. Eine Schaltuhr bewirkt die Aufzeichnung des Stromverbrauches außerhalb der Sperrstunden zu ermäßigtem Preise, gegebenenfalls auch die völlige Ausschaltung des Speichers während der Sperrzeiten.

Der Speicher der AEG beruht wie der Zirkulationserhitzer auf dem Elektrodensystem, das nur für Wechsel- und Drehstrom anwendbar ist. Es ermöglicht aber eine neue, überaus einfache Lösung der selbsttätigen Stromregelung auf hydraulischem Wege. Der Vorgang ist folgender: Nach Abb. 168 sind die äußeren Röhrenelektroden, also das ganze Elektrodensystem, von einem unten offenen Mantel umgeben, dessen oberer Rand mit dem Behältergehäuse dicht verbunden ist. Ist das Wasser bis zur Siedegrenze erhitzt, so bildet sich in dem Elektroden-Mantelraum Dampf, der das Wasser daraus verdrängt und somit die Stromleitung unterbricht. Infolgedessen sinkt die elektrische Energiezufuhr so weit, bis sich das Wärmegleichgewicht eingestellt hat und die aufgenommene Stromstärke gerade ausreicht, um die Temperatur aufrechtzuerhalten. Wird Warmwasser abgezapft, so strömt Kaltwasser in den Mantelraum, kondensiert den Dampf, wodurch die Elektroden wieder von Wasser umspült werden, die Stromleitung völlig wiederhergestellt wird und die Wiederaufheizung des Behälters von neuem beginnt.

In Tab. 36 ist die lieferbare Warmwassermenge auf 95° Wassertemperatur, 24 h und Daueranschluß bezogen.

Tabelle 36.

AEG-Warmwasserspeicher. (Abb. 168.)

Inhalt l	200	400	600	1000	1500	2000	2500
Stromverbrauch . . . kW	2	4	6	10	15	20	25
Behälter- Durchmesser .	400	550	600	750	900	1000	1100
Behälter- Höhe . . mm	1650	1820	2230	2440	2450	2650	2700
Rohranschluß . . . . mm	40	40	50	50	60	60	60

Die Speicher werden in 2 Modellen ausgeführt, das eine für Betriebsspannungen bis zu 1000 V, das andere für direkten Anschluß an Spannungen von 1000÷15000 V.

Ein ähnliches Modell mit Eintauchsiedern ist der Speicher Abb. 169 mit selbsttätigem Sperregler, für Industriezwecke und für alle Stromarten und für Wasserfassung bis zu 400 l bestimmt.

Elektra, Lindau, benutzt als Erhitzer Heizröhrenbündel die in den Behälter entweder fest einmontiert (Abb. 64) oder als Tauchkörper (Abb. 58) lose eingesetzt werden. In jeder der Stahlröhren von 32 mm l. W. ist die Drahtspirale in hochfeuerfestem Isolierkitt satt gelagert. Durch Einzel- oder Parallelschaltung einiger oder mehrerer Röhren zusammen entsteht eine den Wassertemperaturerfordernissen entsprechende genügende Regulierung und Wärmeabstufung. Der kleinere Druckspeicher (Abb. 64) wird ratsam durch Einbau eines offenen Ausdehnungsgefäßes im Niederdruck betrieben. Ferner ist ein selbsttätiger Temperaturregler auch hier am Platze. Ausgeführt werden:

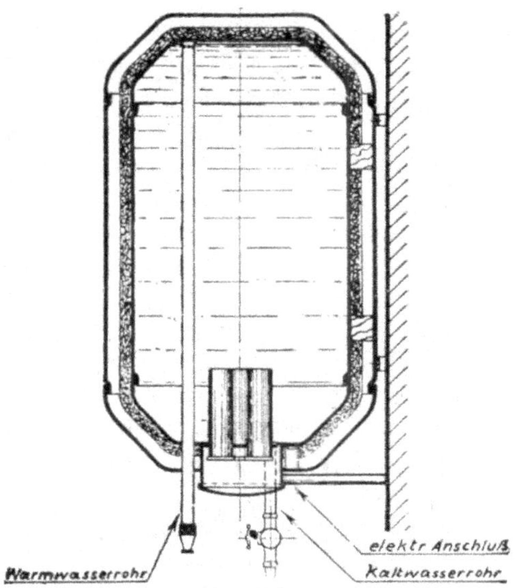

Abb. 169.

der Niederdruck-Badewasserspeicher (Abb. 64) mit 100 l Wasser, die auf $\sim 65^0$ durch 9 kW/h erwärmt werden können;

der offene Einsatzspeicher (Abb. 58) mit 1200 l und 170 kW Stromverbrauch.

Bei der Größenbemessung der Behälter muß der Umstand, daß der Speicher das Wasser nur allmählich erwärmt, berücksichtigt werden. Der Inhalt muß daher so groß gewählt werden, daß er für die größte vorkommende Entnahme genügt. Sollen die Erwärmer nur zeitweise an den Stromkreis angeschlossen werden, z. B. nur außerhalb der Sperrstunden, wobei die Ein- und Ausschaltung durch eine Sperruhr automatisch geschehen kann, so ist der Inhalt so groß zu wählen, daß er dem größten zeitweilig auftretenden Verbrauche oder dem Verbrauche während der Sperrstunden genügt. Falls nur Nachtheizung stattfindet, muß der Inhalt für den ganzen Tagesverbrauch ausreichen. Führt die vorsichtige Bemessung unter diesen Gesichtspunkten auf zu große Kapazitäten, so ist zu prüfen, ob nicht ein anderes Verfahren zur Warmwasserbereitung mittels der Durchlauf-Zirkulationsapparate oder der Kessel den Vorzug verdient.

Die elektrischen Großkessel zur Erzeugung von Warmwasser, Niederdruckdampf oder Hochdruckdampf finden sich bisher zwar noch vereinzelt, treten aber immer mehr in den Vordergrund. Zu einer derartigen Erzeugung von großer Menge Warmwasser oder Dampf auf elektrischem Wege ist, soll sie wirtschaftlich bleiben, das Vorhandensein einer billigen Wasserkraft unerläßlich. Das so erzeugte Warmwasser läßt sich gegebenenfalls direkt für eine Warmwasserversorgung ausnutzen, falls die vorstehend beschriebenen Arten elektrischer Heizapparate nicht ausreichen. Wollte man aber den durch elektrischen Strom erzeugten Dampf für Heizungszwecke weiter verwerten, so käme man wohl stets zu einem günstigeren Ziele ohne den Umweg über den Dampf. Dagegen hat die elektrische Dampferzeugung dort ihre Berechtigung, wo eine Wasserkraft nur zeitweilig Ausnutzung findet und wo man die bisher freien Stunden zur Arbeitsleistung mit heranzieht. Und günstiger läßt sich dann der Effekt nicht besser ausnutzen, als daß man ihn als Wärme im Wasser aufspeichert. Nun könnte man ja die elektrische Energie unmittelbar in Warmwasser umsetzen. Häufig werden aber die Verhältnisse derart liegen, daß die Beschaffenheit des Gebrauchswassers oder andere Gründe eine direkte Warmwasserbereitung nicht zulassen. In solchem Falle hat dann die Dampferzeugung auf elektrischem Wege für die Warmwasserbereitung ihre Bedeutung und Berechtigung. Unter allen günstigen Voraussetzungen sind für 1 kg elektrisch erzeugten Dampfes niedrigere Gestehungskosten als durch eine mit Kohle beheizte Kesselanlage erzielbar. Ferner ist zu beachten, daß der elektrische Kessel fast keiner Wartung bedarf, daß Kohlenzufuhr und Ascheabfuhr fortfallen, kein Kohlenlagerplatz und kein Schornstein gebraucht wird.

Die Ausführung der Dampfkessel erfolgt im großen und ganzen nach denselben Prinzipien, wie sie für die vorgenannten Arten elektrischer Warmwasserbereiter maßgebend waren. Vor allem ist hier das Elektrodenprinzip bedeutungsvoll. Die erste elektrische Dampfkesselanlage großer Leistung wurde in der Papierfabrik Hafeström in Schweden durchgeführt. Sie ist nach Patenten von R. von Brockdorff und durch die Firma Brockdorff

& Witzenmann zur Ausführung gekommen, ein System, das jetzt noch die AEG beibehalten hat. Das Wasser selbst dient als elektrischer Widerstand, wie schon oben bei den Speichern der AEG angegeben. Da die Leistung dem Elektrodenabstand umgekehrt proportional ist, ergeben sich große Längen für die senkrechten Porzellanrohre. Wo ein derartiger Kessel zur Ausnutzung dauernd vorhandener Überschußenergie ununterbrochen im Betriebe ist, fällt der Nachteil der geringen Regelbarkeit nicht so ins Gewicht als dort, wo es nötig ist sich der Leistung irgendeiner Belastungskurve möglichst genau anzupassen. Wenn es sich um Ausnutzung von Strommengen handelt, die nur während einiger Stunden verfügbar sind, so ist die große Anheizdauer, die infolge des hohen Widerstandes des Wassers sich ergibt, unwirtschaftlich. Ein derartiger Kessel, der zwar bei Vollast einen Wirkungsgrad von 0,95 und mehr erreichen kann, wird nicht imstande sein, die vorhandene Überschußenergie restlos auszunutzen.

Neuere Konstruktionen von Brockdorff, ausgeführt von den Ottowerken, München, suchen den Übelstand der begrenzten Regulierfähigkeit wie auch der Knallgasbildung durch besondere Maßnahmen bei der Wasserführung im Kessel zu vermeiden, Maßnahmen, welche die Regulierfähigkeit von den sehr großen Schwankungen des Wasserwiderstandes je nach Zusammensetzung und Temperatur des Wassers unabhängig macht. So werden die glatten Porzellanrohre durch mehrere düsenartig ineinander geschobene Porzellantrichter ersetzt, in deren nach oben gerichteten Leitkanälen die Umsetzung der elektrischen Energie in Wärme stattfindet. Der axiale Abstand und damit die Kanalhöhe sind mittels Gestänge veränderlich, wodurch eine Regulierung in sehr weiten Grenzen erreicht wird. Das Wasser fließt von unten nach oben durch die Zwischenräume der Elektrodenstäbe ein, der Dampf durch die Leitkanäle der Trichter ab. Für jeden Leitkanal ist somit Wasser- und Dampfführung zwangsläufig. Ob die Anhäufung der zur Regelung der Tassen oder Trichter dienenden Gestänge und Hebel Betriebsstörungen mit sich bringt, muß die Zeit beweisen.

Die AEG hat für ihre Hochdruckdampfkessel (Abb. 170), die ältere Elektrodenheizung beibehalten. Bei Netzspannungen bis zu 10000 V sind für den Stromweg besonders hohe Widerstände erforderlich. Bei Drehstrom bilden je 3 Rohre ein an die 3 Phasen in Sternschaltung angeschlossenes System. Die Anzahl der Systeme ist durch die verlangte Kesselleistung bestimmt. Jede Gruppe kann von der Schalttafel aus geschaltet werden.

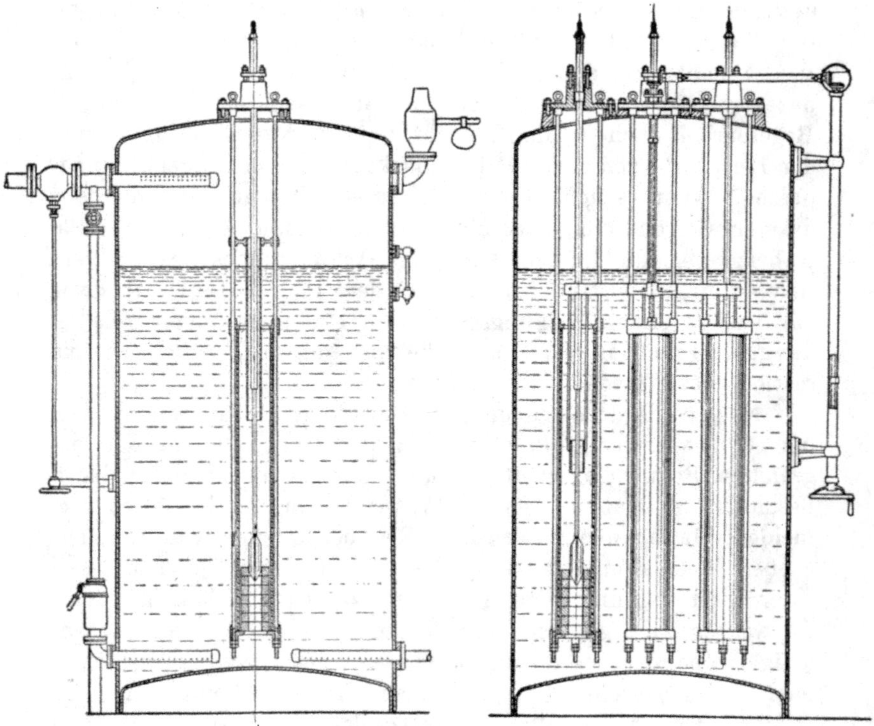

Abb. 170.

Außer dieser Stufenregulierung ist noch die schon erwähnte Feinregelung durch Verändern des Elektrodenabstandes möglich, die bei diesen Großapparaten mit Spindeln und Handrädern bewirkt wird (Abb. 170). Außerdem geht die eingestellte Leistung auch aus den Ablesungen an den Amperemetern der Schalttafel hervor. Bei mehreren Elektrodensystemen (Abb. 171) genügt meist, 1 bis 2 Systeme mit Feinregulierung zu versehen.

Die untere Spannungsgrenze liegt bei 220 V; Spannungen über 10000 V müssen bis auf mindestens 10000 V herabgemindert werden. Normal werden die elektrischen Dampfkessel in Größen von 20÷1500 kW gebaut. Es ist aber die verlangte Leistung tunlichst in mehrere Einheiten unterzuteilen, damit nie die gesamte Leistung unterbrochen wird. Die elektrischen Kessel besitzen alle vorschriftsmäßigen Armaturen. Zur weiteren Ausrüstung gehört hier natürlich noch die Schalttafel mit den erforderlichen Instrumenten. Von besonderer Wichtigkeit ist für alle elektrischen Apparate und Kessel irgendwelchen Systems eine vorzügliche Isolierung des Kesselmantels (s. Abschnitt IX).

Für welch beachtenswerte Leistungen elektrische Kesselanlagen schon ausgeführt worden sind, besagt nachstehende Aufstellung. Es sind Anlagen, ausgeführt von der AEG, Berlin, in Gegenden mit starken Wasserkräften.

Man kann aus den Zahlen der Tabelle 37 auch folgern, daß die abzugebende Dampfmenge in kg zur verfügbaren elektrischen Leistung im Verhältnis von ∾ 1,25 : 1 steht, d. h. man erhält mit der Arbeitsleitung einer Kilowattstde. 1,25 kg Dampf oder mit einer Pferdekraftstunde 1 kg Dampf.

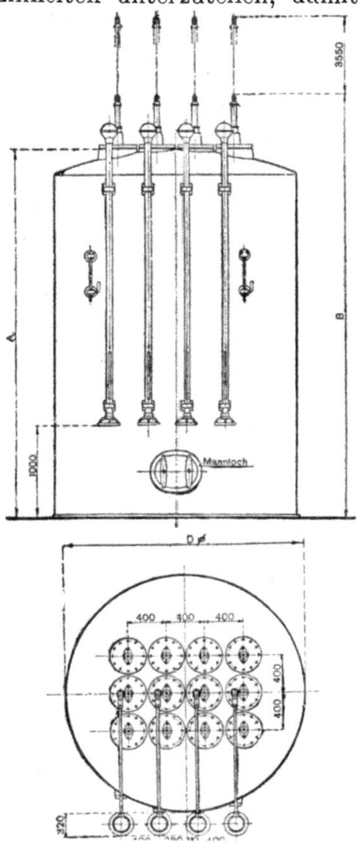

Abb. 171.

Tabelle 37.

Ort	Kesselzahl	Elektr. Kraft		Dampfleistung	
		kW	V	Menge in kg/h	Spannung in Atm.
Hafeström, Schweden .	1	800	12 000	1000÷1100	6
Longed, » . . .	1	900	5 000	1100÷1200	6
Nokia, Finnland . . .	1	2000	5 000	2500	6
Three Rivers, Kanada	2	700	2 400	je 900	8
Hismofors, Schweden .	2	1500	10 000	je 1800	8

Kleinere Kessel werden auch noch mit Drahtwiderstandsheizung ausgeführt. Mit ihr gewinnt man den Vorteil, nicht nur auf Wechselstrom angewiesen zu sein. Der stehende elektrische Kessel für Warmwasser oder Niederdruckdampf (Abb. 172) von Prometheus, Frankfurt, besteht aus einem oberen und einem unteren Ringrohr, zwischen denen eine Anzahl (9 in Abb. 172) senkrechter Röhren mit den Prometheus-Ringelementen angeordnet sind. Als Niederdruckdampfkessel ist bei einer Kesselhöhe von: 1230 1440 1545 mm der Energieverbrauch: 45 60 75 kW.

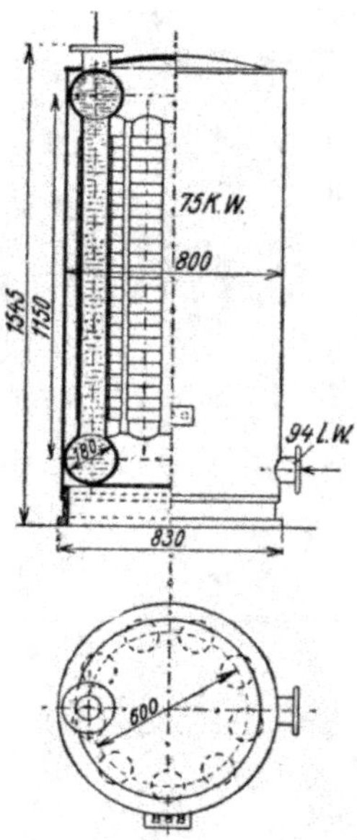

Abb. 172.

Der liegende Niederdruckdampfkessel von Elektra, Wädensweil (Abb. 173) besitzt 80 stählerne Heizröhren, die zur selbständigen Erzeugung von 450 kg/h von ∾ 0,2 Atm. Überdruck 68 kW Stromverbrauch hervorruft. Zur Speisung dient das von einer Dampfanlage abgegebene Kondenswasser, welches bei a_1 in den Kessel gelangt. Die Hilfsspeisung mit Frischwasser erfolgt durch a_2; der Dampf wird bei b abgenommen. Zur Sicherung des Betriebes dienen das Standrohr d und das Signalrohr e.

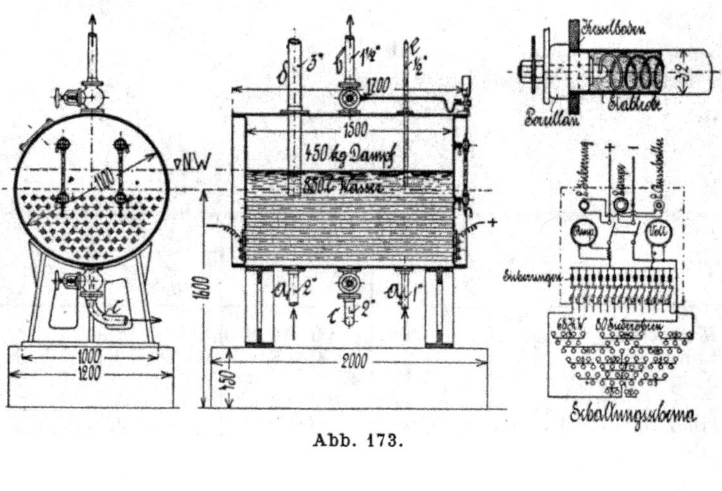

Abb. 173.

Die frühere Alioth-Elektrizitäts-Gesellschaft, die jetzt in die A.-G. Brown, Boveri & Cie. aufgegangen ist, hat Niederdruckdampfkessel gebaut, die auf Ausnutzung der bei Wechselstrom auftretenden Wirbelströme und Hysteresis hinausliefen. Das System ist schließlich fallen gelassen, da die Herstellungspreise den Widerstandsheizkörpern gegenüber viel zu hoch wurden.

C. Die Abwärmeverwertung in Rauchgasapparaten.

Wie schon oben an verschiedenen Stellen, insbesondere bei Besprechung der festen Brennstoffe gezeigt worden ist, geht ein großer Teil der aus den Brennstoffen entwickelten Wärme mit den Rauchgasen durch den Schornstein als Verlust ab. Haben nun auch schon vor dem Kriege maßgebende Fachkreise einen — leider nicht immer erfolgreichen — Kampf für eine restlose Ausnutzung der Kohlenenergie geführt, so ist es heutzutage eine unbedingte Notwendigkeit, daß das Verständnis dafür nicht nur den technischen Kreisen, sondern allen Brennstoffverbrauchern aufgeht.

Aus technischen Gründen muß stets mehr Wärme, als für den Hauptzweck nötig ist, erzeugt werden. Dabei stellt sich das Verhältnis im allgemeinen bei Großanlagen günstiger als in Kleinbetrieben. Wenn nun auch aus volkswirtschaftlichen Gründen nach Errichtung großer Überland-Kraft- und Wärmebetriebe hingestrebt wird und diese in Wahrnehmung von Sonderinteressen auf ein Aufsaugen der Kleinbetriebe hinarbeiten, so werden letztere jedoch nie verschwinden können, ganz abgesehen von der unendlichen Zahl häuslicher Feuerungen. Eine Abwärmeverwertung bleibt aber für beide Teile von allgemeiner Bedeutung.

Die Abgaswärme kann in verschiedener Weise nutzbar gemacht werden. Ein Hauptanwendungsgebiet ist neben der Vorwärmung des Kesselspeisewassers die Erzeugung warmen Wassers für Bäder und sonstige Zwecke. Hierzu dienen neben behelfsmäßigen Kleinapparaten die Ekonomiser, Rauchgaskessel und Rauchgasboiler.

a) Die Ekonomiser.

Im Dampfkesselbau sind die Ekonomiser schon seit langem eine Selbstverständlichkeit zur Vorwärmung des Speisewassers.

Sie bestehen bekanntlich aus Röhrenbündeln, welche, in dem Feuerzuge, dem Fuchse oder Schornsteine eingebaut, außen von den Rauchgasen umspült und innen von dem zu erwärmenden Wasser durchflossen werden. Ursprünglich bestanden sie aus starkwandigen 3÷4 m langen Gußeisenregistern, dann aus glatten Schmiedeeisenschlangen. Diese Konstruktionen konnten für allgemeine Warmwasserbereitung mit ständigem Durchfluß stets frischen Wassers keine Verwendung finden. Rußansatz von außen, Kesselstein-Verkrustung von innen, Fraß durch schwefelsaure Gase, Verrostungsgefahr, große Rauminanspruchnahme, alle diese Nachteile boten keine Gewähr für ordnungsmäßigen, leichten Betrieb, lange Lebensdauer und Brauchbarkeit für allgemeine Warmwasserbereitungszwecke. Die angeführten Übelstände rufen in weiterem Gefolge eine stetig schlechter werdende Wärmetransmission von den Rauchgasen zum Wasser hervor.

Nach bekannten Gesetzen wird die übertragene Wärmemenge um so größer, je größer die Geschwindigkeit der Flüssigkeiten ist, zwischen denen Wärmeaustausch stattfinden soll; um so größer die Geschwindigkeit ist, desto geringer ist die nachteilige Ablagerung von Ruß und Kesselstein. Die Beachtung dieser Gesetze führte dann neuerdings zur Verwendung schmiedeeiserner und stählerner Rippenrohre, mit denen man in besonderer Ausführung und Anordnung eine erhöhte Geschwindigkeit der an sich trägen Rauchgase auf künstlichem Wege durch Durchwirbeln und Durchkreuzen der Gasstromfäden hervorruft. Zu diesem Zwecke sind die enggesetzten Rippen schräg oder gebogen aufgesetzt und dienen als Leit- und Prallflächen. Eine gesteigerte Wassergeschwindigkeit beruht auf der Anwendung des Gegenstromprinzipes oder des Gleichstromprinzipes mit Strahlgebläse (Umwälzung). Bei dem Gegenstromprinzip mit senkrechten Schlangenröhren können sich in den oberen Umkehrstellen leicht Luft und Dampfsäcke (bei höheren Temperaturen) bilden und zu Wasserschlägen und Betriebsstörungen führen, sobald die Durchflußgeschwindigkeit nicht groß genug ist. Mit dem Umwälzverfahren, das in konstruktiver und betriebstechnischer Hinsicht schwieriger erscheint, wird aber neben höherer Wärmeübertragung der wichtige Vorteil erreicht, daß der Ekonomiser mit kaltem Wasser gespeist werden kann; d. h., daß er für allgemeine Warmwasserbereitung verwendungsfähig ist. So sind die Schnellstrom- und Kreuzstromekonomiser entstanden, die einen ∾ 5 mal kleineren Platz zum Einbau erfordern als die bisherigen Apparate.

Bieten die Stahl- und Schmiedeeisenrohre für diesen Zweck nun auch bedeutende Vorteile, so neigen sie viel leichter zu Verrostungen als Gußeisen. Die Rauchgase, welche die Rohre von außen bestreichen, sind aber feucht und tragen somit die Vorbedingung zu einem Rosten in sich. Neuerdings ersetzt man daher bei niedrigen Wassereintrittstemperaturen die Stahl- und Schmiedeeisenrohre mit Vorliebe wieder durch die gegen die Einflüsse der Rauchgasfeuchtigkeit erheblich widerstandsfähigeren Gußeisen-Rippenrohre. Bei Speisewasser unter 32° schlägt sich Wasser aus den Heizgasen an den Röhren nieder und dieselben verrosten.

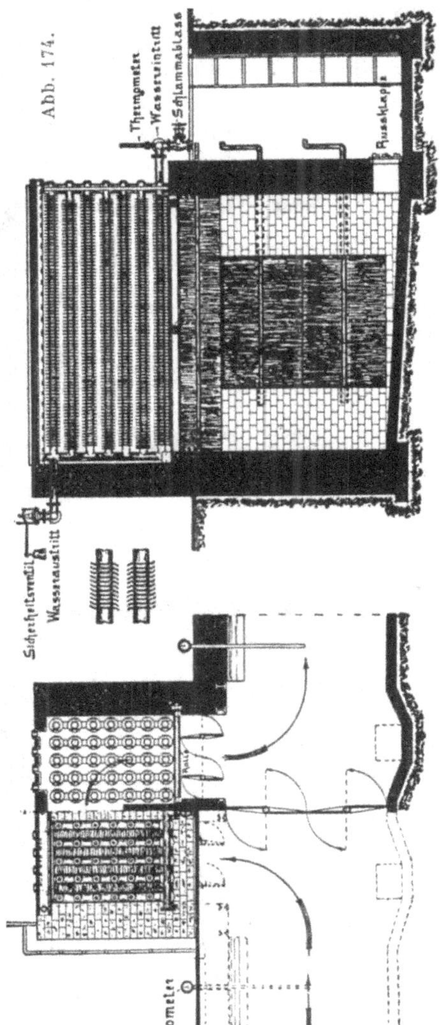

Abb. 174.

Die Armatur eines Ekonomisers umfaßt in der Regel neben den nötigen Schlammablaß- und Ausblaseventilen ein oder zwei Sicherheitsventile, Thermometer und Pyrometer.

Abb. 174 stellt einen neuen, nach obigen Grundsätzen durchgebildeten Kreuzstromekonomiser von Föge, Hannover, dar, der in bezug auf Effekt, Reinigungsmöglichkeit und Platzbedarf die auf ihn gesetzten Erwartungen voll erfüllt hat. Er besteht aus einem System horizontaler nahtloser, starkwandiger, feuerverzinkter Stahlrohre mit aufgezogenen Rippen oder Guß-Rippenrohren. Die Rohre werden entweder zu einzelnen Registern an den Enden autogen verschweißt oder außerhalb der Rauchkammer durch abnehmbare Krümmer miteinander verbunden.

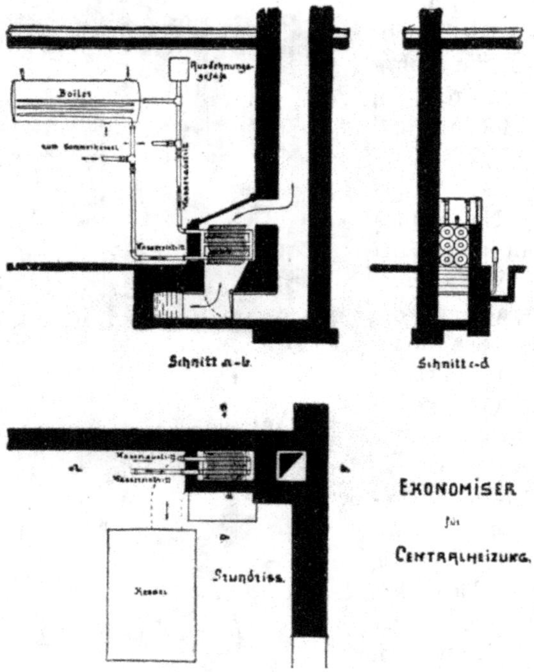

Abb. 175.

Die Abb. 175 zeigt einen den Wärmeverhältnissen entsprechenden kleineren Föge-Ekonomiser, der in dem Schornsteinfuße eines Heizungskessels eingebaut und mit einem Boiler verbunden ist.

Der bekannte Gaab-Ekonomiser besteht aus Gußeisenrohren, die in reinem Gegenstromprinzip verlegt sind. Wenn auch die Wassergeschwindigkeit groß genug ist, um etwaige ausscheidende Luft, Dampfblasen und Schlammteilchen mitzureißen,

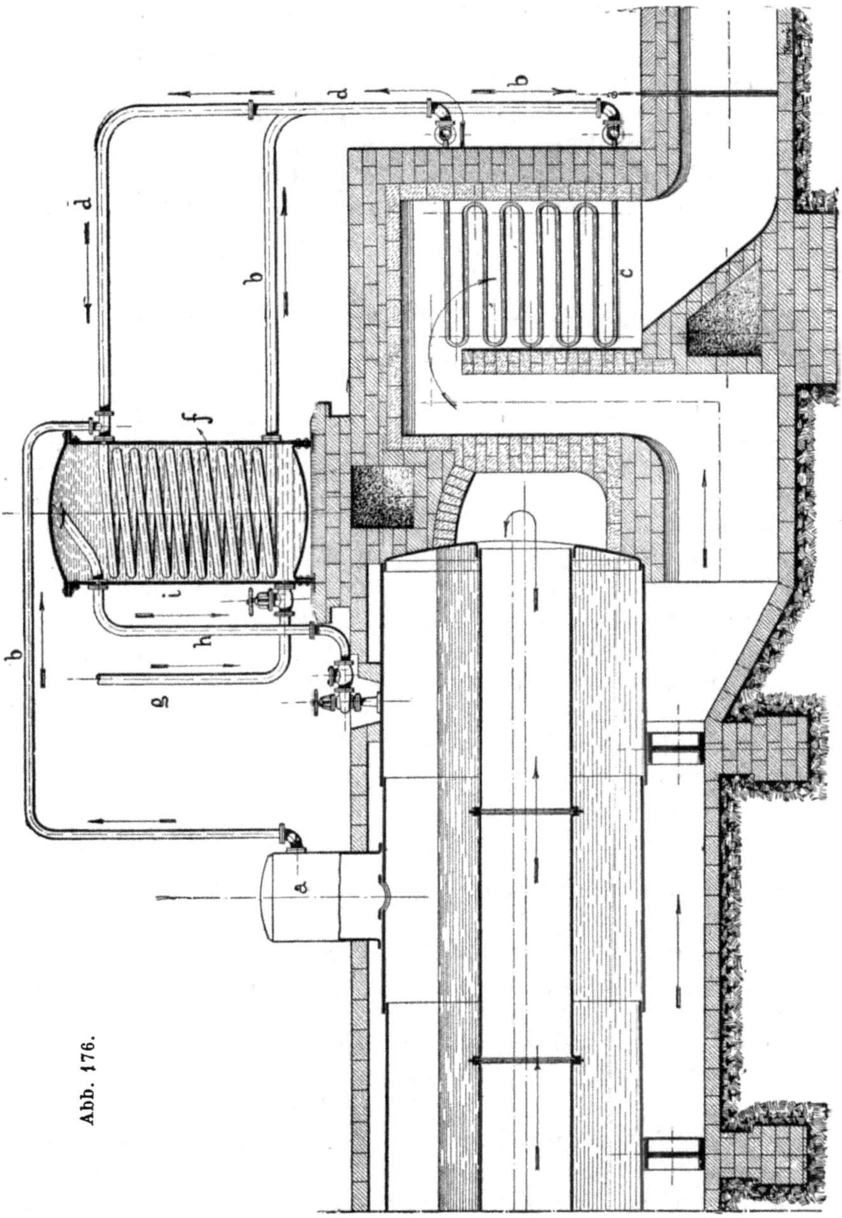

Abb. 176.

so daß durch Luftsäcke, Dampfansammlungen, Wasserschläge und sonstige damit zusammenhängende Betriebsstörungen keine Schwierigkeiten entstehen, so führt Gaab trotzdem die neueren Lieferungen mit besonderer Entlüftung wie auch mit automatisch arbeitender Schlamm- und Wasserablaßvorrichtung aus. Der Gaab-Ekonomiser ist zwar an sich für Großanlagen bestimmt, ist jedoch auch ganz gut für Heizungskessel und Kleinfeuerungen durchführbar.

Einen ganz anderen Weg, ein Schwitzen, äußeres Verkrusten, ständiges Reinigen mittels Rußkratzern, inneres Absetzen von Kesselstein zu vermeiden oder wenigstens stark zu beschränken, beschreitet R. Wolf, Magdeburg-Buckau, mit seinem Schmidt-Ekonomiser. Bei diesem wird nach Abb. 176 das zur Kesselspeisung oder zu anderen Zwecken bestimmte Warmwasser in den im Fuchs liegenden Ekonomiserrohren *c* nicht direkt durch die Abgase erwärmt, sondern durch reines, luftfreies Destillat, das, als Dampf bei Inbetriebsetzen des Apparates vom Kessel entnommen, sich in jenem wieder verdichtet hat. Das Destillat strömt in ständigem Gegenstrom von *c* durch *d*, *f*, *b* nach *c*. In dem Warmwasserbereiter *i* gibt das Destillat durch die Kupferschlange *f* seine Wärme an das in *i* befindliche Gebrauchswasser ab. Der Kaltwasserzutritt erfolgt durch *g*, die Warmwasserabnahme durch *h*. (Gemäß Abb. 176 dient das erzeugte Warmwasser als Kesselspeisewasser, es kann aber auch für jeden anderen Zweck benutzt werden).

b) Die Rauchgaskessel.

Eine besondere und große Bedeutung haben in jüngster Zeit die Rauchgaskessel erlangt, welche die Abwärme der Rauchgase der Zentralheizungskessel und kleineren Feuerungen zur Ausnutzung bringen sollen. Regelrechte Niederdruckkessel werden in den Fuchs der Heizungskessel eingebaut, nutzen während der Heizperiode die Abgaswärme aus und werden zur Zeit der Betriebsunterbrechung der Feuerstelle (Sommerszeit) mit eigener Feuerung unter Einsetzen eines Rostes (sog. Sommerrost) betrieben. Die Anlage wird hierdurch zwar bedeutend umfangreicher, die Betriebskosten für die häusliche Warmwasserbereitung, welchem Zweck der Rauchgaskessel statt eines besonderen

Kleinkessels dient, werden sich dafür bei richtiger Ausführung und ordnungsmäßigem Betriebe ganz wesentlich verringern.

Von den Rauchgaskesseln ist der Hochleistungskessel der Ideal-Apparatebauges., Kiel, beachtenswert. Der Kessel ist nach Abb. 177 ein stehender Rauchrohrkessel, dessen Eigentümlichkeit vor allem in dem äußeren Heizmantel zu suchen ist. Durch letzteren wird die Leistung des Rauchgaskessels erheblich erhöht und letzterer vor Einbau zu großer Heizfläche geschützt.

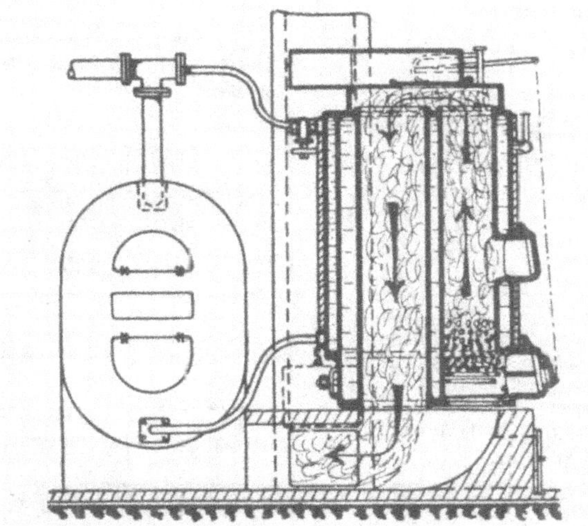

Abb. 177.

Darin kranken nämlich viele derartigen Konstruktionen, daß zur Erreichung einer rechnungsmäßig nachweisbaren großen Heizfläche die Leistung der Hauptkessel erheblich herabgedrückt und dadurch der ganze Betrieb leicht ein unwirtschaftlicher wird. Die Mantelheizfläche ermöglicht ferner in bequemer Weise, den Warmwasserbereitungskessel während der Übergangszeiten und an kühlen Sommertagen mit zum Betriebe der Heizungsanlage, vor allem zur Heizung der Baderäume (siehe unten: »Rohrleitung«), mit heranzuziehen, auf welche praktische und sehr empfehlenswerte Durchführung schon Abb. 143 hinweist. Es tritt also hier der umgekehrte Fall der sonst üblichen Verhältnisse ein, indem die Warmwasserbereitung die Hauptanlage ist und die Heizung gewisser Räume im Nebenbetrieb der Warmwasserbereitung mit erfolgt.

Tabelle 38.
Ideal-Rauchgaskessel (Abb. 177).

Größe	1	2	3	4	5
Höhe . . . . mm	1250	1500	1500	1500	1500
Durchmesser . . . . mm	645	735	900	1120	1320
Inhalt (Winterbetrieb) l	240	500	750	1060	1500
Stündl. Leistung durch Mantelheizung und Rauchgase bei Wassererwärmung von 10° auf 50° l	Bei Einbau an einen Warmwasserkessel mit 70° Heizwassertemperatur:				
	550	750	1000	1500	1800
	Bei Einbau an einen Dampfkessel mit 0,1 Atm Dampfdruck:				
	1600	2100	2800	3600	4700
Tägl. Leistung (15 h) der Rauchgase bei 150 bzw. 200° Rauchgastemperatur bei Wassererwärmung von 10° auf 50_0 l	1000	1200	1500	2100	2600
Stündl. Leistung der Innenfeuerung (Sommerfeuerung) . . . . WE	20 000	30 000	40 000	50 000	60 00
Erf. Kellerhöhe . . . . m	2,00	2,25	2,25	2,25	2,25
Erf. Abstand zwischen Heizkessel und Schornstein . . . . . . m	0,85	0,95	1,10	1,35	1,55
Mantelheizfläche für Heizwasser oder Dampf . . . . m²	1,5	2,0	2,6	3,5	4,6
Rauchgasheizfläche beider Züge m²	1,85	2,60	3,25	4,00	4,50
Mindestgröße des Zentralheizungskessels . . . . m²	7	10	13	16	18

In Tabelle 38 sind zugrunde gelegt:

eine normale Fuchstemperatur von 200° bei Dampfkessel,
eine normale Fuchstemperatur von 150° bei Warmwasserkessel,
eine Schornsteintemperatur von mindestens 120°.

Im Interesse eines sicheren Schornsteinzuges sollte unter 120° auf keinen Fall gegangen werden.

Bei der Konstruktion des Kessels von Wigand, Elbing, (Abb. 178[1]) ist von der Voraussetzung ausgegangen, daß der den Rauchgaskessel betreibende Heizungskessel unter veränderlichem Druck steht, daß also ein Warmwasserheizungskessel mit genereller Regelung, d. h. ein Heizbetrieb mit Anpassung an die Außentemperatur, vorliegt. Dies ist das Beachtenswerte an dem Wigand-Kessel. Es dient deshalb die Extrafeuerung, der sog. Sommerrost, nicht nur während der Zeit, wenn der Heizungskessel außer Betrieb steht, sondern als Zusatzfeuerung ebenfalls für die Zeit, wenn die Heizung während gelinder Außenkälte nur mäßig gefeuert und trotzdem von dem Rauchgaskessel für die Warmwasserbereitung dieselbe Leistung verlangt wird. Es ist ja richtig, daß ein auf 70° zu temperierendes Wasser nicht durch einen Heizungskessel, dessen Heizwasser nur 60÷65° Temperatur besitzt, mitbetrieben werden kann. Zu diesem Zwecke hat der Wigand-Kessel außer dem weiten Feuerrohre noch zwei Heizröhrensysteme und die dazu gehörigen Schieber, einen wagrechten und einen senkrechten am oberen Ende des weiten Feuerrohres. Die abziehenden Rauchgase des Zentralheizungskessels durchstreichen bei normalem Feuern und Öffnen des

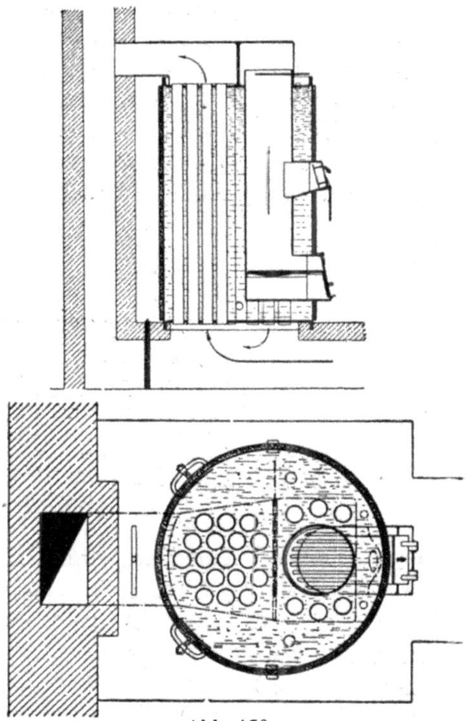

Abb. 178.

[1]) Die beiden Risse der Abb. 178 stimmen in ihren Größenverhältnissen nicht überein.

senkrechten Schiebers gleichzeitig beide Röhrensysteme, während sie bei mäßigem Betriebe nur durch das hintere Bündel ziehen. In diesem Falle wird der Normaleffekt des Rauchgaskessels durch Befeuern des Sommerrostes im Feuerrohr gesichert, dessen Gase nach Schließen des senkrechten und Öffnen des wagerechten Schiebers zuerst ihren absteigenden Weg durch die beiden Seitenrohrbündel (in Abb. 178 zu je 3 Röhren) nehmen, um mit den Abgasen, im Fuchs sich damit vereinend, durch das hintere Bündel aufsteigend zum Schornstein zu ziehen. — Diese Ausbildung des Kessels führt die Frage einer ökonomischen Wärmeausnutzung auch für kleinere Feuerungsanlagen einer Lösung näher. Vorausgesetzt muß aber werden, daß der Schornsteinzug ausreicht und das Bedienungspersonal Verständnis für die Regelung hat. Auf jeden Fall muß der Gesamtquerschnitt der Rauch

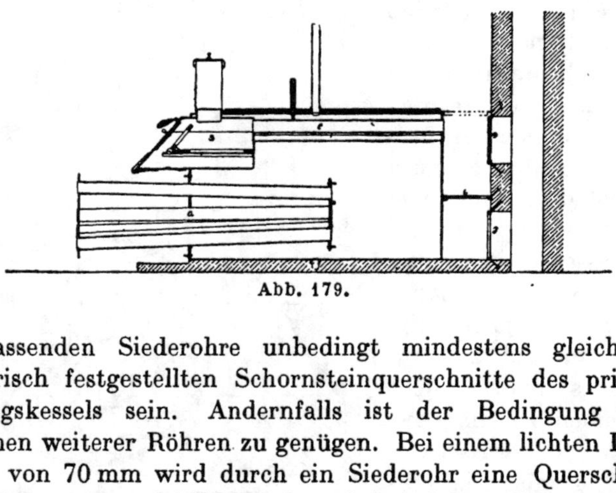

Abb. 179.

durchlassenden Siederohre unbedingt mindestens gleich dem rechnerisch festgestellten Schornsteinquerschnitte des primären Heizungskessels sein. Andernfalls ist der Bedingung durch Einziehen weiterer Röhren zu genügen. Bei einem lichten Durchmesser von 70 mm wird durch ein Siederohr eine Querschnittsvergrößerung von 0,003848 m² und bei 1,6 m Höhe eine Erhöhung der Heizfläche von 0,35 m² erreicht. Die Befestigung der Röhren erfolgt durch Einwalzen. Der Kessel ist mit Schwimmergefäß von 50÷75 l, ¾″ Sicherheitsventil, ¾÷1″ Absperrventil, Ablaßhahn, Eintauchthermometer, Anliegethermometer und ¾ bis 1¼″ Rückschlagventil ausgerüstet.

Wie aus Abb. 179 zu ersehen, wird der Wigand-Kessel auch liegend geliefert und zur leichteren und bequemeren Reinigung und Erneuerung des Anstriches mit herausziehbarem Rohrsysteme.

Tabelle 39.

Wigand-Rauchgaskessel (Abb. 178).

Größe	1	2	3	4
Wasserinhalt l	850	550	350	250
Höhe i. L. . . . . mm	1600	1600	1600	1600
Durchmesser . . . . mm	950	850	700	575
Heizfläche der Feuerbuchse der Nebenfeuerung . . . . . m^2	1,40	1,20	1,05	1,05
Heizfläche, welche von den abziehenden Rauchgasen der Zentralheizungsanlage berührt wird, m^2	9,20	8,90	7,00	4,80
Querschnitt der Rauchgas durchlassenden Siederohre . . . m^2	0,092	0,092	0,073	0,05
Leistung der Nebenfeuerung pro Stunde . . . . WE	40 000	35 000	30 000	30 000
Leistung der Rauchgase bei einer Eintrittstemperatur v. 180÷200 °C bei 10° C städt. Leitungswassertemp. auf 65÷50° C in 15 h . . Heizwass., zapffähig . . . l	4000 bis 4500	4000 bis 4500	3300 bis 3700	2400 bis 2700
Blechstärke:				
Mantel . . . . mm	4	4	3,5	3
Böden . . . . mm	10	10	10	10
Feuerbuchse . . . . mm	7,5	7	6,5	6,5
Siederohre . . . . mm	3	3	3	3
Gesamtgewicht . . . . . kg	750	700	550	450

In Abb. 180 ist eine kleinere Warmwasserbereitungsanlage mit Reimers-Kessel dargestellt. Zur kalten Jahreszeit erzeugen die Abgase des Zentralheizungskessels *K* das warme Wasser im Rauchgaskessel *A*, während für die Sommerzeit in *A* ein Extrauntersatz für eine Koksfeuerung vorgesehen ist. Die Konstruktion des Kessels ist aus Abb. 183 zu entnehmen. Ein Nachteil des Reimers-Kessel in dieser Verbindung wird der geringe Koksfassungsraum, selbst bei höherem Untersatze, sein.

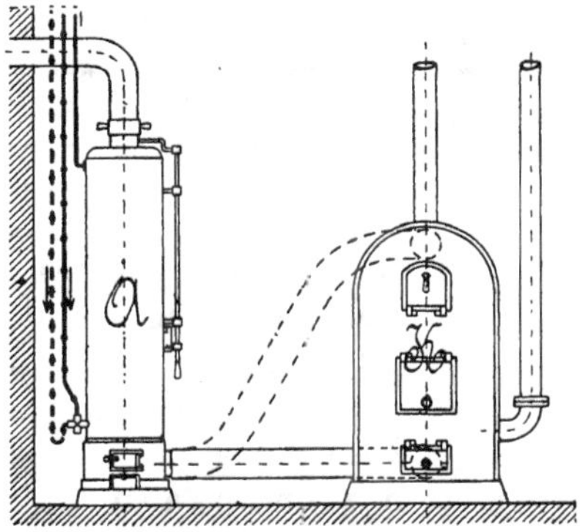

Abb. 180.

Ein weiteres Beispiel gibt schließlich noch die schon ältere Ausführung von Moosdorf & Hochhäusler, Berlin (Abb. 181). Der Dampfkessel *D*, besonders für diese Verbindung konstruiert, wie auch der Rauchgaskessel *K* zeigen eigene Bauarten. Kessel *K* ist mit einem senkrechten Rauchrohr für die Abgase der Dampfkesselfeuerung durchsetzt und enthält in seinem Wasserraume

Abb. 181.

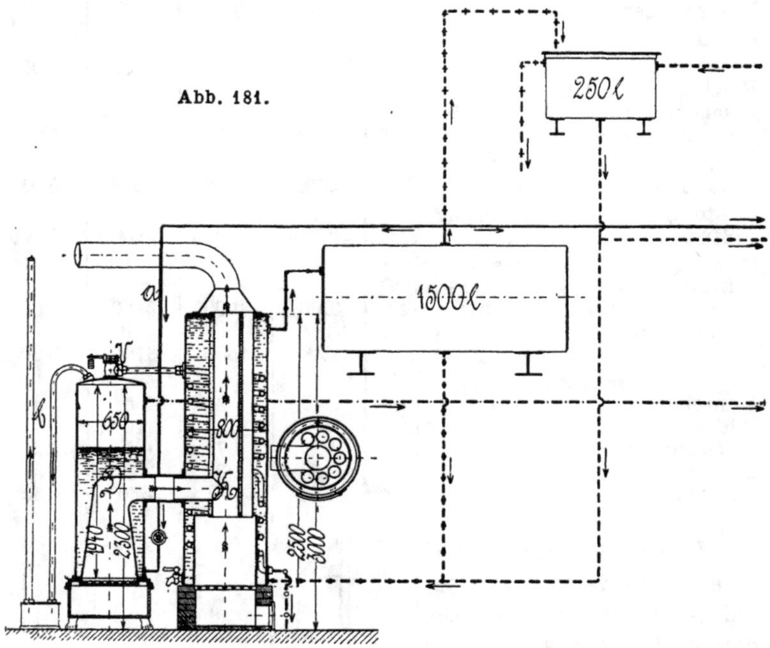

eine Heizschlange, durch welche der durch das Sicherheitsventil *v* entweichende Dampf strömt und dann zum Miterwärmen des Wassers in *K* dient. Zur Speisung wird *D* durch *a* Warmwasser zugeführt. Der Druck wird durch das Standrohr *b* gesichert.

Nun brauchen die abgehenden Rauchgase nicht immer in einem besonderen Rauchgaskessel zur Ausnutzung kommen, sie können vielmehr auch auf einen gewöhnlichen, einfachen Warmwasserbehälter hinwirken (Abb. 184), in welchem Falle dann der Boiler den Rauchgaskessel darstellt. Des weiteren können diese Rauchgase auch aus irgendeiner beliebigen Feuerung stammen, so daß schon der vielfach gebräuchliche kesselartige Küchenherdeinsatz ein Beispiel dafür ist. Dabei braucht dann ferner zwischen abziehenden Rauchgasen und den noch in Ausnutzung stehenden Gasen der Feuerzüge nicht scharf unterschieden werden; es sind in der Berechnung nur die zutreffenden richtigen Temperaturen der Rauchgase einzusetzen. Die meisten Leistungsanforderungen bedingen dann aber eine Vereinigung dieser Rauchgaswärmequelle mit irgendeiner anderen, die an Ort und Stelle als die günstigste erscheint.

c) Die Rauchgasboiler und die Kleinapparate.

Wie schlecht die häuslichen und ähnlichen Kleinfeuerungen, vor allem der am meisten benutzte Küchenherd mit seinen 10÷20% Nutzeffekt, arbeiten, ist oben zur Genüge gesagt worden. Aus der Erkenntnis der äußerst schlechten Wärmeausnutzung heraus sind wohl zuerst die Küchenherdkessel entstanden, welche als Rauchgaskessel eigentlich eine bessere Ausnutzung der Rauchgase ergeben sollten. Man erkannte aber sehr bald, daß man den Rauchgasen denn doch zuviel zugemutet hatte. Heutzutage sind die beliebten und bestbewährten Küchenherdkessel das geworden, was sie von vornherein sein sollten: eine Extra- und auch Zusatzwärmequelle, die vielen Verhältnissen und Anforderungen zu genügen vermag, aber nicht allein durch die Abgase des Küchenherdes.

Daß deshalb die Rauchgase solcher Kleinfeuerungen ausbeutungsfähig sind, ist selbstverständlich, wenn auch nicht die 90÷80% der in den Rauchgasen enthaltenen Wärme gänzlich wiedergewonnen werden können. Ein großer Teil des Wärmeverlustes geht auf Rechnung der Strahlung und Leitung, der Asche, unverbrannten Brennstoffteilchen und des Rußes. Die Güte eines Küchenherdes ist jedoch von Fall zu Fall zu beurteilen. Der Wirkungsgrad wird um so höher ausfallen, in je längerem nutzbaren Dauerbetrieb der Herd steht und um so restlosere Ausnutzung die ausgestrahlte Wärme zur Raumerwärmung findet. In solchem Falle wird dann natürlich nicht mehr viel Abwärme für Warmwasserbereitung übrigbleiben.

Eine Schwierigkeit zum Einbau von Rauchgasapparaten, selbst in bescheidenster Größe und Form liegt in der Konstruktion der Feuerstelle, sobald diese wie beim Küchenherde ohne Fuchs direkt dem Schornstein angeschlossen ist. Eine Möglichkeit bieten

Rohrschlangen, die am oder im Schornsteine eingebaut werden. In den meisten Fällen wird man aber mit Feuerschlangen (siehe diese V A.a) besser zum Ziele kommen. Zuweilen verlegt man die Rohrschlange teils als Feuerschlange um den Feuerraum, teils als Rauchgasschlange nach dem Schornstein hin. Bei solcher Ausführung sollte dann letztere die untersten Windungen enthalten, d. h. am Wassereinlauf liegen. Sie dient somit als Vorwärmer für die Feuerschlange.

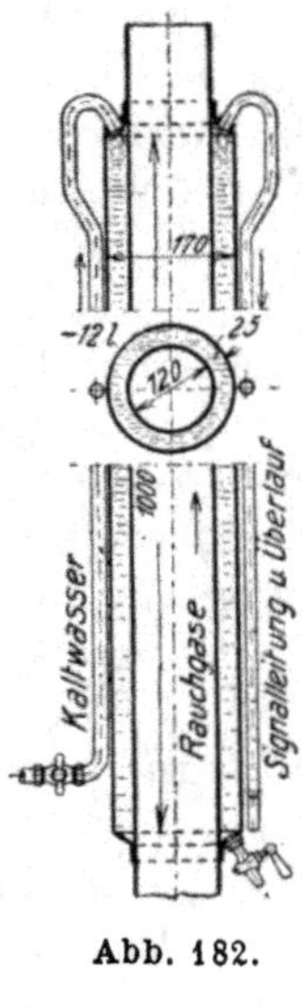

Abb. 182.

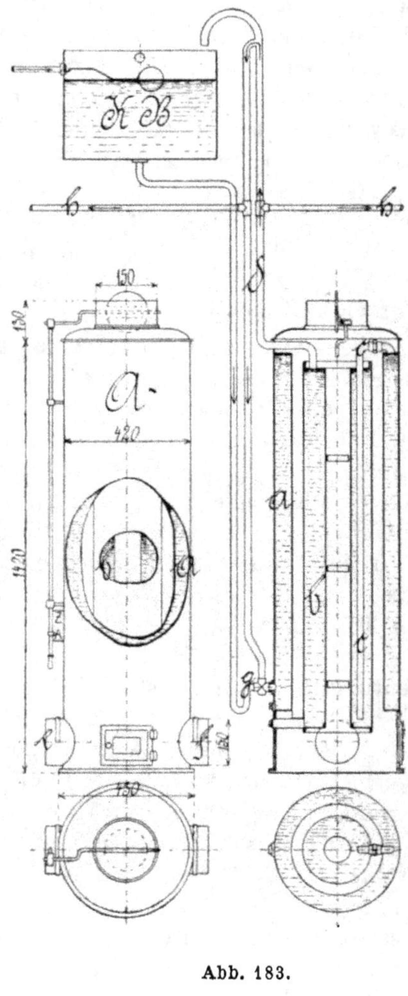

Abb. 183.

Die allereinfachste Form eines **Rauchgasboilers** für geringe Wassermengen, die eines Musterschutzes wohl nicht bedarf, ist die, bei welcher man das von irgendeiner Feuerung senkrecht abgehende Rauchrohr mit einem Blechmantel nach Abb. 182

(Kaeferle, Hannover) umgibt und so sich einen kleinen Wasserspeicher schafft. Natürlich muß an dieser Stelle der Kamin ein Blechrohr und zum Umbau des Mantels geeignet sein. Die Ausführung ist nur für Niederdruck passend. Das Blechrohr muß mindestens die lichte Weite des gemauerten Kamines besitzen.

Eine bessere und ergiebigere Ausnutzung der Abgaswärme wird mit dem Heißwasserapparat Universal von Reimers & Cie., Bremen (Abb. 183 und 180) erreicht. Den Einbau desselben an einem Backofen zeigt Abb. 98. Der Apparat kann auf der

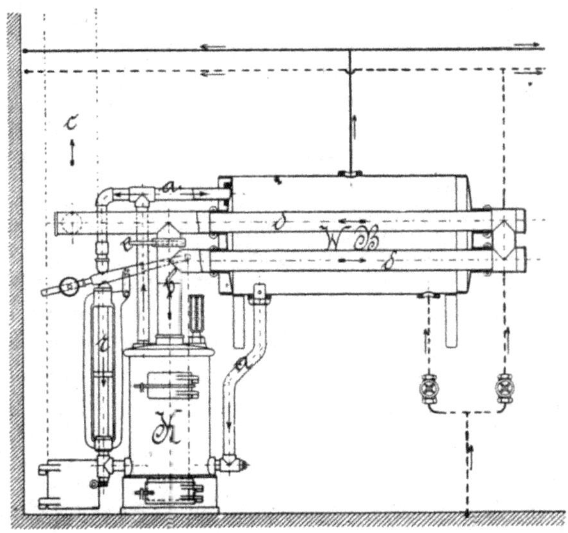

Abb. 184.

Feuerstelle oder seitlich derselben aufgestellt und einem gewöhnlichen Herde, Ofen, Backofen, Wurstkessel usw. angeschlossen werden. Der Apparat *A* (Abb. 183) umgibt mittelbar oder unmittelbar hinter der Feuerstelle das Gasabzugsrohr mit einem doppelten Mantel, in dem sich das zu erwärmende Wasser befindet. Der äußere Mantelraum *a*, in welchen das Kaltwasser bei *g* eintritt, dient als Vorwärmer, der innere *b* als Erhitzer, beide sind durch ein Übersteigrohr *c* verbunden. Ein bis in die Höhe des Schwimmerkastens *KB* reichendes Warmwasser-Zirkulationsrohr *d*, von dessen Schenkeln die Verbrauchsleitung *h* abzweigt, fördert die Warmwassererzeugung. Die Heizgase strömen durch den Boden des Apparates oder seitlich durch *e* oder *f* ein. Feuerung und Zug sollen in ihrem Effekt keine Einbuße erleiden.

Martin Künzel, Berlin, führt einen Rauchgasapparat als liegenden Boiler *WB* nach Abb. 184 aus. Der Wasserraum des letzteren ist mit dem Kessel *K* durch die Zirkulationsleitung *a* in direkter Erwärmung verbunden. Zur besseren Ausnutzung der Heizgase ist das Rauchrohr *b* des Kessels vor Eintritt in den Schornstein *c* ein- oder zweimal durch *WB* geführt. Die in *WB* liegenden Rauchrohrteile *d* können, falls der Schornsteinzug, besonders beim Anheizen, zu gering sein sollte, durch Öffnen eines Schiebers *e* nach Belieben ausgeschaltet werden. Ein mit der Zirkulationsleitung *a* und dem Kessel *K* verbundener Regulator *r* gestattet, eine bestimmte Temperatur auf gleicher Höhe zu halten. Der Regulator *r* wirkt auf die Kesselfeuerung hin. Um eine einwandfreie Wärmeerzeugung sichern zu können, müssen die Rauchrohre *d* besonders stark und sauber ausgeführt werden. Es bleibt dahingestellt, ob die hierdurch entstehenden Anlagekosten, die schwierigere Reinigung des Behälters *WB* und die umständlichere Bedienung durch den Gewinnst eines entsprechenden hohen Effektes aufgewogen werden. Auf jeden Fall ist von vornherein festzustellen, ob der Schornsteinzug zum Mitbetreiben eines solchen Boilers ausreicht, andernfalls ist solcher Einbau überhaupt unsinnig.

D. Die Abwärmeverwerter der Verbrennungs-Kraftmaschinen.

Es ist bekannt, daß die Wärmeausnützung im Gasmotor und den ihm verwandten Ölmotor eine weit vorteilhaftere ist als in der Dampfmaschine. Während es bei den vollkommensten Dampfmaschinen gelingt, höchstens 15% der aufgewendeten Wärme in Nutzarbeit umzusetzen, steigt dieser Prozentsatz bei den Gasmotoren auf 25÷30%. Immerhin bleiben in letzteren noch 70—75% Brennstoffwärme unausgenutzt, wovon je ∾30% mit dem Zylinderkühlwasser und den Auspuffgasen verlorengehen.

Die Versuche, diese Wärmemengen noch nutzbar zu machen, insbesondere zur Warmwasser- oder Dampferzeugung, sind schon viele Jahre alt. Der praktische Erfolg scheiterte jedoch bisher daran, daß die für eine hinreichende Wärmeausnutzung und weitgehende Betriebssicherheit maßgebenden Gesichtspunkte in der konstruktiven Lösung nicht berücksichtigt waren. Maßgebende Firmen auf diesem Gebiete, vor allem die Gasmotoren-Fabrik Deutz, die MAN. u. a. haben jedoch in letzter Zeit eine einfache glückliche Lösung gefunden, die sich schon in vielen praktischen Anlagen auf das beste bewährt hat. Mit diesem Abwärmeverwertern gelingt es, bei Gasmaschinen 350÷400 WE/PSh und bei Dieselmotoren 250 WE/PSh in Form von warmem Wasser nutzbar zu machen. Wird das bereits erwärmte Zylinderkühlwasser als Speisewasser unmittelbar benutzt, so steigt die gesamte Ausnutzung der Brennstoffwärme seitens der Gasmaschine auf 70÷75%.

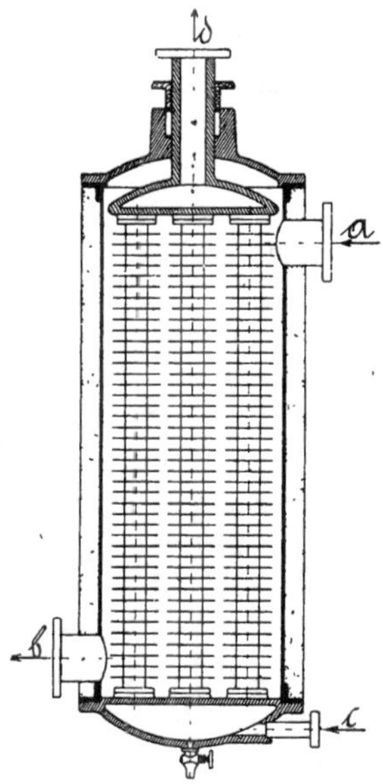

Abb. 185.

Die Deutzer Abwärmeverwerter sind nach Abb. 57 liegende oder stehende Röhrenkessel, die einfach in die Auspuffleitung *a* des Gasmotors *M* eingeschaltet werden. Die Auspuffgase ziehen durch die Röhren *b*, das Wasser strömt von *c* nach *d* um die Röhren. Besondere Armaturen sind nicht erforderlich. Die Apparate werden in 7 Modellen von 25÷500 PS gebaut.

Eine etwas ältere Ausführung von Gölitz, Stadtilm, mit Rippenrohren zeigt Abb. 185. Hier ziehen die Abgase von *a* nach *b* um die Röhren und das Wasser von *c* nach *d* durch dieselben. Die Apparate werden hergestellt für 3÷250 PS Motorleistung mit 480÷1120 mm Durchmesser und 1600÷2700 mm Höhe, um 50÷1875 l Wasser um 40° zu erwärmen.

Einen weiteren Kleinapparat zeigt Abb. 56.

E. Die Apparate für die Heizmittel Dampf und Warmwasser.

Welche Bedeutung Dampf und Warmwasser (Heizwasser) als Heizmittel für die Warmwasserbereitung haben, ist oben zur

Genüge dargetan. Insbesondere ist zur Erreichung einer sparsamen Wärmewirtschaft auf die hohen Vorzüge einer Abdampfverwertung hingewiesen. Da Dampf, Abdampf und Heizwasser an sehr vielen Plätzen des Großverbrauches von warmem Nutzwasser in ausreichendem Maße zur Verfügung stehen, so konnte es nicht ausbleiben, daß eine große Zahl von Apparaten entstand, welche diese Heizmittel in Gegenstrom-, Strahl-, Mischapparaten und Dampfautomaten möglichst praktisch zur Ausnutzung zu bringen suchten.

a) Die Gegenstromapparate.

Die vielen ähnlichen Konstruktionen lassen sich trennen in Großwasserraumapparate als Dampfwasserkessel, die mehr dem Zentral- und Großbetrieb als Warmwasserspeicher mit schwankender Wasserentnahme dienen, und in Apparate mit kleinem Wasserraum, die, von kleinster bis größter Leistung gebaut, für schnellere Erwärmung und gleichmäßigere Belastung in Betracht kommen. Die letztere Bauart ist die allgemeinere. Bei beiden wird das Heizmittel durch oder um ein Röhrenbündel oder durch eine Schlange geleitet, mit denen der Apparatezylinder aus Gußeisen oder Schmiedeeisenblech ausgesetzt ist. Die lichte Weite der Röhren schwankt zwischen 13 und 51 mm, die Röhrenzahl zwischen 10, 100 und noch mehr. An Stelle des Dampfes kann auch Heizwasser in heißem oder warmem Zustande treten, je nach der angeforderten Nutzwassertemperatur.

Die Gegenstromapparate als Großwasserraumkessel.

In ihrer Konstruktion unterscheiden sich viele dieser Kessel in keiner Hinsicht von den Boilern (s. »Warmwasserbehälter«). Ein Unterschied liegt nur in der Verwendung, ob der Apparat gleichzeitig Warmwasserbereiter mit zugehöriger Heizquelle und direkter Warmwasserversorger (dann hierher gehörend als Dampfwasserkessel) oder nur ein Zwischenglied der ganzen Anlage, zwischen Heizquelle und Zapfstellen als Warmwasseraufspeicherer ist (dann Boiler oder Warmwasserbehälter). Im allgemeinen wird sich letztere Anordnung empfehlen.

Die Apparate finden sich meist in stehender, aber auch hier und da in liegender Anordnung. Bei Einbau von senkrechten und wagrechten Röhrenbündeln in ein und demselben Apparat wird häufig das Gegenstromprinzip nicht streng gewahrt. Sie eignen sich für Badeanstalten, Waschanstalten, Färbereien, Brauereien, Papier- und chemische Fabriken usw.

Der gußeiserne Dampfwarmwasserkessel, Abb. 186, von Warns-Gaye & Block, Hamburg, besitzt als Heizfläche ein Bündel kupferner Doppelröhren *a*, durch deren Ringraum der Dampf, von *e* herkommend, strömt; das Kondenswasser wird bei *f* abgeleitet. Die Röhren sind in den Gußkästen *b* des Gußzylinders *c* befestigt. Das Wasser fließt von *g* nach *h*. Je nach der Größe des Kessels können bei 2 Atm. Dampfspannung stündlich 700÷40000 l Wasser von 10 auf 40° erwärmt werden.

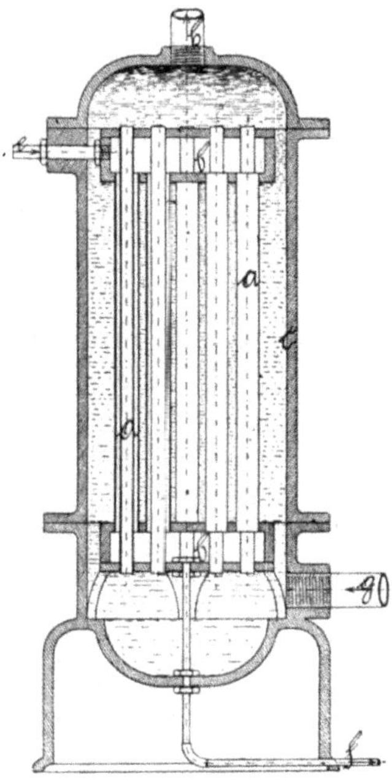

Abb. 186.

Der gegen äußere Wärmeabgabe geschützte schmiedeeiserne Kessel *a*, Abb. 187, enthält statt eines Röhrenbündels eine kupferne Spiralschlange *b*. Der Dampf tritt bei *c* ein, das Kondenswasser bei *d* aus; das Kaltwasser fließt bei *e* oder e_1 zu, das Warmwasser bei *f* ab. Die Leitung e_2 ist als Zirkulationsrücklaufrohr zu denken. Je nach dem Temperaturunterschiede beträgt die Leistung 30000 bis 50000 WE/m² Heizschlange. Dieser Kessel gelangt speziell für die Warmwasserbereitung in Krankenhäusern zur Anwendung. Die Einhaltung einer bestimmten Temperatur erfolgt durch den Regler *r*. Auf diese Regler wird an späterer Stelle näher eingegangen.

Einen stehenden Hochleistungskessel baut Schaffstaedt, Gießen, nach Abb. 188 und in Größen nach Tabelle 40. Der stehende Zylinder erhält je nach Erfordernis ein oder mehrere Heizeinsätze aus [-Röhren. Die Meßinstrumente, Sicherheitsventil, Manometer, Thermometer, Dampfzufuhrregler ordnet man entweder in Augenhöhe an dem Blechmantel oder an einer in unmittelbarer Nähe befindlichen Wand an. Die Heizeinsätze bestehen aus 16/18 mm kupfernen ⊏-Röhren mit gußeisernem Kopfe zu je 1÷10 m² Heizfläche. Ähnlich sind die Ausführungen von Rud. O. Meyer, Hamburg.

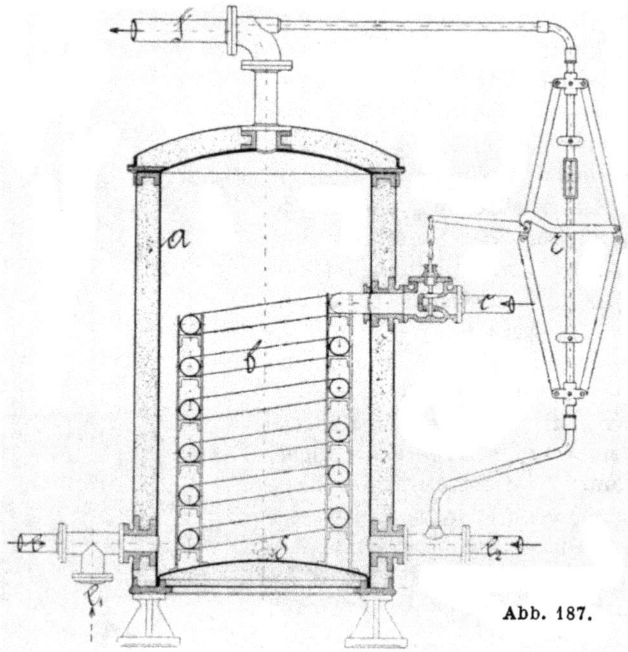

Abb. 187.

Tabelle 40.

Schaffstaedts Hochleistungs-Dampfwarmwasserkessel. (Abb. 188.)

Inhalt	Durchmesser	Höhe	Blechstärken in mm					
			bei 3 Atm. Betriebsdruck			bei 6 Atm. Betriebsdruck		
l	mm	mm	Mantel	oberer Boden	unterer Boden	Mantel	oberer Boden	unterer Boden
3000	1100	3250	7	7	8	8	9	10
4000	1150	3950	7	8	8	8	9	10
5000	1350	3600	7	8	9	9	10	11
6000	1450	3700	8	9	9	9	10	11
7000	1500	4050	8	9	10	10	11	12
8000	1600	4100	8	9	10	10	11	13
9000	1750	3850	8	9	11	11	12	15
10 000	1750	4200	8	9	11	11	12	15
12 500	2000	4100	9	10	12	12	14	18
15 000	2000	4850	9	10	12	12	14	19

Ein den größten Ansprüchen genügender Großwasserraumkessel wird nach Abb. 189 von Reisert, Köln, stehend und mit Röhrengruppen in 36 Größen von 2000÷25000 l Leistung, bezogen auf einen Betriebsdruck bis 4 Atm. und bis 100° Wassertemperatnr, gebaut. Bei Verwendung von Abdampf beziehen sich die Leistungen der Tabelle 41 auf eine Wassertemperatur von 90° mit Abdampf von Auspuff-Dampfmaschinen und auf eine Wassertemperatur von 50° mit Ab-

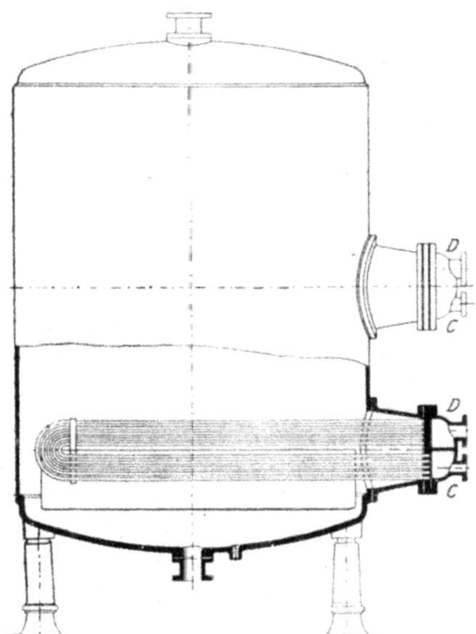

Abb. 188.

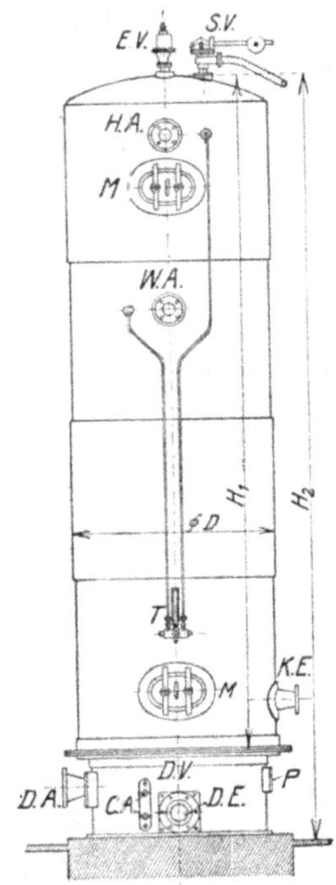

Abb. 189.

dampf von Kondensations-Dampfmaschinen und bei 60÷65 cm Vakuum im Warmwasserbereiter. Mit Doppelheizeinsätzen versehen, kann in demselben gleichzeitig durch Abdampf von Kondensationsmaschinen Warmwasser mit ∾ 50° hergestellt und durch Receiverdampf, Auspuffdampf oder Frischdampf auf 90 bis 100° weiter erhitzt werden. Zu diesem Zwecke besitzt der Kessel im Sockel eine Dampfverteilungsvorrichtung *DV*, in welcher der Dampf bei *DE* eintritt. Der Austritt des Dampfes erfolgt bei *DA*, des Kondensates bei *CA*. Das Kaltwasser strömt bei *KE* ein, um als Warmwasser mit $\sim 50^0$ bei *WA* oder als Heißwasser mit $\sim 90^0$ bei *HA* abgenommen zu werden. Die Feinarmatur bilden das Sicherheitsventil *SV*, das Entlüftungsventil *EV* und die Thermometereinrichtung *T* in Augenhöhe; zur Grobarmatur gehören 2 Mannlöcher *M* und ein Putzloch *P*. Der Kessel ist in allen Teilen vernietet, welche Herstellungsart bei solch großen Konstruktionen stets der Schweißung vorzuziehen ist. Dieser Kessel ist besonders geeignet für alle industriellen Betriebe mit großem Bedarf an heißem Wasser, gleichviel ob die Wasserentnahme gleichförmig oder unregelmäßig und bedeutenden Schwankungen unterworfen ist. In der Tabelle 41 sind nur die Leistungen und Abmessungen der 14 größten Modelle aufgenommen.

Tabelle 41.

Großwasserraum-Gegenstromkessel von Reisert, Köln. (Abb. 189.)

Größe	Außenmantel		Ganze Höhe H_1	Wasserinhalt	Heizfläche	l. Anschlußweite		Stdl. Heißwassermenge
	Durchmesser D	Seitenhöhe H				Dampf	Wasser	
	mm	mm	mm	l	m²	mm	mm	l
7 a	2000	4900	5800	14 000	50,00	200 bis 225	150	10 000
b	2000	5500	6500	16 000	55,00		150	11 000
c	2000	6200	7200	18 000	62,50		150	12 500
d	2000	7000	8000	20 000	71,25		150	14 250
8 a	2200	4900	5900	17 000	60,00	225 bis 250	150	12 000
b	2200	5500	6500	19 000	67,50		150	13 500
c	2200	6100	7100	21 000	75,00		150	15 000
d	2200	6700	7700	23 000	82,50		150	16 500
e	2200	7300	8300	25 000	90,00		150	18 000
9 a	2500	5800	6800	26 000	90,00	250 bis 300	150 bis 175	18 000
b	2500	6300	7300	28 000	97,00			19 500
c	2500	6800	7800	30 000	105,00			21 000
d	2500	7400	8400	32 500	114,00			23 000
e	2500	8000	9000	35 000	124,00			25 000

Die Gegenstromapparate mit kleinem Wasserraume.

Die Gegenstromheizkörper lassen sich als Klein- oder Augenblickserwärmer und als Gegenstromapparate für mittlere und große Leistungen unterscheiden. Die Zahl der Ausführungen ist eine sehr große, die Bauart in der Grundkonstruktion wenig veränderlich; kleine Sonderheiten geben mancher Ausführung gewisse Bedeutung. Benutzt werden ausschließlich Bündel aus geraden oder ⊏-förmig gebogenen, glatten oder profilierten Röhren. Das zu erwärmende Wasser kann durch die Röhren oder um sie herum strömen. Die Ausführung, bei welcher der Dampf durch die Röhren geht, hat den Vorteil, daß letztere innen reiner bleiben, dafür aber auch den Nachteil, daß infolge der geringeren Wassergeschwindigkeit die Röhren von außen her durch das Wasser stärker angegriffen werden. In diesem Falle soll nämlich der Wasserraum, abgesehen von den Augenblickserwärmern, eigentlich so groß bemessen sein, daß das Wasser 10÷15 min im Vorwärmer verbleibt, eine Zeit, die man jetzt aber häufig weit kürzer bemißt. Bei Dampf als Heizmittel hat außerdem der gesamte lichte Querschnitt der Röhren das 1,5 bis 2,0 fache des lichten Querschnittes der Abdampfleitung zu betragen. Geht dagegen das Wasser durch die Röhren, so wird man sich, um nicht zu große und teure Apparate zu erhalten, damit begnügen müssen, das Wasser nur während der halben oder nach kürzerer Zeit in den Röhren zu lassen, dafür aber die gesamte Rohroberfläche, die Heizfläche, mindestens doppelt so groß wie bei der anderen Strömungsart nehmen müssen. Praktisch wählt man aber auf Grund höherer Beanspruchung den Fassungsraum des Röhrenbündels meist erheblich kleiner. Eine richtige Bemessung des letzteren ist zur Erreichung einer sicheren Betriebsdurchführung unerläßlich, ganz gleich, in welcher Weise die Stromwege vorgesehen werden. Im allgemeinen wird dem System mit Heizmittel durch die Röhren und Wasser um die Röhren jetzt der Vorzug gegeben. Bei harten Wässern ist aber möglichst das Wasser durch die Rohrbündel zu leiten.

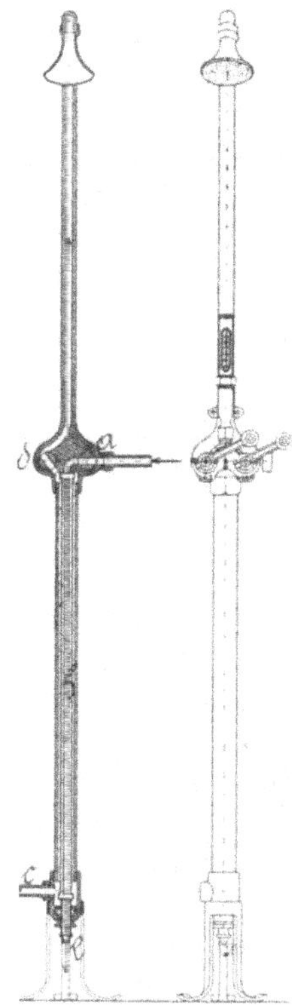

Abb. 190.

Bei dem Augenblicks-Gegenstromapparat von Schaffstaedt, Gießen (Abb. 190), tritt der Dampf durch das Ventil *a* in die aus einem oder mehreren zu einem Bündel vereinigten, spiralartig gewundenen Heizröhren *b*. Das Wasser strömt unten bei *c* ein und erwärmt sich aufsteigend, um durch das Ventil *d* nach der Zapfstelle, im vorliegenden Falle nach einer Brause, zu gelangen. Das Kondenswasser tritt bei *e* aus. Die Apparate werden unter Berücksichtigung des vorhandenen Dampf- und Wasserdruckes auf die gewünschte Temperatur, für Badezwecke für 35°, eingestellt. Nach Umlegen der beiden Hebel strömt das

Abb. 191.

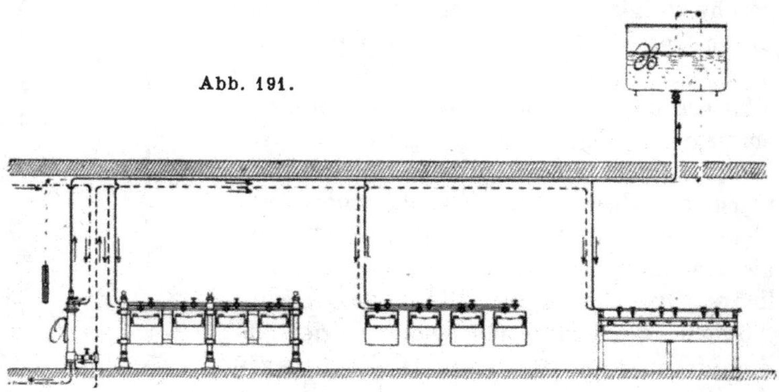

Wasser ununterbrochen und gleichmäßig erwärmt aus. Eine Verringerung der Temperatur ist durch einfaches Zurückdrehen des Dampfhebels *a* leicht zu erzielen, eine Temperaturerhöhung wegen der Anordnung der Hebel *a* und *d* ausgeschlossen. Die stündliche Leistung beträgt 750 l bei ½″ Dampfrohr und ¾″ Wasserrohranschluß. Der Apparat ist überall da zu verwenden, wo Dampf von mindestens 0,5 Atm. Überdruck zur Verfügung steht. Größere Modelle gestatten natürlich ohne weiteres entsprechend höheren Leistungen das Anhängen mehrerer Zapfstellen. — Eine mit gleich konstruierten, aber stärkerem Apparat *A* erreichte Warmwassererzeugung eines Waschraumes nach Abb. 191 ist noch mit einem Ausgleichbehälter *B* ausgerüstet. Die größeren Ausführungen dieser Gattung werden aber nicht mehr mit zwangsläufigen Regulierhebeln, sondern mit ger trennten, über- oder nebeneinander liegenden Dampf- und Wasserventilen am Kopf ausgerüstet, weil sich auf diese Weise defür den niedrig gespannten Dampf nötige freie Querschnitt besser erreichen läßt. Das Verhältnis des Dampf- und Wasserquerschnittes muß nämlich so bemessen sein, daß das Wasser die richtige Temperatur erhält.

Die Leistungen und Abmessungen der Gegenstromapparate mit Bündeln aus geraden Röhren sind aus Tabelle 42 zu entnehmen. Die Leistung bezieht sich dabei auf einen Dampfdruck von 3÷5 Atm. und auf eine Wassererwärmung um 25° für Badezwecke und um 50° für sonstige Zwecke. Mit der Größe der Apparate steigt auch die Röhrenzahl, also die Heizfläche des Bündels.

Die Gegenstrom-Anwärmer für mittlere und große Leistungen besitzen in Guß- oder Blechzylindern entweder ein Bündel gerader glatter wie auch profilierter Röhren oder ein Bündel ⊏-Röhren, diese meist wagerecht liegend. Diese Vorwärmer bilden die gebräuchlichste und verbreitetste Bauart. Wegen günstigerer Wärmetransmission sind die dünnwandigen Messing- und Kupferröhren vorzuziehen, jedoch finden diese aus Billigkeitsgründen häufigen Ersatz in den nahtlos gezogenen Stahlröhren. Schammer, Berlin, hat 1913 zum ersten Male Röhren, aus einer Aluminiumlegierung hergestellt, verwendet. Versuche zeigten, daß 16 mm Rohre i. L. von 1 mm Wandstärke bei 100° auf 175 Atm. gedrückt tadellos hielten und nicht die geringste Veränderung zeigten. Das Röhrenbündel ist wegen Reinigens stets ausziehbar vorzusehen. Bei leicht schlammigem Wasser und stehender Bauart ist die untere Haube spitz trichterförmig, mit Ablaß an der Trichterspitze, auszubilden, sobald das Wasser durch die Röhren zieht. Die stehende Anordnung ist wegen besserer Heizflächenausnutzung der liegenden vorzuziehen, welch letztere nur durch örtliche Verhältnisse begründet ist. Für eine Ausdehnungsmöglichkeit der Röhren muß Sorge getragen werden.

Bei dem Anwärmer mit geraden, glatten Röhren nach Abb. 192 umspült der Dampf, bei *h* eintretend, das Röhrenbündel *a*, während das zu erwärmende Wasser durch die nahtlos gezogenen, dünnwandigen Messingröhren von *f* nach *g* zieht, das Kondensat tritt bei *i* aus. Die Röhren sind in der oberen geflanschten Platte *c* und im Boden der an einer Stopfbuchse *e* beweglichen Eisenmanschette *d* eingewalzt. — Beim Anwärmer

(Abb. 193) von Schaffstaedt strömt das Wasser von *f* nach *g*, der Dampf von *h* nach *i* durch die Röhren. Die Ausdehnung des Bündels *a* erfolgt in gleicher Weise mit kolbenartiger Ausbildung der Platte *d*. — In dem Anwärmer von Mattick, Dresden, erfolgt die Ausdehnung des Röhrenbündels nur durch den eingeschliffenen unteren Teller unter gänzlicher Umgehung der

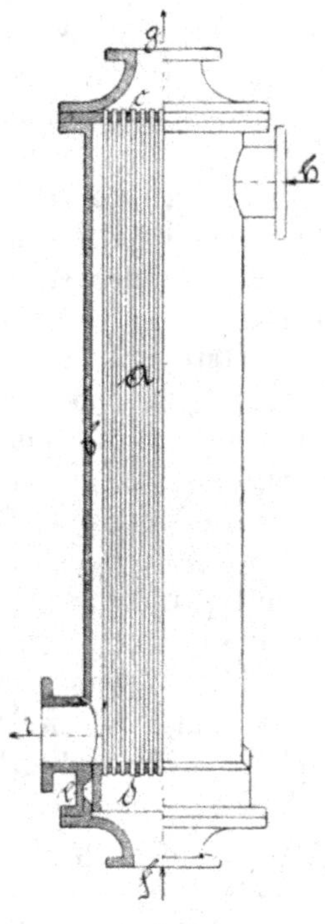

Abb. 192.

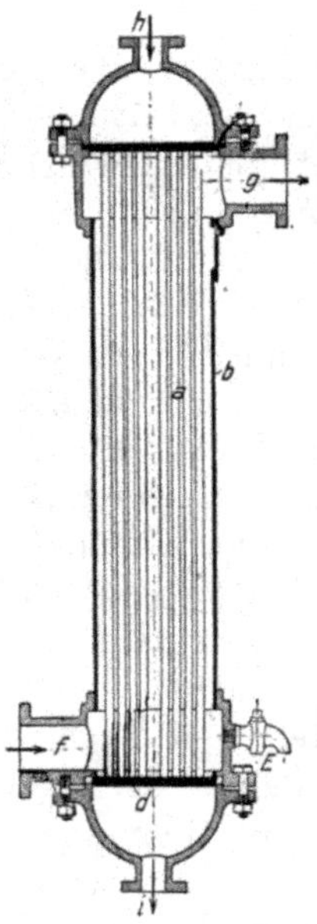

Abb. 193.

Stopfbuchsen, welche ja den unteren Kolbenteller durch zu festes und ungleichmäßiges Anziehen der Schrauben leicht festbremsen. Eine vollkommene Abdichtung ist dann aber nicht unbedingt gesichert. Das Hoffmannswerk, Leuben, vermeidet sowohl Stopfbuchsen wie gleitende Rohrböden; die Röhren sind im oberen Rohrboden fest eingewalzt und im unteren durch Kupferringe abgedichtet. Solche vielen Abdichtungsstellen können aber leicht zum Lecken und lästigen, zeitraubenden Ausbesserungen Anlaß geben.

Tabelle 42. **Leistungen der Schaffstaedt-Gegenstromapparate.**

Stündl. Leistung in l bei Erwärmung von 10°		Zahl der anzuhängenden		Anschluß-Rohrdurchmesser in mm			Gewicht in kg	Art und Spannung des Dampfes
auf 35°	auf 70°	Brausen	Wannen	Wasser	Dampf	Kondensat		
700	—	1	—	13	13		10	Hochdruck-Dampf 3 ÷ 5 Atm. Überdruck
2 400	—	—	1	20	13		15	
2 400	—	1	1	20	13		17	
840	350	2	—	20	13		12	
1 260	525	3	—	20	13		15	
1 680	700	4	—	25	20		18	
2 520	1 050	6	—	30	20		24	
3 340	1 390	8	—	40	25		35	
4 200	1 750	10	—	40	25		46	
5 040	2 100	12	—	50	25		52	
8 400	3 500	20	—	50	40		80	
10 000	4 100			50	40		130	
12 000	5 000			65	40		175	
18 000	7 500			65	40		210	
24 000	10 000			80	50		325	
30 000	12 300			90	65		400	
40 000	16 400			100	80		600	
540	170			13	25	20	10	Niederdruck-Dampf 0,1 Atm Überdruck.
1 000	320			20	32	20	14	
1 680	540			25	40	20	35	
2 800	900			32	50	25	40	
4 000	1 280			40	65	25	156	
5 500	1 800			50	80	30	280	
7 200	2 340			65	90	30	340	
10 000	3 150			75	100	30	390	

Wie man sieht, spielt die Ausdehnungsvorrichtung eine bedeutsame Rolle bei diesen Apparaten und beeinflußt Herstellung und Wartung nicht unerheblich. Um diesen Verhältnissen Rechnung zu tragen, benutzte Schaffstaedt schon seit längerem für seine kleinsten Modelle Spiralröhren und nicht zum Schaden der Heizflächengröße und des Effektes. Schammer und andere suchen den Druckunterschied durch schwach gebogene Röhren aufzuheben, wodurch diesen eine Federung und Elastizität gegeben wird. Dieser Übelstand wie auch die Bestrebungen, auf möglichst kleinem Raume möglichst große Heizfläche unterzubringen und den Wärmeaustausch zwischen Heizmittel und

Wasser möglichst wirksam zu gestalten, führten dann schließlich zu den neuesten Bauarten der Gegenstromwärmer mit Profilröhren. Infolge der hohen Elastizität der Röhren werden alle durch Druck und Wärme hervorgerufenen Spannungen in stetige, wenn auch sehr geringe, Bewegung der Röhrenoberflächen umgewandelt. Sobald sich an der Rohrwandung eine Kesselsteinschicht zu bilden beginnt, kann der spröde Niederschlagbelag diesen Bewegungen nicht mitfolgen, wird rissig und splittert ab. Infolgedessen bleibt die Heizwirkung des Apparates, der sich dadurch gerade für harte Wässer gut eignet, eine fortdauernd gleichbleibende.

Reisert, Köln, benutzt zu diesem Zwecke die Rowschen Formröhren. Diese, aus Kupfer oder Eisen, erhalten in regelmäßigen Abständen, abwechselnd um 90° versetzt, maschinell hergestellte hohlkugelförmige Eindrückungen, so daß sie die aus Abb. 194 ersichtliche Form bekommen. Da aber solche Herstellung sicherlich größere Wandstärken der Röhren erforderlich macht, so werden obige Bestrebungen nicht ganz erreicht. Der Apparat, der in 20 Größen hergestellt wird (Tabelle 43), ist vorzugsweise für Abdampf bestimmt. Die Abb. 194 zeigt am Kopf des Erwärmers einen kleinen Windkessel mit Sicherheitsventil, der sich bei hohem Wasserdruck am Warmwasseraustritt anzubringen empfiehlt.

Tabelle 43.

Reisert-Gegenstromapparat mit Row-Formröhren.

Nr.	Stdl. Warmwassermenge in l	Erforderliche Abdampfmenge in kg/h bei:		Günstigste erreichbare Temperatur	Lichte Rohranschlußweite in mm		Außenmantelmaße in mm		Ganze Apparatehöhe in mm
		Auspuff	Kondensation		Abdampf	Wasser	Durchmesser	Seitenhöhe	
1	300	48	—	bei Auspuff: 90÷95° bei Kondensation: 50÷60°*)	50	26	175	900	1 250
2	450	72	—		50	26	190	1 000	1 400
3	600	96	48		60	32	215	1 200	1 600
4	900	144	72		60	32	215	1 400	1 800
5	1 200	192	96		70	40	265	1 500	2 000
10	3 750	600	300		125	60	550	1 600	2 100
15	9 000	1 440	720		175	80	715	1 900	2 600
20	18 000	2 880	1 440		250	100	920	2 000	2 850

*) Bei 60÷65 cm Vakuummeterstand.

Eine weitere neueste Erscheinung nach Abb. 195 ist der Unigen-Apparat von R. Doerfel, Dresden. Die nahtlosen Siederohre sind an beiden Seiten mittels eines Dornes aufgetrieben, in vier oder sechseckige Form gebracht und am Umfange untereinander und mit einem äußeren Mantel zusammengeschweißt.

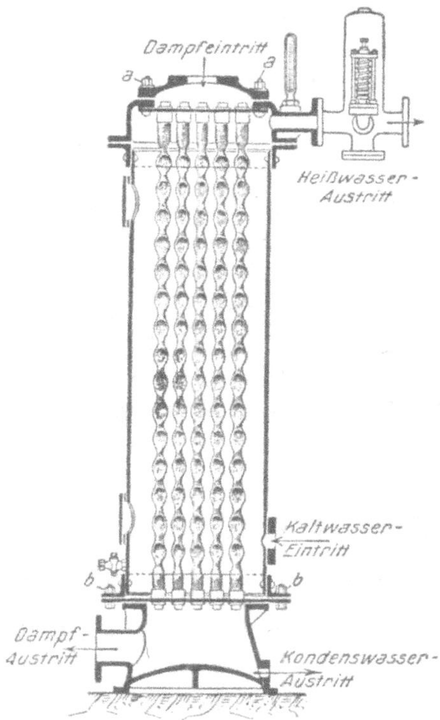

Abb. 194.

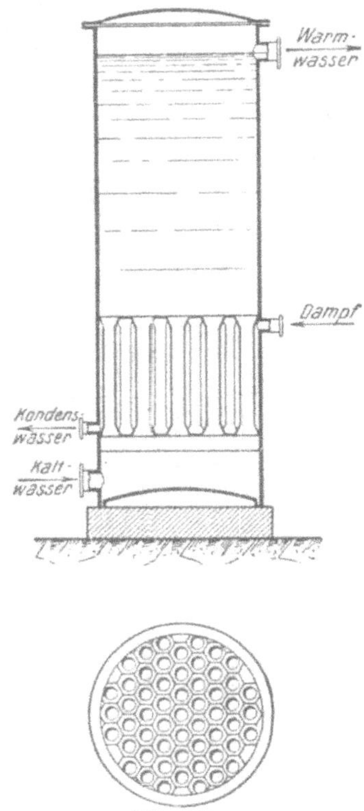

Abb. 195.

Das zu erwärmende Wasser fließt durch die Röhren, das Heizmittel umspült dieselben. Ohne Zweifel ist der Fortfall der Rohrböden mit deren Abdichtungen von Bedeutung und ein Vorzug der Konstruktion. Ein weiterer Vorteil liegt darin, daß sich in ein und demselben Zylinder eine größere Zahl Sechskant-Prismenröhren als Zylinderröhren unterbringen lassen, also eine größere Heizfläche; oder umgekehrt bei gegebener Heizfläche kommt man mit weit kürzeren Prismenröhren aus. Wieweit alle diese Vorteile durch die besondere Herstellung aufgewogen werden, muß dahingestellt bleiben. Vorläufig werden diese Apparate nicht als Massenware in bestimmten Modellen, sondern einzeln von Fall zu Fall hergestellt.

Um eine freiere, sichere Ausdehnung des Röhrenbündels, eine sehr große Heizfläche in kleinem Raume und hohen Heizeffekt zu erhalten, baut man unter Umgehung von Stopfbüchsen und sonstigen Abdichtungen für größte Leistungen die wagrechten Hochleistungsapparate mit ⊏-Röhren nach Abb. 196. Die

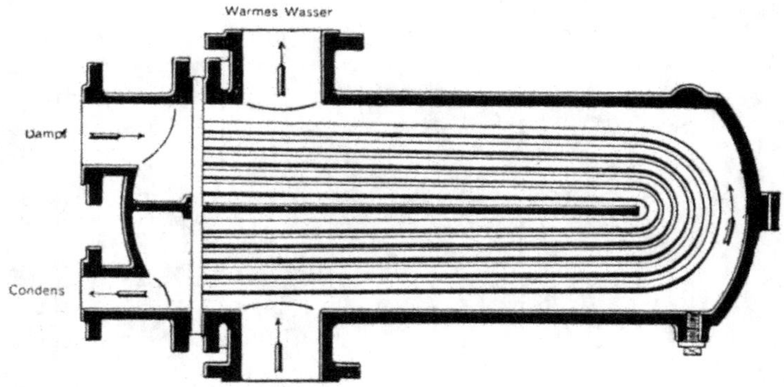

Abb. 196.

Enden der Kupferröhren werden in ein und dieselbe schmiedeeiserne Stirnplatte fest eingewalzt. Die Konstruktion ist in ihrer Herstellung zwar teuer, aber wertvoll. Bei diesen Großapparaten ist deren Ausstattung mit einem automatisch arbeitenden Wärmeregler zur Notwendigkeit geworden. Ebenso wird man sie gegen Wärmeverluste gut zu schützen haben. An Stelle der teuren nahtlos gezogenen Kupferröhren benutzt man jetzt auch Mannesmann-Stahlröhren, wodurch allerdings die Leistung um ∾15% herabgedrückt wird.

Es sind von der in Tabelle 44 angegebenen stündlichen Wassermenge in Liter in Anrechnung zu bringen:

65% bei Verwendung von Abdampf,
∾55% bei Wassererwärmung von 10 auf 50°,
∾30% » » » 10 » 70°.

Tabelle 44.

Leistungen der Gegenstromapparate mit kupfernen C-Röhren.

	Ganze Baulänge	Äußerer Mantel-durchm.	Gewicht	Rohranschluß, l. W. in mm			Heizfläche	Stündliche Höchstleistung bei Wassererwärmung von 10 auf 35° in Liter							
								bei Niederdruckdampf von					bei Hochdruckdampf von		
	mm	mm	kg	Dampf	Kon-densat	Wasser	m²	0,1	0,2	0,3	0,4	0,5 Atm.	1	2	3 Atm.
0	675	130	55	25	20	40	0,41	1 800	2 050	2 300	2 350	2 400	2 750	3 100	3 450
1	670	200	85	40	25	60	0,94	3 650	4 200	4 800	4 850	4 900	5 600	6 300	7 000
2	900	200	105	50	25	70	1,34	5 600	6 300	7 000	7 100	7 200	8 100	8 600	0 100
3	890	225	125	63	32	80	1,52	6 200	7 000	7 700	7 800	7 900	8 750	9 950	11 200
4	1010	225	140	63	32	80	1,82	7 700	8 500	9 800	9 900	10 000	11 000	12 150	13 300
5	950	275	160	63	40	80	2,23	9 500	10 200	12 600	12 750	12 900	14 000	15 400	16 800
6	950	275	175	76	40	90	2,74	11 500	12 600	14 000	14 250	14 500	16 800	18 500	20 300
7	1050	275	185	76	40	90	3,16	12 600	14 700	15 750	16 300	16 800	19 600	21 000	22 400
8	1025	300	210	90	51	100	3,62	14 500	17 000	19 600	20 100	20 600	22 400	26 000	29 500
9	1070	300	230	90	51	100	4,22	16 400	19 300	21 750	22 000	22 300	24 500	28 000	31 500
10	1165	300	260	100	51	125	4,67	18 200	21 000	24 800	25 150	25 500	27 300	30 800	34 300
11	1010	350	290	100	51	125	5,12	20 300	23 000	26 000	26 650	27 300	30 800	34 300	37 800
12	1030	350	320	100	51	125	5,55	22 000	25 500	28 750	29 500	30 100	35 000	37 800	40 600
13	1210	350	350	120	51	150	6,78	26 600	30 800	35 000	35 750	36 500	42 000	47 000	51 800
14	1130	400	385	120	63	150	8,51	33 600	38 500	43 400	45 100	46 850	54 600	58 800	63 000
15	1250	400	440	130	63	175	9,62	37 800	42 000	49 750	51 500	53 200	61 600	65 800	70 000
16	1380	400	475	130	63	175	10,80	43 500	49 000	53 200	55 350	57 500	68 500	74 100	79 800
17	1360	430	525	150	76	200	12,10	48 300	54 600	61 500	63 900	65 800	77 000	83 300	89 600
18	1480	430	575	150	76	200	13,53	54 600	62 500	70 000	72 250	74 500	84 000	94 500	105 000

Ferner stellen sich alle diese Leistungen um 15% geringer bei Verwendung von Stahlröhren. Diese Angaben beziehen sich auf den Beharrungszustand. Während der Anheizdauer können die Leistungen wesentlich höher vorausgesetzt werden.

Eine besonders große Bedeutung haben alle Gegenstromapparate durch die Ausnutzung von Abdampf der Maschinen gerade in dieser Zeit des Strebens nach Brennstoffersparnis und Abwärmeverwertung erlangt. Maßgebend für die Verwendung von Abdampf ist natürlich die Höhe der erforderlichen Gebrauchswassertemperatur. Die günstigsten Verhältnisse ergeben sich für Auspuffdampf, der eine Erwärmung bis zu $\sim 80^0$ zuläßt; andernfalls muß Frischdampf zugesetzt werden. In letzterem Falle ist es ratsam, den Gegenstromapparat nicht direkt in die Abdampfleitung *h* (Abb. 197) einzubauen, sondern diesen nach Abb. 197 parallel zu schalten, um durch Drosselklappen V_1 und V_2 oder Wechselventil den Apparat beliebig in und außer Betrieb setzen und die Leistung einregeln zu können. Genügt die Abdampfmenge nicht, so ist der zuzusetzende Frischdampf durch eine Düse *ü* hinter dem Frischdampfventil V_3 einzuführen, damit ein Gegendruck auf die Maschine vermieden wird. Der Abdampf geht entweder durch h_1 in die Auspuffleitung oder durch h_2 in den Anwärmer *G*; das Kondensat fließt durch *i* ab.

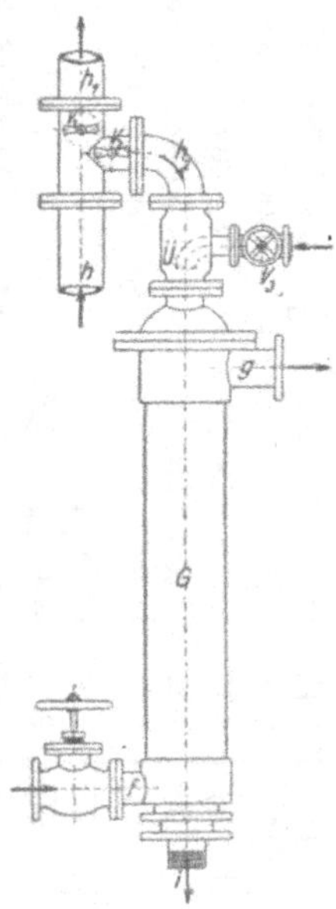
Abb. 197.

Bei Kondensationsmaschinen kann mit Sicherheit gerechnet werden, daß 1 kg Abdampf 10÷13 l Wasser auf 40÷50° erwärmt. Eine Anordnung eines Schaffstaedt-Anwärmers für Vakuumdampf in die Maschine zeigt Abb. 198, in welcher *A* den Dampfeintritt, *B* den Kondensataustritt, *C* den Kaltwassereintritt, *D* den Warmwasseraustritt und *E* die Entleerung angeben. Die Ausführung ist u. a. zum Anwärmen reinen Anschwänzwassers in Brauereien vorgesehen. Bei Dampfmaschinen mit Kondensation, wie man sie in größeren Brauereibetriebe vorfindet, ist selbst bei größeren Heizflächenabmessungen des

Anwärmers die Wassertemperatur auf höchstens 50° zu bringen. Verlangt werden aber zum Anschwänzen 80÷90°. Es ist daher bei Kondensationsabdampf ein Nachwärmen von 50÷80° erforderlich. Das mittels Vakuumdampf auf 50° gebrachte Wasser kann dabei am besten nach Abb. 199 in einer der Abdampfmenge entsprechenden höchsten Literzahl in einem Behälter (in Abb. 199 »Warmwasser«) aufgespeichert und dann die zum jedesmaligen Anschwänzen benötigte hochtemperierte Wasser-

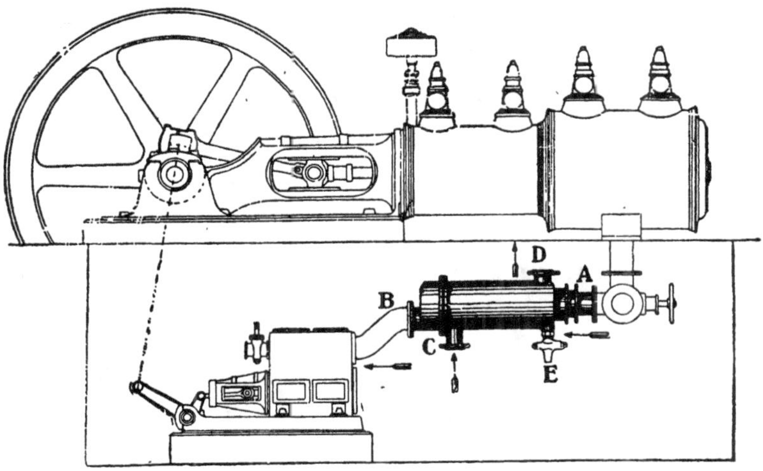

Abb. 198.

menge mit Hilfe eines kurz vor dem Einmaischbottich eingebauten Frischdampf-Anwärmers auf 80 bis 90° nachgewärmt werden. Auf diese Weise wird eine nicht unwesentliche Menge von Frischdampf erspart. Das übrige Wasser im Warmwasserspeicher dient zum Flaschen-, Fässerspülen, wofür die niedrigere Temperatur genügt.

Da diese Art der Wassererwärmung gerade für Brauereien beachtenswerte Bedeutung erlangt hat, mag nachstehende Berechnung unter Zugrundelegung von Schaffstaedt-Apparaten mit den Leistungen der Tabelle 45 von Wert sein.

Je nach dem Einmaisch- und Ausschlagquantum benötigt man für 1 Ztr. Malz 2,0÷2,5 hl Anschwänzwasser. Schwänzt man nach alter Gewohnheit dreimal an und nimmt jedesmal ∾ 1/3 des Anschwänzwassers, so sind für 1 Ztr. Malz $\frac{2 \div 2{,}5}{3} = 0{,}65$ bis 0,85 hl Wasser für einmaliges Anschwänzen erforderlich. Soll ein Anschwänzen nicht länger dauern als 10 min, so muß der Anwärmeapparat minutlich $\frac{(0{,}65 \div 0{,}85) \cdot 100}{10} = 6{,}5 \div 8{,}5$ l, das

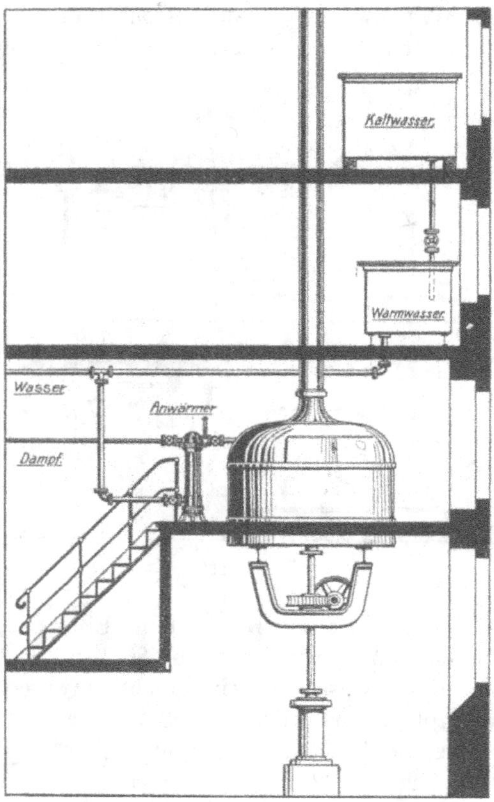

Abb. 199.

heißt stündlich: 60 (6,5÷8,5) = 400÷500 l = 4÷5 hl für 1 Ztr. Malz leisten. Wird nach der neueren Methode ununterbrochen angeschwänzt, so hat man für 2,0÷2,5 hl Wasser/Ztr. etwa 1 h Zeit, d. h. der Apparat muß dann für 1 Ztr. Malz 2÷2,5 hl Wasser leisten. Unter normalen Friedensverhältnissen kann man die einmalige Einmaischmenge in einer mittleren Brauerei mit 50 Ztr. annehmen. Es sind dann also 50 (2÷2,5) = 100÷150 hl Wasser stündlich auf 80° zu erwärmen. Besitzt das Wasser 8° Anfangstemperatur, so ist zur Deckung solcher Leistung mittels Frischdampfes oder Receiverdampfes nach Tabelle 45 eine Anwärmer Nr. 6 einzubauen. Tritt das Wasser schon einmal vorgewärmt zum Gegenstromapparat des Bottichs, so erhöht die höhere Speisewassertemperatur auch die Leistung des Apparates.

Tabelle 45.

Leistungen der Wasseranwärmer bei Frischdampf und Abdampf.

Nr.	Ausführung	Stdl. Leistung bei Wassererwärmung von 8° auf 65° in		Rohranschluß, l. W. in mm		Gewicht
		hl	l	Wasser	Dampf	kg
Abdampf von Auspuffmaschinen.						
1	nach Abb. 197	15	1 500	50	50	80
2		20	2 000	65	65	95
3		30	3 000	65	70	105
4		40	4 000	80	100	160
5		50	5 000	90	100	180
6		60	6 000	100	125	225
7		80	8 000	100	125	260
8		100	10 000	125	160	320
Frischdampf oder Abdampf von Kondensationsmaschinen.						
1	nach Abb. 198	30	3 000	50	20	65
2		40	4 000	50	30	86
3		60	6 000	50	30	155
4		80	8 000	60	40	340
5		100	10 000	65	40	420
6		150	15 000	80	50	590
7		180	18 000	80	65	840

Die Nachwärmung kann auch mittels des Ausstoßdampfes einer zweiten Maschine, einer Pumpe od. dgl., vorgenommen werden, wenn der Abdampf oder Zwischendampf einer Kondensationsmaschine das Wasser nur bis auf ∾ 50° hat erwärmen können.

Gemäß der Abb. 200÷202 können Anbringung und Anordnung der Gegenstromapparate sehr mannigfach sein. Als einzelne oder Zwillingsapparate können sie senkrecht wie wagrecht ein-

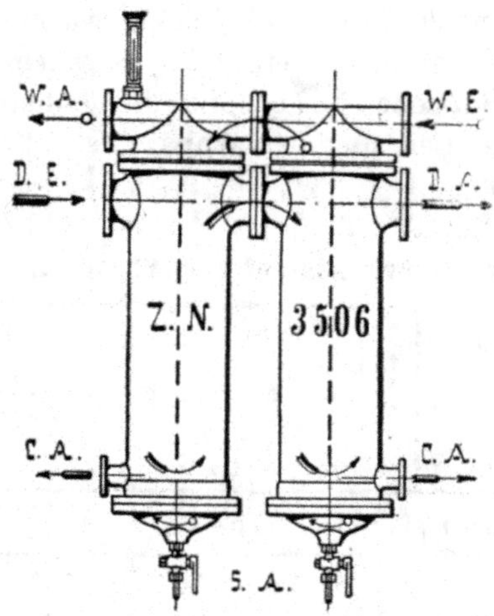

Abb. 200.

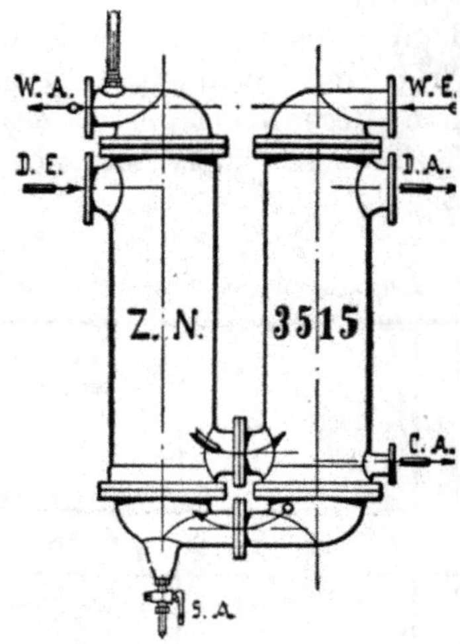

Abb. 201.

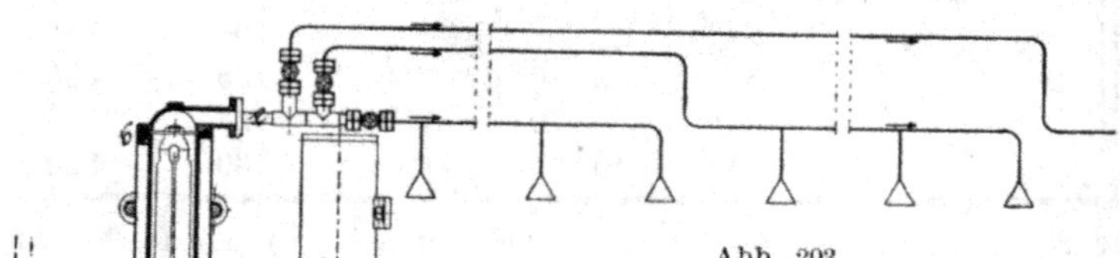

Abb. 203.

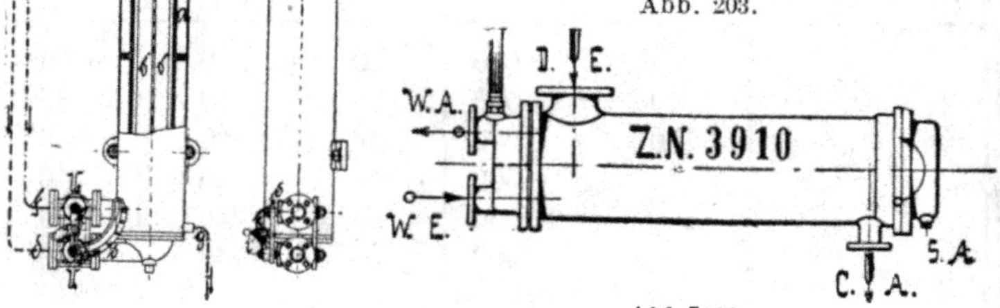

Abb. 202.

gebaut werden, je nachdem die Gesamtanlage und Örtlichkeit es wünschenswert erscheinen lassen. In den Abbildungen 200 bis 202 nach Ausführungen von M a t t i c k, Pulsnitz i. Sa., bedeuten *DE* = Dampfeintritt, *DA* = Dampfaustritt, *CA* = Kondensataustritt, WE = Wassereintritt, WA = Warmwasseraustritt, SA = Schlammablaß.

Schließlich sei noch der zwar nicht streng im Gegenstromprinzip durchgeführte Sicherheits-Wasseranwärmer von Gebr. Poensgen, A.-G., Düsseldorf-Rath, angeführt. Der Apparat (Abb. 203) besteht aus dem schmiede- oder gußeisernen Rohre a, das durch den Mantel gegen Wärmeabgabe geschützt ist. In a befindet sich ein System Messingröhren b, welches oben und unten mit an b angeschlossenen Kopfstücken derart verbunden ist, daß das aus d in das untere Kopfstück einströmende Kaltwasser das Röhrensystem b durchfließt und durch das obere Kopfstück

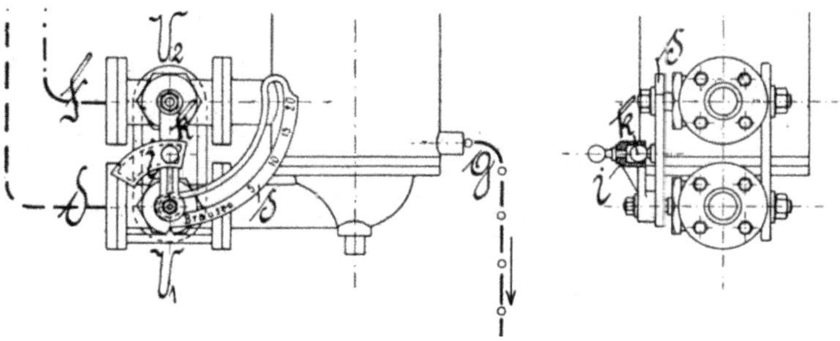

Abb. 204.

als warmes Wasser durch e abfließt. Das ausziehbare Röhrensystem ist in der den Zylinderraum a von den beiden Kopfstücken trennenden Metallplatte so angeordnet, daß es sich frei ausdehnen kann. Der Dampf tritt bei f in a ein, das Kondenswasser bei g aus, die Entlüftung erfolgt bei h. Die wesentlichste Eigenart liegt in der Kupplung des Kaltwasserventiles v_1 und des Dampfventiles v_2 (Abb. 204). Um ein Voröffnen des Dampfhahnes vor dem Wasserhahne zu vermeiden, ist der Griff i von v_1 mit einem ⊏-förmigen Segmente versehen, das den Dampfventilhebel k erst freigibt, wenn der Kaltwasserzufluß geöffnet ist.

Gemäß der Abbildung kann der Apparat für eine veränderliche Anzahl von Zapfstellen mit Einhaltung der bestimmten Höchsttemperaturen gebraucht werden. Dem jeweiligen Bedürfnisse entsprechend, werden die Leitungen in Gruppen geteilt, etwa mit je 5 Brausen. Die Leitungen erhalten jede für sich einen Absperrhahn. Auf dem Segmente *s* ist eine Skala, die angibt, wie weit der Dampfventilhebel geöffnet werden muß um die gewünschte Brausenzahl (5, 10, 15 oder 20 usw.) mit Wasser von der festgesetzten Höchsttemperatur zu speisen.

b) Die Strahlgebläse.

Man unterscheidet zwischen offenen und geschlossenen Strahlgebläsen. Die letzteren, welche schon in das Gebiet der Mischapparate (siehe diese VEc) hinüberreichen, können den

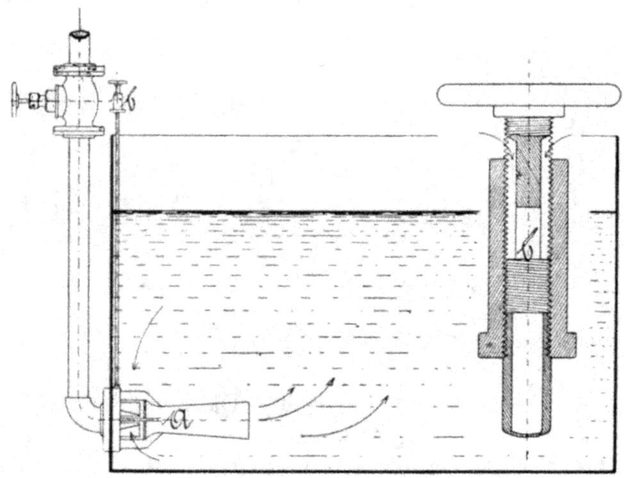

Abb. 205.

offenen Gebläsen bezüglich der Bauart vollkommen gleichen (Abb. 207), die Strahldüsen sind nur von einem geschlossenen Mantel ganz umgeben, so daß die Wassererwärmung durch Vermischen des Wassers mit dem Heizmittel Dampf oder Heizwasser unmittelbar an den Düsen, also im Gebläsemantel vor sich geht. Bei den offenen Gebläsen wird dagegen der Heizdampf injektorartig in die ganze Wassermasse eines Behälters eingepreßt, auf diese Weise jene erwärmend.

Die geschlossenen Strahlgebläse mit ihrer starken saugenden Wirkung lassen sich überall zum Vermischen verschiedener Flüssigkeiten verwenden, so auch von Frischdampf und Abdampf.

Sie dienen an vielen Stellen nur als Geschwindigkeitsausgleicher, indem sie der trägeren Flüssigkeit auf Grund ihrer Saugwirkung eine bestimmte Geschwindigkeit erteilen. Auf diese Benutzungsart ist oben verschiedentlich, z. B. bei Besprechung der Heizmittel (Ölfeuerung, Abdampf) hingewiesen.

Je nach der Leistung benutzt man eine oder mehrere Düsen, die auswechselbar eingesetzt werden. Das Material ist Gußeisen oder Rotguß.

Der allgemeine Vorgang in der Wassererwärmung durch die Gebläse ist der, daß der Dampf das Wasser durch seine Kon-

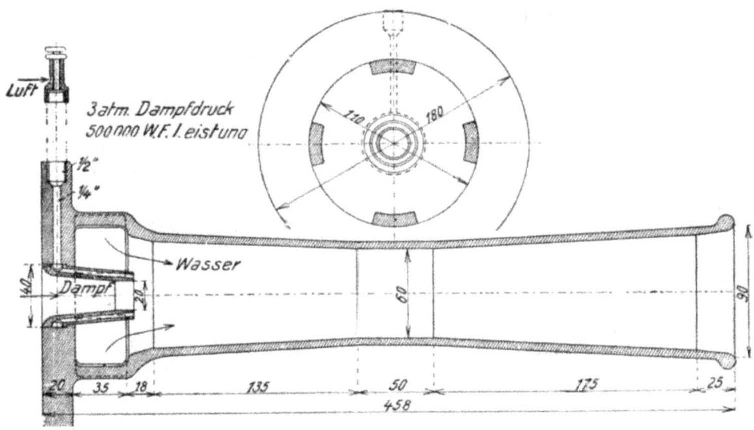

Abb. 206.

densation erwärmt. Infolge ungleichmäßiger Kondensation entsteht jedoch ein laut knatterndes, lästiges Geräusch, weshalb die Apparate für Haushaltungszwecke keine Verwendung finden dürften. In neuerer Zeit sind die Apparate allerdings besonders nach diesem Gesichtspunkte hin dadurch wesentlich verbessert worden, daß der einströmende Dampfstrahl infolge einer lamellenförmigen Düsenanordnung (Abb. 207) sofort mit immer neuen Wasserteilen in innigste Berührung tritt, wodurch eine gleichmäßigere Kondensation und ein geräuschloserer Betrieb erreicht wird. Je höher die Anfangstemperatur des zu erwärmenden Wassers ist, um so geringer ist das Geräusch, daher ist eine Erwärmung von Wasser mit sehr niedriger Anfangstemperatur mit Hilfe dieser Gebläse für gewöhnlich nicht zu empfehlen.

Zur Beseitigung des letzten Restes lauten Geräusches, das namentlich bei Erwärmung auf hohe Temperaturen, bis an den Siedepunkt heran, noch hörbar wird, führt Körting in seinem Apparat dem Dampfstrahle eine kleine Menge atmosphärischer Luft durch eine regelbare Luftschraube *b* (Abb. 205, 206) zu. Der Apparat selbst besitzt dafür nur eine einzige Düse, was seine Einfachheit und Billigkeit vorteilhaft erhöht. Der Apparat von Dreyer, Rosenkranz & Droop, Abb. 207, enthält dagegen bis 5 Düsen, die lamellenartig hintereinander geschaltet sind. Der eine Wasserstrahl wird dadurch in entsprechend viele kleinere Teilstrahlen zerlegt, wodurch sich unleugbar ebenfalls eine Geräuschabschwächung ergibt. Das selbsttätige Ansaugen der Luft wird sich auch nur solange ordnungsmäßig vollziehen, wie die Temperatur noch ein Vakuum (bis $\sim 90^0$) ermöglicht. Eine gänzliche Geräuschlosigkeit läßt sich überhaupt nicht erreichen.

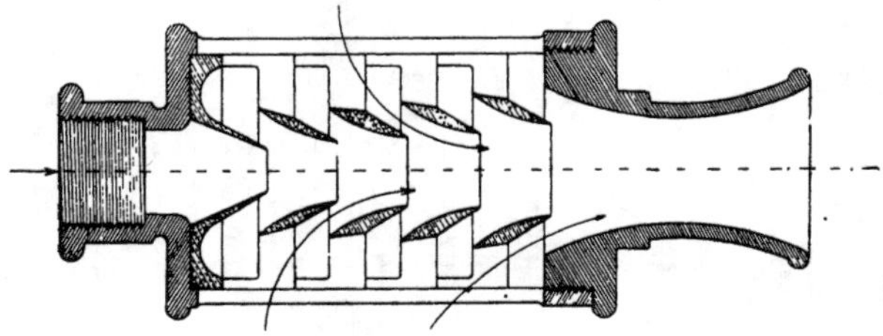

Abb. 207.

Um das Gebläsegeräusch außer Hörweite der nutznießenden Personen (Badende in Badeanstalten) zu bringen, findet man hie und da in der Literatur den Vorschlag, das Strahlgebläse fernab von der Gebrauchsstelle, und zwar in den Reglerraum des Gebäudes zu legen, in welchem Falle der Wasseranwärmebehälter mit seinen Zapfstellen, da er den Strahlapparat jetzt nicht mehr in sich trägt, dann nichts anderes als ein gewöhnlicher Wasserbehälter, also ein Warmwasseraufspeicherer ist. Solche Maßnahme ist aber nicht zu empfehlen. Der Strahlapparat, unterhalb des Behälters aufgestellt, wird sich nämlich bei Abstellen der Dampfzufuhr mit Wasser gefüllt erhalten. Da dieses unter gewissem Drucke steht, so werden beim Anstellen des Apparates unangenehme Kondensationsschläge auftreten. Außerdem wird, wenn die Wassersäule, die auf dem Apparat lastet, größer ist als der Dampfdruck, der Dampf nicht imstande sein, einen ordnungsgemäßen Betrieb hervorzubringen. Es ist daher empfehlenswerter, ein geschlossenes Strahlgebläse nach Abb. 208 in Höhe des Behälter-Wasserspiegels aufzustellen. Hierbei erleidet der Dampf keinen Gegendruck und seine Energie kommt für die Wasserleitung zu voller Wirkung. Bei Führung des Saugrohres *d* (Abb. 208) bis auf den Boden des Behälters wird weiter eine vollkommene Umwälzung und gleichmäßige Wärmeverteilung erzielt. An höchster Stelle der Dampfleitung ist zweckmäßig ein Lufteinsaugventil *c* (Abb. 208) vorzusehen, welches verhindert, daß nach Abstellen der Dampfzufuhr ein Vakuum in der Dampfleitung eintritt und Wasser in selbige übergesaugt wird.

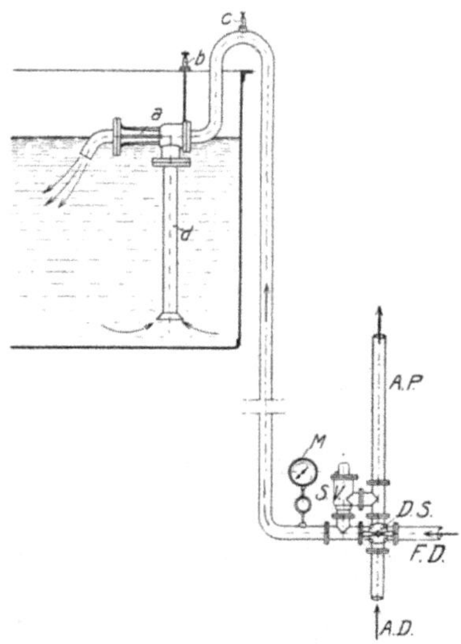

Abb. 208.

Mit Hinweis auf obige Darlegungen läßt sich noch der Grenzfall gutheißen, wenn ein geschlossenes Gebläse nach Abb. 209, eine Ausführung der Zentralheizungswerke, Hannover, außerhalb des Behälters in dessen Bodenhöhe angeordnet wird unter der Voraussetzung, daß der Behälter zwischen zwei Arbeitszeiten entleert wird. Der Behälter dient als Waschfaß.

Als Heizmittel können Abdampf und Frischdampf oder beide zusammen zur Ausnutzung kommen. Da die Düsenweite bzw. der Dampfanschluß am Gebläse bei beiden Dampfarten für die gleiche Leistung entsprechend Tabelle 46 verschieden ist, so muß der Frischdampfdruck auf den Abdampfdruck abgedrosselt werden. Der Anwärmer wird zwar auch arbeiten, wenn ein höherer Dampfdruck auf ihn zur Wirkung kommt; jedoch kann alsdann die höchste Endwärme nicht erzielt werden, weil die im Apparate zu kondensierende Dampfmenge größer ist und entsprechend der damit eintretenden größeren Erwärmung innerhalb des Apparates die Wärme des zufließenden Wassers geringer gehalten werden muß. Will man also höchste Temperaturen erhalten, so ist es nötig, den Dampfdruck auf der Höhe zu halten, für welche der betreffende Apparat ausgebildet ist. Zu diesem Zwecke ist in die Frischdampfleitung *FD* vor dem Wechseldrehschieber *DS* der

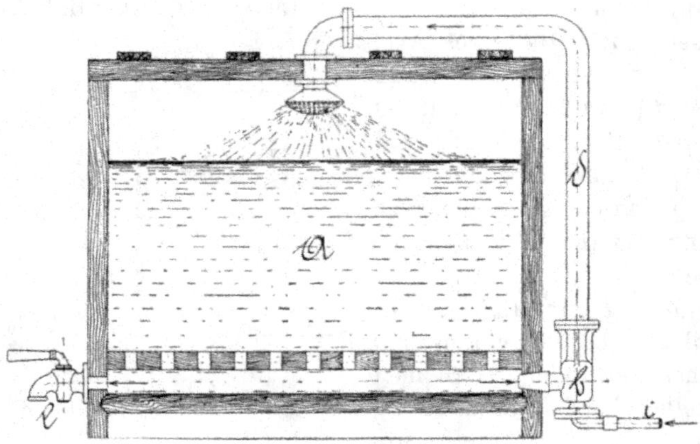

Abb. 209.

Abb. 208 ein Verminderungsventil und hinter *DS* ein Sicherheitsventil *SV* einzuschalten, das in die Auspuffleitung *AP* abbläst. Die Einstellung des Dampfdruckes ist durch das Manometer *M* genau zu erreichen.

Tabelle 46. **Leistungen der bekanntesten Strahlgebläse.**

Geringste Weite des Dampfrohres in mm							
für Frischdampf, 3 Atm. (4 Atm.)	13	20	25	32	40	50	65
für Abdampf 0,1 Atm.	30	50	65	80	100	120	—
Geringste Weite des Wasserrohres in mm							
bei Frischdampf	30	40	50	70	90	120	150
bei Abdampf	50	70	90	120	150	175	—
Anzahl der stündl. abgegebenen WE der Apparate nach Gebr. Körting, Hannover	50 000	100 000	200 000	300 000	500 000	—	—
Dreyer, Rosenkranz & Droop, Hannover	20 000	50 000	70 000	100 000	200 000	300 000	—
Zentralheizungswerke, Hannover	25 000	50 000	100 000	200 000	300 000	500 000	—
Schäffer & Budenberg, Magdeburg	60 000	120 000	240 000	360 000	480 000	900 000	1 200 000

Letzte Zahlenreihe bezieht sich auf 4 Atm.

Man ersieht aus der Tabelle die große Leistungsfähigkeit dieser Warmwasserbereiter. Die Preise für die einzelnen Apparate stehen in entsprechendem proportionalen Verhältnis zu ihren Leistungen. Bei höherem Dampfdrucke als 3 Atm. steigt natürlich die Leistungsfähigkeit; bei Abdampf bis 0,1 Atm. Druck geben die Apparate ∾ 1/4 der angegebenen Leistung. Bei Dampfrohrleitungen über 10 m Länge ist deren Durchmesser entsprechend zu vergrößern, weil durch den Widerstand an den Rohrwandungen der Dampfdruck bis zum Apparat hin herabgedrückt wird.

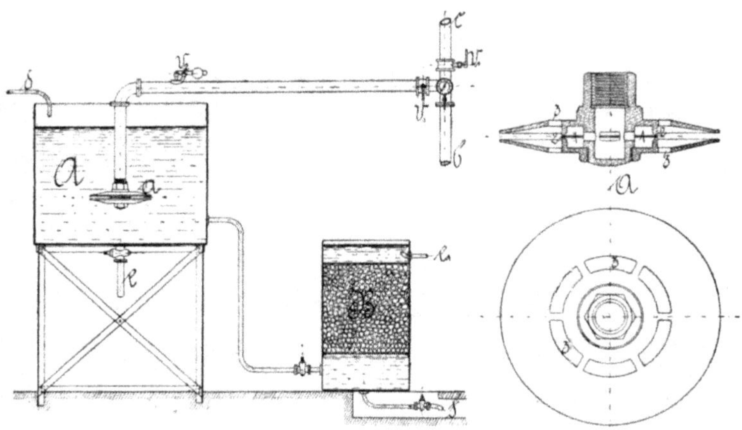

Abb. 210.

Ein geräuschschwacher, offener Wasseranwärmer wird nach dem Prinzip der Dampfstrahlapparate von Nachtigall & Jacoby Leipzig, gemäß Abb. 210 für sehr große Leistungen gebaut. Der Dampf tritt in die Kammer *1* (Abb. 210[1]), die das Zuleitungsrohr ringförmig umgibt, von dort durch den Schlitz *2* in Form einer dünnen Scheibe in das Wasser. Letzteres wird durch seitliche Öffnungen *3* angesaugt, kondensiert den Dampf und strömt erwärmt am Umfange des Apparates nach allen Seiten hin aus. Es beträgt:

[1]) Es bedeuten in Abb. 210: b = Abdampf v. d. Masch., c = Auspuff, d = Wasserzufluß, e = Warmwasserentnahme, e_1 = zur Pumpe, f = Entleerung, v_1 = Drosselklappen, v_2 = Belüftungsventil, B = Filter.

Tabelle 47.

Leistung der Wasseranwärmer von Nachtigall & Jacoby. (Abb. 210).

Linsendurchmesser	75	90	100	110	150	195	mm
bei Weite des Anschlußrohres	1/8	1/4	3/8	1/2	3/4	1	Zoll
die Leistung bei 4 Atm. in der Stde.	10 000	30 000	96 000	130 000	245 000	430 000	WE

Linsendurchmesser	270	320	420	480	540	mm
bei Weite des Anschlußrohres	1 1/4	1 1/2	2	2 1/2	2 3/4	Zoll
die Leistung bei 4 Atm. in der Stde.	570 000	775 000	1 300 000	1 700 000	2 100 000	WE

Die Linsen werden ausgeführt von 1/8 bis 1½" aus Rotguß, von ½ bis 2¾" aus Eisen und von 1½" an mit Flanschen. Bei 0,2 Atm. beträgt die Leistungsfähigkeit etwa 1/5 der angegebenen.

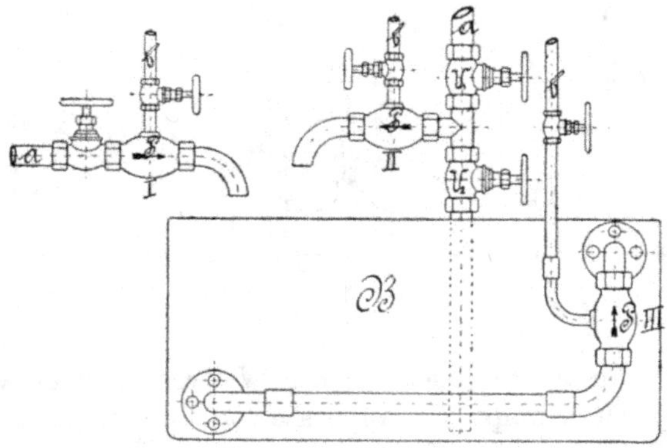

Abb. 211.

Über die Möglichkeit einer vielfälttigen Anordnung eines geschlossenen Strahlapparates gibt Abb. 211 Aufschluß. Der Apparat kann an jeder Stelle einer Rohrleitung eingebaut werden, häufig nur mit einer Düse. (Abb. 12 und 13.)

In Abb. 211 wird der eigentliche Apparat durch die sog. Anwärmepumpe P von L. Becker, Offenbach, dargestellt. Die Anordnung I der sog. Anwärmepumpe P gestattet, das Wasser aus der Kaltwasserleitung a mit beliebig erhöhter Temperatur abzuzapfen. Es dient P in II nach Öffnen von V_1 zum Einfüllen des erwärmten Wassers in B oder nach Schließen von V_1 und Öffnen von V_2 zum Ansaugen und Anwärmen des in B befindlichen Wassers. Es entnimmt schließlich P in III das Wasser dem tieferen Teil von B und bringt es erwärmt wieder am oberen Ende nach B, so daß eine gleichmäßige Erwärmung und Mischung erzielt wird. Es ist b die Dampfleitung.

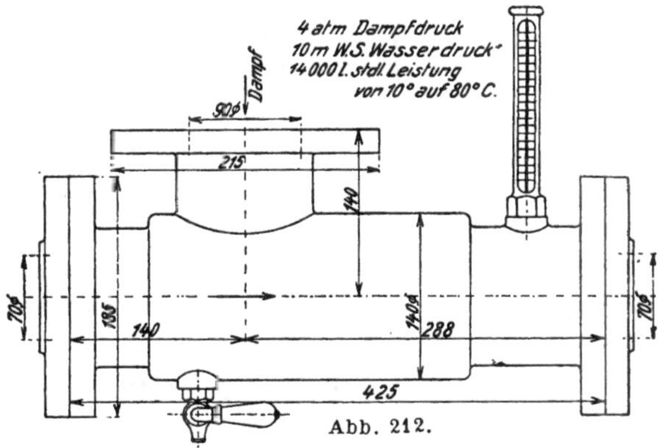

Abb. 212.

Eine Warmwasserbereitung in einer Rohrleitung findet z. B. in Brauereien, Mälzereien zur Erzeugung von Anschwänz- und Faßspülwasser vielfach Anwendung. Es wird dann ein Dampfstrahlsauger nach Abb. 212 eingesetzt, welcher in einfachster, zuverlässigster und billigster Weise bei allergeringster Rauminanspruchnahme die Wassererwärmung auf 70÷80° bewirkt. Dampf von mindestens 4 Atm. ist aber erforderlich. Bei Außerbetriebsetzung und Frostgefahr ist der Apparat zu entleeren. In Tabelle 48 sind nach **Körting** die Leistungen bei 4 Atm. Dampfdruck und 10 m WS Druck des zufließenden Wassers angegeben.

Tabelle 48. **Körtings Strahlapparat zum Wasseranwärmen in Rohrleitungen.** (Abb. 212).

Stündl. Leistung . . l	2500	4500	7000	10 000	14 000
l. Weite in mm — der Wasserleitung	30	40	50	60	70
l. Weite in mm — » Dampfleitung	40	50	60	80	90
Ganze Baulänge . . mm	265	310	350	380	425
Gewicht. . . . . . kg	11,5	15,5	20,5	26,0	28,5

Ist die Rohrlänge größer als 12 m, so sind die Rohrdurchmesser um eine Stufe weiter zu nehmen. Um das lästige, rasselnde Geräusch während des Betriebes zu mildern, führt Körting auch diesen Apparaten wieder atmosphärische Luft zu. Andere Firmen suchen den Zweck durch Einbau mehrerer Düsen zu erreichen.

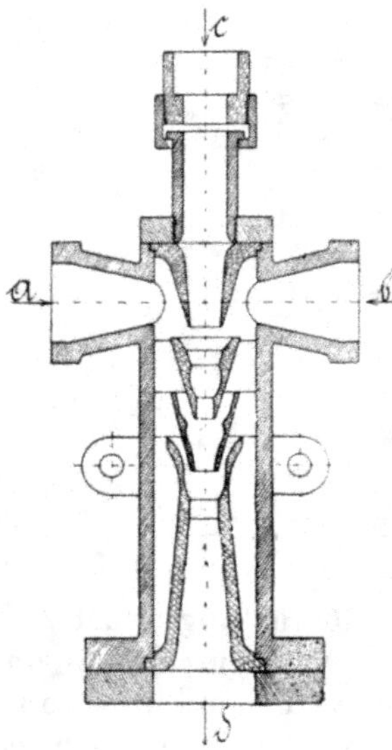

Abb. 213.

In der geschlossenen Mischvorrichtung mit 4 Düsen von Dreyer, Rosenkranz & Droop, Hannover (Abb. 213), wird das Kaltwasser den Anschlüssen *a* oder *b* zugeführt und mit dem bei *c* eintretenden Dampfstrahl in der eingekapselten Düsengruppe zu warmem Wasser vermischt. Die von *d* abzweigende Verbrauchsleitung ist stets etwas steigend anzuordnen, damit durch die Erzeugung eines geringen Gegendruckes die Mischung innig vor sich geht. Die Aufstellung des Apparates erfolgt in senkrechter Stellung entweder unterhalb des Fußbodens oder an der Wand oberhalb der Badewanne usw. Den Anschlüssen *a*, *b* und *c* sind Abschlußorgane vorzuschalten, so daß man es dann hier mit einem zweigriffigen Apparate zu tun hat.

c) Die Mischapparate.

Die Mischapparate gestatten eine Wassererwärmung in gedrängtester Konstruktion auf kleinstem Raume. Sieht man von den Mischgefäßen ab, so sind sie, die meisten wenigstens, nichts anderes als Abschlußorgane in Ventil- oder Hahnausführung von besonderer Bauart, die ein Vermischen des kalten Wassers mit dem Heizmittel und dadurch ein Warmwasser von bestimmter Temperatur hervorrufen. Als Heizmittel tritt hier mehr Warm- oder Heißwasser als Dampf in den Vordergrund.

Alle Mischapparate haben das gemeinschaftliche Prinzip, bei Betätigung zuerst kaltes Wasser zu geben, dessen Temperatur sich bei weiterem Öffnen infolge Zuströmens des Heizmittels erhöht, bis schließlich warmes Wasser in seiner höchsten Temperatur austritt. Letzteres ist das Heizwasser allein, wenn dieses das Heizmittel bildet. Ist dagegen Dampf das Heizmittel, so muß natürlich der Apparat so regelbar sein, daß jener allein nicht austreten und Verbrühungen hervorrufen kann.

Die Regelung der Gebrauchswassertemperatur wird durch die Bedienung an ein oder zwei Abschlußorgangriffen erreicht. Die Vorzüge beider sind gleichwertig. Die Bedienung der zwei Griffe kann wegen der sehr einfachen Handhabung und der höheren Betriebssicherheit kaum als ein Nachteil angesehen werden. Eine Entscheidung zwischen beiden Ausführungen bezüglich ihrer Verwendung kann dahin getroffen werden, daß bei Wassertemperaturen höher als ∾ 35° ein zweigriffiger Apparat sich nur im Bereiche von Fachleuten (Badewärter) befinden sollte; trotzdem sieht man vielfach das Gegenteil. Beim eingriffigen Apparat sind die Abschlußorgane auf die zulässige Warmwassertemperatur einzustellen.

Die Mischapparate werden als einfache Rohrgabelstücke, als besonders konstruierte Ventile und Hähne und als Mischgefäße mit einem oder zwei Griffen ausgeführt.

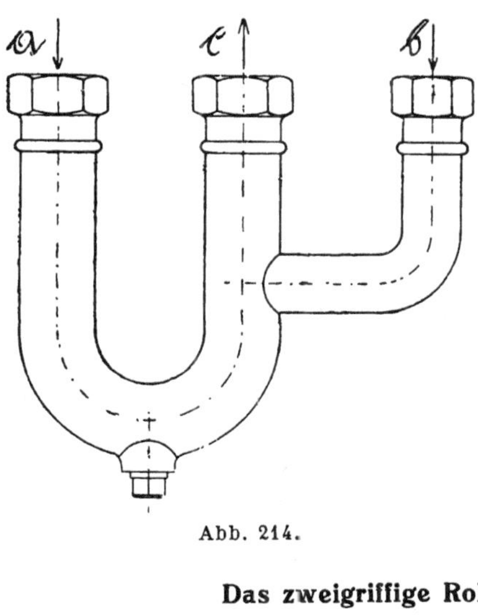

Abb. 214.

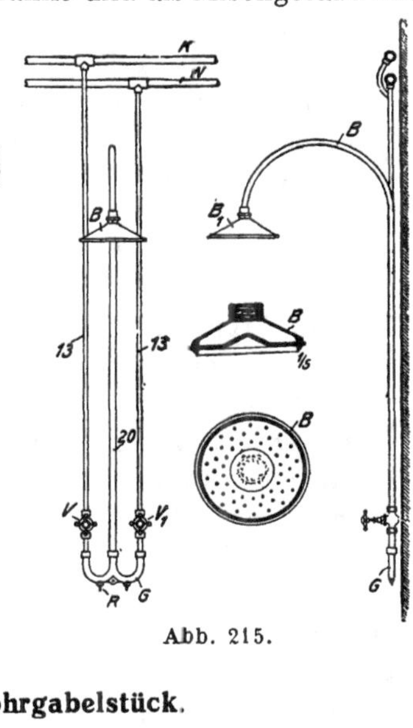

Abb. 215.

Das zweigriffige Rohrgabelstück.

Die einfachste Ausführung einer zweigriffigen Mischvorrichtung für heißes und kaltes Wasser wird nach Abb. 214 durch ein Doppel-⊏-Rohr, Gabelstück, aus Messing, Kupfer oder verzinktem Eisenrohre erreicht. Die beiden getrennten Abschlußorgane V und V_1 sind in Abb. 215 als Ventildurchlaufhähne den zwei äußeren Rohrschenkeln vorzuschalten. Bei dieser Ausführung nach den Centralheizungswerken, Hannover, hat also der Badende sich selbst zu bedienen. An den tiefsten Stellen des Gabelstückes G sind Reinigungs- und Entleerungsschrauben R vorzusehen.

Für hohe Temperaturen (über $\sim 30^0$) und für Dampf ist dieser Apparat nicht geeignet. Ebenso darf auch eine innige Mischung der beiden Speiseflüssigkeiten nicht bestimmt vorausgesetzt werden. Seiner großen Einfachheit und Billigkeit wegen kann er jedoch an mancher Stelle gute Dienste leisten.

Die Mischventile.

Die Mischventile werden als zweigriffige und eingriffige ausgeführt. In ersterem Falle besitzen sowohl die Kaltzuleitung wie auch die Dampf- bzw. Heißwasser- oder Warmwasserzuleitung je ein von außen für sich bedienbares Abschlußorgan, welche beiden jedoch meist zwangsläufig miteinander verbunden sind. Die eingriffigen Apparate sind nur mit einem einzigen Hebelgriffe oder einem einzigen Handrade ausgerüstet, durch welche beide Zuleitungen bedient werden.

Die zweigriffigen Mischventile.

Abb. 216 zeigt das zweigriffige Universalmischventil von H. Schaffstaedt, Gießen, das für Dusche- und Brausebäder, zum Füllen von Wannen und für alle sonstigen Zwecke geeignet ist. Der Abfluß des Gebrauchswassers kann bei *c* oder *d* vorgesehen werden. Die beiden in einem Körper vereinigten Ventile, von denen das eine *a* das Heizwasser bzw. den Dampf, und das andere *b* das kalte Wasser zuführt, sind nebeneinander so angeordnet, daß infolge der äußeren Hebelanordnung bei Öffnen des Heizwasser- bzw. Dampfventiles das Kaltwasserventil gezwungen wird, sich mit, und zwar zuerst, zu öffnen. Die Durchlaßöffnungen der Ventilkegel sind so gestaltet, daß die verschiedenartigsten Druck- und Temperaturverhältnisse in Anwendung gebracht werden können, ohne befürchten zu müssen, daß z. B. etwa das mit hohem Drucke zufließende kalte Wasser das mit niedrigem Drucke vorhandene Heizwasser oder der hochgespannte Dampf ein Wasser mit niederem Drucke verdrängt. Der Dampfdruck muß jedoch mindestens 0,5 Atm. betragen. Die Temperaturänderung des Verbrauchswassers läßt sich durch größeren oder geringeren Ausschlag des Dampf- bzw. Heißwasserhebels bis zur

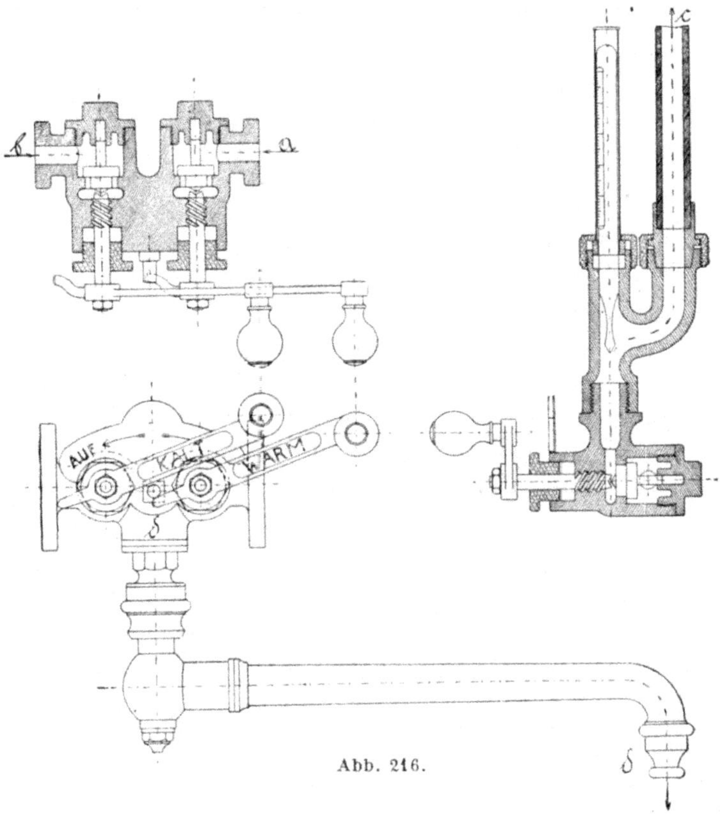

Abb. 216.

vollkommenen Kaltwasserabnahme durch alleiniges Öffnen des Kaltwasserhebels (Kalt) regeln. Neuerdings gibt die Firma dieser Konstruktion eine ganz glatte, vernickelte oder weiß lackierte äußere Ausführung mit verdeckt liegenden Stopfbuchsen und Muffenanschlüssen und damit den Vorzug großer Sauberhaltung.

Ein sehr kräftiges Dampf-Wasser-Mischventil, das sich schon sehr den Mischgefäßen nähert und die Wirkungsweise eines

Strahlapparates in sich trägt, wird von **Lubinus Stein & Cie.**, Kattowitz, hauptsächlich zur Erzeugung großer Mengen warmen Wassers für Mannschaftsbäder, Wascheinrichtungen großer Fabriken, Krankenhäuser, Schwimmanstalten nach Abb. 217 gebaut. Die durch *a* zugeführte Dampfmenge kann mittels der

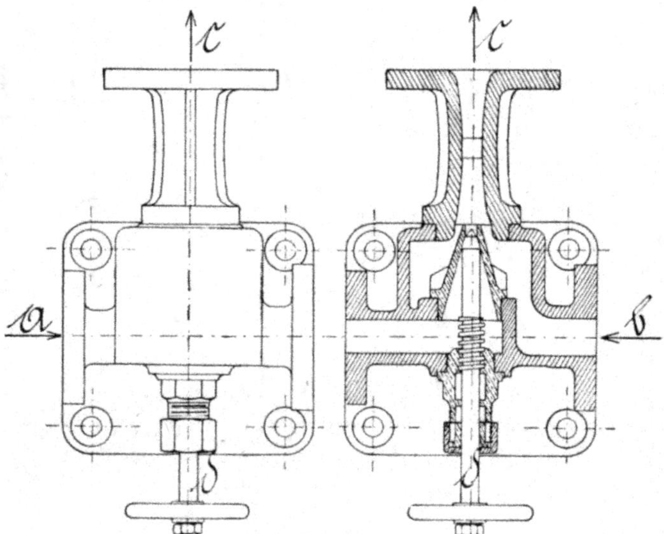

Abb. 217.

Regulierspindel *d* aufs genaueste geregelt werden. Das Kaltwasser tritt bei *b* ein, das Gebrauchswasser bei *c* aus. Der Apparat mit nachstehenden Leistungen ist für jeden Dampfdruck zu verwenden. Den Flanschen bei *a* und *b* ist wieder je ein für sich bestehendes Abschlußorgan vorzuschalten, wodurch der Apparat zweigriffig, sogar dreigriffig wird.

Tabelle 50. **Baumaße bezüglich Abb. 218.**

Rohranschluß	Brause	Maße in mm						
		a	*b*	*c*	*d*	*e*	*f*	*g*
13	20	170	75	35	50	130	80	30
20	20	200	90	40	80	130	80	35
25	32	230	90	50	80	150	90	40

Tabelle 49.
Leistungen der Mischapparate mit Regulierspindel.
(Abb. 217.)

Stündliche Erwärmung von 10° auf 40° in Liter	Lichte Weite der Rohranschlüsse in mm		
	Dampf	Kaltwasser	Warmwasser
5 000— 6 000	25	32	40
8 000— 9 000	32	40	50
12 000—15 000	40	50	65
18 000—20 000	50	65	75

Die eingriffigen Mischventile.

Von den beachtenswerten Konstruktionen eingriffiger Organe lassen sich zwei Arten unterscheiden. Bei der einen, der älteren, sind die beiden Ventile konzentrisch angeordnet, das innere für Kaltwasser, das äußere ringförmige für das Heizmittel. Die zweite Art hat beide Ventile nebeneinander.

Die jetzt gebräuchlichste zweite Bauart besitzt gegenüber der ersteren den Vorteil, daß ein Übertreten des Kaltwassers durch eine schadhafte Dichtung in die Warmleitung und umgekehrt nicht so leicht eintreten kann, welche Gewähr bei der konzentrischen Ventilanordnung nicht unbedingt gegeben ist. Die Folgen eines solchen Schadens können Verbrühungen hervorrufen oder die Wassertemperatur im Behälter herabdrücken. Ferner besitzen die nebeneinander liegenden Ventile den Vorzug einfacher und für den Laien verständlicherer Bauart. Bei der konzentrischen Anordnung müssen zwei Dichtflächen, in zwei verschiedenen Ebenen liegend, gleichzeitig und gleichmäßig anschließen, was nur bei sauberer, teurer Herstellung und trotzdem nicht auf die Dauer zu erreichen ist. Die zweite Art ist zum Mischen von Kaltwasser mit Heißwasser wie auch Dampf geeignet. Die Höhe der Dampfspannung ist fast unbeschränkt, von niedrigstem Druck bis 10 Atm. Die Zuleitungen sind, insbesondere bei niedriger Dampfspannung, geringem Wasserdruck und größerer Länge im Durchmesser größer zu halten als dem Ventilanschluß entspricht. Der Hauptvorteil der Ventile erster Art liegt in der äußerst gedrängten Konstruktion, welcher bei mancher Wahl ausschlaggebend sein kann. Als Material der zum Mischen von Wasser mit Dampf bestimmten Apparate ist besonders bei hoher Dampfspannung Rotguß oder Nickelweißmetall zu wählen.

Im allgemeinen wird der Einbau dieser Mischapparate auf der Gebäudewand und leicht nachsehbar vorzunehmen sein. Wird die Verlegung unter oder im Putz gewünscht, so ist die Anbringung nach Butzke & Cie., Berlin (Abb. 218), empfehlenswert.

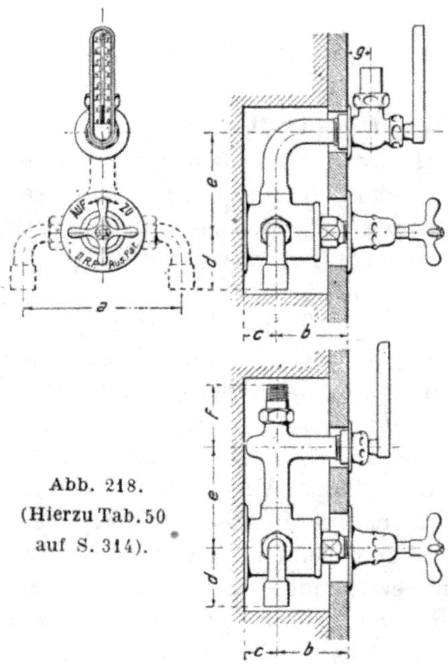

Abb. 218. (Hierzu Tab. 50 auf S. 314).

Einige nachstehende Beispiele mögen die verschiedenartigen Konstruktionen der eingriffigen Mischventile des näheren erklären.

Die eingriffigen Mischventile mit konzentrisch angeordneten Ventilen.

Das Injektor-Präzisionsmischventil (Abb. 219) von F. Butzke & Cie., Berlin, dient für Kaltwasserhochdruck und Warmwassermitteldruck. Vermöge der injektorartig wirkenden Düse *a*, durch welche das kalte Hochdruckwasser von *b* her strömt, wird dessen Übertreten in die Warmwasserzuleitung *c* mit schwächerem, etwa Behälterdrucke vermieden. Die Entfernung der beiden Scheibenventile *1* und *2* ist eine in der Achsenrichtung veränderliche. Die Feder *3* preßt vermöge ihrer Spannkraft bei geschlossenem Kaltwasserventile *1* auch das Warmwasserventil *2* auf seinen Sitz und führt den Abschluß der Warmwasserleitung herbei. Die Spannkraft der Feder *3* ist so bemessen, daß bei Betätigung des Hebels *4* auf Stellung »Kalt«, d. h. beim Öffnen von *1*, die Feder *3* langsam ihre Spannkraft verliert und bei Weiterdrehen des Hebels ein Öffnen des Ventils *2*, unterstützt vom Wasserdrucke, gestattet und hervorruft. Sofern das richtige

Mischungsverhältnis (÷ 36°) durch einmaliges Einstellen der beiden Regulierventile *e* und *f* bei höchstem zur Verfügung stehenden Wasserdrucke geregelt ist, ist ein Verbrühen an der Verbrauchsstelle ausgeschlossen. Ein Nachteil liegt darin, daß die Wirkung beider Ventile *1* und *2* von der Güte der Feder *3* abhängig ist.

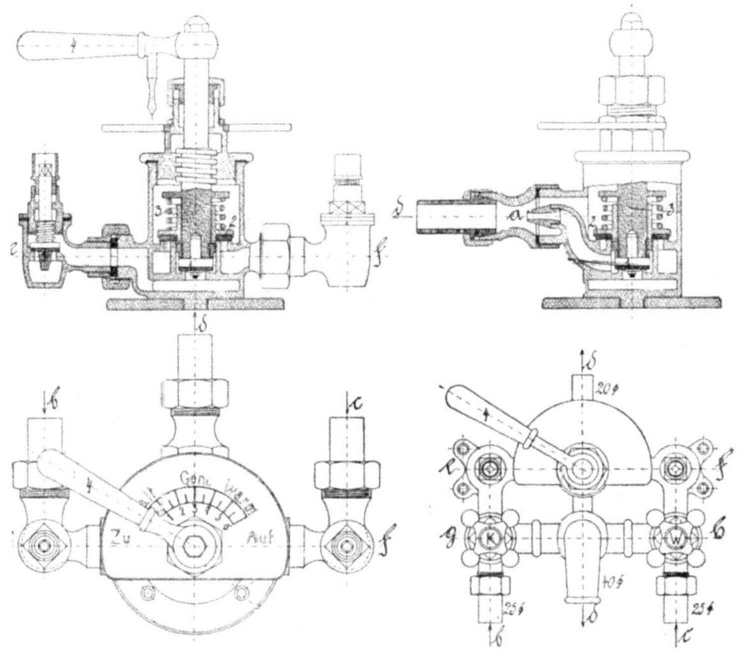

Abb. 219.

Ein Mischventil, unabhängig von der Heißwasser- oder Dampftemperatur und den Druckverhältnissen, ist nach Schaeffer & Oehlmann, Berlin, in Abb. 220 veranschaulicht. Die Ventilspindel *a* erfaßt als Gewindespindel den Schieber *b*, der an seinem Ende mit dem Rundschieber *c* für den Heißwasser- oder Dampfzufluß *e* und mit dem Ventilkegel *d* für den Kaltwasserzufluß *f* verbunden ist. In *d* ist ein Schräubchen vorgesehen, durch dessen Entfernung oder etwaige Verstellung eine gewünschte Höchsttemperatur eingestellt werden kann. Die Warmwasserentnahme geschieht durch *g* (g_1 für Wanne, g_2 für Brause).

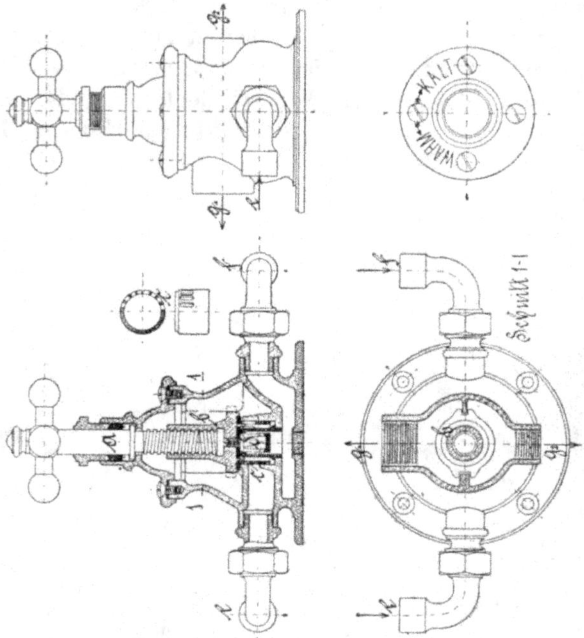

Abb. 220.

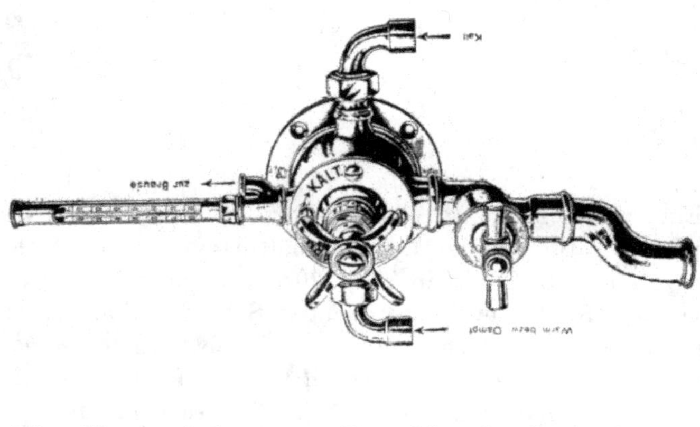

Die Konstruktion von Buschbeck & Hebenstreit, Dresden, Abb. 221, vereinigt zwei getrennte Rundschieber-Mischapparate für Wanne und Brause in einem Gehäuse.

Die eingriffigen Mischventile mit nebeneinander angeordneten Ventilen.

Der Mischapparat (Abb. 222) der Centralheizungswerke, Hannover, wird durch einen Griff am Steuerrad betätigt, das mittels der flachgängigen Spindel *s* und der Brücke *b* auf die beiden nebeneinander sitzenden Ventile *V* und V_1 hinwirkt.

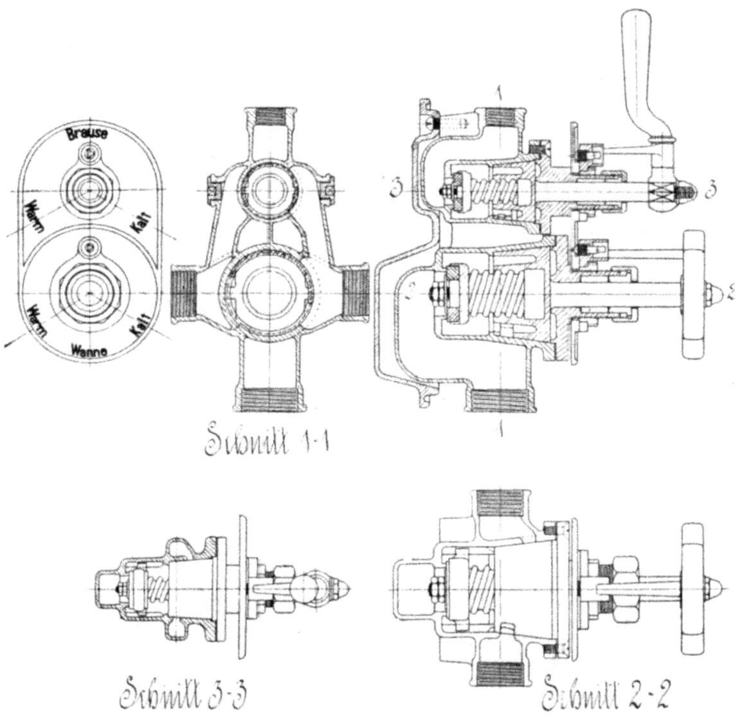

Abb. 221.

Da der Ventilteller V_1 für Heißwasser oder Dampf, durch *H* zugeführt, an seinem oberen Ende als Kolben ausgebildet ist, so gibt er die Durchströmungsöffnung später frei als der niedrige Teller von *V* für das Kaltwasser, das durch *K* zuströmt. Eine Verbrühung ist somit ausgeschlossen. Sollte warmes Wasser von nicht höherer Temperatur als 40° vorhanden sein, wie es in Badeanstalten häufig der Fall ist, so wird die Warmwasserheizleitung so angeschlossen, daß beim Öffnen zuerst das warme Wasser ausfließt.

Das Mischventil (Abb. 223) von Butzke & Cie., Berlin, ist auf dem gleichen Prinzip gebaut. Die beiden Ventilkegel besitzen keine untere Stiftführung, dafür eine entsprechend kräftig ausgebildete Spindel und Brücke als Ventilkopf. Die Nebenbilder der Abb. 223 zeigen die beiden herausgenommenen Kegel. Eine Sonderheit liegt in dem Regulierkörper R des Kaltwasserkegels. Oft will man das Anwachsen der Mischtemperatur über

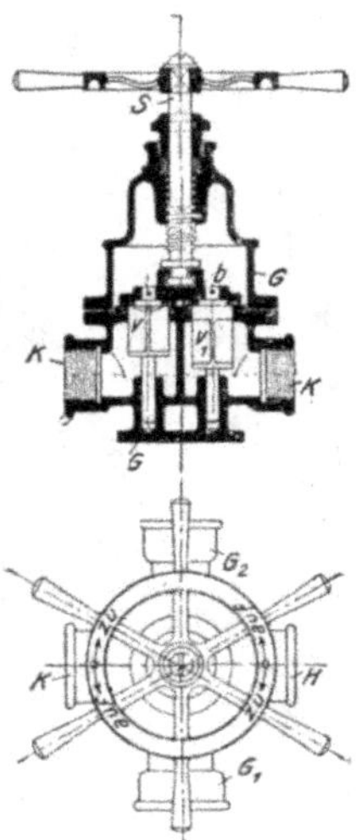

Abb. 222.

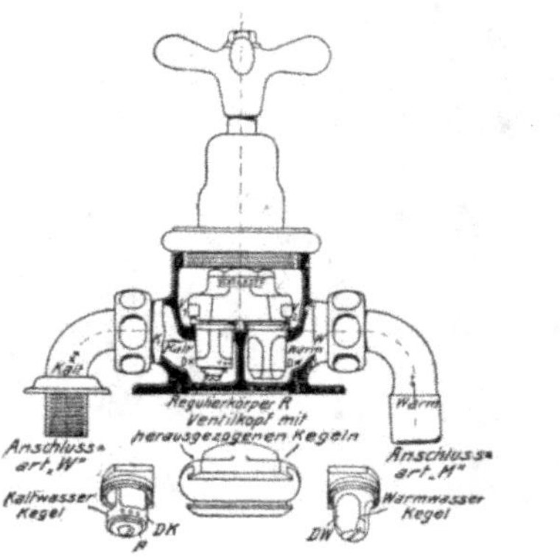

Abb. 223.

ein bestimmtes, als zulässig erachtetes Maß vermeiden. Zu diesem Zweck sind in dem unteren Ende des Kaltwasserkegels DK Hilfsöffnungen vorgesehen, welche durch den Regulierkörper R nach Bedarf geöffnet werden können. Hierdurch wird dem warmen Wasser selbst bei höchster Spindelstellung ein gewisses Mindestmaß von Kaltwasser beigemischt und auf diese Weise die Höhe der Mischtemperatur begrenzt.

Tabelle 51.

Leistungen der eingriffigen Mischventile.

Stündl. Leistung		l	1000	2000	3000	5000	8000
Rohranschluß in mm	kalt		13	20	25	30	40
	heiß		13	20	25	30	40
	warm		20	25	30	40	50

Die Mischhähne ohne Spindelregulierung.

Kommen kaltes und warmes Wasser stets nur in gleichbleibender Menge und Temperatur zum Mischen, so kann zur Vereinfachung des Mischapparates das Ventil durch einen Hahn ersetzt werden. Man nimmt dafür aber auch all die bekannten Nachteile der Hähne gegenüber den Ventilen mit in Kauf.

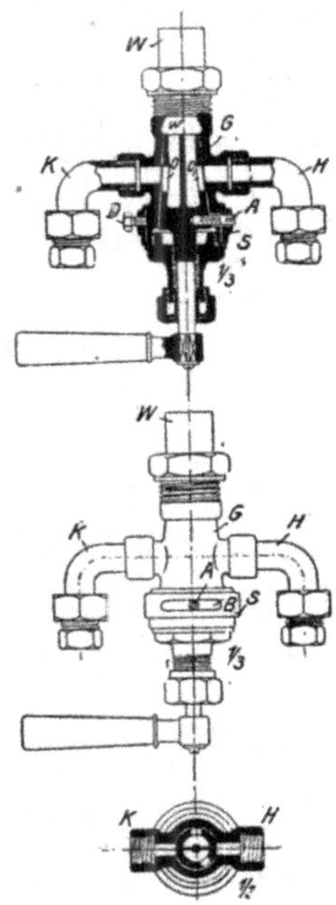

Abb. 224.

Der Mischhahn Abb. 224 von den Centralheizungswerken, Hannover, besitzt in der Wandung des Kückenkegels zwei Öffnungen O und O_1, die so angeordnet sind, daß sich O vor O_1 öffnet und somit erst kaltes Wasser in den Hahn eintreten muß, bevor dem heißen Wasser der Zutritt freigegeben wird. Die Bewegung des Kückens wird durch den Stift A, welcher sich im Schlitz B des Gehäuses führt, begrenzt. Eine gewisse Regelung der Durchflußmenge gestattet der Stellring S mit seiner Stellschraube D. Dieses Mischorgan eignet sich nur zum Mischen von kaltem mit warmem Wasser.

Abb. 225 zeigt eine Badeanlage mit Hochdruckdampf- und Wasser-Mischhähnen

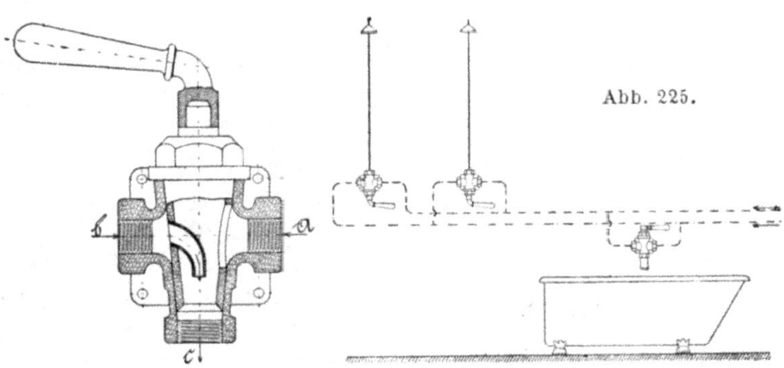

Abb. 225.

in billiger und einfacher Ausführung. Nötig ist ein Dampfdruck von 1,5 Atm., der Wasserleitungsdruck kann geringer sein. Beim

Drehen des Hahnkückens nach links erhält man nur kaltes Wasser, durch Drehen nach rechts öffnet sich zunächst der Zufluß *a* des Kaltwassers, dann der *b* des Dampfes, worauf beide gemischt als warmes Wasser bei *c* entströmen. In der Mittelstellung ist der Hahn geschlossen. Ein schnelles Öffnen nach rechts ist zu vermeiden. Da das Metall der Hähne durch den heißen Dampf auf der einen Seite und durch das kalte Wasser auf der anderen ungleich ausgedehnt wird, tropfen sie leicht und müssen von Zeit zu Zeit nachgeschliffen und eingetalgt werden.

Die Mischapparate ohne Abschlußorgane als Mischgefäße.

Diesen Einrichtungen fehlen als eigentliche Konstruktionsteile die Abschlußorgane, welche die vorstehenden Arten charakteristisch machen. Selbstverständlich müssen die Zu- und Ableitungen ihre Absperrventile enthalten, die jedoch mit dem Apparat an sich nichts zu tun haben.

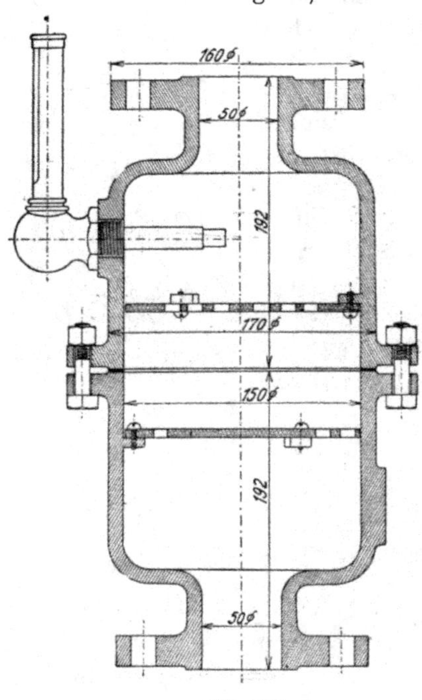

Abb. 226.

Die Mischgefäße werden in einfachster, solider, derber, topfartiger Form mit 20 bis 80 mm Rohranschluß ausgeführt. Kalt- und Heißwasser treten zu gleicher Zeit durch ein und denselben Stutzen in das Innere des Gußzylinders oder Gußkastens, in welchem die Wässer infolge Einbauens von Siebflächen mit versetzten Löchern einen Schlangen- oder Zickzackweg zu durchlaufen haben, wobei die Mischung innig erfolgt. Eine feinfühlige Regelung der Temperaturen ist hier zwar nicht möglich, dafür erhält man eine konstante Wassererwärmung. Sie eignen sich daher dort, wo größere Menge Warmwasser von annähernd gleichbleibender Temperatur verlangt werden; so für Badeanstalten, Wäschereien, gewerbliche Betriebe und überall dort, wo ständige sachgemäße Bedienung fehlt und wo die Regelung von einer Stelle aus zu erfolgen hat. Eine wichtige Armatur muß das Thermometer sein. Als Hauptmischvorrichtung einer größeren Anzahl Zapfstellen leisten sie gute Dienste.

Abb. 226 zeigt eine Ausführung von Butzke & Cie., Berlin. Die Zuführung von Kaltwasser und Heizwasser ist ganz beliebig; beide Anschlüsse können oben oder unten liegen. Die Einrichtung läßt sich bei 4 Gefäßstutzen (2 oben, 2 unten) auch so treffen, daß das Kaltwasser, vom Mischapparat kommend, das warme aus einem geschlossenen Warmwasserbehälter (Kessel mit direkter Feuerung, Boiler od. dgl.) herausdrückt. Abb. 36 gibt die Anordnung eines Mischgefäßes mit Hebel-Regulierventil für zentrale Regelung in einem Brausebad an.

Tabelle 52.

Mischgefäßleistungen und Anschlüsse nach Warns-Gaye & Block, Hamburg.

Bei Badeanlagen ausreichend für eine Brausenzahl von	Inhalt des Gefäßes l	Anschlüsse in Zoll für			Gewicht kg
		Kaltwasser	Warmwasser	gemischte Leitung	
4	4	3/4	3/4	1	15
4÷ 6	4	1	1	1 1/4	16
6÷ 8	12	1 1/4	1 1/4	1 1/2	37
8÷12	21	1 1/2	1 1/2	2	65
12÷20	21	2	2	2 1/2	68
20÷30	21	2	2	3	70
30÷50	30	2 1/2	2 1/2	3	90

d) Die Kaskadenapparate.

Die Kaskaden- oder Überfallapparate wirken in gleicher Weise wie Mischkondensatoren. Sie sind durchaus nicht neueren Ursprungs, vielmehr schon in den 80er Jahren vorigen Jahrhunderts als Speisewasservorwärmer für Dampfkessel mehrfach benutzt. Eine solche ältere Ausführung nach Abb. 227 erwähnt Haeder in seinem Buche: »Dampfkessel« schon, eine Anlage, die einer Kesselanlage von 450 m² Heizfläche angehört und das

Speisewasser bis auf 85° erwärmt. Ein schädlicher Einfluß auf das Kesselinnere hat sich in mehrjährigem Betriebe nicht gezeigt, der Gegendruck des Abdampfes als Heizmittel auf den Kolben ist normal gewesen. Das von oben eintretende Wasser rieselt über eine Anzahl Schalen kaskadenartig nach unten. Dem Wasserschleier entgegengesetzt strömt von unten nach oben der Dampf und erwärmt, sich auf dem Wege kondensierend, das Wasser. Das Kondensat bildet eine willkommene Vermehrung des Wassers. Im oberen Teile des Zylindermantels ist ein Dampfdunstabzug vorgesehen. Nachteilig ist natürlich die bedeutende Höhe des Zylinders.

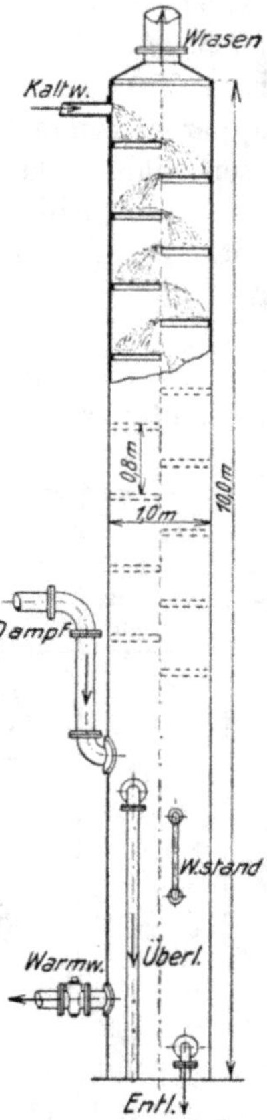

Abb. 227.

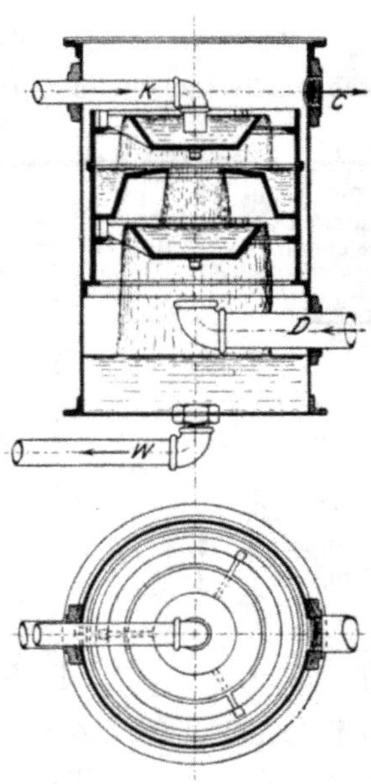

Abb. 228.

Eine neuere Ausführung ist nach Abb. 228 der Mischvorwärmer von Schumacher, Köln, der bei großer Leistung in allgemein brauchbaren Abmessungen gehalten ist. Je nach Art,

Menge und Druck des Dampfes und der Beschaffenheit und Bedeutung des Aufstellungsraumes wird der Apparatebehälter als geschlossener oder offener mit aufschraubbarem Deckel auszuführen sein.

Die Hauptvorzüge dieser Erwärmer liegen in der Einfachheit der Konstruktion und des Betriebes, in Betriebssicherheit, leichter, bequemer Reinigung, einfacher Erwärmung großer Wassermengen in kurzer Zeit bis auf den Siedepunkt, vollkommenster Ausnutzung des Heizmittels und geringer Anlagekosten. Bedingung ist dabei, daß Dampf in genügender Menge und in gänzlicher Reinheit

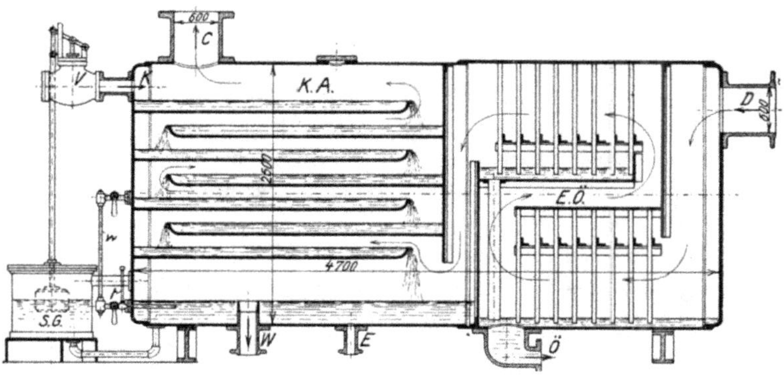

Abb. 229.

zur Zeit der Warmwasserbereitung vorhanden ist. In der Regel wird wohl Hochdruckdampf das Heizmittel sein. Natürlich ist auch Abdampf für diesen Zweck vorteilhaft auszunutzen, nur muß er völlig entölt sein, auch dann, wenn das Wasser nicht für Genußzwecke verwendet wird. Der Ölgehalt macht Wasser für fast alle Verwendungszwecke unbrauchbar. Die Entölung des Abdampfes spielt hier also eine so wichtige Rolle, daß der Entöler als ein Zubehörteil zu einem Kaskadenapparat anzusehen ist, wenn der Abdampf nur für diesen in Betracht kommt. Aus diesem Grunde stellt der Dortmunder Vulkan einen Kaskadenapparat nach Abb. 229 her, dem eine Vorkammer als Entöler gleich direkt angebaut ist.

In Abb. 229 tritt der Abdampf bei *D* ein, durchströmt in Richtung der Pfeile den Entöler *EO* und darauf den Anwärmer *KA*. Der Wrasen zieht durch *c* ab; das Wasser, dessen Zufluß durch das Schwimmergefäß *SG* und das Ventil *V* geregelt wird, nimmt seinen Weg im Gegenstrom von *K* nach *W*. Es erfolgt bei *E* die Entleerung, bei *Ö* die Abzapfung des Ölwassers, das einem Ölabscheider und Klärbehälter zufließt. Der Wasserstand *w* und das Thermometer *t* bilden die weitere Feinarmatur.

Anstatt des geteilten Stabbündels als Ölreiniger in *EO* benutzt Vulkan auch ein einfaches durchgehendes Bündel, wodurch der Widerstand allerdings geringer und die Ölreinigung nicht so vollkommen wird. Man hat bei diesen Ausführungen den etwaigen Gegendruck auf den Kolben der Maschine zu beachten. Ohne Schaden für den Maschinenbetrieb darf man mit einem Widerstande im Entöler von mindestens 0,05 Atm. = 500 mm WS rechnen, wobei der Widerstand in *KA* mit einzubeziehen ist. Der Apparat selbst übt kaum einen nachteiligen Einfluß auf die Maschine aus. Da das kalte Zuflußwasser saugend auf den Dampf einwirkt, so erhält man eher eine vorteilhafte Vakuumwirkung. Man kann selbstverständlich jede Entölerbauart anwenden.

Derartige Warmwasserbereiter werden bis 40000 l stündlicher Leistung bei 40 bis 80° Temperaturerhöhung ausgeführt. Für Großbetriebe haben sie sich gut bewährt.

e) Die Dampfautomaten.

Eine neuere Erscheinung auf dem Gebiete der Warmwasserbereitung ist der Dampfautomat, dessen Konstruktion durch das Prinzip von Marcus, Berlin-Halensee, charakterisiert ist. Der Apparat ist ein Automat, der die Betätigung des Eingriffs von Hand überflüssig macht und durch das Heizmittel »Dampf« selbsttätig erfolgt.

Der Automat ist vorläufig erst als Kleinapparat mit einer Zapfstelle gebaut und zur jederzeitigen schnellen Bereitung von warmen Getränken und sonstigen Bedarfswassers in geringerer Menge bestimmt. Die Erwärmung erfolgt indirekt mittels Dampfheizschlange, die bei Wasserzapfen durch Schwimmer od. dgl. automatisch zur Heizwirkung kommt.

Die Konstruktion an sich ist beachtenswert und vielleicht grundlegend für ein neues, allgemeiner praktisch verwertbares Erwärmungsprinzip. In seiner jetzigen Form haftet der Nachteil, welcher einer allgemeinen Verwendung noch entgegenstehen wird, diesem Dampfautomaten noch dadurch an, daß das Wasser unbedingt erst zum Sieden gebracht werden muß, bevor sich der Apparat in Tätigkeit setzt. Für die Sauberhaltung des Gebrauchswassers und die Lebensdauer des Automaten wäre es günstiger, wenn sich im Wasserraume weniger feste und bewegliche Konstruktionsteile (Schlange, Glocke) befänden.

F. Die Vereinigung von Wärmequellen.

Die Zusatzheizung.

Eine Vereinigung zweier oder mehrerer Wärmequellen kann zur Erreichung eines billigen und einfachen Betriebes häufig vorteilhaft vorgenommen werden.

Wann eine Vereinigung zu erfolgen hat, darüber entscheidet zu allererst die Frage, ob für eine Anlage überhaupt mehrere Wärmequellen zur Verfügung stehen. Eine Vereinigung wird sich nötig machen, wenn die Leistung der Hauptwärmequelle zur Erzeugung einer bestimmten Warmwassermenge, wie auch einer geforderten Wassertemperatur, nicht ausreicht, oder wenn diese Quelle zu bestimmten Zeiten des Warmwasserbedarfes versiegt. Ist eine zweite Wärmequelle nicht vorhanden, sind dagegen Gas und elektrischer Strom verfügbar, so können diese dort, wo die eigentliche Hauptwärmequelle nicht ausreicht oder nicht stetig arbeitet, eine sehr angenehme Zusatzwärmequelle ergeben. Als vorhandene Wärmequelle können alle oben angeführten zur Geltung kommen, insbesondere der Küchenherd, der Kessel einer Zentralheizung, der Abdampf und die Abgase. Letztere, der Abdampf und die Abgase, können auch wieder umgekehrt eine passende Zusatzwärmequelle ergeben.

An dieser Stelle sei nochmals auf die Anlage der Abb. 55 verwiesen. Ein Teil des in den Boilern WB_1 erzeugten Warmwassers wird mit höchstens 25^0 zu Backzwecken benötigt, die übrige Menge zu Reinigungs-, Bade- und anderen Zwecken, die eine weit höhere Wassertemperatur bedingen. Zu diesem Zwecke ist daher eine zweite Gebrauchsleitung *c* verlegt, die auch der Waschküche und mehreren in den einzelnen Räumen verteilten Handwaschbecken Warmwasser zuführt. Für die Großzapfstellen der Bade- und Waschanlage ist *c* mit einer zu

WB_1 führenden Rücklaufleitung d als Ring- oder Umlaufleitung ausgebildet, um einem Stagnieren, Abkühlen und Vergeuden von warmem Wasser vorzubeugen. Die Ausdehnungsregelung im System übernehmen ein im zweiten Obergeschoß aufgestellter stehender Warmwasserbehälter WB_2 und das daran angeschlossene Überlauf- bzw. Überkochrohr e, welch letzteres,

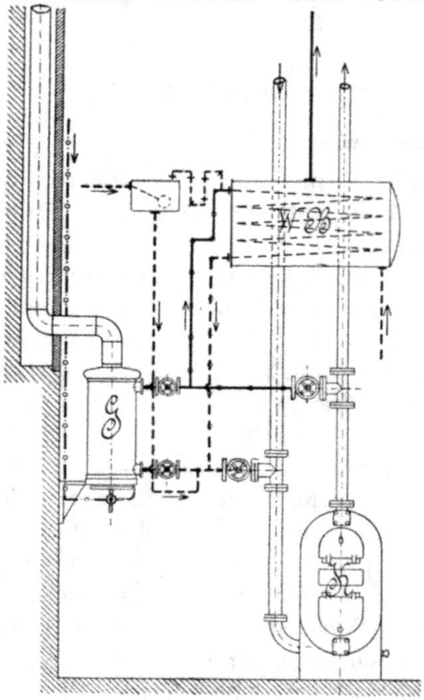

Abb. 230.

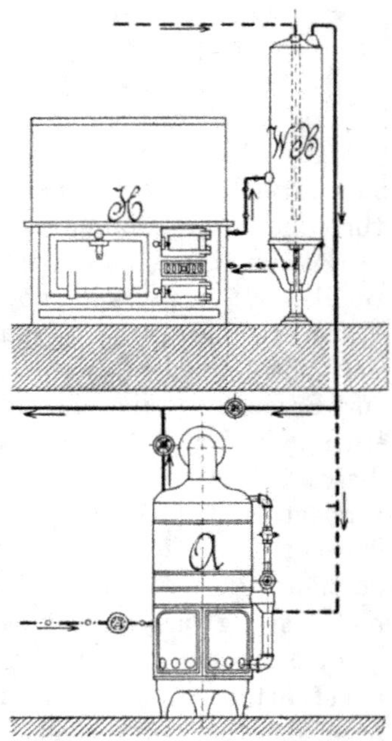

Abb. 231.

in dem Ablaufkanal verlegt, über Dach frei ausmündet; hierdurch ist die Anlage als Niederdrucksystem gesichert. Um nun für Bade- und Waschzwecke ein Wasser mit einer Temperatur $> 25^0$ zur Verfügung zu haben, ist der Behälter WB_2 mit 2000 mm Höhe und 400 mm Durchm. weit größer als ein gewöhnliches Ausdehnungsgefäß gehalten, für Nacherwärmung mittels durch Leitung f und Ventil V_1 direkt eingeführten Frischdampfes vorgesehen und in das Zirkulationssystem eingeschaltet. In solchem Falle ist dann durch Öffnen des Hahnes V_2 das System bis in

WB_2 zu füllen, so daß also W_2B als ein Behälter mit veränderlichem Wasserstande anzusehen ist.

Die Bedienung dieser Anlage darf durchaus nicht umständlich erscheinen. Sie ist vielmehr sehr zweckdienlich in der Überlegung, daß bei den streng eingeteilten Arbeitsschichten die Benutzung der Badeanlage zu ganz bestimmten Zeiten eintritt, daß eine ständige und unnötig hohe Warmwasseraufspeicherung vermieden wird, und daß die Erzeugung entsprechend hoch temperierten Badewassers im Behälter WB_2 in kurzer Zeit mit unbedeutendem Dampfaufwande vonstatten geht.

Das Gas als Haupt- oder Zusatzwärmequelle.

Abgesehen von den Gasöfen mit nur einer Zapfstelle unmittelbar an sich selbst, können alle Modelle sowohl die Hauptwärmequelle bilden als auch eine wertvolle Zusatzheizung ergeben. Gerade die Vorzüge der freien Wahl des Aufstellungsplatzes, der steten Betriebsbereitschaft (abgesehen von Sperrstunden!) und des sauberen, automatischen Betriebes befähigt die Gasheizung ganz hervorragend als Zusatzheizung; die Hauptwärmequelle kann dabei eine ganz beliebige sein. Zu den vielen Anwendungsmöglichkeiten, wie solche an verschiedenen obigen Stellen schon angedeutet sind, seien noch einige nachstehend hinzugefügt.

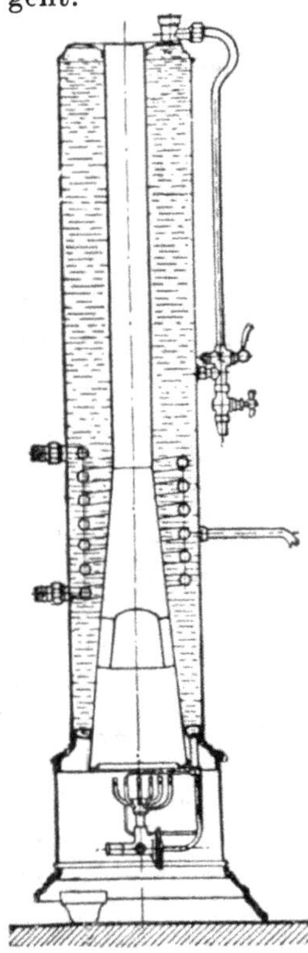

Abb. 232.

Abb. 230 zeigt die Vereinigung eines Gasofens G mit einem Zentralheizkessel K, Abb. 231, einen Ruud-Automaten A mit einem Küchenherde H. Sobald größere Wasserentnahmen die Wassertemperatur im Behälter WB oder in den Zapfleitungen sinken lassen, öffnet der Automat seinen Brenner, um das Mehr an heißem Wasser sofort zu decken, und schließt sich wieder, wenn dem plötzlichen Mehrbedarfe genügt ist. Hierbei wird der Gasofen entweder mit dem vorhandenen Behälter der Anlage verbunden oder mit einem besonderen Warmwasserbehälter ausgerüstet, oder er wird auch einfach in die Verbrauchsleitung der Anlage im Nebenschluß eingeschaltet.

Bei indirekter Erwärmung, bei Benutzung einer Heizschlange im Behälter kann jene in ihrer Größe für eine der beiden Wärmequellen nicht ausreichend sein. Sollen trotzdem beide Wärmequellen gemeinsam auf den Behälter hinarbeiten, so empfiehlt es sich, die Erwärmung durch die eine vorgesehene Quelle indirekt, die andere dagegen direkt vorzunehmen. Eine Vereinigung eines Gasofens mit einer Dampf- oder Wasserheizung läßt sich, wie schon oben gesagt, in der Weise erreichen, daß in dem Wasserraume des zylindrischen Gasofens eine Kupferschlange eingelegt wird, durch welche der Dampf oder das Warmwasser zirkulieren kann. Eine derartige Ausführung zeigt nach Abb. 232 der Gasautomat Junkers mit eingebauter Heizschlange für Zentralheizung.

Die Elektrizität als Zusatzwärmequelle.

Nach den Darlegungen über die Elektrizität als Heizmittel und die elektrischen Heizkörper als Wärmequelle bedarf es keiner weiteren Auslassungen mehr über den Punkt, daß bei der Vereinigung mehrerer Heizquellen die Elektrizität wohl nur das sekundäre Heizmittel abgeben wird. Dieselben Vorteile wie der Gasofen bietet der elektrische Zusatzheizkörper, dazu aber noch den einer Wärmeäußerung ohne jedweden Verbrennungsprozeß. Er bietet also die gegebenste Zusatzheizung dort, wo die Hauptwärmequelle in Dampf, Abdampf oder Heizwasser liegt. Man genügt dann den hygienischen Anforderungen in weitgehendstem Maße. Natürlich kann auch jede Kohlenheizung ein elektrisches Zusatzaggregat erhalten (Abb. 233). So hat man einfache Badeöfen mit Kohlen- und elektrischer Heizung. Zur Benutzung elektrischer Heizung für jede bestehende Warmwasseranlage eignen sich die elektrischen Heizeinsätze.

Daß die elektrische Heizung ebenfalls den größten Anforderungen zu genügen vermag, darauf ist schon oben genügend hingewiesen. Eine interessante Anlage in dieser Hinsicht ist nach Abb. 234 von Prometheus, Frankfurt a. M., ausgeführt. Es handelt sich um das Badehaus eines großen industriellen Betriebes. Im Winter wird mit dem Dampfkondensat verschiedener Arbeitsmaschinen oder mit Frischdampf und im Sommer mit Elektrizität

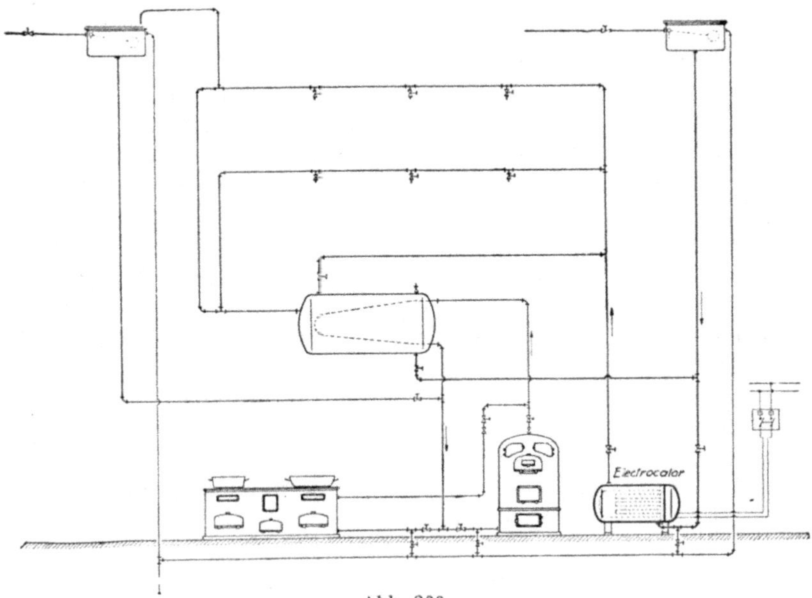

Abb. 233.

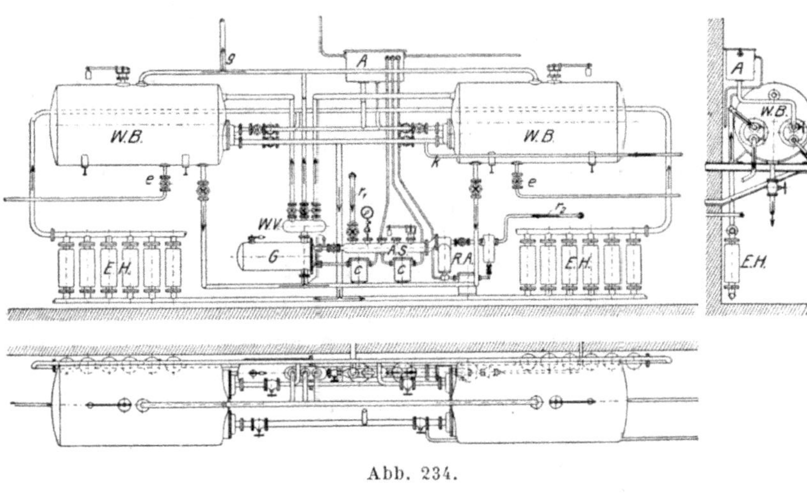

Abb. 234.

das Warmwasser erzeugt. In 2 Batterien vereinigte Prometheus-Heizrohre *EH* von je 5 kW arbeiten im Umlauf auf 2 Heizschlangen, die sich in den beiden Warmwasserbehältern *WB* von je 3 m^3 Fassung befinden. Der Dampf bzw. das Kondensat, welche Heizmittel durch r_1 bzw. r_2 zuströmen, bewirken die Wassererwärmung in dem Gegenstromapparat *G*, dem ein Armatursammelstutzen *AS* vorgebaut ist. Der Warmwasserverteiler *WV* führt das in *G* erzeugte Warmwasser entweder direkt der Gebrauchsleitung *g* oder den *WB* zur Aufspeicherung zu. Zur Reinigung und Entölung der Kondensate dienen die Reinigungsapparate *RA*, zur Entwässerung die Kondenstöpfe *C*, zur Entlüftung und Ausdehnung das Gefäß *A*; die Entleerung von *WB* erfolgt durch *e*. Reichlich angebrachte Sicherheitsventile an *WB*, *G* und *AS* geben der Anlage die Gewähr eines sicheren Betriebes, welche bei den verschiedenartigen Wärmequellen sonst nicht so ohne weiteres gegeben ist.

VI. Die Wasserquelle.

Die Wasserquelle ist das Kaltwasser, das der Anlage zur Erwärmung zugeführt wird. Im allgemeinen wird man mit einem Wasser in sog. kaltem Zustande, d. h. von natürlicher Temperatur zu $\sim 5 \div 15^0$ zu rechnen haben. Jedoch kann das Speisewasser auch schon künstlich höher temperiert sein, wie es sich z. B. im Kühlwasser der Maschinen und an sonstigen Stellen, oder bei Thermalwässern, die nur noch einer Nachwärmung bedürfen, findet. Alle diese Wässer sind nach zwei Gesichtspunkten hin zu prüfen und zu beurteilen: einmal nach der Höhe des Druckes, dann nach der Beschaffenheit.

A. Der Wasserdruck.

Das Kaltwasser kann einer zentralen Hochdruckleitung, d. i. in der Regel die eines städtischen Rohrnetzes, entnommen oder lokal mittels einer Pumpe aus einem Brunnen gehoben werden. Im ersteren Falle hat man mit einem Drucke von $2 \div 6$ Atm. und mehr zu rechnen, während im anderen Falle die Pumpe selbst den Druck entsprechend der Förderhöhe bestimmt. Der

Einfachheit und Bequemlichkeit wegen benutzt man, wenn möglich, die fast überall vorhandene städtische Wasserleitung. Ob die Hochdruckleitung direkt an die Warmwasserbereitungsanlage anzuschließen oder erst einem Kaltwasserbehälter zuzuführen ist, darüber entscheiden die Art und Eigentümlichkeit des Systems wie auch hier und dort baupolizeiliche Bestimmungen, nach denen zur Schonung des Straßenrohrnetzes Kaltwasserbehälter vorgeschrieben werden können. In vielen Fällen, wo der Kaltwasserdruck zu hoch erscheint, wo es auf eine stets gleichmäßige und selbsttätige Nachfüllung ankommt, wo ein Warmwasserbehälter eingeschaltet werden soll und eine lokale Pumpenanlage nicht ständig in Betrieb sein kann, wird sich die Anordnung eines besonderen Kaltwasserbehälters oder Schwimmergefäßes ohne weiteres nötig machen. Die Kaltwasserbehälter sind dann an der höchsten Stelle der Anlage vorzusehen. Die Lage ergibt sich durch die höchste Zapfstelle, die möglichst noch 1,5÷2 m unter dem Behälter liegen soll. Auf jede Steller des Systems ruht dann ein Druck der Wassersäule, welche dem Höhenunterschiede zwischen dieser Stelle und dem Behälter entspricht. Eine Druckverminderung läßt sich unter Umgehung eines Behälters auch dadurch erreichen, daß man in die Leitung eine Blende einlegt. Die Grenze zwischen Niederdruck und Hochdruck liegt bei ∾ 2 Atm.; Hochdruck findet sich bis zu 12 Atm. und mehr. Es kann also zur Verfügung stehen:

das Wasser einer Zentralleitung mit Hochdruck, seltener mit Niederdruck,

» » einer lokalen Pumpenanlage mit Hochdruck,

» » eines Sammelbehälters (Kaltwasserbehälters) mit Niederdruck, seltener mit Hochdruck.

Eine direkte Wasserentnahme aus einer Pumpenanlage findet wohl kaum Anwendung. In der Regel arbeitet die Pumpe auf einen Behälter hin.

Bei vielen Dampfstrahl-, Gegenstromapparaten und Gasautomaten ist ein direkter Anschluß an die Hochdruckleitung möglich und vorausgesetzt. Andere Anlagen, die direkt unter dem Wasserleitungsdrucke stehen, bedingen eine Höchstgrenze des letzteren, etwa bei 2 Atm., da es beim schnellen Schließen der Zapfstellen leicht vorkommen kann, daß der im System vorhandene Wasserdruck plötzlich um ein mehrfaches steigt. Aus diesem Grunde wird den Automaten gern ein Organ zur Verminderung des Wasserschlages vorgeschaltet. Wieder andere Gasöfen bedingen einen Mindestwasserdruck von 0,75÷1 Atm. Steht Hochdruckwasser von wenigstens 2 Atm. zur Verfügung, so können an Stelle von Heizschlangen Dampfstrahlapparate zur Erwärmung dienen.

Für manche Anlage, z. B. für die mit Mischapparaten arbeitende, ist die Einschaltung eines Wasserdruckreglers als Standrohr u. dgl. nötig. Es können nämlich die Anlagen, die unter direktem Wasserdrucke stehen, zu Explosionen und Verbrühungen Anlaß geben, die darin begründet sind, daß bei zu starkem Erwärmen das Wasser im Kessel den Siedepunkt erreicht und eine hohe Spannung entwickelt, welche sich nicht so schnell in das Rohrnetz fortpflanzen kann. Ferner zeigen die Anlagen mit direktem Anschluß öfter den Übelstand, daß sie eine schlechte Abführung der aus dem Wasser sich ausscheidenden Luft ergeben. Die Luft sättigt sich mit Wasserdampf und wird in dieser Form durch den Leitungsdruck aus den Zapfstellen geschleudert, wodurch Verbrühungen ebenfalls nicht ausgeschlossen sind. Gute Konstruktionen suchen jedoch solchen Nachteil durch Einhaltung einer bestimmten konstanten Wassertemperatur aufzuheben.

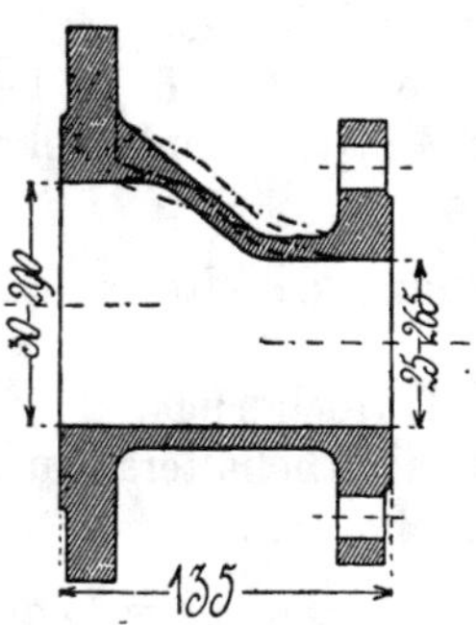

Abb. 235.

Die zu große Geschwindigkeit v einer Hochdruckwassermenge Q läßt sich unter Beachtung des mechanischen Gesetzes $Q = f \cdot v$ einfach dadurch verringern, daß man der Austrittsmündung der Wasserleitung durch Einsetzen einer Reduktionsmuffe (Abb. 235) einen entsprechend (etwa 5mal) größeren Querschnitt f gibt, als die Zuleitung besitzt. Statt dessen kann man auch ein ⊥-Stück oder ein siebartiges Rohr verwenden, die in den Behälter hineinragen und das Wasser durch die zwei seitlichen ⊥-Öffnungen bzw. durch die Sieblöcher gleich verteilt austreten lassen. Bei indirekter Erwärmung ist es unter Umständen vorteilhaft, das Wasser mit vollem Drucke in das System eintreten zu lassen, damit die Wärmeentziehung aus dem Heizmittel möglichst energisch vor sich geht. Durch Einsetzen einer Blende in die Zuleitung läßt sich dann weiter der Austrittsquerschnitt verringern, die Austrittsgeschwindigkeit des Wassers steigern und eine noch raschere Erwärmung erzielen; dabei ist natürlich vorausgesetzt, daß die Heizquelle hierzu genügend leistungsfähig ist.

B. Die Wasserbeschaffenheit.

Der zweite wichtige Faktor für die Wahl eines Warmwasserbereitungssystemes bezüglich der Wasserquelle ist die Beschaffenheit des Wassers.

Das Wasser, wie es Warmwasserversorgungsanlagen zur Verfügung steht und dem Erdinnern als Grund- und Tiefenwasser den Flußläufen, Stauseen usw. als Oberflächenwasser entnommen wird, ist nicht reines H_2O, sondern mit vielen anderen chemischen Stoffen durchsetzt, welche es für Genuß-, sonstige Gebrauchszwecke mehr oder weniger brauchbar machen. Chemisch reines Wasser würde sich für Genußzwecke gar nicht eignen. Die hier am meisten interessierenden chemischen Bestandteile des Wassers sind Kalzium (Kalk), Magnesia, Kohlensäure, Sauerstoff und Eisen.

Die Kalzium- und Magnesiumverbindungen, und zwar deren Karbonate und Bikarbonate, bedingen die Härte des Wassers. Ein Wasser kann hart oder weich sein. Die Härte richtet sich nach der im Wasser aufgelösten Kalk- und Magnesiamenge, welche die Kesselstein- und Schlammbildung hervorrufen. Die Härte wird nach Graden bemessen. Ein deutscher Härtegrad entspricht einem Gewichtsteil Kalk (CaO) in 100000 Teilen Wasser, wobei die Magnesia (MgO) als Kalk eingesetzt und auf diesen mittels der Atomgewichte umgerechnet wird zu:

$$MgO : CaO = (24 + 16) : (40 + 16) = 1 : 1{,}4.$$

Besitzt somit ein Wasser in 100000 l Wasser 1 kg CaO oder in 100 l Wasser 1 g CaO oder in 1 l Wasser 10 mg CaO, so hat dies Wasser eine Härte von 1 Grad (deutsch), es ist 1^0 hart. Man erhält also den Härtegrad, wenn man das Kalkgewicht in mg/l zu dem 1,4fachen des Magnesiagewichtes hinzuzählt und das ganze durch 10 teilt.

Sind bei einem Wasser in 1 l nachgewiesen: 117,0 mg CaO und 26,3 mg MgO, so besitzt es:

$$\frac{117{,}0 + 1{,}4 \cdot 26{,}3}{10} = 15{,}4 \text{ deutsche Härtegrade.}$$

Es entspricht 1 deutscher Härtegrad: 1,25 englischen und 1,79 französischen Graden. Das Wasser für den Genuß, gewerbliche und industrielle Zwecke ist bis zu 20 deutschen Härtegraden als brauchbar zu erachten. Man nennt Wasser: bis zu 5^0 weich; mit $5 \div 10^0$ mäßig hart; $10 \div 20^0$ hart; mit mehr als 20^0 sehr hart.

Im kalten Wasser sind die Kalk-Magnesiasalze gelöst. Beim Erwärmen des Wassers werden sie als Schlamm oder sog. Kesselstein ausgefällt. Bis $\sim 50^0$ Erwärmung ist die Bildung von Kesselstein bei hartem Wasser in der Regel noch gering, steigt aber im Verhältnis der Temperaturzunahme. Aus theoretischen Gründen ist jedoch die Menge des durch die Erwärmung ausgeschiedenen Kesselsteins dem Gehalt des Wassers an Kesselstein bildenden Stoffen nicht proportional, sondern das Absetzen von Kesselstein nimmt in weit höherem Maße zu als der Gehalt des Wassers an diesen Stoffen. Enthält das Wasser merkliche Mengen von Kieselsäure (SiO_2), so geht diese in den beim Erwärmen des Wassers sich ausscheidenden Kesselstein über, wodurch letzterer locker und schlammig wird, während Wasser ohne SiO_2 dichten, harten, festen Kesselstein ergibt. Die gelbe bis braune Farbe des Kesselsteines wird durch kleine Mengen Eisen bedingt und deutet auf Eisengehalt des Wassers hin.

Für den Entwurf einer Warmwasserbereitungsanlage ist es also von hoher Bedeutung, vorher die Härte des Wassers zu kennen, welche sich durch die Analyse in einem Laboratorium genau festlegen läßt. Muß aus irgendeinem Grunde auf die Analyse verzichtet werden, und ist die Beschaffenheit auch von früher her nicht bekannt, so kann man leicht, schnell und mit genügend praktischer Genauigkeit die Härte des Wassers nach der Titrierungsmethode mittels Seifenspiritus bestimmen, eine Methode, die von jedem Laien und Arbeiter zu jeder Zeit bequem durchgeführt werden kann. Es wird folgendermaßen verfahren:

Von dem zu untersuchenden Wasser werden $100 \text{ cm}^3 = {}^1/_{10}$ l in eine Flasche gefüllt, in die man danach aus einer nach Härtegraden geeichten Röhre so viel Seifenspiritus zugießt, bis die Mischung nach einigem Schütteln schäumt und der Schaum stehen bleibt. An dem Stande des in der Röhre zurückgebliebenen unverbrauchten Spiritus liest man mit Hilfe der Teilstriche unmittelbar die Härte des Wassers ab. Nach einigen Versuchen hat man ein zutreffendes Maß. Röhre und Seifenspiritus sind in Drogerien oder in Handlungen für Laboratoriumsapparate zu erhalten.

Auf andere Weise kann man schnell und leicht bestimmen, in welchem Grade ein Wasser beim Erwärmen Kesselstein absetzt. Man mißt 100 cm³ = 0,1 l des betreffenden Wassers in ein Becherglas und fügt hierauf 1÷2 Tropfen Methyl-Orange hinzu, wodurch sich das Wasser gelb färbt. Nun läßt man aus einer Bürette vorsichtig unter Umrühren solange 0,1 normale Salzsäure zufließen, bis die gelbe Farbe des Wassers soeben in rot übergeht. Die verbrauchten cm³ 0,1 normaler Salzsäure mit 2,8 multipliziert, ergibt die Menge Kesselstein auf 100 l Wasser, ausgedrückt in *g* Kalziumoxyd (CaO).

Zur Einschränkung oder Verhütung des Absatzes von Kesselstein können chemische und mechanische Mittel dienen, die jedoch für vorliegenden Zweck weniger oder gar nicht zur Anwendung kommen können. Chemische Mittel wären: Ätznatron, Ätzkalk, Schwefelsäure und Kohlensäure, deren Natur, Eigenschaften und Kostspieligkeit eine Benutzung wohl in fast allen Warmwasserbereitungsanlagen ausschließt. Mechanische Mittel, wie z. B. Einfetten der Heizflächen u. dgl. können auch nicht in Frage kommen. Ist somit eine Enthärtung nicht zu erreichen, so bleibt als einzigster, sicherster Ausweg die richtige Wahl des Systemes mit solch eingerichteten Kesseln, Apparaten, Behältern, welche eine leichte und jederzeitige (periodische) Entfernung des Kesselsteinbelages ermöglichen.

Läßt der Verwendungszweck eine freie Auswahl zwischen zwei verschieden harten Wässern zu, so ist vom rein technischen Standpunkte aus wohl dem weichsten Wasser der Vorzug zu geben. Ist nur sehr hartes Wasser vorhanden, so wählt man, wenn eben möglich, eine indirekte Erwärmung in offenen Behältern und sieht alle Konstruktionsteile der Anlage derart vor, daß sie von Kesselstein und Schlamm jederzeit leicht zu reinigen sind; ferner empfiehlt es sich in solchem Falle, um einer Bildung von Kesselstein überhaupt vorzubeugen, die Wassertemperatur möglichst niedrig zu halten. Für sehr kalkhaltiges Wasser werden auch besondere Gasöfen geschlossenen Systems gebaut, die infolge ihrer leichten Zerlegbarkeit rasch gereinigt werden können, so daß der Verwendung sehr harten Wassers selbst in den sonst in dieser Hinsicht diffizilen Gasöfen nichts im Wege zu stehen braucht.

Freie Kohlensäure (CO_2) und gelöster absorbierter Sauerstoff (O), die sich in vielen natürlichen Wässern finden, ist fast von noch schwerwiegender Bedeutung als die Kesselsteinbildung. Die gelösten Gase geben, sobald ein gewisser Überschuß von CO_2 über den kohlensauren Kalk (CaO) vorhanden ist, dem Wasser zerstörende Eigenschaften, wodurch Eisen und fast alle Metalle angegriffen und in sich aufgelöst werden. Die bei der Erwärmung des Wassers frei werdenden Gasbläschen setzen sich vorzugsweise dort ab, wo keine Bewegung stattfindet, also in Luftsäcken, unebenen Stellen an Kessel, Behälter, Rohrwandungen, schlechte, unglatte Schweißnähte, und fressen sich dort ein. Tritt freier O zu CO_2, so führt dies beim Eisen zu Rostbildung und Zersetzung, die sich in dreierlei Weise geltend machen kann. Die erste Art ist das Auftreten von Rostknollen und Rostmänteln im Innern der Rohrleitungen; eine andere Art ist das Abscheiden von gelbbraunem Eisenschlamm im Innern von Röhren, Kesseln, Behältern usw.; die dritte, seltenere Art ist dieäußerlich unsichtbare schwammige Erweichung des Eisenmateriales, die Spongiose, die bei Erdleitungen durch vagabundierende elektrische Ströme hervorgerufen wird. Das Rosten ist als ein elektrolytischer Vorgang anzusehen. Die CO_2 bereitet die Auflösung des Metalles vor, der O erzeugt dann die eigentliche Rostbildung.

Von höchster Bedeutung ist der Einfluß solch gashaltigen Wassers auf das Blei. Durch Einwirkung von frei gelöster CO_2 und freiem O auf das Bleimetall bilden sich im Wasser unlösliche Salze, die als sehr giftig eine nicht unerhebliche Gefahr für Gesundheit und Leben in sich bergen. Wasser mit Bleigehalt schon über 0,35 lmg ist schädlich und als Nutzwasser unbrauchbar. Besitzt ein Wasser bleilösende Eigenschaften, so ist die Benutzung von Bleirohren und Bleiteilen unzulässig.

Ähnliche Verhältnisse finden sich bei den übrigen Metallen, wie Zinn, Zink, Messing, Nickel, Bronze und Kupfer. Letzteres ist noch das widerstandsfähigste gegen die schädlichen Einwirkungen der freien CO_2 und des gelösten O. Für solche Wässer sind Armaturen aus Bronze denen aus Messing vorzuziehen.

Alle diese üblen Eigenschaften von Wässern mit freigelöster CO_2 und absorbiertem O machen sich gerade in Warmwasseranlagen um so mehr und nachteiliger geltend, weil die höhere Temperatur die chemischen Prozesse noch außerordentlich begünstigt. Chemische Abwehrmittel sind bedeutungslos. Gut bewährt hat sich dagegen der mechanisch wirkende Rostverhüter der Deutschen Sanitätswerke, Frankfurt a. M. Der verhältnismäßig kleine Apparat wird nach Abb. 236 auf dem Warm-

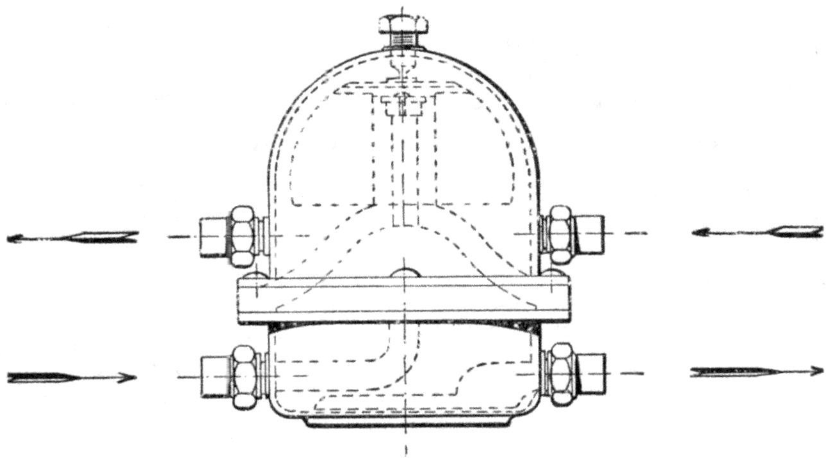

Abb. 236.

wasserbehälter oder dem Kessel montiert. Der Apparat besteht aus einem Doppelgefäß, durch dessen untere Abteilung das erwärmte Wasser, durch dessen oberen Teil das Kaltwasser strömt. Die beide Abteilungen scheidende Zwischenwand besteht aus wärmeisolierendem Material. Sie besitzt eine kleine zentrale, durch Schwimmer abgeschlossene Öffnung und führt unmittelbar oder durch eine beliebige Ableitung ins Freie. Geraten nun die aus dem erwärmten Wasser entbundenen Gase unter die Wölbung der Zwischenwand und füllen diese mehr und mehr an, dann treten die stark mit heißem Wasserdampf gemischten Gase in die obere kalte Abteilung über. Hier kondensiert der Wasserdampf, und das Kondenswasser mischt sich mit dem Speisewasser, dieses ein wenig erwärmend; die nicht kondensablen schädlichen

Gase, Sauerstoff und Kohlensäure mit beigemischtem Stickstoff, füllen nun mehr und mehr den oberen Teil der kalten Abteilung an, bringen schließlich den Schwimmer, der die ins Freie führende Öffnung verschließt, ins Sinken; die lästigen Gase werden abgeblasen. Die ganze Einrichtung wirkt automatisch. Abb. 237 zeigt den Einbau des Rostverhüters an einem Warmwasserbehälter.

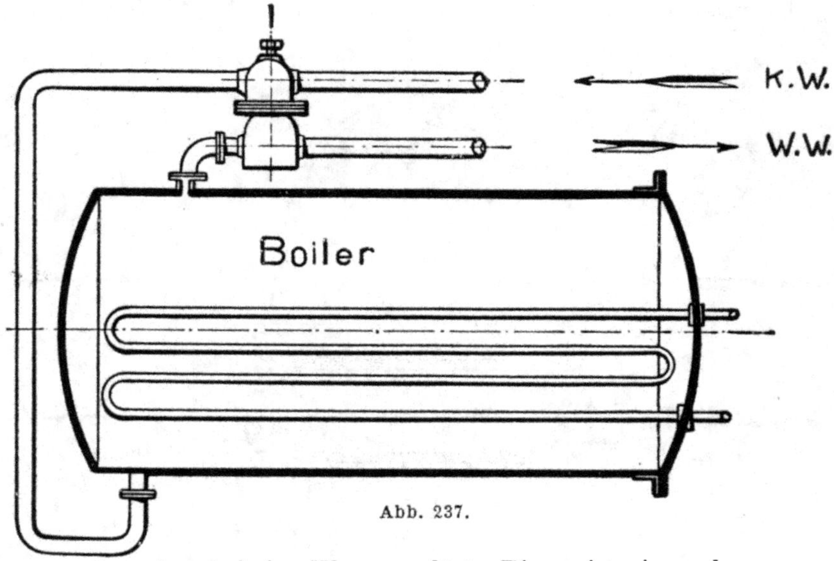

Abb. 237.

Das chemisch im Wasser gelöste Eisen ist eine sehr verbreitete Verunreinigung des ersteren. Manches sonst gute Wasser wird durch Eisengehalt in seiner Güte sogar bis zur Unbrauchbarkeit beeinträchtigt. Aus der Luft zieht das eisenhaltige Wasser schnell Sauerstoff an, es oxydiert und gibt den bekannten braunen Niederschlag von Hydroxyd. Das Ferrokarbonat $FeCO_3$ findet sich in den Eisen- und Stahlwässern zu Pyrmont, Schwalbach u. a., Wässer, die in Berührung mit Luft Eisenhydroxyd oder Ocker absetzen.

Von Natur sind eisenhaltige Wässer in der Regel ganz klar und blank, sie werden erst beim Stehen an der Luft trüb, lassen alsbald die Trübung in Form feiner brauner Sehlammflocken fallen und klären sich dann wieder. Abgesehen von der unappetitlichen Farbe und der Verschmutzung der Behältnisse durch den braunen Niederschlag ruft eisenhaltiges Wasser eine Verschlammung und Verstopfung der Leitungen und Apparate hervor sowohl aus sich selbst heraus als auch durch Algenarten, wie Crenothrix, Gallionella u. a., welche im Eisenschlamm ihre Nahrung finden. Die heutigen Enteisenungsverfahren sind aber so vorzüglich, daß viele stark eisenhaltige Wässer für Genuß, gewerbliche und technische Zwecke brauchbar gemacht werden können. Dies ist um so bedeutungsvoller, als der Eisengehalt im Wasser sehr schwankend ist und manche Wässer erst im Laufe der Zeit nach der Hebung Eisengehalt oder erst nach gewisser Zeit ein Maximum an Eisen aufweisen. Das auf Eisen behandelte Wasser ist brauchbar, klar und greift Armaturen und Apparate nicht mehr an.

Mangan ruft im Wasser die ähnlichen Erscheinungen wie das Eisen hervor. Es setzt bei seiner Ausscheidung einen schwärzlichen, sehr lästigen Schlamm ab und bietet den Algen noch reichlicheren Nährboden als das Eisen. Im Enteisenungsverfahren kann es, an Kohlensäure gebunden, jedoch leicht mit entfernt werden.

Außer vorbenannten Bestandteilen kann das Wasser noch Chlor, Schwefelsäure, Salpetersäure, salpetrige Säure, Ammoniak, Nitrate, Phosphate, organische Stoffe und Bakterien enthalten. Von den organischen Stoffen, die im allgemeinen harmlos sind, greifen die Huminstoffe, welche sich in Moor- und Küstengegenden finden, Kessel-, Rohr- und Behälterwandungen an und sind daher durch Zusatz von Alaun zu entfernen.

Die Mengenbestimmung aller dieser Einzelstoffe in einem bestimmten Wasser entzieht sich dem Bereiche des Technikers, das ist Sache der Chemiker. Außerdem ist eine Analysenbestimmung besonders für Warmwasserbereitungen seltener erforderlich. Die Wasserquelle hierfür ist meist schon vorhanden und versorgt schon während längerer Zeitdauer die Kaltwasseranlage. Hier handelt es sich dann nur um die Frage: ist das vorliegende Wasser für eine Erwärmung und für einen bestimmten Zweck verwendbar?

Alle die genannten Beimengungen sind nun für die einzelnen Verwendungszwecke mehr oder weniger dienlich oder schädlich. Als Norm für alle Wässer kommt das Trinkwasser in erster Linie in Frage.

G u t e s b r a u c h b a r e s T r i n k w a s s e r soll nach allgemeinen gesundheitstechnischen Grundlagen folgende Beschaffenheit zeigen:

Temperatur im Winter nicht unter 8° } möglichst wenig schwankend, wenigstens nicht über 4÷6° hinaus;
» » Sommer » über 12° }

Härte $\leqq$18÷20° deutsche Härtegrade;
Ammoniak und salpetrige Säure höchstens nur ganz geringe Spuren;

feste Rückstände, Stoffe, die beim Verdampfen zurückbleiben . .	$\leqq$ 50	Teile auf 100000 Teile Wasser
Eisen	$\leqq$ 0,03	» » » » »
Chlor (Kochsalz NaCl)	$\leqq$ 2÷3	» » » » »
Schwefelsäure . . .	$\leqq$ 8÷10	» » » » »
Salpetersäure	$\leqq$ 0,5÷1,5	» » » » »
freie Kohlensäure . .	—	» » » » »
freier Sauerstoff . .	—	» » » » »
organische Stoffe . .	$\leqq$ 0,6÷1,0	» » » » »
Bakteriengehalt . .	$\leqq$ 100÷200	Bakterien in 1 cm³ in Sand gefiltertes Wasser.

Besonders wünschenswert ist ein möglichst hoher Gehalt an gebundener Kohlensäure, an Kalziumkarbonaten, besonders an doppeltkohlensaurem Kalk ($Ca[HCO_3]_2$), wodurch das Wasser seinen Wohlgeschmack erhält.

Über die Beschaffenheit, welche das Wasser für andere häusliche und gewerbliche Zwecke besonders besitzen soll, mögen folgende kurze allgemeine Angaben dienen[1]). Das Wasser soll sein:

für Badezwecke: möglichst weich und eisenfrei;

für Wäschereien: weich und eisenfrei, denn die Kalk- und Magnesiasalze des harten Wassers erschweren die Bildung des Seifenschaumes, der die Schmutzstoffe einzuschließen hat, Eisen gibt Rostflecke;

für Färbereien: eisenfrei, vollständig klar und farblos, meist weich, hartes kalk- und magnesiumhaltiges Wasser für

[1]) Dr. L e h e r, »Das Wasser«. 1905, Göschensche Verlagsbuchhandlung.

besondere Farben und Gewebe nötig (Türkischrot und Chromlack);

für Brauereien: frei von organischen Stoffen, Ammoniak, Eisen, Nitraten und Schwefelwasserstoffen, wegen günstigerer Gärung besser hart als weich;

für Brennereien: wie vorstehend, aber wegen inniger, klarer Vermischung mit Alkohol weich;

für Zuckerfabriken: frei von Nitraten und anderen Salzen, möglichst gering an organischen Stoffen;

für Schlachthäuser: wie Brauwasser, aber weich;

für Kochküchen: wie Trinkwasser, möglichst weich, salzhaltig in den zulässigen Grenzen.

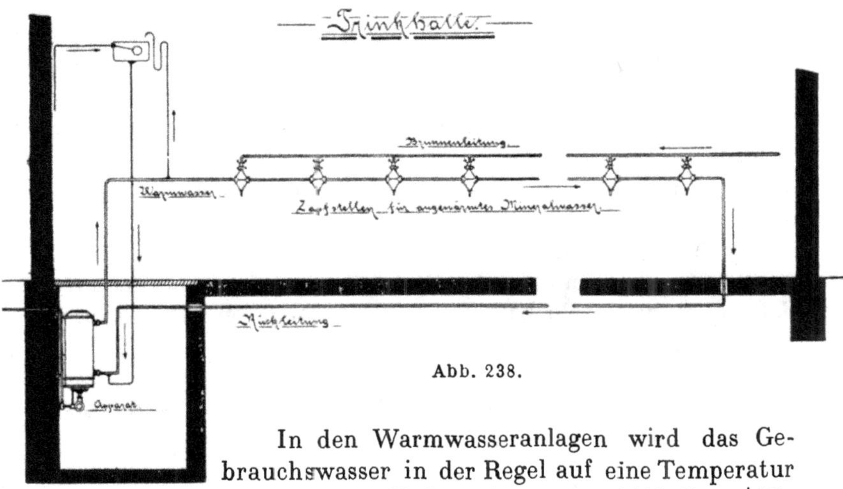

Abb. 238.

In den Warmwasseranlagen wird das Gebrauchswasser in der Regel auf eine Temperatur erwärmt, die weit unter dem Siedepunkte, unter 100^0, liegt. Bis zu diesen Temperaturgrenzen wird die Beschaffenheit des Wassers wenig verändert. Jedoch bestehen Wasseranlagen, bei denen gewisse wesentliche Bestandteile des Wassers durch eine gewisse Erwärmung, welche das Wasser genußfähiger zu machen hat, nicht ausgeschieden werden dürfen. Das trifft in erster Linie für natürliche Mineralwässer zu.

Ein diesbezüglicher Fall liegt z. B. für den Rakoczybrunnen in Bad Kissingen vor. Von der Badeverwaltung war betreffs der Erwärmung des Brunnenwassers die Bedingung gestellt, daß dessen Temperatur in gleichbleibender Trinkwärme bleiben müsse und dabei durch die künstliche Erwärmung eine Ausscheidung der Kohlensäure und mineralischen Salze nicht stattfinden dürfe. Solche Veränderung des Wassers war jedoch bei direkter und indirekter Erwärmung üblicher Art immer zu befürchten. Eine vorzügliche Lösung der Frage wurde in dem Projekte von Junkers & Cie., Dessau, gefunden, welches auch von der Brunnenverwaltung angenommen und gemäß Abb. 238[1]) ausgeführt ist. Sehr interessant ist hier wieder die zweckmäßige Verwendung des Gasofens.

Die Zapfstellen in der Trinkhalle sind durch einen kleinen Anwärmapparat umgeben, durch den das vom Gasofen kommende Zirkulations-Anwärmwasser strömt. Es erfolgt also die Anwärmung des Trinkwassers erst im Augenblick des Abzapfens und in einer Zeitdauer und Höhe, daß das Trinkwasser genügend Zeit zum Erwärmen auf »trinkwarm« findet, ohne seine charakteristische Beschaffenheit zu verlieren. Die am Gasofen vorgesehene automatische Temperaturregelung ermöglicht eine gleichmäßige Erwärmung des Wassers und einen vollkommen selbsttätigen Betrieb. Der Gasofen, ein Schnellwassererhitzer nach Prof. Junkers, besitzt einen immerhin großen Wasservorrat von ∾ 30 l, da ein besonderer Warmwasserbehälter nicht aufgestellt werden konnte. Die Speisung des Ofens und der Zirkulationsleitung geschieht von einem Schwimmergefäße aus; als Speisewasser dient abgekochtes oder Regenwasser.

Diese Anlage hat sich derart bewährt, daß bald darauf noch eine zweite Anlage in gleicher Weise durchgeführt worden ist. Die Gesamtleistung beider beträgt ∾ 26000 WE/h.

C. Die Zuführung des Kaltwassers zu der Warmwasseranlage.

Bei der Einrichtung einer Warmwasseranlage kann, abgesehen von Großbetrieben, in der Regel mit dem Vorhandensein einer Kaltwasserversorgungsanlage gerechnet werden, sei es selbst als einfacher Hofbrunnen. Es handelt sich dann meist nur um rationelle und zweckmäßige Ausnutzung der Kaltwasseranlage. Unter Umständen kann allerdings der Fall eintreten, daß sich das vorhandene Kaltwasser für die Warmwasseranlage

[1]) Gesundheits-Ingenieur, 30. Jahrgang 1907, Nr. 23.

als vollständig ungeeignet erweist. Dann bleibt natürlich nichts anderes übrig, als eine besondere, günstigere Kaltwasserquelle zu erschließen oder das Wasser einem Reinigungsprozesse zu unterwerfen. Die Beschaffenheit des zur Verfügung stehenden Wassers kann weiterhin auch für die Wahl eines bestimmten Systems ausschlaggebend sein.

Wo eben angängig, wird man schon der Bequemlichkeit wegen das Wasser eines städtischen Rohrnetzes ausnutzen. Der Zufluß zu den Wasserbehältern mit konstantem Inhalt erfolgt selbsttätig unter Einschaltung eines Schwimmkugel-Abschlußorganes. Ist der Inhalt des Behälters veränderlich vorgesehen, so wird das Wasser in selbigem durch Öffnen eines Hahnes von Hand nach Bedarf ersetzt. Um versehentlich nie mit leerem Behälter zu arbeiten, ist es empfehlenswert, die Behälter mit veränderlichem Inhalt ebenfalls ständig von einem Schwimmergefäße aus zu speisen, dessen Abschlußorgan auf eine beliebige langsame Wasserfüllung eingestellt ist. Zur Erhaltung einer langen Lebensdauer ist das Schwimmerabschlußorgan aber möglichst stets in einem Kaltwasserbehälter anzubringen, so daß, wenn ein besonderer Kaltwasserbehälter nicht vorgesehen ist, ein kleines Füllgefäß dem Warmwasserbehälter vorgebaut werden sollte.

Wird das Wasser einem lokalen Brunnen entnommen, so ist es ratsam, selbiges durch Hand- oder Elementarbetrieb erst in einen Sammelbehälter zu fördern, vorausgesetzt natürlich, daß letzterer zur Erreichung einer erforderlichen Druckhöhe hoch genug aufgestellt werden kann. Hierbei braucht der Sammelbehälter nicht immer ein Kaltwasserbehälter zu sein; jener kann vielmehr bei zeitweiliger Benutzung der Anlage und unterbrochenem Betriebe auch gleich den Warmwasserbehälter bilden.

Zum Fördern des Wassers aus dem Brunnen in den Sammelbehälter kann für häusliche Zwecke eine im Hof oder Keller aufgestellte einfache Handpumpe mit Flügel oder Kurbelrad genügen; jedoch werden selbst für solch einfache Verhältnisse zum Pumpenantrieb die gebräuchlichen Elementarkräfte, insbesondere die Elektrizität, den ganzen Betrieb angenehmer und leistungsfähiger gestalten. Ist der Betrieb kein dauernder, vielmehr nur zeitweilig und kurz, so lassen sich mit den handlichen, wenig Raum beanspruchenden, doppelt und vierfach wirkenden Flügelpumpen schon ganz beträchtliche Wassermengen fördern.

Tabelle 53.

Doppelwirkende Handflügelpumpen für Wasserhebung.

Innerer Rohrdurchmesser mm	13	19	25	32	32	38	38	51	51	64
Hubzahl in der Minute	104	100	88	82	80	72	58	56	52	46
Leistung in l jedes Doppelhubes	0,20	0,30	0,46	0,62	0,84	1,25	1,90	2,50	3,56	5,34
Leistung in l in der Min.	20	30	40	50	67	90	110	140	185	245
Gewicht kg	5	6,5	8	12	16	19	24	30	44	57

Die Leistungen der Tab. 53 beziehen sich auf je 1 m Saug- und Druckhöhe, auf die angegebene Hubzahl und auf volle Ausnutzung des Hubes. Bei mehr als 2 m Saughöhe ist ein Fußventil unerläßlich.

Für gesteigerten Betrieb in einzelstehenden größeren Gebäuden, Fabriken usw., die keine zentrale Wasserversorgung besitzen, empfiehlt sich die mit dem Elektromotor direkt gekuppelte Zentrifugalpumpe, welche das Wasser unmittelbar in die Druckleitung ohne Wasserbehälter drücken können. Diese Eigenart der Zentrifugalpumpen hat man sich bei hochgelegenen Gebäuden zur Steigerung eines nicht ausreichenden Druckes des Zentralnetzes nutzbar gemacht. Je nach der Druckhöhe kommen sie als Niederdruck bis 20 m und als Hochdruck bis $\sim$ 200 m Förderhöhe zur Anwendung. Einen Anhalt für die Wahl für die gebräuchlichen kleinen Hochdruck-Zentrifugalpumpen als Hauswasserpumpen gibt Tab. 54.

Der Kraftbedarf ist wegen des häufigen Anlassens reichlich zu bemessen; ebenso steht hinsichtlich des Wirkungsgrades die Zentrifugalpumpe der Kolbenpumpe nach, dafür sind Raumbedarf, Anlagekosten und Wartung gering. Wegen der hohen Umdrehungszahlen ist die Zentrifugalpumpe für direkten Antrieb durch Elektromotor brauchbar.

In freien ländlichen Gegenden kann eine Windturbine ebenfalls gute Dienste leisten (Abb. 54). Da jedoch die Tätigkeit des Windmotors eine von den Witterungsverhältnissen abhängige, unterbrochene und schwankende ist, so ist in diesem besonderen

Falle stets ein Kaltwassersammelbehälter von möglichst großem Fassungsvermögen vorzusehen.

Tabelle 54.

Hochdruck-Zentrifugal-Hauswasserpumpe.

Leistung in l/Minute	manometrische Förderhöhe in m								minutliche Umdrehungen
	2,5	5,0	7,5	12	15	20	30	45	
	vorzusehende Elektromotorstärke in PS								
25	0,50	0,50	0,50	0,75	0,75	1,00	—	—	1 500
50	—	0,50	0,50	0,75	0,75	1,50	—	—	2 600
75	—	0,75	0,75	1,00	1,50	2,00	2,25	—	2 600
100	—	—	0,75	1,00	1,50	2,00	2,50	3,50	2 000
150	—	—	1,00	1,75	2,00	3,00	3,00	4,00	2 800
200	—	—	1,50	2,00	2,25	3,25	3,25	4,25	2 800

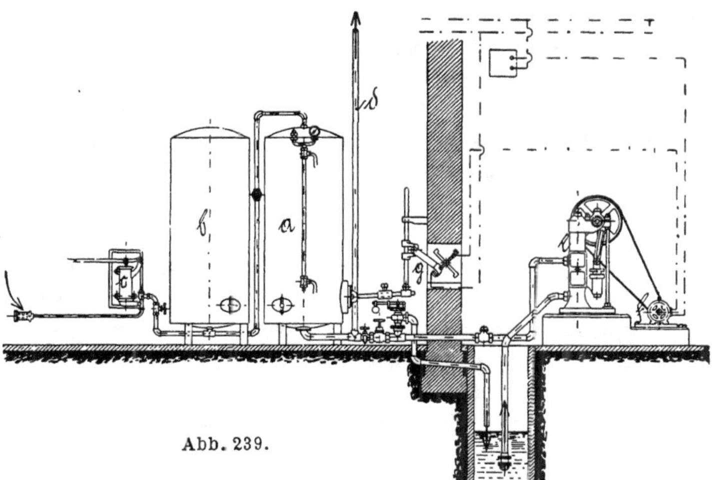

Abb. 239.

Für Landhäuser, Sanatorien, Fabriken usw., sowie für alle Ortschaften, die keine allgemeine Wasserleitung besitzen, sind jetzt die pneumatischen Wasserhebewerke sehr beliebt geworden. Eine derartige Anlage findet sich in Abb. 239 nach Hammelrath & Cie., Köln. Im Keller des Gebäudes steht neben dem geschlossenen Kaltwasserbehälter *a* ein Druckluftzylinder *b*, der mit der Handluftpumpe *c* verbunden ist. Bei der ersten Inbetriebsetzung wird die für die Hebung des Wassers aus dem Wasserbehälter zu den höhergelegenen Zapfstellen erforderliche Druckluftmenge dem Luftkessel zugeführt, wozu meist ein Druck von 2÷3 Atm. genügt. Falls sich im Laufe der Zeit ein Druckverlust infolge undichter Stellen im System ergeben sollte, läßt sich der Luftdruck mit Leichtigkeit mittels der Handpumpe wieder auf die erforderliche Höhe bringen. Der Luftdruck wirkt auf das Wasser in *a* und drückt es durch *d* bis zu den höchsten Zapfstellen empor (20÷30 m). Zum Füllen des Kaltwasserbehälters dienen die Wasserpumpe *e*, die als Kolben-, Rotations- oder Kreiselpumpe zur Aufstellung kommt, und der Elektromotor *f*, welch letzterer je nach der Höhe des Wasserspiegels im Wasserbehälter die Wasserpumpe mittels *g* automatisch ein- und ausschaltet. Statt des Elektromotors wird auch wohl ein Heißluftmotor benutzt. Unter Umgehung eines Hochbehälters erhält man mithin mit dieser Anlage ein Hochdruckwasser, das bezüglich seines Druckes und der Verwertung für eine Warmwasserbereitung dem einer städtischen Zentralanlage gleichkommt. Es ist aber darauf zu achten, daß unter Einwirkung des niedrigsten Druckes im Kessel auch die höchstgelegentsten Zapfstellen Wasser geben.

Für gedrängtere Verhältnisse kann der Luftdruckzylinder *b* in Fortfall kommen und die Druckluftpumpe *c* durch ein Schnüffelventil ersetzt werden. So vorzüglich sicher, anstandlos und ohne Wartung diese pneumatischen Wasserhebewerke auch arbeiten, so besitzen sie doch den einen Nachteil eines lauten Betriebes, der gerade durch das periodische Einsetzen um so störender wirkt. Daher sollten sie unter bewohnten Räumen nicht eingerichtet werden. Man findet sie aber gerade vielfach in den Kellergeschossen ländlicher Heilanstalten.

Tabelle 55. **Pneumatische Wasserhebewerke für Hausanlagen.**

Druckkesseldurchmesser	mm	400 ÷ 1450
Ganze Kesselhöhe	»	1250 ÷ 2500
Anschluß in mm	Druckrohr und Verteilungsrohr	25 ÷ 50
	Saugrohr	32 ÷ 65
Motorstärke in PS je nach Wasserdruck (3÷4 Atm)		0,5 ÷ 2,0
Wirkliche Durchschnittsleistung in l/min.		14 ÷ 100

Verschiedene Warmwasserbereitungssysteme gestatten oder bedingen sogar eine direkte Einführung des Kaltwassers in die Erwärmungsapparate, wie selbige sich teils als Kessel und Öfen, teils als Strahl-, Misch-, Gegenstromapparate und Gasautomaten vorfinden. Bei einigen derselben ist jedoch ein bestimmter Druck bzw. eine bestimmte Druckgrenze nach oben oder unten vorgeschrieben, andere lassen sich wieder für einen vorhandenen Wasserdruck einstellen. Besitzt das Zuflußwasser keinen konstanten Druck, so ist es übrigens ratsam, ein Schwimmergefäß in die Leitung einzuschalten und somit gleichen Druck für alle Zeit zu bewirken. Der Anschluß des Kaltwassers direkt an das System unter Umgehung eines großen Sammelbehälters ist immerhin als Vorteil anzusehen, denn die Aufstellung solchen Behälters kann zu baulichen Umständlichkeiten, Schwierigkeiten und Unkosten führen.

Außer dem eigentlichen Verbrauchswasser benötigt man bei vielen Anlagen auch noch Wasser zum Speisen der Dampfkessel, der indirekt wirkenden Heizschlangen u. dgl. Für die Dampfkessel reicht der Wasserleitungsdruck nicht immer aus, so daß Pumpen oder Injektore aushelfen müssen. Bei hartem Wasser hat man für diesen Zweck Regenwasser, Flußwasser oder in Behältern aufgefangenes Kondenswasser zu verwenden. Zur Füllung von Heizschlangen mit kurzen Zirkulationsleitungen lohnt es sich auch der Mühe, Wasser abzukochen. Niederdruckanlagen lassen sich nötigenfalls unter Einschaltung eines Verminderungsventils oder eines Füllgefäßes direkt an die Hochdruckwasserleitung anschließen; dieses Füllgefäß wird dann gleich als Ausdehnungsgefäß zu benutzen sein. Bei einfachen Anlagen kann man den Kessel u. dgl.

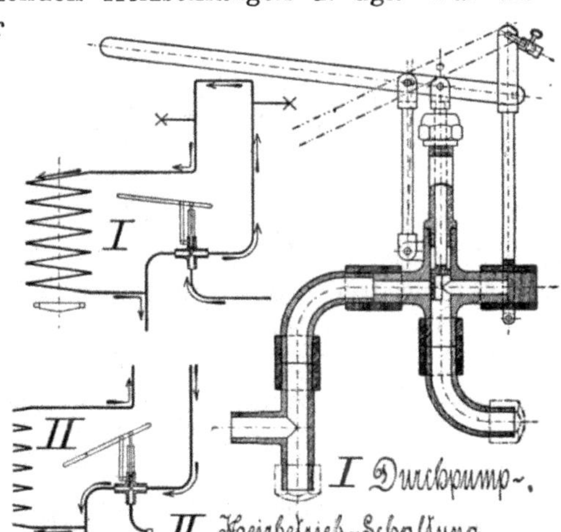

Abb. 240.

vom Ausdehnungsgefäß aus auch mit Hilfe eines Eimers füllen. Hierbei ist aber stets auf die Entlüftung zu achten und ein langsames Nachfüllen ratsam. Zum Füllen der Schlangenröhrenkessel, welche direkt an eine Hochdruckwasserleitung angeschlossen werden können, bedarf man eines sog. Durchpumphahnes (Abb. 240), um die Luft aus den vielen Schlangenwindungen herauszudrücken.

Soll eine kleinere Wasserversorgung bei einer ausreichenden Brunnenanlage mit geringen Kosten erstellt werden und kann ein Kraftstrom lieferndes Elektrizitätswerk eine innerhalb bestimmter Grenzen stark schwankende Stromentnahme ertragen, so ist einer Luftdruckkesselanlage stets der Vorzug vor einer Hochbehälteranlage zu geben. Bei pneumatischen Wasserhebeanlagen ergibt sich bei kürzerer Arbeitszeit ein größerer Kraftaufwand, während bei Förderpumpenanlagen mit längerer Arbeitszeit und geringerem Kräfteaufwand zu rechnen ist.

VII. Die Wasserbehälter.

Nach dem oben Dargelegten machen sich überall dort Wasserbehälter einzuschalten nötig, wo der vorhandene Wasserdruck nicht ausreicht oder zu hoch ist, eine größere Wassermenge zur Verfügung stehen soll und ein großer Warmwasserbedarf vorliegt, wo eine indirekte Erwärmung stattfindet und ein konstanter Kaltwasserzufluß bedingt ist. Für die Anlagen, in denen Wasserbehälter zur Anwendung kommen, spielen letztere eine wichtige Rolle, vor allem die Behälter, die zur Warmwasseraufspeicherung dienen. Mit der passenden Wahl einer Konstruktion, deren richtiger Bemessung und Anordnung steht eine zufriedenstellende Wirkung der Warmwasserbereitung in engstem Zusammenhange. Die Behälter sind die Zentralstelle der Anlage und somit bei allen Anlagen möglichst in die Mitte des Systems zu legen. Je nach der Verwendung unterscheidet man:

A. Die Warmwasserbehälter als offene oder geschlossene;

B. Die Kaltwasserbehälter, die Füllgefäße.

A. Die Warmwasserbehälter.

Die Warmwasserbehälter sind entweder offene oder geschlossene. In beiden kann das Wasser direkt oder indirekt erwärmt werden.

a) Die Vor- und Nachteile der offenen und geschlossenen Behälter und die Arbeitsweise.

Der offene Behälter arbeitet mit einem Drucke, welcher seiner Höhenlage zu den Zapfstellen entspricht, in der Regel also mit Niederdruck, während die geschlossenen Behälter, die Boiler[1]), unter dem Hochdrucke der Wasserleitung stehen, welcher zwar durch Einschalten eines Füllbehälters auf Niederdruck gehalten werden kann. Die offenen sind in ihren Abmessungen, abgesehen von örtlichen Verhältnissen, an keine Grenzen gebunden; die geschlossenen dagegen in ihrer Größe immerhin beschränkt, da der in ihnen herrschende Überdruck eine schwierigere Herstellung und eine entsprechend schwerere und teurere Konstruktion bedingen. Gleich hier sei bemerkt, daß man bei dem Entwurfe bezüglich der Abmessungen darauf zu achten hat, ob der Behälter in einem fertigen Gebäude oder während des Rohbaues aufzustellen ist. Im ersteren Falle hat man, besonders in Privatwohnungen, auf die Größe der für den Transport freistehenden Maueröffnungen, der Türen und Fenster, achtzugeben.

Der Hauptvorteil des geschlossenen Behälters gegenüber dem offenen liegt darin, daß jener durch seinen Hochdruck an keinen bestimmten Aufstellungsort gebunden ist, also nicht über der höchsten Zapfstelle zu liegen braucht, vielmehr im Kellergeschoß und in Nähe des Wärmeerzeugers unter Vermeidung größerer Wärmeverluste angeordnet werden kann. Der geschlossene Behälter bietet dann den weiteren Vorteil, daß die Warmwasserabnahme aus dem Behälter für die Verbrauchsleitung einfach am obersten First des ständig ganz gefüllten Behälters erfolgt, dort, wo die höchste Wassertemperatur herrscht. Bei

---

[1]) Der Ausdruck »boiler«, englisch, (»bouilleur« französisch) ist kein glücklich gewählter, da nach richtiger Auslegung unter Boiler ein Sieder oder Kochkessel zu verstehen ist. Das Wort ist nur angenehm kurz.

dem offenen Behälter verursacht die Gebrauchswasserabnahme wegen der verschieden temperierten Wasserschichten und der veränderlichen Niveauhöhe gewisse Schwierigkeiten. In der Regel legt man die Mündung der Verbrauchsleitung in ungefähre Höhe der mittleren Wasserschicht. Eine einfachste Vorrichtung, bei den Niederdruckbehältern das Wasser stets den oberen, wärmsten Schichten entnehmen zu können, ohne bei sinkendem Wasserstande ein Freilegen der Abnahmerohrmündung befürchten zu müssen, beruht darin, daß man das Abnahmerohr am Boden des Behälters anschließt und daran innen einen Metallschlauch ankuppelt, dessen freie Mündung durch einen Schwimmer, Holzklotz, stets an der Wasseroberfläche schwimmend gehalten wird (Abb. 31). Eine konstruktivere Durchbildung bietet das hier und da benutzte bewegliche Schwimmerrohr Abb. 241.

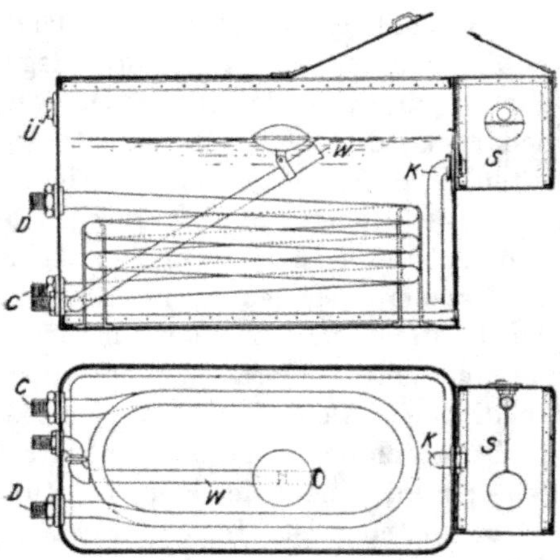

Abb. 241.

Hierbei ist aber zu beachten, daß die wärmste Wasserzone nicht der oberste Wasserspiegel ist, sondern wegen der Wärmeausstrahlung etwa 50÷150 mm tiefer liegt.

Es ist nun die Frage über den Aufstellungsort eines offenen Behälters als Warmwasserspeicher nicht allein damit gelöst, daß er an dem höchsten Punkte der Anlage zu stehen kommt, sondern es spricht dafür auch noch die Höhenlage des Speisegefäßes mit. Bei der Verschiedenheit der Wassertemperaturen bzw. der spezifischen Volumina in der warmen und kalten Wassersäule wird erst dann ein zu wünschendes stabiles Gleichgewicht eintreten, wenn sich der Warmwasserspiegel entsprechend höher über den Kaltwasserspiegel einstellen kann. Wird dieser Umstand nicht bei der Aufstellung der Behälter berücksichtigt bzw. der Warmwasserbehälter um das Maß nicht so viel höher aufgestellt oder gebaut, daß sich der Wasserspiegel im Behälter einstellen kann, so wird fortgesetzt ein Verlust an Warmwasser durch Ablauf aus dem Überlaufrohr entstehen, der Warmwasserbehälter kocht ständig über.

Die direkte und indirekte Erwärmung spricht bei der Wahl der Warmwasserbehälter genau so wie bei der der Kessel mit. Die direkte Erwärmung ist billiger, trägt aber alle die Übelstände der Schlamm- und Kesselsteinbildung in sich. Die indirekte Erwärmung hebt zwar diese Nachteile für den Kessel auf, verlangt dafür eine gute Reinigungsmöglichkeit der Behälter, welche die örtlichen Verhältnisse nicht beeinträchtigen dürfen. Vielfach wird daher eine direkte Erwärmung mit leichter guter Kesselreinigung vorzuziehen sein, und ein offener statt eines geschlossenen, wenn der Druck es gestattet. Bei indirekter Erwärmung muß die Wassertemperatur in dem geschlossenen Behälter höher gehalten werden als im offenen, damit jener möglichst klein und nicht zu teuer ausfällt, wogegen bei den offenen zur Verringerung der indirekten Heizfläche und der Wärmeverluste eine zulässig niedrigste Temperatur anzustreben ist.

Beide Behälterarten können ohne oder mit Zirkulationsleitungen zur Wärmequelle hin versehen werden. In ersterem Falle, wo nur ein Steigrohr den Kessel oder Ofen mit dem Behälter verbindet, muß mit einem ständigen Warmwasserverbrauche gerechnet werden. Eine Rückleitung, also eine Zirkulation, macht sich nötig, sobald der Verbrauch ein unterbrochener und schwankender ist und das Wasser auf längere Zeit im Behälter stehen bleibt. Die Rückleitung läßt sich unter Umständen, falls der Verbrauch nicht zu lange aussetzt und Verbrühungen an den Zapfstellen nicht zu befürchten sind, durch entsprechende Steigerung der Wassertemperatur umgehen.

Die Erwärmung kann innerhalb oder außerhalb der Behälter stattfinden. Durch letztere Maßnahme erreicht man den Vorteil, daß das Wasser des ganzen Behälters gleichmäßig temperiert ist und bis zum Boden hinab abgezapft werden könnte. Diese Erwärmung außerhalb erzielt man direkt mit Hilfe der Kessel, Öfen, Gasautomaten, indirekt mit Hilfe der Gegenstromapparate. Eine wirksamste innere Erwärmung läßt sich immer noch am besten mit guten Strahlapparaten erreichen, die jedoch meist Dampf als Betriebsmittel voraussetzen.

Für Genußwasseraufspeicherung kann der völlig offene Behälter nicht als einwandfrei bezeichnet werden. Man sollte ihn für diese Zwecke nicht weiter verwenden, da andere Möglichkeiten in genügender Zahl bestehen.

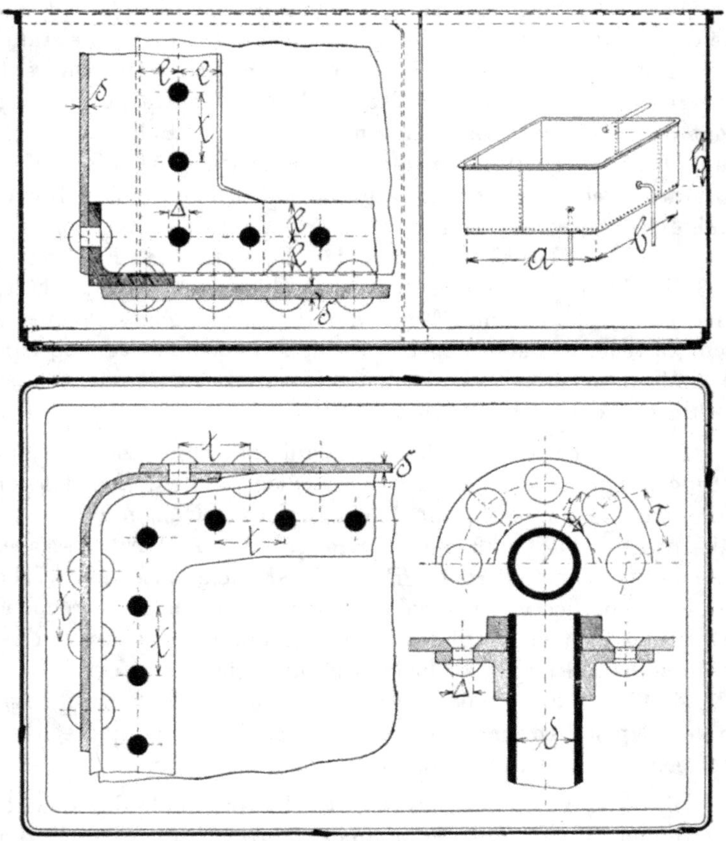

Abb. 242.

b) Die Ausführung der Warmwasserbehälter.

Die offenen Behälter werden meist als viereckige, genietete Blechkasten, durch innere Spannstangen oder Winkeleisen versteift (Abb. 242, 243), seltener als geschweißte und zylindrische hergestellt. Die obere Öffnung ist möglichst mit einem leicht zu öffnenden Klapp- oder Einsatzdeckel abzudecken. In vielen Fällen wird es sogar zweckmäßig sein, den Deckel mit einigen Gewindeschrauben qualmdicht abzuschließen. Große Behälter für Badezwecke an staubfreien Aufstellungsorten

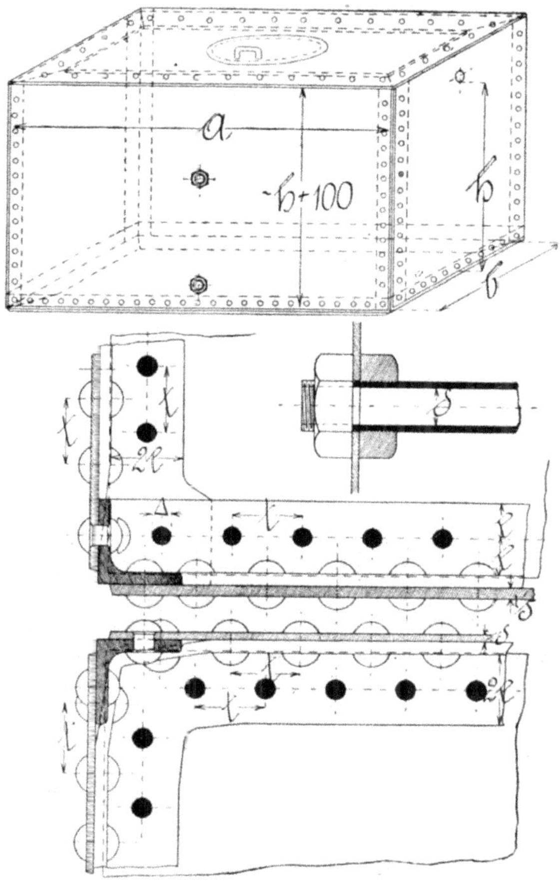

Abb. 243.

bleiben offen. Andere, vor allem große, eckige Behälter werden vollkommen als geschlossene vernietet hergestellt (Abb. 243) und erhalten in dem Oberbleche nur ein Mannloch von ∾ 400 × 200 mm Weite oder einen kleinen Klappdeckel und womöglch ein Dunstrohr zum Ableiten etwaig sich bildender Wasserdämpfe.

Die Behälter mit aufgeschraubtem oder gänzlich fehlendem Deckel erhalten nach Sabel & Scheurer, Oberursel, den Schwimmerkasten zum Kaltwassereinlauf auf dem Deckel gleich aufgenietet (Abb. 244). Für indirekte Erwärmung eingerichtet, besitzen sie zwei Stutzen für die Zirkulation und einen weiteren

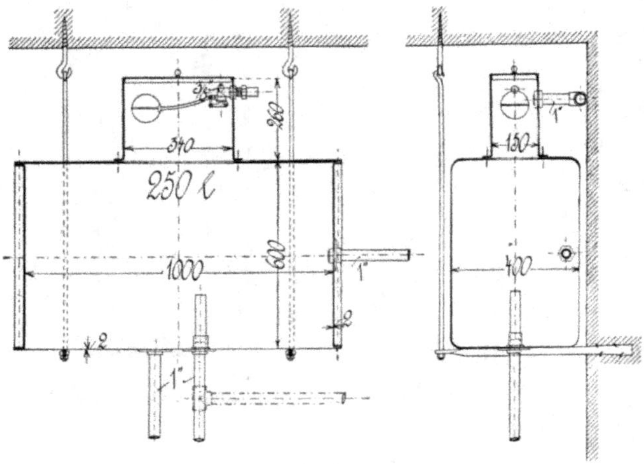

Abb. 244.

für die Warmwasserentnahme im Boden oder seitlich, letzteren häufig nur 100÷125 mm über Bodenfläche.

Die geschlossenen Behälter kommen in der Regel als zylindrische, stehend oder liegend, zur Anwendung. Die

Abb. 245.

zylindrische Form ist einer höheren Druckaufnahme günstiger. Die gewölbten, gepreßten oder flachen Böden sind angenietet oder eingeschweißt (Abb. 245, 246 und folgende). Bei liegenden Behältern empfiehlt es sich, beide Böden nach außen hin zu wölben (Abb. 250), während der stehende Behälter aus Festigkeitsgründen den unteren Boden nach innen (oben) gewölbt erhält. Eine bequemere und gründlichere Reinigung läßt sich jedoch mit ebenem oder noch besser nach außen (unten) gewölbtem Boden erreichen, in welch letzterem Falle aber eine Lagerung auf Füßen oder Konsolen nötig wird. Putz- oder Mannlöcher in genügender Zahl und Größe sollten stets vorgesehen werden. Bei hartem Wasser sind nach Abb. 246 abschraubbare Böden

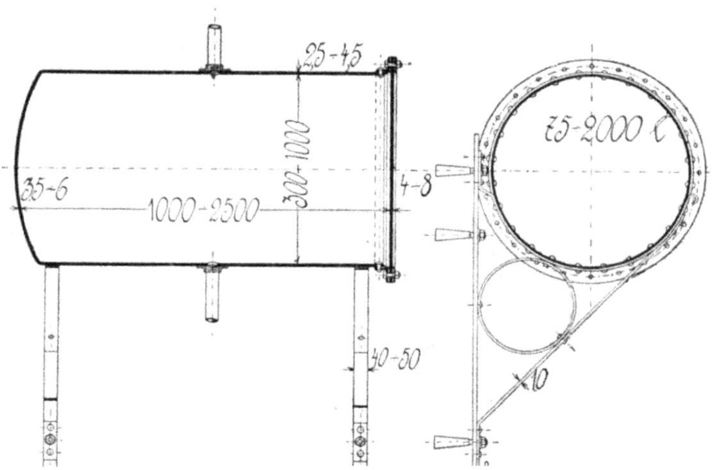

Abb. 246.

am Platze; eine wirksame Versteifung läßt sich dabei durch einen aufgenieteten Flacheisenring erreichen. Die Schrauben müssen an Zahl und Stärke nicht nur der Festigkeit, sondern auch der Dichtigkeit genügen.

Als Material der Behälter dient meist Schmiedeeisenblech, Schwarzblech, zuweilen Stahlblech, seltener Gußeisen und nur ausnahmsweise Kupfer. Die jetzt sehr teuren Kupferbehälter kommen nur noch für Thermal- und Heilwässer und für chemische Zwecke zur Anwendung; dort müssen sie allerdings für jede Größe benutzt werden. In Warmbad dient zur Aufspeicherung des 60° warmen Radiumwassers ein 7 m³-Kupferbehälter, aus 6 mm-Kupfertafeln zusammengenietet und außen durch Winkel und Bänder versteift.

Die Eisenbleche werden vernietet oder verschweißt; manche Firmen verlöten noch die Nietnähte, was die Sauberkeit und die Widerstandsfähigkeit der Materialien gegen nicht einwandfreie Wässer wesentlich erhöht. Mit besonderer Sorgfalt ist die jetzt so beliebte Schweißerei vorzunehmen. Autogen geschweißte Behälter zeigen bei nachlässiger Arbeit an den inneren Schweißnähten stark unebene Flächen, welche den im Warmwasser ausgelösten Gasen die günstigsten Angriffsstellen bieten, bald Aushöhlungen und weiter unter Einwirkung des im Wasser gelösten Sauerstoffs Rostfraß hervorrufen. Wenn eben möglich, ist daher die Naht innen zu verschweißen oder die einzuschweißenden gepreßten Böden mit Bord zu versehen, so daß die Schweißnaht im Mantel fortfällt. Aus gleichem Grunde ist ein stumpfes Schweißen der Längsnähte der Überlappung vorzuziehen.

Zum Schutz gegen Rost wurden die Behälter früher ausschließlich von innen und außen mit gewöhnlicher Mennigfarbe gestrichen, jetzt werden sie zweckmäßiger verzinkt (galvanisiert), wenn sich auch dadurch der Preis etwas höher stellt. Einen wirksamen Rostschutz bietet die Verzinkung aber nur dann, wenn sie im Vollbad erfolgt, also nach beendeter Blechbearbeitung. Und selbst da gewährt solche Verzinkung eine völlige Sicherheit gegen Rostangriff nicht, wenn das Wasser hohen Gehalt an freier Kohlensäure besitzt, und der Behälter infolge Wärme- und Kälteeinwirkung stark arbeitet. Der Ausdehnungskoeffizient (körperliche) ist mit 0,000033 für Schmiedeeisen und Stahl und mit 0,000090 für Zink zu verschieden. Es bilden sich dann bald Falten und Risse, welche den Rostangriff begünstigen. Viele Firmen ziehen es daher vor, ihre Behälter aus Schwarzblech statt des Zinküberzuges innen und außen mit einem einmaligen Anstriche von sog. Panzerfarbe zu versehen; Heißwasserbehälter erhalten außerdem im Innern einen hitzebeständigen Glasurüberzug. Der Anstrich mit gewöhnlicher Mennigfarbe (Mennige und gekochtes Leinöl) ist, wenn er haltbar sein soll, wenigstens dreimal vorzunehmen. Für Behälter mit Genußwasser sollte Mennige wegen der Gesundheitsschädlichkeit nie genommen werden; um so weniger, da es jetzt eine große Zahl besonders für solche Zwecke vorgesehener streichfertiger, einwandfreier Farben und Lacke gibt. Als Hauptbedingung für alle Überzüge muß gelten, daß durch selbige eine Einwirkung auf die Beschaffenheit des Gebrauchswassers und eine Rostbildung vollständig ausgeschlossen sind, das Wasser weder Geschmack, Geruch noch Farbe annimmt.

Behälter aus Holz oder aus Holz mit Zinkausschlag sollten nur noch für ganz besondere Zwecke, wie sie sich hie und da in der Textilbranche, Waschanstalten usw. finden, angewandt werden. Ständige Ausbesserungen, schlechte Abdichtungen und kurze Lebensdauer werden durch geringere Anlagekosten nicht aufgewogen. Ausnahmsweise findet man auch wohl Behälter aus Eisenbeton.

Die Rohranschlüsse werden entweder durch aufgenietete Gasgewindeflanschen, durch Gußstutzen oder durch eingeschweißte Muffen erreicht.

Dort, wo eine starke Wärmetransmission vom Behälter in die Raumluft, wie bei Aufstellung im Dachgeschosse, zu befürchten ist, muß der Behälter gut isoliert werden. Eine gute äußere Isolation kann von hohem Werte sein und bedeutende Brennstoffersparnisse ergeben, besonders dort, wo der Behälter exponiert liegt und der Betrieb ein unterbrochener ist. Bei zwölfstündiger Betriebsunterbrechung ist das Sinken der Wassertemperatur in einem gut isolierten Behälter auf nur $\sim 5^0$ beobachtet worden, so daß sich die durch die Isolation hervorgerufenen Anlagekosten wohl bald bezahlt gemacht haben. Ein recht günstiger Aufstellungsort in Wohngebäuden usw. ist an der Küchenschornsteinwand, die eine gewisse Sicherheit gegen Einfrieren gibt.

Die Heizeinsätze der Behälter kommen als Heizschlangen, Röhrenbündel, Rohrregister, Zylinderelemente oder Mäntel zur Ausführung.

Die Schlangen können alle möglichen Formen, Gestalten und Lagen im Behälter erhalten. Fast jede Firma hat ihre eigene Art und Weise der Schlangenausführung, ohne häufig einen anderen Zweck als werkstattshandlicher Herstellung damit zu verfolgen. Leitende Faktoren sollten sein: die volle Transmissionswärmewirkung den untersten, kältesten Wasserschichten zukommen zu lassen, eine bequeme, leichte Montage und Reinigung zu ermöglichen. Das Unterbringen der Einsatzheizfläche, die natürlich richtig bemessen sein muß, tritt hier weniger in den Vordergrund, da Heizeinsatzgröße und Behältergröße in gewissem proportionalen Verhältnis stehen.

Abb. 247 bis 252 geben einige Beispiele gewöhnlicher und gebräuchlicher Behälter mit Schlangeneinsätzen. Befindet sich eine ebene Schlange nach Abb. 247 am Boden des Behälters,

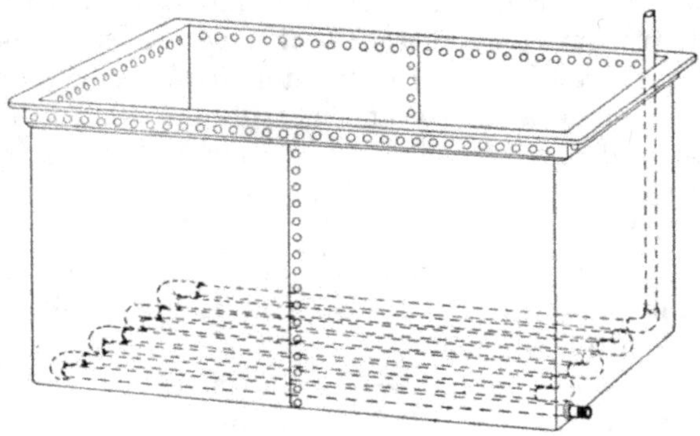

Abb. 247.

so soll sie wegen Schlammansatzes und Reinigens nicht voll aufliegen; ein Abstand von mindestens 30 mm zwischen Boden und Schlange ist einzuhalten. Die ebene Schlange der Abb. 248

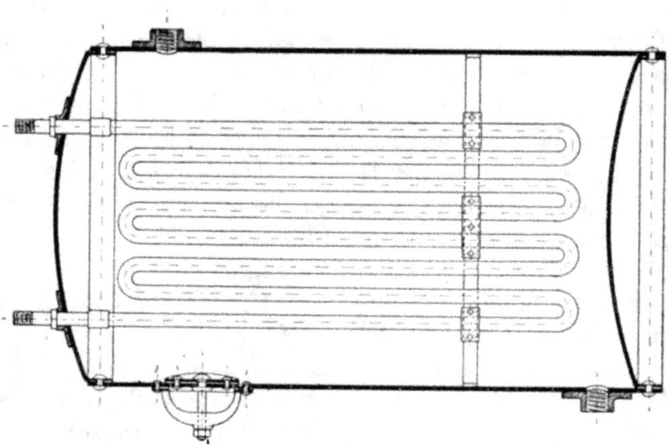

Abb. 248.

(Aufriß) hat zu große Bauhöhe, die oberen Windungen nehmen an der Wärmeübertragung nur geringen Teil. Empfehlenswerter sind die Spiralschlangen nach Abb. 249 (Käuffer & Cie., Mainz) und nach Abb. 250 und 251 (Sabel & Scheurer, Oberursel). Man kann hiermit für hohe Leistungen eine große Heizfläche im Behälter unterbringen. Hierher gehört ferner der Behälter (Abb. 241) der Centralheizungswerke, Hannover, mit dem

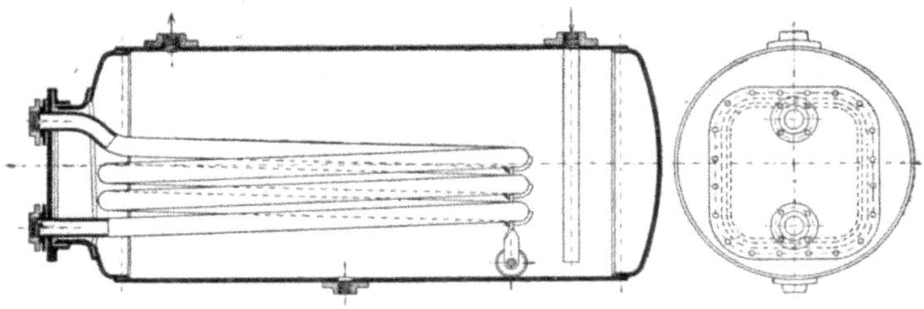

Abb. 249.

beweglichen Schwimmerrohr *W* und angebautem Füllgefäße *S*. Es sind *D* der Dampf-, *C* der Kondenswasser-, *Ü* der Überlaufanschluß und *K* der Kaltwasserzufluß von *S*.

Der Boiler (Abb. 252) der Blechwarenfabrik-A.-G. Salzkotten besitzt als Heizeinsatz außer einer Heizschlange für

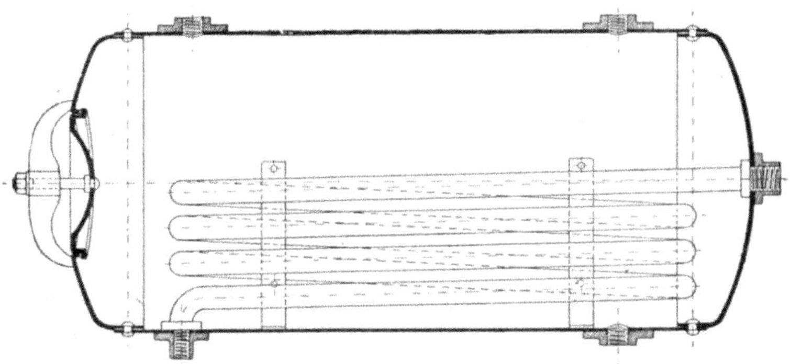

Abb. 250.

direkten Dampf noch einen]-förmigen Heizkörper für Abdampf. Dieser Gegenstromheizkörper ist ein Doppelrohr, in dessen äußerem Ringraum der Abdampf zirkuliert, und durch dessen inneren Zylinderraum das zu erwärmende Gebrauchswasser strömt.

Das Material der Röhren ist meist Kupfer oder Schmiedeeisen, seltener Messing oder Stahl. Für Heizung mittels Warmwassers genügen dünnwandige Kupferrohre oder Eisenrohre, sog. Schlangenqualitäts- oder Patentrohre, für 15 Atm. Probedruck. Für höhere Beanspruchungen durch Dampf- und Hochdruck werden die Röhren bis 100 Atm. geprüft. Den sowieso beliebteren Kupferröhren ist der Vorzug zu geben, da sich das Schmiedeeisenrohr erfahrungsgemäß leicht belegt und dadurch bald an Heizleistung verliert. Die Eisen- und Stahlrohre sind zu verzinken. Manchmal macht sich auch ein äußeres Verzinnen der Kupferröhren nötig. Die Schlangen, die ⊔-Röhren usw. der Heizeinsätze sollten möglichst aus einem Stück gebogen werden; man findet jedoch auch hie und da noch Schlangen, die aus geraden Rohrstücken und Doppelbogen zusammengesetzt sind.

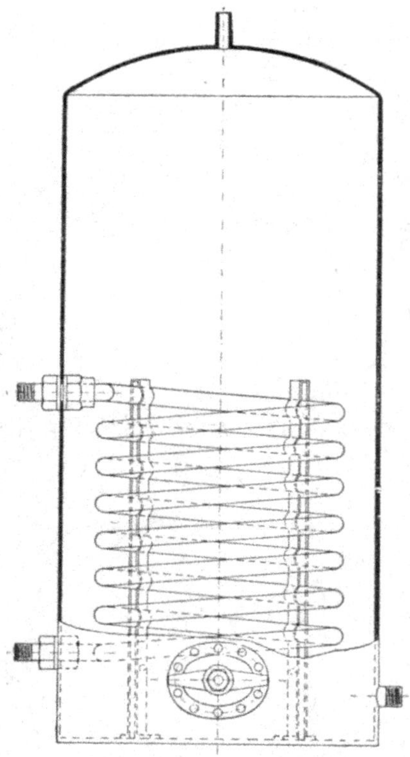

Abb. 251.

Das Biegen der geraden Röhren zu Spiralen ruft eine nicht unerhebliche Verteuerung der Einsätze hervor. Es erhöht sich der Preis durch das Biegen von Kupferrohr um ∾ 20% und von Eisenrohr um ∾ 40% des Grundpreises für die ganze als Heizfläche zu verlegende gerade Rohrstrecke. Es finden sich Heizschlangeneinsätze bis zu 5 m^2 Heizfläche bei ∾ 30 m gestreckter Rohrlänge. Da man die errechnete Heizfläche auf die gestreckte Rohrlänge zu beziehen hat, kann nachstehende Tabelle 56 wünschenswerten Anhalt für die Wahl der Rohrweiten und des Materials geben.

Die Ausstattung der geschlossenen Behälter mit Röhrenbündeln bringt jene sehr nahe an die Gegenstromapparate heran. Je nach der Größe der Heizleistung können die Röhrenbündel von geringster Röhrenzahl bis zu mehreren Bündeln eingeschaltet werden. Die Bündel sind fast ausschließlich aus

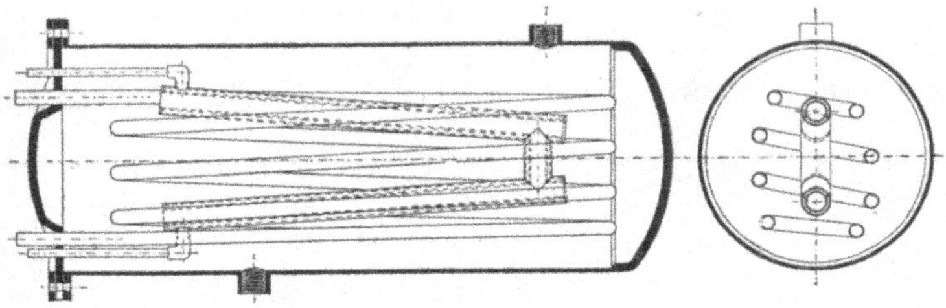

Abb. 252.

⊂-Röhren zusammengesetzt. Der Boiler, Abb. 253, enthält ein herausziehbares Bündel von 9 abwechselnd versetzten ⊂-Röhren. Letztere sind in den Rohrboden eingewalzt und werden durch Stege fixiert, welche dem Bündel gleichzeitig zur Auflage dienen.

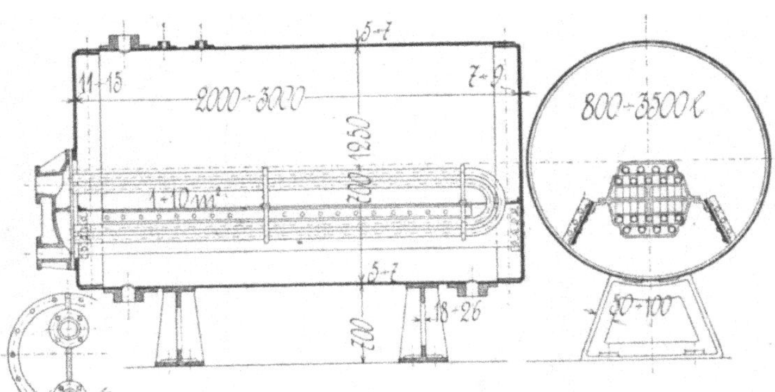

Abb. 253.

Im Behälter sind Leitbleche angebracht, auf welchen das ganze Rohrsystem ruht, und welche dem Wasser einen zwangsläufigen Weg durch das System hindurch geben, infolgedessen der Effekt eine bedeutende Steigerung erfährt. Durch den vorn gegengeschraubten gußeisernen Deckel wird oben der Dampf zugeführt, unten das Kondenswasser abgeleitet.

Um möglichst wenig Rohrwindungen, geringe Ablagerungsflächen und Einfachheit der äußeren Gestaltung zu erhalten, verwendet man statt der ⊏-Röhren Doppelröhren, die für kleinere und mittlere Leistungen bis ∾ 4000 ÷ 5000 l Inhalt gute Dienste leisten. Eine Vereinfachung der Konstruktion des Behälterhalses erhält man aber nicht dadurch.

Tabelle 56.

Heizschlangen für Warmwasserbehälter aus Kupferrohr und verzinktem Eisenrohr.

Heizfläche	Kupfer			Eisen	
	Gestreckte Länge	Rohrweite		Gestreckte Länge	Rohrweite
		starkwandig mm	dünnwandig mm		
m²	m			m	mm
0,5	5,5	25 × 29	26 × 29	4,8	25 × 33
0,75	8,3	»	»	7,2	»
1	11,1	»	»	9,6	»
0,58	5,5	30 × 34	30 × 33	4,9	33,5 × 38
0,7	6,6	»	»	5,9	»
1	9,4	»	»	8,4	»
1,5	14,1	»	»	12,6	»
0,81	5,9	40 × 44	40 × 43	5,8	40 × 44,5
1	7,4	»	»	7,2	»
1,25	9,4	»	»	8,9	»
1,5	10,9	»	»	10,7	»
2	14,8	»	»	14,3	»
1	5,9	50 × 54	50 × 53	5,6	51,5 × 57
1,5	8,9	»	»	8,4	»
2	11,8	»	»	11,2	»
2,5	14,7	»	»	14,0	»
3	17,7	»	»	16,8	»
4	23,6	»	»	22,4	»
5	29,4	»	»	28,0	»
2	11,5	52 × 56	52 × 55	10,7	54 × 60
3	17,2	»	»	16,1	»
4	23,0	»	»	21,5	»
5	28,5	»	»	26,9	»
2	10,0	60 × 64	60 × 63	8,4	70 × 76
3	15,0	»	»	12,6	»
4	20,0	»	»	16,8	»
5	25,0	»	»	21,0	»

Ein solches Doppelrohrbündel enthält in Abb. 254 der Boiler von Kaeferle, Hannover, der zur Ausführung kommt mit:

einer Mantellänge	$L = 800 \div 3800$	mm
einem Manteldurchmesser .	$D = 300 \div 1200$	»
einem Halsdurchmesser . .	$D_1 = 150 \div 400$	»
einer Röhrenlänge	$l = 750 \div 3500$	»
einer Röhrenzahl	$Z = 1 \div 9$	»
einer Heizfläche	$H = 0{,}20 \div 7{,}75$	m^2.

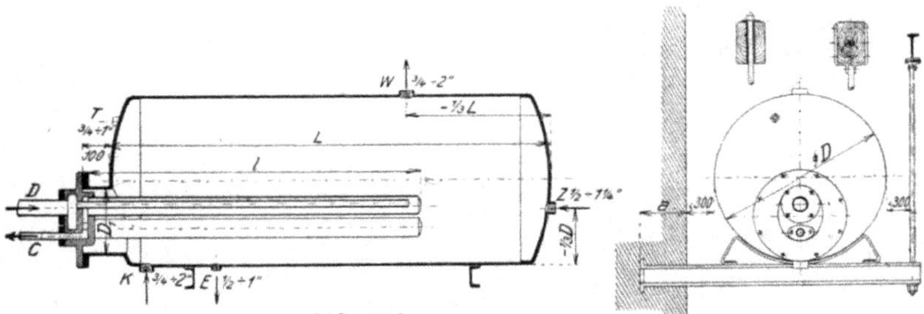

Abb. 254.

In Abb. 254 bedeuten: K = Kaltwasserzufluß, W = Warmwasserabnahme, D = Zufluß des Heizmittels, C = Abfluß desselben, Z = Zirkulation, E = Entleerung und T = Thermometer.

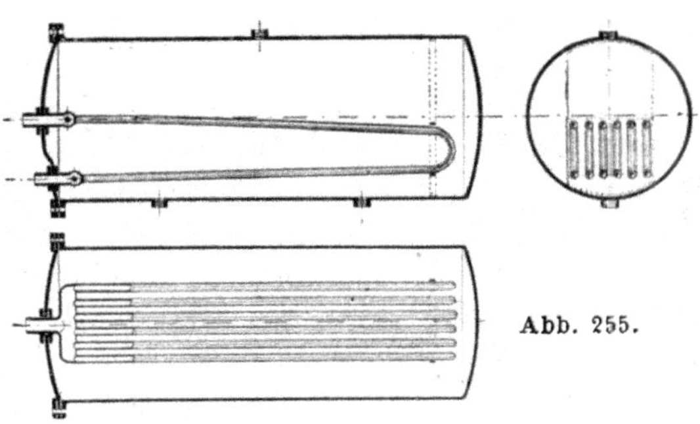

Abb. 255.

Schwere und lange Bündel erhalten hintere Unterstützung.

Bei Unterbringung vieler Windungen wird ein Teil der Heizfläche, wenn die Rohre sehr nahe aufeinander zu liegen kommen, für den Effekt verloren gehen. Ebenfalls wird eine schwierige Reinigung und Dichthaltung der vielen einzelnen

Verbindungen sich ergeben. Diese Übelstände sollen die Heizregister, bei denen nach Abb. 255, eine Ausführung von Schammer, Berlin, die [-Röhren durch Querröhren zu einem System verbunden sind und nur zwei Anschlußstutzen besitzen. Für sehr große Leistungen wird man jedoch immer wieder auf die Röhrenbündel zurückgreifen müssen, da sehr breite Heizregister den Durchmesser des Boilermantels zu ungünstig beeinflussen werden. Die besondere Herstellung ermöglicht jedoch den Einbau bis 6 m² Heizregister-Heizfläche ohne jede Schwierigkeit. Die Register werden aus Kupfer- oder verzinktem Schmiedeeisen hergestellt. Sie sollen 30÷40% wirksamer als Schlangen sein.

Tabelle 57.

Schammers Heizregister für Wasserbehälter. (Abb. 255.)

		1,0	1,5	2,0	2,5	3,0	3,5	4,0	4,5	5,0	5,5	6,0
Heizfläche . .	m²	1,0	1,5	2,0	2,5	3,0	3,5	4,0	4,5	5,0	5,5	6,0
Schenkelrohre: Durchm.	Zoll	1½	1½	1½	1½	1½	1½	2	2	2	2	2
Schenkelrohre: Baulänge	mm	1200	1700	1750	1750	2100	2000	2150	2450	2250	2450	2650
Schenkelrohre: Anzahl . . .		3	3	4	5	5	6	5	5	6	6	6
Anschluß . . .	Zoll	2	2	2	2	2	2	2½	2½	2½	2½	2½

Der Gedanke, an Stelle der Heizschlangen einen Einsatz mit möglichst einfacher glatter Oberfläche zu haben und das Bestreben, die zurzeit sehr teuren Rohre durch die immer noch billigeren Bleche zu ersetzen, führte zu den Ringzylinder-Einsätzen. Diese Elemente erfüllen ja auch nach dieser Hinsicht hin vollkommen ihren Zweck. Für große Leistungen sind sie aber nicht geeignet, da eine große Heizfläche große Durchmesser der Ringzylinder bedingen, ganz gleich, ob sie kreisrunden oder ovalen Querschnitt erhalten. Mit großem Querschnitt wird die Zirkulationsfähigkeit vermindert, ein Teil der Heizfläche kommt in den oberen wärmeren Wasserschichten mit geringerer Wärmeübertragung zu liegen: der gesamte Heizeffekt wird herabgedrückt nud sich praktisch mit der rechnerischen Voraussetzung nicht mehr decken. Trotzdem findet man sie noch bis zu 5 m² Heizfläche und mehr.

Das Element wird autogen geschweißt und verzinkt. Bei einem oberen und unteren Anschluß (Abb. 256) kann eine gewisse vorteilhafte Gegenstromwirkung im Behälter zwischen Heizmittel und Gebrauchswasser erzielt werden. An richtiger Stelle und bei nicht zu hohen Beanspruchungen können die Elemente bis 25% mehr als Schlangen leisten.

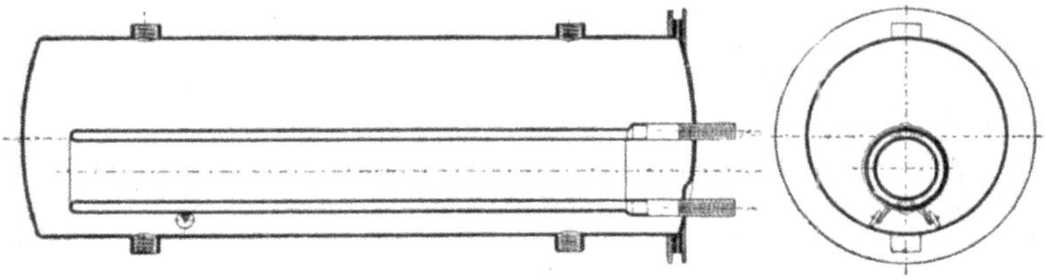

Abb. 256.

Tabelle 58.

Ringzylinder-Heizelement für Warmwasserbehälter (Abb. 256) **nach der Kyffhäuser Hütte, Artern.**

Heizfläche	m²	0,5	1,0	1,5	2,0	2,5	3,0	3,5	4,0	4,5	5,0	5,5
Zylindermaße in mm	Innendurchm.	90	100	120	170	200	225	250	270	300	320	340
	Außendurchm.	130	150	180	230	260	285	330	360	380	400	470
	Länge	750	1300	1650	1600	1730	1875	1925	2000	2100	2300	2300
	Wandstärke	2,5	2,5	2,5	3	3	3	3,5	3,5	3,5	4	4
Zylindergewicht	kg	16	26	39	57	68	93	103	120	147	168	190

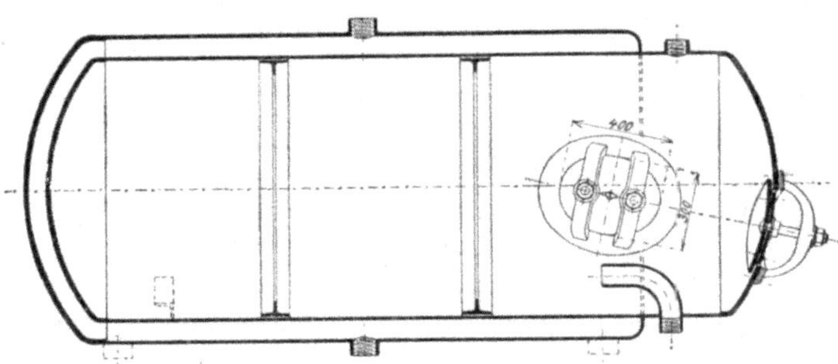

Abb. 257.

Schließlich ist man, durch die Kriegszeiten mit gezwungen, dazu übergegangen, auf teure und schwer zu beschaffende Heizschlangen und Einsätze überhaupt zu verzichten und die Erwärmung des Behälterwassers durch äußeren Heizmantel zu bewirken. Zuerst, und auch noch jetzt, kleidet man den ganzen Behälter mit Ausnahme einer Stirnfläche für Anschluß der Rohrleitungen und Mannloch nach Abb. 257 mit einem Mantel für das Heizmittel ein; neuerdings begnügt man sich nur mit der Bekleidung des Behältermantels, soweit die Anschlüsse es gestatten, bei welcher Ausführung (Abb. 258) die Heizfläche noch genügend groß ausfällt.

Der Nachteil fast aller Einsätze liegt darin, daß die untersten kältesten Wasserschichten, die für eine Wärmeaufnahme am empfänglichsten sind, von den Heizflächen nicht berührt werden, da die Einsätze aus Montage-, Reinigungs- und Heizwirkungsgründen nicht auf dem untersten Behälterfirst zur Auflage kommen können. Mit der Mantelheizung wird dieser Zweck aber erreicht

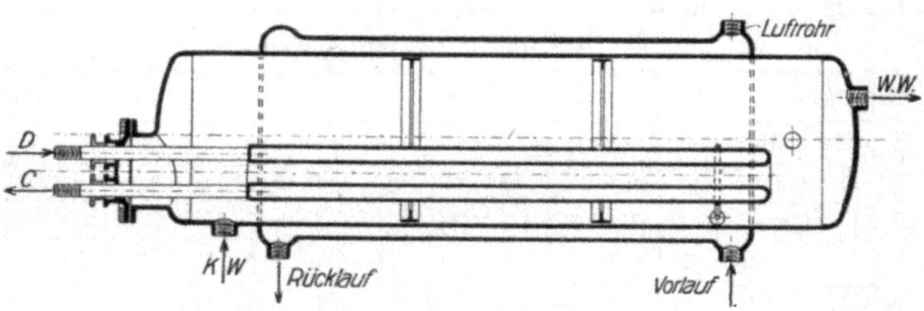

Abb. 258.

und noch vollkommener, wenn nach den Ausführungen der Ideal-Ges., Kiel, der Eintritt des Heizmittels von unten her erfolgt, d. h. wenn Gleichstrom besteht wie nach Abb. 258. Der Wärmeweg ist dabei ein bogenförmiger um den Mantel herum in dessen Längsachse. Versuche, besonders von de Grahl, haben die Richtigkeit dieser Ansicht erbracht und auch weiter den Beweis, daß bei oberem Eintritt, wie er in der Regel noch immer nach alter Gewohnheit und auch veranlaßt durch die Heizeinsätze vorgesehen wird, die Mantelheizfläche nur mit 60÷70% zur vollen Ausnutzung kommt. Von ausführender Seite ist solcher Nachteil auch schon längst gefühlt, weshalb von mehreren Firmen in der horizontalen Mittelebene des Mantelringraumes Zirkulationsstreifen aus L- oder N-Eisen eingeschweißt und eingelegt werden. Mit Rücksicht auf günstige Bördelung kann der lichte Mantelraum bei Dampfheizung mit

15 mm genügen; bei Warmwasserheizung kann es dagegen vorteilhaft sein, dies Maß wegen Warmhaltung und Isolation bis auf 50 mm und mehr zu erhöhen.

So gut sich auch die Mantelheizung, bei der alle die Durchbrüche der Behälterböden für Heizeinsätze vermieden werden, bewährt hat und so beliebt sie auch im Laufe kurzer Zeit in Installationskreisen wegen ihrer Einfachheit geworden ist — den einen großen Nachteil trägt sie in sich, daß die nach außen transmittierende Wärme für die Warmwasserbereitung verloren ist. Die Heizeinsätze überliefern die Heizwärme restlos an das Behälterwasser. Gewiß vermag eine vorzügliche Isolation den Nachteil unbedeutender zu machen, ganz aufzuheben aber nicht.

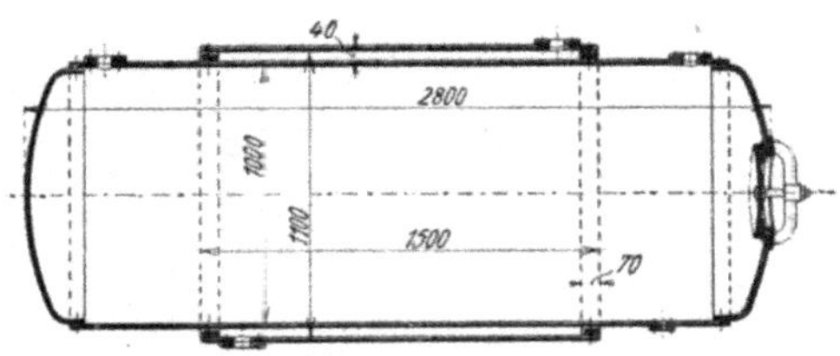

Abb. 259.

Stehen zwei Heizmittel zur Verfügung, etwa noch Dampf oder Heizwasser einer Zentralheizung, so läßt sich durch Einbau eines Heizeinsatzes, etwa eines Zylinderlementes oder einer Schlange, wie in Abb. 258, die Warmwasserbereitung bequemer und wirtschaftlicher gestalten. Der Einsatz wird von der Heizung, der Mantel von einem besonderen Kleinkessel betrieben.

Der Mantel wird mit dem eigentlichen Behälter verschweißt, seltener vernietet. Letztere zerlegbare Ausführung (Abb. 259 von Käuffer, Mainz) ist bei nicht einwandfreien Wässern und großen Abmessungen einer oft zweifelhaften Schweißung stets vorzuziehen, wenn jene auch teurer ist. Man benutzt Mantelheizflächen bis zu 12 m² und mehr.

Wie schon vorstehend bei der Mantelheizung hingewiesen, läßt sich im allgemeinen auch für jeden Einsatz ein höherer Effekt durch richtigen Anschluß der Rohrleitungen herauswirtschaften. Geht man von der Voraussetzung aus, daß die größte Wärmeübertragung zwischen Heizmittel und Behälterwasser bei höchstem Temperaturunterschiede erreicht wird, daß also das Heizmittel auf die untersten, kältesten Wasserschichten zuerst einwirken muß, so wird mit Parallelstrom ein wirtschaftlicherer Betrieb als mit Gegenstrom erreicht werden. In Abb. 260 sind beide Stromarten bei einem Einsatz- und Mantelbehälter schematisch gegenübergestellt. In der Praxis nimmt man den Anschluß der Einsätze nach altgewohnter Weise vielfach gerade umgekehrt. In eingehender Behandlung dieses Stoffes äußert sich de Grahl auf Grund eingehender Versuche[1]) ebenfalls dahin, daß der Parallelstrom bei der Warmwasserbereitung wohl in den meisten Fällen vor dem Gegenstrom den Vorzug verdienen dürfte; die Heizeinsätze zeigen einen höheren Wärmetransmissionskoeffizienten k, die Schichtung des Wassers ist geringer, der Wärmeinhalt des Boilers größer. Die

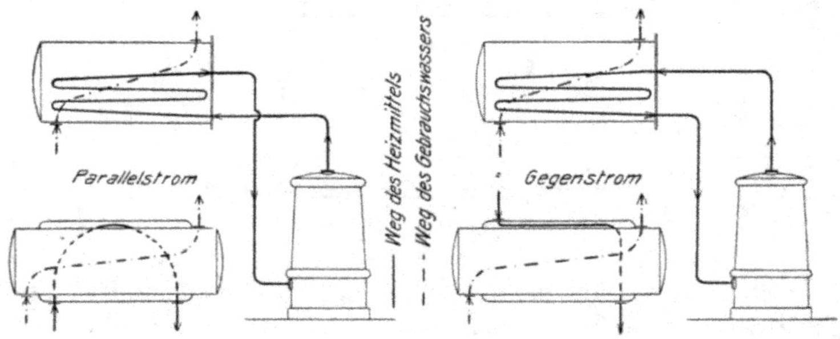

Abb. 260.

Wasserheizschlange weist beim Anheizen für Parallelstrom einen Wert k auf, der doppelt so groß ist als bei Gegenstrom. Bei Entnahme warmen Wassers unter vollem Betriebe bleibt der Parallelstrom immer noch um 20% günstiger als der Gegenstrom, gleiche Temperaturunterschiede in der Heizschlange vorausgesetzt.

Bezüglich es Einbaus der Heizeinsätze sei noch folgendes angeführt.

Die Röhren der Heizeinsätze sind im Behälter stets durch Stege aus Blech, Holz oder in anderer Weise zu fixieren, wobei jedoch eine freie Ausdehnung gesichert sein muß. Käuffer und andere benutzen nach Abb. 249 zur hinteren Lagerung der Schlange eine Laufrolle, die zugleich zum Ausfahren des Ein-

[1]) Gesundheits-Ingenieur: 1912, Nr. 20.

satzes dient. Eine dauernde leichte Drehbarkeit der Rolle darf man zwar nicht erhoffen. Man umgeht aber damit das Annieten von L-Eisenleisten, die als Auflager für die Stege zu dienen haben. Eine Hemmung der Wasserbewegung im Behälter durch derartige Lagerungen ist nach Möglichkeit zu vermeiden. Ebenso müssen bei hartem Wasser die Schlangenwindungen weiter auseinander stehen.

Die Rohrenden werden entweder in die Behälterwandung eingewalzt, angeflanscht oder eingeschraubt, oder sie werden aus der Wandung zum Anschluß der Zirkulationsleitung um ein Stück herausstehen gelassen. Die Abdichtung an der Durchdringstelle erfolgt durch Flanschen, Muttern oder Stopfbüchsen (Abb. 258). Bei ausgedehnter Anlage ist an einer höchsten Stelle des Boilers ein Flansch für einen Lufthahn anzubringen; bei einfacheren Systemen kann ein Zapfhahn die Dienste tun. Ein Anschluß für eine besondere Entleerung des geschlossenen Behälters ist ebenfalls unerläßlich.

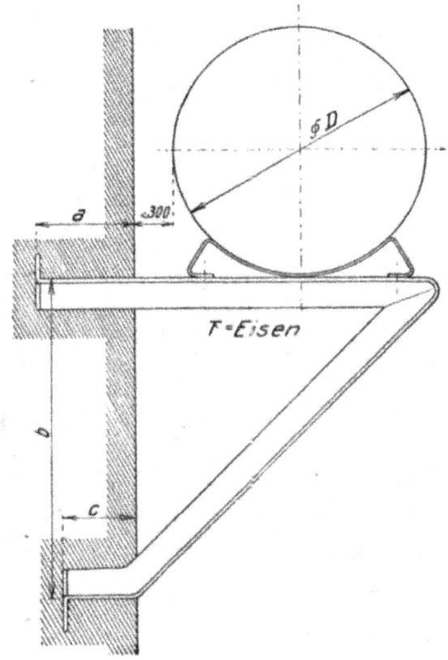

Abb. 261.

Für die **Wahl** eines Behälters und seines Heizeinsatzes betreffs Größe, Material, Ausführung usw. sprechen natürlich in erster Linie die Systemart, der Verwendungszweck, die örtlichen Verhältnisse und der Preis mit. Im großen und ganzen ist dem Vorhergesagten das Nötige zu entnehmen. Bei sehr schwankendem und großem Warmwasserverbrauche, wie z. B. in Brauereien, Brennereien, hüte man sich vor der Wahl eines zu kleinen Behälters; in solchem Falle ist es besser, einen großen Inhalt und kleinere Heizfläche des Heizeinsatzes zu wählen als umgekehrt. Damit ist auch eine Wahl zwischen den offenen und geschlossenen Behältern gegeben.

Die **Lagerung** der Behälter erfolgt schwebend auf I-Trägern, auf Konsolen an der Wand, in Eisenbandgehängen an der Decke oder ruhend mit Füßen, Trägern, Balken auf dem Fußboden. Manchmal macht sich eine Einmauerung des Behälters nötig. Dann hat derselbe zur Entlastung des unteren Teiles und des Auflagers Tragwinkel oder Pratzen zu erhalten. Mit Hinweis auf Abb. 254 und 261 (Kaeferle, Hannover) können Angaben in der Tabelle 59 einen Anhalt geben. Bei großem Gewicht und weiter Ausladung (Hebelarm des Biegungsmomentes), wofür schwere Konsolen nötig werden, oder bei zu schwachem Mauerwerk für die Lagerung (dünner als 1½ oder 1 Stein) sind Ständer, Stützen nicht zu umgehen. Für letztere können 1½÷2″-Rohre,

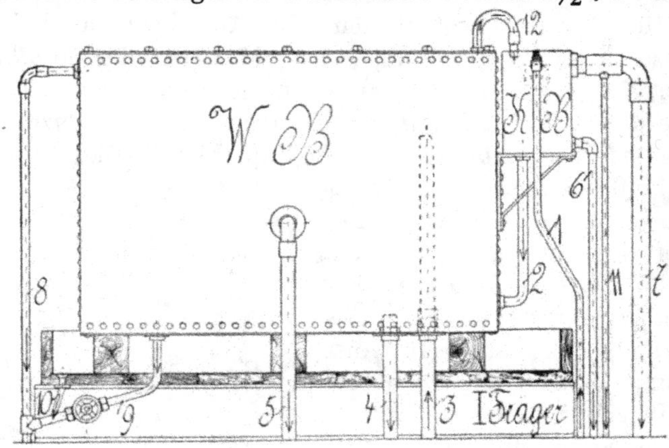

Abb. 262.

wenn nichts anderes vorhanden ist, gute Dienste leisten. Sie werden in den den Lagerarmen angeschweißten Muffen einfach eingeschraubt. Wegen freien Verkehrs sind natürlich die Konsolen den Fußbodenstützen vorzuziehen.

In vielen Fällen wird es sich empfehlen, flache ∾100 mm hohe Schwitzschalen oder -tassen, etwa aus Holz mit Zinkblech ausgeschlagen oder nur aus Blech, nach Abb. 262 unterzulegen bzw. unterzuhängen. Die Schalen müssen den Behälter auf allen Seiten um ∾100 mm überragen und sind mit einem Abflußrohre für das Schwitzwasser auszurüsten, das dem Überlaufrohre des Behälters zugeführt werden kann.

In Abb. 262 ist ein offener, oben abgedeckter Warmwasserbehälter *WB* mit voller Rohrausrüstung und in Verbindung mit

Tabelle 59.

Abmessungen und Gewichte an Behälterlagerungen. (Abb. 254 und 261.)

Lagerung nach Abb. 261.

Behälterinhalt l	50÷75	100÷125	150÷175	200÷225	250÷275	300÷350	400÷450	500÷550	600÷700	750÷850	900÷1000
Behälterdurchmesser D . . . mm	300	350	400	450	500	550	600	650	700	750	800
Konsolenhöhe b . . . . mm	400	450	500	560	620	680	730	800	870	900	980
Einmauertiefe in mm . . . . . a	130	130	160	160	200	220	250	250	250	300	350
Einmauertiefe in mm c	90	90	130	130	150	150	200	200	200	250	250
Normal-Walzeisen Prof. Nr. . T	4½/4½	4½/4½	5/5	5/5	6/6	7/7	7/7	8/8	8/8	10/10	10/10
Normal-Walzeisen Prof. Nr. . [	—	—	—	—	—	—	8	8	10	10	10
ungef. Gewicht . . . . kg	8	10	15	20	25	35	40	50	55	75	80

Lagerung nach Abb. 254.

Behälterinhalt l	400÷450	500÷550	600÷700	750÷850	900÷1000	1200÷1300	1500÷1750	2000÷2250	2500÷4000
Behälterdurchmesser . . . . mm	600	650	700	750	800	900	1000	1100	1200
Einmauertiefe a . . . . mm	150	150	200	200	200	200	250	250	300
Normal-Walzeisen Pr. Nr. . . . . [	8	8	10	10	10	12	12	14	14
Hängeeisen Durchmesser . . . . mm	10	10	11	12	14	15	18	20	26
ungef. Gewicht . . . . kg	25	30	40	45	50	60	70	100	120

einem Schwimmergefäße als Kaltwasserbehälter *KB* dargestellt. Es ist: **1** = Kaltwasserzuleitung ($^5/_8$″), **2** = Kaltwasserleitung von *KB* nach *WB* (1″), **3** = Zirkulationssteigrohr (1½″), **4** = Zirkulationsrücklaufrohr (1½″), **5** = Warmwassergebrauchsleitung (1½″), **6** = Kaltwassergebrauchsleitung (¾″), **7** = Überlaufrohr (2″), **8** = Überlaufrohr (¾″) von *WB*, verbunden mit **7**, **9** = Entleerungsrohr (¾″) für *WB* und *KB*, **10** = Abflußrohr (½″) für Schweißwasser aus der Schweißtasse, **11** = Signalrohr (½″), **12** = Dunstrohr (¾″), auch zum Ableiten von Dämpfen aus *WB*.

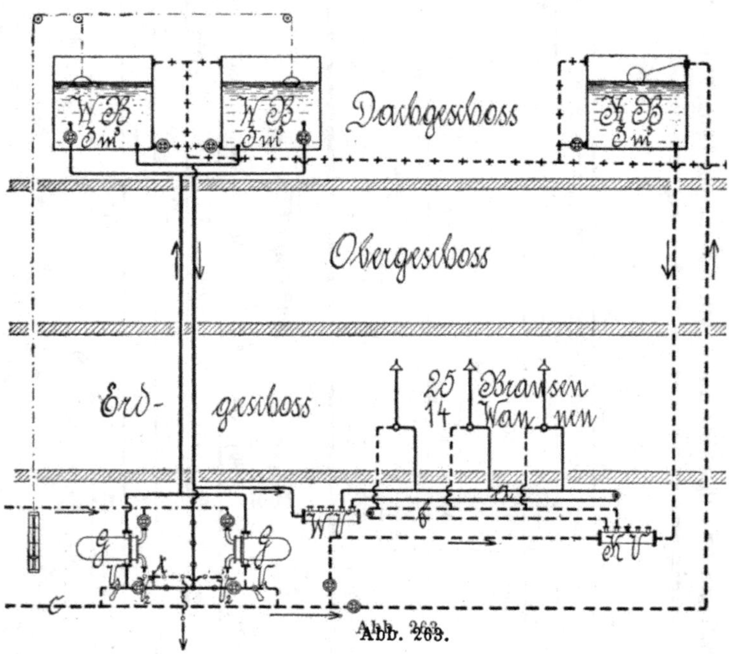

Abb. 263.

c) Die zusammengesetzten Behälter.

Für große Leistungen, für die ein einziger Behälter zu unhandlich, groß und unbequem ausfallen würde, und dort, wo Warmwasser teils für Genußzwecke, teils für andere Zwecke benötigt wird, benutzt man mehrere Behälter. Je nach dem Zwecke und den örtlichen Verhältnissen werden diese Behälter entweder durch Stutzen, Übersteigrohre u. dgl. zu einem geschlossenen Ganzen verbunden oder ganz unabhängig voneinander jeder für sich von einer gemeinsamen Heizquelle aus betrieben.

In letzterem Falle arbeiten z. B. nach Abb. 263 die Behälter *WB* auf einen Verteiler, Ventilstock *WV*, hin, von dem aus die Verteilung des Warmwassers zu den Gebrauchsstellen hin erfolgt. Das Schema stellt nach Stadtbaumeister Arnoldt[1]) die Warmwasserversorgung des Volksbades an der Prüne in Kiel dar. — In der Aktienbierbrauerei Mittweida sind nach Abb. 264

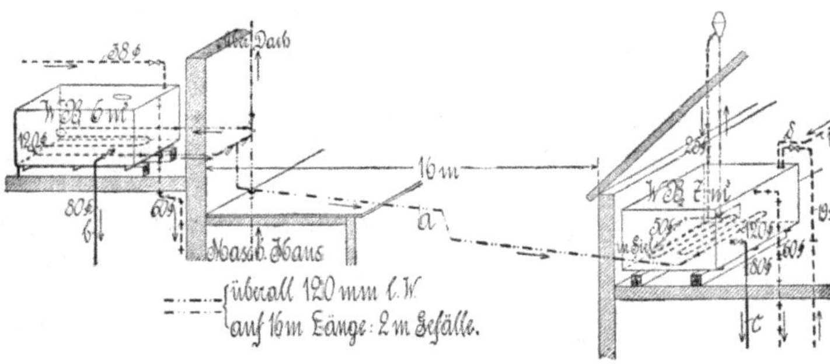

Abb. 264.

zwei große Warmwasserbehälter von 6 und 7 m³ Inhalt hintereinander geschaltet. Als Heizmittel dient Abdampf einer 150 PS-Auspuffmaschine. Die ∾ 20 m lange Verbindungsleitung *a* zwischen den Behältern, von denen der eine WB_1 das Wasser durch *b* zum Überschwänzen im Maischbottich des Sudhauses, der andere WB_2 das Wasser durch *c* zum Reinigen, Einweichen der Transportgefäße, der Flaschen usw. liefert, geht auf ∾ 16 m frei und ungeschützt durch die Luft. Die Anlage bewährt sich aufs beste. Das Wasser, in WB_1 12° hart, in WB_2 3° weich, wird bis auf 90° erwärmt. Dem Behälter WB_2 wird das reine Abwasser des Bierkühlapparates durch Leitung *d* zur Aufspeicherung mit zugeführt.

In Badeanstalten, Gasthöfen, Heilanstalten und überall dort kann eine getrennte Warmwassererzeugung wünschenswert erscheinen, wo eine beträchtliche Wassermenge für Bade-

[1]) Arnoldt: Über die Einrichtung und den Betrieb von Volksbadeanstalten und ihre Rentabilität. Selbstverlag 1906.

zwecke von niedriger Temperatur, etwa ∾ 35 ÷ 40°, und eine andere annähernd gleich große Wassermenge für Genuß- und Reinigungszwecke von höherer Temperatur, etwa 60 ÷ 80°, über verschiedene Zeiträume hin gefordert wird. Man könnte in solchem Falle nach Abb. 263 den einen Warmwasserbehälter *WB* für das höher zu erwärmende Wasser vorsehen und beide indirekt durch Heizeinsätze mit entsprechend großen Heizflächen von einem Kessel aus betreiben. Es ist aber zu überlegen, ob man statt dieser teuren Anlage nicht besser fährt mit einer Zusatzheizung durch Gasöfen oder mit den billigen Mischapparaten, sobald Heißwasser oder Dampf als zweites Heizmittel vorhanden ist, und ferner mit einem geschlossenen Behälter. Es ist überhaupt dem unter Druck stehenden geschlossenen Behälter der Vorzug zu geben, da er im Heizraum unter Aufsicht steht und eine wirksame Zirkulations-Umlaufleitung im Gebrauchsrohrnetz zu verlegen gestattet.

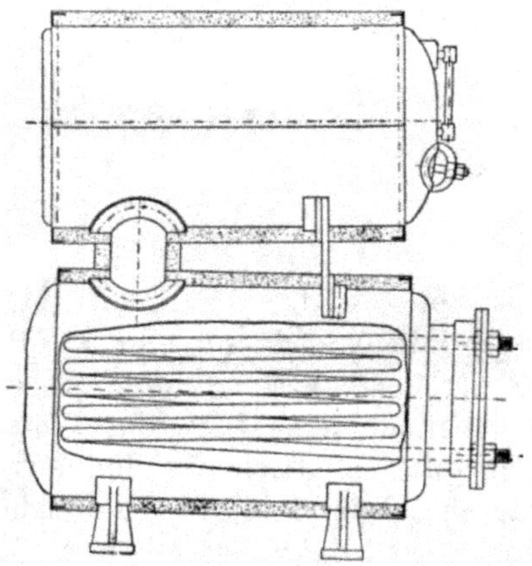
Abb. 265.

Eine direkte Zusammensetzung mehrerer Behälter zu einem Ganzen wird in der Regel nur mit geschlossenen Behältern vorgenommen.

Abb. 265 stellt einen Doppelboiler von Munk und Schmitz, Köln-Bayenthal, dar, in dessen unterem Behälter sich ein Heizeinsatz befindet. Die Vereinigung von vier Boilern, deren Wasser durch elektrische Heizeinsätze erwärmt wird, ist nach Abb. 266 von Elektra, Wädensweil, zur Ausführung gebracht.

An dieser Stelle sei dann noch die Zusammensetzung eines Boilers mit einem Kleinbehälter, als Gegenstromapparat durchgeführt, vom Hoffmannswerk, Abb. 267, erwähnt, welche Ausführung ebenfalls für eine sehr große Warmwasserbereitungsanlage Verwendung findet. Sowohl Boiler *a* wie Apparat *b* können gleichzeitig und auch einzeln für sich unter Dampf gesetzt werden. Bei geringem Warmwasserbedarfe wird nur mit *b* angeheizt, während die Warmwasserreserve erst vor der lebhafteren Betriebszeit in *a* aufgeheizt wird. Der Dampf strömt durch *h* und *i*, das kalte Wasser durch *e* und *f* den Behältern *a* und *b* zu, das warme Wasser durch *g*, das Kondenswasser durch *d* ab.

Wird eine Anlage mit Boiler im Laufe der Zeit als unzureichend befunden, so läßt sich damit ganz gut ein offener Behälter verbinden, wenn die Druckverhältnisse es gestatten.

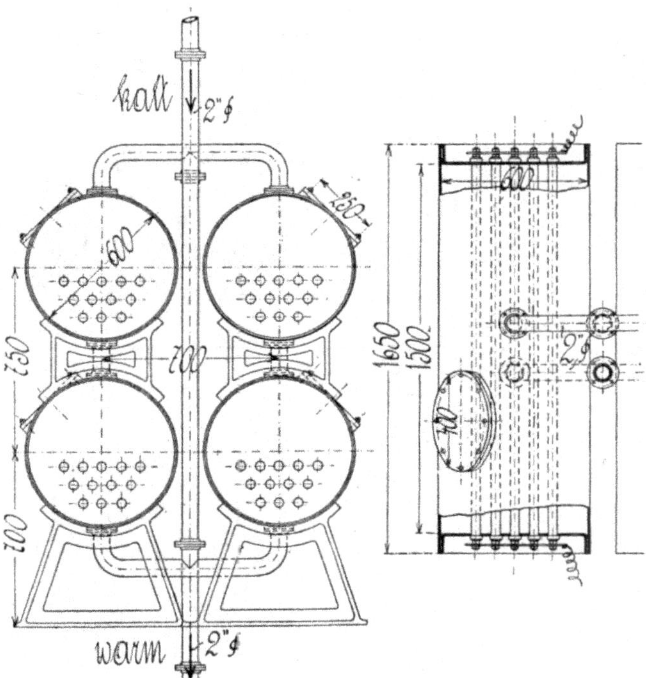

Abb. 266.

B. Die Kaltwasserbehälter. Die Füllgefäße.

Diese werden wie die offenen Warmwasserbehälter als einfache, viereckige, genietete oder geschweißte Blechkasten oder Zylinder ausgeführt. Die Einschaltung eines Kaltbehälters bietet gegenüber dem direkten Anschlusse an die Zentralleitung die Möglichkeiten, plötzlich größere Kaltwassermengen abzapfen und gegebenenfalls einen konstanten Druck erhalten zu können.

Der Kaltbehälter ist, wenn eine Kaltwasseraufspeicherung infolge direkten Anschlusses an die Zentralleitung nicht nötig ist, als kleineres Füllgefäß aus Schmiedeeisen oder Gußeisen

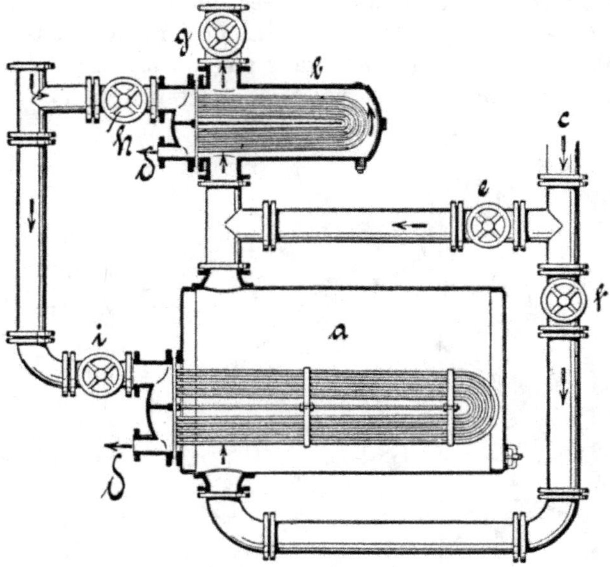

Abb. 267.

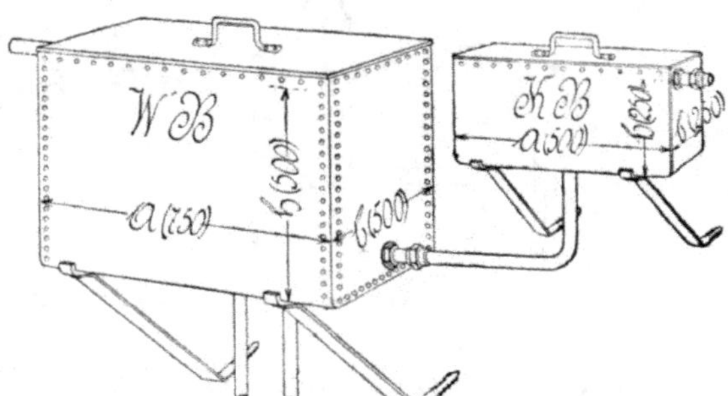

Abb. 268.

zu wählen und so nahe wie möglich mit dem Warmbehälter zu verbinden (Abb. 268). Bei einigen Gasautomaten mit besonderem Füllgefäße wird dieses auch aus Kupfer, innen verzinnt, hergestellt.

Zur gleichmäßigen Nachbeschickung des Warmbehälters mit Kaltwasser erhält das Füllgefäß ein Schwimmerabschlußorgan (siehe unten). Nicht gut ist es, dies Organ direkt in den Warmbehälter zu legen, da das warme Wasser auf der einen und das kalte auf der anderen Seite des Ventilkegels das Ventil in-

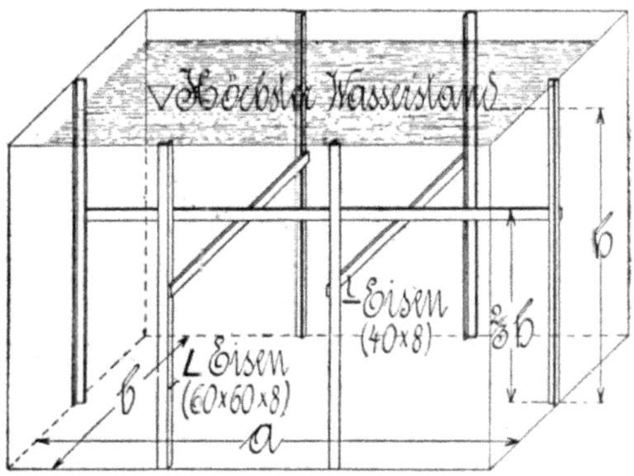

Abb. 269.

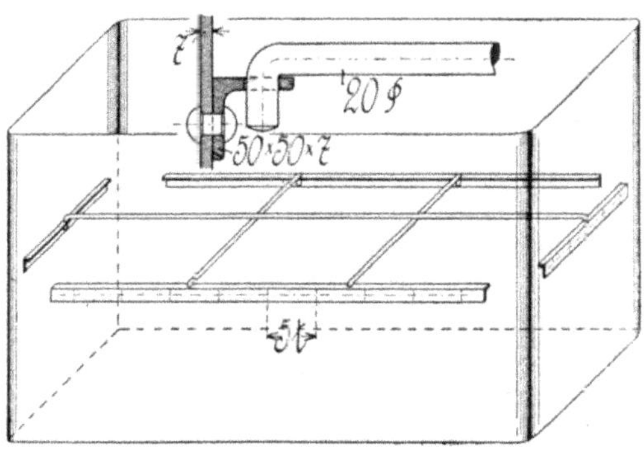

Abb. 270.

folge der verschiedenen Ausdehnungen undicht machen. Besondere Konstruktionen suchen diesem Übelstande abzuhelfen.

Die Verbindung des Kalt- mit dem Warmbehälter, der Zufluß, Überlauf usw. sind aus obigen Abbildungen hinreichend ersichtlich. Der Kaltwassereinfluß in den Warmbehälter ist möglichst unten hinzulegen. Meist werden beide Behälter nebeneinander, zuweilen auch übereinander angeordnet, dabei können (nach Abb. 14, 263) Kalt- und Warmbehälter vollkommen unabhängig voneinander sein und ihre Verbindung einzig und allein im Heizkörper finden. Für hartes Wasser und bei indirekter Erwärmung ist zum Speisen des Heizeinsatzes, Kessels usw. ein besonderes Füllgefäß anzuordnen, das, mit Regenwasser oder anderem weichen Wasser gefüllt, zugleich als Ausdehnungsgefäß dienen kann.

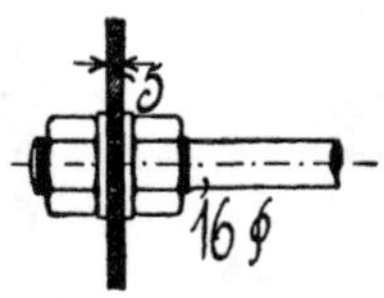

Abb. 271.

Große Behälter mit etwa $> 3\ m^3$ Inhalt oder mit einer Höhe von > 1 m müssen in ihren Seitenblechen versteift werden, um nicht mit zu starken Blechen rechnen zu müssen. Wirksame Versteifungen erreicht man durch mit Winkeleisen eingenietete Flacheisensteifen nach Abb. 269.

Da jedoch die Steifen an ihren Befestigungsstellen weit leichter eine Rostbildung hervorrufen, so sind entweder diese Stellen besonders sorgfältig zu schützen und von Zeit zu Zeit zu prüfen oder kleinere Behälter ohne Steifen zu wählen, wenigstens für die Anlagen, welche Wasser für Genußzwecke liefern. In

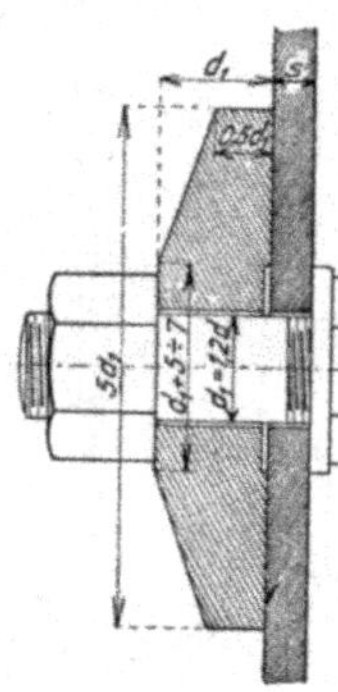
Abb. 272.

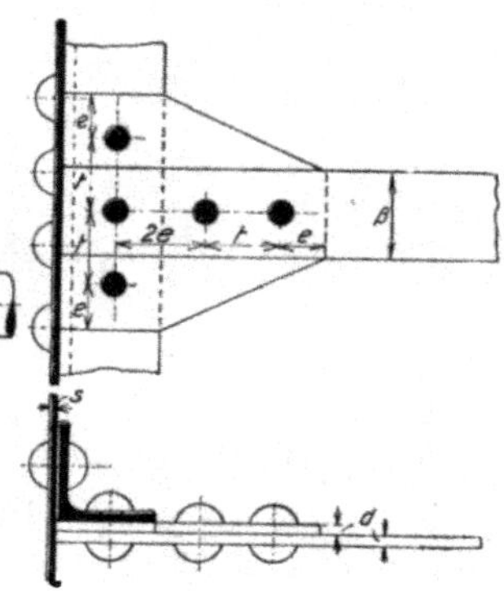
Abb. 273.

dieser Hinsicht haben sich für sehr große Behälter die herausnehmbaren Steifen nach Abb. 270 ganz brauchbar erwiesen, welche auch eine leichtere Reinigung des Behälters gestatten. Die eingeschraubten Rundeisensteifen nach Abb. 271 und 272 sind zwar sehr einfach zu montieren, ergeben jedoch leicht Undichtigkeiten. Um die Wasserbewegung nicht zu hemmen, sind die Flacheisensteifen wie in Abb. 273 möglichst hochkantig anzubringen. Besonders hohe Behälter sind unter Umständen mit doppelten Lagen Steifen auszurüsten.

Die einfachen Steifen liegen $\frac{1}{2}$ H bis $^2/_3$ H, die doppelten Steifen zu $^1/_3$ H und $^2/_3$ H über Bodenblech, wenn H die Höhe des höchsten Wasserstandes über Bodenblech darstellt. Die Teilung für die Steifennietung kann zu 3÷5 t genommen werden, worin *t* die ausgerechnete Teilung der Dichtungsnaht ist. Die Steifenabmessungen *d* bzw. β und δ unterliegen der Berechnung (siehe unten: Berechnung der Behälter).

Eine Umgehung der einer Reinlichkeit und Sauberhaltung hinderlichen Steifen bietet die stehende zylindrische Form. Solche genieteten oder auch geschweißten Behälter selbst bis zu 5000 l Fassung bei 1,45 m Durchm., 3,0 m Höhe und 4 mm Blechstärke werden vollkommen stabil genug gehalten durch 2÷4 innere oder äußere Winkelringe, die den Wasserraum nicht durchsetzen.

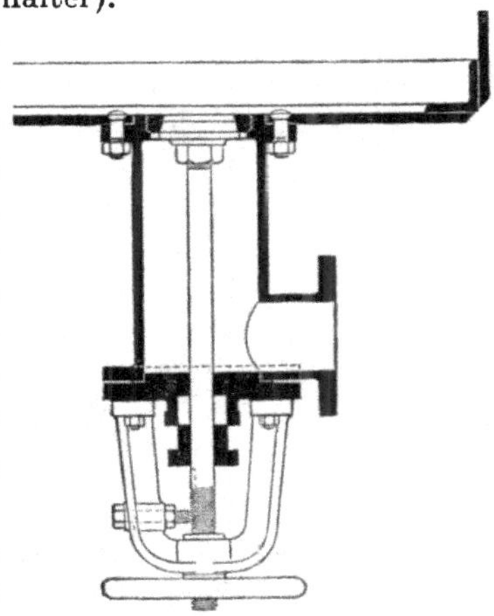

Abb. 274.

Ist das Wasser am unteren Bodenblech abzunehmen und an dieser Stelle ein Abschlußorgan vorzusehen, so kann dieses infolge Zuschlämmens, Zukristallisierens leicht unwirksam werden. Alsdann empfiehlt sich die Herauslegung des Ventiles aus dem direkten Wasserbereich nach Abb. 274, eine Ausführung von Dehne, Halle. Sitz und Kegel des Ventils sind leicht auswechselbar, ohne den Ventilkörper vom Behälter abzumontieren.

C. Die Größenverhältnisse der Behälter.

Die Abmessungen der Behälter richten sich natürlich in erster Linie nach der Berechnung und dem Entwurfe der Anlage. Bei Einzelherstellung fällt ein Behälter oft größer wie nötig aus, wenn die Blechtafeln mit starkem Abfall nicht verschnitten werden sollen. Dieses »Etwas-Mehr« wird kaum nachteiligen Einfluß auf die Leistung der Anlage ausüben. Die Handelsblechtafeln finden sich in den Lagerformaten:

als Zinkbleche bei 0,10 ÷ 2,68 mm Stärke:
$0{,}65 \cdot 2 = 1{,}30 \text{ m}^2$; $0{,}80 \cdot 2 = 1{,}60 \text{ m}^2$; $1 \cdot 2 = 2{,}00 \text{ m}^2$
als Kupferbleche bei 0,5 ÷ 3,5 mm Stärke:
$1{,}2 = 2{,}0 \text{ m}^2$;
als Messingbleche bei 0,25 ÷ 0,30 mm Stärke
und als Aluminiumbleche bei 1,10 ÷ 5,00 mm Stärke:
$0{,}5 \cdot 2{,}0 = 1{,}0 \text{ m}^2$;
als Eisenbleche (Schwarzbleche) bei 0,38 ÷ 5,5 ÷ 50 mm Stärke:
$1 \cdot 2 = 2{,}0 \text{ m}^2$; $1{,}25 \cdot 2{,}5 = 3{,}125 \text{ m}^2$; $1{,}7 \cdot 5{,}6 = 9{,}5 \text{ m}^2$.

Zur Vermeidung von Überpreisen sollen Grobblechbreiten vorausgesetzt werden, möglichst nicht über

1500 mm für Blechstärken $s < 6$ mm,
1700 » » » $s > 6$ »

Im Laufe der Zeit haben sich für Behälter fertige Handelswaren in bestimmten Größen ergeben. Allgemein baut man:

Geschlossene Behälter (liegend):

für Inhalt	70÷1000÷5000 l
mit Durchmesser	300÷ 800÷1400 mm
» Länge	1000÷2000÷3200 mm
» Blechstärke des Mantels	2,0÷ 4,5÷7,0 mm
» » der Böden	3,0÷ 6,0÷8,0 mm.

Die angegebenen Blechstärken beziehen sich auf ∾ 6 Atm. Betriebsdruck. Bei geringerem Druck gelten entsprechend geringere Werte, so z. B. bei 4 Atm. Betriebsdruck Werte um ∾ 25 % geringer. Bei hohem Drucke sind die Blechstärken stets genau zu berechnen.

Stehende geschlossene Druckbehälter erhalten, abgesehen von Höchstleistungen, selten eine Höhe über 2 m.

Rechteckige offene Behälter (ohne Schwimmer):

für Inhalt	50÷ 750÷6000 l
mit Länge	500÷1100÷2500 mm
» Breite	250÷ 940÷1600 mm
» Höhe	400÷ 785÷1500 mm
» Blechstärke des Mantels	1,5÷ 3,5 ÷ 6,0 mm
» » » Bodens	1,5÷ 4,0 ÷ 7,0 mm
» » » Deckels	1,5÷ 2,0 ÷ 5,0 mm.

Runde offene Behälter:

für Inhalt	75÷ 750÷5000 l
mit Durchmesser	400÷ 900÷1450 mm
» Höhe	600÷1200÷3000 mm
» Blechstärke des Mantels	2,0÷ 2,5÷4,0 mm
» » » Bodens	2,0÷ 2,5÷4,5 mm
» » » Deckels	1,0÷ 1,5÷2,0 mm.

Die offenen Füllbehälter mit Schwimmer:

für Inhalt 5÷15÷50 l für kleine Anlagen,
» » 50÷250÷1000 l für mittlere und große Anlagen.

Vielfach benutzt man Behälter mit und ohne Schwimmer:

für Inhalt	250 l
mit den Abmessungen	340 · 150 · 260 mm
» Blechstärke des Mantels	2,0÷2,5 mm
» » » Bodens	3,0 mm.

Für die Heizeinsätze verwendet man 1,5÷2,0 mm starke nahtlose Kupferröhren, verzinkte schmiedeeiserne Patentröhren und Stahlröhren von 25÷50÷120 mm innerem Durchmesser. Die Röhrenbündel besitzen 2÷20÷75 Kupferröhren oder Stahlröhren zu meist 15/17 oder 16/18 mm Durchm.

Geschlossene Behälter haben mindestens ein Handloch oder Mannloch im Mantel oder noch besser in einem Boden zu erhalten, und zwar:

ein Handloch für Manteldurchmesser < 600 mm
mit ovalem Querschnitt von

80 · 120÷120 · 200 mm Achsenmaß

oder mit kreisrundem Querschnitt von:

140÷170 mm Durchmesser;

ein Mannloch für Manteldurchmesser > 600 mm
mit ovalem Querschnitt von:

200 · 400 mm Achsenmaß.

Die Größe der Wasserbehälter ist möglichst so zu wählen, daß Blechstärken $\leqq$ 6 mm genügen, da bis zu dieser Blechstärke die Nietnähte mittels wenig durchtränkter Zeugstreifen abgedichtet werden können, während stärkere Bleche über 6 mm verstemmt werden müssen und die Herstellungskosten erhöhen.

VIII. Die Rohrleitungen.

Zum Herbeiführen und Fortleiten des Wassers bedient man sich der Rohrleitungen, die dadurch einen wichtigen Teil einer Warmwasserbereitungsanlage bilden. Je nach der Verwendung und Bedeutung kann man unterscheiden:

A. die Kaltwasserzuleitung;

B. die Warmleitungen;

- a) die Heizleitung, die Steigleitung und Zirkulationsleitung,
- b) die Gebrauchsleitung, die Zirkulations(Umlauf)-leitung,
- c) die Ausführung und Verlegung der Warmleitungsrohre,
- d) die Umlaufpumpen;

C. die Nebenleitungen.

Zu diesen tritt gegebenenfalls noch die Leitung zum Herbeiführen eines Heizmittels, wie Gas, Dampf und Warmwasser, hinzu. Da diese Dampf- und Warmwasserleitungen genau wie die unter B angegebenen zu beurteilen sind, so ist mithin für sich noch zu berücksichtigen:

D. die Gasleitung.

Natürlich sind alle diese Leitungen nur insoweit zu betrachten, als sie für die Warmwasserbereitungsanlagen in Frage kommen. Im großen und ganzen gelten auch für diese Leitungen die bekannten Bestimmungen und Ansichten über Rohrverlegung, als in erster Linie zu nennen sind: genügende Rohrweite, passendes Rohrmaterial, entsprechende Verlegungsart und Zweck, Vermeidung längerer wagerechter, über Tag gelegener Leitungsstränge, offenes, aber frostfreies Verlegen und einwandfreies Verbinden und Abdichten. Je kürzer und gradliniger der gesamte Rohrplan ausfällt, um so besser wird die Anlage ihren Zweck erfüllen.

An dieser Stelle sei auf eine Sonderheit in der Verbindung zwischen Warmwasserbereitung und Zentralheizung aufmerksam hingewiesen, mit der die besten Erfahrungen gemacht worden sind. Bestehen in einer häuslichen Anlage beide Systeme nebeneinander, so empfiehlt es sich, den Raumheizkörper des oder der Badezimmer nicht an das Rohrnetz der Heizungsanlage, sondern an die Wärmequelle der Warmwasserbereitung anzuschließen; vorausgesetzt, daß indirekte Erwärmung des Behälterwassers besteht. Wird, wie sehr häufig, diese Wärmequelle ein Kleinkessel sein, der indirekt auf den Warmwasserbehälter hinarbeitet, so muß der Raumheizkörper des Badezimmers eine besondere Heizleitung von dem Kleinkessel aus mit besonderer Rückleitung zu ihm erhalten, so daß er mit der Boilerzirkulation ein gesondertes Heizsystem bildet. Gewiß wird hierdurch das Rohrsystem umfangreicher und teurer, besonders wenn das Badezimmer sich weit entfernt vom Kessel befindet. Diese Nachteile werden jedoch durch den Vorzug vollkommen aufgewogen, zu jeder Badezeit eine temperierte Raumluft zu haben. Der Zweck ließe sich durch Aufstellen eines Gas- oder elektrischen Heizkörpers für die Übergangszeit ebenfalls erreichen. Hygienischer, bequemer und wirtschaftlicher für den Besitzer und Nutznießer ist aber auf jeden Fall obige Durchführung. Gerade in der jetzigen Zeit der Brennstoffknappheit wird die allgemeine eigentliche Heizungsanlage eines Hauses nicht zu früh in Betrieb und möglichst bald außer Betrieb gesetzt. Kalte Sommertage dürfen gar nicht mehr Bedeutung haben. In dieser Zeit des Stillstandes befindet sich aber die Warmwasserbereitung mit ihrem Kleinkessel in Tätigkeit und gestattet dann bei obiger Ausführung zu jeder Zeit ein Bad in ausreichend erwärmtem Raume zu nehmen. Eine Mehrbelastung der Anlage macht sich kaum bemerkbar und die Ausgaben für die Extraheizung machen sich bald bezahlt.

Abgesehen von der Kondensleitung können die Rohre aller Art nebeneinander an der Decke und Wänden des Gebäudes verlegt werden. Unter allen Umständen ist jedoch dabei die Verlegung der Kaltwasserleitung unmittelbar über den Warmleitungen zu vermeiden. Andernfalls wird man zur warmen Jahreszeit niemals sofort Kaltwasser abzapfen und sich den Genuß kalten Wassers zu Trink- und Waschzwecken bereiten können. Ein direktes Nebeneinanderliegen von Gas- und Wasserleitung hat bei richtiger Installation keine Bedenken.

Bei vielen Leitungen nebeneinander in größeren Anlagen können Farbenanstriche der Rohre, wie es im Kraftbetriebe gebräuchlich ist, ratsam sein. Da solche immerhin kostspielige

Anstriche mit der Zeit den Farbenton verlieren, eine Aufbesserung nicht vorgenommen wird, so ist der Zweck gerade einer Erkennung und Übersicht nach Jahren nicht erfüllt. Besser ist es daher, man behilft sich mit Farbenstreifen, die leicht und billig erneuert werden können, oder noch besser mit 10÷15 cm breiten farbig emaillierten oder lackierten, über die Rohre schiebbaren Blechringen. Die Farbenbezeichnungen für die Rohrleitungen zu diesem Zwecke wie auch für Zeichnungen sind immer noch nicht endgültig gleichmäßig festgelegt. Allgemein sind gebräuchlich für Rohrleitungen und Apparate:

für Warmwasser . . . . karminrot
(Gebrauchs-, Zirkulationsleitung)
» Kaltwasser . . . . violett
» Abwasser, Überlauf, Sicherheitsleitung . . . braun
» Dampf . . . . orange
» Kondensat . . . . dunkelgrün
» Heizwasser, Zuleitung . . . . zinnoberrot
» » , Rückleitung . . . . blau
» Entlüftung . . . . hellgrün
» Gas . . . . hellgelb

A. Die Kaltwasserzuleitung.

Selbige stellt die Verbindung zwischen dem Wassermesser des Rohrnetzes (Zentralbetrieb) oder der Pumpe (Lokalbetrieb) der Kaltwasserversorgungsanlage einerseits und dem Wasserbehälter, dem Kessel, Ofen oder den Misch- und Gegenstromapparaten usw., anderseits her.

Das vom Wassermesser aus abzweigende Rohr wird bis zu 50 mm l. W. als Blei-, Zinn-, Mantel- oder Schmiedeeisenrohr gewählt. Das Mantelrohr ist ein 0,5 mm starkes Zinnrohr mit starkem Bleimantel. Die Bleirohre, Bleidruckrohre, werden innen wie auch innen und außen verzinnt geliefert. Die gebräuchlichsten sind die Blei- und die Mantelröhren, von denen die letzteren wegen größeren Schutzes gegen giftige Bleilösungen vorzuziehen sind, falls sie dem bestehenden Wasserdrucke genügen. Für weiche, sowie Kohlensäure und gelösten Sauerstoff enthaltende Wässer sind Bleirohre nicht zu verwenden. Ganz ausgeschlossen ist die Benutzung von Bleiröhren für kalte oder warme Heil- und Mineralwässer jeder Art, für welche sich Steinzeug-, Holzröhren, sogar Röhren aus Papierstoff bewährt haben. Betriebsdrucke bis zu 15 Atm., für lichte Weiten bis zu 63 mm und mehr und zur Druckleitung kleiner Pumpenanlagen gebraucht man schmiedeeiserne geschweißte Rohre, die innen verzinkt (galvanisiert), verzinnt, inoxydiert, schwarz oder mit zweimalig eingebranntem inneren Anstriche versehen werden. Bei den verzinnten Schmiedeisenrohren sind die durch Verlegen und Anschneiden hervorgerufenen Beschädigungen wieder auszubessern, um der Bildung und dem Fraß von Rost vorzubeugen. Schwarze Rohre sind hier weniger geeignet, da sie eine zu große Neigung zum Rosten und Gelbfärben des Wassers zeigen. Die verzinkten Schmiedeisenrohre sind die besten, müssen jedoch auch besonders sorgfältig verlegt werden. — Für wagerechte Stränge von 50 mm l. W. an und für Leitungen, die in Fußböden oder Erdreich zu verlegen sind, und als Druckleitung größerer Pumpenanlagen in Betracht kommen, finden innen asphaltierte gußeiserne Muffen- oder Flanschenrohre mit einem Probedrucke von 20 Atm. Verwendung.

Tabelle 60.

Gebräuchliche Blei- und Mantelrohre.

Bleirohre.

Lichte Weite . . . mm	10	10	13	13	15	15	20	20	26
Wandstärke . . . . »	2	3,5	3,5	5	3,5	5	3,5	5,5	3,5
Gewicht . . . . kg/lfd.m	0,9	1,7	2,1	3,2	2,3	3,6	2,9	5	3,7
Zul. inn. Druck . . . Atm	10	17	13	19	12	16	8	13	6

Lichte Weite . . . mm	26	32	32	40	40	46	46	50	50
Wandstärke . . . . »	5,5	3,5	6	4,5	6	4,5	7	5	8
Gewicht . . . kg/lfd.m	6,2	4,5	8,1	7,1	9,8	8,1	13,2	9,8	16
Zul. inn. Druck . . . Atm	10	5	9	5,5	7,5	4,5	7	5	8

Mantelrohre

Lichte Weite . . . mm	10	13	15	20	25	30	32	35	40
Wandstärke . . . . »	4	4,5	5	5,3	5,5	6	6	5,5	5,5
Gewicht . . . . kg/lfd.m	2	2,8	3,6	4,7	6	7,7	8,1	8	9,8
Zul. inn. Druck . . Atm	20	17	16	13	11	10	9	8	9

Im allgemeinen kommen für vorliegende Fälle Rohre unter 10 mm und über 63 mm nicht in Frage, da ja meist das Hochdruckwasser eines Zentralnetzes zur Verfügung steht. Man kommt demgemäß für gewöhnlich, abgesehen von der Druckleitung einer lokalen Pumpenanlage, mit den Blei- und Mantelröhren aus, welche die Vorteile einer leichteren Behandlung und größeren Schmiegsamkeit, also eines bequemeren Verlegens bieten. Statt der zurzeit sehr hoch im Preis stehenden Bleirohre wählt man selbst für geringere Stärken besser die billigen verzinkten Eisenrohre, gibt damit aber auch die nicht zu unterschätzenden Vorteile des vollen Anpassungsvermögens an die Baulichkeit auf.

Zur Speisung eines Kaltwasserbehälters in häuslichen Anlagen kann bei Hochdruck ein 20÷26 mm weites, für Niederdruck ein ∾ 32 mm weites Blei- oder Mantelrohr genügen; bei letzteren geht man jedoch sicherer, die Rohrweiten zu berechnen. Eine einzeln für sich bestehende Badeeinrichtung erfordert bei hohem Drucke eine 20 mm, bei geringerem eine 26 mm weite Zuleitung; eine Waschtoilette eine solche von 15 mm. Die lichte Weite des Kaltwasserrohrs für direkten Anschluß an die Gasheizkörper ist bei einem Wasserdrucke von über 1 Atm. meist mit 10÷20÷25 mm ausreichend.

Da Blei von Kalk und Zement angegriffen wird, so sind Bleirohre in nicht zu umgehenden Einmauerungen durch Umhüllung von Jute, Filz o. dgl. zu schützen; Filz ist aber dem Ungeziefer, den Motten, ein willkommener Nistplatz. Wegen der Frostgefahr und Ausbesserungen sind außerdem an geeigneten Stellen Entleerungshähne anzubringen. Die Gefahr eines Rohrbruches durch Frost läßt sich bei Bleiröhren in der Weise erheblich vermindern, daß das Rohr beim Durchführen durch die entsprechend verstellten Rohrwalzen ovalen Querschnitt erhält.

Die Kaltwasserröhren werden senkrecht und wagerecht (Gefälle 1 : 100) verlegt. In letzterem Falle sind die Röhren zur Vermeidung von Luftsäcken zu strecken. Macht sich ein längerer wagerechter Rohrstrang, etwa auf dem Dachboden zum Anschluß an den Behälter nötig, so ist hierfür Schmiedeeisenrohr zu wählen, ein freiliegendes Weichmetallrohr würde sich leicht zu Luftsäcken verdrücken. Die Befestigung der möglichst frei an den Wänden liegenden Rohre geschieht mittels

Haken oder Schellen. Die Verbindung der Blei- und Zinnröhren erfolgt durch Verlötung, der Eisenrohre durch Muffen oder Flanschen. Bei öfter zu lösenden Strängen bedient man sich der Flanschen oder Muffen selbst für die Weichmetallröhren, die dann besondere Mundstücke erhalten. Abzweige werden mit Hilfe verzinkter Formstücke (Fittings) erreicht. Vor dem Eintritt in den Behälter, Kessel usw. ist in die Kaltwasserzuleitung ein Hauptabsperrorgan einzubauen und dieses mit Leder abzudichten. Zur direkten Speisung eines Kessels verbindet man die Leitung mit diesem fest oder stellt die Verbindung des Kesselstutzens mit einer in der Nähe liegenden Zapfstelle mittels Metallschlauches her. Wird ein Warmwasserbereiter direkt an das städtische Rohrnetz angeschlossen, so ist kurz vor Eintritt in den Bereiter ein Rückschlagventil einzuschalten, damit kein Warmwasser in die Kaltleitung rückströmen kann.

B. Die Warmleitungen.

a) Die Heizleitung; die Steigleitung und Zirkulationsheizleitung der Anlagen mit Warmwasserbehälter.

Bei den Systemen mit einem Warmwasserbehälter dient zur Verbindung des Heizkörpers mit dem Behälter eine Steigleitung, durch welche letzterem das fertige warme Wasser, das Gebrauchswasser, oder das Heizmittel in Form von Heißwasser oder Dampf zugetragen wird, je nachdem direkte oder indirekte Erwärmung besteht. Führt eine besondere Leitung das Gebrauchswasser bzw. das Heizmittel behufs stetigen neuen Erwärmens zum Heizkörper zurück, so faßt man das Steigrohr mit dem Rücklaufrohr zu einer Zirkulationsleitung zusammen. Man nennt diesen Lauf wohl erste Zirkulation, im Gegensatz zu der zweiten Zirkulation, die durch die Gebrauchsleitung mit deren Umlaufleitung bestehen kann.

Da man durch die Hin- und Rückleitung die Wassererwärmung beschleunigen, die Wassertemperatur im Behälter ständig konstant halten und bei geringer Aufspeicherung größere Mengen warmen Wassers stets zur Verfügung haben kann, so ist, abgesehen von Dampf als Wärmeträger, auch bei direkter Erwärmung der Fortfall der Rückleitung und die Verwendung eines Steigrohres allein an sich unbegründet und zwecklos. Die geringe Ersparnis durch das fehlende Rücklaufrohr fällt nicht ins Gewicht. Die Durchführung nur mit einem einzigen Steigrohre ist daher nur einigen Systemen mit Gasheizkörpern, Gegenstromapparaten eigentümlich und wird sonst wohl dort vorgenommen, wo zeitweilig ein schwankender, größerer Warmwasserbedarf vorliegt. Aber auch hier benutzt man häufig zur Erreichung einer gewissen Wärmeregelung eine Hilfszirkulation. So sind z. B. gemäß Abb. 263

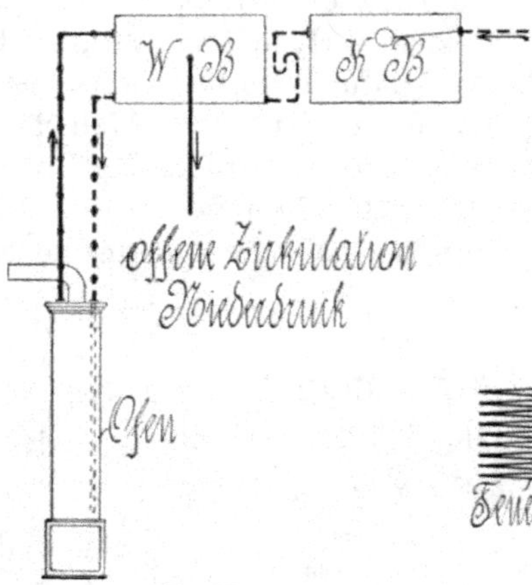

Abb. 275.

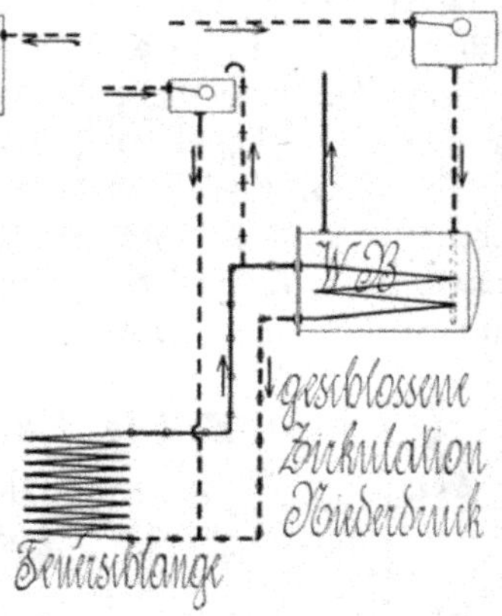

Abb. 276.

für gewöhnlich die Schieber V_2 geschlossen. Wird das Wasser in *WB* zu kalt befunden, so werden die Ventile V_1 der Kaltwasserleitung *c* geschlossen und V_2 geöffnet, und zwar solange, bis durch die nunmehr eintretende Zirkulation, Umwälzung, das Wasser in *WB* die an *t* abgelesene Temperatur die gewünschte Höhe hat.

Entsprechend der Erwärmung kann man für ein System offene oder geschlossene Zirkulation vorsehen, wie die schematischen Darstellungen der Abb. 275 u. 276 zeigen. Nach diesem Gesichtspunkte hin sind alle oben angeführten Systeme, besonders die unter IV A b und B b, zu betrachten.

Die Vorteile der geschlossenen Zirkulation decken sich mit denen der indirekten Erwärmung unter Einschaltung eines besonderen Warmwasserbehälters. Sie liegen hauptsächlich in der Trennung von Gebrauchswasser und Betriebswasser, für welch letzteres Regen- oder Flußwasser benutzt werden kann. Die offene Zirkulation enthält die Vorzüge größerer Einfachheit, der Billigkeit und höheren Betriebssicherheit.

Soll nun die Zirkulation gesichert sein und ihren Zweck erreichen, so muß in ihr die Scheidung des warmen Wassers für das Steigrohr und des kalten Wassers für das Fallrohr durch richtige Disposition und Montage begünstigt werden. Daher ist die Leitung nicht allein auf kürzestem Wege zu verlegen, sondern sie muß zur Vermeidung unnötiger Widerstände möglichst wenig Abzweigungen, gerade Strecken und keine Querschnittsveränderungen aufweisen. Das Steigrohr, das an der wärmsten Stelle des Wärmeentwicklers abzuzweigen ist, ist in den oberen Teil des Behälters einzuführen und das Fallrohr an einer unteren Stelle desselben abzunehmen. Dient Nieder-

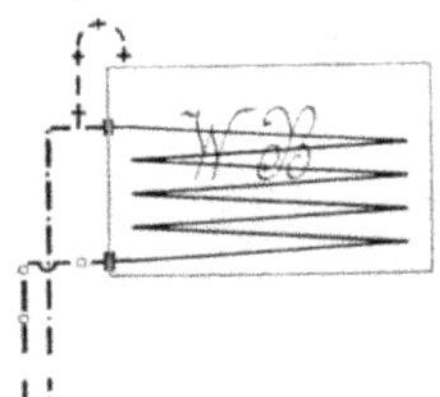
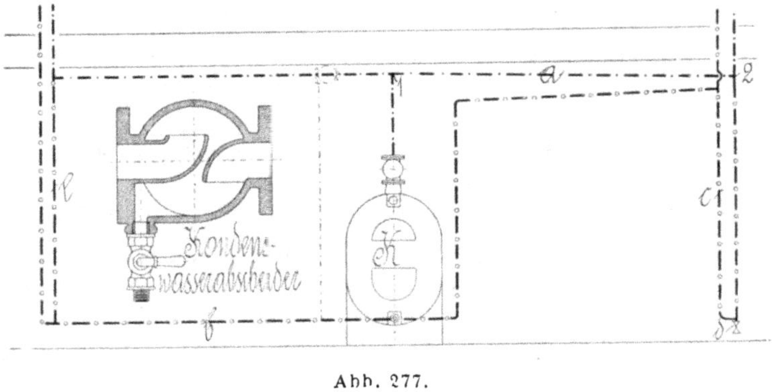

Abb. 277.

druckdampf als Heizmittel, so wird, besonders bei Kesseln ohne Dampfsammler, die wagerechte Verteilungsleitung *a* (Abb. 277) vom Kessel aus bis zum Aufsteigungspunkt, also in Abb. 277 die Strecke *1*—*2*, mit ein wenig Gefälle verlegt und an dem Scheitelpunkte *2* ein Kondenswasserableitungsrohr, Wassersack, *c* mit Entleerungshahn *d* eingeschaltet oder durch *e* mit der Kondensleitung *b* verbunden. Ein Kondenswasserabscheider und -ableiter in die Steigleitung in Nähe des Kessels eingeschaltet, kann besonders beim Anheizen gute Dienste leisten. Das Kondenswasser des Niederdruckdampfes wird dem Kessel als Speisewasser direkt wieder zugeführt, so daß man also auch hier einen regelrechten Zirkulationsvorgang vorfindet.

Im allgemeinen genügen Rohrweiten von 13÷65 mm, nur bei Fernanlagen wird man bis zu 125 mm und mehr gehen müssen. Die Durchmesser der Rohre sind für jede Anlage rechnerisch möglichst genau zu bestimmen.

Abschlußorgane brauchen in die Zirkulationsleitung nur dann eingeschaltet zu werden, wenn diese etwa wegen Kesselreinigung öfters nachgesehen und ausgewechselt werden müssen. An der tiefsten Stelle des Rücklaufrohres ist ein Entleerungshahn oder wenigstens ein Pfropfen anzuordnen.

b) Die Gebrauchsleitung; die Zirkulations-(Umlauf-)leitung.

Das erzeugte warme Wasser wird durch die Gebrauchsleitung den einzelnen Zapfstellen zugeführt. Diese Leitung zweigt also entweder von dem Warmwassererzeuger, dem Kessel, Gasofen usw. direkt, von dem Warmwasserbehälter oder bei großen Anlagen von einem Ventilstocke ab.

Im großen und ganzen gilt das oben unter Ba Gesagte auch für die Gebrauchsleitung, gewissen Eigentümlichkeiten derselben ist nur Rechnung zu tragen. Wird z. B. das Kaltwasser einem Hochdrucknetze entnommen und fließt es mit dem warmen Wasser aus ein und derselben Zapfstelle (Mischapparat, Brause) aus, so wird der hohe Kaltwasserdruck in die Warmleitung übertreten, dadurch einmal kein Wasser von gewünschter Temperatur aus der Zapfstelle fließen lassen, dann sich aber auch im ganzen Warmsysteme fortpflanzen, den Warmwasserbehälter, wenn es ein offener ist, zum Überlaufen bringen oder auf den Heizapparat schädigend einwirken. Man hat in solchem Falle entweder vor der Zapf-, d. h. Vereinigungsstelle in die Warmleitung ein Rückschlagventil einzuschalten oder besser die Kaltleitung von einem Behälter bzw. Füllgefäße abzuzweigen.

Bei langen, verzweigten Verteilungsleitungen wird es sich meist empfehlen, die Gebrauchsleitung nach Abb. 52, 60, 61 u. 65 ganz oder teilweise mit Umlauf (Zirkulation) oder als Ringleitung durchzuführen. Man erhält also neben der Heizmittelzirkulation noch eine zweite Zirkulation im System der Gebrauchsleitung. Dadurch wird erreicht, daß das warme Wasser in der Leitung nicht stagniert, sondern zirkuliert, also stets warm bleibt, so daß man bei Öffnen des entferntest liegenden Hahnes sogleich warmes Wasser erhält. Ohne die Umlaufleitung müßte das in der Hauptleitung stehende, daher mehr oder weniger abgekühlte Wasser erst abgelassen werden, bevor man richtig temperiertes Wasser erhält.

Das Bestreben, an den Zapfstellen stets Warmwasser von der gewünschten Temperatur zu haben, hat zu verschiedenen Maßnahmen geführt, die sich nicht alle bewährt haben. Wird die Zirkulation des Gebrauchswasser-Rohrnetzes als Ringleitung ausgebildet und besteht ein Druckwasserbehälter unterhalb der Zapfstellen, so ist eine wirksame Zirkulation im System ohne weiteres gesichert. Bei offenen Behältern, unter Niederdruck stehend, und mit hohen toten Steigsträngen der Gebrauchsleitung kann man jedoch mit der Wasserzirkulation Schwierigkeiten haben. Ist eine zu starke Abkühlung an den Zapfstellen zu befürchten, so hat man entweder statt des offenen Behälters einen Druckbehälter zu wählen oder bei umfangreicheren Anlagen eine Umlaufpumpe einzuschalten.

Die Zirkulationsleitung, die in die unteren kalten Zonen des Warmwasserbehälters zurückzuführen ist, macht zwar den Gesamtrohrplan umständlicher und teurer, ist aber für größere und mehrgeschossige Anlagen selten zu umgehen. Sie erfüllt jedoch nur dann vollkommen ihren Zweck, wenn die Zirkulations-Einzelstränge (Fallstränge) kurz vor den höchsten Zapfstellen abzweigen, vor allem der entferntest liegenden. Hierin werden praktisch viele Installationsfehler und Unterlassungssünden begangen. Gehört ein äußerster Zapfhahn einer Badeeinrichtung an, so ist ein Kurzanschluß der Zirkulation an diesen nicht so unbedingt wichtig, da ja das abgelassene Wasser nicht verloren ist, sondern zur Wannenfüllung statt entsprechender Menge Kaltwasser dient. Bauliche Verhältnisse können weiterhin zu kurzen Umlaufsträngen zwingen. Der Konstrukteur muß richtig erkennen, welches Übel das geringere ist.

Mag für die Zirkulationsfallstränge einfacher Anlagen im allgemeinen $^3/_8''$ genügen, so sollten bei größeren Anlagen (über $\sim$ 15 m Entfernung der weitesten Zapfstelle vom Druckbehälter) die entferntesten und wagerechten Umlaufstränge nicht unter $\frac{1}{2}''$ bemessen werden.

Die Anlagen mit Gasheizung haben entweder Augenblickswassererwärmung, d. h. Gasöfen ohne Behälter und Rückleitung oder Zirkulations-Vorratsapparate, d. h. Gasbehälter mit Druckbehälter. Letztere haben den Vorteil, daß an den entlegensten Zapfstellen stets und sofort Warmwasser entnommen werden kann, leiden aber unter dem Nachteil eines großen Gasverbrauches. Die Augenblicks-Wassererwärmer, besonders mit langen Leitungen, geben dagegen nicht gleich Warmwasser beim erstmaligen Zapfen. Es ist dann ratsam, von der entferntesten Zapfstelle nach Abb. 278 als Zirkulationsleitung eine Rückleitung zum Ofen zu verlegen, auch wenn die Ofenkonstruktion diese nicht gerade bedingt. An der Stelle, wo das Zirkulations-Rücklauf-

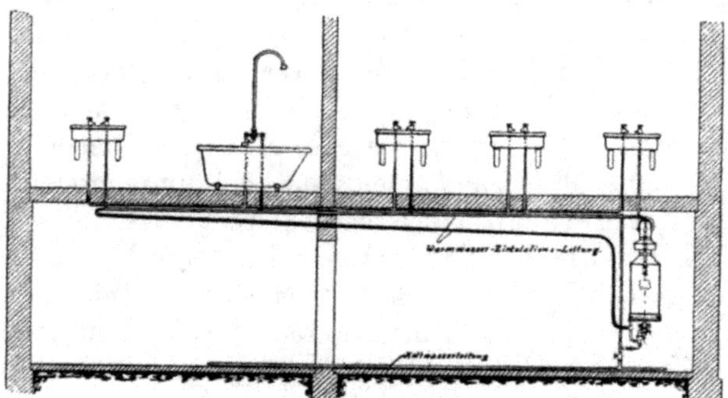

Abb. 278.

rohr (mindestens $3/4''$) in die Kaltwasser-Druckleitung vor den Ofen tritt, setzt die Centralwerkstatt Dessau vorsichtshalber noch eine injektorartige Düse ein.

Prof. Junkers, Dessau, führt nach Abb. 279 auch für kleinere Anlagen die Gebrauchsleitung in ein oder mehreren in sich geschlossenen Ringen durch. Von der Ringleitung *a* zweigen die einzelnen anliegenden Zapfleitungen in kurzen Strängen ab. Hat man einige übereinander liegende Zapfstellen mit einer obersten in beträchtlicher Höhe über der Heizquelle, so läßt sich ebenfalls vorteilhaft eine Ringleitung benutzen, man hat nur gemäß der Ausführung von Houben, Aachen, Abb. 280, das Steigrohr *a* ständig steigend bis zu einem höchsten Punkte *b* zu verlegen, von dem die Rückleitung *c* möglichst senkrecht dem Heizkörper zuläuft. Bei *b* ist eine Entlüftung bzw. ein Windkessel *d* vorzusehen. Nach Abb. 280 wird sich das Wasser im Fallstrange *e* der Zapfstelle *f*, da sie außerhalb des Ringes liegt, stark abkühlen; es sind daher derartige längere Fallstränge möglichst zu vermeiden.

Bei Anlagen mit Gasautomaten muß man beachten, daß zur Betätigung der Armatur ein bestimmter Wasserdruck unter

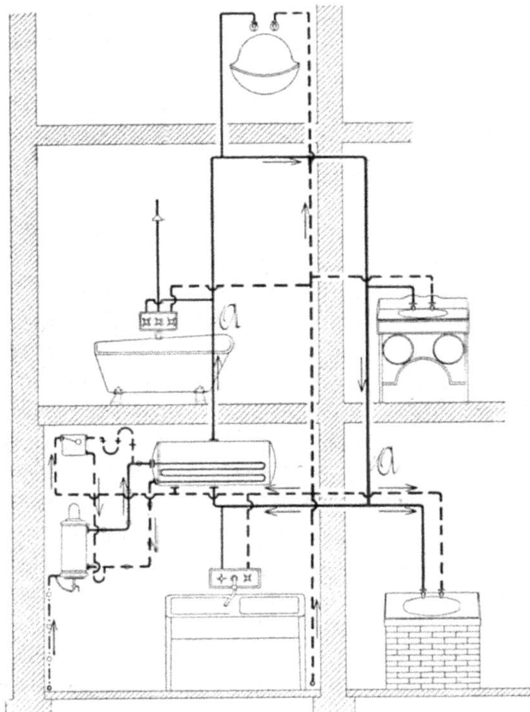

Abb. 279.

allen Umständen vorhanden sein muß. Man vermeide daher alles, was den Wasserdruck unnötig verringern kann, wie z. B. zu enge Zapfhähne, unnötige lange Rohrleitungen und viele Beugungen derselben. Verteilen sich die Zapfstellen auf mehrere Geschosse und ist der Automat im untersten Stockwerke aufgestellt, so macht sich manchmal der Einbau von R ü c k s c h l a g v e n t i l e n (*V* in Abb. 38) in die Warmleitung zwischen zwei benachbarten

Geschossen erforderlich. Wird nämlich an einer der untenliegenden Zapfstellen Wasser entnommen, so kann ein Rückfließen und Leerlaufen des darüber liegenden Rohrstranges eintreten. Wird dann die Zapfstelle geschlossen, so füllt sich der obere Strangteil wieder mit Wasser, was ein Nachfließen von Wasser durch den Automaten und damit dessen ungewollte Betätigung zur Folge hat.

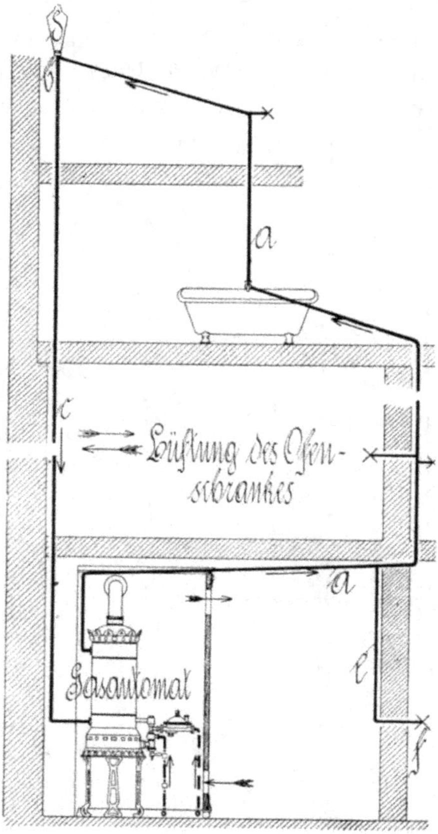

Abb. 280.

Die Gebrauchsleitungen der Fernwarmwasserversorgungsanlagen sind stets als Umlauf- oder Ringleitung durchzuführen. In den meisten Fällen macht sich dabei noch die Einschaltung einer sog. Umlaufpumpe nötig. Gebrauchs- wie Zirkulations-Leitungen sind dabei über möglichst lange Strecken hin gut zu isolieren.

c) Die Ausführung und Verlegung der Rohrleitungen.

Wie bei den Heizungsanlagen kann die Verteilung der Gebrauchsleitung, die ja zumeist den ganzen Rohrplan bestimmt, nach Abb. 281 von oben oder unten erfolgen. Die Vor- und Nachteile sind die bekannten. Ergibt sich auch bei oberer Verteilung ein sicherer Wärmetransport bis zu den äußersten, den untersten, Zapfstellen und somit eine gute Wasserzirkulation, unterstützt durch kurze, sicher wirkende Zirkulationsleitungen, so zieht man doch für Warmwasserbereitungsanlagen in Privatgebäuden gern die übersichtlichere untere Verteilung vor. In großen Mietshäusern findet man dagegen mehr die obere Verteilung angewandt, dem weitverzweigten Rohrsystem Rechnung

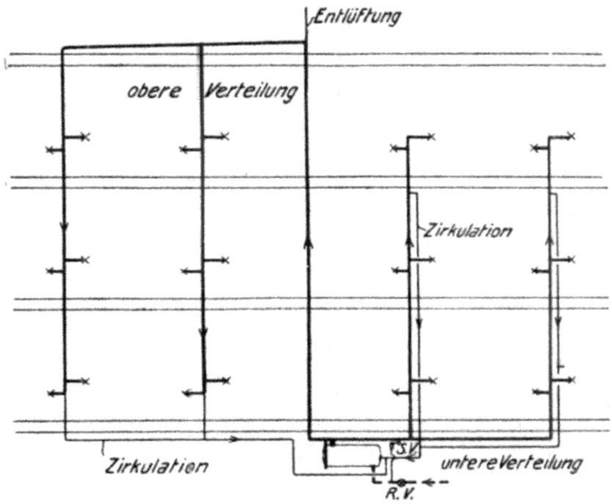

Abb. 281.

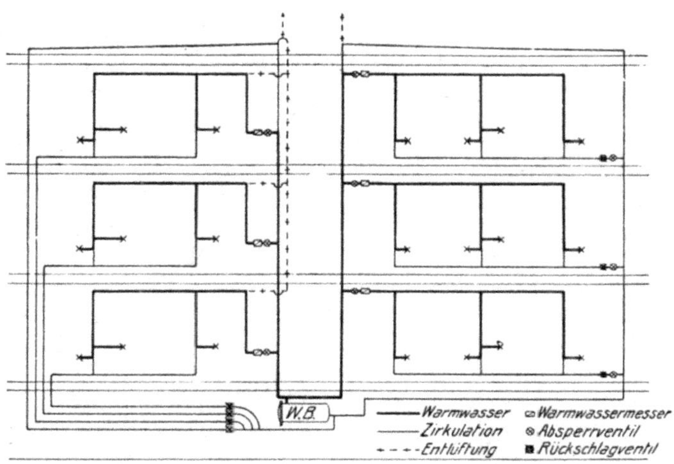

b Abb. 282. a

tragend. Eine Einzelverteilung für jede Wohnung nach Abb. 282 a kann hier am Platze sein, um durch Einschalten von Warmwassermessern und Registrierthermometern den Warmwasserverbrauch in den einzelnen Wohnungen genau feststellen zu können. Zirkulationsleitungen sind bei solchen Anlagen eine Selbstverständlichkeit. Damit aber nicht der Besitzer einer Wohnung Wasser von rückwärts durch die Zirkulationsleitung aus dem System der darunter liegenden Wohnungen entnehmen kann, ist in die Zirkulationsleitung jeder Wohnung ein Rückschlagventil einzuschalten. Letzteres kann umgangen werden, wenn man nach Abb. 282b jeder Wohnung eine eigene Zirkulationsleitung bis vor den Boiler gibt, wodurch allerdings die Pos. »Rohre« im Kostenanschlag ganz bedeutend nachteilig auf die Gesamtsumme einwirkt. Noch unabhängiger voneinander werden die Rohrnetze der einzelnen Wohnungen eines Mietshauses, wenn nach Abb. 283 jede Wohnung als Wärmequelle einen Gasofen für sich erhält, vorausgesetzt, daß Gas als Heizmittel besteht und passend erscheint.

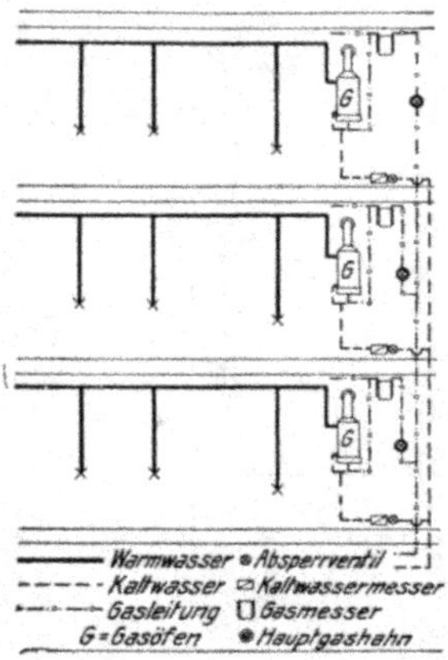

Abb. 283.

Die Warmleitungen werden meist und am besten aus verzinkten oder verzinnten Schmiedeeisenrohren hergestellt. Das Bleirohr, wie es sich hier und da für Warmwasserleitungen findet, ist für diesen Zweck vollständig zu verwerfen; ebenso ist auch das Mantelrohr nicht empfehlenswert. Am geeignetsten wäre das innen verzinnte Kupferrohr, besonders für den Steigstrang der Zirkulationsheizleitung bei Feuerschlangen u. dgl., da es sich nicht so leicht mit Kesselstein zusetzt. Des Preises wegen wird aber meist Schmiedeeisenrohr genommen. Das galvanisierte Eisenrohr erfüllt auch seinen Zweck, wenn der Zinküberzug einwandfrei ist. Um Beschädigungen in der Zinkauflage zu verhindern, werden daher an den Krümmungsstellen besser verzinkte Formstücke eingebaut. Fließt Dampf durch die Leitung, so kommen fast ausschließlich inoxydierte Schmiedeeisenrohre zur Verwendung. Verzinnte Eisenrohre haben sich auf Grund praktischer Erfahrungen für Dampfleitungen nicht bewährt, da unter der Einwirkung des Dampfes eine chemische Umwandlung und Loslösung der Verzinnung stattfindet.

Die Verbindung und Abzweigungen werden für schmiedeeiserne Röhren bis zu 50 mm l. W. durch Muffen und Formstücke vorgenommen. Das eine Rohrende wird stumpf gestoßen, das andere zugeschärft, so daß sich letzteres bei Anziehen der Muffe in die stumpfe ebene Stirnfläche des ersten Rohres einfräst. Die Verbindung durch Muffen mit Rechts- und Linksgewinde und Kupfereinlage hat sich in der Praxis nicht bewährt. Um eine gute Abdichtung zu erzielen, reibt man die äußersten Gewindegänge mit der Feile etwas konisch ab, infolgedessen sich die umwickelten Hanffäden fest in die Verbindung einschrauben. Die bisher benutzten, den Zweck der Abdichtung zwar gut erfüllenden Abdichtungsmittel, wie Mennige, Bleiweißkitt u. dgl., sind wegen ihrer Gesundheitsschädlichkeit für Gebrauchsleitungen zu verwerfen, um so mehr, da neben Firnis schon seit längerem einwandfreie Ersatzmittel auf den Markt gebracht werden.

Für Leitungen über 50 mm l. W. bedient man sich am besten der patentgeschweißten Sioderöhren, deren Zusammensetzung durch Flanschen mit Gummi- oder Asbestdichtung oder durch gußeiserne Formstücke erfolgt. Die Flanschen werden hart aufgelötet oder aufgeschweißt oder legen sich lose gegen auf- oder vorgeschweißte, aufgewalzte oder aufgenietete Bordringe. Sehr gut sind die auch über 5 m Baulänge hergestellten nahtlosen Mannesmannröhren, die von $^1/_8 \div 4''$ für Gewinde und Muffenverbindung vorgesehen, aber teuer sind. Obwohl für stärkere gewöhnliche Röhren die Flanschenverbindung eine einfachere ist, hat man aber zu bedenken, daß die Flanschen die Isolierung der Leitung erschweren. Dieser Nachteil der Flanschenbefestigung wird in neuerer Zeit aufzuheben gesucht, indem flanschenlose Rohre durch autogene Schweißung verbunden werden, wodurch der ganzen Rohrleitung ein gefälliges Aussehen gegeben wird. Die Stränge, die besonders stark beansprucht werden und des öfteren auszuwechseln sind, sollen trotz alledem durch Flanschen verbunden werden.

Für Steigleitungen über 50 mm Durchmesser nimmt man dann nicht gern Flanschenrohre, wenn dadurch zu große Mauerdurchbrechungen nötig werden. Die Verwendung von Gewinde- oder Flanschenrohr richtet sich ja nicht allein nach dem Durchmesser sondern auch nach dem verfügbaren Platz.

Die gebräuchlichen Handelsgrößen sind aus den Tabellen V und VI, Abschnitt XIII, zu entnehmen.

Kupferne oder messingene Röhren von 3÷250 mm innerem Durchmesser sind gezogen, gewalzt und hart gelötet in 4÷5 m

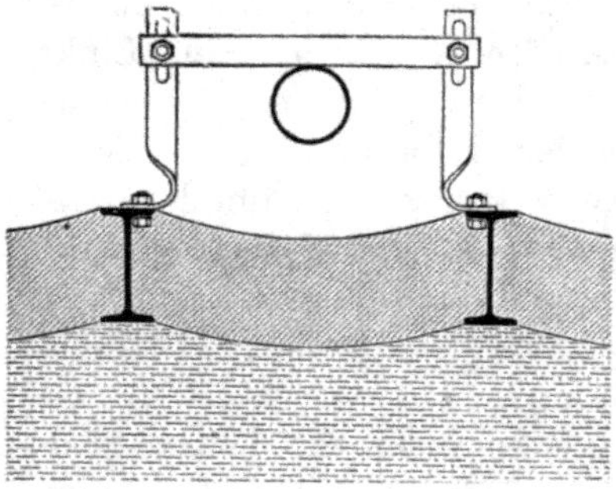

Abb. 284.

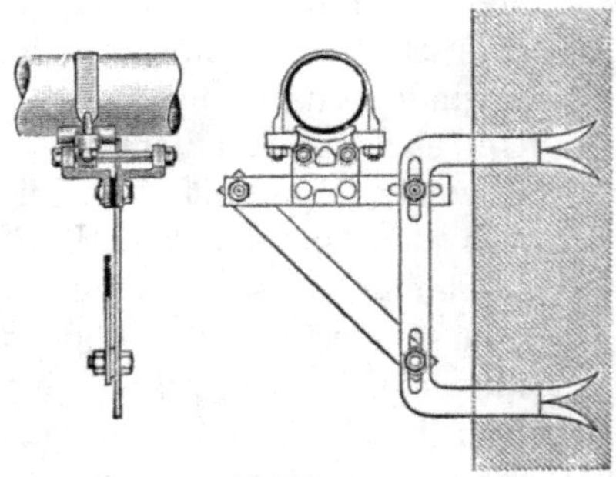

Abb. 285.

Baulänge. Die Verbindung erfolgt durch hart aufgelötete Flanschenovale oder -ringe.

Die Röhren sind über die Teile hin, an denen sie keine Wärme nach außen hin abzugeben haben, zu isolieren; ganz insbesondere trifft dies für die Fernleitungen zu. Bei einer Spannung von 3÷5 Atm. abs. hat man bei nacktem Rohre mit einer Kondensation von ∾ 3 kg/m² zu rechnen, während letztere bei guter Isolierung bis auf ∾ 0,5 kg/m² und weniger sinkt.

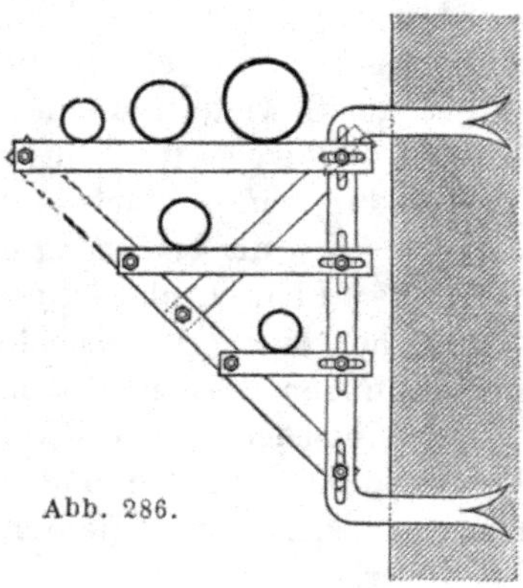

Abb. 286.

Die Befestigung der Röhren erfolgt frei an der Wand mittels Schellen oder Haken. Unterliegt das System starken Temperaturschwankungen, so sind die Horizontalleitungen frei beweglich auf Rollen, in Gehängen od. dgl. zu lagern. Ein solches Arbeiten der Röhren ist wohl in den meisten Fällen vorauszusetzen. Ein sauberes axiales Verlegen der Röhren ist daher erste Bedingung. Sehr gute Dienste werden in dieser Hinsicht die verstellbaren Rohrträger (Abb. 284 bis 286) von Maas & Hardt, Lüttringhausen, leisten, insbesondere, sobald mehrere Rohre in gleicher Richtung unter- oder nebeneinander zu verlegen sind (Abb. 286). Die Träger gestatten beliebige Einstellung in senkrechten und wagrechten Ebenen.

Kann man auch annehmen, daß sich bei Dauerbetrieb eine einmalige Ausdehnung bei der Inbetriebsetzung ergibt, so ist trotzdem der Längenänderung der Rohre zur Erreichung einer ständigen Dichtigkeit der Verbindungsstellen besondere Beachtung zu schenken. Man kann für Schmiedeeisenrohre rechnen:

bei einer Erwärmung um . . .	70	50	40	30	20°
eine Ausdehnung auf das lfd. m	1,5	0,75	0,6	0,45	0,3 mm.

In umfangreichen und Fernanlagen ist daher möglichst auf alle ∾ 30 m eine Ausdehnungsvorrichtung (Kompensator) vorzusehen. Im Gegensatz dazu fällt in vielen kleineren Anlagen die Zirkulationsleitung so kurz aus, daß es einer Befestigung derselben zwischen Heizkörper und Behälter (Boiler) nicht einmal mehr bedarf. Bei Durchführung der Röhren durch Mauern ist es ratsam, an den Ein- und Austrittstellen Rohrhülsen nach Abb. 287 einzugipsen, die ein freies Bewegen der Rohre gestatten und ein Abbröckeln des Verputzes ausschließen.

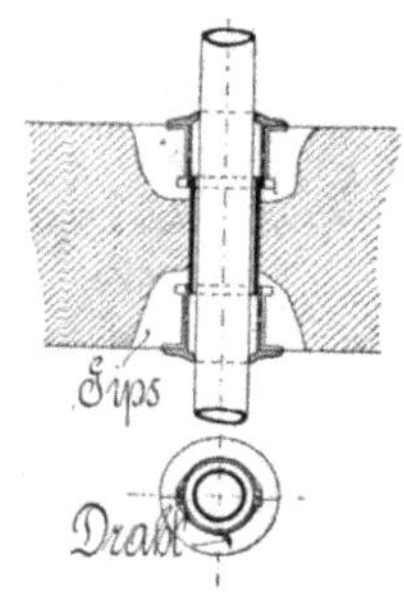

Abb. 287.

In besseren Häusern wird Wert darauf gelegt, die an den Wänden und Decken zu verlegenden Rohre der Sicht zu entziehen. Zu diesem Zwecke werden sie in Mauerschlitze, unter Fußboden und in den Deckenputz verlegt. Der Abschluß der Mauerschlitze kann durch Rabitzverkleidung oder Gipslatten und Putzüberzug erfolgen. Vielfach geht man in der Weise vor, daß man die Mauerschlitze um die Rohre herum mit Lehm ausfüllt und darüber die Wandfläche bündig mit Putz abstreicht. Der getrocknete Lehm gestattet eine freie axiale Bewegung des Rohres und zeigt Undichtigkeiten in der Leitung durch nasse Wandflecke sofort an Ort und Stelle an. Das wagrechte Verlegen der Rohre in Fußböden bzw. Decken, so wenig technisch wünschenswert es ist, wird sich für bessere Anlagen kaum umgehen lassen. Bei unmittelbarer Verlegung unter Fußboden sollten dann wenigstens die Bohlen bzw. Parkettstabhölzer so aufgebracht werden, daß man unter nicht zu großen Schwierigkeiten an ein einigermaßen bequemes Herankommen an die Rohre denken kann. Einer sachgemäßen Rohrlegung in besserem Hause werden aber immer alle möglichen Einwände seitens der Innendekoration entgegenstehen.

Die Verlegung der Röhren der wagrechten Fernleitungen unter Erdoberfläche erfolgt in nicht begehbaren oder begehbaren Kanälen, die aus Mauerwerk oder Beton aufgeführt werden.

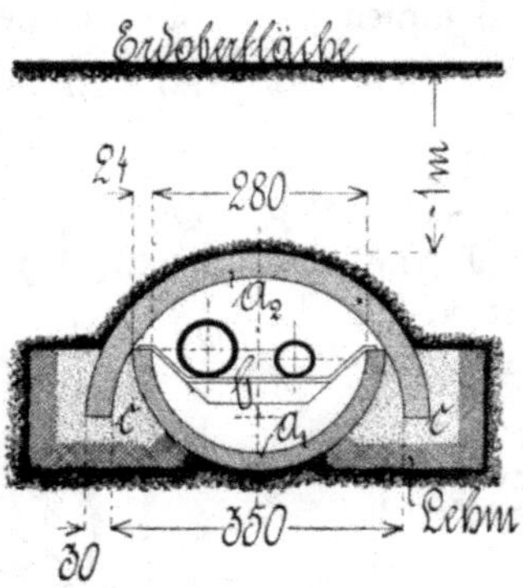

Abb. 288.

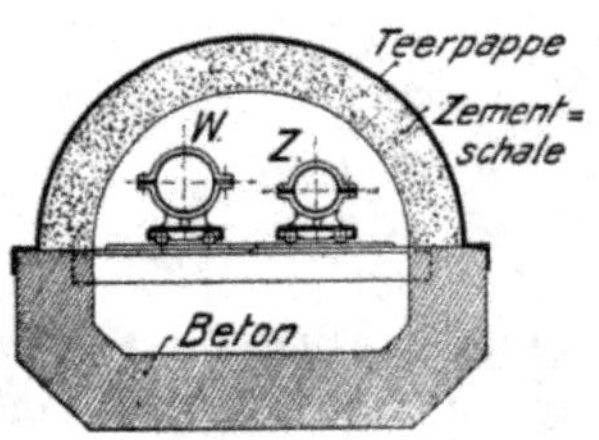

Abb. 289.

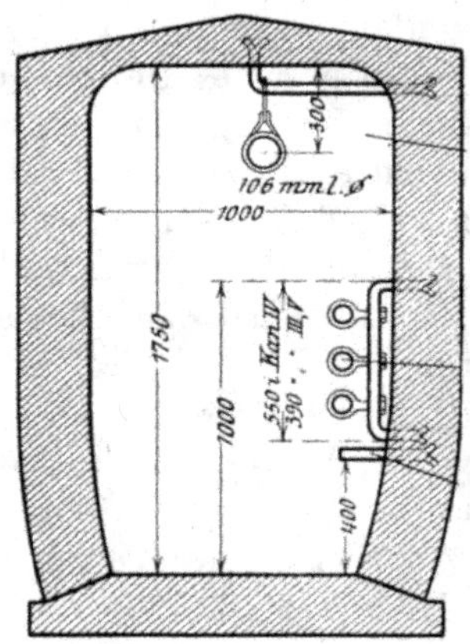

a) für Heizrohre (Dampf)
b) für Warmwasserrohre
c) für Kondensrohre

Abb. 290.

Statt der teuren und zeitraubenden Herstellung von gemauerten oder betonierten nicht begehbaren Kanälen kann die Verlegung nach Abb. 288 mit Hilfe zweier Tonschalen a_1 und a_2 und Eisenträgern b vorgenommen werden. Die Abdichtung der Tonschalen geschieht bei c durch Goudron, die frostfreie Überdeckung durch ~ 1 m Erdbeschüttung. Die Ausführung hat sich unter Benutzung verzinkter Schmiedeeisenröhren vorzüglich bewährt, ist billig und geht rasch vonstatten. Als weitere wichtige Vorteile dieser Ausführung sind die bequeme und einfache Demontage der Kanäle und damit die leichte Kontrolle der Rohrleitung anzusehen. Ähnlich, aber mit Zementschalen, ist die Ausführung nach Abb. 289, bei der die Kugellagerung der Rohre beachtenswert ist. Für die nicht begehbaren Kanäle ist eine genügende Anzahl von Kontrollschächten vorzusehen, welche die Leitung auf ihre Dichtigkeit hin in ausreichendem Maße stets zu prüfen und Reparaturen ohne besondere Schwierigkeiten vorzunehmen gestatten.

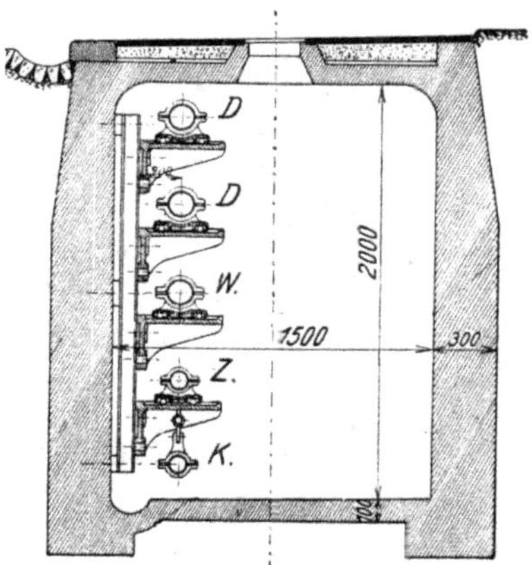

Abb. 291.

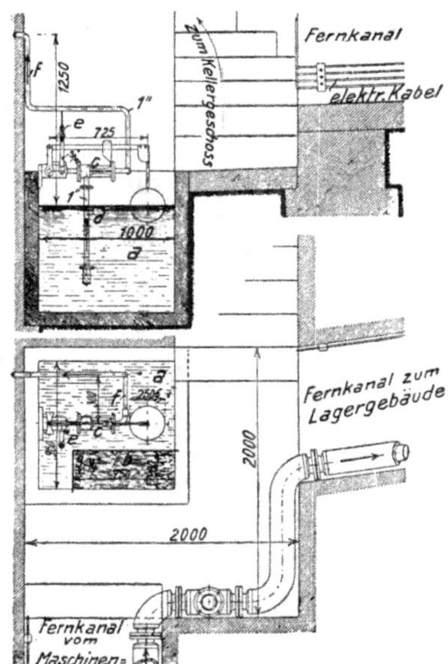

Abb. 292.

Ausführungen von **begehbaren Kanälen** mit verschiedenartigen Rohrlagerungen zeigen Abb. 290÷293. In Abb. 291 sind die Leitungen, wie D = Dampf, K = Kondenswasser, Z = Zirkulation und W = Warmwasser, jede für sich auf Kugelschlitten (nach Abb. 289) gelagert. Die Leitungen sind derart übereinander anzuordnen, daß die wärmsten oben, die kältesten unten zu liegen kommen. Die lichte Bauhöhe soll möglichst 2,0 m, die lichte Breite 0,9÷1,2 m betragen. Die äußere obere Abdeckung über der Beton- oder Mauerschale erfolgt gut durch 3÷5 cm starke teergetränkte Korkplatten mit Asphaltüberzug und 20 mm Teerauftrag; dann genügt ∾ 0,3 m Erdaufschüttung.

Die Verlegungstiefe richtet sich nach dem örtlichen Baugrunde und dem erforderlichen Gefälle der Rohrleitung. Sie findet sich daher sehr verschieden von 200 ÷ 1500 mm, vom äußeren Kanalfirst an bis zur Erdoberfläche gerechnet. Zur Vermeidung der Kälte- und Frosteinwirkungen sind größere Verlegungstiefen vorzuziehen, wodurch allerdings die Anlagekosten ganz bedeutend erhöht werden können. Ein Hauptaugenmerk ist dabei auf die Trockenlage der Kanäle zu legen; Feuchtigkeitseinflüsse können die Lebensdauer der Isolation wie auch des Rohrmateriales ganz erheblich vermindern. Als ein guter Schutz gegen Feuchtigkeitseinwirkung und Wärmeverlust hat sich ein auf der Isolationsbandage aufgebrachter doppelter Firnisanstrich bewährt. Die Kanäle sind gegen durchziehende Luft nach Möglichkeit zu schützen.

Zuweilen kann man wegen des Grundwassers und der Abwasserleitung nicht die gewünschte Tiefenlage und die zum Begehen erforderliche lichte Kanalhöhe von ∾ 2,0 m erreichen. Man muß sich dann mit bekriechbaren Profilen von 1,2 bis 1,5 m lichte Höhe begnügen, Maße, die bei kurzen Strecken in Anbetracht der Kosten nicht einmal unvorteilhaft erscheinen können. Trotzdem kann sich eine derartig große Menge Grundwasser auf den Kanalsohlen ansammeln, daß man an den tiefsten Stellen auf eine künstliche Abförderung desselben bedacht sein muß. Zu diesem Zwecke ist dann nach Abb. 292 eine Wassersammelgrube *a* aus Beton anzuordnen. Hat das in *a* sich angesammelte Wasser eine bestimmte Höhe erreicht, so wird eine gewisse Menge durch den Schwimmer-Dampfstrahlinjektor *c*, die Saugleitung *d* und die Hebeleitung *f* in die höher liegende Schleuse abgeführt. Der erforderliche Dampf strömt durch *e* in *c* ein. Durch eine 5 mm starke Eisenwand ist von *a* eine Ölkammer *b* mit Ableitung *g* abgetrennt.

In Abb. 293 sind die Geländekanäle der auf Seite 87 besprochenen Fernwarmwasserversorgungsanlage der Landesirrenanstalt Teupitz dargestellt.

Schon vor dem Kriege war die Technik auf dem Standpunkt angelangt, neben den Fernheizungen auch in den Warmwasserbereitungsanlagen unter Ausnutzung jeder Ab- und Überschußwärme Anlagen höchsten wirtschaftlichen Betriebes zu erblicken und die Durchführung solcher Anlagen in weitgehendstem Maße zu fördern. Diesen Standpunkt sollte man heutzutage nicht verlassen. Können auch nicht gleich ganze Städte mit Warmwasser

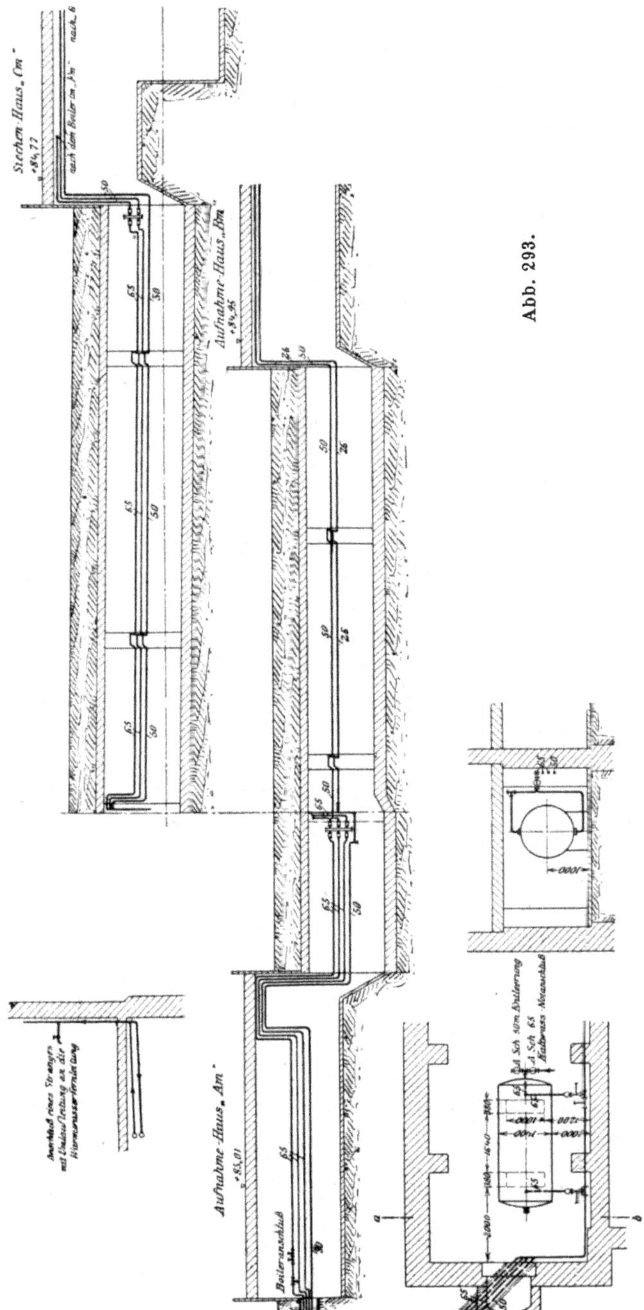
Stechen-Haus „Cm"
Aufnahme-Haus „Bm"
Aufnahme-Haus „Am"
Boileranschluß

Abb. 293.

versorgt werden, so läßt sich doch der Gedanke der Verwirklichung näherbringen, wenn man den Umfang der Fernanlage auf Stadtviertel oder Häuserblöcke beschränkt. Als gemeinnützige Anlage sind dann begehbare Kanäle, welche ja mit den Rohrleitungen sonst die größte und ausschlaggebendste Position im Kostenanschlag darstellt, in der Weise weniger kostspielig zu schaffen, daß man die Leitungen in den Kellern von Haus zu Haus verlegt. Mit Ausnahme einzelner weniger Sonderfälle wird ja geschlossene Bauweise stets vorliegen. Die sonst sehr teuren begehbaren Kanäle rufen alsdann nur die Kosten für die Unterführungen von Straßenquerungen und für die Durchbrüche der Brandmauern hervor. Zweigleitungen mit eingeschalteten Wassermessern sorgen für die Verteilung und die Berechnung des Wasserzinses. Viele Hausbesitzer werden sich zwar gegen solchen Plan, dessen Ausführung warme Keller mit sich bringt, auflehnen.

d) Die Umwälz- oder Umlaufpumpen.

Um einen Stillstand und ein Abkalten des warmen Gebrauchswassers in langen Leitungen zu verhindern, wird, wie schon oben angedeutet, eine Umlaufleitung angeordnet. Ist das Rohrnetz ausgedehnt, vor allem in wagrechter Richtung, und bei dem bestehenden Temperaturunterschiede zwischen Vorlauf und Rücklauf eine zu geringe Bewegung, sogar ein Stillstand des Wassers im Rohrnetz zu befürchten und rechnerisch ermittelt, so ist in die Umlaufleitung zur Umwälzung des Wassers nach dem Erwärmer hin eine Pumpe, die sog. Umlaufpumpe, einzuschalten. Man erreicht damit weiter die Vorteile engerer Rohrleitungen, geringerer Anlagekosten, günstigerer Wärmeregelung infolge bequemer Veränderung der Durchflußgeschwindigkeiten und freier Wahl des Aufstellungsortes der Wärmequelle.

In größeren häuslichen Anlagen hat man ebenfalls versucht, eine Umlaufbeschleunigung im System dadurch zu gewinnen, daß man die kinetische Energie des zufließenden Kaltwassers zum Betreiben eines kleinen Ventilatorapparates (Zentrifugalpumpe) und zum Ansaugen des Wassers der Falleitung (Zirkulationsleitung) benutzt. Einen besonderen, wesentlichen Vorteil erzielt man auch insofern damit, daß die Warmwasserquelle nicht an einen bestimmten Punkt der Anlage gebunden ist, wie z. B. das System Scheel-Hamburg nach Abb. 294

angibt. Die einfache kleine sechsflügelige Zentrifugalpumpe (100 mm Flügeldurchm.) befindet sich in Abb. 294 an der Eintrittsstelle der Zirkulationsleitung in die Kaltwasserspeiseleitung in Nähe der am tiefststehenden Wanne. Das Zirkulationswasser tritt an der Flügelwelle, das kalte Druckwasser durch eine Düse am Flügelumfang ein. Anstatt der Zentrifugalpumpe wird an vielen Stellen ein Injektor dieselben Dienste leisten können. Vor der Pumpe ist in die Kaltwasserleitung ein Reduzierventil eingeschaltet.

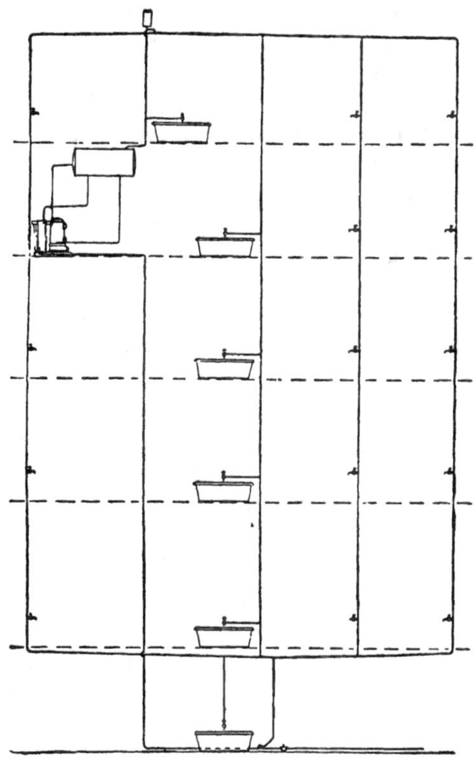

Abb. 294.

Die Umlaufpumpe kann als Kolbenpumpe oder Zentrifugalpumpe zur Verwendung kommen. In der Praxis ist man sich über die beste Art, ob Kolbenpumpe oder Zentrifugalpumpe, noch nicht ganz einig. Die ersteren finden sich für vorliegenden Zweck meist als Duplexpumpen.

Die neueren Zentrifugalpumpen werden für Hochdruck und Niederdruck und mit horizontaler oder vertikaler Welle gebaut. In der Regel genügen Niederdruckpumpen mit Förderhöhen bis zu 25 m. Ist es auch nicht möglich, mit der Zentrifugalpumpe den vollen Wirkungsgrad gut gearbeiteter Kolbenpumpen ganz zu erreichen, so ist doch zu bedenken, daß der Wirkungsgrad allein niemals maßgebend für die Beurteilung der größten Zweckmäßigkeit und Wirtschaftlichkeit sein kann. Der bequeme Antrieb, die ungemein gedrängte Bauart, der kleine Aufstellungsraum, die Einfachheit und Anspruchslosigkeit in der Bedienung, die große Betriebssicherheit, die leichte Regelung und der geringe Anschaffungspreis sind Faktoren, die zugunsten der Zentrifugalpumpen sprechen.

Ein weiterer Vorteil der Zentrifugalpumpen vor den Kolbenpumpen liegt gerade bei Warmwasserversorgungsanlagen darin, daß man die Druckleitung, d. h. alle Zapfstellen, während des Betriebes abschließen kann, ohne eine Drucksteigerung und eine Gefährdung der Pumpenorgane befürchten zu müssen; die Pumpe läuft dann leer und verbraucht nur geringe Leistung. Bei beiden Pumpenarten soll allgemein die Saughöhe 7÷8 m nicht übersteigen. Hierbei ist es bei den Zentrifugalpumpen erforderlich, die Leitungen auf Dichthalten sehr sorgfältig auszuführen und Luftsäcke in selbigen zu vermeiden. Allgemein gilt die Regel, daß heiße Flüssigkeit nicht gesaugt werden kann, sie muß der Pumpe von selbst zufließen. Mit Zentrifugalpumpen läßt sich jedoch Wasser bis 50° bei kurzer Saugleitung bis 2 m noch ganz gut ansaugen. Hochtemperiertes Wasser bedingt aber eine Kaltwasserkühlung der Stopfbüchsen. Außerdem bedürfen die Zentrifugalpumpen einer besonderen sicheren Lagerung der Welle. Sie sind daher nach Abb. 295 mit verlängerter Welle und doppeltem Ringschmierlager zu versehen.

Die durch die hohen Umdrehungszahlen bedingten relativ kleinen Abmessungen der Zentrifugalpumpen bringen es mit sich, daß die Anschaffungskosten gegenüber den Kolbenpumpen verhältnismäßig gering sind und die Raumbeanspruchung klein ausfällt.

Die Pumpe ist in die Umlaufleitung in Nähe des Erwärmers einzuschalten. Zur Sicherheit des Betriebes ist neben der Hauptpumpe eine Reservepumpe anzuordnen, von denen jede für sich ausschaltbar und mit Umführung zu versehen ist. Die Pumpen sollen möglichst druckwirkend sein. Der Gedanke, sie als Saugpumpen wirken zu lassen, hat auf den ersten Blick etwas Bestechendes. Es ist jedoch zu bedenken, daß, sobald die Widerstandshöhe im Rohrnetz zu groß ausfällt, der Wasserfaden abreißen und dann das Heraustreten des Wassers aus dem Ausdehnungsgefäße oder einem Sicherheitsventile erfolgen kann. Der Einbau von Druckwindkesseln ist bei Zentrifugalpumpen nicht nötig, weil die Wasserförderung vollständige Kontinuität besitzt und keine hin und her gehenden Bewegungen wie bei den Kolbenpumpen vorkommen.

Der Antrieb kann direkt oder indirekt mittels eines Kleinmotors oder von einer Transmissionswelle aus erfolgen. Wegen der hohen Umdrehungszahlen, welche die Zentrifugalpumpen im allgemeinen benötigen, liegt es nahe, den Antrieb durch die ebenfalls schnellaufenden Elektromotoren oder (kleinen) Dampfturbinen zu bewirken. Um Wasser mit einer Zentrifugalpumpe wirtschaftlich zu fördern, muß der Laufraddurchmesser in einem gewissen Verhältnis zur Umdrehungszahl, Förderhöhe und Wassermenge stehen. Da bekanntlich bei gegebenen Verhältnissen jeder Umdrehungszahl eine bestimmte praktische Förderhöhe entspricht, so ist es bei der Berechnung der Zentrifugalpumpen nötig, neben der geodätischen Förderhöhe die Reibungswiderstände der Leitung möglichst genau zu ermitteln, da sonst der Fall eintreten kann, daß das Wasser wegen zu geringer Drehzahl nicht auf die gewünschte Höhe gefördert wird oder umgekehrt ein Überschuß an Druckhöhe entsteht. Im ersteren Falle kommt bei den Warmwasseranlagen die durch die Wärmewirkung hervorgerufene wirksame Druckhöhe der gesamten Pumpendruckhöhe zugute, wenn auch erstere im Verhältnis zu der Gesamtwiderstandshöhe meist gering ausfällt. Obiger Umstand spielt nun bei dem elektrischen Antriebe, namentlich bei dem durch Wechselstrom- und Drehstrommotoren, die eine gebundene Umdrehungszahl haben, eine große Rolle.

Vorteilhaft kann es stets erscheinen, der Haupt- und Reservepumpe verschiedene Antriebskraft zu geben, um bei Versagen der einen Kraftquelle die andere ausnutzen zu können. Ein Umlaufrohr um die Pumpe, durch Abschlußorgane aus- und einschaltbar gehalten, gestattet, in beliebiger Weise die Wasserbewegung mechanisch oder durch die Schwerkraft des Wassers zu bewirken.

Die Geschwindigkeit, mit welcher die Pumpe das Wasser zu bewegen hat, hängt von der Größe der Anlage, der Wassermenge, dem Rohrdurchmesser und der Druckhöhe ab. Je kleiner die Geschwindigkeit genommen wird, um so größer fällt der Durchmesser der Umlaufleitung, aber auch um so kleiner der Kraftbedarf der Pumpe aus. Man rechnet mit einer maximalen Wassergeschwindigkeit von $\sim$ 2,0 m/s, kommt jedoch in vielen Fällen mit 1,0 $\div$ 0,5 $\div$ 0,1 m/s aus, welch letzteren Größen bei Fernanlagen ein Rohrdurchmesser der Umlaufleitungen bis 50 mm genügen kann. Die Pumpe hat ja nur die

Durchflußwiderstände im System, in den Rohrleitungen vor allem, zu überwinden und diese werden selten mehr als 2÷5 m WS betragen. Im allgemeinen befindet sich bei Warmwasserbereitungsanlagen an der höchsten Stelle des Rohrsystemes ein Schwimmerbehälter als Ausgleichgefäß. Wird das ganze System durch dieses Gefäß vor Inbetriebnahme der Anlage mit Wasser angefüllt, so hat die Pumpe verhältnismäßig geringe Widerstände zu überwinden und kann zweckmäßig mit kleinem Elektromotor gekuppelt werden. Muß jedoch die Pumpe bei Inbetriebnahme der Anlage das ganze Rohrnetz erst anfüllen, so ergibt sich hieraus bis zu dem Augenblicke, wo das Wasser die höchste Stelle der Rohrleitung überschreitet und beim Abwärtsfließen gewissermaßen wie ein Heber wirkt, eine bedeutend größere Förderhöhe. In diesem Falle müßte ein Antriebsmotor mit Tourenregulierung vorgesehen werden, da die Pumpe alsdann mit erhöhter Umdrehungszahl laufen müßte, um den größeren Druck zu erzeugen. Nachdem das Rohrnetz gefüllt ist, könnte die Pumpe langsamer laufen und würde dementsprechend auch erheblich weniger Kraft verbrauchen.

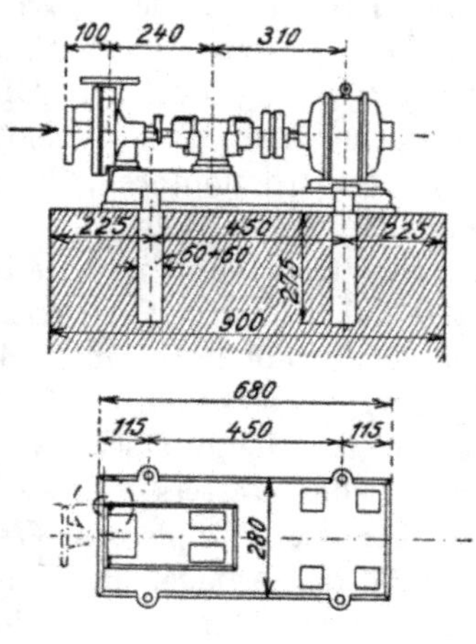

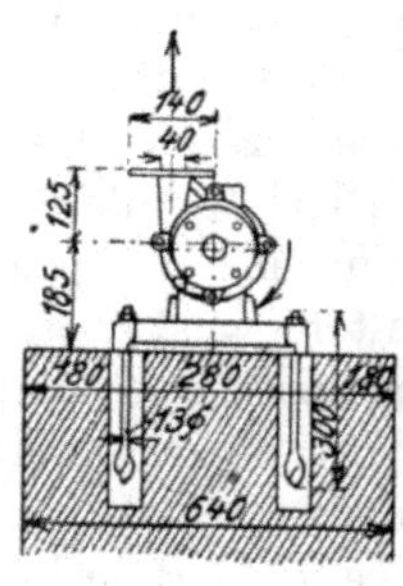

Abb. 295.

Die Temperatur des Wassers selbst hat, unter Beachtung obiger Hinweise, auf die Wirkungsweise der Pumpe keinen nachteiligen Einfluß. Der Zulaufdruck zur Pumpe muß nur so groß sein, daß, sofern sehr hohe Erwärmung des Wassers in Frage kommt, keine Dampfbildung in der Zulaufleitung stattfinden kann, da andernfalls die Wirkung der Pumpe beeinträchtigt würde. Die Stopfbuchsen lassen sich bei Wasserkühlung bequem dicht halten und die Lager der Pumpe sind auch so weit von der Pumpe abgelegt, daß sie unter der Wärme des Wassers nicht leiden. Oft wird es genügen, die Pumpe nur einige Zeit am Tage während der Hauptbenutzungszeit laufen zu lassen.

Die Zentrifugalpumpe Abb. 295 von Brodnitz & Seydel, Berlin, ist speziell als Umlaufpumpe für Wassertemperaturen bis 90° konstruiert und eignet sich für kleinere Anlagen mit einer minutlichen Wasserumwälzung bis 50 l/min. Die Lager sind weit herausgelegt und besitzen Wasserkühlung. Wegen größerer Modelle siehe Tab. 61 der MAN.

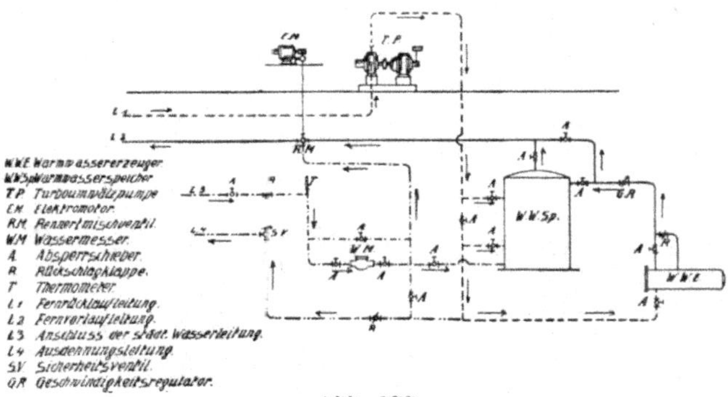

Abb. 296.

Über den Einbau von Duplexpumpen geben Abb. 29, von Zentrifugalpumpen Abb. 20 und 296 Aufschluß. Das Schaltungsschema in Abb. 296 ist der Warmwasserversorgung im Küchwaldkrankenhaus Chemnitz entnommen. Nach der Beschreibung im Ges.-Ing. Nr. 1 1920 umfaßt die Zentralfernanlage drei Dampfwarmwasserbereiter von je 15 m² Heizfläche, einen Warmwasserspeicher von 42 m³ Inhalt und zwei Umwälzpumpen. Die letzteren sind Niederdruck-Zentrifugalpumpen für je eine normale minutliche Leistung von 400 l Wasser von 80° und für eine manometrische Förderhöhe von 22 m WS. Die eine Pumpe ist für normalen Betrieb mit einer Dampfturbine, die andere zur Reserve mit einem Elektro-Drehstrommotor gekuppelt. Der Speicher hat direkten Anschluß an die städtische Wasserleitung, so daß das ganze System unter dem städtischen Rohrnetzdruck steht.

Tabelle 61.

Umdrehungszahl, Fördermengen und Kraftbedarf der Niederdruck-Zentrifugalpumpen (Umlaufpumpen).

Nach Masch.-Fabrik A.-G. vorm. J. A. Hilpert, Nürnberg.

Förderhöhe in m:		Rohrweiten mm: 40	50	60	80	100	125	150	175	200	250
2	n	1475	1225	925	900	600	650	500	600	400	390
	Q	150	200	300	600	1000	1500	1900	2500	3500	5000
	N	0,19	0,22	0,30	0,54	0,81	1,15	1,42	1,75	2,30	3,20
	n	1750	1500	1050	1050	650	700	550	700	450	410
	Q	200	350	400	800	1200	1800	2100	3000	4000	6000
	N	0,25	0,28	0,40	0,72	0,97	1,38	1,55	2,10	2,60	3,80
4	n	1825	1500	1050	1080	775	760	600	670	465	430
	Q	150	200	300	600	1000	1500	1900	2500	3500	5000
	N	0,38	0,44	0,60	1,08	1,62	2,30	2,84	3,50	4,60	6,40
	n	2050	1675	1200	1220	825	810	625	740	490	460
	Q	200	250	400	800	1200	1800	2100	3000	4000	6000
	N	0,50	0,56	0,80	1,44	1,94	2,76	3,10	4,20	5,25	7,60
6	n	2050	1700	1225	1275	970	875	660	740	520	475
	Q	150	200	300	600	1000	1500	1900	2500	3500	5000
	N	0,57	0,66	0,90	1,62	2,43	3,43	4,26	5,25	6,90	9,60
	n	2250	1800	1325	1375	1020	925	685	780	545	510
	Q	200	250	400	800	1200	1800	2100	3000	4000	6000
	N	0,75	0,84	1,20	2,16	2,91	4,14	4,65	6,30	7,80	11,40
8	n	2200	1925	1425	1400	1120	975	730	790	560	515
	Q	150	200	300	600	1000	1500	1900	2500	3500	5000
	N	0,76	0,88	1,20	2,16	3,24	4,60	5,68	7,00	9,20	12,80
	n	2400	2050	1525	1475	1150	1025	745	810	580	545
	Q	200	250	400	800	1200	1800	2100	3000	4000	6000
	N	1,00	1,12	1,60	2,88	4,85	5,52	6,20	8,40	10,40	15,20

mano metrische											
10	n	2425	2025	1600	1500	1225	1040	805	830	600	550
	Q	150	200	300	600	1000	1500	1900	2500	3500	5000
	N	0,95	1,00	1,50	2,70	4,05	5,75	7,10	8,75	11,50	16,00
	n	2625	2125	1675	1575	1250	1060	825	870	620	580
	Q	200	250	400	800	1200	1800	2100	3000	4000	6000
	N	1,25	1,40	2,00	3,60	4,85	6,00	7,75	10,50	13,00	19,00
12	n	2650	2150	1750	1640	1320	1100	875	900	650	595
	Q	150	200	300	600	1000	1500	1900	2500	3500	5000
	N	1,14	1,22	1,80	3,24	4,86	6,90	8,52	10,50	13,80	19,20
	n	2850	2275	1800	1660	1350	1120	900	930	675	615
	Q	200	250	400	800	1200	1800	2100	3000	4000	6000
	N	1,50	1,68	2,40	4,32	5,82	8,28	9,30	12,06	15,60	22,80
15	n	3100	2225	1850	1830	1470	1170	985	970	725	640
	Q	150	200	300	600	1000	1500	1900	2500	3500	5000
	N	1,42	1,55	2,25	4,05	6,06	8,62	6,95	13,15	17,25	24,00
	n	3300	2325	2000	1900	1500	1190	1010	1000	750	665
	Q	200	250	400	800	1200	1800	2100	3000	4000	6000
	N	1,90	2,10	3,00	5,40	7,27	10,94	11,60	15,70	19,50	28,50
20	n	3600	2580	2150	2100	1700	1350	1150	1125	840	750
	Q	150	200	300	600	1000	1500	1900	2500	3500	5000
	N	1,70	2,20	3,30	6,60	11,00	16,50	21,70	27,70	38,80	55,50
	n	3800	2700	2320	2200	1750	1380	1175	1160	870	775
	Q	200	250	400	800	1200	1800	2100	3000	4000	6000
	N	2,50	2,75	4,45	8,85	13,30	20,00	23,30	33,00	44,00	66,50

Es bedeuten:

Q = Wassermenge in Ltr. i. d. Minute; n = Umlaufszahl i. d. Minute; N = Kraftverbrauch in Pferdestärken, an der Pumpenwelle gemessen. Bei direkter Kupplung ist der Motor zirka 10 Prozent stärker zu nehmen. Geringe Abweichungen der in der Leistungstabelle angeführten Werte werden vorbehalten. Als manometrische Förderhöhe ist die Saug und Druckhöhe einschl. der Reibungsverluste in den Leitungen und dem Saugkorb zu setzen.

Bevor das kalte Wasser in den Speicher eintritt, wird es durch den Wassermesser gemessen. Das Wasser im Speicher wird durch eine Zirkulationsleitung von den durch Abdampf geheizten Wassererwärmern erwärmt. Das Rücklaufwasser aus den Gebäuden gelangt zuerst in die Umwälzpumpe. Von hier aus wird das Wasser kurz unter den oberen Boden, damit es seine Temperatur nicht verliert, in den Warmwasserspeicher gedrückt, strömt durch den oberen Anschluß wiederum in die Fernvorlaufleitung, wo es zunächst mittels eines Rennertschen Mischventiles selbsttätig durch frisches kaltes Wasser auf die gewünschte Temperatur gebracht wird. Durch den Kaltwasseranschluß kurz über dem Boden des Speichers wird das erwärmte Wasser aus jenem in die Fernleitung gedrückt. Damit der Speicher auch gelegentlich einmal gereinigt und somit außer Betrieb gesetzt werden kann,

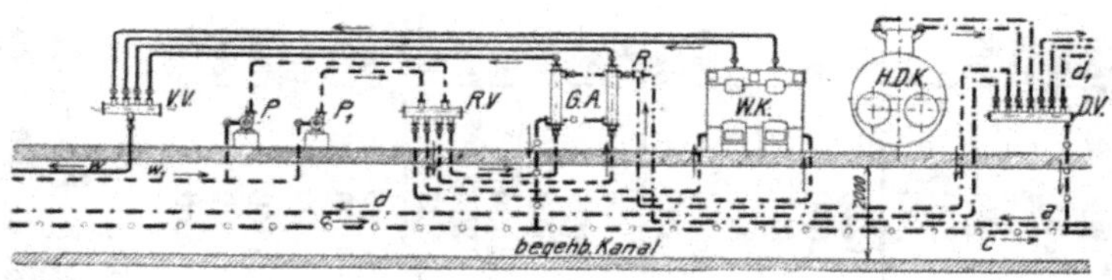

Abb. 297.

sind Umgehungsleitungen angebracht. Es erfolgt dann vorübergehend die Warmwasserversorgung nur durch die Dampfwarmwasserbereiter.

Eine einfache schematische Darstellung einer Zentrale mit Umwälzpumpen unter Fortlassung aller Regler gibt Abb. 297. Darin bedeuten: HDK = Hochdruckdampfkessel, DV = Hochdruckdampfverteiler. Diese beiden Einrichtungen fallen fort, wenn Abdampf zur Verfügung steht und wenn nicht Frischdampf für andere Zwecke benötigt wird, wie durch die Leitungen d_1 für Kraftmaschinen, Pumpen, Arbeitsmaschinen und Wirtschaftszwecke aller Art. Ferner sind WK = Warmwasserkesselbatterie (Strebel-Catenakessel), R = Hochdruckdampf-Abdampfregler, GA = Warmwasserbereiter (Gegenstromapparat), VV = Vorlaufverteiler, RV = Rücklaufverteiler, P, P_1 = Umwälzpumpen, davon P_1 als Reserve, w = Warmwasser-Gebrauchsleitung, w_1 = Zirkulationsleitung (Rücklauf), d = Hochdruckdampfleitung für

Wirtschaftszwecke, c = Kondenswasserleitung, k = Kaltwasserleitung (Zulauf), a = Abdampfleitung. Bei größerer Ausdehnung der Anlage werden Gebrauchsleitung und Zirkulationsleitung zuerst nur bis zu den Unterzentralen der einzelnen Gebäudeblöcke führen und dort in einem Wärmespeicher oder Nachwärmeapparat ausmünden.

C. Die Nebenleitungen.

Wie schon die Besprechung der Systeme angezeigt hat, macht sich außer den vorerwähnten Hauptrohrleitungen aus bestimmten Gründen diese und jene Nebenleitung zu verlegen erforderlich. So benötigt man:

a) die Sicherheits- und Umgehungs-Ausblaseleitung mit Wechselabschlußorganen,
b) das Überlaufrohr,
c) das Signalrohr und Anzeigerohr,
d) das Luftrohr.

a) Die Sicherheitsleitungen und Umgehungs-Ausblaseleitungen mit Wechselabschlußorganen.

In den letzten Jahren sind mehrfach explosionsartige Zerstörungen von Niederdruck-Warmwasserheizkesseln mit offenem Ausdehnungsgefäße dadurch hervorgerufen worden, daß sich in den Heizkesseln ein höherer Druck, zum Teil mit Dampfbildung verbunden, einstellte, als dem statischen Druck, für den die Anlage berechnet war, entsprach. So ist in Preußen ein Gesetz betr. Aufstellung von Warmwasserheizkesseln herausgekommen, das auch für Warmwasserbereitungsanlagen maßgebend ist. Dieser Ministerialerlaß vom 10. 2. 1914 mit Änderung vom 8. 7. 1915 besagt in den drei Hauptpunkten:

»1. Jeder absperrbare oder nicht absperrbare Heizkessel ist mit dem Ausdehnungsgefäß durch mindestens eine nicht verschließbare Sicherheitsrohrleitung zu verbinden, deren lichter Durchmesser an keiner Stelle geringer als

$$d = 14{,}9\, H^{0{,}356} \quad \ldots\ldots\ldots \quad (31)$$

sein darf; die Sicherheitsleitung darf auch ganz oder teilweise als Vorlaufleitung benutzt werden.

Hierin bedeuten

d den lichten Rohrdurchmesser in mm,

H die gesamte von den Heizgasen bespülte Kesselfläche (bei Gliederkesseln auch einschließlich Rippen und Rostheizfläche) in m^2.«

»2. Sind Heizkessel im Vor- oder Rücklauf oder in beiden Leitungen absperrbar, so ist um jede Absperrvorrichtung eine Umgehungsleitung mit eingeschaltetem Wechselventil anzulegen, dessen Ausblaserohr im Kesselhaus sichtbar so enden muß, daß Personen durch austretende Dampf- und Wassergemische nicht gefährdet werden. Die Umgehungsleitungen sollen nicht länger als 3 m, die Ausblaserohre nicht länger als 15 m sein, anderenfalls sind die nachstehend angegebenen Lichtweiten zu vergrößern. Wird zwischen dem Kessel und der Absperrung im Vorlauf eine nicht verschließbare Sicherheitsleitung, die in ihren Abmessungen der Gleichung 31 entspricht, angebracht, so ist die Umgehungsleitung nur im Rücklauf erforderlich.

Die lichten Durchmesser der Umgehungs- und Ausblaseleitung sowie die entsprechenden Durchgangsquerschnitte der Wechselventile dürfen nirgends geringer als

$$d = 13{,}8\, H^{0{,}435} \quad \ldots \ldots \ldots \quad (32)$$

sein, worin d und H dieselbe Bedeutung wie in Ziffer 1 haben.«

Die Vorlaufsammelleitung ist möglichst hoch, tunlichst nicht unter 500 mm über Kesseloberkante zu legen.

Können bei bestehenden Anlagen die Umgehungsleitungen der örtlichen Verhältnisse halber (auch etwa nur für den Rücklauf) nicht eingebaut werden, so sind alle Absperrvorrichtungen am Kessel zu entfernen.

Werden besondere Gruppen- oder Strangabsperrungen außer den oder statt der Absperrungen am Kessel eingebaut, so sind auch diese mit Umgehungsleitungen, Wechselventilen und Ausblaserohren in den nach Gleichung 32 zu berechnenden Abmessungen zu versehen, es sei denn, daß so viele Stränge unabsperrbar bleiben, daß ihr Gesamtquerschnitt dem nach Gleichung 31 zu berechnenden freien Querschnitt der Sicherheitsrohre mindestens gleichkommt.

Andere als die Ziffer 1 und 2 zu fordernden Sicherheitsvorrichtungen können zugelassen werden, wenn ihre genügende

Wirksamkeit durch Versuche vor den zuständigen Zentralbehörden nachgewiesen wird.

Wir bemerken zum Schluß, daß Warmwasserbereitungen, deren Heizmittel (Dampf, Wasser) Temperaturen aufweist, die erheblich niedriger sind, als dem statischen Drucke im Warmwasserbereiter entspricht, nicht unter die Bestimmungen dieses und des früheren Erlasses vom 10. Februar 1914 fallen. Es bleibt vorbehalten, dafür Sondervorschriften zu erlassen.

Warmwasserheizkessel zum Betrieb von Warmwasserbereitungsanlagen fallen unter die Erlasse.

»3. Die Sicherheitsleitung und das Ausdehnungsgefäß sind gegen Einfrieren durch genügend wirksame Maßnahmen zu schützen.«

Besondere Aufmerksamkeit erfordert der Bau der Wechselventile, deren freie Durchgangsquerschnitte an keiner Stelle geringer sein dürfen, als den Querschnitten der zugehörigen Rohre entspricht.

Soweit zur Hauptsache das preußische Gesetz[1]). Für ausreichende Kesselheizflächen sind die Durchmesser d der Gleichung (31) und (32) aus Tabelle 62 zu entnehmen.

Ganz ähnliche Vorschriften bestehen für die deutschen Bundesstaaten Sachsen und Braunschweig; alle übrigen Regierungen haben noch keine besonderen Bestimmungen nach dieser Seite hin getroffen.

---

[1]) Während der Drucklegung erfolgte unter Inkraftbleiben der vorstehend erwähnten Erlasse eine weitere Ergänzung vom 15. 3. 1921. Danach heißt es zur Hauptsache:

»Jeder unmittelbar geheizte Niederdruck-Warmwasserkessel ist durch zwei unabsperrbare, miteinander nicht unmittelbar in Verbindung stehende Leitungen von mindestens 25 mm lichtem Durchmesser mit dem Ausdehnungsgefäß zu verbinden.«

Es soll sein:

für die Sicherheitsausdehnungsleitung (Vorlauf):

$$d \geqq 15 + \sqrt{20 H} \quad \text{(31a)}$$

und für die Sicherheitsrücklaufleitung:

$$d \geqq 15 + \sqrt{10 H} \quad \text{(31b)}$$

Danach sind also erheblich geringere Rohrweiten zugelassen, wie Tabelle 62 zeigt.

Tabelle 62.

Sicherheitsleitungen zum Ausdehnungsgefäß (Gl. 31).

Kesselheizfläche in m² nach Gesetz vom 10.2.1914 (Gl. 31)	Kesselheizfläche in m² nach Gesetz vom 15.3.1921 (Gl. 31a) Vorlauf	Kesselheizfläche in m² nach Gesetz vom 15.3.1921 (Gl. 31b) Rücklauf	Erf. lichter Durchm. der Leitung in mm
bis 4	bis 8	bis 10	25
4 ÷ 10	» 20	» 36	34
10 ÷ 15	» 30	» 58	39
15 ÷ 28	» 56	» 115	49
28 ÷ 42	» 84	—	57
42 ÷ 60	» 120	—	64

Umgehungs-Ausblaseleitungen und die entsprechend freien Querschnitte der Wechselventile (Gl. 32).

Kesselheizfläche in m²	Erf. lichter Durchm. der Leitung
$H =$ bis 4 m²	$d =$ 25 mm
= 4 ÷ 8 »	= 34 »
= 8 ÷ 11 »	= 39 »
= 11 ÷ 18 »	= 49 »
= 18 ÷ 26 »	= 57 »
= 26 ÷ 34 »	= 64 »
= 34 ÷ 42 »	= 70 »
= 42 ÷ 50 »	= 76 »
= 50 ÷ 60 »	= 82 »
= 60 ÷ 70 »	= 88 »
= 70 ÷ 80 »	= 94 »
= 80 ÷ 95 »	= 100 »

Die preußischen und sächsischen Erlasse über diese Punkte schreiben verschiedene Ausführungsformen vor, während wiederhin durch die Zentralbehörden andere Ausführungsanordnungen, wie z. B. Schnellstromsicherung, zugelassen worden sind. Wird bei der Wahl der einen oder anderen Ausführungsform vor allem die Zweckmäßigkeit für einen bestimmten Fall maßgebend sein, so wird bei gleicher Güte schließlich der Anschaffungspreis den Ausschlag geben. Es lassen sich verschiedene Ausführungsformen einhalten, und zwar der Vorlauf mit Sicherheitsrohr oder Sicherheitswechselorgan oder Sicherungsumgehung und der Rücklauf mit und ohne Sicherungsumgehung oder Wechselorgan.

Die Ausführungsform mit Sicherheitswechselorgan im Vorlauf und Rücklauf gemäß Abb. 298 ist die billigste.

Die Anlage in Abb. 298 ist zwar auf eine Heizung bezogen, hat jedoch für Warmwasserbereitung dieselbe Bedeutung; anstatt der Heizkörper sind Zapfstellen zu denken.

Das Wechselabschlußorgan ist an sich nichts Neues. Aber die vielen Konstruktionselemente, welche der Einbau gewöhnlicher Wechselventile bedingt, die umständliche Bedienung, eine

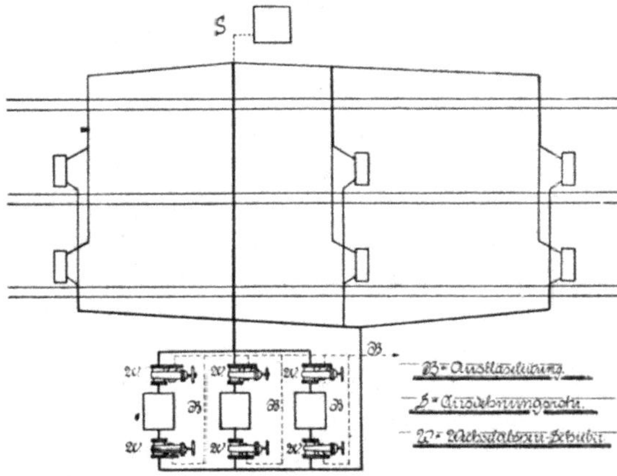

Abb. 298.

irrtümliche Handhabung sind die Übelstände, welche die Schmidts-Organe aufheben, indem diese in sich das Absperrorgan mit der Sicherheits-Ausblasevorrichtung vereinen. Bekannte derartige Organe, als Ventile und Schieber, werden von Staeding und Meysel, Niedersedlitz, ausgeführt. Die Abb. 299 gibt den Einbau der Sicherheitsventile mit den Sicherheits- und Ausblaseleitungen in einer ausgeführten Anlage mit zwei Warmwasserkesseln zu je 40 m² Heizfläche an. Aus besonderen und örtlichen Gründen mußte der Verteiler im Rücklauf vorgesehen werden.

Die einfachere Lösung ist es natürlich, die Hauptabsperrvorrichtung in den Hauptleitungen selbst als Wechselventil auszubilden. Bei Betätigung solch großer Wechselventile sind aber die Wasserverluste derartig bedeutend, daß an deren Verwendung nicht gedacht werden kann. Ein neues Sicherheits-Wechselventil will nun diese einfachste Lösung, nämlich die

27*

direkte Verwendung der Hauptabsperrventile als Wechselventile, mit geringem Wasserverlust, ermöglichen.

Ein derartiges Hauptsicherheits-Wechselventil von Buschbeck & Hebenstreit, Dresden, zeigt Abb. 300 mit geöffnetem Hauptdurchgang und geschlossenem Sicherheitswege. Das Wasser strömt bei A vom Kessel aus durch den Ventilkanal nach B und von da in das System. Die Sicherheitsleitung S ist durch den Ventilteller T abgedichtet. Wird T heruntergeschraubt, so ist vorerst noch der Sicherheitsweg geschlossen; Wasser kann durch den Nebenweg nicht strömen, da der mit dem Teller T verbundene Zylinder C ein Ausströmen fast verhindert. Erst wenn der Durchflußquerschnitt des Hauptabsperrventiles bei D auf den vorgeschriebenen Querschnitt des Sicherheitsweges S gedrosselt ist, gibt der Zylinder C den Sicherheitsweg S frei. In genau demselben Maße wie sich nun der Durchflußquerschnitt in der Hauptleitung bei D vermindert, nimmt der Querschnitt des Sicherheitsweges bei E zu. Die Summe der Querschnitte bei D und E ist natürlich stets gleich dem vorgeschriebenen Sicherheitsquerschnitt bei S.

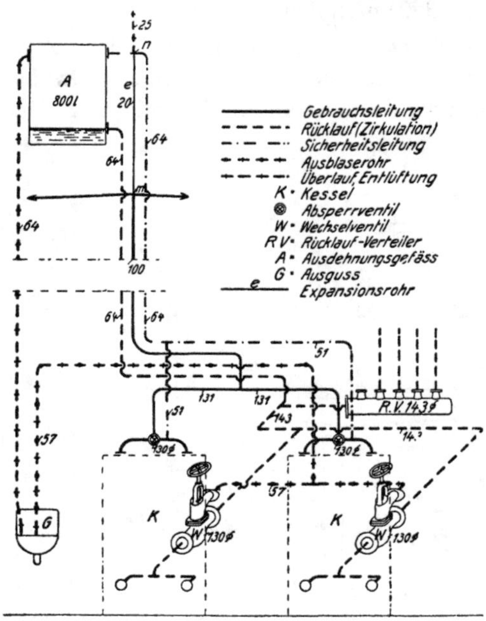

Abb. 299.

Die Lichtweiten dieses Ventiles entsprechen den unter dem 10. 2. 1914 erlassenen preußischen Vorschriften und bleiben mithin hinter den in der Beilage zur Verordnung vom 3. 7. 1915 angegebenen etwas zurück. Es ist deshalb vorgeschlagen, zu bedingen, daß die Einstellung des Ventils zwischen dem oberen

Rande des am Kegel festsitzenden Hohlzylinders und dem oberen Ventilsitze ein freier Durchgang von der Größe des Nebendurchlaßquerschnitts verbleibt. Unter Einhaltung dieser Bedingung ist das Ventil von Buschbeck & Hebenstreit dann auch anstandslos zu benutzen.

b) Das Überlaufrohr.

Jeder Kaltwasserbehälter und jeder für sich bestehende (offene) Niederdruckwarmwasserbehälter hat ein Überlaufrohr zu erhalten, insbesondere sobald eine selbsttätige Speisung vorgesehen ist. Selbst wenn ein Warmwasserbehälter in unmittelbarer Verbindung mit einem Kaltwassersammelbehälter, oder Füllgefäß steht, ist es ratsam, ersterem ebenfalls einen Überlauf zu geben, der sich ja mit dem Kaltwasserüberlauf zu einem Ablaufe vereinen läßt. Das Warmüberlaufrohr hat den Zweck, einmal in Tätigkeit zu treten, wenn sich das Kaltüberlaufrohr verstopfen und das Abschlußorgan der Zuleitung, das Schwimmerventil, defekt geworden sein sollte, dann das infolge zu starken Erwärmens des Wassers vergrößerte Volumen aufzunehmen.

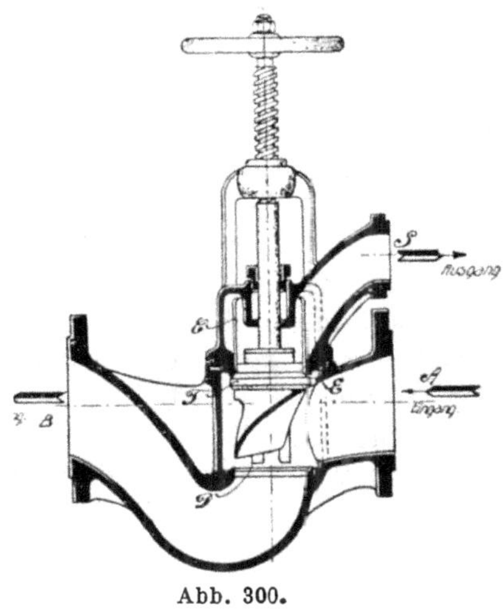

Abb. 300.

Das Überlaufrohr ist gleich vom Behälter aus mit starkem Gefälle bis zur Ausflußstelle zu verlegen. Liegt der Behälter im Dachgeschoß, so kann man das Rohr am einfachsten in die Dachrinne ausmünden lassen. Ist jedoch hierdurch eine Frostgefahr für die Anlage gegeben, so muß man sich schon dazu bequemen, einen passenden Abfluß innerhalb des Gebäudes auszusuchen. Bei Etagenanlagen läßt sich das Überlaufrohr bis zu einem Ausgußbecken, Spülsteine, Aufwaschtische oder einer Badewanne führen. Die in der Küche liegenden Rohrmündungen stehen immer unter Beobachtung. Das Überlaufrohr *e* des Warmwasserbehälters der Abb. 364 ist als Signalrohr bis an die Pumpe zurückgeführt, damit der Arbeiter gleich erkennt, wann *WB* gefüllt ist.

Ganz unzulässig und sogar gesundheitsschädigend ist es, den Überlauf in die Rohre der Abfallwässer, Klosettbecken o. dgl. einzuführen. Wenn auch Geruchverschlüsse an solchen Röhren und Geschirren vorgesehen werden, so können jene jedoch infolge Austrocknens, ungenügender Beaufsichtigung und unsauberer Behandlung vollkommen versagen. Des weiteren kann bei falscher Abzweigung des Überlaufrohres am Behälter der Umstand eintreten, daß das Kaltwasser, das zur Speisung des Behälters und meist auch zugleich als kaltes Genußwasser benutzt wird, durch solche verwerfliche Überlaufrohranlage verseucht wird. Liegt, wie sehr häufig falsch angeordnet, die Mündung des Überlaufrohres höher am Behälter als die der Zuflußleitung, so wird bei plötzlichem Abstellen und Entleeren der Zuleitung und bei gleichzeitigem Versagen des Schwimmerventiles das Behälterwasser in die Zuleitung gesaugt. Ist letzteres nun verseucht, so wird damit dem Kaltwasserrohrnetze eine Gefahr gebracht, die von weittragendster Bedeutung sein kann.

Aus letzteren Betrachtungen ersieht man, daß für ein richtiges Funktionieren des Überlaufes nicht allein dessen einwandfreie Ausmündung maßgebend ist, sondern auch, und wohl in erster Linie, die Abzweigung vom Behälter. Es ist also das Überlaufrohr unterhalb der Zuflußöffnung anzuschließen, und zwar so tief, daß die Unterkante des Stutzens des Schwimmerorganes bei größtem Zulauf überschüssigen Wassers noch unbenetzt bleibt. Dies ist der Fall, wenn die Menge des Überschußwassers gleich derjenigen ist, welche durch das Überlaufrohr abfließt, völlig freier Rohrquerschnitt des Überlaufes vorausgesetzt.

In einer Abhandlung im Gesundheits-Ingenieur hat Tilly diese Verhältnisse rechnerisch behandelt[1]). Angenommen wird der ungünstigste Fall, daß infolge Festklemmens des Schwimmkugelhahnes das Wasser dauernd unter vollem Druck p Atm. in das Schwimmkugelgefäß mit der Geschwindigkeit v m/Sek. durch das Zulaufrohr vom Durchmesser d in m fließt. Unter den weiteren Voraussetzungen, daß der Normalwasserstand in einer

---

[1]) Gesundheits-Ingenieur, 32. Jahrg. 1909, Nr. 5.

Entfernung von 100 mm und der Höchstwasserstand in einer Entfernung von 50 mm, von Unterkante Schwimmkugelhahn-Einlaufrohr aus gerechnet, Abb. 301, sich einstellen soll, findet Tilly die Größe des Überlaufquerschnittes F[1]) zu:

$$F = \frac{D^2 \pi}{4} = 20\, d^2 \sqrt{p}\ \ m^2 = 200\,000\, d^2 \sqrt{p}\ \ cm^2. \quad . \quad (33)$$

und das Verhältnis des Überlaufrohrdurchmessers D zum Zuflußrohrdurchmesser d zu:

$$\frac{D}{d} = \sim 5 \sqrt[4]{p}. \quad . \quad . \quad . \quad . \quad . \quad . \quad (34)$$

Auf Grund dieser Gleichungen erhält man die Tabelle 63 für die praktisch meist in Frage kommenden Größen p und d.

Abb. 301.

Hiernach finden sich ganz bedeutende Querschnitte für das Überlaufrohr, die sich nur in den kleineren Werten durch ein einheitliches Rohr von gleichem Durchmesser D über die ganze Länge hin vom Behälter bis zum Ausfluß erreichen lassen. Die größeren Verhältnisse sind jedoch in der Weise praktisch zu verwerten, daß man das senkrechte Überlaufrohr nach Abb. 301 in seinen lichten Weiten entsprechend den größeren Wassergeschwindigkeiten in den unteren Schichten absetzt. Für diese Absätze können dann die mit Hilfe der letzten drei Rubriken der Tabelle ermittelten Durchmesser D, D_1 und D_2 genügen. So erhält man z. B. für $d = 25$ mm Schwimmerventildurchlaß und $p = 1$ Atm. Wasserdruck vor der Ventilöffnung: $D = 125$, $D_1 = 65$ und $D_2 = 50$ mm.

Empirisch verfährt man häufig so, daß man dem Überlaufrohr eine lichte Weite gibt, die um

[1]) F = freier Querschnitt des Überlaufrohres in der Gefäßwand bzw. oberster freier Mündungsquerschnitt am Normal-Wasserspiegel, wenn das Rohr senkrecht von unten durch den Gefäßboden geführt wird.

eine Rohrnummer größer ist als die der Zuflußleitung, ein Maß, das jedoch in vielen Fällen unzureichend ist.

Tabelle 63.

Überlaufrohr nach Tilly.

p Atm	Werte von $\frac{D^2 \pi}{4}$ in cm² nach Gl. 33					$\frac{D}{d}$ (nach Gl. 34)		
	$d = 20$	25	30	40	50 mm	$\frac{D}{d}$	$\frac{D_1}{d}$	$\frac{D_2}{d}$
0,5	57	88	127	227	353	4,25	2,125	1,7
1,0	78	123	177	314	491	5	2,5	2
1,5	98	154	222	394	616	5,6	2,8	2,25
2,0	113	177	254	452	707	6	3	2,4
2,5	125	195	280	499	779	6,3	3,15	2,5
3,0	139	216	315	560	866	6,65	3,325	2,65

Für Behälter oder Schwimmerventil, die direkt von einer Pumpe gespeist werden, und bei denen das Zuflußrohr über dem Behälter umgekrümmt ist, so daß sich Wasser in freiem Brausestrahl in den Behälter ergießt, ist ∾ 100 mm unter Behälteroberrand die Überlaufmündung vorzusehen.

Mit dem Überlaufe kann man eine Entleerung verbinden, so daß diese unabhängig von dem Rohrsysteme und unter Umgehung eines besonderen Entleerungsrohres vorgenommen werden kann. Eine derartige Ausführung eines großen Behälters zeigt Abb. 302. Soll ein bestimmter Überdruck in dem Systeme nicht überschritten werden, was mit einer gewöhnlichen Kesselanlage nicht immer erreicht werden kann, so zweigt man von der Verbrauchsleitung ein Überlaufrohr, sog. Überkochrohr, zum Behälter ab, das im Bogen über diesen ausmündet. Dies Rohr dient dann zugleich zur Entlüftung. Ist kein Behälter vorhanden, so krümmt man das Rohr nach Abb. 303 als einfaches Standrohr a zum Abfluß nach einem Siele hin ab.

Rohre bis zu 125 mm nimmt man aus Schmiedeeisen, darüber aus Gußeisen. Bei Absetzen des Überlaufrohres läßt sich der obere Teil aus Blech herstellen und nach Abb. 301 dem Behälter annieten.

c) Das Signalrohr und Anzeigerohr.

Endet bei den Niederdrucksystemen das Überlaufrohr an einem unzugänglichen und unkontrollierbaren Platze, so ist ein Signalrohr direkt hinter dem Behälter dem Überlaufrohre abzuzweigen (Abb. 262) und mit offener Mündung an einer sichtbaren Stelle, die immer vor Augen ist, enden zu lassen. Hierfür eignet sich in häuslichen Anlagen am besten ein Ausgußbecken oder der Aufwaschtisch in der Küche. Läuft aus dem Rohre Wasser, so spricht das für eine Unregelmäßigkeit am Behälter. Ist der Wasserstand im Behälter veränderlich, so nimmt man den Überlauf an höchster Stelle, dagegen das Signalrohr in Höhe des Normal-

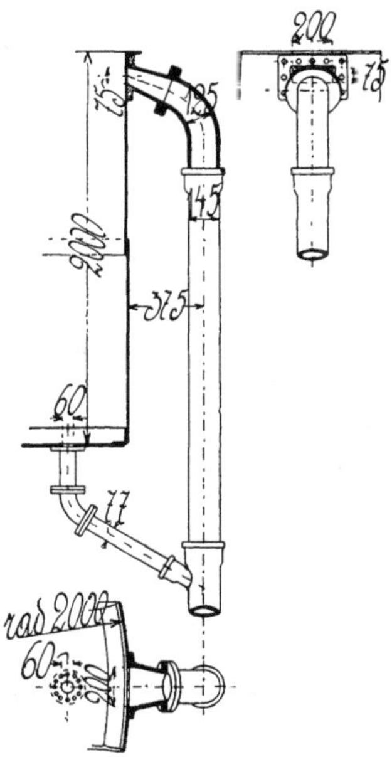

Abb. 302.

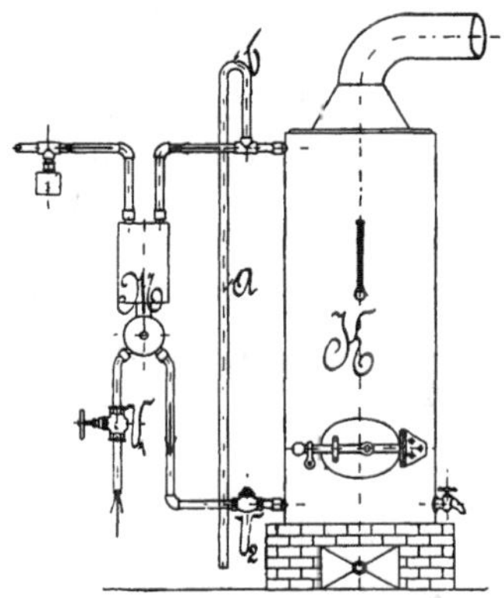

Abb. 303.

wasserspiegels ab. Letzteres ist in solchen Fällen an seinem unteren Ende nicht, wie sonst üblich, mit einem Hahne abschließbar zu machen, da sich im abgeschlossenen Rohre Wasser befindet, auch wenn der Normalwasserstand längst unterschritten ist, so daß dann von dem Bedienenden ein falscher Schluß gefolgert werden würde. Ist der Behälter zugleich das Ausdehnungsgefäß des Heizsystemes für eine indirekte Warmwasserbereitung, so ist ein Abschlußhahn am Ende der Signalleitung am Platze.

Bei den offenen Warmwasserbereitungsanlagen spielt ein Signalrohr nicht die wichtige Rolle wie bei den Wasserheizungen, vermag doch jeder Zapfhahn die Anzeigefunktion zu verrichten.

Steht das Rohr nicht ständig unter Wasser, so genügt ein Kupfer- oder Mantelrohr von 13 bis 19 mm l. W.; Eisenrohre sind dann hier wegen Rostgefahr weniger gut zu gebrauchen. Ist dagegen das Rohr stets mit Wasser gefüllt und dieses nicht kesselsteinfrei, so sind weitere Schmiedeeisenrohre vorzuziehen. In letzterem Falle könnten Weichrohre bei der Reinigung von Kesselstein mittels Drahtes zu leicht verbeult und beschädigt werden.

d) Das Luftrohr. Die Entlüftung.

Besondere Luftrohre zur Entlüftung des Systemes sind, soweit sich Luftsäcke nicht bilden können, in der Regel nicht erforderlich, da hierfür ein Öffnen der Zapfstellen genügt, wie auch ein Überlaufrohr oder ein offener Wasserbehälter, sobald sich dieser an der höchsten Stelle der Anlage befindet, den Dienst übernimmt. Bei einem unten liegenden geschlossenen Behälter erfolgt die Entlüftung durch die Gebrauchsleitung oder das Füllgefäß. Bei größeren Anlagen bedient man sich am besten beider Möglichkeiten, indem man nach Abb. 299 die Hauptsteigleitung bei oberer Verteilung über den Gabelpunkt *m* als Ausdehnungsleitung *e* bis *n* fortführt und auf *n* ein Luftrohr von 0,25÷1,0 m aufsetzt. Die jetzt beliebten geschlossenen Ausdehnungsgefäße der Niederdruckanlagen haben am obersten Punkte stets ein kurzes Luftrohr mit Bogenstück zu erhalten; dem Überlauf darf die Entlüftung des Systems nicht allein überlassen bleiben. Zweigt die Gebrauchsleitung nicht vom obersten First eines Boilers ab, so ist an einer höchsten Stelle des Behälters eine Entlüftung mittels eines Ventiles oder einer Schraube zu bewirken. Das geschlossene System der Heizzirkulationsleitung bedarf eines besonderen Luftrohres, das nach Abb. 276 von dem Steigrohre abzweigt, ehe letzteres in den Boiler übertritt. Das Luftrohr kann über einem Füllgefäße enden, um gleichzeitig als Überkochrohr und Sicherheitsrohr mitdienen zu können. In gleicher Weise ist auch die Gebrauchsleitung mit Umlauf an einem höchsten Punkte zu entlüften. In Abb. 303 ist am höchsten Punkt *b* des Überlauf- und Standrohres *a* ein kleines offenes Loch zur Entlüftung des Systemes gebohrt.

Unter Umständen kommt es bei Anlagen mit sehr niederem Drucke vor, daß an den vom Heizkörper entferntesten Zapfstellen das Wasser mit zu geringer Geschwindigkeit ausfließt. An solcher Stelle ist alsdann nach Abb. 304 ein Luftrohr *a* mit kleinem Aufsatze anzuordnen. Für ein System, das Wasser zu Genußzwecken herzugeben hat, eignet sich derartige Ausführung aber weniger. Abgedeckte Warmwasserbehälter mit veränderlichem Inhalte erhalten außer dem Überlaufrohre zur Vermeidung

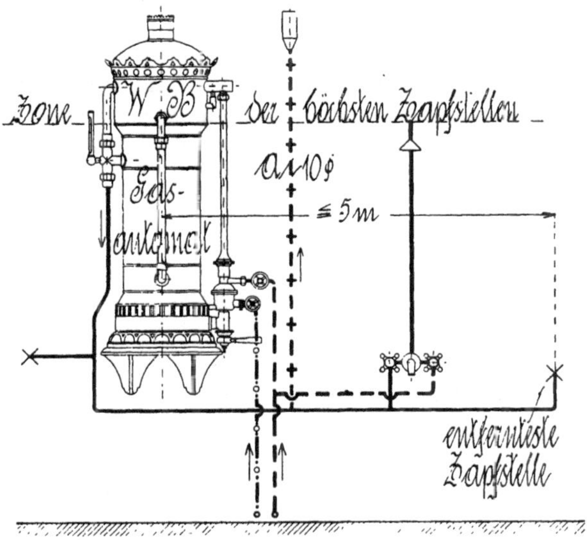

Abb. 304.

eines Vakuums und zum Dunstabzug ein Luftrohr, das den Behälter mit frischer Luft in Verbindung bringt, also gegebenenfalls über Dach zu führen ist.

Für die zentralen Luftrohre wählt man dünne, 10÷13 mm weite, innen bzw. auch außen verzinnte Kupfer- oder Messingröhren, für längere Strecken auch wohl Eisenröhren.

D. Die Gasleitung.

Zur guten Funktion eines Gasheizofens gehört eine der Größe des Apparates und dem vorhandenen Gasdrucke entsprechend weite Gasleitung. Bei Neuanlagen sind ausreichend weite Gasleitungen vorzusehen dringend zu empfehlen. Ein Sparen an dieser Stelle kann große Unzuträglichkeiten für den Betrieb nach sich ziehen. Je länger die Leitung vom Gasmesser bis zum Apparat ist, um so weiter muß dieselbe sein, wobei zu beachten ist, daß horizontal liegende Rohre weiter sein müssen als aufsteigende. Abwärts geführte Gasleitungen hemmen die Druckwirkung ganz bedeutend und sind möglichst zu vermeiden. Ebenso sind Rohrverengungen vor dem Ofen, da solche ganz besonders hemmend wirken, zu verwerfen.

Allgemein gültige Angaben über die Weite der Rohre und Größe des Gasmessers können bei der Verschiedenheit des Gasdruckes an den einzelnen Orten — in höher gelegenen Teilen einer Stadt ist beispielsweise der Gasdruck schon ein höherer als im unteren Stadtbezirk — hier nicht gemacht werden. Eine zufriedenstellende Funktion und Leistung der Warmwasserapparate wird nur erreicht, wenn die Installation sachgemäß ausgeführt ist, d. h. vor allem eine richtig bemessene weite Gasleitung und ein genügend großer Gasmesser. Ist dieser zu klein, so kommt es vor, daß die Flammen plötzlich erlöschen und unverbranntes Gas ausströmt; ferner ist die Leistung des Ofens, selbst wenn letzterer Mißstand nicht eintritt, eine geringere. In den meisten Fällen wird man mit den Angaben der Tab. 64, wenn die Entfernung vom Gasmesser bis zum Apparat nicht über 15 m und der mittlere Gasdruck 25÷30 mm WS betragen, auskommen.

Tabelle 64. **Gasrohre und Gasmesser.**

Allgemein erfordern bei 25÷30 mm Gasdruck:								
Gasrohre von:	1/4	3/8	1/2	3/4	1	1 1/4	1 1/2	2″ l. W.
Gasmesser mit:	5	5	10	15	20	30	30	40 Flammen

insbesondere Gasöfen bei Wassererwärmung auf 25° und bei einer Leistung									
in l/min	4	7	10	13	16	18	21	28	40
in WE/min . . .	100	175	250	325	400	450	525	700	1000
Wasseranschluß . mm	3/8	3/8	3/8	1/2	1/2	1/2	1/2	3/4	1
Gasanschluß . . mm	3/8	3/8	1/2	3/4	3/4	1	1	1 1/4	1 1/2
Gasmesser . Flammen	10	10	20	20	30	30	40	50	60
Gasabzug . . . . mm	65	80	100	100	120	120	130	130	150

Bei hohem Gasdruck (über ∾ 40 mm) sind entsprechend geringere Werte zulässig: bei größerer Länge als 15 m und vielen Krümmungen muß die Leitung, wenigstens die untere Hälfte, entsprechend weiter sein. Es ist, wie schon gesagt, überhaupt dringend anzuraten, die Gasleitung möglichst weit anzulegen und die Rohrweiten streckenweise, z. B. im Keller, besonders stark zu nehmen, da man den Gasdruck, von welchem die Leistung des Ofens wesentlich abhängt, nachher leicht vermindern, aber nicht erhöhen kann. Allgemein soll der weitere Grundsatz befolgt werden, mit möglichst kurzen Leitungen auszukommen.

Erlauben die örtlichen Verhältnisse es, so ist es ratsam, den Gasheizkörper für Warmwasserversorgung mit Rohranschluß über $^3/_4''$ in das Kellergeschoß, also in nächste Nähe des städtischen Zentralnetzes, aber dabei doch möglichst zentral zu allen Zapfstellen zu legen. Man erreicht dadurch den Vorteil einer Reinerhaltung der Luft in den Wohnräumen und der Zulässigkeit einer beträchtlich engeren, somit billigeren Gassteigleitung in die Geschosse. Für die Beleuchtung und den Küchenherd genügt fast stets ein $^3/_4''$-Rohr, die Kaltwasserzuleitung ist so wie so vom Keller aus zu verlegen, die zwar jetzt längere Warmwassergebrauchsleitung vom Heizkörper aus, d. h. vom Keller ausgehend, vermag in vielen Fällen obige Vorteile nicht aufzuheben. Der größeren Sicherheit wegen unterlasse man nicht, in die Gasleitung selbst bei Automatenabsperrung kurz vor dem Gasofen einen erreichbaren Absperrhahn mit vollem Durchgang einzubauen.

Für die Leitung dient das gebräuchliche Gasrohr mit Fittings. Das Eindichten der Gewinde, Verschraubungen und Dichtflächen ist unter Verwendung von in Leinöl getränkten Hanffäden mit bleifreiem Kitt gasdicht zu besorgen.

Gasleitungen sind gegen Frost zu schützen. Das Steinkohlengas und Mischgas, das mit ∾ 10° den Gasometer der Gasanstalt verläßt, ist wasserhaltig. Sinkt die Temperatur unter 10°, so schlägt sich das Wasser an den abgekühlten Rohrwandungen nieder. Die Abkühlung erfolgt am stärksten an den Stellen, wo es aus einem warmen in einen kälteren tritt, also dort, wo das Gasrohr aus der Erde in einen kalten Keller oder aus einem warmen Gebäude in kalte Nebenräume (Erdreich mit geringer Aufschüttung) übergeht. Statt aller Isolationsmittel hat sich das Verfahren bewährt, daß man an der Übergangsstelle vom warmen zum kalten Raume ein Rohrstück von größerem Querschnitt exzentrisch (Abb. 305) einfügt. In diesem Zwischenstück kann sich das abgeschiedene Wasser sammeln, selbst zu Reif und Eis verdichten, ohne den Gasdurchfluß zu hemmen oder die Leitung durch Auftauen zu zerbrechen. Das Einsatzrohrstück muß imstande sein, die ganze abgeschiedene Wassermenge bei Freihaltung des eigentlichen Rohrquerschnittes in sich aufzunehmen. Für gewöhnlich wird eine Länge von 25 bis 30 cm und eine Rohrerweiterung von $3d \div 4\,d$ ausreichen, wenn d der Durchmesser der Gasleitung ist.

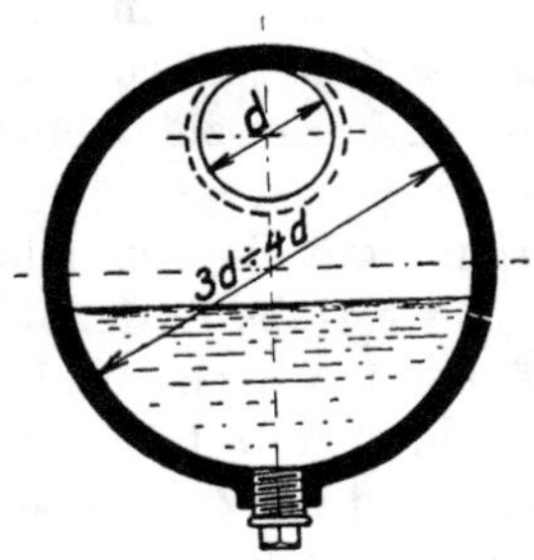

Abb. 305.

Verdeckt liegende Leitungen sollen mindestens 13 mm l. W. haben. Bei Leitungen unter Fußböden darf die Dekkung nicht auf den Röhren aufliegen. Die Durchführung von Röhren durch unzugängliche, hohle Räume und durch starke Mauern hat in einem an beiden Enden offenen Futterrohr zu geschehen, das wenigstens 1 cm weiter als der äußere Leitungsrohrdurchmesser ist.

Für in die Erde gebettete Rohrleitungen sind möglichst starkwandige asphaltierte, schmiedeeiserne oder Mannesmannröhren zu nehmen, mit $0{,}75 \div 1{,}0$ m Deckung zu versehen und mit leicht bedienbaren Wassertöpfen auszurüsten.

E. Die beweglichen Rohrleitungen.

Diese können in manchen Fällen bequeme und willkommene Aushilfsmittel sein, so z. B. zum Speisen von Kesseln, zum Entleeren der Kessel und Behälter, zur Abnahme des Gebrauchswassers aus Behältern (Abb. 31) und an anderen Stellen. In ihrer vorzüglichen Herstellung eignen sie sich für kaltes wie auch warmes Wasser. Berghöfer & Cie., Kassel, stellen ihre Panzerschläuche in 40 m Stücklänge mit 400 Atm. Probedruck her.

IX. Die Regulier-, Meß- und Kontrollvorrichtungen.

A. Die Regler.

In letzter Zeit ist eine nicht ganz unbegründete und unberechtigte Abneigung gegen Regler mehrfach in Zeitschriften und sonstigen Drucksachen zum Ausdruck gekommen. Insbesondere ist solche Kritik über die Temperaturregler bei Warmwasserheizungen gefällt. Des weiteren wird dabei dann stets betont, daß der beste Regler ein guter Heizer ist. »Gute« Heizer sind aber eine Seltenheit in häuslichen Anlagen, in denen die Bedienung der Feuerstelle und der Apparate meist interesselosen Personen übertragen ist. Was bei einer Heizung, die sich nach den stets veränderlichen Außentemperaturen einzustellen hat, bezüglich der Regler zutreffen mag, das braucht aber noch immer nicht für eine Warmwasserbereitung maßgebend sein. Diese hat Sommer wie Winter Warmwasser von stets derselben geforderten konstanten Temperatur aus Speisewasser von ebenfalls wenig veränderlicher Temperatur zu erzeugen. Sind nun zu dessen Gewinnung zwecks Erreichens einer einfacheren Bedienung und sicheren Betriebes Instrumente wie die Regler vorhanden, so soll man sie sich zu Diensten machen.

Aus obigen Betrachtungen ist schon ersichtlich, daß sowohl der Zufluß des Kaltwassers wie auch die Erhaltung einer konstanten Warmwassertemperatur in den meisten Fällen eine Regelung durch besondere, eingebaute Konstruktionen bedingen. Die Regelung kann von Hand oder selbsttätig erfolgen. In kleinen fabrikmäßigen Betrieben und in Großanlagen wird sich häufig die Regelung besonders der Wassertemperatur von der Hand des Heizers oder sonst einer Person empfehlen. Für gewöhnlich ist jedoch eine selbsttätige Wirkung angebracht, nicht allein um die Anlage von einer ständigen Bedienung unabhängig zu machen, sondern um auch dem hier meist mehr oder weniger schwankenden Wärmeverbrauche genauer Rechnung tragen zu können.

Die Regelung von Hand erfolgt mit Hilfe der Abschlußorgane, die wie bei den Heiz- und Feuerungsanlagen, den Badeeinrichtungen u. dgl. in bekannter Weise durchzuführen, anzuordnen und zu behandeln sind.

Alle Ventile, Hähne, Klappen usw. sind in handlicher Höhe anzubringen, damit sie von der Raumsohle aus bequem bedient werden können. Oben liegende Organe sind daher mit langer Handradspindel oder mit Kettentrieb von unten bedienbar zu machen. In größeren fabrikmäßigen Betrieben wird es sich empfehlen, alle diese Organe mit Schildern zu versehen, die Bezeichnungs-, Bedeutungs- und Stellungsangaben enthalten.

In Großbetrieben werden die einzelnen Leitungen des warmen und kalten Gebrauchswassers, des Dampfes usw. gruppenweise und leicht übersichtlich von Querrohren, sog. Verteilern oder

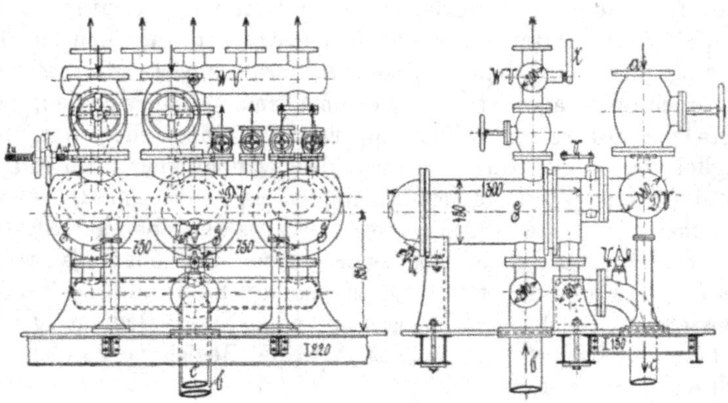

Abb. 306.

Ventilstöcken, abgenommen. Die Verteiler sind liegende Eisenzylinder von 100÷500 mm Durchmesser und von 10÷20 mm Gußstärke oder 5÷10 mm Blechstärke. Jeder Verteiler erhält am unteren First einen Entleerungshahn von 13÷25 mm lichter Weite, jede abzweigende Leitung kurz hinter der Abzweigstelle ein Absperrorgan. Ratsam ist es, an jedem Verteiler einen Reservestutzen vorzusehen. Die Entwässerung der Dampfverteiler erfolgt durch einen Niederschlagswasserableiter, Kondenstopf o. dgl. Zur Lagerung können Ständer, Konsolen usw. dienen. Einige Anlagen mit Verteilerausrüstungen haben schon oben Erwähnung gefunden. Abb. 306[1]) stellt einen Verteiler an der Vorwärme-

[1]) Es bedeuten: DV = Dampfverteiler, WV = Warmwasserverteiler, G = Hoffmanns Gegenstromapparat, a = Dampfzuleitung.

batterie des städtischen Güntzbades zu Dresden dar, deren stündliche Leistung mit 21 m² 3000000 WE beträgt.

Weitere Verteiler für Zentralen, Großanlagen, Badeanstalten, erbaut von der Firma H. Schaffstaedt, Gießen, sind in den Abb. 307÷309 dargestellt.

Die Verteilerzentrale Abb. 307 der städtischen Badeanstalt in Neustadt, O.-Schl., hat den Verteiler für das Kaltwasser *KV* auf der einen Seite, die Verteiler des Hochdruckdampfes *HDV* und des Niederdruckdampfes *NDV* auf der anderen Seite des Gegenstromapparates *G* liegen. *HDV* und *NDV* sind durch den

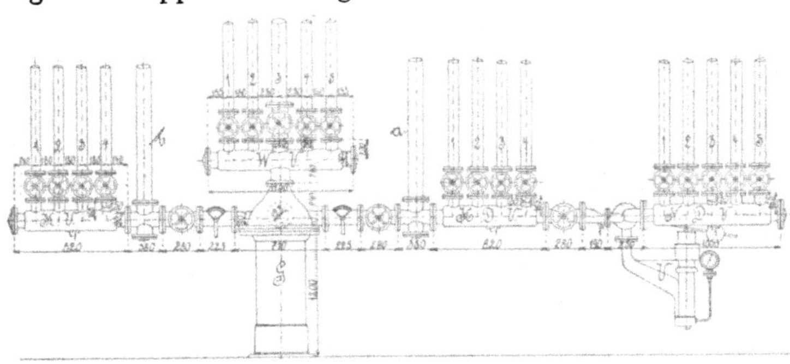

Abb. 307.

Druckverminderer *V* getrennt. Der Hochdruckdampf wird durch *a*, das Kaltwasser durch *b* zugeleitet. Der Warmwasserverteiler *WV* liegt oberhalb *G*. Es werden beschickt von *KV*:

durch Leitung 1: Wannenbäder links und medizinische Bäder,
» » 2: Wäscherei,
» » 3: Wannenbäder rechts und Reinigungsbäder,
» » 4: Brausebäder;

von *WV*:

durch Leitung 1: Wannenbäder,
» » 2: Wäscherei und medizinische Bäder,
» » 3: Schwimmbassin,
» » 4: Wannenbäder rechts und Reinigungsbäder,
» » 5: Brausebäder;

b = Kaltwasserzuleitung, *c* = Kondenswasserableitung, V_1 = Drosselklappen mit Regulierung, V_2 = Lufthahn, V_3 = Kondenswasserhahn, V_4 = Entleerungshahn, *t* = Thermometer.

von *HDV*:
durch Leitung 1: Kesselspeisepumpe,
» » 2: Injektor,
» » 3: Umwälzpumpe,
» » 4: Reserve;

von *NDV*:
durch Leitung 1: Wannenbäder links,
» » 2: Wäscherei und medizinische Bäder,
» » 3: Schwimmhalle,
» » 4: Wannenbäder rechts und Brausebäder,
» » 5: Reserve.

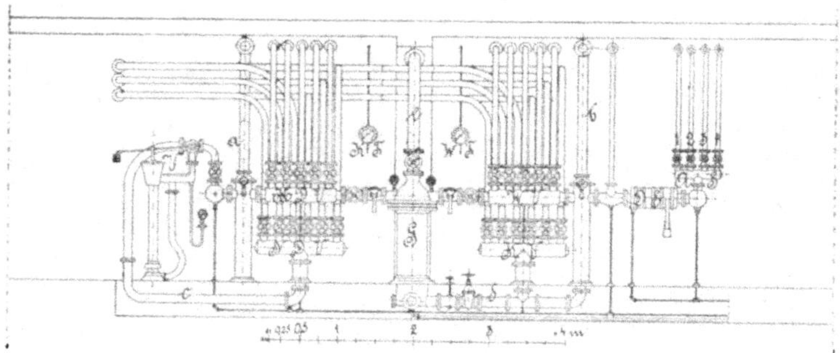

Abb. 308.

Mit Ausnahme der 125 mm weiten Rohre *a*, *b* und 3 von *WV* haben alle Rohre 50 mm l. W.

In der städtischen Badeanstalt Duisburg-Ruhrort, Abb. 308, sind Dampfverteiler *HDV* und *NDV*, wie auch die Wasserverteiler *WV* und *KV* übereinander angeordnet; der durch *a* herbeigeführte Hochdruckdampf geht zum Teil durch das Druckverminderungsventil *V* und die Rohrleitung *c* zum *NDV*; das Kaltwasser eines Behälters durch *b* und *d* zum *WV*, *KV* und Gegenstromapparate *G*, von welchem das gemischte Wasser durch *e* einem Bassin zufließt. Neben den Wasserverteilern ist ein Dampfentöler *DE* für den Abdampfsammler *AS* eingeschaltet. In diesem *AS* wird der Abdampf gesammelt:

durch Leitung 1: von der Kesselspeisepumpe,
» » 2: » » »
» » 3: » » Förderpumpe,
» » 4: » » »

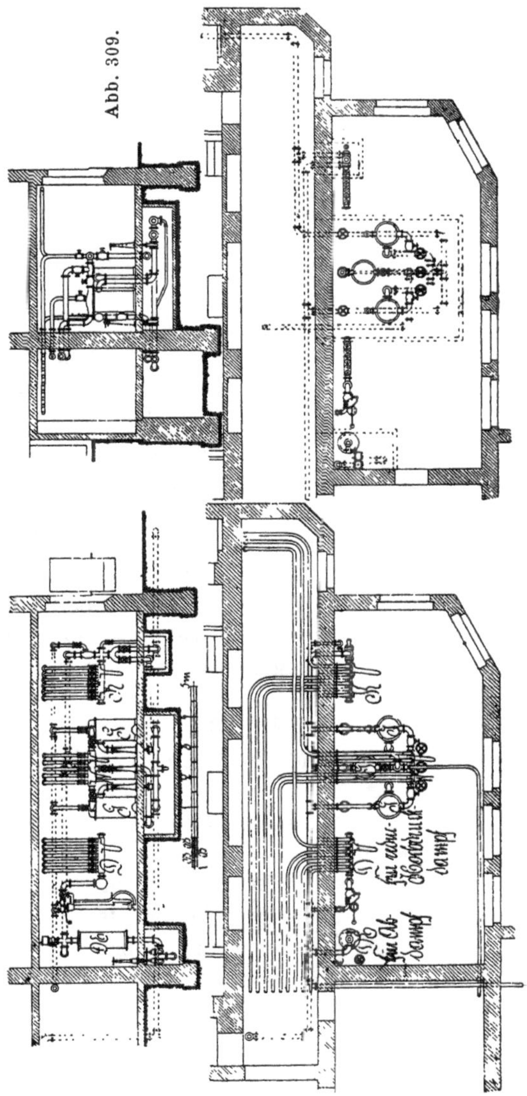

Abb. 309.

Es sind KT und WT Anzeiger der Wassertemperaturen.

Die Abb. 309 stellt in mehreren Rissen die Warmwasserbereitungs- sowie Dampf- und Wasserverteilungszentrale für die neue Badeanstalt in Ober-Barmen dar. Die Bezeichnungen sind die gleichen wie oben. Es sind hier zwei Gegenstromapparate G eingebaut.

Im großen und ganzen beziehen sich folgende Besprechungen auf die selbsttätigen Reguliervorrichtungen, die hier um so mehr ein Interesse erheischen, da sie sich im Gegensatz zu früheren komplizierten Ausführungen jetzt meist zu zuverlässigen und einfachen, also wertvolleren Konstruktionen herausgebildet haben, und da mit ihnen den Anforderungen für alle Bedürfnisse genügt werden kann.

In erster Linie hat die Einschaltung eines Reglers den Zweck, entweder die Zufuhr des Kaltwassers oder die Temperatur des Gebrauchswassers zu regeln; hierzu treten dann noch die Regler, welche bei Dampfheizung einen bestimmten

Dampfdruck nicht überschreiten lassen und das System gegen Überdruck sichern. Demgemäß lassen sich unterscheiden:

a) Die Regler für die Kaltwasserzufuhr und die Erhaltung eines konstanten Wasserdruckes.
b) Die Regler für die Erhaltung einer bestimmten Temperatur des Gebrauchswassers.
c) Die Regler für die Einhaltung eines festgesetzten Dampfdruckes.
d) Die Regler für die Ausgleichung der Volumänderung des Wassers.

a) Die Regler für die Kaltwasserzufuhr und die Erhaltung eines konstanten Wasserdruckes.

Abgesehen von den Misch- und Gegenstromapparaten, den Gasautomaten und einigen wenigen Kesseln und Öfen, deren Betrieb und Füllung durch direkten Anschluß an die Wasserleitung oder einfach mit Hilfe eines Eimers von Hand erfolgen, wird die Regelung der Kaltwasserzufuhr mittels eines Schwimmerventiles selbsttätig erreicht. Dies Organ läßt sich in seiner einfachen und vielfältigen Gestalt überall, wo erwünscht, anbringen, sei es in dem Kaltwasserbehälter, in einem besonderen schmiede- oder gußeisernen kleinen Füllgefäße oder in dem Ausdehnungsgefäße, sei es in dem Warmwasserbehälter oder schließlich in der Zuflußleitung selbst. Neben dem Hauptzwecke, den Wasserstand im Systeme auf einer bestimmten Höhe zu halten, beugen die Schwimmerventile sowohl einer unbeabsichtigten Entleerung des Behälters wie auch dem Überlaufen des Wassers vor.

An dieser Stelle mag gleich noch einmal bemerkt werden, daß der Einbau eines Füllventiles in einen Warmbehälter nicht gerade zur Erhöhung der Lebensdauer dient. Auf Kegel und Sitz des Ventiles wirkt auf der einen Seite das Kaltwasser, auf der anderen das Warmwasser ein, wodurch eine ungleichmäßige Ausdehnung der Materialien, eine Undichtigkeit hervorgerufen wird. Das eigentliche Ventil deshalb oberhalb oder außerhalb des Behälters anzuordnen und nur den Schwimmer mit dem Warmwasser in direkte Berührung zu bringen, kann zu konstruktiven und teuren Umständlichkeiten führen, eine Ausführung, die aber unter Umständen von Vorteil ist.

Die Ventile mit Sitz, Kegel, Gehäuse, Hebelwerk und Schwimmer werden zwar sehr mannigfach ausgeführt, im großen und ganzen ist das Prinzip überall genau das gleiche. Der kupferne, messingne oder eiserne Hohlschwimmer schwimmt auf dem Wasserspiegel und öffnet bei dessen Sinken, d. h. bei Zapfen an der Gebrauchsleitung, vermittelst der Hebel den Ventilkegel oder -sitz, so daß der Kaltwasserzufluß je nach Verbrauch mehr

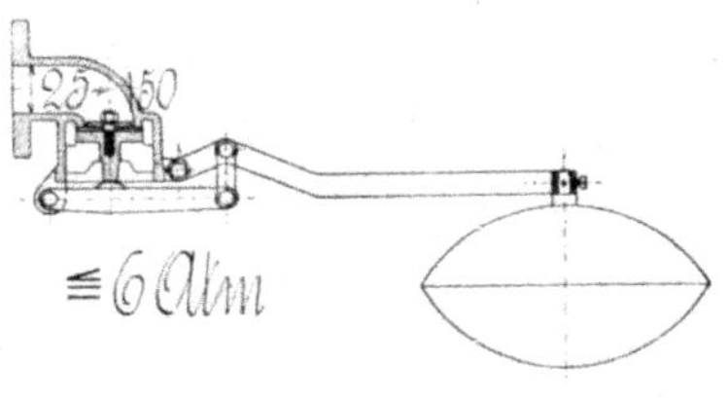

Abb. 310.

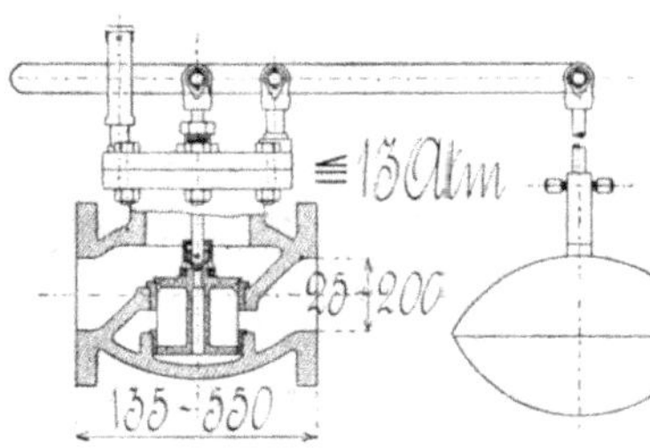

Abb. 311.

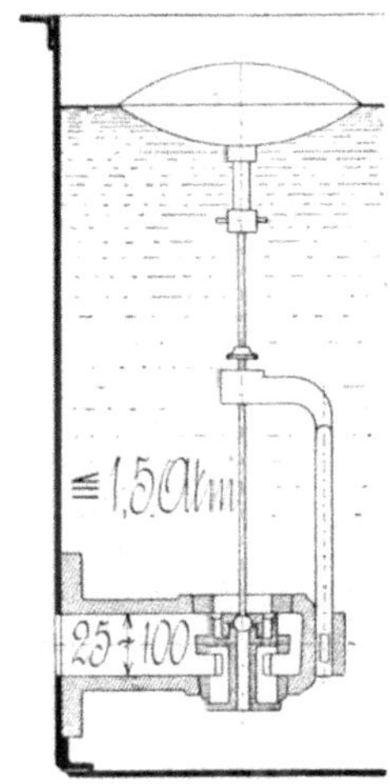

Abb. 312.

oder weniger freigelegt wird. Die Kraftäußerung kann durch die Länge des Hebels und Größe des Schwimmers leicht und genau geregelt werden. Der Schwimmer erhält linsenförmige, kugelige oder zylindrische Gestalt.

Einfache Normalausführungen von Schäffer & Budenberg zeigen Abb. 310÷312. Die Ventilteile bestehen aus Rotguß, Messing oder Gußeisen, der Hebel aus galvanisiertem Schmiedeeisen. Die Abdichtung erfolgt im Kaltwasser durch Leder, im warmen durch Gummi oder Fiber, die Verbindung des Ventiles mit der Behälterwandung durch Flanschen, Mutterverschraubung (Abb. 314) oder Lötstutzen (Abb. 313).

Von besonderer Konstruktion ist das entlastete Schraubenschwimmerventil von Schneider & Helmecke, das positiv und negativ wirkend ausgeführt wird. Ersteres schließt bei erreichtem tiefsten, das negative bei erreichtem höchsten Wasserstande ab. Über die Anordnung eines negativen Ventiles A und eines positiven B in einem Behälter gibt Abb. 315 Aufschluß.

Für gewöhnlich bedarf man des letzteren nicht. Der Schwimmer wirkt durch den Gabelhebel auf die Spindel, die sich in einer festliegenden Mutter des Gehäusebügels fortschraubt, wodurch die Ventilstange mit den Tellern mitgenommen wird, also die Ventile geöffnet werden. Wegen der Entlastung der Doppelsitze und der Schraubenbewegung ist die Wirkungsweise der Ventile, die für lichte Weiten von 10÷350 mm und alle Drucke gebaut werden, bei guter Dichtung eine sehr präzise.

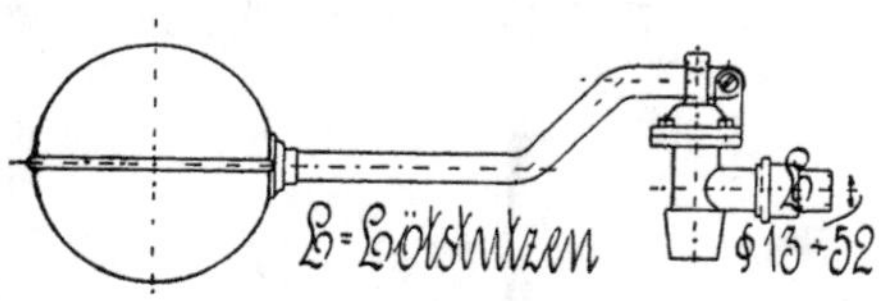

Abb. 313.

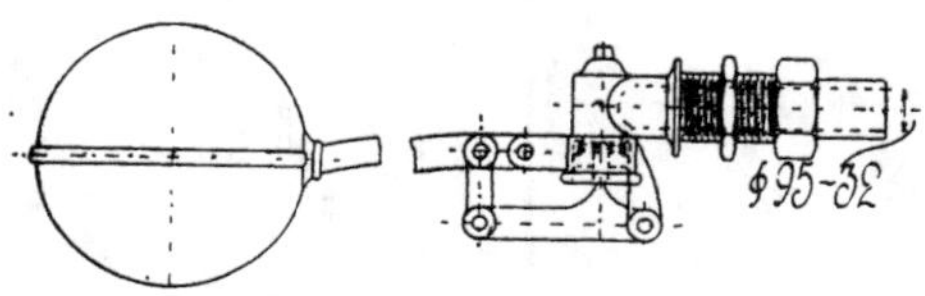
Abb. 314.

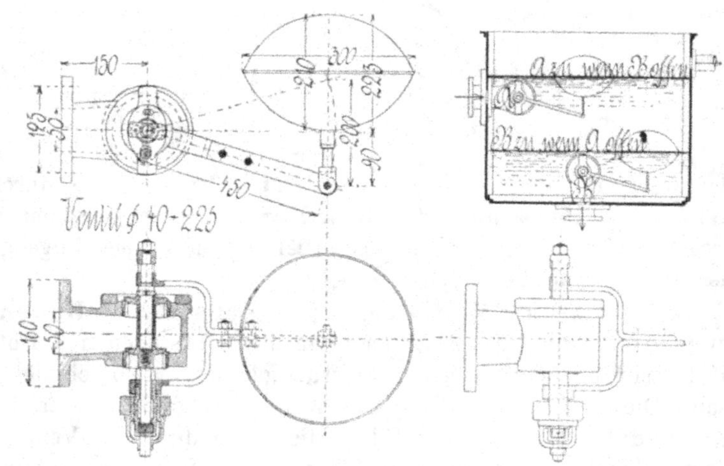

Abb. 315.

Zu diesen Kaltwasserzufuhrreglern sind auch die Gasautomaten zu rechnen (s. S. 218 u. ff.).

Alle vorstehend unter a) angeführten Regler regeln die Zufuhr des kalten Gebrauchswassers. An zweiter Stelle sind dann weiterhin hier auch die Regler in Betracht zu ziehen, welche selbsttätig die Speisewasserzufuhr zu den Kesseln regeln, also ein Ausbrennen, Reißen und Platzen des Kessels wegen Wassermangels unmöglich machen sollen. Zwei derartige selbsttätige Speiseapparate für Niederdruckdampfkessel zeigen Abb. 316 und 317.

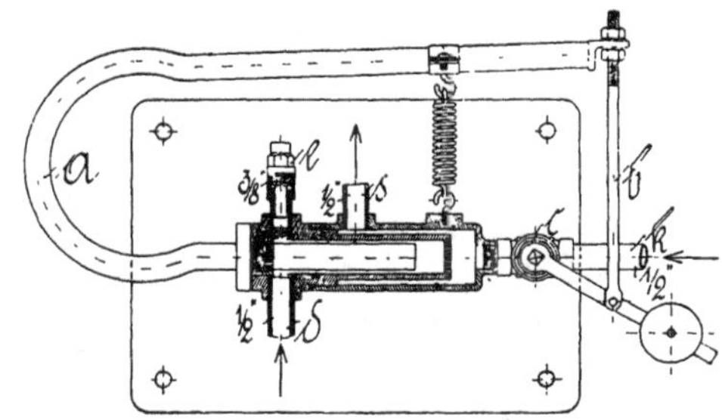

Abb. 316.

Die ältere Konstruktion der Abb. 316 von Senff, Hannover, besitzt in dem U-Rohre *a* eine Ausdehnungsflüssigkeit, welche durch ein Hebelwerk *b* auf das Ventil *c* wirkt. Die Dampfzuleitung *d* zweigt vom niedrigsten Wasserstande des Kessels ab. Das Speisewasser fließt von *k* durch *c* in die Speiseleitung *s* und zum Kessel. Vor *k* ist ein Regulierhahn einzuschalten, um die erforderliche Speisewassermenge den einzelnen Kesselgrößen anzupassen. Die Verschraubung bei *e* dient der Selbstentlüftung des Apparates.

Die Ausdehnungsrohre in ihrer vielfachen Art finden neuzeitlich große Verwendung für diesen Zweck. Beliebt ist das geschlossene ovale Ellipsenrohr nach Abb. 327 in wagerechter Lage, das auf ein Füllgefäß hinwirkt, von welchem aus die Kesselspeisung erfolgt.

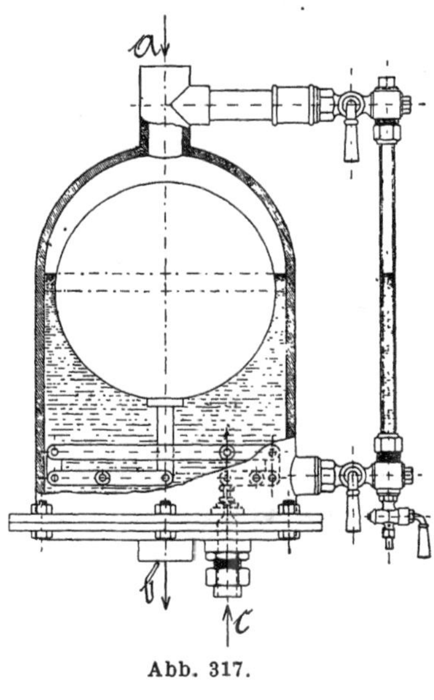

Abb. 317.

Der Apparat Abb. 317 der Apparate-Bauanstalt Dortmund ist nach dem Systeme der Kondenstöpfe durchgebildet. Der Apparat wird derart montiert, daß $\sim {}^2/_3$ seiner Höhe dem mittleren Wasserstande entspricht; er steht durch *a* mit dem Dampfraume, durch *b* mit dem Wasserraume des Kessels in Verbindung und ist bei *c* an die Wasserzuleitung angeschlossen. Der Kupferschwimmer wirkt durch fünffache Hebelübersetzung auf das in *c* liegende Ventil. Nach demselben Prinzip werden neuerdings die Apparate in schlanker, gasbombenähnlicher Form mit $\sim$ 250 mm Schauglashöhe und aufgeschraubtem Manometer hergestellt.

Außer den Organen vorstehender Art, welche eine gleichmäßige Kaltwasserzufuhr unter gleichbleibendem Druck zu sichern haben, sind ferner zu dieser Gruppe noch die zu rechnen, welche einen zulässigen Betriebsdruck auf gleicher Höhe zu erhalten bzw. zu verhindern haben, daß der Druck nicht überschritten wird; also die Sicherheitsventile, Druckverminderungsventile, Rückschlagventile und ähnliche.

Die Kaltwasser-Sicherheitsventile kommen in bekannter Art und Ausführung mit direkter Gewichts- und Federbelastung oder mit indirekter Hebelbelastung zur Verwendung. Vielfach bedingen die Organe für diesen Zweck möglichst kleine Abmessungen und gefälliges Aussehen, weshalb man dann gern den sperrigen Hebelventilen die Ventile mit direkter Gewichts- und Federbelastung (Abbildung 318) von Dreyer, Rosenkranz & Droop vorzieht. Zum Regeln größerer Drücke an den Zentralstellen sind die Hebelgewichtsbelastungen nicht ganz zu umgehen.

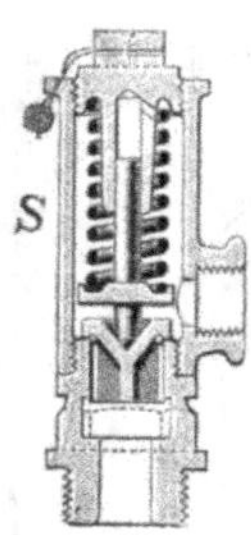

Abb. 318.

In vielen Fällen, so vor allem bei Gasautomaten, die unter direktem Wasserleitungsdrucke stehen, und nur unter einem bestimmten Wasserleitungsdrucke arbeiten dürfen, kommen zum Verhüten von Wasserschlägen, wie Druckerhöhungen, Feder-Sicherheitsventile als Druckverminderungsventile zum Einbau. Für solchen Zweck baut die Centralwerkstatt Dessau ein Reduzierventil nach Abb. 319 mit Federspannung, das für Gasofenboileranlagen mit Wasserdrücken über 2÷3 Atm. vorgesehen ist, also den Druck im System auf $\sim$ 2,5 Atm. beschränkt.

Ein sehr leistungsfähiges Wasserdruck-Verminderungsventil ist das nach Abb. 320 von Dreyer, Rosenkranz & Droop, Hannover. Das Wasser der höheren Spannung tritt bei *a* ein und strömt bei entsprechender Einstellung zum Ausgang *b*. Gleichzeitig gelangt der auf der Ausgangsseite herrschende Druck durch

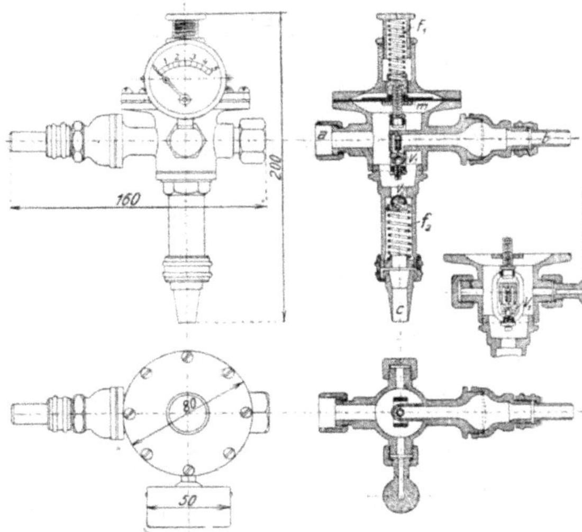

Abb. 319.

die beabsichtigten Undichtigkeiten der Gestängeführung bei *c* in den Raum *d* über der Membran *e* und bewirkt den Abschluß, wenn die Spannung über dieser gleich oder größer wird als die durch Feder *f* von unten her ausgeübte Belastung.

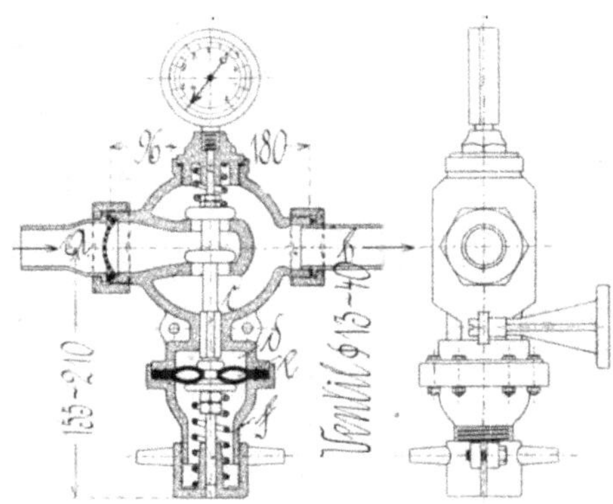

Abb. 320.

Allgemein sind solche Verminderungsventile dort erforderlich, wo der Leitungsdruck stärker ist als er für die Anlage zweckmäßig erscheint, und wo eine Gleichhaltung der Druckhöhen des kalten und warmen Wassers anzustreben ist, damit ein Übertritt des meist stärker drückenden Kaltwassers nicht in die Warm-

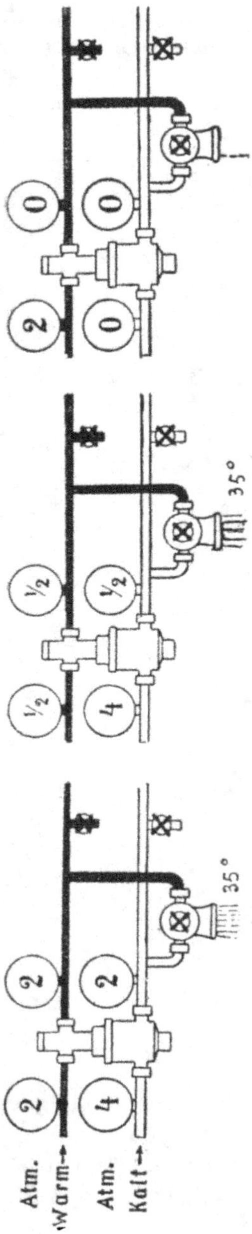

Abb. 321 a. Abb. 321 b. Abb. 321 c.

leitung erfolgt. Derartige Verhältnisse finden sich in erster Linie bei Anlagen mit Mischapparaten. In jeder Leitung sinkt bei Wasserentnahme der hydrostatische Druck nach Maßgabe der entnommenen Wassermenge, sowie der Länge und des Durchmessers der Leitung. Dient letztere zur Speisung eines Mischapparates für kaltes und warmes Wasser, so ändert sich die eingestellte Mischwassertemperatur jedesmal, wenn infolge der gleichzeitig an anderer Stelle eintretenden Wasserentnahme der Leitungsdruck sinkt. Dieser Übelstand macht sich selbst bei reichlich bemessenen Leitungen und bei gleichem Druck bemerkbar. Er tritt jedoch besonders störend bei ungleichem Druck oder starker Wasserentnahme aus einer der beiden Leitungen hervor. Eine willkommene Abhilfe hiergegen bietet der von Butzke, Berlin, eingebaute Druckausgleicher, ein vereinigtes Zweifach-Sicherheitsventil mit innerer Federbelastung.

In Abb. 321 ist ein solches Organ, zwischen Warm- und Kaltleitung eingebaut, schematisch dargestellt. Es interessiert hier mehr die Wirkungsweise als der Bau an sich. Angenommen sind in Abb. 321 als Grunddrucke: 4 Atm. in der Kaltleitung und 2 Atm. in der Warmleitung. Nach Abb. 321 a stehen hinter dem Doppelventil beide Leitungen unter demselben Druck, unter 2 Atm. Bei Druckabfall in einer Leitung, etwa in der Warmleitung, wie in Abb. 321b auf 0,5 Atm., werden beide Leitungen durch den Ausgleicher unter gleiche Spannung gesetzt; es entfließt dann der Brause das gemischte Wasser wohl in geringerer Menge aber mit unveränderter Temperatur. Schließlich wird nach Abb. 321c beim vollständigen Versiegen der Kaltleitung auch der Warmwasserzufluß selbsttätig abgestellt. Durch diese Einrichtung wird auch das lästige wiederholte Neueinstellen am Mischapparat vermieden. Die Ventile werden für 13÷40 mm Durchgang gebaut.

Für gewöhnliche Hauswasser- (auch Gas-)leitungen kann das Druckauslaß-Sicherheitsventil (Abb. 322) von Butzke gute Dienste leisten, um an Stelle der bekannten Windkessel die in den Wasserleitungen auftretenden schädlichen Stoßwirkungen, Rückschläge, zu verhindern. Das Ventil, das mit dem Anschlußstutzen *a* an einer beliebigen Stelle des Rohrstranges, am besten eines senkrechten, eingebaut wird, wirkt, sobald aus irgendeinem Grunde allmählich oder plötzlich ein höherer Druck in der Leitung auftritt. Alsdann wird der Ventilsitz *k* gehoben und der freie Abfluß des Wassers (oder Gases) solange durch *z* freigegeben, bis der Druck wieder in die vorgeschriebene Grenze zurückgekehrt ist. Die austretende Flüssigkeit ist meist sehr gering und beschränkt sich häufig wohl nur auf einige Tropfen. Die Abflußleitung bei allen diesen Organen ist möglichst kurz einem Ausgußbecken offen zuzuführen.

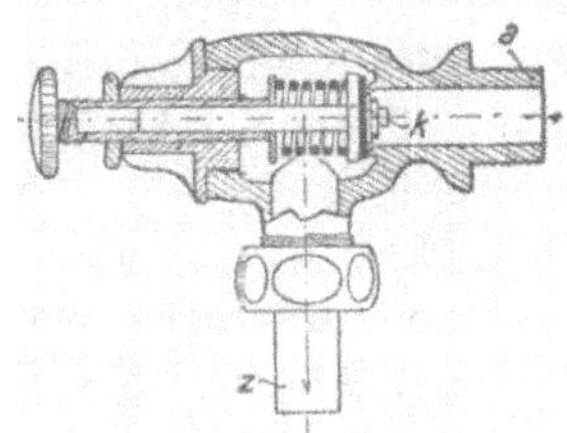

Abb. 322.

b) Die Regler für die Erhaltung einer bestimmten Temperatur des Gebrauchswassers.

Eine gewünschte bestimmte Wassertemperatur läßt sich auf konstanter Höhe erhalten, wenn dem Wasser stets eine gleichmäßige Wärmemenge zugeführt wird, welche dem Warmwasserverbrauche und dem Kaltwasserzuflusse entspricht. Die Wärme wird den Heizmitteln entnommen, die für vorliegenden Zweck in zwei Gruppen zu unterscheiden sind: in die Brennstoffe, welche einem Verbrennungsprozesse unterworfen werden müssen, und in die Wärmeträger, Heizwasser und Heizdampf, welche fertige Wärme der Warmwassererzeugungsstelle zutragen. Die Regelung erfolgt durch das Gebrauchswasser bzw. dessen Temperatur selbst, und zwar derart, daß bei den Brennstoffen auf die Zufuhr der Verbrennungsluft eingewirkt wird, während das warme Gebrauchswasser auf die Wärmeträger in der Weise hinarbeitet, daß nur gerade so viel Dampf oder Warmwasser zufließen kann, wie es zur Erhaltung einer bestimmten Temperatur benötigt wird.

Die Systeme werden ja nun manchmal derart durchgeführt, daß mit Hilfe der Brennstoffe Dampf oder Heißwasser gewonnen wird, welch letztere daraufhin erst das eigentliche Gebrauchswasser erwärmen. In solchem Falle kann eine doppelte Regelung stattfinden: einmal vom Gebrauchswasser aus auf die Zufuhr des Dampfes bzw. Heißwassers, und dann von diesen auf die Zufuhr der Luftmenge. Für die Konstruktion der Apparate ist es ganz gleichgültig, ob sie von dem Gebrauchswasser oder einer Heizflüssigkeit aus betätigt werden.

Gemäß obigen Darlegungen lassen sich die hier in Frage kommenden Regler einteilen in:

1. Regler für die Luftzufuhr,
2. Regler für die Dampf- und Heizwasserzufuhr.

Da im allgemeinen diese Regler sich sehr einfach und dabei vollkommen leistungsfähig durchbilden und anordnen lassen, so sollten sie auch Verwendung finden. Zu 2. sind eigentlich auch alle Mischapparate zu rechnen.

1. Die Regler für die Luftzufuhr; die Zugregler.

Regler dieser Art, welche eine Schüttfeuerung mit luftdicht schließenden Feuer- und Aschfalltüren voraussetzen, werden durch das Gebrauchswasser selbst oder durch das Heizwasser bzw. den Heizdampf betätigt und dementsprechend ausgeführt. Die diesbetreffende Wirkung des Wassers beruht auf der bei einer Temperaturänderung eintretenden Ausdehnung bzw. Zusammenziehung; der Dampf arbeitet meist durch seinen Druck, seltener durch sein Gewicht. Sollen die Regler ihren Zweck erfüllen, so müssen sie bei den geringsten Temperatur- und Druckschwankungen wirken. Die Übertragung der Schwankungen auf den Luftkanal erfolgt bei den meisten Konstruktionen mit Hilfe eines Hebels und einer Kette bei einer Übersetzung bis 1 : 200 und mehr. Häufig gibt man dem Hebel Doppelarme, dessen zweiter Arm bei Schließen des Verbrennungsluftkanales Kaltluft in die Heizzüge einläßt, wodurch der Normalzustand schneller zu erreichen gesucht wird. Zur Einstellung und Kontrolle läßt sich in die Kette eine Skalentafel als Stellschloß einsetzen.

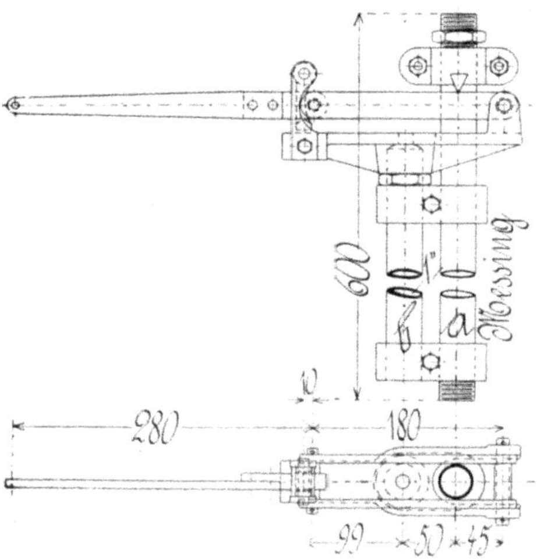

Abb. 323.

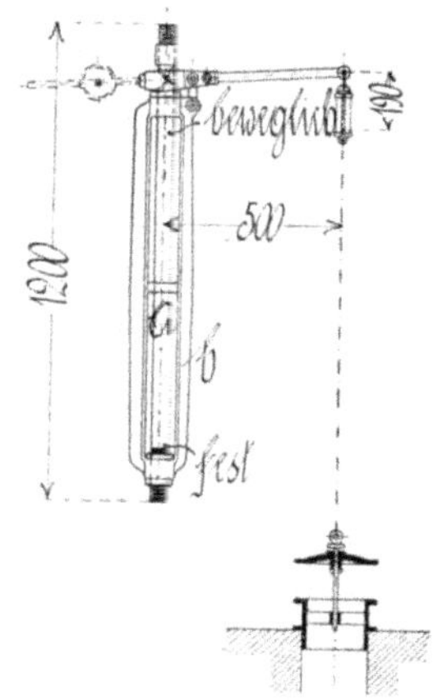

Abb. 324.

Die Zugregler, die sich bei Temperaturänderung des Wassers betätigen, besitzen ein Ausdehnungsrohr aus Metall, welches seine Längenveränderung auf Hebel mit großen Übersetzungen überträgt.

Eine erste bekannte Ausführung von Walz, Düsseldorf, besitzt ein mehrfach linsenförmig gebogenes Rohr, welches jetzt jedoch der Einfachheit halber meist durch ein gerades Metallrohr ersetzt wird. Bei den Reglern, Abb. 323, vom Eisenwerk Dülken und Abb. 324 von Künzel, Berlin, ist das messingne Ausdehnungsrohr *a* mit seinem Eisenrohre *b* bzw. mit einem Rahmen *b* als Führung unten fest verbunden. Beide Apparate sind zwischen der Steigleitung und dem Kessel bzw. Rückleitung eingeschaltet, wobei das Verbindungsrohr mit der Steigleitung elastisch anzuordnen ist. In Abb. 325 ist das in einer Hülse sich bewegende Rohr zwischen Steigleitung c und Rückleitung eingebaut. Der Einbau dieser Regler ist an sich ein beliebiger, natürlich möglichst in Nähe des Kessels K vorzunehmen und derart, daß eine Zirkulation des Wassers im Ausdehnungsrohre herrscht.

Zur Erhöhung der Feinfühligkeit des Reglers sehen neuere Konstruktionen eine mehrfache Hebelübersetzung vor. So löblich, wie solches Bestreben auch ist, die Regler durch Verstärkung

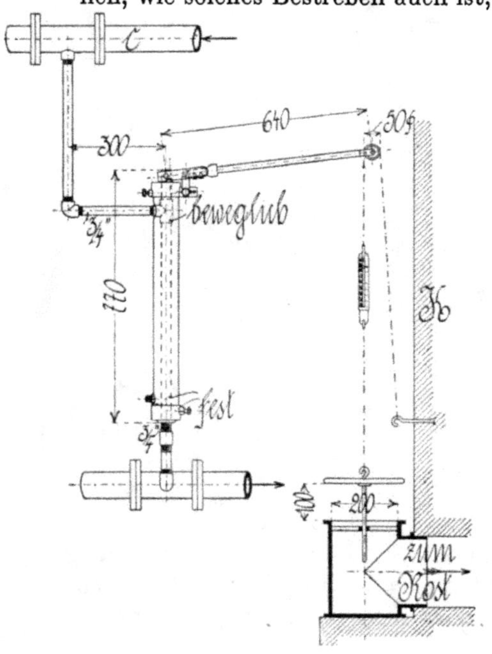

Abb. 325.

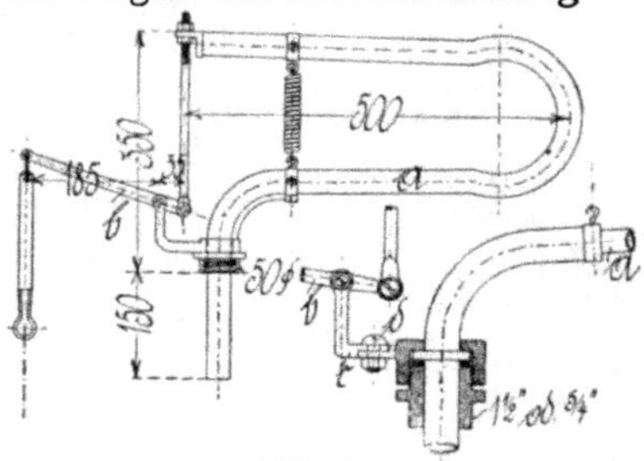

Abb. 326.

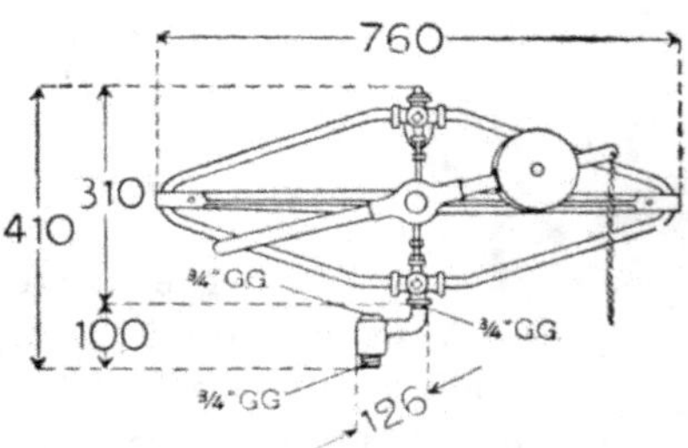

Abb. 327.

der Hebelwirkung möglichst feinfühlig zu machen, so muß doch immer wieder darauf hingewiesen werden, daß die einfachsten Konstruktionen stets die besten bleiben werden.

Im Gegensatz zu den bisherigen Konstruktionen, bei denen das Warmwasser durch das Ausdehnungsrohr strömt, ist das ⊏-förmig gebogene Ausdehnungsrohr a des Reglers, Abb. 326, von Senff, Hannover, mit einer Flüssigkeit gefüllt, welche auf ein Auseinanderspreizen oder Zusammenbiegen der beiden Rohrschenkel hinwirkt. Der Apparat wird mit seinem einen festliegenden Rohrschenkel entweder direkt auf den Kessel geschraubt oder in die Zirkulationsleitung eingebaut. Die Vorteile liegen hier in einer einfachen Konstruktion und Montage. Bei einer neueren Ausführung ist der Arm *c* des Reglerhebels *b* um einen Bolzen *d* drehbar, so daß die Anschlußstelle des Apparates von der Lage der Luftklappe unabhängiger ist.

Diese Grundkonstruktion hat Veranlassung zu einer großen Zahl weiterer Ausführungen in allen möglichen Formen für das Ausdehnungsrohr gegeben, auch ein Beweis für die Brauchbarkeit und Güte dieser Art Regler, die nur den Nachteil leichter Empfindlichkeit gegen äußere Stöße, Verletzungen und Verbeulungen besitzen. Besonders bewährt hat sich die stabilere Konstruktion, Abb. 327, mit der geschlossenen Ellipsenform des elastischen Rohres (Strebel). Steiner, Bern, benutzt ein gerades Eintauchrohr (Abb. 328), das direkt in den Kessel, in einen anmontierten Stutzen oder in die Zu- wie Rückleitung gesteckt werden kann.

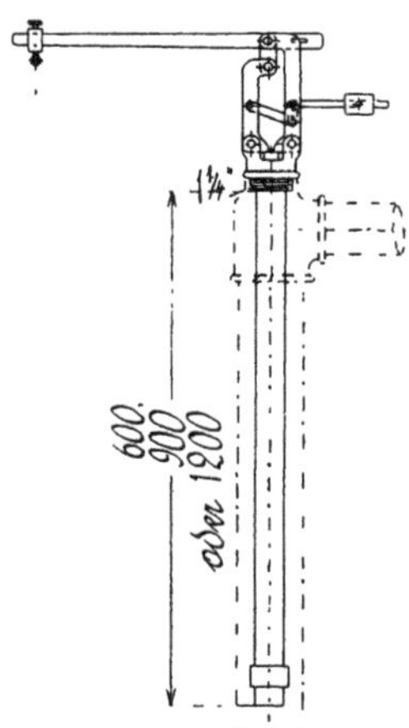

Abb. 328.

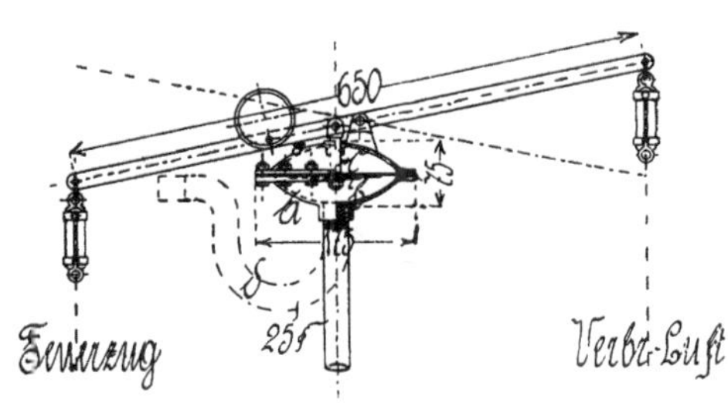

Abb. 329.

Ein Eintauchrohr ist ebenfalls bei dem neuen Welo-Zugregler mit zwei ineinander gesteckten federnden Metallschläuchen der Lorenz-App.-Bauges., Köln-Sürth, benutzt. Diese Tauchkörper besitzen bei ihrer einfachen Gestaltung den Vorteil, daß sie schon bei niedrigen Temperaturen zu arbeiten beginnen und bei hohen nicht so leicht überdrückt und beschädigt werden.

Die Zugregler, die sich bei Druckänderung des Dampfes betätigen, finden Anwendung, wenn als Heizmittel

Dampf, Niederdruckdampf, zur Verfügung steht. Bezüglich der Ausführung lassen sich drei Gattungen unterscheiden: die Membran- und Federdosenzugregler, die Schwimmerzugregler und die Standrohrzugregler.

Abb. 329 zeigt eine gebräuchliche Ausführung eines **Membranzugreglers**. Die zweiteilige gußeiserne Linse *a* wird von einer

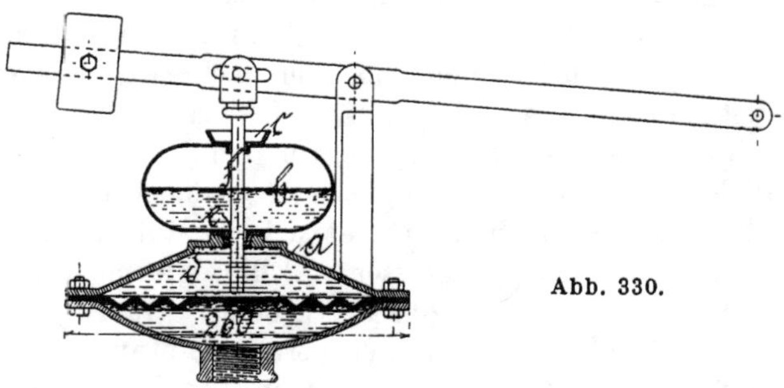

Abb. 330.

Kautschuk- oder imprägnierten Stoffmembrane *b* durchsetzt, welche die Druckschwankungen auf den Kolben *c*, den Hebel usw. überträgt. Zur Schonung der Membrane ist die Linse an den Wasserraum, die Kondensleitung oder unter Zwischen-

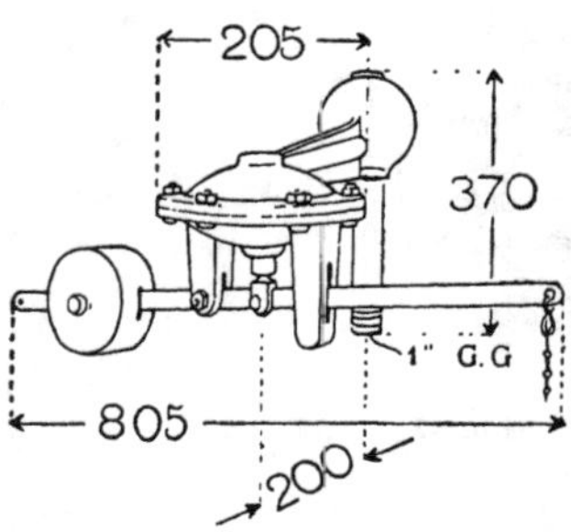

Abb. 331 b.

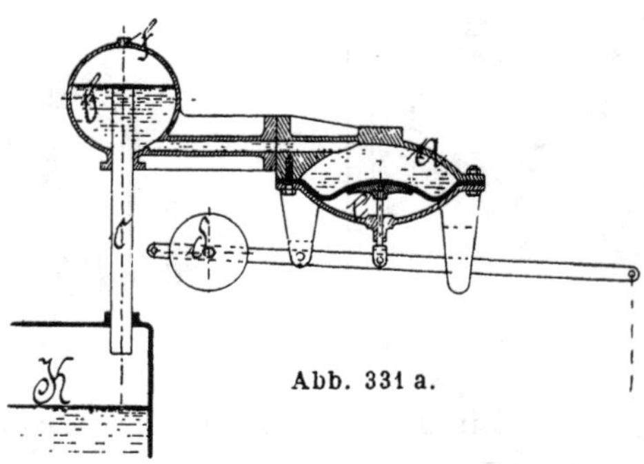

Abb. 331 a.

schaltung eines Wassersackrohres *d* an die Dampfleitung anzuschließen. Aus gleichem Grunde wird der Linse auch wohl ein Wassertopf vorgebaut.

Um eine größere Lebensdauer der Membrane zu erreichen, wird selbige bei dem Regler der **Apparate- und Armaturen-Bauanstalt Dortmund** (Abb. 330) unter vollständigem Luftabschluß gleichmäßig belastet, indem auch die obere Hälfte *d* der Reglerlinse mit Wasser gefüllt ist. Oberhalb der Linse *a* befindet sich ein kupfernes Gefäß *b*, das den Fülltrichter *c* trägt. Wirkt ein Druck gegen die Membrane, so wird das Wasser in *d* durch die Öffnung *e* in *b* gedrückt. Die Ringöffnung *e* ist so berechnet, daß das Wasser nur langsam entweichen kann und dadurch einen Gegendruck auf die nicht belasteten Teile erzeugt. Wegen größerer Haltbarkeit ist die Membrane konzentrisch gewellt.

Bei dem Regler (Abb. 331a, b) des Strebelwerkes, Mannheim, ist der Linse *a* ein Kugelgehäuse *b* vorgebaut, das bis zur Höhe des Dampfrohres *c* mit Wasser gefüllt ist. Damit die Membrane infolge konkaver und konvexer Krümmungen nicht unnötig frühzeitig in ihrer Elastizitätskraft geschwächt wird, ist sie gewellt geformt. Auf dem oberen Pole *f* der Kugel *b* kann eine Sicherheits-Signalpfeife statt eines Blindflansches aufgeschraubt werden.

Eine ähnliche Ausführung der Membrane und des Kolbens zeigt der Regler (Abb. 332) der Nationalen Radiator-Gesellschaft. Um ein etwaiges Schrägstellen des Kolbens und damit eine nachteilige Reibung der Kolbenstange *a* zu vermeiden, ist letztere nach unten verlängert und bei *b* nochmals geführt. Besonders beachtenswert ist hier die lose Aufhängevorrichtung des Hebels *c* an der Kolbenstange *a* mit der Traverse *e* und dem Ringe *f*. Es ist *i* ein Lufthahn, der bei diesen Reglern anzuordnen zu empfehlen ist.

Bei den Federdosenreglern ruft statt der Membrane eine federnde harmonikaartige Messingblechhülse, die unter dem Dampfdrucke steht, die Hebelwirkung hervor. Der steife und unbiegsame Deckel trägt den auf die Hebel wirkenden Kolben. Diese Regler besitzen die Vorteile größter Einfachheit und größerer Lebensdauer als sie die Membranregler meist ergeben.

Abb. 333 gibt die Ansicht des Reglers der Nationalen Radiator-Gesellschaft, Berlin. Eine genauere Darstellung einer ähnlichen Konstruktion findet sich in Abb. 334.

Da die Elastizität der Federhülse *a* nur bis zu einer gewissen Grenze annähernd und genügend genau konstant bleibt, aber bei höherer Einwirkung des Dampfdruckes erst bei entsprechend größerem Kraftaufwande des Dampfes weiterwirkt

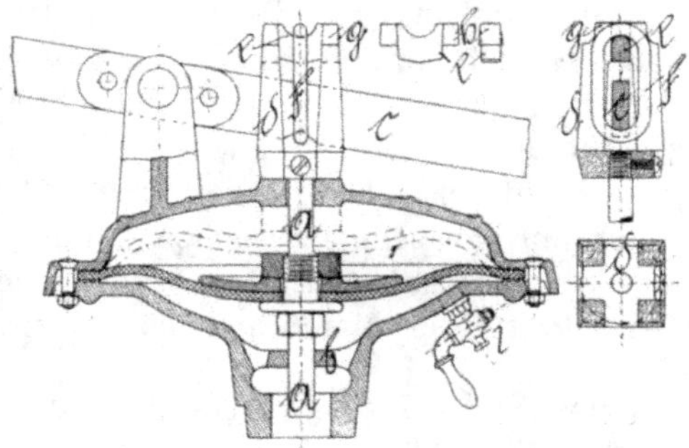

Abb. 332.

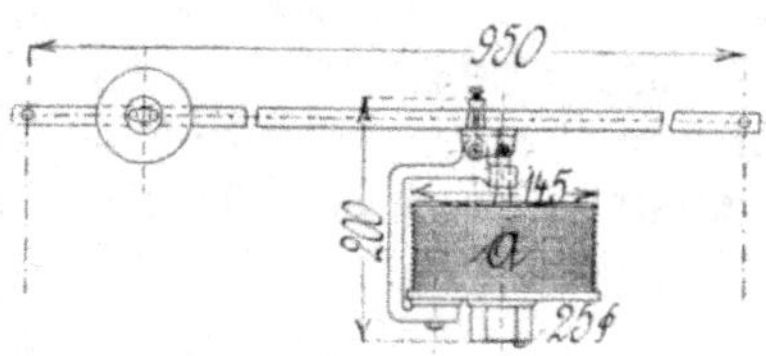

Abb. 333.

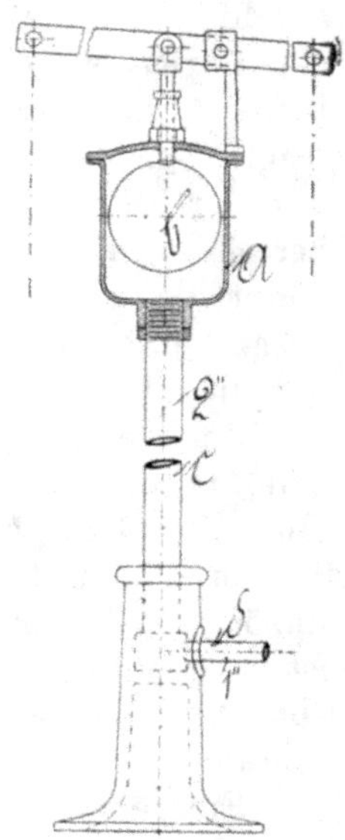

Abb. 335.

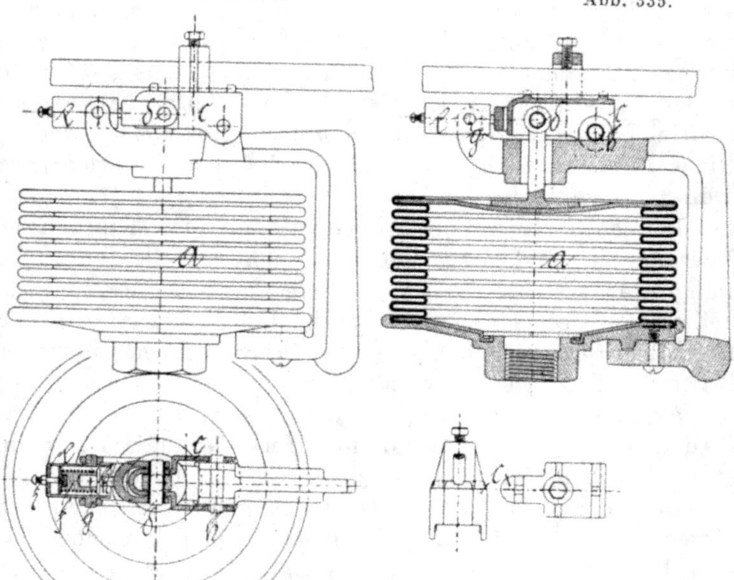

Abb. 334.

und dann auch nur von Stufe zu Stufe ungleichmäßig, so würde bei Überschreitung einer gewissen Grenze des Dampfdruckes der Regler nicht mehr zulässig normal wirken. Um diesen Übelstand zu beheben, wird eine Ausgleichsvorrichtung in den Zylinder *e* mit der Feder *f* und dem Kolben *k* eingeschaltet, welch letzterer mit einer Gabel dem Hebellager *c* durch den Bolzen *d* angelenkt ist. In normaler Stellung liegen die Drehpunkte *d*, *g* und *h* in einer Horizontalebene. Steigt der Drehpunkt *d* aus dieser Ebene heraus, so wird durch die Feder *f* auf *d* eine Kraftkomponente hervorgerufen, welche die Ungleichförmigkeit der Federhülse *a* ausgleicht, d. h. deren Widerstand überwindet. Die Stellschraube *i* gestattet, der Feder *f* die richtige Energie zu geben.

Die Schwimmerzugregler besitzen einen Schwimmer als Kugel, Glocke, Zylinder o. dgl., welcher durch eine Flüssigkeit entsprechend dem Dampfdrucke gehoben oder gesenkt wird und durch einen Hebel mit Kette die Zugplatte betätigt. Als Flüssigkeiten kommen meist Wasser oder Quecksilber in Frage.

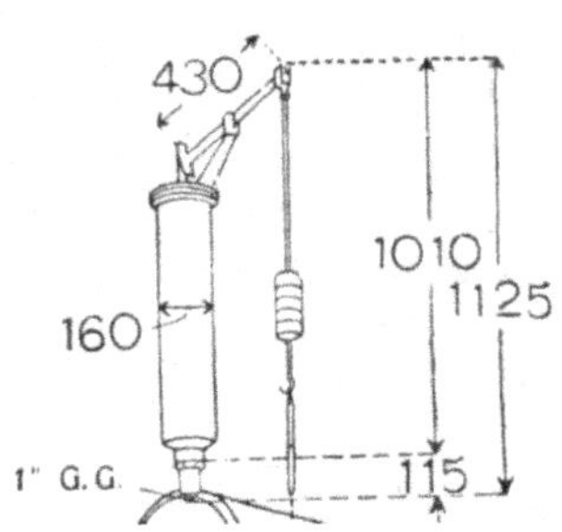

Abb. 336 b.

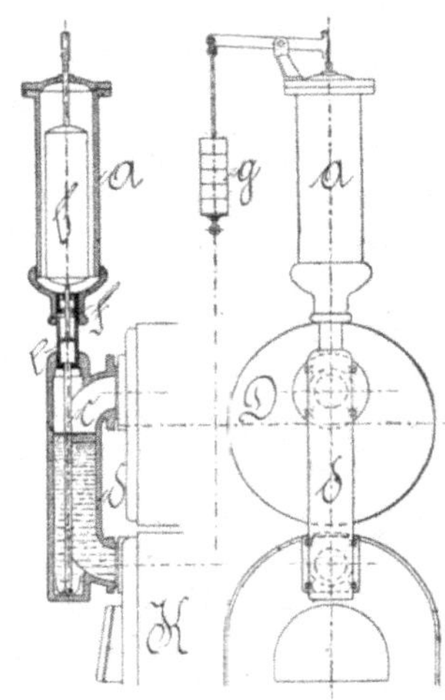

Abb. 336 a.

Wasserschwimmerregler finden sich in vielen Ausführungen. Im großen und ganzen ist die Konstruktion nach Abb. 335 derart, daß ein Gefäß *a*, das zur Aufnahme des Schwimmers *b* gerade ausreicht und unter Atmosphärendruck steht, durch Rohr *c* und *d* mit dem Kessel verbunden ist. Bei Steigen des Dampfdruckes wird das im Rohr *c* stehende Wasser in *a* gedrückt, wodurch *b* gehoben und die Luftklappe dem Dampfdrucke entsprechend eingestellt wird. Günstiger ist es, die Kugel *b*, die auch jede andere beliebige Hohlform erhalten kann, mit unterer Führungsstange zu versehen. — Der Regler des Strebelwerkes Mannheim, Abb. 336a u. b, ist dem Rohrkrümmer *d* angebaut, welcher den Kessel *K* mit dem Dampfsammler *D* verbindet, bei anderen Kesseltypen dagegen direkt durch das dünne Rohr *c* mit dem Kessel unterhalb des niedrigsten Wasserstandes verbunden. Um den Wasserzufluß nach *a* abzusperren und ein Überlaufen zu verhindern, ist *b* mit einem Ventilteller *e* verbunden, der sich auf seinen Sitz *f* setzt, wenn der Schwimmer *b* bis zu einer Höhe gehoben ist, welche dem vollständigen Abschlusse der Luftklappe entspricht. — Das Rohr *c* stempelt diese Schwimmerregler gewissermaßen auch zu Standrohrreglern; seine Länge (Höhe) muß sich nach dem gewünschten Normaldrucke richten. Diese Regler sind in erster Linie für Anlagen geeignet, die mit konstantem Drucke zu arbeiten haben. Der Strebel-Regler kann je nach der Größe der Belastung bei *g* für 0,04 ÷ 0,07 Atm. Überdruck eingestellt werden. Für höheren Druck bis 0,1 Atm. ist Rohr *c* entsprechend zu verlängern, so daß der Regler höher zu stehen kommt.

Quecksilberschwimmerregler sind, so feinfühlig sie auch zu arbeiten vermögen, für Warmwasserbereitungsanlagen wenig am Platze. Mag die Ein- und Abschließung des giftigen Quecksilbers auch noch so vollkommen sein, man hat doch alles zu vermeiden, was eine Gefahr für das Gebrauchswasser sein kann. Außerdem gibt es so viele gute andere Konstruktionen, daß man auf diese Art nicht angewiesen zu sein braucht.

Das Rheinische Eisenwerk Dülken baut einen Regler mit Quecksilberschwimmer, der für veränderlichen Druck bis 0,25 Atm. bestimmt ist und Druckschwankungen von 0,01 Atm. anzeigt. Die Schwimmerglocke *a* der Abb. 337 taucht in Quecksilber des doppelwandigen Gehäuses *b* und hebt oder senkt sich dem Dampfdrucke entsprechend. Die Quecksilberfüllung entspricht dem höchsten Betriebsdrucke. Die Einfüllung des Quecksilbers erfolgt bei *c*. Die Messingmutter *d*, die als Führung der den Reglerhebel *e* tragenden Gabelstange *f* dient, besitzt im unteren Ende eine Dichtungsfläche *g*. Da das Standrohr kurz vor Erreichen des Höchstdruckes abbläst, und da anderenteils bei Überschreiten des Höchstdruckes die Jenkinsdichtung *h* der durch den

Druck gehobenen Glocke *a* gegen die Dichtungsfläche *g* vollständig abschließt, so ist einem Herausschleudern und Verlust von Quecksilber vorgebeugt, Eigenschaften, die aber auch von einem Regler einer Warmwasserversorgungsanlage gefordert werden müssen.

Wasserschwimmer-Zugregler werden jetzt mehrfach in zwangsläufige Verbindung mit dem Standrohre gebracht, um dadurch den Nachteil der getrennten Apparate zu umgehen, der darin beruht, daß sich die Zugreglerklappe nach Abblasen des Standrohres zu frühzeitig und rasch wieder öffnet. Dies hat dann zu der allgemeinen Konstruktion der Standrohrzugregler geführt. Mit der zwangsläufigen Verbindung von Standrohr und Zugregler verliert man aber auch den Vorteil, doppelte, vollständig getrennt voneinander arbeitende Sicherheitsvorrichtungen zu haben.

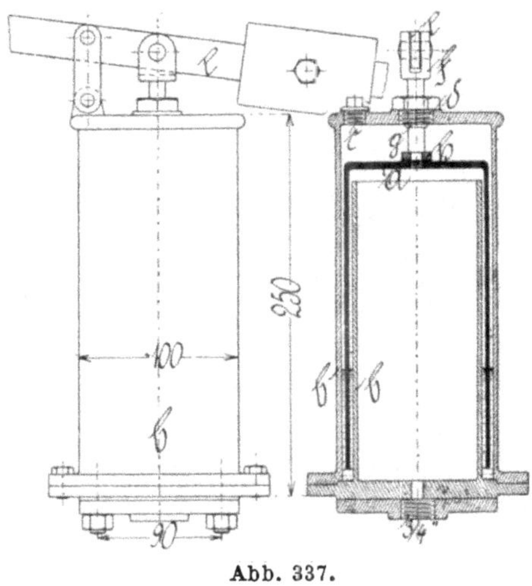

Abb. 337.

Die Standrohrzugregler der Niederdruckdampfkessel nutzen die in einem Standrohre entstehenden Schwankungen des Wasserstandes mittels Schwimmer- oder Syphonwirkung direkt oder indirekt aus.

Ein Standrohr-Schwimmerzugregler, auf welche unter »Standrohre« nochmals zurückgekommen wird, ist in gebräuchlicher Form in Abb. 338 dargestellt. Der Apparat wird an einem Abzweige der Dampfleitung *a* gleich über dem Kessel *K* angeflanscht. Durch den zuschraubbaren Fülltrichter *b* erfolgt die Füllung des Schenkels des Standrohres mit Wasser. Bei steigendem Dampfdrucke wird das Wasser im Schenkel *c* aufwärts gedrückt und tritt allmählich durch das Verbindungsrohr *d* nach dem Reglergefäß *e* über, in dem sich der Kupferschwimmer *f* befindet. Letzterer wird gehoben und schließt bei Erreichung des Druckes von 800 mm mittels des Hebels *g* die Verbrennungsluftklappe *h*. Bei weiter steigendem Dampfdrucke wird die Wassersäule in *c* so weit gehoben, daß der untere Austritt des Abblaserohres *i* frei und dadurch ein unbehindertes Entweichen des überschüssigen Dampfes ermöglicht wird, ohne die Wasserfüllung des Standrohres herauszuschleudern. Während dieses Vorganges bleibt die Klappe *h* geschlossen und öffnet sich erst allmählich nach Fallen des Druckes unter 800 mm.

Die Standrohr-Syphonzugregler sind für gewöhnlich derart konstruiert, daß die Verbrennungsluft den Weg um den Rand einer Glocke finden muß, die mit dem darunter liegenden

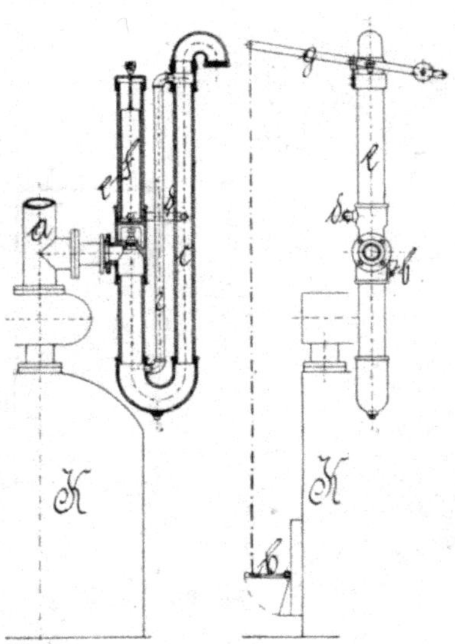

Abb. 338.

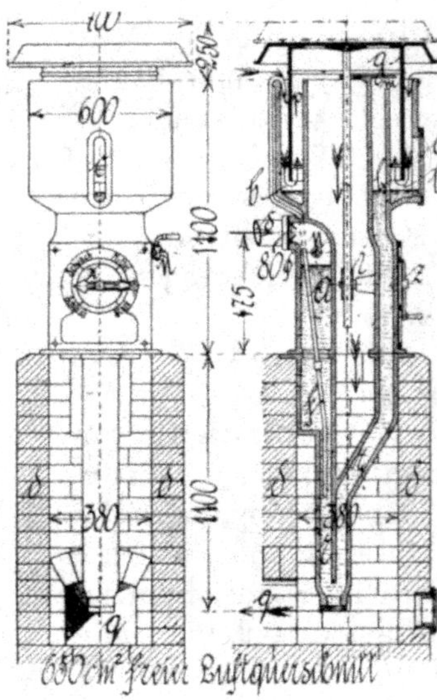

Abb. 339.

Wasserstande einen der Verbrennung und Dampfentwicklung entsprechenden freien Durchgangsquerschnitt für die Verbrennungsluft ergibt. Die Glocke ist durch ein Gegengewicht oder Räderwerk für verschiedene Höhenlagen, d. h. für verschiedene bestimmte Dampfspannungen einstellbar. Charakteristisch unterscheiden sich diese Regler von den übrigen durch das Fehlen des Hebels mit Kette und Zugklappe. Umfang der Konstruktion und Einbaumöglichkeit können dagegen einer allgemeinen Verwendung hinderlich sein.

In dem gußeisernen Apparate von Dicker & Werneburg, Halle, Abb. 339, ist die Wasserkammer a angeordnet, welche durch das Syphonrohr r, r_1 und das kleine Loch l mit dem Hohlraume b des Oberteils in Verbindung steht. Hier befindet sich die Glocke g aus Zinkblech in solcher Lage, daß die gesamte Verbrennungsluft in der Pfeilrichtung den unteren Glockenrand passieren muß, um durch q zur Feuerung zu gelangen. Es ist a durch Rohr s unmittelbar mit dem Dampfraume des Kessels verbunden, so daß das Wasser in a sich genau nach der Dampfspannung einstellt, d. h. dementsprechend durch l nach b hinübergedrückt wird und auf diese Weise den Luftdurchgang in b regelt. Die Glocke g steht durch das Getriebe i mit dem Zeiger z in Verbindung, der die genaue Einstellung der Kesselspannung bis auf 0,01 Atm. gestattet. Ergibt sich durch Unachtsamkeit oder fehlerhafte Bedienung eine Drucksteigerung, so legt der Dampf schließlich bei 0,15 Atm. die Mündung des Pfeifenrohres f frei und läßt die Pfeife p ertönen. Bei weiterer Drucksteigerung auf $\sim$0,19 Atm. wird der Inhalt von a durch m in b geschleudert, so daß Kesseldampf durch q zum Rost zieht und dort das Feuer dämpft bzw. löscht. Es bedeuten: n = Probierhahn, c = Schauglas, d = Mauerwerk des Luftschachtes.

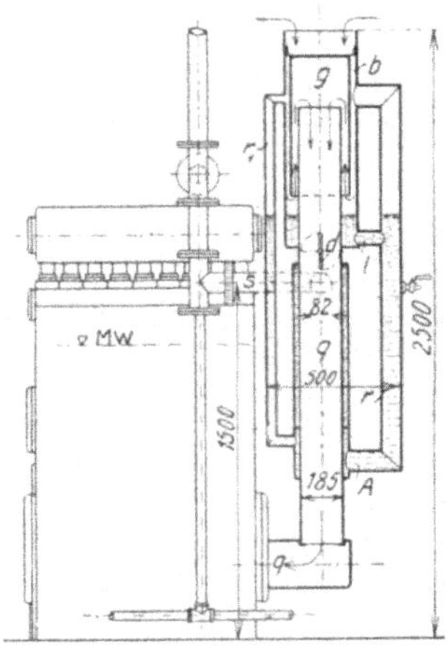

Abb. 340.

Die Buderus-Handelsgesellschaft bringt einen Syphonzugregler nach Abb. 340 auf den Markt, welcher, da die Glocke g durch L-Eisen mit dem Oberteil b fest verbunden ist, konstant bei 0,12 Atm. abbläst und dabei die Luftzufuhr zum Feuerraum aufhebt. Mit Ausnahme der Drosselklappe d für Handregelung besitzt der Apparat keine beweglichen Teile, keine Hebelwerke, keine Kettenzüge. Die Wirkungsweise und die Bezeichnungen in Abb. 340 sind die gleichen wie in Abb. 339.

Die Konstruktion aller dieser Zugregler ist Erfahrungssache und das Ergebnis praktischer und wissenschaftlicher Art. Bei alledem ist die Hauptbedingung nicht außer acht zu lassen, daß die Regler, sobald alle übrigen Verhältnisse darauf abgestimmt sind, die Zuführung der Verbrennungsluft zum Feuerraum von einem Maximum bis Null zu regeln haben. Der Kanalquerschnitt für die maximale Verbrennungsluftmenge bestimmt sich zu:

$$f = \frac{B \cdot mL}{3600 \cdot v} \text{ in m}^2 \quad \ldots \ldots \quad (35)$$

Hierin ist:

B = Brennstoffaufwand in kg/h (Gleichung 10);
mL = wirkliche erforderliche Verbrennungsluftmenge in m^3/kg (Gleichung 4b und 5);
v = Luftgeschwindigkeit in m/s,
$= \sim 0{,}5 \div 2{,}0$ m/s.

Besser ist es, v unter Berücksichtigung der Widerstände genauer zu berechnen.

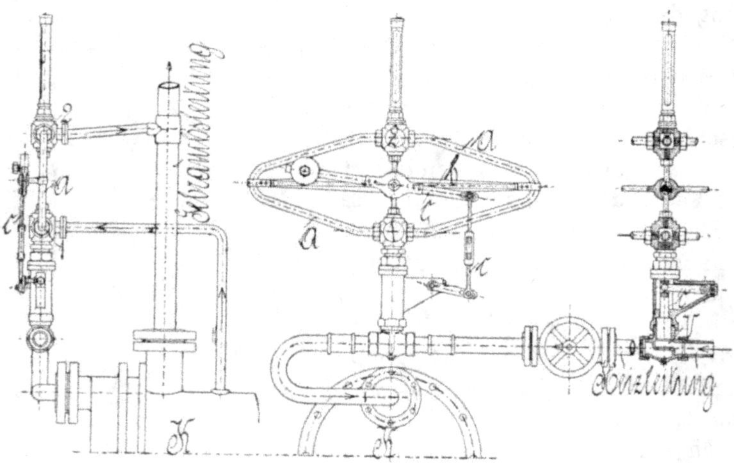

Abb. 341.

2. Die Regler für die Dampf- bzw. Heizwasserzufuhr.

Bei diesen Apparaten kann ebenfalls die in einem Ausdehnungskörper, Rohre, durch das warme Wasser hervorgerufene Längenausdehnung ausgenutzt werden. Die Übertragung der Bewegung erfolgt indirekt oder direkt mittels Hebel oder Feder, die ein Ventil in der Dampf- oder Heizwasserzuleitung je nach der Temperatur des Gebrauchswassers mehr oder weniger öffnen oder schließen.

Bekanntere Ausführungen der Hebelwerkregler zeigen Abb. 187 und 341. — Der erstere Regler besitzt ein gerades Ausdehnungsrohr *a*, welches durch das Hebelwerk und das Eigengewicht der Ventilteller das Öffnen und Schließen des doppelsitzigen, entlasteten Ventiles hervorruft. — Bei der Konstruktion nach Käuffer (Abb. 341) fließt durch das Ausdehnungsrohr *a* das Gebrauchswasser von *1* nach *2*. Es vermag sich a wegen der starren Spannstange *b* nur in senkrechter Richtung auszudehnen und übt dabei eine Bewegung auf die Hebel *c* aus, die den Durchgang des Dampfes oder Heizwassers im Ventil *v* entsprechend der Temperatur des Gebrauchswassers drosseln oder freigeben.

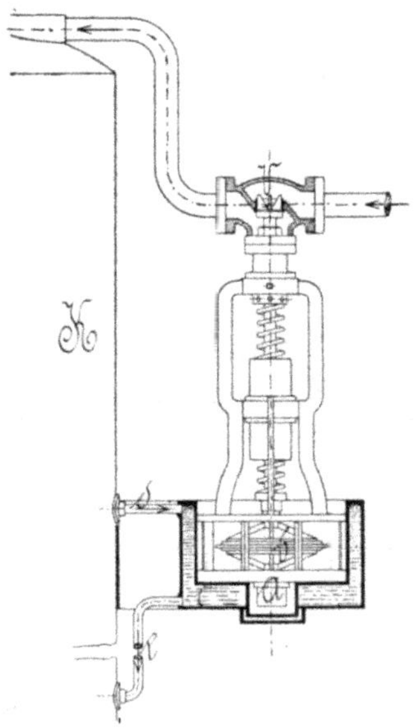

Abb. 342.

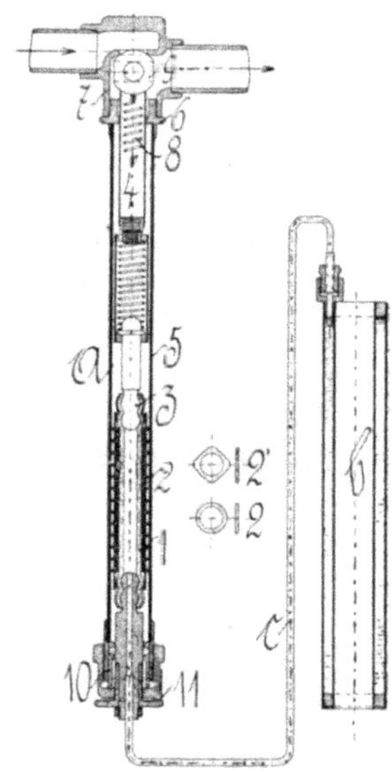

Abb. 343.

Ein Regler ohne Hebel aber mit Federwerk ist der von Grove, Berlin (Abb. 342). Die Wirkung beruht auf der Druckänderung der Dämpfe einer in der Kapsel *a* dicht eingeschlossenen leicht siedenden Flüssigkeit, welche durch Ausdehnung auf die Membrane *b* wirkt und dadurch das Ventil *v* für den Durchgang des Heizdampfes mehr oder weniger schließt. Die die Flüssigkeit fassende Kapsel *a* sitzt in einer kleinen Luftkammer, deren hohle Umfassungswände *c* durch das Wasser des Kessels *K* mittels der Leitungen *d* und *e* geheizt werden. Hierdurch ist die Membrane nur der warmen Luft ausgesetzt.

Regler besonderer Art und neuerer Konstruktion sind die nachfolgend angeführten Tauchkörperregler, die für Regelung der Dampf- und Heizwasserzufuhr und vor allem für direkte Erwärmung des Gebrauchswassers geeignet sind. Sie kommen unter dem Namen Thermostaten, Temperatoren und ähnlichen in den Handel. Die Wirkungsweise beruht auf der Ausdehnung durch die Wärme des Gebrauchswassers oder des Heizmittels oder auf der Druckäußerung besonderer Hilfsmittel, wie Druckwasser (Leitungswasser) und Druckluft, oder schließlich auf dem Einfluß des elektrischen Stromes. Die betriebsbilligste und bequemste Art ist natürlich hier, wo es sich sowieso um Wärmeanlagen handelt, die Betätigung durch Wärmewirkung. Es können dagegen die Benutzung von Hilfsmitteln, wie Druckwasser, Druckluft und vor allem Elektrizität den Thermostaten feinfühliger, zuverlässiger und unabhängiger von der ganzen Warmwasserbereitungsanlage machen. Besonders ist man ja bei Verwendung elektrischen Stromes wenig an Ort und Lage gebunden.

Die Tauchkörperregler, durch Wärmeeinfluß wirkend, haben schon an verschiedenen Stellen vorhergehender Abschnitte kurze Erwähnung in Wort und Bild gefunden. Die Wirkung des Thermostaten in Abb. 47 beruht auf der Ausdehnung einer großen Anzahl linsenförmig aus Kupfer gestanzter Hohlkörper, die im Rohr *r*, welches in das Wasser hineingehängt ist, untergebracht sind. Die Summe der Ausdehnungen der Linsenkörper wirkt direkt auf die Spindel des Ventiles.

Der Temperator von G. A. Schultze, Berlin, Abb. 343, hat in seiner Anordnung ebenfalls schon oben (Abb. 48) Erwähnung gefunden. Die Wirkungsweise beruht auf der durch Temperaturveränderungen bewirkten Ausdehnung von Öl oder Äther. Der Apparat besteht aus den durch ein dünnes Kupferrohr *c* miteinander verbundenen Teilen: dem Wärmeaufnahmekörper, dem Ölbehälter *b* und dem eigentlichen Regler *a*. Das Rohr *c* und das elastische Bewegrohr *1*, *2* sind vollständig mit Wasser gefüllt und sorgfältig abgedichtet. Das in *b* befindliche

Öl wirkt nun bei seiner Ausdehnung derart, daß sich der entstehende Druck auf die Wasserfüllung in dem 3 mm weiten Kupferrohre *c* und in *1*, *2* fortpflanzt und das bei *3* dicht geschlossene, elastische Bewegrohr *1*, *2* in *a* mit großer Kraft in der Längsrichtung ausdehnt. Das Rohr *1*, *2* wirkt als Kolben, indem es sich nur in seiner Längsrichtung auszudehnen vermag, weil der elastische Schlauch *1* seiner ganzen Länge nach mit dicht aneinander liegenden Messingringen *2* umgeben ist. Von letzteren ist jeder fünfte Ring *2'* mit vier kleinen Ansätzen zur Führung in *5* versehen. Das Ganze ist mittels des Umhüllungsrohres *5* durch die Muffe *6* an das Ventilgehäuse *7* angeschraubt. Bei der Bewegung des Rohres *1*, *2* wird mit Hilfe des Rohres *4* und der Kugel *9* das Ventil und damit der Durchgang für das Heizmittel entsprechend geschlossen oder geöffnet. Die schwache Spiralfeder *8* an der Ventilkugel *9* hat den Zweck, diese bei ganz niedrigem Drucke zurückzuziehen, wenn sich der Gummischlauch *1* zusammenzieht. Bei stärkerem Drucke des Heizmittels, des Dampfes, ist *8* nicht erforderlich. Die Schraubenverbindungen bei *10* dienen zum Einstellen des Apparates mittels des Index *11*. Die Temperatoren regeln den Dampf- bzw. Heizwasserdurchgang bei einer Temperaturschwankung des den Ölbehälterring *b* umgebenden Wassers um 1÷2° in ∾ 1÷2 min.

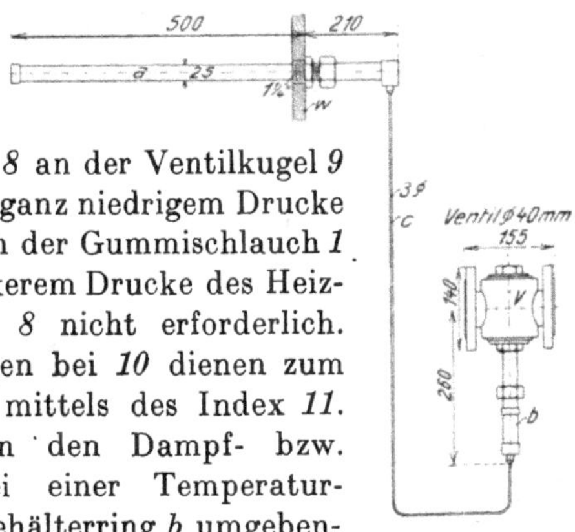

Abb. 344.

Auf demselben Prinzipe beruhen die meisten derartigen Apparate, wie u. a. die jetzt sehr bekannten neueren Samson- und Welo-Regler. Zur Hauptsache bestehen sie also nach Abb. 344 (Samson) aus dem Tauchkörper *a*, auf welchen die Wärme des Gebrauchswassers des Behälters *w* einwirkt, aus der dünnen Kupferrohrverbindungsleitung *c* und aus dem federnden Bewegungskörper *b*, der ein Ventil *v* im Durchflußwege des Heizmittels betätigt. Die Füllflüssigkeit bzw. Füllmasse, die sich in der Metallhülse des Tauchkörpers befindet, ist meist Öl oder Äther. Als Federkörper findet man neben dem Schultze-Patent-Federschlauch Spiralschläuche. Das Tauchrohr erhält ∾ 25 mm Durchm. und 500÷1000 mm Länge.

In Abb. 345 ist ein Tauchkörper mit Membranwirkung in gedrängtester Konstruktion in einem stehenden Boiler eingebaut.

Zu dieser Gruppe gehört auch der oben unter den Gasautomaten angeführte Temperaturregler der Askania-Therme der Centralwerkstatt Dessau (Abb. 144). Das Rohr R stellt die Verbindung zwischen V und dem im Ofenoberteil unter-

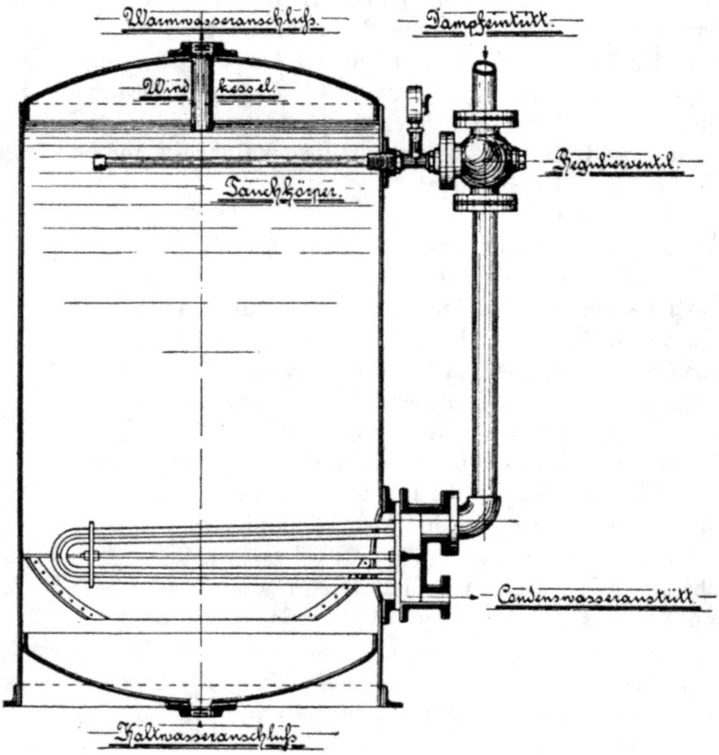

Abb. 345.

gebrachten und mit der Ausdehnungsflüssigkeit gefüllten Tauchkörper her (letzterer in Abb. 144 nicht sichtbar). Das Federdosenventil V sitzt in der Gasleitung, die hier als Heizleitung anzusehen ist.

Ist auch der Thermostat der Eschebachschen Werke (Abb. 150) kein eigentlicher Tauchkörperregler, da ihm der

Tauchkörper fehlt, so ist er trotzdem, wie schon sein Name besagt, zu dieser Gruppe zu rechnen. Das Prinzip ist dasselbe. An Stelle des Tauchkörpers liegt das elastische Rohr *6* eng an dem Ofenmantel und überträgt die Transmissionswärme aus dem Wasser direkt auf den Ventilkolben des Gasventiles. Wird die Ausdehnungsarbeit in richtigen Einklang zu der Wärmetransmission gebracht, wozu die Hubregulierschraube *8* die Möglichkeit gibt, so kann der Tauchkörper zwecks günstiger Vereinfachung des Reglers ohne weiteres fortfallen.

Die Tauchkörperregler, mit Druckwasser oder Druckluft arbeitend, sind weniger in Anwendung, da solche Hilfskräfte den Regler umfangreich, umständlich gestalten und Anlage und Betrieb teuer ausfallen. Hebel, Federn und Membranen erhöhen die Empfindlichkeit und verkürzen die Lebensdauer. Eine Betriebskraft zur Betätigung ist erforderlich, so daß ein Anschluß des Reglers an eine Hochdruckwasserleitung oder eine Druckluftanlage Vorbedingung ist. Dieser Umstand kann zu Unbequemlichkeiten und Umständlichkeiten führen. Kann auch der Druckwasserverbrauch mit ∾ 100 l täglich als gering erachtet werden, so ist aber dauernd mit Betriebsunkosten zu rechnen.

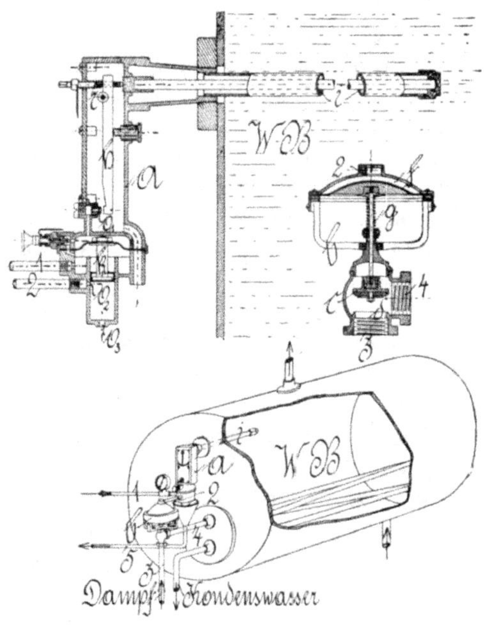

Abb. 346.

Die Gesellschaft für selbsttätige Temperaturregelung, Berlin, hat nach Abb. 346 einen nach dem amerikanischen System Johnson konstruierten Regler in den Handel gebracht, der auf den ersten Blick hin etwas kompliziert aussieht, jedoch einfach wirkt und auch schon bei 1° Temperaturschwankung schnell arbeitet. Der Apparat besteht zur Hauptsache aus dem eigentlichen Thermostaten *a* und dem Membranventile *b*.

Die durch eine beliebig einstellbare Wassertemperatur hervorgerufene Längenänderung der im Warmwasserbehälter *WB* liegenden Metallhülse *i* des Thermostaten *a* steuert durch den Hebel *h* eine Wasserausflußöffnung o_1 derart, daß bei zu niedriger Wassertemperatur die Öffnung o_1 geöffnet und bei zu hoher geschlossen ist. Ist o_1 geschlossen, dann drückt der Wasserleitungsdruck den Kolben *k* nach unten und es tritt Druckwasser aus der Zuleitung *1* durch o_2 in die Ableitung *2*, welche das Druckwasser in Raum *f* des Membranabsperrventiles *b* leitet, wodurch der Ventilteller *c* auf den Sitz *d* gedrückt wird und damit den Durchgang des Heizmittels, des Dampfes, von *3* nach *4* abschließt. Ist o_1 geöffnet, dann geht *k* zurück, das Druckwasser fließt aus *f* durch *2* und o_2 nach o_3 aus und durch *5* ab, das Membranventil öffnet sich durch den Druck der Feder *g*. Die Einstellung einer bestimmten Wassertemperatur erfolgt durch die Regulierschraube *r*, welche durch Änderung des Abstandes des Hebels *h* von o_1 das Membranventil *b* früher oder später öffnet.

Von den unter elektrischem Einflusse arbeitenden Tauchkörperreglern sei der bewährte Elektro-Wärmeregler von Kaeferle, Hannover, angeführt. Er besitzt bei geringem Stromverbrauche die Vorteile einer dauernd hohen Empfindlichkeit und Genauigkeit bei Wassertemperaturen von 40÷100°, jahrelanger großer Betriebssicherheit, da abnutzende oder verändernde Teile, wie Federn, Membranen, Stopfbüchsen usw. nicht vorhanden sind, ferner einer Unbeeinflussung durch starke Erschütterungen auf das genaue Funktionieren.

Der Tauchkörper *A* (Abb. 347 und 347a) wird in den Boiler *G* eingeschraubt und arbeitet im Zusammenhange mit einem Elektroregulierventil *B*, das an beliebiger Stelle in die Dampfzuleitung *C* eingebaut wird. Die Einstellung auf die gewünschte Temperatur erfolgt durch Drehen der Regulierschraube *L* nach rechts oder links, je nachdem man niedere oder höhere Wassertemperatur wünscht. Will man z. B. die letztere in *G* nicht über 60° steigen lassen, so stellt man, nachdem das Thermometer *E* 60° anzeigt, die Schraube *L* so ein, daß Stromschluß entsteht, wodurch sofort das Schließen des Elektroventiles *B* erfolgt und somit die Dampfzufuhr abgestellt wird. Es wirkt nun der Regler *A* ohne weiteres Zutun, d. h. beim Sinken der Temperatur um nur 0,1° unter 60° öffnet der Apparat selbsttätig und er schließt, sobald das Wasser wieder eine Wärme von 60° erreicht hat. In *B* befindet sich ein

Abb. 347.

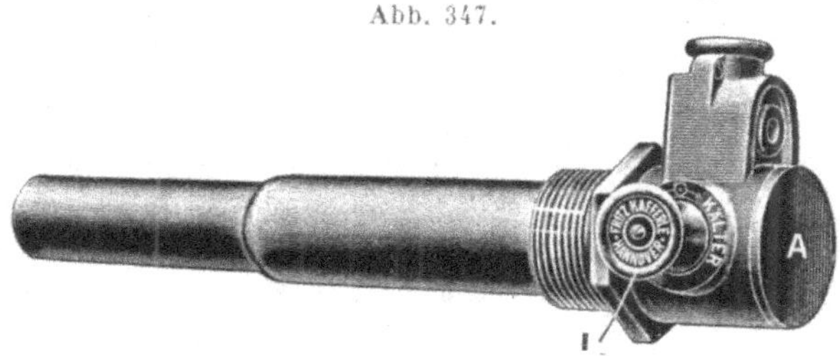

Abb. 347 a.

Elektromagnet, dessen untere Polplatte die Ventiltellerspindel anzieht oder freigibt. Die Apparate werden im allgemeinen für Gleichstrom von 110 oder 220 V gebaut, jedoch sind sie auch für Wechselstrom geeignet.

c) Die Regler für die Einhaltung eines festgesetzten Dampfdruckes.

Diese Regler tragen an sich mehr den Charakter einer Sicherheitsvorrichtung als eines Regulierapparates. Ihr Einbau hat den Zweck, die Spannung des Dampfes auf ein zweckdienliches Maß herabzusetzen und eine festgesetzte Grenze nicht überschreiten zu lassen.

Die Hochdruckkessel finden diese Regelung in ihren gesetzlich vorgeschriebenen Sicherheitsventilen, die zwar für Niederdruckkessel trotz anderer Sicherheitsapparate möglichst auch noch vorzusehen sind. Soll das Sicherheitsventil eine wirkliche Sicherheitsvorrichtung darstellen, so muß der freie Ausblasequerschnitt im Ventil so groß sein, daß der ganze bei Überschreiten der Druckgrenze vom Kessel erzeugte Dampf zu entweichen vermag. Das ist mit den einfachen Organen nicht möglich, deren Ventilteller sich sogar bei bedeutenden Drucksteigerungen nur wenig vom Sitz hebt. Das gewöhnliche Sicherheitsventil ist also mehr ein Alarm- und Warnapparat als eine tatsächliche Sicherheitsvorrichtung. Um diese zu erreichen hat man die Hochhub- oder Vollhub-Sicherheitsventile konstruiert, mit denen sich der Zweck auch vollkommen erreichen läßt. Die Konstruktion und der Ausbau ist dabei äußerst einfach und darf als bekannt vorausgesetzt werden. Da diese Hochhubventile einen um ∾ $^1/_3$ kleineren Querschnitt, geringere Belastungsgewichte verlangen und nicht teurer sind als gewöhnliche, so sollten erstere stets bevorzugt werden. Bedingung für gute Wirkungsweise ist die genau wagerechte Anbringung auf den Kesselstutzen.

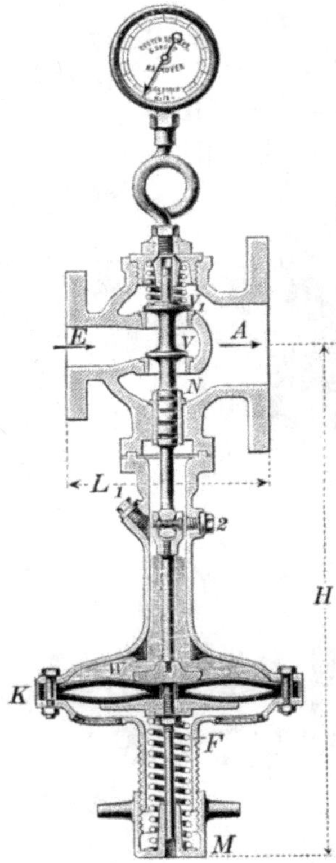

Abb. 348.

Wie bei der Regelung des Kaltwasserdruckes stehen auch hier die Dampfdruck-Verminderungsventile in direkter Beziehung zu den eigentlichen Sicherheitsventilen. Es ist ja in vielen Fällen Hochdruckdampf vorhanden, der für die Warmwasserbereitung zuvor auf eine zulässige Spannung herabzudrücken und in dieser Höhe konstant zu erhalten ist. Vorzügliche langjährige Erfolge sind mit dem Kissenmembranventile von Rosenkranz, Abb. 348, erreicht worden, das den Hochdruck bis auf 0,05 Atm. sicher und konstant reduziert. Die Wirkungsweise entspricht der Ausführung nach Abb. 320. Für Endspannungen unter 1 Atm. Überdruck ist die Anbringung eines Sicherheitsventiles S (Abb. 316 u. 349) auf jeden Fall zweckmäßig. Die Bauhöhe braucht nicht lästig und hinderlich erscheinen, denn es betragen:

$$\text{bei Durchmesser } \frac{\text{des Eingangs}}{\text{des Ausgangs}} = {}^{13}/_{25} \div {}^{50}/_{100} \div {}^{100}/_{200}\ \text{mm}$$

$$\text{die Baulänge } L_1 = 85 \div 210 \div 340\ \text{mm}$$

$$\text{die Bauhöhe } H = 360 \div 600 \div 720\ \text{mm}$$

Die Dampfdruckregelung an Niederdruckdampfkesseln, die mit einem Überdruck $< 0{,}5$ Atm. arbeiten sollen und dadurch konzessionsfrei werden, hat nach den gesetzlichen Bestimmungen außerdem mit Hilfe eines Standrohres zu erfolgen.

Abb. 349.

Das Standrohr stellt eine offene Verbindung des Kesseldampfraumes mit der freien Atmosphäre her. Um einem Dampfverluste infolge freien Ausströmens vorzubeugen, wird das Rohr für gewöhnlich durch einen Wasserpfropfen abgeschlossen, der bei einem Dampfdrucke über 0,5 Atm. aus dem Standrohre herausgedrückt wird und dadurch dem Überdruck freie Ausdehnung gewährt, ihn zunichte macht. Da 1 Atm. 10 m WS entspricht, so darf das Rohr höchstens eine Höhe von 5 m erhalten, wenn der Kessel konzessionslos bleiben soll. Als normale Standrohrweiten sind vorgeschrieben:

in Preußen. Württemberg und Baden:

bei einer wasserberührten Heizfläche bis zu:

1	2	3	4	5	6	7,5	8,5	10	11,5	13	über 13 m²

ein Mindestdurchmesser von:

25	30	35	40	45	50	55	60	65	70	75	80 mm;

in Bayern:

für 1 m² Heizfläche 450 mm², mindestens 700 mm²;

In Sachsen und anderen deutschen Bundesstaaten: ein unverschließbares, vom Wasserraum ausgehendes Standrohr von nicht über 5 m Höhe und mindestens 80 mm Lichtweite; — oder ein vom Dampfraume ausgehendes, nicht abschließbares Rohr in Heberform oder mit mehreren auf- und absteigenden Schenkeln, dessen aufsteigende Äste bei Wasserfüllung zusammen nicht über 5 m, bei Quecksilberfüllung nicht über 370 mm Länge haben dürfen, wobei die Lichtweite dieser Rohre so bemessen werden muß, daß auf 1 m² Heizfläche ein Rohrquerschnitt von mindestens 350 mm² entfällt; die Lichtweite der Rohre muß mindestens 30 mm betragen und braucht 80 mm nicht zu überschreiten; — oder jede andere von der Zentralbehörde des zuständigen Bundesstaates genehmigte Sicherheitsvorrichtung.

In der Praxis nimmt man den lichten Standrohrdurchmesser
meist zu 50 mm für Kessel bis 6 m² Heizfläche
und » 80 mm » » über 6 m² »

Den Dampfkesselbestimmungen sind nicht die Kleinkessel unterworfen, deren Heizfläche 0,1 m² und deren Dampfspannung 2 Atm. nicht übersteigt, sofern sie mit einem zuverlässigen Sicherheitsventile ausgerüstet sind.

Durch die Höhe des Standrohres ist man also in die Lage gesetzt, den Dampfdruck auf einer ganz bestimmten Höhe zu halten. Bei dem einfachen Rohre ohne Hebel und Ventile ist ein Versagen unmöglich. Um durch die Standrohrhöhe zu keinen lästigen und unbequemen baulichen Maßnahmen gezwungen zu sein, kann man einen Teil des Rohres als Gefäß, Wassersack, mit so großem Querschnitt ausführen, daß der Inhalt des Gefäßes dem einer Rohrleitung von zulässiger Höhe und Weite entspricht; oder das Rohr, anstatt vom mittleren Kesselwasserstand senkrecht nach oben zu führen, um etwa die halbe Rohrlänge nach unten zu schleifen. Die Wirkung bleibt ja dieselbe.

Den weiteren Ausbau der Standrohre, vor allem zur erheblichen Verminderung der Bauhöhen, erläutern nachfolgende Ausführungen.

Abb. 350 zeigt die Anordnung und Zusammenführung zweier Standrohrgefäße *a* von zwei Niederdruckdampfkesseln nach einem Sammelgefäß *b* mit Überlauf 4. Es sind *a* und *b* in Abb. 350 nochmals als Details dargestellt. Der Dampf drückt, durch *1* kommend, auf das im Gefäß bis zum Fülltrichter *f* angefüllte

Wasser und treibt dasselbe bei Überdruck in die aufsteigende Rohrleitung *3* hoch und durch *4* aus. Das Gefäß *a* entspricht im Inhalt einer 5 m langen Rohrleitung von 80 mm Durchm.

Bezüglich der Rückspeisung und der Schleifenausführung des Hauptrohres *a* geben Abb. 351 vom Strebelwerk, Abb. 352 von der National Rad.-Ges., Berlin, für 0,12 Atm., Abb. 353 Künzel, Berlin, Abb. 354 vom Eisenwerk Kaiserslautern

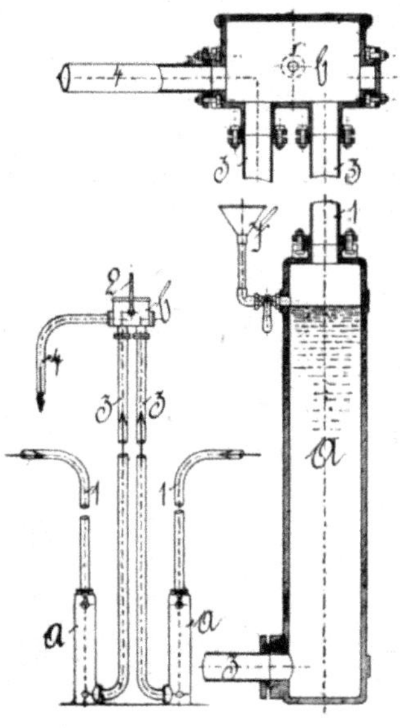

Abb. 350.

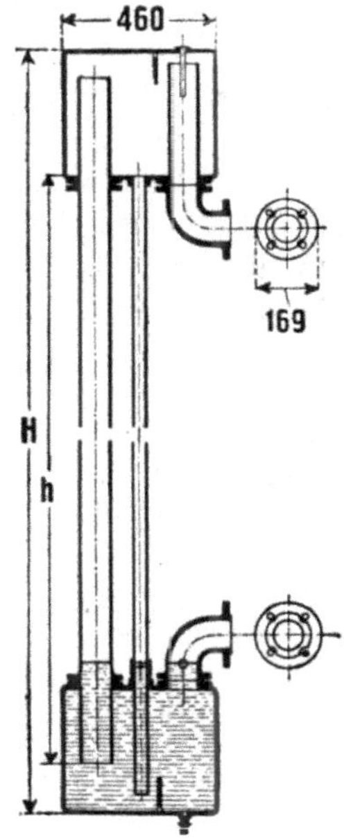

Abb. 351.

einige Beispiele. Nach Abb. 352 fließt das Sperrwasser vom Behälter *b* durch die Löcher *e* in das Standrohr *a*, bzw. dessen Gefäß oder Wassersack *a* zurück; nach Abb. 354 wird das Wasser durch ein besonderes Füllrohr *e* nach dem Wassersack zurückgeleitet. Mit ebensolcher Rückspeisung vom Überschüttopf zum unteren Wassersackgefäß ist das Standrohr des Strebelwerkes (Abb. 351) gebaut. Die Höhe *h* entspricht dem Kesseldruck in m WS; es beträgt demgemäß:

bei	$h = 1{,}5$	2,0	2,5	3,0	4,0	5,0 m
	$H = 2{,}05$	2,55	3,05	3,55	4,67	5,67 m.

Die Konstruktion von Künzel, Berlin (Abb. 353), besitzt statt der Löcher *e* ein Ventil *V* in der oberen Mündung des Standrohres. Das Sperrwasser tritt durch die Seitenkanäle *n* und die Löcher *o* in das Gefäß *b* und von dort durch *V* und *e* (wenn kein Überdruckrohr *e* vorgesehen wird, nur durch *v*) zurück. Es ist *p* eine Alarmpfeife, welche solange, als ein Überdruck vorhanden ist, ertönt.

Zuverlässige Standrohreinrichtungen arbeiten derart, daß sie bei einem Überdrucke von $\sim 200 \div 250$ mm WS über Normaldruck den überschüssigen Dampf solange abblasen lassen, bis der Normaldruck wieder erreicht ist. Demgemäß sind z. B. bei der Kaiserslauterner Einrichtung (Abb. 354) die Rohrhöhen bemessen. Ist:

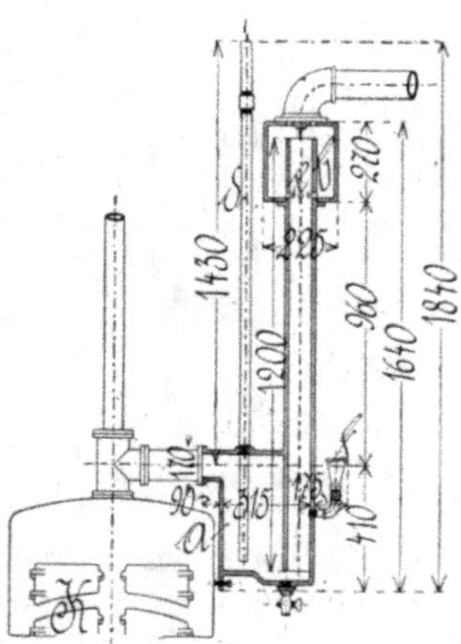

Abb. 352.

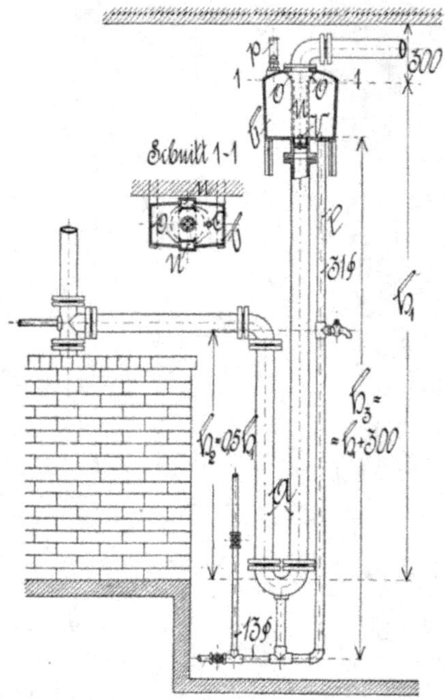

Abb. 353.

h = norm. Druckhöhe $= \sim 600 \div 1200$ mm, entspr. $0{,}06 \div 0{,}12$ Atm.,
h_x = erhöh. Überdruck $= \sim 200$ mm für $h \leqq 600$ mm,
$= \sim 200 \div 300$ mm für $h = 600 \div 1200$ mm,

so ist die Auswurfhöhe:

$$h_1 = h + h_x.$$

Damit das überschüssige Wasser auch beim Auswerfen der Standrohreinrichtung, wenn der Druck h_1 besteht, in den Kessel zurückfließt, muß jene so hoch über mittleren Kesselwasserstand MW gesetzt werden, daß eine Mindesthöhe:

$$h_3 = h_1 + 100 \text{ mm}$$

erreicht wird. Es beträgt dabei $h_2 = 0{,}25\, h_1$.

Bei Inbetriebsetzen wird in den Füllstutzen f solange Wasser eingegossen, bis selbiges sichtbar wird, worauf der Gewindestopfen abgedichtet und eingeschraubt wird.

Damit der Wasserstand in den Standrohrschenkeln a durch Zufluß von Kondenswasser nicht nachteilig erhöht wird, so

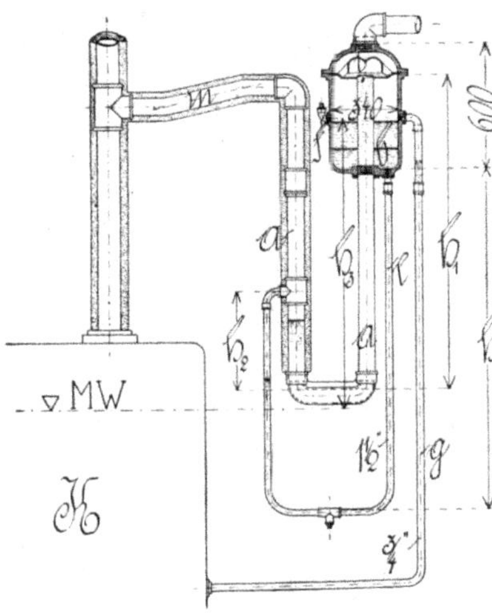

Abb. 354.

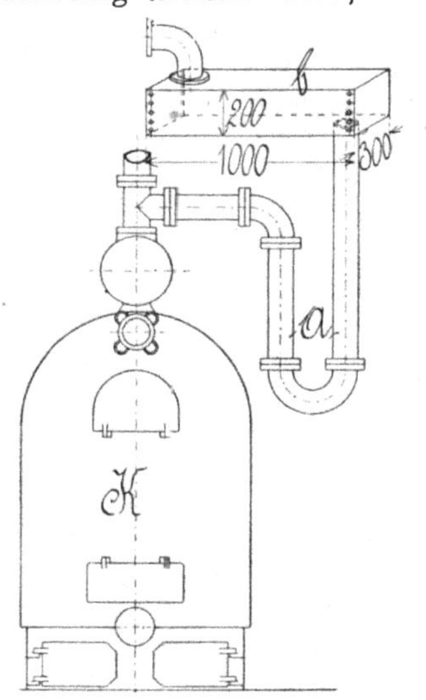

Abb. 355.

ist das von der Dampfleitung abzweigende Verbindungsrohr, wie m in Abb. 354, möglichst steigend anzuordnen oder es ist nach Abb. 356 ein Entwässerungsrohr r in die Kondensleitung zu führen.

Ein weiterer Ausbau der Standrohreinrichtung und des Überschüttopfe isst nach Abb. 355 von E. Schoof, Chemnitz, dadurch vorgenommen, daß das Gefäß b als flacher Oberkasten mit großer Grundfläche ausgebildet wird. Wegen der sehr schnellen

Freigabe des vollen Auspuffquerschnittes geht der Dampfdruck ebenso rasch auf den Normaldruck zurück. Der große Kastenquerschnitt des Gefäßes *b* verlangt schon des Gewichtes wegen eine Herstellung aus Blech, genietet oder geschweißt. Der Kasten unterliegt dann aber infolge der unterbrochenenen Annässung einer leichten Lebensdauer. Für gewöhnliche normale Überschütttöpfe *b* aus Gußeisen genügen bei einer

Kesselheizfläche bis	6	8,5	11,5	über 11,5 m^2
ein Topfdurchmesser	360	310	310	310 mm
eine Topfhöhe . .	450	500	510	530 mm
eine lichte Anschlußweite	52	58	70	82 mm.

Statt der topfartigen Erweiterung am Kopfe der Apparatur läßt sich derselbe Zweck durch entsprechend weite Fallrohre erreichen, die nach Abb. 356 zum unteren Wassersack führen.

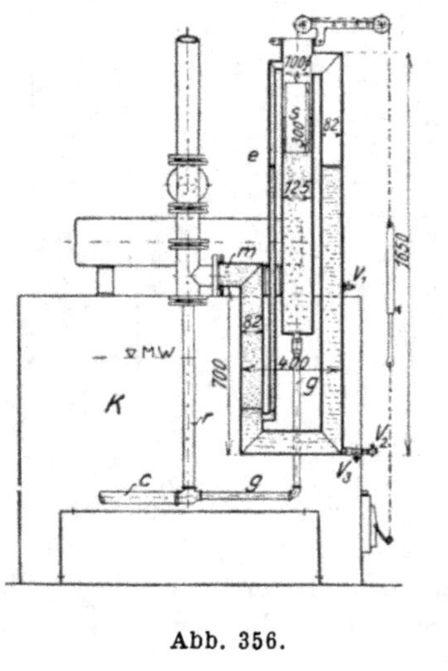

Abb. 356.

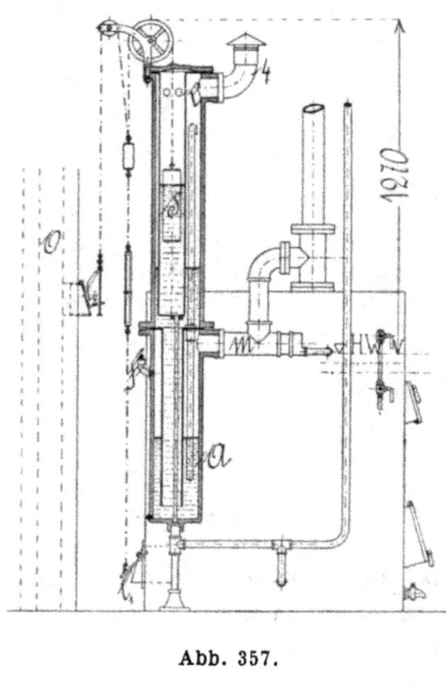

Abb. 357.

Das Regulatorgefäß der Abb. 356 der Buderus-Handelsgesellschaft ist zugleich Überschüttopf, weshalb die Frischluftklappe bei Überdruck stets geschlossen bleibt. Eine genaue Druckeinstellung ist dadurch möglich, daß das Gefäß des Schwimmers s durch die Leitung g direkt an die Kondensleitung c oder an den Kessel angeschlossen wird. Außer den bekannten Bezeichnungen wie oben bedeuten: v_1 = Probierhahn, v_2 = Füllhahn und v_3 = Entleerung für das Standrohr.

Bei Konstruktion und Einbau aller dieser Standrohreinrichtungen ist zu beachten, daß der Betriebsdruck nicht dem Abblasedruck gleichkommt. Letzterer liegt, da ja der Dampf erst noch Kraft zur Erreichung der freien Ausblaseöffnung äußern muß, etwa 0,2 Atm. höher als der Betriebsdruck. Also fängt bei einem Betriebsdruck von:

0,10 0,125 0,15 0,20 0,25 Atm. usw.

der Dampf an abzublasen erst bei:

0,12 0,145 0,17 0,22 0,27 Atm. usw.

und drückt den ganzen Wasserinhalt bei weiteren ∾ 0,04 Atm. in den Wassersack.

Die Ausführungen nach Abb. 356, wie auch die von der Kreuzstrom-Ges., Hagen, Abb. 357, und viele andere ähnliche Konstruktionen bilden eine Vereinigung eines Standrohres mit einem Zugregler (s. diese S. 453). Sie erfüllen zwar in einem Apparat zwei Zwecke; für die Sicherheit des ganzen Systems ist jedoch eine Trennung beider Einrichtungen ratsamer. Die Abb. 357 zeigt die Einwirkung des Regulatorschwimmers s auf die Zuluftklappe l_1 und die Gegenluftklappe l_2 im Kamin o. Letztere kann bei sonstiger richtiger Disposition und Ausführung überflüssig sein.

Bei Benutzung der neuzeitlichen Sicherheits-Standrohreinrichtungen und niedrigem Druck genügen in vielen Fällen die Räume mit normalen Bauhöhen zum Unterbringen des Kessels mit der gesamten Apparatur. Ein Verlegen des Standrohres bis in darüberliegende Räume hinein erübrigt sich.

Dagegen werden sich manchmal Kesselvertiefungen unter Fußboden (Kellersohle) nötig machen, besonders wenn die Kondensleitungen unterhalb der Dampfleitung angeordnet und als Entlüftungsleitungen mitbenutzt werden. Es müssen erstere mindestens 100 mm höher als die Auswurfhöhe des Standrohrgefäßes zu liegen kommen. Hiernach richtet sich in erster Linie die vertiefte Aufstellung des Kessels. Ist also gemäß Abb. 358:

p = höchster gewünschter Betriebsdruck in Atm.,
h = höchster gewünschter Betriebsdruck in mm WS,
$= 10000 \cdot p$ in mm WS;
h_x = erhöhter Überdruck $= 200 \div 300$ mm WS;
h_1 = Auswurfhöhe über MW in mm, $= h + h_x$;
a = Höhe des mittleren Wasserstandes (MW) über Kesselsohle, durch Firmenkatalog gegeben;
$m \geqq$ 100 mm, entspr. der Bedingung für sichere Entlüftung;
n = Abstand von Mitte der Deckenkondensleitung bis Deckenfläche des Raumes in mm;
H = lichte Raumhöhe (Kellerhöhe) in mm;

so ist:

$$H_1 = (h_1 + a + m + n) - H \text{ in mm} \quad . \quad . \quad (36)$$

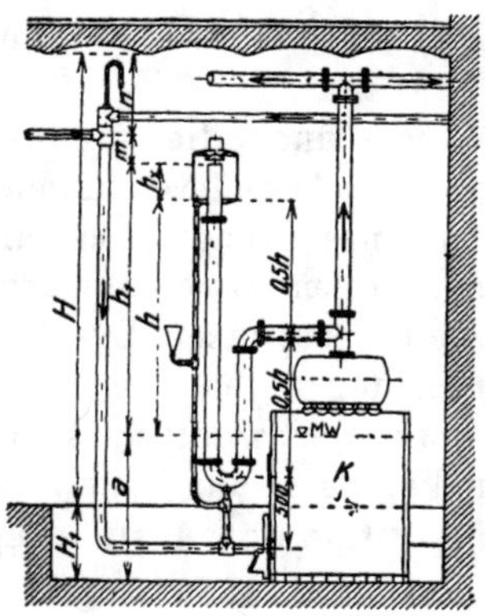

Abb. 358.

Fällt H_1 positiv aus, so ist die Kesselsohle um das Maß H_1 unter Bodenfläche des Kesselraumes zu legen.

Beispiel. In der Kesselanlage nach Abb. 358 soll der höchste Betriebsdruck 0,1 Atm. nicht überschreiten; die Kondensleitung dient mit zur Entlüftung. Der mittlere Wasserstand liegt 1200 mm über Kesselsohle, die lichte Raumhöhe beträgt 2,5 m.

Mit $p = 0{,}1$ Atm. ist:

$$h = 10000 \cdot p = 10000 \cdot 0{,}1 = 1000 \text{ mm WS}$$

und mit $h_x = 250$ mm

$$h_1 = h + h_x = 1000 + 250 = 1250 \text{ mm.}$$

Wählt man $m = 120$ mm, und wegen guter Verlegung der Dampfleitung $n = 300$ mm, so ist nach Gleichung (36) die Kesselsohle um:

$$H_1 = (h_1 + a + m + n) - H = (1250 + 1200 + 120 + 300) - 2500,$$

$$H_1 = 270 \text{ mm}$$

unter Fußboden zu legen.

Während bei Niederdruck das Kondenswasser als Speisewasser dem Kessel direkt wieder zugeleitet werden kann, ist bei mittlerem und hohem Dampfdrucke in die Kondensleitung ein Niederschlagswasserableiter als Kondenstopf oder in anderer bekannter Konstruktion einzubauen, damit nur Kondenswasser, nicht Dampf abfließt.

d) Die Regler für die Ausgleichung der Volumänderung des Wassers.

Das Wasser dehnt sich bei Erwärmen aus, es vergrößert sein Volumen. Das in einem System von Röhren und Apparaten eingeschlossene Wasser muß sich daher, um kein Zersprengen von Konstruktionsteilen und kein Beschädigen von Lebewesen und Gegenständen hervorzurufen, an irgendeiner Stelle des Systemes frei ausdehnen können. Dieser Vorgang ergibt sich in größtem Maße beim Anheizen. Es sind daher Vorkehrungen zu treffen, wodurch ein Ausgleichen der Volumänderung sowohl des Heizwassers als auch des Gebrauchswassers ermöglicht wird. Diesbezügliche Regler können gleich derart beschaffen sein, daß sie einmal einen Kontroller für den Normalwasserstand im System bilden, ferner letzterem selbsttätig Wasser zuführen, wenn dies bei Abkühlung unter den Normalwasserstand zu sinken droht, und schließlich als Nachfüllstellen dienen.

1. Die Ausdehnungsregelung des Heizwassers.

Das Heizwasser findet sich bei der indirekten und direkten Erwärmung des Gebrauchswassers. Bei ersterer füllt es das in sich geschlossene System des Warmwasserkessels, der Zirkulationsleitung und des Heizeinsatzes aus.

Die Ausdehnungsregelung erfolgt für gewöhnlich durch ein Ausdehnungsgefäß, dessen Verbindungsleitung mit dem Systeme, die sog. Expansionsleitung, von einem höchsten Punkte des letzteren abzweigt, damit das Gefäß zugleich zur Entlüftung und zur Aufnahme etwaiger Dampfblasen dienen kann. Erfolgt die Nachfüllung des Zirkulationssystems vom Ausdehnungsgefäß aus mit, so verbindet man selbiges mit dem tiefsten Punkte der Rücklaufleitung und zweigt von der höchsten Stelle des Steigrohres ein Luftrohr oder Überkochrohr ab, das im Bogen über dem Gefäße oder einem Behälter ausmündet.

Die Speisung des Ausdehnungsgefäßes kann selbsttätig durch Wasserleitungsanschluß mit Schwimmerventil oder von Hand etwa durch einen Fülltrichter geschehen. Im ersteren Falle nimmt man die nachteilige Einwirkung des warmen Gefäßwassers auf das Ventil mit in Kauf. Der Verbrauch des Wassers im Zirkulationssystem ist auch so gering, daß er bei einiger Aufmerksamkeit des Bedienenden sehr gut durch Nachfüllen von Hand gedeckt werden kann; dadurch findet gleichzeitig eine bessere und gleichmäßige Prüfung der Dichtigkeit des Systemes statt.

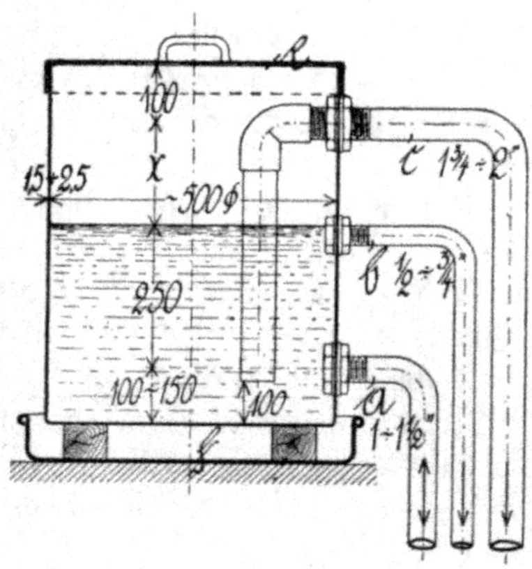

Abb. 359.

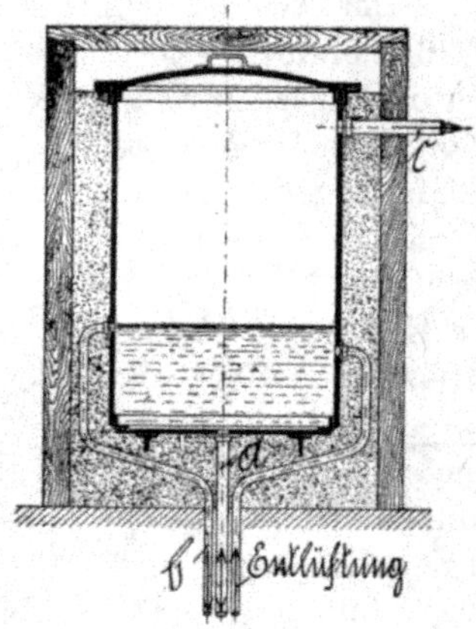

Abb. 360.

Mit dem Ausdehnungsgefäß ist die gesetzlich bestimmte Sicherheitsleitung (siehe diese: Rohrleitung) zu verbinden. Diese wie auch das Gefäß sind gegen Einfrieren durch genügend wirksame Maßnahmen zu schützen (siehe: Wärmeschutz). Ein günstiger Ort zur Aufstellung ist daher die Küchenherd-Schornsteinwand in einem Ober- oder Dachgeschoß.

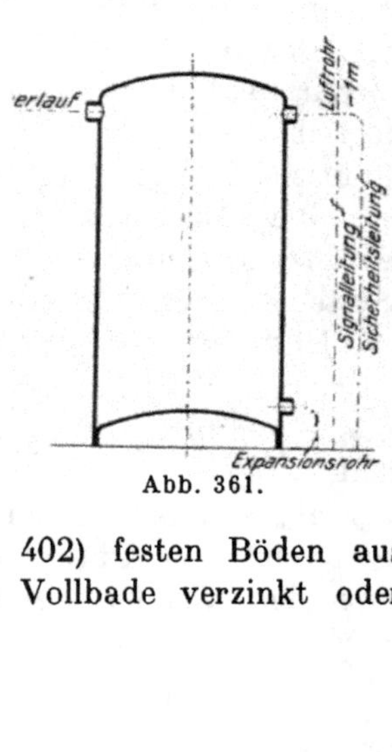

Abb. 361.

Die Gefäße werden seltener vernietet, in der Regel mit einem (Abb. 359 und 360) oder zwei (Abb. 361 und 402) festen Böden aus Schwarzblech autogen geschweißt, im Vollbade verzinkt oder gestrichen. Die Deckelgefäße gestatten bessere Aufsicht und Reinigung. Die geschlossenen dagegen verhindern eine Verschmutzung und innere Verstaubung. In letzterem Falle hat man aber die nötige Verbindung mit der freien Atmosphäre nicht dem Überlaufrohre allein zu überweisen, sondern es ist am höchsten Punkt des oberen festen Bodens ein ∾ ½″-Luftrohr mit Bogenmündung nach unten anzusetzen, dessen Höhe sich nach der Isolierung des Gefäßes und der Örtlichkeit richtet. Die Bogenmündung muß aus dem Isolierkasten herausragen.

Ein normales einfaches Ausdehnungsgefäß veranschaulicht Abb. 359 mit den Anschlüssen *a* für das Expansionsrohr, *b* für das Signalrohr und *c* für den Überlauf. Das Gefäß besitzt einen losen Deckel *e* und eine Tropfschale *f*. Die Höhe *x* ist entsprechend der Wassermenge, deren Ausdehnungsvolumen aufgenommen werden soll, festzulegen (s. unten). Können durch *c* Gerüche in den Raum treten, so ist es, wie angedeutet, unter Normalwasserspiegel zu krümmen. Die gebräuchlichen Größenverhältnisse gibt Tab. 65.

Tabelle 65. **Runde und eckige Ausdehnungsgefäße.**

Inhalt in l	Gefäßmaße in mm			Blechstärken in mm			Rohranschlüsse in mm				Ungefähres Gewicht in kg
	Durchmesser des runden G.	Seitenlänge des quadr. G.	Höhe	Mantel	Böden	Deckel (wenn vorhanden)	Expansionsrohr am unteren Boden	Signalrohr (seitlich Mantel)	Sicherheitsrohr am oberen Boden	Überlauf (am oberen Mantel)	
25	250	225	500	1,25	1,50	1,00	19	10	Nach gesctzlichen Bestimmungen: 25÷64 mm entspr. 1÷60 m² Heizfläche	25	5,0
35	300	265	500	1,25	1,50	1,00	19	10		25	6,5
50	350	310	525	1,25	1,50	1,00	19	10		32	8,5
75	400	350	600	1,25	2,00	1,00	25	13		38	9,5
100	400	350	800	1,50	2,00	1,00	25	13		38	12,0
125	500	450	625	1,50	2,25	1,00	25	13		45	15,0
150	500	450	765	1,50	2,25	1,00	25	13		45	19,0
200	500	450	1020	1,75	2,50	1,00	25	13		45	24,0
250	500	450	1250	1,75	2,50	1,00	32	13		51	30,0
300	620	550	1000	1,75	2,50	1,00	32	13		51	36,0
350	620	550	1160	1,75	2,50	1,00	32	13		51	40,0
400	650	565	1250	2,00	2,50	1,00	38	19		51	48,0
500	700	620	1300	2,00	2,50	1,00	45	19		51	60,0
600	740	670	1340	2,00	2,50	1,00	51	19		51	72,0

Eine **besondere Ausdehnungsvorrichtung** unter Fortfall des Ausdehnungsgefäßes brachte seinerzeit, als einer der ersten, **Junk**, Berlin. Er war dabei von den Erwägungen ausgegangen, daß die Volumausdehnung von dem Grade der Erwärmung abhängig ist und Heizwasser und Gebrauchswasser ganz verschiedene Temperaturen besitzen. Zu diesem Zwecke befindet sich in dem Boiler Abb. 362 eine Schlange *a*, die an ihrem Krümmungsteil ein vorn offenes Rohr *b* abzweigt, das als Expansionsrohr dient. Dies ist so groß bemessen, daß es das durch Ausdehnung vergrößerte Volumen des Zirkulationswassers zu fassen vermag. Bei Abkühlung tritt das Wasser zurück und dafür Gebrauchswasser vom Boiler aus ein, welch letzteres dann bei Ausdehnen wieder von jenem in den Boiler herausgedrückt wird usw. Wegen der Krümmung von *b* nach unten und wegen der höheren Temperatur des Wassers in *b* als der des Boilerwassers an der Mündung *b*, ist ein Übertreten von Zirkulationswasser in das Gebrauchswasser nicht zu befürchten, so daß dabei doch eine indirekte Erwärmung des letzteren stattfindet. Durch diese Vorrichtung wird ein besonderes Ausdehnungsgefäß gespart und der Betrieb gegen Auskochen des Kessels gesichert.

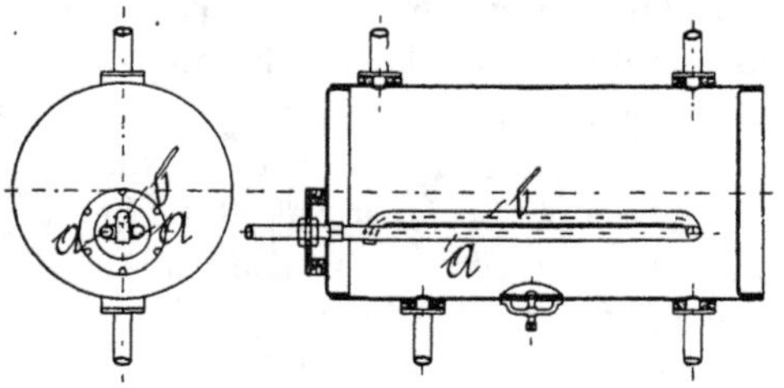

Abb. 362.

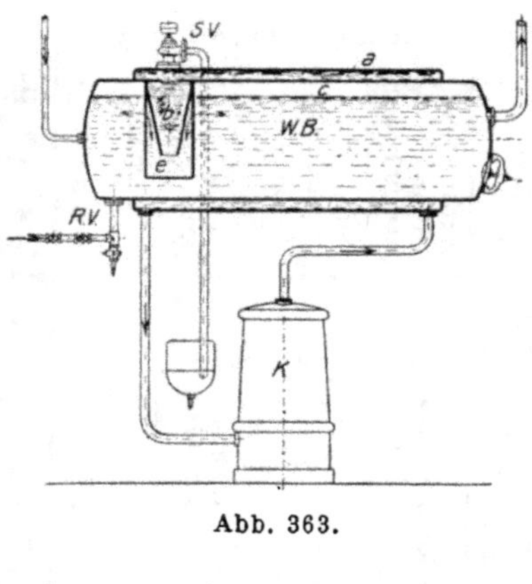

Abb. 363.

Diese Ausführung, welche theoretisch wohl ganz richtig war, aber praktisch doch nicht stets einwandfrei arbeitete, führte zu weiteren Konstruktionen, bei denen dann wieder der Grundtyp des Ausdehnungsgefäßes hervortritt und größere, also auch sicherere Volumausdehnungen zulassen. Besonders erwähnenswert ist die Konstruktion der Ideal-Ges., Kiel, bei der gemäß Abb. 363 das Ausdehnungsgefäß in einen Mantelboiler eingebaut ist. Im Aufheizen tritt das vergrößerte Volumen des Heizwassers aus der Mantelheizkammer *a* in den inneren Trichterraum *b* des Expansionsbehälters *e* ein und beim Erkalten aus diesem in die Heizkammer zurück. Die Trennung des Heizwassers im Mantel-

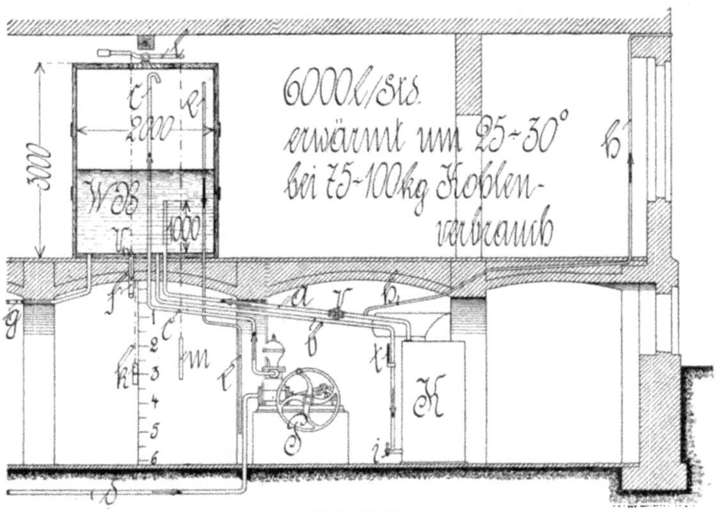

Abb. 364[1]).

raum *a* von dem zu erwärmenden Gebrauchswasser im Behälter *WB* erfolgt wieder auf Grund der Temperaturunterschiede der beiden Wässer. Verstärkt wird die abschließende Wirkung im Expansionsbehälter dadurch, daß letzterer in die kältesten Wasserschichten des Gebrauchswasserbehälters eintaucht, sowie

[1]) In Abb. 364 bedeuten: P = Handpumpe (Kalifornipumpe) 100 mm Kolbendurchmesser, a und b = Zirkulationsleitungen, c = Druckleitung, d = Saugleitung vom Hofbrunnen kommend, e = Signalleitung, f = Gebrauchsleitung für Mannschaftsbrausen, g = Gebrauchsleitung für Offiziersbad, i = Entleerung, k = Wasserstandsanzeiger durch Kettenzug mit Holzschwimmer in WB verbunden, l = Hebel für Handgriff m und Kegelventilteller V_1.

durch die Trichter- und Doppelkammeranordnung des eigentlichen Ausdehnungsgefäßes. Der Inhalt des Gefäßes ist so groß bemessen daß er mehr als die doppelte Menge des durch Expansion im Höchstfalle aus dem Mantelraume verdrängten Wassers aufnimmt. Die im Luftraum *c* als Puffer wirkende Luft mildert alle etwa auftretenden Wasserschläge. Der Luft-Expansionsraum ist wiederum so groß, um auch das beim Aufheizen vergrößerte Volumen Wasser aufzunehmen, wenn in der Anheizperiode den Zapfstellen kein Wasser entnommen wird oder die Wasserleitung abgestellt ist. Steht der Behälter unter Wasserleitungshochdruck, so wird noch ein Sicherheitsventil *SV* aufgebaut, das bei 5 Atm. Druck abbläst. Bei Niederdruck tritt an seine Stelle ein zum Schwimmerspeisegefäß führende Luftleitung. Praktische Versuche an derartigen Einrichtungen mit gefärbtem Heizwasser haben ergeben, daß der Farbstoff auf das Gebrauchswasser nicht übertragen wird.

Zuweilen ordnet man bei direkter Erwärmung einen Warmwasserbehälter an, der neben seiner Eigenschaft als Aufspeicherer zugleich als Ausdehnungsregler für das Kesselheizwasser mitdient.

Bei dem offenen Warmwasserbehälter *WB* mit direkter Erwärmung in der Abb. 364, eine einfache ältere Anlage für ein Kasernenbad nach Grove, Berlin[1]), wird das Steigrohr *a* des Wasserheizkessels *K*, sobald das Wasser in *WB* die gewünschte, am Thermometer *t* abzulesende Temperatur (∾ 35°) erreicht hat, durch das Absperrventil *V* geschlossen. Um dann aber keinen Überdruck im Kessel *K* zu erhalten, und um dem Wasser noch nachträglich freie Ausdehnung zu gestatten, ist ein Expansionsrohr *h*, ein Sicherheitsrohr, zwischen *K* und *V* von *a* abgezweigt und entsprechend der Druckhöhe an der Decke des oberen Geschosses ins Freie gemündet.

Die Signalleitung des Ausdehnungsgefäßes wird bei Warmwasserversorgungsanlagen besser durch einen Manometer-Wasserstandszeiger (s. unten) ersetzt.

2. Die Ausdehnungsregelung des Gebrauchswassers.

Das in der Gebrauchsleitung befindliche warme Wasser bedarf, wenn es einem offenen Behälter entnommen ist, keiner

---

[1]) Beielstein: Installation der Warmwasseranlagen. Verlag von F. Voigt, Leipzig.

besonderen Ausdehnungsregelung. Ist es aber in einem Warmwasserdruckkessel oder in einem geschlossenen Behälter, Boiler, erzeugt, so ist eine besondere Ausdehnungsvorrichtung, ein Gefäß oder ein Sicherheitsventil am Kessel, Behälter oder in der Gebrauchsleitung selbst anzuordnen, dabei ist für Abfluß des ausgestoßenen Wassers zu sorgen.

Ist ein Kaltwasserbehälter *KB*, Abb. 365[1]) oder ein Füllgefäß vorhanden, so kann man anstatt des Sicherheitsventiles von der Gebrauchsleitung *g* ein sog. Expansionsrohr *h* oder Überkochrohr nach dem Behälter *KB* abzweigen und mit einem Auslaufbogen über jenem münden lassen.

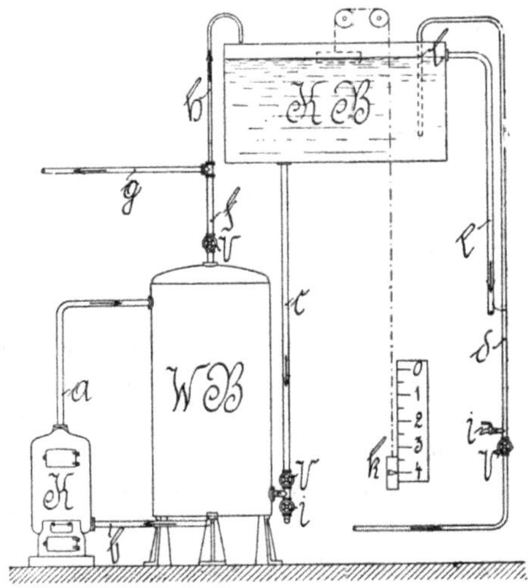

Abb. 365.

Bei Niederdruck benutzt man gern das Expansionsrohr, da es einfach, billig ist und sicher arbeitet. Das Rohr muß aber für jedes Meter Druckhöhe mindestens 50 mm höher geführt werden als der höchste Wasserstand im Kaltbehälter. Dasselbe gilt auch bezüglich der Aufstellung eines besonderen Ausdehnungsgefäßes für das Gebrauchswasser. Steht also das System z. B. unter 0,5 Atm. Druck = 5 m WS, so muß das Expansionsrohr mindestens um $50 \cdot 5 = 250$ mm über den höchsten Kaltwasserspiegel hinausgeführt werden; bzw. ein besonders eingeschaltetes Ausdehnungsgefäß für die Gebrauchsleitung muß mit seinem Normalwasserspiegel, der ∾ 100 mm über Bodenfläche vorzusehen ist, um mindestens 250 mm über höchsten Kaltwasserspiegel liegen.

[1]) In Abb. 365 bedeuten: *WB* = Warmwasserbehälter, *K* = Kessel, *a* und b = Zirkulationsleitungen, *e* = Überlaufleitung von *KB*, *f* und *g* = Gebrauchsleitungen, *i* = Entleerung, *k* = Wasserstandsanzeiger, *l* = Luftloch in der Kaltwasserzuleitung *d* in Höhe des höchsten Wasserstandes, *V* = Absperrventile.

Bei den Hochdruckanlagen läßt sich ohne Schaden für das System die Volumvergrößerung, also der Überdruck, durch Einschalten von genügend großen Windkesseln oder abblasenden Sicherheitsventilen aufheben. Letztere Organe, unter Hochdruck arbeitend, können jedoch wegen Undichtigkeiten betriebsstörend wirken, Windkessel lästig und unbequem fallen. Die Windkessel besitzen aber den großen Vorteil, daß sie bei richtiger Anordnung im System auftretende harte Wasserschläge auffangen und wirkungslos machen. Praktischer ist es nun, solch vorteilhaft wirkende Luftpolster nicht in besonderen Windkesseln vorzusehen, sondern in dem Boiler selbst, indem man die Gebrauchsleitung um ein bestimmtes Maß in den Behälterraum hineinragen läßt. Der Zylinderabschnitt, von der wagerechten Rohrmündungsebene nach Abb. 366 und 345 gebildet, bleibt dann dem Luftpufferkissen vorbehalten. Dessen erforderliche Größe läßt sich entsprechend der jeweiligen Drücke und Temperaturen bestimmen zu:

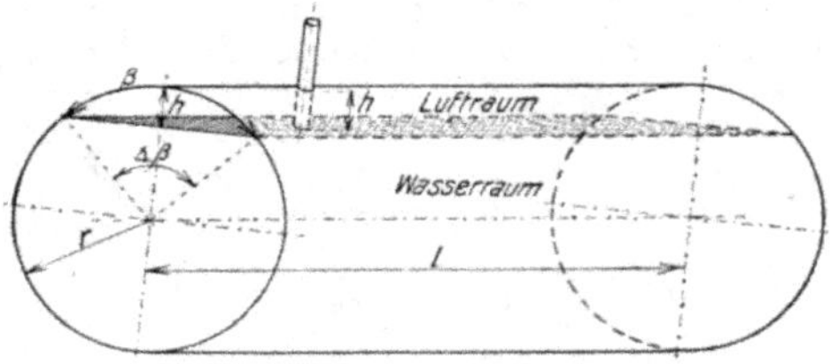

Abb. 366.

$$V_L = \frac{p+1}{p_{\min}+1} \cdot \frac{a_0 \cdot J_B}{1 - \frac{p+1}{p_{\max}+1}} \text{ in l} \quad . \quad . \quad (37)$$

Hierin bedeuten:

p = normaler Druck im Behälter in Atm.;
$p_{\max}$ = maximaler Grenzdruck im Behälter in Atm.;
$p_{\min}$ = minimaler Grenzdruck im Behälter in Atm.;
J_B = Wasserraum des Druckbehälters in l;
a_0 = Volumvergrößerung des Wassers, also mit den Werten a nach Tabelle I:
$a_0 = a - 1$, entspr. der Höchstwassertemperatur $t_{\max}$, bis zu welcher der Luftraum das expandierende Wasser aufnehmen soll.

Im Mittel kann man rechnen mit:

$p = \sim 2$ Atm; $p_{\max} = \sim 5$ Atm; $p_{\min} = 1{,}5 \div 1{,}0$ Atm.

Damit erhält man:

$$\frac{2+1}{1,5+1} \cdot \frac{1}{1-\frac{2+1}{5+1}} = 2,4 \text{ bis } \frac{2+1}{1+1} \cdot 2 = 3,0$$

und weiter:

$$V_L = (2,4 \div 3,0) \cdot a_o J_B \text{ in l} \quad \ldots \quad (37\,a)$$

Für die erforderliche Eintauchtiefe der Gebrauchsleitung in den Boiler ist nach Abb. 366 der Zentriwinkel β bzw. dessen Bogenlänge β bestimmend durch die Gleichung:

$$\widehat{\beta} - \sin\beta = \frac{2\,V_L}{l\,r^2} \quad \ldots \quad (38)$$

wenn:

l = Länge des Druckbehälters in dm;
r = Halbmesser des Druckbehälters in dm bedeuten.

Die transzendente Gleichung (38) ist nach der Näherungsmethode auf $\sphericalangle\,\beta$ hin leicht aufzulösen. Es berechnet sich dann schließlich die Rohreintauchtiefe bzw. Abschnittshöhe h des Luftraumes zu:

$$h = r\left(1 - \cos\frac{\beta}{2}\right) \text{ in dm} \quad \ldots \quad (39)$$

Die nachstehende Tabelle 66 ist mit dem Druckwerte 2,4 für die üblichen Behältergrößen von 200÷3000 l aufgestellt.

Tabelle 66.

Eintauchtiefe bzw. Abschnittshöhe h des Luftpufferkissens für Ausdehnung des Gebrauchwassers im Druckbehälter. (Abb. 366.)

Wasserraum J_B in l		200	500	800	1000	1250	1500	2000	2500	3000
Behälterlänge l in dm		16	18	22	23	25	24	25	31	38
Halbmesser r in dm		2	3	3,5	3,75	4,0	4,5	5,0	5,0	5,0
$t_{max} = 95^0$	V_L in l	19	27	76	94	118	141	188	235	282
	h in mm	60	90	102	110	117	132	153	153	153
$t_{max} = 80^0$	V_L in l	14	35	56	70	88	105	140	175	210
	h in mm	49	72	82	90	98	108	123	123	123
$t_{max} = 65^0$	V_L in l	10	24	38	48	60	72	96	120	144
	h in mm	39	57	66	72	76	86	98	98	98

Der Luftraum braucht nur das bei normalem Betriebe expandierende Wasser aufzunehmen. Steigt die Wassertemperatur

t_{max} über die normale Grenze, so sorgt das sowieso noch einzuschaltende Sicherheitsventil für Ableitung des übernormal expandierenden Wassers. Es braucht daher bezüglich der Wahl von α nicht die p_{max} entsprechende Temperatur eingesetzt werden, sondern eine um $\sim 20 \div 25^0$ über der Normaltemperatur t des Gebrauchswassers liegende. Somit ist dann:

$$t_{max} = t + (20 \div 25^0).$$

Weiter kann die Kugelform der Behälterböden betreffs der Berechnung von h außer acht gelassen und auf Kosten der Volumina des Eintauchrohrstückes, der Versteifungen usw. vernachlässigt werden.

Beispiel. Das Wasser eines unter 2 Atm. Normaldruck stehenden Druckbehälters, dessen Wasserinhalt gut gerechnet mit 1175 l bestimmt ist, soll normal auf 65° erwärmt werden. Ein Luftkissen hat das expandierende Wasser aufzunehmen, wobei der Druck 5 Atm. nicht überschreiten soll. Bei größter Wasserzapfung sinkt der Druck auf 1,5 Atm.

Gewählt wird ein Behälter von 1250 l Inhalt mit 800 mm Durchm. und 2500 mm Länge.

Rechnet man mit einer normalen Volumvergrößerung bei einer Wassertemperatur $t_{max} = 65 + 20 = 85^0$, so findet man in Tabelle I für 85°: $\alpha = 1{,}0322$, so daß $\alpha_0 = \alpha - 1 = 1{,}0322 - 1 = 0{,}0322$ wird. Damit ergibt sich die erforderliche Größe des Luftraumes im Behälter nach Gleichung (37a) zu:

$$V_L = 2{,}4 \cdot \alpha_0 J_B = 2{,}4 \cdot 0{,}0322 \cdot 1165 = 90 \text{ l}$$

und weiter mit $l = 25$ dm und $r = 4$ dm nach Gleichung (38):

$$\widehat{\beta} - \sin\beta = \frac{2 V_L}{l\, r^2} = \frac{2 \cdot 90}{25 \cdot 4^2} = 0{,}450$$

Für $\sphericalangle 83^0$ finden sich in mathematischen Tabellen[1]):

für Bogenlänge β bei 83°:	1,4486
für $\sin\beta = \sin 83^0$:	0,9930
somit für $\widehat{\beta} - \sin\beta$:	0,4556,

welcher Wert mit obigem 0,450 genau genug übereinstimmen mag; damit ist dann:

$$\sphericalangle \beta = 83^0.$$

[1]) Z. B. Kalender f. Gesundh. Techniker 1920, Tafel 5, S. 26 und Tafel 4, S. 23.

Hiermit folgt die Eintauchtiefe der Gebrauchsleitung in den Behälter nach Gleichung (39) zu:

$$h = r\left(1 - \cos\frac{\beta}{2}\right) = 4\left(1 - \cos\frac{83}{2}\right) = 1{,}004 \text{ dm oder}$$

$$h = \backsim 100 \text{ mm}.$$

Da der Wasserraum für den Bedarf mit 1175 l reichlich bemessen ist und der Behälter mit einem Fassungsvermögen von 1250 l ausgeführt werden soll, so mögen die 1250 — 1165 = 85 l den berechneten 90 l hinreichend gerecht werden.

B. Die Meßinstrumente und Kontrollvorrichtungen.

Bei allen Warmwasserbereitungsanlagen ist es angebracht und wünschenswert, mittels geeigneter Meßinstrumente und Kontrollvorrichtungen die jeweilige Höhe der Temperatur, des Standes und Druckes von Wasser und Dampf an geeigneten Stellen der Apparate und Leitungen erkennen zu können, ferner eine stetige Kontrolle über den Verbrauch der Betriebsmaterialien zu haben. Diesbezügliche Instrumente sind um so eher in genügender Zahl anzuordnen, da die meisten und wichtigsten von ihnen vollkommen sicher und zuverlässig anzeigen, sich fast überall bequem anbringen lassen und die Anlagekosten nicht erheblich erhöhen. Sollen sie jedoch ihren Zweck erfüllen, so müssen sie bequem und deutlich sichtbar angebracht sein.

a) Das Messen der Wassertemperatur.

Zum Messen der Wassertemperatur dienen die Thermometer als Quecksilber- und Graphitthermometer, von denen letztere, hauptsächlich für hohe Temperaturen geeignet, hier weniger in Betracht kommen.

In erster Linie interessiert natürlich die Temperaturhöhe des Wassers in der Gebrauchsleitung und an den Abnahmestellen. In den wenigsten Fällen wird sich jedoch eine Temperaturmessung an den gewöhnlichen Zapfstellen nötig machen; unbedingt erforderlich ist selbige in manchen Fabrikbetrieben, Färbereien, Brauereien usw., empfehlenswert an den Mischapparaten und Badewannen. Aber selbst für elegantere Einzelbäder läßt sich die Badewassertemperatur ganz gut und einfach mit Hilfe eines gewöhnlichen losen Hand-Badethermometers bestimmen. Bei

Anordnen eines Thermometers in der Gebrauchsleitung ist zu bedenken, daß, wenn diese nicht mit einer Umlaufleitung versehen ist, und wenn die Zapfstellen längere Zeit geschlossen bleiben, daß dann die Temperatur eines stagnierenden, abgekühlten Wassers

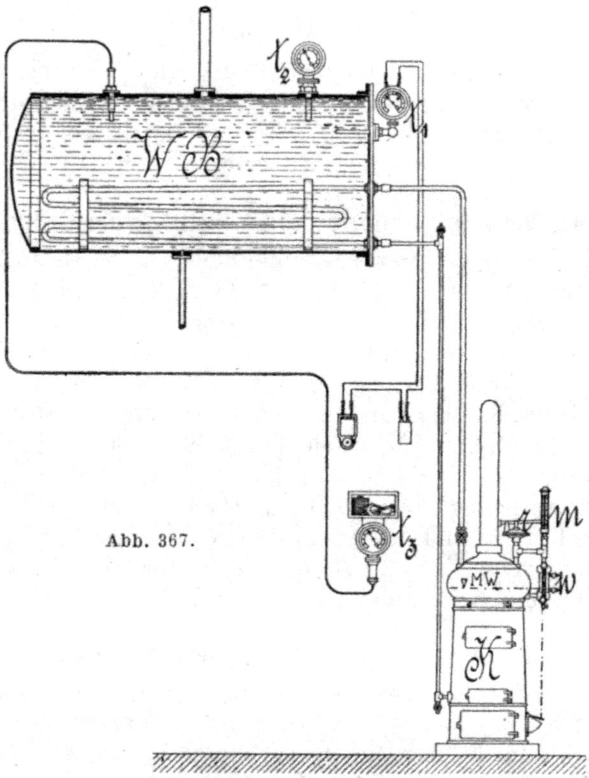

Abb. 367.

angezeigt und nicht desjenigen Wassers, das nach einigem Zapfen aus der Zapfstelle strömen wird.

In der Regel genügt die Anbringung eines oder mehrerer Thermometer an der Zentralwärmestelle, dem Kessel, Ofen, der Zirkulationsleitung und dem Warmwasserbehälter. Es erhalten vorteilhaft sowohl das Steigrohr als auch das Rücklaufrohr der Zirkulationsleitung je ein Thermometer in Nähe des Kessels. Ist kein Behälter vorhanden, so ist das Thermometer direkt auf dem Kessel- oder Ofenmantel, oder in der Gebrauchsleitung in Nähe des Kessels zu befestigen. Im allgemeinen wählt man den Thermometerplatz an einem Behälter in dessen mittlerer Höhe; besser ist es, das Behälterwasser an der Abnahmestelle zu messen, die zwar häufig in der mittleren Zone liegt. Befindet sich der Behälter fern vom Heizerstand, so stehen Fernthermometer zur Verfügung, die ganz zuverlässig arbeiten. Die Niederdruckdampfanlage der Abb. 367 zeigt die Anbringung verschiedener Wärmemesser an dem Warmwasserbehälter *WB*.

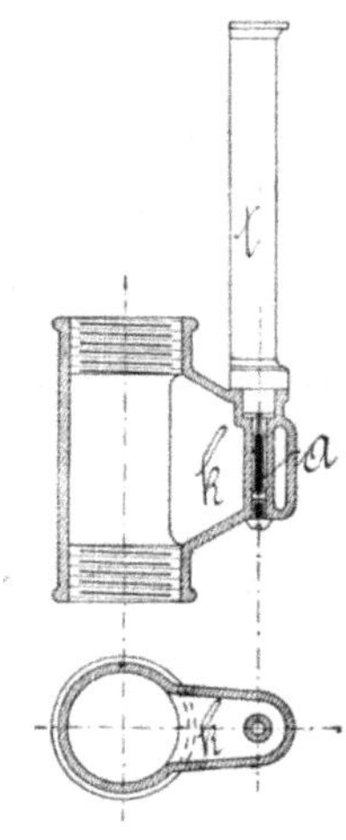

Abb. 370.

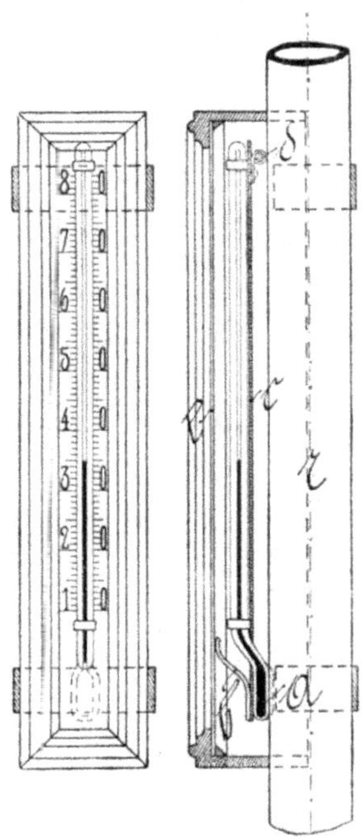

Abb. 369.

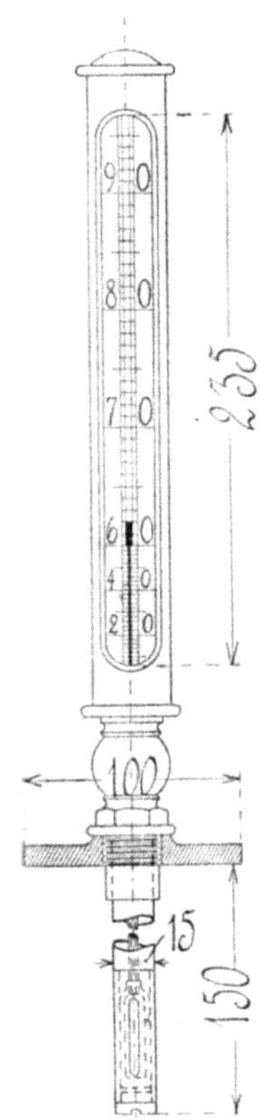

Abb. 368.

Die Quecksilberthermometer kommen in der bekannten Rundstabform (Abb. 368) oder flachen Blattform (Abb. 369) wie auch in der runden Manometerform (Abb. 371, 372) zur Anwendung. Das Gehäuse besteht aus Metall, Gußeisen oder Stahl. Die Kessel- und Behälterthermometer besitzen einen langen stabähnlichen Quecksilbersack als Eintauchrohr, während der Sack der Rohrthermometer der Röhrenform möglichst angepaßt wird. Eine direkte Berührung des Quecksilbersackes mit dem zu messenden Wasser ist bei den Rohrthermometern nicht unbedingt nötig, da das Rohrmaterial die Wassertemperatur in kurzer Zeit annähernd annimmt. Die am Instrument gemessene Temperatur wird um einige Grade kleiner als die wirkliche Wassertemperatur sein; jedoch ist dieser Fehler, da er konstant bleibt, von keinem Belang, wenn er einmal festgelegt ist. Um den Fehler möglichst gering zu halten, ist es dann aber nötig, den Quecksilbersack *a* nach Abb. 369

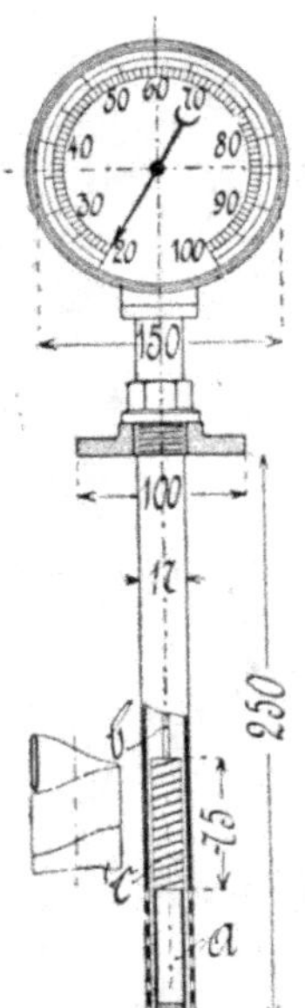

Abb. 372.

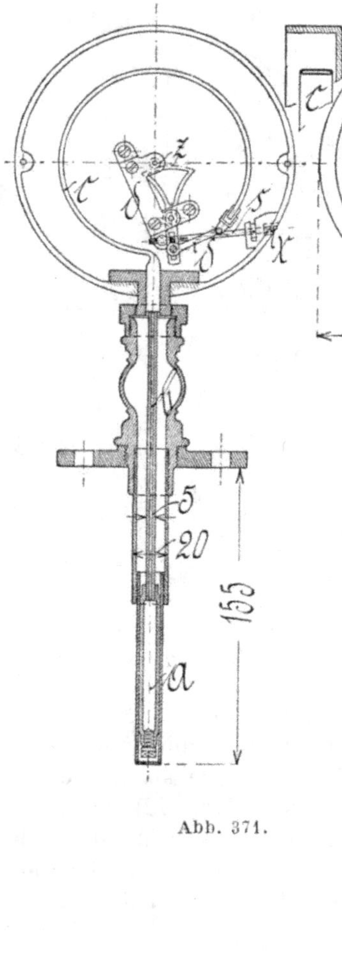

Abb. 371.

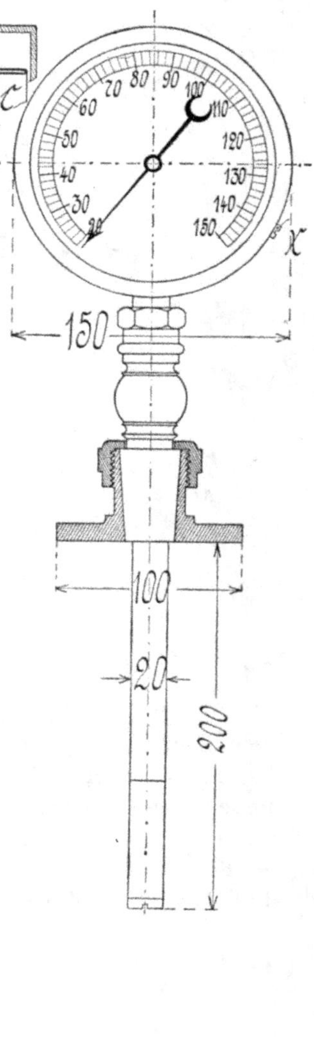

durch eine Feder *b* gegen das Rohr *r* zu pressen, zu welchem Zwecke die Skalentafel *c* mit der Quecksilber-Kapillarröhre um einen Bolzen *d* drehbar ist. Die Feder *b* stützt sich gegen die Glasscheibe *e*. Der wesentliche Vorzug dieser Rohrthermometer liegt in der bequemen Anbringung mittels Schellen und in leichter Auswechslung. Warns-Gaye & Block benutzen nach Abb. 370 unter Umgehung der Schellen und T-Stücke (diese für Winkelthermometer) ein Zwischenrohrstück, das in einer angegossenen Kammer *k* den Quecksilbersack *a* des Thermometers *t* aufnimmt. Diese Ausführung ermöglicht auch die Anbringung in Rohrleitungen, welche in Mauernischen, -ecken u. dgl. verlegt sind.

Die manometerähnlichen Quecksilber-Federthermometer bestehen im wesentlichen aus einem Kapillarrohr als Quecksilbergefäß, das an einer Stelle als Feder ausgebildet ist, welche ihre Wirkung durch Hebel und Zahnräder auf den Zeiger überträgt. Bei der Ausführung von Schäffer & Budenberg, Magdeburg (Abb. 371) befindet sich das Quecksilber in dem Sack *a*, der Kapillarröhre *b* und dem flachgedrückten Federrohre *c*, welches bei Ausdehnen des Quecksilbers durch die Hebel *d* und die Zahnradübersetzung *z* auf den auf dem Triebling sitzenden Zeiger hinwirkt. Bei der Konstruktion von Dreyer, Rosenkranz & Droop, Hannover (Abb. 372) ist das stählerne Quecksilbergefäß *a* an seinem oberen Ende auf eine Länge von 0,5 m platt zusammengewalzt und zur Schraubenfeder *c* umgestaltet. Bei Erwärmung und Aufdrehen der Feder *c* wird die Wirkung durch die Stange *b* auf das Zeigerwerk übertragen.

Der Hauptvorteil der Federthermometer mit Zeigerwerk gegenüber dem Fadenthermometer liegt in der raschen und leichten Ablesung der Temperaturgrade mit Hilfe des Zeigers. Es empfiehlt sich jedoch, von Zeit zu Zeit die Federthermometer mit einem geeichten Quecksilber-Fadenthermometer zu vergleichen. Findet man, daß die Temperaturangaben voneinander abweichen, so tauche man beide Instrumente mit der gebräuchlichen Eintauchlänge in ein Gefäß mit siedendem Wasser. Nach 10 bis 16 Minuten, während welcher Zeit das Wasser lebhaft umzurühren ist, stelle man mit Hilfe des bei *x* (Abb. 371) aufzusteckenden Schlüssels und der Schraube *s* den Zeiger nach dem Stande des Kontroll-Thermometers ein.

Kommen bei den Fadenthermometern bestimmte Skalenteile hauptsächlich zur Ablesung, so können die Grade innerhalb dieser Grenzen durch stärkeren Quecksilberfaden um mehrfaches größer gewonnen werden als die Grade der gewöhnlichen Skaleneinteilung, so daß auch halbe und viertel Grade bequem

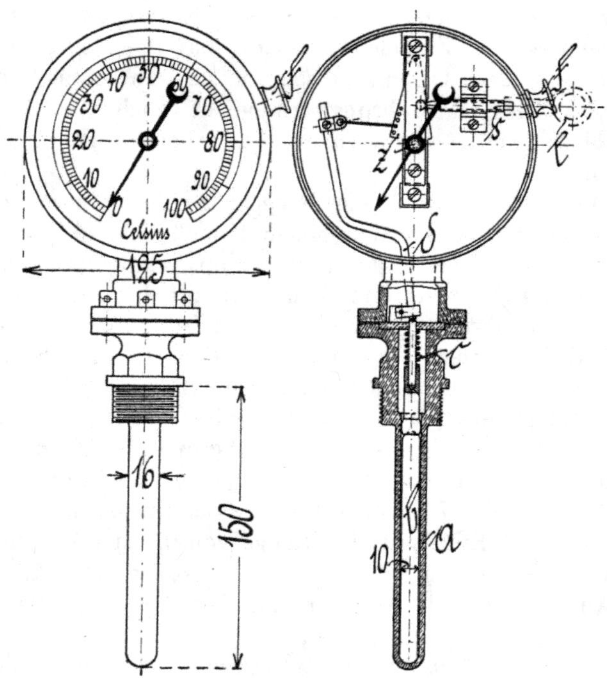

Abb. 373.

abzulesen sind und die Teilung aus weiterer Entfernung noch leicht zu übersehen ist. In der Abb. 368 ist die Vergrößerung eine vierfache.

Die Eintauchrohre der Quecksilberthermometer sollen auf eine Länge von mindestens 50 mm der Wärmequelle ausgesetzt sein.

Statt des Quecksilbers als Wärmereagens kann man auch Metall in Verbindung mit einem Graphitkörper benutzen und erhält demgemäß die sog. Graphit-Thermometer, die natürlich jede Befürchtung, daß das Wasser durch Übertritt von

Quecksilber vergiftet werden könnte, ausschließen. Die Graphitthermometer sind daher in erster Linie dort zu verwenden, wo das Wasser Genußzwecken dient.

Das Graphitthermometer besteht gemäß Abb. 370 im wesentlichen aus dem Rotgußkörper *a*, der Graphitkohle *b*, dem Hebel *d* und dem Zeigerwerk *z*. Durch den Wärmeeinfluß wird der Körper *a* ausgedehnt und die Graphitkohle *b*, welche durch die Wärme keine meßbare Längenausdehnung erfährt, durch Feder *c* nach unten gedrückt; der Hebel *d* führt eine senkende Bewegung aus, welche durch das Zeigerwerk *z* auf den Zeiger einwirkt. Die Schraube *s* dient wieder zum Einstellen mittels des Schlüssels *e*. Ist *e* herausgezogen, so wird der Knopf *f* eingeschraubt.

Setzt man den Ausdehnungskoeffizienten der Graphitkohle $= \sim 0$ und den von Rotguß $= 0{,}000018$, so wird z. B. der 0,15 m lange Schaft *a*, wenn er bzw. das Wasser von 10^0 auf 60^0 erwärmt wird, eine Längenausdehnung $\lambda = 0{,}000018 \cdot 0{,}15 \cdot (60-10) = 0{,}135$ mm erleiden, welches Maß für den Zeigerausschlag zur Geltung kommt.

Alle diese Thermometer lassen sich leicht und sicher wirkend mit elektrischer Alarm- und Leuchtvorrichtung ausrüsten. Ferner können Maximum- und Minimumzeiger und Registriertrommeln zur selbsttätigen Aufzeichnung der Temperatur angebracht werden. Die Ausführung der Registriertrommel mit selbsttätiger Aufzeichnung der Temperaturen ist die bekannte, wie sie sich bei den Manometern usw. vorfindet. Die Kapillarfeder wirkt außer auf den Zeiger noch auf den Schreibfederhebel des Schreibzeuges.

Sollen die Wassertemperaturen an einem Orte, der fern von der Wärmequelle, dem Kessel, Behälter oder Rohrstrange liegt, geprüft und verfolgt werden können, oder sind die Anbringung und Beobachtung eines gewöhnlichen Wärmemessers an dem Wärmebehälter nicht möglich, so bedient man sich der Fernthermometer. Bei diesen befindet sich ein Tauchrohr mit Quecksilbersack an der Wärmestelle, im Kessel oder Behälter, während ein Zifferblattgehäuse mit dem Federrohre an dem Beobachtungsorte angebracht wird. Beide Konstruktionsteile sind durch ein entsprechend langes, biegsames stählernes Kapillarrohr von 5÷6 mm äußerem Durchmesser verbunden, das sich bis auf 50 m bequem verlegen läßt (Abb. 367). Bei der Verlegung des dünnen Kapillarrohres sind scharfe Knicke zu vermeiden, ebenso ist es bei stark wechselnden Temperaturschwankungen gut zu isolieren.

Letzterer Umstand führt bei längeren Kapillarröhren leicht zu Ungenauigkeiten in der Temperaturangabe und zu stetigen, in einzelnen Fällen sogar schwierigen Korrektionen; denn die Temperaturen der Räume, durch die das Kapillarrohr verlegt ist, wirken auf das mit Quecksilber gefüllte Kapillarrohr derart ein, daß einwandfreie Ergebnisse nicht geliefert werden können.

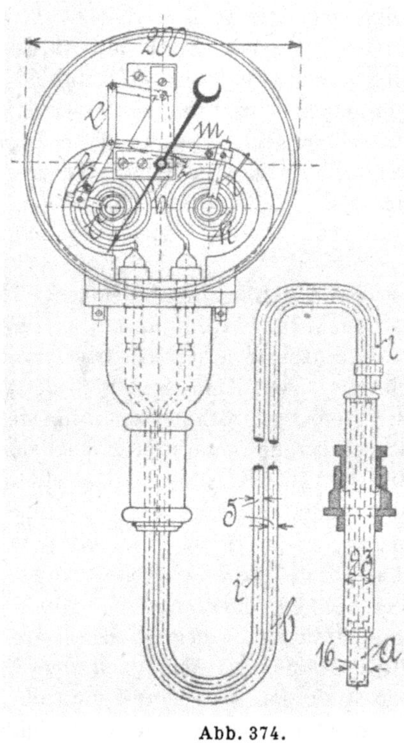

Abb. 374.

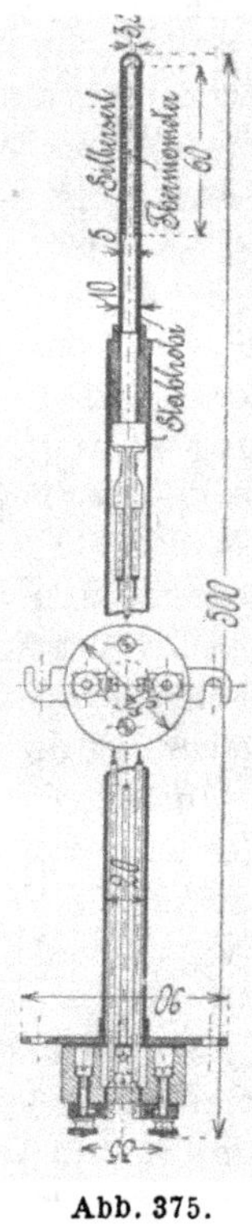
Abb. 375.

Beachtenswert in dieser Hinsicht ist daher das Kompensationsthermometer von Wegener & Mach, Quedlinburg, das nach Abb. 374 aus zwei Thermometern besteht, dem Anzeige- und dem Korrektionsthermometer. Die Temperatur des Raumes, in welchem die Kapillarrohre *b* und *i* liegen, wirkt auf beide

Rohre, und um so viel die Anzeigefeder *c* den Zeiger schädlich vorbewegen will, arbeitet die Korrektionsfeder *k* entgegen, so daß lediglich die Wassertemperatur, die auf das Tauchrohr *a* wirkt, angezeigt werden kann.

Zur Fernmessung eignet sich in hervorragendem Maße das elektrische Thermometer, und zwar für die hier in Betracht kommenden niedrigen Temperaturen das Widerstandsthermometer. Die Vorteile dieses Instrumentes gegenüber anderen liegen in der Unabhängigkeit von der Außentemperatur und in der großen Schmiegsamkeit der Leitungsdrähte.

Ein Quarzglas-Widerstandsthermometer von Heräus, Hanau, hat in neuerer Zeit großen Anklang gefunden. Der Widerstandsdraht besteht bei dem ursprünglichen Instrument aus reinem Platin; jetzt wegen der hohen Preissteigerung dieses Materiales aus einer Ersatzlegierung, die auf Grund langer Versuche den gleichen Widerstand und die gleiche Haltbarkeit wie das Platin besitzen soll.

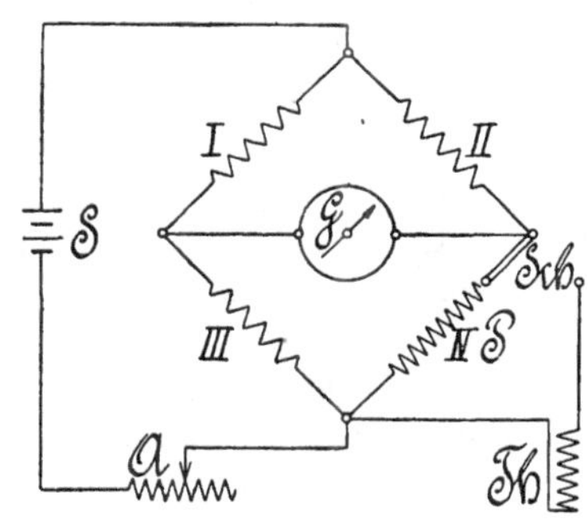

Abb. 376.

Die ganze Anlage setzt sich aus dem eigentlichen Thermometer (Abb. 375), der Meßbrücke mit Galvanometer und gegebenenfalls aus Zubehörteilen, wie Kurbelumschalter mit Ausgleichswiderstand, Akkumulatoren und Kondensator zusammen.

Die Meßbrücke mit Galvanometer (Abb. 376)[1]) dient zur Messung des Widerstandes. Handelt es sich um Messungen in einem eng begrenzten Temperaturgebiete, wie es bei Warmwasserbereitungsanlagen vorliegt, so kann man den Nullpunkt des Galvanometers *G* mit der mittleren zu messenden Temperatur zusammenfallen lassen. Die Genauigkeit der Messung leidet dann kaum unter Spannungsschwankungen und Prüf- und Ausgleichwiderstände können wegfallen. Als Stromquelle dienen 1 bis 2 Akkumulatoren *S*. In trockenen Räumen, in denen Erdschluß

[1]) Es bedeuten: *I*, *II* und *III* = die drei Zweige der Wheatstoneschen Brücke, *P* = Prüfwiderstand, *A* = Ausgleichwiderstand, *Sch* = Schalter, *Th* = Thermometer.

nicht zu befürchten ist, kann das Instrument unter Zwischenschaltung eines Kompensators, welcher Spannungsschwankungen ausgleicht, auch an eine Gleichstromlichtleitung angeschlossen werden.

b) Das Messen und Prüfen des Wasserstandes bzw. Wasserdruckes.

Eine wichtige Einrichtung bilden die Instrumente, die zum Messen und Prüfen des Wasserstandes dienen, d. h. die Möglichkeit geben, zu jeder Zeit feststellen zu können, ob genügend Wasser im System vorhanden oder ein Überlaufen zu befürchten ist; dann auch, unter welchem Druck das ganze System steht. Diese Apparate sind schon deshalb von besonderer Bedeutung, da sie in noch so einfachster und primitivster Ausführung ihren Zweck gut und sicher erfüllen können. Sie zeigen dem Bedienenden die jeweilige Höhe des Wasserstandes an, so daß dieser in den Wasserspeichern, in den Behältern zur Vermeidung von Wassermangel und Überlauf und in den Kesseln, Öfen und Zirkulationsheizkörpern zur Verhütung von Überhitzen, Durchbrennen und Explosionen rechtzeitig geregelt werden kann.

Für die Messung und Prüfung dienen Wasserstandsgläser, Schwimmer, Probierhähne, Hydrometer und pneumatische Apparate.

Die Wasserstandsgläser in bekannter einfacher Form finden überall Verwendung. Am wenigsten werden sie für kalkhaltiges, erwärmtes Wasser geeignet sein. Die zwischen Stutzen eingesetzten Röhrengläser sind im allgemeinen den in der Behälterwandung liegenden breiten Schaugläsern wegen bequemeren Auswechselns vorzuziehen. Die Gläser müssen gut beobachtet werden können und sich leicht reinigen lassen.

Die Wasserstandsgläser können nur dort benutzt werden, wo der Wasserspiegel geringe Veränderung zeigt und im Bereiche bequemer Beobachtungsmöglichkeit liegt, was bei Behältern der Warmwasserbereitungsanlagen weniger zutrifft. Bei hohen Wassersäulen mit großer Veränderlichkeit des Wasserstandes, der fern der Hauptbedienungsstelle liegt, verlieren sie ihre Bedeutung. In solchem Falle kann

die Quecksilbersäule einen einfachen, billigen und sicheren Anzeiger abgeben. Jedoch verbietet die hohe Giftigkeit des Quecksilbers, wenn auch eine unmittelbare völlige Vermischung desselben mit Wasser nicht eintreten wird, dessen allgemeine Verwendung für Gebrauchswasseranlagen. Für besondere Fälle kann die Vorrichtung, die äußerst einfach ausfällt, Wert haben. Vom Hochbehälter zweigt ein dünnes Wasserrohr bis zum Beobachtungsstand (Heizerstand) ab und endet hier in einen kurzen ⊏-Ansatz, in dem sich das Quecksilber befindet und vor einer Skala den Bewegungen des Wasserstandes im fernliegenden Behälter folgt.

Bekanntlich übt das spezifisch schwerere Quecksilber auf denselben Querschnitt einen 13,6 mal größeren Druck aus als Wasser. Schwankt mithin der Wasserstand in einem System, einem Behälter, zwischen den äußersten Grenzen um 1000 mm, so braucht die anzeigende Quecksilbersäule nur eine Höhe von $\frac{1000}{13,6} = 73,33$ mm zu haben.

Für die Behälter und Gefäße mit stark wechselndem, veränderlichem Inhalte sind die Schwimmer sehr beliebt, die mit Hilfe eines Ketten- oder Drahtschnurzuges den Wasserstand an einer Skalentafel erkennen lassen. Diese Einrichtung bietet, so einfach wie sie ist, den großen Vorteil, daß Behälter und Skala örtlich mehr oder weniger weit voneinander getrennt sein können. Es muß nur darauf geachtet werden, daß der Rollenzug sich nicht festsetzt und einrostet. An dem einen Ende hängt der hölzerne oder blecherne Schwimmer, an dem anderen ein Gegengewicht mit Zeiger für die Skalenlatte, auf welcher mit der nötigen Zwischenteilung die Worte »voll« und »leer« als Endstellung zu verzeichnen sind. Der auf dem Wasserspiegel ruhende Schwimmer muß der führende Teil sein, somit muß in höchster Stellung das Gewicht vom Schwimmer und zugehörigen Zugorganstück größer sein als das des auf der Gegenseite der Rolle herabhängenden Zugorgantrummes mit Zeiger. Je nach dem Umfange der Anlage finden sich die Leitrollen zu 50÷300 mm Durchm., die linsenförmigen Blechschwimmer bis zu 350 mm Durchm. und 200 mm Höhe und mehr. Für Genußwasser sind die Metallschwimmer wegen Rostens und Oxydierens nicht zu empfehlen. Über Schwimmeranordnungen geben obige Abbildungen genügend Beispiele.

Liegt das Speisegefäß mit dem selbsttätigen Schwimmerventile günstig für die Beobachtung, so kann nach Schäffer & Budenberg der Hebel a des zylindrischen Schwimmers gemäß

Abb. 377 mit einem Zeiger starr verbunden werden, welch letzterer durch die Stellschraube *c* einem gewünschten höchsten Wasserstande entsprechend an der Skala festgestellt werden kann. Liefert das Gefäß Wasser für Genußzwecke, so ist zur Verhütung von Staubeinfall der Zeiger gekröpft mit Stopfbüchse durch eine Seitenwand zu führen, wenn nicht lieber darauf ganz verzichtet wird; das Wasserstandsglas *b* gestattet ja auch die Kontrolle.

Probierhähne ergeben nur eine ungefähre und unzureichende Kontrolle des Wasserstandes. Sie zeigen nur den in ihrer Höhenlage befindlichen Stand an und können in großer Zahl nicht angeordnet werden, dagegen sprechen die allgemeinen technischen Grundsätze. Mit anderen Hilfsmitteln kommt man dann besser zum Ziel. Soll eine ganz bestimmte Wasserzone von Zeit zu Zeit durch Hand geprüft werden, so mag ein Probierhahn am Platze sein. Sind die Probierhähne auch einfach und billig, so nimmt man mit ihnen jedoch den Nachteil der Undichtigkeit, des Tropfens und Festsetzens mit in Kauf. Durch Zwischenschaltung eines Rohres, der Signalleitung, läßt sich auch der Probierhahn von der Stellung des Wasserbehälters unabhängig machen.

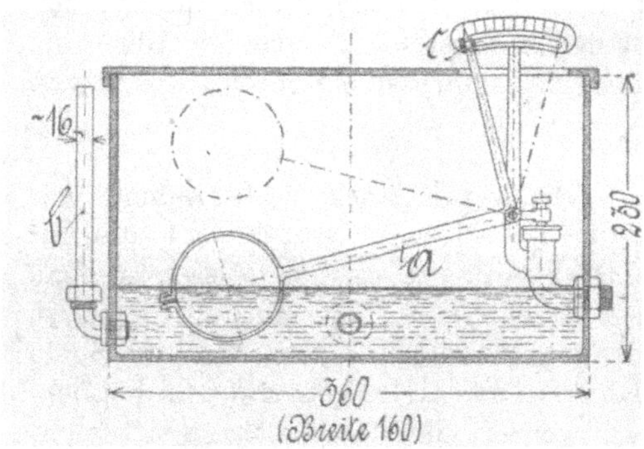

Abb. 377.

Die selbsttätigen Wasserstandsanzeiger, die Hydrometer, sind als die brauchbarsten Wasserhöhenmesser anzusehen. Die übliche mit dem Ausdehnungsgefäße in Verbindung stehende Signalleitung mit dem Probierhahn im Heizerstande kommt vollständig in Wegfall. Es ist auch nicht erforderlich, das Ausdehnungsgefäß auf den Wasserstand hin zu prüfen, was immerhin mit Umständlichkeiten, besonders bei ausgedehnteren Anlagen, verknüpft ist. Das Hydrometer wird dem Wasserkessel anmontiert, steht also unter ständiger Prüfung des Heizers.

Der Apparat ist nach Art der Dampfmanometer mit Schinzscher (Bourdonscher) Röhrenfeder konstruiert. In der Ausführung, Abb. 378, nach P. Tümmling, Erfurt, wirkt der Wasserdruck auf die Röhrenfeder *f* und diese durch das verstellbare Gestänge *c* und die Zahnräder *z* auf den Zeiger *a*. Der feste Zeiger *b* gibt den normalen Wasserstand an. Die Spiralfeder *d* dient zur Regulierung. Die Skala des Zifferblattes *e* ist in Meter Wasser-

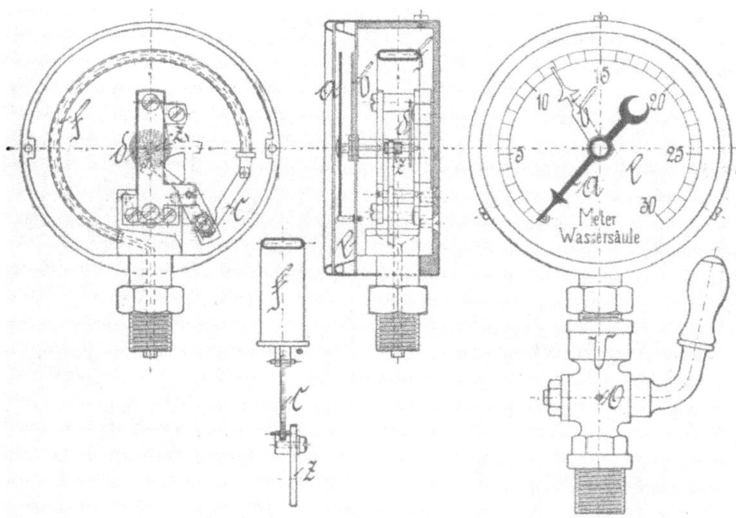

Abb. 378.

säule eingeteilt. Geht der bewegliche Zeiger *a* einmal zurück, so ergibt sich ohne weiteres die Notwendigkeit, so viel Wasser in das System einzulassen, bis *a* wieder *b* deckt. Das Hydrometer wird in der Regel mit einem Absperr-Dreiweghahne *V* ausgerüstet. Die seitliche Öffnung *o* dient zum Abblasen, zur Kontrolle.

Soll der Wasserstand eines für sich bestehenden, fern vom Kontrollstand aufgestellten Behälters gemessen werden, so kann man sich des pneumatischen Wasserstandsmessers bedienen, wie er von Schäfer & Budenberg, Magdeburg, Rosenthal & Schäde, Berlin, und anderen in den Handel gebracht wird.

Ein derartiger Messer, für kaltes und warmes Wasser geeignet, besteht nach Abb. 379 aus einer auf dem Boden des Behälters *B* aufzustellenden gußeisernen (oder auch tönernen)

Luftglocke *a* und einem durch eine Rohrleitung *b* damit verbundenen Manometer *m*. Durch Schlitze *c* steht der Innenraum der Glocke *a* mit dem Wasser des Behälters *B* in Verbindung. Je nach der Höhe des Wasserstandes wird die im oberen Teile von *a* und in *b* befindliche Luft mehr oder weniger komprimiert, welcher Druck auf die Platten- oder Röhrenfeder des Manometers *m* hinwirkt. Da also die Funktion des Manometers nur

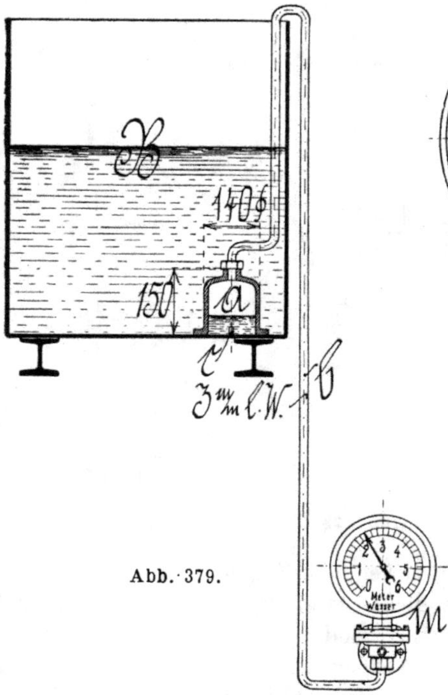

Abb. 379.

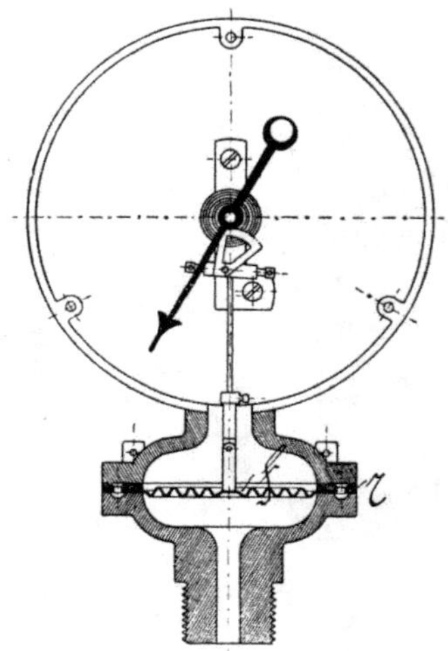

Abb. 380.

durch gespannte Luft vor sich geht, so darf eine lange Lebensdauer des Instrumentes vorausgesetzt werden. Als ein weiterer großer Vorzug ist die äußerst einfache und bequeme Montierung hervorzuheben.

Für die Rohrleitung *b* ist verzinntes Bleirohr oder noch besser dünnwandiges (1 mm) Kupferrohr zu wählen, und zwar:

mit einer lichten Weite von 3 mm bis 50 m Rohrlänge,
» » » » » 4 mm über 50 m »

Längere Leitungen als 200 m sollten vermieden werden. Die Einteilung der Manometerskala erfolgt in Meter Wassersäule und soll nicht unter 2 m und nicht über 10 m betragen, Grenzwerte, die den gewöhnlichen Warmwasserbereitungsanlagen genügen können. Es empfiehlt sich, hier stets Plattenfedermanometer mit möglichst großer Federplatte zu wählen und, um das Instrument abschrauben zu können, einen luftdicht schliessenden Zweiweghahn in *b* vor *m* einzuschalten.

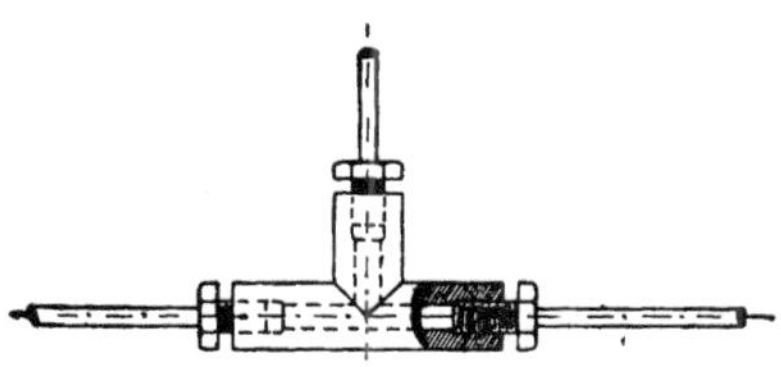

Abb. 381.

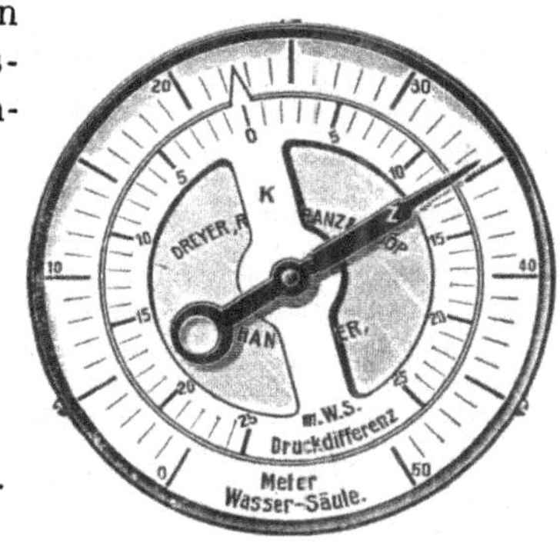

Abb. 382.

Steht zwar das Manometer für vorliegenden Zweck nur unter geringem Drucke, so kann auch hier die Konstruktion von Dreyer, Rosenkranz & Dropp, Hannover, von Bedeutung sein, bei welcher die Plattenfeder *f* nach Abb. 380 einem Ringe *r* angenietet wird, um einem Verspannen und Nachlassen der Feder *f* vorzubeugen. Die Feder *f* ist unterwärts durch versilbertes Kupferblech vor dem Rosten wirksam geschützt. Soll der Wasserstand im Behälter an mehreren Orten gleichzeitig beobachtet werden, so lassen sich von einer einzigen Glocke mehrere Rohre abzweigen, zu welchem Zwecke besondere Abzweigungsstücke nach Abb. 381 verwendet werden.

Große Bedeutung hat in neuerer Zeit das Differentialmanometer erlangt, das dazu dient, den Druck, wie er an zwei verschiedenen wichtigen Stellen des Systems herrscht, gleichzeitig auf einem Zifferblatt, wie auch zugleich den Unterschied zwischen beiden Drücken direkt ablesen zu können. Solch wichtige Stellen sind in erster Linie der Vorlauf und der Rücklauf eines Zirkulationssystemes. Und je umfangreicher die Anlage ist (Fernanlage), desto wichtiger ist es, den Druckunterschied im Zirkulationssystem einer Warmwasserbereitung zu kennen. Das Instrument (Abb. 382) von Dreyer, Rosenkranz & Droop, Hannover, besitzt zwei Doppel-Röhrenfedern, von denen die eine auf den Vorlaufzeiger Z, die andere auf die Rücklaufzeigerscheibe K einwirkt. Jede Feder besitzt für sich einen Rohranschluß. Die in den beiden Leitungen auftretenden Drücke werden einzeln angezeigt. Die Zeigerscheibe gibt dann zugleich den Druckunterschied zwischen beiden Leitungen an.

Nimmt man z. B. die Zeigerstellungen in Abb. 382 an, so besteht in der:

Vorlaufleitung, durch Z angegeben, ein Druck von	34,5 m WS.
Rücklaufleitung, durch K angegeben, ein Druck von	22,5 m »
somit beträgt der Druckunterschied	12,0 m WS.,

welche Größe durch den Zeiger Z auf der Zeigerscheibe K direkt abzulesen ist. Diese Konstruktion ist sehr beliebt geworden und wird für größere Warmwasserbereitungsanlagen jetzt mit Vorteil benutzt.

c) Das Messen der Wassermenge.

Das Messen der verbrauchten Kaltwassermenge erfolgt mit Hilfe der nassen oder trocknen Wassermesser bekannter Ausführung.

Bei Warmwasser-Zentralanlagen in Mietshäusern u. dgl. können die Kosten für die verbrauchte Warmwassermenge seitens eines Konsumenten, eines Geschosses, nach einem Prozentsatz der Wohnungsmiete bemessen werden, oder es erfolgt die genaue Bezahlung der tatsächlich gebrauchten Warmwassermenge auf Grund der Angaben eines besonderen in jedem einzelnen Geschosse aufgestellten Warmwassermessers.

Mietshäuser mit Warmwasserversorgung besitzen auch in der Regel Zentralheizung. Man muß jetzt für jedes Geschoß $\backsim$ 250% vom jährlichen Mietwerte der Wohnung als Benutzungs- und Verbrauchskosten für Heizung und Warmwasser in Rechnung bringen; oder man berechnet den Warmwasserverbrauch für eine Wohnung und einen Tag (zu 15 ÷ 25 Pf. v. d. Kr.), je nach Anzahl der Zapfstellen.

Das Einschalten von Warmwassermessern in die einzelnen Etagen ist zwar genauer und kontrollierbarer, jedoch ruft es größere Anlagekosten hervor, da ja der Hausbesitzer selbst die Messer beschaffen muß. Trotzdem ist dem Einbau von Wassermessern unbedingt das Wort zu reden; wird doch bei genauem Zumaß des Verbrauches einer Wasserverschwendung vorgebeugt. Und sparsame Betriebe dienen zu allseitiger Befriedigung und Freude an solchen Wohlfahrtseinrichtungen. Ein praktisches Beispiel möge weitere Aufklärung darüber geben.

In einer Großstadt besitzen zwei Häuserblocks mit 300 Wohnungen Warmwasserversorgung. Vor Einbau von Wassermessern (aus vorausgesetzten Sparsamkeitsgründen) wurden ∾ 150 l Warmwasser von 70° täglich in jedem Haushalt verbraucht. Da 1 m³ Wasser von 70° ∾ 2 M. Kosten (v. d. Kr.) verursachte, so hatte jeder Hausbesitzer für 20 Mieter an Betriebskosten jährlich aufzuwenden:

$$0{,}150 \cdot 365 \cdot 20 \cdot 2 = 2190 \text{ M.}$$

Als man sich zum Einbau von 300 Siemens-Flügelradmessern entschlossen hatte, ging der Wasserverbrauch auf 80 l/Tag zurück, so daß sich die Unkosten nunmehr stellten auf

$$0{,}080 \cdot 365 \cdot 20 \cdot 2 = 1168 \text{ M.}$$

Mithin wurde eine Betriebsersparnis erzielt von:

$$2190 - 1168 = 1022 \text{ M. im Jahr.}$$

Die jährlichen Betriebsunkosten für die Messer eines Hauses zu 20 Wohnungen belaufen sich bei einem Nennwert von 40 M. pro Stück (v. d. Kr.), mit 10% Tilgung, 5% Verzinsung und 10% Unterhaltung auf: $20 \cdot 0{,}25 \cdot 40 = 200$ M., welcher Betrag als Messermiete zu jährlich 10 M. leicht aufgebracht werden kann.

Soll der Wasserzins richtig bemessen werden können, so muß in der Wohnung außer dem Warmwassermesser noch ein registrierendes Thermometer eingeschaltet werden. Die Wassertemperaturen sind nämlich in den einzelnen Stockwerken nicht gleich und decken sich auch nicht mit der Wassertemperatur im zentralen Warmwasserbereiter. Die Wassermesser bedingen in solcher Verwendung ein Rohrsystem, das nach Abb. 282 für jede Wohnung eine besondere Verteilungsleitung besitzt. Zwischen Abzweig dieser Leitung vom Hauptsteigrohr und dem Messer ist ein Absperrventil einzuschalten. Die Wohnungsverteilungsleitung ist so zu verlegen, daß gute klare Ablesung am Messer möglich ist. Da in der Regel in Mietshäusern die Zapfstellen sich auf Küche, Bad und Toilette beschränken und nahe beieinander liegen, so läßt sich die Rohrverlegung an der Decke ganz gut umgehen.

Die Warmwassermesser als Geschwindigkeitsmesser (Flügelradwassermesser) unterscheiden sich von den Kaltwassermessern äußerlich gar nicht, innerlich nur in einigen wenigen Teilen. Vor allem treten an Stelle der Hartgummi- oder Zelluloidteile solche aus Metall, Deltametall und anderen ähnlichen Kompositionen. Die Warmwassermesser müssen unter einem Drucke von mindestens 2÷3 m = 0,2÷0,3 Atm. arbeiten, sie werden für 7÷150 mm Anschlußweite und mehr gebaut. Dem vorliegenden Zwecke besonders geeignet erscheinen die von Meinecke, Breslau, in den Handel gebrachten Wohnungs- und Zapfhahnmesser (Abb. 383, auch ohne Zapfhahn), die für 7, 10 und 13 mm Anschluß mit Verschraubungen für Blei- (Mantel-) oder Eisenrohr versehen werden. Diese Messer besitzen bei gedrängter Konstruktion und geringstem Druckverlust den Vorteil großer Empfindlichkeit im Anzeigen kleiner Wassermengen; sie zeigen noch den Verbrauch bei einer stündlichen Durchflußmenge von 5÷6 l an.

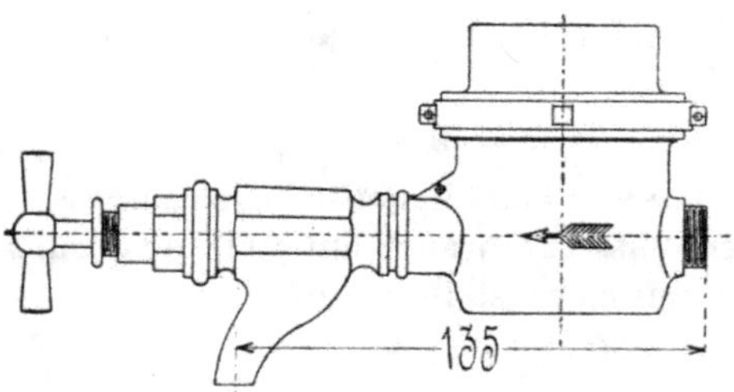

Abb. 383.

Sehr beliebt sind die neuen Flügelrad-Warmwassermesser von Siemens & Halske, Berlin. Sie zeichnen sich vor allem durch die Vor- und Rückwärtsregistrierung aus. Gerade in Warmwasserversorgungsanlagen kommen vielfach Druckschwankungen vor und verursachen in ungünstig verlegten Leitungen mitunter ein Rückwärtsfließen des Wassers. Das Flügelrad der nur vorwärts zählenden Messer bleibt bei rückwärts hindurchfließendem Wasser nahezu still stehen. Diese Ausführung war die bisher allgemein übliche. Siemens liefert aber das Modell »TN« (Abb. 384) auch vor- und rückwärts messend. Von diesen Apparaten wird also das vorwärts fließende Wasser vorwärts und das zurückfließende rückwärts angezeigt. Abmessungen und Gewicht der Messer sind gering und beeinflussen das ganze Rohrsystem kaum merklich. Der Siemens-Flügelradmesser (Abb. 384) wird für 20, 25 und 40 mm Anschlußweite nach den Normalien des deutschen Vereins von Gas- und Wasserfachmännern gebaut und für 10 $\div$ 40 mm Anschluß mit $A = 165 \div 245$, $B = 245 \div 380$ und $C = 135 \div 170$ mm.

Im allgemeinen werden für die Geschwindigkeitsmesser die Trockenläufer, bei denen das Uhrwerk außerhalb der Wasserkammer liegt, den Naßläufern vorgezogen.

Außer der Wassermessung vor den Gebrauchsstellen kann es hier und da erwünscht sein, größere Durchflußmengen in geschlossenen Rohrleitungen ständig zu prüfen und zu messen. Dafür dienen die Venturimesser oder Düsenwassermesser, bei denen die absolute Größe auf die Genauigkeit des Apparates keinen Einfluß hat.

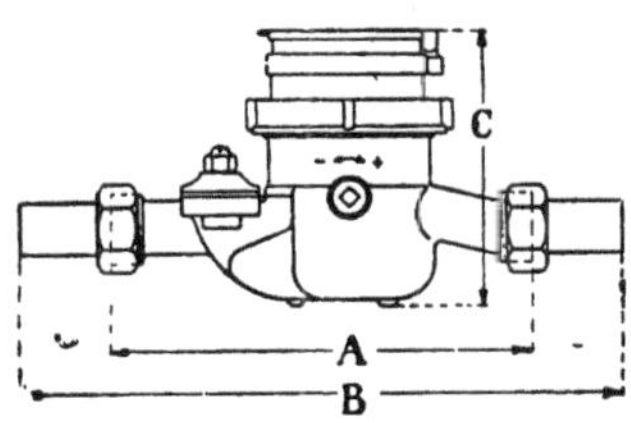

Abb. 384.

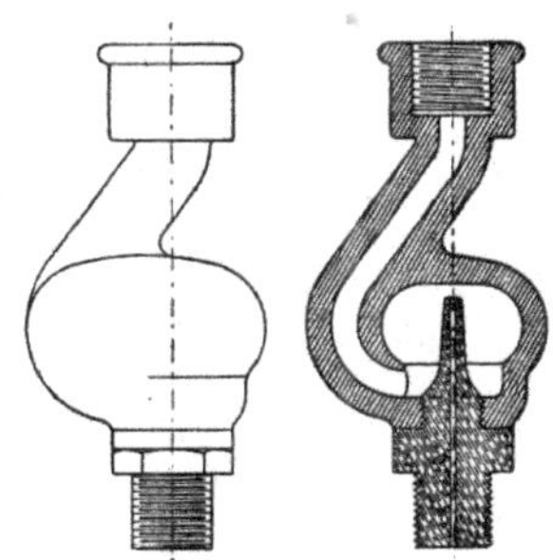
Abb. 385.

d) Das Messen des Dampfdrucks.

Der Dampf-Mittel- und -Hochdruck in den Kesseln, Apparaten und Leitungen wird mit Hilfe der gebräuchlichen Federmanometer in kg/cm² gemessen. Es kommen Röhrenfeder (Abb. 378) und Plattenfeder (Abb. 380) zur Anwendung. Letztere sind gegen Erschütterungen weniger empfindlich, dafür auch weniger genau. Die Skala soll bis zum doppelten Betrag des vorkommenden Druckes ausreichen.

Werden Federmanometer benutzt, so ist vorteilhaft eine Schutzvorrichtung mit Wassersack, wie eine derartige Einrichtung für Niederdruckmanometer nach Eckardt, Stuttgart-Kannstadt, in Abb. 385 dargestellt ist, vorzuschalten, wodurch etwaige Druckschwankungen ohne Stoß auf den Mechanismus des Manometers übertragen und dieses vor schneller Zerstörung geschützt wird.

Für Anlagen, die mit niedrig gespanntem Dampf arbeiten, ist eine möglichst genaue Druckanzeige von besonderem Werte, da von ihr die richtige Einstellung des Luftreglers und präzise Regulierung der Dampfventile abhängig sind. Auch eine Herabminderung des Dampfdruckes während des Betriebes ist bei derartigen Anlagen nur möglich, wenn man die zu diesem Zweck am Regulator vorgenommene Einstellung hinsichtlich ihrer Wirksamkeit genau verfolgen kann. Die Spannung muß daher auf der Skala (in Atm.) ganz genau und deutlich erkennbar sein und abgelesen werden können.

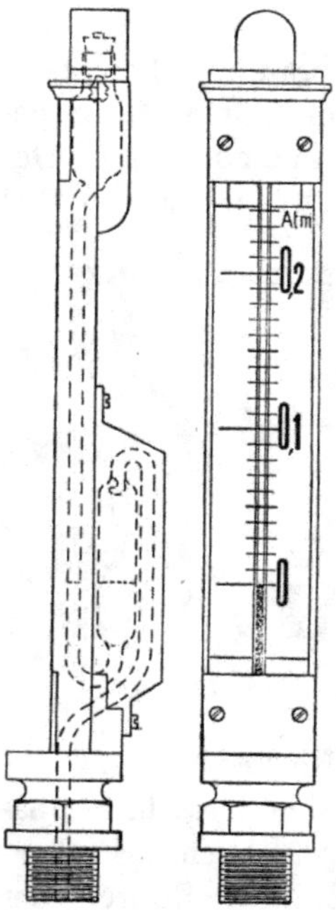

Abb. 386.

Aus diesen Gründen ist das Quecksilbermanometer für die Kessel und Apparate, die mit sehr niedrigem Dampfdruck arbeiten, mehr zu empfehlen als die runden Federmanometer, deren Federn auf minimale Druckschwankungen nicht dauernd sicher und gleichmäßig reagieren. Die Quecksilbermanometer werden, wie Abb. 386 nach G. A. Schulze, Berlin, zeigt, ohne jede Rohrverbindung direkt auf den Kessel geschraubt, die Druckübertragung ist also eine unmittelbare, infolgedessen sich ein Überdruck schon von 0,01 Atm. leicht ablesen läßt. Die Intervallgröße für $^1/_{100}$ Atm. beträgt 7,6 mm. Bei eintretendem Überdruck wird das Quecksilber in einer oberhalb des Kapillarrohres befindlichen Erweiterung aufgefangen, so daß ein Heraustreiben des hochgeschleuderten Quecksilbers, ebenso auch ein Zurücksaugen desselben bei eintretendem Vakuum verhindert ist. Die Füllung, $\sim$ 80$\div$100 g Quecksilber, ist von oben mittels eines kleinen Trichters leicht vorzunehmen.

Wegen der starken Giftigkeit des Quecksilbers bzw. seiner löslichen Verbindungen muß vorausgesetzt werden, daß durch den Einbau des Manometers und die Hantierung an demselben nicht die geringste Beeinflussung auf das Gebrauchswasser ausgeübt werden kann. Um zu verhüten, daß sich auf dem Quecksilberfaden und an der Innenwandung der Kapillare eine Oxydschicht bildet, welche die klare Erkennbarkeit des Quecksilberstandes beeinträchtigt, gießt man von oben einige Tropfen Antioxyd in die Glaskapilare.

Zur zuverlässigen Fernmessung niedriger Drücke von 0,01 bis 1,0 Atm. hat sich das Quecksilber-Fernmanometer von Hallwachs, Saarbrücken, gut bewährt.

e) Das Messen der Dampfmenge.

Obgleich die entwickelte Dampfmenge durch die Wassermesser kontrolliert wird, kann ein besonderer Dampfmesser auch für Warmwasserbereitungsanlagen unter Umständen Wert haben. Dies ist vor allem dort der Fall, wo verschiedene größere Betriebsabteilungen mit Dampfverwertung bestehen, oder wo eine Warmwasserbereitungsanlage ihren Dampf von einer fremden Erzeugungsstation gegen Entgelt bezieht, und wo bisher vielfach die Bezahlung des Kohlenanteils nach Schätzung oder vereinzelten Verdampfungsversuchen erfolgt. Durch Einbau von Dampfmessern ist man ferner in den Stand gesetzt, den Dampfverbrauch dem jeweiligen Effekte entsprechend besser regeln und somit eine gewisse Dampfersparnis erzielen zu können. Die Benutzung der Dampfmesser ist jetzt um so mehr zu empfehlen, als die Vervollkommnung derselben eine praktische Verwendung gestattet.

Die meisten Dampfmesser stützen sich in ihrer Wirkungsweise auf die bekannten Zeunerschen Formeln für die Ausströmungen von Dampf, indem an einer passenden Stelle des Dampfsystemes, der Dampfleitung, auf einen Druckabfall des Dampfes hingewirkt wird. Man unterscheidet Mündungsmesser und Schwimmermesser.

Von den Mündungsdampfmessern, die seit Jahren auf den Markt gebracht wurden, haben sich besonders die Konstruktionen von Eckardt, Stuttgart, Hallwachs, Saarbrücken, und noch andere brauchbar erwiesen.

Der registrierende Dampfmesser System Eckardt, der auch für Niederdruck bis zu 0,5 Atm. verwendbar ist und sich in Heizungsanlagen, chemischen Fabriken, Brauereien, Färbereien und

Raffinerien bereits bestens bewährt hat, besteht nach Abb. 387 aus dem Schreibapparat *A* und dem Düsenapparat *B*, welch letzterer in die Dampfleitung, in welcher der Dampfverbrauch kontrolliert werden soll, eingeschaltet und mit dem Schreibapparate durch die 10 mm weiten Kupferröhren r_1 und r_2 verbunden wird.

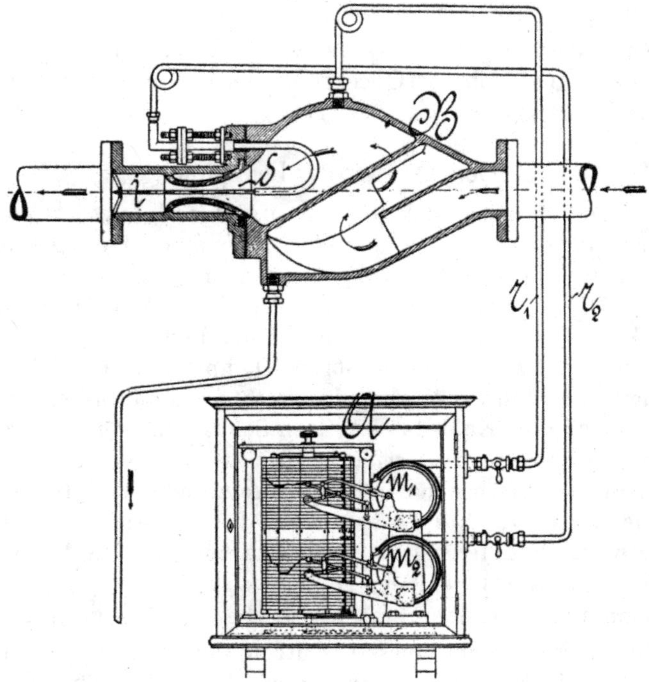

Abb. 387.

Der Düsenapparat ist als Wasserabscheider ausgebaut. Mittels eines dünnen Meßröhrchens *i* wird der Druck p_2 an der engsten Stelle der Düse abgenommen und durch r_2 auf ein aufzeichnendes Manometer m_2 übertragen. Der Anfangsdruck p_1 vor der Düse *d* wird durch r_1 einem zweiten Manometer m_1 zugeführt, das jenen auf der durch ein Uhrwerk bewegten Trommel aufzeichnet, so daß jederzeit die augenblicklich durchströmende Dampfmenge in kg/min. auf einer beigegebenen Tabelle abgelesen werden kann. Für einen beliebigen Zeitraum werden die Drucke p_1 und p_2 im Mittelwert durch Planimetrieren festgestellt. Der sich aus einer

Tabelle für p_1 und p_2 ergebene Zahlenwert ist mit der Minutenzahl, für welchen Zeitraum die Dampfmenge gemessen werden soll, zu multiplizieren. Ob in dieser Zeit der Dampfdruck konstant geblieben ist oder geschwankt hat, spielt für die Genauigkeit keine Rolle.

Die Aufstellung des Zählers kann in jeder beliebigen Entfernung von der Meßstelle geschehen, so daß man in der Lage ist, von einer Stelle aus Bericht über den Dampfverbrauch der einzelnen Betriebe zu erhalten.

Von den Schwimmerdampfmessern sind die von Schlick und Bayer die bekanntesten. Der Konstruktion liegt die Gleichung $D = f v \gamma$ zugrunde. Basierend insbesondere auf die Bayersche Ausführung hat Claasen, Berlin, einen Dampfmesser nach Abb. 388 gebaut, der sich in kurzer Zeit ein großes Absatzgebiet gesichert hat. Es sind das Belastungsgewicht fest mit der Meßscheibe, dem Schwimmer, verbunden und somit Rollen- und Schnurführung zum außenliegenden Belastungsgewicht älterer Ausführungen vermieden. Eine weitere Neuerung von Claasen ist die Anordnung zweier Konusse, wodurch es ermöglicht wird, ausreichend große Meßbereiche zu bestreichen und noch 1% der Maximalleistung genau zu registrieren. Geliefert werden diese Messer für 25 ÷ 200 mm licht. Rohrdurchmesser und für 2 bis 12 Atm. Dampfdruck.

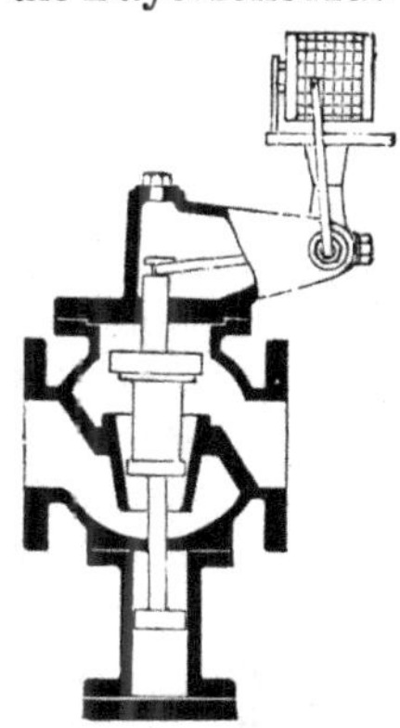

Abb. 388.

f) Die Feuerungskontrolle.

Wie schon oben bei Besprechung der Brennstoffe und an anderen Stellen mehrfach hingewiesen, muß man sich mit dem Gedanken abfinden, daß mit einem Sinken der hohen Kohlenpreise und der Brennstoffknappheit infolge des Verlustes wichtiger Gebiete und der zurückgegangenen Förderung nicht zu rechnen ist. Man ist daher zu einer größten Sparsamkeit im Brennstoffverbrauch unbedingt gezwungen. Sind nun auch gerade aus diesen Gründen heraus Warmwasserbereitungsanlagen unter Ausnutzung der Ab- und Überschußwärme entstanden, so arbeiten doch noch sehr viele Groß-Warmwassererzeugungen mit eigener Feuerungszentrale. Heutzutage bringen zwar aus Selbsterhaltungstrieb die Hausfrau und jeder Besitzer eines kleinen Heizkessels ihren Feuerstellen ein weit größeres Interesse als bisher entgegen. Dies Interesse gipfelt aber mehr darin, die Feuerung nur, wenn eben nötig, zu betreiben, als die Feuerung während des Betriebes wirtschaftlich zu gestalten. Die Begründung dafür liegt in dem Mangel der Erkenntnis des Verbrennungsvorganges, welche bei Laien auch nicht ohne weiteres vorausgesetzt werden darf. Es muß aber bei allen Feuerungsstellen, ob klein oder groß, in erster Linie natürlich bei letzteren, unbedingt auf den wirtschaftlichen Betrieb hingearbeitet werden. Das ist eine feststehende Forderung der allgemeinen Volkswirtschaft. Um diesen Zweck zu erreichen, sind die Feuerungen ständig auf ihre Leistungen hin zu prüfen. Mit der ständigen Kontrolle geht eine Brennstoffersparnis Hand in Hand.

Im Laufe der Zeit ist eine große Zahl brauchbarer und sich bewährt habender Apparate und Geräte für Feuerungskontrolle in den Handel gebracht. Sie beziehen sich auf die Prüfung der Rauchgastemperaturen, des Luftüberschusses, des Kohlensäuregehaltes der Gase und der Zugstärke. Unter vorliegende Gruppe müssen also all die Geräte, Apparate und Instrumente zusammengefaßt werden, die sich lediglich auf die Feuerungskontrolle beziehen. Näher darauf einzugehen kann schon in Anbetracht des großen Umfanges hier nicht der Platz sein. Dieserhalben muß auf die Sonderlektüre der Feuerungstechnik verwiesen werden. Die Wichtigkeit des Gegenstandes verlangt es nur, an dieser Stelle auf die hohe Bedeutung hinzuweisen.

Einfache, leicht verständliche Instrumente sind die Thermometer und Pyrometer zum Messen der Feuer- und Gastemperaturen und Zugmesser zum Messen der Zugstärke. Komplizierter sind schon die Geräte für Rauchgasprüfung und ähnliche Zwecke, welche eine gewisse Gewandtheit in der Bedienung und Beurteilung verlangen. Unter den verschiedenen Rauchgasprüfern, die auf eine Analyse der Rauchgase und die Bestimmung des CO_2-Gehaltes in denselben hinzeigen, ist der neue stabile Aci-Apparat der Gesellschaft für Kohlenersparnis, Köln, beachtenswert. Einem ähnlichen Zweck dient der Luftüberschußmesser Ökonograph der Allg. Feuertechnischen Gesellschaft.

Bei den meisten nicht durch solche Kontrollapparate überwachten Feuerungen liegt der mittlere CO_2-Gehalt der Rauchgase erfahrungsgemäß unter 10%. Es gehen also ∾ 20% des Heizwertes des Brennstoffes unausgenutzt durch den Schornstein fort. In einem gut geleiteten Feuerungsbetriebe sollte der CO_2-Gehalt zwischen 12 und 15% liegen. Man geht bei direkter Verbrennung nicht gern höher, weil sonst Verluste durch Kohlenoxydbildung entstehen. Dem entspricht dann ein Heizwertverlust von 13÷14%, so daß bei Erreichung eines solchen CO_2-Gehaltes 6÷7% an Kohle gespart werden. Die Kosten des Apparates werden bei den meisten Anlagen in wenigen Monaten hereingebracht. Die Technik weist somit verschiedene und sichere Wege zur Erreichung einer Feuerungskontrolle und Brennstoffersparnis, man braucht sie nur zu beschreiten.

g) Die Fernanzeiger- und Signalanlagen.

Zur einfachen, sicheren und wirtschaftlichen Bedienung ausgedehnter Anlagen, deren Wärmeerzeugungsstellen und Verbrauchsstellen ohne ständige Aufsicht und Personal bleiben, ist es erforderlich, daß die für die Betriebsführung wissenswerten Vorgänge jederzeit an der Zentralstelle beobachtet werden können, und daß besonders wichtige Vorkommnisse und eintretende Störungen sofort durch deutlich gekennzeichnete Signale und unter Alarmierung des Bedienungspersonals gemeldet werden.

Die Fernanzeiger, beruhend auf Änderung von Widerständen, ermöglichen an der Zentralanzeigetafel im Kesselhaus feststellen zu können:

1. die Höhe des Wasserstandes in den aufgestellten Wasserbehältern;
2. die Temperatur des Brauchwassers in den Behältern;
3. die Spannung des Dampfes an einigen Abzweigstellen und an den Enden der Hauptstränge einer Ferndampfleitung;
4. die Dampfspannungen hinter den Druckverminderungsventilen in den Reglerräumen der einzelnen Gebäude;
5. das Einsetzen der Speiserufer;
6. die Lufttemperaturen in den einzelnen Räumen;
7. die Güte des Verbrennungsvorganges an den Registrierapparaten der Feuerungskontrolle.

Die Signaleinrichtungen können, um von Störungen, die in ausgedehnteren Anlagen ja stets auftreten werden, sofort in der Zentrale Kenntnis zu bekommen, folgende Signalapparate umfassen:

1. die Niederdruckmanometer mit Minimal- und Maximalkontakt auf den Dampfverteilern in den Reglerräumen der einzelnen Gebäude;
2. die Mitteldruckmanometer wie für 1.;
3. die Kanalthermometer, durch die ein Überschreiten der normalen Temperatur in den Fernkanälen und Nebenreglerräumen gemeldet wird;
4. Apparate, welche die Über- und Unterschreitung des höchsten und niedrigsten zulässigen Wasserstandes in den Wasserbehältern melden;
5. die Thermometer mit Minimal- und Maximalkontakt in den Warmwasserbehältern;
6. die Thermometer für Dauerbäder in Bade-, Heilanstalten und Krankenhäusern.

Zu den Anzeiger- und Signaleinrichtungen tritt dann noch ein ausgedehntes Fernsprechnetz.

Die Feuerungskontrollgeräte, Zugmesser, Kohlensäuremesser, Dampfmesser, Wassermesser, Pyrometer und Thermometer sind mit Selbstschreibung, Registrierung, auszurüsten. Die Registriertrommeln, meist für siebentägigen Umgang eingerichtet, werden durch elektrische Nebenuhrwerke mit den übrigen Nebenuhren von einer Normaluhr aus zu betreiben sein, damit ein gleichmäßiger Gang aller Trommeln gewährleistet ist und die Angaben der Registrierapparate aller für den Betrieb wichtigen Vorgänge zeitlich genau übereinstimmen. Aufzugswerke anstatt der elektrischen Uhrwerke sind aus diesem Grunde nicht empfehlenswert.

Die Zahl der Meßstellen ist nicht zu gering zu halten, wenn auch mit jeder Stelle die einmaligen Gesamtanlagekosten erhöht werden. Die in so großer Zahl zusammenkommenden Anzeige- und Signalinstrumente einer Fernanlage sind mit den Verteilern und anderen Einrichtungen in einem besonderen Raume der Zentralstelle, dem Reglerraume, unterzubringen.

Bei zwei oder mehreren längeren, parallelen Fernleitungen ordnet man am günstigsten an den Enden der einzelnen Fernhauptleitungsstränge Unter-Reglerräume an, die wieder mit dem Zentralreglerraum am Kesselhaus in Verbindung stehen.

Die Instrumente werden auf einer stehenden Marmor-Anzeigetafel geordnet aufzumontieren sein. Auf der einen Seite befinden sich nach Abb. 389 die Anzeigegeräte der Fernanlage, auf der anderen die Registrierapparate der Zentralfeuerstelle und Kesselanlage. In der Mitte ist in haltbarer Farbe der Lageplan mit den Signalen angebracht. An den Stellen, wo Kontaktapparate, wie Thermometer und Manometer, für Signalabgabe vorhanden sind, werden in diesem Lageplan kleine Lämpchen hinter

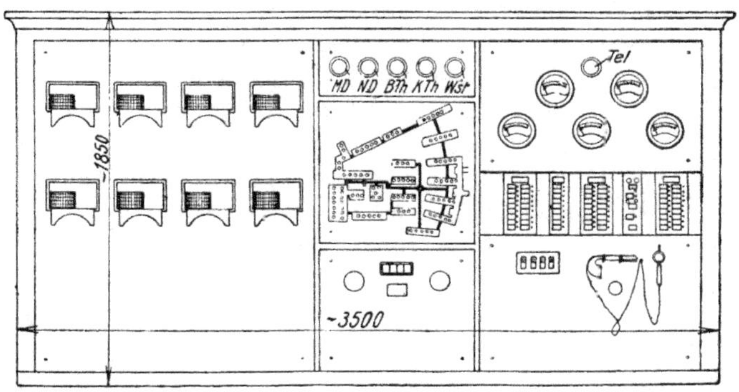

Abb. 389.

Abdecklinsen, deren Farbe die Art des betreffenden Signals kennzeichnet, einzusetzen sein. Über dem Lageplan sind große Lampen anzuordnen, welche die abgekürzten Bezeichnungen der verschiedenen Signalkontaktapparate tragen; so in Abb. 389: *ND* = Niederdruckmanometer, *MD* = Mitteldruckmanometer, *B Th* = Boilerthermometer, *K Th* = Kanalthermometer, *Wst* = Wasserstand. Die Abb. 389 stellt die Anzeigetafel der Fernanzeigeanlage der städtischen Krankenanstalt Kiel dar, die von der bekannten Spezialfirma auf diesem Gebiete Alois Zettler, München, ausgeführt worden ist.

Der zum Betrieb der ganzen Fernanzeigeanlage nötige Strom wird einem bestehenden Gleichstrom- oder Wechselstromnetz unter Verwendung einer Akkumulatorenbatterie mit automatischer Ladung entnommen.

X. Der Wärmeschutz für die Konstruktionsteile.

Bei den Warmwasserbereitungen handelt es sich um Anlagen, die Wärme zu erzeugen, aufzuspeichern und fortzuleiten haben. Als Träger der Wärme treten dabei Wasser, Dampf wie auch Gase auf. Soll nun die Anlage ökonomisch und rationell arbeiten, so muß die meist teuer erzeugte Wärme möglichst in ihrer ganzen Menge den Verbrauchsstellen zugeführt werden können. Mithin müssen die Wärmeverluste während des Transportes und der Aufspeicherung auf das geringste Maß beschränkt werden, Wärmeverluste gänzlich aufzuheben, ist technisch nicht möglich. Wohl läßt sich aber der Wärmeverlust durch geeignete gute Hilfsmittel auf ein geringstes Maß herabdrücken und in erträglichen Grenzen halten. Für Warmwasserbereitungen haben der Wärmeschutz und seine Hilfsmittel besonders hohe Bedeutung; und nicht allein wegen des meist langen Wärmetransportweges durch die Rohrleitungen, welche Verhältnisse sich in gleicher Weise auch bei Heizungs- und Dampfkraftanlagen finden, sondern vorzugsweise wegen des zeitweiligen, unregelmäßigen Wasserverbrauches, des unterbrochenen, periodischen Heizbetriebes und der kürzeren oder längeren Aufspeicherung großer Mengen Wassers in häufig wenig dazu geeigneten Räumen. Ferner hat man zu bedenken, daß bei Heizungsanlagen ein großer Teil der Rohre unverkleidet bleiben kann, weil die Transmissionswärme der Rohrleitung der Raumheizung zugute kommt, sogar direkt gewünscht wird. Bei der Warmwasserbereitung dagegen wird nur an den Zapfstellen, d. h. an den Enden der Rohrstränge, Wärme in Form von Warmwasser von ganz bestimmter Temperatur verlangt. Bei erheblichen Wärmeverlusten kann natürlich diese Bedingung nicht erfüllt werden.

Die Wärmeschutzmittel, welche das Durchtreten der Wärme aus den Heizmitteln und dem Gebrauchswasser in die Außenluft erschweren, die Wärme also in jenen festhalten sollen, müssen sog. schlechte Wärmeleiter sein. Das einfachste Mittel wäre also die ruhende Luft. Dieser Gedanke, die Luftzirkulation um die zu isolierenden Körper ganz aufzuheben — denn das gibt erst eine Wärmeisolation durch Luft —, ist nicht leicht zu verwirklichen. Praktische Verwertung hat er in den Luftfugen des Kesselmauerwerkes(?), in der Pasquayschen Rohrumhüllung und an einigen anderen Stellen gefunden. Im allgemeinen sieht man sich jedoch gezwungen, feste Wärmeschutzmittel irgendwelcher Art zu verwenden. Die Zahl derselben ist im Laufe der Zeit eine sehr große geworden. Die Güte richtet sich natürlich nach der Beschaffenheit der Stoffe, die nicht nur schlecht wärmeleitend, sondern auch praktisch verwendbar und von langer Lebensdauer sein müssen.

Vielfach kommen minderwertige Stoffe auf den Markt, bei denen z. B. Kieselgur durch Ton, Kork durch Torf oder Sägespäne, Seide durch Baumwolle ersetzt ist. Es ist daher Vorsicht geboten. Günstige Anpreisung sichern nicht immer einen Erfolg.

Einen Wärmeschutz verlangen in erster Linie die Leitungsrohre, Wasserbehälter und die Kessel. Ferner hat die Isolation aber auch noch den Zweck, jeden mit Kaltwasser oder kalten Gasen angefüllten Konstruktionsteil vor Einfrieren zu schützen. Die Begriffe des Einfrierens und Wärmeverlustes stehen ja in unmittelbar engstem Zusammenhange.

In Nachstehendem sind die wichtigsten und gebräuchlichsten Wärmeschutzmittel in ihrer Beschaffenheit, Verwendung und ihrem Verbrauche angeführt. Auf die äußerst mannigfachen Sonderarten mit all den gekünstelten Namen kann dabei nicht eingegangen werden.

A. Die Wärmeschutzmittel; ihre Beschaffenheit, Anwendung und ihr Verbrauch.

Nach dem Herkommen kann man mineralische, vegetabilische und animalische Isolierstoffe unterscheiden.

Die mineralischen Stoffe, wie Asbest, Kieselgur, Lehm, Tonerde, Schlackenwolle, Asche, besitzen weniger hohe Isolationsfähigkeit, sind aber keiner Fäulnis unterworfen.

Die vegetabilischen Stoffe, wie Baumwolle, Jute, Stroh, Kork, Sägemehl, Torf, isolieren gut, lassen sich aber nicht überall verwenden.

Die animalischen Stoffe, wie Filz (Kuhhaare), Wolle, Seide sind die besten Isolationsmittel, sie gewähren jedoch leicht dem Ungeziefer Brutstätten und sind teuer.

Der Gestaltung nach stehen praktisch zur Verfügung: plastische Masse, Platten und Schalen, Zöpfe und Schnüre, lose und pulverförmige Materialien.

a) Die plastische Wärmeschutzmasse.

Diese kommen als trockenes Pulver oder Mehl in den Handel und sind aus natürlichen mineralischen Bestandteilen, wie Kieselgur oder Asbest, wie auch aus künstlichen Produkten hergestellt. Es werden auch verschiedene Materialien zu einer Masse vermengt. So benutzt man günstig Gemenge von Kieselgur mit Lederfeilspänen, mit Malzkeimen, mit Kork- und Schwemmteilchen u. dgl. Durch Kalzinierung der Zusatzstoffe, d. h. durch Verbrennen der organischen Bestandteile in ihnen, kann der Effekt wesentlich gesteigert werden. Hauptbedingungen für jede Masse sind aber, daß sie ohne schädigenden Einfluß auf die Metalle, unempfindlich gegen Wärme, Kälte und Nässe ist, im Laufe der Zeit nicht morsch, spröde und bröckelig wird und dauernd am Konstruktionsteil haftet. Einen Vorzug bieten die Massen, welche keines Unterstriches, keiner besonderen Vorstrichmasse bedürfen.

Tabelle 67.

Verbrauch von Kieselgur- oder Asbestmasse.

Für 1 m² Fläche bei einer Isolierstärke von	20	25	30 mm
beträgt das Gewicht	12,5	15,0	17,5 kg

Für 1 lfd. m Muffenrohr	licht. Durchm. Zoll	½	¾	1	1¼	1½	2	2½	3	131	143
	äuß. mm	20,5	26,5	33	42	48	59	75	89	140	152
Bei 20 mm Isolierstärke	kg	1,59	1,83	2,08	2,44	2,67	3,11	3,73	4,28	6,28	6,76
25 „	kg	2,15	2,43	2,74	3,16	3,44	3,96	4,71	5,37	7,78	8,34
30 „	kg	2,78	3,11	3,47	3,96	4,29	4,90	5,77	6,54	9,35	9,00
Für 1 lfd. m Flanschenrohr	licht. Durchm. mm	58	63	70	76	82	88	94	100	106	119
	äuß. mm	63,5	70	76	83	89	95	102	108	114	127
Bei 20 mm Isolierstärke	kg	3,28	3,54	3,77	4,05	4,28	4,52	4,79	5,03	5,26	5,77
25 „	kg	4,17	4,48	4,76	5,09	5,37	5,66	5,99	6,27	6,55	7,16
30 „	kg	5,14	5,50	5,83	6,21	6,54	6,87	7,26	7,59	7,92	8,63

Die Masse wird vor Gebrauch mit Wasser zu einem dicken Brei vermengt und dann in möglichst dünnen Schichten mit einer Mauerkelle oder mit der Hand nach und nach aufgetragen, bis die gewünschte Stärke der Isolierung erlangt ist. Bevor eine neue Schicht aufgelegt wird, muß die vorherige trocken sein. Deshalb ist es zur Beschleunigung der Arbeit nötig, daß die Räume während der. Isolierarbeit geheizt werden. Die letzte Schicht ist möglichst glatt herzustellen oder mit dünnem Gips oder Wasserglas abzustreichen, worauf die übliche Bandagierung durch 5÷10 cm breite Nesselbinden, Jutestreifen oder Papier sowie Ölanstrich erfolgt.

Die Masse eignet sich zu jeder Isolierarbeit. Für Warmwasser- und Niederdruckanlagen genügt zumeist eine gewöhnliche Schicht von 20÷25 mm Stärke, während die zugehörigen Kessel und Warmwasserbehälter eine 30 mm starke Isolierung erfordern. Im Preise stellt sich die Kieselgurmasse um ∾ 33⅓% billiger als die übrigen.

b) Die Schalen und Platten.

Angenehm wird es häufig gefunden, die Isolierung ohne die Schmutz- und Stauberzeugung, wie solche die Masseisolierung mit sich bringt, in kurzer Zeit vornehmen und zu jeder Zeit auswechseln zu können. Solcher Anforderung genügen die handelsfertigen Platten und Schalen, die jedoch nur für bestimmte Zwecke in Frage kommen können.

Als Material dienen Kork, Torf und Asbest wie auch Gemische von diesen. Die gepreßten Platten und Schalen lassen sich mit gewöhnlicher Säge auf jedes gewünschte Maß schneiden. Die Schalen werden mit Draht um die Rohre und sonstige zylindrische Körper befestigt. Die Fugen sind mit Ton oder Gips zu verstreichen. Eine äußere Bandagierung aufzubringen, ist stets ratsam. Die Schalenstärke beträgt 15 und 20 mm, außergewöhnlich 25 und 30 mm. Die Plattenstärke 10÷80 mm, von 5 zu 5 mm steigend, meist auch 15 und 20 mm. Das normale Handelsmaß der Platten ist 500 × 1000 mm.

Die Korkplatten wie überhaupt der geschwellte Korkstein wurde wegen seines geringen Gewichtes und hohen Isoliervermögens bisher sehr geschätzt. Infolge der beschränkten Korkzufuhr und hohen Preises tritt dies Material für Isolationszwecke jetzt weit zurück.

Die Torfplatten haben jetzt vollkommen die Stelle des Korkes eingenommen, dem sie in guter Ausführung betreffs der Leistung gleichwertig sein können. Sehr bekannt sind die Fasertorfplatten von Huhn, Berlin, geworden. Sie werden aus Torfmoos mit etwas Bindematerial unter Druck hergestellt. Von anderen Firmen werden Torfplatten und -schalen mit Rippen in den Handel gebracht; die damit beabsichtigte Luftisolation wird aber vielfach nur eine illusorische sein.

c) Die Schnüre und Zöpfe.

Schlecht wärmeleitende faserige Stoffe werden zu runden oder flachen Schnüren oder Zöpfen zusammengedreht. Als Material dienen Asbest, Kieselgur, Jute, vor allem die Seidenfaser (als Abfall) und die karbonisierte Rohseide als Remanit. Die ersteren Stoffe müssen wegen ihrer geringeren Isolierfähigkeit in zwei oder mehreren Lagen übereinander gewickelt werden. Die Asbestschnüre erhalten Kieselgurfüllung. Die Seide ist bekanntlich ein sehr schlechter Wärmeleiter, daher ein hervorragendes Schutzmittel, aber auch das teuerste. Für Warmwasser- und Niederdruckdampfleitungen können schon Remanitschnüre von 15 mm Durchm. einen wirksamen Schutz ergeben; bei exponiert liegenden Leitungen werden Schnüre von 25 mm Durchm. ausreichen. Rohre im Freien sind mit flachen Schnüren in zweimaliger entgegengesetzter Wicklung zu sichern. Die Außenflächen können durch Ton oder Gips geglättet und mit Rohnesselstreifen bandagiert werden.

Einen vorzüglichen Wärmeschutz ergibt eine Seidenpackung mit darunter liegender Kieselgurschicht, deren Stärke $20 \div 60\%$ der Seidenumhüllung ausmacht. Gute Erfolge in Fernleitungen sind mit den Pasquayzöpfen und Schnüren aus Seidenabfall erzielt worden.

Im allgemeinen dienen die Schnüre und Zöpfe zur Isolation von runden Körpern, wie Röhren und Boilern. Der Verbrauch ist aus Tab. 68 zu entnehmen.

d) Die Füllisolationsstoffe.

Gute Erfahrungen hat man mit lose eingefüllten Isolierstoffen für Konstruktionen, die die Anbringung eines Füllraumes gestatten, gemacht. In erster Linie kommen hierfür Ausdehnungsgefäße, Wasserbehälter, besonders stark zu isolierende Rohrstränge (an Kellerfenstern liegende) usw. in Betracht. Der Außenmantel ist ein Holzkasten oder Blechzylinder. Die Arbeit geht schnell und leicht vonstatten, ein Entfernen der Isolation ist ebenfalls rasch und bequem vorzunehmen.

Tabelle 68. **Verbrauch an Isolierschnüren.**

Für 1 lfd. m Gewinderohrleitung: lichter Durchm. Zoll / äußerer » mm	1/2 20,5	3/4 26,5	1 33	1 1/4 42	1 1/2 48	2 59	2 1/2 75	3 89
Asbest-, Kieselgur- und Jutekorkschnüre.								
15 mm Durchm. . . . . lfd. m	7,5	8,8	10,0	11,9	13,2	15,5	18,8	21,8
20 » » . . . . » »	6,4	7,4	8,3	9,7	10,7	12,4	14,9	17,1
25 » » . . . . » »	5,8	6,6	7,3	8,4	9,2	10,6	12,6	14,3
30 » » . . . . » »	5,3	6,0	6,6	7,5	8,2	9,3	11,0	12,5
35 » » . . . . » »	5,0	5,6	6,1	6,9	7,5	8,4	9,9	11,1
Remanitschnüre, flach, 15 mm stark . . . . kg	0,24	0,30	0,37	0,43	0,49	0,59	0,75	0,87
» » rund, 15 « Durchm. . . . . . »	0,39	0,48	0,55	0,60	0,66	0,75	0,89	1,00
» « » 25 » » . . . . . . »	0,62	0,71	0,82	0,91	1,00	1,19	1,43	1,64
» » flach, 15 und rund, 25 mm, zus. »	1,12	1,26	1,42	1,59	1,75	1,95	2,32	2,60

Für 1 lfd. m Flanschenrohrleitung: lichter Durchm. . . . . mm / äußerer Durchm.. . . . . mm	58 63,5	63 70	70 76	76 83	82 89	88 95	94 102	100 108	106 114	119 127	131 140	143 152
Asbest-, Kieselgur- u. Jutekorkschnüre												
15 mm Durchm. . . . . . . lfd. m	16,4	17,8	19,0	20,5	21,8	23,0	24,3	25,8	27,0	29,7	32,7	35,0
20 » » . . . . » »	13,1	14,1	15,1	16,1	17,1	18,1	19,2	20,1	21,0	22,3	25,1	27,0
25 » » . . . . » »	11,1	12,0	12,7	13,6	14,3	15,1	16,0	16,8	17,5	19,2	21,0	22,3
30 » » . . . . » »	9,8	10,5	11,1	11,8	12,5	13,1	13,8	14,4	15,1	15,4	17,8	19,0
35 » » . . . . » »	8,8	9,4	10,0	10,6	11,1	11,7	12,3	12,8	13,4	14,5	15,8	16,8
Remanitschnüre, flach, 15 mm stark kg	0,63	0,68	0,75	0,81	0,87	0,93	0,98	1,04	1,10	1,20	1,32	1,45
» » rund, 15 » Durchm. «	0,79	0,83	0,89	0,95	1,00	1,04	1,08	1,15	1,21	1,34	1,42	1,62
» » » 25 » » »	1,23	1,33	1,43	1,54	1,64	1,70	1,75	1,86	1,96	2,10	2,24	2,46
» » flach, 15 und rund, 25 mm, zusammen. »	2,04	2,18	2,32	2,46	2,60	2,80	2,95	3,10	3,20	3,50	3,80	4,05

ca. 8 lfd. m flache Remanitschnüre, 15 mm stark, wiegen 1 kg
» 9 » » runde » » 15 » Durchm. » 1 «
» 7 » » » » » 25 » » » 1 »

Als Füllmaterial dienen Asbest, Kieselgur, Sägemehl, Sand, Asche, Schlacke, Schlackenwolle, Torfmull und Korkmehl. Das einfachste, beliebteste, das sich auch überall leicht und billig beschaffen läßt, ist Sägemehl, besonders für Ausdehnungsgefäße im Dachgeschoß. Schlackenwolle ist wegen seines Gehaltes an Schwefel, der im feuchten Zustande die Metalle stark angreift, und wegen der scharfen Fäden, wodurch die Hände des Arbeiters leicht verletzt werden, nicht zu empfehlen. Torfmull und Korkmehl sind zu teuer für diesen Zweck, Sand und Asche zu schwer und zu staubig, außerdem von zu geringer Isolierfähigkeit.

e) Untergeordnete Wärmeschutzmittel.

In vielen Fällen werden minderwertige, leicht beschaffbare Stoffe mit Vorbedacht, also nicht als Fälschungsmittel, benutzt und können hier und da ihren Zweck erfüllen. Man hat jedoch stets dabei zu bedenken, ob der Aufwand an Arbeit für die Herstellung der Isolation mit der erhofften Leistung im Einklang steht. Zu diesen wertloseren Wärmeschutzmitteln treten dann noch hochwertige Stoffe, die aber wegen ihres hohen Preises und ihrer Seltenheit deshalb auch nur nebensächliche Bedeutung als Isoliermaterial besitzen. So hat man Stroh, Lehm, Sand, Asche, Kuhhaarfilz, Papiermasse und noch andere.

Stroh und Lehm sind nur als Notbehelf und für kühlere Flächen zu gebrauchen. Einen einigermaßen wirksamen Schutz kann man damit erreichen, wenn zuerst eine $\sim$5 mm starke flüssigere Lehmschicht und eine 25÷30 mm starke Lage teigigen Lehmes aufgetragen wird. Anstatt der Teigschicht werden häufig Strohseile spiralförmig auf die untere Lehmschicht gewunden, das Ganze mit Lehm abgestrichen und mit Packleinen oder Papier abbandagiert. Eine gewisse Elastizität läßt sich durch Vermengen des Lehmes mit Häcksel erreichen.

Sand, Kohlenasche, Ziegelstein sind die bekannten Wärmeschutzmittel für Kessel und Behälter, deren Isolation eine große Menge erfordert und der Konstruktion außerdem eine gewisse Festigkeit geben soll. Bei Kesseln hat das Ziegelmauerwerk in erster Linie noch zur Bildung der Heizzüge zu dienen. 50÷80 mm breite Isolierkanäle, mit Asche ausgefüllt, können in Mauerwänden die Strahlungsverluste beschränken. Kalkmörtel darf mit Metallteilen wegen Rostens derselben nicht in Berührung kommen.

Kuhhaarfilz ist wohl der beste und wertvollste aller Isolierstoffe; er ist aber so wertvoll, daß er für andere Zwecke eher verwendet wird als gerade zur Isolation. Trotzdem ist er in Platten beliebiger Stärke käuflich. Die Platten werden um die zu schützenden Flächen gebogen, durch Umwickeln mit verzinktem Eisendraht, Stoffbandagen oder durch besondere Holz- oder Metallbekleidungen festgehalten. In Wohngebäuden ist Filz wegen Mottengefahr nicht zu verwenden.

B. Allgemeine und besondere Ausführungen.

Zur Hauptsache bezieht sich die Wärmeschutzausführung auf die Wärmequelle, die Wasserbehälter und die Rohrleitungen.

Die Wärmequelle, wie sie sich für diese Betrachtungen in den Kesseln und Öfen für feste und flüssige Brennstoffe, den Gasöfen, elektrischen Heizkörpern und Gegenstromapparaten findet, verlangt meist einfache Isolationsarbeiten. Die Hochdruckdampfkessel finden ihren Wärmeschutz in ihrer Einmauerung. Die Niederdruckkessel, gußeisernen Gliederkessel werden mit den meist von den Firmen gleich mitgelieferten Asbest- oder Korkplatten und Blechmänteln umkleidet; andernfalls mit 30 mm starker Masse, die Niederdruckdampfkessel außerdem noch mit 10 mm-Kieselgur-Unterstrich isoliert.

Bei den Gasöfen, wenigstens soweit sie Augenblicks-Wassererwärmer sind, verzichtet man auf eine Isolation, sieht höchstens bei den Vorratserwärmern sog. Luftmäntel vor. Die elektrischen Wassererwärmer erhalten dagegen eine starke Isolierung, sobald sie auf eine Warmwasseraufspeicherung hinarbeiten und dafür eine beträchtliche Anheizdauer verlangen. Die A. E. G. benutzt zu diesem Zwecke für kleinere Heizkörper einen Blechschutzmantel mit 100 mm weitem Füllraum für lockere Kieselgurschichten. Groß-Wärmwasserbereiter erhalten wie die Gegenstromapparate, Verteiler usw. in der Regel Masseisolierung.

Von den Wasserbehältern werden die offenen, ebenso auch die Ausdehnungs- und Füllgefäße nach Abb. 390 mit einem Holzkasten umgeben, dessen 100÷150 mm Füllraum *a* mit Sägemehl, lockerem Kieselgur oder imprägniertem Torfmull ausgefüllt wird. Behälteröffnungen sind dabei gegen Einfall des Isolierstoffes in das Wasser zu schützen. Bewährt haben sollen sich auch die Torf-Rippenplatten *a* (Abb. 391), welche leicht sind und ein Verunreinigen des Wassers nicht hervorrufen. Die Imprägnierung soll die leichte Brennbarkeit des Torfes vermindern. Für große Druckbelastungen sind diese Platten nicht geeignet.

Die geschlossenen zylindrischen Druckbehälter, die Boiler, werden mit allen möglichen Materialien isoliert, mit Masse, Schnüren, Schalen und losem Füllmaterial. Eine besondere Ausführung benutzt die Ruud-Ges. Nach Abb. 392 werden um die

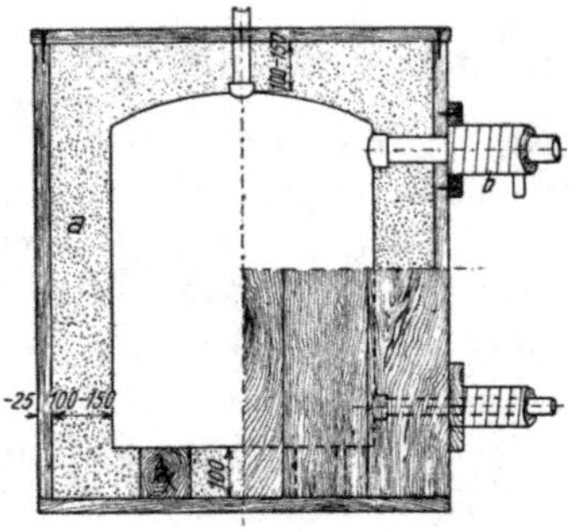

Abb. 390.

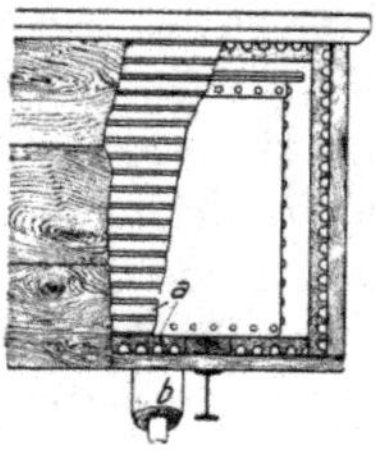

Abb. 391.

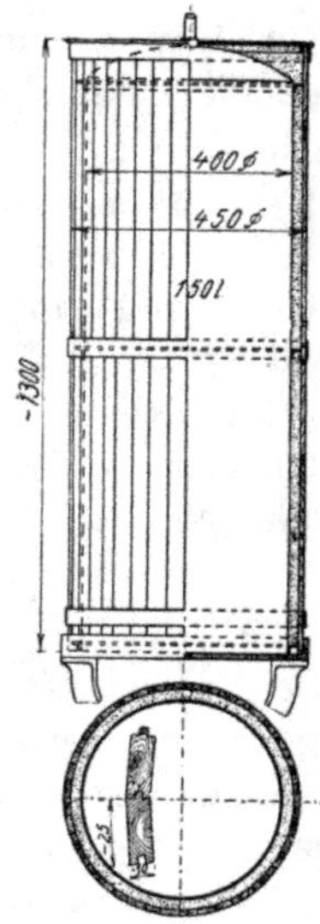

Abb. 392.

oberen und unteren Enden des stehenden Behälters Winkeleisenringe gelegt, darüber gefügte Holzlatten angeordnet, die durch äußere Bandeisenringe zu einem festen Mantel zusammengepreßt sind. Der ringförmige Hohlraum erhält Füllmaterial.

Die Isolation der Rohre erfolgt nach Abb. 393 und 394 mittels Masse, Schnüren und Schalen. Letztere, sowie die Weißblech-Schlußkappen werden durch verzinkten, weichen Eisendraht befestigt. Die Kappen geben der Isolierung größere Haltbarkeit und gutes Aussehen. Sämtliche Rohrisolierungen werden zweckmäßig mit 10 cm breiten Nesselbinden, die in Tonbrei getränkt sind, bandagiert und dann mit Wasserglasfarbe überstrichen; im Notfall kann auch geleimtes Papier als Bandage dienen.

Liegen die Rohre im Freien, so muß eine nachteilige Beeinflussung durch Feuchtigkeit und Sonnenhitze zu verhindern gesucht werden. Hierfür können Anstriche von Mennige, Asphaltlack oder noch besser mit Ölfarbe gestrichene Blechmäntel, selbst

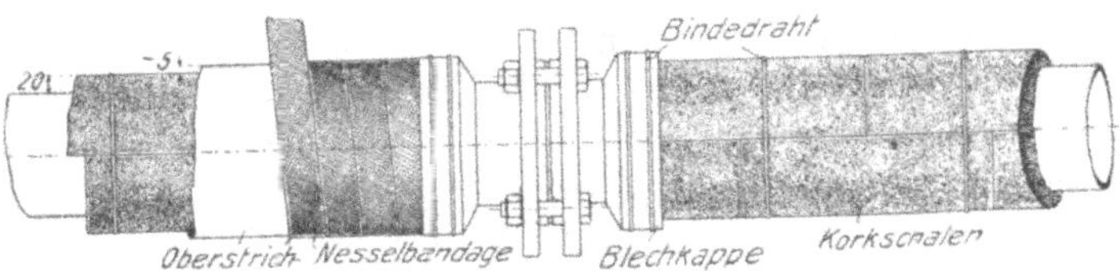

Abb. 393.

Dachpappstreifen dienen, die über die eigentliche Isolierung (15 mm Flachschnur und 25 mm Rundschnur in entgegengesetzter Richtung gewickelt) aufgebracht sind.

Für die Isolierung der Fernleitungen kann die Pasquaysche Ausführung nach Abb. 394 empfohlen werden, bei der über einen

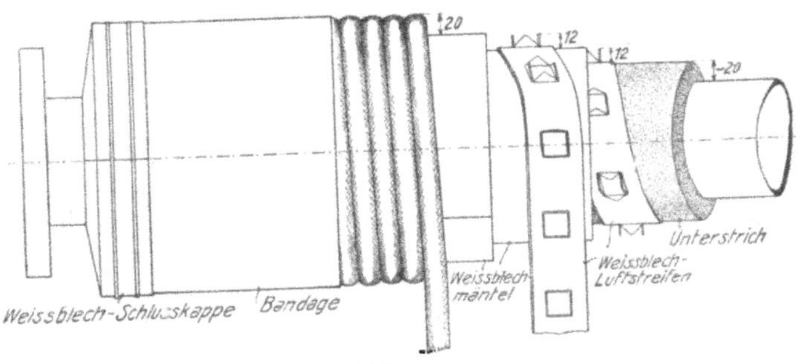

Abb. 394.

20 mm starken Unterstrich mit Asbestmasse ein oder zwei Luftmäntel, je nach Exponiertheit der Rohrleitung, und darüber eine 20 mm-Seidenzopfwicklung mit Bandage aufgebracht wird. Die Luftmäntel erhält man bequem mit Hilfe der reibeisenartigen Blechstreifen. Gebr. Sulzer benutzen mit Erfolg für Warmwasserverteilungs-, Umlauf- und Niederdruck-Kondensfernleitun-

gen einen Wärmeschutz, der aus 10 mm starker Kieselgurmasse, darüber etwa 20 mm starke Korkschalen, Gipsabglättung, Bandagen mit Dextrinüberzug und zweimaligen Ölanstrich besteht; ferner für Dampf- und Hochdruck-Kondensleitungen gleiche Ausführung, nur mit 20 mm starker Kieselgurmasse und 40 mm starken Korkschalen. Die vorstehenden Flanschen erhalten eine Kieselgurauffüllung bis auf Flanschendicke, darüber eine zweiteilige Blechbüchse und Bandagen.

In letzter Zeit legt man endlich auch in der allgemeinen Technik den Flanschen- und Ventilumhüllungen an Dampfleitungen die diesen zukommende große Bedeutung bei. Eberle hat nachgewiesen, daß der Einfluß der Flanschenisolierung etwa ebenso groß ist als die Verstärkung einer Rohrisolierung von 30 auf 60 mm. Das nackte Ventil ruft ohne das zugehörige Flan-

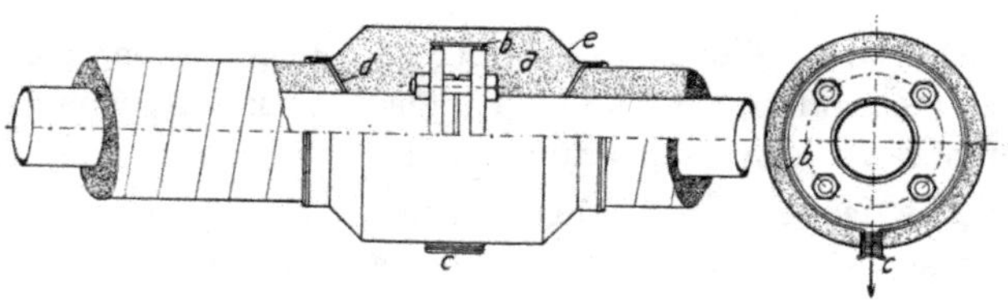

Abb. 395.

schenpaar der Rohrleitung einen Wärmeverlust hervor, welcher dem von 1 m nackter oder 5 m umhüllter Leitung bei 80% Wärmeersparnis gleichkommt. Man ersieht also, welch großen Wert eine sachgemäße Umhüllung der Flanschen, Ventile und sonstiger Organe hat, also gerade der Stellen, die bisher aus Bequemlichkeitsgründen gern offen gelassen wurden. Bei Neuanlagen sollte daher von vornherein darauf Bedacht genommen werden, sämtliche Flanschen, Krümmer von Lagerstellen freizuhalten, so daß eine einfache, sachgemäße Isolierung vorgenommen werden kann. Da sich an den Flanschen leicht Undichtigkeiten ergeben, ist die Isolierung an diesen Stellen mit Tropföffnungen (eingesetzte Röhrchen) zu durchsetzen und auswechselbar vorzusehen.

Die Wärmeschutz-Ges., Dortmund, sucht letzte Bedingung nach Abb. 395 zu erfüllen. Das Schutzmaterial ist plastische Masse. Um die Flanschen wird ein Blechring *b* gelegt, der an tiefster Stelle für die Tropföffnung aufgebogen ist. Der Tropfkanal *c* wird durch Drahtwicklungen gebildet. Die Flanschisolierung ist durch die Blechmanschetten *d* gegen die Rohrisolierung abgetrennt und mit einem Mantel aus Blech oder Dachpappe umgeben. Kempchen, Oberhausen, benutzt nach Abb. 396 Schalen *a*, welche die Vorzüge leichter Montage und bequemer Kontrolle besitzen. Die Lagerung der Schalen erfolgt auf Klemmscheiben *b*, die Abdichtung durch Zöpfe *d*. Die Tropföffnung *c* ist den Schalen gleich angearbeitet.

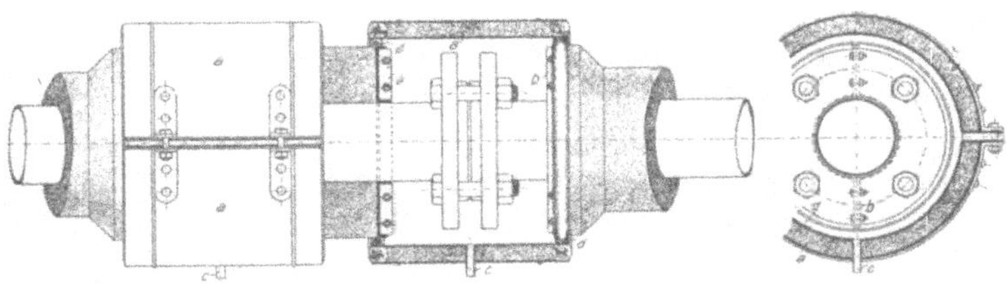

Abb. 396.

C. Die Leistung und der Wirkungsgrad der Wärmeschutzmittel.

Der Wärmeverlust in einem System, welcher einen Temperaturabfall von der Wärmequelle bis zu den Zapfstellen zur nachteiligen Folge hat, stellt sich um so größer, je geringer die Durchflußgeschwindigkeit der Flüssigkeit, je höher der Temperaturunterschied zwischen Wärmeträger im System und Außenluft und je umfangreicher und wärmedurchlässiger die Abkühlungsflächen sind.

Bei der Warmwasser-Gebrauchsleitung bestehen insofern noch ungünstigere Verhältnisse, als das Wasser über längere oder kürzere Zeiträume hin im System stillsteht, wenn nicht wirksame Zirkulationsleitungen für eine sichere Umwälzung des Wassers ständig sorgen. Will man Wasser von bestimmter Temperatur abzapfen können, so hat man die Wärmeverluste schon im Entwurf möglichst genau rechnerisch zu berücksichtigen, entweder direkt bemessen in WE oder in Prozenten nach dem Nutzeffekt der Transmissionsflächen.

Die Durchflußgeschwindigkeit hängt von der Art und Förderung des Wärmeträgers ab. Unter sonst gleichen Verhältnissen werden Hochdruckdampf weniger Wärmeverluste als Niederdruckdampf, Umlaufwasser weniger Verluste als Schwerkraftwasser ergeben. Wasser hält Wärme fester als Dampf. In Fernanlagen hat man oberschläglich bei 1÷3 m/s. Wassergeschwindigkeit mit 1÷2% Temperaturabfall auf 100 lfd. m Rohr mindestens zu rechnen.

In Tab. 69 sind die Abkühlungsverluste in einem Fernrohrnetz für die verschiedenen Wärmeträger gegenübergestellt. Die Werte in den Rubriken »unisol.« zeigen die Verluste, wenn die Kondensleitungen nicht isoliert sind. Bei Fernanlagen sollte daher die Isolierung der Kondensleitungen nicht umgangen werden. Die Werte für den Hochdruckdampf beziehen sich auf 11 Atm. Anfangsdruck und 4 Atm. Enddruck. Der Wirkungsgrad der Isolierung ist für die Dampf- und Warmwasserleitungen zu 0,8, für die Kondensleitungen zu 0,6 angenommen. Bei Warmwasser wird Umwälzung vorausgesetzt.

Tabelle 69.

Verluste durch Abkühlung in einem Fernrohrnetz bei der Überführung von 500 000 WE/h, nach Pakusa.

Entf. der Wärmeverbrauchsstelle v. der Zentrale in m	Abkühlungsverluste in Hundertteilen der zu überführenden Wärmemenge bei:					
	Niederdruckdampf		Hochdruckdampf		Warmwasser bei Temp.-Untersch.	
	isol.	unisol.	isol.	unisol.	20°	50°
100	3,3	4,4	2,6	3,7	1,9	1,8
200	7,0	9,2	5,5	7,7	3,8	3,5
300	11,2	14,6	8,8	12,2	5,6	5,3
400	15,0	19,4	11,8	16,2	7,5	7,1
500	20,4	25,9	15,3	20,8	9,4	8,8
600	24,5	31,1	18,4	25,0	11,3	10,6
700	28,6	36,4	21,4	29,2	13,1	12,4
800	35,3	44,2	24,5	33,4	15,0	14,1
900	39,7	49,7	27,2	37,2	16,9	15,9
1000	44,2	55,2	30,7	41,7	18,8	17,7

Der Temperaturabfall für 1 lfd. m Warmwasserrohr läßt sich nach Recknagel berechnen zu:

$$\tau = \frac{(t_o - t_l)\ (t - t_r)}{W_o} \cdot \lambda_i f \quad . \quad . \quad . \quad . \quad . \quad (40)$$

Hierin ist:

W_0 = die stündlich durch das Wasser geförderte Wärmemenge in WE;
λ_i = innerer Wärmeleitungskoeffizient in WE/h und 1^0;
f = Rohroberfläche in m^2/lfd. m;
t_0 = Rohroberflächentemperatur;
t_l = Temperatur der umgebenden Luft;
t = Temperatur im Vorlauf (Gebrauchsleitung);
t_r = Temperatur im Rücklauf (Zirkulationsleitung).

Es ist zu nehmen (siehe auch S. 552):

λ_i = 56 für Eisen, unverkleidet,
= 330 für Kupfer, »
= 60 für Messing, »

Für Wärmeschutzmittel ist λ_i aus Tab. 71 zu entnehmen.

Die Wärmeleitzahl drückt zahlenmäßig die Wärmeleitfähigkeit der Materialien aus. Sie stellt die Wärmemenge, in Grammkalorien gemessen, dar, die in 1 Sekunde durch 1 cm^2 bei 1^0 Temperaturgefälle und 1 cm Dicke des Materiales dringt. Sie gibt also einen Vergleich über die Transmissions- bzw. Isolationsfähigkeit zwischen verschiedenen Materialien. Um günstigere Zahlenwerte zu erhalten, wird die Wärmeleitzahl auf 1 Stunde und 1 m Schichtdicke bezogen, so daß diese sog. große Leitzahl um $\frac{3600}{10} = 360$mal größere Einheitswerte ergibt. Die große Wärmeleitzahl ist also die Wärmemenge, gemessen in kg/cal oder WE, die in 1 Stunde durch 1 m^2 bei 1^0 Temperaturunterschied und 1 m Dicke dringt.

Die große Wärmeleitzahl wird allgemein im Gegensatz zu einer äußeren Wärmeleitung als innerer Wärmeleitungskoeffizient λ_i eingeführt und analytisch ausgedrückt durch:

$$\lambda_i = W \cdot \frac{\delta}{t' - t''} \quad \quad (41)$$

Darin ist: W = stündlich durchgehende (transmittierte) Wärmemenge in WE/m^2; δ = Wandstärke in m; t' und t'' = Oberflächentemperaturen der Wandflächen, dabei $t' > t''$. Für technische Rechnungen liegt λ_i tabellarisch fest (siehe Tabelle 71). Für neue Stoffe ist λ_i natürlich erst durch genaue Versuche unter Zuhilfenahme der Gl. 41 zu bestimmen.

Die **Leistung**, d. h. die Güte oder der Nutzeffekt eines Wärmeschutzmittels bemißt man als Prozentsatz nach dem Wärmeverluste in WE und, um einen zutreffenden richtigen Vergleich zu haben, bezogen auf denselben Körper in nacktem, unverhülltem Zustande. Die rechnerische Bestimmung des Wärmeverlustes für geschützten wie nackten Körper ist gegeben durch die Transmissionsgleichung:

$$w_1 = f \cdot k\,(t - t_l) \text{ WE/h} \quad . \quad . \quad . \quad . \quad . \quad (42)$$

Hierin ist:

f = Größe der Wärme abgebenden Flächen in m^2, also:
$f = \pi\,(d_a + 2\delta)\,l$ für Rohre (Tab. V und VI),
d_a = äußerer Rohrdurchmesser in m,
δ = Stärke der Umhüllung = 0,015 ÷ 0,03 m,
l = Länge des Rohres in m,
t_l = Temperatur der f umgebenden Raumluft,
= ∾ 20 ÷ 10 ÷ 5° usw. je nach Art des Raumes,
k = Transmissionskoeffizient bei Wärmeübergang von Wasser durch die Wandung der Rohre, Behälter usw. in Luft (einschl. Strahlung).

Für die gewöhnlichen Ausführungen in den gebräuchlichen Wandstärken kann man annehmen:

k = 12 ÷ 16 für Schmiedeeisenfläche, nicht isoliert,
= 8 ÷ 10 » Gußeisenfläche, nicht isoliert,
= 12 ÷ 16 » Kupferfläche, nicht isoliert,
= 4 ÷ 6 » Metallfläche, isoliert mit 30 ÷ 15 mm starker Kieselgur- oder Korkschalenumhüllung,
= 1 ÷ 2 » Metallfläche, isoliert mit 45 ÷ 30 mm starker Seidenzopfumhüllung,
= 2 ÷ 3 » Metallfläche, isoliert mit 30 ÷ 15 mm starker Seidenzopfisolierung,
= 1 ÷ 2 » Metallfläche, isoliert mit 30 ÷ 15 mm starker Filzumhüllung.

Drückt w_1' den Wärmeverlust des nackten Rohres und w_1'' den des umhüllten aus, so ergibt sich die Wärmeersparnis zu:

$$\frac{w_1' - w_1''}{w_1'} \cdot 100 \text{ in \% des nackten Rohres.}$$

In nachstehender Tab. 70 sind die Leistungen einer Reihe wichtiger Wärmeschutzmittel als Wärmeersparnis in Prozenten des nackten Rohres nach Rietschel mit berichtigten neueren Werten aufgenommen. Diese Prozentzahlen geben einen Anhalt für die Begutachtung der Schutzmittel, und zwar je höher sich der Prozentsatz stellt, um so besser ist dasselbe.

Tabelle 70.

Wärmeersparnis E_w eines Wärmeschutzmittels in $^0/_0$ des nackten Rohres.

Art der Umkleidung	E_w bei einer Umhüllung in mm			
	15	20	25	30
Strohseil mit Lehm	31	36	40	43
Asbestschnur	41	44	46	48
Kieselgur, bandagiert, angestrichen	52	56	58	60
» mit Korkteilchen, nicht band.	65	69	72	74
» kalziniert	68	74	77	80
Korkschalen	56	65	71	76
Rohseide, Zopf ohne Luftschicht	75	78	82	85
» mit 12 mm Luftschicht	73	77	81	85
» mit Kieselgurunterstrich	76	79	82	86
Remanitzopf (karbonierte Seide)	74	78	82	86
Filz, bandagiert, mit Dextrin gestrichen	81	84	86	87

Bis 100° halten dauernd alle guten einwandfrei verlegten Isoliermittel, unmittelbar auf den zu schützenden Körper aufgebracht. Bei höheren Temperaturen des Durchflußstoffes empfiehlt sich ein Unterstrich oder Luftmantel, und zwar:

von 100÷120°: 10 mm Kieselgurunterstrich, darüber erst das Isoliermaterial;

120÷150°: 20 mm Kieselgurunterstrich und Luftmantel, darüber erst das Isoliermaterial;

150÷200°: Luftmantel, Asbestschicht, Luftmantel, darüber erst das Isoliermaterial.

Sind auch alle die vielen Versuchsergebnisse von verschiedenen Voraussetzungen ausgehend erzielt, so läßt sich hinsichtlich der Güte der Wärmeschutzmittel doch eine gewisse Reihenfolge festlegen, wie sie sich im großen und ganzen mit der älteren Rietschelschen Aufstellung deckt. Es folgen aufsteigend: Lehm-Strohseil, Asbest, Kieselgur, Kork, Seide, Filz; mit ihnen aber auch fast gleichen Schritt haltend die Preise !

Was die Güte der sonstigen untergeordneten Stoffe anbelangt, so erhält man am besten eine Beurteilung, wenn man diese Stoffe in Vergleich zu einem Vollschutzmittel stellt. Es sei hierzu der Filz als das Isoliermaterial von höchster Leistung gewählt. So verhalten sich:

Filz zu Sand . . . . wie 1 : 0,10
» » Schamotteziegel . . . . . . » 1 : 0,15
» » Kohlenasche . . . . » 1 : 0,30
» » Schlackenpulver . . . . . . » 1 : 0,35
» » Sägespäne . . . . » 1 : 0,50
» » Holzkohle . . . . » 1 : 0,60
» » Papiermasse . . . . » 1 : 0,85.

Über die Güte eines Wärmeschutzmittels für Rohre hat Eberle in der Zeitschrift des Ver. deutsch. Ing. 1908 eine Abhandlung gebracht, nach welcher der Wirkungsgrad η der Umhüllung berechnet werden kann zu:

$$\eta = 1 - \frac{t_o - t_l}{K \cdot 0{,}5\, d_a\, (t - t_l) \left(\frac{1}{(0{,}5\, d_a + \delta) K'} + \frac{1}{\lambda_i} \log \text{nat} \frac{0{,}5\, d_a + \delta}{0{,}5\, d_a} \right)} \quad \text{[1]} \qquad (43)$$

Hierin ist:

t = Temperatur des durchströmenden Wärmemittels;
t_l = Temperatur der umgebenden Luft, Raumluft;
t_0 = Oberflächentemperatur der Rohrwand, bzw. der Isolation,
$= t - 2^0$ bei Warmwasser,
$= t - 1^0$ bei Sattdampf,
$= t - 5^0$ bei Heißdampf;
d_a = äußerer Durchmesser des nackten Rohres in m;
δ = Stärke der Isolierung, $= \sim 0{,}010 \div 0{,}12$ m;
K = Wärmeabgabe des nackten Rohres in WE/m²-h-1⁰,
$K = 11{,}5 \div 9{,}5$, bei 80⁰ und 30÷150 mm Rohrdurchm. } für Warmwasser,
$K = 12{,}2 \div 16{,}8$, bei: 100÷200⁰ C, entspr. 1,0÷16,0 Atm. abs. } für Sattdampf,
$K = 11{,}5 \div 22{,}5$, bei 110÷400⁰ C Überhitzung } für Heißdampf;
K' = Wärmeabgabe des isolierten Rohres in WE/m²-h-1⁰ C,

[1] Dieser Summand steht mit unter dem Hauptbruchstrich

$K' = 5{,}5 \div 8{,}5$, bei 20^0 Lufttemperatur und $20 \div 88^0$ Oberflächentemperatur ;

λ_i = innerer Wärmeleitungskoeffizient des Isoliermateriales in WE/m^2-h-1^0 C, aus Tab. 71 zu entnehmen.

Tabelle 71.

Innerer Wärmeleitungskoeffizient λ_i und ungefähres Gewicht g von Wärmeschutzmitteln.

Wärmeschutzmittel	λ_i WE/m^2-h-1^0	bei einer Temperatur °C	g kg/m^3
Asbest, rein	$0{,}130 \div 0{,}169$	$0 \div 100$	575
Asbestmasse	$0{,}050 \div 0{,}053$	$100 \div 200$	650
Asche, Holzkohlen-, Koks-	$0{,}060 \div 0{,}065$	$0 \div 200$	1000
Baumwolle, gepreßt	$0{,}010 \div 0{,}040$	$0 \div 100$	600
» lose, Abfall	$0{,}047 \div 0{,}050$	$0 \div 100$	100
Bimskies, Kunstbims, gestampft	$0{,}079 \div 0{,}081$	$20 \div 65$	500
Dachpappe	$0{,}120 \div 0{,}125$	$0 \div 100$	4 kg/m^2
Filz, Kuhhaar-	$0{,}030 \div 0{,}050$	$0 \div 75$	180
Gips, Bau-	$0{,}330 \div 0{,}370$	$20 \div 100$	1200
Kieselgur, lose	$0{,}052 \div 0{,}079$	$0 \div 350$	350
» , naß aufgetragen	$0{,}083 \div 0{,}126$	$150 \div 350$	580
Kork-Mehl, Schrot	$0{,}031 \div 0{,}055$	$20 \div 200$	150
» Platten, Schalen	$0{,}045 \div 0{,}059$	$20 \div 100$	400
Masse, Kork-, Asbest-, Kieselgur-Stroh	$0{,}060 \div 0{,}081$	$0 \div 200$	700
Masse, Leroy-	$0{,}091 \div 0{,}110$	$50 \div 150$	750
» , Patentgurit	$0{,}080 \div 0{,}096$	$100 \div 250$	725
Sand, Quarz-, Fluß-, Kies	$0{,}270 \div 0{,}330$	$20 \div 150$	1600
Sägemehl	$0{,}050 \div 0{,}060$	$20 \div 100$	215
Schlacke, Hochofen	$0{,}095 \div 0{,}101$	$15 \div 125$	360
» , Steinkohlen	$0{,}100 \div 0{,}110$	$20 \div 150$	400
Seide, lose, Abfall	$0{,}045 \div 0{,}050$	$0 \div 100$	100
» , Zopf, Schnur	$0{,}039 \div 0{,}052$	$20 \div 350$	150
Torf, Mull, lose } Fasertorf	$0{,}050 \div 0{,}060$	$20 \div 100$	200
» , Schalen, Platten } Fasertorf	$0{,}049 \div 0{,}059$	$20 \div 100$	300
Wolle, Schaf-	$0{,}033 \div 0{,}050$	$0 \div 100$	135
Luft	0,02	0	1,293

Der Wirkungsgrad η der Isolierung wächst mit zunehmendem Rohrdurchmesser. So finden sich nach Gleichung (43) z. B.

für Schmiedeeisenrohr 32/38: $\eta = 0{,}793$
» » 45/51: $\eta = 0{,}806$
» » 70/76: $\eta = 0{,}820$
» » 100/108: $\eta = 0{,}826$
» » 150/159: $\eta = 0{,}831$.

Tabelle 72.

Oberfläche in m² der Rohrumhüllung für 1 lfd. m.

innerer Rohrdurchm.		Umhüllungsstärke in mm						äußerer Rohrdurchm.		
mm	Zoll	15	20	25	30	35	40	mm	Zoll	
13	$^1/_2$	0,157	0,189	0,220	0,251	0,283	0,314	20,5		Geschweißtes Schmiedeeisenrohr (Gasrohr); nach innerem Durchm. in Zoll benannt.
19	$^3/_4$	0,176	0,207	0,239	0,270	0,302	0,333	26,5		
25	1	0,195	0,226	0,258	0,289	0,320	0,352	33		
32	$1^1/_4$	0,223	0,254	0,286	0,317	0,349	0,380	42		
38	$1^1/_2$	0,242	0,273	0,305	0,336	0,368	0,399	48		
45	$1^3/_4$	0,261	0,292	0,324	0,355	0,386	0,418	51,5		
51	2	0,283	0,314	0,346	0,377	0,408	0,440	60		
57	$2^1/_4$	0,314	0,345	0,377	0,408	0,439	0,471	70		
63	$2^1/_2$	0,324	0,355	0,386	0,418	0,449	0,481	76		
76	3	0,364	0,396	0,427	0,459	0,491	0,522	89		
89	$3^1/_2$	0,405	0,437	0,468	0,500	0,531	0,562	101		
102	4	0,449	0,481	0,512	0,544	0,575	0,606	114	$4^1/_2$	
119			0,525	0,556	0,587	0,619	0,650	127	5	patentgeschweißtes Schmiedeeisen- oder Stahlrohr (Siederohr); nach äußerem Durchm. in Zoll benannt
131			0,565	0,597	0,628	0,660	0,691	140	$5^1/_2$	
143			0,603	0,635	0,666	0,697	0,729	152	6	
156			0,644	0,675	0,707	0,738	0,770	159	$6^1/_2$	
169			0,685	0,716	0,748	0,779	0,811	178	7	
180			0,726	0,757	0,789	0,820	0,851	191	$7^1/_2$	
192			0,763	0,795	0,826	0,858	0,889	203	8	
203			0,804	0,835	0,867	0,898	0,929	216	$8^1/_2$	
216			0,845	0,876	0,908	0,939	0,971	229	9	
228			0,882	0,914	0,945	0,977	1,008	241	$9^1/_2$	
241			0,924	0,955	0,986	1,021	1,049	254	10	

Beispiel 1. Welche Wärmeersparnis läßt sich an einer 51/60 mm Eisenrohrleitung, die Warmwasser von 80° zu fördern hat, mit einer 20 mm starken Seidenzopfisolierung erzielen? Die Temperatur der Räume, in denen die Leitung verlegt ist, beträgt 20°.

Für 51/60 mm-Rohr ist nach Tab. V 1 die Rohr-Mantelfläche 0,1885 m²/lfd. m. Mit $k = 15$ nach S. 524 ergibt sich der stündliche Wärmeverlust des nackten Rohres nach Gleichung (42) zu:

$$w_1' = f \cdot k\,(t - t_l) = 0{,}1885 \cdot 15\,(80 - 20) = 169{,}65 \text{ WE/m}^2.$$

Bei 20 mm Umhüllung ist die Mantelfläche nach Tab. 72: $f = 0{,}314$ und nach S. 524 $k = \backsim 2{,}5$. Damit stellt sich der stündliche Wärmeverlust des isolierten Rohres auf:

$$w_1'' = 0{,}314 \cdot 2{,}5\,(80 - 20) = 47{,}10 \text{ WE/m}^2.$$

Mithin ist die Wärmeersparnis:

$$\frac{w_1' - w_1''}{w_1'} \cdot 100 = \frac{169{,}65 - 47{,}10}{169{,}65} \cdot 100 = 72\%$$

In Tabelle 70 finden sich für ähnliche Ausführung 78%.

Beispiel 2. Wie groß stellt sich der Temperaturabfall für die Rohrleitung des vorstehenden Beispieles 1, wenn die Temperatur im Rücklaufrohre (Zirkulationsrohre) nicht unter 50° sinken soll? Bis zu welcher Rohrlänge kann diese Bedingung erfüllt werden?

Nimmt man die Wassergeschwindigkeit mit $v = 0{,}07$ m/s an, so kann das 51/60 mm-Rohr mit 20,37 cm² Querschnitt (Tabelle V 1) eine Wassermenge fördern von:

$$Q = q \cdot v \cdot 3600 = 0{,}002037 \cdot 0{,}07 \cdot 3600 = 0{,}51 \text{ m}^3 \text{ oder} = 510 \text{ l/h}.$$

Diese hat (gemäß Gleichung (53)) eine Wärmemenge

$$W_0 = Q\,(t - t_1) = 510\,(80 - 50) = 15\,300 \text{ WE/h}$$

zu tragen. Nach Gleichung (40) bestimmt sich damit der Temperaturabfall für das nackte Rohr mit $t_0 = 80 - \backsim 2^0 = 78^0$ zu:

$$\tau = \frac{(t_o - t_l)\,(t - t_r)}{W_o} \cdot \lambda_i \cdot f = \frac{(78 - 20)\,(80 - 50)}{15\,300} \cdot$$

$$\cdot 40 \cdot 0{,}1885 = 0{,}852^0 \text{ C/lfd. m}$$

Der entfernteste Punkt der Rohrleitung, bis zu der das Wasser noch mit der zulässig niedrigsten Temperatur von $t_1 = 50^0$ gefördert werden kann, liegt also in einer Entfernung von:

$$l = \frac{t - t_r}{\tau} = \frac{80 - 50}{0{,}852} = 35 \text{ m}$$

Beim mit Masse umhüllten Rohre wird dagegen:

$$\tau = \frac{(78 - 20)\,(80 - 50)}{15\,300} \cdot 0{,}08 \cdot 0{,}314 = 0{,}00\,286^0 \text{ C/lfd. m},$$

das macht auf 35 m nur $0{,}00286 \cdot 35 = 0{,}0995^0$. Eine Abkühlung des

Wassers von 80° auf 50° würde erst nach Durchfluß einer Rohrstrecke von $l = \frac{80 - 50}{0{,}00286} = 10563$ m $= 10$ km 563 m eintreten, also in einer Rohrlänge, die praktisch gar nicht in Betracht kommt.

Beispiel 3. Es ist der Wirkungsgrad einer 40 mm-Seidenzopfisolierung einer 4''-Mannesmannrohr-Warmwasserfernleitung zu bestimmen. Es ist: $d_a = 102$ mm; $0{,}5\, d_a = 51$ mm $= 0{,}051$ m; $\delta = 0{,}04$; $t = 90^0$; $t_l = 20^0$; $t_0 = t - 2 = 90 - 2 = 88^0$.

Angenommen werden nach S. 526 und Tab. 71:

$$\lambda_i = 0{,}048;\quad K = 10 \text{ und } K' = 8.$$

Damit berechnet sich nach Gleichung (43):

$$\eta = 1 - \frac{88 - 20}{10 \cdot 0{,}051\,(90 - 20)\left(\frac{1}{(0{,}051 + 0{,}04)8} + \frac{1}{0{,}048}\log\text{nat}\,\frac{0{,}051 + 0{,}04}{0{,}051}\right)}$$

$$\eta = 1 - \frac{68}{35{,}7\,(1{,}36 + 20{,}84 \cdot \log\text{nat}\ 1{,}77)} = 1 - 0{,}14$$

$$\eta = 0{,}86.$$

Beispiel 4. In der Physikalisch-Technischen Reichsanstalt Charlottenburg lagen neue Fasertorfplatten der Gesellschaft für Torfisolation Gustav Huhn, Berlin, zwecks Bestimmung der Isolierfähigkeit vor.

Eingesandtes Versuchsmaterial:

Die Platten bestehen aus Torfmoos und etwas Bindematerial und sind unter Druck hergestellt. Jede Platte ist annähernd 50 mm dick, 400 mm lang, 400 mm breit und 2,2 kg schwer.

Ergebnisse eines Versuches:

Elektrisch stündlich zugeführte Wärmemenge: 28,1 WE/h.
Stündlicher Wärmeverlust: 3,8 WE/h.
Effektive Wärmemenge $W = 28{,}1 - 3{,}8 = 24{,}3$ WE/h.
Mittlere Temperatur an der heißen Plattenseite $t' = 72{,}8^0$ C.
Mittlere Temperatur an der kalten Plattenseite $t'' = 10{,}3^0$ C.
Temperaturunterschied zwischen beiden Seiten der Platten $t' - t'' = 62{,}5^0$ C.

Mittlere Temperatur der Platten $\frac{t' + t''}{2} = 41{,}5^0$ C.

Von der effektiven Heizwärme durchströmter Querschnitt der Platten $F_1 + F_2 = 0{,}322\ \mathrm{m}^2$.

Mittlere Dicke der Platten $\delta = \frac{\delta_1 + \delta_2}{2} = 0{,}0478\,\mathrm{m}$.

Berechnung der Wärmeleitzahl aus diesen Versuchswerten:

Maßgebend ist die Gleichung (41). Zu berücksichtigen ist aber dabei, daß obige Versuchsergebnisse nicht aus 1 m² Plattenfläche, sondern aus $F_1 + F_2$ gefunden wurden. Demgemäß hat man zu rechnen:

$$\lambda_i = W \cdot \frac{\delta}{t' - t''} \cdot \frac{1}{F_1 + F_2} = 24{,}3 \cdot \frac{0{,}0478}{62{,}5} \cdot \frac{1}{0{,}322}$$

$$\lambda_i = 0{,}05\,759 = \sim 0{,}058$$

Drei weitere Versuche ergaben folgende Werte:

	Versuch:	II.	III.	IV.
bei mittlerer Temperatur:	$\frac{t' + t''}{2} =$	47,3	22,8	43,1°C
	$\lambda_i =$	0,060	0,058	0,061

Daraus folgt dann im Mittel bei einer mittleren Temperatur von:

$$\frac{41{,}5 + 47{,}3 + 22{,}8 + 43{,}1}{4} = 38{,}7 \text{ oder } = \sim 39^0$$

der innere Wärmeleitungskoeffizient der Fasertorfplatten zu:

$$\frac{0{,}058 + 0{,}060 + 0{,}058 + 0{,}061}{4} = 0{,}059,$$

ein Wert, der sehr günstig und gut ist.

XI. Die Deckung, Aufspeicherung und Größe der erforderlichen Wärmemenge.

A. Die Deckung und Aufspeicherung der Wärmemenge.

Die zum Verbrauche verfügbare und aufgespeicherte Wärmemenge befindet sich bei direkter Entnahme aus dem Wärmeerzeuger in diesem selbst, also in dem Kessel oder in einem Warmwasserbehälter oder schließlich teils in jenem, teils in diesem. Bei einer indirekten Erwärmung mittels der Gegenstromapparate ohne Einschaltung eines Behälters erfolgt die Deckung stets dem Bedarfe nach, so daß mit einer Aufspeicherung überhaupt nicht gerechnet wird.

Ist einem Kessel oder Ofen die Eigenschaft eines Wärmespeichers mitgegeben, so darf natürlich der gesamte Inhalt nicht als Speicher angesehen werden, da das ständig zufließende Speisewasser zu seiner Eigenerwärmung eine bestimmte niedrigste Temperatur, eine genügende Wärmemenge verlangt; mindestens $\frac{1}{3}$ des Inhaltes ist hierfür vorzusehen.

Ein gleichmäßiger Warmwasserverbrauch läßt sich ohne Wärmeaufspeicherung mit Hilfe der Gasautomaten oder selbstregelnden Dampfwarmwasseranlagen bewältigen; wie auch ferner mit Hilfe aller Gasöfen, Kessel und Apparate, die imstande sind, den größten Verbrauch zu jeder Zeit decken zu können, und deren Zuflußleitungen sofort abgesperrt werden können, sobald die Warmwasserentnahme aufhört. Bei den mit festen Brennstoffen betriebenen Anlagen läßt sich die Wärmeentwicklung nicht sogleich einstellen, weshalb für diese eine Aufspeicherung der noch nach Einstellen des Betriebes erzeugten Wärme vorzusehen ist. Auch muß für diese letztbenannten Anlagen schon aus dem Grunde eine Wärmeaufspeicherung ermöglicht werden, um bei größtem Bedarfe an Warmwasser stets eine genügende Menge zur Verfügung zu haben; denn in den wenigsten Fällen wird die Heizfläche des Wärmeentwicklers so groß gemacht werden können, daß der in der Zeiteinheit erforderliche größte Effekt eingehalten werden kann. Bei Anlagen, deren Wärmequellen nicht ständig in Betrieb sind, wie die Küchenherdfeuerungen, und bei denen zu jeder Zeit ein Wärmeverbrauch eintreten kann, ist ein Wärmespeicher in Gestalt eines Warmwasserbehälters von vornherein unbedingt vorzusehen, auch schon deshalb, um den während des Betriebes sich ergebenden Überschuß an Wärme aufspeichern zu können.

Sehr maßgebend für die Frage, ob eine Wärmeaufspeicherung am Platze ist oder nicht, ist die Art des Betriebes der Anlage. Der unterbrochene Betrieb beschränkt sich zur Hauptsache auf die Klein- und Lokalanlagen und zum größten Teil auf die häuslichen Badeeinrichtungen. Für diese wird durch die meisten üblichen Badeofensysteme für feste, flüssige Brennstoffe und Gas eine Wärmeaufspeicherung umgangen, indem das erwärmte Wasser aus dem Ofen in die Wanne fließt und sich solange durch kaltes Wasser ergänzt, bis die Wanne gefüllt ist. Eine gewisse Wärmeaufspeicherung ergibt sich dann zwar hinterher bei Abstellen des Ofens, welcher Umstand vorteilhaft für ein Nachbrausen ist. Ein Nachteil der fehlenden Wärmeaufspeicherung liegt darin, daß das Bad nach seiner Herstellung sofort zu benutzen ist, wenn nicht eine unnötige Wärme- und Brennstoffvergeudung hervorgerufen werden soll.

Ein dauernder Betrieb, d. h. ein stetiges Bereithalten von Warmwasser, macht sich dort nötig, wo das Wasser während des ganzen Tages über mehrfach und zu unbestimmten Zeiten benutzt wird. Derartige Verhältnisse finden sich für die meisten Badeanstalten, industriellen Betriebe und zentralen hauswirtschaftlichen Anlagen. Ist der Warmwasserverbrauch ein sehr schwankender, so hat man entweder durch Einschaltung von Gegenstrom-, Misch- und Strahlapparaten eine Wärmeaufspeicherung ganz zu umgehen oder mit einer entsprechend großen Aufspeicherung zu rechnen. Je größer letztere gewählt wird, je kleiner kann die wärmeentwickelnde Kesselheizfläche und je kürzer unter Umständen die Anheizdauer gehalten werden. Ist Zeit für die Wärmeaufspeicherung hinreichend vorhanden, so ist anstatt eines flotten, ein so langsamer Betrieb als eben angängig zum großen Vorteil einer hohen Brennstoffausnutzung durchzuführen. Solche Maßnahme läßt sich jedoch nur dort treffen, wo die Warmwasserbereitungsanlage ihre eigene Heizquelle besitzt.

Wird die Anlage nachts nicht außer Betrieb gesetzt, was mit Schüttfeuerung leicht durchführbar ist, so wird sich ein besonderer Wärmespeicher anzuordnen sehr empfehlen, wenn auch die nächtlich zurückhaltend entwickelte Wärme zum größten Teil zur Deckung der Transmissionsverluste in der ganzen Anlage dienen wird.

Die Größe der Wärmeaufspeicherung wird äußerst verschieden angenommen. Sie ist ja auch mehr oder weniger von dem Zwecke und der Eigentümlichkeit der Anlage abhängig. Es wird in vielen Fällen als Normalmaß angesehen, sowohl die ganze stündlich zu erzeugende Wärmemenge aufzuspeichern, wie auch nur die Hälfte und weniger oder sogar das Doppelte und mehr. Ebenso notwendig es ist, stets eine genügende Wärmemenge bereit zu haben, ebenso unzulässig und falsch ist es, die Wärmeaufspeicherung etwa aus Sicherheitsgründen zu groß zu bemessen, wodurch nur eine Erhöhung der Anlage- und Betriebskosten hervorgerufen wird. Für Mietshäuser und ähnliche Anlagen kann die Wärmeaufspeicherung weit geringer als der Maximalbedarf gehalten werden, da alle Hauptzapfstellen, die Badewasserhähne nie zu gleicher Zeit laufen.

B. Die Größe der erforderlichen Wärmemenge.

Um die Wärmemenge w bestimmen zu können, die dem Wasser einer Warmwasserbereitungsanlage in einer Zeiteinheit zugeführt werden muß, damit in dieser Zeit eine bestimmte Warmwassermenge Q zur Verfügung steht, muß gemäß der Gleichung $w = Q\ (t - t_1)$ (siehe unten) einmal die erforderliche Wassermenge Q und dann die Höhe der Wassertemperatur t bekannt sein.

a) Die Größe des Verbrauches und der Temperatur des Warmwassers.

Der Verbrauch bzw. der Bedarf warmen Wassers ist in den wenigsten Fällen von vornherein ganz genau festzustellen. In industriellen Betrieben ist dies noch eher möglich als in Haushaltungen, in denen das Bedürfnis nach warmem Wasser auf Grund der Gewohnheiten, Lebensweise und Stärke der Familien zu verschieden ist. In einem Privathause eines einzigen Besitzers läßt sich der Verbrauch immer noch leichter festlegen als in Mietshäusern, in denen die Mieter mit ihren so verschiedenen Bedürfnissen und Gewohnheiten von Zeit zu Zeit wechseln. Trotzdem die Anlagen, wie selbstverständlich, für den Höchstbedarf bemessen werden, versagt eine große Zahl derselben doch gerade dann, wenn sie am nötigsten gebraucht werden. Solch mißliche Zustände finden sich sowohl in kleinsten häuslichen Warmwasserbereitungen als auch in den Großanlagen.

Für Haushaltungen ist die gegebene Wärmequelle der Küchenherd, der zu den Mittagsstunden in Vollbetrieb steht, während der größte Warmwasserverbrauch vor und nach dieser Zeit eintritt, des Vormittags zur Reinigung der Wohnung, des Nachmittags zur Reinigung des Geschirrs. Das überall die größte Warmwassermenge verlangende Wannenbad hat in einfachen Haushaltungen keinen so bedeutenden Einfluß auf die ganze Anlage; denn es wird in der Regel abends oder frühmorgens gebadet, zu Zeiten, zu denen ein merklicher Warmwasserverbrauch für andere Zwecke nicht eintritt.

Ähnlich, aber weit ungünstiger, liegen die Verhältnisse in Hotels, Gasthäusern aller Art und sonstigen gleichen Betrieben mit deren erhöhten Anforderungen und Bedürfnissen an Warmwasser. In diesen größeren Anlagen erfolgt häufig und an sich praktisch die Warmwasserbereitung von den fast ständig über Tag in Betrieb stehenden großen Wirtshausherden aus unter Zuhilfenahme eines Herdeinsatzes oder Herdkessels. Jedoch werden auch hier die Zeiten des stärksten Herdbetriebes und des größten Warmwasserverbrauches selten zusammenfallen. Diese Anlagen haben in Gasthöfen mit neuzeitlichen Anforderungen viel Warmwasser zu liefern für die Waschbecken in den Fremdenzimmern und allgemeinen Räumen; ferner für Küchenzwecke zur Speisenbereitung, zum Aufwaschen des Geschirrs, zum Reinigen der Räume; für Badezwecke zu zwei und mehr Wannen- und Brausebädern; schließlich für Hof- und Stallzwecke zum Tränken der Tiere, Reinigen der Wagen, Geschirre usw. In solchem Falle ergibt sich ein sehr unregelmäßiger und verschiedener Wasserverbrauch, der zumeist zu der Zeit der geringsten Wärmeerzeugung, morgens und nachmittags, einsetzt. Ein einigermaßen bestimmter Warmwasserverbrauch für die Zeiteinheit, selbst wenn die einzelnen Wassermengen annähernd sicher bestimmbar sind, ist hier schwer festzulegen. Man behilft sich dann immer wieder mit der Tages-Maximalwassermenge oder eines Teiles davon.

Die genausten Werte des größten Warmwasserverbrauches liegen neben einzelnen gewerblichen und industriellen Anlagen für Badeanstalten fest. Dort hat man eine bestimmte Zahl Wannen und Brausen, jede dieser Zapfstellen verlangt eine bestimmte Menge Warmwasser. Mithin ergibt sich ein bestimmter maximaler Warmwasserverbrauch — aber nicht immer für die Zeiteinheit, für jede Stunde gleichbleibend. In öffentlichen Badeanstalten besonders macht sich dieser Umstand unangenehm geltend. Der Andrang zu den Bädern ist an einigen Tagen der Woche, vor allem am Sonnabend, ganz beträchtlich stärker als an den übrigen Tagen. Und wird die Anlage für diesen, wenn auch kurz anhaltenden Höchstbedarf nicht bemessen, so kann sie gerade dann versagen, wenn sie am nötigsten gebraucht wird. Geschickte Badeverwalter und Wärter wissen sich aber häufig ganz gut durch Abkürzen der Brausebadezeit, Knappbemessen der Menge und Temperatur des Warmwassers usw. über die schwierigen Betriebszeiten hinwegzuhelfen. Günstig hinzu kommt ja der Umstand, daß zur Sommerszeit trotz der Freibäder, Flußbäder, die in Großstädten keine so große Entlastung den Badeanstalten bringen, als man annehmen sollte, ein Bedürfnis nach hochtemperiertem Badewasser nicht vorliegt, daß aber die Anlage für die Höchsttemperatur bemessen ist.

In einem Volksbade der Stadt Dessau, das 2 Catena-Strebelkessel zu je 18 m² Heizfläche, 10 Wannen und 20 Brausen besitzt, wurden infolge geschickter Disposition der Verwaltung als Höchstleistungen am Pfingst-Sonnabend des Jahres:

	1910:	1911:	
	227	191	Wannenbäder
	393	485	Brausebäder
insgesamt:	620	676	Bäder

verabreicht in einer Zeit morgens von $7^{00} \div 12^{30}$ und nachmittags von $3^{00} \div 9^{00}$, also in 11½ Stunden. Das Wasser wird in einem offenen Behälter auf 60° erwärmt.

Vielfach leiden die Anlagen, wenn sie im übrigen ausreichend bemessen sind und genügen, an der Größe des Warmwasserbehälters, auf welchen Umstand schon an verschiedenen Stellen hingewiesen ist. Zur Übersicht der Größenbestimmung derartiger Anlagen ist nach Briner[1]) die Tab. 73 in abgeänderter Form aufgenommen, aus welcher für Badeanstalten die Höchstzahl der Bäder, die in bestimmten Zeiten unter normalem Betriebe verabreicht werden können, und die wichtigsten Größenverhältnisse ersichtlich sind. Die Tabellenwerte sind Resultate vielfacher Untersuchungen und haben sich in der Praxis bewährt. Für die kleinen und mittleren Anlagen ist ein Rundkessel, für die großen Anlagen ein Gliederkessel angenommen. Über Anwendung der Tabelle 72 siehe Beispiel 1, XII d), S. 574.

Im folgenden sind einige Daten für den Verbrauch und die Temperatur des warmen Wassers angeführt, Zahlen, wie

[1]) Haustechnische Rundschau, Heft 8. 1912.

sie sich im Laufe der Zeit als erforderlich und für die Zugrundelegung einer technischen Rechnung als praktisch herausgebildet haben.

Tabelle 73.

Anzahl der Wannen	Warmwasser-Kessel: Kesselheizfläche m²	Warmwasser-Kessel: oberste Beanspruchungsgrenze in WE/h WE/h	Behälter: Nutzbarer Inhalt des Druck-Warmwasserbehälters l	Behälter: Behälter-Heizschlangen-Leistung WE/h	Anheizzeit h	Anzahl der zu verabfolgenden Bäder: nach dem Anheizen	Anzahl der zu verabfolgenden Bäder: in der nach dem Anheizen folgenden Stunde	Anzahl der zu verabfolgenden Bäder: insgesamt nach 3 Stunden
1	1,60	25 600	400	25 600	1	2	2	6
2÷3	2,15	34 400	750	33 400	2	4	3	7
4÷5	2,15	34 400	1 100	34 400	2	6	3	9
6	2,65	42 500	1 200	41 600	2	6	4	10
7÷8	2,65	42 500	1 300	41 600	2	7	4	11
9	2,65	42 500	1 400	41 600	2	7	4	11
10	3,00	48 000	1 500	48 000	2	8	5	13
11÷13	3,00	48 000	1 600	48 000	2	9	5	14
14÷15	3,30	53 000	1 700	53 000	2	9	6	15
16	3,95	63 000	1 800	61 000	2	10	7	17
17÷18	3,95	63 000	2 000	61 000	2	11	7	18
19÷20	3,95	63 000	2 100	61 000	2	12	7	19
21÷22	4,60	73 300	2 200	73 000	2	12	8	20
23÷24	4,60	73 300	2 300	73 000	2	13	8	21
25÷26	4,60	73 300	2 400	73 000	2	14	8	22
27÷28	4,60	73 300	2 600	73 000	2	15	8	23
29÷31	8,40	84 000	2 600	80 000	2	15	9	24
32÷33	8,40	84 000	2 700	80 000	2	16	9	25
34÷35	12,00	96 000	2 700	90 000	2	16	10	26

Die Warmwassermenge.

Es sei q = Warmwasserbedarf für eine Zapfstelle in l

q_h = » in l, bezogen auf die Stunde.

Es sei hier bemerkt, daß es häufig angebracht sein wird, um nicht mit zu kleinen Zahlen und zu günstig zu rechnen, den Warmwasserbedarf nicht auf die Stunde, sondern vielleicht auf eine passende Minutenzahl zu beziehen, auf eine Zeit, in der ein bestimmter Verbrauch eintritt. So kann man rechnen:

Für Haushaltungs- und Wirtschaftszwecke:

$q = \sim 5$ l für einen gewöhnlichen Zapfhahn zu $\frac{1}{2}''$ (diese für Auslässe, Spültische usw. spielen gegenüber Bädern keine Rolle und können bei geringer Zahl vernachlässigt werden),

$q = 8 \div 10$ l für einen gewöhnlichen Zapfhahn zu $\frac{3}{4}''$.

$q_h = 200$ l für ein Waschbecken für Hände, Gesicht in Wirtshäusern.

$q = 50$ l für einen Spültisch zum Geschirrwaschen. Besserer Spültisch hat 2 Fächer zum Vor- und Nachspülen. Bei vollem Betriebe ist jede $\frac{1}{4}$ Stunde Wasserwechsel, also $4 \cdot 50 = 200$ l,

$q_h = 200$ l für einen Spültisch zum Vor- und Nachspülen.

$q = 75 \div 150$ l für eine Badewanne mit kleinem Wasserinhalt,

$q = 160 \div 200 \div 225$ l für eine normal große Badewanne,

$q = 250 \div 350$ l » » » » » mit Brause.

$q = 30$ l für ein Sitzbad.

$q = 125$ l auf den Tag für ein Ausgußbecken in Krankenhäusern,

$q = 300$ l » » » » einen Spültisch » »

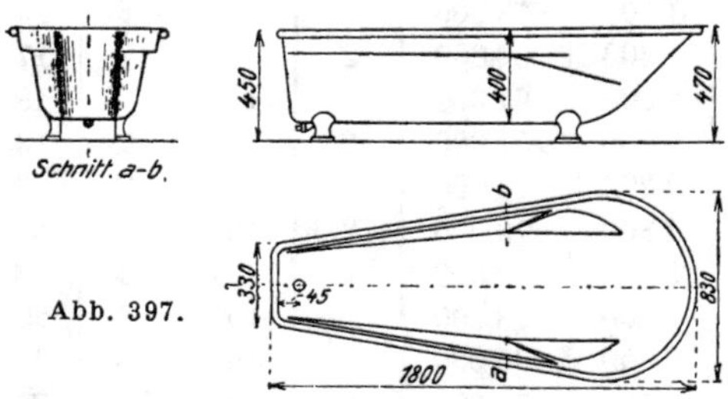

Abb. 397.

Den größten Warmwasserverbrauch in der Haushaltung beansprucht ein Wannenbad mit $160 \div 200$ l. Wird auf größte Wasserersparnis Wert gelegt, so empfiehlt sich die von Prof. Junkers eingeführte neue Sparwanne Abb. 397, deren Wasserinhalt nur 80 l beträgt, wobei infolge der Wulsteinziehung der Wannenflächen der Körper des Badenden trotzdem bis zum Halse mit Wasser bedeckt ist. Die geringe Wasserfüllung verlangt entsprechend kleinere Badeöfen, verminderten Verbrauch an Heizmaterial und kürzere Anheizdauer.

Für Krankenhäuser, Heilanstalten u. dgl.:

$q = 150 \div 200$ l/Tag und Kopf für Heilanstalten, Verpflegungshäuser,

$q = 550 \div 800$ l/Tag und Kopf für Krankenhäuser.

Für Fabriken, Internate u. dgl.:
$q = 7 \div 8$ l für ein Waschbecken in Reihenwaschtischen. Über Brausebäder siehe Badeanstalten.

Für Wäschereien:
$q = 4000 \div 5000$ l für 100 kg Wäsche zum Einweichen und Waschen. In 10 Std. kann eine mittlere Waschanstalt $450 \div 500$ kg Wäsche waschen, somit in 1 Std.: 5 kg mit $\frac{5 \cdot 5000}{100}$ l Wasser oder
$q_h = 250 \div 300$ l für mittlere Waschanstalt.

Für eine Waschanstalt, die einem großen Schwimmbade mit Einzelbädern angegliedert wird, geht man mit q_h bis auf 500 l und mehr hinauf.

Für Brauereien:
$175 \div 200$ l auf 100 l erzeugten Bieres zum Maischen, Überschwänzen,
50 l auf 100 l erzeugten Bieres zum Reinigen der Transportgefäße, Flaschen, Fässer usw.

Mit 20% Zuschlag für sonstigen Gebrauch wird:
$q = 275 \div 300$ l auf ein hl Bier,
oder: man rechnet $2{,}0 \div 2{,}5$ hl Anschwänzwasser auf 1 Ztr. Malz und dabei eine einmalige Einmaischmenge

von $2 \div 20$ Ztr. für kleine Brauereien,
» $25 \div 60$ » » mittlere »
» $75 \div 100$ » » große »

Für Schlachthäuser:
wird Warmwasser gebraucht für Kaldaunen-, Brüh- und Schweinebrühbottiche. In mittlerer Anstalt mit 10 Kaldaunenbottichen zu ∾ 100 l Inhalt wird alle ¼ Std. Warmwasser gewechselt, also in 1 Std. $4 \cdot 100 \cdot 10 = 4000$ l. Das Warmwasser des allgemeinen Brühbottichs von 500 l wird ∾ 2mal täglich bei 10stündigem Betriebe erneuert und bei dauerndem Zu- und Ablauf, so daß in 1 Std. 50 l Warmwasser zuzufließen haben; desgleichen auch der Schweinebrühbottich von 2000 l Inhalt, also 200 l in 1 Std. Somit im ganzen $4000 + 50 + 200 = 4250$ l oder:
$q_h = 4250 \div 4500$ l für mittleres Schlachthaus (Städte mit 20000 bis 25000 Einwohnern).

Für Badeanstalten:

$q = 200 \div 300$ l für ein Wannenbad, bei 30 Minuten Badezeit,
$q_h = 400 \div 600$ l » » »
$q_h = 500 \div 700$ l » » » mit Brause.
$q = 25$ l für ein Brausebad in Schulen, Kasernen,
$q = 40$ l » » » » öffentlichen und Arbeiterbädern.

Badezeit, d. h. Benutzungszeit der Brause ist 4 Minuten, somit im ungünstigsten Falle, wenn keine Unterbrechung stattfindet:

$$\frac{25 \cdot 60}{4} = 375 \text{ bzw. } \frac{40 \cdot 60}{4} = 600 \text{ oder:}$$

$q_h = 350 \div 400$ l für eine Brause in Schulen, Kasernen, Gefängnissen,
$q_h = 600 \div 750$ l für eine Brause in öffentlichen und Fabrikanstalten.
$q_h = 800 \div 1000$ l für eine Mantel-, Sitz- und Vollstrahldusche,
$q_h = 100 \div 180$ l für ein Fußwaschbecken, ständig laufend,
$q_h = 500 \div 600$ l für ein Reinigungsbecken mit Brause in Schwimmbadeanstalten. Besitzt das Schwimmbassin einen Inhalt J_B, so ist:

$q_h = \left(\frac{1}{25} \div \frac{1}{40}\right) J_B$ als stündliche ständige Erneuerung des Warmwassers im Bassin (Neufüllung über Nacht),
$q_h = 500 \div 1000$ l für ein Vollbad.

Mit Hilfe dieser Daten bestimmt sich der erforderliche Warmwasserverbrauch zu:

$$Q = \Sigma q \text{ Liter}$$

oder, bezogen auf die Stunde:

$$Q_h = \Sigma\, q_h \text{ Liter} \quad \ldots \ldots \quad (44)$$

In Mietshäusern entsteht der Hauptwarmwasseranfall für die Zeiteinheit durch die Wannenbäder, wogegen der Wasserverbrauch der übrigen Zapfstellen in Küche, Toilette usw. unbedeutend ausfällt. Geht man von dem von Esmarchschen Grundsatz aus: »Jedem Deutschen wöchentlich ein Bad«, so würden sich für Z_P Personen einer Wohnung und Z_W Wohnungen eines Hauses $Z_P \cdot Z_W$ Wannenbäder wöchentlich ergeben. Da die Besitzer der Wohnungen in Mietshäusern mehr oder weniger häufig wechseln und damit die Kopfzahl der Familien, so hat man beim

Entwurf der Warmwasserbereitungsanlage von vornherein von einem festen Wert Z_P auszugehen, wofür man im Mittel nehmen kann: $Z_P = 5$. Es liegt Z_W durch den Bauplan fest.

In der Familie ist mit einer größeren Badezeit als in öffentlichen Badeanstalten zu rechnen, und zwar mit etwa einer Stunde für ein Bad. Das würde für $Z_P = 5$ Personen einen einheitlichen Zeitraum von $\sim$ 5 Stunden ergeben. Aber wohl kaum wird eine Familie diese geschlossene Zeit von 5 aufeinanderfolgenden Stunden dem Baden opfern, wäre das doch eine Spanne Zeit, die den ganzen Sonntag vormittag oder den ganzen Sonntag nachmittag in Anspruch nähme. Man wird vielmehr das Baden auf verschiedene Tageszeiten, etwa auf Samstag morgen und abend oder auf Samstag abend und Sonntag morgen zu verteilen wissen. Technisch darf man daher unbedenklich mit $\sim {}^3/_5$ des Gesamtwarmwasserbedarfes für eine Badeperiode rechnen, so daß der Höchstwasserbedarf in einem Mietshause für eine einheitliche, sich über Z Badestunden erstreckende Badezeit an einem Tage folgt zu:

$$Q = \frac{3}{5} \cdot Z_W \cdot Z_P \cdot q \text{ Liter in } Z \text{ Stunden} \quad (45\,\text{a})$$

oder mit $Z_P = 5$ zu:

$$Q = 3 \cdot Z_W \cdot q \text{ Liter in } Z \text{ Stunden} \quad . \quad (45\,\text{b})$$

Es ist darin q = Warmwassermenge einer Badewanne von der Badetemperatur t^0. Weiter darf man $Z = 3 \div 4$ Stunden voraussetzen.

Als Anhalt für weitere Bestimmung von Q können auch die Angaben dienen, welche von Firmen für die Größenbestimmung des Warmwasserbehälters nach deren praktischen Erfahrungen zugrunde gelegt werden.

So rechnet man für Haushaltungen, und zwar für viergeschossige Mietshäuser, und:

für	$3 \div 4$ Wohnungen:	Boiler	mit	600 l	Inhalt,	entspr.	20000 WE
»	$4 \div 6$ »	»	»	800 l	»	»	25000 »
»	$6 \div 8$ »	»	»	1000 l	»	»	30000 »
»	$8 \div 10$ »	»	»	1250 l	»	»	37500 ».

Der Warmwasserbedarf für 1 Wohnung kann fast immer durch einen Behälter von $200 \div 300$ l gedeckt werden.

Grove, Berlin, benutzt:

Boiler von	400 l	für je	2	Bäder,	Spültische und Ausgüsse,
» »	500 l	» »	3	»	» » »
» »	750 l	» »	4	»	» » »

Für die Bestimmung des Gesamtwasserverbrauches der Groß- und Fernanlagen kommen hauptsächlich nur die Bäder und sonstige Großverbrauchsstellen in Betracht. Einzelne Kleinzapfstellen sind für die Berechnung der Hauptkonstruktionen von geringer Bedeutung. Man braucht daher zur Bestimmung des Gesamtwasserbedarfes nur die Großverbrauchsstellen mit ihrem Bedarf in Rechnung zu ziehen. Für Badeanlagen größeren Umfanges kann man annehmen, daß die Dauerbäder voll, die Wannenbäder zu $\frac{1}{3}$ und die Brausebäder zu $\frac{2}{3}$ zu gleicher Zeit benutzt werden.

Die Warmwassertemperatur.

Die zulässige und erforderliche Temperatur des Wassers zeigt weit bestimmtere Werte als der Verbrauch. In Anlagen für haustechnische, wirtschaftliche und Badezwecke, wo eine unmittelbare Berührung mit lebenden Körperteilen eintritt, darf das Wasser natürlich nur eine so hohe Temperatur annehmen können, daß eine Verbrühung ausgeschlossen ist. Die obere Grenze hierfür liegt bei $\sim 55^0$, bei welcher Temperatur ein bedeutsames Absetzen von Kesselstein vermieden wird. Für industrielle Zwecke können höhere Temperaturen wünschenswert sein.

Die Temperaturen sind stets in Celsius-Graden angegeben. In manchen Betrieben, wie in Brauereien, selbst Badeanstalten, wird immer noch gern die Reaumur-Skala benutzt. Man hat dann die Reaumur-Grade durch 0,8 zu teilen, um Celsius-Grade zu erhalten.

Man wählt:

für Haushaltungs- und Wirtschaftszwecke:

$t \leq 50^0$ allgemein,
$= 30 \div 40^0$ für Waschwasser (Hände und Gesicht),
$= 65 \div 75^0$ für Geschirr-Vorspülen (Fettlösen),
$= 20 \div 25^0$ » » -Nachspülen,
$= 27 \div 35^0$ » Wannenbad;

für Wäschereien:

$t = 30^0$ für Einweichen der Wäsche,
$= 50 \div 100^0$ für Waschen;

für Brauereien:

$t = 80 \div 100^0$ für Überschwänzen und Reinigen;

für Schlachthäuser:

$t = 55 \div 60^0$ für Kaldaunen- und Brühbottiche;

für Bäckereien:

$t = 23 \div 25^0$ für Teigbereitung (günstigste Gärungstemperatur);

für Färbereien:

$t = 75 \div 100;$

für Badeanstalten:

$t = 27 \div 35^0$ für Wannenbad,
$= 25 \div 40^0$ » warme Brause,
$= 15 \div 18^0$ » kalte »
$= 30 \div 35^0$ » Reinigungsbad im Schwimmbad,
$= 22 \div 23^0$ » Schwimmbassin,
$= 25 \div 30^0$ » Vollbad.

Diese Temperaturen t sind die Temperaturen des Gebrauchswassers, mit der selbiges aus den Zapfstellen treten soll. Wird das Gebrauchswasser durch Mischen von kaltem mit warmem Wasser wie in den Mischapparaten, Brausebädern, gewonnen, so bedingt t entweder das Mischungsverhältnis der Mengen an kaltem und warmem Wasser oder die Temperatur des letzteren.

Ist zur Deckung einer bestimmten Menge Q gemischten Wassers:

q_1 = Menge des kalten Wassers in l,
q_2 = » » warmen » » »
t_1 = Temperatur des kalten Wassers,
t_2 = » » warmen »
t = » » Gebrauchswassers, die Mischtemperatur,

so ist:

$$Q = q_1 + q_2$$

und

$$Q\,t = q_1 t_1 + q_2 t_2.$$

Hierin $q_2 = Q - q_1$ eingesetzt, ergibt:

$$\left.\begin{aligned} & & q_1 &= \frac{t_2 - t}{t_2 - t_1} \cdot Q \text{ Liter} \\ &\text{oder} & q_1 &= \frac{q_2\,(t_2 - t)}{t - t_1} \text{ Liter} \\ &\text{und} & q_1 &= Q - q_2 \text{ Liter} \end{aligned}\right\} \quad \ldots\ldots \quad (46)$$

$$\left.\begin{aligned} &\text{ferner:} & q_2 &= \frac{t - t_1}{t_2 - t_1} \cdot Q \text{ Liter} \\ &\text{oder} & q_2 &= \frac{q_1\,(t - t_1)}{t_2 - t} \text{ Liter} \\ &\text{und} & q_2 &= Q - q_1 \text{ Liter} \end{aligned}\right\} \quad \ldots\ldots \quad (47)$$

Die Größen q_1 und t_1 sind meist gegeben. Ist anstatt t_2 die Menge q_2 des warmen Wassers bekannt, so berechnet sich aus obigen Grundgleichungen:

$$t_2 = \frac{(q_1 + q_2)\,t - q_1\,t_1}{q_2} = \frac{Q\,t - q_1\,t_1}{q_2} \quad \ldots \quad (48)$$

Ebenso bestimmt sich die Misch- oder Gebrauchswassertemperatur zu:

$$t = \frac{q_1\,t_1 + q_2\,t_2}{Q} \quad \ldots\ldots \quad (49)$$

Der Wert q_2 in l ist für die Größenbestimmung des Kessels oder des Behälters maßgebend, die das warme Wasser zu liefern haben. Will man ein bestimmtes Mischungsverhältnis der Mengen q_1 und q_2 haben, so rechnet man auf die Temperatur t_2 hin, die dem Heizwasser im Kessel oder Behälter mitgeteilt werden muß, indem man für q_1 und q_2 die gewünschten Verhältniszahlen und für Q die Summe dieser Zahlen einsetzt.

Wird, wie bei den Strahl-, Mischapparaten und Rührgebläsen Dampf mit einer Kaltwassermenge gemischt zwecks Erzeugung warmen Wassers und ist:

D = Dampfmenge in kg von p Atm. abs.,
i = Dampfwärme von 1 kg Dampf von p Atm. abs.,
$i = q + \varrho$ nach Tab. IV, Abschn. XIII,
q_1 = Kaltwassermenge entspr. der Gebrauchswassermenge,
t_1 = Anfangstemperatur des Wassers,
t = gewünschte Temperatur des Gebrauchswassers,

so besteht die Beziehung:

$$(D + q_1)\,t = D\,i + q_1\,t_1;$$

daraus folgt die erreichbare Temperatur des Gebrauchswassers zu:

$$t = \frac{D\,i + q_1\,t_1}{D + q_1} \quad \ldots\ldots\ldots \quad (50)$$

Die Gesamtwarmwassermenge am Ende der Erwärmung ist:

$$Q_h = D + q_1' \text{ Liter} \quad \ldots\ldots\ldots \quad (51)$$

wenn q_1' die Wassermenge unter der Berücksichtigung der Ausdehnung bei t^0 ist (siehe Tabelle I). Es muß also, wenn die Mischung in einem Behälter erfolgt, dieser für die Menge Q_h Liter bemessen werden.

Wird, wie in der Regel, eine bestimmte Gebrauchswassermenge von einer bestimmten Temperatur t und ein Dampf von einer bestimmten Spannung vorauszusetzen sein, so bestimmt sich die zuzuführende Dampfmenge zu:

$$D = \frac{q_1\,(t - t_1)}{i - t} \text{ kg} \quad \ldots\ldots\ldots \quad (52)$$

b) Die Bestimmung der erforderlichen Wärmemenge.

Ist: Q = Menge des zu erzeugenden warmen Wassers in l und in einer bestimmten Zeit,
t = geforderte Höchsttemperatur desselben,
t_1 = Anfangstemperatur des Wassers,

so berechnet sich die dem Wasser in derselben Zeit zuzuführende Wärmemenge zu:

$$w = Q\,(t - t_1) \text{ WE} \quad \ldots\ldots \quad (53)$$

und in der Stunde zu:

$$w = Q_h\,(t - t_1) \text{ WE/h} \quad \ldots\ldots \quad (53a)$$

Q bzw. Q_h und t sind gegeben oder nach oben zu bestimmen. Man kann ferner wählen:

$t_1 \leqq 10 \div 15^0$ im Sommer,
$t_1 \geqq 4 \div 5^0$ » Winter,
$t_1 = 12^0$ in Küchen und warmen Räumen,
$t_1 \geqq 35^0$ bei gew. Rauchgasapparaten und schwefelhaltigen Rauchgasen.

Zu w tritt dann weiter eine Wärmemenge w_1 hinzu, welche den Wärmeverlust im System zu decken hat.

Je nach der Größe des Systems und nach einer weniger und mehr exponierten Lage der wärmeabgebenden Konstruktionsteile rechnet man oberschläglich mit einem Wärmeverlust des

Gebrauchswassers während des Transportes und der Aufspeicherung von: $P = 10 \div 25\%$ der erforderlichen Wärmemenge. Für Anlagen, die einer starken Abkühlung über Nacht unterliegen und Zirkulation besitzen, hat man zu rechnen mit: $P = 20 \div 35\%$. Bei den Zirkulationsanlagen ist es also ratsam, die Zirkulation zur Zeit der Nichtbenutzung durch Einschalten eines Absperrventiles zu unterbrechen, damit man wenigstens den Gewinn der Wärmeaufspeicherung im Wasser erhält.

Mit P % ergibt sich der Wärmezuschlag für die Verluste zu:

$$w_1 = 0{,}01 \cdot P \cdot w \text{ WE/h} \quad \ldots \ldots \quad (54)$$

wenn für w der Wert von Gleichung (53a) eingesetzt wird. Über weitere Berechnung von w_1 siehe oben Abschnitt X »Wärmeschutzmittel«.

Man kann auch rechnen, wenn:

l = Länge der isolierten Leitungsrohre,

$15 \div 20$ = stündlicher Wärmeverlust von 1 m Rohr bedeuten:

$$w_1 = (15 \div 20)\, l \text{ WE/h} \quad \ldots \ldots \quad (55)$$

Der Wärmeverlust der Wasseroberfläche F eines offenen Warmwasserbehälters berechnet sich nach dem Boltzmannschen Gesetze zu:

$$w_1 = c \cdot F \left[\left(\frac{t + 273}{100} \right)^4 - \left(\frac{t_l + 273}{100} \right)^4 \right] \text{WE/h} \quad \ldots \quad (56)$$

Darin ist:

t = Temperatur des Behälterwassers,

t_l = » der Raumluft,

c = Zuschlagszahl, abhängig von der Beschaffenheit der Oberfläche F, und zwar etwa:

$c = 3 \div 4$ für ruhige Wasseroberfläche,

$= 7 \div 10$ » bewegte » ,

$= 30 \div 100$ » stark bewegte » (Schwimmbäder).

Abgesehen von den Schwimmbädern während starker Benutzung fällt dieser Wärmeverlust in der Regel unbedeutend aus, besonders für vollkommen ruhiges Behälterwasser.

Die stündlich erforderliche Gesamtwärmemenge ist:

$$W_o = w + w_1 \text{ WE/h} \quad \ldots \ldots \quad (57)$$

Ist eine bestimmte Dampfmenge D in kg von bestimmter Spannung p gegeben, so ist aus Tabelle IV für p die Verdampfungswärme r mitgegeben, und es folgt die zur Verfügung stehende Wärmemenge zu:

$$W_o = r \cdot D \text{ WE} \quad \ldots \ldots \ldots \quad (58)$$

Haben Q_H Liter Heizwasser von $T_1{}^0$ stündlich eine Nutzwassermenge von Q_N Liter von $t_1{}^0$ auf t^0 zu erwärmen und kühlt sich dabei das erstere bis auf $T_2{}^0$ ab, so besteht die Gleichung:

$$Q_H (T_1 - T_2) = Q_N (t - t_1).$$

Daraus berechnet sich die Endtemperatur des Heizwassers zu:

$$T_2 = \frac{Q_H \cdot T_1 - Q_N (t - t_1)}{Q_H} \quad \ldots \ldots \quad (59)$$

c) Beispiele.

Beispiel 1. Es sollen 300 l in einem Behälter in einer halben Stunde auf 60° erwärmt werden.

Nimmt man $t_1 = 10^0$ an, so ist für

$$Q_h = 2 \cdot 300 = 600 \text{ l}$$

nach Gleichung (53a) eine stündliche Wärmemenge erforderlich von:

$$W_0 = w = Q_h (t - t_1) = 600 (60 - 10) = 30000 \text{ WE/h}.$$

Beispiel 2. Ein Volksbrausebad hat zur Winterszeit 20 Brausen durch Mischen von kaltem und warmem Wasser zu betreiben. Das warme Heizwasser wird einem Kessel mit 80° entnommen und ist mit einer bestimmten Kaltwassermenge zu dem Gebrauchswasser von zulässiger Temperatur in Mischapparaten zu mischen.

Nach oben werden angenommen:
$t = 30^0$, $t_1 = 5^0$ und $q = 40$ l in 4 Minuten für eine Brause. Es ist somit die gesamte erforderliche Gebrauchswassermenge von 30° und in 4 Minuten:

$$Q = 40 \cdot 20 = 800 \text{ l}.$$

Damit bestimmen sich:
nach Gleichung (46) die Kaltwassermenge zu:

$$q_1 = \frac{t_2 - t}{t_2 - t_1} \cdot Q = \frac{80 - 30}{80 - 5} \cdot 800 = 533 \text{ l},$$

nach Gleichung (47) die Heißwassermenge zu:

$$q_2 = \frac{q_1 \cdot (t - t_1)}{t_2 - t} = \frac{533 (30 - 5)}{80 - 30} = 267 \text{ l},$$

oder ebenso $q_2 = Q - q_1 = 800 - 533 = 267$ l.

Diese 267 l sind bis zur nächsten Benutzung der Brausen durch das Heizmittel im Kessel wieder auf $t_2 = 80$ zu erwärmen, wozu $\sim$ 15 Minuten Zeit sein dürften, so daß in 1 Stunde:

$$Q_h = \frac{60}{15} \cdot q_2 = \frac{60}{15} \cdot 267 = 1068 \text{ l} \quad \text{zu erzeugen sind.}$$

Diese Menge verlangt dazu nach Gleichung (53a) einen stündlichen Wärmeaufwand von:

$$w = Q_h (t_2 - t_1) = 1068 (80 - 5) = 80100 \text{ WE.}$$

Rechnet man nach Gleichung (54) mit einem Zuschlag von 15% für Wärmeverluste in den Leitungen, also mit:

$$w_1 = 0{,}01 \cdot P \cdot w = 0{,}15\, w = 0{,}15 \cdot 80100 = \sim 12000 \text{ WE}$$

so ist der gesamte stündliche Wärmebedarf nach Gleichung (57)

$$W_0 = w + w_1 = 80100 + 12000 = 92100 \text{ WE.}$$

Beispiel 3. Soll das Mischungsverhältnis von kaltem und heißem Wasser ein ganz bestimmtes sein, etwa auf 1 Teil kaltes Wasser der 0,4. Teil Heißwasser, so ist nach Seite 544:

$$Q = q_1 + q_2 = 1 + 0{,}4 = 1{,}4.$$

Unter Zugrundelegung der Werte des Beispieles 2 ergibt sich dann nach Gleichung (48) die erforderliche Temperatur des Heizwassers, des Kesselwassers, zu:

$$t_2 = \frac{Q\,t - q_1 t_1}{q_2} = \frac{1{,}4 \cdot 30 - 1 \cdot 5}{0{,}4} = 92{,}5^0$$

und damit nach Gleichung (46):

$$q_1 = \frac{92{,}5 - 30}{92{,}5 - 5} \cdot 800 = 570 \text{ l}$$

und nach Gleichung (47):

$$q_2 = Q - q_1 = 800 - 570 = 230 \text{ l.}$$

Beispiel 4. Von einem Bottich einer Färberei sollen stündlich 5000 l warmes Wasser von mindestens 90° abgezapft werden können. Die Erzeugung erfolgt in einfachster Weise mit Hilfe eines Strahlapparates durch Hochdruckdampf von 3 Atm. Überdruck; die Anfangstemperatur des Wassers beträgt 10°.

Es ist:

$$q_1 = 5000 \text{ l}, \quad t_1 = 10^0, \quad t = 90^0.$$

Bei $p = 4$ Atm. abs. ist nach Tabelle IV: $i = q + \varrho = 144{,}1 + 462{,}4 = 606{,}5$ WE, somit bestimmt sich die stündlich erforderliche Dampfmenge nach Gleichung (52) zu:

$$D = \frac{q_1 (t - t_1)}{i - t} = \frac{5000\,(90 - 10)}{606{,}5 - 90} = 775 \text{ kg}.$$

Nach Tabelle I nimmt 1 l Wasser nach Erwärmung auf $t = 90^0$ einen Inhalt von 1,03571 l ein, also 5000 l:

$$q'_1 = 5000 \cdot 1{,}03571 = 5178{,}55 \text{ l},$$

so daß der Bottich zu bemessen ist für einen Inhalt von:

$$J = D + q_1' = 775 + 5178{,}55 = 5953{,}55 \text{ l oder}$$
$$J = \infty\, 6000 \text{ l}.$$

Beispiel 5. Welche Wärmeverluste ruft die Wasseroberfläche eines offenen Warmwasserbehälters von 7 m³ Inhalt und 5 m² Oberfläche hervor, wenn die Höchstwassertemperatur 80^0 und die Temperatur der umgebenden Raumluft 10^0 betragen?

Da sich das Wasser, abgesehen von der geringen Bewegung durch die Erwärmung, in Ruhe befindet, kann man nach S. 546 $c = 4$ annehmen. Dann erhält man nach Gleichung (56):

$$w_1 = 4 \cdot 5 \left[\left(\frac{80 + 273}{100} \right)^4 - \left(\frac{10 + 273)}{100} \right)^4 \right] = 2220 \text{ WE/h}.$$

Das mit 80^0 einströmende Wasser sollte unter Abrechnung von 20% Wärmeverlust durch die Behälterwandungen eigentlich in sich aufgenommen haben eine Wärmemenge:

$$0{,}8 \cdot 7000 \cdot 80 = 448\,000 \text{ WE/h}.$$

Der durch die Wasseroberfläche hervorgerufene Wärmeverlust beträgt daher:

$$\frac{2200 \cdot 100}{448\,000} = 0{,}5\,\%,$$

so daß an der Wasseroberfläche eine Temperatur von etwa $80 - 0{,}005 \cdot 80 = \infty\, 79{,}6^0$ herrschen wird. Man sieht, daß der Wärme- bzw. Temperaturverlust durch die Wasseroberfläche unbedeutend ist. Wasser ist ja auch ein guter Wärmehalter und -aufspeicherer. Ratsam mag es bei derartigen Anlagen trotzdem sein, die Mündung des Entnahmerohres (Gebrauchsleitung) nicht an oberster Schicht, sondern in $\infty\, {}^9/_{10}$ der jeweiligen Wasserhöhe konstant vorzusehen, was sich nach vorausgegangenen Betrachtungen durch entsprechend belastete Schwimmer erreichen läßt.

Beispiel 6. In einem Gegenstromapparat sind stündlich 1000 l Wasser von 8^0 auf 50^0 zu erwärmen. Als Heizmittel dient das Kühlwasser eines 100 PS-Dieselmotors, das mit 60^0 in den Apparat tritt. Mit welcher Temperatur verläßt es denselben?

Nimmt man die Kühlwassermenge mit 15 l/PSh an, so bestimmt sich die Heizwassermenge zu: $Q_H = 15 \cdot 100 = 1500$ l/h. Mit $Q_N = 1000$ l/h. ermittelt sich die fragliche Endtemperatur des Heizwassers nach Gleichung (59) zu:

$$T_2 = \frac{Q_H \cdot T_1 - Q_N (t - t_1)}{Q_H} = \frac{1500 \cdot 60 - 1000 (50 - 8)}{1500}$$

$$T_2 = 32^0 \text{C}.$$

XII. Die Berechnung der Konstruktionsteile.

Die Konstruktionen, die eine besondere Berechnung erfordern, sind die Heizkörper, Rohrleitungen, Behälter und einige Nebenteile.

A. Die Berechnung der Heizkörper.

Diese bezieht sich auf die Bestimmung der zur stündlichen Leistung von W_0 WE erforderlichen Heizfläche H, bzw. auf die der Heizfläche H entsprechende Rohrlänge L, wenn die Heizfläche aus Röhren gebildet ist.

Die Heizkörper sind die Kessel, Öfen, Feuerschlangen, Herdflaschen, Behältereinsätze usw. Es sei:

H = erforderliche Heizfläche des Heizkörpers,
t_m = mittlere Temperatur der wärmeaufnehmenden Flüssigkeit,
T_m = mittlere Temperatur der Heizmittel,
k = Transmissionskoeffizient.

Es ist dann:

$$H = \frac{W_o}{k (T_m - t_m)} \text{ m}^2 \quad \ldots \ldots \quad (60)$$

Setzt man $k (T_m - t_m) = w_s$ als stündliche Wärmeerzeugung einer bestimmten Ausführung, so ist auch:

$$H = \frac{W_o}{w_s} \text{ m}^2 \quad \ldots \ldots \ldots \quad (61)$$

Die in der Praxis üblichen Werte von k sind den nachstehenden Berechnungen beigefügt. Vermerkt seien hier einige allgemein gebräuchliche Werte. Es ist beim Durchgang der Wärme:

der	Rauchgase	durch	Gußeisen	in	Wasser	$k = 7$
»	»	»	Schmiedeeisen	»	»	$= 10$
»	»	»	Kupfer	»	»	$= 12$
des	Wassers	»	Gußeisen	»	»	$= 250$
»	»	»	Schmiedeeisen	»	»	$= 300$
»	»	»	Kupfer	»	»	$= 400$
»	Dampfes	»	Gußeisen	»	»	$= 800$
»	»	»	Schmiedeeisen	»	»	$= 900$
»	»	»	Kupfer	»	»	$= 1000$

Für Rippenheizfläche ist k der 0,6. Teil obiger Werte.

Von hoher Bedeutung für die Größe k sind auch die Geschwindigkeiten der die Scheidewand bestreichenden Flüssigkeiten. Nach Versuchen hat sich z. B. herausgestellt, daß k bei einer Wassergeschwindigkeit von 0,001 m/s und einer Dampfgeschwindigkeit von 1 m/s nur 170 ist, während k bei einer Wassergeschwindigkeit von 3 m/s und einer Dampfgeschwindigkeit von 50 m/s bis auf 8000 steigt. Die unten angegebenen Werte k entsprechen den gebräuchlichen Geschwindigkeiten, die für Warmwasser in der Nähe von $\sim$ 0,2 m/s, für Dampf zwischen 10÷50 m/s und für Rauchgase bei $\sim$ 2 m/s liegen. Vorausgesetzt wird aber, daß die ganze in Rechnung gestellte Heizfläche auch in der Tat zur Wirkung kommen kann.

Für eine genauere Berechnung, soweit die nachstehenden Werte von α und λ_i als genau bezeichnet werden können, mag unter Umständen der für jeden Fall besonders zu berechnende Wert:

$$k = \frac{1}{\frac{1}{\alpha_1} + \frac{1}{\alpha_2} + \frac{s}{\lambda_i}} \quad \ldots \ldots \quad (62)$$

Anhalt geben. Darin ist:

α_1 = Übergangszahl der Wärme an die Flüssigkeit auf der einen Seite der Trennwand;

α_2 = Übergangszahl der Wärme an die Flüssigkeit auf der anderen Seite der Trennwand;

s = Wandstärke der Trennwand in m;
λ_i = innere Wärmeleitzahl des Materiales der Trennwand.

Die Trennwand ist die Heizkörperheizfläche, auch Rohrwand, Behälterwand usw.

Die Zahl α ist die stündlich auf 1 m² Fläche und bei 1° C Temperaturunterschied übergehende Wärmemenge in WE und zur Hauptsache von der Art der Flüssigkeit und ihrem Bewegungszustande abhängig. Im Mittel ist:

$\alpha = 2000 \div 6000$ für siedendes Wasser je nach der Umlaufgeschwindigkeit (bei lebhafterem Umlauf und höheren Temperaturen: die größeren Werte α);

$\alpha = 300 + 1800\sqrt{v}$ für bewegtes, nicht siedendes Wasser, darin v = Wassergeschwindigkeit, $v = 0{,}01 \div 2{,}0$ m/s;

$\alpha = 2 \cdot (300 + 1800\sqrt{v})$ für bewegtes, nicht siedendes Wasser bei dünnen Wandungen bis zu 7 mm Stärke (es steigt α bis auf 3000);

$\alpha = 500$ für ruhendes, nicht siedendes Wasser;

$\alpha = 2000 \div 4000$ bei Rührwerken u. dgl., je nach der Wirksamkeit des Apparates;

$\alpha = \div 10000$ und mehr für Wassersattdampf, kondensierend, je nach der Geschwindigkeit, mit der das Kondenswasser abgeführt wird;

$\alpha = 2 \div 10$ für ruhende Gase, Luft, überhitzten Dampf, steigend mit dem Temperaturunterschiede;

$\alpha = 2 + 10\sqrt{v}$ für strömende Gase, Luft, überhitzten Dampf bei $v = 1 \div 100$ m/s.

Für λ_i (siehe S. 523) ist gefunden:

$\lambda_i =$	$40 \div 70$,	im Mittel	=	56	für Eisen,
=	$22 \div 50$,	» »	=	30	» Stahl,
=	$260 \div 390$,	» »	=	330	» Kupfer,
=	$50 \div 100$,	» »	=	60	» Messing,
=	$90 \div 100$,	» »	=	95	» Bronze,
=	$90 \div 105$,	» »	=	105	» Zink,
=	$51 \div 55$,	» »	=	54	» Zinn,
=	$26 \div 30$,	» »	=	28,5	» Blei.

Für dünne Wände kann $\frac{s}{\lambda_i} = 0$ gesetzt werden.

Des weiteren läßt sich der Temperaturunterschied $T_m - t_m$ genauer bestimmen, und zwar wenn sich die Temperaturen der Flüssigkeiten zwischen den Werten T_1 und T_2 bzw. t_1 und t (Abb. 398) ändern, zu:

$$T_m - t_m = \frac{(T_1 - t_1) - (T_2 - t)}{\ln \frac{T_1 - t_1}{T_2 - t}} \quad \ldots\ldots \quad (63)$$

Abb. 398.

Darin ist:

T_1 = Anfangstemperatur und T_2 = Endtemperatur des Heizmittels,

ln = natürlicher Logarithmus.

Für nicht zu große Temperaturunterschiede genügt jedoch:

$$T_m - t_m = \frac{T_1 + T_2}{2} - \frac{t_1 + t}{2}.$$

Im folgenden sollen die einzelnen Heizkörper danach unterschieden werden, ob in ihnen Warmwasser oder Dampf erzeugt wird oder sich befindet, und mit welchem Heizmittel sie beheizt werden.

a) Die Wasserheizkörper, betrieben durch eine Feuerung; die Warmwasser-, Heißwasserkessel und -öfen, die Feuerschlangen, Herdflaschen usw.

Diese Heizkörper dienen zur direkten und indirekten Erwärmung des Gebrauchswassers.

In der Gleichung:

$$H = \frac{W_o}{k\,(T_m - t_m)}\ \text{m}^2$$

ist bei direkter Erwärmung des Gebrauchswassers, d. h. wenn das im Heizkörper befindliche und erwärmte Wasser zugleich das Gebrauchswasser ist,

T_m = mittlere Temperatur der Feuergase,

$$T_m = \frac{T_1 + T_2}{2} \quad \ldots\ldots\ldots\ldots \quad (64)$$

T_1 = Temperatur über Rost, unter Berücksichtigung von Wärmeverlusten:

$T_1 = 1000 \div 1200$ für Steinkohlen, Koks } bei Kontakt-
$T_1 = 800 \div 1000$ für Braunkohle, Torf, Brikett } feuerung,
$T_1 = 1000 \div 900 \div 800$ ohne Kontaktfeuerung,
$T_2 =$ Temperatur, mit der die Gase den Heizkörper verlassen,
$T_2 = 350 \div 200$ für Kessel,
$T_2 = 800 \div 600$ für Öfen, Heizeinsätze in Küchenherden u. dgl.;

$$t_m = \frac{t + t_1}{2} \quad \ldots\ldots\ldots \quad (65)$$

$t =$ erforderliche Temperatur des Gebrauchswassers;
$t_1 =$ Anfangstemperatur desselben;
$k = 12 \div 14$ für Schmiedeeisenblech,
$k = 13 \div 15$ für Perkinsrohr,
$k = \ \ 8 \div 12$ für Gußeisen,
$k = 14 \div 15$ für Rotguß.

Für Dauerbetrieb kann man $t = t_1$ setzen, also auch

$$H = \frac{W_o}{k(T_m - t)} \text{m}^2$$

Rechnet man für Niederdruck und im Mittel mit:

$$t_m = \frac{t + t_1}{2} = \frac{50 + 10}{2} = 30^0,$$

$$T_m = \frac{T_1 + T_2}{2} = \frac{1200 + 200}{2} = 700^0,$$

$$k = 12,$$

so wird: $w_s = k\,(T_m - t_m) = 12\ (700 - 30) = \backsim 8000$ WE und allgemein für Eisenheizfläche:

$$H = \frac{W_o}{w_s} = \frac{W_o}{8000} \text{m}^2.$$

In der Praxis findet man bei Erwärmung um 30^0 und bei Koks, Anthrazit:

$$\left.\begin{aligned} w_s &= \ \ 8000 \div 12000 \text{ für gußeiserne Gliederkessel} \\ w_s &= 10000 \div 15000 \text{ für schmiedeeiserne Rundkessel} \end{aligned}\right\} . \quad (66\text{a})$$

und bei Braunkohlen, Briketts, Torf:

$$w_s = 6000 \div 7000 \text{ für gußeiserne Gliederkessel} \quad \ldots\ldots \quad (66\text{b})$$

angegeben. Es wird jedoch w_s von einigen Werken auch bis zu 35000 WE garantiert. Natürlich kann ein derartig hoher Effekt nur auf Kosten des Temperaturunterschiedes $T_m - t_m$, insbesondere auf t_m gehen und zu Kesselbeschädigungen und Explosionen Anlaß geben. Zur Erreichung einer möglichst großen Lebensdauer sind Beanspruchungen über 15000 WE/m² nicht zu empfehlen. Ein Vergleich der Leistungen zwischen verschiedenen Modellen ohne Angabe der Temperaturerhöhung des Wassers führt zu falschen Schlüssen.

Bei Heizkörpern für indirekte Erwärmung des Gebrauchswassers ist das in ihnen befindliche Wasser nicht mehr das Gebrauchswasser, sondern ein Heizwasser, das seinerseits an anderer Stelle auf einen Heizeinsatz eines Warmwasserbehälters oder auf einen Gegenstromapparat u. dgl. hinarbeitet.

In diesem Falle ist für t_m zu setzen:

$$t_m = \frac{t_s + t_r}{2} \quad \text{. . . . . (67)}$$

und darin:

t_s = Temperatur des Heizwassers im Steigrohr,
t_r = » » » » Rücklaufrohr,

$$\left.\begin{aligned} t_s &\leqq 80 \div 90^0 \\ t_r &\leqq 50 \div 70^0 \end{aligned}\right\} \text{ für Niederdruck (warmes Heizwasser),}$$

$$\left.\begin{aligned} t_s &\leqq 120 \div 150^0 \\ t_r &\leqq 90 \div 100^0 \end{aligned}\right\} \text{ für Hochdruck (heißes Heizwasser).}$$

Genau gerechnet wird man also bei indirekter Erwärmung eine kleinere Kesselleistung w_s erhalten. Es ist jedoch der Unterschied nur gering, z. B. bezüglich obigen Wertes $w_s = 8000$ in diesem Falle bei Niederdruck $W_s = 12\left(700 - \frac{80 + 50}{2}\right) = 7620$ WE/m². Es können daher die oben angegebenen Kesselleistungen w_s unbedenklich ganz allgemein ebenfalls für indirekte Erwärmung Geltung haben.

Für Mietshäuser[1]) mit ihrem ständigen und ganz unregelmäßigen Warmwasserverbrauche legt man nach oben (S. 540) als Höchstmenge den Warmwasserbedarf während einer einheitlichen mehrstündigen Verbrauchszeit zugrunde. Ein nach den Gleichungen (60) und (61) berechneter Kessel wird aber eine zu große Heizfläche für die vielen Betriebsstunden der Woche, in denen nicht gebadet wird, erhalten. Die Folge davon ist, daß das Wasser bis zum Überkochen mit dessen lästigen Nebenerscheinungen gebracht und der Verbrennungsprozeß durch Ein-

[1]) Streck: Ges.-Ing. 1912, Nr. 1. — de Grahl: Ges.-Ing. S. 409.

wirken des Zugreglers unterbrochen, d. h. das Feuer erlöschen wird. Dieser Fall kann stets da beobachtet werden, wo diesen Verhältnissen und der richtigen Anpassung der Boilergröße an dieselben nicht genügend Rechnung getragen ist.

Es muß also das richtige Verhältnis von Kesselheizfläche zum Boilerinhalt stets gewahrt bleiben, also: entweder kleiner Kessel und großer Boiler oder umgekehrt. Es sind das alles Verhältnisse, an die sich der alte Praktiker und Installateur schwer gewöhnen wird, da bei ihm die Grundregel gilt: »eine gute Anlage wird stets durch reichlich bemessene Heizfläche erhalten.«

Ist nun:

Z_a = Zeit des Anheizens in Std., $= \sim 2$ h;
Z = Zeit der größten Wasserentnahme, der Badeperiode in Std., $= \sim 3 \div 4$ h,

so ist die Leistung von 1 m² Heizfläche:

während des Anheizens: $Z_a \cdot w_s$ WE,
während der Badeperiode: $Z \cdot w_s$ WE.

In $Z_a + Z$ Stunden wird demnach 1 m² Kesselheizfläche:

$$Z_a \cdot w_s + Z \cdot w_s = w_s (Z_a + Z) \text{ WE}$$

liefern. Mithin ist bei einem Gesamtwärmebedarf $W_z = Q\,(t - t_1)$ WE (darin Q nach Gleichung (45a) oder (45b)) eine Kesselheizfläche (für Mietshäuser) nötig von:

$$H = \frac{W_z}{w_s (Z_a + Z)} \text{ m}^2 \quad \ldots \ldots \quad (68)$$

Mit den gebräuchlichen Werten $Z_a = 2$ und $Z = 4$ wird:

$$H = \frac{W_z}{6 \cdot w_s} \text{ m}^2 \quad \ldots \ldots \quad (68\text{ a})$$

Bedient man sich einer Feuerschlange, wie selbige für sich bestehend oder in Küchenherden eingemauert werden, so wendet man am besten das Perkinsrohr an, das sich als Handelsmaß findet mit:

Durchm. von 34/23 mm, entspr. 0,1 m² Heizfläche pro lfd. m,
» » 27/16 » , » 0,085 m² » » » ».

Wird die Feuerschlange in einen Küchenherd eingebaut, so ist man in der Regel durch die Rostgröße an eine einzuhaltende größte Heizfläche gebunden. Die Abmessungen 480 · 225 mm bilden z. B. schon eine große Rostfläche eines Küchenherdes.

Ein gewöhnlicher Haushalt-Küchenherd besitzt $\sim 300 \times 200$ Rostfläche. Werden zwei Schlangenwindungen hufeisenförmig und eine, die oberste, im Rechteck um den Rost herumgeführt, so erhält man eine Schlangenrohrlänge von $\sim 3{,}75$ m, entsprechend einer Heizfläche von $0{,}375 \text{ m}^2$. Mit

$$T_m = \frac{T_1 + T_2}{2} = \frac{1200 + 800}{2} = 1000^0$$

und

$$t_m = \frac{t + t_1}{2} = \frac{40 + 10}{2} = 25^0$$

bestimmt sich die stündlich entwickelte Wärmemenge zu:

$$W_0 = H \cdot k\ (T_m - t_m) = 0{,}375 \cdot 15 \cdot (1000 - 25) = 5485 \text{ WE},$$

welche, abgesehen von Verlusten, stündlich

$$Q_h = \frac{W_0}{t - t_1} = \frac{5485}{40 - 10} = \sim 183 \text{ l}$$

um 30^0 zu erwärmen vermag. Für häusliche Etagenanlagen kann diese Warmwassermenge zu Bade- und sonstigen Zwecken genügen (1 Bad zu $160 \div 200$ l).

Betreibt man das Feuerschlangen-Zirkulationssystem mit Hochdruckheißwasser, so kann man die Wärmeaufnahme von 1 m^2 Feuerschlange mit $550 \div 700$ WE zugrunde legen, so daß sich

$$L = \frac{W_0}{550 - 700} \text{ m} \quad . \quad . \quad . \quad . \quad . \quad . \quad (69)$$

Schlangenrohrlänge in die Feuerung einzuschalten erforderlich machen. Für die genauere Berechnung hat man in obige Gleichungen zu setzen:

$$k = 13 \div 15 \text{ für Perkinsrohr,}$$
$$k = 15 \div 16 \text{ » Kupferrohr.}$$

Mit $T_1 = 1000$, $T_2 = 200$, $t_s = 150$, $t_r = 80$, $k = 13$ und mit der Annahme von 10 lfd. m $= \sim 1 \text{ m}^2$ wird

$$L = 0{,}002\, W_0 \text{ m} \quad . \quad . \quad . \quad . \quad . \quad . \quad . \quad . \quad (69\text{a})$$

Eine besondere Berechnung der Heizflaschen erübrigt sich in der Regel, da ihre Größe und somit ihre Heizfläche H als Handelsmaße festliegen und sich den gebräuchlichen, wenig veränderlichen Größen der Küchenherd-Rostgrößen anzupassen haben.

Man rechnet dann am einfachsten auf die im Herdeinsatz zu erreichende Höchstwassertemperatur t'_x hin. Aus:

$$Q\,(t'_x - t'') = H\,k\,[T_m - 0{,}5\,(t'_x + t'')]$$

folgt, wenn man

$$a = \frac{Q}{H \cdot k} \quad \ldots\ldots\ldots\ldots \quad (70)$$

setzt, diese Temperatur zu:

$$t'_x = \frac{T_m + (a - 0{,}5)\,t''}{a + 0{,}5} \quad \ldots\ldots \quad (71)$$

oder, fällt Q gegenüber 0,5 sehr groß aus, zu:

$$t'_x = \frac{T_m + a \cdot t''}{a} \quad \ldots\ldots\ldots \quad (71\,a)$$

Bei direkter Erwärmung ist:

t'_x = Temperatur des Gebrauchswassers (ohne Verluste!), also $= t$;

t'' = Anfangstemperatur des nachfließenden Gebrauchswassers, also $= t_1$.

Bei indirekter Erwärmung ist:

t'_x = Temperatur des Zirkulations-Heizwassers im Steigrohre, also $= t_s$;

t'' = Temperatur des Zirkulations-Heizwassers im Rücklaufrohre, also $= t_r$.

Für diese Rechnungsweise ist $t'' = t_r$ anzunehmen, etwa mit:

$$t'' \geqq t + 0{,}5\,t.$$

Diese Temperaturen t'_x und t'' bilden mithin die der erwärmten Flüssigkeit, während sie (abgesehen von Verlusten) für den Boiler die der Heizflüssigkeit darstellen. Demgemäß sind einzuführen:

$$\overset{*}{T}_m - \frac{t_s + t_r}{2}$$

für den Herdeinsatz und

$$\frac{T_s + T_r}{2} - \frac{t + t_1}{2}$$

für den Boilereinsatz, dabei ist:

$$\frac{t_s + t_r}{2} = \infty\, \frac{T_s + T_r}{2}$$

Hat nun der Boiler stündlich Q_h l von $t_1{}^0$ auf t^0 zu erwärmen, so wird dafür eine Wärmemenge benötigt von:

$$W_0 = Q_h\,(t - t_1)\ \text{WE/h} \quad \ldots\ldots \quad (72)$$

so daß der Boilereinsatz eine Heizfläche zu erhalten hat von:

$$H_B = \frac{W_o}{k\left(\frac{T_s + T_r}{2} - \frac{t + t_1}{2}\right)} \text{ m}^2. \quad . \quad . \quad . \quad . \quad (73)$$

darin also: $T_s = t_s = t'_x$,

$T_r = t_r = t''$.

Beispiel 1. Ein gewöhnlicher Küchenherd einer Haushaltungsküche besitzt einen Feuerraum von 300 mm lichte Länge und 200 mm lichte Breite, seine Konstruktion gestattet den Einbau einer Heizflasche zwecks Warmwasserbereitung mittels Boilers. Wie hoch läßt sich das Gebrauchswasser bei direkter Erwärmung temperieren, welche Verhältnisse ergeben sich bei indirekter Erwärmung?

Bei Sicherstellung einer Rostfläche von 300 × 200 mm wird der Warmwasserbereiter von Nestler & Breitfeld gemäß der Angaben der Tab. 9, S. 148, passend sein. Das erste Modell hat bei 150 mm Höhe, 440 × 420 mm äußeren und 200 × 300 mm inneren Grundmaßen 0,271 m² Heizfläche. Nimmt man den Behälterinhalt entsprechend der Wasserfüllung einer häuslichen Badewanne mit $Q = 160$ l von 10° an, so bestimmen sich mit $k = 12$ für Gußeisen nach Gleichung (70):

$$a = \frac{Q}{H \cdot k} = \frac{160}{0{,}271 \cdot 12} = 50$$

und damit nach Gleichung (71a) die Temperatur des Gebrauchswassers bei direkter Erwärmung und $T_m = \sim 1000$ als Feuertemperatur:

$$t'_x = t = \frac{T_m + at''}{a} = \frac{1000 + 50 \cdot 10}{50} = 30^0$$

Für indirekte Feuerung sei:

$$t'' = t_r = t + 0{,}5\,t = 30 + 0{,}5 \cdot 30 = 45^0.$$

Alsdann muß die Vorlauftemperatur sein:

$$t'_x = t_s = \frac{1000 + 50 \cdot 45}{50} = 65^0$$

Beläßt man die Temperatur t des Gebrauchswassers im Behälter mit 30°, so hat für den Wärmebedarf:

$$W_0 = Q_h\,(t - t_1) = 160\,(30 - 10) = 3200 \text{ WE/h}$$

der Behältereinsatz eine Heizfläche nach Gleichung (73) zu erhalten von

$$H_B = \frac{3200}{300\left(\frac{65+45}{2} - \frac{30+10}{2}\right)} = 0{,}30\ \text{m}^2.$$

Beispiel 2. In einem gewerblichen Betriebe sollen stündlich 400 l weiches Wasser in einem Behälter unter Hochdruck in direkter Erwärmung durch einen Schlangenröhrenkessel nach Abb. 116 von 12° auf Siedetemperatur erhitzt werden. Welche Abmessungen hat der Kessel zu erhalten?

Die stündliche Wärmeleistung beträgt:

$$W_0 = Q_h\,(t - t_1) = 400\,(100 - 12) = 35\,200\ \text{WE}.$$

Die Gesamtrohrlänge des Kessels folgt nach Gleichung (69) zu:

$$L = \frac{W_o}{700} = \frac{35\,200}{700} = \sim 50\ \text{m}.$$

Gibt man der äußeren Schlangenkreiswindung einen mittleren Durchmesser von 0,6 m und der inneren einen mittleren Durchmesser von 0,5 m, so erhält man die Windungszahl der eng aufeinander liegenden Rohrwindungen zu:

$$n = \frac{L}{\pi D_1 + \pi D_2} = \frac{50}{\pi \cdot 0{,}6 + \pi \cdot 0{,}5} = \sim 15.$$

Die Höhe des eigentlichen Kessels ohne unteren Feuerraum-Untersatz und oberer Rauchrohrhaube ist dann bei 55/60 mm Kupferrohr: $15 \cdot 60 = 900$ mm und der äußere Manteldurchmesser des Kessels bei 5 mm Mantelblechstärke und 5 mm Spielraum der äußeren Windungen:

$$600 + 60 + 2{,}5 = 670\ \text{mm}.$$

b) Die Wasserheizkörper, betrieben durch Gas.

Die Gasöfen, Gasautomaten u. dgl. werden in den oben beschriebenen, meist patentierten Konstruktionen durchgeführt. Eine Berechnung des Ofens führt zu umständlichen Schwierigkeiten und Kleinlichkeiten und hat keine praktische Bedeutung. Man muß sich bezüglich der Wahl eines Ofens auf die Heizkraftangaben der Firmen verlassen, welche den Effekt versuchsweise und auch gewissenhaft feststellen, da es ja in ihrem eigenen Interesse liegt, nicht mehr zu versprechen als gehalten werden kann.

Die Größe und Kosten des Gasverbrauches lassen sich jedoch überschlagen. Ist

H_a = Heizeffekt des Gases (siehe S. 47),

$\eta = 0{,}75 \div 0{,}90$ als Wirkungsgrad des Heizkörpers, so ist zur Deckung von W_0 WE der erforderliche stündliche Gasverbrauch:

$$B = \frac{W_o}{H_a \cdot \eta} \text{ m}^3 \quad . \; . \; . \; . \; . \; . \quad (74)$$

Ist eine bestimmte Wassermenge, Q Liter, in einer bestimmten Zeit Z zu erwärmen, so besteht die Gleichung (19):

$$B = k \cdot Q \text{ Liter oder } B = 0{,}001\, kQ \text{ m}^3.$$

Daraus ergibt sich der Anstrengungsgrad des Gases zu:

$$k = \frac{B}{Q} \quad . \; . \; . \; . \; . \; . \; . \; . \quad (75)$$

Bei 30 mm Gasdruck soll möglichst sein:

$$k \leqq 7{,}5$$

Beträgt der Preis für 1 m³ Leuchtgas K Mark, so stellen sich die stündlichen Betriebskosten auf KB M/m³. Bei den jetzigen Gaspreisen von $K = 1{,}80 \div 2{,}00$ M/m³ wird man mit hohen Betriebskosten rechnen und die Gasöfen leider für Dauerbetrieb vorläufig ausschalten müssen.

Tabelle 74.

Allgemeine Leistungen und Rohranschlüsse der Gasöfen bei $H_a = 4000$ WE, $\eta = 0{,}8$ und 30 mm Gasdruck.

Stündl. Gas-verbrauch	Warmwassermenge in l/h bei einer Erwärmung um			Gaszuleitungsrohr, lichte Maße			Gasabzugsrohr	
				Durchmesser		Quer-schnitt	Durch-messer	Quer-schnitt
m³	25°	50°	75°	Zoll	mm	mm²	mm	cm²
0,2	26	13	9	$^3/_8$	9,5	71	50	20
0,6	80	38	26	$^1/_2$	12,5	123	60	28
1,2	160	77	51	$^5/_8$	16,0	201	80	50
2,0	270	128	85	$^3/_4$	19,0	284	90	64
3,8	510	243	162	1	25,5	511	120	113
7,5	1000	480	320	$1^1/_4$	32,0	804	150	177
12,0	1600	768	512	$1^1/_2$	38,0	1134	170	227
27,0	3600	1730	1152	2	51,0	2043	220	380

Unter Zugrundelegung der Gleichung (74) und mit vorsichtiger Wahl von $H_a = 4000$, $\eta = 0{,}8$ und 30 mm Gasdruck erhält man die Werte der Tabelle 74, in welcher weiter die erforderlichen Weiten des Gaszuleitungsrohres und Abgasabzugsrohres, die durch den stündlichen Gasverbrauch unmittelbar bedingt sind, enthalten sind.

Der Wirkungsgrad dieser Gasöfen läßt sich einigermaßen genau bestimmen durch:

$$\eta = \frac{Q_z (t - t_1) c}{B_z H_a} \quad \ldots \ldots \quad (76)$$

Darin ist:

$Q_z \ (t - t_1) \ c =$ nutzbar gemachte Wärmemenge;

$Q_z =$ die in einer Zeit Z Std. erwärmte Wassermenge in l;

$t =$ höchste Wassertemperatur im Ofen;

$t_1 =$ Anfangstemperatur des Zulaufwassers;

$c =$ spezifische Wärme des Wassers, $= \sim 1$.

$B_z H_a =$ indizierte oder vom Gas abgegebene Wärmemenge;

$B_z =$ verbrauchte Gasmenge in m^3 in Z Std.;

$H_a =$ unterer Heizwert des Gases in WE/m^3.

Ist statt des unteren Heizwertes H_a der obere H_a' bekannt, so ist $H_a = H_a' - 0{,}1 \, H_a'$ zu setzen.

Die Leistung eines Gasofens ändert sich proportional mit dem Heizwerte und der Quadratwurzel aus dem Druck. Ist bei einem Gasofen eine Leistung L_g bei einem unteren Heizwert H_{ag} und einem Gasdruck p_g garantiert und ist in einer Zeit Z eine Leistung L_e bei einem tatsächlichen unteren Heizwerte H_{ae} und einem Gasdruck p_e erreicht, so ergibt sich die stündliche Leistung des Gasofens aus der Proportion:

$$L_g : \frac{60}{Z} L_e = H_{ag} \cdot \sqrt{p_g} : H_{ae} \cdot \sqrt{p_e}$$

somit:

$$L_g = \frac{60}{Z} \cdot L_e \frac{H_{ag} \cdot \sqrt{p_g}}{H_{ae} \cdot \sqrt{p_e}} \text{ in WE/h} \quad . \quad . \quad (77)$$

welcher Wert dann der verbürgten Leistung des Ofens entsprechen muß. Die Werte Z, L_e, H_{ae} und p_e sind durch eingehende Versuche festzustellen.

Von Interesse kann es ferner sein, den Wärmeverlust zu ermitteln, der durch die abziehenden Abgase hervorgerufen wird, denn damit läßt sich rückwärts wieder auf den Wirkungsgrad und die Leistung schließen. Von Bedeutung ist natürlich hierfür die richtige Anordnung und Bemessung des Abzugsrohres. Rechnerisch läßt sich dieser Wärmeverlust nach Ausführungen im Journal für Gasbel. und Wasservers. 1911, S. 708 u. ff., unter folgenden Voraussetzungen einigermaßen genau bestimmen. Die Kohlensäure(CO_2)-Erzeugung beträgt bei gutem Gas mit viel schweren Kohlenwasserstoffen $C_n H_m$:

∾ 0,54 m^3/m^3 für Steinkohlengas (Leuchtgas),
∾ 0,46 » » reines Wassergas.

Nimmt man im Mittel 0,5 m^3/m^3 an, so stellt sich die Gesamtmenge der Abgase eines bestimmten Gases mit CO_2% Kohlensäureerzeugung zu $\frac{0,5 \cdot 100}{CO_2\,\%}$. Mit 0,32 Wärmekapazität ergibt sich dann der Wärmeverlust durch die Abgase zu:

$$\mathfrak{V} = \frac{50 \cdot 0,32\,(T_2 - t_l)}{CO_2 \cdot H_a} \text{ in } \%$$

oder

$$\mathfrak{V} = 16 \frac{T_2 - t_l}{CO_2 \cdot H_a} \text{ in } \% \quad \ldots \ldots \quad (78)$$

Hierin ist:

T_2 = Temperatur der Abgase, vor dem Zugunterbrecher, der Windschutzhaube, gemessen;
t_l = Temperatur der Raumluft;
CO_2 = Kohlensäuregehalt der Abgase in % vor dem Zugunterbrecher.

Sollen 90% des Wärmeinhalts der Heizgase nutzbar gemacht werden, so darf die Abgastemperatur T_2 nur ∾ 10% der Verbrennungstemperatur betragen. Junkers, Dessau, gibt in seiner Lehrmittelsammlung den Einfluß steigenden Luftüberschusses auf Heizgasmenge, Temperaturen und Heizfläche mit folgenden Werten an:

Luftüberschußkoeffizient . . .	—	1	2	3
Kohlensäure (CO_2)	9,5	5,0	3,4	2,6%
CO_2, Wasserdampf auskondensiert	11,5	6,1	4,1	3,1%
Verbrennungstemperatur T_1 . .	2100	1250	900	700°
Abgastemperatur T_2	240	140	100	70°
Heizflächenvergrößerung bei gleichbleibender Leistung und $\eta = 0,9$ um das	1-	2-	4-	6fache.

Die Heizfläche wird infolge der sinkenden Verbrennungstemperatur T_1 bei wachsendem Luftüberschuß weniger wirksam. Man muß daher zur Erzielung des gleichen Wirkungsgrades bei gleicher Leistung um so größere Heizflächen aufwenden, je größer der Luftüberschußkoeffizient ist. Anderseits muß natürlich auch die Wärmeübertragung und damit der Nutzeffekt sinken, wenn bei ein und demselben Ofen mit gleichbleibender Heizfläche der Luftüberschuß wächst.

Beispiel. Das Schülerbad einer Volksschule war mit einer passenden, wirtschaftlich arbeitenden Warmwasserbereitung auszurüsten. Die Anlage sollte 40 Brausen zu je 25 l besitzen, die mindestens dreimal stündlich benutzt werden können.

Die erforderliche Warmwassermenge betrug demnach $40 \cdot 25 \cdot 3 = 3000$ l/h oder, mit 8% Sicherheitszuschlag: $Q_h = \sim 3250$ l/h, die von 16° auf 40° zu erwärmen war. Wegen des großen Warmwasserbedarfes, der aber nur zeitweilig und doch wieder unerwartet plötzlich (in den Feierstunden) verlangt werden dürfte, wurde ein für solche Verhältnisse passender Gas-Durchlaufofen gewählt, und zwar, wie es gerade für Brausebäder zur Druckausgleichung unbedingt empfehlenswert ist, in Verbindung mit einem Warmwasserbehälter, der $\sim 1{,}0$ m über den Brauseköpfen zur Aufstellung kam und ~ 1200 l Fassungsvermögen zu besitzen hatte. Der Gasofen mußte eine stündliche Leistung ergeben von:

$$W_0 = Q_h\,(t - t_1) = 3250\,(40 - 16) = 78000 \text{ WE/h}.$$

Die Firma Junkers, Dessau, welche den Gasofen lieferte, verbürgte für 90% Nutzeffekt und eine stündliche Leistung von 78000 WE, während des Brennens gemessen, bei einem unteren Heizwert des Gases von $H_{ag} = 5000$ WE/m³ und einem Gasdruck von $p_g = 30$ mm.

Es kam zur Aufstellung Junkers Wasserstromheizapparat W. 120 für 1200÷1450 WE/min Wärmeleistung von 10 auf 35°, mit äußeren Maßen von 1,35 m Höhe, 0,52 m Breite, 0,32 m Tiefe und für Gasuhr von 80÷100 Flammen.

Ein angestellter genauer Abnahmeversuch ergab folgende Werte:

Nutzinhalt des Warmwasserbehälters $Q_z = 1155$ l,
Dauer der Füllung $Z = 26$ Minuten,

Temperatur des kalten Zulaufwasser $t_1 = 16^0$,
» » erwärmten Wassers $t = 43{,}96^0$,
Temperatursteigerung $t - t_1 = 43{,}96 - 16 = 27{,}96^0$,
Unterer Heizwert des Gases $H_{ae} = 4478$ WE/m³,
Gasdruck während des Brennens $p_e = 25$ mm,
Gasverbrauch $B_z = 7874$ l $= 7{,}874$ m³.

Mit diesen Zahlen errechnen sich nun: der Anstrengungskoeffizient des Gases nach Gleichung (75) zu:

$$k = \frac{B_z}{Q_z} = \frac{7874}{1155} = 6{,}8$$

also kleiner als der obere Grenzwert 7,5; die im Gasofen erzeugte Wärmemenge:

$$L_e = Q_z\ (t - t_1) = 1155 \cdot 27{,}96 = 32\,293{,}8 \text{ WE}$$

und die während dieser Zeit $Z = 26$ Minuten von den verbrannten Gasen abgegebene Wärmemenge:

$$B_z \cdot H_a = 7{,}874 \cdot 4478 = 35\,259{,}7 \text{ WE},$$

mithin nach Gleichung (76) der Wirkungsgrad:

$$\eta = \frac{32\,293{,}8}{35\,259{,}7} = 0{,}91$$

Garantiert war $\eta = 0{,}90$.

Nach Ermittlung von η ist auch der Wärmeverlust durch $\mathfrak{V} = 100 - 91 = 9\%$ gleich mitgegeben. Es betrug die Temperatur der Raumluft $t_l = 16^0$, die der Abgase vor dem Zugunterbrecher $T_2 = 232^0$, somit besaßen die letzteren einen Kohlensäuregehalt CO_2, der sich aus Gleichung (78) berechnet zu:

$$CO_2 = \frac{\mathfrak{V}\, H_a}{16\,(T_2 - t_l)} = \frac{9 \cdot 4478}{16\,(232 - 16)} = 11{,}34\,\%;$$

also lag eine gute Verbrennung vor.

Die erreichte stündliche Leistung ist nach Gleichung (77):

$$L_g = \frac{60}{Z} \cdot L_e \frac{H_{ag} \cdot \sqrt{p_g}}{H_{ae} \cdot \sqrt{p_e}} = \frac{60}{26} \cdot 32\,293{,}8 \frac{5000\,\sqrt{30}}{4478\,\sqrt{25}}$$

$L_g = 91\,200$ WE/h,

also um $91\,200 - 78\,000 = 13\,200$ WE höher als die garantierte Leistung.

Bei dem zu jener Zeit (v. d. Kr.) bemessenen Gaspreise von $K = 0{,}15$ Mk./m³ beliefen sich die Betriebskosten auf $B \cdot K =$

$7{,}874 \cdot 0{,}15 = \backsim 1{,}20$ Mk., die sich allerdings zurzeit bei $K = \backsim 1{,}80$ Mk./m³ Gaspreis erhöhen auf: $7{,}874 \cdot 1{,}8 = 14{,}17$ Mk.

c) Die Wasser- und Dampfheizkörper, betrieben durch Elektrizität.

Diese bedingen zur Erwärmung einer bestimmten Wassermenge Q_h auf t^0 einen ganz bestimmten Effekt in Watt bzw. Kilowatt und eine ganz bestimmte Größe. Ist

W_0 = die zur Erwärmung von Q_h auf t^0 stündlich erforderliche Wärmemenge,
E = Stromspannung, meist gegeben $= \backsim 100 \div 220 \div 550$ Volt,
J = Stromstärke in Ampere,
Z_s = Zeit in Sekunden, die zum Erwärmen nötig ist,
η = Wirkungsgrad des Heizkörpers,

so besteht nach dem Jouleschen Gesetze die Gleichung:

$$W_o = 0{,}00024\, E\, J\, Z_s \eta \quad . \quad . \quad . \quad . \quad . \quad . \quad (79)$$

Der elektrische Strom an sich setzt sich mit 100% in Wärme um. Verluste an Wärme können nur durch Wärmeabgabe der Heizapparate entstehen und durch richtige, geschickte Isolation auf ein geringes Maß herabgesetzt werden. Vorteilhaft ist es hiernach, die Zapfstelle an dem elektrischen Warmwasserbereiter selbst vorzusehen oder wenigstens die elektrische Wärmequelle möglichst nahe an die Verbrauchsquelle (Warmwasserbehälter) heranzulegen. Demgemäß darf man mit einem Wirkungsgrade rechnen von:

$\eta = 0{,}95 \div 0{,}97$ bei guter Isolierung und direkter Warmwasserentnahme,
$\eta = 0{,}75 \div 0{,}95$ bei Zwischenleitung zwischen elektrischem Heizkörper und Verbrauchsstelle, bzw. bei längerer Gebrauchsleitung.

Aus Gleichung (79) läßt sich unter Annahme von EJ auf Z_s schließen oder umgekehrt von Z_s auf den Wattverbrauch EJ, bzw., da E durch die schon bestehende Anlage meist gegeben ist, auf die Stromstärke J, welche für die Größenbestimmung des Heizkörpers maßgebend ist. Bezüglich solcher Berechnung wird auf das von selbigem Verfasser verfaßte Buch: »Die elektrische Raumheizung«, Verlag C. Marhold, Halle, hingewiesen.

Bezieht man die Verhältnisse auf die Stunde als Zeiteinheit und setzt dementsprechend in Gleichung (79): $Z_s = 3600$, so erhält man: $W_0 = 0{,}860 \cdot EJ \cdot \eta$ oder den Wattverbrauch EJ, d. i. die Leistung L, zu:

$$\left.\begin{aligned} L = EJ &= \frac{W_0}{0{,}860 \cdot \eta} \text{ Watt/h} \\ \text{oder} \quad L = EJ &= \frac{W_0}{860 \cdot \eta} \text{ kWh}^{1)} \end{aligned}\right\} \quad \ldots \ldots \quad (80)$$

und den Effektverbrauch an der Maschine:

$$N = \frac{L}{736} \text{ PS} \quad \ldots \ldots \quad (81)$$

Die erforderliche Wattzahl ist maßgebend für die Anzahl der Heizelemente, wenn aus solchen der ganze Heizkörper wie üblich zusammengesetzt ist.

Viele Heizkörper werden als Massenartikel für eine bestimmte Watt- bzw. kW-Leistung EJ in den Handel gebracht. Dann läuft die Rechnung in erster Linie auf die Bestimmung der Aufheizzeit Z hinaus und man hat zu berechnen:

$$Z_s = \frac{W_0}{0.00024 \cdot EJ \cdot \eta} \text{ Sekunden} \quad \ldots \quad (82)$$

und zu beurteilen, ob diese Zeit genügt; andernfalls sich mit anderen Apparaten günstigere Verhältnisse zu sichern. Je kürzer die Anheizzeit ist, desto geringer sind die Wärmeverluste.

Bei der Berechnung der elektrischen Warmwasserspeicher läuft die Rechnung vorzugsweise darauf hinaus, einmal die Größe des Speichervolumens J_s zu bestimmen, das nötig ist, um einen geforderten Warmwasserbedarf bzw. einen dementsprechenden Wärmebedarf W_0 in WE/h während der Z_e-Stunden Entladezeit zu decken; dann die Wattleistung L während der Ladezeit Z_l festzulegen. Sind:

γ_a und γ_e = spezifische Wassergewichte in kg/m³ am Anfang und Ende der Entladung, also $1000 \cdot \gamma$, wenn γ aus Tab. I, Abschnitt XIII entnommen wird;

c_a und c_e = spezifische Wärme des Wassers bei der Anfangstemperatur t_a bzw. der Endtemperatur t_e der Entladung;

---

1) kW = Kilowatt = 1000 Watt, kWh = Kilowattstunde.

W' = Wärmeverlust des Wärmespeichers während der Entladezeit Z_l in WE, $= \sim 5 \div 10\%$ von W_0, also $= 0{,}05\, W_0 \div 0{,}1\, W_0$,

so ist:

$$W_o = J_S\,(\gamma_e\, c_e\, t_e - \gamma_a\, c_a\, t_a) - W'$$

Daraus folgt dann das nötige Speichervolumen während Z_e Std. Entladezeit, wenn man $c_a = c_e = \sim 1$ setzt, zu:

$$J_S = \frac{(W_o + W') \cdot Z_e}{\gamma_e \cdot t_e - \gamma_a \cdot t_a}\ \mathrm{m}^3 \quad \ldots\ldots \quad (83)$$

Entsprechend früherer Bezeichnungen kann man setzen: $t_a = t_1$ als Anfangstemperatur (Speisewassertemperatur) und $t_e = t$ als geforderte Höchsttemperatur des Warmwassers, welch letztere für Speicher bis zu $\sim 90^0$ angesetzt werden kann.

Die elektrische Leistung L beträgt dafür bei einer Ladezeit Z_l Std. und einem Wirkungsgrad des Speichers von $\eta = 0{,}95$ bis 0,75:

$$L = \frac{(W_o + W')\, Z_e}{860 \cdot \eta \cdot Z_l}\ \mathrm{kW} \quad \ldots\ldots \quad (84)$$

Da für die gebräuchlichen Zeiten J_S und L bedeutend ausfallen, so werden Speicheranlagen nur für Großbetriebe in Betracht kommen.

Hat man mit Spannungsverlusten zu rechnen, so ist L um $\sim 10\%$ zu erhöhen.

Die elektrischen Dampfheizkörper sind vorzugsweise die Großdampfkessel mit Niederdruck oder Hochdruck. Bei diesen kommt es nicht allein darauf an, den kW-Verbrauch festzulegen, sondern auch die Dampfmenge, welche durch 1 kWh erzeugt werden kann. Die Wärmemenge, welche durch 1 kW = 1000 Watt in 1 Stunde erzeugt wird, ist nach oben:

$$0{,}860 \cdot 1000 \cdot 0{,}95 = 810\ \mathrm{WE}.$$

Ein Dampf von 1 Atm. abs. aus Speisewasser von 0^0 besitzt nach Tab. IV (Abschn. XIII): 636,73 WE, somit erzeugt 1 kWh:

$$\frac{810}{636{,}73} = 1{,}272\ \mathrm{kg\ Dampf}.$$

Praktisch rechnet man mit $\sim 1{,}25$ kg.

Legt man für Niederdruck nicht vorgewärmtes Speisewasser von $\sim 10^0$ zugrunde, so erhält man bei den gebräuchlichen Dampfspannungen von

1,03 Atm.	abs.	und	637,00 WE/kg:	1,292 kg	Dampf,
1,20 »	»	»	638,31 »	1,289 »	»
1,30 »	»	»	639,28 »	1,287 »	»
1,50 »	»	»	640,58 »	1,285 »	»

Zur Erzeugung von Hochdruckdampf ist es vorteilhaft, um nicht zu hohen Wattverbrauch zu erhalten, mit möglichst hochtemperiertem Speisewasser zu arbeiten, wenn sich dieses billig beschaffen läßt. Bei 45° Vorwärmung ergeben sich

für:	2,0 Atm.	abs.	und	643 WE/kg:	1,36 kg	Dampf,
»	4,0 »	»	»	650 »	1,34 »	»
»	6,0 »	»	»	655 »	1,33 »	»
»	8,0 »	»	»	658 »	1,32 »	»
»	10,0 »	»	»	661 »	1,32 »	»
»	12,0 »	»	»	664 »	1,31 »	»

und bei 90° Vorwärmung:

für	2,0 Atm.	abs.:	1,47 kg	Dampf,
»	6,0 »	»	1,43 »	»
»	10,0 »	»	1,42 »	»
»	12,0 »	»	1,41 »	»

Zieht man hieraus Mittelwerte, so kann man rechnen, daß durch 100 kW stündlich erzeugt werden:

129 kg Niederdruckdampf von 1,0÷1,5 Atm. abs.,
133 kg Hochdruckdampf, Speisewasser auf 45° vorgewärmt,
144 kg Hochdruckdampf, Speisewasser auf 90° vorgewärmt.

Beispiel 1. Die Erwärmung des Badewassers für ein Wannenbad einer Villa soll auf elektrischem Wege erfolgen, wozu genügend Strom von 110 Volt Netzspannung einigermaßen preiswert zur Verfügung steht. Wie hoch stellen sich Stromverbrauch und Anheizdauer bei einer Kaltwassertemperatur von 15° C.

Zum Einbau kommt ein Helberger-Durchlaufapparat (Abb. 40) als Wandheizkörper, der bei 600 mm Länge, 800 mm Höhe und 140 mm Tiefe 11 kW verbraucht, also $\frac{11\,000}{110} = 100$ Ampere. Die Badewassermenge von 200 l zu 35° verlangt eine Wärmemenge:

$$W_0 = 200\ (35 - 15) = 4000 \text{ WE}.$$

Damit ergibt sich nach Gleichung (82) die Aufheizzeit zu:

$$Z_s = \frac{W_o}{0,00024 \cdot EJ \cdot \eta} = \frac{4000}{0,00024 \cdot 11000 \cdot 0,95}$$

$$Z_s = 1500 \text{ Sekunden} = 25 \text{ Minuten.}$$

Wäre eine bestimmte Anheizdauer von $\sim$ 10 min = 600 s bedingt und sind genügende Heizkörper vorhanden, so ist der erforderliche Stromverbrauch nach Gleichung (79):

$$EJ = \frac{W_o}{0,00024 \cdot Z_s \cdot \eta} = \frac{4000}{0,00024 \cdot 600 \cdot 0,95}.$$

$$EJ = 29240 \text{ Watt} = \sim 30 \text{ kW.}$$

Dem entspräche nach Gleichung (81) ein Maschineneffekt von:

$$N = \frac{EJ}{736} = \frac{29240}{736} = 41 \text{ PS},$$

wogegen bei obigen 25 Minuten Anheizdauer die Maschinenbelastung nur:

$$N = \frac{11000}{736} = 15 \text{ PS}$$

beträgt.

Beispiel 2. Gemäß einer ausgeführten Anlage für einen großen Fabrikbetrieb mit 1800 Arbeitern hat eine Warmwasserversorgung den Warmwasserbedarf für Wasch- und Badegelegenheiten zu decken. Das Waschbedürfnis liegt an jedem gewöhnlichen Arbeitstage vor. Außerdem hat die Anlage an besonderen und Ruhetagen für das neben den beiden Waschsälen liegende Badehaus das Warmwasser für Brause- und Wannenbäder zu liefern. Im Winter erfolgt die Warmwasserbereitung mit dem Kondensat verschiedener Arbeitsmaschinen oder mit Frischdampf, im Sommer durch elektrische Heizung.

Nimmt man den Wasserbedarf für eine Waschung mit 10 l an, so sind für Waschzwecke täglich:

$Q = 1800 \cdot 10 = 18000$ l Wasser von 35° erforderlich. Die Säuberung der 1800 Arbeiter spielt sich entsprechend den verschiedenen Schichtschlußzeiten im Laufe von 2 Stunden ab. Bemißt man die Waschzeit einschl. Umkleidens auf 12 Minuten, so wird ein Waschbecken $\frac{60}{12} = 5$ mal in der Stunde benutzt und es werden $\frac{18000}{2 \cdot 5} = 180$ Waschbecken benötigt, die in 2 Sälen mit je 90 Stück in Reihenanordnung zur Aufstellung kommen:

In der Warmwasserbereitung wird das Wasser von $t_1 = 10^0$ auf $t_2 = 80^0$ erwärmt. Es sind dann nach Gleichung (46) und (47).

$$q_1 = \frac{t_2 - t}{t_2 - t_1} \cdot Q = \frac{80 - 35}{80 - 10} \cdot 18000 = 11575 \text{ l}$$

Kaltwasser von 10^0 und

$$q_2 = Q - q_1 = 18000 - 11575 = 6425 \text{ l}$$

Warmwasser von 80^0 nötig.

Für Badezwecke, Wannen- wie Brausebäder, können dieselben Wassertemperaturen t, t_1 und t_2, also auch dieselben Wassermengen q_1 und q_2 eingehalten werden. Die 18000 l Warmwasser von 35^0 vermögen bei 40 l Wasserverbrauch einer Brause $\frac{18000}{40} = 450$ Brausebäder täglich abzugeben. Bemißt man die Zeit eines Bades auf 6 Minuten und den ununterbrochenen Brausebadbetrieb auf 1 Stunde, so sind $\frac{450 \cdot 6}{60} = 45$ Brausen vorzusehen. Ferner sind mit 180 l Fassung in einem Tage $\frac{18000}{180} = 100$ Wannenbäder zu leisten. Bemißt man die Zeit eines Bades auf $\backsim$ 30 Minuten und gibt die Wannenbadgelegenheit während der 5 Vormittagsstunden der freien Tage, so sind $\frac{100 \cdot 30}{60 \cdot 5} = 10$ Wannen nötig.

Alles in allem genommen, muß also die Warmwasserversorgung in 10 Stunden 6425 l = $\backsim$ 6500 l Warmwasser von 80^0 erzeugen, die eine Wärmemenge:

$$W_0 = 6500\,(80 - 10) = 455000 \text{ WE}$$

besitzen. Während der Sommerszeit ist diese Wärme durch elektrische Heizung zu decken. Es kommen dafür Prometheus-Durchlaufapparate zur Aufstellung, die nach Abb. 234 batterieweis mittels Zirkulationsleitung und Heizschlangen das Wasser in den Boilern indirekt erwärmen. Demgemäß werde $\eta = 0{,}88$ gewählt. Der Stromverbrauch in 1 Stunde ergibt sich nach Gleichung (80) zu:

$$L = \frac{W_0}{10 \cdot 0{,}860 \cdot \eta} = \frac{455000}{10 \cdot 0{,}860 \cdot 0{,}88}$$

$$L = 60000 \text{ Watt} = 60 \text{ kW}.$$

Gewählt werden Prometheus-Heizrohrelemente zu 5 kW, so daß $\frac{60}{5} = 12$ Heizrohre (Durchlaufrohre nach Abb. 164) einzuschalten sind, welche batterieweis zu je 6 Stück auf je einen Boiler mit 3,3 m³ Inhalt mittels Heizschlangen indirekt erwärmend hinarbeiten.

Beispiel 3. Eine elektrische Wasserkraftzentrale gibt zur Erreichung einer gleichmäßigen Belastung elektrischen Strom für Heizzwecke außerhalb der Sperrstunden von 10^{00} n. bis 7^{00} v. zu ermäßigtem Preise von 40 Pf./kWh ab. Es soll daher für ein industrielles Werk so viel Wasser in einem Wärmespeicher über Nacht von 10^0 auf 70^0 erwärmt werden, daß während der 8 Tages-Arbeitsstunden ständig 500 l/h zur Verfügung stehen.

Die zur Erwärmung von 500 l um $t - t_1 = 70 - 10 = 60^0$ nötige Wärmemenge ist nach Gleichung (53 a)

$$W_0 = Q_h (t - t_1) = 500 \cdot 60 = 30000 \text{ WE/h}.$$

Rechnet man mit 5% Wärmeverlust unter Voraussetzung vorzüglicher Isolation des Speichers, so wird:

$$W' = 0,05\, W_0 = 0,05 \cdot 30000 = 1500 \text{ WE/h}.$$

Entnimmt man γ für 10^0 und 70^0 aus Tab. I, so erhält man

für $t_a = t_1 = 10^0$: $\gamma_a = 1000\, \gamma = 1000 \cdot 0,99974 = 999,74$,

» $t_e = t = 70^0$: $\gamma_e = 1000\, \gamma = 1000 \cdot 0,97787 = 977,87$.

Es berechnet sich dann mit $Z_e = 8$ Std. Entladezeit oder Nutzdauer nach Gleichung (83) das nötige Speichervolumen zu:

$$J_S = \frac{(W_o + W') \cdot Z_e}{\gamma_e t_e - \gamma_a t_a} = \frac{(30000 + 1500) \cdot 8}{977,87 \cdot 70 - 999,74 \cdot 10} = 4,31 \text{ m}^3.$$

Diesem Inhalt genügt ein Behälter mit den Innenmaßen von 1,5 m Durchm. und 2,45 m Länge. Für 1 m³ erhält man also ein nutzbares Speichervermögen von:

$$\frac{J_S (t - t_1) \cdot 1000}{J_S} - Z_e\, W' = \frac{4,31\,(70 - 10) \cdot 1000}{4,31} - 8 \cdot 1500 =$$
$$= 48000 \text{ WE/m}^3.$$

Die Ladezeit Z_l von 10^{00} n. bis 7^{00} v. ist: $Z_l = 9$ h. Damit bestimmt sich nach Gleichung (84) die Stromaufnahme des Speichers bei 95 % Nutzeffekt zu:

$$L = \frac{(W_o + W')\, Z_e}{860 \cdot \eta \cdot Z_l} = \frac{(30000 + 1500)\, 8}{860 \cdot 0,95 \cdot 9} = \sim 35 \text{ kW},$$

die sich bei einem Spannungsverlust von ∾ 10% erhöht auf:

$$1{,}1 \cdot 35 = 38{,}5 \text{ kW}.$$

Die Kosten der elektrischen Heizung werden betragen:

$$38{,}5 \cdot 0{,}4 = 15{,}4 \text{ Mk./Tag}.$$

d) Die Wasserheizkörper, betrieben durch Heiß- oder Warmwasser.

Als solche kommen die Heizeinsätze und die Heizmäntel der Warmwasserbehälter und entsprechende Ofenkonstruktionen, welche ein Röhrenbündel oder sonst einen Einsatz für die Zirkulation des Heizwassers in ihrem Wasserraum enthalten, in Betracht. Im allgemeinen wird die Heizfläche von Rohrschlangen oder Rohrbündeln gebildet; sie berechnet sich nach Gleichung (60), worin zu setzen ist:

$$t_m = \frac{t + t_1}{2}, \text{ wie in Gl. 65;}$$

ferner:

$$T_m = \frac{T_s + T_r}{2} \quad \ldots \ldots \ldots \quad (85)$$

T_s = Temperatur des zufließenden Heizwassers, im Steigrohre,
T_r = » » abfließenden » » Rücklaufrohre,

und zwar:

$T_s = 80 \div 90^0$, $T_r = 50 \div 70^0$ für Niederdruck (warmes Heizwasser),
$T_s = 120 \div 150^0$, $T_r = 90 \div 100^0$ für Hochdruck (heißes Heizwasser),
$k = 250 \div 350$ für Schmiedeeisenrohr und Blech,
$k = 400 \div 500$ für Kupferrohr.

Mit Rücksicht auf Niederschläge sind die Werte k so niedrig zu wählen, wie angegeben.

Ist d_a = äußerer Durchmesser der Heizeinsätze in den Behältern und Öfen,
= ∾ $30 \div 60$ mm,

so müssen die Einsätze eine Rohrlänge erhalten:

$$l = \frac{H}{\pi d_a} \text{ m} \quad \ldots \ldots \ldots \quad (86)$$

Für häusliche Anlagen hat sich eine Kupferheizschlange von 1,25÷1,50 m² Heizfläche und mit 1¼÷2″ Anschlußstutzen als ausreichend bewährt.

Für Anlagen mit einem ständigen und schwankenden Wasserverbrauche von Null bis zu einem Maximum während mehrerer Stunden, wie vor allem in Mietshäusern zutreffend, muß die Heizfläche des Behälterheizeinsatzes natürlich auch so groß bemessen sein, daß sie die vom Kessel stündlich erzeugte Wärme an das Behälterwasser abgeben kann. Außerdem muß der Boilerinhalt dieser Heizfläche entsprechen und demgemäß nach Gleichung (157) bestimmt werden.

Ist die Heizfläche H_K der Heizquelle, also des Kessels nach Gleichung (68) oder (68a) festgelegt mit

$$H_k = \frac{W_z}{w_s(Z_a + Z)},$$

so hat die Einsatz-Heizfläche, abgesehen von Leitungsverlusten, eine Wärmeabgabe an das Behälterwasser zu sichern von:

$$H_k \cdot w_s = \frac{W_z}{Z_a + Z}.$$

Unter all diesen obwaltenden Verhältnissen berechnet sich die Heizfläche des Heizeinsatzes zu:

$$H = \frac{H_k \cdot w_s}{k(T_m - t_m)} \text{ m}^2 \quad \ldots\ldots \quad (87\text{a})$$

oder mit $Z = 4$ und $Z_a = 2$ h (siehe S. 556) zu:

$$H = \frac{W_z}{6k(T_m - t_m)} \text{ m}^2 \quad \ldots\ldots \quad (87\text{b})$$

worin W_z = Wärmebedarf der Anlage in z Stunden des Höchstbetriebes ist.

Beispiel 1. Die 16 Badewannen einer Badeanstalt werden durch einen Warmwasserdruckbehälter, dessen Wasser mittels Heizschlange von einem National-Rundkessel indirekt auf 55° erwärmt wird, mit Warmwasser versorgt. Wieviel Wannenbäder können in einer Stunde verabreicht werden, wie groß ist die Anlage unter Benutzung der Tab. 73 zu bemessen und wie gestalten sich die Verhältnisse für Sommer- und Winterbetrieb?

Nach obigen Angaben betrage die Wassermenge einer Wanne einschl. Brause 250 l, die Badewassertemperatur 35° und die

Kaltwassertemperatur 5°. Bei einem Wärmeverlust von 10% tritt das Behälterwasser mit $55 - 0{,}1 \cdot 55 = \sim 50^0$ in die Wanne. Es ergeben sich für letztere nach Gleichung (46) und (47):

die erforderliche Warmwassermenge:

$$q_2 = \frac{t - t_1}{t_2 - t_1} \cdot Q = \frac{35 - 5}{50 - 5} \cdot 250 = 167 \text{ l}$$

und die Zusatz-Kaltwassermenge:

$$q_1 = Q - q_2 = 250 - 167 = 83 \text{ l}.$$

Den Inhalt des Druckkessels erhält man, wenn man die Bäderzahl, die nach vollendetem Anheizen aus dem Boiler entnommen werden kann, mit der Warmwassermenge eines Bades multipliziert, also mit $q_2 = 167$. Nach der Tab. 73 ist entsprechend der Wannenzahl 16 diese Bäderzahl 10, somit wird der Behälterinhalt: $10 \cdot q_2 = 10 \cdot 167 = 1670$ l oder mit Rücksicht des Verbrauches an Warmwasser für Reinigung der Wannen usw. gemäß Tab. 73:

$$J_B = 1800 \text{ l},$$

die in 2 Stunden von 5° auf 55° erwärmt werden müssen und somit einen Wärmebedarf erfordern von:

$$W_o = \frac{J_B (55 - t_1)}{Z} = \frac{1800 (55 - 5)}{2} = 45000 \text{ WE/h}.$$

Nach Tab. 73 können in 3 Stunden, vom Beginn des Anheizens gerechnet, 17 Bäder verabfolgt werden, also in 1 Stunde:

$$\frac{17}{3} = 5{,}67 = 5 \div 6 \text{ Bäder}.$$

Damit bestimmt sich der Wärmebedarf des Behälterwassers zu:

$$W_o = 5{,}67 \cdot 167 (55 - 5) = \sim 48250 \text{ WE/h}.$$

In der Tabelle ist eine Höchstleistung mit 61000 WE angegeben, die mit Rücksicht auf die Wärmeverluste des Behälters und der Bäder und auf Temperaturschwankungen beibehalten werden können.

Die Anlage soll nun derart durchgeführt werden, daß während der Sommerszeit ein Warmwasser-Rundkessel zur Erwärmung des Behälterwassers dient, wogegen während der Winterszeit ein gußeiserner Gliederdampfkessel die Raumheizung und Warmwasserbereitung zu bewirken hat.

Der Sommerbetrieb.

Da hartes Wasser zur Verfügung steht, so hat die Erwärmung des Behälterwassers indirekt mittels Heizeinsatz (Schlangen) zu erfolgen. Hat das Niederdruckheizwasser:

eine Steigtemperatur $T_s = 90^0$ und
» Rücklauftemperatur $T_r = 60^0$,

so ist die mittlere Heizwassertemperatur in der Schlange:

$$T_m = \frac{T_s + T_r}{2} = \frac{90 + 60}{2} = 75^0.$$

Mit der mittleren Gebrauchswassertemperatur im Behälter:

$$t_m = \frac{55 + t_1}{2} = \frac{55 + 5}{2} = 30^0$$

und $k = 300$ für Schmiedeeisenschlange ergibt sich die Heizfläche der Schlange zu:

$$H_S = \frac{W_o}{k\,(T_m - t_m)} = \frac{61000}{300\,(75 - 30)} = 4{,}56 \text{ m}^2.$$

Damit erhält man die Gesamtrohrlänge der Behälterschlange bei 38/48 mm Durchm. nach Gleichung (86) zu:

$$l = \frac{H_S}{\pi \cdot d_a} = \frac{4{,}56}{\pi \cdot 0{,}048} = 30 \text{ m}.$$

Der Rundkessel hat mit $w_s = 12000$ WE/h Heizeffekt bei $Z = 2$ Stunden Anheizdauer eine Heizfläche zu erhalten:

$$H_k = \frac{J_B\,(55 - t_1)}{Z \cdot w_s} = \frac{1800\,(55 - 5)}{2 \cdot 12000} = 3{,}75 \text{ m}^2.$$

Wird der Kessel mit $H_k = 3{,}95 \text{ m}^2$ gemäß den Katalogangaben der Rad.-Ges. ausgeführt, so genügt dessen maximale Beanspruchung von 63000 WE der oben geforderten Höchstleistung von 61000 WE/h.

Der Winterbetrieb.

Warmwasserbereitung und Raumheizung erhalten gemeinschaftlich einen gußeisernen Gliederkessel für Niederdruckdampf und der Boiler zu diesem Zwecke eine besondere Dampfschlange.

Benötigt die Raumheizung einen Wärmebedarf von 40000 WE, so hat der Gliederkessel bei 10% Leitungsverlust:

$$1{,}1\,(40000 + 61000) = \sim 100000 \text{ WE/h}.$$

zu leisten. Mit $w_s = 8000$ WE/m² Effekt ist eine Kesselheizfläche erforderlich von:

$$H_k = \frac{100000}{8000} = 13{,}75 \text{ m}^2.$$

Die eiserne Dampfheizschlange des Behälters wird bei $T_m = \backsim 100^0$ mittlerer Dampftemperatur und $k = 700$ für Niederdruck eine Heizfläche zu erhalten haben:

$$H_S = \frac{W_o}{k\,(T_m - t_m)} = \frac{61\,000}{700\,(100 - 30)} = 1{,}3 \text{ m}^2$$

und eine Länge: $$l = \frac{1{,}3}{\pi \cdot 0{,}048} = 9{,}0 \text{ m}$$

(siehe Dampfheizkörper!)

Aus dem nutzbaren Inhalt von 1800 l und den Körpermaßen der beiden Heizschlangen ist die Größe des Warmwasserbehälters zu bestimmen.

Es ist der Inhalt:

der 30 m Schlange: $\frac{0{,}48^2 \pi}{4} \cdot 300 = \backsim 54$ l

der 9 m » $\frac{0{,}48^2 \pi}{4} \cdot 90 = \backsim 16$ l

zus. $\backsim 70$ l

dazu 1800 l

zus. $\backsim$ 1870 l

Erhält der Boiler 1 m Durchmesser, so ist dessen Länge:

$$\frac{1870}{\frac{1^2 \pi}{4}} = 2{,}4 \text{ m}.$$

Beispiel 2. Ein Mietshaus mit 4 Wohngeschossen, jedes Geschoß zu 3 Wohnungen, ist mit einer zentralen Warmwasserversorgung auszurüsten, bestehend aus Guß-Gliederkessel, Boiler und Rohrsystem mit Zirkulation.

Legt man den größten Warmwasserbedarf der $Z_W = 3 \cdot 4 = 12$ Badewannen mit je 200 l zugrunde, so ist nach Gl. 45 b:

$$Q = 3 \cdot Z_W \cdot q = 3 \cdot 12 \cdot 200 = 7200 \text{ l},$$

welche Wassermenge von 35° in 4 Stunden Badezeit benötigt wird. Bei einer Speisewassertemperatur von 10° ist demnach die für diese Zeit geforderte Wärmemenge:

$$W_z = Q\,(t - t_1) = 7200\,(35 - 10) = 180000 \text{ WE},$$

Bei einer Anheizdauer von $Z_a = 2$ Stunden berechnen sich: die Heizfläche des gußeisernen Gliederkessels nach Gleichung (68) zu:

$$H_k = \frac{W_z}{w_s(Z_a + Z)} = \frac{180000}{12000(4+2)} = 2{,}5\,\mathrm{m}^2,$$

der Boilerinhalt nach Gleichung (157a) zu:

$$J_B = 134 \cdot Z_w = 134 \cdot 12 = 1600\,\mathrm{l}$$

und mit

$$T_m = \frac{95+75}{2} = 85^0 \text{ und } t_m = \frac{60+10}{2} = 35^0$$

die Heizfläche des Schlangen-Heizeinsatzes im Boiler nach Gleichung (87a) zu:

$$H_S = \frac{H_k \cdot w_s}{k(T_m - t_m)} = \frac{2{,}5 \cdot 12000}{300(85-35)} = 2{,}0\,\mathrm{m}^2.$$

Es ist J_B um das Rohrvolumen des Heizeinsatzes, das durch H_S bedingt ist, größer zu nehmen.

e) Die Warmwasserheizkörper, betrieben durch die Abgase einer Feuerung.

Hierher gehören alle die Heizapparate, die nach dem Ekonomisersystem durchgeführt werden, die diesbezüglichen Kleinapparate, die Rauchgaskessel, die Rauchgasboiler, die Heizschlangen, im Fuchs oder Schornstein einer Feuerungsanlage angeordnet, u. dgl.

Zur Bestimmung der Heizfläche dieser Apparate ist in Gleichung (60) einzuführen:

$k = 8 \div 10$ für Gußeisenrohr,
$k = 10 \div 15$ » Schmiedeeisenrohr, Blech,
$k = 13 \div 20$ » besonders dünnes Blech,
} ausreichende Rußabkratzung von Zeit zu Zeit vorausgesetzt.

$t_m = \frac{t + t_1}{2}$, wie in Gleichung (65); ferner:

$$T_m = \frac{T_2 + T_3}{2} \quad \dots\dots\dots \quad (88)$$

T_2 = Temperatur der Gase vor dem Heizapparat,
T_3 = » » » hinter » »

Im allgemeinen werden diese Apparate im letzten Feuerzug, im Fuchs oder im Schornsteinsockel angeordnet, so daß man annehmen kann:

$T_2 = 250 \div 500^0$ bei Hochdruckkesseln } im Fuchs,
$T_2 = 180 \div 300^0$ » Niederdruckkesseln } im Fuchs,
$T_2 = 200 \div 350^0$ » Küchenherden, zwischen Herd und Esse,
$T_2 = 600 \div 900^0$ » Feuerungen im 1. Feuerzuge.

Damit der gute Zug der Feuerung nicht leidet, muß die Temperatur der den Apparat verlassenden Gase noch eine genügende Höhe haben. Man kann als zulässigsten niedrigsten Wert für diese Temperatur ansetzen:

$T_3 = \sim 150 \div 275^0$ in der Esse eines Wohnhauses von $\sim 15 \div 25$ m Höhe,
$T_3 = 150 \div 225^0$ im Fabrikschornstein von $\sim 30 \div 40$ m Höhe,
$T_3 = 120 \div 180^0$ für Rauchgaskessel, im Fuchs des Zentralheizungskessels eingebaut,
$T_3 > 100^0$ auf jeden Fall wegen Sicherung des Schornsteinzuges.

Nach diesen Werten ist die Temperatur T_3 für jeden einzelnen Fall zu prüfen. Aus $W_0 = G \cdot c \cdot (T_2 - T_3)$ ergibt sich:

$$T_3 = T_2 - \frac{W_o}{c \cdot G} \quad \ldots \ldots \quad (89)$$

Hierin ist: G = Rauchgasmenge = $B\ (1 + m\ L)$ kg;
B = stündlich verbrannte Brennstoffmenge nach Gleichung (10);
L = theoretische Luftmenge in kg (siehe S. 11);
m = Luftüberschußkoeffizient;
c = spezifische Wärme der Gase, $= \sim 0{,}24$.

Man kann auch folgenden Rechnungsgang einschlagen: Man geht von zulässigen, einhaltbaren Werten T_2 und T_3 aus (siehe oben). Es ist dann die durch die Rauchgasmenge $B\ (1 + m\ L)$ abgegebene Wärme:

$$W_g = B\,(1 + m\,L)\, c \cdot (T_2 - T_3) \text{ WE/h} \quad \ldots \quad (90)$$

Berücksichtigt man die Strahlungsverluste mit $\eta = 0{,}8 \div 0{,}9$, so folgt die erreichbare höchste Wassertemperatur aus:

$$\eta \cdot W_g = Q_l\,(t - t_1),$$

also zu:

$$t = t_1 + \frac{(0{,}8 \div 0{,}9)\, W_g}{Q_h} \quad \ldots \ldots \quad (91)$$

mit Q_h = stündlich erwärmte Wassermenge in Liter. Letzterer

Wert t ist in $t_m = \frac{t + t_1}{2}$ anstatt einer sonst von vornherein angenommenen Größe t einzuführen.

Für Bestimmung der Querschnittsgrößen der meist zylindrischen Apparate aus Schmiedeeisen oder Stahlblech hat man zu rechnen mit einer:

Wassergeschwindigkeit $v_w = 0{,}001 \div 0{,}0001$ m/s,
Rauchgasgeschwindigkeit $v_g \geqq 0{,}1$ m/s.

Damit bestimmt sich der Durchflußquerschnitt zu:

$$\left.\begin{aligned} f_w &= \frac{Q'}{v_w \cdot 3600} \text{ in m}^2 \text{ für den Wasserkanal} \\ f_g &= \frac{G}{v_g \cdot 3600} \text{ in m}^2 \text{ für den Rauchgaskanal} \end{aligned}\right\} \quad (92)$$

im Heizapparat.

Es ist:

Q' = stündlich durchfließende Wassermenge in m³, also:
$= 0{,}001 \cdot Q_h$ in m³;
G = stündlich durchziehende Rauchgasmenge in m³,
$= B\,(1 + mL \cdot 0{,}775)$;
L = theoretische Luftmenge in kg;
$0{,}775 = \frac{1}{1{,}293}$ zur Umrechnung von kg in m³;
B = stündlicher Brennstoffverbrauch in kg.

Man führt diese Warmwasserbereiter mit $0{,}5\, Q_h \div 1{,}0\, Q_h \div 1{,}25\, Q_h$ Wasserinhalt aus.

Für oberschlägliche Rechnung kann man annehmen: Für 4 m² Heizfläche des Heizungskessels 1 m² Heizfläche des Rauchgaskessels.

Beispiel 1. Eine Gasthausküche besitzt zwei Feuerstellen, in welchen den größten Teil des Tages über insgesamt 20 kg Steinkohlen stündlich zur Verbrennung kommen, und welche ihre Abgase einem gemeinschaftlichen Schornsteine zuführen. Letzterem ist zwecks Warmwasserbereitung ein Apparat, ähnlich dem Reimersschen, vorzubauen, der stündlich 150 l Wasser von 15° auf 75° vorzuwärmen hat.

Die 150 l verlangen nach Gleichung (53a) stündlich eine Wärmemenge:

$$w = Q_l\ (t - t_1) = 150\ (75 - 15) = 9000\ \text{WE}.$$

oder bei 10% Wärmeverlust durch die Transmission:

$$W_0 = 1{,}1\ w = 1{,}1 \cdot 9000 = 10000\ \text{WE}.$$

Mit dem Gasgewicht

$$G = B\ (1 + m\ L) = 20\ (1 + 1{,}5 \cdot 10{,}5) = \backsim 355\ \text{kg}$$

und

$$T_2 = 350^0$$

folgt nach Gleichung (89):

$$T_3 = T_2 - \frac{W_o}{c \cdot G} = 350 - \frac{10000}{0{,}24 \cdot 355} = 225^0,$$

so daß nach Gleichung (88):

$$T_m = \frac{T_2 + T_3}{2} = \frac{350 + 225}{2} = 288^0$$

und

$$t_m = \frac{t + t_1}{2} = \frac{75 + 15}{2} = 45^0$$

wird. Hiermit ergibt sich nach Gleichung (60) die Heizfläche des Apparates zu:

$$H = \frac{W_o}{k\ (T_m - t_m)} = \frac{10000}{13\ (288 - 45)} = \backsim 2{,}75\ \text{m}^2.$$

Beispiel 2. In einer Großbäckerei befindet sich oberhalb des Feuerraumes eines jeden der 12 Backöfen vor dem 1. Feuerzuge ein Warmwasserdruckbehälter als Quereinlage eingebaut. Bei einer Länge von 2100 mm und einem Durchmesser von 450 mm besitzt jeder Behälter 300 l Inhalt. Die Temperatur des Speisewassers beträgt 15°. Da das in den Behältern erzeugte Warmwasser in erster Linie Bäckereizwecken zur Herstellung des Teiges dient, dessen günstige Gärungstemperatur bei 23° liegt, so sind als höchste Warmwassertemperatur $\backsim$ 25° als Bedingung vorauszusetzen.

Wie groß ist die von Rauchgasen berührte Heizfläche (Mantelfläche) des Boilers vorzusehen?

Mit 20% Zuschlag für Verluste in den unverkleideten, aber kurzen Rohrleitungen ergibt sich der Wärmebedarf eines Behälterinhaltes zu:

$$W_0 = Q_l\ (t - t_1) = 1{,}2 \cdot 300\ \ (25 - 15) = 3600\ \text{WE/h}.$$

Der stündliche Brikettaufwand in einem Backofen beläuft sich auf 30 kg. Nimmt man $T_2 = 700^0$ (Seite 579), $L = 7$ kg (S. 11) und das Gewicht der wirklichen Verbrennungsluftmenge mit $m = 1{,}2$mal der theoretischen, also mit $1{,}2 \cdot 7 = 8{,}4$ kg an, so ist das stündlich erzeugte Gasgewicht:

$$G = B\ (1 + mL) = 30\ (1 + 8{,}4) = 280 \text{ kg}$$

und damit die Temperatur der Heizgase hinter dem Behälter nach Gleichung (89):

$$T_3 = T_2 - \frac{W_o}{c \cdot G} = 700 - \frac{3600}{0.24 \cdot 280} = 646^0.$$

Mithin bestimmt sich mit:

$$T_m = \frac{T_2 + T_3}{2} = \frac{700 + 646}{2} = 673^0$$

$$t_m = \frac{t + t_1}{2} = \frac{25 + 15}{2} = 20^0$$

und $k = 10$ für 3 mm Schmiedeeisenblech nach Gleichung (60)

$$H = \frac{W_o}{k\,(T_m - t_m)} = \frac{3600}{10\ (673 - 20)} = 0{,}56 \text{ m}^2.$$

In der Ausführung der Einmauerung zeigt der Behälter eine freie Heizfläche von 0,55 m². Der Wärmeverlust der durch den oberen, 200 mm breiten Firststreifen mit 200 · 300 mm Mannloch entsteht, kann als gedeckt angesehen werden durch die übrige im heißen Mauerwerk eingebettete Mantelfläche des Boilers.

Beispiel 3. Der 13,5 m² ECA-Strebelkessel einer zentralen Warmwasserheizung erhält in seinem Fuchs einen Ideal-Rauchgaskessel (Abb. 177) zwecks Warmwasserbereitung eingebaut. Die Abgase des Heizungskessels treten mit 220^0 in den Warmwasserbereiter, den sie mit 120^0 verlassen, um in den Schornstein zu ziehen. Die Anlage befindet sich in einem viergeschossigen Hause mit 8 Wohnungen. Jede Wohnung besitzt 1 Bad und 2 Warmwasserzapfstellen. Es sind die Größenverhältnisse des Rauchgaskessels zu bestimmen und dabei zu untersuchen, ob das Warmwasser auf genügende Temperatur gebracht und ein Gewinn durch solche Anlage erzielt werden kann.

Nach der Strebel-Liste ergibt der ECA-Kessel bei 13,5 m² Heizfläche eine Leistung $W_k = 108000$ WE/h. Dafür ist der ungefähre stündliche Koksverbrauch nach Gleichung (10a):

bei einem wirklichen Heizeffekt des Kokses von $\eta \cdot H_a = \sim 4000$ kg:

$$B = 0{,}55 \frac{W_k}{\eta \cdot H_a} = 0{,}55 \frac{108000}{4000} = 15 \text{ kg}.$$

Nach Gleichung (90) ermittelt sich die von den Rauchgasen abgegebene Wärme mit $m = 1{,}6$ und $L = 10$ kg/kg zu:

$$W_g = B(1 + mL)\,c\,(T_2 - T_3) = 15\,(1 + 1{,}6 \cdot 10)\,0{,}24\,(220-120) = 6120 \text{ WE/h}.$$

Der tägliche Wasserverbrauch einer Wohnung ist mit 250 l festgesetzt, so daß sich bei 15 Betriebsstunden im Tag der stündliche Verbrauch stellt auf:

$$Q_h = \frac{8 \cdot 250}{15} = 133 \text{ l/h}.$$

Die erreichbare Warmwassertemperatur ist nun nach Gleichung (91):

$$t = t_1 + \frac{0{,}85 \cdot W_g}{Q_h} = 10 + \frac{0{,}85 \cdot 6120}{133} = \sim 50^0,$$

welcher Wert genügen kann.

Die für die Warmwasserbereitung erforderliche Wärmemenge ist dann:

$$W_o = \frac{Q\,(t - t_1)}{Z} = \frac{8 \cdot 250\,(50 - 10)}{15} = 5334 \text{ WE/h}.$$

Mit $k = 13$ für 5÷6 mm Stahlblech wird die erforderliche Rauchgasheizfläche:

$$H = \frac{W_o}{k\left(\frac{T_2 + T_3}{2} - \frac{t + t_1}{2}\right)} = \frac{5334}{13\left(\frac{220 + 120}{2} - \frac{50 + 10}{2}\right)}$$

$H = 3{,}0$ m². Gewählt nach Tab. 38.
$H = 3{,}25$ m².

Mit der Rauchgasmenge:

$$G = B\,(1 + mL \cdot 0{,}775) = 15\,(1 + 1{,}6 \cdot 10 \cdot 0{,}775) = 195 \text{ m}^3/\text{h}$$

und der Gasgeschwindigkeit: $v_g = 0{,}3$ m/s erhält man nach Gleichung (92) den Querschnitt eines Rauchgaskanales im Kessel zu:

$$f_g = \frac{G}{v_g \cdot 3600} = \frac{195}{0{,}3 \cdot 3600} = \sim 0{,}18 \text{ m}^2.$$

Bei der Originalausführung besitzt der Idealkessel für 3,25 m² Heizfläche 2 Rauchkanäle von ∾ 360 und 320 mm Durchm., durch welche die Rauchgase gleichzeitig durchziehen und welche einen Gesamtquerschnitt haben von:

$$0{,}102 + 0{,}080 = 0{,}182 \text{ m}^2.$$

Die Höhe der Rauchgaskanäle, d. h. die Höhe des Kessels, ergibt sich zu:

$$h = \frac{H}{\pi d_1 + \pi d_2} = \frac{3{,}25}{\pi \cdot 0{,}36 + \pi \cdot 0{,}32} = \sim 1{,}5 \text{ m}.$$

Der erforderliche Wasserquerschnitt des Kessels berechnet sich mit $v_w = 0{,}0001$ m/s Wassergeschwindigkeit nach Gleichung (92) zu:

$$f_w = \frac{Q'}{v_w \cdot 3000} = \frac{0{,}001 \cdot 133}{0{,}0001 \cdot 3600} = \sim 0{,}4 \text{ m}^2.$$

Damit folgt dann der Durchmesser D des Kesselmantels aus:

$$\frac{D^2\pi}{4} - 0{,}182 = 0{,}4 \quad \text{oder:} \quad \frac{D^2\pi}{4} = 0{,}4 + 0{,}182$$

somit zu:

$D = 860$ mm, gewählt wird mit Rücksicht auf die Querschnittsverluste durch die Rohrbleche usw.:

$D = 900$ mm, wie die Ausführung zeigt.

Man kann nun annehmen, daß während einer Heizperiode die volle Leistung in $^2/_3$ der Zeit erreicht wird, während die übrige $^1/_3$ Zeit etwa die halbe Leistung ergibt. Nimmt man die Heizperiode zu 180 Tagen an, so werden während des Winters:

$$^2/_3 \cdot 180 \cdot 8 \cdot 250 + {}^1/_3 \cdot 180 \frac{8 \cdot 250}{2} = 300\,000 \text{ l Wasser}$$

von 10 auf 50° ohne besonderen Brennstoffaufwand erwärmt. Während der Sommerszeit geht der tägliche Warmwasserverbrauch einer Wohnung auf mindestens 200 l zurück. Es beträgt somit der Warmwasserbedarf während des Sommers, d. h. während $\frac{360}{2}$ $= 180$ Tagen:

$$8 \cdot 200 \cdot 180 = 288\,000 \text{ l Wasser.}$$

Um 288000 l Wasser von 10° auf 50° zu erwärmen, sind:

$$288\,000\ (50 - 10) = 11\,526\,000 \text{ WE}$$

erforderlich und bei 4000 WE/kg Heizwert des Kokses: $\frac{11\,526\,000}{4000}$ $= 2880$ kg Koks.

Wird der Preis für 1 t Gaskoks mit M. 150 (v. d. Kr.) angesetzt und schlägt man 25% Unkosten für Verluste hinzu, so beträgt der Jahresaufwand für die Warmwasserbereitung:

$$1{,}25 \cdot 2880 \cdot 0{,}15 = \text{M. } 540.$$

Dem gegenüber würden stehen, wenn die Warmwasserbereitung ohne Ausnutzung der Rauchgase während der Winterszeit das ganze Jahr hindurch mit eigenem Brennstoff erfolgte:

$$1{,}25 \frac{300000\,(50-10)}{4000} \cdot 0{,}15 = 560.\text{— M.}$$

$$\text{dazu } 540.\text{— »}$$

$$\text{somit insgesamt: } 1100.\text{— M.,}$$

d. h. man erreicht mit dem Einbau des Rauchgaskessels einen Gewinnst von:

$$\frac{(1100-540)\cdot 100}{1100} = \sim 50\,\%.$$

Natürlich kann dieser letzte Teil der Durchrechnung nur einen Anhalt für den Rechnungsgang geben. Praktische Bedeutung erhält die Rechnung erst auf Grund mehrfacher Heizversuche an einer bestimmten Anlage, wodurch die wirklich verbrauchten Wassermengen, die Wassertemperaturen t und t_1, die Rauchgastemperaturen T_2 und T_3, und der Heizwert des Brennstoffes bestimmte Werte erhalten.

Beispiel 4. Es sind die jährlichen Brennstoffkosten bzw. die Ersparnisse für eine Warmwasserbereitungsanlage eines Mietshauses möglichst genau festzustellen, deren Warmwassererzeuger ein in den Fuchs eines Zentralheizungskessels eingebauter Rauchgaskessel System Wigand ist. Die Warmwasserheizung hat einen stündlichen Wärmebedarf von 120000 WE und einen Wasserinhalt im System von 4000 l. Von der Warmwasserbereitung werden stündlich 300 l zu 60° verlangt. Die Temperatur des Speisewassers beträgt 12° und der Heizeffekt des Kokses 3500 WE/kg.

Der Wigandkessel (Abb. 178) besitzt eine Sommerfeuerung, die auch als Zusatzheizung für die Warmwasserbereitung während der Übergangszeit und ferner früh morgens in der Heizperiode zum Hochheizen mit benutzt wird. Die Abgase treten aus dem Heizungskessel mit 200° und in den Schornstein mit 120°.

Mit der mittleren Rauchgastemperatur:

$$T_m = \frac{T_2 + T_3}{2} = \frac{200 + 120}{2} = 160^0,$$

der mittleren Warmwassertemperatur:

$$t_m = \frac{t_1 + t}{2} = \frac{60 + 12}{2} = 36^0$$

und $k = 13$ für Rauchröhren und Blech bestimmt sich die Heizfläche, welche bei vollem Heizbetriebe von den abziehenden Rauchgasen des Zentralheizungskessels bestrichen und zur Hauptsache von $18 + 6 = 24$ Rauchröhren zu je 70 mm l. W. und 1,6 m Höhe gebildet wird, also für die Winterszeit in Frage kommt zu:

$$H_W = \frac{Q_h (t - t_1)}{k (T_m - t_m)} = \frac{300 (60 + 12)}{13 (160 - 36)} = \backsim 9{,}0 \text{ m}^2.$$

Hierfür genügt die Größe Nr. 1 des Wigandkessels, dessen Rauchgasheizfläche gebildet wird von:

der Heizfläche der 24 Röhren zu $24 \cdot 0{,}35 = 8{,}40 \text{ m}^2$,

dem unteren Kesselboden zu:

$$\frac{0{,}95^2 \pi}{4} - \frac{24 \cdot 0{,}07^2 \pi}{4} \; \ldots\ldots = 0{,}62 \text{ m}^2$$

und der oberen Kesselfläche zu: $= 0{,}18$ »

insgesamt $= 9{,}20 \text{ m}^2$.

Bei vollem Heizbetriebe der Sommerfeuerung, wenn diese bei Außerbetriebsetzung des Heizungskessels die Warmwasserbereitung allein zu übernehmen hat, ist:

$$T_m = \sim \frac{1000 + 200}{2} = 600^0$$

und

$$H_S = \frac{300 (60 - 12)}{13 (600 - 36)} = \sim 2.0 \text{ m}^2.$$

Diese Heizfläche ist zu rechnen auf:

die Heizfläche der Feuerbuchse mit . . 1,40 m²

» » der 6 absteigenden Feuerröhren mit . . . . . . 2,10 »

insgesamt: 3,50 m²,

also völlig ausreichend.

Der Gesamtquerschnitt der beiden Röhrenbündel, die den Fuchskanal mit bilden, beträgt bei 24 Röhren zu je 0,003848 m²:

$$24 \cdot 0{,}003848 = 0{,}0925 \text{ m}^2.$$

Der Schornstein verlangt bei 20 m Höhe und 120000 WE Leistung für die Heizung einen Querschnitt zu: $30 \cdot 30 \text{ cm} = 0{,}09 \text{ m}^2$, so daß der Kessel auch in dieser Hinsicht den Anforderungen genügt.

Die Zentralheizung erzeugt bei vollem Winterbetriebe mit einer Vorlauftemperatur $T_s = 95^0$ und einer Rücklauftemperatur $T_r = 65^0$:

$$4000\,(95 - 65) = 120000 \text{ WE/h}$$

und verlangt dafür einen Brennstoffaufwand

$$B_W = \frac{120000}{3500} = 35 \text{ kg/h}$$

und während der Übergangszeit mit $T_s = 60^0$ und $T_r = 35^0$:

und $$4000\,(60 - 35) = 100000 \text{ WE/h}$$

$$B_{\ddot{U}} = \frac{100000}{3500} = 30 \text{ kg/h}.$$

In dieser Übergangszeit, die sich über zwei halbe Monate erstrecken möge, kann das Wasser der Warmwasserbereitungsanlage von 12⁰ auf $\sim 50^0$ durch die Abgase des Heizungskessels mit erwärmt werden. Sollen die Abgase von $T_2 = 200^0$ noch mit $T_3 = 120^0$ in den Schornstein ziehen, so können sie mit ihrer Gasmenge:

$$G = B\,(1 + mL) = \sim 30\,(1 + 2 \cdot 10) = 630 \text{ kg}$$

dem Rauchgaskessel nach Gleichung (90) eine Wärmemenge zuführen von:

$$W_g = G \cdot c\,(T_2 - T_3) = 630 \cdot 0{,}24\,(200 - 120) = 12000 \text{ WE/h}.$$

Zur Erwärmung des Wassers der Warmwasserversorgungsanlage von 12⁰ auf 50⁰ sind:

$$W' = 300\,(50 - 12) = 11400 \text{ WE/h}$$

nötig, die durch $W_g = 12000$ gedeckt sind. Diese Leistung ist der Hauptgewinn der Anlage. Die an 60⁰ noch fehlenden 10⁰ verlangen einen Wärmezuschuß von:

$$W'' = 300\,(60 - 50) = 3000 \text{ WE/h},$$

$$\text{wofür } B'' = \frac{3000}{3500} = 0{,}86 \text{ kg/h}$$

auf dem Sommerrost der Feuerbüchse zu verbrennen sind. Wird die tägliche Betriebszeit zu 15 Stunden, der Monat zu 30 Tage und der Kokspreis zu 0,18 M./kg (v. d. Kr.) gerechnet, so beträgt der Koksaufwand für die zwei halben Monate:

$$0{,}86 \cdot 15 \cdot 30 \cdot 0{,}18 = \ldots\ldots\ldots \quad \text{M. } 697.—$$

Um den Mietern auch schon in den frühen Morgenstunden den Genuß warmen Wassers zu sichern, soll während der Heizperiode zwecks schnelleren Hochheizens gleichfalls die Nebenfeuerung herangezogen werden. Diese Zeit werde entsprechend der Anheizzeit des Heizungskessels reichlich auf $2\frac{1}{2}$ Stunden bemessen. Der Wasserinhalt des Warmwasserbereitungssystemes beträgt bei 850 l Inhalt des Wigandkessels insgesamt $\sim$ 1000 l, die sich über Nacht bis auf 20° abkühlen und somit wieder auf 60° zu erwärmen sind. Mithin kommen, wenn man die Hälfte der Leistung auf den Rauchgaskessel rechnet, zur Extra-Verfeuerung:

$$\frac{0.5 \cdot 1000\,(60 - 20)}{3500} = \sim 6{,}0 \text{ kg Koks/Tag},$$

welche bei 240 Heiztagen:

$$5 \cdot 240 \cdot 0{,}18 = \ldots\ldots\ldots\ldots \quad \text{M. } 260.—$$

Unkosten hervorrufen.

Ferner soll an Sonnabenden, wenn für Baden und intensivere Reinigung in kurzer Zeit sehr viel Warmwasser gebraucht wird, zur Ergänzung der Rauchgasleistung die Nebenfeuerung zum Nachhelfen benutzt werden. Bemißt man diese Zeit auf 10 Std. und den Koksverbrauch auf 1 kg/h, so verlangt jeder Sonnabend der Heizperiode 10 kg Koks, das sind bei 240 Heiztagen und 30 Monatstagen:

$$\frac{240}{30} \cdot 4 = 32 \text{ Tage und } 32 \cdot 10 = 320 \text{ Kilogramm Koks oder:}$$

$$320 \cdot 0{,}18 = \ldots\ldots\ldots\ldots \quad \text{M. } 58.—$$

Während der Sommerszeit, d. h. während 360 — 240 = 120 Tagen, hat die Sommerfeuerung den Betrieb allein zu übernehmen und:

$$300\,(60 - 12) = 14\,400 \text{ WE/h}$$

zu leisten. Hierfür ist der Koksaufwand:

$$\frac{14\,400}{3500} = 4{,}12 \text{ kg/h}$$

der an Kosten hervorruft:

$4{,}12 \cdot 15 \cdot 120 \cdot 0{,}18 =$ . . . . M. 1335.—

Mithin beträgt die jährliche Ausgabe für Koks . . . . M. 2350.—

Wird die Warmwasserbereitung mittels gewöhnlichen Kessels durchgeführt, so verlangt dieser für eine Leistung von 14400 WE/h eine Koksmenge von 4,12 kg/h, so daß sich die jährlichen Kosten für den Brennstoff ergeben zu:

$4{,}12 \cdot 15 \cdot 360 \cdot 0{,}18 =$ . . . . . . M. 4000.—

Mithin stellt sich die Ersparnis, die der Betrieb des Rauchgaskessels mit sich bringt, zu:

$$\frac{(4000 - 2350) \cdot 100}{4000} = 41\,\%$$

Für die wirkliche Gewinnstbeurteilung kommt natürlich noch der Posten für Verzinsung und Tilgung des Anlagekapitals in Betracht, der jedoch wegen der Preisschwankungen und zur Klarhaltung vorstehender Rechnung hier unberücksichtigt bleiben mag. Ebenso ist der ermittelte Ersparniswert nicht ohne weiteres mit dem des Beispieles 3 in Vergleich zu bringen, da die Rechnung in Beispiel 4 unter ganz anderen, weit ungünstigeren und der Wirklichkeit meist näher kommenderen Voraussetzungen durchgeführt ist.

f) Die Wasserheizkörper, betrieben durch die Abwärme der Verbrennungsmotoren.

Der Dieselmotor, die Großgasmaschinen wie auch alle Kleinmotoren, betrieben durch einen flüssigen oder gasförmigen Brennstoff, liefern in den Abgasen und dem abfließenden Kühlwasser eine erhebliche Menge Abwärme, die in besonderen Gegenstromapparaten für Warmwasserbereitungszwecke bis zu einer zulässigen Grenze zur billigen Ausnutzung gebracht werden können. Die wichtigsten Maschinen für eine derartige Abwärmeverwertung sind der Dieselmotor, mit Rohöl oder Rohpetroleum betrieben, und die Großgasmaschinen für gasförmiges Brennmaterial als Kraftstoff. Bei der Berechnung ist zu beachten, daß die Einheitswerte für die flüssigen Brennstoffe, wie Rohöl,

Petroleum, Benzin und Spiritus in kg, dagegen für die gasförmigen in m^3 allgemein eingesetzt werden.

1. Die Abgaswärme der Motoren für flüssige Brennstoffe. Der Dieselmotor.

Die Abwärme, die in den Abgasen eines Verbrennungsmotors enthalten ist, bestimmt sich zu:

$$W_A = c\,G\,(T_2 - T_3)\,N \text{ in WE/h} \quad \ldots\ldots\ldots \quad (93)$$

Darin ist:

c = spezifische Wärme der Abgase, = 0,25;
G = Abgasmenge in kg/PS-h,
= $B\,(1 + m \cdot L)$ kg;
m = Luftüberschußkoeffizient,
= 1,4 ÷ 1,6 bei Vollast,
= 3,0 ÷ 3,5 » Halblast;
L = theoretische Luftmenge in kg/kg,
= 14 ÷ 15 für Rohöl, Petroleum, Benzin,
= 8 für Rohspiritus von 90 Vol.-%;
B = Brennstoffverbrauch für 1 PS in kg/h, und zwar:

für	N = 5	= 10	= 25	= 50	= 100	$\geqq$ 150 PS,	
	B = 0,25	= 0,24	= 0,23	= 0,21	= 0,20	= 0,18	für Rohöl,
	= 0,55	= 0,50	= 0,46				für gereinigtes Petroleum,
	= 0,30	= 0,28	= 0,25	= 0,22	= 0,20	= 0,18	für Benzin,
	= 0,50	= 0,46	= 0,42				für Rohspiritus von 90 Vol.-%;

T_2 = Temperatur der Abgase, vom Motor kommend,
= 400 ÷ 440° bei Vollast } für Dieselmotor,
= 320 ÷ 330° » Halblast }
= 350 ÷ 450° bei Vollast } für Petroleummotor;
= 230 ÷ 300° » Halblast }
T_3 = Temperatur der Abgase, ins Freie tretend, nach Ausnutzung in der Warmwasserbereitungsanlage,
$\geqq$ 150°, nicht kleiner als 150°, um Wasserniederschläge zu vermeiden;
N = Effekt des Motors in PS.

Es können nun zwei Wege zur Abgasverwertung eingeschlagen werden entweder wird die zur Verfügung stehende Abgaswärme im Warmwasserbereiter zur Erwärmung von Frischwasser ausgenutzt; oder die Abgaswärme dient zum Nachwärmen des aus dem Motor kommenden, schon auf 50÷60⁰ erwärmten Kühlwassers. Den ersten Weg wird man beschreiten, wenn man durchaus einwandfreies Warmwasser erhalten will oder die Kühlwassermenge bei sonst ausreichender Temperaturhöhe in seiner Menge nicht ausreicht. Der zweite Weg ist dagegen einzuschlagen, wenn das Kühlwasser, in seiner Menge und Güte voll ausreichend, eine höhere Temperatur als 60⁰ besitzen soll. Man hat nämlich zu bedenken, daß das Kühlwasser theoretisch zwar vollkommen frei von allen Beimischungen, wie Öl, Gas und sonstigen Unreinigkeiten ist, daß aber im praktischen Betriebe ein Übertritt von Gas in das Wasser bei Undichtigkeiten, Schadhaftwerden der Manteldichtungen möglich sein kann und nicht gänzlich ausgeschlossen ist.

Schließlich kann noch ein dritter Weg für eine Wärmeverwertung bei diesen Motoren offen stehen: nämlich das Kühlwasser selbst als Heizmittel für Warmwasserbereitungszwecke auszunutzen. Diese Art gehört dann eigentlich nicht in dieses Kapitel, sondern zu den Wasserheizkörpern, betrieben durch Heizwasser; sie mag aber ihre Erledigung gleich an dieser Stelle mit finden.

1. Fall. Die Abgase dienen zur Erwärmung von Frischwasser.

Da eine bestimmte Wärmemenge W_A zur Wassererwärmung durch die Abgase zur Verfügung steht, so handelt es sich nur um die Frage, eine wie große Menge Wasser bei einer bestimmten geforderten Temperatur, oder bis zu welcher Temperatur eine bestimmte geforderte Wassermenge in der Stunde erwärmt werden kann. Dafür besteht die Gleichung:

$$W_A = Q_h (t - t_1)$$

Bei Annahme der Höchsttemperatur t des Gebrauchswassers folgt dann:

$$Q_h = \frac{W_A}{t - t_1} \text{ in l/h} \quad \ldots \ldots \ldots (94)$$

oder bei Annahme einer stündlich geforderten Wassermenge Q_h in l:

$$t = t_1 + \frac{W_A}{Q_h} \quad \ldots \ldots \ldots (95)$$

Sind Q_h und t den Anforderungen genügend festgelegt, so bestimmt sich die Heizfläche des Warmwasserbereiters zu:

$$H = \frac{W_A}{k\,(T_m - t_m)}\ \mathrm{m}^2 \quad . \quad . \quad . \quad . \quad . \quad (96)$$

$k = 7 \div 10$ für Abgase durch Metallwand in ruhendes Wasser,

$$T_m = \frac{T_2 + T_3}{2} \text{ und } t_m = \frac{t + t_1}{2}$$

2. Fall. Die Abgase dienen zum Nachwärmen des schon temperierten Kühl-Abwassers, welches dann das Gebrauchswasser darstellt.

Die stündliche Kühlwassermenge beträgt:

$$\left.\begin{aligned} q_{\ddot{u}} &= 10 \div 16 \text{ l/PS bei Vollast} \\ &= 18 \div 20 \text{ » » Halblast} \end{aligned}\right\} \text{ für Dieselmotor}$$

$$\left.\begin{aligned} &= 22 \div 28 \text{ l/PS bei Vollast} \\ &= 38 \div 40 \text{ » » Halblast} \end{aligned}\right\} \text{ für Petroleummotor,}$$

somit bei N PS:

$$Q_{\ddot{u}} = q_{\ddot{u}} N \text{ in l/h} \quad . \quad . \quad . \quad . \quad . \quad . \quad . \quad (97)$$

Diese Wassermenge verläßt die Motorkühlräume mit einer Temperatur von:

$$t_{\ddot{u}} = 50 \div 70^0,$$

so daß sie durch die Abgaswärme von W_A WE/h in dem Warmwasserbereiter, meist als Röhrenkessel ausgebildet, weiter erwärmt werden kann auf:

$$t = \frac{W_A}{Q_{\ddot{u}}} + t_{\ddot{u}}' \quad . \quad . \quad . \quad . \quad . \quad . \quad . \quad (98)$$

Infolge der Wärmeverluste in der Leitung zwischen Motor und Warmwasserbereiter hat man $t_{\ddot{u}}'$ um $\sim$ 10% $< t_{\ddot{u}}$ zu nehmen, also

$$t_{\ddot{u}}' = \sim 0{,}9\, t_{\ddot{u}} \quad . \quad . \quad . \quad . \quad . \quad . \quad . \quad (99)$$

Die zu dieser Nachheizung erforderliche Heizfläche des Röhrenkessels berechnet sich wieder aus Gleichung (96), nur ist anstatt

$$t_m = \frac{t + t_1}{2} \text{ zu setzen:}$$

$$t_m = \frac{t + t_{\ddot{u}}'}{2} \quad . \quad . \quad . \quad . \quad . \quad . \quad (100)$$

Zusatzfall (3. Fall). Dient das Kühlwasser als Heizmittel, so hängt die technische Durchführung solch seltener Warmwasserbereitung von der Art der Motorkühlung, ob sie mit durchfließendem (Hochdruck) oder mit kreisendem (Niederdruck) Wasser bewirkt wird, und von der Tiefenlage des Warmwasserbereiters zum Motor, ab. Die Höhe der Erwärmung des Gebrauchswassers ist durch die Temperatur $t_ü'$ bedingt, sie wird also nicht über 60° zu erreichen sein.

Die Abflußtemperatur $t_ü''$ des Heizwassers (Kühlwassers) kann natürlich bis zur äußersten Grenze herabgedrückt werden; desto besser sind dann die Wärmeausnutzung und die Wiederverwendung des Heizwassers als Motorkühlwasser. Natürlich wird sie unter der Zuflußtemperatur t_1 des Gebrauchswassers nicht sinken können und somit einen Wert haben von

$$t_ü'' = \sim 10 \div 25^0.$$

In die Gleichung (60) ist dann zu setzen:

$$T_m = \frac{t_ü' + t_ü''}{2} \text{ und } k = 300 \text{ für Schmiedeeisenrohr.}$$

Oberschläglich ist die Leistung eines Dieselmotors mit 250 WE/PS-h oder mit 0,3 kg Dampf zu 0,3 Atm. anzusetzen.

2. Die Abgaswärme der Motoren für gasförmige Brennstoffe. Die Gaskraftmaschinen.

Das vorstehend über die flüssigen Brennstoffe Gesagte gilt im großen und ganzen auch für die Gaskraftmaschinen, deren Kraftstoffe Steinkohlengas (Leuchtgas), Kraftgas (Generatorgas), Koksofengas und Hochofengas (Gichtgas) sein können. Dafür ergibt sich nachstehende Tab. 75, die als Grundlage für die Berechnung dienen kann. Die Werte der Tabelle 75 beziehen sich auf Vollast, wie solche für diese Berechnungen überhaupt nur maßgebend sein kann.

Es betragen ferner:

die Kühlwasser-Menge $q_ü = 25 \div 35$ l/PSh.
die Kühlwasser-Temperatur $t_ü = 40 \div 70^0$

Ist N = Effekt der Gaskraftmaschine in PS, so steht für die Heizflächenberechnung des Warmwasserbereiters eine nutzbare Abgaswärme zur Verfügung von:

$$W_A = \frac{p}{100} \cdot B \cdot H_a \cdot N \text{ in WE/h} \quad . \quad . \quad . \quad (101)$$

Oberschläglich kann man auch rechnen mit 350÷700 WE/PS, die stündlich in dem Warmwasserbereiter, Röhrenkessel, für

Warmwassererzeugung gewonnen werden können. Damit ergibt sich:

$$W_A = (350 \div 700) \cdot N \text{ in WE/h} \quad . \quad . \quad . \quad . \quad (101\text{a})$$

Tabelle 75.

Berechnungswerte für Abwärmeverwertung von Gaskraftmaschinen.

Betriebsstoff	praktischer unterer Heizwert des Brennstoffes	stündlicher Gasverbrauch des Motors	theoretische Luftmenge	Temperatur der Abgase	nutzbare Abwärme in % der dem Motor zugeführten Wärmemenge	
	H_u in WE/m³	B in m³/PSh	m³/m³	T_2 in °C	p in % WE	
		bei 5 ÷ ≧ 100 PS			Kühlwasser	Abgase
Steinkohlengas, arm	4 500	0,70 ÷ 0,53	5,50	400	30	35
» mittel	5 000	0,63 ÷ 0,47	÷	450	25	30
» reich	6 000	0,53 ÷ 0,39	6,50	500	25	30
Generatorgas, Koks	1 150	3,30 ÷ 2,30	0,85	400	25	30
» Braunkohle	1 000	3,30 ÷ 2,40	÷	400	25	30
» Torf	900	3,35 ÷ 2,45	1,00	400	25	30
		bei 10 ÷ ≧ 100 Ps				
Koksofengas	4 000	1,10 ÷ 0,70	5,30	450	30	25
Hochofengas (Gichtgas)	950	3,70 ÷ 2,80	0,75	400	30	25

Die weitere Berechnung hat in gleicher Weise wie unter 1. zu erfolgen. Für die Verbindung des Warmwasserbereiters mit dem Motor hat man einen Rohrdurchmesser

von $\sim (15 \div 17)\sqrt{N}$ in mm für die Motor-Auspuffleitung,
von $\sim (0{,}5 \div 0{,}3)\sqrt{N}$ in mm für die Kühlwasserabflußleitung
vorauszusetzen.

Beispiel 1. Es soll die Abwärme eines 100 PS-Dieselmotors bei Vollast für technische Warmwasserbereitung verwertet werden. Das Wasser hat eine Temperatur von 80° zu erhalten. Eine wie große Wassermenge von dieser Temperatur kann gewonnen werden; welche Heizfläche ist dafür erforderlich, einmal, wenn in dem Warmwasserbereiter als Röhrenkessel Frischwasser von 20°

zu erwärmen ist und dann, wenn die vorhandene Kühlwassermenge als Gebrauchswasser mit zur Ausnutzung kommt?

Man kann für $N = 100$ bei Vollast wählen:

$B = 0{,}2$ kg/PS; $m = 1{,}5$; $L = 15$ kg/kg;
$T_2 = 400^0$ und $T_3 = 200^0$.

Damit wird nach Gleichung (93):

$$W_A = c\,G\,(T_2 - T_3)\,N = 0{,}25 \cdot 0{,}2\,(1 + 1{,}5 \cdot 15)\,(400 - 200) \cdot 100 = 23500 \text{ WE/h}.$$

Kommt Frischwasser von 20^0 zum Erwärmen, so ergibt sich nach Gleichung (94) die bei $t = 80^0$ zu erreichende Wassermenge zu:

$$Q_h = \frac{W_A}{t - t_1} = \frac{23\,500}{80 - 20} = 392 \text{ l/h}.$$

Mit $k = 8$ bestimmt sich die Heizfläche des Röhrenkessels nach Gleichung (96) zu:

$$H = \frac{W_A}{k\,(T_m - t_m)} = \frac{23\,500}{8\left(\frac{400 + 200}{2} - \frac{80 + 20}{2}\right)} = 11{,}75 \text{ m}^2.$$

Wird das Kühlwasser von $\sim 60^0$ für die Warmwasserbereitung mit als Gebrauchswasser ausgenutzt, so stehen mit $q_ü = 15$ l/PS nach Gleichung (97):

$$Q_ü = q_ü\,N = 15 \cdot 100 = 1500 \text{ l/h}$$
$$\text{von } t_ü = 0{,}9\,t_a = 0{,}9 \cdot 60 = 54^0$$

zur Verfügung, welche dann im Röhrenkessel durch die Abgase noch auf 80^0 nachzuwärmen sind. Mit $W_A = 23500$ WE/h Abgaswärme läßt sich nach Gleichung (98) eine Höchsttemperatur von:

$$t = \frac{W_A}{Q_ü} + t_ü' = \frac{23\,500}{1500} + 54 = \sim 70^0$$

erreichen. Es können also nur:

$$Q_ü' = \frac{W_A}{t - t_ü'} = \frac{23\,500}{80 - 54} = 900 \text{ l/h}$$

auf 80^0 erwärmt werden. Diese verlangen dazu eine Heizfläche des Röhrenkessels von:

$$H = \frac{23\,500}{8\left(\frac{400 + 200}{2} - \frac{80 + 54}{2}\right)} = 12{,}61 \text{ m}^2.$$

Man ersieht den Vorteil der zweiten Durchführung, sobald das Kühlwasser als Gebrauchswasser mit herangezogen wird. In solchem Falle erreicht man mit derselben Heizgaswärme die Erwärmung einer $\frac{900}{329} = 2{,}3$ fach größeren Wassermenge bei einer Heizflächenvergrößerung von nur:

$$\frac{(12{,}61 - 11{,}75)\,100}{11{,}75} = 7{,}3\,\%.$$

Beispiel 2. Welche Heizfläche hat der Warmwasserbereiter als Röhrenkessel zu erhalten, der durch die Abgaswärme einer mit Koksofengas betriebenen 300 PS-Gaskraftmaschine eines Hüttenwerkes beheizt wird und vorzugsweise das Brausebad des Werkes zu versorgen hat? Das Kühlwasser der Maschine kann wegen anderer Verwendung hierfür nicht in Betracht kommen.

Nach Tabelle 75 ist:

$$p = 25\%;\quad B = 0{,}70;\quad H_a = 4000;\quad T_2 = 450^0;\quad T_3 = 200^0.$$

Damit ergibt sich die der Warmwasserbereitung zur Verfügung stehende Abgaswärme nach Gleichung (101) zu:

$$W_A = \frac{p}{100} \cdot B \cdot H_a\, N = \frac{25}{100} \cdot 0{,}70 \cdot 4000 \cdot 300 = 210\,000 \text{ WE/h}.$$

Oberschläglich ist ebenfalls: $W_A = \sim 700 \cdot 300 = 210\,000$ WE/h. Mit $t_1 = 10^0$ und $t = 40^0$ wird nach Gleichung (94):

$$Q_h = \frac{W_A}{t - t_1} = \frac{210\,000}{40 - 10} = 7000 \text{ l/h}$$

und dann nach Gleichung (96):

$$H = \frac{210\,000}{10\left(\frac{450 + 200}{2} - \frac{40 + 10}{2}\right)} = 70 \text{ m}^2 \text{ Heizfläche.}$$

Die zum Warmwasserbereiter führende Heizgasleitung wird einen Durchmesser von $d = 15\sqrt{300} = \sim 255$ mm besitzen.

g) Die Dampfheizkörper, betrieben durch eine Feuerung.

Diese Gruppe bilden die Dampfkessel, die den in ihnen erzeugten Dampf zum Betreiben entweder der Heizeinsätze, Röhrenbündel und Heizschlangen, der Warmwasserbehälter und Dampfwarmwasseröfen für indirekte Erwärmung des Gebrauchswassers oder der Misch- und Strahlapparate zur direkten Erwärmung des Gebrauchswassers abgeben. Die Kessel können mit Niederdruck oder Hochdruck arbeiten.

Sind W_0 WE stündlich zu decken, so sind bei einer Verdampfungswärme r und 15% Kondensations- usw. Verlust:

$$D = \frac{1{,}15\, W_0}{r} \text{ kg Dampf} \quad \ldots\ldots \quad (102)$$

in der Stunde erforderlich. Es ist r für eine zugrunde gelegte Dampfspannung aus Tabelle IV zu entnehmen. Für Niederdruck in den beliebten Spannungsgrenzen $0{,}01 \div 1{,}5$ Atm. abs. kann man oberschläglich $r = \sim 540$ setzen.

Nimmt man aus wirtschaftlichen Gründen die quantitative Leistung des Kessels zu:

$$\frac{D}{H} = 14 \div 18 \text{ kg},$$

so wird:

$$H = \frac{D}{14 \div 18}$$

oder

$$H = \frac{1{,}15\, W_0}{14\, r} \div \frac{1{,}15\, W_0}{18\, r} \quad \ldots\ldots \quad (103)$$

Mit $r = 540$ folgt:

$$H = \frac{1{,}15\, W_0}{14 \cdot 540} \div \frac{1{,}15\, W_0}{18 \cdot 540} = \sim \frac{W_0}{7500} \div \frac{W_0}{9750} \text{ m}^2.$$

Vielfach nimmt man praktisch:

bei Hochdruck $\left(\sim 3 \text{ Atm. abs. und } \frac{D}{H} = 20\right)$:

$$H = \frac{1{,}15\, W_0}{10000} \text{ m}^2 \quad \ldots\ldots\ldots\ldots \quad (103\text{a})$$

bei Niederdruck:

$$\left.\begin{array}{ll} H = \frac{1{,}15\, W_0}{10000} \text{ m}^2 & \text{für Kleinkessel mit voller Kontakt-} \\ & \text{heizfläche} \\ H = \frac{1{,}15\, W_0}{8000} \text{ m}^2 & \text{für gußeiserne Gliederkessel} \\ H = \frac{1{,}15\, W_0}{12000} \text{ m}^2 & \text{für schmiedeeiserne Zylinderkessel} \end{array}\right\} (103\text{b})$$

Die Hochdruckspannung ist möglichst bis auf 3 Atm. zu beschränken, da bis zu diesem Druck sich die Abdichtungen und

Verbindungen bequem, billig und einfach sicher erreichen lassen. Für gewöhnlich kommt man hinreichend aus mit:

1,01÷1,5 Atm. abs. für Niederdruck,
1,5÷3,0÷6,0 Atm. abs. für Hochdruck.

Beispiel. Bei der Warmwasserbereitungsanlage in der chirurgischen Klinik der Charité, Berlin, waren anzuschließen: 17 Wannen, 100 Ausgußbecken und 15 Spültische.

Zugrunde gelegt ist ein Warmwasserverbrauch:

für eine Wanne einschl. Ausspülung mit $q' = 250$ l und eine $^5/_4$ malige Benutzung in der Stunde,

für ein Ausgußbecken $q'' = 125$ l täglich,

für einen Spültisch $q''' = 300$ l täglich;

und eine Warmwassertemperatur:

für die Wannen $t = 35^0$,

» » Ausgüsse und Spültische $t = 60^0$.

Es sind demnach stündlich zu erwärmen:

$$Q_h' = 17 \cdot {}^5/_4 \cdot q' = 17 \cdot {}^5/_4 \cdot 250 = 5312 \text{ l von } t_1 = 5^0 \text{ auf } t = 35^0$$

$$Q_h'' = \frac{100 \cdot q''}{12} = \frac{100 \cdot 125}{12} = 1042 \text{ l » » » } t = 60^0$$

$$Q_h''' = \frac{15 \cdot q'''}{12} = \frac{15 \cdot 300}{12} = 375 \text{ l » » » } t = 60^0$$

und dafür an WE erforderlich:

$$W_0' = Q_h'(t - t_1) = 5312\,(35 - 5) \;.\;.\;.\;.\;. = 159360 \text{ WE}$$

$$W_0'' = (Q_h'' + Q_h''')(t - t_1) = (1042 + 375)\,(60 - 5) = 77935 \text{ »}$$

$$\text{somit } W_0 = W_0' + W_0'' = 237295 \text{ WE.}$$

Wollte man den Wärmeerzeuger für diese Wärmemenge berechnen, so würde er zu groß ausfallen und für die ruhigere Tageszeit zu unökonomisch arbeiten. Es ist daher das Wasser in Warmbehältern mit in Betracht zu ziehen, da diese in den Morgenstunden mit hochgeheizt werden oder bereits noch erwärmt sind. Der Inhalt der Warmwasserbehälter steht demnach bei Beginn des Badens mit einer Temperatur von $\sim t' = \sim 75^0$ voll zur Verfügung. Der Behälterinhalt wird etwa mit der Hälfte des Maximalbedarfes anzunehmen sein. Im vorliegenden Falle sind drei geschlossene Warmwasserbehälter zu je 1,0 m Durchm. und 1,5 m Länge gewählt, so daß jeder abzüglich der Schlange $J_B = 1100$ l Wasser hält.

Die Benutzung der Wannen wird hauptsächlich in 3 Morgenstunden voll erfolgen, in der übrigen Zeit nur sehr gering sein, so daß der Maximalbedarf auf 3 Stunden zu berechnen ist. Wird die stündliche Leistung des Kessels mit W_K bezeichnet, so muß sein:

$$3 \cdot W_0 = 3 W_k + 3 \cdot J_B \ (t' - t),$$

also mit $t = 35^0$ für das Wannenwasser:

$$W_K = \frac{3 \cdot W_0 - 3 \cdot J_B (t' - t)}{3} = \frac{3 \cdot 237295 - 3 \cdot 1100 (75 - 35)}{3}$$

$$W_K = 193295 \text{ WE}.$$

In Anbetracht der großen Leistung soll die Warmwasserbereitung durch einen Niederdruckdampfkessel erfolgen und es werden für Dampf- und Kondensleitung, sowie für Verlust in den Warmwasserleitungen 15% Zuschlag in Rechnung gesetzt. Nimmt man die Nutzleistung des Kessels zu 8000 WE an, so erhält man gemäß Gleichung (103b) eine Kesselheizfläche von:

$$H = \frac{1,15 \ W_k}{8000} = \frac{1,15 \cdot 193295}{8000},$$

$$H = 27,78 \text{ m}^2$$

wofür ein Kessel zu 27 m² Heizfläche gewählt ist. Die Anlage hat sich gut bewährt.

Wird der Kessel mit $\sim$ 0,2 Atm. Überdruck betrieben, so hat er mit $r = 534,01$ gemäß Tabelle IV entspr. 1,2 Atm. abs. nach Gleichung (102):

$$D = \frac{1,15 \ W_k}{r} = \frac{1,15 \cdot 193295}{534,01} = 420 \text{ kg}$$

Dampf stündlich zu erzeugen.

h) Die Dampfheizkörper, betrieben durch Frischdampf.

Hierher gehören die Heizeinsätze, wie Heizschlangen und Röhrenbündel, die, mit Niederdruck- oder Hochdruckdampf betrieben, in Behältern, Gegenstromapparaten, Kesseln und Öfen eingebaut sind, in welchen sich das zu erwärmende Wasser befindet. Es liegt also hier die indirekte Erwärmung wie bei *d* vor, nur daß Dampf das Heizmittel ist.

Der Niederdruckdampf wird meist einem eigenen, besonders aufgestellten Dampfkessel entnommen, während der Hochdruckdampf in der Regel ein Überschuß von Kraftdampfanlagen ist.

Letzterer wird für vorliegenden Zweck möglichst auf $\leqq$ 3 Atm. zu vermindern sein.

In die Gleichung der Heizfläche (Gleichung 60) ist zu setzen: $t_m = \frac{t + t_1}{2}$ wie in Gleichung (65); ferner:

$$T_m = \frac{T_a + T_e}{2} \quad . \quad . \quad . \quad . \quad . \quad . \quad . \quad (104)$$

T_a = Anfangstemperatur des Dampfes bei Eintritt in den Heizkörper, entspr. der Eintrittspannung,

T_e = Endtemperatur des Dampfes bei Austritt aus dem Heizkörper, entspr. der Endspannung bzw. = Temperatur des Kondenswassers.

Die Werte von T_a und T_e sind aus Tabelle IV bezüglich der Anfangs- und Endspannungen zu entnehmen. Ist für die Endspannung kein Wert vorgeschrieben, so kann man mit $\sim$ 0,01÷0,5 Atm. und mehr Druckabnahme rechnen.

Ferner ist:

$k = 1000$ bei Hochdruck }
$k = 850$ » Niederdruck } für Kupferrohr,
$k = 900$ bei Hochdruck }
$k = 750$ » Niederdruck } für Schmiedeeisenrohr und -blech.

Ist die Geschwindigkeit des Wassers bekannt, etwa mit $v = \sim 0{,}05 \div 2{,}0$ m/s, so kann man auch rechnen:

$$k = 300 + 1800 \sqrt{v} \quad . \quad . \quad . \quad . \quad . \quad . \quad (105)$$

Auf Grund eingehender Versuche ist festgestellt, daß sich k bis auf 6000 steigern läßt. In Rechnung ist jedoch ein derartig hoher Koeffizient nicht einzuführen und den auftretenden Niederschlägen durch niedrige Werte k Rechnung zu tragen.

Die erforderliche Gesamtlänge der Schlangen bestimmt sich bei einem äußeren Rohrdurchmesser d_a zu:

$$L = \frac{H}{\pi d_a} \text{ m} \quad . \quad . \quad . \quad . \quad . \quad . \quad . \quad . \quad (106)$$

bzw. bei einer bestimmten Länge l der Röhren eines Bündels (z. B. im Gegenstromapparat) die Anzahl z der Röhren zu:

$$z = \frac{H}{\pi d_a l} \quad . \quad . \quad . \quad . \quad . \quad . \quad . \quad . \quad (107)$$

Etwaige Krümmungsheizflächen der Röhren bleiben als Sicherheitszuschlag unberücksichtigt. Man findet meist:

$$l = \sim 0{,}5 \div 2{,}0 \text{ m}$$

und

$$z = 10 \div 100 \div 250 \text{ bei Schlangenröhren,}$$
$$z = 4 \div 45 \div 100 \text{ bei [-Röhren.}$$

Die zur Deckung von W_0 WE erforderliche Dampfmenge, die dem Heizkörper stündlich zugeführt werden muß, ergibt sich gemäß Gleichung (102) wieder zu:

$$D = \frac{1{,}15\ W_0}{r} \text{ kg.}$$

Bezüglich Mietshäuser u. dgl. siehe d).

Beispiel 1. Die in einem geschlossenen Warmwasserbehälter befindlichen 2500 l Wasser von 10° sollen mittels einer Kupferschlange durch Niederdruckdampf von 1,5 Atm. abs. auf 40° in einer halben Stunde erwärmt werden.

Die Wärmemenge, die der Wassermenge von 2500 l stündlich zugeführt werden muß, ist nach Gleichung (53a) mit: $Q_h = 2 \cdot 2500 = 5000$ l:

$$w = Q_h (t - t_1) = 5000\ (40 - 10) = 150000 \text{ WE.}$$

Rechnet man mit 20% Wärmeverlust in den Leitungen usw., so ist:

$$w_1 = 0{,}2 \cdot w = 0{,}2 \cdot 150000 = 30000 \text{ WE}$$

und

$$W_0 = w + w_1 = 150000 + 30000 = 180000 \text{ WE.}$$

Es ist nach Tabelle IV

$$T_a = 111{,}74, \text{ entspr. } 1{,}5 \text{ Atm. abs.}$$

und bei einem Spannungsabfall von 0,4 Atm.:

$$T_e = 101{,}76, \text{ entspr. } 1{,}1 \text{ Atm. abs.,}$$

somit nach Gleichung (104):

$$T_m = \frac{T_a + T_e}{2} = \frac{111{,}74 + 101{,}76}{2} = 106{,}75,$$

ferner:

$$t_m = \frac{t + t_1}{2} = \frac{40 + 10}{2} = 25^0.$$

Mit $k = 800$ folgt die Heizfläche der Kupferrohrschlange nach Gleichung (60) zu:

$$H = \frac{W_0}{k\,(T_m - t_m)} = \frac{180000}{800\,(106{,}75 - 25)} = \sim 2{,}8\ \text{m}^2.$$

Wird der lichte Durchmesser des Schlangenrohres zu 40 mm bei 2 mm Wandstärke gewählt, so berechnet sich mit $d_a = 2 \cdot 2 + 40 = 44$ mm $= 0{,}044$ m die erforderliche Schlangenrohrlänge nach Gleichung (106) zu:

$$L = \frac{H}{\pi\, d_a} = \frac{2{,}8}{\pi \cdot 0{,}044} = 20{,}3\ \text{m}.$$

Der Rauminhalt dieses Rohres beträgt:

$$\frac{d_a^2\,\pi}{4} \cdot L = \frac{0{,}44^2\,\pi}{4} \cdot 203 = \sim 31\ \text{l}.$$

Der zylindrische Warmwasserbehälter hat halbstündlich 2500 l Wasser herzugeben, welche stündlich $W_0 = 180000$ WE verlangen. Der Behälterinhalt bestimmt sich damit nach Gleichung (156) zu:

$$J_B = \frac{W_0}{2\,(t - t_1)} = \frac{180000}{2\,(40 - 10)} = 3000\ \text{l},$$

also im ganzen zu:

$$J_B = 3000 + 31 = 3031\ \text{l},$$

welchem Bedarfe ein Behälter von 1,4 m Durchmesser und 2 m Länge mit 3060 l Fassungsvermögen genügt.

Beispiel 2. Eine größere Warmwasserbereitungsanlage besitzt einen Hoffmannschen Gegenstromapparat, dessen Röhrenbündel aus 73 Stück 3,5 m langen Kupferröhren von 15/17 mm Durchmesser enthält und 600 kg Niederdruckdampf von 0,05 Atm. abs. stündlich verbraucht. Dieser Dampf wird bis zur Kondensation ausgenutzt, wobei das Gebrauchswasser in einer Zirkulationsleitung 90^0 im Steigrohre und 70^0 im Rücklaufrohre hat. Es ist der Transmissionskoeffizient des Heizkörpers, des Röhrenbündels, zu bestimmen.

Mit $l = 3{,}5$ m und $z = 73$ Röhren erhält man eine Gesamtrohrlänge: $L = l \cdot z = 3{,}5 \cdot 73 = 255{,}5$ m und damit nach Gleichung (106) die Heizfläche zu:

$$H = \pi d_a \cdot L = \pi \cdot 0{,}017 \cdot 255{,}5\ \text{m} = 13{,}64\ \text{m}^2.$$

Für $p = 1{,}5$ Atm. abs. findet sich laut Tabelle I V eine Dampfwärme von $\lambda = 637{,}15$ und somit eine Gesamtwärme von:

$$w = \lambda \cdot D = 637{,}15 \cdot 600 = 382\,290 \text{ WE}.$$

Das Kondensat entweicht bei 99° Kondenswassertemperatur mit:

$$w_k = 99 \cdot D = 99 \cdot 600 = 59\,400 \text{ WE.},$$

so daß an das Gebrauchswasser im Behälter:

$$W = w - w_k = 382\,290 - 59\,400 = 322\,890 \text{ WE}$$

abgegeben werden.

Mit $T_m = \frac{T_a - T_e}{2} = \frac{100{,}5 + 99}{2} = 99{,}75^0$ nach Gl. (104)

und

$$t_m = \frac{t + t_1}{2} = \frac{90 + 70}{2} = 80^0$$

ergibt sich nach Gleichung (60) der Transmissionskoeffizient zulässig zu:

$$k = \frac{W_0}{H\,(T_m - t_m)} = \frac{322\,860}{13{,}64\,(99{,}75 - 80)} = 1200.$$

i) Die Heizkörper, betrieben mit dem Abdampf eines Dampfmotors.

Derartige Heizkörper kommen als Gegenstromapparate und als Heizschlangen- oder Röhrenbündeleinsätze zur Verwendung und dienen somit zur indirekten Erwärmung des Gebrauchswassers.

Die im Dampf enthaltene Wärme bestimmt sich, wenn man die in Arbeit umgesetzte Wärme einschl. Verlust zwischen Dampfeinlaß der Maschine und Heizkörper mit 25% annimmt, zu:

$$W_D = 0{,}75\, N_i \cdot D_i\, \lambda \cdot \text{WE/h} \quad \ldots\ldots \quad (108)$$

Hierin ist:

N_i = indizierte Leistung der Maschine in PS,

D_i = stündlicher Dampfverbrauch der Maschine in kg für 1 indiz. PS (durch die Dampfmaschinenberechnung gegeben),

λ = Gesamtwärme von 1 kg Dampf, entsprechend der Spannung p Atm. abs.

Schätzungsweise kann man ohne Berücksichtigung der Leitungsverluste den stündlichen Dampfverbrauch für 1 PS_i annehmen mit[1]):

$D_i = 22 \div 33$ kg/PS_i	für Einzyl.-Maschinen, Auspuff, geringe Expansion,
$= 15 \div 22$ »	für Einzyl.-Maschinen, Auspuff, große Expansion,
$= 12 \div 15$ »	für Einzyl.-Maschinen, Kondensation,
$= 10 \div 12$ »	für Einzyl.-Maschinen, Kondensation beste Ausführung,
$= 8 \div 12$ »	für Zweifach-Expansions-Maschinen,
$= 6 \div 8$ »	für Dreifach- »
$= 6 \div 9$ kg/kW	für Dampfturbinen, 600 kW Drehstrom-Turbodynamo, Vollast, 12 Atm. Überdruck und Kühlwassererwärmung von 8 auf 50°.

Vom Abdampf werden an das zu erwärmende Wasser abgegeben:

$$W_0 = \frac{W_D}{\lambda_1}(\lambda_1 - T_2) \text{ WE/h}, \quad \ldots \ldots \quad (109)$$

worin

λ_1 = Gesamtwärme von 1 kg Abdampf mit einer Temperatur T_1,

T_2 = Temperatur des Abdampfes oder des Kondenswassers bei Austritt aus dem Heizkörper ist.

Diese W_0 WE dienen dann unter Berücksichtigung von 10% Wärmeverlust infolge der Ausstrahlung und Leitung zur Erwärmung von Q_h l Wasser von $t_1{}^0$ auf t^0. Aus der Gleichung:

$$W_0 = 1{,}1\, Q_h\, (t - t_1) \text{ WE} \quad \ldots \ldots \quad (110)$$

läßt sich dann entweder auf Q_h oder t schließen. Die hierzu erforderliche Heizfläche ermittelt sich wieder nach Gleichung (60) mit den Werten:

$$T_m = \frac{T_1 + T_2}{2} \quad \ldots \ldots \ldots \quad (111)$$

Es ist:

T_1 = Temperatur des Abdampfes bei Eintritt in den Heizkörper,

$T_1 = 100 \div 110^0$ für Auspuffmaschinen, entspr. $1{,}1 \div 1{,}4$ Atm. abs.,

[1]) Über genauere Werte muß auf Dampfmaschinen-Lehrbücher verwiesen werden.

$T_1 = 45 \div 60^0$ für Kondensationsmaschinen, entspr. 0,1÷0,2 Atm. abs.,

$T_2 = 35 \div 60^0$.

Bei dieser niedrigen Temperatur T_2 tritt also der Dampf als Kondenswasser aus, so daß ein Teil der Heizfläche nicht mehr durch Dampf, sondern durch Wasser (Kondenswasser) geheizt wird. Einer einfachen Rechnung wegen nimmt man zur Berücksichtigung dieser Verhältnisse am besten den Transmissionskoeffizienten k entsprechend niedrig an. Es kann demgemäß gesetzt werden:

$k \geqq 700$ für Schmiedeeisenrohr,

$k \geqq 800$ » Kupfer- oder Messingrohr.

Bei den oft großen Schwankungen und Unterschieden in den Temperaturen und Geschwindigkeiten der durchströmenden Flüssigkeiten kann es für den einzelnen Fall angebracht erscheinen, mit genaueren Werten von k und $T_m - t_m$ zu rechnen; die Grundgleichung der Heizfläche der Gegenstromapparate bleibt dabei mit $H = \frac{W_0}{k(T_m - t_m)}$ ohne weiteres bestehen. Es sei:

v_d = Durchflußgeschwindigkeit des Dampfes durch den Warmwasserbereiter,
= 7÷12 m/s mit Rücksicht auf geringen Strömungswiderstand,
= 12÷20 m/s zur Erhöhung des Heizeffektes, wie jetzt vielfach gebräuchlich;

v_d' = Geschwindigkeit, mit der der Dampf, wenn er nicht völlig kondensiert, den Apparat verläßt, $= 0{,}75\, v_d$;

v_w = Geschwindigkeit des Wassers im Apparat,
= 0,005÷2,0 m/s, oder genauer für diese Fälle:
= 0,001÷0,01 m/s, wenn das Wasser um die Röhren strömt (wegen Ausfällens des Schlammes so gering),
= 0,01÷0,1 m/s, wenn das Wasser durch die Röhren strömt.

Dann ist nach Hausbrand:

$$k = C \cdot \sqrt{v_d + v_d'} \cdot \sqrt[3]{0{,}007 + v_w} \quad . \quad . \quad . \quad . \quad (112)$$

Darin:

$C = 750$ für Kupfer- und Messingröhren,

$C = 640$ » Eisenröhren.

Der Temperaturunterschied ist weiter nach dem genaueren Werte:

$$T_m - t_m = \frac{(T_1 - t_1) - (T_2 - t)}{\ln \frac{T_1 - t_1}{T_2 - t}} \quad . \quad . \quad . \quad . \quad (113)$$

zu bestimmen. Verläßt der Dampf den Warmwasserbereiter nicht als Kondenswasser, sondern noch in gasförmigem Aggregatzustande, so kann man die Temperatur des Dampfes im Apparat als gleichbleibend ansehen und somit $T_1 - T_2$ setzen. Dann wird:

$$T_m - t_m = \frac{t - t_1}{2{,}3 \log \frac{T - t_1}{T - t}} \quad . \quad . \quad . \quad . \quad . \quad (113a)$$

Gemäß früheren Angaben darf man mit einer Gebrauchstemperatur rechnen von:

$t \leqq 95^0$ bei Auspuffmaschinen,
$t \leqq 45^0$ » Kondensationsmaschinen.

Ähnlich den Dampfkesselspeisewasser-Vorwärmern ist der Inhalt des Wassererwärmers zu bemessen mit:

$$J_v = \sim \frac{Q_h}{4} \div \frac{Q_h}{10} \quad . \quad . \quad . \quad . \quad . \quad (114)$$

Auf jeden Fall ist zur Vermeidung erhöhten Gegendruckes der lichte Gesamtquerschnitt des Dampfkanales, also der Röhren, wenn der Dampf durch selbige geht, zu $^5/_4$ des Querschnittes des Abdampfrohres zu rechnen. Letztere ist gut zu isolieren und für 15 m mittlere Geschwindigkeit zu berechnen.

Man benutzt Röhrenbündel mit 40÷60 mm innerem Durchmesser und 1÷3 m Länge. Bei Messingröhren geht man sogar auf 20 mm l. W. und mehr herunter. Empfehlenswert sind jedoch die weiteren Röhren.

Durch derartige Abdampfheizkörper läßt sich eine Brennstoffersparnis erreichen von:

$$E = \frac{(t - t_1)\,100}{\lambda - t_1} \text{ Prozent} \quad . \quad . \quad . \quad (115)$$

Beispiel 1. Der Abdampf einer 90 PS-Auspuff-Betriebsdampfmaschine einer Brauerei soll zum Erzeugen von Warmwasser von 75⁰ mittels eines Gegenstromapparates ausgenutzt werden. Bei 400 mm Zylinderdurchmesser, 700 mm Hub und 7 Atm. abs. beträgt der stündliche Dampfverbrauch 15 kg. Das Gebrauchswasser von 7° Anfangstemperatur strömt durch die Röhren, der Dampf um selbige. Die Ausnutzung des Abdampfes kann bis auf 50° erfolgen.

Es ist $N_i = 90$, $D_i = 15$, ferner nach Tabelle IV für $p =$ 7 Atm. abs.: $\lambda = \sim 656$ WE.

Damit ist die Abdampfwärmemenge nach Gleichung (108):

$$W_D = 0{,}75 N_i D_i \lambda = 0{,}75 \cdot 90 \cdot 15 \cdot 656 = 664200 \text{ WE.}$$

Für $T_1 = 104^0$ wird nach Tabelle IV: $\lambda_1 = 638$ WE und für $T_2 = 50^0$ die an das Wasser abgegebene Wärmemenge nach Gleichung (109):

$$W_0 = \frac{W_D}{\lambda_1}(\lambda_1 - T_2) = \frac{664\,202}{638}(638 - 50)$$

$$W_0 = 612\,108 \text{ WE.}$$

Die Wassermenge, die hiermit von 7° auf 75° stündlich erwärmt werden kann, ist nach Gleichung (110):

$$Q_h = \frac{W_0}{1{,}1\,(t - t_1)} = \frac{612\,108}{1{,}1\,(75 - 7)} = \sim 8000 \text{ l},$$

wozu mit $T_m = \frac{T_1 + T_2}{2} = \frac{104 + 50}{2} = 77^0$ nach Gl. 111 und

$$t_m = \frac{t + t_1}{2} = \frac{75 + 7}{2} = 41^0$$

eine Heizfläche erforderlich ist von:

$$H = \frac{W_0}{k\,(T_m - t_m)} = \frac{612\,108}{800\,(77 - 41)} = \sim 21 \text{ m}^2.$$

Wählt man den äußeren Durchmesser der Messingröhren mit $d_a = 25$ mm bei 1,5 mm Wandstärke, also den inneren Durchmesser zu $d_i = d_a - 3 = 25 - 3 = 22$ mm und die Länge $l = 1{,}8$ m, so sind:

$$z = \frac{H}{\pi\, d_i\, l} = \frac{21}{\pi \cdot 0{,}022 \cdot 1{,}8} = 170 \text{ Röhren}$$

anzuordnen..

Die Kohlenersparnis beträgt nach Gleichung (115):

$$E = \frac{(t - t_1) \cdot 100}{\lambda - t_1} = \frac{(75 - 7) \cdot 100}{656 - 7} = 10{,}5\,\%.$$

Beispiel 2. Eine Kraftdampfanlage besitzt einen Flammrohrkessel von 100 m^2 Heizfläche und eine Auspuffdampfmaschine von 60 PS_e. Der Dampfüberdruck beträgt 8 Atm., die Temperatur des Speisewassers 14°. Letzteres soll in einem Gegenstromapparat durch den Abdampf der Maschine möglichst rasch und hoch vorgewärmt werden. — Es sind die Abmessungen des Gegenstromapparates mit kurzer Gewinnberechnung festzulegen.

Bei normalem Betriebe kann man die Kesselleistung mit 18 kg/m^2 Heizfläche annehmen und damit die stündliche Dampferzeugung zu $18 \cdot 100 = 1800$ kg, welche dem stündlichen Dampfverbrauche der Maschine bei 8 Atm. Überdruck und einer wasserberührten Heizfläche von 1,25 m^2/PS_i gleichkommen. Somit ist $Q_h = 1800$ kg Wasser. Beträgt der Dampfverbrauch (Dampfverlust) in der Maschine selbst 25%, so steht bei $\sim$ 530 WE/kg Verdampfungswärme entspr. 1,5 Atm. abs. Abdampfspannung eine Abdampfwärme von: $0{,}75 \cdot 1800 \cdot 530 = 715500$ WE/h zur Verfügung. Dies ist eine so große Wärmemenge, daß die Wassererwärmung bis fast zur Siedetemperatur getrieben werden kann, falls die dafür erforderliche Heizfläche des Gegenstromapparates nicht unerwünscht groß ausfällt. Setzt man $t = 95$ an, so erfordert diese Wassererwärmung nur $1800\,(95 - 14) = 145800$ WE/h. Mithin stehen noch $715500 - 145800 = 569700$ WE/h für Heizung und andere Zwecke zur Verfügung.

Gemäß der Tabelle 79, 3b, besitzt die Abdampfleitung den sehr reichlich bemessenen lichten Durchmesser von 130 mm. Strömt der Dampf durch die Röhren des Apparates, so ist deren Gesamtquerschnitt mit dem 1,75÷2fachen Querschnitt der Abdampfleitung anzunehmen. Mit Siederöhren von 40/44,5 mm ergibt sich die Rohrzahl z des Bündels aus:

$$z \cdot \frac{40^2\,\pi}{4} = \sim 2\,\frac{130^2\,\pi}{4}, \text{ somit zu}$$

$$z = \frac{26\,546}{1257} = 21, \text{ gewählt wird } z = 20 \text{ Röhren.}$$

Der Zylinderquerschnitt betrage, weiches Wasser vorausgesetzt, das 1,5fache des Gesamtröhrenquerschnittes, also:

$$\frac{D^2\,\pi}{4} = 1{,}5 \cdot 20 \cdot \frac{0{,}0445^2\,\pi}{4} = 0{,}0467 \text{ m}^2;$$

somit ist der lichte Durchmesser des Zylindermantels

$$D = \sim 0{,}245 = 245 \text{ mm.}$$

$$\text{Mit } T_1 = 110^0;\ T_2 = 60^0;\ T_m = \frac{110 + 60}{2} = 85^0,$$

$$t_m = \frac{(t + t_1)}{2} = \frac{95 + 14}{2} = \sim 55^0 \text{ und } k = 1200$$

berechnet sich die erforderliche Röhrenheizfläche zu:

$$H = \frac{Q_h (t - t_1)}{k (T_m - t_m)} = \frac{1800 (95 - 14)}{1200 (85 - 55)} = 4{,}0 \text{ m}^2,$$

so daß die Röhren eine nutzbare Länge:

$$l = \frac{H}{z \pi d_a} = \frac{4{,}0}{20 \cdot \pi \cdot 0{,}0445} = 1{,}67 \text{ m}$$

und der ganze Apparat bei 100 mm Abdampfanschluß an oberer und unterer Kappe eine Länge von Flansch bis Flansch

$$L = 1{,}67 + 2 \cdot 0{,}1 = \infty 1{,}9 \text{ m}$$

erhalten. Der Wasserfassungsraum des Zylinders ist dann:

$$J = l \left(\frac{D^2 \pi}{4} - z \frac{d_a^2 \pi}{4} \right) = 1{,}67 \left(\frac{0{,}225^2 \pi}{4} - 20 \frac{0{,}0445^2 \pi}{4} \right)$$

$$J = 0{,}027 \text{ m}^3 = 27 \text{ l}.$$

Bei $Q_h = 1800$ l stündlichem Wasserbedarf beläuft sich die Erwärmungszeit, d. h. die Aufenthaltszeit des Wassers im Apparat auf:

$$Z = \frac{3600 \cdot J}{Q_h} = \frac{3600 \cdot 27}{1800} = 54 \text{ s} = \sim 1 \text{ min}.$$

Die lichte Weite der Anschlüsse für Wasserein- und -austritt kann mit $v = 0{,}5$ m/s Wassergeschwindigkeit bestimmt werden zu:

$$d_w = 1{,}1 \sqrt{\frac{Q_h}{v}} = 1{,}1 \sqrt{\frac{1800}{0{,}5}} = 66 \text{ mm}.$$

Der Dampf von $p = 8 + 1 = 9$ Atm. abs. besitzt nach Tabelle IV eine Gesamtwärme von $\lambda = \infty 660$ WE/kg, so daß sich die ursprünglichen Kohlenkosten des Dampfes nach Gleichung (115) vermindern um:

$$E = \frac{100 (t - t_1)}{660 - 14} = \frac{100 (95 - 14)}{660 - 14} = 12{,}7\,\%.$$

Kommen Steinkohlen mit einem Heizwert von 7000 WE/kg und ein Wirkungsgrad der Feuerungsanlage mit $\eta = 0{,}65$ in Frage, so sind:

$$B = \frac{W_0}{\eta \cdot H_u} = \frac{1800 (660 - 14)}{0{,}65 \cdot 7000} = 255 \text{ kg/h}$$

erforderlich.

Bei einem Preise von 150 M./t Steinkohle stellen sich die Kosten auf:

$$K = \frac{235 \cdot 150}{1800} = 21{,}25 \text{ M./1000 kg Dampf}$$

und bei 300 Arbeitstagen, 8 Stunden täglicher Betriebszeit, auf:

$$21{,}55 \cdot \frac{1800}{1000} \cdot 300 \cdot 8 \cdot \frac{12{,}7}{100} = 11\,658{,}60 \text{ M.}$$

Nach Abzug von 20% des Anlagekapitales zu $\backsim$ 10000 M. für Verzinsung, Tilgung und Unterhaltung verbleiben als jährlicher Gewinn:

$$11\,658{,}60 - 0{,}2 \cdot 10000 = \backsim 9650 \text{ M.}$$

Beispiel 3. Der Abdampf einer 100 PS-Kondensationsmaschine soll für eine Warmwasserbereitung Ausnutzung finden, für die eine Wassertemperatur von 45° genügt. Der stündliche Warmwasserbedarf für industrielle und Badezwecke beträgt 4000 l/h.

Zur Prüfung, ob der Abdampf der Maschine 4000 l/h auf 45° zu erwärmen vermag, werde der stündliche Dampfverbrauch mit 10 kg/PS angesetzt. Dem stehen bei 25% Verlust in der Maschine $0{,}75 \cdot 100 \cdot 10 = 750$ kg Abdampf zur Verfügung. Verläßt derselbe die Maschine mit 1,1 Atm. abs., so bringt er bei einer Verdampfungswärme von $r = \backsim 535$ WE/kg entspr. 1,1 Atm. stündlich eine Wärmemenge von: $750 \cdot 535 = 401\,250$ WE mit.

Die von 10° auf 45° zu erwärmende Wassermenge von $Q_h =$ 4000 l verlangt stündlich eine Wärmemenge von: $4000\,(45 - 10) =$ 140000 WE, so daß, abgesehen von Wärmeverlusten in den Leitungen usw. $401\,250 - 140\,000 = 261\,250$ WE/h für anderweitige Abwärmeverwertung übrig sind.

Die Warmwasserbereitung soll in einem Gegenstromapparate vor sich gehen, durch dessen Röhren das Wasser mit 0,05 m/s strömt. Der Abdampf bewegt sich mit 12 m/s im Gegenstrom um das Röhrenbündel, wobei eine völlige Kondensation nicht eintritt.

Bei $v_d = 12$ m/s ist die Geschwindigkeit, mit welcher der Dampf den Warmwasserbereiter verläßt:

$$v_d' = \backsim 0{,}75\, v_d = 0{,}75 \cdot 12 = 8 \text{ m/s.}$$

Da die Flüssigkeitsgeschwindigkeiten bekannt sind, läßt sich der Transmissionskoeffizient nach Gleichung (112) berechnen zu:

$$k = 640 \sqrt{v_d + v_d'} \cdot \sqrt[3]{0{,}007 + v_w} =$$
$$= 640 \sqrt{12 + 8} \cdot \sqrt[3]{0{,}007 + 0{,}05}$$
$$k = 1102.$$

Benutzt man für das Röhrenbündel 2″ Eisenrohr mit 2,5 mm Wandstärke, so läßt sich k zum weiteren Anhalt aus Gleichung (62) bestimmen. Mit:

$$\alpha_d = 10000;$$
$$\alpha_w = 2\left(300 + 1800\sqrt{v_w}\right) = 2\left(300 + 1800\sqrt{0{,}05}\right) = 1442;$$
$$\lambda_i = 50 \text{ für Eisen und } s = 2{,}5 \text{ mm} = 0{,}0025 \text{ m};$$

wird:

$$k = \frac{1}{\frac{1}{\alpha_w} + \frac{1}{\alpha_d} + \frac{s}{\lambda_i}} = \frac{1}{\frac{1}{1442} + \frac{1}{10\,000} + \frac{0{,}0025}{50}}$$
$$k = 1190.$$

Gewählt wird $k = 1100$.

Weiter bestimmt sich nach Gleichung (113a):

$$T_m - t_m = \frac{t - t_1}{2{,}3 \log \frac{T - t_1}{T - t}} = \frac{45 - 10}{2{,}3 \log \frac{100 - 10}{100 - 45}} = 60^0.$$

Mithin wird die Heizfläche:

$$H = \frac{W_0}{k\,(T_m - t_m)} = \frac{140000}{1100 \cdot 60} = 2{,}13 \text{ m}^2$$

Der gebräuchliche abgekürzte Rechnungsgang ergibt unter gleichen Voraussetzungen mit $k = 700$ und

$$T_m - t_m = T - \frac{t + t_1}{2} = 100 - \frac{45 + 10}{2} = 75^0$$
$$H = \frac{140000}{700 \cdot 75} = 2{,}67 \text{ m}^2$$

Aus Sicherheitsgründen werde gewählt:

$$H = \sim 2{,}5 \text{ m}^2.$$

Die 46/51 mm-Bündelröhren besitzen nach Tabelle V 2
einen Querschnitt von 16,62 cm²,
einen Inhalt von 1,66 l/lfd. m,
eine innere Heizfläche von: $\pi d_i = \pi \cdot 0{,}046 = 0{,}145$ m²/lfd. m.

Es sind somit bei 1,2 m nutzbarer Röhrenlänge im Apparat:

$$z = \frac{H}{\pi d_i l} = \frac{2,5}{0,145 \cdot 1,2} = \backsim 15 \text{ Röhren}$$

einzubauen erforderlich. Die Röhrenzahl bestimmt sich auch mit $v_w = 0,05$ m/s Wassergeschwindigkeit und 4,0 m³/h zu:

$$z = \frac{4}{0,001662 \cdot 0,05 \cdot 3600} = 14 \text{ Röhren.}$$

Mit Rücksicht auf die Widerstände werde $z = 15$ beibehalten. Der einmalige Wasserinhalt im Röhrenbündel verbleibt für das Erwärmen

$$\frac{30 \cdot 3600}{4000} = 27 \text{ Sekunden}$$

im Apparat.

Das Abdampfrohr hat für 100 PS gemäß Tabelle 79, 3b, 170 mm lichte Weite. Der Dampfquerschnitt im Apparat soll $\backsim \frac{5}{4} \cdot \frac{170^2 \pi}{4} = 30000$ mm² betragen. Der Gesamtquerschnitt der Röhren mit äußerem Durchmesser ist: $15 \cdot \frac{51^2 \pi}{4} = 30645$ mm² mithin der ganze Querschnitt des inneren Zylinders des Apparates $30000 + 30645 = 60645$ mm²; das ergibt einen inneren Manteldurchmesser von: $\backsim$ 280 mm.

B. Die Berechnung der Rohrleitungen.

Der Berechnung der Durchmesser der einzelnen Rohrstränge geht der Entwurf des Rohrnetzes voraus, der auf Grund des Bauplanes und der Forderung des Auftraggebers wie auch nach den praktischen Kenntnissen und Erfahrungen des Ingenieurs vorzunehmen ist. In den Grundrissen und dem Aufriß des Bauplanes sind die Rohrleitungen auf möglichst geradem und kurzem Wege in den betreffenden Farbenstrichen zu verzeichnen. Aber trotz einer gleichmäßigen Raumverteilung in Mietshäusern wird sich der Rohrplan für eine Warmwasserversorgung selten so gleichmäßig und regelmäßig schematisch darstellen wie bei Heizungsanlagen, da sich die Zapfstellen ganz unregelmäßig im Gebäude verteilen. Aus Rücksichten der Nichtverunstaltung und der Innendekoration der Räume hat man häufig von dem Grundsatz »einer kurzen, geraden Verlegung der Rohre und der möglichsten Beschränkung wagerechter Stränge« abzuweichen.

Für Anfänger empfiehlt es sich daher, sich zuerst ein klares Bild des gesamten Rohrnetzes durch die schematische leichte

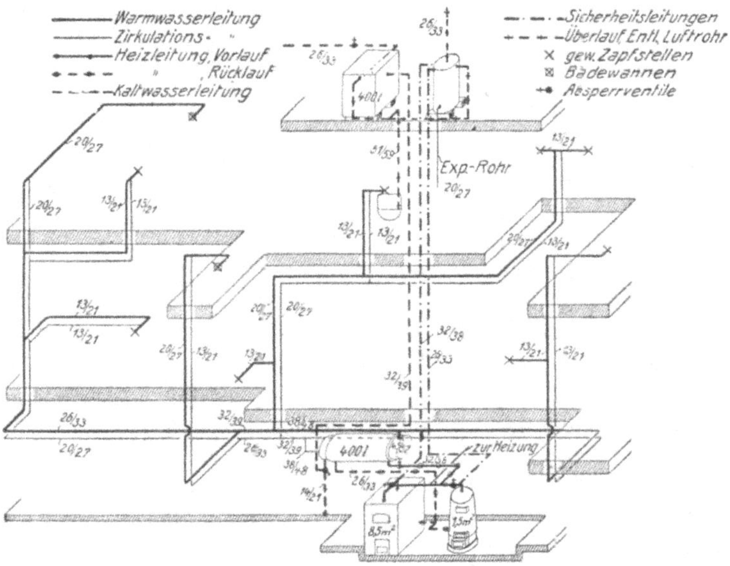

Abb. 399.

Darstellung in der Kavalierperspektive nach Abb. 399 unter Benutzung des 45°- oder 60°-Dreieckes und eines Maßstabes

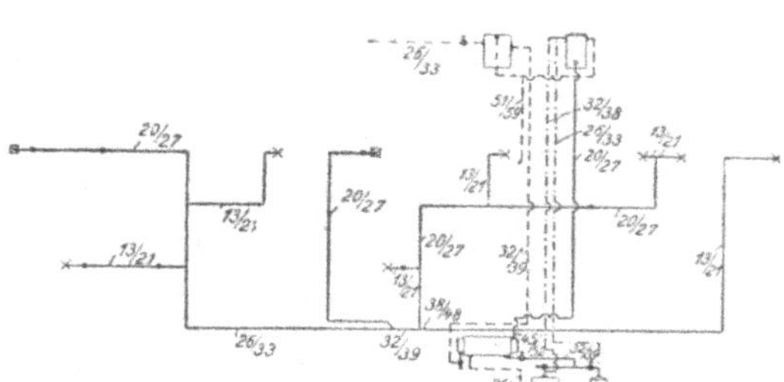

Abb. 400.

1 : ∾ 100 zu verschaffen und hieraus dann nach Abb. 400 den in eine Ebene gelegten Rohrplan aufzuzeichnen. Aus letzterem sind

die zur Berechnung nötigen Rohrlängen, Widerstände usw. zu entnehmen.

Die Berechnung der Rohre kann auf analytischem Wege oder mit Hilfe guter praktisch erprobter Tabellen erfolgen. Die ermittelten Rohrdurchmesser sind in den Rohrplan einzutragen, um danach den Montageplan in größerem Maßstabe ausführen zu können.

Bei einfachen und gewöhnlichen kleinen Hausanlagen braucht vielfach kaum ein Bedenken aufzukommen, die Rohrdurchmesser nach Faustregeln festzulegen, indem man für einen gewöhnlichen Zapfhahn 13 mm und für eine Badewanne 20 mm lichte Rohrweite (siehe unten b. 4) ohne weiteres annimmt und die Durchmesser der anschließenden Rohrstränge zum Boiler oder Kessel hin nach praktischem Ermessen zunehmen läßt. Sobald aber das Rohrnetz größere Ausdehnung annimmt, verzweigt und verästelt wird, längere wagerechte Leitungen sich ergeben und somit die Widerstände wachsen, macht sich eine exakte Berechnung von Fall zu Fall unbedingt erforderlich. Eine Berechnung der Zirkulationsleitung (erste Zirkulation) zwischen Wärmequelle und Warmwasserbehälter wird sich ebenfalls selten umgehen lassen. Es ist grundfalsch, nach dem handwerksmäßigen Installateurstandpunkte mit möglichst weiten Rohrdurchmessern die sichere richtige Wirkung der Anlage erfüllt zu glauben. Zu weite Rohre erfüllen ebensowenig die Bedingung eines guten Effektes als zu schwach bemessene. Von den lichten Querschnitten der Rohre hängen der Effekt und die Wirkung der ganzen Anlage ab. Sehr vielfach wird bei einfacheren und häuslichen Anlagen, deren System in gleicher oder ähnlicher Weise immer wiederkehrt, nach der Faustregel verfahren, daß man den Zirkulationsleitungen Querschnitte gibt, die ungefähr gleich der halben Summe der Querschnitte aller daranhängenden Zapfleitungen ist. Mag dies und jenes Bestimmungsverfahren für einfache und kleinere Anlagen auf Grund guter Erfahrungen auch zu brauchbaren und zulässigen Werten führen, so sollten jedoch, nochmals betont, umfangreichere und wichtige Rohrnetze möglichst genau nach den mechanischen Gesetzen berechnet werden, und um so eher, da sich die Rechnung in ganz bequemer Weise vornehmen läßt.

a) Die analytische Berechnung.

Für die Berechnung einer Rohrleitung dient die mechanische Grundgleichung:

$$Q_s = f \cdot v.$$

Darin ist:

Q_s = die durchfließende Wassermenge in m³/s, (Q = Wassermenge in m³/h; Q_{sl} = Wassermenge in l/s; Q_h = Wassermenge in l/h),

f = lichter Rohrquerschnitt $= \frac{d^2 \pi}{4}$ in m²,

v = Durchflußgeschwindigkeit in m/s.

Nach der Rietschelschen Theorie[1]) erhält man eine in der Rohrleitung erreichbare Geschwindigkeit v aus der Gleichung der Widerstandshöhe, welche im Beharrungszustand der wirksamen, zur Verfügung stehenden Druckhöhe gleich sein muß, und zwar aus:

$$h_w = \frac{v^2}{2g}\left(\varrho \frac{l}{d} + \Sigma \zeta\right) \quad \ldots \ldots \quad (116)$$

also:

$$v = 4{,}43 \sqrt{\frac{h_w}{\varrho \frac{l}{d} + \Sigma \zeta}} \text{ m/s} \quad \ldots \quad (117)$$

Die sekundlich durchfließende Wassermenge Q_{sl} in l verlangt nach oben einen Wärmeeffekt W_0, so daß aus:

$$v = \frac{Q_{sl}}{\frac{d^2 \pi}{4} \cdot 1000} \text{ und mit } Q_{sl} = \frac{W_0}{3600\,(t_z - t_a)\,\gamma}$$

die erforderliche Geschwindigkeit des Wassers folgt zu:

$$v = \frac{W_0}{1000 \cdot 3600 \frac{d^2 \pi}{4} \cdot (t_z - t_a) \cdot \gamma} \text{ m/s} \quad \ldots \quad (118)$$

In diesen Gleichungen bedeuten:

l = Länge der Rohrleitung in m,

t_z = Zuflußtemperatur des Wassers in der Zuleitung,

t_a = Abflußtemperatur des Wassers in der Rückleitung,

---

[1]) Rietschel-Brabée: Leitfaden zum Berechnen und Entwerfen von Lüftungs- und Heizungsanlagen. Verlag Julius Springer, Berlin.

γ = spezifisches Gewicht des Wassers bei $\frac{t_z + t_a}{2}$ (siehe Tab. I).

ϱ = Reibungskoeffizient[1]),

$\varrho = 0{,}01439 + \frac{0{,}0094711}{\sqrt{v}}$ (siehe Tab. III) nach Weisbach,

$\varrho = 0{,}02 + \frac{0{,}018}{\sqrt{v\,d}}$ nach Lang, d in m;

$\Sigma\zeta$ = Summe aller Widerstände, hervorgerufen durch Richtungs- und Querschnittsänderungen[1]), und zwar:

ζ = 2,0÷1,0 für ein rechtwinkliges Knie,
= 1,5÷0,5 » » rundes Knie von 90°,
= 2,0÷0,8 » einen Doppelbogen von 180°,
= 0,5÷0,2 » plötzliche Querschnittsverengung,
= 2,0÷1,0 » einen Anschluß (Wasseraustritt) an Behälter, Kessel oder Ofen;

ζ = 9,0÷1,5 für ein Eckventil,
= 2.0÷2,5 » » Durchgangsschieberventil,
= 4,0÷7,0 » » gew. Durchgangsventil,
= 16,0÷7,0 » » Strangventil,
= 4,0÷8,0 » » Wechselventil,
= 7,0÷4,0 » einen Eckhahn,
= 4,0÷2,0 » » Durchgangshahn,
= 1,5÷0,5 » » Absperrschieber,
= 3,5÷1,0 » eine Drosselklappe,
} bei 13÷50 mm lichtem Rohranschluß und für neuere Bauarten;

ζ = 1,0 bei gleichgerichteter Wasserbewegung in der Durchgangsrichtung,
= 1,5 bei gleichgerichteter Wasserbewegung in der Abzweigrichtung,
= 3,0 bei gegenläufiger Wasserbewegung.
} in T=Stücken (Muffen, Flanschen) ohne wesentliche Geschwindigkeitsänderung in den Stücken.

Bei Warmwasserversorgungen ist es ratsam, zu den vorstehend erwähnten Leitungswiderständen noch den Druckverlust hinzuzurechnen, der in den Zapfhähnen bei Ausfluß des Wassers entsteht und bei kleinen Hahnweiten und größeren Ausflußmengen einflußreiche Werte annimmt. Bezeichnet man diesen Druckverlust in m WS im Wasserzapfhahn mit ϑ_z, so wird sich damit Gleichung (116) erweitern auf:

$$h_w = \frac{v^2}{2g}\left(\varrho\,\frac{l}{d} + \Sigma\,\zeta\right) + \Sigma\,\vartheta_z.$$

---

[1]) Siehe auch Ginsberg, Ges.-Ing. 44. Jahrg., Heft 24.

Für die gebräuchlichen Hahnweiten und minutlichen Ausfluß-Wassermengen in l gibt die Tabelle 78b einen guten Anhalt zur Festlegung der Werte ϑ_z.

Soll die Anlage richtig arbeiten, so muß sein:

erreichbares v (nach Gleichung (117)) $\geqq$ erforderliches v (nach Gleichung (118)).

Für die praktische Rechnung lassen sich nun zwei Wege einschlagen:

1. Entweder man geht von einer Wahl von d aus unter Benutzung von Rohrtabellen (siehe Tabelle 76 von Birlo) und berechnet mit dem gewählten d die erforderliche Geschwindigkeit v, wodurch dann auch ϱ bekannt ist. Es sind l und $\Sigma\zeta$ aus dem Entwurfe zu entnehmen. Damit ist die rechte Seite obiger Gleichung h_w auflösbar, welcher Wert die Widerstandshöhe des Leitungsstranges darstellt. Es muß nun diese Widerstandshöhe h_w mindestens gleich der Druckhöhe h_w des Stranges sein, wie diese für die einzelnen Leitungsrohre nachstehend angegeben sind.

Die zur Verfügung stehende Druckhöhe ist für die verschiedenen Arten von Leitungen in folgender Weise festzulegen:

Es ist für die Wasserleitungen des Systems, wenn dieses von einem offenen Wasserbehälter gespeist wird und unter Niederdruck steht,

$$h_w = h \qquad (119\,\mathrm{a})$$

h = Höhe (senkrechter Abstand) in m von niedrigstem Wasserspiegel im Behälter bis zum Ausfluß (Zapfstelle).

Steht das System unter Hochdruck mit Druckbehälter (Boiler, Gasofen, Kessel), so ist:

$$h_w = 10 \cdot p \pm h_u \qquad (119\,\mathrm{b})$$

p = Druck in der Zuleitung bei geforderter Wasserdurchflußmenge in Atm,

h_u = Höhenunterschied (senkrechter Abstand) zwischen Zapfstelle und Meßstelle von p in m.

Das $+$-Zeichen ist zu gebrauchen, wenn die Meßstelle höher, das $-$-Zeichen, wenn sie tiefer als die Zapfstelle liegt. Als Meßstelle ist eine Stelle in der Kaltwasserzuleitung zur Warmwasserversorgungsanlage, etwa im Keller hinter der Abzweigung vom Kaltwasserrohrnetz zu wählen, die Messung erfolgt mittels Manometers. Wird der Kaltwassernetzdruck vor Eintritt in die Warm wasserversorgungsanlage vermindert, wie z. B. häufig bei Gasöfen nötig, so ist der Druck p an dem Manometer dieses Verminderungsventiles abzulesen.

Für Zirkulations-Heizleitung ist:

$$h_w = a \cdot h \quad . \quad . \quad . \quad . \quad . \quad . \quad . \quad . \quad (119\text{c})$$

$$a = \frac{\gamma'' - \gamma'}{\frac{\gamma' + \gamma''}{2}} \quad \text{mit:}$$

γ' = spezifisches Gewicht des Wassers in der Zuleitung, entsprechend der Zuflußtemperatur t_z,

γ'' = spezifisches Gewicht des Wassers in der Rückleitung, entsprechend der Abflußtemperatur t_a (über γ' und γ'' siehe Tab. I),

h = Höhe in m von Mitte Wärme aufnehmender Fläche (Kessel) bis Mitte Wärme abgebender Fläche (Heizeinsatz im Behälter).

Für Dampfleitungen ist:

$$h_w = p = p' - p'' \quad . \quad . \quad . \quad . \quad . \quad (119\text{d})$$

p' = Dampfdruck am Anfang der Leitung in kg/m²,
p'' = » » Ende » » » »

Für Kondenswasserleitungen ist:

$$h_w = p = p'' \quad . \quad . \quad . \quad . \quad . \quad . \quad (119\text{e})$$

p'' = Druck in m WS = ∾ 0,2÷0,3 m.

Es ist:

1 kg/m² = 0,0001 Atm. = 0,001 m WS = 1 mm WS.

2. Oder man leitet in folgender Weise aus den Gleichungen v und h_w einen passenden Wert von d ab.

Geht man für v mit der Gleichung $Q_s = \frac{\pi d^2}{4} \cdot v$ in

Gleichung $h_w = \frac{v^2}{2g}\left(\varrho \frac{l}{d} + \Sigma \zeta\right)$ ein, so erhält man:

$$d = \sqrt[5]{\frac{8 Q_s^2 (\varrho l + d \Sigma \zeta)}{\pi^2 \cdot g \cdot h_w}} \quad \text{oder:}$$

$$d = 0{,}6 \sqrt[5]{\frac{Q_s^2 (\varrho l + d \Sigma \zeta)}{h_w}} \text{ m} \quad . \quad . \quad . \quad . \quad . \quad (120)$$

für Wasserleitungen, Zirkulations-Wasserleitungen, Speiseleitungen u. dgl.

Nach **Dupuit** kann man unter Einbegriff der durch $\Sigma\zeta$ hervorgerufenen Widerstände $\varrho = 0{,}03025$ setzen und dann einfacher rechnen mit:

$$d = 0{,}3 \sqrt[5]{\frac{Q_s^2 \cdot l}{h_w}} \text{ m} \quad . \quad . \quad . \quad . \quad . \quad (120\,\text{a})$$

für Wasserleitungen.

Die zur Deckung von W_0 durchfließende Wassermenge in der Sekunde ist dabei:

$$Q_s = \frac{W_0}{1000 \cdot 3600\,(t_z - t_a) \cdot \gamma} \text{ m}^3/\text{s} \quad . \quad . \quad . \quad . \quad (121)$$

γ = Dichtigkeit des Wassers bei $\frac{t_z + t_a}{2}$ (siehe Tab. I).

Auf ähnlichem Wege erhält man die Durchmesser der Dampfleitungen, die zur Deckung von W_0 stündlich D kg Dampf zu transportieren haben. Es ist:

$$Q_s = \frac{W_0}{3600 \cdot r \cdot \gamma} = \frac{D}{3600 \cdot \gamma}$$

γ = mittleres spezifisches Gewicht von 1 m^3 Dampf in kg, $= \frac{\gamma' + \gamma''}{2}$, entspr. $\frac{p' + p''}{2}$ (siehe Tab. IV).

Wird d der einfacheren Rechnung wegen in cm eingesetzt, so wird aus:

$$p = \frac{D^2\,(1{,}9\,l + 0{,}8\,d \cdot \Sigma\zeta)}{\gamma\, d^5}$$

$$d = \sqrt[5]{\frac{D^2\,(1{,}9\,l + 0{,}8\,d \cdot \Sigma\zeta)}{\gamma \cdot p}} \text{ cm} \quad . \quad . \quad (122)$$

für Dampfleitungen, Zirkulations-Dampfleitungen u. dgl., wie auch wieder vereinfacht:

$$d = \sqrt[5]{\frac{1{,}9\,D^2\,l}{\gamma \cdot p}} \text{ cm} \quad . \quad . \quad . \quad . \quad . \quad (122\,\text{a})$$

für Dampfleitungen.

Ist W_0 durch Q_s bzw. Q_h gegeben, so ist unter Berücksichtigung von 10% Kondensationsverlust:

$$D = \frac{1{,}1 \cdot W_0}{r} \text{ kg} \quad . \quad . \quad . \quad . \quad . \quad . \quad (123)$$

r = Verdampfungswärme ($= \sim 540$) siehe Tabelle IV.

Mit p in m läßt sich nach der vereinfachten Hauptgleichung für Wasserleitungen setzen:

$$d = 0{,}6 \sqrt[5]{\frac{Q_s^2\, l}{p}}\ \mathrm{m} \quad \ldots\ldots \quad (124)$$

für Kondenswasserleitungen.

Zur vorläufigen Annahme von d für die Größe d unter der Wurzel der Gleichung (120) und (122) kann man bestimmen aus:

$$\frac{W_0}{3600 \cdot 1000\,(t_z - t_a)\,\gamma} = \frac{d^2 \pi}{4} \cdot v$$

$$d = 0{,}00019 \sqrt{\frac{W_0}{(t_z - t_a) \cdot v}}\ \mathrm{m} \quad \ldots\ldots \quad (125)$$

für Wasserleitungen.
und aus:

$$\frac{W_0}{3600 \cdot r \cdot \gamma} = \frac{d^2 \pi}{4} \cdot v$$

$$d = 0{,}019 \sqrt{\frac{W_0}{\gamma \cdot r \cdot v}}\ \mathrm{m} \quad \ldots\ldots \quad (126)$$

für Dampfleitungen.

Hierin ist bei bekannten Werten W_0, t_z und t_a zu nehmen:

γ und r aus Tabelle IV,
$v \geqq \sim 0{,}05 \div 0{,}5 \div 2{,}0$ m/s für Wasserleitungen,
$v = \sim 10 \div 30$ m/s für Niederdruckdampf- und Abdampfleitungen,
$v = \sim 30 \div 50$ m/s für Hochdruckdampfleitungen.

Wegen des ungenauen v erhält man nach Gleichung (125) und (126) für d häufig zu hohe Werte.

Setzt man in die Grundgleichung

$$\frac{d^2 \pi}{4} = \frac{W_0}{3600 \cdot r \cdot \gamma \cdot v}$$

die Mittelwerte: $v = 25$; $\gamma = 0{,}58$ und $r = 540$, so erhält man:

$$d = \sim 0{,}0002 \sqrt{W_0}\ \mathrm{m} \quad \ldots\ldots \quad (127)$$

für Niederdruckdampf- und Abdampfleitung, eine Gleichung, die für gewöhnlich gute brauchbare Werte von d ergibt.

Aus den Grundgleichungen:

$$\frac{d^2 \pi}{4} = \frac{Q}{v},\ Q = \frac{W_0}{t_z - t_a},\ \text{also}\ \frac{d^2 \pi}{4} = \frac{W_0}{(t_z - t_a)\, v}$$

ersieht man, daß, je größer der Unterschied $t_z - t_a$ ist, desto kleiner der Rohrdurchmesser d ausfällt. Natürlich sind auch die Widerstände, welche die genaue Berechnung berücksichtigt, von Einfluß und dadurch wieder die örtlichen Verhältnisse. Bei alledem ist ja das Hauptziel, vollkommen ausreichende Rohrweiten zu erhalten und doch dabei möglichst billig zu projektieren. Zur Erreichung einer billigen Rohrverlegung kann man einen hohen Temperaturunterschied $t_z - t_a$ für in wagerechter Richtung besonders ausgedehnte Rohrnetze vorteilhaft finden, während hohe und gedrängte Netze billiger mit geringeren Temperaturunterschieden durchzuführen sind. Auf jeden Fall sind die nach Rechnung erhaltenen Rohrabmessungen schon wegen des Kalkabsatzes in den Rohren nach Handelsmaß aufzurunden.

b) Die Berechnung mit Hilfe von Tabellen.

Für Wasserleitungen gelten folgende Punkte 1÷4:

1. Rechnet man unter Berücksichtigung eines Zuschlages für Wärmeverluste die durch die einzelnen Rohrstränge zu fördernde Warmwassermenge durch Bestimmung von W_0 in WE um, so kann man sich auch der Tabelle 76 bedienen, die eigentlich für Heizungsanlagen aufgestellt ist. Ist die Wassermenge, die durch einen Rohrstrang stündlich durchzufließen hat, mit Q_h Liter nach oben festgelegt, so ist:

$$W_0 = Q_h (t_z - t_a) \cdot \gamma \cdot \text{WE.} \quad \ldots \ldots \quad (128)$$

Die in Tabelle 76 aufgenommene Größe h ist als Höhe von Kesselmitte bis Mitte Zirkulationseinsatz des Behälters bzw. bis zur Zapfstelle zu rechnen.

Die Zahlenwerte der Tabelle 76 sind von Birlo nach der Gleichung:

$$d = c \sqrt{\frac{W_0}{h^{0,4}}} \text{ in m} \quad \ldots \ldots \ldots \quad (129)$$

bestimmt, so daß man damit auch leicht auf größere Durchmesser als 51 mm schließen kann. Es ist:

$c = 0{,}00065$ bei Rohrverteilung oben (im Dachgeschoß)
$c = 0{,}00060$ » » unten (im Keller).

Für die Förderung größerer Warmwassermengen bzw. Wärmemengen ergeben die Tabellenwerte für Warmwasserversorgungsanlagen leicht sehr große Werte; da in den meisten Anlagen alle Zapfstellen nicht zu gleicher Zeit laufen, so kann man für die Verteilungs- und Sammelleitungen in der Regel die Dimensionen um eine bis zwei kleiner nehmen, als die Tabelle sie angibt.

Tab. 76. **Bestimmung der Durchmesser der senkrechten Rohrleitungen** für Warmwasseranlagen mit einer Wassertemp. $\leqq 95^0$. (Nach Birlo).

Höhe h in m	Die stündlich durch $\frac{d^2\pi}{4}$ zu fördernde Wärmemenge in WE.						
	d=10	13	19	25	32	38	45	51 mm
1,00	190	360	930	1845	3 420	5 230	8 020	10 960
1,20	200	400	1020	2030	3 780	5 750	8 800	11 900
1,40	220	425	1090	2180	4 080	6 240	9 500	12 900
1,60	240	455	1175	2340	4 350	6 650	10 200	13 800
1,80	250	480	1245	2490	4 630	7 060	10 800	14 650
2,00	260	510	1320	2610	4 890	7 450	11 400	15 500
2,20	285	535	1380	2750	5 100	7 800	11 900	16 100
2,40	290	560	1440	2880	5 320	8 190	12 500	16 900
2,60	300	580	1500	2990	5 530	8 500	12 950	17 600
2,80	315	605	1560	3100	5 760	8 810	13 500	18 250
3,00	325	625	1610	3210	5 990	9 100	13 900	18 600
3,20	335	645	1660	3320	6 180	9 400	14 400	18 900
3,40	345	665	1710	3420	6 360	9 700	14 800	20 300
3,60	355	685	1760	3520	6 530	10 000	15 250	20 800
3,80	365	705	1810	3620	6 710	10 250	15 700	21 300
4,00	375	725	1860	3710	6 900	10 500	16 100	21 800
4,50	395	765	1950	3940	7 300	11 200	17 100	23 100
5,00	420	810	2080	4140	7 700	11 800	18 000	24 400
5,50	440	850	2190	4350	8 100	12 400	18 900	25 700
6,00	460	885	2285	4550	8 450	12 900	19 750	26 800
6,50	475	920	2380	4730	8 800	13 400	20 250	27 900
7,00	495	955	2470	4900	9 100	13 800	21 200	28 900
7,50	515	990	2560	5100	9 450	14 400	22 000	30 000
8,00	530	1020	2645	5250	9 750	14 900	22 800	30 900
8,50	545	1050	2730	5400	10 100	15 400	23 500	31 900
9,00	560	1080	2800	5600	10 350	15 800	24 100	32 800
9,50	575	1110	2870	5720	10 600	16 200	24 800	33 700
10,00	590	1140	2940	5830	10 800	16 600	25 350	34 600
11,00	620	1190	3100	6160	11 400	17 500	26 700	36 400
12,00	650	1250	3230	6410	11 900	18 300	27 800	38 000
13,00	670	1300	3370	6700	12 450	19 300	28 900	39 400
14,00	700	1350	3490	6950	12 900	19 800	30 000	40 800
15,00	725	1400	3610	7200	13 300	20 400	31 100	42 200
16,00	750	1440	3820	7450	13 750	21 100	32 150	43 800
17,00	775	1480	3830	7700	14 250	21 700	33 100	45 000
18,00	790	1525	3940	7900	14 600	22 300	34 100	46 300
19,00	825	1570	4050	8100	15 000	22 900	35 000	47 500
20,00	840	1610	4160	8300	15 400	23 400	36 000	48 800

Nach Bestimmung von d sind diese Größen mit Hilfe der Gleichungen der erforderlichen und erreichbaren Geschwindigkeiten auf ihre Zulässigkeit hin zu prüfen.

Die Durchmesser der wagerechten Rohrleitungen ergeben sich aus der Summe der Querschnitte der senkrechten Leitungen. Für letztere mit mehr als 25,00 m Entfernung vom Kessel nehme man den Durchmesser um eine Dimension größer als angegeben an.

Für Mitteldruck-Warmwasseranlagen mit einer Wassertemperatur von 120° sind bei denselben Werten d und h die Wärmemengen um ∾ 1,23 größer zu nehmen. Liegt also eine bestimmte Wärmemenge W_0 vor, so ist bei Mitteldruck mit $\frac{W_0}{1,23}$ in Tabelle 76 einzugehen.

2. Mit Hilfe der vereinfachten Gleichung für Wasserleitungen: $d = 0,3 \sqrt[5]{\frac{Q_s^2 \cdot l}{h_w}}$ oder $= 0,3 \sqrt[5]{\frac{Q_s^2}{h_w : l}}$ kann man für die praktisch benutzten Rohrdurchmesser d und für die gewöhnlichen Reibungsgefälle $\frac{h_w}{l}$ auf die zu fördern mögliche Wassermenge Q_s schließen oder umgekehrt und die Werte in Tabellen festlegen. Eine derartige Aufstellung findet sich in der Tabelle 77 von Roose[1]). Da in der Praxis vielfach die Wassermengen in Litern (l) angegeben werden, und um nicht mit zu kleinen Größen rechnen zu müssen, ist die Tabelle auf Sekundenliter (sl) bezogen. Wird somit laut obigen Angaben eine bestimmte Wärmemenge W_0 stündlich verlangt, so tritt an Stelle von Q_s in m³ der Wert Q_{sl} in sl, und zwar wird dann:

$$Q_{sl} = \frac{W_0}{3600\,(t_z - t_a)\,\gamma}\, s\,l \quad . \quad . \quad . \quad . \quad . \quad (130)$$

Für die Speiseleitung und die Zuflußleitung der ganzen Anlage, welche das abgezapfte Wasser zu ersetzen haben, wird auch:

$$Q_{sl} = \frac{Q_{lz}}{Z \cdot 60}\, s\,l \quad . \quad . \quad . \quad . \quad . \quad . \quad (131)$$

darin:

Q_{lz} = höchster Gesamtwasserbedarf in l, der in Z Minuten zum Abfluß kommt.

---

[1]) Roose: Die Warmwasserbereitungsanlagen und Badeeinrichtungen. München 1905.

Für die Verteilungsleitungen bestimmt sich Q_{sl} nach obigen Angaben bezüglich q und q_h, für die Kalt- und Warmzuleitungen der Mischapparate nach den Gleichungen (46) und (47), indem $Q_{sl} = q_1$ bzw. $= q_2$ auszurechnen sein wird; für andere Stränge ergibt sich Q_{sl} nach einfachen Überlegungen. Für die Zirkulationsleitungen des Verbrauchsnetzes kann man die Hälfte der Durchflußwassermengen in Anrechnung bringen.

Die Druckhöhe h_w ist nach oben zu bestimmen. Bei einfacher Hochdruckleitung wird:

$$h_w = h_1 - h$$

sein. Hierin ist:

h_1 = Druckhöhe des Wassers in m WS,
h = Höhe von Beginn der Leitung bis zum höchsten Auslaufspunkt.

Die Länge l einer Leitung ist aus dem Entwurf zu entnehmen; somit ist das Reibungsgefälle $\frac{h_w}{l}$ bekannt.

Liegt nun eine Aufgabe vor, so hat man Q_{sl} und $\frac{h_w}{l}$ zu bestimmen, mit diesem Werte in Tabelle 77 einzugehen und dafür d zu entnehmen. Hierbei ist das nächsthöhere Q_{sl} und das nächstniedrige $\frac{h_w}{l}$ in Betracht zu ziehen.

3. Wie schon oben angegeben, gibt man in der Praxis den Verteilungsleitungen gern einen Querschnitt, welcher der Summe der Querschnitte der Einzel-Zapfleitungen entspricht. Für eine vorläufige Wahl kann diese Rechnungsweise unter Umständen zulässig sein. Meist gelangt man jedoch zu unbequem großen Durchmessern, die zwar häufig nach Gutdünken und gegebenenfalls auf Kosten einer stärkeren Abkühlung, um eine oder mehrere Dimensionen kleiner gehalten werden. Werden die Verteilungsleitungen als Zirkulationsleitungen durchgeführt, so ist stets ein genauer Rechnungsgang einzuschlagen.

Für die Leitungsstränge einer Flasche oder Schlange eines Küchenherdes zu dem Behälter genügt für eine Wohnung meist ein Durchmesser von 25 mm. Sind zwei derartige Heizkörper gekuppelt, so erhält der für die beiden Heizkörper gemeinschaftlich arbeitende Strang einen Durchmesser von 32 mm. Eine rechnerische Prüfung ist jedoch stets am Platze.

Die Zapfleitungen bzw. Zapfhähne können nach praktischen Erfahrungen bemessen werden. Es ist der lichte Durchmesser zu wählen mit:

13÷20 mm	für	eine gewöhnliche Hahn-Zapfstelle, Spültisch,
20 »	»	mehrere gew. Zapfstellen oder 1 Badewanne,
25 »	»	2÷3 Badewannen oder Brausen,
32 »	»	3÷4 » » »
38 »	»	4÷5 » » »
45 »	»	5÷6 » » »
51 »	»	6÷8 » » »

4. Hat man für einen bestimmten Fall die verfügbare Druckhöhe h_w festgelegt und die Leitungsquerschnitte der einzelnen Stränge bestimmt, so kann es unter Umständen besonders nötig erscheinen, eine Prüfung anzustellen, ob der Verbrauch an Druckhöhe mit der verfügbaren Druckhöhe übereinstimmt. Eine bestimmte Druckhöhe ist ja in jedem System zur Überwindung der Reibungswiderstände, die mit Zunahme der Durchflußmengen wachsen, nötig.

Die meisten Warmwasserversorgungsanlagen arbeiten nach dem Vorratssystem; beim Öffnen einer beliebigen Zapfstelle fließt Wasser von der konstanten Wassertemperatur des ganzen Systemes aus, ganz gleichgültig, welche Stärke der ausfließende Wasserstrom besitzt. Im Gegensatz dazu wünscht man bei Verwendung von Durchlaufapparaten (Gasautomaten, elektrische Zirkulationsapparate u. dgl.) an den einzelnen Zapfstellen warmes Wasser von verschiedener Temperatur; z. B. an der Badewanne 35°, in der Küche und an Waschtischen 50÷60° usw. Die Temperatur ist nun aber bei solchen Durchlaufapparaten von der Durchflußmenge abhängig. Daraus folgt, daß letztere an den einzelnen Zapfstellen verschieden sein müssen. Die verschiedenen Wassermengen sind wieder von der Wärmeleistung des Apparates, Gasofens, und von den an den Zapfstellen geforderten Temperaturen abhängig. Ist:

W_m = minutliche Wärmeleistung des Apparates nach Angabe der Firma,

so ist die Wassermenge, welche in der Minute von t_1 Anfangstemperatur auf t' erwärmt wird:

$$q' = \frac{W_m}{t' - t_1} \text{ l/min}; \quad \ldots \ldots \quad (132\,\text{a})$$

die Wassermenge, welche an einer anderen Zapfstelle mit t'' verlangt wird:

$$q'' = \frac{W_m}{t'' - t_1} \text{ l/min usw.} \quad \ldots \ldots \quad (132\text{b})$$

Unter Zugrundelegung dieser Wassermengen q, der Leitungslängen l, der Druckhöhe h_w bzw. des Reibungsgefälles $\frac{h_w}{l}$ sind die einzelnen Leitungsquerschnitte etwa nach 2. mit Hilfe der Tabelle 77 zu ermitteln.

Es ist dann zu prüfen, ob die vorhandene Druckhöhe die Reibungswiderstände im Apparat, in den Leitungen und den geöffneten Zapfhähnen zu überwinden vermag, und ob sich der Apparat diesen Druckhöhen anpassen läßt.

Der Widerstand h_{w_A} im Apparat ist von der herstellenden Fabrik anzugeben und wird betragen:

$$h_{w_A} = \sim 7 \div 10 \text{ in m WS für Durchlaufapparate} \quad . \quad (133\text{a})$$

Für die Widerstände h_{w_L} der Leitung von der Länge l ist aus Tabelle 78a der Druckverlust ϑ_L für 1 lfd. m Rohr und q', q'' usw. zu entnehmen und somit zu setzen:

$$h_{w_L} = \Sigma\, \vartheta_L\, l \text{ in m WS} \quad \ldots \ldots \quad (133\text{b})$$

Für den Widerstand von z Zapfhähnen ist der Druckverlust ϑ_z für 1 Zapfhahn nach Tabelle 78b direkt gegeben, also:

$$h_{w_z} = \Sigma\, \vartheta_z \text{ in m WS} \quad \ldots \ldots \quad (133\text{c})$$

Der gesamte Reibungswiderstand $h_{w_A} + h_{w_L} + h_{w_z}$ muß dann sein:

$$h_{w_A} + h_{w_L} + h_{w_z} \leqq h_w, \quad \ldots \ldots \quad (134)$$

wenn h_w verfügbare Druckhöhe ist.

Wird diese Bedingung nicht erfüllt, so ist mit größeren Rohrdurchmessern bis zur Erfüllung umzurechnen. Der Druckverlust steigt mit abnehmenden Rohrdurchmessern und Hahnweiten ganz beträchtlich. Nimmt man z. B. statt 1″ einen Durchmesser von ½″, also einen um die Hälfte kleineren, so steigt der Druckverlust um das $2^5 = 32$fache.

Der überflüssige Druck $h_w - (h_{w_A} + \Sigma\, h_{w_L} + \Sigma\, h_{w_Z})$ ist am Apparat durch die Wasserdrosselschraube abzudrosseln.

Tabelle 77.

Bestimmung der Rohrdurchmesser d

auf Grund einer zu fördernden Wassermenge Q_{sl} und eines Reibungsgefälles $\frac{h_w}{l}$. (Nach Roose).

d =	13	19	25	32	38	51	60	70	80	100	125	150	200
$\frac{h_w}{l}$	Wassermenge Q_{sl} in Sekundenlitern												
1,00	0,39	1,00	2,00	3,74	5,74	11,9	17,9	26,2	36,7	64,0	112	177	360
0,50	0,28	0,70	1,40	2,64	4,12	8,4	12,6	18,5	26,1	44,8	79,4	125	257
0,33	0,22	0,58	1,16	2,15	3,31	6,9	10,3	15,1	21,3	36,8	64,8	102	210
0,20	0,17	0,45	0,90	1,67	2,57	5,3	8,0	11,7	16,5	28,6	50,0	79,0	162
0,14	0,15	0,39	0,78	1,41	2,23	4,5	6,8	9,9	13,9	24,2	42,4	66,3	137
0,10	0,12	0,32	0,64	1,18	1,81	3,7	5,7	8,3	11,7	20,2	35,2	55,7	115
0,067	0,10	0,26	0,52	0,97	1,48	3,0	4,6	6,7	9,5	16,5	29,0	45,8	93,8
0,050	0,09	0,22	0,44	0,85	1,28	2,7	4,0	5,8	8,2	14,3	25,1	38,7	81,2
0,033	0,07	0,18	0,36	0,69	1,04	2,2	3,3	4,8	6,7	11,7	20,5	32,4	66,3
0,020	0,055	0,14	0,28	0,53	0,81	1,7	2,5	3,7	5,2	9,1	15,9	25,0	51,0
0,014	0,047	0,12	0,24	0,45	0,75	1,4	2,2	3,1	4,4	7,6	13,4	20,1	43,6
0,010	0,039	0,10	0,20	0,37	0,57	1,2	1,8	2,6	3,7	6,4	11,2	17,7	36,0
0,0067	0,032	0,08	0,16	0,31	0,47	1,0	1,5	2,1	3,0	5,2	9,2	14,5	29,7
0,0050	0,028	0,07	0,14	0,26	0,41	0,84	1,3	1,8	2,6	4,5	7,9	12,5	25,7
0,0033	0,022	0,058	0,12	0,22	0,33	0,69	1,0	1,5	2,1	3,7	6,5	10,2	21,0
0,0020	0,017	0,045	0,09	0,17	0,26	0,53	0,80	1,17	1,65	2,9	5,0	7,9	16,2
0,0014	0,015	0,039	0,078	0,14	0,23	0,45	0,68	0,99	1,39	2,42	4,24	6,63	13,7
0,0010	0,012	0,032	0,064	0,12	0,18	0,37	0,57	0,83	1,17	2,02	3,52	5,57	11,5
0,0007	0,010	0,026	0,052	0,097	0,15	0,30	0,46	0,67	0,95	1,65	2,90	4,58	9,38
0,0005	0,009	0,022	0,044	0,085	0,13	0,27	0,40	0,58	0,82	1,43	2,51	3,87	8,12
0,0003	0,007	0,018	0,036	0,069	0,10	0,22	0,33	0,48	0,67	1,17	2,05	3,24	6,63
0,0002	0,006	0,014	0,028	0,053	0,081	0,17	0,25	0,37	0,52	0,91	1,59	2,50	5,10
0,0001	0,004	0,010	0,020	0,037	0,075	0,12	0,18	0,26	0,37	0,64	1,12	1,77	3,60

Tabelle 78.

Druckverluste in Wasserleitungen und Wasserhähnen. (Nach Junkers-Dessau.)

	Tabelle 78a. Druckverlust ϑ_L in Wasserleitungen, in m WS für 1 lfd. m Rohrlänge.							Tabelle 78b. Druckverlust ϑ_z im Wasserhahn, in m WS.				
Wassermenge in l pro Minute / Rohrweite	3/8″	1/2″	3/4″	1″	5/4″	1 1/2″	2″	3/8″	1/2″	3/4″	1″	Hahnweite / Wassermenge in l pro Minute
2	0,03	0,0097	0,0013	0,000292	0,000098	0,00004	0,00000928	0,09	0,023	0,013	0,003	2
4	0,13	0,039	0,0051	0,00117	0,00039	0,00016	0,000037	0,35	0,09	0,054	0,013	4
6	0,29	0,087	0,0115	0,00262	0,00079	0,00036	0,000084	0,8	0,22	0,12	0,03	6
8	0,51	0,155	0,0205	0,0047	0,00158	0,00064	0,000146	1,4	0,38	0,19	0,06	8
10	0,8	0,24	0,032	0,0073	0,00246	0,00100	0,000232	2,2	0,60	0,30	0,09	10
12	1,15	0,35	0,046	0,0105	0,00355	0,00144	0,000334	3,2	0,85	0,43	0,13	12
14	1,57	0,48	0,064	0,0138	0,00482	0,00196	0,000455	4,3	1,20	0,58	0,175	14
16	2,05	0,62	0,082	0,0186	0,0063	0,00256	0,000585	5,6	1,55	0,75	0,23	16
18	2,59	0,79	0,0108	0,0236	0,0080	0,00324	0,00075	7,15	1,95	0,97	0,29	18
20	3,20	0,97	0,128	0,0292	0 0098	0,00400	0,00093	8,8	2,40	1,20	0,36	20
22	3,87	1,17	0,155	0,0352	0,0119	0,00484	0,00112	10,6	2,90	1,45	0,44	22
24	4,61	1,40	0,184	0,0419	0,0142	0,00576	0,00134	12,7	3,48	1,74	0,52	24
26	5,41	1,64	0,216	0,0492	0,0166	0,00676	0,00157	14,8	4,05	2,03	0,61	26
28	6,27	1,90	0,251	0,057	0,0193	0,00784	0,00184	17,2	4,70	2,35	0,705	28
30	7,20	2,18	0,288	0,0654	0,0222	0,0090	0,00208	19,8	5,40	2,70	0,81	30
32	8,19	2,48	0,328	0,0745	0,0252	0,0103	0,00238	22,6	6,15	3,08	0,92	32
34	9,25	2,80	0,370	0,084	0,0284	0,0116	0,00270	25,4	6,92	3,47	1,04	34
36	10,37	3,14	0,415	0,095	0,0318	0,0130	0,00300	28,5	7,80	3,90	1,17	36
38	11,55	3,49	0,462	0,105	0,0356	0,0145	0,00334	31,8	8,75	4,35	1,30	38
40	12,80	3,87	0,512	0.116	0,0394	0,0160	0,00370	53,2	9,60	4,80	1,45	40

5. Für Dampfleitungen kann die Tabelle 79 brauchbare Dienste leisten. Die Tabelle ist aufgestellt nach der Gleichung:

$$\frac{d^2 \pi}{4} = \frac{10\,000\, W}{3600\, r \cdot v \cdot \gamma} \text{ cm}^2 \text{ oder}$$

$$d = 1{,}88 \sqrt{\frac{1{,}1 \cdot W}{\gamma \cdot r \cdot v}} \text{ cm} \quad . \quad . \quad . \quad . \quad . \quad (135)$$

Tabelle 79.

Bestimmung der Dampfrohrdurchmesser

auf Grund einer stündlich zu übertragenden Wärmemenge.

1. Hochdruckdampf.

Lichter Dampfrohrdurchmesser d mm	Kondensrohr lichter Rohrdurchm. d_1 für wagerechte Stränge mm	Kondensrohr lichter Rohrdurchm. d_1 für senkrechte Stränge mm	übertragbare Wärmemenge in WE bei einem Überdruck von: 1,0 Atm und einer sekundl. Dampfgeschwindigkeit v von: 35 m/s	2,0 Atm 40 m/s	3,0 Atm 50 m/s
13	13	13	5 300	11 000	21 300
19	19	19	11 360	25 820	45 810
25	19	19	19 600	44 545	80 000
32	25	19	32 160	73 000	130 000
38	32	25	45 360	103 000	183 000
44	38	32	63 600	144 545	256 450
51	44	38	81 680	185 640	330 000
63	51	45	124 700	283 365	502 740
69	63	45	150 000	340 000	603 000
75	63	45	176 500	401 545	712 420
82	63	51	211 240	480 000	854 000
88	69	63	243 300	553 000	980 970
94	69	63	277 560	630 820	1 119 260
100	69	63	314 120	714 000	1 266 770
106	75	69	353 000	802 180	1 423 225
111	75	69	387 000	880 000	1 560 645
124	82	69	483 000	1 098 000	1 947 740
130	94	69	530 920	1 206 640	2 140 000
136	100	75	581 040	1 320 000	2 342 000
143	124	82	642 400	1 460 000	2 590 320
155	130	94	754 760	1 715 370	3 043 400
178	130	94	995 360	2 262 180	4 013 550
180	143	106	1 017 880	2 414 300	4 104 360
192	143	124	1 160 000	2 632 000	4 670 000

Tabelle 79.

2. Niederdruckdampf mit besonderer Kondensleitung.

Wagerechte Stränge			Senkrechte Stränge		
lichter Dampfrohrdurchm. d mm	lichter Kondensrohrdurchm. d_1 mm	übertragbare Wärmemenge WE	lichter Dampfrohrdurchm. d mm	lichter Kondensrohrdurchm. d_1 mm	übertragbare Wärmemenge WE
32	25	6 500	25	19	9 000
38	32	23 750	32	25	17 000
51	38	42 750	38	32	30 500
56	51	67 000	45	38	50 000
69	56	90 000	51	38	65 000
82	69	152 500	56	45	76 000
94	82	170 500	63	51	100 000
106	94	218 500	69	51	113 000
118	94	250 000	75	63	140 000
130	106	313 500	82	63	166 500
143	118	380 000	88	69	192 500
155	118	445 500	94	69	220 000
178	130	598 500	100	69	250 000

3. Abdampf. — a) Heizleitung.

lichter Dampfrohrdurchm. d	Kondensrohr lichter Durchm. d_1 wager. Stränge	Kondensrohr lichter Durchm. d_1 senkr. Stränge	übertragbare Wärmemengen	lichter Dampfrohrdurchm. d	Kondensrohr lichter Durchm. d_1 wager. Stränge	Kondensrohr lichter Durchm. d_1 senkr. Stränge	übertragbare Wärmemengen
mm	mm	mm	WE	mm	mm	mm	WE
10	10	10	1 600	94	75	69	172 000
13	13	13	2 100	105	82	69	228 500
20	20	20	4 500	118	94	75	275 000
25	20	20	7 850	124	94	82	289 500
32	25	25	16 000	130	106	94	333 750
38	32	32	22 600	143	118	106	403 750
51	38	38	42 500	155	124	118	475 300
56	51	38	62 000	169	130	124	554 250
69	56	51	93 200	178	143	130	582 750
75	56	56	101 250	180	155	143	643 250
82	69	56	127 900	192	169	155	750 000

b) Motorleitung (nach Weise & Monski, Halle a. S.).

lichter Auspuffrohr-durchmesser mm	lichter Dampfrohr-durchmesser d mm	Effeckt des Motors PS	Lichter Auspuffrohr-durchmesser mm	Lichter Dampfrohr-durchmesser d mm	Effekt des Motors PS
32	20	1	80	65	12÷ 14
32	25	2	80	65	16÷ 20
38	32	3	89	76	22÷ 24
44	38	4÷6	100	89	30÷ 40
51	38	7	130	100	50÷ 60
76	51	8÷10	170	130	80÷100

Hierin ist γ = Gewicht des Dampfes, r = Verdampfungswärme (siehe Tabelle IV), v = Dampfgeschwindigkeit (= $\sim$ 10 bis 30 m/s für Niederdruck- und Abdampf) und W = übertragbare Wärmemenge in der Stunde bei 10% Zuschlag für Verluste. Es ist jedoch ratsam, auch die hieraus entnommenen Werte mit Hilfe der Gleichungen unter a) nachzuprüfen.

Den Kondensrohrdurchmesser macht man meist:

$$d_1 \geqq \frac{d}{2} \quad \text{. . . . . (136)}$$

6. Die **Gasleitung** zum Gasofen unterliegt den ähnlichen Gesetzen wie sie für Wasser- und Dampfleitungen bestehen; d. h. der Grundgleichung $Q = \frac{d^2 \pi}{4} v\, 3600$, darin $v = 2 \div 8$ m/s für Gas. Die Bestimmung des Durchmessers an sich bereitet weniger Schwierigkeiten. Dafür genügen meist völlig ausreichend engbegrenzte einfache Tabellen, wie die Tabelle 74 und 80. Von höherer Bedeutung tritt der Faktor »Druckverlust« auf, der zwar wieder in engstem Zusammenhang mit dem Rohrdurchmesser steht. Das Gas darf in der Zuleitung bis zur Verbrauchsstelle im Ofen keinen zu großen Druckverlust erleiden. Soll der garantierte Ofeneffekt gesichert sein, so darf ein bestimmter Gaseingangsdruck p_e am Ofen nicht unterschritten werden. Es muß natürlich p_e kleiner als der Straßennetzdruck p_n sein. Der Druckverlust h_w in der Zuleitung darf dann nicht größer sein als $p_n - p_e$ mm WS.

Es bestimmt sich der Druckverlust nach Pole angenähert zu:

$$h_w = 660 \cdot \varrho \frac{\gamma \cdot l\,Q^2}{d^5} \quad \ldots\ldots\ldots \quad (137)$$

Setzt man hierin für Steinkohlen- und verwandte Gase den Reibungskoeffizienten $\varrho = 0{,}003$ und das spezifische Gewicht $\gamma = 0{,}42$, so erhält man

$$\left.\begin{aligned} h_w &= \sim 2\gamma \frac{l\,Q^2}{d^5}, \quad \text{oder} = 0{,}84 \frac{l\,Q^2}{d^5} \text{ mm WS} \\ &\text{oder mit } \frac{Q^2}{d^4} = (0{,}79 \cdot 0{,}36 \cdot v)^2 \\ h_w &= \sim 0{,}16\,\gamma \frac{l}{d} v^2, \quad \text{oder} = 0{,}07 \frac{l}{d} v^2 \text{ mm WS} \end{aligned}\right\} \quad (137\text{a})$$

In den Gleichungen h_w ist zu setzen:
Q = Gasausflußmenge in m^3/h,
l = Länge der Gaszuleitung in m,
d = lichter Rohrdurchmesser in cm.

Tabelle 80.

Durchmesser der Gaszuleitungsrohre.

Innerer Rohr-Durchmesser		Länge der Rohrleitung in m							
mm	Zoll	3	5	10	20	30	50	100	150
		zulässig größte Gasdurchlaßmenge in m^3/h							
6	1/4	0,16	0,12	—	—	—	—	—	—
10	3/8	0,5	0,4	0,25	0,15	—	—	—	—
13	1/2	1,4	1,1	0,7	0,4	0,26	0,16	—	—
20	3/4	4,3	3,3	2,1	1,1	0,6	0,4	0,16	—
25	1	8,5	6,5	4,0	2,5	1,5	1,1	0,45	0,32
32	1 1/4	16,5	12,5	8,0	5,0	3,5	2,8	1,8	1,2
40	1 1/2	25	20	12	8,5	7,0	4,4	2,7	2,2
50	2	54	44	28	19,8	16,5	12,0	7,0	6,5
63	2 1/2	100	76	53	37	30	24	15	12,5
75	3	170	130	90	62	51	40	26	21
100	4	360	300	210	150	125	100	64	52

Dort, wo für die Gasleitung Frostgefahr besteht, ist der Durchmesser um eine Dimension größer, als in der Tabelle angegeben, zu nehmen.

c) Die Berechnung der Hauptrohrleitungen und der Umlaufpumpe der Fernwasserversorgungsanlagen.

In Nr. 19 der Zeitschrift »Gesundheits-Ingenieur«, 1907, hat Hottinger einen Beitrag zur Rohrberechnung einer zentralen Fernwarmwasserversorgungsanlage gebracht, der zur Hauptsache auf das oben Angeführte hinausläuft, aber in Einzelheiten erwähnenswert ist.

Die gesamte Rohrleitung ist betreffs der Berechnung in die Gebrauchsleitung und die Umlaufleitung zu trennen.

Die Gebrauchsleitung.

Für die Bestimmung des Wasserverbrauches Q_s in m^3/s sind die Angaben im letzten Absatz von XI B a, S. 542, in Betracht zu ziehen.

Die Länge l der einzelnen Rohrstränge, von Knotenpunkt bis Knotenpunkt gemessen, sind durch den Entwurf bekannt, damit auch die Gesamtrohrlänge L. Kleine Unterschiede in der Meterzahl zwischen Voranschlag und wirklicher Ausführung sind für die Berechnung belanglos, da ja l bzw. L gemäß Gleichung (140) als Faktor unter der fünften Wurzel zu stehen kommt.

Die an der Zentralstelle im Kesselhause erforderliche Druckhöhe H setzt sich zusammen aus dem natürlichen Höhenunterschiede h zwischen der höchst gelegenen Zapfstelle und dem Kesselhause und aus der in der Leitung zu überwindenden Widerstandshöhe $H_w = \Sigma h_u$ abzüglich der Steigrohrhöhe im Kesselhause (Abb. 401).

Es ist dann wieder:

$$H_w = \frac{v^2}{2g}\left(\varrho \frac{L}{d} + \Sigma \zeta\right) \quad . \; . \; . \; . \; . \quad (138)$$

Allgemein wird sein:

$$v = 0{,}5 \div 2{,}0 \text{ m/s}.$$

Nimmt man $v = 1{,}0$ m/s und setzt unter Einbegriff der Einzelwiderstände $\Sigma \zeta$ nach Bürkli $\varrho = 0{,}0482$, so wird der Gesamtdruckhöhenverlust:

$$H_w = \sim 0{,}0025 \frac{L}{d} \quad . \; . \; . \; . \; . \; . \quad (138\text{a})$$

Der Durchmesser d der Gebrauchsleitung folgt vorläufig zu:

$$d = \sim \sqrt{\frac{4 Q_s}{\pi \cdot v}} \quad \text{. . . . . . . (139)}$$

oder mit obigen Werten von v und ϱ:

$$d = \sim 1{,}2 \sqrt{Q_s} \text{ m} \quad \text{. . . . . . (139a)}$$

In diesen Gleichungen ist Q_s als gesamter sekundlicher Wasserbedarf in m^3 und L als Gesamtrohrlänge in m einzuführen.

Die Summe $h + H_w$ abzüglich Steigrohrhöhe im Kesselhause, dividiert durch 10, ergibt dann annähernd den erforderlichen Druck in Atm.

Die genaue Bestimmung der Druckhöhenverluste h_w der einzelnen Rohrstränge kann man nun nach Gleichung (116) analytisch vornehmen, wobei die Einzelwiderstände $\Sigma\zeta$ im Reibungskoeffizienten ϱ einbegriffen und somit an sich vernachlässigt werden können.

Die Druckhöhenverluste h_w der einzelnen Rohrstränge lassen sich jedoch auch graphisch nach einer Methode bestimmen, wie sie bei Entwurf zentraler Kaltwasserversorgungsanlagen angewandt wird. Zu diesem Zwecke bedient man sich nach Abb. 401 eines Koordinatensystems, auf dessen Ordinate im Nullpunkt die erforderliche Druckhöhe H in einem bestimmten Höhenmaßstabe (1 m = so und so viel mm) aufgetragen wird, so daß der Nullpunkt die Lage der Zentralstelle, des Kesselhauses, darstellt. Man erhält Punkt A. Die geodätischen Höhenlagen der einzelnen Knotenpunkte *I*, *II*, *III* usw. der Stränge *1*, *2*, *3* usw. sind durch das Nivellement bekannt. Wählt man einen bestimmten Längenmaßstab (1 m = so und so viel mm), so lassen sich mit Hilfe von Zirkelschlägen die Punkte *I'*, *II'*, *III'* usw. festlegen. Verbindet man jetzt Punkt A mit dem höchsten Knotenpunkt (in Abb. 401 mit Punkt *III'*), so erhält man in der in Abb. 401 angegebenen Weise die einzelnen Druckhöhenverluste h_{w1}, h_{w2}, h_{w3} usw.

Findet an irgendeinem Knotenpunkt eine Verästelung des Rohrnetzes statt, so ist stets der höchste Knotenpunkt als Endpunkt des Hauptstranges und für die Linie von A aus zu nehmen. Der Verästelungspunkt (in Abb. 401 Punkt *II'*) ist dann wieder als Nullpunkt eines neuen Koordinatensystems für die Abzweigleitung anzusehen, wie Abb. 401 zeigt. Für dies neue Koordinatensystem kommt als Druckhöhe der Überdruck am Verästelungspunkt, also in Abb. 401 der Abstand II' A' in Betracht usw. Aus dieser Darstellung ist zu ersehen, daß jede beliebige Zweigleitung zu speisen ohne weiteres nicht möglich ist; selbige ist also begrenzt oder rückwirkend auf die Druckhöhe H.

Rechnet man nun nach Bestimmung der Einzelwiderstandshöhen h_w nach Bürkli mit $\varrho = 0{,}0482$ unter Einbegriff der Einzelwiderstände $\Sigma\zeta$, so folgt gemäß Gleichung (120a) der Durchmesser eines Rohrstranges von der Länge l m und bezüglich einer durch ihn zu fördernden Wassermenge Q_s in m³/s zu:

$$d = 0{,}331 \sqrt[5]{\frac{Q_s^2\, l}{h_w}} \text{ m} \quad . \quad . \quad . \quad . \quad . \quad (140)$$

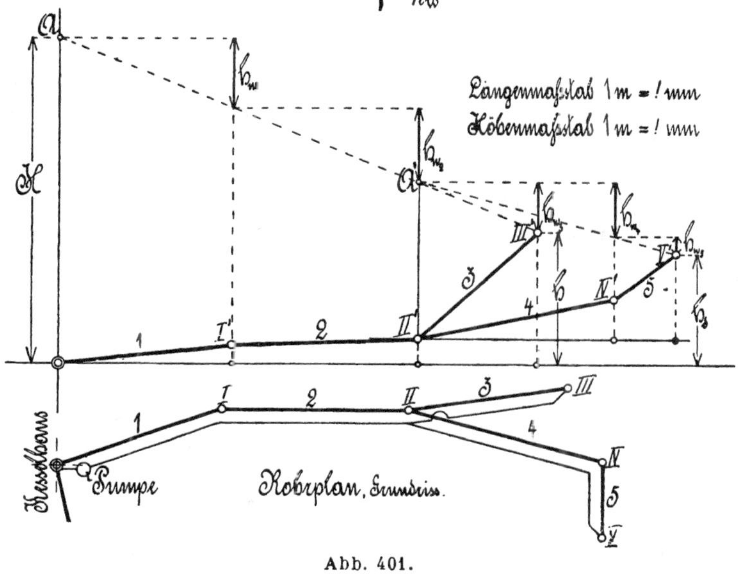

Abb. 401.

Ist Q_s der Gesamtwasserbedarf der Anlage, Q_{s1} der bei I abgenommene, Q_{s2} der bei II abgenommene usw., so ergeben sich die Rohrdurchmesser der einzelnen Rohrstränge l_1, l_2 usw. nach Gleichung (140) zu:

$$d_1 = 0{,}331 \sqrt[5]{\frac{Q_s^2\, l_1}{h_{w1}}}, \quad d_2 = 0{,}331 \sqrt[5]{\frac{(Q_s - Q_{s1})^2\, l_2}{h_{w2}}} \text{ usw.}$$

Die Wassergeschwindigkeit:

$$v = \frac{Q_s}{\frac{d^2 \pi}{4}},$$

in den einzelnen Strängen soll dann sein:

$$v \leqq 2 \text{ m/s}$$

möglichst $v = 0{,}75 \div 1$ m/s.

Trifft das nicht zu, so hat man d entsprechend größer zu nehmen. Überhaupt ist d wegen des gerade in Warmwasserröhren zu befürchtenden starken Kalkabsatzes auf Handelsmaß nach oben aufzurunden.

Die Umlaufleitung.

Die Umlaufleitung hat der Zentralstelle zum Aufwärmen so viel Liter Wasser als Wärmeträger wieder zuzuführen, als der Abkühlung im System entspricht. Die Wärmeverluste setzen sich aus den Wärmemengen zusammen, die in den Gebäuden, an den Gebrauchsleitungen und Umlaufleitungen verloren gehen.

Die in den Gebäuden verloren gehende Wärmemenge beträgt nach praktischen Erfahrungen $\sim 10\%$ der den Gebäuden zugeführten Wärme. Führt man die maximale Wassermenge in l/h, also mit Q_h, in Rechnung ein, so ergibt sich die in den Häusern verloren gehende Wärmemenge zu:

$$W_1 = 0{,}1\, Q_h\, (t - t_1)\, \gamma \text{ WE} \quad . \; . \; . \; . \; . \; . \; . \quad (141)$$

darin ist: t = geforderte Temperatur des Gebrauchswassers,
t_1 = Anfangstemperatur des Gebrauchswassers,
γ = spez. Gewicht des Wassers bei $\frac{t + t_1}{2}$ nach Tab. I.

Die durch die Rohrleitungen verloren gehende Wärmemenge ist abhängig von der Größe, Durchlässigkeit und Isolierung der transmittierenden Rohroberfläche. Bei guter, sauber ausgeführter Isolation muß man noch mit einem Wärmeverluste von $\sim 100 \div 200$ WE/m² Rohroberfläche O rechnen. Für die Gebrauchsleitung ist $O = \sim \pi\, D_J \cdot L$, wenn D_J = äußerer Durchmesser der Isolationshülle und L = Gesamtrohrlänge ist; für die Umlaufleitung, für welche der Durchmesser ja erst bestimmt werden soll, kann man mit gleichem Werte O rechnen, so daß man als Wärmeverlust durch die Rohrleitungen des Vor- und Rücklaufes erhält:

$$W_2 \doteq (200-400)\,\pi\, D_J\, L \text{ WE.} \quad \ldots\ldots \quad (142)$$

und somit als Gesamtwärmeverlust:

$$W' = W_1 + W_2 \text{ WE/h} \quad \ldots\ldots \quad (143)$$

Kühlt sich das Wasser in dem Systeme von t auf t_a ab, so daß es mit t_a dem Erwärmer zufließt, so ist zur Deckung des Wärmeverlustes eine Wassermenge:

$$Q'_h = \frac{W'}{t - t_a} \text{ l/h oder}$$

$$Q_s' = \frac{W'}{1000 \cdot 3600 \cdot (t - t_a)} \text{ m}^3\text{/s} \quad \ldots \quad (144)$$

als Wärmeträger nötig. Man kann annehmen:

$$t - t_a = \sim 20 \div 10^0.$$

Die Umlaufleitung hat somit einen Durchmesser zu erhalten, der sich berechnet aus:

$$\frac{d'^2 \pi}{4} = \frac{Q_s'}{v} \text{ m} \quad \ldots\ldots \quad (145)$$

Hierin ist möglichst zu setzen:

$$v \leqq 0{,}5 - 1 \text{ m/s}.$$

Setzt man unter Einbegriff der Einzelwiderstände $\Sigma \zeta$ wieder $\varrho = 0{,}0482$, so ist die in der Umlaufleitung verlorene Druckhöhe, die Widerstandshöhe:

$$H_w' = \frac{v^2}{2g} \varrho \cdot \frac{L}{d'} = \frac{v^2}{2 \cdot 9{,}81} 0{,}0482 \frac{L}{d'}$$

oder

$$H_w' = 0{,}0025\, v^2 \frac{L}{d'} \quad \ldots\ldots \quad (146)$$

Wird die Umlaufleitung nicht, wie in Gleichung (146) vorausgesetzt, in einem einzigen Strange der Zentralstelle zugeführt, setzt sie sich vielmehr aus einzelnen Strängen zusammen, so hat man in der oben mehrfach erörterten Weise unter Beachtung der einzelnen Rohrlängen l_1', l_2' usw. auf verschiedene d_1', d_2' usw., wie auch h_{w1}', h_{w2}' usw. zu schließen. Es ist dann

$$H_w' = \Sigma\, h_w'.$$

Bei dem vielsträngigen Rohrnetze der Fernanlagen empfiehlt es sich, die ermittelten Werte in Formularen festzuhalten und übersichtlich zu machen. Bezüglich obigen Rechnungsvorganges sind nachstehende Köpfe entworfen:

Formularkopf für die Gebrauchsleitung.

Teilstrecke	Rohrstranglänge l	Maximale Durchflußwassermenge Q_s	Widerstandshöhe h_w	Berechneter Rohrdurchmesser d	Damit erreichte maximale Wassergeschwindigkeit v	Auf Handelsmaß abgerundeter Rohrdurchmesser
Nr.	m³/s	m³/s¹	m	m	m/s	m

Formularkopf für die Umlaufleitung.

Teilstrecke	Rohrstranglänge l'	Gebrauchswassermenge Q_h	Zu transportierende Wärmemenge W'	Die zum Transport von W' erforderl. Wassermenge Q_s'	Berechneter Rohrdurchmesser d'	Auf Handelsmaß abgerundeter Rohrdurchmesser	Widerstandshöhe
Nr.	m	l/h	WE/h	m³/s	m	m	m

Die Umlaufpumpe.

Die Pumpenleistung ist so groß zu bemessen, daß der gesamte Wasserinhalt des Systems einschließlich Warmwasserbehältervorrat in der Stunde einmal umgewälzt wird. Diese stündliche Wassermenge, in Litern gemessen, sei Q_P.

Gemäß obigen Angaben ist:

$H_w = \Sigma h_w$ = Summe der Widerstandshöhen der Gebrauchsleitung,

$H_w' = \Sigma h_w'$ = Summe der Widerstandshöhen der Umlaufleitung.

Es sei ferner:

h_p = wirksame Druckhöhe durch Wärmewirkung, die sich bestimmt zu:

$$h_p = a\, h_d \quad \ldots\ldots\ldots \quad (147)$$

Darin ist:

$$a = \frac{\gamma'' - \gamma'}{0{,}5\,(\gamma' + \gamma'')},$$

γ' = spez. Gewicht des Wassers bei der Wassertemperatur t des Vorlaufes

γ'' = spez. Gewicht des Wassers bei der Wassertemperatur t_a des Rücklaufes,

$t_a = t - \sim (20 \div 10^0)$,

h_d = die noch zur Verfügung stehende Druckhöhe (Abb. 401).

Die von der Pumpe zu schaffende Druckhöhe ist demnach:

$$H_P = H_w + H_w' - h_p \quad \ldots\ldots \quad (148)$$

somit der Kraftbedarf der Pumpe:

$$N = \frac{Q_P \cdot H_P}{3600 \cdot 75 \cdot \eta} \text{ oder:}$$

$$N = \frac{Q_P \cdot H_P}{270000 \cdot \eta} \text{ PS} \quad \ldots\ldots \quad (149)$$

$\left.\begin{array}{l}\eta = 0{,}80 \div 0{,}85 \text{ allgemein} \\ \eta = 0{,}90 \div 0{,}93 \text{ bei guten Ausführungen}\end{array}\right\}$ für Kolbenpumpen,

$\left.\begin{array}{l}\eta = 0{,}40 \div 0{,}60 \text{ allgemein} \\ \eta = 0{,}70 \div 0{,}80 \text{ bei bester Ausführung}\end{array}\right\}$ für Zentrifugalpumpen.

Bei ausgedehntem Rohrnetze, großem L, und bei geringer Druckhöhe h_d kann h_p vernachlässigt werden.

Man kann den Pumpeneffekt auch von der bei v m/s zu verrichtenden Arbeit $\frac{d^2 \pi}{4} \cdot H_P \cdot v$ abhängig machen oder, wenn, wie meist, Gebrauchsleitung und Umlaufleitung verschiedene Durchmesser d und d' haben, von:

$$\left(\frac{d + d'}{2}\right)^2 \frac{\pi}{4} \cdot H_P \cdot v.$$

Hierin ist H_P in kg/m² bemessen. Setzt man dafür wieder m WS ein, so erhält man:

$$N = \frac{0{,}25\,(d + d')^2 \cdot 0{,}79}{75} \cdot \frac{H_P \cdot v}{\eta} \cdot 1000 \text{ PS oder:}$$

$$N = \sim 3\,(d + d')^2 \frac{H_P \cdot v}{\eta} \text{ PS} \quad \ldots\ldots \quad (150)$$

Setzt man im Mittel: $v = 1$, $\eta = 0{,}8$ für Kolbenpumpen und $\eta = 0{,}5$ für Zentrifugalpumpen, so wird:

$$\left.\begin{array}{l}N = \sim 4\,(d + d')^2 \cdot H_P \text{ PS für Kolbenpumpen} \\ N = \sim 6\,(d + d')^2 \cdot H_P \text{ PS für Zentrifugalpumpen}\end{array}\right\} \quad (150\,a)$$

Bei den Kolbenpumpen rechnet man mit einer mittleren Kolbengeschwindigkeit $c_k = \sim 0{,}5 \div 1{,}0$ m/s und einem Kolbenhube $s = \sim 0{,}07 \div 0{,}5$ m; damit bestimmt sich die minutliche Umdrehungszahl zu:

$$n = \frac{60 \cdot c_k}{2 \cdot s} \quad \ldots \ldots \ldots \quad (151)$$

Die Zentrifugalpumpen erhalten bei einem Durchmesser d' der Umlaufleitung einen inneren Flügelraddurchmesser $D_i = \sim d'$ und einen äußeren Flügelraddurchmesser $D_a = \sim 2\,D_i \div 4\,D_i$. Als äußere Umfangsgeschwindigkeit des Rades ist vorteilhaft zu wählen:

$$c_r = \frac{3}{2}\sqrt{2\,g \cdot H_P}\ \text{m/s} \quad \ldots \ldots \quad (152)$$

wenn H_P = die von der Pumpe zu schaffende Förderhöhe ist. Die minutliche Umlaufzahl bestimmt sich dann zu:

$$n = \frac{1000 \cdot 60\,c_r}{\pi\,D_a} \quad \ldots \ldots \ldots \quad (153)$$

Man findet für Zentrifugalpumpen $D_a = \sim 100 \div 600$ mm und $n = \sim 350 \div 4000$. Je kleiner die Förderhöhe und je größer der Durchmesser d' der Rohrleitung ist, desto kleiner fällt n aus.

Wird elektrischer Antrieb vorgesehen, so ist der Elektromotor für eine Leistung:

$$E\,J = \frac{736 \cdot N}{\eta_e}\ \text{Watt} \quad \ldots \ldots \quad (154)$$

zu bemessen. Der Wirkungsgrad η_e des Motors kann mit $\eta_e = 0{,}6 \div 0{,}7$ angenommen werden.

d) Beispiele.

Beispiel 1. Dem Herd einer Gasthausküche ist ein National-Herdkessel einzubauen, der in einem Mantelboiler stündlich 1200 l Wasser von 10 auf 40° zu erwärmen hat. Es sind die Hauptabmessungen dieser Zentrale gemäß Abb. 402 zu bestimmen.

Nimmt man die mittlere Feuergastemperatur mit:

$$T_m = \frac{T_1 + T_2}{2} = \frac{1100 + 600}{2} = 850^0,$$

die mittlere Temperatur des Zirkulationsheizwassers zwischen Kessel und Boilermantel mit

$$t_m = \frac{t_s + t_r}{2} = \frac{80 + 50}{2} = 65^0$$

und $k = 12$, so berechnet sich die Kesselheizfläche mit Berücksichtigung von 10% Wärmeverlust zu:

$$H_k = \frac{1{,}1\, W_0}{k\,(T_m - t_m)} = \frac{1{,}1 \cdot 1200\,(40 - 10)}{12\,(850 - 65)} = 4{,}16 \text{ m}^2$$

oder:

$$H_k = \frac{1{,}1\, W_0}{w_s} = \frac{1{,}1 \cdot 36000}{12000} = 3{,}30 \text{ m}^2$$

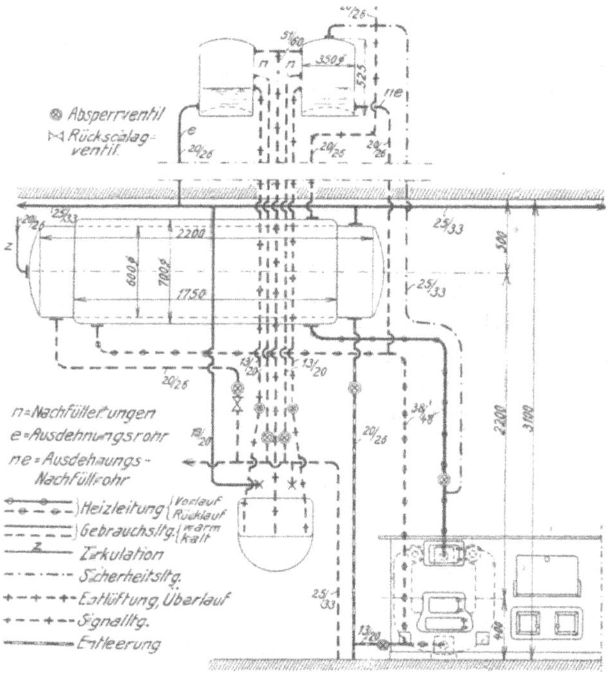

Abb. 402.

Gewählt wird ein National-Herdkessel mit:

$$H_k = 3{,}90 \text{ m}^2,$$

0,612 m Tiefe, 0,7 m Breite, 0,8 m Höhe und 0,6 m Abstand zwischen beiden Anschlußstutzen.

Der Heizmantel des Boilers hat mit:

$$T_m = \frac{T_s + T_r}{2} = \frac{80 + 50}{2} = 65^0,$$

$$t_m = \frac{t + t_1}{2} = \frac{40 + 10}{2} = 25^0$$

und $k = 300$, bei 10% Zuschlag für Wärmeverlust, eine Heizfläche zu erhalten von:

$$H_B = \frac{1{,}1\,W_0}{k\,(T_m - t_m)} = \frac{1{,}1 \cdot 36000}{300\,(65 - 25)} = 3{,}3\ \text{m}^2$$

Gewählt wird der Manteldurchmesser zu 0,6 m und die Mantellänge zu 1,75 m, welche Maße mit $0{,}6\pi \cdot 1{,}75 = \sim 3{,}3\ \text{m}^2$ genügen. Unter Außerachtlassung der 3 mm Blechstärken erhält der Fassungsraum mit Rücksicht auf die Anschlußstutzen bei 0,6 m Durchm. und 2,2 m Länge einen Inhalt von:

$$\frac{0{,}6^2\,\pi}{4} \cdot 22 = \sim 615\ \text{l},$$

so daß der ganze Inhalt des Behälters $\frac{1200}{615} = \sim$ 2mal stündlich erwärmt werden muß.

Für $h = 2{,}2$ m Steighöhe von Mitte Kessel bis Mitte Boiler und für $W_0 = 36000$ WE reicht zur vorläufigen Wahl der Durchmesser der Heizleitung die Tabelle 76 nicht aus. Zur Benutzung der Tabelle 77 hat man zuvor die Wassermenge in *sl* nach Gleichung (130) auszurechnen; man erhält mit:

$t_z = t_s = T_s = 80^0$, dafür nach Tab. I: $\gamma' = 0{,}97190$

$t_a = t_r = T_r = 50^0$, » » Tab. I: $\gamma'' = 0{,}98818$

$$\text{also: } \frac{\gamma' + \gamma''}{2} = \frac{1{,}96008}{2} = 0{,}98$$

$$Q_{sl} = \frac{W_0}{3600\,(t_z - t_a)\,\gamma} = \frac{36000}{3600\,(80 - 50)\,0{,}98} = 0{,}34\ sl$$

Zur Bestimmung des Reibungsgefälles $\frac{h_w}{l}$ ist zu ermitteln:

$$a = \frac{\gamma'' - \gamma'}{0{,}5\,(\gamma' + \gamma'')} = \frac{0{,}98818 - 0{,}97190}{0{,}98} = 0{,}0166$$

$h = 2{,}2$ (nach Abb. 402)

somit: $h_w = ah = 0{,}0166 \cdot 2{,}2 = 0{,}03652$;

ferner: $l =$ ganze Länge des Zirkulationsweges der Heizleitung, $= 0{,}6$ m Kesselhöhe $+ 3{,}0$ m Steigrohr $+ 1{,}75$ m Boilermantellänge $+ 4{,}5$ m Rücklaufrohr $= \sim 10{,}0$ m;

$$\text{also: } \frac{h_w}{l} = \frac{0{,}03652}{10} = 0{,}003652.$$

Hierfür und für $Q_{sl} = 0{,}34\ sl$ findet sich in Tabelle 77 $d = 38$ mm.

Dieser Wert soll nun nach dem Geschwindigkeitsgesetze geprüft werden.

Die erforderliche Geschwindigkeit ergibt sich nach Gleichung (118) zu:

$$v_1 = \frac{W_0}{1000 \cdot 3600 \frac{d^2 \pi}{4} (t_z - t_a) \cdot \gamma} =$$

$$= \frac{36000}{1000 \cdot 3600 \frac{0{,}038^2 \pi}{4} (80 - 50) \cdot 0{,}98}$$

$v_1 = 0{,}30$ m/s.

Entnimmt man für diesen Wert nach Tabelle III (Abschnitt XIII) $\varrho = 0{,}0317$ und setzt gemäß der Abb. 402:

$\zeta = 2{,}0$ für einen Austritt aus dem Kessel oben,
$= 1{,}0$ » ein Bogenknie am Austritt,
$= 1{,}0$ » zwei schwache Bogen im Steigstrang,
$= 2{,}0$ » einen Austritt aus dem Boiler,
$= 1{,}5$ » drei schwache Bogen im Rücklaufstrang,
$= 1{,}0$ » ein Bogenknie am Kesseleintritt unten,

$\Sigma \xi = 8{,}5,$

so berechnet sich die erreichbare Geschwindigkeit zu:

$$v_2 = 4{,}43 \sqrt{\frac{h_w}{\varrho \frac{l}{d} + \Sigma \zeta}} = 4{,}43 \sqrt{\frac{0{,}03652}{0{,}0317 \cdot \frac{10}{0{,}038} + 8{,}5}}$$

$v_2 = 0{,}22$ m/s.

Da v_2 gegenüber v_1 zu klein ausfällt — es soll ja wenigstens $v_2 = \infty\, v_1$ sein —, so ist mit dem nächst höheren Rohrmaß nochmals nachzuprüfen, wenn im übrigen die Disposition nicht geändert werden soll. Mit $d = 45$ mm $= 0{,}045$ m und $\frac{d^2 \pi}{4} = 0{,}00159$ m² erhält man:

$$v_1 = \frac{1}{3000 \cdot 0{,}98} \cdot \frac{1}{0{,}00159} = 0{,}212 \text{ m/s}.$$

Hierfür aus Tabelle III $\varrho = 0{,}0351$ entnommen, ergibt:

$$v_2 = 4{,}43 \sqrt{\frac{0{,}003652}{0{,}0351 \cdot \frac{10}{0{,}045} + 8{,}5}} = 0{,}210 \text{ m/s},$$

womit der Bedingung $v_2 = \sim v_1$ genügt sein mag. Nach Gleichung (120a) ergibt sich:

$$d = 0{,}3 \sqrt[5]{\frac{Q_s^2 \cdot l}{h_w}} = 0{,}3 \sqrt[5]{\frac{0{,}00034^2 \cdot 10}{0{,}03652}} = 0{,}037 \text{ m}$$

so daß man unter Umständen statt mit $d = 45$ mm auch mit $d = 38$ mm noch auskommen könnte, ohne den Effekt merklich herabzudrücken.

Das Ausdehnungsgefäß für das Heizwasser muß nach Gleichung (185) einen Ausdehnungsraum $V = \alpha Q_h$ erhalten. Darin ist:

Q_h = Wassermenge im Heizsystem, also im Kessel + Heiz-Zirkulationsleitung + Boilermantel.

Es beträgt die Wassermenge

im Kessel nach Firmenangabe:		82 l
im Behältermantel:	$17{,}5 \left(\frac{6{,}94^2 \pi}{4} - \frac{6^2 \pi}{4} \right) =:$	175 l
in den 7,5 m Heizröhren	$75 \cdot \frac{0{,}45^2 \pi}{4} =:$	12 l
		$Q_l = \sim 270$ l

In Tabelle I (Abschnitt XIII) findet man für $t_z = 80^0$: $\alpha = 1{,}02891$, somit ist nach Gleichung (185):

$$V = 1{,}02891 \cdot 270 = 278 \text{ l},$$

und nach Gleichung (186):

$$A \geqq V - Q_h = 278 - 270 = 8 \text{ l},$$

mithin die erforderliche Größe des Ausdehnungsgefäßes nach Gleichung (187):

$$J_A = \sim 3\,A = 3 \cdot 8 = 24 \text{ l} \quad \text{oder}$$

$$J_A = \sim \frac{1}{10} Q_h = \frac{1}{10} \cdot 270 = 27 \text{ l}.$$

Gewählt wird das nächst größere Handelsmaß von $J_A = 50$ l mit 350 mm Durchm. und 525 mm Höhe. Die sog. Expansionsleitung mag reichlich genug mit 20 mm bemessen sein. Erhält die Steigleitung oberhalb des Kessels ein Absperrventil, so muß eine Sicherheitsleitung vom nicht absperrbarem Kesselstutzen bis zum Ausdehnungsgefäß geführt werden und nach den Bestimmungen auf S. 418 einen lichten Durchmesser von 25 mm erhalten entsprechend der Kesselheizfläche von 3,9 m².

Beispiel 2. Die Warmwasserversorgungsanlage einer Villa, die stündlich 500 l Wasser von 5^0 auf 45^0 zu erwärmen hat, besitzt in dem 3 m hohen Kellergeschosse einen durch Feuer betriebenen Heißwasserkessel mit Kupferschlange (nach Abb. 403) und einen geschlossenen Warmwasserbehälter, dessen Gebrauchswasser durch eine kupferne Schlange als Heizeinsatz vom Kessel aus durch eine Zirkulationsleitung betrieben wird. Die mittlere Höhe zwischen Kessel und Heizeinsatz ist 2 m. Der Kessel leistet unter Berücksichtigung von 12% Wärmeverlust $\backsim$ 25000 WE/h.

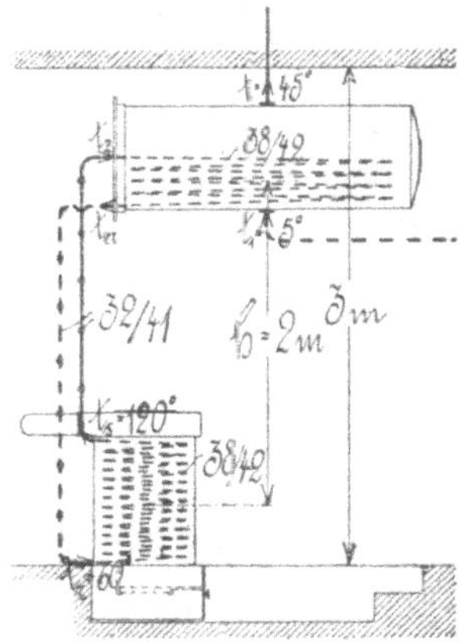

Abb. 403.

Wird angenommen:

$t_z = 120^0$, $t_a = 60^0$ und für

$$\frac{t_z + t_a}{2} = \frac{120 + 60}{2} = 90^0$$

nach Tabelle I $\gamma = 0{,}9655$, so verlangen $W_0 = 25000$ WE nach Gleichung (121) als Wärmeträger:

$$Q_s = \frac{W_0}{1000 \cdot 3600\,(t_z - t_a)\,\gamma} = \frac{25000}{1000 \cdot 3600\,(120 - 60)\,0{,}9655}$$
$$= 0{,}0001199 \text{ m}^3/\text{s}.$$

Es ist nach Tabelle I:

$$\gamma' = 0{,}9435 \text{ für } t_z = 120^0,$$
$$\gamma'' = 0{,}9834 \;\text{»}\; t_a = 60^0,$$

somit:

$$a = \frac{\gamma'' - \gamma'}{\frac{\gamma' + \gamma''}{2}} = \frac{0{,}9834 - 0{,}9435}{\frac{0{,}9435 + 0{,}9834}{2}} = 0{,}0414,$$

und mit $h = 2$ m nach Gleichung (119 c):

$$h_w = a \cdot h = 0{,}0414 \cdot 2 = 0{,}0828.$$

Die kupferne Feuerschlange im Koks-Schüttkessel hat nach Gleichung (60) eine Heizfläche zu erhalten von:

$$H_1 = \frac{W_0}{k\,(T_m - t_m)} \text{ m}^2,$$

darin ist:

$$T_m = \frac{T_1 + T_2}{2} = \frac{1000 + 300}{2} = 650^0 \text{ nach Gl. 64}$$

und mit $t_s = t_z$ und $t_r = t_a$

$$t_m = \frac{t_s + t_r}{2} = \frac{120 + 60}{2} = 90^0 \text{ nach Gl. 67}$$

$$k = 15,$$

somit:

$$H_1 = \frac{25\,000}{15\,(650 - 90)} = \infty\, 3 \text{ m}^2.$$

Wählt man ein Rohr mit $d_i = 38$ mm und $d_a = 42$ mm, so ergibt sich die Schlangenlänge zu:

$$l_1 = \frac{H_1}{\pi\, d_i} = \frac{3}{\pi \cdot 0{,}038} = 25 \text{ m}.$$

Die Kupferschlange des Heizeinsatzes im Wasserbehälter verlangt mit: $T_s = t_z$ und $T_r = t_a$, also mit:

$$T_m = \frac{T_s + T_r}{2} = \frac{120 + 60}{2} = 90^0 \text{ nach Gl. 85,}$$

$$t_m = \frac{t + t_1}{2} = \frac{45 + 5}{2} = 25^0 \text{ nach Gl. 65 und}$$

$$k = 400$$

eine Heizfläche nach Gleichung (60) von:

$$H_2 = \frac{W_0}{k\,(T_m - t_m)} = \frac{25\,000}{40\,(90 - 25)} = 1 \text{ m}^2$$

und mit $d_a = 42$ mm, wie oben, eine Länge:

$$l_2 = \frac{H_2}{\pi\, d_a} = \frac{1}{\pi\, 0{,}042} = 7{,}5 \text{ m}.$$

Die Zirkulationsleitung zwischen Kessel und Behälter hat nach vorläufigem Entwurfe eine Länge von

$$l_3 = \infty\, 5 \text{ m}.$$

Damit ist die Gesamtlänge der Zirkulation:

$$l = l_1 + l_2 + l_3 = 25 + 7{,}5 + 5 = 37{,}5 \text{ m}.$$

Da die Heizschlangen mit einem Halbmesser $> 5\, d_a$ gebogen und die Leitungsstränge möglichst kurz und gerade verlegt werden, so soll $\Sigma \zeta$ vernachlässigt werden. Es bestimmt sich dann der Leitungs-Durchmesser nach Gleichung (120a) endgültig zu:

$$d_i = 0{,}3 \sqrt[5]{\frac{Q_s^2 l}{h_w}} = 0{,}3 \sqrt[5]{\frac{0{,}0001199^2 \cdot 37{,}5}{0{,}0828}}$$

$$d_i = 0{,}3 \sqrt[5]{0{,}0000111} = 0{,}3 \cdot \frac{1}{5} \log 0{,}0000111$$

$$d_i = 0{,}0275 \text{ m, gewählt wird}$$

$$d_i = 32 \text{ mm.}$$

Es kommen Schmiedeeisenrohre mit $d_i = 32$ mm und $d_a = 41$ mm zur Verwendung.

Beispiel 3. Für industrielle Zwecke sind halbstündlich 1000 l Wasser von 10° auf 70° durch Niederdruckdampf von 0,1 Atm. Überdruck in einem geschlossenen Behälter indirekt zu erwärmen. Der Behälter befindet sich, da er im Keller, wo der Dampfkessel steht, nicht untergebracht werden kann, an der Decke des Erdgeschosses ; die Entfernung von Mitte Kessel bis Mitte Behälter beträgt 7 m. Die Erwärmung des Gebrauchswassers erfolgt mittels eines Röhrenbündels, das mit den übrigen runden Knien der Leitung einen Widerstand $\Sigma\zeta = 1 + 2 \cdot 0{,}5 = 2$ hervorruft. Die Länge der Dampfleitung entspricht der Höhe von 7 m.

Die stündlich durch den Dampf zu tragende Wärmemenge folgt zu:

$$W_0 = 2 \cdot Q\,(t - t_1) = 2 \cdot 1000\,(70 - 10) = 120\,000 \text{ WE.}$$

Für 1,1 Atm. abs. findet sich laut Tabelle IV $r = 535{,}74 = \backsim 536$, so daß nach Gleichung (123) eine Dampfmenge einschließlich der Wärmeverluste:

$$D = \frac{1{,}1\,W_0}{r} = \frac{1{,}1 \cdot 120\,000}{536} = 247 \text{ kg}$$

stündlich durchzuleiten ist.

Es ist 0,1 Atm. = 1000 kg/m². Aus wirtschaftlichen Gründen muß eigentlich der gesamte Dampf kondensieren, also $p' = p'' = 1000$ werden, d. h. in der Kondensleitung kein Druck mehr herrschen. Für letztere ist jedoch ein bestimmter Druck zum Fortbewegen des Kondenswassers wieder zum Kessel hin erforderlich. Es sollen hierfür 200 kg/m² angenommen werden, ein vielleicht etwas hoch erscheinender Druck, der aber seine Begründung in dem verzweigten Röhrenbündel hat. Es ist mithin:

$$p' = 1000 \text{ und } p'' = 200, \text{ also } p = p' - p'' = 1000 - 200 = 800 \text{ kg/m}^2.$$

Mit $v = 20$ nach Wahl und $\gamma = 0,63$ nach Tabelle IV berechnet sich der Dampfrohrdurchmesser nach Gleichung (126) vorläufig zu:

$$d = 0,019 \sqrt{\frac{W_0}{\gamma \cdot r \cdot v}} = 0,019 \sqrt{\frac{120000}{0,63 \cdot 536 \cdot 20}} = 0,08075 \text{ m}$$

Damit bestimmt sich dann genauer nach Gleichung (122):

$$d = \sqrt{\frac{D^2 (1,9 \cdot l + 0,8 \cdot d \cdot \Sigma \zeta)}{\gamma \cdot p}}$$

$$= \sqrt[5]{\frac{247^2 (1,9 \cdot 7 + 0,8 \cdot 8,2 \cdot 2)}{0,63 \cdot 800}}$$

$$d = 5,569 \text{ cm} = \sim 55 \text{ mm.}$$

Wegen des großen Unterschiedes zwischen 82 und 55 mm wird nochmals umgerechnet mit $d = 50$ mm und damit $d = 4,8426$ cm erhalten. Gewählt wird:

$$d = 51 \text{ mm für das Dampfrohr.}$$

Mit Hilfe der vereinfachten Gleichung ergibt sich nach Gleichung (122a):

$$d = \sqrt[5]{\frac{1,9 D^2 l}{\gamma \cdot p}} = \sqrt[5]{\frac{1,9 \cdot 247^2 \cdot 7}{0,63 \cdot 800}} = 4,4071 \text{ cm.}$$

Durch die Kondensleitung werden stündlich 247 l oder sekundlich $\frac{0,247}{3600} = 0,0000686 \text{ m}^3$ Wasser geleitet. Mit $l = 9$ m und $p = 200 \text{ kg/m}^2 = 0,2$ m erhält man nach Gleichung (124):

$$d' = 0,6 \sqrt[5]{\frac{Q_s^2 l}{p}} = 0,6 \sqrt[5]{\frac{0,0000686^2 \cdot 9}{0,2}} = 0,02784 \text{ m.}$$

Gewählt wird gemäß dem Verhältnis $d' = \sim 0,7\, d = 0,7 \cdot 50 = 35$ mm und der Tabelle 79. 2:

$$d' = 38 \text{ mm für die Kondensleitung.}$$

Beispiel 4. Jede Halb-Etage eines fünfstöckigen Mietshauses ist mit je einer Warmwasserzapfstelle für eine Badewanne und einen Spültisch und sonstige Zwecke in der Küche ausgerüstet. Das warme Gebrauchswasser wird nach Abb. 404 in einer im Keller gelegenen Zentrale erzeugt.

Die Rohrdurchmesser sind nach obigen Angaben auf S. 624 bemessen. Die beiden bei a abzweigenden Leitungen besitzen einen Gesamtquerschnitt:

$$\frac{38^2 \pi}{4} + \frac{20^2 \pi}{4} = 1134{,}11 + 314{,}16 = 1448{,}27 \text{ mm}^2,$$

so daß die Hauptverteilungsleitung oa einen Durchmesser von 45 mm zu erhalten hat

$$\left(\frac{45^2 \pi}{4} = \infty 1448\right).$$

Wegen der Zapfstellen in den Küchen wird das Wasser im Behälter der Zentralstelle auf $t_2 = 50^0$ erwärmt. Das Badewasser zu $Q = 200$ l muß eine Temperatur von $t = 35^0$ erhalten, so daß sich bei Zumischen kalten Wassers von $t_1 = 10^0$ nach Gleichung (46) und (47) eine Kaltwassermenge

$$q_1 = \frac{t_2 - t}{t_2 - t_1} \cdot Q = \frac{50 - 35}{50 - 10} \cdot 200 = 75 \text{ l von } 10^0$$

und eine Warmwassermenge $q_2 = Q - q_1 = 200 - 75 = 125$ l von 50^0 erforderlich macht.

Mit $t = 50^0$ als Höchsttemperatur und $t_1 = 10^0$ als Speisewassertemperatur für den Behälter verlangt jeder Badewasserzapfhahn nach Gleichung (53) eine Wärmezuführung

$$w = q_2 (t - t_1) = 125 (50 - 10) = 5000 \text{ WE}.$$

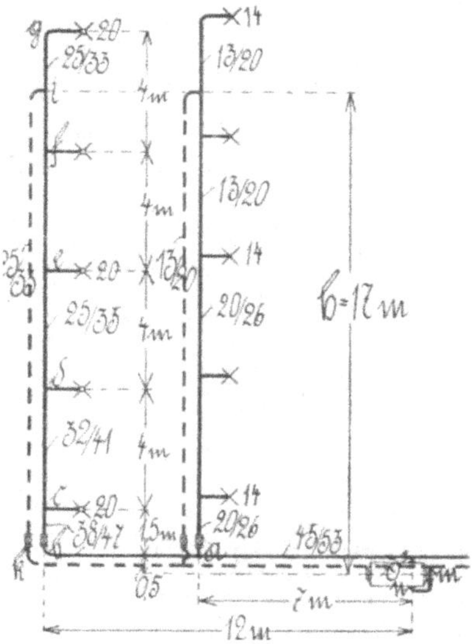

Abb. 404.

Zur Erhaltung von $t = 50^0$ in der Leitung wird unterhalb der Decke des vierten Stockwerkes eine Zirkulationsleitung nach dem Behälter abgezweigt. Die Temperatur in dieser Rücklaufleitung soll nicht unter 30^0 sinken. Wegen der voraussichtlich längeren Betriebsunterbrechung sollen die Wärmeverluste der Rohrleitung berücksichtigt werden, welche sich nach Gleichung (42) berechnen zu: $w_1 = fk(t - t_l)$. Hierin ist: $f = \pi d \cdot l$, $t = 50^0$, $t_l = 10$ und $k = 3$ für 15 mm starke Seidenzopfisolierung. Es ergeben sich hiermit gemäß der Abb. 404 für die Rohrstrecken:

$$\begin{aligned}
oa:\; w_1 &= \pi\,(0{,}045 + 0{,}03) \cdot 7 \cdot 3 \cdot (50 - 10) \;.\;.\;. = 197 \text{ WE} \\
abc:\; &= \pi\,(0{,}038 + 0{,}03)\,((12 - 7) + 1{,}5) \cdot 3 \cdot 40 = 166 \text{ »} \\
cd:\; &= \pi\,(0{,}032 + 0{,}03)\; 4 \cdot 3 \cdot 40 \;.\;.\;.\;.\;.\;. = 94 \text{ »} \\
defg:\; &= \pi\,(0{,}025 + 0{,}03)\; 12 \cdot 3 \cdot 40 \;.\;.\;.\;.\;.\;. = 245 \text{ »} \\
ikmn:\; &= \pi\,(0{,}025 + 0{,}03)(17 + 12 + 2) \cdot 3\,(30 - 10) = 102 \text{ »} \\
&\qquad\qquad \sim 800 \text{ WE.}
\end{aligned}$$

Es ist der Wärmebedarf für die 5 Bäder unter Vernachlässigung der Küchenhähne, deren Bedarf durch die Rechnung hinreichend mitgedeckt wird,

$$5\,W = 5 \cdot 5000 = 25000 \text{ WE.}$$

Es wird nun vorausgesetzt, daß mehrere Badewannenhähne genau zu gleicher Zeit nicht laufen; es soll demgemäß eine stündliche Wärmezirkulation von $\sim \frac{1}{5}$ des ganzen Effektes, also $\frac{25\,000}{5} = 5000$ WE zuzüglich des Rohrleitungsverlustes von ~ 800 WE, also: $W_0 = 5000 + 800 = 5800$ WE/h eintreten. Für 5800 und $h = 17$ findet sich nach Tabelle 76: $d = 25$ mm.

Mit diesen Werten und mit $\gamma = 1$ bestimmt sich die in der Zirkulationsleitung erforderliche Geschwindigkeit v_1 nach Gleichung (118) zu:

$$v_1 = \frac{W_0}{1000 \cdot 3600 \frac{d^2 \pi}{4} (t_z - t_a)} =$$

$$= \frac{5800}{1000 \cdot 3600 \frac{0{,}025^2 \pi}{4} (50 - 30)}$$

$v_1 = 0{,}15675$ m/s.

Nach Tabelle I (und auch Tab. II) ist:

$$\gamma' = 0{,}98818 \text{ entspr. } t_z = 50^0,$$
$$\gamma'' = 0{,}99572 \quad \text{»} \quad t_a = 30^0,$$

somit:

$$a = \frac{\gamma'' - \gamma'}{\frac{\gamma'' + \gamma'}{2}} = \frac{0{,}99572 - 0{,}98818}{0{,}99190} = 0{,}0076;$$

ferner:

$$h = 17 \text{ m},$$

also die Druckhöhe nach Gleichung (119c):

$$h_w = a \cdot h = 0{,}0076 \cdot 17 = 0{,}1292,$$

die Rohrlänge: $l = 2 \cdot 17 + 2 \cdot 12 + 2 = 60$ m,

$$\varrho = 0{,}01439 + \frac{0{,}0094711}{\sqrt{v_1}} = 0{,}1439 + \frac{0{,}0094711}{\sqrt{0{,}15675}} = 0{,}03886$$

(siehe Tabelle III).

$\zeta = 2 \cdot 1 = 2$ für je ein rechtwinkliges Knie bei o und m,
$\zeta = 0{,}8$ für einen Doppelbogen bei i,
$\zeta = 2 \cdot 0{,}5 = 1$ für je einen Absperrschieber bei b und k,
$\zeta = 1$ für die Erweiterung im Behälter.

Die Bogen bei b und k bleiben unberücksichtigt, da der Bogenhalbmesser $> 5\,d$ ist, ebenso auch die Abzweigungen bei c, d, e und f, welche außerhalb der Zirkulation liegen. Bei Abzapfen wird die Zirkulation durch die Temperaturveränderung aufrechterhalten.

Es ist mithin:

$$\Sigma\zeta = 2 + 0{,}8 + 1 + 1 = 4{,}8.$$

Mit allen diesen Werten ermittelt sich die erreichbare Geschwindigkeit v_2 nach Gleichung (117) zu:

$$v_2 = 4{,}43 \sqrt{\frac{h_w}{\varrho \frac{l}{d} + \Sigma\zeta}} = 4{,}43 \sqrt{\frac{0{,}1292}{0{,}03886 \cdot \frac{60}{0{,}025} + 4{,}8}}$$

$v_2 = 0{,}16076$ m/s.

Da $v_2 > v_1$ ist, so kann $d = 0{,}025$ m als Durchmesser der Zirkulationsleitung beibehalten werden.

Beispiel 5. Gemäß der Abb. 405 ist ein Brausebad mit 10 Brausen auszurüsten. Die einzelnen Brausen erhalten Mischapparate mit Kalt- und Warmleitungen. Das Warmwasser wird in einem besonderen Kessel erwärmt, das Kaltwasser einem Behälter entnommen, der von einer Hochdruckleitung, unter 4 Atm. stehend, durch Zwischenschaltung eines Schwimmkugelventiles gespeist wird.

Nach den Angaben auf S. 540 wird der Wasserbedarf einer Brause, die 3 Minuten lang geöffnet bleibt, mit 40 l angenommen. Dann ist: $Q_{lz} = 10 \cdot 40 = 400$ l und nach Gleichung (131):

$$Q_{sl} = \frac{Q_{lz}}{Z \cdot 60} = \frac{400}{3 \cdot 60} = 1{,}7 \; sl.$$

Ist die Warmwassertemperatur $t_2 = 60$, die Anfangstemperatur, also die Temperatur des Wassers im Behälter $t_1 = 10^0$ und die an den Mischapparaten höchst einstellbare Mischwassertemperatur $t = 30^0$, so berechnet sich die für die Mischung erforderliche Kaltwassermenge nach Gleichung (46) zu:

$$Q_{sl} = q_1 = \frac{t_2 - t}{t_2 - t_1} 1{,}7 = \frac{60 - 30}{60 - 10} \cdot 1{,}7 = 1{,}02 \; sl.$$

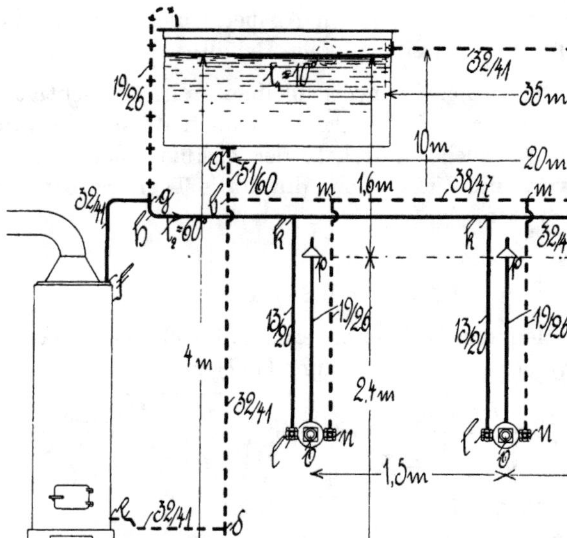

Abb. 405.

und die Warmwassermenge nach Gleichung (47) zu:

$$Q_{sl} = q_2 = \frac{q_1 (t - t_1)}{t_2 - t} = \frac{1{,}02 \, (30 - 10)}{60 - 30} = 0{,}68 \; sl.$$

Nach Abb. 405 ist $p = 1{,}6$ m als Höhe zwischen niedrigstem Wasserstand im Behälter (Normalwasserstand) und der Ausflußstelle, also Brausekopf; ferner $l = 20$ m als Rohrlänge zwischen Behälter und entferntester Zapfstelle; somit das Reibungsgefälle:

$$\frac{h_w}{l} = \frac{1{,}6}{20} = 0{,}08.$$

Es haben nun zu fördern der Rohrstrang:

ab: $Q_{sl} = 1{,}7\ sl$ Speise- und Gebrauchswasser,
bc: $= 1{,}02\ sl$ Kaltwasser zum Gebrauch,
bde: $= 0{,}68\ sl$ Speisewasser für den Kessel,
$fghi$: $= 0{,}68\ sl$ Warmwasser,
kl: $= \frac{0{,}68}{10} = sl\ 0{,}068$ Warmwasser für eine Brause,
mn: $= \frac{1{,}02}{10} = sl\ 0{,}102$ Kaltwasser » » »
op: $= \frac{1{,}7}{10} = sl\ 0{,}17$ gemischtes Wasser für eine Brause.

Der $\frac{h_w}{l} = 0{,}08$ zunächst liegende niedrigste Wert der Tabelle 77 ist: 0,067. Dafür findet man in der Tabelle 77:

			bei dem nächst höheren		
für ab	und für	$Q_{sl} = 1{,}7$		$Q_{sl} = 3{,}0$:	$d = 51$ mm
» bc	» »	$= 1{,}02$	»	$= 1{,}48$:	$d = 38$ »
» bde	» »	$= 0{,}68$	»	$= 0{,}97$:	$d = 32$ »
» $fghi$	» »	$= 0{,}68$	»	$= 0{,}97$:	$d = 32$ »
» kl	» »	$= 0{,}068$	»	$= 0{,}1$:	$d = 13$ »
» mn	» »	$= 0{,}102$	»	$= 0{,}26$:	$d = 19$ »
» op	» »	$= 0{,}17$	»	$= 0{,}26$:	$d = 19$ »

Die Länge der Rohrleitung q vom Schwimmkugelventil bis zur Abzweigstelle vom Hochdrucknetz beträgt 35 m; die Höhe des Ventiles über dieser Stelle 10 m, somit wird mit $h_1 = 40$ m entspr. 4 Atm. nach Seite 624:

$$\frac{h_w}{l} = \frac{h_1 - h}{l} = \frac{40 - 10}{35} = 0{,}86.$$

Der Behälter hat das gesamte gebrauchte Wasser herzugeben, das ihm mittels des Schwimmerventiles ständig von außen her durch die Leitung q ersetzt wird. Es ist also für Leitung q einzuführen: $Q_{sl} = 1{,}7\ sl$.

Der 0,86 zunächst liegende niedrige Wert $\frac{h_w}{l}$ ist in Tabelle 77: 0,50 und der 1,7 zunächst liegende höhere Wert Q_{sl} ist 2,64, so daß sich für Rohrleitung q ergibt:

$$d = 32 \text{ mm}.$$

Die ermittelten Größen d sind zulässige Normalwerte.

Beispiel 6. Eine Wohnung ist gemäß Skizze Abb. 406 mit einer Warmwasserversorgung auszurüsten, die eine Badewanne mit Wasser von 35° und 2 Zapfstellen für Wasch- und Spülzwecke mit Wasser von 60° zu versorgen hat. Zur Aufstellung kommt ein Junkers-Heißwasserstromautomat mit 1000 · 400 · 250 mm Außenmaßen entspr. Tabelle 27 (2. Modell der 2. Gattung). Der Gasofen erwärmt bei 30 mm Gasdruck minutlich 12 l Wasser von 10° auf 35°. Es betragen der Durchflußwiderstand des Apparates 8 m WS, der Wasserdruck, hinter dem Wassermesser im Keller des Gebäudes gemessen, 2,5 Atm.

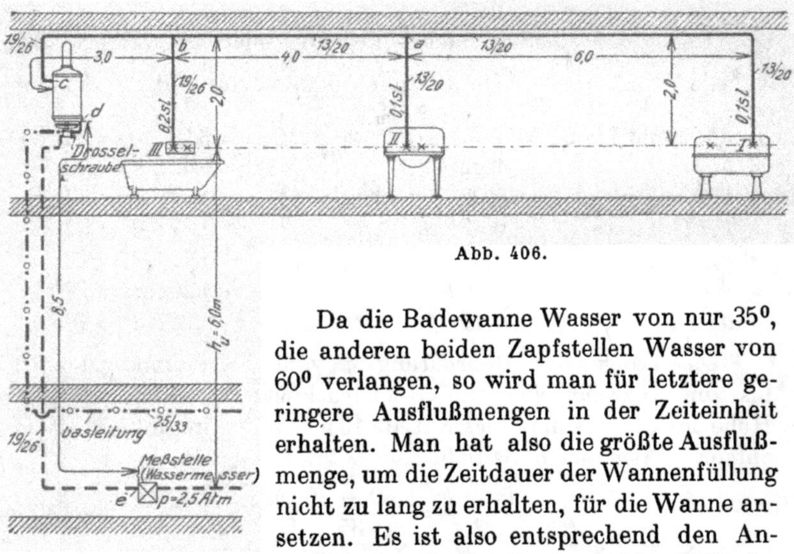

Abb. 406.

Da die Badewanne Wasser von nur 35°, die anderen beiden Zapfstellen Wasser von 60° verlangen, so wird man für letztere geringere Ausflußmengen in der Zeiteinheit erhalten. Man hat also die größte Ausflußmenge, um die Zeitdauer der Wannenfüllung nicht zu lang zu erhalten, für die Wanne anzusetzen. Es ist also entsprechend den Angaben unter 4. auf S. 625 für Zapfstelle I, (Abb. 406) der Badewanne zu setzen:

$$q' = 12\,\text{l/min} \text{ oder } Q_{sl} = \frac{12}{60} = 0{,}2\, sl.$$

Bei 200 l Wassermenge der Wanne von $t' = 35^0$ wird die Füllung in:

$$Z = \frac{200}{12} = \infty 17 \text{ Minuten}$$

erreicht. Die 12 l ergeben nach Gleichung (132a) die größte Ofenleistung zu:

$$W_m = q'\,(t' - t_1) = 12\,(35 - 10) = 300 \text{ WE/min.}$$

Damit folgen für die Zapfstellen II und III die Ausflußmengen nach Gleichung (132 b) zu:

$$q'' = \frac{W_m}{t'' - t_1} = \frac{300}{60 - 10} = 6 \text{ l/min oder } Q_{sl} = \frac{6}{60} = 0{,}1\ sl.$$

Es erhalten nach den Angaben unter 3.: Die Wanne einen Zapfhahn zu $3/4''$ = 20 mm, die beiden anderen Zapfstellen Hähne zu $1/2''$ = 13 mm. Nach Gleichung (119 b) ergibt sich die Druckhöhe zu:

$$h_w = 10 \cdot p - h_u = 10 \cdot 2{,}5 - 6 = 19 \text{ m},$$

ferner die Rohrlänge l zwischen Meßstelle (bei 2,5 Atm.) und der entferntesten Zapfstelle I zu:

$$l = 8 + 4 + 3 + 8{,}5 = 23{,}5 \text{ m}.$$

Alsdann wird das Reibungsgefälle:

$$\frac{h_w}{l} = \frac{19}{23{,}5} = 0{,}8.$$

Man erhält nun unter Benutzung der Tabelle 77 bei dem nächst niedrigeren Werte $\frac{h_w}{l} = 0{,}5$ und den nächst höheren Werten Q_{sl}:

für Strang I a mit $Q_{sl} = 0{,}1$: bei $Q_{sl} = 0{,}28$: $d = 13$ mm
» » ab » » $= 0{,}1 + 0{,}1 = 0{,}2$: » $Q_{sl} = 0{,}28$: $d = 13$ »
» » $bcde$ » » $= 0{,}2 + 0{,}2 = 0{,}4$: » $Q_{sl} = 0{,}70$: $d = 19$ »
» » II a » » $= 0{,}1$: » $Q_{sl} = 0{,}28$: $d = 13$ »
» » III b » » $= 0{,}2$: » $Q_{sl} = 0{,}70$: $d = 19$ »

Letzter Wert ist wegen der 20 mm Zapfhahnweite von 13 mm auf 19 mm erhöht.

Die Widerstände ergeben sich:

als Widerstand im Gasautomat nach Angabe der Firma zu:

$$h_{wA} = 8 \text{ m WS};$$

als Widerstand in dem Rohrsystem:

mit Rohrlänge $l_{Ib} + l_{IIa} = 8 + 4 + 2 = 14$ m, dafür:

Druckverlust nach Tabelle 78 a für $1/2''$ und $q'' = 6$ l/min.:

$$\vartheta_L = 0{,}087,$$

und mit Rohrlänge $l_{IIIc} + l_{de} = 2 + 3 + 8{,}5 = 13{,}5$ m, dafür:

Druckverlust nach Tabelle 78a für ¾″ und $q'' = 12$ l/min:

$$\vartheta_L = 0{,}046,$$

somit nach Gleichung (133b) zu:

$$h_{wL} = 14 \cdot 0{,}087 + 13{,}5 \cdot 0{,}046 = 1{,}84 \text{ m WS};$$

und als Widerstand der Zapfhähne:

mit Druckverlust nach Tabelle 78b:

$$\vartheta_z = 0{,}22 \text{ für } ½'' \text{ und } q' = 6 \text{ l/min},$$
$$\vartheta_z = 0{,}43 \text{ » } ¾'' \text{ » } q'' = 12 \text{ l/min},$$

somit nach Gleichung (133c) für 2 Hähne je ½″ und 1 Hahn ¾″ zu:

$$h_{wZ} = 2 \cdot 0{,}22 + 0{,}43 = 0{,}87 \text{ m WS}.$$

Mithin ist der Gesamtwiderstand in der Anlage:

$$h_{wA} + h_{wL} + h_{wZ} = 8 + 1{,}84 + 0{,}87 = 10{,}71 \text{ mWS},$$

so daß ein Druck:

$$h_w - 10{,}71 = 19 - 10{,}71 = \sim 8 \text{ mWS}$$

überflüssig und durch die Wasserdrosselschraube *DS* am Gasautomaten abzudrosseln ist.

Zur Bestimmung des Durchmessers der Gasrohrzuleitung dienen die Tabellen 74 und 80.

Es betragen: Der erforderliche Gasverbrauch nach Tabelle 27 bei 30 mm Gasdruck als Eingangsdruck am Ofen $Q = 84$ l/min $= \frac{84 \cdot 60}{1000} = \sim 5 \text{ m}^3/\text{h}$, der Druck am Gasmesser als Straßenleitungsdruck 40 mm WS, und die Länge l der Gaszuleitung 15 m.

Für $Q = 5 \text{ m}^3/\text{h}$ und $l = 10$ m ist nach Tabelle 80 wie auch 74 ein Rohrdurchmesser von 1÷1½″ erforderlich. Für $d = 1'' = 2{,}5$ cm ergibt sich der Druckverlust nach Gleichung (137a) zu:

$$h_w = \sim 0{,}84 \frac{l Q^2}{d^5} = \sim 0{,}84 \frac{15 \cdot 5^2}{2{,}5^5} = \sim 3{,}6 \text{ mm WS}.$$

somit ist der erforderliche Eingangsdruck $p_e = 30$ mm durch $p_n - h_w = 40 - 3{,}6 = 36{,}4$ mm WS sichergestellt. Es kosten:

1″-Rohr 25 M./m, somit 15 m: $15 \cdot 25 = 375.$— M.
1¼″-Rohr 34 » » 15 m: $15 \cdot 34 = 510.$— »

mithin werden durch Verlegung von 1″ Gasrohr, welches genügt, an Anlagekosten $510 - 375 = 135$ M. gespart.

Beispiel 7. Eine Zentrifugalpumpe ist in die Umlaufleitung von 50 mm l. W. einer Warmwasserversorgungsanlage einzuschalten. Es sind stündlich 15 m³ = 15000 l umzuwälzen. Unter Einschluß der Widerstandshöhen beträgt die von der Pumpe zu schaffende Druckhöhe 15 m.

Wählt man den inneren Flügelraddurchmesser $D_i = d' =$ 50 mm, den äußeren $D_a = 4 D_i = 4 \cdot 50 = 200$ mm und berechnet die Umfangsgeschwindigkeit des Rades nach Gleichung (152) zu:

$$c_r = \frac{3}{2} \sqrt{2 g \cdot H_P} = \frac{3}{2} \sqrt{2 \cdot 9{,}81 \cdot 15} = \sim 25 \text{ m/s.},$$

so bestimmt sich die minutliche Umdrehungszahl nach Gleichung (153) zu:

$$n = \frac{1000 \cdot 60\, c_r}{\pi D_a} = \frac{1000 \cdot 60 \cdot 25}{\pi \cdot 200} = 2355$$

und der Effekt mit $\eta = 0{,}4$ nach Gleichung (149) zu:

$$N = \frac{Q_P \cdot H_P}{270000 \cdot \eta} = \frac{15000 \cdot 15}{270000 \cdot 0{,}4} = \sim 2{,}0 \text{ PS.}$$

Dafür ist eine elektrische Energie nach Gleichung (154) aufzubringen von:

$$E J = \frac{736 \cdot N}{\eta_e} = \frac{736 \cdot 2}{0{,}7} = \sim 2100 \text{ Watt.}$$

Die Werte decken sich mit denen in Spalte 2 der Tabelle 61.

Beispiel 8. Die Hauptzentrale einer Fernwarmwasserversorgung befindet sich 0,8 km von der sekundären Verteilungsstelle, der sie stündlich 50 m³ Wasser von 90°, aus Speisewasser von 10° erzeugt, zuzuführen hat. Der Höhenunterschied zwischen Warmwasserbereiter der Zentrale und der höchsten Verbrauchsstelle beträgt 16 m. Es sind die Hauptrohrstränge mit Umlaufleitung und Umwälzpumpe zu bestimmen.

Es ist $Q_l = 50$ m³/h = 50000 l/h oder

$$Q_s = \frac{50}{3600} = 0{,}014 \text{ m}^3\text{/s.}$$

Die Wassergeschwindigkeit in den Rohrleitungen sei $v =$ 1,0 m/s. Es berechnet sich nach Gleichung (139a) der Durchmesser der Gebrauchsleitung zu:

$$d = 1{,}2 \sqrt{Q_s} = 1{,}2 \sqrt{0{,}014} = 0{,}1416 \text{ m.}$$

Gewählt wird 6″ nahtloses Mannesmannrohr mit 143/152 mm Durchm. Damit ergibt sich nach Gleichung (138a) der Gesamtdruckhöhenverlust zu:

$$H_w = 0{,}0025 \frac{L}{d} = 0{,}0025 \frac{800}{0{,}143} = 14 \text{ m WS.}$$

Zur Berechnung der Umlaufleitung, die wie die Hauptvorlaufleitung eine 30 mm starke gute Isolierung und Verlegung erhält, finden sich die zu deckenden Wärmeverluste nach Gleichung (141) mit:

$$\gamma = 0{,}98818 \text{ bezüglich } \frac{t + t_1}{2} = \frac{90 + 10}{2} = 50^0 \text{ zu:}$$

$$W_1 = 0{,}1\, Q_h\, (t - t_1)\, \gamma = 0{,}1 \cdot 50000\, (90 - 10) \cdot 0{,}98818 = 395272 \text{ WE/h}$$

und mit $D_J = 152 + 2 \cdot 30 = 212$ mm $= 0{,}212$ m nach Gleichung (142) zu:

$$W_2 = 300\, \pi\, D_J\, L = 300 \cdot \pi \cdot 0{,}212 \cdot 800 = 160000 \text{ WE/h,}$$

somit insgesamt nach Gleichung (143):

$$W' = W_1 + W_2 = 395272 + 160000 = \backsim 560000 \text{ WE/h.}$$

Bei einer Abkühlung des Wassers im System von 90⁰ auf 70⁰ ist die zur Deckung der Wärmeverluste erforderliche umlaufende Wassermenge nach Gleichung (144):

$$Q_s' = \frac{560000}{1000 \cdot 3600\, (90 - 70)} = 0{,}0078 \text{ m}^3/\text{s.}$$

Damit bestimmt sich der Durchmesser der Umlaufleitung mit $v = 1{,}0$ m/s nach Gleichung (145) aus:

$$\frac{d'^2 \pi}{4} = \frac{Q_s'}{v} = \frac{0{,}0078}{1{,}0} = 0{,}0078 \text{ m}^2, \text{ also zu:}$$

$$d' = 0{,}100 \text{ m} = 100 \text{ mm.}$$

Gewählt wird 4¼″-Mannesmannrohr mit:

100,5/108 mm Durchm.

Die durch diese Umlaufleitung verloren gehende Druckhöhe beträgt nach Gleichung (146):

$$H_w' = 0{,}0025\, v^2 \frac{L}{d'} = 0{,}0025 \cdot 1{,}0^2 \frac{800}{0{,}1005} = 20 \text{ m WS.}$$

Mit $h_d = 16$ m vorhandener Druckhöhe und $a = 0{,}0127$ entspr. $t = 90^0$ und $t' = 90 - 20 = 70^0$ der Tabelle II (Abschnitt XIII) ist die wirksame Druckhöhe durch Wärmewirkung nach Gleichung (147):

$$h_p = a \cdot h_d = 0{,}0127 \cdot 16 = 0{,}203 \text{ m WS.}$$

Man ersieht, diese kleine Größe h_p kann gegenüber H_w und H_w' ohne weiteres vernachlässigt werden, so daß sich die erforderliche Pumpendruckhöhe nach Gleichung (148) ergibt zu:

$$H_P = H_w + H_w' = 14 + 20 = 34 \text{ m.}$$

Hiermit wird der Kraftbedarf der Zentrifugalpumpe nach Gleichung (149):

$$N = \frac{Q_P H_P}{270000 \cdot \eta} = \frac{50000 \cdot 34}{270000 \cdot 0{,}5} = 12{,}6 \text{ PS}$$

oder nach Gleichung (150a):

$$N = 6\,(d + d')^2 \cdot H_P = 6\,(0{,}143 + 0{,}100)^2 \cdot 34 = 12{,}0 \text{ PS.}$$

Gewählt wird nach Tabelle 61 eine Pumpe zu $N = 13{,}3$ PS, die bei $n = 1750$ minutlichen Umdrehungen 1200 l/min auf 20 m manometrische Förderhöhe zu heben vermag.

C. Die Berechnung der Behälter, der Blechstärken, der Vernietung und Verschraubung.

a) Die Behältergröße.

Für die Bestimmung der Behältergrößen gelten im allgemeinen obige Angaben unter VII und XI. In der Regel sind die Behälter so groß zu bemessen, daß sie den einmaligen größten Wasserverbrauch zu decken vermögen; jedoch werden auch Behälter zur Aufnahme nur eines Teiles etwa der Hälfte des Größt-Wasserbedarfes eingebaut.

Die Warmwasserbehälter bedürfen meist einer besonderen Berechnung auf Grund der erforderlichen Wassererwärmung. Die Behältergrößen können dabei von verschiedenen Gesichtspunkten aus bestimmt werden. Dadurch ergeben sich dann auch die häufig voneinander sehr stark abweichenden Inhaltsgrößen verschiedener Projekte für ein und dieselbe Anlage.

Liegt zwischen den Verbrauchszeiten nicht genügend Zeit zum Wiederfüllen bzw. zum Wiedererwärmen des Wassers, so ist der Behälter um das entsprechend Mehrfache größer zu nehmen. Soll in einem offenen Warmwasserbehälter eine bestimmte Temperatur eingehalten werden und tritt, wie z. B. bei Küchenherdfeuerungen, eine längere mehrstündige Anheizdauer ein, so hat man dem Behälter eine Größe zu geben, welche dem größten stündlichen Wasserverbrauche von dieser bestimmten Temperatur mal der Anheizdauer Z in Stunden entspricht. Also berechnet sich für diesen Fall mit Q_{sl} Sekundenliter der Behälterinhalt zu:

$$J_B = Q_{sl} \cdot Z \cdot 3600 \text{ Liter} \quad . \quad . \quad . \quad . \quad (155)$$

Für Badeanstalten kann man J_B nach Klinger[1]) aus der Hälfte der zur Wassererwärmung ohne den ständigen Zufluß zum Behälter nötigen stündlichen Wärmemenge W_0 bestimmen; also wird hier:

$$J_B = \frac{W_0}{2(t - t_1)} \text{ Liter} \quad . \quad . \quad . \quad . \quad . \quad (156)$$

Hierin ist:

t = erforderlich höchste Wassertemperatur,
t_1 = Anfangstemperatur des Wassers.

Die Bestimmung von J_B nach letzter Gleichung kann auch für die Warmwasserbehälter vieler anderer Anlagen genügen. Besteht ein ständiger Zufluß unter Einschaltung eines Schwimmkugelgefäßes und erfolgt die Erwärmung innerhalb des Behälters, so ist zwecks rascherer Erwärmung des zufließenden Wassers ein kleinerer Behälter einem größeren vorzuziehen, vorausgesetzt, daß die Betriebsart und -zeit es zulassen, d. h. daß nicht mehr Wasser auf einmal, als der Behälter abgeben kann, benötigt wird. Die Einhaltung einer bestimmten Wassertemperatur wird durch Einbau von Reglern zu erreichen sein, abgesehen von den Küchenherdfeuerungen u. dgl.

Für Mietshäuser[2]) rechnet man nach oben am sichersten mit dem größten Warmwasserverbrauche einer Badeperiode, da ja das Baden im Haushalte den größten Wasserverbrauch hervorruft. Es bedeute wie oben (S. 540, 556 und 574):

Z_w = Anzahl der Wannen in dem Gebäude, also meist:
= Anzahl der Wohnungen;
Z = Badezeit der Periode des größten Wasserverbrauches,
= 3÷4 h etwa;

---

[1]) Klinger: Kalender für Heizungs-, Lüftungs- und Badetechniker. Verlag Marhold, Halle.

[2]) Streck, Ges.-Ing. 1912, Nr. 1. — de Grahl, Ges.-Ing., S. 409.

Z_a = Anheizzeit, $= \sim 2$ h;
q_2 = Heißwassermenge von $t_2{}^0$ Boilertemperatur für 1 Wanne;
t_1 = Kaltwassertemperatur;
H = Kesselheizfläche in m^2;
w_s = Wärmeleistung von 1 m^2/h.

Die während der Anheizzeit Z_a durch H m^2 Heizfläche zugeführte Wärmemenge ist $H w_s \cdot Z_a$, somit ist:

$$J_B (t_2 - t_1) = Z_a w_s H.$$

Setzt man hierin nach Gl. (68) $H = \frac{W_z}{w_s (Z_a + Z)}$ und ferner $W_z = Z Z_w q_2 (t_2 - t_1)$, so erhält man:

$$J_B (t_2 - t_1) = \frac{Z_a W_z}{Z_a + Z} = \frac{Z_a [Z Z_w q_2 (t_2 - t_1)]}{Z_a + Z}$$

somit den Behälter (Boiler)-Inhalt zu:

$$J_B = \frac{Z_a}{Z_a + Z} \cdot \frac{Z Z_w q_2 (t_2 - t_1)}{t_2 - t_1} \text{ Liter} \quad . \quad . \quad (157)$$

Diese Gleichung sieht sich etwas umständlich an, löst sich aber sehr einfach, da der Zähler des zweiten Faktorbruches ja meist als bekannt vorliegt. Unter Beachtung allgemein gebräuchlicher Verhältnisse kann man den stündlichen Heißwasserbedarf einer Badewanne mit $q_2 = \sim 100$ l, die Wassertemperatur im Boiler mit $t_2 = 60^0$, die Kaltwassertemperatur mit $t_1 = 10^0$, die Anheizzeit mit $Z_a = 2$ h und die Zeit des größten Verbrauches mit $Z = 4$ h annehmen. Dann ist der stündliche Wärmebedarf einer Wanne:

$$q_2 (t_2 - t_1) = 100 (60 - 10) = 5000 \text{ WE}$$

und damit:

$$J_B = \frac{2}{2 + 4} \cdot \frac{4 Z_w 5000}{60 - 10} \text{ oder}$$

$$J_B = 134 Z_w \text{ Liter} \quad . \quad . \quad . \quad . \quad . \quad . \quad . \quad (157\text{a})$$

Aus vorstehenden Gleichungen und Entwicklungen ersieht man, daß einmal der Boilerinhalt so groß sein muß, daß er die vom Kessel während der Anheizzeit erzeugte Wärmemenge aufzunehmen vermag, und daß ferner der Behälterinhalt um so größer sein muß, je länger die Anheizzeit bzw. die Ruhepause ist und um so kleiner, je länger die Zeit der Badeperiode des größten Wasserverbrauches ist.

Werden dem Behälter einer Küchenherdanlage zu verschiedenen Zeiten beträchtlich voneinander abweichende Wassermengen entnommen, so muß, um einem Überhitzen, Überkochen oder Überdruck vorzubeugen, der größten Wärmeaufspeicherung Rechnung getragen werden. Benötigt man in solchem Falle stündlich:

für einen ersten Bedarfszweck, etwa Badezweck: q' Liter von t', also eine Wärmemenge: $w' = q' t'$ WE/h;

für einen zweiten Bedarfszweck, etwa Waschzweck: q'' Liter von t'', also: $w'' = q'' t''$;

für einen dritten Bedarfszweck, etwa Küchenzweck: q''' Liter von t''', also: $w''' = q''' t'''$ usw.

und ist die mittlere Wassertemperatur im Behälter t_m, welche natürlich dem höchsten Temperaturwerte, also entweder t' oder t'' oder t''' usw. entsprechen muß, so genügt, wenn alle Zapfstellen zu gleicher Zeit in Tätigkeit sind, ein Behälterinhalt:

$$J_B = \frac{\Sigma w}{t_m} \text{ Liter}$$

oder mit $\Sigma w = W_0$:

$$J'_B = \frac{W_0}{t_m} \text{ Liter} \quad \ldots \ldots \quad (158)$$

Fallen nun aber beträchtliche Wasserzapfungen während einer großen Zeiteinheit aus, etwa q', so muß, da die Wärmequelle den höchsten Anforderungen entsprechend weiterarbeitet, der Behälter einen so großen Inhalt besitzen, wie das Verhältnis der erzeugten Wärmemenge zur abgegebenen ausmacht. Unter Berücksichtigung vorstehender Annahmen, daß z. B. q' ausfällt, ist somit:

$$J_B = \frac{W_0 \cdot J_B'}{q'' t'' + q''' t''' + \ldots} \text{ oder:}$$

$$J_B = \frac{W_0^2}{t_m (q'' t'' + q''' t''' + \ldots)} \text{ Liter} \quad \ldots \quad (159)$$

Derartige Verhältnisse ergeben sich vorzugsweise im Betriebe der Großküchen eines Gasthauses, einer Heilanstalt, eines Gewerbebetriebes usw., für Anlagen mit Küchenherdeinsätzen und ähnlichen Einrichtungen. Hier wird in den seltensten Fällen beim stärksten Herdbetriebe, d. h. zur Zeit der Mittagspeisung, auch der größte Warmwasserverbrauch eintreten, da letzterer bekanntlich in erster Linie durch die Bäder bedingt und beeinflußt ist. Es wird dann das Wasser infolge der zu großen Wärmezufuhr überhitzt und zum Überkochen gebracht. Zur Zeit des größten Warmwasserbedarfes muß dagegen die Feuerstelle einzig und allein zu diesem Zweck in Betrieb sein. Gegen das lästige, unökonomische und unrationelle Überkochen schützt man sich durch Einbau eines genügend großen Warmwasserbehälters, der derart zu installieren und anzulegen ist, daß eine empfindliche Abkühlung über Nacht nicht eintritt. Die Sicherung einer Warmwasseraufspeicherung ist schon aus dem Grunde nötig, da in Gasthäusern zu jeder Zeit, auch nachts und frühmorgens Warmwasser benötigt wird. Bei genügend großem Warmwasserbehälter kann dann der Herdbetrieb längere Zeit aussetzen, es werden trotzdem jederzeit ausreichende Mengen genügend hoch temperiertes Wasser zur Verfügung stehen.

Ist ein Behälter für kaltes oder warmes Wasser mit veränderlichem Inhalte vorgesehen, d. h. wird das ganze Wasser oder ein Teil desselben erst verbraucht, bevor die abgezapfte Menge wieder ersetzt wird, so ist die Zeit des Zuflusses nach Bestimmung des Rohrdurchmessers gegeben. Ist:

J_B = Behälterinhalt in m³, der zu einmaligem Verbrauche zur Verfügung steht,

q_s = Wassermenge in m³, die in einer Sekunde durch die Mündung des Zuflußrhores vom Durchmesser d in m in den Behälter fließen kann,

so wird die Menge J_B m³ wieder ersetzt in:

$$Z = \frac{J_B}{60 \cdot q_s} \text{ Minuten} \quad \ldots \ldots \quad (160)$$

Ist q_s unbekannt, so folgt mit $q_s = \frac{d^2 \pi}{4} \cdot v$:

$$Z = \frac{J_B}{60 \cdot \frac{d^2 \pi}{4} \cdot v} \text{ Minuten} \quad \ldots \ldots \quad (160\,\text{a})$$

hierin ist entweder v anzunehmen mit:

$$v = \sim 0{,}05 - 2{,}0 \text{ m/s}$$

oder besser zu berechnen nach:

$$v = \sqrt{\frac{2\,g \cdot h}{\varrho \frac{l}{d}}} \quad \ldots \ldots \ldots \quad (161)$$

h = Druckhöhe in m (bei Hochdruckleitungen tritt $h_1 - h$ ein, siehe Rohre Seite 624),
l = Länge der Leitung in m,
ϱ = Reibungskoeffizient nach Tabelle III für ein vorläufig angenommenes v zu wählen (unzutreffendenfalls rückrechnen).

Bei allen Niederdruck- und offenen Warmwasserbehältern ist auf die Ausdehnung des Wassers zu achten und jenen ein entsprechender Größenzuschlag zu geben. Ist hiernach der höchste Wasserstand in dem Behälter bestimmt, so ist erst in dieser Höhenlage das Überlaufrohr anzusetzen. (Siehe S. 421 u. ff.)

Mit a = Ausdehnung von 1 l Wasser nach Tabelle I entsprechend einer Höchsttemperatur t_z,
Q_z = Gesamtliterzahl Wasser, das in einer bestimmten Zeit auf t_z zu erwärmen ist,

beträgt die Gesamtwarmwassermenge, die im Behälter Platz finden muß:

$$J_B' = a \cdot Q_z \text{ bzw. } = a \cdot J_B \text{ Liter} \quad . \quad . \quad . \quad . \quad (162)$$

In der Regel genügt ein Behälter, der über dem Normal-Kaltwasserstand noch $\sim$ 200 mm freie Behälterhöhe besitzt. Dient das Wasser Genußzwecken, so empfiehlt es sich, diese Zusatzhöhe nicht unnötig groß zu nehmen, um nicht in dem Wasserraume Versteifungen anbringen zu müssen, die ja weit leichter zu Rostbildung und Schlammansatz neigen als die glatten Seitenwände. Eckige Behälter können bis zu $\sim$ 1,0 m Höhe ohne Steifen ausgeführt werden.

Das Volumen der Heizeinsätze u. dgl. ist von dem Fassungsvermögen des Behälters in Abzug zu bringen.

Die linearen Abmessungen der Behälter sind mit Hilfe der einfachen stereometrischen Gleichungen zu bestimmen.

Ist:

J_B = erforderliches Fassungsvermögen des Behälters in l,

so ist:

$$J_B = a \cdot b \cdot h \text{ für rechteckige Behälter} \quad . \quad . \quad . \quad . \quad . \quad . \quad . \quad . \quad (163)$$

$$J_B = \pi r^2 h \text{ für zylindrische Behälter mit ebenen Böden} \quad (164\,\text{a})$$

$$J_B = \pi r^2 h \pm (\pi h_1^2 (r_1 - {}^1/_3\, h_1)) \text{ für zylindrische Behälter mit einem gewölbten Boden} \quad . \quad . \quad . \quad . \quad . \quad (164\,\text{b})$$

$J_B = \pi r^2 h \pm 2 (\pi h_1^2 (r_1 - {}^1/_3 h_1))$ für zylindrische Behälter mit zwei Böden . . . . (164c)

Hierin ist:

a und b = innere Seitenlängen des Bodenbleches in dm,
h = » Höhe des Behälters in dm,
r = » Halbmesser des Zylinders in dm,
h_1 = » größte (mittlere) Höhe des Kugelbodens in dm,
r_1 = » Halbmesser des Kugelbodens in dm,
$+$ = für nach außen gewölbte Böden,
$-$ = » » innen » »

b) Die Blechstärken der Behälter und Röhren.

Für die Berechnung der Blechstärke werden am sichersten die Bachschen Gleichungen zugrunde gelegt, soweit nicht Erfahrungswerte ebenso sichere Resultate ergeben. Die Blechstärke s ist aus nachstehenden Gleichungen zu ermitteln.

Rechteckige Behälter

$$s = 0{,}70 \sqrt{\frac{a^2 b^2}{a^2 + b^2} \cdot \frac{p}{k_b}} \text{ in cm für rechteckiges} \quad \text{Bodenblech}$$

$$s = 0{,}50 \sqrt{a^2 \frac{p}{k_b}} \text{ in cm für quadratisches} \quad \text{Bodenblech} \qquad (165)$$

$$s = 0{,}35 \sqrt{\frac{h^2 a^2}{0{,}56 \cdot h^2 + a^2} \cdot \frac{p}{k_b}} \text{ in cm für Seitenblech}$$

Hierin ist:

a und b = Seiten des Bodenbleches in cm; $a > b$ bei rechteckigem Bodenblech[1]),
h = Höhe des höchsten Wasserstandes im Behälter in cm,
p = Wasserdruck im Behälter in Atm.,
$p = 0{,}001 \cdot h$, wenn h in cm (1 Atm. = 10 m),
k_b = zulässige Biegungsspannung des Materials in kg/cm²,
$k_b = 900 \div 1000$ kg/cm² für Schmiedeeisen.

Für oberschlägliche Rechnung kann man, solange das Verhältnis $b : a = 1 : (1 \div 0{,}6)$, also $b = a \div 0{,}6\, a$ gewahrt bleibt, auch mit b und h in cm setzen:

---

[1]) Bei großem Unterschiede zwischen a und b sind die Langwände mit a und die Kurzwände mit b für sich gesondert auszurechnen.

$$\left.\begin{aligned} s' &= \frac{b}{2000} \cdot \sqrt{h} \text{ in cm für Seitenblech} \\ s'' &= s' + 0{,}1 \text{ in cm für Bodenblech} \end{aligned}\right\} \quad . \quad . \quad (166)$$

Fällt s der Seitenbleche zu stark aus, etwa > 5 mm, so hat man Versteifungen vorzusehen. Im allgemeinen wird man bei Behältern mit normal großen Bodenflächen und

mit $h < 1{,}0$ m keine Versteifungen,
» $h = 1{,}0 \div 2{,}0$ m eine horizontale Versteifungsreihe,
» $h = 2{,}5 \div 3{,}5$ m zwei » Versteifungsreihen,
» $h \geqq 4{,}0$ m drei » »

benötigen.

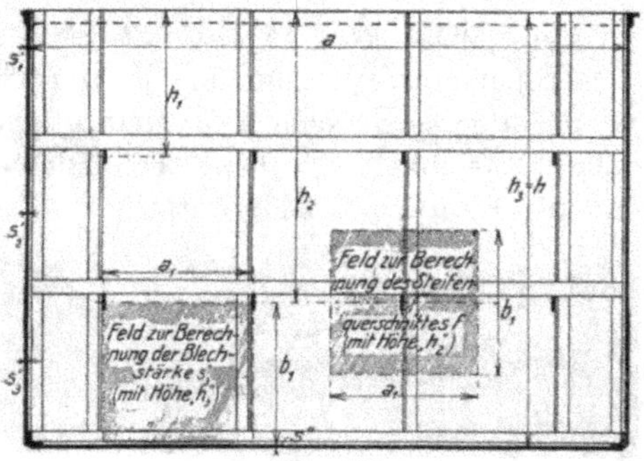

Abb. 407.

Bei mehreren Reihen wird man vorteilhaft die Seitenwände aus Schüssen mit nach unten zunehmenden Blechstärken ausführen. Die Blechstärken der einzelnen Schüsse berechnen sich genau wie oben nach Gleichung (165) oder (166). Hierin ist nur zu setzen:

$h = h_n$ in cm als Höhe von Behälteroberkante (bzw. Überlaufebene) bis Versteifungsebene, also:
$h = h_1$ zur Berechnung von s_1 (Abb. 407),
$h = h_2$ » » » s_2 (Abb. 407) usw.;
$p = 0{,}001\, h_n a_1 b_1$ in kg,

a_1, b_1 = Seitenmaße des betr. Blechfeldes in cm. Der erforderliche Querschnitt des Verstrebungseisens ergibt sich aus:

$$f = \frac{p}{k_z} \text{ in cm}^2 \quad . \quad . \quad . \quad . \quad . \quad . \quad . \quad . \quad (167)$$

$k_z = 600 \div 1000$ kg/cm² für Schmiedeeisen.

Die Höhe b_1 eines Feldes (Abb. 407) ist bestimmt durch:

$b_1 = 0{,}50\, h$ bei einer horizontalen Versteifungsreihe,
$= 0{,}33\, h$ » zwei » Versteifungsreihen,
$= 0{,}25\, h$ » drei » »

wenn h = ganze Behälterhöhe ist. Man wählt am besten annähernd quadratisches Feld als Belastungsfläche für eine Versteifung, also $a_1 = \sim b_1$.

Runde Behälter, offene und unter Niederdruck stehende:

$$\left.\begin{aligned} s &= 0{,}9 \cdot r \sqrt{\frac{p}{k_b}} \text{ in cm für Bodenblech} \\ s &= 0{,}000002 \cdot rh + 0{,}25 \text{ cm für Seitenblech} \end{aligned}\right\} \quad (168)$$

r = Halbmesser des Zylinders in cm,
h = Höhe des Zylinders bzw. Wasserstandes in cm,
p, k_b = wie vorstehend.

Hochdruckbehälter (Zylinder), auch Heizkörperkessel:

$$s = r \cdot \frac{p \cdot S}{k_z \cdot \varphi} \text{ in cm für Mantelblech} \quad . \quad . \quad . \quad (169)$$

r = Halbmesser des Zylinders in cm,
p = größter Überdruck in Atm.,
S = Sicherheitsgrad gegen Zerreißen,
$S = 5 \div 4{,}5$ bei Überlappungsnaht,
$S = 4{,}5 \div 4$ bei Laschennaht (doppelgelascht),
k_z = Zugfestigkeit des Materials in kg/cm²,
k_z = 3300 kg/cm² für Schmiedeeisen,
k_z = 2200 kg/cm² für Kupfer,
k_z = 4200 kg/cm² für Stahl,
φ = Festigkeit der Nietnaht im Vergleich zur Festigkeit des vollen Bleches,
$\varphi = 0{,}6 \div 0{,}7$ für Überlappungsnaht (Nietnaht, Schweißnaht),
$\varphi = 1{,}2 \div 1{,}1$ für Laschennaht.

$$s = \sqrt{\frac{3}{8} \cdot \frac{p}{k_z}} \cdot \left[2\,r - \varrho\left(1 + \frac{\varrho}{r}\right)\right] \text{ cm} \quad . \quad . \quad . \quad (170)$$

für flache gekrempte (auch geschweißte) Böden (Abb. 408a).
r = innerer Halbmesser des Bodens in cm,
ϱ = innerer Wölbungshalbmesser der Krempe in cm,
$\varrho \geq 1{,}5\, s$,
p, k_z = wie vorstehend.

$$s = \frac{r_1}{2} \cdot \frac{p}{k_z} \text{ cm für gewölbte Böden (Abb. 408b)} \quad . \quad (171)$$

r_1 = Halbmesser des inneren Wölbungskreises in cm,
$r_1 \geqq 2r$,
$k_z = 250$ kg/cm² für Kupfer,
$k_z = 400$ » für Schmiedeeisen,
$k_z = 600$ » für Stahl.

Mit der Wölbung nach innen eingesetzte Böden sind nach selbiger Gleichung zu berechnen; es tritt nur an Stelle von k_z die Druckspannung k_d, jedoch ist $k_d = k_z$.

$$s = 0{,}9\, r \sqrt{\frac{p}{k_b}} \text{ cm für ebene Böden ohne Krempung (Abb. 408c).} \tag{172}$$

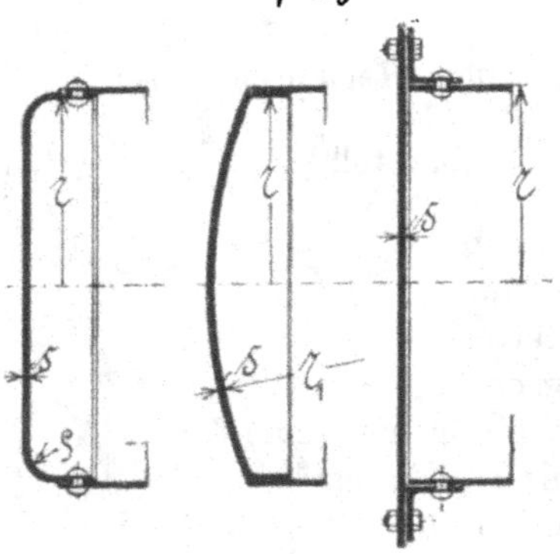

Abb. 408 a, b, c.

r, p und k_b = wie oben bei den runden Niederdruckbehältern angegeben.

Die Blechstärken größerer genieteter Behälter sollen des Nietens wegen möglichst $s \geqq 4$ mm genommen werden und wegen Rostens einen Zuschlag von 1 bis 1,5 mm erhalten.

Röhren.

$$s = 0{,}5\, d \left(\sqrt{\frac{k_z + 0{,}4\, p}{k_z - 1{,}3\, p}} - 1\right) + C \text{ in cm für Hochdruck} \tag{173}$$

$$s = 0{,}5\, d \frac{p}{k_z} + C \text{ in cm für Niederdruck} \quad . \quad . \tag{174}$$

d = Röhrendurchmesser in cm,
$k_z = 200$ und $C = 0{,}5 \div 0{,}7$ für Gußeisenrohr,
» $= 100$ » $= 0{,}1 \div 0{,}2$ für stumpf geschweißte Schmiedeeisenrohre,
$= 200$ » $= 0$ für überlappt geschweißte Schmiedeeisenrohre
$= 1800$ » $= 0$ für Mannesmannrohr,
$= 100$ » $= 1$ für Kupfer- und Messingrohr, gelötet,
$= 200$ » $= 1{,}5$ für » » » nahtlos.

Empirisch läßt sich auch rechnen mit:

$s = 0{,}017\, d + 0{,}8$ cm für gußeisernes Wasserleitungsrohr,
$s = 0{,}005\, d + 0{,}8$ cm » » Dampfleitungsrohr,

$s = 0{,}0033\,d + 0{,}25$ cm für Schmiedeeisenrohr,
$s = 0{,}0033\,d + 0{,}1$ cm für Kupfer- und Messingrohr
$s = 0{,}3 \div 0{,}8$ cm für Blei- und Mantelrohr.

c) Die Vernietung und Verschraubung.

Die Ausführung der Nietnähte hat nach den bekannten maschinenelementaren Normen zu erfolgen. Um Überpreise zu vermeiden, soll die Blechbreite möglichst 1500 mm für $s < 7$ mm, 1700 mm für $s > 7$ mm nicht überschreiten.

Die genieteten offenen und Niederdruck-Behälter.

Bei einer gegebenen Blechstärke s kann man empirisch nehmen:

den Nietlochdurchmesser $\Delta = \sqrt{5 \cdot s} - 0{,}4$ cm . . (175)

die Nietleitung $t = 3\,\Delta + 0{,}5$ cm . . (176)

den Abstand der Blechkante von Mitte Nietreihe:

$e = 0{,}5\,t$ cm . . . . (177)

Hiernach ist Tabelle 81 für die gebräuchlichen Blechstärken aufgestellt.

Tabelle 81.
Behälter-Vernietung.

s mm	Δ mm	t mm	e mm	Winkeleisen mm
1,5	5	20	9	30 · 30 · 4
1,75	6	22	12	35 · 35 · 6
2	6÷7	22÷26	12÷13	40 · 40 · 4
3	7÷8	26÷29	14÷15	45 · 45 · 5
4	9÷10	32÷35	16÷18	45 · 45 · 5
5	10÷11	35÷38	18÷20	45 · 45 · 7
6	12÷13	40÷45	20÷22	50 · 50 · 7
7	14÷15	45÷50	22÷25	55 · 55 · 10
8	16÷17	50÷55	25÷28	60 · 60 · 10
9	18	55	28	65 · 65 · 11
10	18	55	28	70 · 70 · 11
11	20	60	30	75 · 75 · 12
12	20	60	30	80 · 80 · 12

Die Niete mit $\Delta < 8$ mm werden meist kalt eingezogen. Behälter bis zu 1 m Höhe bedürfen keiner weiteren inneren Versteifung.

Die Hochdruckbehälter und Heizkörpermäntel.

$$\left.\begin{array}{l} \Delta = \sqrt{5\cdot s} - 0{,}4 \text{ cm für Überlappungs- und einfache Laschennietung} \\ \Delta = \sqrt{5\cdot s} - (0{,}5 \div 0{,}7) \text{ cm für doppelte Laschennietung} \end{array}\right\} \quad (178)$$

$t \geqq 2\Delta + 1{,}0$ cm, auch für Reihenabstand bei mehreren Nietreihen . . . . (179)

$e = 1{,}5\Delta \div 1{,}6\Delta$ cm . . . . (180)

$$\left.\begin{array}{l} s_1 = 1{,}125\, s \text{ cm als Stärke der einfachen Lasche} \\ s_1 = 0{,}625\, s \text{ cm als Stärken der doppelten Laschen} \end{array}\right\} \quad (181)$$

Die Schrauben für die Deckel der Behälter und für die Flanschen der Röhren.

Der Kerndurchmesser Δ der Schrauben berechnet sich aus:

$$\frac{D_m{}^2 \pi}{4} \cdot p = n \cdot \frac{\Delta^2 \pi}{4} \cdot k_z, \text{ also mit } k_z = 400 \text{ kg/cm}^2$$

aus:

$$\Delta \geqq 0{,}05\, D_m \cdot \sqrt{\frac{p}{n}} \text{ cm} \quad . . . . . . (182)$$

oder empirisch aus:

$$\Delta \geqq \frac{r}{30} + \sim 1{,}4 \text{ cm} \quad . . (182\text{a})$$

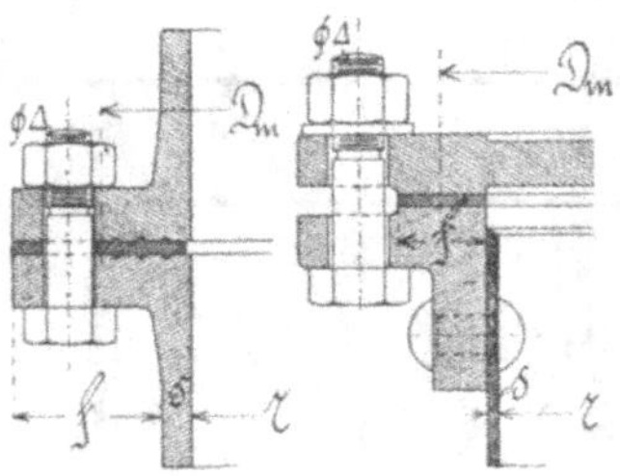

Abb. 409.

Rechnet man Δ empirisch aus, so kann man aus vorstehender Grundgleichung die Schraubenzahl n bestimmen zu:

$$n = \frac{D_m{}^2}{\Delta^2} \cdot \frac{p}{k_z} \quad . . . (183)$$

$k_z = 400$ kg/cm².

D_m = mittlerer Durchmesser des Dichtungsringes in cm,
$D_m = 2r + 2s + f$ cm nach Abb. 409,
r = innerer Durchmesser des Zylindermantels in cm,
s = Mantelstärke in cm.

Für s ist die größte Blechstärke der Verbindung einzusetzen. Bei einem Lochkreishalbmesser r_Δ und einer Schraubenteilung τ im Lochkreise besteht die Beziehung:

$$2\, r_\Delta \pi = n \tau \quad . . . . (184)$$

Dabei soll sein $\tau \geq 2_{\Delta}$ und < 15 cm.

Dieselbe Rechnung ist auch durchzuführen, wenn an Stelle der Schrauben Niete treten.

d) Beispiele.

Beispiel 1. Der offene Warmwasserbehälter eines Wohnhauses wird von 2 Rotgußheizflaschen mit je 0,25 m² Heizfläche direkt betrieben. Die höchste Warmwassertemperatur soll 60° betragen, die Heizdauer ist mit ∾ 7 Stunden in Rechnung zu ziehen. Der größte Wasserverbrauch für 2 Bäder, 2 Spültische und für sonstigen Gebrauch kann mit ∾ 800 l bemessen werden, die im ungünstigsten Falle in 10 Minuten zum Abzapfen gebracht werden können. Der Zuleitungswasserdruck des Straßennetzes beträgt 3,0 Atm. und die Höhenlage des Behälters über Straßennetz 20 m, die Länge des Zuflußrohres vom Behälter bis zur Netzabnahmestelle 75 m.

Die Herdflaschen befinden sich in dem Küchenherde, dessen Feuertemperatur $T_1 = 1200^0$ und dessen Fuchstemperatur (einschl. der Speisenbereitung) $T_2 = 400^0$ sei. Da das Zuflußwasser zur Flasche stets temperiert sein wird, so sei $t_1 = 20^0$ gesetzt.

Dann ist:

$$T_m = \frac{T_1 + T_2}{2} = \frac{1200 + 400}{2} = 800^0$$

und

$$t_m = \frac{t + t_1}{2} = \frac{60 + 20}{2} = 40^0.$$

Mit $k = 15$ für Rotguß ergibt sich nach Gleichung (60) die stündlich erreichbare Wärmemenge:

$$W_0 = H \cdot k\,(T_m - t_m) = 2 \cdot 0{,}25 \cdot 15\,(800 - 40) = 5700 \text{ WE}$$

und damit nach Gleichung (53) die sekundliche Wassermenge:

$$Q_{sl} = \frac{W_0}{3600\,(t - t_1)} = \frac{5700}{3600\,(60 - 20)} = 0{,}04\,sl.$$

Bei $Z = 7$ Stunden Anheizdauer ist die größte aufzuspeichernde Wassermenge gemäß Gleichung (155):

$$J_B = Q_{sl} \cdot Z \cdot 3600 = 0{,}04 \cdot 7 \cdot 3600 = \backsim 1000 \text{ l},$$

welche sich entspr. Gleichung (162) bei $t = 60^0$ mit $\alpha = 1{,}01692$ (Tabelle I) auszudehnen vermögen auf:

$$J_B' = \alpha \cdot J_B = 1{,}01692 \cdot 1000 = 1017 \text{ l}.$$

Für den Behälter ist unter Einrechnung weiterer praktischer Zuschläge ein Fassungsvermögen von:

$$J_B' = 1100\ \mathrm{l}$$

zu wählen.

Hat die Zuflußleitung zum Schwimmkugelgefäß einen Durchmesser von 25 mm und wählt man $\varrho = 0{,}0221$ entspr. $v = 1{,}5$ m, nach Tabelle III, so ergibt sich nach Gleichung (161):

$$v = \sqrt{\frac{2\,g\,(h_1 - h)}{\varrho \frac{l}{d}}} = \sqrt{\frac{19{,}62\,(30 - 20)}{0{,}0221 \frac{75}{0{,}025}}} = 1{,}7\ \mathrm{m/s},$$

so daß die Wahl von v und ϱ genügen kann.

Für den selten eintretenden ungünstigen Fall, daß 800 l in 10 Minuten abgezapft werden, beläuft sich die Zeit des Wiederanfüllens durch die Speiseleitung nach Gleichung (160a) auf:

$$Z = \frac{J}{60 \frac{d^2 \pi}{4} \cdot v} = \frac{0{,}8}{60 \frac{0{,}025^2 \pi}{4} \cdot 1{,}7} = \backsim 16\ \text{Minuten},$$

und die Zeit der Wiedererwärmung bis auf 60° auf:

$$\frac{800 \cdot 7}{1000} = 5\ \text{Stunden}\ 36\ \text{Minuten},$$

Zeiten, die ausreichend sein werden.

Für $J'_B = 1100$ l Fassungsvermögen wird ein rechteckiger Behälter gewählt mit:

einer Bodenfläche $a \cdot b = 1{,}2 \cdot 1$ m und
einer Höhe $h' = 1$ m bei einem höchsten Wasserstande

$$h = 0{,}925\ \mathrm{m}.$$

Damit ist:

$$a \cdot b \cdot h' = 1{,}2 \cdot 1 \cdot 1 = 1{,}2\ \mathrm{m}^3$$

als Gesamtinhalt des Behälters und:

$$a \cdot b \cdot h = 1{,}2 \cdot 1 \cdot 0{,}925 = 1{,}11\ \mathrm{m}^3$$

als größte Wassermenge im Behälter.

Mit $p = 0{,}001 \cdot h = 0{,}001 \cdot 92{,}5 = 0{,}0925$ Atm. und $k_b = 900\ \mathrm{kg/cm}^2$ für Schmiedeeisen berechnen sich die Blechstärken: nach Gleichung (165) für das Bodenblech zu:

$$s = 0{,}7 \cdot \sqrt{\frac{a^2 \cdot b^2}{a^2 + b^2} \cdot \frac{p}{k_b}} = 0{,}7 \sqrt{\frac{120^2 \cdot 100^2}{120^2 + 100^2} \cdot \frac{0{,}0925}{900}} = 0{,}546 \text{ cm}$$

gewählt: $s = 5{,}5$ mm;

für die Seitenbleche zu:

$$s = 0{,}35 \sqrt{\frac{h^2 \cdot a^2}{0{,}56\, h^2 + a^2} \cdot \frac{p}{k_b}} = 0{,}35 \sqrt{\frac{92{,}5^2 \cdot 120^2}{0{,}56 \cdot 92{,}5^2 + 120^2} \cdot \frac{0{,}0925}{900}} = 0{,}28 \text{ cm}$$

gewählt: $s = 3$ mm.

Nach Tabelle 81 sind gemäß s zu wählen: für die Vernietung des Bodenbleches mit den Seitenblechen:

$\Delta = 12$ mm, $t = 42$ mm, $e = 20$ mm, Winkelring $50 \cdot 50 \cdot 7$

und für die Vernietung und Versteifung (des oberen Randes mittels äußeren Winkelringes):

$\Delta = 8$ mm, $t = 28$ mm, $e = 14$ mm, Winkelring $45 \cdot 45 \cdot 5$.

Beispiel 2. Welche Abmessungen hat der Warmwasser-Druckbehälter für ein Mietshaus zu erhalten, in welchem sich 4 Geschosse zu je 2 Wohnungen befinden? Jede Wohnung besitzt eine Zapfstelle im Bad, in der Küche und in zwei Zimmern.

Benutzt man die Gleichung (157a) so ergibt sich mit $Z_w = 2 \cdot 4 = 8$ Wohnungen bzw. Wannenzapfstellen der erforderliche Behälterinhalt zu:

$$J_B = 134 \cdot Z_w = 134 \cdot 8 = 1072 \text{ l}.$$

Gewählt werden zwei liegende Mantelboiler nach Firmentabelle zu je 600 l Inhalt, 600 mm Durchmesser, 1800 mm Länge, 2,5 mm Mantelblech-, 3,5 mm Bodenblechstärke und 2,8 m² Mantelheizfläche.

Ist das Heizmittel Niederdruckwarmwasser, so ergibt sich mit

$$\frac{T_s + T_r}{2} = \frac{80 + 50}{2} = 65^0$$

und ferner mit $t = 60^0$ Warmwassertemperatur also:

$$\frac{t + t_1}{2} = \frac{60 + 10}{2} = 35^0$$

der Transmissionskoeffizient zu:

$$k = \frac{W_0}{H\,(T_m - t_m)} = \frac{600\,(60 - 10)}{2{,}8\,(65 - 35)} = 357,$$

welcher Wert gemäß den Angaben auf S. 573 noch als zulässig erachtet werden kann.

Beispiel 3. Die bestehende Niederdruck - Warmwasserversorgung in einem Hotel, welche mit einem von 2 Herdschlangen direkt beheizten Boiler zu 500 l Inhalt ausgerüstet ist, soll umgeändert werden, da die Anlage sehr leicht zum Überkochen neigt. Die 2 Herdschlangen besitzen zusammen 1,4 m^2 Heizfläche. Die tägliche Betriebsdauer der Herd-Feuerstellen beläuft sich auf 10 Stunden.

Es werden benötigt an Warmwasser für:

den Küchenbetrieb: stündlich 250 l von 50° während 10 Tagesstunden,

die Waschbecken: täglich 360 l von 30°, also in 24 Tagesstunden,

die 3 Wannen mit Brause je 350 l von 35° während 4 Tagesstunden,

und zwar während der Morgenstunden zwischen 8÷12 Uhr.

Die mittlere Wassertemperatur im Behälter muß mithin mindestens 50° betragen, etwa:

$$t_m = \frac{80 + 20}{2} = 50^0,$$

bei welcher Temperatur ein Überkochen ausgeschlossen sein müßte. Es ergeben sich nun:

Die stdl. Wassermengen und die stdl. Wärmemengen:

$$q' = 250\,\text{l} \qquad w' = 250 \cdot 50 = 12500\ \text{WE}$$

$$q'' = \frac{360}{24} = 15\,\text{l} \qquad w'' = 15 \cdot 30 = 450\ \text{»}$$

$$q''' = \frac{3 \cdot 350}{4} = 265\,\text{l} \qquad w''' = 265 \cdot 35 = 9275\ \text{»}$$

$$W_0 = \Sigma w = 22250\ \text{WE.}$$

Für die ganze Zapfzeit am Tage wird eine Wärmemenge benötigt von:

$$10 \cdot 12500 + 24 \cdot 450 + 4 \cdot 9275 =$$
$$12500 + 10800 + 37100 = 172900\ \text{WE.}$$

Die mittlere Feuertemperatur kann nach oben mit

$$T_m = \sim \frac{1000 + 800}{2} = 900^0$$

angenommen werden. Es liefern dann die 1,4 m² Heizfläche der beiden schmiedeeisernen Schlangen mit $k = 15$:

$$H \cdot k\,(T_m - t_m) = 1{,}4 \cdot 15\,(900 - 50) = 17\,850 \text{ WE/h}$$

und während 10stündiger täglicher Heizdauer:

$$10 \cdot 17\,850 = 178\,500 \text{ WE},$$

welche die erforderliche Wärmemenge von 172900 WE zu decken vermögen. Die Herdeinsätze genügen also der Anforderung.

Stehen alle Zapfstellen im Gebrauch, so ergibt sich nach Gleichung (158) ein Behälterinhalt von:

$$J_B' = \frac{W_0}{t_m} = \frac{22\,250}{50} = 445 \text{ l},$$

so daß hiernach der bisherige Behälter zu 500 l vollkommen ausreichend erscheint. Während der Zeit der Nichtbenutzung der Bäder, also zur Nachmittagszeit, werden nur:

$$w' + w'' \doteq 12\,500 + 450 = 12\,950 \text{ WE/h}$$

benötigt und es bestimmt sich dann bei Ausfall der Badewassermenge der Behälterinhalt nach Gleichung (159) zu:

$$J_B = \frac{W_0^2}{t_m\,(w' + w'')} = \frac{22\,950^2}{50 \cdot 12\,950} = 765 \text{ l}.$$

Wird der Behälter hiernach bemessen, so wird ein Überkochen des Warmwassers nicht mehr auftreten.

Beispiel 4. Eine Warmwasserbereitungsanlage verlangt stündlich 17000 WE, welche in einem geschlossenen Hochdruckwarmwasserkessel (Boiler) zur Aufspeicherung kommen soll. Der Betriebsdruck beträgt 4 Atm. Der liegende zylindrische Behälter hat einen eingeschweißten gewölbten und einen angeschraubten ebenen Boden.

Gewählt wird ein Behälter zu 600 l Inhalt. Dafür genügt ein Durchmesser von 60 cm, also $r = 30$ cm und eine Länge bzw. Höhe zu $h = 220$ cm mit $J = \pi r^2 h = \pi \cdot 30^2 \cdot 220 = \backsim 620$ l. Der Wölbungshalbmesser r_1 des einen Bodens sei $r_1\ (\geqq 2\,r) = 70$ cm.

Es berechnen sich die Wandstärken des Mantels nach Gleichung (169) zu:

$$s = r\,\frac{p \cdot S}{k_z \cdot \varphi} = 30 \cdot \frac{4 \cdot 4{,}5}{3300 \cdot 0{,}7} = 0{,}235 \text{ cm},$$

gewählt: $s = 2{,}5$ mm;

des gewölbten Bodens nach Gleichung (171) zu:

$$s = \frac{r_1}{2} \cdot \frac{p}{k_z} = \frac{70}{2} \cdot \frac{4}{400} = 0{,}305 \text{ cm},$$

gewählt: $s = 3{,}5$ mm;
des ebenen Bodens nach Gleichung (172) zu:

$$s = 0{,}9 \cdot r \sqrt{\frac{p}{k_b}} = 0{,}9 \cdot 30 \sqrt{\frac{4}{1000}} = 1{,}69 \text{ cm},$$

gewählt: $s = 17$ mm.

Der Dichtungsring zwischen dem ebenen Bodenrand und dem freien Schenkel des auf den Zylindermantel aufgeschweißten Winkelringes soll bis zur Außenkante des Schenkels reichen. Das Winkeleisen für diesen Ring wird mit

$$100 \cdot 100 \cdot 14 \text{ mm}$$

gewählt. Damit folgt der mittlere Durchmesser des Dichtungsringes zu:

$$D_m = 2 \cdot r + 2 \cdot s + f = 2 \cdot 30 + 2 \cdot 0{,}25 + 10 = \sim 70 \text{ cm}.$$

Es ergibt sich empirisch nach Gleichung (182a):

$$\Delta \geqq \frac{r}{30} + \sim 1{,}4 = \frac{30}{30} + 1{,}4 = 2{,}5 \text{ cm};$$

gewählt werden die Schrauben mit 1″ äußeren und $\Delta = 19{,}05$ mm Kerndurchmesser.

Die Anzahl der Schrauben ist nach Gleichung (183) gegeben mit

$$n = \frac{D_m^2}{\Delta^2} \cdot \frac{p}{k_z} = \frac{70^2}{1{,}905^2} \cdot \frac{4}{400} = \sim 14.$$

Mit einem Lochkreishalbmesser $r_\Delta = \frac{D_m}{2} = \frac{70}{2} = 35$ cm wird die Teilung der Schraubenmitten im Lochkreis nach Gl. 184

$$\tau = \frac{2\, r_\Delta\, \pi}{n} = \frac{2 \cdot 35 \cdot \pi}{14} = 15 \text{ cm}.$$

Dieser Wert genügt noch den Bedingungen:

$$\tau > 2\,\Delta = 2 \cdot 1{,}5 = 3 \text{ cm und}$$
$$\tau < 15 \text{ cm}.$$

Beispiel 5. Es sind die Blechstärken und Versteifungen für einen Wasserbehälter von 12 m³ Inhalt zu bestimmen.

Gewählt werde eine Grundfläche $a \cdot b = 3 \cdot 2 = 6$ m² und eine Höhe von $h = 2$ m, somit

$$Q = h \cdot ab = 2.6 = 12 \text{ m}^3.$$

Bei $h = 2$ m wird nach S. 666 eine horizontale Versteifungsreihe genügen. Dann erhält man als Feldabstand:

$h_n = h_1 = 1$ m $= 100$ cm für den oberen Blechschuß,
$h_n = h_2 = h = 2$ m $= 200$ cm für den unteren Blechschuß

und als Feldmaße:

$$b_1 = 0{,}5\,h = 0{,}5 \cdot 2 = 1 \text{ m} = 100 \text{ cm},$$
$$a_1 = \sim b_1 = 100 \text{ cm}.$$

Es bestimmen sich nun die Seitenblechstärken nach Gleichung (166) zu:

$$s_1' = \frac{b_1}{2000}\sqrt{h_1} = \frac{100}{2000}\sqrt{100} = 0{,}5 \text{ cm für den oberen Schuß,}$$

$$s_2' = \frac{b_1}{100}\sqrt{h_2} = \frac{100}{2000}\sqrt{200} = 0{,}7 \text{ cm für den unteren Schuß}$$

$$s'' = s_2' + 0{,}1 = 0{,}7 + 0{,}1 = 0{,}8 \text{ cm für das Bodenblech.}$$

Die Zugkraft einer Steife beträgt mit $h_n = h_1$ nach S. 666:

$$p = 0{,}001 \cdot h_1\, a_1\, b_1 = 0{,}001 \cdot 100 \cdot 100 \cdot 100 = 1000 \text{ kg.}$$

Damit ergibt sich der Steifenquerschnitt nach Gleichung (167) zu:

$$f = \frac{p}{k_z} = \frac{1000}{600} = 1{,}7 \text{ cm}^2$$

dem entspricht ein Rundeisen mit:

1,5 cm oder $\sim 3/4''$

oder ein Flacheisen mit

$\delta \cdot \beta = 8 \cdot 22$ mm Seitenmaßen.

Nach Tabelle 80 sind zu nehmen für die Verbindung zwischen Bodenblech und Seitenbleche entspr. $s'' = 8$ mm:

$\Delta = 16$ mm, $t = 50$ mm, $e = 26$ mm, Winkelring $60 \cdot 60 \cdot 10$.

Für die oberste Randversteifung entspr. $s_1' = 5$ mm:

$\Delta = 10$ mm, $t = 36$ mm, $e = 20$ mm, Winkelring $45 \cdot 45 \cdot 7$.

D. Die Berechnung des Ausdehnungsgefäßes, des Schwimmers und der Abschlußorgane.

a) Das Ausdehnungsgefäß.

Ist: Q_h = Wasserinhalt in l im System, also in den Röhren, Kesseln und Behältern,

α = das bei Erwärmen von 1 l auf $t_z{}^0$ ausgedehnte Volumen nach Tabelle I,

so ist das ausgedehnte Volumen von Q_h Liter:

$$V = \alpha\, Q_h \text{ Liter} \quad \ldots \ldots \quad (185)$$

und das Wasservolumen, welches das Ausdehnungsgefäß aufzunehmen imstande sein muß:

$$A \geqq V - Q_h \text{ Liter} \quad \ldots \ldots \quad (186)$$

Für die praktische Bemessung des Ausdehnungsgefäßes legt man einen Inhalt:

$$J_A = 2\,A \div 3\,A \text{ Liter} \quad \ldots \ldots \quad (187$$

zugrunde oder man nimmt:

$$J_A = \backsim 0{,}1\, Q_h \quad \ldots \ldots \quad (187\,\text{a})$$

Auch hier wird man bei Einzelherstellung vielfach größere Gefäße als nötig finden, um verlustreichen Blechverschnitt und Abfall zu vermeiden. Man benutzt Ausdehnungsgefäße mit $J_A = 25 \div 600$ l Inhalt je nach Umfang der Anlage und Höhe der Wassertemperatur.

Werden die Gefäße als geschlossene hergestellt, so sind die Wandstärken wie bei den Behältern angegeben zu berechnen. Die Gefäße können in vielen Fällen als Speisebehälter dienen und sind dann mit Schwimmerventil auszurüsten, wenn nicht ein Nachfüllen von Hand genügt.

Die sog. Expansionsleitung, d. i. das Verbindungsrohr zwischen System und Ausdehnungsgefäß, ist nicht zu eng zu bemessen, möglichst nicht unter $^3/_4{}'' = 19$ mm.

Über Luftpufferraumberechnung siehe S. 480; ferner auch: Ges.-Ing., 43. Jahrg., Nr. 29.

b) Der Schwimmer und das Schwimmerventil.

Die Schwimmer sind hohle, linsenförmige, kugelige oder zylindrische Körper, die auf dem Wasserspiegel schwimmen und ein Abschlußorgan mittels Hebelwerkes betätigen oder den Wasserstand durch Rollenzüge, Zeigerwerk usw. angeben. Als Material wählt man meist: Schmiedeeisen-, Kupfer-, Zinkblech oder auch Gußeisen.

Die Abmessungen des Schwimmers unterliegen den mechanischen Gesetzen. Wegen der schwer und ungenau zu bestimmenden Reibungswiderstände sind praktische Nachprüfungen vorauszusetzen.

Ist: i = das in das Wasser eingetauchte Volumen des Schwimmers in l,
γ = spezifisches Gewicht des Wassers bei der Höchsttemperatur im Schwimmerbehälter (Tabelle I),
g = Gewicht des Schwimmers in kg,

so ist der Auftrieb: $g = i \cdot \gamma$.

Das Gewicht g muß also so groß sein wie das der verdrängten Flüssigkeit. Soll der Schwimmer, wie meist zutreffend, bis zur Hälfte eintauchen, so ist:

$$g = 0{,}5 \cdot i \cdot \gamma \cdot \text{kg} \quad \ldots \ldots \quad (188)$$

oder

$$i = \frac{g}{0{,}5 \cdot \gamma} \text{ dm}^3.$$

Die Größe g dient zur Berechnung des Hebel- und Ventilwerkes oder umgekehrt. Ist:

a_1 = äußerer Durchmesser des Schwimmers in dm,
b = äußere Höhe des Schwimmers in dm,

so findet man:

$$\left.\begin{aligned} i &= \frac{\pi a_1^3}{6} \text{ für Kugelschwimmer} \\ i &= 0{,}785\, a_1^2 b \text{ für Zylinderschwimmer} \\ i &= 2\pi b \left(\frac{a_1^2}{8} + \frac{b^2}{6}\right) \text{ für Linsenschwimmer} \end{aligned}\right\} \quad (189)$$

Setzt man in letzte Gleichung $b = 0{,}6 a$, so wird:

$$i = 0{,}697\, a_1^3 \text{ für Linsenschwimmer} \quad \ldots \quad (189\text{a})$$

Für den gebräuchlichen und beliebten Linsenschwimmer mag die Weiterrechnung für ein Schwimmerventil durchgeführt werden; für die Schwimmer anderer Form ist der Rechnungsgang der analoge.

Aus dem Gewichte der verdrängten Flüssigkeit:

$$g = 0{,}5 \cdot i \cdot \gamma = 0{,}5 \cdot 0{,}697\, a_1^3 \cdot \gamma$$

bestimmt sich dann:

$$a_1 = \sqrt[3]{\frac{g}{0{,}35 \cdot \gamma}} \text{ dm} \quad \ldots \ldots \quad (190)$$

Man findet $a_1 = \sim 100 \div 350$ mm.

Mit a_2 = innerem Durchmesser der Linse ergibt sich das Gewicht der Linse zu:

$$g = 0{,}697\,(a_1^3 - a_2^3)\cdot\gamma'$$

mithin:

$$a_2 = \sqrt[3]{a_1^3 - \frac{g}{0{,}697\cdot\gamma'}}\ \text{dm} \quad . \ . \ . \ . \quad (191)$$

γ' = spezifisches Gewicht des Schwimmermateriales,
= 7,8 für Eisenblech,
= 9,0 für Kupfer,
= 7,125 für Zink,
= 7,2 für Gußeisen.

Es folgt dann die Wandstärke des Schwimmers zu:

$$s = 0{,}5\,(a_1 - a_2) \quad . \ . \ . \ . \ . \quad (192)$$

In Verbindung mit einem Ventile läßt sich g durch die Hebelwirkung, ähnlich wie bei Sicherheitsventilen, bestimmen.

Ist: d = lichter Durchmesser der Zuleitung bzw. des Ventiles,
d_m = mittlerer Durchmesser der Ventilsitzfläche,
$d_m = d + (0{,}4 \div 0{,}2)$ cm,
g_1 = Eigengewicht des Ventiltellers in kg, wirkend am Hebelsarme $l_1 = \sim \frac{l}{8}$ in cm,
$g_1 = \sim 0{,}03\,d^2 \div 0{,}04\,d^2$,
g_2 = Eigengewicht des Hebels in kg, im Schwerpunkte angreifend und wirkend an $l_2 = \sim \frac{l}{2}$ in cm,
l = Hebelsarm des Schwimmers in cm,

so ist gemäß Abb. 410:

$$g = \frac{\left(p\,\frac{d_m^2\,\pi}{4} \pm g_1\right) l_1 - g_2\,l_2}{l}\ \text{kg} \quad . \ . \ . \ . \quad (193)$$

Hierin ist das +-Zeichen zu setzen, wenn der Ventilteller oder -kegel nach Abb. 410 unterhalb seines Sitzes liegt und mit seinem Gewicht in gleicher Richtung mit $p\,\frac{d_m^2\,\pi}{4}$ wirkt; das —-Zeichen umgekehrt.

Für andere Hebelanordnungen ist g in entsprechender Weise zu bestimmen.

Beispiel. Das Schwimmerventil eines Kaltwasserbehälters hat entsprechend der Zuleitung einen lichten Durchmesser $d =$ 25 mm und steht unter einem Drucke $p = 3{,}5 - 2 = 1{,}5$ Atm. (gemäß Beispiel 1 unter »Behälterberechnung«).

Es ist dann

$$d_m = d + \sim 0{,}3 = 2{,}5 + 0{,}3 = 2{,}8 \text{ cm};$$
$$g_1 = \sim 0{,}04 d^2 = \sim 0{,}04 \cdot 2{,}5^2 = 0{,}25 \text{ kg};$$

und mit gewähltem $g_2 = 0{,}2$ kg und $l = 40$ cm:

$$l_1 = \sim \frac{l}{8} = \frac{40}{8} = \frac{10}{2} = 5 \text{ cm};$$
$$l_2 = \sim \frac{l}{2} = 20 \text{ cm}.$$

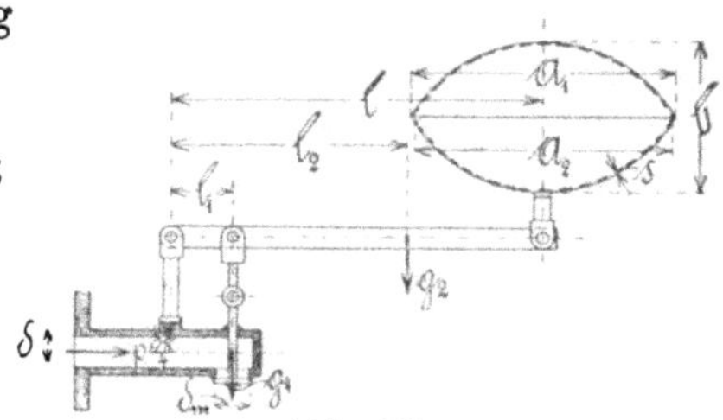

Abb. 410.

Die Gewichte der Gelenkbolzen von Ventilteller und Schwimmerlinse heben sich gegenseitig annähernd auf. Es wird mit vorstehenden Werten das erforderliche Schwimmergewicht nach Gleichung (193):

$$g = \frac{\left(p\,\frac{d_m{}^2\pi}{4} + g_1\right) l_1 - g_2 l_2}{l} = \frac{\left(1{,}5 \cdot \frac{2{,}8^2\pi}{4} + 0{,}25\right) 5 - 0{,}2 \cdot 20}{40}$$

$g = 0{,}85$ kg.

Damit ergeben sich die Abmessungen des Linsenschwimmers bei halber Eintauchung nach Gleichung (190) und (191) zu:

$$a_1 = \sqrt[3]{\frac{g}{0{,}35 \cdot \gamma}} = \sqrt[3]{\frac{0{,}85}{0{,}35 \cdot 1}} = 1{,}3 \text{ dm} = 130 \text{ mm};$$

$$a_2 = \sqrt[3]{a_1{}^3 - \frac{g}{0{,}697 \cdot \gamma'}} = \sqrt[3]{1{,}3^3 - \frac{0{,}85}{0{,}697 \cdot 7{,}8}} = 1{,}28 \text{ dm} = 128 \text{ mm};$$

ferner nach Gleichung (192) die Wandstärke zu:

$$s = 0{,}5\,(a_1 - a_2) = 0{,}5 \cdot (130 - 128) = 1 \text{ mm}$$

und die Linsenhöhe zu:

$$b = 0{,}6 \cdot a_1 = 0{,}6 \cdot 130 = 78 \text{ mm}.$$

c) Die Sicherheitsventile.

Läuft die Berechnung aller Sicherheitsventile auch auf das Ähnliche hinaus, so sind die Voraussetzungen und Grundlagen dafür doch dem Zweck anzupassen, ob das Ventil an Wasser- oder Dampfgefäßen und für Niederdruck oder Hochdruck Verwendung findet.

1. Das Sicherheitsventil an Warmwassergefäßen.

Das Ventil soll einen Höchstdruck im Warmwasserbehälter, Warmwasserkessel wie auch im ganzen System begrenzen und Platzen der Konstruktionsteile, Explosionen, Verbrühungen, Schäden und Unglücksfälle aller Art verhindern. Mithin ist als zulässiger Höchstdruck $p_{\max}$ der Druck einzusetzen, für den die Behälterbleche berechnet worden sind. Es kommt also dafür die Gleichung (169) in Betracht, nach der sich:

$$p_{\max} = \frac{s}{0{,}5 \cdot D} \cdot \frac{k_z \cdot \varphi}{S} \text{ Atm. Überdruck} \quad . \; . \quad (194)$$

bestimmt. Aus der Geschwindigkeitsgleichung:

$$v_s = \mu \sqrt{2\,g\,h}$$

folgt, da h die Druckhöhe in m WS darstellt und 1 Atm. $= 10$ m WS ist:

$$v_s = \mu \sqrt{2\,g \cdot 10 \cdot p_{\max}} \text{ m/s} \quad . \; . \; . \; . \; . \quad (195)$$

Es ist: μ = Ausflußkoeffizient des Wassers,
= 0,88 ÷ 0,77 ÷ 0,68,

entspr. $\frac{l_a}{d_s} = 1 \div 12 \div 36$

d_s = Durchmesser des freien Ventilquerschnittes bzw. der anschließenden Abflußleitung,

l_a = Länge dieser Leitung, in demselben Längenmaß wie d_s.

Nimmt man im Mittel $\mu = 0{,}75$, so wird die Wassergeschwindigkeit:

$$v_s = 0{,}75 \sqrt{2 \cdot 9{,}81 \cdot 10 \cdot p_{\max}} \text{ oder}$$

$$v_s = \sim 10 \sqrt{p_{\max}} \text{ m/s} \quad . \; . \; . \; . \; . \; . \; . \quad (195\text{a})$$

Die durch 1 cm² Ventilquerschnitt stündlich durchfließende Wassermenge ist dann:

$$m = \frac{3600}{10000} \cdot 1 \cdot v_s = 0{,}36\, v_s \text{ m}^3/\text{cm}^2.$$

Bei Freiwerden des gespannten Wassers wird sich sofort Dampf bilden. Für die Wirkung des Ventiles ist es ganz gleich, ob 1 m³ heißes Wassers oder 1 m³ Dampf entweicht. Man kann somit den stündlichen Wärmedurchlaß durch 1 cm² Ventilquerschnitt bestimmen zu:

$$w_d = m \cdot w \text{ in WE/cm}^2.$$

Mit $m = 0{,}36\, v_s$ und $w = \gamma(\lambda - t_D)$ wird:

$$w_d = 0{,}36\, v_s \gamma\, (\lambda - t_D) \text{ WE/cm}^2 \quad . \quad . \quad . \quad (196)$$

Darin ist:

γ = Gewicht von 1 m³ Dampf in kg
λ = Gesamtwärme in WE
t_D = Siedetemperatur
} Aus Tab. IV zu entnehmen für p_{max} Atm. abs.

Bei Bestimmung der stündlich zulässigen Wärme-Höchstleistung des Warmwassergefäßes als Kessel, Boiler usw. hat man zu unterscheiden, ob die Wärme in demselben durch direkte Feuerung oder mit Hilfe eines Heizeinsatzes erreicht wird.

Bei direkter Heizung (Kessel oder direkt erwärmter Druckbehälter) kann man setzen:

$$W_{max} = w_{s\,max} \cdot H \text{ in WE/h} \quad . \quad . \quad . \quad . \quad . \quad (197\,a)$$

und bei indirekter Heizung (Behälter mit Heizeinsatz):

$$W_{max} = 1300\,(T_D - t_D)\, H \text{ in WE/h} \quad . \quad . \quad . \quad (197\,b)$$

Darin ist:

$w_{s\,max} = \backsim 15\,000 \div 35\,000$ WE/m² nach S. 554,

T_D = Temperatur des Heizmittels (bei Dampf, dessem Drucke entsprechend),

t_D = Siedetemperatur im Warmwasserbereiter beim zulässigen Höchstdruck,

H = Heizfläche des Warmwasserbereiters in m².

Es berechnet sich dann der erforderliche Querschnitt des Sicherheitsventiles zu:

$$\frac{d_s^2 \pi}{4} = \frac{W_{max}}{w_d} \text{ cm}^2 \quad . \quad . \quad . \quad . \quad . \quad . \quad . \quad (198)$$

2. Das Sicherheitsventil für niedrig gespannten Dampf (Niederdruck, Mitteldruck).

Bei Niederdruckdampfkesseln kann das Ventil als Zusatz zur Standrohreinrichtung gute Dienste leisten; es ist aber auf jeden Fall einzuschalten, sobald der Dampferzeuger mit Dampf von $p_u > 0{,}5$ Atm. Überdruck arbeitet. Für gewöhnlich wird man, wenn nicht Hochdruckdampf von vornherein bedingt ist, für Warmwasserbereiter mit $p_u < 0,5$ Atm. auszukommen suchen, wodurch die ganze Anlage konzessionsfrei bleibt. Für gewerbliche und industrielle Betriebe wird man allerdings auf die Mittelspannungen $p_u = 0,5 \div 3,0$ Atm. Überdruck vielfach zurückkommen müssen.

Das Sicherheitsventil betrifft hier nur die Warmwasserbereitung und nicht die ganze Anlage mit der Warmwasserversorgung. Der Gang der Berechnung eines Ventiles für niedrig gespannten Dampf ist im großen und ganzen derselbe wie unter 1. Die Dampfgeschwindigkeit kann man nehmen normal zu:

$$v_s = 44 \sqrt{\frac{p_u}{\gamma}} \text{ m/s} \quad \dots \dots \dots \quad (199)$$

Danach erhält man:

für p_u =	0,1	0,2	0,3	0,4	0,5	0,8	1,0	1,5	2,0	2,5	3,0	Atm.
» v_s =	18	23	28	31	35	39	41	45	48	50	52	m/s.

Je kleiner man v_s nimmt, um so geringer fällt der Wärmeverlust durch den ausströmenden Dampf aus, aber um so größer wird auch der Ventilquerschnitt. Um nicht zu großen Ventildurchmesser zu erhalten, rechnet man in der Praxis daher oft mit einer großen Dampfgeschwindigkeit bis zu:

$$v_s = 60 \sqrt{\frac{p_u}{\gamma}} \text{ m/s} \quad \dots \dots \dots \quad (199a)$$

Unter $d_s = 15$ mm Ventildurchmesser sollte man nur ausnahmsweise gehen. Es ist auch weiter zu bedenken, daß das Eigengewicht des Ventiltellers mit daran befestigtem Zubehör und Hebel nicht größer ausfallen darf, als der Dampfdruck:

$$\left(\frac{d_s + d_s'}{2}\right)^2 \frac{\pi}{4} \frac{p_u}{100}$$

(Abb. 411) auf das Ventil beträgt, was bei geringem p_u leicht eintreten kann. In letztem Ausdruck ist: d_s' = äußerer Durchmesser des Ventiltellers = $d_s + 2\ (2 \div 3$ mm). Ist nun v_s bestimmt, so ergibt sich wieder entspr. Gleichung (196) der stündliche Wärmedurchlaß bei Eintritt der Gefahr zu:

$$w_d = 0,36\, v_s \gamma\, (\lambda - t_D) \text{ WE/cm}^2 \quad \dots \dots \quad (200)$$

darin sind γ, λ und t_D für die absolute Dampfspannung $p = p_u + 1$ aus Tabelle IV zu entnehmen. Die stündlich zulässige Maximalleistung von 1 m² Heizfläche eines bestimmten Kesselmodelles sollte vorausgesetzt werden:

bei Niederdruck bis 1,5 Atm. abs. mit:

$w_{s\,max} = 10000$ WE/m² für Röhrenkessel	Schmiedeisenkessel;	
$= 12000$ » » Zylinderkessel		
$= 12000$ » » Klein-, Rund-, Herd-	Gußeisenkessel im Dauerbetrieb	
$= 10000$ » » mittlere und große Gliederkessel		
$= 8000$ » » Koks-Gußkessel	Gußeisenkessel im unterbrochenen Betrieb	
$= 7000$ » » Brikett- usw.-Kessel		

und bei Mitteldruck (Hochdruck der Heiztechnik) bis 3 Atm. abs. mit:

$w_{s\,max} = 12000$ WE/m² für Flammrohrkessel,
$= 6000$ » » Heizröhrenkessel,
$= 8000$ » » » mit Oberkessel.

Es ist dann die durch das Sicherheitsventil einzuhaltende Gesamthöchstleistung bei H m² Kesselheizfläche:

$$W_{max} = w_{s\,max} \cdot H \text{ in WE/h} \quad \ldots \quad (201)$$

und der erforderliche Ventilquerschnitt:

$$\frac{d_s^2 \pi}{4} = \frac{W_{max}}{w_d} \text{ cm}^2 \quad \ldots \quad (202)$$

3. Das Sicherheitsventil für Hochdruckdampf.

Bei Hochdruckdampferzeugern mit $p > 3{,}0$ Atm. abs., die zwar seltener für Warmwasserbereitung zur Aufstellung kommen, ist nach den Dampfkesselgesetzen ein Sicherheitsventil direkt vorgeschrieben, das einen freien Ventilquerschnitt zu erhalten hat von:

$$\frac{d_s^2 \pi}{4} = m \cdot H \sqrt{\frac{1000}{p_u \gamma}} \text{ mm}^2 \quad \ldots \quad (203)$$

Darin ist:

H = Kesselheizfläche in m²,
p_u = Dampfüberdruck in Atm.,
γ = Dampfgewicht in kg/m³ für $p = p_u + 1$ Atm. abs.,
$m = 5$ für Dampffässer, Rührgebläse, Anlagen mit reduziertem Dampf
$= 6 \div 6.7$ für Dampfkessel
} für gewöhnliche Sicherheitsventile,

$m = 3{,}5$ für Dampffässer usw. $= 4{,}2 \div 5{,}0$ für Dampfkessel } für Hochhub- (Vollhub-)ventile.

Der Druck auf einen Ventilteller soll 600 kg nicht übersteigen, andernfalls sind zwei oder mehrere Ventile einzuschalten, von denen keines über 600 kg belastet sein darf. Wird also mit d_s cm: $\frac{d_s^2 \pi}{4} p_u > 600$, so genügt ein einziges Ventil nicht mehr.

4. Die Belastung der Sicherheitsventile.

Die Begrenzung und Einhaltung des zulässigen Druckes erfolgt bei größeren Organen dieser Art indirekt durch das unbedingt sicher wirkende Hebelgewicht, bei den kleinsten Ausführungen durch direkt wirkenden Belastung- oder Federdruck, bei allen übrigen indirekt oder direkt durch Hebelgewicht oder Spiralfederkraft.

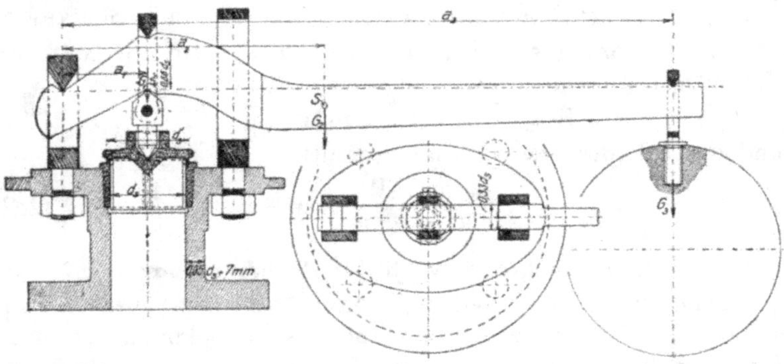

Abb. 411.

Die erforderliche Größe G_3 des Belastungsgewichtes bestimmt sich bei indirekter Hebelwirkung entsprechend Abb. 411, wenn:

d_s = innerer Durchmesser der ebenen Sitzfläche;
d_s' = äußerer » » » »
$= d_s + 2{,}6$ mm bei $d_s < 40$ mm,
$= d_s + 4{,}0$ mm » $d_s > 40$ mm;
$d_m = 0{,}5\ (d_s + d_s')$ in cm;
G_1 = Gewicht des Ventiltellers, der Spindel und der daran befestigten Teile in kg;

G_2 = Gewicht des Hebels, im Schwerpunkt S desselben angreifend, in kg;

g_3 = Gewicht der Öse mit Schneide zur Befestigung des Belastungsgewichtes in kg;

G_3 = Schwere des Belastungsgewichtes in kg;

a_1, a_2 u. a_3 = Hebelsarme dieser Gewichte in gleichem Längenmaße, bezogen auf den Hebeldrehpunkt;

p_u = festgesetzter zulässiger höchster Überdruck in Atm.,

bedeuten, aus der Gleichgewichtsbedingung:

$$\left(p_u \frac{d_m^2 \pi}{4} - G_1\right) a_1 = G_2 a_2 + (G_3 + g_3) a_3, \text{ also:}$$

$$G_3 = \left[\frac{d_m^2 \pi}{4} \cdot p_u - \left(G_1 + G_2 \frac{a_2}{a_1}\right)\right] \frac{a_1}{a_3} - g_3 \text{ kg} \qquad (204)$$

Der Hebelsarmquerschnitt an der Angriffsstelle der Ventilspindel kann $\geq 0{,}66\, ds \cdot 0{,}33\, ds$ genommen werden.

Tabelle 82.

Gewicht- und Hebelmaße für einfache Vollhub-Sicherheits-Ventile.

Nach Schäffer & Budenberg. $a_1 : a_3 = 1 : 8$.

d_s	Bezeichnungen entspr. Abb. 411							
	d_s'	d_m	G_1	G_2	g_3	a_1	a_2	a_3
mm	mm	cm	kg	kg	kg	mm	mm	mm
20	22,6	2,13	0,24	0,60	0,100	44,5	190	356
25	27,6	2,63	0,33	0,60	0,100	44,5	190	356
30	32,6	3,13	0,50	1,24	0,135	51,5	225	412
35	37,6	3,63	0,60	1,24	0,135	51,5	225	412
40	44	4,2	0,96	2,54	0,250	64,5	276	516
45	49	4,7	1,04	2,54	0,250	64,5	276	516
50	54	5,2	1.55	4,43	0,375	77,0	328	616
55	59	5,7	1,65	4 43	0,375	77,0	328	616
60	64	6.2	2,42	7,20	0,750	89,0	384	712
65	69	6,7	2,62	7,20	0,750	89,0	384	712
70	74	7,2	3,21	8,73	1,040	95,0	410	760
75	79	7,7	3,45	8,73	1,040	95,0	410	760
80	84	8,2	4,54	12,6	1,375	107,5	465	860
90	94	9,2	5,93	17,5	1,415	119,5	520	956
100	104	10,2	7,65	23,5	1,850	131,5	570	1052

Für direkte Gewichtsbelastung wird:

$$G_3 = p_u \frac{d_m^2 \pi}{4} - G_1 \text{ kg} \quad \ldots\ldots \quad (205)$$

Darin ist G_3 das Gewicht der direkt auf der Ventilspindel sitzenden Belastungskugel oder zylindrischen Platten.

Bei Federbelastung ist G_3 die erforderliche Federkraft und somit maßgebend für die Federberechnung. Besitzt die Windung der Spiralfeder einen mittleren Halbmesser r, etwa $r \leqq \sim 0{,}5\ d_s$, so berechnet sich die Drahtstärke δ der Feder aus:

$$G_3 = 0{,}196 \frac{\delta^3}{r} k_d,$$

somit zu

$$\delta = \sqrt[3]{\frac{G_3 r}{0{,}196\, k_d}} \quad \ldots\ldots\ldots \quad (206)$$

$k_d \leqq 3000 \div 4500$ kg/cm² für Federstahl; G_z nach Gl. (205).

Damit bestimmt sich das Stück f, um welches die Feder (vermittelst einer Stellschraube) zusammengedrückt werden muß, um den Druck G_3 äußern zu können, bei n Federwindungen zu:

$$f = \frac{64 \cdot n \cdot r^3}{\delta^4} \cdot \frac{G_3}{E} \quad \ldots\ldots \quad (207)$$

Es ist: $n = \sim 6 \div 10$,
E = Elastizitätsmodul des Materiales,
$= 750000 \div 800000$ kg/cm².

Als Anhalt für die Wahl der einzelnen Größen in den Gleichungen (204÷207) bedient man sich am besten der Firmentabellen, die nach den Vorschriften des deutschen Kesselgesetzes vom 17. Dezember 1908 aufgestellt sind.

5. Beispiele.

Beispiel 1. Ein mit direkter Feuerung betriebener, geschweißter Roland-Kessel besitzt bei 3 m² Heizfläche 750 mm Manteldurchmesser und 6 mm Blechstärke. Welchen Durchmesser hat das Sicherheitsventil zu erhalten, wenn ein Platzen des Kessels verhindert werden soll?

Mit $H = 3$ m²; $0{,}5\, D = 0{,}5 \cdot 75 = 37{,}5$ cm; $s = 0{,}6$ cm; $k_z = 3300$ kg/cm² für SM II-Blech; $\varphi = 0{,}7$; $S = 4$ (über φ und S siehe Gleichung (169)) ergibt sich der höchste Kesseldruck, den die Bleche ohne Schaden aushalten können und dürfen, nach Gleichung (194) zu:

$$p_{max} = \frac{s}{0,5\,D} \cdot \frac{k_z \cdot \varphi}{S} = \frac{0,6}{37,5} \cdot \frac{3300 \cdot 0,7}{4} = \sim 10 \text{ Atm.}$$

Hiermit wird nach Gleichung (195a):

$$v_s = 10 \sqrt{p_{max}} = 10 \sqrt{10} = 3,6 \text{ m/s.}$$

Für $p_{max} = 10 + 1 = 11$ Atm. abs. finden sich in Tabelle IV: $\gamma = 5,585$, $\lambda = 662$ WE und $t_D = 183^0$, so daß nach Gleichung (196) der stündliche Wärmedurchlaß folgt zu:

$$w_d = 0,36\, v_s \cdot \gamma\, (\lambda - t_D) = 0,36 \cdot 31,6 \cdot 5,59\, (662 - 183) = 30462 \text{ WE/h.}$$

Mit $w_{s_{max}} = 15000$ WE/m² erhält man nach Gleichung (197a):

$$W_{max} = w_{s\,max} \cdot H = 15000 \cdot 3 = 45000 \text{ WE/h}$$

und nach (198):

$$\frac{d_s^2 \pi}{4} = \frac{W_{max}}{w_d} = \frac{45000}{30000} = 1,5 \text{ cm}^2$$

somit $d_s = \sim 20$ mm.

Beispiel 2. Ein Warmwasserdruckbehälter (Boiler) wird indirekt durch eine Dampfheizschlange von 6 m² Heizfläche betrieben. Der Heizdampf besitzt 3 Atm. Überdruck, der zulässige höchste Überdruck des Gebrauchswassers im Behälter soll 2 Atm. nicht übersteigen. Diese Grenze ist durch ein Sicherheitsventil zu sichern.

Nach Tabelle IV erhält man:

$$T_D = 143 \text{ bei } 3 + 1 = 4 \text{ Atm. abs.,}$$
$$t_D = 134 \text{ » } 2 + 1 = 3 \text{ » »}$$

und damit die Höchstleistung der Schlange im Augenblick der Gefahr nach Gleichung (197b):

$$W_{max} = 1300\, (T_D - t_D)\, H = 1300\, (143 - 134)\, 6 = 70\,200 \text{ WE.}$$

Mit $v_s = 10 \sqrt{p_{max}} = 10 \sqrt{2} = 14$ gemäß Gl. 195a und mit $\lambda = 647$, $\gamma = 1,702$ entspr. 3 Atm abs. der Tab. IV wird nach Gl. 196

$$w_d = 0,36\, v_s\, \gamma\, (\lambda - t_D) = 0,36 \cdot 14 \cdot 1,702\, (647 - 133) = 4370 \text{ WE.}$$

Mithin erfordert das Sicherheitsventil nach Gleichung (198) einen Querschnitt:

$$\frac{d_s^2\pi}{4} = \frac{W_{max}}{w_d} = \frac{70200}{4370} = 16\text{ cm}^2$$

und einen Durchmesser von:

$$d_s = 45\text{ mm}.$$

In der Praxis begnügt man sich meist mit kleinerem Durchmesser, etwa mit $d_s = 32$ mm, da die Blechstärken weit stärker gehalten werden als der höchste innere Überdruck es verlangt.

Beispiel 3. Ein gußeiserner Niederdruckdampfkessel von 5,5 m² Heizfläche steht unter 0,5 Atm. Überdruck und im unterbrochenem Betriebe. Er soll mit einem Sicherheitsventile ausgerüstet werden, das die Druckgrenze neben der Standrohreinrichtung zu sichern hat. Brennstoff ist Koks.

Nach Tab. IV ist für 1,5 Atm. abs.: $\gamma = 0{,}88$; $\lambda = 640$; $t_D = 111^0$.

Im Augenblick der Überschreitung von 0,5 Atm. Überdruck trägt 1 m³ Dampf von $v_s = 35$ m/s nach Gleichung (200):

$$w_d = 0{,}36 \cdot 35 \cdot 0{,}88\,(640 - 111) = 5290\text{ WE/cm}^2.$$

Mit $w_{s_{max}} = 8000$ und $H = 5{,}5$ m² wird nach Gleichung (197 a)

$$W_{max} = 8000 \cdot 5{,}5 = 44000\text{ WE/h}$$

und damit nach Gleichung (202):

$$\frac{d_s^2\pi}{4} = \frac{W_{max}}{w_d} = \frac{44000}{5290} = 8{,}32\text{ m}^2$$

also: $d_s = 32$ mm.

Unter Inkaufnahme einer größeren Dampfgeschwindigkeit werde dies Maß verringert auf:

$$d_s = 25\text{ mm}.$$

Die Belastung soll durch direkt wirkende Federkraft erfolgen. Ist:

$$d_s' = d_s + 2 \cdot 2 = 25 + 4 = 29\text{ mm},$$

so ist:

$$d_m = \frac{2{,}5 + 2{,}9}{2} = 2{,}7\text{ cm},$$

$$G_1 = \sim 0{,}4\text{ kg},$$

somit nach Gleichung (205):

$$G_3 = p_u \frac{d_m^2\pi}{4} - G_1 = 0{,}5 \cdot 2{,}7^2 \frac{\pi}{4} - 0{,}4 = 2{,}825\text{ kg}$$

Mit $r \leqq 0{,}5\ d_s \leqq 0{,}5 \cdot 2{,}5 = \sim 1{,}2$ cm und $k_d = 3000$ kg/cm², erhält man die Drahtstärke nach Gleichung (206) zu:

$$\delta = \sqrt[3]{\frac{G_3\, r}{0{,}196\, k_d}} = \sqrt[3]{\frac{2{,}825 \cdot 1{,}2}{0{,}196 \cdot 3000}} = 0{,}18 \text{ cm.}$$

Zur Erhöhung der Lebensdauer werde gewählt:

$$\delta = 2{,}5 \text{ mm} = 0{,}25 \text{ cm.}$$

Die erforderliche Federspannung folgt bei $n = 8$ Windungen nach Gleichung (207) zu:

$$f = \frac{64 \cdot n\, r^3}{\delta^4} \cdot \frac{G_3}{E} = \frac{64 \cdot 8 \cdot 1{,}2^3}{0{,}25^4} \cdot \frac{2{,}825}{750\,000} = 0{,}85 \text{ cm} = 8{,}5 \text{ mm.}$$

Beispiel 4. Ein Flammrohrkessel von 35 m² Heizfläche, der unter 6 Atm. Betriebsdruck steht, ist mit einem Sicherheitsventil auszurüsten.

Mit $\gamma = 3{,}62$ entspr. $p = p_u + 1 = 6 + 1 = 7$ nach Tabelle IV erhält man für ein gewöhnliches Sicherheitsventil:

mit $m = 6{,}7$ nach Gleichung (203):

$$\frac{d_s^2\, \pi}{4} = m \cdot H \cdot \sqrt{\frac{1000}{p_u\, \gamma}} = 6{,}7 \cdot 35 \cdot \sqrt{\frac{1000}{6 \cdot 3{,}62}} = 1595 \text{ mm}^2$$

$$d_s = 45 \text{ mm.}$$

Für ein Vollhubventil wird mit $m = 4{,}7$ nach Gleichung (203):

$$\frac{d_s^2\, \pi}{4} = 4{,}7 \cdot 35 \cdot 6{,}8 = 1118 \text{ mm}^2, \quad d_s = 38 \text{ mm.}$$

Gewählt wird ein Vollhubventil mit:

$$d_s = 40 \text{ mm.}$$

Entnimmt man hierfür aus Tabelle 82:

$$d_m = 4{,}2 \text{ cm};\ G_1 = 0{,}96;\ G_2 = 2{,}54;\ g_3 = 0{,}25;\ a_1 = 64{,}5 \text{ mm};$$
$$a_2 = 276 \text{ mm und } a_3 = 516 \text{ mm,}$$

so berechnet sich nach Gleichung (204) die Größe des Belastungsgewichtes zu:

$$G_3 = \left[\frac{4{,}2^2\, \pi}{4} \cdot 6 - \left(0{,}96 + 2{,}54\, \frac{276}{64{,}5}\right)\right] \frac{64{,}5}{516} - 0{,}25$$

$$G_3 = 8{,}67 \text{ kg.}$$

d) Die Druckverminderungsventile.

Bezüglich der Verwendung und Ausführung dieser Organe können folgende Bedingungen bestehen:

1. eine Verminderung des Dampfdruckes:

   α) für Normalspannung:

   von Anfangsdruck $p_a = \div 20$ Atm.
   auf Enddruck $p_e = 10 \div 0{,}1$ Atm.,

   β) für Niederspannung:

   von Anfangsdruck $p_a = \div 15$ Atm.
   auf Enddruck $p_e = 1 \div 0{,}05$ Atm.;

2. eine Verminderung des Wasserdruckes:

   α) für Normalspannung:

   von Anfangsdruck $p_a = \div 200$ Atm.
   auf Enddruck $p_e = 8 \div 0{,}02$ Atm.,

   β) für Hochspannung:

   von Anfangsdruck $p_a = \div 20$ Atm.
   auf Enddruck $p_e = \div 20 \div 1$ Atm.

Für Warmwasserbereitungsanlagen kommen wohl hauptsächlich nur die Fälle 1β) und 2α) vor, ausnahmsweise vielleicht hier und da nach Fall 1α).

Eine bequeme Bestimmung des Niederspannungs-Dampfdruck-Verminderungsventiles erfolgt mit Hilfe der Tabelle 83, die für $p_a = 12$ Atm. Anfangsdruck aufgestellt ist. Bei $p_a < 12$ verringert sich die Leistung entsprechend der Verhältniswerte v der Nebentabelle 83a.

Handelt es sich darum, für gegebene Betriebsverhältnisse das passende Ventil zu finden, so verfährt man derart, daß man die verlangte stündliche Leistung in kg durch den Verhältniswert v dividiert und dann danach für das betreffende p_e und für die nächst höhere Leistung D' die Ventilgröße entnimmt. Fällt der Wert D' so groß aus, daß er für einen gegebenen Enddruck in der Tabelle 83 nicht mehr zu finden ist, so hat man D' zu teilen und zwei in Parallelverbindung angeordnete Ventile von entsprechend kleineren Durchmessern zu nehmen.

Beispiel 1. Der Wärmebedarf einer Warmwasserbereitungsanlage beträgt 260000 WE/h. Zur Verfügung steht Hochdruckdampf von 6 Atm. Überdruck, der auf 0,1 Atm. Überdruck zu vermindern ist.

Nach Tabelle 83 ist für $p_e = 0{,}1 + 1 = 1{,}1$ Atm. abs. Enddruck die Verdampfungswärme $r = 535{,}74$ WE/kg, damit die Dampfmenge:

$$D = \frac{W_0}{r} = \frac{260000}{535{,}74} = 500 \text{ kg/h}.$$

Nach Tabelle 83a findet sich für $p_a = 6$ Atm. Überdruck der Verhältniswert $\mathfrak{v} = 0{,}56$, somit wird:

$$D' = \frac{D}{\mathfrak{v}} = \frac{500}{0{,}56} = 893 \text{ kg}.$$

Für $D' = 893$ und $p_e = 0{,}1$ Atm. Überdruck ergibt sich aus Tabelle 83 bei dem nächst höheren Werte von $D' = 1000$ kg ein Ventil 50 · 100 mm.

Tabelle 83.

Niederspannungs-Dampfdruck-Verminderungsventil.
(Nach Dreyer, Rosenkranz & Droop.) (Abb. 346.)

Durchmesser des Ventil- ein-	Durchmesser des Ventil- aus- ganges	Maximale Leistungsfähigkeit der Ventilgrößen in kg/h bei $p_a = 12$ Atm. Anfangsdruck und bei einem Enddruck p_e in Atm. von:									Tab. 83a Verhältniswerte $\mathfrak{v}$ zur Umrechnung bei einem Anfangsdruck	
mm	mm	0,05	0,1	0.2	0,25	0,3	0,4	0,5	0,75	1,0	p_a Atm.	$\mathfrak{v}$
13	25	95	180	275	300	335	390	440	550	650	11	0,93
15	30	115	210	325	365	410	475	535	670	790	10	0,86
20	40	180	315	485	560	610	715	810	1000	1180	9	0,79
25	50	240	420	650	735	820	950	1080	1350	1600	8	0,71
30	60	295	525	800	925	1000	1200	1360	1700	2000	7	0,63
40	80	400	800	1080	1240	1360	1600	1800	2300	2700	6	0,56
50	100	600	1000	1460	1640	1800	2100	2400	3000	3500	5	0,48
60	120	740	1300	1840	2050	2300	2700	3000	3800	4400	4	0,40
70	140	900	1500	2250	2500	2800	3250	3700	4600	5400	3	0,31
80	160	1050	1800	2850	3050	3400	3900	4500	5600	6500	2	0,21
90	180	1200	2100	3250	3550	4070	4600	5400	6600	7600	—	—
100	200	1340	2500	3700	4150	4700	5350	6000	7650	9000	—	—

Beispiel 2. Es sind 2500 kg Dampf stündlich von 7 Atm. Überdruck auf 0,2 Atm. Überdruck zu vermindern.

In Tabelle 83a findet man für $p_a = 7$ Atm. den Verhältniswert $\mathfrak{v} = 0{,}63$ und erhält damit:

$$D' = \frac{D}{\mathfrak{v}} = \frac{2500}{0{,}63} = 3968 \text{ kg}.$$

Diese Zahl ist in der Rubrik $p_e = 0{,}2$ der Tabelle 83 nicht mehr enthalten. Man hat daher für

$$\frac{D'}{2} = \frac{3968}{2} = 1984 \text{ kg}.$$

die erforderliche Ventilgröße zu entnehmen und somit für 2250 eine Größe 70 · 140 mm. Es sind also in diesem Falle zwei nebeneinander geschaltete Ventile von 70 und 140 mm Anschlußweite zu verwenden.

XIII. Allgemeine Tabellen.

Tabelle I.

Ausdehnung und spezifisches Gewicht von 1 l Wasser

bei Temperaturen von 0÷200°. (Nach Hütte).

Temperatur Celsius	Ausdehnung α (Volumen) von 1 l Wasser	Spez. Gewicht γ in kg von 1 l Wasser (Dichtigkeit)	Temperatur Celsius	Ausdehnung α (Volumen) von 1 l Wasser	Spez. Gewicht γ in kg von 1 l Wasser (Dichtigkeit)
0	0,000117	0,99988	75	1,02572	0,97492
4	1,000000	1,00000	80	1,02891	0,97190
5	1,000008	0,99999	85	1,03222	0,96879
10	1,000264	0,99974	90	1,03571	0,96552
15	1,000852	0,99915	95	1,03933	0,96216
20	1,001741	0,99826	100	1,04312	0,95867
25	1,002897	0,99711	110	1,05119	0,95130
30	1,00430	0,99572	120	1,05993	0,94346
35	1,00582	0,99421	130	1,06936	0,93514
40	1,00771	0,99235	140	1,07949	0,92637
45	1,00981	0,99029	150	1,09030	0,91718
50	1,01196	0,98818	160	1,10179	0,90761
55	1,01434	0,98587	170	1,11395	0,89771
60	1,01692	0,98336	180	1,12678	0,88748
65	1,01961	0,98077	190	1,14026	0,87699
70	1,02263	0,97787	200	1,15438	0,86627

Tabelle II.

Werte von $a = \frac{\gamma'' - \gamma'}{0,5\,(\gamma' + \gamma'')}$ **entspr.** t' **und** t''.

t'	t''	a	t'	t''	a	t'	t''	a	t'	t''	a
120	100	0,0159	95	85	0,0070	85	75	0,0063	75	50	0,0134
	90	0,0231		80	0,0101		70	0,0094		45	0,0156
	80	0,0300		75	0,0133		65	0,0123	70	60	0,0055
	70	0,0358		70	0,0163		60	0,0149		55	0,0081
	60	0,0414		65	0,0191		55	0,0174		50	0,0105
110	100	0,0077		60	0,0218		50	0,0198		45	0,0126
	90	0,0147		55	0,0243	80	70	0,0061	65	55	0,0051
	80	0,0214		50	0,0267		65	0,0090		50	0,0075
	70	0,0275	90	80	0,0064		60	0,0117		45	0,0097
	60	0,0331		75	0,0097		55	0,0142	60	50	0,0051
100	90	0,0071		70	0,0027		50	0,0166		45	0,0070
	80	0,0137		65	0,0156		45	0,0187		40	0,0091
	70	0,0199		60	0,0183	75	65	0,0059	50	40	0,0042
	60	0,0254		55	0,0208		60	0,0086		35	0,0061
	50	0,0309		50	0,0232		55	0,0111		30	0,0076

Tabelle III.

Reibungskoeffizienten ϱ für die Bewegung von Wasser in Röhren bei einer Wassergeschwindigkeit $v = 0,01 \div 5,0$ m/s. (Nach Weisbach).

v m/s	ϱ	v m/s	ϱ	v m/s	ϱ
0,01	0,1091	0,19	0,0361	0,70	0,0257
0,02	0,0814	0,20	0,0356	0,80	0,0250
0,03	0,0691	0,21	0,0351	0,90	0,0244
0,04	0,0617	0,22	0,0346	1,00	0,0239
0,05	0,0567	0,23	0,0341	1,05	0,0236
0,06	0,0531	0,24	0,0337	1,10	0,0234
0,07	0,0502	0,25	0,0333	1,15	0,0232
0,08	0,0479	0,26	0,0330	1,20	0,0230
0,09	0,0460	0,27	0,0326	1,25	0,0229
0,10	0,0443	0,28	0,0323	1,50	0,0221
0,11	0,0428	0,29	0,0320	1,75	0,0215
0,12	0,0417	0,30	0,0317	2,00	0,0211
0,13	0,0406	0,35	0,0304	2,50	0,0204
0,14	0,0396	0,40	0,0294	3,00	0,0198
0,15	0,0388	0,45	0,0285	3,50	0,0195
0,16	0,0381	0,50	0,0278	4,00	0,0191
0,17	0,0374	0,55	0,0271	4,50	0,0189
0,18	0,0362	0,60	0,0266	5,00	0,0187

Tabelle IV.

Temperatur, Wärme und Gewicht des gesättigten Wasserdampfes

von einer Spannung 1,0÷15,0 Atm. abs.

Absol. Spannung p kg/cm²	Temp. in Graden Celsius	Flüssigkeitswärme q WE/kg	Verdampfungswärme innere ϱ	Verdampfungswärme äußere ψ	Verdampfungswärme $r = \varrho + \psi$ WE/kg	Gesamtwärme $\lambda = q + \varrho + \psi$ WE/kg	Gewicht γ von 1 m³ kg	
1,00	99,09	99,58	497,05	40,10	537,25	636,83	0,580	Niederdruck.
1,03	100,00	100,00	496,84	40,16	537,00	637,00	0,597	
1,05	100,60	100,70	496,44	40,21	536,65	637,35	0,608	
1,08	101,30	101,70	495,71	40,29	536,00	637,40	0,626	
1,10	101,76	101,80	495,39	40,35	535,74	637,54	0,634	
1,13	102,60	102,65	494,79	40,39	535,18	637,78	0,651	
1,15	103,10	103,20	494,53	40,42	534,95	637,95	0,662	
1,18	103,81	103,85	493,88	40,48	534,36	638,16	0,678	
1,20	104,25	104,30	493,50	40,51	534,01	638,31	0,689	
1,23	105,00	105,50	492,92	40,60	533,52	638,52	0,704	
1,25	105,85	106,65	492,10	40,65	532,75	638,78	0,719	
1,28	106,75	107,00	491,26	40,70	531,96	638.96	0,742	
1,30	107,50	108,10	490,43	40,75	531,18	639,28	0,775	
1,40	109,68	110,32	488,73	40,90	529,63	639,95	0,832	
1,50	111,74	112,41	487,06	41,11	528,17	640,58	0,887	
1,6	113,69	114,39	485,52	41,27	526,79	641,18	0,943	Hochdruck.
1,7	115,54	116,27	484,05	41,42	525,47	641,74	0,998	
1,8	117,50	118,06	482,65	41,56	524,21	642,27	1,053	
1,9	118,99	119,78	481,34	41,67	523,01	642,79	1,108	
2,0	120,60	121,42	480,50	41,36	521,86	643,28	1,163	
2,5	126,73	128,75	474,35	42,35	516,73	645,48	1,434	
3,0	132,80	134,99	469,51	42,85	512,36	647.35	1,702	
3,5	138,10	140.44	465,29	43,29	508,53	648,97	1,967	
4,0	143,00	145,31	462,38	43,58	505,11	650,42	2,230	
4,5	147,09	148,48	458,98	43,88	502,02	651,73	2,491	
5,0	151,00	153,74	455,04	44,15	499,19	652,93	2,750	
5,5	154,59	156,18	453,07	44,40	497,47	653,65	2,913	
6,0	157,94	159,63	450,42	44,63	495,05	654,67	3,161	
7,0	164,03	165,89	445,62	45,02	490,64	656,53	3,619	
8,0	169,46	171,50	441,32	45,37	486,69	658,19	4,103	
9,0	174,33	176,58	437,43	45,67	483,10	659,68	4,583	
10,0	178,89	181,24	433,87	45,99	479,86	661,10	5,061	
11,0	183,05	185,56	430,57	46,19	476,76	662,32	5,534	
12,0	186,94	189,59	427,51	46,42	473,93	663,52	6,006	
13,0	190,57	193,38	424,63	46,62	471,25	664,63	6,473	
14,0	194,00	196,94	421,92	46,81	468,73	665,67	6,940	
15,0	197,24	200,32	419,35	46,99	466,34	666,66	7,402	

Tabelle V.

Schmiedeeiserne Röhren.

(Nach Röhren-Syndikat).

Die übliche Benennung erfolgt für die Gasröhren nach 1) nach dem inneren Durchmesser, für die Siederöhren nach 2) nach dem äußeren Durchmesser. Die Verbandsröhren tragen das Verbandszeichen: •→ und sind auf 50 Atm Überdruck geprüft.

1. Gasröhren.

Stumpf geschweißt; mit Gewinde und Muffen.

Durchmesser innerer Zoll	Durchmesser innerer mm (rund)	Durchmesser äußerer mm	Wandstärke mm	lichter Querschnitt cm²	Außenfläche m²/lfd. m	Inhalt l/lfd. m	Gewicht (ungefähr) kg/lfd. m
1/4	6	13	3,5	0,322	0,0408	0,0322	0,58
3/8	10	16,5	3,5	0,709	0,0518	0,0709	0,84
1/2	13	20	3,5	1,267	0,0628	0,1267	1,20
5/8	16	24	3,5	1,986	0,0759	0,1986	1,50
3/4	19	26	3,5	2,865	0,0817	0,2865	1,75
7/8	22	30	4,0	3,871	0,0925	0,3871	2,25
1	25	33	4,0	5,067	0,1037	0,5067	2,46
1 1/4	32	41	4,5	7,892	0,1288	0,7892	3,55
1 1/2	38	47	4,5	11,401	0,1477	1,1401	4,20
1 3/4	44	53	4,5	15,205	0,1665	1,5483	4,80
2	51	60	4,5	20,370	0,1885	2,0268	6,20
2 1/4	60	69	4,5	28,274	0,2167	2,827	6,80
2 1/2	66	76	5,0	34,212	0,2388	3,421	7,70
2 3/4	71	81	5,0	39,592	0,2545	3,959	8,90
3	79	89	5,0	49,017	0,2796	4,902	10,00
3 1/2	92	102	5,0	66,476	0,3204	6,648	11,50
4	104	114	5,0	84,949	0,3581	8,495	13,50

2. Sie deröhren.

Patent (überlappt) geschweißt; mit und ohne Flanschen:

Durchmesser äußerer Zoll	Durchmesser innerer mm	Durchmesser äußerer mm	Wandstärke mm	Querschnitt cm²	Außenfläche m²/lfd. m	Inhalt l/lfd. m	Gewicht ohne Flanschen kg/lfd. m	Gewicht mit Flanschen kg/lfd. m
$1^1/_2$	33,5	38	2,25	8,814	0,1194	0,8814	1,97	2,40
$1^5/_8$	37	41,5	2,25	10,752	0,1303	1,0752	2,17	2,45
$1^3/_4$	40	44,5	2,25	12,566	0,1398	1,2566	2,32	2,52
$1^7/_8$	43	47,5	2,25	14,522	0,1492	1,4522	2,49	2,74
2	46	51	2,50	16,619	0,1600	1,6619	2,97	3,22
$2^1/_8$	49	54	2,50	18,857	0,1696	1,8857	3,15	3,50
$2^1/_4$	51,5	57	2,75	20,831	0,1791	2,0831	3,65	4,00
$2^3/_8$	54	60	3,00	22,902	0,1885	2,2902	4,20	4,60
$2^1/_2$	57,5	63,5	3,00	25,967	0,1995	2,5967	4,45	4,90
$2^3/_4$	64	70	3,00	32,170	0,2199	3,2170	4,90	5,40
3	70	76	3,00	38,485	0,2394	3,8484	5,35	5,90
$3^1/_4$	76,5	83	3,25	45,964	0,2607	4,5964	6,35	7,05
$3^1/_2$	82,5	89	3,25	53,456	0,2796	5,3456	6,78	7,66
$3^3/_4$	88,5	95	3,25	61,514	0,2985	6,1514	7,30	8,17
4	94,5	102	3,75	70,138	0,3204	7,0138	9,01	10,00
$4^1/_4$	100,5	108	3,75	79,329	0,3393	7,9329	9,53	10,60
$4^1/_2$	106,5	114	3,75	89,084	0,3581	8,9084	10,10	11,20
$4^3/_4$	113	121	4,00	100,287	0,3801	10,0287	11,40	12,63
5	119	127	4,00	111,220	0,3990	11,1220	12,03	13,68
$5^1/_4$	125	133	4,00	122,718	0,4178	12,2718	12,65	14,35
$5^1/_2$	131	140	4,50	134,782	0,4398	13,4782	14,90	16,70
$5^3/_4$	137	146	4,50	147,411	0,4587	14,7411	15,56	17,40
6	143	152	4,50	161,703	0,4791	16,1703	16,22	18,10
$6^1/_4$	150	159	4,50	176,715	0,4995	17,6715	17,00	19,10
$6^1/_2$	156	165	4,50	191,134	0,5184	19,1134	17,65	19,70
$6^3/_4$	162	171	4,50	206,120	0,5372	20,6120	18,31	20,60
7	169	178	4,50	224,318	0,5592	22,4318	19,08	21,70
$7^1/_2$	180	191	5,50	254,469	0,6000	25,4469	24,93	27,70
8	192	203	5,50	289,529	0,6377	28,9529	26,60	29,91
$8^1/_2$	203	216	6,50	323,655	0,6786	32,3655	33,20	36,67
9	216	229	6,50	366,435	0,7194	36,6435	35,30	38,92
$9^1/_2$	228	241	6,50	408,281	0,7571	40,8281	37,20	41,44
10	241	254	6,50	456,167	0,7980	45,6167	39,50	44,26
$10^1/_2$	253	267	7,00	502,726	0,8388	50,2726	44,50	49,52
11	264	279	7,50	547,391	0,8765	54,7391	49,60	55,90
$11^1/_2$	277	292	7,50	600,628	0,9174	60,2628	52,10	58,71
12	290	305	7,50	662,520	0,9582	66,0520	54,70	61,48
$12^1/_2$	302	318	8,00	716,315	0,9990	71,6315	59,40	66,00

Tab. VI.

Nahtlose Mannesmann-Stahlmuffenrohre.

innerer Durchmesser mm	40	50	60	70	75	80	90	100	125	150	175	200	225	250
äußerer Durchmesser mm	46	56	66	76,5	82	87	97,5	108	133	159	185	211	238	265
Wandstärke . . . . . mm	3	3	3	3,25	3,5	3,5	3,75	4	4	4,5	5	5,5	6,5	7,5
Weite d. Dichtungsfuge mm	7,0	7,5	7,5	7,5	7,5	7,5	7,5	7,5	7,5	7,5	7,5	8,0	8,0	8,5
lichte Weite der Muffe mm	60	71	81	91,5	97	102	112,5	123	148	174	200	227	254	282
nutzbare Muffenlänge mm	81	85	88	90	91	92	94	97	100	103	106	110	110	113
lichter Querschnitt . . cm^2	12,57	19,64	28,27	38,48	44,18	50,27	63,62	78,54	122,72	176,72	240,53	314,16	397,61	490,87
Außenfläche . . m^2/lfd m	0,145	0,175	0,208	0,240	0,258	0,274	0,307	0,339	0,418	0,490	0,582	0,663	0,748	0,833
Inhalt . . . . . . l/lfd m	1,257	1,964	2,827	3,848	4,418	5,027	6,362	7,854	12,23	17,67	24,05	31,41	39,76	49,08
Gewicht . . . . kg/lfd. m	3,85	4,9	5,5	6,5	7,8	8,6	10,5	11,6	14,0	19,0	25,5	30,0	40,0	53,0

Die Röhren sind gegen Rosten durch Heißasphaltierung und Umhüllung mit geteerter Jute geschützt.

Alphabetisches Sachregister.

S.

T.

www.ingramcontent.com/pod-product-compliance
Lightning Source LLC
LaVergne TN
LVHW010656300926
849161LV00005B/1135

* 9 7 8 3 4 8 6 7 3 8 4 8 3 *